EINFÜHRUNG IN DIE
PATHOLOGISCHE PHYSIOLOGIE

VON

PROFESSOR DR. MAX BÜRGER

DIREKTOR DER MEDIZINISCHEN UNIVERSITÄTS-POLIKLINIK BONN A. RH.

ZWEITE AUFLAGE
DER PATHOLOGISCH-PHYSIOLOGISCHEN
PROPÄDEUTIK

MIT 43 ABBILDUNGEN

BERLIN
VERLAG VON JULIUS SPRINGER
1936

ISBN-13:978-3-642-89597-5   e-ISBN-13:978-3-642-91453-9
DOI: 10.1007/978-3-642-91453-9

Vorwort zur zweiten Auflage.

Wenn ich es nach 12jähriger Pause unternommen habe, die pathologisch-physiologische Propädeutik in zweiter Auflage erscheinen zu lassen, so leiteten mich dabei verschiedene Gesichtspunkte. Der wesentliche ist: den Hörern meiner pathologisch-physiologischen Vorlesungen einen erweiterten Grundriß dessen an die Hand zu geben, was ich ihnen in einer auf zwei Semester verteilten mehrstündigen Vorlesung vorzutragen pflege. Gerade an diesen Vorlesungen habe ich immer eine besondere Freude gehabt, weil sie das „docendo discimus" besonders stark erleben ließen. Bei der Neubearbeitung des vorliegenden Buches ist mir klar und gegenwärtig geworden, welche großen Fortschritte die medizinische Wissenschaft gerade auf ihren wichtigsten Gebieten in den letzten 12 Jahren gemacht hat. Der Inhalt der Kapitel über Vitamine und Hormone ist gewissermaßen in diesem Zeitraum erarbeitet worden. Die Ernährungslehre hat eine neue Gestalt gewonnen. Die Anschauungen über Infektion, Immunität und Allergie haben einen erweiterten Inhalt bekommen. Die Freude an diesen Fortschritten innerlich teilnehmen zu können, hat sich, so hoffe ich, auf meine Hörer übertragen, und so sah ich mich, wollte ich meinem Werke nicht untreu werden, gezwungen, das Buch so gut wie neu zu schreiben.

Der zweite und wesentlichere Grund hat seine letzte Wurzel in einer überzeugt positiven Stellungnahme zur pathologischen Physiologie als Lehrfach. Aus berufenem Munde ist mehrfach laut betont worden, man solle den Studenten nicht mit neuem, unnötigen Lehrstoff beladen. Ich bin der Meinung, daß von einer höheren Warte aus gesehen unsere Bemühungen, dem Studenten die gedankliche Methodik der pathologischen Physiologie nahezubringen, von großem Wert nicht nur für sein diagnostisches Können, sondern auch für sein praktisches Handeln sein wird. Jedem, der den Lehrbetrieb unserer Fakultäten offenen Auges verfolgt, wird nicht entgehen, daß der Unterricht sich einzelnen Orts in einem diagnostischen Kastengeist erschöpft. Die verschiedenen Formen unserer Diagnosen haben sich, was aus ihrem geschichtlichen Werdegang wohl verständlich ist, von dem lokalisatorischen Prinzip noch nicht genügend frei gemacht. Die „Organdiagnostik" beherrscht das Feld. Die besonders an kleinen Universitäten notwendig gegebene Einengung des Krankenguts führt zu einer Einschränkung des klinischen Blickfeldes im Unterricht. Hiergegen kann in gewissem Sinne als kompensatorische Maßnahme eine immer mit der praktischen Zielsetzung auf die Ausbildung eines tüchtigen und helfenden Arztes vorgetragene pathologische Physiologie viel Gutes nützen. Das lokalisatorische Prinzip soll durch den funktionellen Gedanken überwunden werden, womit natürlich nicht die *topographische Diagnose* abgelehnt wird, welche die Voraussetzung für jeden chirurgischen Eingriff darstellt.

Wenn wir unter Physiologie die Lehre vom Lebensgeschehen verstehen, können wir unter pathologischer Physiologie die Lehre von den Störungen des Lebensgeschehens begreifen. Wenn auch zugegeben werden muß, daß weite Gebiete der Klinik noch nicht so weit durchforscht sind, daß sie in allen Punkten als bekannte Störungen des Lebensablaufs vorgetragen werden können, so ist doch der für den Studenten wichtige und wissenschaftlich gesicherte Unterrichtsstoff auf dem Gebiet der pathologischen Physiologie so groß, daß die Gefahr für den Vortragenden eher in einem Zuviel als in einem Zuwenig liegt.

Ich bin fest überzeugt, daß ein vertieftes Verständnis für die wechselwirkenden Zusammenhänge letzthin aller Lebensvorgänge im menschlichen Körper und damit auch für das Einbezogensein *aller* seiner Funktionen in den krankhaften Vorgang die therapeutische Haltung des angehenden Arztes nachhaltig beeinflussen wird. Die Ehrfurcht vor dem feinen Spiel der korrelativen Verknüpfungen, vor der Tatsache, daß auch die Krankheit in den allermeisten Fällen ein Akt der Selbsthilfe des Organismus gegen die krankmachende Ursache ist, wird den zukünftigen Arzt davor bewahren, mit rauher und ungeschickter Hand und durch Verordnung unnötig vieler und störend großer Drogenmengen in das natürliche Heilgeschehen einzugreifen. Die moderne Physiologie lehrt in immer größerem Umfange und mit immer stärkerer Eindringlichkeit die Zusammenhänge der gesunden Funktionen. Wir lernen, daß die Muskelarbeit Atmung, Kreislauf, Milzfunktion, Stoffwechel mit allen seinen Hilfsorganen tiefstgehend beeinflußt und verstehen, daß die Ausschaltung aller Bewegung, wie wir sie nach meiner Überzeugung in Krankenhäusern und Kliniken durch Verordnung „strenger Bettruhe" oft gedankenlos vorschreiben, manchen Kranken eines der wichtigsten Lebensimpulse beraubt. Eine verständnisvoll vorgetragene pathologische Physiologie kommt den modernen Bestrebungen, die natürlichen Heilfaktoren Licht, Luft, Wasser, Bewegung und sinnvolle, dem Einzelfall angepaßte Ernährung mehr Raum als bisher in unserem Behandlungsplan zu gewähren, weitgehend entgegen. Naturgemäß muß sich die Darstellung in erster Linie an die *kommensurablen* Größen halten. Dadurch wird *Wirklichkeit* und *Bedeutung* des *Inkommensurablen* durchaus nicht in Frage gestellt. Der Unterricht in der pathologischen Physiologie wird gerade die Grenzzustände zwischen physiologischen und pathologischen Vorgängen — denen wir z. B. in der Sportmedizin begegnen — berücksichtigen und den angehenden Arzt für die Erkennung der *Anfänge der Krankheiten* schulen.

Es ist klar, daß eine von einem einzelnen Autor geschriebene Physiologie ungleichmäßig und ungleichwertig ausfallen muß. Letztlich kann jeder Lehrer nur die Gebiete innerlich voll beherrschen, an denen er durch *eigene* Arbeit lebendigen Anteil hat. *Eine Trennung von Lehre und Forschung halte ich für ein Unglück.* Der Lehrer würde bald bestenfalls zu einem routinierten Referenten deklassiert, wenn ihm untersagt würde, sich selbsttätig um die Erweiterung seines Wissensgebietes zu bemühen. Den wahren Forscher kennzeichnet die Ehrfurcht vor dem Unbekannten. Diese Ehrfurcht vor den heiligen Gesetzen des Lebens auch dem angehenden Arzt zu vermitteln, halte ich für eine der vornehmsten Aufgaben des klinischen Lehrers und Forschers. Der Student hat ein feines Ohr dafür, ob ihm frisch angeeignete Handbuchweisheit oder selbst erarbeitetes Wissensgut vorgetragen wird.

In die Darstellung sind viele Resultate meiner langjährigen Mitarbeiter und Schüler verwoben. Ihnen allen habe ich für ihre bereitwillige Mithilfe, auch beim Lesen der Korrekturen, zu danken. Insbesondere sage ich Dank meinem alten Freunde Professor MAX GRAUHAN in Senftenberg, der das Nierenkapitel durchsah und ergänzte, meinem langjährigen Mitarbeiter, Privatdozent GEORG SCHLOMKA, der die Kapitel über Atmung und Kreislauf revidierte und Herrn Dr. RUPPERT, welcher das Sachverzeichnis bearbeitete.

Bonn, im Oktober 1936.   **MAX BÜRGER.**

Inhaltsverzeichnis.

Inhaltsverzeichnis. VII

I. Arbeit, Ermüdung und Schlaf in ihren Beziehungen zu den Störungen der Muskelfunktion.

Das beste Mittel einen gesunden Schlaf zu erzeugen ist körperliche Arbeit. Viele Beschwerden, welche dem inneren Arzt von seinen Kranken vorgetragen werden, haben ihre letzte Wurzel in einem ungenügenden Schlaf. Der unzureichende Schlaf ist in vielen Fällen auf den Mangel der physiologischen Ermüdung durch körperliche Tätigkeit zurückzuführen. Zunehmende „Motorisierung" unseres Lebens führt zu einem immer weitergehenden Verzicht auf unseren eigenen Muskelmotor. Wir denken auch als Ärzte zu wenig daran, daß im großen gesehen gut $^2/_3$ aller Umsetzungen sich in der Muskulatur abspielen. Quantitativ gesehen ist die Muskulatur unser Hauptstoffwechselapparat. Es ist verständlich, daß die Nichtbenutzung dieses Stoffwechselapparats durch körperliche Trägheit oder aus anderen Gründen zu Störungen führen muß, die wir im einzelnen nur unzureichend durchschauen. Zwischen *Arbeit, Ermüdung* und *Schlaf* bestehen sicher innige physiologische Beziehungen. Ein Zuwenig an körperlicher Arbeit vermindert das Schlafbedürfnis, andererseits kann ein Zuviel, wie wir es z. B. beim Übertraining kennen, den Schlaf ebenso verscheuchen. Wenn auch an den physiologischen Wechselbeziehungen zwischen Arbeit, Ermüdung und Schlaf kein Arzt, der das Leben mit offenen Augen sieht, zweifeln wird, so sind doch die feineren Vorgänge, welche diese Beziehungen vermitteln, im einzelnen noch wenig geklärt. Schon eine konstitutionelle Betrachtungsweise unterscheidet Menschen von *straffer* und *schlaffer* Faser. Es ist verständlich, wenn der äußere Eindruck, den der Mensch uns vermittelt, zum großen Teil auf der verschiedenen Art seiner Muskulatur zu benutzen beruht, denn die wesentlichste Ausdrucksform des Lebens ist bei Mensch und Tier die *Bewegung*. Nicht nur die körperliche Fortbewegung im Raume, sondern auch die geistige und charakterliche Haltung des Menschen drückt sich in der Art und Weise seiner Bewegungen aus. Stimme und Sprache, Blick und Mimik, die Züge der Handschrift, körperliche Haltung sind letztlich Formen der Bewegung; alle Bewegungen aber sind an die Muskulatur gebunden.

A. Arbeit und Ermüdung.

1. Vorbemerkungen über chemische Zusammensetzung und Funktion der Muskulatur.

Die Muskulatur besteht aus 75% Wasser und 1% Aschenbestandteilen. Die Trockensubstanz macht rund 25% aus. Die festen Stoffe des Muskels bestehen zum größten Teil aus dem Muskeleiweiß Myosin (und andere Stromasubstanzen) und Fett, das in wechselnden Mengen vorkommt. Das Muskelstroma bleibt nach vollständiger Entfernung sämtlicher in Wasser und Salmiak eiweißlöslicher Körper des Muskels als unlöslicher Eiweißkörper zurück. Außer den Muskeleiweißkörpern finden sich *stickstoffhaltige Extraktivstoffe:* Kreatin, Hypoxanthin, Xanthin, Guanin, Adenylsäure in der Muskulatur. Der Kreatingehalt der Muskulatur gesunder Menschen beträgt 0,276% für den Obliquus ext; — 0,399% für den Psoas. Neben dem Kreatin (Methylguanidinessigsäure) kommt im Muskel eine Phosphorverbindung des Kreatins, das *Phosphagen* vor. Unter den *stickstofffreien Extraktivstoffen* des Muskels sind Glykogen, Zucker, Milchsäure und Inosit die wichtigsten.

Von den *Mineralstoffen* des Muskels, welche sich nach seiner Verbrennung in der zurückbleibenden Asche finden, sind Kalium und Phosphorsäure besonders reichlich. Spärlicher werden Natrium, Magnesium, Calcium, Chlor und Eisenoxyd gefunden. Die Bedeutung der verschiedenen Mineralstoffe für die Funktion des Muskels — die Erhaltung seiner Erregbarkeit, die Kontraktion und Erschlaffung — ist noch nicht in allen Einzelheiten klargestellt. So viel scheint sicher, daß die normale Tätigkeit des Muskels an ein ungestörtes Zusammenwirken verschiedener Ionen gebunden ist.

Die chemischen Vorgänge bei der Muskelkontraktion sind Gegenstand zahlreicher Untersuchungen der neueren Zeit gewesen. Diese Forschungen hatten vor allem das Ziel, die intermediären Vorgänge bei der Muskelkontraktion aufzuklären. Für die erste anaerobe Phase des Kohlehydratabbaus hat man sich folgende Vorstellung gebildet: die im Muskel vorhandene Hexose wird zunächst zu einer *Hexosediphosphorsäure* verestert. Bei der nachfolgenden Spaltung in Moleküle mit 3 C-Atomen entstehen *Glycerinaldehydphosphorsäure* und *Dioxyacetonphosphorsäure*. Nach Abspaltung der Phosphorsäure entsteht *Brenztraubensäure* und *Milchsäure:*

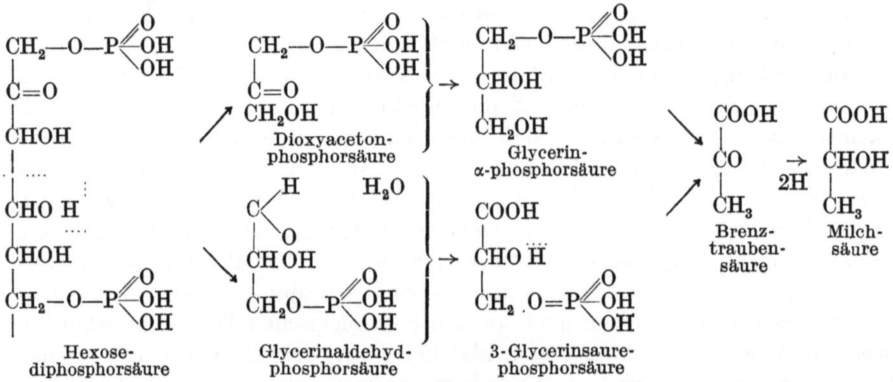

$$\text{Hexosediphosphorsäure} \longrightarrow \text{Dioxyacetonphosphorsäure} + \text{Glycerinaldehydphosphorsäure} \longrightarrow \text{3-Glycerinsaurephosphorsäure} + \text{Glycerin-}\alpha\text{-phosphorsäure} \longrightarrow \underset{2H}{\text{Brenztraubensäure}} \longrightarrow \text{Milchsäure}$$

Neben der Veresterung der Hexose mit Phosphorsäure spielen die Verbindungen des *Kreatins* und *Adenosins* mit der Phosphorsäure bei der Muskeltätigkeit eine besondere Rolle, indem einerseits das *Phosphagen* unter Abspaltung der Phosphorsäure in Kreatin, die Adenosintriphosphorsäure aber unter Abspaltung von zwei Phosphorsäureresten in Adenylsäure übergeht. Aus Kreatin und Adenylsäure können bei der Muskelfunktion mit Hilfe der Phosphorsäure im Muskel Phosphagen und Adenosintriphosphorsäure wieder aufgebaut werden. Neben diesen komplizierten Vorgängen des Phosphataustausches im tätigen Muskel ist neuerdings noch die Bildung von *Ammoniak* aus Adenylsäure unter Überführung derselben in Inosinsäure gezeigt worden. Über die Bedeutung dieses Vorganges ist noch keine Klarheit gefunden.

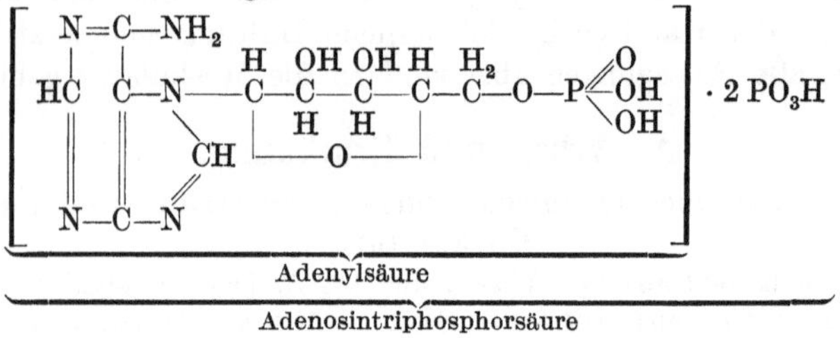

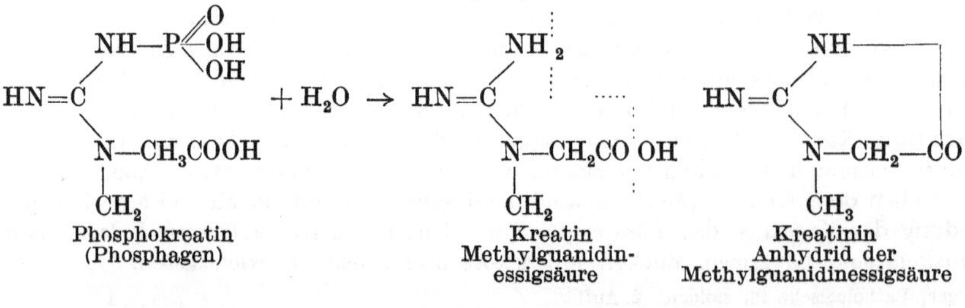

$$\text{Adenosintriphosphorsäure} = \text{Adenylsäure} \cdot 2\,PO_3H$$

$$\text{Phosphokreatin (Phosphagen)} + H_2O \longrightarrow \text{Kreatin (Methylguanidinessigsäure)} \longrightarrow \text{Kreatinin (Anhydrid der Methylguanidinessigsäure)}$$

Beachten wir unter Außerachtlassen der intermediären Vorgänge zunächst nur die Beziehung zwischen Glykogenabbau und Milchsäurebildung, so lassen sich die Tatsachen auf folgendes Schema vereinfachen: Grundsätzlich wird in der Muskulatur für die Zwecke der *Wärmebildung* und *Arbeitsleistung Kohlehydrat* umgesetzt. In jedem arbeitenden Muskel nimmt die Menge des Glykogens ab, die der Milchsäure zu. Der Vorgang der Milchsäurebildung aus Zucker geht ohne Beteiligung von Sauerstoff vor sich, da durch einfache Spaltung von einem Molekül Zucker zwei Moleküle Milchsäure entstehen können:

$$1\,C_6H_{12}O_6 \rightarrow 2\,C_3H_6O_3.$$

Lange Zeit glaubte man, daß der Muskel seine Arbeitsenergie lediglich aus der Verbrennung des Kohlehydrats beziehe, da bei der Arbeit Sauerstoff verbraucht und Kohlensäure wie bei der Verbrennung von Zucker gebildet wird. Aber auch in einer Wasserstoffatmosphäre — also ohne Zutritt von Sauerstoff — arbeitet der Muskel. Es entsteht nicht nur Milchsäure, sondern die Milchsäure setzt sich mit den kohlensauren Salzen des Natriums um und läßt Kohlensäure frei werden. Läßt man den Muskel in Wasserstoff bis zur Erschöpfung arbeiten, so erholt er sich unter Verschwinden der Milchsäure und erneutem Auftreten von Kohlensäure. Die Menge des bei diesem Erholungsvorgang verbrauchten Sauerstoffs ist ungefähr ebenso groß wie diejenige, welche der gleiche Muskel verbraucht, wenn er sofort in Sauerstoffatmosphäre arbeitet. Der Arbeitsvorgang des Muskels ist also ein *anaerober Prozeß*, der unter Bildung von Milchsäure verläuft. In der Erholungsphase verschwindet die Milchsäure, aber der Sauerstoffverbrauch ist viel kleiner als der Verbrennung der gesamten gebildeten Milchsäure entsprechen würde. Der Sauerstoffverzehr reicht höchstens zur Oxydation von $^1/_5$ der entstandenen Milchsäure aus. Die bei dieser Oxydation in der Erholungsphase entstandenen Wärmemenge entspricht ziemlich genau $^1/_5$ der Oxydation von $^1/_5$ der entstandenen Milchsäure. Die übrigen $^4/_5$, welche bei der Arbeit anaerob entstanden sind, werden in der Erholungszeit zu Glykogen resynthetisiert. RIESSER gibt für diesen Vorgang folgendes Schema:

1. *Anaerobe Phase:* Zuckung (Kontraktion und Erschlaffung)

1 g Glykogen   1 g Milchsäure

$$\boxed{\text{Gl.}} \rightarrow \boxed{\text{M.}}\ \boxed{\text{M.}}\quad \text{gemessene Wärmebildung 385 Cal.}$$

2. *Oxydative Phase* (Erholung)

$^1/_5$ g Glykogen

$\boxed{}$ verbrennt mit Sauerstoff unter Bildung von Kohlensäure und Wasser.

Insgesamt freiwerdende Energie . . 757 Cal.
Tatsächlich gemessene freie Wärme 379 „
Differenz . . 378 Cal.

Diese Differenz dient dem Wiederaufbau:

1 g Milchsäure   1 g Glykogen

$$\boxed{\text{M.}}\ \boxed{\text{M.}} \rightarrow \boxed{\text{Gl.}}$$

Unter der Annahme, daß bei einer Kontraktion 1 g Glykogen zerfällt, wird daraus unter anaeroben Bedingungen 1 g Milchsäure unter Freiwerden von 385 Calorien gefunden. In der Erholung wird $^1/_5$ g Milchsäure entsprechend $^1/_5$ g Zucker mit Sauerstoff verbrannt, wobei 757 Calorien freiwerden. Tatsächlich gemessen finden sich bei der Oxydation von Milchsäure in der Erholung aber nur 379 Calorien, also die Hälfte. Die andere Hälfte dient dem Wiederaufbau zu Glykogen. Es werden also bei der Spaltung des Glykogens zu Milchsäure in der Arbeitsphase und bei der Oxydation des $^1/_5$ der gebildeten Milchsäure gleiche Mengen frei, deren Summe dem calorischen Wert des in der Erholung verbrennenden Zuckers entspricht. Die Rolle der *Phosphate* bei dem intermediären Kohlehydratumsatz im Muskel hat WARBURG durch einen Reagensglasversuch deutlich gemacht. Er konnte Fruchtzucker mit Sauerstoff bei Körpertemperatur in wäßriger Lösung im Reagensglas verbrennen, wenn er der Lösung Phosphat zusetzte. Mit anderen Zuckerarten und Salzen gelingt diese Reaktion nicht. Ein Teil der bei der Muskelaktion freiwerdenden Phosphorsäure geht in den Harn über; den Phosphor für ihren Wiederersatz liefern vielleicht die *Phosphatide,* welche im Muskel gespalten werden können. Die am schnellsten zuckenden weißen Muskeln enthalten wesentlich mehr Phosphagen als die langsameren roten; die glatte Muskulatur soll gar kein Phosphagen enthalten, das Herz hat die Zwischenstellung zwischen glatter und quergestreifter Muskulatur und einen ganz geringen Phosphagengehalt.

2. Die Erkrankungen der Muskulatur.

Störungen der Muskelfunktion kennen wir als Folgen übermäßiger Beanspruchung. Bei beginnender Ermüdung können als Folge einer übermäßigen Reaktion auf nervöse Reize hin Muskelkrämpfe auftreten. Die besonders bei Ungeübten nach großen körperlichen Anstrengungen sich einstellenden Muskelschmerzen — den Sportsleuten als „*Muskelkater*" bekannt — beruhen offenbar auf ungenügender Fortschaffung der während der Anstrengung besonders reichlich sich in der Muskulatur anhäufenden Stoffwechselschlacken. An einzelnen Stellen eintretende *Muskelhärten* werden als *Myogelosen* bezeichnet und auf kolloidale Veränderungen der Muskelsubstanz, die allerdings noch nicht bewiesen sind, bezogen.

Unter den Allgemeinerkrankungen der Muskulatur müssen die verschiedenen Formen der Muskelatrophie von denen der entzündlichen Erkrankungen der Muskulatur unterschieden werden. Unter den letzteren spielt die *Trichinose* insofern eine besondere Rolle, als sie zu einem schweren hochfieberhaften Krankheitsbilde mit Veränderungen des Kreatin-Kreatininstoffwechsels führt. Aber auch die nicht fieberhaften chronischen Muskelerkrankungen haben Veränderungen des Kreatininstoffwechsels zur Folge (Dystrophia musculorum progressiva)[1].

3. Abweichungen der chemischen Zusammensetzung.

Menschliche Muskeln, die durch Nervenlähmung degeneriert sind, zeigen eine Vermehrung des *Fett*gehalts. Der *Wasser*gehalt des gesamten Muskels ist herabgesetzt, in der fettfreien Substanz dagegen erhöht. Der *Stickstoff*gehalt ist bezogen auf den Gesamtmuskel, bezogen auf die fettfreie Trockensubstanz ohne wesentliche Veränderung. Der *Natrium*gehalt der degenerierten Muskulatur ist, ebenfalls bezogen auf die fettfreie Trockensubstanz, wesentlich gesteigert, der Gehalt an *Kalium* beträchtlich vermindert. Nach RUMPF und SCHUMM[2] enthalten gesunde Muskeln 3,03⁰/₀₀ Kalium und 0,6471⁰/₀₀ Natrium. Die entsprechenden Werte für die degenerierte Muskulatur des gleichen Menschen waren 2,005⁰/₀₀ Kalium und 1,296⁰/₀₀ Natrium. Diesem Befund wird für die Umkehr der Polwirkung erhebliche Bedeutung beigemessen.

Nach STEYRER[3] nimmt in dem durch Nervendurchschneidung atrophierten Muskel die relative Menge des Myosins zu. Besonders tiefgreifende Veränderung seiner chemischen Zusammensetzung weist der *trichinöse* Muskel auf. Er verarmt an Stickstoff, Kreatin, Purinbasen und Glykogen und wird reich an Wasser, Extraktivstoffen, Ammoniak, flüchtigen Säuren und Milchsäure. Im trichinösen Muskel fand FLURY[4] stark wirksame Muskelgifte, Nervengifte und Capillargifte. Letztere werden mit dem bei trichinösen Tieren auftretenden Ödem in kausalen Zusammenhang gebracht. Auch pyrogene Substanzen ließen sich aus dem trichinösen Muskel isolieren.

Über den differenten Gehalt der Muskeln an Kreatin liegen vergleichende Untersuchungen für den Menschen nur am Psoas[5].

---

[1] BÜRGER: Z. exper. Med. **9**, 262, 361 (1919); **12**, 1 (1921).
[2] RUMPF u. SCHUMM: Dtsch. Z. Nervenheilk. **20**, 445—453 (1901).
[3] STEYRER: Beitr. chem. Physiol. u. Path. **4**, 234—246 (1904).
[4] FLURY: Arch. f. exper. Path. **73**, 165. — [5] DENIS: J. of biol. Chem. **26**, 379 (1916).

Für das Kaninchen machte RIESSER[1] die wichtige Feststellung, daß ein Muskel um so reicher an Kreatin ist, je flinker er zuckt, um so ärmer daran, je langsamer eine Zuckung abläuft. Das gleiche gilt für das Phosphagen.

Kommt es zu Degeneration des den Muskel versorgenden Nerven, so ist die Folge eine verlangsamte wurmartige Kontraktion des Muskels und eine gleichzeitige Verlangsamung des Phosphagenzerfalls. Im allgemeinen steht die Schnelligkeit des Phosphagenzerfalls in einem festen Zusammenhang mit der Geschwindigkeit des Erregungsablaufs und der Geschwindigkeit der Kontraktion[2].

4. Störungen des Kreatin-Kreatininstoffwechsels.

Die in der 24stündigen Harnmenge bei fleischfreier Kost ausgeschiedene Menge an Harnkreatinin ist eine Funktion der Muskelmasse und nicht des Körpergewichts. Die Anzahl der pro Körperkilogramm ausgeschiedenen Milligramme an Kretinin wird als *Kreatininkoeffizient* bezeichnet. Dieser liegt bei kräftigen muskulösen Männern höher als bei Frauen und ist ein Maß für den Anteil der Muskulatur am Gesamtkörpergewicht.

Kreatin kommt bei fleischfrei ernährten Erwachsenen nur bei Frauen während der Menstruation und der Gravidität vor. Bei Kindern ist die Kreatinurie bis zur Pubertät eine physiologische Erscheinung.

Zu Störungen des Kreatin-Kreatininstoffwechsels kommt es bei vielen Erkrankungen. Sie äußern sich einerseits in Veränderungen der Kreatininmenge, andererseits im pathologischen Auftreten von Kreatin im Harn.

Unter allen Erkrankungen, die einen Einfluß auf den Kreatin-Kreatininstoffwechsel haben, dominieren die Erkrankungen der Muskulatur. Von älteren Autoren wurden Verminderungen des Harnkreatinins gefunden, von anderen nicht. LEVENE und KRISTELLER fanden in einigen Fällen mit Einschmelzung von Muskelgewebe neben vermindertem *Kreatinin* erhebliche Mengen *Kreatin* im Harn. Auch der *Diabetes* gehört hierher[3] (s. S. 290).

Eigene seit Jahren durchgeführte Untersuchungen befaßten sich, um die in der Literatur bestehenden Widersprüche aufzuklären, vor allem mit der Frage, wie der Kreatininstoffwechsel zu Zeiten der fortschreitenden Involution der Muskulatur einerseits und andererseits sich dann gestaltet, wenn die atrophierenden Prozesse einen gewissen Stillstand erreicht haben. *Amputierte,* bei denen die regressiven Prozesse an der Stumpfmuskulatur noch nicht zum Abschluß gekommen waren, lieferten neben relativ großen Mengen präformierten Kreatinins nicht unerhebliche Kreatinmengen. Unter Einrechnung dieses Kreatins ergibt sich ein über dem Durchschnitt liegender Gesamtkreatininkoeffizient. Bei *progressiver Muskeldystrophie* und der *Myotonia atrophicans* liegen die Kreatininkoeffizienten entsprechend der weitgehenden Reduktion der Muskulatur niedrig. Ganz allgemein fand sich in Fällen, in denen *regressive Veränderungen* in der Muskulatur vor sich gehen, endogene Kreatinurie. Diese endogene Kreatinurie trat in einem Teil der Fälle bei gleichzeitiger Erhöhung des Gesamtkreatinins auf. In einer anderen Gruppe zeigte sich eine dauernde hohe Kreatinausfuhr bei normalen oder erniedrigten absoluten Werten für das Gesamtkreatinin. In Fällen von *Trichinose* wurde über 50% des *Gesamt-*

---

[1] RIESSER: Z. physik. Chem. **120**, 189 (1922).
[2] NACHMANSOHN: Biochem. Z. **1929**, 213, 261.
[3] BÜRGER u. MACHWITZ: Arch. f. exper. Path. **74**, 222 (1913).

kreatinins als *Kreatin* ausgeschieden, wobei der Gesamtkreatininkoeffizient nur unwesentlich oder gar nicht erhöht war.

Für die Fälle von Kreatinurie mit Erhöhung der Gesamtkreatininmenge könnte man die Erklärung darin suchen, daß die kreatininanhydrierende Fähigkeit der Organe quantitativ eng begrenzt ist und daß sie bei einem geringen Mehrangebot von Kreatin dieses nicht anhydriert zur Ausscheidung kommen lassen. Diese Erklärung wird aber sofort hinfällig, wenn das Gesamtkreatinin vermindert ist und trotzdem ein erheblicher Teil des Kreatins in nicht anhydrierter Form den Körper verläßt. Es ist sehr gezwungen anzunehmen, daß in solchen Fällen gleichzeitig eine Störung derjenigen Organe, die die Umwandlung des Kreatins in Kreatinin besorgen sollen (Leber und Nieren), bezüglich deren kreatinanhydrierender Funktion vorliegt. Das Nächstliegende ist doch, sich vorzustellen, daß der Muskulatur — auch normalerweise — die Aufgabe der Anhydrierung des Kreatins zufällt; erkranken die Muskeln, so versagt diese Funktion. Die Folge ist Kreatinurie. Die geringen Mengen Kreatin, die man normalerweise im Blute findet, sprechen nicht gegen diese Auffassung, das Kreatin gehört eben wie der Zucker zu den Stoffen, die erst nach Überschreitung eines gewissen Schwellenwertes zur Ausscheidung durch die Nieren kommen. So wird es auch verständlich, daß der relative Anteil des Kreatins am Gesamtkreatinin *in den* Fällen am größten ist, in denen der zur *Muskel*destruktion führende Prozeß in relativ kurzer Zeit eine große Verbreitung gefunden hat (Trichinose, Poliomyelitis). Während das präformierte Kreatinin bei gleichmäßiger fleischfreier Kost und geregelter Diurese in der sorgfältig abgegrenzten 24stündigen Harnmenge in einer für verschiedenen Individuen verschiedenen, für das einzelne Individuum annähernd gleichmäßigen Menge ausgeschieden wird, zeigt die Kreatinurie ein ungleichmäßiges Verhalten. MEYER hat an einem größeren klinischen Material im wesentlichen meine Befunde bestätigt. Er findet bei Polyneuritis postdiphtherica bei herabgesetztem Tonus hohe Kreatininausscheidung und bezieht dieselbe gleichfalls auf einen gesteigerten Muskelzerfall. Er vindiziert, wie frühere Autoren, der Leber eine wichtige Rolle bei der Kreatinanhydrierung.

Eine Gruppe von Kranken mit postencephalitischen amyostatischhypertonischem Symptomenkomplex zeigte trotz ausgesprochener Rigidität der Muskulatur mit hochgradiger Hypertonie ein durchaus ungleichmäßiges Verhalten. In Fällen, bei denen die Bewegungsarmut besonders hochgradig und allgemein ausgeprägt war, wurden sicher erniedrigte Gesamtkreatininwerte gefunden. Andere Fälle, bei denen besonders bei intendierter Haltung ziemlich starker Tremor auftrat, zeigten erhöhte Werte für das Gesamtkreatinin. Ganz allgemein sprechen die an diesem Material mit exquisiter Hypertonie gemachten Erfahrungen gegen die von PEKELHARING aufgestellte Theorie der Abhängigkeit des Kreatinstoffwechsels von der tonischen und seiner Unabhängigkeit von der tetanischen Funktion der quergestreiften Muskulatur[1].

Die Quellen des Muskelkreatins sind bisher unbekannt. Am besten begründet scheint mir die Auffassung von THOMAS[2] und Mitarbeitern, nach welcher das Kreatin vom *Glykokoll* über Methylglykokoll (Sarkosin) sich herleitet. Diese Auffassung hat dazu geführt, das Glykokoll als Heilmittel in die Behandlung

---

[1] BÜRGER: Z. exper. Med. **9**, 262, 361 (1919); **12**, 1 (1921). — Klin. Wschr. **1922**. Dort Literatur. — [2] THOMAS, MILHORAT u. TECHNER: Hoppe-Seylers Z. **205**, 93 (1932).

der progressiven Muskeldystrophie einzuführen. Die Glykokollbehandlung soll dabei als reine Substitutionstherapie aufgefaßt werden: der Kranke kann Glykokoll in seinem Körper selbst nicht mehr bilden, die mit der Nahrung zugeführten Mengen reichen nicht aus, es muß daher von außen zugeführt werden. Die Meinungen über die therapeutische Wirksamkeit der Glykokollbehandlung bei Muskelerkrankungen sind geteilt. Eine regelmäßige Besserung ist nicht vorhanden. Interessant bleibt auf jeden Fall, daß bei der progressiven Muskeldystrophie in einer Reihe von Fällen die Zufuhr von Glykokoll die Harnkreatinmenge erheblich vermehrt, in einem Maße jedenfalls, das außerhalb der Fehlergrenze der Bestimmungsmethode liegt[1]. Beim gesunden erwachsenen Menschen dagegen gelingt es nicht — selbst nicht nach Zufuhr von 50 g Glykokoll pro Tag — das Auftreten von Kreatin im Harn zu erzwingen.

5. Bemerkungen über Struktur und Innervation des Muskels.

Die Muskulatur zerfällt nach ihrem *histologischen Bau* in zwei verschiedene Systeme, die glatten und die quergestreiften Muskeln; die *glatten Muskeln* sind aus einzelnen Zellen

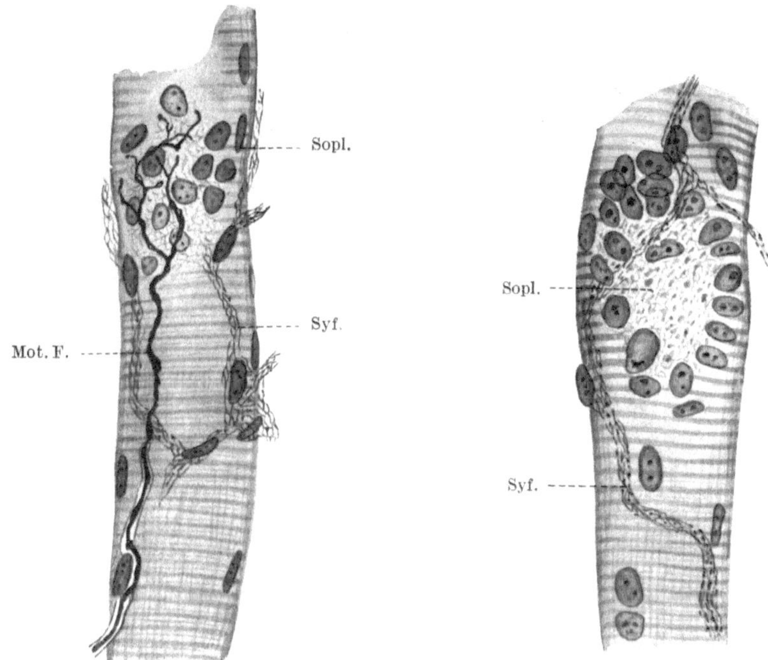

Abb. 1. Muskelfaser der Igelzunge. Mot.F. Motorische Faser. Syf. Sympathischer Strang. Sopl. Sohlenplatte. (Nach BOEKE.)

Abb. 2. Muskelfaser der Igelzunge nach halbseitiger Durchschneidung des Hypoglossus und Lingualis. Syf. Sympathisches Nervennetz erhalten. Sopl. Sohlenplatte vollständig degeneriert. (Nach BOEKE.)

von spindelförmiger Gestalt zusammengesetzt, die einen längsovalen Kern enthalten; in ihnen sind mit der Längsachse der Zelle gleichlaufende Fibrillen angeordnet; jede einzelne Faser wird vom intramuskulären Plexus aus nervös versorgt.

Die Querstreifung des *zweiten* Systems, das diesem seinen Namen gab, kommt besonders gut im polarisierten Licht zur Beobachtung, jede quergestreifte Muskelfaser zeigt hier abwechselnd isotrope und anisotrope Schichten. Neben der Querstreifung läßt sich eine

---

[1] BORST u. MÖBIUS: Z. klin. Med. **129**, 499 (1936). Dort weitere Literatur über diese Frage.

longitudinale Gliederung in feine quergestreifte Fäden, die Muskelfibrillen, unterscheiden. Die Muskelfibrillen sind in Gruppen zu Muskelsäulchen zusammengeordnet, zwischen denen eine helle, feinkörnige Masse, das Sarkoplasma, sich befindet. Von der Menge dieses Sarkoplasmas hängt ihre Farbe ab; sarkoplasmareiche erscheinen rot, sarkoplasmaarme weiß. Nach dem Vorwiegen der einen oder der anderen Fasergruppe spricht man von *roten* oder *weißen* Muskeln. Die Innervation der Muskulatur ist sensibel und motorisch. Erkrankte Muskulatur kann heftig schmerzen. *Die motorische Innervation* ist wahrscheinlich eine doppelte. Jede Muskelfaser wird unter dem Sarkolemm von zwei Nervenfasern erreicht. Der motorische Nerv tritt unter Aufspaltung der Neurofibrillen in die Endplatte ein.

Die quergestreifte Muskulatur ist außerdem sympathisch innerviert[1]. In Abb. 1 bildet BOEKE eine Muskelfaser der Igelzunge ab, auf welcher eine Hypoglossusfaser eine gut ausgebildete Endplatte zeigt. Daneben zieht ein sympathischer Strang (*Sy.f.*) an der Muskelfaser vorüber, welcher da, wo er die Sohlenplatte streift, mit ihr mittels einer zarten Netzbildung in Verbindung zu stehen scheint. BOEKE hat dem Tier, dem dieses Präparat entnommen war, auf der einen Seite des Halses den Hypoglossus und Lingualis durchschnitten: Abb. 2 zeigt danach das Erhaltenbleiben des sympathischen Nervennetzes auf der Muskelfaser. Die Sohlenplatte (*So.pl.*) ist dagegen völlig degeneriert. Die Kerne der Sohlenplatte erscheinen in einem Kreis um das Zentrum der Platte herumgelagert; ein Bild das für die Degeneration der Sohlenplatte charakteristisch ist. Die Verbindung des sympathischen Grundgeflechts mit der quergestreiften Muskelfaser einerseits, den feinsten Haargefäßen andererseits hat sicher eine große physiologische Bedeutung. Die Funktion des Muskels ist an eine optimale Durchblutung gebunden und umgekehrt wirken Veränderungen des Muskelchemismus unmittelbar auf die Einstellung der Capillaren zurück.

6. Die Abweichungen im histologischen Bau des Muskels.

Die Abweichungen im histologischen Bau sollen hier nur so weit Erwähnung finden, als sie für die Erklärung funktioneller Störungen von Bedeutung sind. Die verschiedenen *Formen entzündlicher Muskelerkrankungen* führen dadurch zu erheblicher Funktionsstörung, daß sie durch die starke Schmerzhaftigkeit zu reflektorischer Ruhigstellung zwingen. Das histologische Bild ist das der interstitiellen Entzündung, das je nach der zugrunde liegenden Ätiologie mehr diffus oder mehr auf einzelne Herde beschränkt sein kann. So werden in Begleitung von Gelenkerkrankungen echte Myositiden beobachtet. Bei Tuberkulose und Syphilis kommen entzündliche Muskelerkrankungen vor. Eine besondere Bedeutung kommt der Myositis fibrosa als selbständiger Erkrankung zu. Eine eigenartige Form der Muskelaffektion stellt die Myositis ossificans dar, bei der es in einer Reihe der Fälle zur lokalisierten Ossifizierung der Muskulatur mit mehr stationärem Charakter kommt, während in anderen der Ossifikationsprozeß an vielen Orten einsetzt und zugleich fortschreitet (Myositis ossificans progressiva). Unter den parasitären Muskelerkrankungen des Menschen hat die trichinöse Myositis insofern eine besondere Bedeutung, als es dabei zu einem Zerfall von Muskelsubstanz kommt, bei welchem toxische Produkte gebildet werden (FLURY).

Den *verschiedenen Formen der Muskelatrophie* wurde deswegen größere Beachtung geschenkt, weil aus ihrem Verhalten gegenüber dem elektrischen

---

[1] BOEKE: Nova Acta Leopoldina. Die periphere Endausbreitung des sympathischen Systems, Bd. 2, H. 3/4, Nr. 1. 1935.

Strom wichtige klinisch-diagnostische Anhaltspunkte für die Ätiologie der zugrunde liegenden Affektion gewonnen werden können.

Die Beurteilung des Muskelschwundes ist schwierig, weil das Muskelvolumen, welches von der Zahl und Breite der Fasern abhängt, bereits im Bereiche der Norm großen Schwankungen unterliegt, die durch konstitutionelle Momente und die Faktoren der Ernährung und Beanspruchung bedingt sind. Bei unseren Untersuchungen sind wir auf den Vergleich der Entwicklung des kontralateralen Muskels angewiesen, die wiederum besonders an der oberen Extremität bei deutlicher funktioneller Beanspruchung unsicher wird. Histologisch hat man für die Art der Atrophie auf die Feststellung der Faserzahl und Faserdicke in einem bestimmten Teil des Querschnitts Wert gelegt. Doch ist einleuchtend, daß bei ungleichmäßiger Atrophie sehr viele Einzelwerte aus verschiedenen Partien gewonnen und mit denen der gesunden Seite verglichen werden müssen.

Die Muskelfasern regenerieren im Vergleich zu anderen menschlichen Organen besonders leicht, was vielen ihrer Krankheitsbilder ein besonderes Gepräge gibt. Daß sie qualitativ ungleichartig sind, zeigt ihr differentes Verhalten bei fast allen diffusen Erkrankungen der Muskulatur, bei denen immer nur ein Teil der Faser im histologischen Bild alteriert, ein anderer dagegen vollkommen intakt erscheint.

Die verschiedenen Formen der *Muskelatrophie* werden in zwei Hauptgruppen eingeordnet, die *einfachen* und die *degenerativen*. Bei der einfachen Atrophie nimmt das Volumen des Muskels lediglich durch Verschmälerung der histologisch intakten Fasern ohne Verringerung ihrer Zahl ab, wobei die Verschmälerung in den selteneren Fällen alle Muskelfasern gleichmäßig betrifft. Bei der degenerativen Muskelatrophie führt Verschmälerung und Schwund der Fasern zu einer raschen hochgradigen Volumabnahme des Muskels.

Die eigentümliche *wachsartige* Degeneration — wie sie nach Typhus und Grippe vorkommt — betrifft häufig den ganzen Muskelquerschnitt, wobei der Faserinhalt streckenweise total liquidiert wird und lebhafte regenerative Prozesse eingeleitet werden. Bei der *fettigen* Degeneration zerfällt der Faserinhalt in eine gleichförmige körnige Masse; wird ihr Inhalt resorbiert, so bleiben schließlich leere Sarkolemmschläuche mit den von ihnen eingeschlossenen Kernreihen zurück. Der zerstörte Muskelfarbstoff wandelt sich zu einem eigentümlichen braunen Pigment um, welches sich an den Kernpolen anhäuft. Der Kernreichtum hat bei den primär degenerativen Muskelerkrankungen besonders da, wo die Zerfallsprodukte eine entzündliche Reaktion auslösen, zu Verwechslungen mit primär entzündlichen Myositiden Anlaß gegeben. Eingeleitet wird jeder degenerative Prozeß durch einen mehr oder weniger weitgehenden Verlust der Querstreifung.

Nach starken Beanspruchungen und lokalen Abkühlungen treten sog. Muskelhärten, *Myelogelosen* auf. Ein anatomisches Substrat für diese Myelogelosen ist bisher nicht gefunden. Die entzündlichen Erkrankungen des Muskels werden als Polymyositis beschrieben. Oft findet sich außer der Schmerzhaftigkeit einzelner Muskeln ein hartes Ödem der darüber befindlichen Haut. Die Erkrankung ist meist fieberhaft. Die *hämorrhagische* Polymyositis ist in den meisten Fällen auf embolische Muskelabscesse zurückzuführen. Die bei den nodösen Exanthemen auftretenden Schmerzen und Härten sind nicht selten mit neuritischen Symptomen gepaart. Bei der *Sklerodermie* kommt es neben den atrophischen Veränderungen der Haut gleichzeitig auch zu atrophischen Veränderungen in der Muskulatur.

7. Funktionsstörungen des Muskels.

a) Physiologische Vorbemerkungen. Die Funktionen der quergestreiften Muskulatur dienen der Haltung und der Bewegung des Körpers, sind also *myostatische* und *myomotorische*.

Der lebende Skeletmuskel hat auch in der Ruhe einen gewissen Spannungszustand, solange seine Verbindungen mit dem Zentralnervensystem erhalten sind. Dieser Spannungszustand verleiht dem lebenden Muskel einen gewissen Härte- und Elastizitätsgrad, welche die Körperhaltung garantieren. Werden die gemischten zugehörigen Nerven oder auch die entsprechenden hinteren Wurzeln durchschnitten, so erschlafft der Muskel vollkommen. Dieser demnach durch reflektorische Erregungen bewirkte Spannungszustand der Muskulatur wird nach seinem Entdecker BRONDGEESTscher *Ruhetonus* bezeichnet.

Unter „tonischen Einzelzuckungen" eines quergestreiften Skeletmuskels versteht man solche, bei denen das Stadium der Verkürzung mehr oder weniger lange andauert und das der Erschlaffung verzögert ist. Von den Verhältnissen, die für die Schnelligkeit der Zuckung maßgebend sind, kann man sich nach RIESSER[1] folgendes Bild machen: Das von den quergestreiften Fibrillen durchzogene Sarkoplasma ist von einer Membran, dem Sarkolemm, umgeben. Motorisch wirksame Reize geben zur Bildung der Verkürzungssubstanzen Anlaß. Unter diesen sind *Säuren*, vor allen die Phosphorsäure und Milchsäure, die wirksamsten; sie lassen die Fibrillen quellen und sich verkürzen. Die Säure fließt ins Sarkoplasma und durch das Sarkolemm in die Zwischenzellräume ab; in dieser Zeit erfolgt die Erschlaffung. Verhältnisse, die zur Säurestauung im Sarkoplasma führen, verlängern das Verkürzungsstadium und verleihen damit der Zuckung tonischen Charakter; als solche werden genannt die *relative Menge* des Sarkoplasmas im Verhältnis zu den Fibrillen, seine Quellbarkeit bzw. seine Fähigkeit H-Ionen festzuhalten, der im Zeitpunkt des Reizes schon vorhandene H-Ionengehalt, die Durchlässigkeit des Sarkolemms, die Geschwindigkeit der chemischen Restitutionsprozesse. Coffein hemmt die Restitution des Lactacidogens, Veratrin verdichtet die Grenzmembranen; beides führt zur Verlängerung der Zuckungsdauer. Der Sarkoplasmareichtum der r o t e n Muskeln verlangsamt die Zuckung gegenüber der sehr sarkoplasmaarmen w e i ß e n.

Nach der älteren dualistischen Theorie kommt die Zuckungsform des Muskels durch *Kombination zweier Verkürzungsvorgänge* zustande; einer langsamen „tonischen" Dauerverkürzung des Sarkoplasmas und einer schnellen Fibrillenkontraktion. RIESSER sieht demgegenüber als Funktion der erwähnten sympathischen (oder parasympathischen) Innervation lediglich eine Regulierung des physikalischen Zustandes des „Sarkoplasmas" an; der Zustand des Sarkoplasmas entscheidet dann wieder über den Ablauf der rein motorisch innervierten Fibrillenzuckung.

Auch v. UEXKÜLL[2] hat widerholt betont, daß im Skeletmuskel zwei funktionell vollkommen verschiedene Anteile vorhanden sind: ein sperrender Anteil, welcher die Last trägt, und ein bewegender, welcher die bereits ausbalancierte Last bewegt. Die Innervation der Bewegung bewirkt eine Kontraktion des Muskels, die Innervation der Sperrung soll aber eine Verdichtung und damit eine Härtezunahme bedingen, welche als unmittelbarer Ausdruck der Sperrung angesehen wird. HEINRICH hat versucht, diese Vorstellungen für die Klinik nutzbar zu machen[3].

Der doppelten Funktion des quergestreiften Muskels soll auch ein *doppelter Chemismus* entsprechen. Während der *Tetanus* den Kreatingehalt des Muskels unverändert läßt, soll mit der Zunahme des „*Tonus*" die Kreatinmenge des Muskels erheblich wachsen. Diese Hypothese eines besonderen — durch Abweichungen im Kreatin-Kreatininumsatz gekennzeichneten — Tonusstoffwechsels wird durch die neuesten tierexperimentellen Erfahrungen *nicht* gestützt[4].

b) Entartungsreaktion. Die Symptomatologie der Erscheinungen am entarteten Muskel ist am eingehendsten beschrieben für sein abweichendes Verhalten bei Prüfungen mit dem elektrischen Strom. Nach der klassischen ERBschen Darstellung zeigt der *entartete Muskel* ein sehr verschiedenes Verhalten gegen den faradischen und gegen galvanische Ströme. Während der *motorische Nerv* 2 bis

---

[1] RIESSER: Klin. Wschr. **1922 II**, 1319. Dort weitere Literatur.
[2] UEXKÜLL, v.: Pflügers Arch. **232**, 842 (1933).
[3] HEINRICH: Pflügers Arch. **230**, 596 (1932).
[4] RIESSER: Hoppe-Seylers Z. **120**, 189 (1922).

3 Tage nach der durch die Schädigung eintretenden Lähmungen ein gleichmäßiges Sinken sowohl der faradischen wie der galvanischen Erregbarkeit bis zum völligen Erlöschen derselben zeigt, sinkt die *Erregbarkeit des Muskels* vornehmlich für den *faradischen* Strom, um im Laufe der zweiten Woche nach eingetretener Schädigung völlig zu erlöschen und bei beginnender Wiederherstellung sich allmählich der Norm zu nähern. Ganz anders reagiert der Muskel gegenüber dem *galvanischen* Strom. Nach einer anfänglichen Verminderung kommt es gegen Ende der zweiten Woche zu erheblicher Steigerung der galvanischen Erregbarkeit. Gleichzeitig mit ihr ändert sich der *Zuckungsmodus*. An die Stelle der normalen, kurzen, blitzartigen Zuckung tritt eine träge, langgezogene Kontraktion, welche schon bei geringen Stromstärken in einen die ganze Stromdauer anhaltenden Tetanus übergeht. Gleichzeitig tritt eine qualitative Änderung des Zuckungsgesetzes im Muskel ein. Dieselbe ist bedingt durch das stärkere Anwachsen der Anodenschließungszuckung (A.S.Z.), welche bald der Kathodenschließungszuckung (K.S.Z.) gleich oder sogar erheblich größer wird. Die Kathodenöffnungszuckung wächst ebenfalls rascher an als die Anodenöffnungszuckung, wenn sie auch nur selten größer als die Anodenöffnungszuckung wird. Die Öffnungszuckungen sind in der ersten Zeit außerordentlich lebhaft und leicht, leichter als am gesunden Muskel zu erzielen. Von diesem Symptomenkomplex der *kompletten* Entartungsreaktion unterscheidet sich der der *partiellen* dadurch, daß bei ihr die Veränderungen der Erregbarkeit vom Nerven aus weniger ausgeprägt sind oder ganz fehlen.

Ist die Erregungsmöglichkeit vom Nerven aus erloschen, die direkte Erregbarkeit vom Muskel aus aber erhalten, so ist entweder die Erregbarkeit oder die Erregungsleitung im Nerven gestört. Diese seine Funktionsfähigkeit ist durch den anatomisch nachweisbaren Untergang lädierter Nervenfasern völlig erklärt. Das Symptom der trägen *Zuckung* kommt allein den *Veränderungen der Muskulatur selbst zu* und läßt sich durch Abkühlung gesunder Muskeln künstlich erzeugen[1].

Für die Erklärung der übrigen Symptome der Entartungsreaktion muß mit einigen Worten auf die *Theorie der elektrischen Reizung* eingegangen werden:

Die Leitung des elektrischen Stromes im organisierten Gewebe geschieht ausschließlich durch Elektrolyte. Der Strom erzeugt Ionenverschiebungen, d. h. Konzentrationsänderungen. Umgekehrt muß, wenn an irgendwelchen kolloiden Grenzflächen ein ionaler Konzentrationsunterschied eintritt, sich ein elektrisches Potentialgefälle ausbilden und damit ein elektrischer Strom fließen. Solche Konzentrationsdifferenzen der Ionen entstehen durch verschiedene Lebensprozesse an jeder semipermeablen Membran, also auch an jeder Zellhülle, z. B. durch die verschiedene Wanderungsgeschwindigkeit der Ionen. Da nun der Stoffwechsel der Einzelzelle dauernd mit solchen Ionenverschiebungen verbunden ist, muß jede lebende und Stoffe wechselnde Zelle elektrische Ströme erzeugen (bioelektrische Ströme). Jede durch einen von außen applizierten Strom gesetzte ionale Konzentrationsänderung wirkt erregend. Konzentrationsänderungen solcher Art treten nun nicht in homogenen Flüssigkeiten ein, sondern nur da, wo das Wandern der Ionen gehemmt wird, im Körper an den Zellmembranen. Von einem bestimmten Wert ab, den man als Reizschwelle" bezeichnet, wirkt *jede Schwankung der Ionenkonzentration* auf Nerven und Muskel als Reiz ein. Solange wir es mit einem Gleichstrom zu tun haben, ist eine solche Polarisierung an den Grenzflächen ohne weiteres verständlich. Nach NERNST bedingt nun auch der Wechselstrom eine Polarisierung, wobei die Stromstärke, die einen eben merklichen Effekt erzielt, um so größer sein muß, je höher die Frequenz des Stromwechsels ist. Nach NERNST ist die erforderliche Stromstärke ganz gesetzmäßig jeweils der Quadratwurzel der Wechselzahl

---

[1] GRUND: Dtsch. Z. Nervenheilk. **35**, 172—222 (1908).

des Stromes proportional. Bei sehr hoher Frequenz der Polwechsel in der Sekunde dauern die einzelne Stromstöße zu kurze Zeit, um noch Ionenverschiebungen von merklicher Konzentration zu bewirken. Ströme von so hoher Frequenz wirken daher nicht mehr erregend (D'Arsonvalisation, Diathermie).

Die NERNSTschen Theorien hat REISS[1] auf die Entartungsreaktion angewendet. Als Wirkung des konstanten Stromes auf den menschlichen Körper wandern von der positiven Anode die positive Kationen zur negativen Kathode und die negativen Anionen zur positiven Anode. Es bilden sich beim Stromdurchtritt durch organisiertes Gewebe einander entgegengesetzte Veränderungen an Anode und Kathode, die sich beim Öffnen des Stromes wieder ausgleichen. Nur finden bei der Öffnung an der Anode die Reaktionen statt, welche bei der Schließung an der Kathode vor sich gehen. Es hängt von der *Zusammensetzung des Gewebes und der Beschaffenheit seiner Membranen* ab, welche von beiden Veränderungen den stärkeren Reiz abgibt. Der entartete Muskel soll in seiner Zusammensetzung und der Permeabilität der Membranen nach in der Richtung geändert sein, daß an der Anode die stärkere Ionenkonzentration zustande kommt und damit die Ursache der Polwirkung erklärt wird. Die träge Zuckung wird in letzter Linie zurückzuführen sein auf eine Zustandsänderung der contractilen Substanz.

Als Maß für die Geschwindigkeit des Erregungsablaufs im Muskel ist der Begriff der *Chronaxie* eingeführt. Wir verstehen unter Chronaxie die geringste Stromdauer, welche bei bestimmter Intensität den Muskel zu erregen vermag. Die bei Festsetzung der Chronaxie verwendete Stromintensität ist die doppelte derjenigen geringsten, welche bei beliebig langer Stromdauer eben noch eine Reaktion hervorruft. Diese geringste Intensität wird *Rheobase* genannt. Chronaxie ist also der Zeitwert bzw. die Stromdauer, welcher bei doppelter Rheobase erforderlich ist. Bei steigender Temperatur sinkt die Chronaxie und umgekehrt. Ein Muskel, dessen Nerv degeneriert ist, kontrahiert sich langsamer und seine Chronaxie nimmt zu.

c) Elektromyogramm. Die Frequenzen des Aktionsstromes *(Elektromyogramm)* bei normaler Temperatur sind etwa 100—150 Schwingungen pro Sekunde. Wird der menschliche Muskel tief abgekühlt (auf 14—16°), so geht die Frequenz erheblich herunter auf 25—50 Schwingungen[2]. Wahrscheinlich treffen die Muskeln vom Zentralnervensystem her 100—165 Impulse, die sie prompt beantworten. Bei starker Abkühlung, die naturgemäß mit einer weitgehenden Drosselung der Durchblutung einhergeht, spricht der Muskel auf die Impulse des Nervensystems nur noch unzureichend an. Die Frequenz der Aktionsströme nimmt daher ab. Die gleiche Abnahme zeigt sich auch bei starker Ermüdung des Muskels. Eine seltene Form der Muskelfunktionsstörung ist die *Myotonie*. Bei dieser angeborenen Erkrankung tritt in den Muskeln, die eine Zeitlang geruht haben, besonders nach einem plötzlichen intensiven Impuls ein Kontraktionszustand ein, welcher vom Willen nicht beherrscht wird. Das Charakteristische dieses Zustandes liegt nicht in der Verkürzungsphase des Muskels, welche prompt und rasch erfolgt, sondern in der *Erschlaffungsphase*. Der Kontraktionszustand kann bis $\frac{1}{2}$ Minute lang nach Aufhören des Bewegungsimpulses andauern. Durch mehrfache Wiederholung der gleichen Bewegung kann die

---

[1] REISS: Die elektrische Entartungsreaktion. Berlin: Julius Springer 1911.
[2] MARTINI u. MÜLLER: Z. Biol. **86**, 165 (1927).

eigentümliche *Muskelsteifigkeit* überwunden werden. Nach einigen Minuten Ruhe stellt sich als Folge eines neuen Bewegungsimpulses die myotonische Störung wieder ein. Die Kranken zeichnen sich durch eine kräftige Muskulatur aus und sind besonders dann durch diese Muskelaffektion gestört, wenn sie plötzlich eine rasche Bewegung ausführen wollen oder sollen. Bei Männern wird das Leiden charakteristischerweise beim Militärdienst zuerst entdeckt. Bei der Analyse der Muskelfunktion zeigt sich, daß die mechanische, galvanische und faradische *Erregbarkeit* der motorischen *Nerven* quantitativ und qualitativ normal ist. So ist es verständlich, daß auch die *reflektorische* Erregung, z. B. der Quadricepsmuskulatur, durch Beklopfen der Patellarsehne, eine prompte, rasch abklingende Muskelzuckung mit einem einzigen elektromyographisch nachweisbaren Aktionsstromstoß abläuft. Die krankhaften Erscheinungen kommen erst bei direkter Reizung des Muskels zum Vorschein. Die *mechanische* Reizung des Muskels durch Beklopfen oder Kneifen veranlaßt eine wulstartige Kontraktion, die gelegentlich von einer ringförmigen Delle umgeben ist, besonders gut an der Zungenmuskulatur zu registrieren. Diese *idiomuskuläre Wulst* kann sekundenlang bestehen bleiben und ist besonders dann, wenn er sich langsam zur vollen Höhe entwickelt und noch träger wieder abklingt, von manchen als pathognomonisch für das Leiden erklärt werden.

Bei *galvanischer Reizung* sind Kathoden- und Anodenschließungszuckung gleich stark, träge und lang nachdauernd. Die Kontraktionsnachdauer ist bei Einzelreizen sehr viel weniger ausgesprochen als bei tetanisierenden Induktionsströmen. *Myographische* Untersuchungen zeigen, was schon der einfache Aspekt lehrt, daß der Kurvenanstieg gegen die Norm verlangsamt, der dem Erschlaffungsprozeß entsprechende Kurvenabfall dagegen erheblich verlängert erscheint.

Gelegentlich soll auch in der *glatten* Hautmuskulatur eine erhöhte mechanische Reizbarkeit und lange Nachdauer beobachtet worden sein. Die tägliche *Kreatinin*ausscheidung ist vermehrt[1].

Das eigentümliche Verharren der Muskulatur nach Erreichung des Verkürzungsstadiums in einem „*tonischen*" *Kontraktionszustande* bietet Gelegenheit, mit Hilfe elektromyographischer Registrierung der Frage nachzugehen, ob diese Art des „Tonus" auf tetanischer Dauererregung beruht, oder ob sie ohne Aktionsströme verlaufend einen besonderen Verkürzungszustand des Muskels im Sinne der dualistischen Auffassung seiner Funktion bedeuten (DE BOER u. a.).

Solche Untersuchungen wurden von BÜRGER und SCHELLONG[2] angestellt. Es zeigte sich, daß auch die durch mechanische Reizung (Schlag auf den Muskel) ausgelöste myotonische Kontraktion mit deutlichen elektromyographischen Erscheinungen abläuft. Der gekühlte Muskel zeigt nach mechanischer Reizung eine viel längere myotonische Nachdauer als der ungekühlte; intensive Abkühlung löst die myotonische Reaktion unter bestimmten Versuchsbedingungen *allein* aus. Die Autoren haben sich über den Erscheinungskomplex an myotonischen Muskeln folgende Vorstellung gebildet:

Eine nicht weiter zu erklärende Tatsache ist die erhöhte Reizempfindlichkeit des Muskels der Myotoniker, die für mechanische, elektrische und durch uns für Kältereize erwiesen sind. Hat die Erregung Bruchteile von Sekunden bestanden, so wirken offenbar die bei der Verkürzungstätigkeit des Muskels entstehenden Substanzen an sich als Reiz fort. Jedes Geschehen, das dem Abtransport des momentanen Reizmaterials bzw. seiner chemischen Unschädlichmachung entgegenwirkt, wird zu einer Anhäufung dieses Reizmaterials führen und die längere Nachdauer der myotonischen Reaktion begünstigen. So kann die Kälte

---

[1] WERSILOFF: Neur. Zbl. **1897**, 716. — KARZINSKY: Neur. Zbl. **1899**, 565.
[2] BÜRGER u. SCHELLONG: Z. exper. Med. **1922**.

primär als Reiz wirken, sekundär durch Vasokonstriktion der Entfernung des Reizmaterials hemmend entgegenwirken. Umgekehrt müssen alle Momente, welche eine bessere Durchblutung der Muskulatur bedingen (mehrfache Wiederholung ein und derselben Bewegung mit sekundärer Arbeitshyperämie, künstliche Erwärmung der Muskulatur, stärkerer Alkoholgenuß mit peripherer Vasodilatation), einen raschen Abtransport des bei der Kontraktion entstehenden Reizmaterials begünstigen und damit die myotonische Verkürzungsnachdauer verhindern. Auch den Umstand, daß eine möglichst rasch und energisch durchgeführte Muskelkontraktion die myotonische Nachdauer begünstigt, darf man wohl auf die Annahme einer größeren Menge von in der Zeiteinheit gebildetem Reizmaterial zurückführen.

Die gemachten Beobachtungen lassen es wahrscheinlich werden, daß das Wesen der Myotonie in einer Zustandsänderung der Muskulatur und nicht in einer falschen Innervation gesucht werden muß. Sie zeigen ferner, daß für das beste Paradigma eines tonischen Verkürzungszustandes sich das Vorhandensein oszillatorischer Aktionsströme dartun läßt, womit das wichtigste Kriterium des Tonus gegenüber dem Tetanus hinfällig wird.

Die eigentümlichen, als *Tetanie* beschriebenen Formen der Muskelkrämpfe sind von den eben dargestellten wesensverschieden. An einer Extremität, deren Nerven durchschnitten sind, bleiben die Muskelzuckungen aus, auch dann, wenn die Tetanie bereits am ganzen Körper ausgebildet ist. Dieser Befund zeigt, daß sich die wesentlichsten Symptome der Tetanie auf eine *Übererregbarkeit des Nervensystems* zurückführen lassen. Die Krämpfe und die Muskelsteifigkeit, die in dem Symptomenkomplex der Tetanie dominieren, werden durch Impulse aus dem übererregten Nerven ausgelöst. Der genaue anatomische Angriffspunkt des hypothetischen Tetaniegiftes im Nervensystem ist noch nicht gefunden. Sicher ist nur, daß eine direkte Affektion der Muskeln selbst nicht vorliegt.

Eine auffällige Erscheinung zeigt der *Muskel* besonders *abgemagerter Individuen,* Phthisiker, Carcinomkranker beim Beklopfen mit einem Perkussionshammer. Durch den kräftigen *mechanischen lokalen Reiz* entsteht eine Wulstbildung, die *idiomuskuläre Kontraktion.* Oft genügt schon ein leichter Schlag oder ein sanftes Streichen über die Muskulatur, um solche Muskelschwülste zu erzielen. Durch myographische Untersuchungen konnten EDINGER[1] und REISS[2] feststellen, daß bei schweren Allgemeinaffektionen des Menschen, welche zu Muskelschädigungen mit anatomisch nachweisbarer Fettdegeneration führen, ohne daß der Nerveneinfluß gestört ist, eine träge Muskelzuckung auftreten kann. Es wurde Verlängerung der Latenzperiode sowohl wie die der Kontraktionsdauer gefunden.

Bei den gleichen Krankheiten, Tuberkulose und Krebskachexie, findet sich sowohl diese Veränderung des Zuckungsmodus wie die erhöhte mechanische Erregbarkeit.

Diese Art des Muskelverhaltens ist durch Muskelschädigung infolge alimentärer und toxischer Einflüsse bedingt.

Über das Wesen der bei manchen Rheumatikern nachweisbaren sog. *„Muskelhärten"* ist nichts Sicheres bekannt.

8. Ermüdung und Erholung.

Der Vorgang der *Ermüdung* ist bisher nicht einheitlich erklärt. Nach Mosso sollen Ermüdungsstoffe, die sich bei längerer Tätigkeit in einer Muskelgruppe

---

[1] EDINGER: Z. klin. Med. **6**, 139—160 (1883).
[2] REISS: Die elektrische Entartungsreaktion. Berlin: Julius Springer 1911.

bilden, auf dem Blutwege zu den noch nicht ermüdeten Muskeln befördert werden und die Leistungsfähigkeit derselben herabsetzen. Auch soll die Transfusion vom Blute eines stark ermüdeten Tieres bei einem frischen Tier starke Ermüdung hervorrufen. WEBER glaubt indessen an eine *zentrale Ermüdung* des Gehirns, und zwar soll die zentrale Ermüdung zunächst auf den Anteil des Gehirns beschränkt bleiben, der in direkter Beziehung zu der Bewegung der betreffenden Muskelgruppe steht. Es kommt zu einer Umschaltung der Durchblutung im Sinne einer Drosselung derjenigen Gefäßgebiete, welche für die Versorgung der ermüdeten Muskulatur verantwortlich sind. Diese Umkehr der Blutverschiebung tritt im Gegensatz zu dem langsamen Vorwärtsschreiten der peripheren Muskelermüdung relativ plötzlich auf. Der Zeitpunkt des Eintretens der zentralen Ermüdung ist individuell verschieden. Aber auch bei demselben Menschen soll je nach der augenblicklichen Beschaffenheit des Zentralorgans die zentrale Ermüdung zu verschiedenen Zeiten eintreten.

Man hat die Ermüdung in Beziehung gebracht mit dem Refraktärstadium, welches bei der Erregung jedes lebenden Gebildes nachzuweisen ist. Auch bei den Ganglienzellen des Zentralnervensystems läßt sich nach einer einmal abgelaufenen Erregung eine Zeit vollkommener Unerregbarkeit feststellen. Die erregbare Substanz muß erst wieder regeneriert werden, bevor eine neue Erregung wirksam werden kann. Als manifester Ausdruck der Ermüdung bei zureichender Reserve an Energie liefernden Stoffen wird von DURIG die Abgabe und das Wirksamwerden intensiverer Reizimpulse, die noch eben eine Leistung erzwingen, angesehen. Unter Aufwendung stärkster Willensanspannung wird im Zustande der Ermüdung zwar noch eine Leistung aber eine geringere als im Normalzustand erzielt. Ein Muskel kann also auf *doppelte* Weise ermüden: einmal durch *willkürliche Kontraktion* und schließlich durch die *Anspannung größter Willensenergie.* Wir können bei Messungen mit dem Ergographen z. B. bei stärkster Willensanspannung keinen weiteren Druck mit dem ermüdeten Finger ausführen. Wird jetzt der zuführende Nerv elektrisch gereizt, so sehen wir neuerdings Fingerbeugung eintreten als Zeichen dafür, daß nicht die Muskulatur, sondern die *Nervenzelle im Zentrum* ermüdet ist und auf Willensimpulse nicht mehr anspricht. Umgekehrt können wir bei fortdauernder elektrischer Reizung den Muskel bis zur Erschöpfung ermüden, so daß Kontraktionen durch elektrische Reizung des Nerven nicht mehr ausgelöst werden können. Fordert man den Untersuchten auf, nunmehr unter Aufwendung stärkster Willensimpulse den Finger zu beugen, so gelingt ihm das. Die zentralen Ganglienzellen haben sich unzwischen erholt und können dem Muskel neuerdings Impulse zusenden. Die Muskelendplatten des motorischen Nerven vermitteln, da sie gegenüber Willensimpulsen empfindlicher sind als für elektrische Ströme, die vom Zentralnervensystem herkommenden Reize. Der *physiologische* Reiz löst in diesem Zustande noch Bewegungen aus, wo Erregungen vom peripheren Nerven her dasselbe nicht mehr vermögen. Neuere Untersuchungen haben erwiesen, daß aus Zeichen *zentraler* Ermüdung Veränderungen des Aktionsstromes im Nerven festzustellen sind. Es sollen dabei die wenig frequenten Wellen seltener werden als im Zustand der Ruhe.

Auch die *Reflexe* sind ermüdbar. So hat man z. B. an Radfahrern, die anstrengende Wettfahrten hinter sich hatten, den Kniesehnenreflex vollkommen verschwinden sehen. Das gleiche ist nach Dauermärschen beobachtet worden.

Die *chemische Ursache* der Ermüdung ist ein Mißverhältnis zwischen *Erzeugung* und *Wegschaffung* von Ermüdungsstoffen. Die Wegschaffung der Milchsäure geschieht, wie schon ausgeführt, teils durch Resynthese, teils durch Oxydation. Ein anderer Teil wird auf dem Blutwege fortgespült. Neben den bekannten Substanzen Milch-, Phosphor- und Kohlensäure sind auch Kalisalze als Ermüdungsgifte angesprochen worden, da man die aus ermüdeten Muskeln ausströmende Flüssigkeit kalireicher gefunden hat. Daß die Oxydation und die gute Durchblutung bei der Fortschaffung der Ermüdungsstoffe eine wesentliche Rolle spielt, geht aus der Tatsache hervor, daß statische Arbeit, bei welcher die Muskelpumpe still gestellt ist, obwohl die Umsetzungen sehr viel geringer sind, zu rascher Ermüdung führt als Arbeit, bei welcher Bewegungen durchgeführt werden. HILL hat berechnet, daß ein schwer arbeitender Athlet pro Sekunde etwa 3 g Milchsäure in seinen Muskeln frei werden läßt. Diese Menge wird zum Teil erst nach Schluß der Arbeit wegoxydiert bzw. zur Synthese wieder verwandt. Aus dieser nachträglichen Wegoxydation leitet sich die Sauerstoffschuld (Oxygen debt) her, welche durch erhöhten Sauerstoffverzehr nach Schluß der Arbeit gedeckt werden muß. Diese *Sauerstoffschuld* kann bei schwer arbeitenden Athleten etwa 19 l Sauerstoff betragen. Da nun 1 l Sauerstoff 7 g Milchsäure im Erholungsprozeß zum Verschwinden bringt, berechnen sich für den *Gesamtkörper* etwa 150 g Milchsäure (0,35 %). Ein Teil der überschüssig gebildeten Milchsäure verläßt den Körper durch Harn und Schweiß. Die im Blute nach schwerer sportlicher Arbeit gefundenen Milchsäuremengen erreichen etwa das 7—8fache des Normalwertes (12—15 mg-%). Bemerkenswert ist, daß die Ermüdung einer Muskelgruppe (z. B. der Arme), durch nachträgliche Arbeit anderer Muskelgruppen (der Beine) bekämpft werden können, wahrscheinlich dadurch, daß die Armmuskelgefäße hierdurch wieder miterweitert werden und die Ermüdungsstoffe auf diese Weise rascher fortgeschafft werden können. Das beste Mittel gegen Ermüdung ist die reichliche Zufuhr von Sauerstoff und Alkali auf dem Wege einer starken *Durchblutung*. Wahrscheinlich wirken Massage und Diathermie auf diesem Wege der Ermüdung entgegen. *Dynamische* Arbeit eines Muskels bis zur Ermüdung hat eine deutliche Zunahme der *Chronaxie* zur Folge. Durch Massage kann der gesteigerte Wert der Chronaxie wieder zum Sinken gebracht werden[1]. Kommt es wie in bestimmten Berufen zu einer wiederholten starken Ermüdung bzw. Erschöpfung einer bestimmten Muskelgruppe mit dazugehörigen nervösen Apparat, so kann auf die Dauer gesehen die vollständige Restitution ausbleiben. Der gesamte neuromuskuläre Apparat ist für Schädigungen dann besonders anfällig. So zeigt TELLEKY, daß bei Feilenhauern eine besondere Beanspruchung der Daumenmuskulatur isoliert der Bleischädigung zum Opfer fällt. Wieweit solche Überlegungen auch für Infektionskrankheiten Geltung haben, ist noch nicht entschieden. Bei der Tabes hat man früher an Ermüdung des nervösen Apparates durch übermäßige Beanspruchung als Ursache gedacht. Vielleicht spielt die Ermüdung als wiederholt prädisponierendes Moment für die metaluische Schädigung eine nicht unwesentliche Rolle.

---

[1] LANDECKER: Dtsch. Arch. klin. Med. **172**, 120 (1932).

B. Der Schlaf und seine Störungen.

Fragt man nach den *Ursachen des Ausfalles bestimmter Hirnfunktionen,* so ist das Nächstliegende, sich nach einer Erklärung für die periodische Unterbrechung wesentlicher Hirnfunktionen durch den *physiologischen Schlaf* umzusehen. Man hat den Schlaf als eine Tonussteigerung des *vegetativen,* besonders des *parasympathischen* Nervensystems gekennzeichnet und ihm die Bedeutung einer Erholungszeit *des animalen Nervensystems* zugesprochen.

1. Ermüdung und Schlaf.

Daß zwischen körperlicher *Ermüdung* und *Schlaf* innige Beziehungen bestehen, wurde schon erwähnt. Es kann aber nicht bestritten werden, daß Schlaf auch ohne jegliche Ermüdung möglich ist und andererseits bei *Übermüdung* der Schlaf nicht eintritt. Ein ausgiebiger Schlaf bringt das Ermüdungsgefühl zum Verschwinden. Daß dabei die Ermüdungsstoffe rascher aus der Muskulatur weggeschafft werden, ist unwahrscheinlich, wahrscheinlich dagegen eine bessere Erholung des Zentralnervensystems und der die motorischen Nerven aussendenden Zellen (DURIG). Werden Menschen längere Zeit am Schlaf gehindert, wie LEE[1] das 60—160 Stunden an Studenten durchführte, sind die Störungen angeblich gering. Kniesehnenreflexe, Pupillenreflexe, Reizschwellen für faradische Reize für Licht und Schall sollen *unverändert* bleiben. Mit Recht betont DURIG, daß zwischen solchen vorübergehenden einmalig angestellten Schlafexperimenten und der Wirkung regelmäßig wiederkehrender Schlafstörung beim schwer beanspruchten Arbeiter große Unterschiede bestehen. Für den Arzt darf es als gesicherte Tatsache gelten, daß dauernde Schlaflosigkeit zu den schwersten Störungen des psychischen und körperlichen Allgemeinbefindens führt.

Unter den *Symptomen* des *Schlafes* sind folgende von Bedeutung:

Der Gesamtumsatz ist vermindert, was im wesentlichen auf die Erschlaffung und Ruhigstellung der Muskulatur zurückgeführt wird. Puls, Atmung und Herztätigkeit sind verlangsamt, der Blutdruck sinkt. Die Sekretionen sind vermindert. Bei empfindlichen Kindern kommt es aus diesem Grunde zu einer relativen Austrocknung der Cornea, die als Jucken und Brennen empfunden wird und der die Kleinen durch Reiben in den Augen entgegenwirken. Auch die katarrhalischen Erscheinungen, z. B. beim Schnupfen, pflegen im Schlafe geringer zu werden oder aufzuhören. Die Pupillen sind im tiefen Schlafe eng, so daß sie durch Lichteinfall nicht weiter verengt werden können. Die Reflexe sind herabgesetzt. Alle diese Erscheinungen werden zurückgeführt auf die verminderte Tätigkeit der den einzelnen Funktionen vorstehenden Zentren bzw. des Rückenmarks. So wird die Wärmeregulation in der Richtung einer Herabsetzung der Körpertemperatur umgestellt.

Die Bewußtseinsvorgänge sind im Schlafe nicht vollkommen unterbrochen, sondern laufen in den Träumen weiter. Weil kein totaler Bruch zwischen den Traumketten und der Kette des Wachbewußtseins vorhanden ist (FOREL), meinen viele Leute sie schlafen schlecht oder gar nicht. Der Gegensatz zwischen den beiden Lebenszuständen Wachen und Schlaf ist eben bei den höchsten

---

[1] LEE: Ber. Physiol. **1930**, 601.

Organismen in nichts so ausgeprägt wie im *seelischen* Verhalten. Das aktive Wollen ist aufgehoben, das Ichbewußtsein aufs stärkste verdunkelt, der größere Teil des Wahrnehmens ausgeschaltet, ein kleinerer abgeschwächt oder der Verfälschung preisgegeben[1]. Dabei können im tiefen Schlaf gewisse Komplexe wachbleiben. Eine Mutter, die durch den lautschnarchenden Ehemann ungestört weiterschläft, wacht beim leisesten Winseln ihres Kindes auf. Den schlafenden Müller weckt das Stillstehen der vorher laut klappernden Mühle usw.

Daß Dunkelheit das Einschlafen erleichtert ist bekannt; ob hier der wirksamste Faktor die Ausschaltung aller Reize des Lichtsinns oder wie bei den Pflanzen eine Änderung vegetativer Funktionen ist, bleibt unentschieden. Für den Menschen ist das erste wohl wesentlicher.

Die führende Eigenschaft des Schlafes, seine Tiefe, ist beim Menschen so eng an die Dunkelheit gebunden, daß dieselbe als reziproke Funktion der atmosphärischen Helligkeit erscheint (HELLPACH). Der Schlaf ist im Sommer flacher als im Winter, der Mittagsschlaf erreicht kaum ein Viertel der Nachtschlaftiefe.

STRÜMPELL beobachtete einen jungen Burschen, der am größten Teil seines Körpers unempfindlich war, nur auf einem Auge sehen, nur mit einem Ohr hören konnte. Wurden auch diese letzten Receptoren blockiert, durch Zuhalten des Auges und Verstopfen des Ohres, so schlief der Patient in wenigen Sekunden ein.

Im Schlafe findet eine weitgehende Eindämmung aller nervösen Impulse statt; das lehren auch Beobachtungen an Kranken mit dem sog. amyostatischen Symptomenkomplex[2], bei welchem im Schlafe die im Wachsein ständig vorhandenen motorischen Symptome des Zitterns vollkommen sistieren. Das gleiche gilt für alle anderen Tremorarten und fast jede Form unwillkürlicher Bewegung.

2. Schlafstörungen.

Die Störungen des Schlafes können nach zwei Richtungen eintreten. Zunächst kann ein *gesteigertes Schlafbedürfnis* vorliegen. Bei jugendlicheren Neuropathen wird ein besonders großes Schlafbedürfnis gefunden und darin eine Annäherung an kindliche Verhältnisse, ein psychischer Infantilismus gesehen. Sehr interessant ist die dauernde Schläfrigkeit bei hypothyreotischen Individuen, vor allem beim Myxödem.

Eine Beobachtung von UMBER[3] bei einer schwer adipösen Frau von 122,5 kg und 156 cm Körpergröße möchte ich gleichfalls hier erwähnen; sie schlief selbst beim Zählen und Wechseln des Geldes ein, so daß die Münzen ihren Händen entfielen. Die Frau hatte trotz reichlicher Körperbewegung einen verminderten Energieumsatz von 26 Calorien pro Körperkilogramm. Die hochgradige Fettsucht beruhte offenbar auf endokrinen Störungen, bei welchen die Unterfunktion der Schilddrüse dominierte. Solche Beobachtungen erinnern an die neuerdings gemachten Feststellungen an winterschlafenden Tieren. In der Periode des Winterschlafes kommt es zu einer Involution der Schilddrüse und zu einer allgemeinen Verlangsamung des Stoffwechsels.

Eine Sondergruppe bilden *infektiöse* Erkrankungen, welche mit einer eigentümlichen oft im Krankheitsbilde dominierenden Schlafsucht einhergehen; hierher gehören die *Encephalitis lethargica*[4]. Diese Schlafstörungen sind mit

---

[1] HELLPACH: Die geopsychischen Erscheinungen, 2. Aufl., S. 246f. Leipzig 1917.
[2] STRÜMPELL: Dtsch. Z. Nervenheilk. **54**, 207 (1916).
[3] UMBER: Ernährung und Stoffwechselkrankheiten, 2. Aufl., S. 88. Berlin-Wien 1914.
[4] ECONOMO: Wien. klin. Wschr. **1917** I; Neur. Zbl. **1917**, Nr 21.

Veränderungen des Höhlengraus, des Aquaeductus und des benachbarten Oculomotoriuskerns in Beziehung zu setzen[1]. Das psychisch hervorstehendste Symptom ist auffallende *Schlafsucht* von wechselnder Intensität, steigend von einer absoluten Teilnahmslosigkeit bis zu einem festen oft komatösen Schlafzustand, aus dem aber die Kranken meist zu erwecken sind. Auch bei der durch *Trypanosomen* hervorgerufenen *Schlafkrankheit* werden encephalitische Prozesse gefunden.

Ebenso wird bei der WERNICKEschen *Polioencephalitis superior acuta haemorrhagica* der Alkoholiker eine eigentümliche Schlafsucht beobachtet. Diese Beobachtungen haben zu Erklärungsversuchen auch des physiologischen Schlafes geführt. In der Bahn der Receptoren zum Gehirn sollen Unterbrechungsvorrichtungen im Boden des dritten Ventrikels und des zentralen Höhlengraus oder im Thalamus opticus eingeschaltet sein und dadurch der Schlaf zustande kommen; durch encephalitische Prozesse an entsprechenden Stellen werden diese Unterbrechungen gewissermaßen in Permanenz fortbestehen und dadurch dauernde Schlafsucht erzeugen können.

SPIEGEL[2] hat bei Hunden und Katzen durch Verletzung dieser Gegend unter Schonung des Thalamuskerns in mehrere Wochen dauernden Beobachtungen keine abnorme Schlafsucht gefunden. Nach beiderseitiger Thalamusverletzung dagegen konnte trotz Intaktheit des zentralen Höhlengraus mehrere Wochen anhaltende Schlafsucht beobachtet werden. Hierher gehören auch die interessanten Beobachtungen von HESS, welcher durch Einführung von Nadelelektroden in die Stammganglien und Zuleitung von elektrischen Strömen durch dieselbe seine Tiere zum Einschlafen bringen konnte.

Das vermehrte Schlafbedürfnis bei den sog. Insuffizienzkrankheiten (Avitaminosen) und im Hungerzustand ist für die theoretische Auffassung vom Wesen des Schlafes von besonderer Bedeutung.

Eine andere Gruppe der Schlafstörungen ist durch die *Verkürzung der Schlafzeit und der Schlaftiefe* charakterisiert. Für den Erwachsenen werden mindestens 7—8 Stunden Schlaf in der Regel für die Gesunderhaltung des Hirn- und Nervenlebens erforderlich sein. Das notwendige Minimum schwankt in breiten Grenzen und gehört zur Charakteristik der Konstitution des betreffenden Menschen. Ältere Leute, bei denen der Wachszustand mit einer geringeren Intensität der körperlichen und geistigen Funktionen einhergeht und die daher weniger Funktionsmaterial verbrauchen, kommen oft mit 6 oder 5 Stunden Schlaf aus. Tiere, die dauernd am Schlaf gehindert werden, sterben bald. Durch zahlreiche Untersuchungen KRAEPELINs und seiner Schüler[3] wurde mit Hilfe wechselnder Schallstarken, die gerade zum Erwecken eines Schläfers nötigen akustischen Reize festgestellt und so Kurven für die Schlaftiefe gewonnen. Es wurden bei Gesunden Schlafkurven von überraschender Gesetzmäßigkeit gefunden und gezeigt, daß die Schlaftiefe bereits nach 1—2 Stunden ihr Maximum erreicht. Die mittlere Tiefe während der Nacht erreicht kaum die Hälfte der Maximaltiefe. In einer *geringeren Schlaftiefe* und der *Verschiebung ihres Maximums* ist die leichteste Form der Schlafstörung zu erblicken. Schwerere sind in *erschwertem Schlaffinden* und in häufigen *Unterbrechungen* des Schlafes mit dem Resultat einer wesentlichen Verkürzung der Schlafzeit zu sehen. Zunächst kann die gesteigerte Lebhaftigkeit körperlicher Vorgänge das Einschlafen

---

[1] SPATZ: B. B., Bd. 10, S. 360.
[2] SPIEGEL, E. u. CH. INABA: Klin. Wschr. **1926 II** u. Z. exper. Med. **55**, H. 1/2 (1927).
[3] MICHELSON: In KRAEPELINs psychologischen Arbeiten, Bd. 2. 1897.

erschweren. Der Morbus Basedowii mit seiner schweren Agrypnie ist auch in dieser Beziehung ein Spiegelbild des Myxödems mit einem Zustande dauernder Schläfrigkeit.

Die Folgen eines zu kurzen oder häufig gestörten Schlafes sind sehr mannigfaltige: von einer allgemeinen sog. Nervosität bis zu heftigen Beschwerden, die nicht selten in die Herzgegend lokalisiert werden. Frauen, deren Schlaf während vieler Jahre durch die Wartung kränklicher Familienmitglieder gestört war, leiden an Herzschmerzen manchmal mit den klassischen Symptomen der Angina pectoris (MACKENZIE). Viel häufiger aber ist das umgekehrte: die *Schlafstörung* als Folge eines beginnenden häufig bis dahin nicht erkannten *Herzleidens*. Solche Kranke erwachen nach 3—4stündigem ruhigem Schlaf mit intensivem Lufthunger, der sich bis zum Erstickungsgefühl steigern kann. Diese nächtlichen Anfälle von „kardialem Asthma" sind sehr quälend und können mit dem Zeichen des Versagens der Herztätigkeit einhergehen: der Puls wird weich, klein und oft unregelmäßig; es treten die Zeichen der Lungenstauung auf, wie sie später besprochen werden. Aber auch außerhalb der Anfälle ist der Charakter der Atmung während des Schlafes bei ihnen geändert, insofern ein rhythmischer Wechsel in der Größe der Atembewegungen mit mehr oder weniger langen Atempausen auftritt (CHEYNE-STOKESsches Atmen). Die Schlafstörungen als Frühsymptom der Herzleidenden werden besonders bei Kranken mit Veränderungen der Kranzgefäße beobachtet. Sicher können aber auch cerebrale Gefäßveränderungen zu schweren Schlafstörungen besonders bei älteren Leuten führen, ohne daß ein Herzschaden vorliegt. Solche „arteriosklerotischen Nachtwandler" sind nicht selten selbst wieder die Ursache von Schlafstörungen bei den übrigen Familienmitgliedern. Andererseits finden wir schwere Schlafstörungen mit CHEYNE-STOKESscher Atmung als Frühsymptom der Schwäche der linken Kammer, sie können durch eine entsprechende Herztherapie rasch behoben werden.

Die prompte Wirkung des Morphiums bei vielen Fällen von paroxysmaler nächtlicher Atemnot hat dazu geführt, das *Asthma cardiale* durch einen abnormen Zustand und eine abnorme Funktion des *Atemzentrums* zu erklären. Asthma cardiale und Anfälle von Lungenödem mit schweren Schlafstörungen werden auch bei organischen Hirnerkrankungen und nach Schädeltraumen beobachtet (SCHERF) [1].

Eine *Systematik* der *Schlafstörungen* kann unterscheiden solche, die 1. auf affektiven Erregungen (primären Affektstörungen, erregenden Wahnideen oder Halluzinationen), 2. auf gesteigerter Assoziationstätigkeit (Ideenflucht und Bewegungsdrang, z. B. bei maniakalischen Zuständen) beruhen, 3. findet man eine primäre Agrypnie, für welche spezielle Ursachen sich nicht nachweisen lassen [2].

Eindrucksvoller als die eben hier angedeuteten Störungen des Schlafes sind dem Arzt *die schlafähnlichen Zustände,* welche ihm in verschiedenen Graden von leichter Benommenheit bis zu schwerer dauernder Bewußtlosigkeit bei den verschiedensten Krankheiten begegnen. Die Ursachen sind sehr wechselnde. In einer Gruppe dominieren grob mechanische Läsionen, in einer anderen chemische Einwirkungen auf das Gehirn. Hier kann es zu narkoseähnlichen Zustandsbildern kommen (Coma diabeticum). Die im Körper gebildeten Gifte

---

[1] SCHERF: Klinik und Therapie der Herzkrankheiten. Wien 1935.
[2] ZIEHEN: Psychiatrie, 3. Aufl. Leipzig: S. Hirzel 1908.

sind nur zum Teil bekannt (z. B. Aceton), zum größeren Teil unbekannter Natur. Die Zustände schwerer Benommenheit, welche bei chronisch Nierenkranken im Stadium der Urämie, bei Schwangerschaftstoxikosen in der Eklampsie beobachtet werden, sind auf solche unbekannte Stoffwechselgifte zurückzuführen. Auch im cholämischen Koma scheinen nicht die Gallenbestandteile allein, sondern vielleicht Zerfallsprodukte der geschädigten Leber eine Rolle zu spielen (hepatische Intoxikationen bei akuter gelber Leberatrophie).

3. Schlaftheorien.

Für die *theoretische Deutung* der körperlichen Vorgänge beim Schlaf hat man oft auf ein anscheinend analoges Geschehen bei den schlafähnlichen Zuständen hingewiesen. Unter den verschiedenen Hypothesen dominierte eine Zeitlang die Vorstellung, daß eine *spastische Anämie der Hirngefäße* den Schlaf herbeiführe, wobei man sich auf die bekannte Tatsache stützte, daß ein erschöpftes Nervensystem bzw. Gehirn gegenüber vorübergehenden Störungen der Blutversorgung besonders empfindlich ist. Kompression der Carotiden führt durch Gehirnanämie zur Bewußtlosigkeit, welche mit den Symptomen des Schlafes viele gemeinsame Züge hat. In besonders eindrucksvoller Weise beobachtet der Kliniker diese Art des Einschlafens infolge *zirkulatorischer Störungen* bei dem sog. ADAM-STOKESschen Symptomenkomplex, bei welchem der Kranke gewissermaßen im Takt mit dem schwer gestörten Rhythmus der Herztätigkeit einschläft und wieder erwacht. Einen ähnlichen Mechanismus des Einschlafens konnte ich gelegentlich systematischer Untersuchungen über die Wirkung des VALSALVAschen Versuches auf Herzgröße und Zirkulation beobachten:

Bei jungen Studenten mit erregbarem Vasomotorenapparat, die sich bemühten, meinen Intentionen weitgehend nachzukommen, sah ich während des starken Pressens nach tiefster Inspiration mit Verschwinden des Radialispulses die Probanden zusammensinken und als ich sie nach dem Wiedererwachen nach ihren Beobachtungen fragte, erklärten sie, sie seien plötzlich stark ermüdet und wüßten von den weiteren Vorgängen nichts. Hier kam es durch die willkürlich herbeigeführte relative Hirnanämie wie im ADAM-STOKESschen Symptomenkomplex zu einer schlafähnlichen Bewußtseinstrübung.

Auch die Erscheinung der *thermischen Ermüdung,* die *Schläfrigkeit* in der *Verdauungsperiode,* welche gleichfalls auf eine veränderte Blutverteilung mit nachfolgender relativer Hirnanämie zurückzuführen sind, gaben der zirkulatcrischen Theorie des Schlafes neue Nahrung. Das allen Geistesarbeitern bekannte Gesetz „plenus venter non studet libenter" scheint in diesem „Kampf der Teile um das Blut" im Organismus begründet. Auch die physiologische Bedeutung *des Gähnens* wird in einer durch diesen „großen Reflex" beschleunigten „Umlagerung des Blutes" aus dem venösen in das arterielle Kreislaufgebiet gesehen, welche durch das Recken der Körpermuskulatur und die tiefe Inspirationsbewegung unterstützt wird. Der Mensch gähnt immer dann, wenn eine relative Anämie des Gehirns besteht, die sich mit dem wachen Bewußtsein bzw. der Aufmerksamkeit nicht verträgt. Das „Gähnzentrum" liegt nach DUMPERT[1] im Bereich der subcorticalen Ganglien.

Gegen die Hypothese, daß eine spastische Anämie der Hirngefäße den Schlaf bedinge, wurden Beobachtungen am trepanierten Menschen ins Feld

---

[1] DUMPERT: J. Psychol. u. Neur. **27**, 82 (1921).

geführt, welche eher eine bessere Blutversorgung des schlafenden Gehirns darstellen. Von anderen Autoren wird eine toxische Ermüdungstheorie vertreten. Danach sollen im Wachszustande Ermüdungsstoffe gebildet werden (Kenotoxine), welche in einer bestimmten Konzentration eine Art Vergiftung der Nervenzellen bewirken und dadurch den Schlaf herbeiführen. Die plausibelste Vorstellung über das Zustandekommen des Schlafes scheint mir folgende: Infolge seiner dauernden Beanspruchung wird das Nervensystem durch Verbrauch eines bislang noch hypothetischen Funktionsmaterials trotz Zufuhr ständig neuen Nährstoffes auf dem Blutwege allmählich in einen Erschöpfungszustand gebracht. Dieser *Erschöpfungszustand* führt — vielleicht unter Erregung und Einschaltung entsprechender Hemmungszentren durch noch unbekannte Ermüdungsstoffe — physiologischerweise zum Einschlafen. Im Zustande des Schlafes wird durch Eindämmung sämtlicher nervöser Vorgänge *Reaktionsmaterial* gespart und damit den nervösen Elementen Möglichkeit gegeben, sich zu *regenerieren*.

Die entwickelte Vorstellung läßt es verständlich erscheinen, daß vasomotorische Einflüsse um so wirksamer werden, je weiter der Verbrauch des Funktionsmaterials fortgeschritten ist. Die Analogie mit dem Verbrauch des Sehpurpurs liegt nahe. Auch hier bedarf es bei starker Beanspruchung des spezifischen Funktionsmaterials längerer Zeit der Regeneration (protrahierte Dunkeladaptation nach starker vorausgehender Belichtung). Fehlen die spezifischen zum Aufbau nötigen Substanzen, so ist die Regeneration überhaupt erschwert (Hemeralopie bei Avitaminosen). Sehr wahrscheinlich ist das gesteigerte Schlafbedürfnis bei den Insuffizienzkrankheiten auf eine erschwerte Regenerationsfähigkeit des ermüdeten Nervensystems infolge Mangels an Ergänzungsstoffen in ähnlicher Weise zu deuten.

Die Wichtigkeit des Schlafes als Gehirnruhe ist vielfach auch von Ärzten untersucht worden. Je mehr der Arzt geneigt ist, psychischen Vorgängen bei Krankheit und Heilung eine wichtige Bedeutung zuzuerkennen, um so mehr ist er verpflichtet, seinen Kranken ausreichenden Schlaf zu verschaffen, den man für viele Zustände ohne Übertreibung als Heilmittel bezeichnen kann. Man darf dabei nicht vergessen, daß sensitive Kranke in manchen Klimaten, an die sie nicht gewöhnt sind, keine Ruhe finden, besonders in Gegenden nicht, die durch Neigung zu Gewitterbildung ausgezeichnet sind. Bei Verordnung klimatischer Kuren an der See oder im Gebirge sind daher die Einflüsse der Umwelt auf die Schlaffindung unserer Patienten sorgfältig zu berücksichtigen. Auf jeden Fall wird eine angemessene körperliche Tätigkeit eine natürliche Ermüdung und diese wieder einen gesunden Schlaf herbeiführen.

II. Die Störungen der Funktion des Nervensystems.

A. Die elektrischen Vorgänge bei der Nervenerregung.

Für das Wirksamwerden eines nervösen Reizes sind drei Funktionen in erster Linie von Bedeutung: die Erregbarkeit der Nerven, die Erregungsleitung und die Anspruchsfähigkeit des Erfolgsorgans.

Der Effekt des Reizes eines motorischen Nerven z. B. kann ausbleiben, wenn seine Erregbarkeit herabgesetzt bzw. aufgehoben ist, wenn die Leitung unterbrochen wurde oder wenn das Erfolgsorgan, der Muskel, entartet ist. Nerven, die die Erregung des Sinnesorgans zentripetal leiten, werden als *Receptoren* den *Effectoren,* die den Reiz zu den Erfolgsorganen (Drüsen, Muskeln) tragen, gegenübergestellt. Die Receptoren treten in das Rückenmark durch die hinteren Wurzeln ein, die Effectoren durch die vorderen Wurzeln aus. Die Träger der Erregung sind die *Neurofibrillen,* welche durch die Perifibrillärsubstanz voneinander isoliert kontinuierlich die ganze Faser durchziehen. Die Markscheiden sind an den RANVIERschen Schnürringen unterbrochen. Die *Fortpflanzungsgeschwindigkeit* der Nervenerregung wird für den Menschen zwischen 33 und 120 m pro Sekunde angegeben.

An Froschpräparaten fand sich die *Nervenleitungsgeschwindigkeit* in hypotonischer Ringerlösung verlangsamt 17,6 m/sek, in hypertonischer Ringerlösung beschleunigt

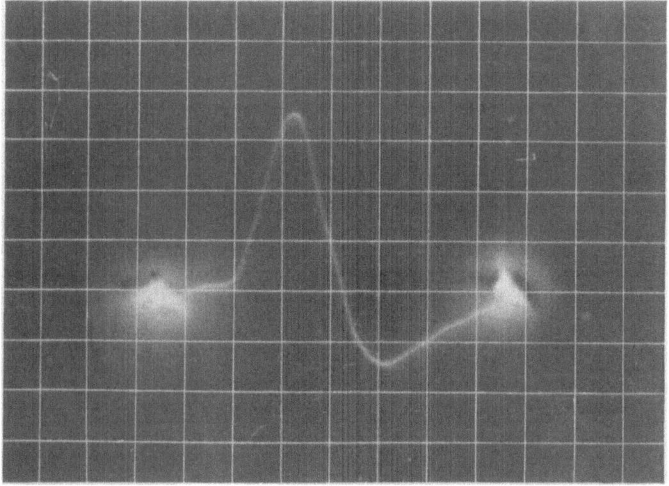

Abb. 3. Diphasischer Nervenaktionsstrom vom Frosch. Abszisse: 0,5 σ. Ordinate: 6. Millivolt von SCHÄFER mit dem Kathodenstrahloszillographen aufgenommen.

29,3 m/sek[1]; sie ist bei etwa 18° C sehr nahe gleich der Fortpflanzungsgeschwindigkeit einer Konzentrationswelle berechnet aus dem osmotischen Druck der Körpersäfte des Frosches p_0 und der Dichte des Wasser σ $v = \sqrt{\dfrac{p_0}{\sigma}}$ [1].

Wie von allen lebenden Gebilden läßt sich auch vom erregten Nerven ein *Aktionsstrom* ableiten. Mit Hilfe der BRAUNschen Kathodenröhre als trägheitsloses Registrierinstrument gelang es zuerst BISHOP, ERLANGER und GASSER den Nervenaktionsstrom zu analysieren. Die Methodik ist seither durch H. SCHÄFER[2] und Mitarbeitern verbessert worden. Die normale Nervenaktionskurve setzt sich aus der Summation vieler Einzelpotentiale zusammen, welche den Aktionspotentialen jeder einzelnen Nervenfaser entsprechen sollen und voneinander elektrisch relativ unabhängig sind (s. Abb. 3).

Wird bei übermaximaler Reizung der Aktionsstrom abgegriffen, so entsteht eine fast symmetrische Kurvenform, bei welcher der Abfall gegen den Anstieg verzögert erscheint. An die Haupterhebung der Aktion (SPIKE, ERLANGER und GASSER) schließen sich noch Potentiale an. Die Gesamtdauer eines Aktionsstroms beträgt beim Frosch bei 23° etwa 2 σ.

---

[1] BROEMSER: Z. Biol. **72**, 37.   [2] SCHÄFER, H.-Erg. Physiol. **36** (1934).

Je länger die Nervenstrecke die die Aktion bereits durchlaufen hat, um so langsamer erfolgt der Anstieg der Stromkurve. Im abfallenden Schenkel werden dabei Einzelerhebungen beobachtet, welche als Spitzenpotentiale von Fasern mit langsamer Fortpflanzungsgeschwindigkeit aufzufassen sind. Bei Druckschädigung des Nerven werden die einzelnen Wellen ungleich schnell ausgelöscht: die den dicken Fasern entsprechenden Aktionen verschwinden eher als die Wellen, welche von den dünnsten Fasern gewonnen werden. Die schnellste Aktion entspricht den willkürlich efferenten Impulsen. Die Aktion soll um so träger verlaufen, je niedrigere „Zentralorganen" die Aktion zugehört (H. SCHÄFER).

Gegenüber den Versuchen mit *elektrischer* Reizung des Nerven sind die *natürlichen* Aktionswellen, die z. B. vom Phrenicus eines Warmblüters abgegriffen werden können, wesentlich niedriger und langsamer. Die *natürliche* Erregung löst dementsprechend auch geringere Stoffwechselprozesse im Nerven aus als die künstliche. Man muß sich vorstellen, daß die *Muskelinnervation* sowohl durch die *Zahl* der gleichzeitig erregten Fasern wie durch die *Frequenz* der Aktionsstöße in der einzelnen Nervenfaser abgestuft beeinflußt werden kann. Die *autonomen* Nerven haben bei ihrem natürlichen Erregungsablauf eine auffallend langsame Leitung. *Schmerznerven* sollen einen besonders trägen Aktionsstrom aufweisen. Die Bestrebung der neueren Nervenelektrophysiologie laufen darauf hinaus, immer neue Beziehungen zwischen Nervenbau und Form der Aktionsstromkurve zur Funktion aufzudecken.

B. Chemische Zusammensetzung.

Die *chemische Zusammensetzung* des Gehirns und des Rückenmarks und der peripheren Nerven weicht in ganz charakteristischer Weise von der aller übrigen durch ihren hohen Gehalt an Lipoiden ab.

Nach THUDICHUM[1] enthält

	die weiße Substanz %	die graue Substanz %
Wasser	70,230	85,270
Ätherauszug (Kephalin, Lecithin, Cholesterin) .	11,497	2,73
Cerebroside, Cerebrinacide, Myeline.	6,910	0,424

Daraus ergeben sich für die weiße Substanz 18,407% „Lipoide". Für die Muskulatur werden von RUMPF beispielsweise 3,73%, für die Milz 0,25—4,81% Fettgehalt der feuchten Substanz angegeben.

Unter den Cerebrosiden sind bis jetzt folgende aus dem Gehirn dargestellt worden:

1. Cerebron (Phrenosin) $C_{48}H_{93}NO_9$,
2. Cerasin $C_{48}H_{93}NO_8$,
3. Nervon $C_{48}N_{91}NO_8$[2],
4. Oxynervon $C_{48}H_{91}NO_9$.

Durch Spaltung der Cerebroside erhält man die Cerebronsäure $C_{24}H_{48}O_3$, die Nervonsäure $C_{24}H_{46}O_2$ und die Oxynervonsäure $C_{24}H_{46}O_3$[3].

---

[1] THUDICHUM: Die chemische Konstitution des Gehirns des Menschen und der Tiere, S. 276, 278. 1901.

[2] KLENK: Über die Cerebroside des Gehirns. Z. physiol. Chem. **166**, 268 (1927).

[3] KLENK: Handbuch der Biochemie des Menschen und der Tiere. Herausgeg. von Prof. Dr. phil. et med. CARL OPPENHEIM, Ergänzungswerk, 1. Bd.

C. Wirkung der Narkotica.

Der relative Reichtum der Hirn- und Nervensubstanz an Lipoiden ist für ihre besondere Empfindlichkeit gegenüber *lipoidlöslichen* Giften von Bedeutung. So wird z. B. die Verteilung der Narkotica durch ihre Lösungsaffinität zu fettartigen Substanzen beherrscht; d. h. sie dringen um so schneller in das Protoplasma ein, je größer ihre Fettlöslichkeit im Verhältnis zur Löslichkeit im Wasser ist[1]. Die Narkotica lockern die Lipoidstruktur, steigern deren Permeabilität, ändern die chemischen Wechselwirkungen im Haushalt der Zelle und bedingen dadurch eine Änderung ihrer Erregbarkeit[2].

HÖBER denkt bei Änderung der Lipoide unter dem Einfluß der Narkose eher an einer „Verfestigung" derselben: Die normale Erregung ist bedingt durch eine Kolloidzustandsänderung im Sinne einer Auflockerung der Plasmahaut; durch sie wird eine erhöhte Durchlässigkeit bewirkt; „die Durchtränkung mit Narkoticum verhindert die sonst bei der Erregung zustande kommende Auflockerung der kolloiden Lipoide"[3].

An welchem Teile des Nervensystems die Narkotica vorzugsweise angreifen, ist nur im groben untersucht. In der weißen Substanz wird nach Chloroformnarkosen mehr vom Narkosemittel gefunden als in der grauen[4], was gut mit ihrem größeren Gehalt an Lipoiden und Cholesterin übereinstimmt[5]. Die narkotische Wirkung äußert sich auch am *peripheren Nerven* in Versuchen am Nerv-Muskelpräparat, bei denen die zentrale Ganglienzelle ausgeschaltet ist. Daher wirken die Narkotica, falls sie genügend löslich sind[6], auch *lokal* anästhesierend. Dabei zeigt sich, daß das *zentrale* Nervensystem wesentlich empfindlicher ist als der *periphere* motorische Nerv. Während der Narkose des lebenden Nerven wird eine *Herabsetzung der Anisotropie der Markscheide* gefunden, eine Erscheinung, die nach SPIEGEL[7] für eine Mitbeteiligung der narkotischen Wirkung auch an den Markscheiden spricht.

In jeder Art von *Narkose geht dem Stadium der Lähmung ein solches der Reizung voraus.* Solche Reizungen können allein schon durch eine Änderung des Milieus zustande kommen. Verschiebungen des Ionengleichgewichtes spielen eine wichtige Rolle ebenso wie die Störungen der Isoosmie. Nach Injektion von *reinem Wasser* tritt zunächst ein brennender Schmerz, später vollkommene Gefühl- und Schmerzlosigkeit ein. Ebenso werden durch *hypertonische Lösungen* nach anfänglichem Reiz Nervenlähmungen erzielt. Es können demnach, abgesehen von rein chemischen Wirkungen, *chemisch-physikalische Zustandsänderungen* im Sinne einer Quellung oder Wasserentziehung die Nervenelemente reizen und später lähmen. Der Indifferenzpunkt liegt immer bei der physiologischen, dem Blute isotonischen Konzentration[8].

Neben der *terminalen Anästhesie,* die an den Nervenendigungen angreift (nach dem Typus der Cocainwirkung), können durch *Leitungsunterbrechung* an Nervenstämmen große Bereiche der sensiblen Sphäre ausgeschaltet werden. Durch *Druck* auf die großen Nervenstämme, durch *niedere Temperaturen* lassen

[1] OVERTON: Studien über Narkose. Jena: Gustav Fischer 1901.
[2] MEYER, H.: Mus. Me. **100**, Nr 31 (1909).
[3] HÖBER: Physikalische Chemie der Zelle und der Gewebe, 3. Aufl., S. 225. Leipzig 1911.
[4] FRISON u. NICLOUX: C. r. Soc. Biol Paris **62**, 1153; **63**, 220 (1907).
[5] WEIL: Z. Neur. Ref. **7**, 1 (1913). — FRÄNKEL: Biochem. Z. **46**, 253 (1912).
[6] GROS, O.: A. e. P. P. **62**, 380 (1910).   [7] SPIEGEL: Pflügers Arch. **192**, 240 (1921).
[8] BRAUN: Die Lokalanästhesie, S. 49. Leipzig 1905.

sich solche Unterbrechungen der Leitung erreichen und sind in der praktischen Medizin zur vorübergehenden Unempfindlichmachung eines peripher gelegenen Operationsgebietes auch verwendet worden.

Bei einer *Druckschädigung* sensibler Nerven kommt es zum „Kribbeln" und Ameisenlaufen. Die inadäquate Reizung wird einerseits durch Druck am Nervenstamm selbst ausgelöst, andererseits braucht ein druckgeschädigter Nerv überhaupt keine Empfindung mehr zu wecken, vielmehr treten anomale Empfindungen erst in dem Augenblick auf, in welchem *Berührungsreize* von der *Peripherie* her auf dem Wege über den geschädigten Nerven das Zentrum erreichen. Die Berührungsempfindungen werden dabei in ein eigenartiges Kribbeln umgewandelt. Gleichzeitig tritt bei vorübergehender Drucklähmung des Nerven ein pelziges Gefühl des „*Eingeschlafenseins*" peripher von der druckgelähmten Stelle auf. SCHÄFER und SCHMITZ[1] haben diese Erscheinung der mechanischen Nervenquetschung mit Hilfe des Kathodenoszillographen näher analysiert: sie demonstrierten am Aktionsstrom eine reversible Lähmung. Einer Aktion, die eine druckgeschädigte Nervenstelle durchläuft, folgen eine Reihe von Einzelaktionen, welche den physiologischen Prozeß darstellen, der den nervösen Empfindungen zugrunde liegt.

Auch durch Anämisierung eines Gliedes läßt sich vollkommene Unempfindlichkeit desselben erreichen. STENSON zeigte, daß die Kompression der Bauchaorta des Kaninchens rasch zur Lähmung der hinteren Extremität infolge der Schädigung des gegen Sauerstoffmangel sehr empfindlichen Rückenmarks führt.

Eigene Versuche (mit SCHELLONG) mit elastischer Umschnürung des Oberschenkels führten zum Verschwinden des Achillessehnenreflexes in 20 bis 25 Minuten nach beginnender Anämisierung, wobei die Reflexlatenzzeit bis zum Schluß fast ungeändert $= {}^{14}/_{400}$ Sekunden blieb.

Für praktische Zwecke ist diese Art der Leitungsunterbrechung wegen der Gefahr dauernder Nervenschädigungen besonders am Oberarm nicht durchführbar. Durch Injektion von Anaestheticis in den Nerven oder in seine Umgebung wird die Leitungsanaestheticis schneller und sicherer herbeigeführt.

Hierher gehört auch die Einbringung anästhesierender Lösungen in den Rückenmarkskanal (Lumbalanästhesie).

Eine Sonderstellung unter den nervenlähmenden Giften nehmen die *Magnesiumsalze* ein; die durch sie hervorgerufene elektive Nervenvergiftung kann durch Anwendung von *Calciumsalzen* rasch rückgängig gemacht werden[2]. Der Angriffspunkt des Magnesiums ist an den Schaltstellen zwischen Nervenende und Erfolgsorgan (Synapse) gelegen. Außer der Synapse des Nerv-Muskelpräparats werden auch Herz, Magen und Darm durch Magnesium gelähmt („Allgemeinnarkose")[3].

Eine *Verminderung* des Calciums steigert die Erregbarkeit der Nerven; eine Vermehrung der Calciumionen dämpft diese, eine Erfahrung, die zur therapeutischen Verwendung der Calciumpräparate geführt hat, z. B. bei der Spasmophilie[4].

D. Die Reflexe und ihre Störungen.

Die Methoden der klinischen Untersuchung zur Prüfung der intakten Funktion der peripheren *sensiblen Nerven* sind einerseits angewiesen auf die Angaben des Untersuchten. So werden peripher gesetzte Temperatur-, Schmerz-,

---

[1] SCHÄFER u. SCHMITZ: Z. Sinnesphysiol. **64** (1933).

[2] MELTZER u. AUER: Amer. J. Physiol. **21**, 400 (1908).

[3] WICHMANN, E.: Pflügers Arch. **182**, 74 (1920).   [4] MEYER, E.: Ther. Mh. **1911**, Nr 7.

Berührungs- und elektrische Reize bei Erkrankungen des Receptorenapparats nicht empfunden. Objektiver Prüfung zugänglich sind andererseits diejenigen Reizeffekte, welche uns ohne Mitwirkung des Zentralorgans des Untersuchten deutlich werden. Das sind jene Reize, welche von den Receptoren auf dem Wege über das Rückenmark durch die Effectoren direkt der Muskulatur zugetragen werden, deren Kontraktion das Wirksamwerden des Reizes anzeigt (Reflex). Solche reflektorischen Reizeffekte können im Experiment nach Abtrennung des Rückenmarks vom Gehirn studiert werden. Man kann[1] zweierlei Arten von Reflexen unterscheiden (vgl. Tab. 1, S. 28):

1. Solche, die vom zu betrachtenden Muskel selbst kommen und durch den sensiblen Receptor zum Rückenmark geleitet werden: Eigenreflexe, *proprioreceptive Reflexe,* die uns als Sehnenreflexe geläufig sind;

2. solche, die von anderen Stellen des Körpers (Haut, Eingeweide, schmerzempfindliche Organe der Muskeln, Sehnen und Knochen) übertragen werden. Fremdreflexe oder *exteroreceptive Reflexe,* gewöhnlich nicht ganz richtig „Hautreflexe" genannt.

Wie die „Sehnenreflexe" nicht allein von den sensiblen Organen, welche sich in den Sehnen zusammendrängen, sondern von allem im Muskel verteilten sensiblen Endapparaten ausgelöst werden können, daher besser „Eigenreflexe" genannt werden, so sind unter „Hautreflexen" im weiteren Sinn alle reflektorischen Beeinflussungen des Muskels, die nicht von seinen eigenen receptorischen Nerven stammen, zu verstehen. *Die Reflexzeit* der *Sehnenreflexe* beträgt für den menschlichen Patellarreflex weniger als $^2/_{100}$ Sekunden, für den Achillessehnenreflex etwa $^3/_{100}$ Sekunden. Diese Zeitspanne wird fast völlig durch die *Nervenleitungszeit* verbraucht. Die *Übertragungszeit* im Rückenmark fällt in die Fehlergrenzen der Messung. Die Leitungszeit ist von der Reizstärke unabhängig. Bei willkürlicher Erregung des Muskels wird der Reflex gebahnt; bei Kontraktion des Antagonisten gehemmt. Bei den *Fremdreflexen* ist die Reflexzeit in weitem Maße von der Reizstärke abhängig. Sie verkürzt sich mit zunehmender Verstärkung des Reizes. Ihr Minimum ist immer noch größer als die konstante Reflexzeit der Eigenreflexe. *Die Fremdreflexe ermüden* leicht, eine Erscheinung, die als *Adaption* beschrieben wird. Diese Gewöhnung an dauernd wiederkehrende Reize ist von erheblicher physiologischer und pathologischer Bedeutung. Die *Sehnen-* oder *Eigenreflexe* dagegen *ermüden nicht.* Es können ohne Schwierigkeit 50 Reflexe in der Sekunde durch das Rückenmark gesendet und durch die Aktionsströme des Muskels nachgewiesen werden. Wie alle lebenden Gebilde zeigt auch das Rückenmark nach seiner Erregung ein Refraktärstadium, d. h. eine Zeit, in dem ein noch so starker Reiz unwirksam ist. Das absolute Refraktärstadium beträgt beim Menschen nicht mehr als $^1/_{180}$ Sekunde[2]. *Im relativen Refraktärstadium* wirkt ein schwacher Reiz allein nicht oder sein Erfolg ist herabgesetzt. $^1/_{10}$ Sekunde nach Ablauf eines Sehnenreflexes ist die Leitfähigkeit im Rückenmark für Sehnenreflexe und Innervation herabgesetzt[3]. Eine physiologisch und pathologisch wichtige Funktion des Rückenmarks ist neben der Überleitung eines Sehnenreflexes *die Reizspeicherung oder Summation der Reize.*

Reize, die einzeln zu schwach sind, um einen Effekt auszulösen, können bei häufiger Wiederholung sehr wirksam werden, eine für viscerale Reflexe, z. B. die der Geschlechtsorgane, sehr geläufige Erscheinung. Am peripheren Receptorenapparat ist derartige Reizsummation nur für pathologische Verhältnisse bekannt (z. B. bei Tabikern). Für die Eigenreflexe fehlt die Reizspeicherung.

Die *Eigenreflexe* treten bei jeder willkürlichen Handlung in Funktion; sie werden entgegen unseren älteren Vorstellungen durch Kontraktion des Muskels gebahnt und haben z. B. für die Erhaltung einer Gelenkstellung erhebliche Bedeutung. Ärztlich diagnostisches Interesse haben das *Fehlen und die Steigerung der Reflexe.* Ist der Reflexbogen an irgendeiner Stelle geschädigt am Receptoren-, Effectoren- oder am Übertragungsapparat im Rückenmark, so werden die Reflexe abgeschwächt, bei vollkommener Unterbrechung aufgehoben. Da

---

[1] HOFFMANN, P.: Z. Biol. **72**, 101 (1920). [2] HOFFMANN, P.: Z. Biol. **68**, 351 (1918).
[3] HOFFMANN, P.: Z. Biol. **70**, 515 (1920).

Tabelle 1. Wesentliche Eigenschaften der Reflexe.

Sehnen- Eigen- proprioreceptive } Reflexe	Haut- Fremd- exteroreceptive } Reflexe	Auslösung	Effekt	Lokali- sation
Eigenschaften: Reflexzeit kurz, von der Reizstärke unabhängig. Keine Summation bei wiederholtem Reiz. Segmentale und halbseitige Beschränkung. Schwer ermüdbar. Unbewußt. Untergeordnet.	Reflexzeit relativ lang, von der Reizstärke abhängig. Summation bei wiederholtem Reiz. Übergreifen auf andere Segmente und auf anderer Seite fast regelmäßig. Rasch ermüdbar, Gewöhnung. Bewußt. Übergeordnet			
1.	Scapularreflex	Reizung der Haut über der Scapula	Kontraktion der Schulterblattmuskeln	$C_5 - D_1$
2. Bicepsreflex		Schlag auf Bicepssehne	Beugung des Vorderarms	$C_5 - C_6$
3. Tricepsreflex		Schlag auf Tricepssehne	Streckung des Vorderarms	$C_6 - C_7$
4. Radiusreflex		Schlag auf den Proc. styloideus radii	Supinationsbewegung	$C_7 - C_8$
5.	Palmarreflex	Reizung der Vola	Beugung der Finger	$C_8 - D_1$
6.	Epigastrischer Reflex	Streichen von der Mammilla abwärts	Einziehen des Epigastricum	$D_7 - D_9$
7.	Oberer Abdominalreflex	Bestreichen der Haut des Oberbauches	Einziehen des Bauches	$D_8 - D_9$
8.	Mittlerer } Abdominalreflex	Bestreichen der Bauchhaut in den mittleren und unteren Partien	Einziehen des Bauches	$D_{10} - D_{12}$
9.	Unterer }			
10.	Cremasterreflex	Bestreichen der Adductorengegend des Oberschenkels	Heraufziehen des Hodens	$L_1 - L_2$
11. Patellarreflex		Schlag auf Quadricepssehne	Streckung des Unterschenkels	$L_2 - L_4$
12.	Glutäalreflex	Bestreichen der Nates	Kontraktion der Glutäen	$L_4 - L_5$
13. Achillesreflex		Schlag auf die Achillessehne	Beugung des Fußes	$S_1 - S_2$
14.	Plantarreflex	Bestreichen der Fußsohle	Flexion der Zehen	$S_1 - S_2$
15.	Analreflex	Stecken des Darmes	Kontraktion des Sphincter ani externus	S_5

Receptoren wie Effectoren ihren Ursprung oder ihr Ende in der grauen Substanz des Rückenmarks haben, müssen mit deren Zerstörung die Reflexe aufhören. Den physiologischen Erfahrungen zu widersprechen scheinen Beobachtungen über das *Fehlen* der *Partellarreflexe* bei *Querschnittsläsionen* des Rückenmarks, die weit oberhalb der Überleitungsstelle liegen oder bei Hirndrucksteigerung infolge von Hirntumoren und Meningitis. Im Prinzip wird es sich auch in allen diesen Fällen doch um Läsionen am Übertragungsapparat handeln, die unseren verhältnismäßig groben Untersuchungsmethoden entgehen; hierher gehören auch die Fälle mit fehlendem *Kniesehnenreflex* bei Tumoren, z. B. des Kleinhirns, welche mit starker Drucksteigerung im Liquor cerebrospinalis einhergehen.

Bei hochfieberhaften Infektionskrankheiten (Pneumonie) können die Reflexe verschwinden. Besonders interessant ist das Verschwinden der Reflexe bei schwer Zuckerkranken besonders im Coma diabeticum. Es ist naheliegend, das Aceton, welches ein wirksames Narkoticum ist, für diese Erscheinung verantwortlich zu machen.

Steigerung der Reflexe findet sich bei Reizzuständen an den hinteren Wurzeln, aus denen der zentripetale Schenkel des Reflexbogens entspringt, bei beginnender Erkrankung des Überleitungsapparates selbst. Die zentralen Einflüsse auf die Eigenreflexe sind noch wenig durchsichtig. Wir wissen, daß bei Erkrankungen der Pyramidenstrangbahn und bei Querschnittsläsionen ohne vollkommene Unterbrechung erhebliche Reflexsteigerungen vorkommen; das gleiche beobachten wir bei allgemeinen leicht erregbaren „nervösen" Menschen. Auch bei Abkühlung der Gesamtkörperoberfläche und bei Steigerung der Erregbarkeit im Reflexbogen selbst werden die Reflexe lebhafter und bis zum Klonus gesteigert (Tetanus, Strichninvergiftung). Schließlich sind Reflexsteigerungen nach Unterbrechung der reflexhemmenden Pyramidenbahnen oder nach Schädigung der motorischen Zentren in der Hirnrinde bekannt.

Es fragt sich, ob wir physiologische Anhaltspunkte für eine *differente Funktion der grauen und der weißen Substanz* haben. Solche werden gesehen in der verschiedenen Blutversorgung beider Gebiete. Während die *weiße* Substanz gefäßarm und mit weitem Capillarschlingennetz versehen ist, wird die *graue* durch ein sehr engmaschiges Gefäßnetz versorgt. Von dieser besseren Blutversorgung schließt man auf lebhaftere Stoffwechselvorgänge in der grauen Substanz und findet als Anhaltspunkt für diese Auffassung eine sehr verschiedene Empfindlichkeit gegen Unterbrechung der Blutversorgung, welche in der grauen Substanz viel rascher zu chemischen und anatomischen Veränderungen führt als in der weißen[1]. Diese hohe Empfindlichkeit der grauen Substanz gegen mangelnde Sauerstoffversorgung wird durch den fast momentanen *Verlust* des *Bewußtseins* bei *Gehirnanämie* charakterisiert. Solche Zustände wurden in der Pathologie besonders dann häufig beobachtet, wenn sich zu Störungen des zentralen oder peripheren Zirkulationsapparates eine Minderwertigkeit des Blutes hinzugesellt.

E. Störungen am Receptorenapparat.

Die klinisch nachweisbaren *Störungen am Receptorenapparat* können einsetzen an den sensiblen Endorganen, an den peripheren Nerven auf der Strecke

---

[1] BRIEGER u. EHRLICH: Z. klin. Med. 7, 1334.

zwischen Endorgan und Rückenmark, im Rückenmark selbst und schließlich im Großhirn.

Über isolierte Erkrankungen *der Endapparate* wissen wir nichts. Bei vielen Hautkrankheiten kommt es zu juckenden und brennenden Empfindungen, die als Reizeffekt der Entzündungsprodukte auf die sensiblen Endorgane aufzufassen sind. Bedeutungsvoll können hier unsere Erfahrungen werden, nach denen die Enden der kaltempfindenden Nerven oberflächlicher liegen als die der warmempfindenden. Das läßt sich durch allmählich in die Haut eindringende narkotische und ätzende Stoffe nachweisen[1]. Wichtig ist, daß jeder wirksame Reiz, gleichgültig welcher Art, ausschließlich jene Empfindungsqualität hervorruft, die dem geprüften Nervenende bei adäquater Reizung zukommt. Eine „paradoxe Kälteempfindung" entsteht, wenn Kaltpunkte durch Temperaturen über 40^0 gereizt werden[2]. In den kranz- oder korbartigen Geflechten markloser Nerven, welche die Haarbälge umspinnen, liegen die Nervenenden des Drucksinns. An den haarlosen Stellen vermitteln die MEISSNERschen Körperchen die Tastempfindungen. Der Drucksinn bringt selbst rasch aufeinanderfolgende Stoßreize, isoliert zur Wahrnehmung als Kriebeln und Schwirren. Auf dieser Fähigkeit des Drucksinns beruht die eigentümliche anscheinend den ganzen Körper erschütternde Wirkung tiefer Töne, namentlich der Orgel[3]. Sie vermitteln auch das Vibrationsgefühl beim Aufsetzen schwingender Stimmgabeln, nicht etwa die Nerven der Knochen. Der Drucksinn unterrichtet uns ferner über Lage- und Stellungsänderungen unserer Glieder.

Weitere Störungen am Receptorenapparat werden bei *Analyse der Schmerzempfindung* aufgedeckt. Physiologischerweise erregen die verschiedenartigsten chemischen Stoffe, welche an die Endorgane der Schmerzempfindung herantreten, das Gefühl des Schmerzes. Bedeutungsvoll ist die Tatsache, daß auch Stoffe, die durch *Zerfall körpereigenen Gewebes* entstehen, wirksam sind. Die Endigungen der schmerzempfindenden Nerven stellen bald knopfförmige Anschwellungen, bald korbartige Gebilde dar, die den Epithelzellen angelagert sind[4]. Schmerzen entstehen nicht nur in der Epidermis, sondern an vielen anderen Stellen des Körpers (Periost, Sehnenscheiden, Muskeln, Meningen). Wesentlich für die Diagnose abdominaler Erkrankungen sind die im Bauch entstehenden Schmerzen. Sichergestellt für physiologische Verhältnisse ist die Schmerzempfindlichkeit des Peritoneum parietale. Läßt man die Schmerzempfindlichkeit der Gefäße gelten, so ist es verständlich, daß bei allen entzündlichen Vorgängen, z. B. an den Därmen auch dann Schmerzen auftreten muß, wenn das parietale Blatt des Peritoneums noch nicht affiziert ist[5]. Der Kliniker bezieht die Schmerzen bei akuten Erkrankungen der Leber und der Nieren auf Kapselspannung infolge Schwellung des Organs (z. B. heftige Schmerzen bei beginnender Stauungsleber).

Zahlreich sind die Empfindungsanomalien, die in die Haut lokalisiert werden und sich gelegentlich bis zu schmerzhaften Sensationen steigern können. Manche dieser Erscheinungen treten gleichzeitig mit Zustandsänderungen an den Capillaren auf (z. B. Urticaria).

---

[1] HACKER: Z. Biol. **61**, 240f.   [2] FREY, v.: Ber. dtsch. Ges. Wiss. Leipzig **47**, 172 (1895).
[3] FREY, v.: Vorlesungen über Physiologie, 3. Aufl., S. 305. 1920.
[4] CAYAL: Système nerveux, T. 1, p. 461. Paris 1903.
[5] LENNANDER: Mitt. Grenzgeb. Med. u. Chir. **16** (1906). — NEUMANN: Zbl. Grenzgeb. Med. u. Chir. **13** (1910).

Einer meiner Kranken, dem ich eine Transfusion machte, bekam an umschriebener Stelle hinter den Ohren, während das Spenderblut in seine Vene einfloß, ein brennendes Gefühl, wenige Minuten später hatte sich an der gleichen Stelle eine Quaddel gebildet.

Der *Pruritus* wird geradezu als „Sensibilitätsneurose" beschrieben; das bei dieser Affektion auftretende äußerst quälende Hautjucken wird durch Stoffwechselgifte, welche auf die Endorgane wirken, veranlaßt, z. B. beim Diabetes. Das Hautjucken bei manchen Ikterischen, in seltenen Fällen bei Nierenkranken, ist ebenso durch chemische im Organismus gebildete Reizstoffe veranlaßt. Auch die im hohen Alter auftretende senile Atrophie der Haut führt gelegentlich zum Pruritus[1]. Im übrigen sind die Störungen an den Endorganen, welche bei Hauterkrankungen zu erwarten sind, noch wenig untersucht.

Genauere Kenntnisse haben wir über Anfallserscheinungen der Sensibilität bei *Störungen an den peripheren Nerven*. Die hier aufgefundenen Tatsachen sprechen dafür, daß nicht nur den peripheren Sinnesorganen, sondern auch den Leitungsbahnen eine weitgehende Spezifität zukommt. Niemals deckt sich das Ausbreitungsgebiet der schmerzempfindlichen Fasern mit dem der Temperatur- und Drucknerven. Ist ein peripherer Nerv gelähmt, so fällt die Zone der Schmerzunempfindlichkeit also nicht ganz zusammen mit der der Temperatur- bzw. Tastunempfindlichkeit, eine Erscheinung, die man als *Dissoziation* der Empfindungen bezeichnet.

Eine taktile Unempfindlichkeit oder Verminderung der Berührungsempfindlichkeit *(taktile Hypästhesie)* wird nach vielen Infektionskrankheiten (Diphtherie), bei Syphilitikern, beim Diabetes, selten im Senium als Ausdruck der multiplen Neuritis gefunden. Andererseits sind gerade die Entzündungen der Nerven durch eine außerordentliche *Schmerzhaftigkeit* charakterisiert, und zwar sind hier zwei verschiedene Erscheinungsweisen zu unterscheiden. In der einen Reihe tritt der Schmerz ohne erkennbare äußere Ursache anfallsweise auf. Er wird durch Berührung des Körperteils, durch welchen der erkrankte Nerv hindurchzieht, durch Abkühlung, weiter durch alle Bedingungen, welche eine veränderte Gefäßfüllung herbeiführen (z. B. Husten, Pressen, VALSALVAscher Versuch) ausgelöst. In der anderen Reihe wird der Druck auf den Nerven besonders schmerzhaft empfunden. VALLEIX[2] hat eine große Reihe von Punkten beschrieben, welche bei Erkrankungen des Nerven besonders empfindlich sind. Sie liegen in der Regel an solchen Stellen, an denen ein Nervenzweig aus einem Knochenkanal austritt oder an denen der Nerv gegen eine feste Unterlage (Knochen) gepreßt werden kann. Die Haut in dem Ausbreitungsgebiet des Nerven ist hyperästhetisch; schon bei leichten Berührungen werden intensive Schmerzen angegeben.

Die engen *Beziehungen der Nerven zu den Funktionen der Gefäße* werden auf dem Gebiet der Neuralgien besonders deutlich. In der neuralgischen Attacke ist die Haut des Ausbreitungsgebietes gerötet, gelegentlich auch geschwollen; in seltenen Fällen kommt es zur Ausbildung eines regelrechten, stabilen Ödems. Nach Versuchen von KREIBICH[3] kommen echte neurogene Hautentzündungen vor. Durchschneidung oder Degeneration eines Nerven hat dagegen einen hemmenden Einfluß auf den Ablauf eines entzündlichen Vorgangs.

---

[1] NEUMANN: Sitzgsber. ksl. Akad. Wiss. **59 I** (1869).
[2] VALLEIX: Abh. Neur. usw. Deutsch von GRUNER. Braunschweig 1852.
[3] KREIBICH: Dtsch. med. Wschr. **1907 II**.

Experimentelle Daten, die am Frosch gewonnen wurden, zeigten andererseits, daß entzündungserregende Substanzen auch nach völliger Degeneration des zugehörigen peripheren Nerven ganz in gleicher Weise wie im innervierten Gebiet wirksam werden können[1]. GROLL schließt aus seinen Befunden, daß Änderungen im Ablauf der Entzündung nur eine indirekte Folge der Nervenausschaltung sind. Die Erkrankung eines peripheren Nerven soll in dem zugehörigen Innervationsgebiet eine Zustandsänderung bedingen, von welcher die besondere Reaktionsart dieses Gebietes gegenüber entzündlichen Reizen abhängig ist"[2].

Einen großen praktischen Wert haben die theoretisch hoch bedeutsamen Untersuchungen über die *Nervenregeneration.* Die Tatsache, daß die auswachsenden Nervenfasern durch eine Narbe hindurch den peripheren Nervenabschnitt erreichen, ist verschieden erklärt worden. Nach der Lehre vom *Neurotropismus,* am schärfsten formuliert von FORSMANN[3], sollen von Elementen des distalen Nervenabschnitts chemische Stoffe abgeschieden werden, welche die auswachsenden Nervenfasern chemotaktisch anziehen.

Gegen diese Ansicht sind Beobachtungen ins Feld geführt worden, nach denen bei zu großer Entfernung des peripheren Nervenstumpfes die auswachsenden Fasern nicht weiter wachsen, sondern umkehren und in retrogradem Verlauf wieder zwischen die Elemente des zentralen Nervenendes eintreten[4]. DUSTIN[5] setzte an Stelle des Neurotropismus den Begriff der *Hodogenese.* Nach diesem „Prinzip der Wegstrecke" kann die Regeneration nur dann gelingen, wenn durch Bindegewebszellen der Narbe oder die SCHWANschen Zellen des peripheren Nervenabschnitts gewissermaßen ein Weg für die anwachsenden Fasern geschient wird. Die Konsequenz aus diesen Vorstellungen war, zwischen die durchtrennten Nervenenden Knochenstückchen oder in Formalin gehärtete Arterienstückchen einzupflanzen[6].

Bei diesen Bemühungen wurde vor allem von STOFFEL[7] darauf hingewiesen, daß in jedem Nerven ganz bestimmte Faserbündel erkennbar seien, welche zu bestimmten Muskeln und Muskelkomplexen ziehen und von ihm die Forderung aufgestellt, das alte *Gefüge des Nervenkabels* wieder herzustellen, indem die Schnittflächen der korrespondierenden Stümpfe der einzelnen in einem Nerven verlaufenden Bahnen miteinander in Kontakt gebracht werden.

Je nach Art und Wirkungsweise einer Nervenschädigung werden die dabei auftretenden Schmerzen und Ausfallserscheinungen nach Intensität und Dauer verschieden sein. *Vollkommene Durchtrennung* eines Nerven wirkt selbstverständlich anders als z. B. langsame Erdrosselung eines Nervenkabels in vernarbendem Gewebe. Wirkt der schädigende Reiz so, daß eine Leitungsunterbrechung eintritt, das periphere Ende des Nerven vor der Unterbrechung aber noch empfindlich bleibt, so entstehen Schmerzen, die in ein für direkte Berührung unempfindliches Gebiet projiziert werden (Anaesthesia dolorosa). Diese *falsche Projektion,* die dem Gesetz der exzentrischen Wahrnehmung entspricht, nach welchem die Empfindung immer an das periphere Ende verlegt wird, spielt eine besondere Rolle bei den Amputierten, welche noch lange Zeit nach der Operation Schmerzen in der abgenommenen Extremität zu empfinden glauben.

Von den ins *Rückenmark* eintretenden *sensiblen* Fasern kreuzen die Bahnen der *Temperatur-* und *Schmerzleitung* sofort die Mittellinie und ziehen im Seitenstrang der gekreuzten Seite empor. Diese Anordnung und topographische Lagerung

---

[1] GROLL: Münch. med. Wschr. **1921 II**, 869.

[2] KAUFMANN u. WINKEL: Klin. Wschr. **1922 I**, 14. (Dort weitere Literatur zur Frage der Abhängigkeit der Entzündung vom Nervensystem.)

[3] FORSMANN: Beitr. path. Anat. **27** (1900).

[4] BOEKE, ASHER u. SPIRO: Erg. Psychol. **19**, 448 (1921).

[5] DUSTIN: Archives de Biol. **15** (1910).   [6] SPITZY: Münch. med. Wschr. **1917 I**.

[7] STOFFEL: Münch. med. Wschr. **1915** u. Orthopädische Operationslehre. Stuttgart 1913.

der einzelnen Bahnen im Rückenmarksquerschnitt erklärt das eigentümliche Verhalten der verschiedenen Empfindungsqualitäten bei *Syringomyelie* und *Halbseitenläsion*. Isolierte Störungen für Schmerz- und Temperaturempfindung wurden daher am häufigsten bei vorzugsweiser Schädigung der grauen Substanz getroffen, wie sie durch die Gliosis spinalis und die *Syringomyelie* eintreten. Wird das *Rückenmark halbseitig geschädigt,* so treten die nach den topographischen Lagebeziehungen zu erwartenden Ausfallserscheinungen ein. Zerstörung der *hinteren Wurzeln* hebt die Empfindungen aller Qualitäten in ihrem Ursprungsgebiet auf. Alle *zentralen* Affektionen des Rückenmarks bedingen durch Zerstörung der *grauen Substanz* vorzugsweise Aufhebung bzw. Minderung der Schmerz- und Temperaturempfindung, deren Bahnen das Rückenmarksgrau durchqueren; wenn dabei die Tastempfindung, die nur teilweise gleiche Wege benützt, intakt bleibt, spricht man von *dissoziierter Anästhesie.* Für alle sensiblen Reizsymptome die auf der Strecke von der Wurzeleintrittszone durch die ganze Bahn des Rückenmarks durch Druck (Neubildungen) oder entzündliche Prozesse (Tuberkulose) auftreten, ist charakteristisch, daß die Schmerzphänomene *peripher projiziert* werden. Die bei Herpes zoster gleichzeitig mit der Bläscheneruption auftretenden Schmerzen werden auf Erkrankung des Spinalganglion bezogen.

Oft ist es nicht leicht zu entscheiden, an welcher Stelle im Receptorenapparat die Schädigung angreift, welche zu Reiz- bzw. Ausfallserscheinungen führt. So wissen wir bis heute noch nicht, welche Rolle die Atrophie der sensiblen Hautnerven im Krankheitsbilde der Tabes zukommt, ob es sich dabei um primäre oder accessorische Veränderungen handelt. Bemerkenswerterweise können bei dieser Krankheit bei bestehender Anästhesie die Hautreflexe gesteigert sein[1].

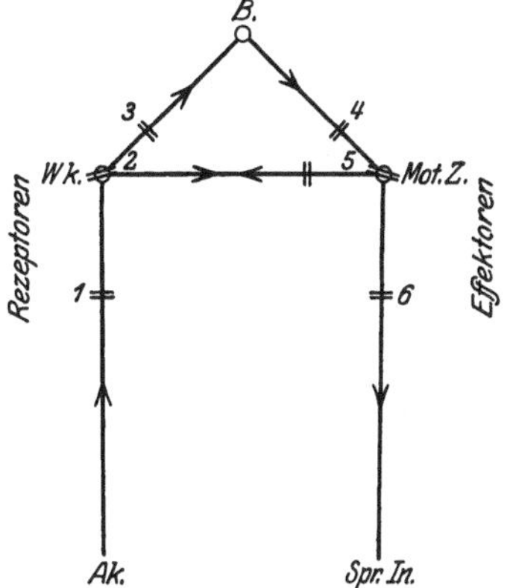

Abb. 4. Schema der Sprachstörungen. *Wk.* Wortklangserinnerungsfeld. *B.* Begriffsfeld. *Mot.Z.* Motorisches Zentrum. *Ak.-Wk.* Acusticusbahn. *Mot.Z.-Spr.In.* Sprachbewegungsinnervationsbahn. Störung bei *1* subcorticale sensorische Aphasie. Störung bei *2* corticale sensorische Aphasie. Störung bei *3* transcorticale sensorische Aphasie. Störung bei *4* transcorticale motorische Aphasie. Störung bei *5* corticale motorische Aphasie. Störung bei *6* subcorticale motorische Aphasie.

Sprachstörungen.

Schädigungen am zentralen Receptorenapparat stellen sich dem Kliniker am deutlichsten dar unter dem Bilde *der Sprachstörungen* (s. Abb. 4). Die durch den Receptorenapparat dem Zentralorgan zugeleiteten Eindrücke werden dort umgeschaltet, mit dem Erinnerungsmaterial assoziativ verknüpft und durch die Effectoren in Handlungen umgesetzt. Die Receptoren für den Sprachvorgang sind das Gehörorgan und die Bahn des Acusticus. Auf diesem Wege wird der Sinneseindruck des gehörten Wortes in die erste Temporalwindung getragen, wo die Eindrücke als Wortklangerinnerungen festgehalten werden. Mit diesem Wortklangfeld (Wk) sind die verschiedensten Stellen der Gehirnrinde durch eine große Zahl von Bahnen verbunden, welche die Erinnerungsbilder, die durch Opticus, Olfactorius und Tastnerven gebildet wurden, mit den Wortklangerinnerungen

---

[1] OPPENHEIM: Lehrbuch der Nervenkrankheiten, 5. Aufl., S. 171.

begrifflich verknüpfen. Soll ein aus einer großen Summe von Teilvorstellungen geschaffener Begriff durch Worte ausgedrückt werden, so müssen die Bahnen, welche zu der motorischen Zone der Sprachmuskulatur ziehen, intakt sein. Die Sprachbewegungsvorstellungen tragen die Impulse von dem in der 3. Frontalwindung gelegenen motorischen Sprachzentrum (Mot. Z. BROCA) durch die Effectoren zur Sprachmuskulatur des Kehlkopfes, der Zunge, des Pharynx und der Lippen. Der Impuls für die Sprachbewegungen läuft vom BROCAschen Zentrum in der 3. Frontalwindung zum Artikulationsgebiet der Zentralwindungen und von dort durch Stabkranzfasern zu den Bulbärkernen des Facialis, Hypoglossus und Vagus.

Bei den sensorischen Aphasien ist der Receptorenapparat defekt. Das Verständnis für gesprochene Worte ist aufgehoben, das Spontansprechen erhalten. Sitzt die Störung am Wortklangerinnerungsfeld, so ist das Nachsprechen unmöglich, beim Spontansprechen werden die Worte verwechselt, es besteht *Paraphasie.* Diese als corticale sensorische Aphasie bezeichnete Sprachstörung unterscheidet sich von der subcorticalen sensorischen Aphasie dadurch, daß bei der letzteren Form das Spontansprechen ungestört ist. Bei der transcorticalen sensorischen Aphasie ist lediglich das Sprachverständnis aufgehoben, Nachsprechen und Spontansprechen dagegen erhalten.

F. Störungen am Effektorenapparat

können eintreten im Großhirn, im Rückenmark, am peripheren Nerven und schließlich an den motorischen Endplatten. Die Störungen am zentralen Effectorenapparat werden gleichfalls am Beispiel der Sprachstörung am besten veranschaulicht.

Bei den verschiedenen Formen der *motorischen Aphasie* ist der Receptorenapparat intakt, der Effectorenapparat gestört. Bei der corticalen motorischen Aphasie ist das BROCAsche Zentrum funktionell ausgeschaltet. Bei der subcorticalen Form ist die Bahn von dem BROCAschen Sprachzentrum zu den Erfolgsorganen unterbrochen. In beiden Fällen ist das Sprachverständnis, das durch die Receptoren vermittelt wird, erhalten, das Nachsprechen und spontane Sprechen dagegen unmöglich. Die Kranken erkennen vorgezeigte Gegenstände, haben auch noch Erinnerung an den Wortklang, können z. B. die Silbenzahl der den nicht aussprechbaren vorgezeigten Gegenständen entsprechenden Worte angeben. Bei der transcorticalen motorischen Aphasie ist der Weg von dem „Begriffsdepot" zum BROCAschen Zentrum unterbrochen, das spontane Sprechen dadurch unmöglich gemacht, das Sprachverständnis und ebenso das Nachsprechen ist erhalten.

Ein weiteres Eindringen in die Vorgänge bei den willkürlichen geordneten Muskelinnervationen führt bald zu der Auffassung, daß schon die einfachste gewollte Bewegung einen Apparat von ungeheurer Kompliziertheit erfordert, ja daß man eigentlich gar nicht berechtigt ist, von „willkürlicher Muskelinnervation" zu sprechen. Schreibt man z. B. erst mit der rechten, dann mit der linken Hand langsam die Ziffer 3 in die Luft, so erhält man zwei richtig gestellte Ziffern. Gibt man nun beiden Händen gleichzeitig und schnell den Befehl, eine 3 zu beschreiben, so erhält man statt 3 3 ε 3, d. h. zwei spiegelbildlich gleiche Ziffern. Da die Muskeln beider Arme spiegelbildlich gebaut sind, ist das nicht merkwürdig[1]. Führen wir eine Bewegung aus, so tritt nur die „Melodie

---

[1] UEXKYLL: Theoretische Biologie. Berlin 1920.

der Impulse" in unser Bewußtsein, über die Funktion der in Tätigkeit geratenen Muskeln bleiben wir im einzelnen vollkommen im Dunkeln.

Durch die Schädigung der großen *corticomuskulären Leitungsbahnen* treten im einzelnen typische Bewegungsausfälle ein, deren geläufigstes Beispiel die *Hemiplegie* ist. Die von den motorischen Rindenfeldern ausgehenden Pyramidenfasern beherrschen infolge ihrer Kreuzung die Muskeln der kontralateralen Körperhälfte. Einige besonders wichtige Muskelsysteme sind durch *bilaterale* Rindeninnervation vor Schädigungen in erhöhtem Maße gesichert. Das gilt für die Mehrzahl der Augenmuskeln, die Kau-, Schling- und Kehlkopfmuskeln; sie werden bei einseitigen cerebralen Schädigungen der corticomuskulären Leitungsbahnen der Lähmung entgehen, ebenso wie die bilateral innervierte Rumpfmuskulatur. Im übrigen muß durch halbseitige Lähmung der Muskulatur unter den angegebenen Bedingungen das Bild der cerebralen Hemiplegie resultieren: Wir sehen die Sehnenreflexe gesteigert, es bildet sich eine reflektorische Hypertonie in der den Willensimpulsen entzogenen Muskulatur aus. Durch Fortfall zentraler Hemmungen treten eine Reihe pathologischer Hautreflexe ein, von denen die langsame tonische Hyperextension der Großzehe bei Fußsohlenreizung (BABINSKISches *Phänomen*) oder nach starkem Streichen über die Haut der medialen Unterschenkelfläche (OPPENHEIMscher *Reflex*) besonders erwähnt sei. Dieselben Phänomene treten physiologischerweise beim Kinde in den ersten Lebensmonaten auf, in einer Zeit, in der die Pyramidenbahnen noch nicht voll ausgebildet sind, speziell deren Achsenzylinder der Markscheidenumkleidung noch entbehren. Diese funktionelle Unentwickeltheit zeigt sich auch bei neugeborenen Tieren, bei welchen sich durch Reizung der Hirnrinde Bewegungen gar nicht oder nur sehr unvollkommen auslösen lassen. Da die Neugeborenen aber sehr lebhafte Bewegungen ausführen können, müssen noch andere motorische Systeme vorhanden sein und es fragt sich, ob die Pathologie Anhaltspunkte dafür bietet. In der Tat können die Pyramidenbahnen in ihrem ganzen Verlauf intakt sein, alle eben geschilderten Symptome fehlen und trotzdem schwere motorische Störungen vorliegen.

Ein solches mit Bewegungsstörungen in den Armen und starkem rhythmischen Tremor einhergehendes Krankheitsbild führt schließlich zur allgemeinen Muskelsteifigkeit infolge einer Hypertonie, die synergische und antergische Muskeln zugleich befällt. Auch die Schluck- und Sprechmuskulatur ist befallen, so daß eine schwere Dysphagie und Dysartrie resultiert. Bei diesem eigentümlichen von WILSON zuerst beschriebenen Krankheitsbild sind die Pyramidenbahnen vollkommen intakt, es besteht eine anatomische Veränderung des Linsenkernes, eine Erkrankung der Leber im Sinne einer Cirrhose und eine eigentümliche Pigmentierung am Hornhautrande. Dies von WILSON als *progressive lentikuläre Degeneration* beschriebene Krankheitsbild ist mit der von STRÜMPELL als *Pseudosklerose* beschriebenen Krankheit wahrscheinlich identisch. Dieses auch als *amyostatischer Symptomenkomplex* bezeichnete Zustandsbild hat aus dem Grunde großes physiologisches Interesse, weil es auf das *Vorhandensein von motorischen Systemen hinweist, denen bestimmte von der Aufgabe der Pyramidenbahnen grundsätzlich verschiedene Funktionen* zufallen. Sie bestehen darin, die sämtlichen ein Gelenk bewegenden Muskeln in ihren wechselnden Kontraktionszuständen einander anzupassen, wie es den jeweiligen Bedürfnissen des Körpers entspricht[1].

---

[1] STRÜMPELL: Dtsch. Z. Nervenheilk. **54**, 207 (1916).

Eine Übersicht über die Erkrankungen des extrapyramidalen Systems zeigt nachstehende Tafel.

Die Erkrankungen des extrapyramidalen motorischen Systems.

1. Gruppe: Das hyperkinetisch-dystonische Syndrom.

I. Die Athetose.

   A. Idiopathische Formen: bilaterale Athetose.

   B. Symptomatische Formen, z. B. bei cerebraler Kinderlähmung, LITTLEscher Krankheit, Hirnsyphilis, Encephalitis epidemica, Erweichungen und Tumoren.

II. Die Chorea.

   A. Idiopathische Formen.

     a) Chorea Sydenham.

     b) Chronisch progressive Chorea.

     Erbliche und nichterbliche Formen.

     Senile Formen.

   B. Symptomatische Formen.

     Chorea bei Lues, Paralyse, Encephalitis epidemica, Leuchtgasvergiftung, Diphtherie, Erweichungen und Tumoren.

III. Die Torsionsdystonie.

IV. Die myorhythmischen Zuckungen.

2. Gruppe: Das akinetisch-hypertonische Syndrom.

A. Idiopathische Formen.

   a) WILSONsche Krankheit.

   b) WESTPHAL-STRÜMPELLsche Pseudosklerose.

   c) Paralysis agitans.

B. Symptomatische Formen bei: Arteriosklerose, Encephalitis epidemica, Kohlenoxydgasvergiftung, Manganvergiftung, Malaria, Lues, multipler Sklerose, Pseudobulbärparalyse, LITTLEscher Krankheit, Erweichungen, Hirntumoren.

Seit den Beobachtungen des Klinikers JACKSON wissen wir, daß epileptiforme Krämpfe, welche nach umschriebenen Schädelverletzungen auftreten, und an ganz bestimmter Stelle der Peripherie beginnen, durch scharf umschriebene Läsionen der Großhirnrinde ausgelöst werden. Durch die Untersuchungen von FRITSCH und HITZIG gewannen wir dann eingehende Kenntnis von den motorischen Rindenfeldern, von welchen nach unseren gegenwärtigen Kenntnissen die Muskulatur willkürlich innerviert wird. Daß die Bewegungsmöglichkeit *auch nach Fortfall dieser psychomotorischen Zentren* erhalten bleiben kann, lehren die Beobachtungen an großhirnlosen Neugeborenen. Diese sog. Anencephalen unterscheiden sich in ihren Bewegungen kaum von normalen Säuglingen. Sie saugen, schreien und greifen wie diese. Die Untersuchungen an großhirnlosen Hunden lehren, daß die lokomotorischen Funktionen bei ihnen nur unwesentlich gestört sind. Die primitiven vitalen motorischen Funktionen scheinen demnach *ohne Beteiligung corticaler Impulse vor* sich gehen zu können. Die feinere Regelung und Abstimmung der motorischen Innervationsimpulse, die zur Aufrechterhaltung des Gleichgewichts nötig ist, geht im *Mittelhirn* vor sich.

Die große Wichtigkeit gerade dieses Hirnteils ist durch enges Zusammenliegen funktionell hochbedeutsamer Abschnitte gekennzeichnet. Der Oculomotorius und Trochleariskern, die Acusticusschleife, die mediale Schleife, der Nucleus ruber tegmenti, wichtige Teile der Opticusbahn sind hier untergebracht. Das Zusammenlaufen so vieler peripherer Erregungen im Mittelhirn macht diesen

Abschnitt zu einer wichtigen Kontrollstelle für die Aufrechterhaltung des Gleichgewichts. Tiere, denen das Mittelhirn zerstört ist, verlieren sofort das Gleichgewicht.

Die Bewegungsimpulse durchlaufen die Bahnen der Effectoren nicht in einem Zuge. Durch die Einschaltungen bestimmter Relaisstationen zerfallen diese in mehrere Unterabschnitte: die corticospinale und die spinomuskuläre Bahn. Dementsprechend lassen sich die *corticospinalen* Neuronenstörungen in den Seitenstrang- und Pyramidenbahnen mit ihren charakteristischen Symptomen unschwer von denen in der *spinomuskulären* Vorderhornwurzelbahn unterscheiden. Bei den corticospinalen Störungen finden sich Steigerung der Reflexe, erhöhte Rigidität, gleichmäßiges Befallensein aller Muskeln der gelähmten Extremität ohne trophische Störungen, bei den spinomuskulären dagegen vollkommene Atonie nur einzelner Muskelgruppen mit Verschwinden der Reflexe und vor allem hochgradige Atrophie der Muskulatur infolge Zerstörung ihres trophischen Zentrums im Vorderhorn. Daß Unterbrechungen der motorischen Leitungsbahnen am peripheren Nerven zu Bewegungsausfällen führen müssen, bedarf keiner weiteren Erörterung. Die Endstation des Effectorenapparates an seiner Einmündung in das Erfolgsorgan, den Muskel, ist die motorische Endplatte; auch diese kann isoliert gelähmt werden, während die motorischen Leitungsbahnen dabei sicher funktionsfähig bleiben. Das schlagendste Beispiel einer derartigen Lähmung ist die Curarevergiftung. Kühne zeigte die Wirkung auf die Endplatten besonders einleuchtend, indem er von funktionell selbständigen Teilen des Musculus gracilis des Frosches, die vom gleichen und in seinem unteren Teil gegabelten Nerven versorgt werden, den einen isoliert vergiftet, den zweiten vom gleichen giftumspülten Nerven versorgten Anteil durch Umschnürung vor der Giftwirkung bewahrte.

Eine genaue Kenntnis der anatomischen und physiologischen Verhältnisse des Nervensystems erlaubt eine exakte topische Diagnose der Hirn- und Rückenmarkserkrankungen, solange es sich um isolierte Schädigungen handelt, die zu Reizerscheinungen bzw. Leitungsunterbrechung führen; das gleiche gilt für die Erkrankung funktionell zusammengehöriger Systeme, „Systemerkrankungen". In anderen Fällen wird das Symptomenbild dadurch mannigfaltiger, daß die Erkrankungsherde regellos über das Gehirn und Rückenmark verteilt sind (z. B. multiple Sklerose, dissiminierte luische Herde).

G. Störungen der Bildung und Resorption des Liquor cerebrospinalis.

Bei den Erkrankungen des Gehirns und seiner Häute spielen *Hirndruckerscheinungen* eine dominierende Rolle. Die Symptome des Hirndrucks, der Kopfschmerz, die Pulsverlangsamung, in schwereren Fällen Krämpfe, Bewußtlosigkeit, Atemlähmung usw. sind ganz allgemein durch die anatomische Anordnung des Organs in der festen knöchernen, den Volumschwankungen nicht nachgebenden Schädelkapsel zu erklären. Der intrakranielle Druck muß steigen bei der Zunahme des Liquor cerebrospinalis, speziell in den Ventrikeln, weiterhin durch Zunahme der Blutfülle, schließlich durch Verringerung der Schädelkapazität bei zunächst unverändertem Inhalt (Depressionsfrakturen). Aus dieser Aufzählung erhellt bereits, wie wichtig für die Regelung der intrakraniellen Druckverhältnisse die Bildung und die Resorption des

Liquor einerseits, andererseits der Füllungszustand der Gefäße des Gehirns und seiner Häute ist.

Unter den Aufgaben, welche man dem *Liquor cerebrospinalis* zugeschrieben hat, steht der *mechanische Schutz,* welchen derselbe dem empfindlichen Ganglienapparat zu gewähren hat, im Vordergrund. Ob daneben der Liquor eine Art *Ernährungsflüssigkeit* für das Gehirn darstellt, oder ob er eher für den *Abtransport* von Stoffwechselprodukten aufzukommen hat, ist bislang eine offene Frage.

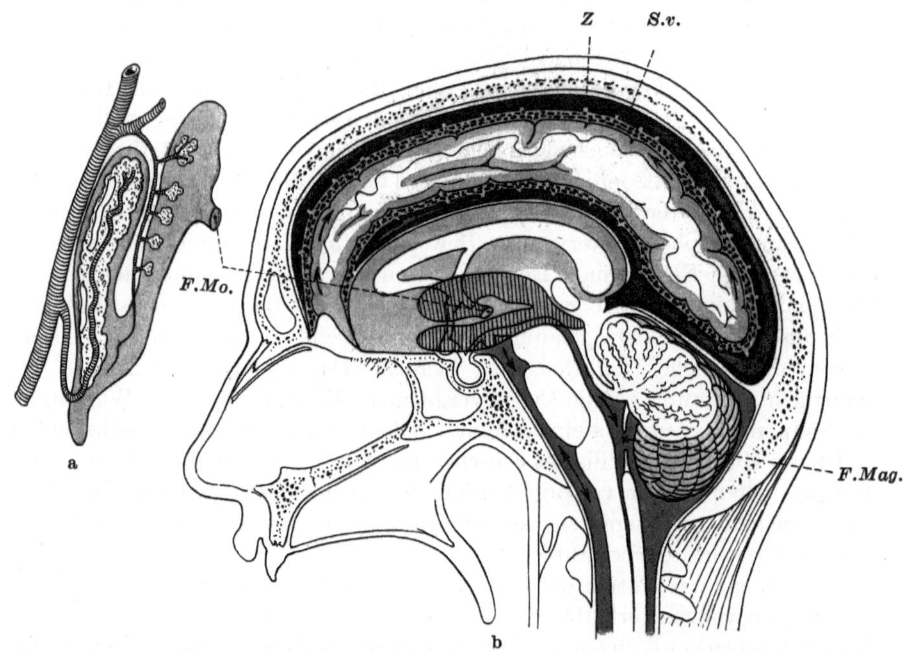

Abb. 5. *Schematische Darstellung der Bahn der Cerebrospinalflüssigkeit.* Die hinter der Bildebene 5a liegenden Seitenventrikel des Gehirns, in welchen die Flüssigkeit gebildet wird, sind schraffiert angedeutet, in Abb. 5b mit ihrem Inhalt gezeichnet: links mit den Plexus chorioidei, rechts mit den Gefäßknäueln der Zotten; die an ihrer Oberfläche abgesonderte Flüssigkeit ist blau getönt. Diese Flüssigkeit bewegt sich weiter durch das Foramen Monroi (*F.Mo.*) in den III. und IV. Ventrikel und in den Rückenmarkskanal, sowie durch das Foramen Magendii (*F.Mag.*) in die Subarachnoidealräume, in welchen sie die Hemisphären allseitig umspült. Diese unverhältnismäßig breit gezeichneten Räume entsenden die gleichfalls vergrößert gezeichneten Zotten (*Z*) in die venösen Sinus (*S.v.*), in welche der Liquor sich ergießt. (Nach FLEISCHHACKER.)

Jede Abflußerschwerung der Ventrikelflüssigkeit kann zur Steigerung des intrakraniellen Drucks führen. Aber auch Kompression der Halsvenen oder, wie ich in vielfachen eigenen Untersuchungen sah, alle jene Bedingungen, welche den Rückfluß des Blutes zum rechten Herzen verhindern, führen zu einem Ansteigen des intrakraniellen Drucks: Husten, Pressen, VALSALVAscher Versuch.

Nebenstehendes Schema zeigt, daß der Liquor im Bereich der Plexus chorioidei und an der Innenfläche der Leptomeningen entsteht. Dieser im engeren Sinne als Liquor bezeichneten Flüssigkeit wird Hirnlymphe beigemischt, aus welcher wahrscheinlich auch die spärlichen Lymphocyten stammen. Wegen der verschiedenen Zusammensetzung von Blut und Liquor, welche nur möglich ist durch die Zwischenschaltung bestimmter Membranen, spricht man von einer *Blutliquorschranke.* Über die einzelnen Bestandteile des normalen Liquors unterrichtet die folgende Tabelle 2 nach MESTREZAT:

Tabelle 2. Zusammensetzung des Liquors.

	Durchschnitts- werte ⁰/₀₀		Durchschnitts- werte ⁰/₀₀
1. Spezifisches Gewicht .	1007,6	12. Gesamt-N	0,2
2. △	— 0,576	13. Cholin	0,001
3. Reaktion	p_H 7,35—7,40	14. Lecithin	0,22
4. Feste Bestandteile . .	10,93	15. Reduzierende Sub-	
5. Organische Bestand-		stanzen	0,59
teile	2,13	16. Organische Säuren .	0,12
6. Anorganische Bestand-		17. Chlor (NaCl)	7,32
teile	8,8	18. Phosphor	0,03
7. Eiweiß	0,16 —0,288	19. S·(OO₄)	0,0336
a) Globulin	0,024—0,048	20. Nitrate.	0,011
b) Albumin	0,168—0,24	21. Natrium	3,224
8. Aminosäuren	0,01	22. Kalium	0,207
9. Harnstoff	0,2	23. Calcium	0,068
10. Harnsäure.	0,004—0,01	24. Magnesium	0,03
11. Kreatin	0,045	25. Eisen	0,002

Wie die Zusammenstellung zeigt, schwankt das spezifische Gewicht zwischen 1003 und 1008, ist also niedriger als das des Blutes. Der Gefrierpunkt dagegen liegt mit — 0,576⁰ mit dem des Blutes auf gleicher Höhe. Bei akuter Meningitis kann der Gefrierpunkt bis auf Werte von 0,48⁰ absinken. Von den im Blute vorhandenen Substanzen fehlen im Liquor folgende: Fibrinogen, Albumosen, Nucleoalbumosen und Mucin, Ammoniak, Indican, Cholesterin; von den Fermenten: Diastase, Lipase, proteolytisches Ferment, Oxydase, glykolytisches Ferment, Katalase; von Immunkörpern: Hämolysine, Agglutinine, Präcipitine, Antitoxine; ebenso sind Aceton, Acetessigsäure, Alkohol, Chloroform, Brom, Urotropin, wenn diese Substanzen im Blute mehr oder weniger reichlich vorhanden waren, im Liquor nur in Spuren enthalten. Hypophysensekret ist im Liquor regelmäßig vorhanden.

GOLDMANN verfolgte das Schicksal ins Blut gespritzter Vitalfarben; die Farbstoffe drangen in alle Organe mit Ausnahme des Gehirns ein. Besonders stark angereichert fand er die Plexuszellen, die offenbar als Filter wirkten; wurde der Farbstoff aber in den Subarachnoidealraum gebracht, so färbte sich die gesamte Rückenmarkssubstanz.

Bemerkenswerter scheint in dieser Zusammenstellung das Fehlen von *Cholesterin* trotz der Nachbarschaft des cholesterinreichen Gehirns. Wenn bei bestimmten Meningitisfällen Cholesterin nachgewiesen wurde, so stammt dasselbe wahrscheinlich aus den Zellen des Blutes. Der Zuckergehalt des Liquors liegt stets *unter* dem des Blutes und schwankt mit diesem. Bei Gegenwart von Blutkörperchen nehmen die reduzierenden Substanzen bei längerem Stehen des Liquors rasch ab, was auf die Tätigkeit des glykolytischen Ferments derselben zurückzuführen ist. Von den festen Bestandteilen entfallen die größere Menge auf *anorganische* Stoffe, unter denen wieder das Kochsalz den Hauptteil ausmacht. Der normale Liquor ist also durchschnittlich etwas kochsalzreicher als das Serum. Das Verhältnis von Kalium zum Natrium beträgt im Liquor 1 : 31,5, im Serum 1 : 17.

Über die *Entstehung* des *Liquors* sind verschiedene Auffassungen geäußert worden:

1. Der Liquor ist ein spezifisches Sekret des Plexus chorioidalis.
2. Der Liquor ist gewissermaßen ein Transsudat des Blutplasmas.
3. Der Liquor ist ein Dialysat des Blutplasmas.

Von den Gründen, welche für eine *Sekretnatur* des Liquors vorgebracht sind, ist keiner ganz stichhaltig. Daß es sich beim Liquor um ein spezifisches Abscheidungsprodukt der Zellen der Plexus handeln soll, das Stoffe enthält, welche im Blute nicht vorkommen, ist durch die Tatsachen nicht bestätigt. Gegen die *Transsudationstheorie* wird der sehr geringe Eiweißgehalt des Liquors geltend gemacht. Die eiweißärmsten, als Transsudate aufzufassenden Ödemflüssigkeiten, die wir bei Kachexien zu beobachten Gelegenheit haben, enthalten immer noch die doppelte Menge Eiweiß wie der Liquor. Am meisten Anklang hat die Auffassung gefunden, daß der Liquor eine Art *Dialysat des Blutplasmas* darstelle, weil die prozentuale Verteilung der Nichtproteide im Liquor ungefähr der eines Blutdialysats entspricht. Richtig scheint mir, daß es durch intravenöse Injektion hypertonischer Zuckerlösung möglich ist, den Liquordruck zu senken und umgekehrt durch hypotonische Lösung denselben zu steigern. In meinen Arbeiten über *Osmotherapie*[1] habe ich ausgeführt, daß die Injektion hypertonischer Traubenzuckerlösung einen osmotischen Ausgleich zwischen Blut und Geweben herbeiführt in dem Sinne einer vorübergehenden Entwässerung der Gewebe. Ein ähnlicher osmotischer Ausgleich besteht fraglos auch zwischen Blut und Liquor. Gleichsinnig mit dem Liquordruck kann durch intravenöse Injektion *hypertonischer* Lösungen auch das *Hirnvolumen* beeinflußt werden. Alle molekular gelösten Stoffe erscheinen schließlich im Liquor, sowohl die körpereigenen, Zucker, Kreatin, wie die körperfremden, Alkohol, Aceton, Chloroform, Urotropin. Die *Kolloide* passieren die Blutliquorschranke *nicht*. Besonders für bestimmte körperfremde Farbstoffe, Trypanrot, Kongorot und Azurblau ist das erwiesen. Auch die körpereigenen Lipochrome (Fettfarbstoffe), die sich in jedem menschlichen Blute nachweisen lassen, kommen im Liquor nicht vor.

Bei krankhaften Zuständen kann sich die Permeabilität der Meningen ändern; bei den verschiedenen Formen der Meningitis im Sinne einer *Steigerung*. Besonders wichtig erscheinen die Befunde bei den luischen Erkrankungen. An sich soll die Lues, insbesondere die Meningitis luetica, die Permeabilität der Meningen nicht beeinflussen. Anders liegen die Dinge bei der *Lues cerebrospinalis,* bei welcher nach WALTER ein Parallelismus zwischen der entzündlichen Reaktion des Liquors und der Schrankendurchlässigkeit festgestellt wurde.

Im allgemeinen nähert sich bei allen entzündlichen Zuständen die Zusammensetzung des Liquor der des Serums; je akuter der Prozeß, desto größer im allgemeinen der Eiweißgehalt; es werden Werte bis zu 0,95% angegeben[2]. Dabei ist der Übertritt von zelligen Elementen des Blutes die Regel; der Leukocytengehalt der Spinalflüssigkeit kann so weitgehend gesteigert sein, daß er den Eindruck reinen Eiters macht.

Eine erste Gruppe der Abflußwege führt zu den Lymphgefäßen der Nase, den perilymphatischen Räumen des Ohrlabyrinths und den tiefen Halslymph-

---

[1] Ther. Gegenw., Jan./Febr. **1925**. — BÜRGER u. Mitarbeiter: Z. exper. Med. **11**, 239 (1920); **26**, 1 (1921); **42**, 296 (1924); **44**, 568 (1924); **49**, 147 (1925); **56**, 1 (1927). — Arch. f. exper. Path. **109**, 1 (1925).

[2] Einzelheiten über die Zusammensetzung des pathologischen Liquor siehe bei ESSKUCHEN: Die Lumbalpunktion. Leipzig: Urban & Schwarzenberg 1919.

gefäßen. Der Hauptweg führt über die perivasculären Lymphräume in die Capillaren und Venen; unter ihnen werden die PACCHIONIschen Granulationen meist besonders hervorgehoben, obwohl diese gar nicht so regelmäßig vorkommen, wie allgemein angenommen wird. Darüber hinaus wird ein direkter Übergang vom Liquor durch die Gefäßwände ins Blut angenommen. Vielleicht tritt dieser direkten Resorption ins Blut gegenüber der Abtransport auf den Lymphbahnen an Bedeutung zurück. Jedenfalls sind in den Subarachnoidealraum eingebrachte Farbstoffe schon nach 20 Minuten im Magen und in der Blase (HILL, ZIEGLER), aber erst nach Stunden in den tiefen Halslymphgefäßen nachweisbar. Als dritter Abflußweg sind schließlich die perineuralen Lymphscheiden zu nennen (D). Sind die vasculären Abflußbahnen durch entzündliche Vorgänge oder durch mechanische Kompression (Tumoren) verlegt, so kommt es, da die Lymphwege allein zum Abtransport offenbar nicht ausreichen, zur überreichlichen Ansammlung von Liquor in den Hirnventrikeln.

Produktion und sicher auch Resorption des Liquor stehen unter der Herrschaft von vasomotorischen Nerveneinflüssen, die auf das ausgedehnte Gefäßnetz des Gehirns und Rückenmarks wirken.

Die reichliche nervöse Versorgung dieser Blutgefäße der Pia und des Plexus chorioideus ist von STÖHR[1] eingehend studiert worden. Neben den die Gefäße begleitenden und sie zum Teil umspinnenden Nerven wurden solche unabhängig von den Gefäßen die Pia durchquerende gefunden. Im Bindegewebe des Plexus chorioideus sämtlicher Ventrikel finden sich häufig Nervenbündel von ansehnlicher Dicke. STÖHR zeigte, daß die Fasern für den Plexus chorioideus inferior vom Vagus, für die Pia des Kleinhirns vom Vagus, Glossopharyngeus und Vagus oder direkt aus den Brückenarmen stammen. Auch vom 3., 6., 11. und 12. Gehirnnerven ziehen feine Ästchen zur Pia. Es darf nach diesen Feststellungen als gesicherte Tatsache gelten, daß die Hirngefäße doppelt inneviert sind. Die Hauptmasse der Hirngefäßnerven stammt vom Halssympathicus und zieht mit A. carotis und A. vertebralis in die Schädelhöhle. Außerdem haben aber die parasympathischen Fasern, aus den oben angegebenen Hirnnerven, Einfluß auf die Gefäße.

Die überreiche Versorgung der Pia und ihrer Gefäße mit Nerven und Endkörperchen stützt die Ansicht, welche die Pia als ein *Schutzorgan* gegen Störungen in der Blut- und Liquorbewegung auffaßt. Vielleicht sind die für die Liquorverhältnisse wichtigen Nerven, sowohl die im Plexus gelegenen Receptoren wie die vornehmlich auf die Gefäße, vielleicht aber auch auf die sezernierenden Epithelien einwirkenden Effectoren in einem im Hirnstamm gelegenen Zentrum funktionell enger zusammengeordnet und überwacht[2].

Besonders wahrscheinlich wird die Annahme eines solchen Vasomotorenzentrums für die Gefäße des Gehirns und seiner Häute gemacht durch die Erfahrungen, welche man bei experimenteller Drucksteigerung im Gehirn durch subdurale bzw. subarachnoideale Injektion von Kochsalzlösung sammelte. CUSHING[3] studierte die wechselnde Gefäßfüllung des Gehirns durch ein an einer Trepanationsöffnung des Schädels angebrachtes Fenster. Bei 60 mm Quecksilber zeigt sich eine geringe Erweiterung der Hirnvenen, während gleichzeitig eine geringe Verengerung des Sinus longitudinalis von hinten her einsetzt. Wird der Druck bis zur Blutdruckhöhe gesteigert, so kommt eine maximale Stauung der Hirnvenen zustande, während der Sinus longitudinalis kollabiert. Bei weiterer Druckzunahme erblaßt die Hirnsubstanz infolge Kompression der sichtbaren Arterien, während das in den Venen stagnierende Blut nicht abfließen kann und die Venen prall gefüllt bleiben. Wird der Hirndruck nun nicht weiter gesteigert, so sieht man sehr bald die Zirkulation in den Hirnarterien wieder einsetzen, was nur durch eine regulatorisch einsetzende Blutdrucksteigerung erklärbar ist. CUSHING konnte durch vorsichtige weitere intrakranielle Drucksteigerung

---

[1] STÖHR, P.: Anat. Anz. 54 (1921).   [2] REICHARDT: Zit. nach STÖHR.
[3] CUSHING: Mitt. Grenzgeb. Med. u. Chir. 9 u. 18.

diesen Vorgang mehrfach wiederholen, so daß schließlich bei einer intrakraniellen Spannung von 276 mm Hg der Blutdruck auf 290 mm Hg hinaufgetrieben war. Erst jetzt versagte die vasomotorische Regulation. Wird das Rückenmark in der Höhe des Atlas durchtrennt oder die Medulla oblongata durch Cocainisierung ausgeschaltet, so konnte durch intrakranielle Drucksteigerung der Blutdruck nicht in die Höhe getrieben werden. Das auslösende Moment für diese Blutdrucksteigerung ist die Anämie des Vasomotorenzentrums. Das besondere Zentrum für die Vasomotoren des Gehirns sorgt in unabhängiger Weise bei einer allgemeinen Blutdrucksteigerung für eine gute Durchblutung des Zentralorgans.

Durch die QUINCKESche Lumbalpunktion haben wir die Möglichkeit gewonnen, uns über die *Druckverhältnisse des Liquor cerebrospinalis* unter physiologischen und pathologischen Bedingungen zu unterrichten. Schon bei gesunden Menschen findet man an verschiedenen Punktionsstellen und wechselnder Lagerung des Körpers erheblich voneinander abweichende Druckwerte. BUNGART[1] fand unter Anwendung eines Hg-Manometers bei narkotisierten Menschen in der Lumbalgegend bei horizontaler Lage einen positiven Druck von 3—9 mm Hg über dem Nullpunkt. Richtet man die Versuchsperson auf, ohne sonst etwas an dem System zu ändern, so steigt er auf 15 mm Hg über dem Nullpunkt. Bei Beckenhochlagerung sinkt das Manometer langsam auf Null und darüber hinaus auf negative Werte ab. Punktiert man an einer höher gelegenen Stelle der Wirbelsäule z. B. suboccipital, so ist der Druck besonders im Sitzen gegenüber dem vorher an tiefer gelegener Stelle gefundenen wesentlich niedriger. Punktion eines Seitenventrikels in Horizontallage ergab keine Schwankungen am Manometer; wird das Fußende des Bettes gehoben, so wird der Druck in den Ventrikeln positiv; wird das Kopfende gehoben, so wird er negativ.

Analysiert man die *Bewegungen,* welche die *Liquorsäule* bei der Punktion im Steigrohr ausführt, so erkennt man die Abhängigkeit derselben von der Aspiration und den Bewegungen des Kopfes, von der Anspannung der Bauchmuskulatur und von der Tätigkeit des Herzens. Bei Registrierung mit der FRANKschen Kapsel fand BECHER[2], daß die *diastolischen Pulsationen* des Liquor cerebrospinalis in der Lumbalgegend als hier verspätet eintreffende systolische Gehirnpulsationen aufzufassen sind. So ist es zu erklären, daß die pulsatorischen Erhebungen nicht mit der Systole des Radialispulses zusammenfallen, sondern in der Diastole gelegen sind. Die mit der *Atmung synchronen Ausschläge* sind als Füllungsdifferenzen im System der oberen Hohlvene während der in- und exspiratorischen Atemphasen anzusehen. Jede Steigerung des venösen Druckes im Gebiet der oberen Hohlvene muß ceteris paribus zu einem Ansteigen des Liquordruckes führen.

Von den eingangs erörterten Faktoren, die zum „Hirndruck" führen, sind die Bedingungen bei akuter Meningitis am durchsichtigsten. Hier wird infolge der Entzündung eine starke Produktion entzündlich veränderten Liquors einsetzen, mit der die Rückresorption nicht mehr gleichen Schritt hält; der intrakranielle und mit ihm der Lumbaldruck steigen rasch an. Durch Entzündung und Druck werden die in der Pia reichlich vorhandenen Nerven gereizt, wodurch der starke *meningeale Kopfschmerz* erklärt wird. Die Beteiligung des Vagus an der Innervation der Pia und des Plexus chorioideus des IV. Ventrikels vermittelt das bei gesteigertem Hirndruck häufige *cerebrale Erbrechen* und die

---

[1] BUNGART: Festschrift zur Feier des 10jährigen Bestehens der Akademie für praktische Ärzte in Köln. Bonn: Markus u. Weber 1915.

[2] BECHER, ERWIN: Zbl. inn. Med. **1919**, Nr 38.

Pulsverlangsamung. Weitergehende Folgen gesteigerten Hirndrucks sind Krämpfe und Bewußtlosigkeit. Beides wird auch nach akuten Blutverlusten beobachtet, Zustände, bei denen man eher mit einer Senkung des intrakraniellen Drucks rechnen muß. Gemeinsam ist beiden — dem Zustand des Hirndrucks und der Anämie — partiell wenigstens mangelnde Blutversorgung empfindlicher Komplexe, die zunächst zu Reiz-, später zu Lähmungssymptomen führt. Wichtiger vielleicht sind mechanische und chemische Schädigungen der empfindlichen Elemente der Hirnsubstanz.

Schon früh hat man sich bemüht, die klinischen Erscheinungen und Fernsymptome des *Hirndrucks experimentell* nachzuahmen. LEYDEN vermehrte Menge und Druck der Cerebrospinalflüssigkeit durch Einspritzung von Eiweißlösung in den Subarachnoidealraum in Morphiumnarkose. Bei 50 mm Hg-Druck wird infolge der zunehmenden Spannung der Dura Schmerz ausgelöst, bei 120 mm Hg treten Krämpfe, bei 130 mm Hg Pupillenerweiterung, Bewußtlosigkeit, Koma auf. Es wird Nystagmus beobachtet. Schon bei 50 mm Hg nimmt die Pulsfrequenz ab, die Bradykardie wird bis 150 mm Hg langsam gesteigert, es treten Unregelmäßigkeiten des Pulses auf. Bei 350 mm Hg setzt eine plötzliche Beschleunigung der Herztätigkeit ein. Alle *diese Erscheinungen von seiten des Herzens bleiben nach vorheriger Vagusdurchschneidung* aus. Unter zunehmender Verlangsamung der Herzaktion und mit zunehmender Kompression der Capillaren durch den Hirndruck werden die pulsatorischen Hirnbewegungen vergrößert. Die Atmung ist im Stadium des Schmerzes bei geringerem Druck beschleunigt, wird mit zunehmendem Druck verlangsamt und unregelmäßig und steht schließlich still, während das Herz noch minutenlang weiterschlägt. Zuletzt tritt unter Würgen und Erbrechen der Erstickungstod ein. Durch künstliche Atmung kann der Eintritt des Todes verhindert oder verzögert werden. Von NAUNYN und seinen Mitarbeitern wurde auf die eigentümlichen Schwankungen des Blutdrucks hingewiesen, welche bei langem und starkem Hirndruck als sog. TRAUBE-HERINGsche Wellen sich aufzeichnen lassen. Sie werden als Folge einer periodischen Erregung der Medulla oblongata aufgefaßt. Mit zunehmendem Blutdruck setzt die vorher ruhende Atmung wieder ein, um mit sinkendem Blutdruck von neuem aufzuhören.

In vielen Fällen von Hirndruck wird eine *Stauungspapille* gefunden. Diese meist beiderseitig an beiden Papillen mit dem Augenspiegel leicht festzustellende Veränderung ist sehr verschieden erklärt worden. Alle Theorien gehen aus von dem erhöhten intrakraniellen Druck. Am plausibelsten ist die Vorstellung, nach welcher der Druck zu einer ödematösen Schwellung der Lamina cribrosa und weiterhin zu einer Kompression der Zentralgefäße führt, welche naturgemäß eher den venösen Rückstrom als den arteriellen Zustrom beeinträchtigen muß. Es kommt zu venöser Stauung im Sehnervenkopf und sekundär zu einer Anschwellung desselben. Sekundär kann der geschwollene Sehnerv in dem nun zu eng gewordenen Foramen sclerae stranguliert werden. Das Ödem des Sehnervenkopfes nimmt zu bis zum typischen Bild der Stauungspapille. Daneben können unabhängig von rein mechanischen Verhältnissen sich Entzündungen vom Gehirn auf den Sehnerven fortleiten und infolge einer solchen Neuritis descendens die Papille entzündlich schwellen. Die auffällige Mydriasis, welche ein häufig beobachtetes Symptom des Hirndrucks ist, wird als eine Folge der Sympathicusreizung gedeutet.

H. Commotio cerebri.

Das Krankheitsbild der *Commotio cerebri*[1] ist wenig scharf umrissen. Die Symptome werden je nach der Stärke der Gewalteinwirkung wechseln. Das erste Symptom ist stets eine Trübung des Bewußtseins, Atemtypus und -rhythmus sind verändert, gelegentlich wird CHEYNE-STOKESsches Atmen beobachtet, der Puls bald beschleunigt, bald verlangsamt, in schweren Fällen klein, schlecht gefüllt und leicht unterdrückbar. Oft scheint eine schlaffe Lähmung aller Extremitäten vorzuliegen. Alle diese Symptome können auftreten, ohne daß gröbere Verletzungen speziell des knöchernen Schädeldaches nachweisbar sind; ja in zu Tode führenden Fällen von Commotio cerebri fehlen sogar mikroskopische Veränderungen. Vergegenwärtigt man sich den feinen histologischen Bau der Hirnrinde, die verschiedenen Schichten der kleinen, mittleren und großen Pyramiden, die mit ihren feinen Fortsätzen ein unendlich zartes Gewebe von feinster Struktur darstellen, daß ferner das spezifische Gewicht der einzelnen Hirnschichten ein verschiedenes ist[2], so ist verständlich, daß ein grobes Trauma den einzelnen Schichten eine wechselnde Beschleunigung erteilen wird und allein aus diesem Grunde schon Zerreißungen und Störungen in der feinen Textur eintreten können, die unsern relativ groben Untersuchungsmethoden unzugänglich sind. Bei schweren Traumen kommen Blutextravasate und Degenerationen in den Ganglienzellen vor. Große forensische Bedeutung haben die sog. *traumatischen Spätapoplexien,* welche mehrere Wochen nach einem Schädeltrauma eintreten können. Sie sind zu erklären durch Schädigungen, welche das primäre Trauma an den Gefäßen setzte und die durch sekundäres Nachgeben der Gefäßwand zu Blutungen führte.

Vielleicht hat die Erschütterung des Schädels an umschriebener Stelle eine ähnliche Wirkung auf die Capillaren wie sie SCHLOMKA experimentell am Herzen durch leichte Brustwandtraumen auslösen konnte. Ein länger anhaltender Spasmus kann zu Dauerschäden führen, ohne daß gröbere mechanische Läsionen an der Traumastelle gefunden werden. Die Bewußtlosigkeit kann Tage und Wochen anhalten. Nach dem Erwachen stellen sich nicht selten eigentümlich psychische Veränderungen ein: Der Kranke kann sich auf die Vorgänge, welche zu dem Unfall geführt haben, nicht mehr besinnen. Die Merkfähigkeit hat gelitten. Es entwickelt sich das Krankheitsbild der sog. KORSAKOWschen Psychose. Auch JACKSONsche Rindenkrämpfe, die sog. posttraumatische Epilepsie oder umgekehrt motorische Ausfallserscheinungen können als Dauerfolgen einer Commotio cerebri zurückbleiben.

J. Pathologie des vegetativen Nervensystems[3].

Die Störungen in den Funktionen des vegetativen Nervensystems sind ungemein häufig. Die Beurteilung der Grenze zwischen normalem und pathologischem Verhalten sind hier besonders schwer zu ziehen, weil die Funktion

---

[1] Literatur bei HAUPTMANN: Neue dtsch. Chir. 11 I, 250.

[2] THUDICHUM: Über die chemische Konstitution des Gehirns des Menschen und der Tiere. Tübingen 1901.

[3] Literatur bei MEYER u. GOTTLIEB: Experimentelle Pharmakologie. Berlin-Wien: Urban & Schwarzenberg 1914. — MÜLLER, L. R.: Das vegetative Nervensystem. Berlin: Julius Springer. — METZNER: Einiges vom Bau und von den Leistungen des sympathischen Nervensystems. Jena: Gustav Fischer 1913.

des vegetativen Nervensystems einen wesentlichen Teil der psychischen Persönlichkeit ausmacht. Im Gegensatz zum animalen, der Willkür unterworfenen Nervensystem beherrscht das vegetative die *unwillkürlich* tätigen Organe. Seine efferenten Fasern stammen aus bestimmten Abschnitten des Zentralnervensystems. Die Drüsen, die Eingeweide, die Organe mit glatter Muskulatur stehen unter seinem Einfluß. Die Blutgefäße des ganzen Körpers, die Organe der Haut, die Iris und das Herz werden in ihrer Tätigkeit von ihm geregelt. Weil die Erfolgsorgane in der Hauptsache die Viscera, die Eingeweide sind, spricht man auch vom *visceralen Nervensystem*. Da manchen diese Organe eine gewisse Autonomie zukommt, hat sich der Ausdruck *autonomes Nervensystem* eingebürgert. Neben dem vegetativen und dem animalen Nervensystem haben wir als drittes das „enteric system" LANGLEYs zu unterscheiden, das z. B. in Funktion tritt, wenn an einer ausgeschnittenen Darmschlinge auf einen sensiblen Reiz hin eine Kontraktion eintritt. Die Zentren dieses Systems sind in die Erfolgsorgane selbst eingebettet. Im Gegensatz zu den animalen Fasern treten die des efferenten Anteils des vegetativen Nervensystems nie *direkt* zu ihren Erfolgsorganen; sie ziehen vielmehr, aus dem Zentralnervensystem entspringend, zu einer außerhalb desselben gelegenen Ganglienzelle. Von dieser als Schaltstelle fungierenden Zelle entspringt ein zweites Neuron, dessen Achsenzylinderfortsatz dann die Peripherie erreicht. Durch ihre hohe *Nicotinempfindlichkeit* sind diese Schaltstellen pharmakologisch scharf gekennzeichnet. Man kann sie mit einer 0,5%igen Nicotinlösung lähmen und auf diese Weise den Aufbau und die Funktion des präganglionären Anteils gesondert studieren.

Das vegetative Nervensystem setzt sich aus einem *sympathischen* und *parasympathischen* Anteil zusammen. Beide haben auf fast sämtliche Organe Einfluß. Sie wirken in entgegengesetzter Richtung, so daß die Organfunktionen gewissermaßen von zwei Nervenzügeln geleitet werden.

Einteilung des vegetativen Nervensystems.

1. *Gruppe der thorakallumbalen,* dem sympathischen System im engeren Sinne entsprechend. Die Fasern werden abgegeben durch die thorakalen und 4—5 ersten lumbalen Nerven:

    a) an den Grenzstrang,

    b) an das Gangl. cervicalis sup. und inf.,

    c) an das Gangl. stellatum durch die weißen Rami communicantes; sie laufen jenseits der Ganglien gemeinsam mit den Spinalnerven aus.

2. *Gruppe des parasympathischen Systems:*

    a) Kranial-bulbärer Teil des parasympathischen Nervensystems,

    1. kurze Ciliarnerven (Sphincter iridis) aus dem Mittelhirn *durch* den Oculomotorius,

    2. Versorgung der Speicheldrüsen und der Vasodilatatoren der Mundhöhle aus der Medulla oblongata *durch* die Chorda tympani.

    3. Versorgung der Schleimhäute von Mund, Nase und Pharynx aus N. facialis und glossopharyngeus im Trigeminus verlaufend.

    4. Hemmende Fasern für das Herz, Constrictoren der Bronchialmuskulatur, motorische Fasern für Oesophagus, Magen und Darm, sekretorische für Magen und Pankreas.

    b) Sacraler Teil des parasympathischen Nervensystems aus den ersten Sacralnerven im Rückenmark als N. pelvicus, versorgt das Colon descendens, Rectum, Blase und Genitalien (s. Abb. 6).

Eindrücke, die auf sensorischen Bahnen Gehirn und Rückenmark erreichen, werden auf zentrifugalen vegetativen Bahnen den inneren Organen zugeleitet.

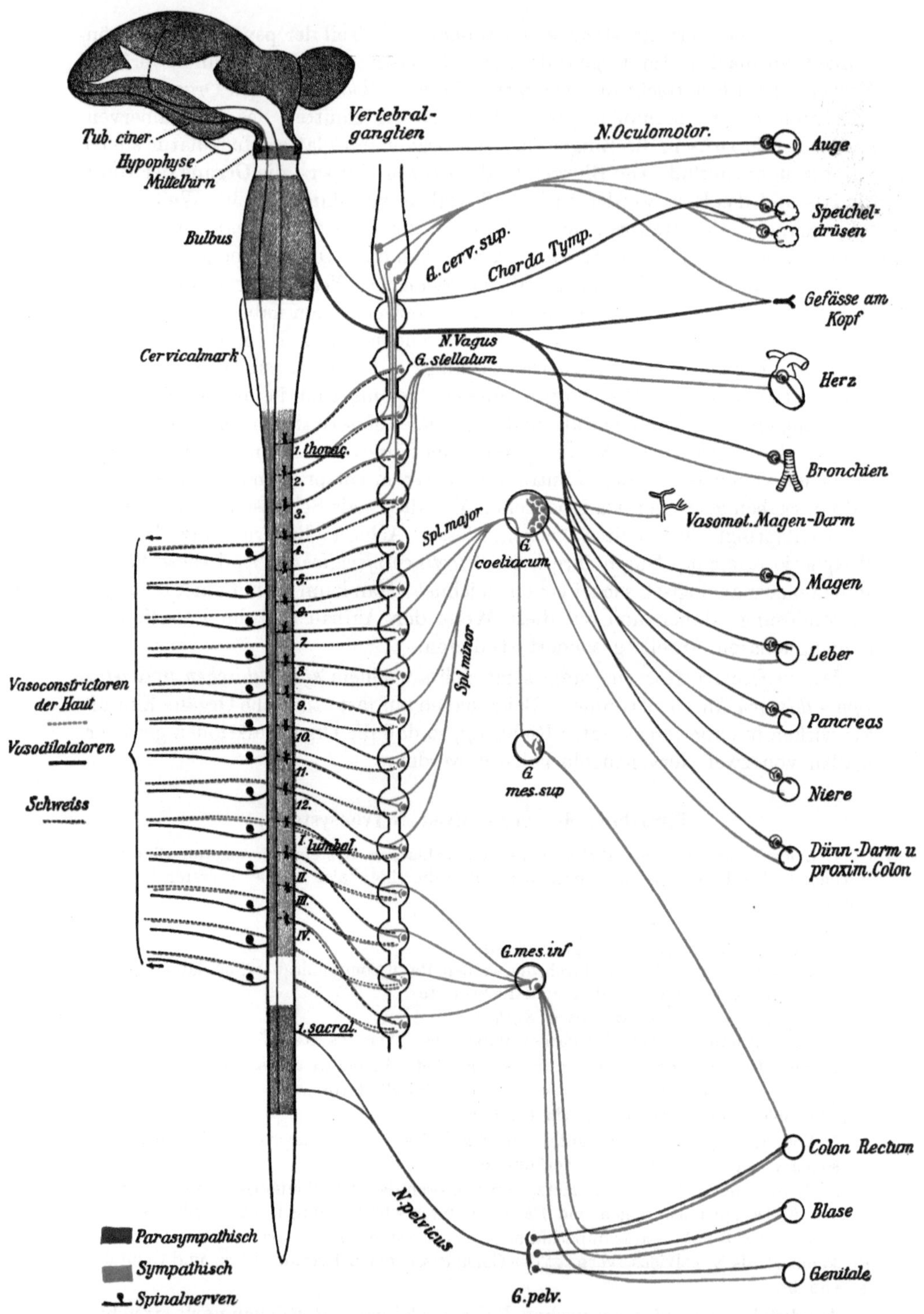

Abb. 6. Schema vom Aufbau des vegetativen Nervensystems. (Nach H. H. MEYER und GOTTLIEB.)

Es können auf diesem Wege vom cerebrospinalen System Reize auf das vegetative nach Art eines Reflexes übertragen werden. Als Beispiel kann der Pupillarreflex gelten, der von der Netzhaut über die sensorische Opticusbahn ins Mittelhirn verläuft, dort auf den parasympathischen Anteil des Oculomotoriuskerns überspringt und nun über Oculomotorius, Ganglion ciliare, die N. ciliares den Sphincter iridis erreicht.

In ähnlicher Weise kann man die *wärmeregulatorischen* Vorgänge als vom cerebrospinalen auf das vegetative Nervensystem überspringende Reflexe auffassen, die von der erwärmten Haut ausgelöst werden. Als Beispiel eines *intramuralen* Reflexes kann die Kontraktion einer Darmschlinge gelten, die vorher durch einen Gummiballon gebläht wurde. Die Dehnung wird durch eine Kontraktion nicht mehr beantwortet, wenn der AUERBACHsche Plexus zerstört ist.

Für den Arzt von besonderer Bedeutung sind die den Schmerz begleitenden körperlichen Vorgänge. Der Charakter der *Schmerzen* ist oft von großer symptomatischer Bedeutung. Eine gute Schilderung einer Schmerzattacke mit ihrer charakteristischen „Ausstrahlung" ist für die Diagnose von hohem Werte (Angina pectoris, Nierenstein- und Gallensteinkolik). Jeder körperliche Schmerz kann auf vegetativen Bahnen irradiieren. Wir sehen in einem Schmerzanfall Änderungen der Herzfrequenz und des Blutdrucks. Die Pupillen werden weit. Diese Pupillenerweiterung ist für den untersuchenden Arzt insofern von Bedeutung, als er in Zweifelsfällen daran erkennt, ob Schmerzen vorgetäuscht oder wirklich, z. B. bei der Palpation des Abdomens, aufgetreten sind. Während die Tränensekretion lebhafter vor sich geht, kann die *Sekretion* des Magens und des Darms bei schmerzhaften Eingriffen sofort sistieren. Ebenso kann es zu Hemmungen der Magen- und Darm*bewegungen* kommen. Doch gehen dieser Hemmung, wie Röntgenbeobachtungen während der Gallensteinkolik lehrten, oft starke Motilitätssteigerungen voraus. Auch Verstärkung von Uterusbewegungen sind als Effekt von schmerzhaften Eingriffen beobachtet worden. Alle die letztgenannten Vorgänge werden als *visceroviscerale* Reflexe aufgefaßt, bei welchen gesteigerte durch krankhafte Vorgänge bedingte Reize im parasympathischen System in den visceromotorischen Teil des vegetativen Nervensystems auf sympathischen Bahnen ausstrahlen. Alle schmerzleitenden Fasern ziehen über den Thalamus opticus und können von hier nach dem nahe gelegenen Höhlengrau des 3. Ventrikels irradiieren. Daher können Schmerzen auch zentral durch Herderkrankungen bedingt sein. So werden die Kranken mit beginnender Demontia paralytica und senilis von heftigsten Kopfschmerzen gequält. Auch bei Encephalitis lethargica werden in seltenen Fällen starke Schmerzen angegeben, die an die verschiedensten Stellen der Peripherie projiziert werden.

Gemütsbewegungen, Freude, Leid, Zorn und Trauer wirken auf dem Wege des vegetativen Systems auf Herz, Blutgefäße, Tränendrüsen, Verdauungstrakt. Im Gegensatz zu den Reflexen im Bereich des animalen Nervensystems greifen derartige emotionelle Erregungen auf mehrere Organe zugleich über. Die alten, in verschiedensten Bildern niedergelegten Volkserfahrungen, daß ängstliche Affekte uns das „Herz zusammenschnüren" oder das „Herz stillstehen lassen", daß man „sich gelb ärgern" könne, sind der Ausdruck für die Wirkungen psychischer Erregungen auf die inneren Organe, welche ihnen auf dem Wege des vegetativen Nervensystems vermittelt werden. Man hat den Halssympathicus geradezu als *emotionelles Nervensystem* bezeichnet. Man weiß, daß die Reizung dieses Nerven in einem bestimmten Bezirk zwischen Auge und Ohr bei Katzen, in der Occipitalgegend beim Affen ein Sträuben der Kopfhaare bedingt. Das Spiel der Gesichtsvasomotoren im Zorn und Schreck, bei Freude und bei der Scham, der Schweißausbruch der ängstlich Verlegenen zeigt, welche Rolle diese über das Halsganglion vermittelten emotionellen Reflexe im Leben jedes Einzelnen spielen. Die eigentümlich keuchende Atmung im Zorn wird auf eine Konstriktion der Bronchialmuskulatur zurückgeführt, welche, durch die vegetativen Fasern des Lungenvagus eingeleitet, den Gasaustausch erschwert.

Das *Spiel der Vasomotoren* steht nicht nur im Bereich des Kopfes und des Gesichts unter der Herrschaft des vegetativen Nervensystems, sondern am ganzen Körper. So suggerierte WEBER hypnotisierten Menschen ganz bestimmte Arbeitsvorstellungen und zeigte, daß unter dem Einfluß dieser Vorstellungen die Vasomotoren der betreffenden Extremität sich erweitern und deren Volumen in deutlich meßbarer Weise zunimmt. Bei disponierten Individuen soll es sogar möglich sein, auf rein suggestivem Wege die Bildung von Quaddeln und Hautblutungen zu erzeugen.

Neben einem im Zwischenhirn anzunehmenden Vasomotorenzentrum muß man mit dem Vorhandensein weiterer untergeordneter *spinaler* Vasomotorenzentren rechnen. Wahrscheinlich ziehen vasomotorische Fasern durch beide Seiten des Rückenmarks, denn bei der sog. BROWN-SEQUARDschen Halbseitenlähmung sind die vasomotorischen Ausfallserscheinungen nur wenig ausgeprägt. Die Vasomotoren stehen unter der antagonistischen Herrschaft des sympathischen und parasympathischen Nervensystems. Reizung des Plexus hypogastricus, dessen Rami comm. aus dem Lendenmark entspringen, bedingt Vasokonstriktion an den Genitalien. Der gefäßerweiternde Nerv für die Corpora cavernosa (N. erigens) entspringt aus dem Sacralmark. Die feinen Gefäßnerven sind in verschiedenen Schichten ihrer Wandungen eingebettet; in den großen Gefäßen (Aorta, Carotis) sind intramurale Ganglien nachgewiesen. Vielleicht werden die schmerzhaften Sensationen bei Aortitis und Coronarsklerose durch sensible zentripetale Gefäßnervenfasern vermittelt. Die bisweilen von Herzkranken (Angina pectoris) geklagten Schmerzen in Brust und Armen werden durch Erregungen aus den sensiblen zentripetalen sympathischen Fasern, die in das oberste Brustmark einstrahlen, bewirkt. Dieselben springen dort auf die hier einmündenden spinalen Bahnen für Brust und linken Arm über (s. S. 46).

Das *Herz* steht unter dem doppelten Einfluß hemmender und beschleunigender Fasern. Die Vagusäste des Herzgeflechtes führen die Hemmungsfasern für die Herztätigkeit. Aber auch die accelerierenden Fasern ziehen mit dem Vagus zum Herzen. Bei Atropin- und Nicotinvergiftung werden die Hemmungsfasern gelähmt. Unter diesen Bedingungen hat Vagusreizung durch Vermittlung des Accelerans eine Beschleunigung des Herzschlags zur Folge. Die bei *Hirntumoren, Hydrocephalus, Meningitis* oder bei willkürlicher Hirndrucksteigerung durch den VALSALVAschen Versuch bewirkte Verlangsamung des Herzschlags kommt durch Reizung des Vagus zustande. Das Zentrum des Vagus liegt am Boden des 4. Ventrikels. Das Zentrum für die sympathischen N. accelerantes ist noch unbekannt.

Die doppelte *Innervation der Bronchialmuskulatur* durch Vagus und Sympathicus hat erhebliche klinische Bedeutung. Während Sympathicusreizung ein

Nachlassen des Bronchialmuskeltonus und Erweiterung der Bronchien bedingt, verengert Vagusreizung die feinsten luftführenden Wege. Die akute Lungenblähung im *anaphylaktischen* Shock kommt sehr wahrscheinlich auf nervösem, nämlich auf dem Wege des Vagus, welcher *bronchoconstrictorisch* wirkt, zustande. Der akute asthmatische Anfall, vielleicht auch einige Formen des Lungenödems, sind auf ebensolche Störungen der Bronchialmuskelinnervation zurückzuführen. So wird es verständlich, daß das Reizgift des Sympathicus, das Adrenalin, einen asthmatischen Anfall durch Erweiterung der Bronchien beseitigen kann, und daß das gleiche durch Lähmung des vasoconstrictorisch wirkenden Vagus mit Atropin zustande kommt.

Die Wirkungen des vegetativen Nervensystems auf die übrigen Organe finden in den betreffenden Kapiteln Erwähnung.

Die Möglichkeit *differenter pharmakologischer Beeinflussung* des sympathischen und des parasympathischen Systems hat viel zur Aufklärung seiner physiologischen Aufgaben und pathologischer Vorgänge beigetragen. Das wirksamste Reizgift des Sympathicus ist das Adrenalin, dessen chemische Zusammensetzung und physiologische Wirkungsweise im Kapitel X beschrieben wurde. Bezüglich seiner Wirksamkeit im Bereich des vegetativen Nervensystems sind folgende Tatsachen von Bedeutung. Adrenalin bewirkt:

1. Vasokonstriktion in fast allen Gefäßgebieten,
2. Beschleunigung und Verstärkung des Herzschlags wie bei Acceleransreizung,
3. Pupillenerweiterung wie bei Reizung des Halssympathicus,
4. Sekretion der sympathisch innervierten Speicheldrüse,
5. Hemmung der motorischen Tätigkeit des Magendarmtrakts und der Blase.

Das *Adrenalin* greift an der Verbindungsstelle der sympathischen Nervenfasern mit den Muskelelementen an. Je feiner diese myoneurale Verbindung differenziert ist, um so höher ist die Empfindlichkeit des Gewebes gegen Adrenalin. Werden die zuführenden Nerven durchschnitten, so zeigt sich oft eine gesteigerte Empfindlichkeit der glatten Muskulatur gegen das Adrenalin. Auch die Gefäßwirkung des Adrenalins ist von der Intaktheit der nervösen Verbindung unabhängig und gebunden nur an die Intaktheit der Nervenendigungen. Ihre gemeinsame Empfindlichkeit gegen Adrenalin charakterisiert die sympathischen Nerven geradezu als eine physiologische Einheit. Die Endigungen des *parasympathischen Systems* werden von dem Muscarin erregt, von Atropin gelähmt. Muscarin bedingt:

1. Pupillenverengerung,
2. Verlangsamung des Herzschlags wie Vagusreizung,
3. Kontraktion der Bronchialmuskulatur,
4. Kontraktion der Magendarmmuskulatur,
5. Drüsensekretion.

Atropin lähmt die parasympathischen Endigungen, hat im allgemeinen eine dem Muscarin entgegengesetzte Wirkung. Es bedingt Pupillenerweiterung, Beschleunigung des Herzschlags durch Kompensation der Vaguswirkung; es wirkt erschlaffend auf die Bronchialmuskulatur und besonders auf den Tonus der Darmmuskulatur. Es wirkt hemmend auf die Sekretion der drüsigen Organe. Dem Muscarin ähnliche Wirkungen haben das Cholin, Pilocarpin und Physostigmin. Unter diesem kommt dem Cholin vielleicht erhebliche physiologische Bedeutung zu, da es als Abbauprodukt des Lecithins während der Verdauung wirksam werden kann und die Darmtätigkeit beeinflussen kann.

Die lähmenden Eigenschaften des *Nicotins,* welche sowohl im sympathischen wie im parasympathischen System an den Schaltstellen zwischen präganglionärer und postganglionärer Faser angreifen, wurde oben bereits erwähnt.

Das Ergotoxin schließlich lähmt die Endigungen des sympathischen Systems, wirkt demnach entgegengesetzt wie das Adrenalin.

Auf Grund dieser pharmakologischen Differenziertheit des sympathischen und parasympathischen Systems hat man[1] versucht, bestimmte Dispositionstypen beim Menschen

---

[1] EPPINGER u. HESS: Slg klin. Abh. **1910**, Nr 9 u. 10.

zu unterscheiden. Die vagotonische und die sympathicotonische Disposition. Einzelne Individuen reagieren auf Policarpin besonders lebhaft im Bereiche ihres parasympathischen Nervensystems, während sie gegen Adrenalin unterempfindlich sind und umgekehrt. Zu den vagotonischen Erscheinungen wird die Hyperacidität, die Neigung zu Schweißen, die Eosinophilie gerechnet, während als sympathicotonische Symptome die Hypochlorhydrie und die alimentäre Glykosurie angesprochen werden. Die Feststellung einer *rein* vagotonischen oder rein *sympathicotonischen* Disposition läßt sich auf Grund pharmakologischer Kriterien aber sehr selten machen. Meist zeigen Menschen mit übererregbarem vegetativen Nervensystem, worauf unter anderem BAUER[1] nachdrücklich hingewiesen hat, eine gleichmäßige Übererregbarkeit gegenüber dem Pilocarpin und dem Adrenalin. Ebenso wird von den Kritikern der EPPINGER- und HESSschen Auffassungen betont, daß die Erfolgsorgane zu wechselnden Zeiten eine wechselnde Reaktionsbereitschaft aufweisen können, wodurch wiederum die strenge Trennung in vagotonische und sympathicotonische Disposition an Sicherheit verliert. So wertvoll die pharmakologische Durchforschung des vegetativen Nervensystems für die Physiologie geworden ist, so bescheiden ist ihre bisherige Bedeutung für die Klinik.

III. Störungen des Wachstums und der Entwicklung des Skelets.

Störungen des Wachstums und der Skeletentwicklung stehen in innigen Wechselbeziehungen zu den Funktionen der endokrinen Drüsen. Wann der inkretorische Einfluß sich zuerst geltend macht, ob bereits intrauterin oder erst post partum, ist noch strittig. TANDLER glaubt, daß die endokrinen Drüsen den Körper schon im Embryonalleben formen, da dem Fetus durch den plazentaren Kreislauf die Produkte der mütterlichen endokrinen Drüsen zugeführt werden. Eine Insuffizienz der mütterlichen Drüsen macht beim Neugeborenen manifeste Ausfallserscheinungen, besonders dann, wenn er selbst einen Defekt im System der endokrinen Drüsen aufweist. Durch Verfolgung des zeitlichen Ablaufs der Ossifikation mit Hilfe der Röntgenphotographie kann die Formbildung und das Längenwachstum verfolgt werden. Die formale Ausbildung des Organismus, seine Reife findet ihren Ausdruck in der Knochenentwicklung (Differenzierung).

Im allgemeinen treten beim weiblichen Geschlecht die *Knochenkerne* früher und bei einer geringeren Körpergröße auf als beim männlichen. Die Zeit, welche bis zur Anlage sämtlicher Kerne verläuft, ist beim weiblichen Geschlecht kürzer, während es hinsichtlich der Längenentwicklung bis kurz vor der Pubertätszeit hinter dem männlichen etwas zurückbleibt[2].

Die *Synostosierungsprozesse* an den Epiphysen vollziehen sich unter physiologischen Bedingungen zwischen dem 14. und 17. Lebensjahr. Nach eigenen und den Erfahrungen anderer Autoren nimmt der Ossifikationsprozeß an den Epiphysenfugen folgenden zeitlichen Verlauf: *Vor* dem 15. Lebensjahr sind die Epiphysenfugen im allgemeinen an Radius, Ulna und Fingerphalangen offen, im 15. und 16. Lebensjahr vollzieht sich die Ossifikation der Epiphysenfugen am Handskelet, und zwar schreitet sie von den proximalen zu den distalen Knochen vor, wobei der Prozeß beim weiblichen Geschlecht dem beim männlichen vorauseilt. Nach vollendetem 17. Lebensjahr sind die Epiphysenfugen, wenn keine Störungen vorliegen, geschlossen. Es scheint, als ob an der stärker

---

[1] BAUER: Konstitutionelle Disposition. Berlin: Julius Springer 1917. Dort weitere Literatur.   [2] STETTNER, ERNST: Arch. Kinderheilk. **68**, 342; **69**, 27.

arbeitenden rechten Hand in einigen Fällen die Ossifikation etwas eher abgeschlossen ist als an der weniger beanspruchten linken. Im allgemeinen schreitet der Prozeß an beiden Händen gleichmäßig fort. Das gleiche gilt für die Ossifikation des menschlichen Fußskelets[1]. Beide Vorgänge — das Auftreten der Knochenkerne und der Schluß der Epiphysenfugen — werden zeitlich geregelt durch die Einwirkung innerer Sekrete. Daß das weibliche Geschlecht in seiner formalen Entwicklung dem männlichen vorauseilt, wird durch den früheren Eintritt der Geschlechtsreife bei weiblichen Individuen erklärt.

Durch die genaue Kenntnis der zeitlichen Verhältnisse des Auftretens der Knochenkerne und der Synostosierung der Epiphysen sind wir in die Lage gesetzt, Abweichungen von diesen Normen als wertvolle Symptome für Störungen des Knochenwachstums und der Entwicklung mit Hilfe des Röntgenverfahrens zu erkennen und zu werten. Im Wachstumsalter haben wir durch die röntgenologische Untersuchung des Skelets, wenn andere Störungen auszuschließen sind, die Möglichkeit, das geordnete Zusammenarbeiten der innersekretorischen Drüsen zu prüfen. Die *Schilddrüse* fördert in ausgeprägter Weise die Differenzierung (Auftreten der Knochenkerne). Ihre Überfunktion bewirkt ein *beschleunigtes Längenwachstum* und einen etwas verfrühten Epiphysenschluß. Der Ausfall der Schilddrüsenfunktion (Myxödem) zeigt ein stärkeres Zurückbleiben der Differenzierung und eine Hemmung der Längenentwicklung. Diese Symptome werden beim Myxödem und beim sporadischen und endemischen Kretinismus gefunden. Das Röntgenbild zeigt bei diesen Erkrankungen, soweit sie in die Wachstums- oder Entwicklungsperiode fallen, daß die Knochenkerne in den Epiphysen, besonders die Karpal- und Tarsalkerne verspätet auftreten, die Epiphysenfugen lange offen bleiben (bis zum 36. Lebensjahr), die große Fontanelle sich erst spät schließt. Diese Form des *thyreogenen Zwergwuchses* zeigt eine besonders gute Beeinflussung des Zustandes durch die Behandlung mit Schilddrüsensubstanz oder mit Thyroxin.

Über die pathologische Physiologie der *Thymusdrüse* sind weder klinische noch experimentelle in allen Punkten übereinstimmende Daten bisher bekanntgeworden. Bei Exstirpation des Thymus in einem bestimmten Alter werden als Ausdruck thymektogener Ossifikationsstörungen Wachstums-Entwicklungshemmungen gefunden[2]. Neben Störungen der enchondralen Ossifikation werden nach Thymusexstirpation mangelnde Kalkaufnahme des neugebildeten osteoiden Gewebes, bedeutende Verbreiterung der Epiphysenfugen und Osteoidmäntel am Femur und an der Tibia gesehen. Diese Veränderungen gleichen in vielen Punkten den bei Rachitis gefundenen[3].

Auch einzelne Beobachtungen über mangelnde Thymusfunktion am Menschen scheinen für eine Hemmung des Knochenwachstums zu sprechen. Es kommt zu einer eigenartigen *Osteoporose* und *Brüchigkeit* der Knochen, in deren Folge multiple Frakturen auftreten. Die Schilddrüsenexstirpation ist in Fällen von *thymogenem Zwergwuchs* absolut unwirksam. Auch bei der Osteogenesis inperfecta hat man an Zusammenhänge mit der Thymusdrüse gedacht. Die Proliferationsvorgänge am Knorpel sind bei dieser Erkrankung verlangsamt. Die Bildung von Knochen von seiten des Marks und des Periost ist unvollkommen. Die

---

[1] Hasselwander: Z. Morph. u. Anthrop. **12** (1909). — Rieder u. Rosenthal: Lehrbuch der Röntgenkunde, Bd. 2. 1918. [2] Matti: Erg. inn. Med. **10**, 1 (1913).
[3] Basch: Jb. Kinderheilk. **64**, 319 (1906). — Klose: Jb. Kinderheilk. **78**, 663 (1913).

Knochen sind zwar normal lang aber so dünn und so porös, daß sie bei der leichtesten Beanspruchung brechen. Schon intrauterin kommt es zu zahlreichen Frakturen, die zum Teil mit reichlicher Callusbildung ausheilen. Diese Knochenbrüchigkeit wird *Osteopsatyrose* genannt. Wenn die Kinder mit diesem Leiden am Leben bleiben, fallen sie nicht selten durch eine auffällig blaue Färbung der Skleren auf.

Verlust oder Hypoplasie der *Keimdrüsen* führt im jugendlichen Alter zum Hochwuchs. Das grazile Skelet zeigt für diese Wuchsform typische Proportionen, große Unterlänge, große Spannweite. Im Röntgenbilde erkennt man je nach dem Alter eine verspätete Anlage der Knochenkerne oder eine hochgradige Verzögerung des Epiphysenschlusses an Hand- und Fußgelenken. Die späte Ossifikation der Epiphysenfugen ist die Ursache für die charakteristischen Proportionen und die große Körperlänge beim infantilen Hochwuchs.

Auch beim *Infantilismus universalis* ist die späte Ausbildung der Knochenkerne und das Offenbleiben der Epiphysenfugen ein häufiges Symptom. Jedoch ist hier neben der Hypoplasie des Genitales, welche im wesentlichen für die späte Reife des Individuums anzuschuldigen ist und das Ausbleiben der sekundären Geschlechtscharaktere bedingt, mit dem Minderwirksamwerden bzw. Ausfallen anderer das Wachstum und die Entwicklung befördernder Inkrete zu rechnen. Bemerkenswert ist, daß beim infantilen Weibe die Ovarien die zweifache Größe geschlechtsreifer Ovarien aufweisen können. Die Vergrößerung solcher Keimdrüsen wird auf eine Zunahme des Bindegewebes und reichlich unter der Rindenschicht gelegene cystische Gebilde — alte atretische GRAAFsche Follikel — zurückgeführt[1]. Zum Unterschied von Infantilismus werden beim Früheunuchoidismus in der Regel die Knochenkerne der Altersstufe entsprechend entwickelt gefunden, während die Epiphysenfugen abnorm lange persistieren[2].

Bei den sog. *primordialen Riesen* handelt es sich um Menschen von proportioniertem Wuchs, deren Epiphysen zur normalen Zeit synostosieren, während der Riesenwuchs, welcher auf Eunuchoidismus beruht, durch eine lange resistierende Epiphysenfuge charakterisiert ist. Das Wachstum dauert länger als in der Norm. Durch die Ausbildung übermäßig großer Extremitäten kommt es zum Überwiegen der Unterlänge über die Oberlänge. Das Skelet wird als typisch unreif bezeichnet. Bei Kastration in früher Jugend kommt es gleichfalls zu einem abnormen Längenwachstum und langer Persistenz der Epiphysenfugen. Über das zeitliche Auftreten der Knochenkerne bei Frühkastraten sind wir nicht unterrichtet.

Bei der sog. *Pubertas praecox* kann es sich um eine konstitutionelle Anomalie, gelegentlich aber auch um Tumoren der Keimdrüsen handeln. Das krankhafte Wachstum setzt in früher Kindheit ein. Infolge der Überstürzung der allgemeinen Entwicklung kommt es zur vorzeitigen Ausbildung der Geschlechtsorgane und der sekundären Geschlechtsmerkmale. Bei diesen Riesenkindern ist die Ossifikation überstürzt. In den seltenen bisher beobachteten Fällen von genital bedingter Frühreife sollen die Epiphysen häufig unregelmäßig und knollig aufgetrieben sein. Die Störung ist nicht selten halbseitig und mit anderen Mißbildungen (z. B. Klumpfuß, Synophthalmie) gepaart.

---

[1] BARTEL u. HERMANN: Mschr. Geburtsh. **33**, 125 (1911).
[2] TANDLER u. GROSS: Wien. klin. Wschr. **1907** II, 1596.

Als Ausdruck einer in ihrem Wesen noch nicht bekannten Korrelationsstörung der innersekretorischen Drüsen, bei welcher die Dysfunktion der Ovarien dominiert, ist die *Osteomalacie* anzusehen. Bei diesem schweren Leiden gravider Frauen kommt es zu einer weitgehenden Kalkverarmung des gesamten Knochensystems (Verminderung von 65 auf 28%), die Knochen erweichen infolgedessen und geben jeder Beanspruchung auf Druck und Zug weitgehend nach, wodurch es zu großen Gestaltsveränderungen kommt. Für die dominierende Rolle, welche die Keimdrüsen für die Entstehung der puerperalen Osteomalacie spielen, sprechen die Erfolge der Kastrationstherapie. Das histologische Bild osteomalacischer Knochen hat mit dem der rachitischen viele gemeinsame Züge; sie sind durch den Reichtum an osteoider Substanz, die erweiterten Markhöhlen der Röhrenknochen, die dünne, rarifizierte Rinde, die grobmaschige Spongiosa und das intensiv rote splenoide Mark charakterisiert.

Auch die Häufigkeit *arthrotischer Prozesse* zu Beginn und am Ausgang des weiblichen Sexuallebens wird durch die Mitbeteiligung der Ovarien erklärt.

Die Beziehungen der drei funktionelldifferenten Abschnitte der *Hypophyse* zum Knochenwachstum sind bis heute wenig durchsichtig. Einer gesteigerten Wirksamkeit des Vorderlappens soll bei jugendlichen Individuen der Riesenwuchs entsprechen, während bei Erwachsenen das Bild der Akromegalie resultiert (s. Kapitel X).

Aber auch das Gegenteil, ein *hypophysärer Zwergwuchs,* ist bekannt. Bei dieser Form der Wachstumshemmung findet sich eine beträchtliche Erweiterung des Türkensattels oder auch eine sog. Mikrosella. Wenn es sich um eine primäre Aplasie oder Hypoplasie der Hypophyse handelt, so entspricht dem röntgenologisch eine auffällige Verkleinerung des Türkensattels. Ist aber die Hypophyse durch raumerweiternde Prozesse zerstört, so kommt es zu einer Erweiterung der Sella. Natürlich ist die Wachstumshemmung im letzteren Falle weitgehend abhängig von dem Zeitpunkt des Zerstörungsbeginns der Hypophyse. Die Epiphysen persistieren beim hypophysären Zwerg sehr lange.

Auch der Typus des *heredodegenerativen Zwergwuchses* hängt offenbar mit Störungen der Hypophyse zusammen. Solche Kinder sind bei der Geburt normal groß, entwickeln sich bis etwa in das dritte Lebensjahr ungestört und zeigen um diese Zeit eine langsam einsetzende Wachstumshemmung. Es entwickeln sich langsam die Zeichen des *Hypogenitalismus* und der *Dystrophia adiposa genitalis.* Die Sella ist entsprechend dem Zurückbleiben der Entwicklung des Schädels verkleinert. Die Epiphysenfugen schließen sich verspätet; das Wachstum geht noch nach 20 Jahren weiter. Der Erbgang dieses heredodegenerativen Zwergwuchses folgt dem recessiven Typus.

Auch nach der Heilung einer Rachitis kann eine dauernde Verkürzung der Röhrenknochen zurückbleiben, woraus der *rachitische Zwergwuchs* resultiert.

Auf die Knochenveränderungen bei Adenomen der *Nebenschilddrüse,* welche zum Bilde der Ostitis fibrosa generalisata führen, wird S. 211 näher eingegangen. Ein mit der Rachitis in seiner äußeren Erscheinungsweise ähnliches Krankheitsbild ist die *Chondrodystrophie* (fetale Rachitis). Hier führt eine schon während des intrauterinen Lebens einsetzende Erkrankung des wachsenden Knorpels zu einem Kleinbleiben der Glieder (Mikromelie). Häufig kommt es zu einem verfrühten Verschmelzen der Epiphysenfugen; die vorzeitige *Tribasilarsynostose* führt zu der charakteristischen Einziehung der Nasenwurzel.

Die Chondrodystrophie ist von der Rachitis wesensverschieden und als ein
Krankheitsbild sui generis zu betrachten.

Nach dem Gesagten kann der Zwergwuchs sehr verschiedene Ursachen
haben. Die Differentialdiagnose ist nicht immer einfach, da Mischung der
verschiedenen Formen sicher vorkommt. Man unterscheidet eine *Nanosomia
primordialis* und eine *Nanosomia infantilis*. Die Menschen mit Nanosomia
primordialis werden bereits zu klein geboren und bleiben auch bei ihrer im
übrigen normalen Entwicklung zu klein. Diese Form wird auch *hypoplastischer
Zwergwuchs* genannt, ist exquisit vererbbar und tritt dementsprechend bei
Mitgliedern ein und derselben Familie gehäuft auf. Dieser primordiale Minder-
wuchs kann auch zu einem Rassenmerkmal werden. Die Zwergvölker Afrikas
sind hierher zu rechnen. Vollkommen verschieden von diesem Typus ist die
Nanosomia infantilis, die durch die Persistenz eines sonst vorübergehenden
Entwicklungsstadiums charakterisiert ist. Die Epiphysenfugen bleiben offen,
die Geschlechtsreife bleibt aus, die Größenverhältnisse des Körpers bleiben
kindlich. Im Bereich des Skeletsystems soll sich die Entwicklungshemmung
auf die knorpelig präformierten Knochen, nicht aber auf die häutig präformierten
Teile des Schädels erstrecken. Das Gehirn erreicht seine normale Größe, die
eingezogene Nasenwurzel gibt dem Gesicht einen kretinoiden Ausdruck.

Die Zwerge lassen sich demnach einteilen in solche mit *proportioniertem*
Körperbau und solche mit *unproportioniertem* Körperbau.

Proportionierten Körperbau zeigt:	Unproportionierten Körperbau zeigt:
1. der hypophysäre Zwerg,	1. der rachitische Zwerg,
2. der thyreogene Zwerg (infantiles	2. der chondrodystrophische Zwerg.
Myxödem),	
3. der Nebennierenrindenzwerg,	
4. der Thymuszwerg,	
5. der infantilistische Zwerg.	

Für die Differentialdiagnose sind neben der Messung der äußeren Proportionen
vor allem die Ergebnisse der Röntgenuntersuchung des Knochensystems von
ausschlaggebender Bedeutung. Daneben sind die Erblichkeitsverhältnisse und
der Zustand der endokrinen Drüsen zu berücksichtigen.

IV. Pathologie der Atmung.

Unter Atmung versteht man den Gaswechsel aller lebenden Wesen, der Tiere
sowohl wie der Pflanzen. Das Leben der Tiere ist — mit wenigen Ausnahmen
(Ascariden, Trichinen) — an die Aufnahme von Sauerstoff und Abgabe von
Kohlensäure gebunden.

Bei den höheren Tieren übernimmt das Blut die Rolle eines Gasvermittlers zwischen
den Körpergeweben und der Umwelt. Das Blut nimmt in besonderen Organen den Sauerstoff auf, entäußert sich dort der Kohlensäure und tauscht im Kontakt mit allen Geweben
seine Gase gegen die der Zellen aus. Als Gasaustauschapparate gegen die Umgebung
fungieren für die in der Luft lebende Tiere und die Säugetiere die Lungen, bei den Fischen
die Kiemen.

In der menschlichen Pathologie wird zwischen Störungen *der äußeren* und
inneren Atmung unterschieden. Bei den Störungen der *äußeren* Atmung ist der
Gasaustausch zwischen Luft und Lungencapillaren, bei denen der *inneren*
Atmung ist der Gaswechsel zwischen den Capillargebieten des großen Kreislaufs

und den Geweben beeinträchtigt. Die Menge des verbrauchten Sauerstoffs ist ein Maß für die *Atmungsgröße* der Zellen, die auch im Glase gemessen werden kann.

A. Der normale Vorgang der äußeren Atmung.

Der diffusive Gasaustausch zwischen Außenluft und Blut wird durch die breiten Epithelflächen der Lungen vollzogen, welche beim Menschen eine Ausdehnung von 90—130 qm haben. Die feinen Hohlräume der Alveolen bewirken durch ihre große Zahl diese gewaltige Oberflächenausdehnung. Durch abwechselnde Erweiterung und Verengerung dieser Hohlräume wird der Luftwechsel in Gang gehalten. Die Atembewegungen werden durch rhythmische Kontraktionen quergestreifter Muskulatur bewerkstelligt.

Außer der am Brustkorb angreifenden Muskulatur werden auch die glatten Muskeln der Lunge und des Bronchialbaums bei der Atmung kontrahiert. Den elektrischen Ausdruck dieser von langsamen Dilatationen und Kontraktionen des Bronchialbaums und der Lunge

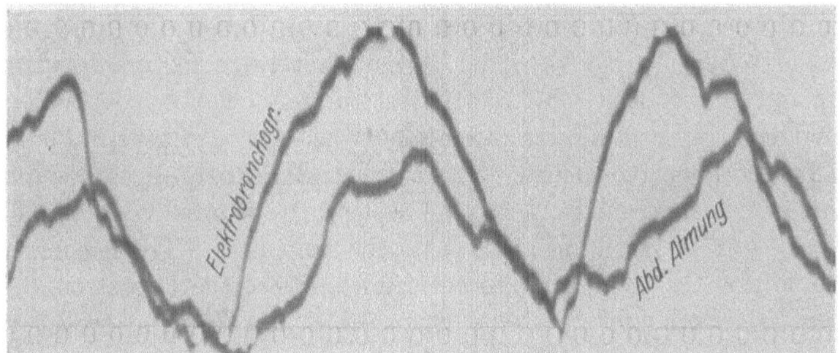

Abb. 7. Normales Elektrobronchogramm nach LUISADA[1].

herrührenden Potentialschwankungen nennt man *Elektrobronchogramm.* Die Abb. 6 zeigt eine solche elektrobronchographische Kurve. In der Regel bestehen konstante Beziehungen zwischen dem Elektrobronchogramm und der Kurve der Brust- und Bauchatmung. Nervöse Reize sowie chemische Einflüsse können diese Beziehungen ändern.

Unter normalen Bedingungen ist nur eine Phase des Atmungsvorgangs — die inspiratorische — durch aktive Muskelarbeit bedingt. Bei Atmungsvertiefung werden im wesentlichen die oberen Thoraxabschnitte stärker betätigt. Das geschieht durch Innervation der am oberen Brustkorb angreifenden Muskeln. 74 Teilstücke, die untereinander an 101 Stellen beweglich verbunden sind, bauen den Brustkorb auf und erklären seine große Anpassungsfähigkeit an wechselnde Bedürfnisse. Die *kreislauffördernde Wirkung* der Atmung ist abhängig von der ausgiebigen Beweglichkeit *aller* den Thorax aufbauenden Teile.

Das *exspiratorische* Zusammensinken des Brustkorbs ist zum größten Teil durch den anatomischen Bau des knöchernen und knorpeligen Thorax gewährleistet. Die elastischen Rippenknorpel erfahren bei der inspiratorischen Erweiterung des Thorax eine Torsion und streben, sobald der muskuläre Zug der thoraxerweiternden Muskulatur aufhört, wieder der Ausgangslage zu.

Den Hauptanteil der inspiratorischen Erweiterung besorgt das muskelstarke *Zwerchfell,* welches bei seiner Kontraktion gleichzeitig den Inhalt der Bauchhöhle komprimiert und so den Rücktritt des venösen Blutes aus dem Bauch- in den Brustraum fördert. *Die Größe der Zwerchfellbewegung* hängt ab von der Kraft der Muskulatur, von der Stärke der Innervation, dem *Tonus* des Zwerchfells, von dem Gegenzug der Lunge und dem abdominellen Druck. Ein geringer Tonus soll nach HESS eine tiefe und langsame, ein kräftiger Zwerchfelltonus dagegen eine frequente und flache Atmung bedingen[2]. Alle diese Faktoren können unter pathologischen Bedingungen einzeln oder gemeinsam gestört sein. Beim

[1] LUISADA: Beitr. Klin. Tbk. **77**, 460 (1931). Erg. inn. Med. **47**, 120 (1934).
[2] HESS: Regulation der Atmung. Leipzig 1931.

inspiratorischen Herabsteigen des Zwerchfells wölben sich die Bauchmuskeln unter Nachlassen ihres Tonus vor. Dieser Atemtypus wird als der *abdominale* bezeichnet und ist vorwiegend dem männlichen Geschlecht eigen, während beim Weibe die Erweiterung des Thorax zum größten Teil durch die Rippenheber, die Scaleni, besorgt wird (costaler Atemtypus).

Die *Lungen* werden, den thoraxerweiternden Kräften nachgebend, passiv gedehnt. Sie liegen mit ihren Außenflächen der Thoraxinnenwand dicht an, so daß zwischen beiden nur eine capilläre Pleuraspalte bestehen bleibt. Eine „Pleurahöhle" gibt es normalerweise nicht. Eine solche entsteht erst, wenn zwischen der Pleuraspalte und der Außenluft, z. B. durch eine Schußverletzung eine offene Verbindung hergestellt wird. Ist auf diese Weise ein lufthaltiger Raum zwischen den Pleurablättern — ein Pneumothorax — entstanden, so kontrahiert sich die Lunge vermöge ihres reichlichen Gehaltes an elastischem Gewebe; bei intakten Thoraxwandungen sind in allen Atmungsphasen die elastischen Fasern des Lungenparenchyms unter dauernder Spannung. Auf der Außenwand des Thorax ruht der Atmosphärendruck, auf der Innenwand ist derselbe durch die elastische Kraft des Lungengewebes, die ihm entgegenwirkt, erniedrigt. So kommt der fälschlicherweise sog. „negative Pleuradruck" zustande. Dieser negative Druck, den man bei der Anlegung eines *künstlichen Pneumothorax* jedesmal manometrisch bestimmt, wurde von DONDERS auf folgende Weise zur Darstellung gebracht: Er band in die Trachea einer Leiche ein nicht zu weites Quecksilbermanometer ein und eröffnete jetzt beide Thoraxhälften. Die freiwerdende elastische Spannkraft der Lungen treibt die Luft derselben in das Manometer mit einer Kraft, die einem Druck von 6 mm Hg entspricht. Dieser Versuch fällt beim Fetus und Neugeborenen negativ aus. Durch ihn läßt sich, wenn die Lungen im Wachstum hinter dem des Thorax zurückbleiben und so ihre elastischen Kräfte durch Saugwirkung in Anspruch genommen werden, die Druckdifferenz nachweisen. Die Lungen des Fetus und Totgeborenen sind nicht entfaltet und luftleer. Haben die Lungen geatmet, so bleiben sie lufthaltig und schwimmen bei Anstellung der Lungenproben der Gerichtsärzte auf dem Wasser.

B. Der Pneumothorax.

Unter Pneumothorax versteht man das Eindringen von Luft zwischen die beiden Pleurablätter. Die Luft kann von außen durch gewollte oder ungewollte Verletzungen durch das Rippenfell oder durch Einreißen des Pleuraüberzuges der Lunge in den Pleuraspalt eintreten. Geschieht dieses Eindringen von Luft ohne äußere Einwirkungen, so spricht man von einem *Spontanpneumothorax*. *Offener* Pneumothorax bedeutet ein ungehindertes Ein- und Ausströmen der Außenluft in den Pleuraraum. Hierbei steht der Pleuraraum unter atmosphärischem Druck. Bei Einreißen der Pleura pulmonalis kann es zu einem *Ventilmechanismus* kommen, der zwar den Einstrom der Luft durch Sogwirkung der Inspiration gestattet, den Ausstrom aber verhindert. Dadurch muß ein Überdruck im Pleuraraum entstehen, der durch Verdrängung von Herz- und Gefäßzirkulation das Leben gefährdet. Dieser Gefahr kann durch Druckentlastung mittels Punktion vorgebeugt werden. Gefährliche Drucksteigerungen können bei bestehendem Pneumothorax auch dadurch eintreten, daß sein Träger größere Höhenlagen aufsucht, infolge Ausdehnung der Luft im Thoraxraum.

Aus therapeutischen Gründen wird ein Pneumothorax angelegt, um damit die Ruhigstellung der Lunge durch Entspannung zu erreichen. Durch den Pneumothorax kommt es zu einer Umstellung der Atmung. Nicht selten beobachtet man auf der Seite des Pneumothorax eine *paradoxe Zwerchfellbewegung,* bei welcher das Zwerchfell bei der Inspiration nach oben steigt. Die Erklärung ist darin gegeben, daß durch den Wegfall des Lungenzuges das Zwerchfell auf der Seite des Pneumothorax bis in die Höhe seines Ansatzes herabsinkt. Es kontrahiert sich zwar noch; der Kontraktionseffekt wird aber röntgenologisch nicht mehr sichtbar, da der Muskel während seiner Erschlaffung durch die Lunge nicht mehr in die Pleurahöhle hineingesogen werden und dadurch einen höheren Stand erreichen kann. Das durch seine Eigenkontraktion daher nur wenig bewegte Zwerchfell wird einseitig durch die intraabdominelle Drucksteigerung, welche die ausgiebige Bewegung des Zwerchfells der gesunden Seite bewirkt, in die Höhe getrieben. Andererseits unterliegt es — wiederum infolge seiner verminderten Eigenbewegung — in höherem Maße der inspiratorischen Saugwirkung besonders bei gesteigerter costaler Atmung.

Aus therapeutischen Gründen wird der Pneumothorax besonders bei schweren fortschreitenden, vorwiegend einseitigen Tuberkulosen mit Kavernenbildung angelegt. Die beste Prognose geben die produktiven Formen, die schlechteste die exsudativen Formen der Tuberkulose. Als Folge des künstlichen Pneumothorax zeigt sich ein Zusammenfallen der kranken Lunge, wodurch Zerfallsherde und Kavernen sich schließen können. Ihre Absonderungen (Sputum) vermindern sich oder hören auf, gesunde Lungenabschnitte werden durch Ausstreuung von bacillenhaltigem Material nicht mehr gefährdet. Trotz Ausschaltung einer Lunge bleibt die Sauerstoffversorgung des Gesamtblutes nahezu ungestört. In der kollabierten Lunge befindet sich das Blut in stark verlangsamter Strömung, die Giftstoffe führende Lymphe wird gestaut und regt eine starke als heilsam zu betrachtende Bindegewebswucherung und damit eine Abkapselung der Krankheitsherde an. Durch die Stauung der Lymphe als Folge des Lungenkollapses wird auch die Ausschwemmung der Toxine in den allgemeinen Kreislauf mit ihren Folgen (Fieber, Schwäche, Abmagerung) verhindert. Diese für den Verlauf entscheidende Umstimmung des Krankheitsprozesses wird durch die Kollapstherapie in so vollkommener Weise erreicht, wie mit keiner anderen Behandlungsmethode. Die Erscheinungen der Entgiftung des Körpers kommen klinisch in einer Besserung des Allgemeinbefindens, Abnahme des Fiebers, der Auswurfmenge, Minderung der Senkungsgeschwindigkeit der roten Blutkörperchen, Besserung des morphologischen Blutbildes und Ansteigen des Körpergewichtes zum Ausdruck. Nach Untersuchungen in meinem Institut (A. PÄTZOLD[1]) kommt es im Laufe der Pneumothoraxbehandlung zu einer Zunahme des Atemvolumens bei gleichzeitiger Abnahme der Frequenz. Auch das Minutenvolumen der Atmung nimmt ab. Es kommt also zu einer allgemeinen Umstellung der Atemmechanik, die sich als eine Ökonomisierung derselben charakterisieren läßt. Die Abnahme des Minutenvolumens ist durch eine Entlastung der vegetativen Zentren, vor allem des Receptorenfeldes der Atmung, von toxischen Produkten zu erklären. Die durch den Pneumothorax bedingte Veränderung im Spannungszustand des Zwerchfells führt an sich schon nach den

---

[1] PÄTZOLD, A.: Die Gestaltung der Atemökonomie unter Pneumothoraxbehandlung. Z. Tbk. **69**, 172 (1933).

ErgebnIssen der HEssschen Schule zu einer Minderung der Atemfrequenz bei gleichzeitiger Steigerung der Atemamplitude. Auffällig ist die von verschiedenen Seiten einstimmig gemachte Feststellung, daß bei der Anlage eines Pneumothorax und bei den Nachfüllungen die Abnahme der Vitalkapazität niemals dem jeweils zugeführten Luftvolumen entspricht, sondern stets geringer ist. Diese Unstimmigkeit zwischen der Abnahme der Vitalkapazität und der eingeführten Luftmenge wird mit der Abnahme der Residualluft nach Anlage eines Pneumothorax erklärt. Es kommt also zu einer Änderung der respiratorischen Mittellage der gesunden Seite im Sinne einer vermehrten inspiratorischen Einstellung des Brustkorbs.

Kommt es bei bestehendem Pneumothorax zu Flüssigkeitsansammlungen (Sero-, Pyo-, Hämatopneumothorax), so zeichnen sich diese durch stets horizontale Einstellung ihres Flüssigkeitsspiegels aus, im Gegensatz zu pleuritischen Ex- und Transsudaten.

C. Steuerung der normalen Atmung.

Die gesamte Atemmuskulatur wird vom *Nervensystem* aus, und zwar vom Boden der Rautengrube von einer Stelle, die etwas oberhalb des Calamus scriptorius gelegen ist (Lebensknoten), zu koordinierter Tätigkeit angeregt[1]. Andere denken an eine mehr segmentäre Anordnung der nervösen Apparate für die Atemmechanik und unterscheiden ein bulbäres, ein spinales und ein cerebrales Zentrum.

Die *Erregung* dieser Zentren ist autochthon; sie geht unwillkürlich im Schlafe, bei Bewußtlosigkeit und auch nach Ausschaltung aller zentripetalen Reize vor sich. Man weiß, daß — von allen seinen sensiblen Verbindungen losgelöst — das Atemzentrum infolge seiner auf inneren Reizen beruhenden Automatie noch weiter arbeitet, welche als Folge von Stoffwechselvorgängen in den nervösen Zentralorganen aufzufassen ist. Neben diesen *inneren* autochthonen Reizen spielen nun die „Blutreize", nämlich vermehrter Kohlensäuregehalt bei normalem oder gar erhöhtem Sauerstoffgehalt oder verminderter Sauerstoffgehalt ohne Vermehrung der Kohlensäure als Regulationsmittel der Atembewegungen eine bedeutsame Rolle. Zu den Blutreizen gehören ferner alle Abweichungen von der normalen H-Ionenkonzentration. Wird ein bestimmter Grad der Konzentration der Wasserstoffionen im Blut nur im geringsten überschritten, so wirkt dieser als Atemreiz. Durch vermehrte Ventilation und dadurch gesteigerte Abgabe von Kohlensäure wird die Konstanz der H-Ionenkonzentration des Blutes garantiert. Man kann daher von einer physikochemischen *Regulierung* der Atmung sprechen[2].

Die eigentliche *Führung* der komplizierten Atemvorgänge behält stets das Zentrum. Wichtig für eine geordnete Arbeit des Atemzentrums ist seine *Durchblutungsgröße.* Mangelnde Durchblutung führt zur CO_2-Anhäufung hier ebenso wie in allen schlecht durchbluteten Geweben; *Kreislaufstörungen* führen also zu einer Umstellung des Atmungssteuers auf Zunahme des Atmungsbetriebes, wodurch die Abnahme der alveolaren CO_2-Spannung und damit das Abdunsten

---

[1] FLOURENS: Recherches expérim. sur les propriétés et les fonctions des systémes nerveux. Paris 1842.
[2] WINTERSTEIN: Pflügers Arch. **138**, 167 (1911). — Biochem. Z. **70**, 45 (1915). — HASSELBACH: Biochem. Z. **46**, 403 (1912).

der Blutkohlensäure begünstigt wird. Neben der zentralen wird auch eine periphere Beeinflussung der Atmung vom Sinus caroticus aus angenommen: Anstieg des Blutdrucks soll von hier aus zu einer Hemmung, Abfall dagegen zu einer Steigerung der Atmung führen.

Unter den *äußeren Reizen* sind diejenigen, welche die Selbststeuerung der Lungen besorgen, an erster Stelle zu nennen. So veranlaßt jede Exspiration einen inspiratorischen Reiz und umgekehrt. Unter pathologischen Bedingungen führt Lungenkollaps bei akut eintretendem Pneumothorax zu *einer tiefen Inspiration.* Aufblähen der Lunge bedingt eine exspiratorische Reizung des Atemzentrums. Beides geschieht *auf dem Wege über die Vagi,* nach deren Durchschneidung diese *Steuerungsreflexe* aufhören. Reflektorische Einflüsse gehen dem Atemzentrum außerdem auf den Wegen des Glossopharyngeus, des Laryngeus superior und des Trigeminus zu. Bekannt ist, daß auch Reize, die die äußere Haut treffen (kalte Übergießungen, Abklatschungen), tiefe Inspirationen mit nachfolgendem Atemstillstand bewirken können. Komplizierte reflektorische Mechanismen sorgen dafür, daß die Atmung beim *Schluckakt stillgelegt* und die Lunge so vor dem Eintritt von Speiseteilen schützt.

Die normale Atmung führt den Geweben so viel an Sauerstoff zu, daß das der Lunge vom rechten Herzen zufließende Blut noch zu $^2/_3$ mit Sauerstoff beladen ist.

D. Pathologie der Thoraxform.

Die Gestalt des Thorax ist für die Funktion der in ihm untergebrachten Organe von großer Bedeutung. Schon physiologischerweise erkennen wir mannigfache Unterschiede der Gestaltung des Brustkorbs: eine scharfe Grenze zwischen normalem und pathologischem Thoraxbau läßt sich nicht ziehen. Die Gestalt des normalen Thorax ist während des Lebens dauernden Änderungen unterworfen. Die vorderen Rippenenden zeigen in der Kindheit eine stetig fortschreitende Senkung. In der Zeit von der Geburt bis zur Pubertät wird die Entfernung zwischen Sternum und Wirbelsäule geringer. Die Tiefe des Thorax nimmt ab.

Die Gestalt des Thorax kann durch äußere Einwirkungen (z. B. Schusterbrust), durch *Erkrankungen der Brusteingeweide,* durch *Erkrankung des knöchernen* und *knorpeligen Gerüsts* und schließlich durch eine *primär fehlerhafte Anlage entstellt* sein. Schrumpfungsprozesse an den Pleuren oder an den Lungen führen zu einer Minderbeweglichkeit der kranken Seite, die Intercostalräume werden schmal, der Umfang der kranken Brusthälfte wird kleiner, Mamilla und Scapula nähern sich der Mittellinie, die Wirbelsäule wird verkrümmt und zeigt einen nach der kranken Seite konkaven Bogen. Es ist verständlich, daß durch diese Verkleinerung der ganzen Thoraxhälfte (Retrécissement thoracique) Lagerung und Funktionen der intrathorakalen Organe beeinträchtigt werden. Umgekehrt führen pathologische oder artefizielle Ansammlungen von Luft oder Gasen, von Flüssigkeiten oder beiden zugleich zur *Erweiterung* einer Thoraxhälfte, wobei die Intercostalräume abgeflacht oder vorgewölbt erscheinen. Auch *einzelne Abschnitte* der Brustwand können durch starke Vergrößerungen des Herzens, durch mediastinale Geschwülste, durch Aortenaneurysmen vorgewölbt werden. Erkranken die Rippen, so können sie wie bei der Rachitis der Kinder den an ihn angreifenden Muskelkräften auf die Dauer nicht genügenden Widerstand leisten; es kommt zu muldenförmigen Einziehungen beiderseits vom Brustbein, wodurch dasselbe aus dem Niveau der vorderen Brustwand wie bei den Vögeln vorspringt (Pectus carinatum, Hühnerbrust); greift der rachitische Prozeß auf die Wirbelsäule über, so wird diese nach vorn (Kyphose) oder nach vorn und seitlich (Kyphoskoliose) verbogen; daraus resultieren groteske Entstellungen des ganzen Brustskelets; die luftzuführenden Wege nehmen einen gewundenen Verlauf; einzelne Lungenabschnitte sind von der respiratorischen Entfaltung so gut wie ausgeschaltet; solche Individuen sind durch jede Lungenerkrankung in besonderem Maße gefährdet. Das erste Rippenknorpelpaar stellt anlagemäßig gewissermaßen einen rudimentären Knochen dar, der bei vielen Menschen beiderseits von gelenkähnlichen Bildungen begrenzt wird. Bei manchen Tieren (Chiropteren) findet man an Stelle des ersten Rippenknorpelpaares völlig ausgebildete *knöcherne* Skeletstücke (Sternocostallamelle). Mit dem Alter zunehmend häufig finden sich beim Menschen in den beiden Enden *dieses Intermediärstückes* arthrotische Deformitäten mit typischen Randwulstbildungen bei Männern häufiger als bei Frauen (FALLMANN[1]).

Unter den primären Thoraxanomalien sind bestimmte Typen wegen ihres klinischen Interesses eingehend beschrieben worden. Beim *paralytischen oder asthenischen Thorax* ist die Wölbung flach, der Brustkorb erscheint lang und schmal, der sternovertebrale Durchmesser ist verkürzt, die Zwischenrippenräume sind breit und — da die deckende Muskulatur und das Fettpolster schlecht entwickelt sind — auffallend sichtbar. Die Schulterblätter stehen flügelförmig ab, die Schlüsselbeine springen stärker vor. Der epigastrische Winkel ist spitz. Die physiologischen Krümmungen der Wirbelsäule sind stärker ausgeprägt als in der Norm, wodurch der Brustkorb dem Beckengürtel genähert wird. Oft läßt sich die freie Spitze der 10. Rippe tasten. Doch ist diese Costa decima fluctuans als Zeichen des asthenischen Habitus sicher überschätzt worden.

Eine strenge Trennung des asthenischen Thorax vom sog. phthisischen ist nicht in allen Fällen durchführbar. Das charakteristische Gepräge soll letzterem die Verkürzung der ersten Rippen und ihrer Knorpel geben, durch sie wird das Manubrium sterni stärker nach hinten gezogen und die obere Thoraxapertur abgeflacht. Daß die ersten Rippen bei diesem Mechanismus tiefer in die Lungenspitze einschneiden, ist ein Irrtum; denn die Lungenspitze überragt schon in der Norm nicht — worauf F. MÜLLER zuerst aufmerksam machte — die ersten Rippen. Die *isolierte Verknöcherung des ersten Rippenknorpelpaares* ist röntgenologisch ebenso häufig auch bei nicht phthisischem Habitus nachweisbar; die auffallende Erscheinung hängt mit der Entwicklung einer rudimentären Anlage, die wahrscheinlich vom Episternum ausgeht, genetisch zusammen. Fraglos wirkt die Atmung ihrerseits auf Formung und Ausbildung des Thorax ein. Kommt es durch langes Krankenlager oder aus anderen Gründen zu einer respiratorischen Insuffizienz, so bleiben besonders die oberen Thoraxabschnitte in ihrer Ausbildung zurück.

Zu einer schweren Beeinträchtigung der Rippenatmung und schließlicher Brustkorbstarre führt die Entzündung der Rippenwirbelgelenke bei der Spondylarthritis ankylopoetica (BECHTEREWsche Erkrankung).

Der *emphysematöse Thorax* ist durch den horizontalen Verlauf der Rippen, welcher die respiratorische Erweiterung erheblich beschränkt, gekennzeichnet.

---

[1] FALLMANN, W.: Diss. Bonn 1934.

Schon physiologischerweise nimmt mit zunehmendem Alter der Brustkorb eine Ruhelage ein, die sich der Inspirationsstellung nähert. Der relative Brustumfang (bezogen auf die Standhöhe) nimmt daher noch zu, wenn das Wachstum längst abgeschlossen ist. Unter pathologischen Verhältnissen kann durch eine frühzeitige Verkalkung und Verknöcherung der Rippenknorpel der ganze Thorax in Inspirationsstellung gewissermaßen erstarren (Abb. 8), der Brustkorb nimmt die Form eines Fasses an (Faßthorax). Als Ursache für diese Thoraxanomalie ist neben der primären Rippenknorpelerkrankung auch eine solche der Lungen angeschuldigt worden. Lassen die elastischen Retraktionskräfte der Lunge nach, wie das beim Emphysem der Fall ist, so resultiert daraus eine schlechtere Exspiration. Um unter diesen Bedingungen noch eine genügende Lüftung der Lungen zu bewerkstelligen, müssen die inspiratorischen Kräfte stärker beansprucht werden. Da die auxiliäre Atemmuskulatur vorzugsweise am oberen Brustkorb angreift, wird dieser gehoben und geweitet und so zur Faßform ummodelliert.

Bei mangelnder Funktion der Bauchmuskulatur mit Senkung der Baucheingeweide wird die untere Brustkorböffnung schlecht

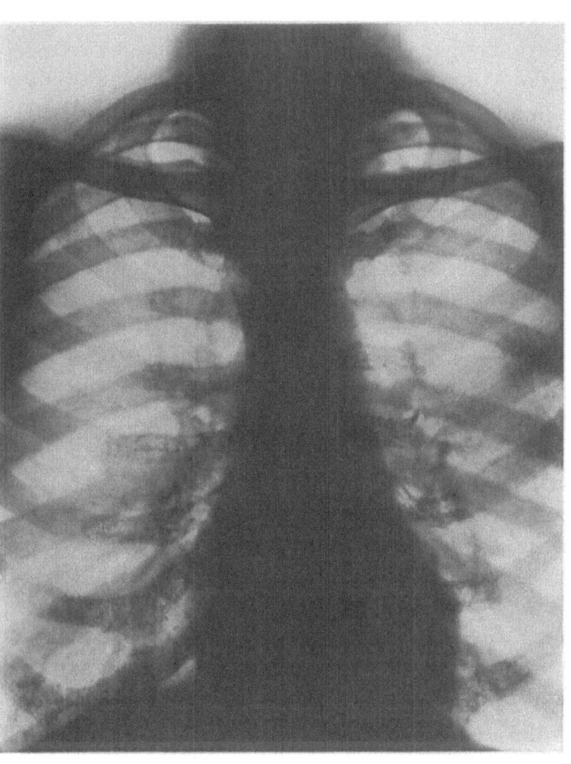

Abb. 8. Totalverkalkung sämtlicher Rippenknorpel bei einem 25jährigen Mädchen.

geweitet, der Thorax nimmt Birnenform an (*Thorax piriformis,* WENKEBACH). Bei stärkerer Bauchfüllung, Fettsucht, Gravidität, wird die untere Thoraxapertur geweitet; der Thorax erscheint im ganzen kürzer und breiter.

Die schwersten Verunstaltungen erleidet der *Thorax* bei *Kyphoskoliose* der Wirbelsäule. Atmung und Kreislauf sind weitgehend beeinträchtigt. Rechtzeitige Verpassung eines gutsitzenden Stützkorsetts bringt nicht selten Erleichterung und hält das weitere Zusammensinken und die fortschreitende Verbiegung der Wirbelsäule auf.

E. Störungen der äußeren Atmung.

Während, wie erwähnt, unter normalen Bedingungen die Exspiration zum großen Teil passiv erfolgt, setzt beim Sprechen, Singen und Schreien, beim

Husten und Niesen unter Inanspruchnahme der äußeren Bauchmuskeln (Musc. recti und obl. abdom., weniger des Transvers. abd.) eine kräftige aktive Exspiration ein. Unter den Störungen des Bewegungsablaufs kann man solche unterscheiden, die vorwiegend die *Zwerchfellatmung* (abdominelle Atmung) und solche, die besonders die costale Atmung betreffen.

1. Störungen der Zwerchfellatmung.

Die *Störungen der Zwerchfellatmung* werden bei vielen intraabdominellen Erkrankungen beobachtet (subphrenischer Absceß, Peritonitis, Perityphlitis). Auch Vorgänge, die ohne entzündliche Begleiterscheinungen zu einer intraabdominellen Druckzunahme führen, behindern die Zwerchfellatmung (Gravidität, Gasblähung der Därme, Ascites und Tumoren). Neben rein *mechanischen* Ursachen spielen *reflektorische* eine Rolle. Besonders deutlich wird das bei umschriebenen Entzündungen der pleuralen oder peritonealen Zwerchfellbekleidungen. Ebenso können Apoplexien und periphere Phrenicuslähmungen zu Zwerchfellbewegungsstörungen führen. Auch *doppelseitige* Zwerchfelllähmungen sind im Verlauf der ascendierenden LANDRYSchen Paralyse, der Poliomyelitis und postdiphtherischen Neuritis beobachtet worden. Sie haben fast immer eine unheilvolle Bedeutung. Ein besonders bei Röntgenuntersuchungen auffallendes Zeichen ist das WILLIAMsche *Phänomen*. Man versteht darunter eine einseitige schlechtere Exkursionsfähigkeit und Hochstand des Zwerchfells. Dieses Symptom wird bei tuberkulösen Lungenspitzenaffektionen gelegentlich beobachtet. Es beruht offenbar auf der verminderten Kapazität der kranken Lunge, welche dem inspiratorischen Tiefertreten des Zwerchfells entgegenwirkt. Die beim Pneumothorax beobachtete *paradoxe Zwerchfellbewegung,* bei welcher das Zwerchfell auf der erkrankten Seite bei der Inspiration nach oben steigt, wird durch Retraktion der Lunge erklärt.

Auch der Füllungszustand des Bauches ist von maßgebendem Einfluß für die Tätigkeit des Zwerchfells, beim Thorax piriformis kann die Zwerchfellatmung vollkommen fehlen[1]. Dabei besorgen die Atmung nur die oberen Rippen. Der obere stark gewölbte Teil des Brustkorbes wird gehoben, der Rücken ganz oben gekrümmt. Solche Patienten sind oft stark anämisch, ihre Gesamtblutmenge ist gering und falsch verteilt, da sie in den weiten Venengebieten des splanchnischen Kreislaufs hängen bleibt. Nach Entbindungen und Bauchoperationen kann infolge der Erschlaffung der Bauchdecken und der dadurch bedingten Splanchoptose die Zwerchfellatmung praktisch ausfallen und schwerster Lufthunger eintreten. Ein gutsitzender Bauchgurt bessert den Zustand wesentlich.

2. Störungen der costalen Atmung.

Die *Störungen der costalen Atmung* sind bedingt durch Erkrankung der Lungen selbst (Pneumonie) oder der Pleuren. Hier kommt es auf reflektorischem Wege zu einem Stillstand oder auch nur zu einer Bewegungsbeschränkung der erkrankten Brusthälfte. Bemerkenswerterweise kommt bei diesen Erkrankungen gelegentlich auch ohne Exsudatbildung in der Pleura eine Vorwölbung

---

[1] WENKEBACH: Über pathologische Beziehungen zwischen Atmung und Kreislauf beim Menschen. Slg klin. Vortr. Leipzig **1907**, Nr 465/466.

der Thoraxwand zur Ausbildung. Der Mechanismus ist folgender: Der Tonus
der am Brustkorb angreifenden Muskulatur bleibt erhalten; er wirkt thorax-
erweiternd. Die thoraxverengernde *Lungenspannung* ist wesentlich herabgesetzt
und wirkt der Inspirationsmuskulatur nicht genügend entgegen, so daß eine
Erweiterung und Vorwölbung im Bereich der Erkrankung der Lungen resultiert.
Den Tonusänderungen der Atemmuskulatur hat die Klinik noch wenig Beachtung
geschenkt; die Größe der respiratorischen Oberfläche und das Ruhevolumen
der Lungen sind von ihnen abhängig. Bei einseitiger Erkrankung oder Ausschaltung der Lungen (z. B. nach Pneumothorax) wird reflektorisch der Tonus
der Atemmuskulatur (vielleicht auch der Bronchialmuskulatur) der anderen
Seite umgestellt. Auch eine differente Entwicklung der *Atemmuskulatur* kann
eine ungleichmäßige Rippenatmung zur Folge haben. Dem Tonus der Atemmuskulatur, welcher bei chronischem Husten eine erhöhte Inanspruchnahme
erfährt, wird auch für das Ausmaß der costalen Atmung eine große Bedeutung
vindiziert. Eine solche Hypertonie der Atemmuskulatur kann eine Thoraxstarre
vortäuschen. Am häufigsten und intensivsten erleidet die costale Atmung
durch ein Erstarren der Rippenknorpel bzw. eine Verknöcherung derselben
eine Behinderung, die bis zur völligen Thoraxstarre gehen kann (Abb. 8). Es ist
klar, daß eine einseitige Störung der costalen Atmung zu diagnostisch äußerst
wichtigen Asymmetrien der Brustwandbewegungen führen muß (einseitige Pleuri-
tiden, Rippenfrakturen, Intercostalneuralgien, pleuritische Schwarten, Sero-
pneumothorax).

F. Störungen des Rhythmus, der Form und der Frequenz der Atmung.

1. Störungen der Inspiration.

Unter den Störungen des Atemrhythmus und der Form kann man solche
der Inspiration, solche der Exspiration und solche der Atempause unterscheiden.
Bedeutungsvoll ist eine ungehinderte Nasenatmung. Die Nase wirkt als Staub-
fänger. Bergleute mit „schlechten Nasen" sollen leichter an *Silicose* erkranken
als solche mit gesunden Nasen. Auch die Vorwärmung und Befeuchtung der
Luft im Nasenrachenraum verhütet Schädigung der Schleimhaut der tieferen
Luftwege. Die Dauer der Einatmung verhält sich zu der der Ausatmung wie
10 : 16. Eine *Verlängerung der Inspirationsdauer* wird durch alle Momente, die
zu einer Tracheal- oder Bronchialstenose führen, bedingt; hierher gehören die
gefürchteten Diphtheriemembranen, Fremdkörper im Larynx, Schilddrüsen-
und Mediastinaltumoren oder komprimierende Oesophagusneubildungen, Lähmungen der Stimmbänder, Glottisödem und Spasmus. Auch alle Endobronchial-
erkrankungen, die zu einer Verengerung des Lumens führen, sind hierher zu
zählen (z. B. Tuberkulose, Lues, chronisch-fibrinogene Bronchitis). Unterhalb
der Luftröhrengabelung macht aber die Verlegung oder Verengerung eines
Hauptbronchus keine sehr eindrucksvollen Störungen, solange der Weg zur
anderen Lunge frei ist. Weiterhin wird bei Erkrankung des Lungenparenchyms
selbst (Pneumonie, Gangrän) eine *Verlängerung der Einatmungsphase* beobachtet.
Die Erklärung ist darin gegeben, daß die Lungen durch die erwähnten Prozesse
infolge erschwerten Lufteinstroms der inspiratorischen Thoraxerweiterung nicht
entsprechend rasch folgen können. Die Atmung der Kranken wird unter diesen
Bedingungen gequält, mühsamer, verläuft im ganzen mit größerer Anstrengung.

Die normalen Einatmungsmuskeln arbeiten energischer, es werden die sog. auxiliären Atmungsmuskeln der Pectoralis major, der Serratus anterior und die Rippenheber mit herangezogen. Wenn trotz der gewaltsamen Atmung der Luftstrom nicht genügend rasch durch die verengten Luftwege einpassieren kann, kommt es zu Einziehungen der Zwischenrippenräume. Es ist verständlich, daß bei manchen Herzfehlern wegen der sich entwickelnden Stauungsbronchitis ein verlängertes Inspirium auftritt. Auch im Beginn einer akuten Nephritis, in der Urämie und bei beginnendem Lungenödem wird eine verlängerte Einatmungsphase beobachtet.

Eine *Verkürzung der Inspirationsdauer* tritt lediglich bei der „großen" Atmung des Urämikers in Erscheinung [1].

2. Störungen der Exspiration.

Eine *Verlängerung der Exspirationsdauer* findet man bei Fremdkörpern in den oberen Luftwegen, bei Polypen unterhalb der Glottis, bei Asthma und komprimierenden Tumoren des Mediastinums und des Oesophagus, weiterhin auch bei perikardialen Exsudaten, ferner bei fast allen Erkrankungen der Lunge, besonders beim *Emphysem*. Hier trägt die Exspiration, die mit Aufbietung vieler auxiliärer Muskeln durchgeführt wird, deutlich aktiven Charakter. Zu den Hilfsmuskeln der Atmung gehören die sämtlichen vorderen und seitlichen Bauchmuskeln auch die Rückenmuskeln, besonders der seitliche Teil des breiten Rückenmuskels helfen bei der aktiven Ausatmung. Dabei wird der Bauchinhalt zusammengepreßt, dadurch wieder das Zwerchfell kräftig nach oben getrieben. Die unteren Rippen werden zusammengedrückt, die Wirbelsäule wie beim Husten und Brechakt gekrümmt. Bei jeder akuten Anstrengung wird der Brustkorb in tiefer Inspirationsstellung fixiert, um den an ihn angreifenden Arm- und Schultermuskeln einen festen Widerhalt zu bieten. Jede Aufregung, schon die angespannte Aufmerksamkeit, „hält uns in Atem". Diese und viele andere Ursachen — zu denen WENCKEBACH auch die falsche körperliche Erziehung („Brust heraus") rechnet — führen mit zunehmendem Alter den Brustkorb in eine inspiratorische Dauerstellung, die nur durch anstrengende *aktive* Ausatmung überwunden wird.

Für *die Entstehung des Emphysems* werden alle Momente angeschuldigt, die bei ungehinderter oder verstärkter Inspiration die *Exspiration erschweren*. Es kommt durch vermehrten *Inspirationszug* und gesteigerten *Exspirationsdruck* zu einer Überdehnung der elastischen Elemente. Doch führen nach klinischen Erfahrungen Umstände, die die Exspiration erschweren (Ausbildung von komprimierenden Tumoren) *allein* nicht zum Bilde des echten Emphysems. In vielen, vielleicht in den meisten Fällen ist die Verringerung der Elastizität durch chronische entzündliche Prozesse und Ernährungsschädigungen des Gewebes mit bedingt.

Eine *primäre starre Dilatation* des Thorax ist nur selten als sichere Ursache des Emphysems anzusprechen. Meist geht das Emphysem der Erstarrung des Thorax voran.

Von anderen wird die angestrengte Atmung an sich als Entstehungsursache der Lungenblähung angesehen. Schon bei gesunden Menschen nimmt das Zwerch-

---

[1] HOFBAUER: Erg. inn. Med. 4, 1 (1909).

fell infolge vertiefter Atmung einen tieferen Stand ein, da unter diesen Umständen mehr Residualluft im Thorax zurückbleibt als bei ruhiger Atmung, was sich auf spirometrischem wie pneumographischem Wege zeigen läßt. Man erklärt diese Tatsache damit, daß beim Bedürfnis nach verstärkter Atmung die besser gebahnten Innervationswege für die Inspirationsmuskulatur leichter auf die zentripetalen Reize ansprechen, während die nur selten beanspruchte Exspirationsmuskulatur schwerer reagiert. So wird es verständlich, daß bei Berufen, die eine verstärkte und angestrengte Atmung nötig machen (Glasbläser, Musiker, die Blasinstrumente spielen) das Emphysem besonders häufig angetroffen wird.

Viele Erscheinungen des chronischen Emphysems können sich auch ganz akut — anfallsweise — beim Asthma bronchiale entwickeln. Die plötzlich einsetzende Schweratmigkeit — Dyspnoe — geht mit Vertiefung der Atmung, bei stark verlängerter Exspiration, die beide rein costal bewerkstelligt werden, einher. Das Zwerchfell tritt tiefer, seine Exkursionen werden kleiner, der Thoraxumfang nimmt zu, die Lungen werden gebläht. Trotzdem die Atempause verschwindet, wird die Zahl der Atemzüge im Anfall geringer. Eine einheitliche auslösende Ursache für diese akuten Anfälle von Lungenblähung ist nicht bekannt. Eine erhöhte *Erregbarkeit des Vagus* ist deshalb angeschuldigt worden, weil man weiß, daß im Experiment durch Vagusreizung Bronchialmuskelkrampf und Lungenblähung hervorgerufen werden können. Daß *toxische* Substanzen eine Rolle spielen können, lehren die Erfahrungen am anaphylaktischen Tier. Immer werden *katarrhalische* Prozesse im akuten Anfall klinisch beobachtet und in seltenen Fällen auch autoptisch sichergestellt. Störungen der Exspiration hat man auch bei Luftdruckerhöhung auf 4—5 Atmosphären, wie sie z. B. im U-Boot beim Versagen eines Preßluftventils eintreten können, beobachtet. Den Leuten tritt unter solchen Bedingungen schaumiges Blut aus dem Munde. Die Ausatmung ist wegen des starken Gegendrucks erschwert, während die Einatmung aus dem gleichen Grunde „ganz von selbst" geht.

3. Der Husten.

Zu den exspiratorischen Bewegungen von besonderer Form gehört auch das Husten und Niesen, welches — hauptsächlich auf dem Wege des Vagus — meist durch Reizung der Kehlkopfschleimhaut, der Trachea, der Pleura, der Cornea und des Gehörgangs, vielleicht auch von der vergrößerten Leber und Milz reflektorisch hervorgerufen wird. Nach einer tiefen Inspiration wird die Stimmritze geschlossen, die Exspirationsmuskulatur und besonders die Bauchpresse setzen die Lungenluft unter erhöhten Druck. Die Stimmritze wird gesprengt und der mit einem Explosionslaut entweichende Luftstrom dringt, da der weiche Gaumen den Nasenrachenraum abschließt, rasch durch den Mund und reißt die Fremdkörper, welche die Flimmerbewegung der Epithelien nicht entfernen konnte, aus den tieferen Luftwegen nach oben. Die Reizbarkeit der reflexogenen Zonen ist sehr verschieden; entzündliche Veränderungen an den respiratorischen Schleimhäuten steigern sie erheblich. Es ist wichtig zu wissen, daß narkotisch wirkende Gifte eine Schwächung der Exspirationsmuskulatur resp. ihrer nervösen Steuerung bedingen und damit den Hustenvorgang als solchen teilweise oder ganz unwirksam machen können. Ein dauernder Reizhusten bei freien Schleimhäuten ist wegen der damit verbundenen ständigen Druckerhöhung in den Lungen, der gleichzeitig eintretenden erschwerten

Zirkulation und weiterhin wegen der Mehrbelastung vielleicht schon erkrankter Gefäße nicht ohne Gefahr. Jeder Hustenstoß schafft die Bedingungen des VALSALVAschen Versuchs: Der intrathorakale Druck steigt und erschwert den Eintritt des venösen Blutes in das rechte Herz, wodurch wieder der Druck in den peripheren Venen meßbar ansteigt.

Beim *Niesen* werden die Choanen durch die Constrictores pharyngis superiores zunächst geschlossen und dann durch den Exspirationsstoß gesprengt. Der rasch entweichende Luftstrom reinigt die Nasenschleimhaut von anhaftendem Schleim und Fremdkörpern.

Das Zentrum für die koordinierten Bewegungen des Hustens und Niesens ist in der Medulla oblongata in der Nähe des Atemzentrums zu suchen.

4. Die periodische Atmung.

Bei vielen Krankheiten des Gehirns und seiner Häute (Meningitis, Hirntumoren), bei Autointoxikationen (Urämie), bei schweren Herzfehlern, wird

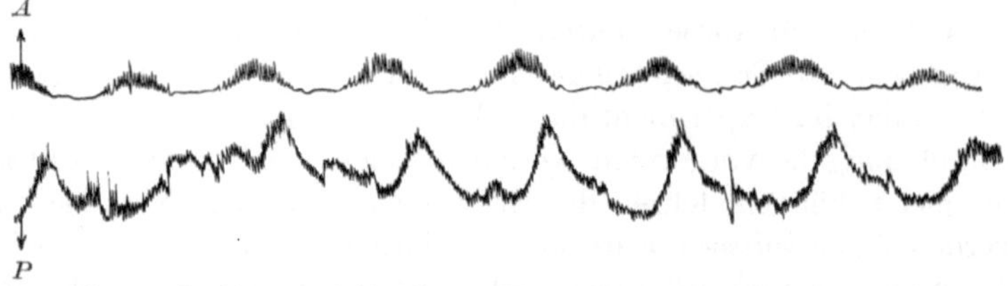

Abb. 9. CHEYNE-STOKESsche Atmung. *A* Atemkurve. Thoraxbewegungen durch Luftübertragung geschrieben. *P* Plethysmogramm des rechten Unterarms. Sinken der unteren Kurve entspricht einer Zunahme, Steigen der Kurve einer Abnahme des Armvolumens. (Eigene Beobachtung.)

ein periodisches An- und Abschwellen der Atemtiefe mit einem mehr oder weniger lange andauernden Aussetzen der Atmung beobachtet. Die Dauer des einzelnen Atemzuges wird von Anfang einer Atemperiode bis zur Höhe derselben immer kleiner, seine Tiefe wird gleichzeitig größer, die Atemkurven daher immer spitzer, um gegen den Atemstillstand hin langsam abzuflachen. Die Pausen zwischen den einzelnen Atemzügen werden gegen die Mitte der Atemperiode langsam kleiner und verschwinden schließlich ganz. Mit dem Verflachen der Atmung treten sie wieder auf und werden allmählich größer.

Viele Kranke sind während der Atempause benommen oder scheinen einzuschlafen und wachen mit dem Einatmen wieder auf. Dieser sog. CHEYNE-STOKESsche Atemtypus ist häufig schon im normalen Schlafe besonders bei hochbetagten Menschen zu beobachten und läßt sich bei Chloral- und Morphiumnarkose gelegentlich demonstrieren. Die Pupillen werden während der Atempause eng, reagieren schlecht oder gar nicht auf Licht, um mit dem Wiedereinsetzen der Atmung sich zu erweitern und ihre alte Reaktionsfähigkeit wieder zu gewinnen. Die beigegebene Abb. 9 zeigt neben der Atemkurve das gleichzeitig geschriebene Plethysmogramm des rechten Arms. Die sinkende untere Kurve bedeutet ein Anschwellen des rechten Arms zur Zeit des Atemstillstandes. Mit Wiederbeginn der Atmung schwillt der Arm ab; damit ist in einleuchtender Weise die *Saugwirkung der Atmung* illustriert, die für den Einstrom des Blutes in den Thorax von großer Bedeutung ist.

Bei der Mannigfaltigkeit der klinischen Zustandsbilder, welche zum CHEYNE-STOKESschen Atemtypus führen, ist es nicht leicht, eine einheitliche Erklärung zu finden. Die Zentren können durch toxische Produkte (Urämie) oder durch mangelhafte Sauerstoffversorgung, welche dort ihrerseits zur Bildung giftiger Substanzen führen, in einen Zustand herabgesetzter Erregbarkeit geraten. Die steigende Kohlensäureanhäufung gibt dann den Reiz ab, welcher die Zentren schließlich wieder erregt. Die langsam einsetzende Atmung bedingt eine zunehmende Sauerstoffversorgung des Blutes und damit auch des Zentrums. Die kräftig wiedereinsetzende Atmung entlastet das Blut von Kohlensäure, so daß der verminderte CO_2-Gehalt nicht mehr ausreicht, die unterempfindlichen toxisch geschädigten Zentren zu erregen; die Atmung wird langsam wieder flacher und sistiert schließlich, bis das Spiel von neuem beginnt. Die wiedereinsetzende Atmung bringt infolge der verbesserten Zirkulation gleichzeitig einen neuen Schub toxischer Substanzen aus der Peripherie an die Zentren. Wie man durch Sauerstoffmangel eine periodische Atmung erzeugen kann, so lassen sich die Pausen der CHEYNE-STOKESschen Atmung durch Sauerstoffzufuhr und durch sensible Reize unterdrücken. Bei vielen Herzkranken ist das Auftreten der CHEYNE-STOKESschen Atmung besonders während der Nacht ein frühes Zeichen des beginnenden Versagens des linken Ventrikels.

5. Die Apnoe.

Macht man bei Tieren mit Blasebalg und Trachealkanüle wiederholte Lufteinblasungen, so hört das Tier zu atmen auf und beginnt erst längere Zeit nach Aufhören der Einblasungen wieder zu respirieren. Den auf diese Weise erzeugten Atemstillstand nennt man Apnoe. Er läßt sich nach Durchschneidung der Vagi viel schwerer erzeugen. Als Ursachen werden folgende angeführt: Erstens soll durch die Lufteinblasungen das zuvor nicht vollkommen mit Sauerstoff gesättigte Arterienblut in den Zustand völliger Sättigung gebracht werden. Die Atembewegungen fallen wegen mangelnden Atembedürfnisses vorübergehend aus (Apnoea spuria). Der wesentliche Grund für den Atemstillstand dieser Art ist die durch die Überventilation bedingte Steigerung der Kohlensäureabgabe, durch welche der zentrale Atemreiz in Fortfall kommt. Die fetale Apnoe wird der echten Form zugerechnet. Zu ihrer Erklärung wird übrigens angeführt, daß während des intrauterinen Lebens eine geringere Erregungsfähigkeit im Atemzentrum besteht als nach der Geburt. Es fehlt dem Fetus zudem der physiologische Atemreiz, da ihm dauernd durch die Placenta genügend Sauerstoff zugeführt wird. Wird die Zufuhr durch Kompression der Nabelgefäße gedrosselt, so kann der Fetus innerhalb der uneröffneten Häute des ausgestoßenen Eies zu Atembewegungen angeregt werden. Beim langsamen Tode der Mutter kommt es zu einer allmählichen Lähmung des kindlichen Atemzentrums; in diesem Falle bleiben intrauterine Atembewegungen aus.

6. Störungen der Atemfrequenz.

Steigerungen der Atemfrequenz werden bei vielen Erkrankungen der Lunge (z. B. Pneumonie), der Bronchien, der Pleura, bei kardialen Erkrankungen und in seltenen Fällen bei diabetischem Koma beobachtet. Gelegentlich sieht man beschleunigte Atmung bei Morbus Basedow, bei Salicylsäurevergiftung und bei der Hysterie. Sehr eindrucksvoll ist die beschleunigte Atemtätigkeit, die gleichzeitig mit einer Verflachung der Atmung einhergeht, bei ausgedehnter Bronchitis und bei allen fieberhaften Zuständen. Die *beschleunigenden Reize* sind nicht einheitlicher Natur. Bei vielen Erkrankungen der Lunge und des Herzens ist die *Überladung des Blutes mit Kohlensäure* die Ursache. In anderen Fällen führen *schmerzhafte Affektionen* der Pleuren, der Rippen, der Thoraxmuskulatur zu einer willkürlichen Einschränkung der Atemexkursionen. Die durch Verflachung der Atmung verminderte Ventilation wird dann durch gesteigerte Atemfrequenz kompensiert.

Als ein *Hilfsmittel der physikalischen Wärmeregulation* wird bei Warmblütern mit unentwickelter Schweißsekretion (z. B. beim Hunde) eine *Wärmetachypnoe* beobachtet. Sie kann durch Erwärmung des ganzen Körpers oder z. B. nur des Carotisblutes willkürlich erzeugt werden und bewirkt durch Beschleunigung der Atemzüge eine vermehrte Wärmeabgabe durch Verdunstung von der Lungenoberfläche. *Verlangsamung* der Atmung tritt ein bei gesteigertem Hirndruck als Folge zentraler Schädigung.

G. Störungen des Gasaustausches in den Lungen.

1. Physiologische Vorbemerkungen.

Im Capillarsystem des Lungenkreislaufs findet der Gasaustausch zwischen Lungenluft und Blut statt. Die Größe des Gaswechsels ist bestimmbar, da sowohl die Spannung der Lungenluftgase wie der Blutgase untersucht werden kann. Die Löslichkeit der Gase in Wasser, Salzlösungen, Plasma und Blut, wird durch ihren *Absorptionskoeffizienten* bestimmt. Derselbe wird als die in 1 ccm bei 760 mm Hg gesättigten Wassers enthaltenen Gasmenge definiert. Gesättigt ist die Flüssigkeit, sobald zwischen ihr und dem Gas ein Gleichgewichtszustand eingetreten ist. Dieser Sättigungszustand ist bei verschiedenen Drucken verschieden. Die Gasmenge, die von einer Flüssigkeit aufgenommen wird, ist dem Druck proportional. Unter physiologischen Bedingungen kommt nie der Druck eines einzelnen Gases in reinem Zustande in Frage, sondern nur der Druck eines Gasgemisches. Es handelt sich nun darum, den Teildruck (Partialdruck) eines bestimmten Gases zu erfahren. Derselbe läßt sich errechnen aus den Volumprozenten, mit welchen das betreffende Gas an der Gesamtmischung teilhat.

Die Absorptionskoeffizienten bei 38° berechnet Bohr pro Kubikzentimeter bei 760 mm in

	reinem Wasser	Blutplasma	Blut
für Stickstoff . .	0,012	0,012	0,011
für Sauerstoff . .	0,024	0,023	0,022
für Kohlensäure .	0,557	0,541	0,511

Das kreisende Blut tritt nun mit einem Gemisch dieser drei Gase in Kontakt. Ihr Mengenverhältnis ist daselbst folgendes: 6% Wasserstoff, 75% Stickstoff, 15% Sauerstoff und 4% Kohlensäure. Bei 760 mm Hg entfallen demnach auf Stickstoff $^3/_4$ Atmosphäre, auf Sauerstoff $^1/_7$ Atmosphäre, auf Kohlensäure $^1/_{25}$ Atmosphäre. 100 ccm Blut würden also bei den angenommenen Partiardrucken theoretisch aufnehmen:

$$\text{Stickstoff} \ldots \quad 1,1 \times {}^3/_4 = 0,8 \text{ ccm}$$
$$\text{Sauerstoff} \ldots \quad 2,2 \times {}^1/_7 = 0,3 \text{ ccm}$$
$$\text{Kohlensäure} \ldots \quad 51,1 \times {}^1/_{25} = 2,0 \text{ ccm}$$

Tatsächlich gefunden wurden für das Arterienblut des Menschen 18 Volumprozent Sauerstoff und 38 Volumprozent Kohlensäure.

Auch der Stickstoffgehalt ist größer als nach der Löslichkeit des Gases zu erwarten ist. Die hohe Beteiligung des Sauerstoffs ist bekanntlich durch seine Bindung an das Hämoglobin erklärt (eine Hämoglobinlösung bindet bei 760 mm Sauerstoffdruck pro 1 g Hämoglobin 1,3 ccm Sauerstoff). Auch Kohlensäure bindet das Hämoglobin. Der Rest der auf die Blutkörperchen entfallenden Kohlensäureanteile wird von ihren Alkalien, vom Eiweiß und vielleicht von den Phosphaten gebunden. Untersucht man aber das von den Blutkörpern befreite Plasma, so kommt man auf den nach den Partialdrucken errechneten Sauerstoffgehalt von 0,3 Volumprozent, während die Kohlensäure unter diesen Bedingungen immer noch 13 Volumprozent, also ein Vielfaches seiner Löslichkeitsmenge im Plasma betrifft. Dieses erhöhte Kohlensäure-bindungsvermögen des Plasmas ist erstens bedingt durch überschüssiges Alkali, 12 Volumprozent CO_2 sind allein im Plasma als Bicarbonat vorhanden, zweitens durch Aminosäuren, Peptide und Eiweißkörper. Hier können durch Anlagerung von CO_2 an Aminogruppen sog. Carbaminogruppen entstehen. Ein erhöhtes Sauerstoffbindungsvermögen gewinnt das Plasma erst dann, wenn ihm Hämo-globin beigemischt ist. Das CO_2-Bindungsvermögen desselben dagegen liegt nach dem Gesagten dauernd weit über dem errechneten Lösungsvermögen.

Der normale Übertritt von Sauerstoff aus der Alveolenluft ins Blut ist dadurch gewährleistet, daß die Sauerstoffspannung des venösen Blutes stets um einige Millimeter Hg niedriger liegt als die der Alveolarluft, während die CO_2-Spannung des Blutes die der Alveolenluft um einige Millimeter übertrifft.

Die Oberfläche der Lungenalveolen wird zu 90—130 qm angegeben. Bei mäßiger Ruhe wird in der Lunge innerhalb 24 Stunden an einer Grenzfläche von 130 qm eine Luftmasse von 10000 Litern mit einer Blutkörperchenoberfläche von 116000 qm in Wechselaustausch gesetzt[1].

2. Störungen im Gasaustausch.

Diese Vorbemerkungen machen es verständlich, daß *Störungen im Gasaus-tausch* von den verschiedensten Faktoren bedingt sein können, nämlich von der Zusammensetzung der *Atemluft* und des *Blutes,* von der *Ventilationsgröße,* von den *Zirkulationsverhältnissen* und von der Beschaffenheit des *respirierenden Epithels.*

Schon eine nur *kurz dauernde Unterbrechung der Sauerstoffzufuhr* kann vom Warmblüter ohne Gefährdung des weiteren Lebens nicht ertragen werden. Diese Tatsache ist in dem hohen Sauerstoffbedürfnis des Organismus (pro Tag 744 g) bei relativ geringem Sauerstoffgehalt des strömenden Blutes (4 g) be-gründet. Im Experiment gelingt es durch Sauerstoffverarmung der Lungenluft, Inhalation von Stickstoff (oder Wasserstoff) den Diffusionsstrom des Sauerstoffs umzukehren, so daß also vom Capillarblut des kleinen Kreislaufs Sauerstoff an die Alveolenluft abgegeben wird. Werden jedoch nicht so extreme Be-dingungen gewählt, so wird bei der *Atmung sauerstoffarmer Gemische* die Sauer-stoffversorgung des Organismus durch ein vermehrtes Atemvolumen sicher-gestellt.

Plötzliche Absperrung allen Sauerstoffs führt unter Dyspnoe, Krämpfen und Atemstillstand zum Erstickungstode. Wird der Sauerstoff dagegen *allmählich* entzogen, so besteht zunächst die Tendenz, durch vermehrte Ventilation dem Mangel abzuhelfen. Schließlich wird auch unter diesen Bedingungen die Atmung

---

[1] Schade: Die physikalische Chemie in der inneren Medizin. Dresden und Leipzig 1921.

schwächer und es tritt unter zentralen Reizerscheinungen der Tod ein. Änderungen der Atmung werden erst beobachtet, wenn die Luft weniger als 9% O_2 im Bereich der Alveolen enthält. Neben den bereits erwähnten Steigerungen der Ventilation wirkt eine bei Atmung *sauerstoffarmer* Luft eintretende Lungenhyperämie als kompensatorischer Vorgang. Daß ein weitgehendes Sinken der alveolaren O_2-Spannung (bis zu 7%) noch ohne Störung ertragen wird, liegt daran, daß das Hämoglobin noch bei einer Sauerstoffspannung von nur 40 mm etwa 90% seiner Sauerstoffsättigung erreicht.

Von größerem Interesse ist die *Atmung sauerstoffreicher Atemluft,* welche zu therapeutischen Zwecken vielfach Verwendung findet. Man kann auf solche Weise den O_2-Gehalt des Blutes nur um 4,2% steigern, wovon 2,4% durch chemische Mehrbindung im Hämoglobin und 1,8% auf vermehrte Absorption entfallen[1]. Wenn damit der Vorrat an Sauerstoff auf fast um die Hälfte der in den *Geweben* normalerweise verbrauchten Sauerstoffmenge gesteigert wird, so ist eine Änderung der Oxydationsgröße auf diese Weise nicht zu erreichen.

Ebensowenig führt die *Stenosenatmung* regelmäßig zu einer Veränderung der Blutgase, was nur dadurch erklärlich ist, daß durch die reflektorisch bedingte Verstärkung der Atembewegungen ein ausreichender Gaswechsel sichergestellt wird.

Sind der Einatmungsluft sog. *irrespirable* Gase in hohen Konzentrationen beigemengt (Ammoniak, Chlor, schweflige Säure, Nitrosegase, Salzsäure), so werden von der Schleimhaut der oberen Luftwege hauptsächlich der Nase die sog. Schutzreflexe, nämlich Schluß der Stimmritze, Atemstillstand in Exspirationsstellung und Bronchialmuskelkrampf ausgelöst. Schließlich macht sich aber das Atembedürfnis zwingend geltend, und die schädigenden Gase dringen doch in die Lungen und üben ihre deletäre Wirkung aus. Im letzten Kriege hat die *Beimischung* solcher *giftiger Stoffe* zur Respirationsluft eine wichtige Rolle als Kampfmittel gespielt. Nach ihren physikalischen und chemischen Eigenschaften zeigt sich eine große Verschiedenheit der im *Gaskampf* verwendeten Stoffe. Allen gemeinsam ist ihre große Oberflächenaktivität, dank deren ihre Dämpfe leicht an gewissen Oberflächen haften. Fast sämtliche Faktoren, die bei den Störungen in dem Gasaustausch in den Lungen eine Rolle spielen, können experimentell durch Beimischung von Phosgen $COCL_2$ zur Atemluft erzeugt werden.

Die *Phosgenvergiftung* ist daher für die allgemeine Pathologie der Lungenerkrankungen von grundlegender Bedeutung. Das Bild derselben setzt sich zusammen aus Reizwirkungen an den betroffenen Schleimhäuten, aus besonderen Veränderungen des Lungengewebes und deren Folgen. Für den Menschen ist schon der Aufenthalt bei einer Beimischung von 5 bis 10 mg pro Kubikzentimeter Atemluft mit Lebensgefahr verbunden. In unserem Zusammenhange von besonderem Interesse ist, daß, wie Versuche an Katzen gezeigt haben, die Vergiftung mit der angegebenen Konzentration anfänglich keine Veränderungen der Atmung zeigt. Die Frequenz nimmt etwas zu, von 30—40 pro Minute auf 50—60. Kommen die Tiere aus der Phosgenatmosphäre heraus, so zeigen sich nach 2—6 Stunden objektiv wahrnehmbare Dyspnoe, welche sich aus der Höhe der Erkrankung heftig steigert. Die Atemfrequenz steigt auf 80, 100 und mehr in der Minute. Kurz vor dem Tode wird die Atmung langsam krampfartig. Dem Tier läuft aus dem weitaufgerissenen Maul schaumige Flüssigkeit, es tritt Cyanose und Pupillenerweiterung ein. Die Sektionsbefunde, die in verschiedenen Stadien der Vergiftung erhoben wurden, zeigten vor allem die verschiedenen Grade der ödematösen Durchtränkung. Das Lungengewicht phosgenvergifteter Katzen zeigt ebenso wie das bei

---

[1] LOEWY u. ZUNTZ: MICHAELIS Handbuch der Sauerstofftherapie. Leipzig 1906.

gaskranken Menschen eine Vermehrung auf das Vierfache der Norm. Interessanterweise bewirkt doppelseitige Vagusdurchschneidung mit nachfolgender Phosgenvergiftung entweder keine oder geringere Lungenveränderungen als bei den Kontrollen. Die Ursache ist in der Ausschaltung der sensiblen Vagusäste zu sehen.

Über das Verhalten der Atembewegungen bei der Phosgenvergiftung liegen zahlreiche Beobachtungen von allgemein pathologisch-physiologischem Interesse vor. Da das Phosgen beim Zusammentreffen mit Blut- und Gewebsflüssigkeit außerordentlich leicht durch Abspaltung von Salzsäure zersetzt wird, ist die erste Folge eine Reizung der Alveolarwand und eine Änderung der Atemform in einer für den Gasaustausch ungünstigen Weise. Die Atmung wird so verflacht, daß selbst eine ausgiebige Frequenzzunahme eine Verminderung des Minutenvolumens der Atmung nicht aufhalten kann. Diese Veränderung setzt zu einer Zeit ein, in der klinische Erscheinungen und pathologisch-anatomische Zeichen noch vollkommen fehlen. *Sie kann in ihrem Beginn durch Vagusdurchschneidung verhindert* werden. Die gereizten sensiblen Fasern in den Alveolarwänden der Lungen geben den HERING-BREUERschen Dehnungsreflex der Alveolarwände früher als in der Norm. Das Primäre ist also eine Verflachung, das Sekundäre eine Beschleunigung der Atmung. Mit dem allmählichen Eintreten des Lungenödems verliert die Lunge an Elastizität und nimmt an Volumen immer mehr zu. Jetzt setzt mit rasch zunehmender Dyspnoe die gesteigerte Arbeit der Atemmuskulatur ein; sie kann aber eine Verschlechterung der Blutventilation auf die Dauer nicht aufhalten. So wurden bei den schwerphosgenvergifteten Menschen 54 bis 62% CO_2 im Blute gefunden.

Die *Beschaffenheit des Blutes* kann in zwei Hauptrichtungen mit Änderungen des Gasaustausches in ursächlichem Zusammenhang stehen. Bewundernswert bleibt die Tatsache, daß bei *Reduktion des Hämoglobins* auf $^1/_5$ des normalen Bestandes eine Atmungsinsuffizienz klinisch sehr selten zur Beobachtung kommt. Nicht einmal eine Beschleunigung der Atemtätigkeit oder eine Vertiefung der einzelnen Atemzüge wird unter diesen Umständen gesehen. Die Erklärung ist in einer *erhöhten Umlaufsgeschwindigkeit* des anämischen Blutes gesucht und im Tierexperiment gefunden worden[1]. Es ist aber andererseits nicht zu vergessen, daß schon unter normalen Bedingungen das Blut mit einem großen Sauerstoffvorrat in die venöse Bahn übertritt (66% des Sauerstoffs im Arterienblut werden im Venenblut wiedergefunden[2]). Eine *erhöhte Ausnützung* des angebotenen Sauerstoffs durch die Gewebe ist eine zweite Kompensationsmöglichkeit bei anämischer Blutbeschaffenheit.

Umgekehrt kann eine *Veränderung in der Zusammensetzung der Atemluft* die Blutbeschaffenheit weitgehend beeinflussen. Bei Einatmung verdünnter Luft im Hochgebirge, in der pneumatischen Kammer, bei Ballonfahrten, tritt in gesetzmäßiger Weise eine Zunahme der Erythrocytenzahl und des Hämoglobingehalts im Blute ein. Es wurden in 24 Stunden Vermehrungen um 6 bis 800000 festgestellt. Als Erklärung wurden diskutiert:

1. Ausschwemmung im Knochenmark vorgebildeter Blutkörperchenreserven.

2. Übergang von Plasma aus dem Blut ins Gewebe.

3. Eine veränderte Verteilung des Blutes in den einzelnen Gefäßprovinzen unter Ausschüttung der Vorräte in den Blutspeichern.

4. Eine vermehrte Wasserabgabe des Blutes und dadurch eine relative Vermehrung der Blutkörperchen in der Volumeinheit.

Bei den mehr chronischen Einwirkungen des Höhenklimas steht jedenfalls eine echte Neubildung im Vordergrunde. Bei den akuten Vermehrungen spielen die anderen Faktoren sicher eine wesentliche Rolle.

---

[1] WEIZSÄCKER: Dtsch. Arch. klin. Med. **101**, 198.
[2] LOEWY u. v. SCHRÖTTER: Z. exper. Path. u. Ther. **1**, 197 (1905).

Der *diffusive Gasaustausch* in den Lungen hängt seiner Größe und Schnelligkeit nach im wesentlichen von der Spannungsdifferenz der Gase in den Alveolen und im Blute ab. Daher wird sich ein sauerstoffarm in die Lungen eintretendes Blut rascher mit Sauerstoff beladen als ein sauerstoffreicheres. Andererseits kann die Sauerstoffspannung in der Alveolarluft durch vermehrte Ventilation gesteigert und dadurch das Gefälle zwischen ihr und dem Blute erhöht werden.

Die *respiratorische Oberfläche* kann durch Erhöhung der Mittelkapazität vergrößert, durch Entzündungs- und Neubildungsprozesse, die ihren Luftgehalt vermindern, verkleinert werden. Im einen Falle wird der diffusive Gasaustausch erleichtert, im anderen erschwert. Die zwischen den Alveolen und den blutführenden Capillaren ausgespannten Schichten können in ihrer Dicke durch Schwellung oder seröse Durchtränkung der Alveolarwand oder durch Flüssigkeitsansammlung in einem mehr oder minder großen Bereich der einzelnen Alveolen zunehmen und damit der Gasaustausch wesentlich gehemmt werden. Für dies Geschehen bietet die Klinik zahlreiche Beispiele (Lungenentzündung, -ödem und Stauungslunge).

Der geordnete Gasaustausch in den Lungen ist ebenso von regelrechter Zufuhr der Atmungsluft wie vom ungestörten Abtransport des zugeführten Sauerstoffs durch das Blut an die Gewebe abhängig. Störungen der Blutzirkulation in den Lungen werden daher auch zu den Zeichen der Atmungsinsuffizienz führen müssen. Sie können ihre Ursache haben in Herzerkrankungen, die zu allgemeiner Kreislaufschwäche führen; die in der Zeiteinheit durch die Lunge geförderte Blutmenge wird geringer und damit der Gasaustausch beschränkt. Ist der Lungenkreislauf allein oder vorzugsweise betroffen wie bei manchen Mitralfehlern, so hängt alles von den kompensatorischen Leistungen des rechten Ventrikels ab; Zu- und Abfluß können lange Zeit bei vermehrter Füllung des gesamten Lungenkreislaufs ungestört vor sich gehen; hat sich erst eine „Stauungslunge" ausgebildet, so wird mit der stärkeren Füllung ihrer Capillaren die Kapazität der Alveolen kleiner, und was wichtiger ist, das Organ als Ganzes weniger elastisch und daher unbeweglicher werden. Zudem werden die ständig unter den Wirkungen der Stauung stehenden Membranen für den Gasaustausch weniger geeignet. Steigt der intraalveolare Druck wie beim Husten oder bei exspiratorischen Widerständen aus anderen Ursachen, so wird dadurch die Zirkulation in den Capillaren beeinträchtigt.

Die in der Zeiteinheit ausgeatmete Luftmenge — die Ventilationsgröße — unterliegt erheblichen Schwankungen. *Die Atmungsluft* beträgt abzüglich der in dem „schädlichen Raum" der Trachea und den Bronchien enthaltenen 140 ccm etwa 500 ccm. Diese Atmungsluft mischt sich mit der nach ruhiger Ausatmung noch in der Lunge vorhandenen Luftmenge von 2500 ccm im Mittel. Von dieser Menge kann durch stärkste Exspiration die *Reserveluft* in einer Menge von 1500 ccm noch ausgetrieben werden, während noch 1 Liter als Restluft *(Residualluft)* in der Lunge zurückbleibt. *Unter vitaler Lungenkapazität* versteht man die Gesamtluftmenge, welche nach tiefster Inspiration ausgeatmet werden kann. Sie beträgt bei Männern im Mittel 3600 ccm, bei Frauen 2500 ccm. Die *Vitalkapazität* nimmt mit zunehmender Körperlänge bis über 7 Liter zu. In höherem Alter, besonders bei Greisen, nimmt sie wegen der wachsenden Starre des Thorax und der schwindenden Elastizität des Lungengewebes wieder ab. Es ist klar, daß unter pathologischen Bedingungen die Vitalkapazität erheblich schwankt.

Sie wird bei Hochtreibung des Zwerchfells durch intraabdominelle Drucksteigerung und bei allen Krankheiten der Lunge abnehmen, welche mit einer
Verminderung der respiratorischen Oberfläche durch infiltrative Prozesse einhergehen. Durch eine vermehrte Ventilation der gesunden Teile kann die krankhaft verminderte Vitalkapazität kompensiert werden, so daß ein normales
Minutenvolumen erreicht, ja in vielen Fällen sogar überschritten wird. Auch
Störungen des Gasaustausches, die infolge einer veränderten Beschaffenheit
des Blutes drohen, werden durch Steigerung der Lungenventilation kompensiert.

Unter *Mittelkapazität* versteht man den Luftgehalt der Lungen und der
zuführenden Wege zwischen den gewöhnlichen Atemexkursionen; sie setzt sich
aus der Residualluft und der Reserveluft zusammen. Bei körperlicher Arbeit,
bei Einatmen sauerstoffarmer und kohlensäurereicher Gasgemische, bei Stenose
der Luftwege tritt eine Erhöhung der Mittelkapazität ein.

3. Dyspnoe.

Das quälende Gefühl des Lufthungers, welches sich bei den verschiedenartigsten Störungen der Respiration einstellt, wird *Dyspnoe* genannt, im Gegensatz zu der in ruhiger Atmung mit ausreichender Sauerstoffversorgung vorhandenen *Eupnoe*. Die Dyspnoe kann mit allen bisher beschriebenen Störungen
der Atembewegungen einhergehen. Als Ursachen der Dyspnoe kommen fünf
Gruppen in Frage: Erstens mechanische Atemhindernisse (Larynx-, Tracheal-,
Bronchialstenosen): pleuritische Exsudate, Pneumothorax, Ausschaltung großer
Abschnitte der respirierenden Oberfläche durch pneumonische Infiltrate, Ate-
lektasen, Lungenödem werden ebenso zu dem quälenden Gefühl des Lufthungers
Anlaß geben. In die zweite Gruppe des Vorkommens dyspnoischer Atmung ist
das erhöhte Sauerstoffbedürfnis bei starken körperlichen Anstrengungen zu
rechnen. Drittens kann eine Verminderung des Sauerstoffpartialdruckes in der
Atmungsluft (z. B. im Hochgebirge), viertens eine Verminderung der respiratorischen Funktion des Blutes, z. B. die Kohlenoxydvergiftung, und fünftens
eine Verlangsamung der Blutzirkulation zur dyspnoischen Atmung führen
(kardiale Dyspnoe).

Schließlich kann es durch Reizung der Pleura zu schwerster Dyspnoe kommen,
eine Beobachtung, die vor allem von Chirurgen bei Operationen an der Brust
gemacht und als sog. *Pleurareflex* beschrieben wurde[1]. Wenn auch viele dieser
schweren operativen Zufälle durch arterielle Luftembolie zu erklären sind, so
ist doch eine rein reflektorische Beeinflussung der Atmung in dem angegebenen
Sinne sehr wohl denkbar. Wir wissen, vor allem durch Beobachtungen an
Kranken mit entzündeter Pleura, daß dieselbe sehr schmerzempfindlich ist.
Durch genauere Untersuchungen ist festgestellt worden, daß die Schmerzempfindlichkeit im wesentlichen auf die Pleura parietalis und diaphragmatica
beschränkt ist, während die viscerale Pleura relativ unempfindlich ist. Dieser
Pleurareflex bleibt nach Vagusdurchschneidung aus. Gelegentlich sind sogar
Todesfälle auf den Pleurareflex zurückgeführt worden. Ob mit Recht, muß
zunächst dahingestellt bleiben.

Ein letztes großes Gebiet pathologischer Erscheinungen, welches zur Dyspnoe
führt, ist das der *Lungenembolien*. Die Folgen einer plötzlichen Einschleppung

---

[1] SAUERBRUCH: Mitt. Grenzgeb. Med. u. Chir. **13**. — BRAUER: Dtsch. Z. Nervenheilk. **45**.

von verstopfendem Material in die Lungenblutbahn sind verschieden, je nachdem es sich um Fett-, Luft- oder Blutgerinnsel handelt. Die Gerinnselbildungen stammen der Zahl nach am häufigsten aus den Beinvenen. Gelangt ein solches Blutgerinnsel auf dem Wege durch das rechte Herz und die Arteria pulmonalis in die Lunge, so kommt es mehr oder weniger rasch zu einer Atelektase in einem keilförmigen, dem Versorgungsgebiet des verstopften Gefäßes entsprechenden Lungenabschnittes. Die weiteren Folgen einer solchen Infarzierung sind dann sekundär entzündliche, auf die hier nicht näher eingegangen wird. Ist der aus der Zirkulation ausgeschaltete Bezirk sehr groß, so kommt es unter schwersten dyspnoischen Erscheinungen zu einem Versagen der Herztätigkeit und zum Tode. Eine besondere Bedeutung hat die *Fettembolie,* weil vielfach zu therapeutischen Zwecken Fettemulsionen injiziert werden, die gelegentlich auch in die Blutbahn geraten können. Dem Chirurgen sind solche Fettembolien nach Knochenverletzungen bekannt, bei welchem das Fett aus dem Mark der Knochen in die Venen hineingelangt und in die Lunge verschleppt wird. Alte Leute sollen besonders zu solchen Embolien neigen, da die relative Zusammensetzung des Knochenmarkfettes im Alter einen größeren Ölsäurereichtum aufweist. Der Grad der pathologisch-physiologischen Erscheinungen ist dabei erstens abhängig von der gröberen oder feineren Verteilung des in die Blutbahn hineingelangenden Fettes und zweitens von der Menge. Daß feinverteiltes Fett durchaus keine Erscheinungen macht, wissen wir durch die Erfahrungen, die bei der diabetischen Lipämie gesammelt wurden, bei welcher eine sehr erhebliche Anreicherung des Blutes an emulgiertem Fett vorkommt. Auch die von den Anatomen in den Lungen gefundenen Fettembolien sind während des Lebens sehr häufig ohne Symptome zu machen, ertragen worden. Als Folge der Verlegung einer größeren Anzahl von Lungencapillaren sieht man zunächst Reizhusten und später Atemstörungen im Sinne einer mehr oder weniger hochgradigen Dyspnoe eintreten.

Weit gefürchteter als die Fettembolie ist die *Luftembolie,* die bei operativen Maßnahmen am Halse und bei intravenösen Injektionen fahrlässigerweise eintreten kann. Voraussetzung für die operative Luftembolie ist, daß der venöse Druck gering ist. Es ist bisher nicht klar, an welcher Stelle des Kreislaufs die in die Blutbahn eingedrungene Luft zur Unterbrechung des Stromes führt. Von anatomischer Seite wird darauf hingewiesen, daß in vielen Fällen von Luftembolie sich Luftblasen im rechten Herzen fänden, welche sich bei der Sektion nur schwer daraus herausdrücken ließen[1]. Wesentlich ist für die Folgen der Luftembolie die Menge und die Zeit, in welcher die Luft in den Kreislauf kommt. Man konnte an Tieren 100—200 ccm Luft in die Venen einspritzen, ohne daß die Tiere starben[2]. Vielleicht wird unter diesen Umständen ein großer Teil in den Lungen nach außen abgegeben. Ist das wegen einer Überschwemmung des Kreislaufs durch Luftblasen nicht möglich, so kommt es zu allen eben beschriebenen Folgen der Lungenzirkulationsausschaltung.

Bei jeder Form von Dyspnoe besteht die Tendenz durch Erhöhung der Atemgröße die Ventilation zu verbessern. Die inspiratorischen Hilfsmuskeln beteiligen sich an der Atmung. In schweren Fällen werden die Arme aufgestützt und die Arbeit des Pectoralis, Serratus und der Sternocleidomastoidei sucht eine ausreichende Lüftung der Lungen zu erzwingen (Orthopnoe).

---

[1] COHNHEIM: Zbl. Path. 1, 777.   [2] WOLF: Virchows Arch. 174 (1903).

Die aufrechte Körperhaltung entlastet, wie WENKEBACH betont, die aufsteigende Hohlvene, erleichtert den Abstrom des venösen Leberblutes und erleichtert so den erneuten Einstrom des Blutes in die Leber. Das Aufstützen der Arme entlastet den Schultergürtel und begünstigt die inspiratorische Thoraxerweiterung. Die Exspiration kann gleichfalls bei aufrechter Körperhaltung durch die Bauchmuskulatur besser als in Rückenlage unterstützt werden.

Unter dem Begriffe der Dyspnoe werden in der *Klinik* zwei verschiedene Erscheinungsgruppen verstanden. 1. Die augenscheinlich erschwerte und über die Norm angestrengte Atmung, welche sehr verschiedene Ursachen haben kann, die auch als *objektive Dyspnoe* bezeichnet wird. 2. Das quälende Gefühl des Lufthungers, der Atemnot, welche als *subjektive Dyspnoe* beschrieben wird. Beide Erscheinungen können miteinander vereinigt auftreten, begrifflich aber sind die angestrengte Atmung einerseits, die subjektive Atemnot andererseits streng auseinander zu halten. Als Reize für die objektive Dyspnoe sind folgende diskutiert worden:

1. Der Sauerstoffmangel.

2. Die erhöhte Kohlensäurespannung des Blutes.

3. Saure im intermediären Stoffwechsel gebildete, das Atemzentrum reizende Substanzen.

4. Änderungen der H'-Ionenkonzentration des Blutes überhaupt[1].

5. Neurogene (reflektorische) von den Lungen oder Pleuren ausgehende Reize.

6. Lokale Schädigungen des Atemzentrums (cerebrale Zirkulationsstörungen).

Die geringste Bedeutung unter den angeführten Faktoren hat fraglos der O_2-Mangel des zirkulierenden Blutes. Erst wenn der Sauerstoffdruck der Inspirationsluft auf 13% einer Atmosphäre gesunken ist, wird das Atemzentrum des Sauerstoffmangels erregt[2]. Die geringe Bedeutung des Sauerstoffmangels als Atemreiz erhellt auch aus folgendem Versuch: Durch mehrere Minuten fortgesetzte intensive Atembewegungen läßt sich eine minutenlang anhaltende Apnoe erzielen, während eines solchen apnoischen Atemstillstandes wird das an Sauerstoff verarmte Blut dunkel, die Versuchsperson cyanotisch. Trotz der durch die Abnahme des Oxyhämoglobins gekennzeichneten Cyanose bleibt das Atemzentrum untätig. Die forcierte dem Versuche voraufgehende Atemtätigkeit hatte die Kohlensäurespannung im Blut und in den Alveolen weitgehend herabgesetzt und damit den wichtigsten physiologischen Atemreiz ausgeschaltet.

Vor kurzem sah man in den Änderungen der Kohlensäurespannung des Blutes den wesentlichen Regulationsfaktor der Atembewegungen. Nach ZUNTZ soll eine Zunahme der alveolaren CO_2-Spannung um 1 mm Hg ein Anwachsen der Ventilationsgröße um 800 ccm pro Minute zur Folge haben. Es gibt aber Fälle, bei denen Dyspnoe besteht und eine Vermehrung der alveolaren CO_2-Spannung vermißt wird. Hierher gehört die Dyspnoe im Hochgebirge, die sich in großen Höhen nach raschem Aufstieg zu einem sehr quälenden Zustand entwickelt, der von Präkordialangst, Kopfschmerzen, Kongestionen nach dem Kopf und einer Reihe anderer vasomotorischer Symptome begleitet ist (Bergkrankheit).

Bei künstlicher *Trachealstenose* und dadurch hervorgerufener schwerster Dyspnoe kommt es nicht zu einer Sauerstoffverarmung des arteriellen Blutes.

---

[1] Referat STRAUB: Erg. inn. Med. **25.**

[2] HALDANE u. PRIESTLEY: J. of Physiol. **32,** 255 (1905).

Auch die alveolare CO_2-Spannung kann noch normal sein, wenn schon eine typisch-dyspnoische Stauung eingesetzt hat. Sobald aber die *subjektive* Dyspnoe das Gefühl des Lufthungers einsetzt, steigt die alveolare CO_2-Spannung deutlich an[1]. Bei der geschilderten Form der Stenosenatmung ist sowohl In- wie Exspirationsdruck wesentlich erhöht und damit der Dehnungszustand der Alveolarwandungen geändert. Es liegt nahe an reflektorische Einflüsse von seiten des Lungenvagus im Sinne der HERING-BREUERschen Selbststeuerung der Atmung zu denken. Sind die Vagi durchschnitten, so bleibt die Atembeschleunigung bei Stenosierung der Atemwege aus (TRAUBE).

Solche periphere in der Lunge selbst gebildete und auf dem Vaguswege dem Atemzentrum zugeleitete Reize sind auch für die Erklärung der kardialen Dyspnoe in Betracht gezogen worden[2].

Es wurde oben am Beispiel der Phosgenvergiftung gezeigt, daß die gereizten Alveolarwände den HERING-BREUERschen Dehnungsreflex eher geben als die gesunden und daß die Beschleunigung und Verflachung der Atmung im Initialstadium der Vergiftung durch Vagusdurchschneidung behoben werden kann. Ein veränderter Spannungszustand der Alveolarwandung muß notwendig auch bei der Stauungslunge resultieren. So können die ersten Erscheinungen kardialer Dyspnoe auch ohne Änderung der CO_2-Spannung in Blut und Alveolen ihre Erklärung finden.

Eine viel diskutierte Form der Schweratmigkeit ist ferner die sog. *Arbeitsdyspnoe* nach starken körperlichen Anstrengungen.

Für diese Erscheinung ist von GEPPERT und ZUNTZ[3] die Bildung saurer, das Atemzentrum reizender Substanzen verantwortlich gemacht worden, die sich bei Sauerstoffmangel infolge unvollkommener Oxydation bilden sollen. Aber auch vom Carotis sinus aus kann stärker venöses Blut die Atmung beschleunigen. Vielleicht gehört hierher auch die *febrile Dyspnoe*, bei der neben der Wirkung der Temperaturerhöhung sicher auch pathologische Stoffwechselschlacken eine Rolle spielen.

Werden die Extremitätenmuskeln tetanisch gereizt, so setzt eine Steigerung der Atemgröße auch dann ein, wenn die nervösen Verbindungen der arbeitenden Muskulatur zum Atemzentrum nach Durchtrennung des Rückenmarks durchbrochen sind. Erst wenn auch die Blutzirkulation unterbunden ist, die fraglichen Reizstoffe also nicht mehr zum Zentrum gelangen können, bleibt die Änderung der Atmung trotz lebhafter Tätigkeit der Muskulatur aus, um sofort nach Freigabe der Zirkulation aufzutreten.

Besonders eindrucksvoll ist die Störung der Atmung durch intermediär gebildete Stoffwechselprodukte im Coma diabeticum (KUSSMAULsche Atmung). Daß hierbei eine elektrometrisch nachweisbare Änderung der H'-Ionenkonzentration auftritt, ist von allen zuverlässigen Untersuchern abgelehnt. Der Vorgang spielt sich wahrscheinlich folgendermaßen ab: Die bei der *Azidose* im Blute auftretenden sauren Produkte verdrängen die Kohlensäure aus ihren Alkaliverbindungen, mit anderen Worten: sie setzen das Kohlensäurebindungsvermögen des Blutes herab, das Blut wird *hypokapnisch*. Durch die Verdrängung

---

[1] MORAWITZ u. SIEBECK: Dtsch. Arch. klin. Med. **97**, 201 (1909).
[2] FREY: Klin. Wschr. **2**, 672 (1923).
[3] GEPPERT u. ZUNTZ: Pflügers Arch. **42**, 189 (1888).

der Kohlensäure aus ihren Alkaliverbindungen wird eine Erhöhung der Kohlensäurespannung des Blutes bedingt, auf welche das Zentrum mit einer Mehrventilation reagiert. Die dadurch bedingte Mehrabgabe von Kohlensäure garantiert die Konstanz der H'-Ionenkonzentration bei allen Formen von Säurevergiftung. Der gleiche Mechanismus ist nach den Feststellungen von STRAUB auch bei bestimmten Formen der *Dyspnoe der Nierenkranken* im Spiele. Auch bei ihnen bedingt die Zurückhaltung saurer Produkte eine Verringerung des Kohlensäurebindungsvermögens, welche sekundär durch Überventilation eine entsprechende Senkung der Kohlensäurespannung herbeiführt. Die Konstanz der Blutreaktion wird durch die dyspnoische Atmung garantiert. Die infolge einer primären Blutveränderung mit *Hypokapnie* einhergehende Form der Schweratmigkeit im Spätstadium der Niereninsuffizienz wird als *urämische Dyspnoe* von einer zweiten Form, dem *cerebralen Asthma der Hypertoniker* unterschieden. Auch in diesen Fällen wird eine hochgradige Überventilation, die zu einer starken Herabsetzung der Kohlensäurespannung führt, beobachtet. Dabei ist die Kohlensäurebindungsfähigkeit des Blutes normal oder sogar gesteigert. Die Blutreaktion ist nach der alkalischen Seite verschoben. STRAUB[1] nimmt als Ursache für das cerebrale Asthma der Hypertoniker lokale Kreislaufstörungen im Gebiet des Atemzentrums an. Für diese Zirkulationsstörung werden anatomisch nachweisbare Gefäßveränderungen oder lediglich funktionelle Alterationen (Gefäßspasmen) angeschuldigt, Zustände also, welche auch für die starken Schwankungen des arteriellen Blutdrucks, für die transitorischen Hemiplegien und die vorübergehenden Erblindungen verantwortlich gemacht werden. Bei allen Formen der dyspnoischen Atmung, welche durch elastizitätsvermindernde Prozesse in den Lungen bedingt sind, kommt es zu pathologischen Schwankungen des intrapleuralen DONDERSschen Druckes. Eine Zunahme der Schwankungen des Pleuradruckes läßt sich z. B. im Ödemstadium der experimentellen Phosgenvergiftung nachweisen[2].

Bei normalen Tieren beträgt der inspiratorische Druck —0,8 cm Wasser, bei dyspnoischen sinkt er auf —25, —28, —30 cm ab. Gleichzeitig steigt bei den dyspnoischen Tieren der exspiratorische Pleuradruck abnorm hoch (+ 40 cm Wasser gegen 0—3 cm der Norm).

Die Erklärung dieser vermehrten Schwankungen des Pleuradrucks ist darin gegeben, daß die gesamte Atemmuskulatur bei Verminderung der Lungenelastizität in der inspiratorischen Phase mehr „zieht", bei der Exspiration aber den Thorax mehr zusammenpreßt. Das gleiche tritt ein, wenn stenosierende Hindernisse in den Luftwegen sich finden, ebenso bei Spasmen der Bronchialmuskulatur im Asthma, oder wenn willkürlich oder unwillkürlich die Exspirationsmuskulatur bei geschlossener Glottis angespannt wird (Husten, VALSALVAscher Versuch).

4. Asphyxie.

Die vollständige Unterbrechung der Luftzufuhr führt unter dem Bild der Asphyxie zum Tode, unter heftigsten inspiratorischen, dann auch exspiratorischen Anstrengungen, die in allgemeine Krämpfe übergehen können. Steht schließlich die Atmung scheinbar endgültig still, so tritt nach einigen letzten

---

[1] STRAUB: Dtsch. Arch. klin. Med. 117, 397 (1915). — STRAUB u. KLOTH. MEYER: Biochem. Z. 1921. — Dtsch. Arch. klin. Med. 138, 208 (1922).
[2] LAQUER u. MAGNUS: Z. exper. Med. 11, 156 (1921).

in großen Pausen sich wiederholenden Inspirationen der Tod ein. Die durch Vagusreizung stark verlangsamte Herztätigkeit kann den Atemstillstand oft um mehrere Minuten überdauern. Die Folgen einer unzureichenden Atmung sind neben dem Auftreten unvollkommen oxydierter intermediärer Stoffwechselprodukte (Zucker, Milchsäure, Aminosäuren) ein Ansteigen der respiratorischen Quotienten (CO_2/O_2). Eine oft eintretende Nierenschädigung kündigt sich durch Albuminurie an. Leichtere Grade der Ateminsuffizienz können durch Gewöhnung vollkommen ausgeglichen werden, z. B. bei Kreislaufstörungen. Sie pflegen aber bei geringen körperlichen Leistungen durch die rasche Ermüdbarkeit sofort wieder in die Erscheinung zu treten.

H. Störungen der inneren Atmung.

Das Blut tritt mit den in der Lunge erworbenen Gasspannungen an die Gewebe heran. Der Gasaustausch zwischen Blut und Gewebe wird innere oder Gewebsatmung genannt. Als Mittelglied für die Gasbeförderung zwischen den Blutkörpern und den Endothelzellen der Gefäße ist das Plasma eingeschaltet; da es selbst, solange es hämoglobinfrei ist, keine sauerstoffbindenden dissoziablen Stoffe enthält, absorbiert es den Sauerstoff gemäß seiner Spannung. Der von den Gewebszellen verbrauchte Sauerstoff wird dem Plasma vom Oxyhämoglobin der Blutkörperchen sofort nachgeliefert. Die Sauerstoffkonzentration im Plasma ist daher jederzeit der im ganzen Blut herrschenden Sauerstoffspannung direkt proportional.

Der ordnungsmäßige Ablauf des inneren Gaswechsels ist an verschiedene Faktoren gebunden, die wir nur zum Teil übersehen. So werden lokale Kreislaufhindernisse, Schädigungen des Blutes, Intoxikationen, Fortfall trophischer Impulse von seiten des Nervensystems den Gaswechsel in den Geweben hemmen. Sicherlich besteht eine große Verschiedenheit in der Empfindlichkeit der einzelnen Gewebe gegen mangelnde Sauerstoffzufuhr bzw. Kohlensäureüberladung. Auch werden sich die Störungen an den verschiedenen Organen ungleich schnell entwickeln müssen, je nach der Intensität des Eigenstoffwechsels und dem davon abhängigen Sauerstoffbedarf. Für das Zentralnervensystem, speziell die respiratorischen Zellen, ist die hohe Empfindlichkeit gegenüber einer wechselnden H'-Ionenkonzentration bekannt. Wie durch eine innere Störung des Respirationszentrums dessen Funktion modifiziert und die äußere Atmung dadurch alteriert wird, ist bereits erwähnt (CHEYNE-STOKESsche Atmung). *Der wechselnde Bedarf der Gewebe an Sauerstoff* wird dadurch gedeckt, daß die Vasomotoren durch Erweiterung der Capillaren dem arbeitenden Organ mehr Blut zukommen lassen. Ferner beschleunigt eine erhöhte Kohlensäurespannung des Blutes die Dissoziation des Oxyhämoglobins. Es wird gerade in Fällen, in denen die Verbrennungsprozesse gesteigert sind, der Sauerstoffverbrauch daher erhöht ist, auf diese Weise dafür mitgesorgt, daß die Sauerstoffkonzentration des Plasmas ausreichend bleibt.

V. Pathologie des Kreislaufs.

Eine streng gesonderte Besprechung der Störungen der Herztätigkeit einerseits — der Gefäßfunktion andererseits — ohne dem Gegenstand Zwang anzutun, ist gegenwärtig schwer möglich. Wir wissen: Jede Störung in der Arbeit des

Zentralmotors ruft eine andere Einstellung des Gefäßsystems — „des peripheren Herzens" — hervor und umgekehrt. Dabei ist freilich fraglich, wie hoch man die Funktion der Gefäße — bescheidener gesagt den wechselnden Tonus derselben — für die Aufrechterhaltung des Gesamtkreislaufs veranschlagen darf.

Trotzdem soll im folgenden nach einigen physiologischen Vorbemerkungen über Bau, Funktion und Leistungen eine gesonderte Darstellung der Funktionsstörungen bei den *Erkrankungen des Herzens,* und zwar von den muskulären, den Klappen- und den Coronargefäßerkrankungen gegeben werden, sodann gesondert von den *Gefäßfunktionsstörungen* die Rede sein. Für die Erkrankung der Arterien, Venen und Capillaren sind unsere Kenntnisse noch nicht so weit gediehen, daß sich eine streng nach den Gefäßabschnitten gegliederte Darstellung durchführen ließe.

A. Vorbemerkungen über Herzanatomie und -physiologie.

Der Herzmuskel besteht aus einem Gefüge quergestreifter Fasern von ganz besonders komplizierter Anordnung; ein System von zum Teil ringförmigen, zum kleineren Teil in schleifen- und achterförmigen Zügen verlaufenden Fasern umschließt die Ventrikel; das starkwandige *linke* Herz hat ein eigenes Ringfasersystem, während andere Fasern das ganze Herz umspannen. Diesem *Treibwerk* des Herzens aufgelagert finden sich außen und innen mehr in der Längsrichtung angeordnete Faserzüge. Das Herz besteht zum größten Teil aus roten protoplasmareichen schwer ermüdenden quergestreiften Muskelfasern, denen eigenartige, besonders auf der *Innenfläche angeordnete glykogenreiche, fibrillenarme Zellen* (PURKINJEsche Zellen) beigegeben sind. Diese spezifischen Gebilde stehen nach Bau und Funktion in der Mitte zwischen Muskel und Nervenfasern. Sie sind in dem *Reizleitungsnetz* anatomisch und funktionell verbunden. Dieses Netz zeigt an zwei Stellen knotenförmige Verdickungen: den KEITH-FLACKschen Knoten (S.K.) in der Wand des rechten Vorhofs zwischen den Mündungen der Vena cava superior und Vena cava inferior und den gleichfalls in der Wand des rechten Vorhofs nahe am Septum dicht oberhalb der Atrioventrikulargrenze gelegenen ASCHOFF-TAWARAschen Knoten, an welchem man einen *Vorhofsknoten* (V.K.) und einen *Kammerknoten* (K.K.) unterscheidet. Auf dem Wege des HISschen *Bündels* (St.) wird die Überleitung in die Kammern vermittelt, unter deren Endokard an der Scheidewand entlang die beiden Schenkel des Bündels zu den Papillarmuskeln ziehen. Es verdient hervorgehoben zu werden, daß eine direkte Verbindung zwischen dem Sinusknoten und dem Atrioventrikularknoten (ASCHOFF-TAWARA) bis heute *nicht* nachgewiesen ist. Daß die Leitungsbündel Träger der Reizübermittlung für die Muskelkontraktion sind, kann jetzt als sicher angenommen werden, weiß man doch, daß das Herz des Fetus schon zu einer Zeit schlägt, in der sich noch keine Nervensubstanz nachweisen läßt, die Reizleitung also nur auf muskulärem Wege erfolgen kann (Abb. 10).

Welche Bedeutung die im Herzen reichlich verbreiteten *Nerven* haben, ist noch strittig; ob sie an der Reizleitung ganz unbeteiligt sind, ist noch fraglich, zumal gerade das spezifische Leitungssystem auch nervöses Gewebe enthält. Ein sensibles Nervengeflecht steht mit Vagus und Sympathicus in Beziehung. *Der rechte Vagus* geht zum *Sinusknoten, der linke* zum ASCHOFF-TAWARAschen Knoten. Im Vagus verlaufen aus dem Kern der Medulla oblongata entspringend im wesentlichen hemmende Fasern. Erregende Fasern stammen aus dem Rückenmark, ziehen durch die Ram. com. I bis V zum Ganglion stellatum und unteren Cervicalganglion und von hier gemeinsam mit Vagusfasern zum Herzen (Accellerans).

Die Physiologie lehrt, daß das Herz ein rhythmisch automatisches Organ ist, denn auch im isolierten Herzen kontrahieren sich die einzelnen Abschnitte wie beim lebenden Tier in regelrechter Folge. Der STANNIUSsche Versuch am Frosch (Trennung des Sinus venosus vom übrigen Herzen durch Schnitt oder Ligatur) läßt den Sinus unverändert weiter pulsieren und zeigt dessen automatische Eigenschaft. Das Herz steht zunächst still und beginnt später langsam wieder zu schlagen, also auch der vom Sinus getrennte Herzteil besitzt Automatie.

Der vom Sinus ausgehende Reiz läßt das Herz in Einzelzuckungen schlagen. Bei der Kontraktion entsteht kein Tetanus wie bei der sich kontrahierenden Skeletmuskulatur. *Die*

Bildung der Reize für den rhythmischen Schlag des Herzens erfolgt nach der einen Auffassung *selbst diskontinuierlich* periodisch, kommt aber nach anderen Auffassungen dadurch zustande, daß es von einem Dauerreiz durchströmt wird, dessen Wirksamwerden durch die *refraktäre Phase* — die Erholungspause — rhythmisch unterbrochen wird. Die Tatsache, daß *notorisch* kranke der Erholung mehr bedürftige Herzen *rascher* schlagen, trotzdem sie eine längere Erholungszeit brauchten, wird durch keine der beiden Theorien erklärt.

Die *Frequenz der Herzaktion ist in der Jugend groß* (120—140 Pulse in der Minute), sie sinkt beständig bis zum 20. Lebensjahr, auf etwa 70 Schläge pro

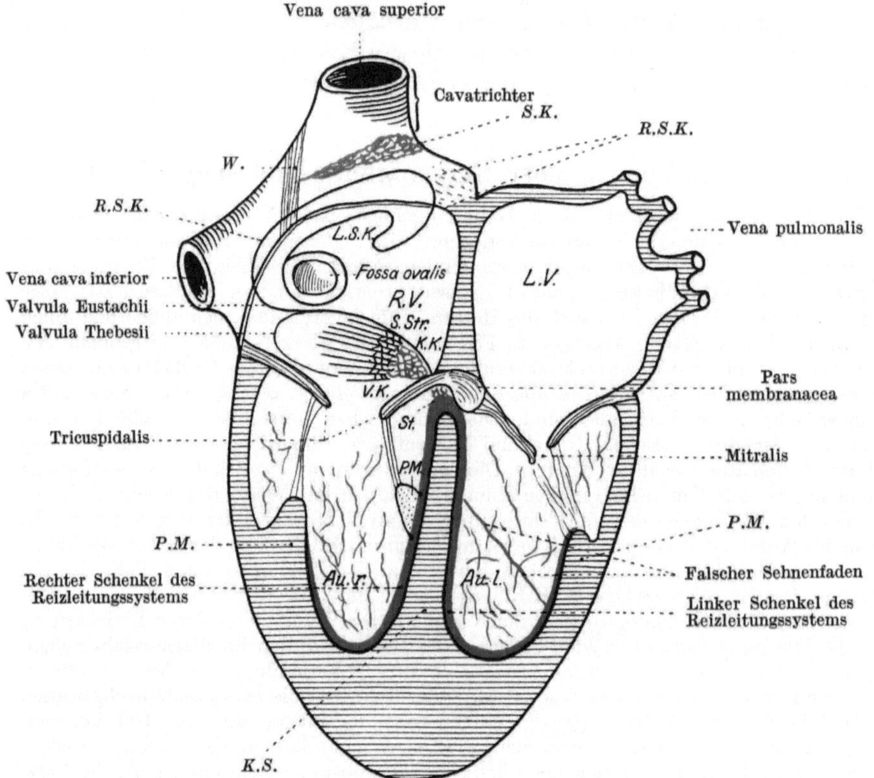

Abb. 10. Schema des Reizleitungssystems im menschlichen Herzen. (Nach ASCHOFF-KOCH.) *W.* WENCKEBACHscher Muskelzug. *S.K.* Sinusknoten (KEITH-FLACH). *L.S.K.* Linke Sinusklappe. *R.V.* und *L.V.* Rechter und linker Vorhof. *S.Str.* Sinusstreifen. *K.K.* Kammerknoten, *V.K.* Vorhofsknoten; ASCHOFF-TAWARAscher Knoten. *St.* Stamm des Reizleitungssystems (HISsches Bündel). *Au.r.* und *Au.l.* Ausbreitung des Reizleitungssystems. *P.M.* Papillarmuskel. *K.S.* Kammerscheidenwand.

Minute und nimmt in späteren Lebensjahren wieder etwas zu. Die Pulszahl ist beim Weibe wenig *größer* als beim Mann, sie wechselt bei dem einzelnen Individuum und zeigt zwei Maxima am Tage, am Morgen um 11 Uhr und abends zwischen 6 und 8 Uhr, sie ist im Stehen größer als im Liegen; in welcher Tatsache eine Art Selbststeuerung zu erblicken ist, indem die *Gefäßzentren* der Medulla oblongata durch eine beschleunigte Schlagfolge bei schnellem Wechsel der Körperstellung vor allen großen Schwankungen des Blutgehalts bewahrt bleiben. Beim Aufrichten tritt ein meßbarer Abfall des Blutdrucks ein. Dieser Druckabfall wirkt über den Carotissinus pulsbeschleunigend.

Die *Blutversorgung des Herzens* durch die Kranzarterien wird — wahrscheinlich durch Kompression ihrer feinsten Verästelungen — in jeder *Systole gehemmt* und kommt erst in der Diastole wieder voll in Gang. Sie wird durch den in der Aorta während der Diastole herrschenden Druck bewirkt. Bei verminderter Durchblutung des Herzens wird die Erregbarkeit gesteigert; was wieder zur Tachykardie führt.

Bei jedem Herzschlag wird Energie umgesetzt, ein Teil davon für chemische und elektrische Vorgänge verbraucht, sowie für Wärmebildung. Ein anderer kommt als äußere Arbeit zuf Geltung. Der in Wärme umgewandelte Energieanteil beträgt das Doppelte des für die gesamte mechanische Arbeit notwendigen. Die als äußere Arbeit des Herzens zutage tretende Energie läßt sich trennen in potentielle und kinetische: Die *potentielle* Energie findet ihren Ausdruck in der Steigerung des Aortendrucks, die *kinetische* in der Erhöhung der Blutgeschwindigkeit. Die kinetische Energie beträgt nur einen kleinen Bruchteil ($1^1/_2\%$) der potentiellen. Bei 72 Pulsen in der Minute ist die Arbeit des Herzens pro Sekunde 0,2 kgm. Danach hat das Herz die Kraft, seine eigene Masse in einer Stunde 4000 m hoch zu heben. Die mechanische Herzarbeit beträgt 3—10% der Arbeitsleistung des Gesamtkörpers, im Mittel etwa *20 000 kgm* in 24 Stunden, die bei angestrengter Muskeltätigkeit auf das 4—6fache gesteigert werden kann.

Zahlreich sind die *Methoden,* welche man ersonnen hat, um die *normale* und *pathologische Funktion des Herzens* zu beurteilen. Sie einzeln zu besprechen, ist hier nicht der Ort. Sie lassen sich gruppieren in solche zur Registrierung von Bewegungsvorgängen am Herzen (kardiographische Methoden). Das *Kardiogramm* stellt eine Kurve des Spitzenstoßes dar, im weiteren Sinne auch eine Bewegungskurve anderer Stellen des Herzens, z. B. des linken Vorhofs. In linker Seitenlage gelingt es bei den meisten Menschen, ein brauchbares Kardiogramm zu erhalten. *Der Spitzenstoß* wird durch das Andrängen *der Herzspitze* gegen die Brustwand infolge systolischen Hartwerdens des Kammermuskels hervorgerufen. Das in die Diastole fallende Eintreffen der Vorhofswelle an der Spitze zeigt den Beginn der Vorwölbung an. Diese als A-Zacke bezeichnete Vorwölbung ist bei hohem Blutdruck, besonders bei Nierensklerose stark ausgeprägt. Während der Austreibungsperiode bleibt die Spitze durch den sog. Rückstoß und durch die systolische Rollung der Kammern im Sinne einer Supination der rechten Hand gegen die Brustwand angedrängt. Auf die Kraft der Herzschläge und die Größe des Schlagvolumens erlaubt die Spitzenstoßkurve *keine* Rückschlüsse zu machen.

Vom *Oesophagus* aus kann man den wechselnden Füllungszustand und die Bewegungsvorgänge am *linken Vorhof* registrieren. Man erhielt sehr wechselnde Kurven je nach der Stelle, an welcher die Pelotte im Oesophagus liegt (Oesophagogramm). Über die Deutung der so erhaltenen Kurven gehen die Meinungen noch auseinander.

Als dritte hierher gehörige Methode ist die Registrierung des wechselnden Füllungszustandes der Vena jugularis zu rechnen. Das *Phlebogramm der Jugularis* stellt eine Volumkurve dar. Es ist der „am meisten allgemein brauchbare Indicator der Herzbewegungen und zugleich des Kreislaufs"[1]. Im normalen Venenpulse ist eine Vorhofswelle, die Ventrikelsystole und -diastole, gut zu erkennen. Die Bezeichnung „negativer Venenpuls" rührt von dem diastolischen Zusammensinken der Halsvenen her, welches dann besonders gut herauskommt, wenn ihm eine kräftige Vorhofssystole vorausgeht. In der Vorhofsdiastole schließt das Halsvenenblut in den Vorhof ein, der durch die Ventrikelsystole heruntergezogen wurde, und die Halsvenen kollabieren vorübergehend. Der „*pathologische positive Venenpuls*" äußert sich in einer einzigen mächtigen Welle, welche der Ausflußperiode der Ventrikelsystole synchron ist und ein sicheres Zeichen der Tricuspidalinsuffizienz darstellt, nicht selten auch beim Vorhofsflimmern gefunden wird.

Die Bemühungen, ein Maß *für die Leistungsfähigkeit des Herzens* zu finden, sind zahlreiche. Da das Herz nach Art einer Pumpe arbeitet, würde man in der Förderleistung einen guten Ausdruck für die Herzkraft haben. Aber die

---

[1] WENCKEBACH: Die unregelmäßige Herztätigkeit usw. Leipzig-Berlin 1914.

Bestimmungen des Schlagvolumens lassen sich am Menschen nicht mit genügender Sicherheit durchführen. Es läßt sich errechnen:

1. aus Pulszahl und Sekundenvolumen,
2. aus Aortenquerschnitt und Geschwindigkeit,
3. aus Pulszahl, Blutmenge und Umlaufszeit,
4. aus systolischem und diastolischem Blutdruck, dem Druckabfall zwischen zwei Stellen des Arterienrohres und dem röntgenographisch feststellbaren Durchmesser der Aortenwurzel.

Für die Zwecke der menschlichen Physiologie und Pathologie kommen diese Methoden bis heute kaum in Frage, da weder das Sekundenvolumen noch der Aortenquerschnitt, noch die Umlaufszeit sich am unverletzten Menschen mit genügender Sicherheit bestimmen lassen. In die Klinik haben daher die Methoden der Schlagvolumenbestimmung keinen allgemeinen Eingang finden können.

Für die Bedürfnisse der Klinik sind wir auf die indirekten Bestimmungen des Schlag- und Minutenvolumens angewiesen. Am besten eingeführt ist die *Acetylenmethode* zur Feststellung des Minutenvolumens. Sie zielt darauf ab, die Menge des indifferenten Gases mit bekanntem Absorptionskoeffizienten zu messen, welcher von dem Blute während seines Durchganges durch die Lunge abgegeben oder aufgenommen wird. Das Verfahren setzt eine genügende Atembewegung des Brustkorbs voraus. Bei unvollständiger Respiration mischt sich das Gas ungenügend mit den Atemgasen der Lunge. Die Methode wird also nach dem oben Erwähnten keine zuverlässigen Werte ergeben.

Physiologischerweise kann man mit einem Einzelschlagvolumen von 50,0 ccm rechnen [Vierordt Sekundenvolumen: 60 ccm]. Von klinischer Seite ist mehrfach versucht worden, auf unblutigem Wege ein Urteil über die wechselnde Größe des Schlagvolumens zu gewinnen.

Die Größe des Schlagvolumens ist natürlich abhängig von der Füllungsgröße des Herzens bzw. der dadurch bedingten Dehnung seiner Wandungen. Im allgemeinen wächst die Größe der Kontraktion mit zunehmender Dehnung oder mit steigendem venösen Füllungsdruck. Es gibt aber auch bei dieser Herzfüllung eine gewisse Grenze. Bei dauernd steigendem venösen Druck werden die Herzkontraktionen und damit auch die Schlagvolumina wieder kleiner. Beim Valsalvaschen Versuch z. B. bleibt infolge der intrathorakalen Drucksteigerung das Blut gewissermaßen vor dem Herzen liegen, es kommt zu einer Einstromstauung. Die Herzfüllung wird immer geringer, das Herz wird kleiner, das Schlagvolumen schließlich so gering, daß die Versorgung der Peripherie in Frage gestellt ist und es zu Kollapserscheinungen wegen Anoxämie des Gehirns kommt. Nach wieder einstellender Atmung schießt das in den Venen gestaute Blut plötzlich ein, das Herz wird groß und wirft mit langsamen Schlägen große Volumina aus. Auch bei anderer körperlicher Anstrengung wächst die venöse Füllung gegenüber der Ruhe erheblich an. Der Zuwachs an Füllung, den das Herz gerade bewältigen kann, stellt seine *Reservekraft* dar.

Bestimmungen der Blutmenge[1] werden so durchgeführt, daß man eine gemessene Menge von Kohlenoxyd einatmen läßt, das an Stelle von Sauerstoff sich mit dem Hämoglobin verbindet. Aus dem prozentischen Gehalt einer Blutprobe an CO kann nun, da ja die Menge von gebundenem CO bekannt ist, die Blutmenge berechnet werden. In ähnlicher Weise

---

[1] Seyderhelm und Lampe: Z. exper. Med. **30** (1922); **35** (1923); **61** (1924).

kann die Blutmenge bestimmt werden aus dem Grade der Verdünnung, welche eine bestimmte Menge in die Blutbahn injizierten schwer oder nicht diffusiblen Farbstoffs erleidet. *Die Bestimmung der Blutumlaufszeit* hat man an Tieren in der Weise durchgeführt, daß man in das zentrale Ende einer durchschnittenen Vene eine leicht nachweisbare Substanz injiziert und festgestellt, zu welcher Zeit diese Substanz am peripheren Ende wieder austritt. Man hat für diesen Zweck z. B. Ferrocyankalium ins Blut gespritzt und das wieder auslaufende Blut mit Eisenchlorid auf die Anwesenheit von Ferrocyankalium geprüft. Ist ein Kreislauf vollendet, so läßt sich das an dem ersten Auftreten der Berlinerblau-Reaktion erkennen, welche das auslaufende Blut gibt.

Eine souveräne Methode für die Beurteilung der gestörten Herzfunktion ist die Registrierung des *diphasischen Aktionsstroms,* welcher im Herzmuskel wie in jedem quergestreiften Muskel während seiner Tätigkeit entsteht.

Die Kurve, welche man mit Hilfe des Saitengalvanometers durch kontinuierliches Aufschreiben der elektrischen Vorgänge im Herzen auf einen laufenden Film erhält, nennt man das *Elektrokardiogramm.*

Über die Entstehung des diphasischen Aktionsstroms ist folgendes bekannt: Bei jeder Herzkontraktion verhält sich die bereits in Erregung versetzte Stelle gegen eine noch ruhende elektrisch negativ. Leitet man den von der noch ruhenden zu einer schon erregten Stelle fließenden Strom durch ein empfindliches Galvanometer, so erhält man einen Saitenausschlag von bestimmter Richtung. Hat die Erregung das Herz von seiner Basis zur Spitze durcheilt, so fließt nunmehr der Aktionsstrom in umgekehrter Richtung, da sich die jetzt erregte Spitze gegenüber der Basis nunmehr elektrisch negativ verhält. Registriert man die Saitenbewegungen auf einem laufenden Film, so erhält man eine diphasische Saitenschwankung. Bis vor kurzem glaubte man, daß sich elektrische und mechanische Vorgänge im Herzen trennen ließen und mit dem Elektrokardiogramm im wesentlichen *der Erregungsablauf* des Herzens registriert würde. Man hatte aber schon lange festgestellt, daß sich zwischen dem Druckablauf in den Ventrikeln und den einzelnen Kurvenzacken des Elektrokardiogramms gesetzmäßige feste zeitliche Beziehungen erkennen lassen. Mit wesentlich verbesserter Methodik (elastisches Manometer mit elektrischer Transmission) zeigte GARTEN[1], daß der Druckanstieg im Ventrikel, bezogen auf das Elektrokardiogramm, wesentlich eher beginnt als man bisher angenommen hat: Es betrug in einem seiner an Hunden durchgeführten Versuche die Zeitdifferenz zwischen dem Beginn der elektrischen und mechanischen Wirkung der Ventrikelkontraktion 0,024 Sekunden. EINTHOVEN[2] bewies mit verbesserter, nahezu reibungsfrei arbeitender kardiographischer Methodik (Mechanogramm), daß überall da, wo ein Elektrokardiogramm sich aufzeichnen läßt, *gleichzeitig* auch mechanische Zustandsänderungen nachweisbare werden. Die Abb. 11 zeigt ein Froschherz, welches durch langdauernde Durchströmung mit calciumfreier Ringerlösung zum Stillstand gebracht ist. Darauffolgende Durchströmung mit normaler Ringerlösung läßt *gleichzeitig* ein Mechanogramm (V) und ein Elektrokardiogramm (E) erscheinen.

Das Elektrokardiogramm ist also nicht der Ausdruck einer Erregung allein, sondern des *Erregungseffekts:* einer wenn auch noch so schwachen *Muskelkontraktion.* Bei der großen Masse der Muskelbündel und -schichten, die sich zu ungleichen Zeiten mit ungleicher Stärke kontrahieren, müssen naturgemäß

---

[1] GARTEN: Z. Biol. **66**, 23 (1925).
[2] EINTHOVEN: Zit. nach Beitr. Physiol. **2**, H. 2 (1920).

eine große Zahl von Aktionsströmen entstehen. Sie werden miteinander interferieren. Das menschliche Elektrokardiogramm ist die Resultante aller dieser zum Teil gleichgerichteten, zum Teil entgegengesetztgerichteten elektrischen Vorgänge. Man unterscheidet eine Vorhofszacke (P) und einen aus zwei Zacken bestehenden Ventrikelkomplex (R, T). R ist die Iinitialzacke, T die Terminalzacke, welche das Ende der Ventrikelsystole anzeigt. Die außerdem noch zum Ventrikelkomplex gehörigen Zacken (Q und S) haben geringere Bedeutung

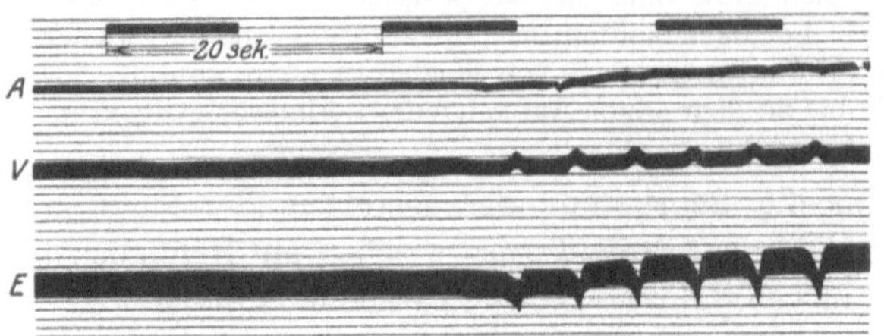

Abb. 11. Herzstillstand nach Calciumentziehung. Nach Durchströmung mit normaler Ringerlösung gleichzeitiges Wiederauftreten von Kontraktionen (*V*) und Aktionsströmen (*E*). (Nach ARBEITER[1].)

und sind nicht immer deutlich ausgeprägt. Das Intervall P bis Q ist der Ausdruck für die Überleitungszeit im HISschen Bündel (Abb. 12).

Im wesentlichen sind die im Elektrokardiogramm ausgedrückten elektrischen Schwankungen lediglich die Wiedergabe der im *Anfang* und *Ende* der Herz-

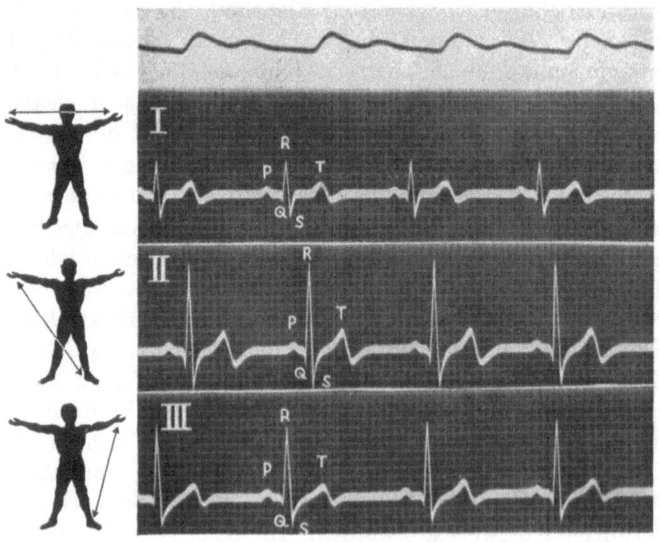

Abb. 12. Elektrokardiogramm eines herzgesunden 25jährigen jungen Mannes in Ableitung I, II und III. (Nach BODEN[2].)

tätigkeit eintretenden Potentialdifferenzen. Die Tätigkeit der Gesamtmuskulatur des Herzens während des größten Abschnitts der Systole findet keinen entsprechenden Ausdruck im Elektrokardiogramm (TIGERSTEDT). Aufschlüsse über Kraft und Leistungsfähigkeit des Herzens kann man aus dem Elektrokardiogramm nicht erhalten.

[1] ARBEITER: Diss. Leiden 1920 (unter EINTHOVEN).
[2] BODEN: Elektrokardiographie, 3. Aufl. Dresden: Theodor Steinkopff 1936.

B. Funktionsstörungen bei Erkrankungen des Herzens.

Die Erkrankungen des Herzens lassen sich gruppieren in solche, die sich an der *Muskulatur,* in solche, die sich am *Klappenapparat* und schließlich in solche, die sich an den *Herzgefäßen abspielen.* Im allgemeinen ist eine weitgehende Schädigung der Muskulatur bei intaktem Klappenapparat für die Kreislauffunktionen gefährlicher als eine erhebliche Zerstörung der Klappen bei gesunder Muskulatur. Das liegt an der bewundernswerten Anpassungsfähigkeit des Herzmuskels an die verschiedensten Bedingungen, die schon unter physiologischen Verhältnissen gegeben sind. Bei zerstörtem Ventilapparat ist eine Weiterarbeit des Herzens nur durch weitgehende Inanspruchnahme dieser seiner Kompensationsfähigkeit möglich.

1. Herzmuskelschädigungen.

Zahlreich sind die *Gifte,* welche die Herzmuskulatur angreifen. Außer den Bakterien, welche sich direkt im Herzmuskel ansiedeln und eine echte interstitielle Entzündung hervorrufen, kennen wir eine Reihe von chemischen Giften (Phosphor, Arsen), die den Herzmuskel entarten. Von den Bakterienektotoxinen ist das gefährlichste das Diphtheriegift, das man geradezu als ein spezifisches Herzgift bezeichnen kann. Ein Schnitt durch ein Diphtherieherz, in welchem das Fett durch besondere Methoden färberisch dargestellt wird, zeigt die Verheerungen, die das Diphtherietoxin in der Herzmuskulatur anrichtet, besonders eindrucksvoll. Solche Bilder haben dazu geführt, diese Degenerationsform geradezu als Herzauflösung, *Myolysis cordis toxica,* zu bezeichnen. Die Abb. 13 zeigt einen Schnitt durch das Herz eines Pferdes, welches zwecks Antitoxingewinnung mit großen Dosen Diphtherietoxin vorbehandelt war. Ähnlich wirken chemisch definierte Gifte wie Phosphor, Chloroform, Chloralhydrat (BÜRGER[1]).

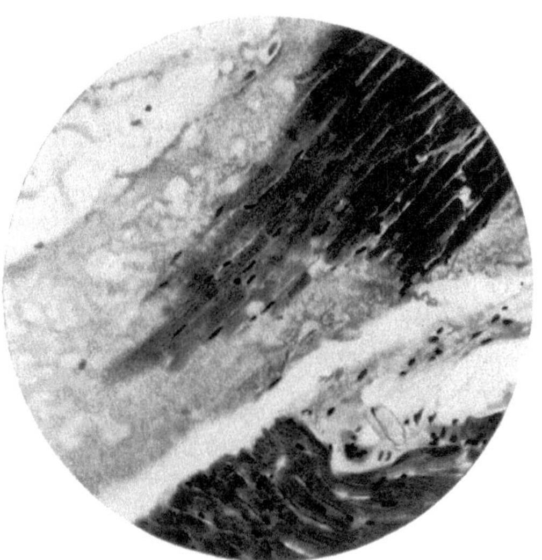

Abb. 13. Myolysis cordis toxica beim Pferde.
(Eigene Beobachtung.)

Es ist hier nicht der Ort, im einzelnen die verschiedenen Ätiologien der Myokarditis zu erörtern. Praktisch kann jede Infektionskrankheit zu Schädigungen des Myokards führen; interstitielle Entzündungen sieht man am häufigsten bei den septischen Erkrankungen.

Zu den selteneren Formen gehört die Myocarditis trichinosa, bei der SIMMONDS[2] in allen Abschnitten des Herzens runde, strichförmige und diffuse Anhäufungen kleiner Rund-

---

[1] BÜRGER: Über Herzfleischveränderungen bei Diphtherie. Mitt. aus den Hamburger Staatskrankenhäusern. Hamburg-Leipzig: L. Voss 1911.

[2] SIMMONDS: Zbl. Path. **30**, 1 (1919).

zellen zwischen intakten Muskelfasern fand. Nur vereinzelte Muskelfibrillen waren kernlos
und nahmen keinen Farbstoff an. Bemerkenswerterweise zeigte sich diese weitgreifende
interstitielle Myokarditis bei vollkommenem Fehlen von Parasiten im Myokard. Die Veränderung ist somit auf die Einwirkung eines von Trichinen gelieferten *Giftes* zurückzuführen.
Man kennt auch kongenitale Erkrankungen des Myokards. Bei der kongenitalen syphiliti-
schen Myokarditis ist das Herz durchsetzt von Spirochäten und von diffusen interstitiellen
Zellwucherungen durchzogen. Die Bindegewebsentwicklung nimmt dabei vom Gefäß-
baum ihren Ausgangspunkt[1].

Neben den toxischen und infektiösen Herzschädigungen haben die durch
stumpfe Gewalteinwirkung auf die Brustwand erzeugten zunehmend an Bedeutung
gewonnen. Nicht gemeint sind grobe Herzverletzungen durch Schuß, Stich
oder hydrodynamische Sprengwirkung, welche zu Wand- oder Klappenrupturen
führen, sondern Herzschäden, welche als Folge eines stumpfen Brustwand-
traumas ohne Zeichen einer gröberen Verletzung des Herzens sich einstellen.
Solche Herzschäden werden als Commotio cordis oder traumatische Myokarditis
bezeichnet. Das klinische Bild ist von RIEDINGER folgendermaßen beschrieben:
„Manche der Patienten stürzen mit einer tiefen Inspiration nach einem solchen
Trauma, das fast ausnahmslos auf die Sternalfläche auftraf, wie leblos zusammen, werden blaß und kühl. Der Puls ist klein, kaum fühlbar, verlangsamt,
aussetzend, die Atmung oberflächlich, hastig und unregelmäßig. Viele erholen
sich rasch wieder, bei anderen dauert es lange und einzelne kommen nicht wieder
zum Bewußtsein, sondern gehen fast unmittelbar nach dem Stoß zugrunde."
Von anderen wird nicht eine Pulsverlangsamung, sondern hochgradige Pulsbeschleunigung und schwere Unregelmäßigkeit desselben angegeben. In einzelnen
Fällen kommt es zu ADAM-STOKESchen Anfällen. Wichtig für die Deutung
des Zustandes sind vorübergehende oder länger anhaltende Bewußtseinsstörun-
gen. In einer Anzahl jener Fälle ist als Folge eines relativ leichten Brustwand-
traumas der Tod eingetreten.

SCHLOMKA hat sich an meinem Institut bemüht das Zustandekommen der Commotio
cordis experimentell aufzuklären. Er studierte an Kaninchen die Folgen von leichten
Schlägen mit einem kleinen Holzhammer von 20 g Gewicht gegen das Sternum und
fand dabei folgende kardiovasculäre Erscheinungen: in vielen Fällen zeigten sich die fast
speziell mehr oder minder monophasischen Formen des Elektrokardiogramms, wie sie nach
Coronarverschlüssen als typischer Befund bekannt sind. Solche kardiale Funktionsstörungen
lassen sich aber nur durch Gewalteinwirkungen auf herznahe Brustwandabschnitte auslösen.
Als Folgen dieser akuten traumatischen Herzschädigung wurde ein Abfall des arteriellen
Blutdrucks und ein Ansteigen des venösen Drucks beobachtet. Diese Störungen der
peripheren Zirkulation und der Herztätigkeit sind *unabhängig* von der Funktion des Vagus
und der pressoreceptorischen Nerven. Als weiterer Ausdruck der akuten Myokardschädigung kommt es zu einer erheblichen akuten meist rechtsseitigen traumatischen Herz-
dilatation. Das Herzvolumen nimmt, berechnet nach der Herzgrößenveränderung, bis
zu 260% zu.

Diese fast momentan unter der Einwirkung des Traumas einsetzenden
kommotionellen Erscheinungen zeigen zwar eine ganz ausgesprochene Neigung zu
rascher und oft restloser Rückbildung. Für die Klinik besonders bedeutungsvoll
ist die Tatsache, daß es aber doch bei einer größeren Anzahl von überlebend
gelassenen Tieren nach Einwirkung eines Traumas doch sekundär zu einem
chronischen postkommotionellen Herzschaden kommt, welcher auch elektrokardiographisch durch pathologische Formen der Kammerschwankung gekennzeichnet

---

[1] MRAZEK: Arch. f. Dermat. Orig. 1893, 2. Erg.-H. — GUIDO WERLICH: Myocard.
syph. congen. Inaug.-Diss. Kiel 1913.

ist. Diese Atypien der Herzstromkurve sind analog denen, die klinisch und experimentell als Zeichen des Überganges eines größeren Herzinfarkts in die Herzschwielen bzw. das Herzaneurysma bekanntgeworden sind. Diesen chronischen elektrokardiographisch nachweisbaren Herzschäden entspricht eine recht hochgradige *chronische Herzvergrößerung*. Anatomisch handelt es sich bei diesen Dauereffekten um umschriebene Bindegewebsnarben im Myokard. Ihre Größe wechselt zwischen kleinen punktförmigen Herdchen bis zu großen Wandaneurysmen. Diese Befunde beim postkommotionellen Herzschaden sind die Folgen größerer Herzmuskelinfarkte, wie sie nach Ausschaltung wichtiger Coronarbezirke auftreten, vergleichbar. Verständlich ist, daß bei diesen Veränderungen des Myokards auch das Perikard beteiligt ist. Es kann deshalb zu strangförmiger gelegentlich auch zu breitflächiger Verlötung des Herzens mit dem Perikard oder dem Sternum kommen. Infektionen spielen dabei keine Rolle. Diese chronischen posttraumatischen Veränderungen betrafen bei den Tieren fast immer die Vorderwand des rechten Ventrikels wie das Kammerseptum. Es entwickelte sich dementsprechend das Bild der klinisch bekannten *Rechts*insuffizienz des Herzens mit hochgradiger Stauungsleber, Ascites und Perikardialerguß.

Diese experimentellen Ergebnisse stehen gut mit den immer häufiger werdenden gut belegten Beobachtungen von traumatischen Herzschädigungen beim Menschen in Übereinstimmung. Die akuten Ohnmachtsanwandlungen und tiefen Bewußtlosigkeiten, die akute Vergrößerung des Herzens, die Pulsunregelmäßigkeit, sind nicht reflektorische Shocksymptome, sondern rein kardiodynamisch zu erklären. Das Trauma führt zur funktionellen Durchblutungsstörung infolge eines traumatischen Coronarspasmus, der etwa in Analogie zu setzen ist, mit dem den Chirurgen bekannten traumatischen segmentären Gefäßkrampf. Diese zunächst funktionellen Zirkulationsstörungen im Myokard führen zuweilen zu ischämischen Blutungen. Bemerkenswerterweise sind solche funktionellen Durchblutungsstörungen, welche sich anatomisch als größere anämische Zonen nach Art anämischer Infarkte darstellen, besonders an sensibilisierten Kaninchen ausgebildet. Es kommt also zu einer Art funktionellen Herzinfarkts mit sekundärer Entwicklung herdförmiger Vernarbung, oft unter Einbeziehung des Perikards[1].

Über die *chemische* Abwandlung der Herzmuskulatur unter pathologischen Bedingungen liegen bisher nur spärliche systematische Untersuchungen vor. Der Wassergehalt des frischen Organs unterliegt geringen Schwankungen und beträgt etwa 80%[2]. Der Fettgehalt dagegen wird sehr wechselnd angegeben, zwischen 7 und 15%[3]. Der für viele Fragen sehr interessierende Kreatingehalt des Herzmuskels ist bei einigen pathologischen Fällen von KONSTABLE[4] untersucht worden. Ein Aufschluß über die abweichenden Funktionen des Herzens haben diese Untersuchungen bisher nicht geben können.

Prinzipiell enthält der gesunde Herzmuskel chemisch die gleichen Stoffe wie der Skeletmuskel. Auch die chemischen Vorgänge bei der Kontraktion sind hier wie dort die gleichen. Wichtig ist, daß sowohl der Muskel, wie auch das Herz lange Zeit hindurch ganz ohne Sauerstoffzufuhr mechanische Arbeit

---

[1] SCHLOMKA: Erg. inn. Med. **1934**.

[2] VIERORDT: Daten und Tabellen, 3. Aufl., S. 377. Jena 1906. — KREHL: Dtsch. Arch. klin. Med. **51**, 423 (1893).   [3] VIERORDT: Daten und Tabellen, 3. Aufl., S. 382. Jena 1906.

[4] KONSTABLE: Biochem. Z. Sept.-Okt.-Heft **1921**.

leisten können. Beide lassen eine anoxybiotische Arbeitsphase und eine oxybiotische Erholungsphase unterscheiden. Es ist deshalb ein Schluß auf die Gesamtenergiebilanz des Herzens aus Ergebnissen der Gaswechseluntersuchungen nicht möglich: der Sauerstoffwert der einzelnen Systole steht nicht in festen Beziehungen zum Ausmaß der Arbeit. Dementsprechend wird auch das Ausmaß der Coronardurchblutung von der Größe der systolischen Arbeit *nicht* beeinflußt. Eine solche Abhängigkeit des Sauerstoffverbrauchs, der Kohlensäurebildung, der Durchblutungsgröße, des Zuckerverbrauchs und der Ermüdungsgeschwindigkeit *von der Häufigkeit der systolischen Entladungen* ist aber mit Sicherheit festgestellt. Das ist auch durch direkte calorimetrische Untersuchungen von BOHNENKAMP[1] nachgewiesen worden. Für die Praxis ergibt sich aus diesen Feststellungen die auch nach klinischen Beobachtungen geläufige Tatsache, daß ein rasch schlagendes Herz energetisch höchst unökonomisch arbeitet. Jeder zur Systole führende Impuls setzt die gleiche Energiemenge in Freiheit. Die Ökonomie der Herztätigkeit wird durch seine mechanischen Arbeitsbedingungen gegeben. Diese entscheidet, ob die bereitgestellte Energie als Kreislaufarbeit des Herzens ausgenutzt wird oder als Wärme verloren geht.

BOHNENKAMP vergleicht den Wärmehaushalt des Herzens den Verhältnissen eines Explosionsmotors in einem Kraftwagen, der bei gleichbleibender Tourenzahl des Motors für jeden Arbeitstakt des Zylinders immer die gleiche Energiemenge verbraucht. Steht der Wagen, so geht das meiste davon als Wärme verloren. Bewegt sich aber der Wagen, bei unveränderter Tourenzahl, bergaufwärts, so wird bei gleichem Benzinverbrauch viel mechanische Arbeit gewonnen und weniger Wärme verloren.

Die Vermehrung der mechanischen Herzarbeit führt also zu einer Verminderung der Wärmebildung und umgekehrt, woraus folgt, daß eine erhöhte Anstrengung des Herzens den Nutzeffekt seiner Arbeit steigert. Die Anpassungsfähigkeit des Herzens wird durch diese neu gewonnenen Einsichten in die Verschieblichkeit des Nutzeffektes ursächlich besser verständlich.

Die sog. Herzmuskelschwäche läßt sich anatomisch nicht erkennen. Sie ist oft durch eine *„Ermüdung"* des Herzmuskels bedingt, welche den gleichen Gesetzen wie die Ermüdung des Skeletmuskels unterliegt. Der Grad von Herzschwäche hängt von jenen Bedingungen ab, welche als Verlängerer der Wiederherstellungszeit somit als Ursache der Muskelschädigung bekannt sind, nämlich Arbeitsüberlastung, schlechte Durchblutung des Muskels und dadurch bedingter Sauerstoffmangel, Mangel an Nährstoffen, besonders an Phosphatiden. Für den Ermüdungsprozeß ist der Verlust des Herzmuskels an Calcium und an Lipoiden als eine der wichtigsten Ursachen angesehen worden, denn die Ermüdungserscheinungen verschwinden prompt, wenn diese Verluste ausgeglichen werden, was eine Zeitlang bei Zufuhr von Calcium und Lipoiden, z. B. Lecithin, gelingt[1].

Die letzten Ursachen der muskulären Herzschwäche sind allerdings nicht geklärt. Vielleicht handelt es sich um eine Störung in der zweckmäßigen Zusammenfassung der Teilvorgänge bei der einzelnen Herzrevolution. Bei sehr schnell schlagenden Herzen wird wohl die diastolische Erholungszeit so weit abgekürzt, daß die Zeit für die Wiederbereitstellung von Energie motorisch nicht ausreicht.

---

[1] KUTSCHERA-AICHBERGEN: Über Herzschwäche. Aus der medizinischen Klinik Wien 1929.

2. Die Folgen gestörter Herzmuskelfunktion.

Das sicherste physiologische Maß für eine Minderleistung des Herzens wäre eine exakte Bestimmung einer Minderung des Schlagvolumens; mit sinkender Herzkraft muß die Förderleistung kleiner werden.

Bei schweren Erkrankungen des Herzens mit versagender Kompensation läßt sich nach dem SAHLIschen Verfahren ein deutliches Kleinerwerden des Pulsvolumens feststellen, und daraus mit den oben gemachten Einschränkungen ein Rückschluß auf das Kleinerwerden des Schlagvolumens machen; diese Verkleinerung des Pulsvolumens findet der erfahrene Arzt bei der Betastung des weichen, schlecht gefüllten Pulses und sieht in ihr ein wichtiges Zeichen für das Vorliegen einer *„Herzschwäche"*.

Das Ausmaß der Verringerung des Förderungseffekts in der Zeiteinheit kann sehr verschieden groß sein; reicht das Stromvolumen schon für die Bedürfnisse des Organismus in der Ruhe nicht mehr aus, so sprechen wir von *Ruheinsuffizienz* des Herzens. Tritt die Minderleistung erst bei körperlicher Beanspruchung hervor, so handelt es sich um *Bewegungsinsuffizienz*. Manche Fälle *latenter* Herzschwäche werden erst bei relativ erheblichen Anstrengungen manifest. Von diesen Erfahrungen macht der Arzt täglich Gebrauch, indem er das *Verhalten des Pulses bei körperlichen Anstrengungen* als grobe Funktionsprobe des Herzens benutzt. Ein sicheres Maß der Herzkraft bzw. seiner Reserven gibt es nicht. Versuche, über sie ein Urteil zu gewinnen, sind mit verschiedenen Methoden und nach wechselnden Gesichtspunkten angestellt:

So hat man die *Erhöhung des Druckes im venösen System* bei Anstrengungen als ein solches Maß angesehen und gefunden, daß gerade bei Herzkranken nach Anstrengungen der venöse Druck steigt[1]. Vielleicht ist diese Erscheinung so zu erklären, daß gesunde Herzen bei erhöhten körperlichen Anforderungen ein vermehrtes Stromvolumen produzieren, während kranke Herzen, wie das ja auch die klinische Beurteilung lehrt, sich den vermehrten Anforderungen schlecht anpassen und dadurch eine relative Verminderung des Stromvolumens zustande kommen lassen, welche eine *Druckzunahme* im *venösen System bewirkt*[2]. Aber auch diese Methode hat sich bisher in die Klinik nicht einführen können.

Die einfachste, von jedem Arzt bewußt oder unbewußt geübte Funktionsprobe des Herzens ist die *Beobachtung der Pulszahl bei gesteigerter körperlicher Leistung*. Aus physiologischen Untersuchungen ist bekannt, daß jede Muskelarbeit nicht nur die Größe der Zersetzungen im allgemeinen steigert und den Sauerstoffverbrauch vermehrt, sondern auch schon bei geringen Muskelleistungen eine Zunahme der Pulsfrequenz sich einstellt.

Welches Moment als primum movens der beschleunigten Tätigkeit des Herzens bei körperlichen Anstrengungen anzusprechen ist, ist bisher noch nicht mit Sicherheit entschieden. Gewiß wirken mehrere Faktoren zusammen. Wenn wir berücksichtigen, daß schon kleine Bewegungen, Lagerveränderungen der Glieder, unwillkürliche Anspannung von Muskeln von unbequemen Stellungen, mehrfaches Schließen und Öffnen der Hände einen deutlichen Mehrverbrauch von Sauerstoff bewirken, so ist die Möglichkeit nicht von der Hand zu weisen, daß von zentraler Stelle aus der Mehrbedarf an Sauerstoff durch eine Steigerung der Herzfrequenz und beschleunigten Blutumlauf gedeckt und dieser Prozeß eingeleitet wird von Zentren, welche für eine Sauerstoffminderzufuhr besonders empfindlich sind. Die Erregung fließt dem Herzen auf dem Wege des Accellerans zu. Andererseits könnten Stoffwechselprodukte, welche bei gesteigerter Muskelarbeit im Übermaß produziert werden, als Acceleransreizstoffe fungieren. Schließlich ist daran zu denken, daß derartige

---

[1] SCHOTT: Dtsch. Arch. klin. Med. **108.**
[2] MORITZ u. v. TABORA: Dtsch. Arch. klin. Med. **108.**

bei der Arbeit entstehende Stoffwechselprodukte den Reizablauf im Herzen selbst modifizieren können. Eine weitere Möglichkeit ist die, daß die Willensimpulse, welche die Muskulatur treffen, gleichzeitig über die Bahn des Accelerans auch dem Herzen zuströmen und es entsprechend der Masse der intendierten Muskulatur zu beschleunigter Tätigkeit anspornen.

Die Tatsache, daß an nervös isolierten Herzen bei vollständig erhaltenem Kreislauf *Blutdrucksteigerungen* die Pulsfrequenz erhöhen, ist seit den Untersuchungen von LUDWIG und THIRY[1] bekannt, und man kann die nach jeder Arbeitsleistung auftretende *Blutdrucksteigerung* vielleicht als Erklärung für die *physiologische Frequenzzunahme bei Muskeltätigkeit heranziehen*; sicher gilt das aber nicht für alle Fälle, denn gerade bei herzmuskelschwachen Individuen, die schon auf geringe Anstrengungen mit erheblichen Tachykardien reagieren, wird eine primäre Druckzunahme vermißt.

Über die bei *körperlicher Arbeit* auftretenden *Kreislaufänderungen* sind mit Hilfe der Methode des isolierten Herz-Lungenkreislaufs von STARLING[2] Untersuchungen angestellt worden; es zeigte sich, daß jede *Drucksteigerung in den Vorhöfen* in der Diastole eine *Beschleunigung* des Herzschlages auslöst durch Verminderung des Vagustonus und Erregung des Accelerans. Auf diese Weise kann mit gesteigertem Minutenvolumen die Leistung des Herzens auf das 6—10fache erhöht werden. Die Bedeutung des Carotissinus für die Steuerung von Kreislauf und Atmung wird später erörtert (S. 126).

Eine besondere Schwierigkeit, aus der *Frequenzzunahme der Herztätigkeit* nach geringen *Anstrengungen* auf den Grad der Leistungsfähigkeit des Myokards zu schließen, liegt darin, daß *psychische Erregungen* bei der Regulierung der Herztätigkeit eine so erhebliche und bei verschiedenen Menschen verschieden große und vielleicht auch noch zu verschiedenen Zeiten wechselnde Bedeutung haben. Eine allgemein angenommene Erklärung für die beschleunigte Tätigkeit des muskelkranken Herzens nach der Arbeit gibt es nicht. Die Annahme, einer erhöhten Erregbarkeit der Reizbildungsorte ist schließlich nur eine Umschreibung der zu erklärenden Tatsache.

Der Puls wird beim Menschen schon ganz im Beginn der Arbeit beschleunigt, so daß bereits die erste diastolische Periode nach Arbeitsbeginn kürzer ausfällt, als während der Ruhe[3]. Die Pulsfrequenz während der nächsten Sekunden der Arbeit erreicht in 1 oder 2 Minuten eine ziemlich gleichmäßige Höhe, die von der Größe der Anstrengung und dem Training der Versuchsperson abhängig ist. Die Tatsache, daß die initiale Pulsbeschleunigung lediglich durch Verkürzung der diastolischen Periode zustande kommt, ist charakteristisch als Zeichen einer Abnahme des Vagustonus und zurückzuführen auf Impulse, die von den motorischen Rindenzentren zum Vaguszentrum gleichzeitig mit den Innervationsimpulsen der Körpermuskulatur ausstrahlen. Nach Ablauf der ersten Sekunden nach Beginn der Arbeit setzt eine Steigerung des Acceleranstonus ein. Für die Aufrechterhaltung der erhöhten Pulsfrequenz während der Arbeit müssen neben der Abnahme des Vagus- und der Zunahme des Acceleranstonus, die von höheren Zentren veranlaßt werden, andere Ursachen wirksam sein, denn MANNSFELD zeigte, daß bei Tieren nach Durchschneidung des Rückenmarks die Tetanisierung der hinteren Extremitäten zu einer erheblichen Pulsfrequenzzunahme führt. Andere mögliche Ursachen der Pulsbeschleunigung während der Arbeit sind folgende von BAINBRIDGE ausführlich studierte: 1. Vermehrter Übertritt von Adrenalin ins Blut; 2. Steigerung der Körpertemperatur; 3. Ausstrahlen von

---

[1] LUDWIG u. THIRY: Wien. Sitzgsber. **49** (2), 442 (1864).

[2] STARLING: J. roy. med. Corps **34 III**, 258, 272.

[3] MISS BUCHANAN, zit. nach BAINBRIDGE: The physiologic of muscular excercise. London 1923.

Impulsen vom Atemzentrum zum Vaguszentrum; 4. eine Wirkung der vermehrten H-Ionenkonzentration des Blutes auf den Tonus des Vaguszentrums und 5. eine Zunahme des venösen Drucks. Unter diesen Faktoren räumt BAINBRIDGE der Erhöhung des venösen Drucks die größte Bedeutung für die Pulsbeschleunigung ein. Sie soll auf reflektorische Weise, und zwar auf den afferenten Bahnen des Vagus zustande kommen. Als wirksamer Reiz wird eine zureichende Steigerung des venösen Drucks oder eine leichte diastolische Dehnung der Muskelfasern des Vorhofs und der vorhofnahen Venenteile angenommen. Eine erhebliche Steigerung des venösen Drucks bei körperlicher Arbeit ist sichergestellt[1]. Die venöse Druckzunahme klingt erst einige Minuten (8—12) nach Aufhören der Arbeit wieder ab.

Die *pathologische Arbeitstachykardie* ist von der physiologischen außer durch den höheren Grad der Frequenzzunahme noch dadurch ausgezeichnet, daß sie die *Anstrengung unverhältnismäßig lange überdauert*; schon daraus kann man schließen, daß eine *nervöse* Regulation der Schlagfrequenz nicht die alleinige Rolle spielt[2].

Die gleichzeitige Registrierung von Pulsfrequenz und Blutdruck im Anschluß an körperliche Anstrengungen hat zur Unterscheidung von organischen und nervösen Herzstörungen, z. B. in der Lebensversicherungsmedizin, Anwendung gefunden. Es gelten folgende Regeln:

1. Bei normalen Personen steigt nach einer körperlichen Anstrengung die Pulsfrequenz mäßig (16—20 Schläge). Der systolische Blutdruck steigt nicht unbeträchtlich (ungefähr 40 mm). In weniger als 3 Minuten sind bei Gesunden Pulsfrequenz und Blutdruck wieder zu ihren ursprünglichen Werten zurückgekehrt.

2. Bei trainierten Sportsleuten steigt nach der gleichen Anstrengung die Pulsfrequenz kaum und der Pulsdruck sehr unwesentlich, z. B. 10 mm Hg. Sofort nach Beendigung der Leistung kehren Pulsfrequenz und Blutdruck zu ihren ursprünglichen Werten zurück.

3. Bei vasomotorisch leicht erregbaren Menschen und bei Kranken mit sog. Herzneurose steigen nach körperlichen Anstrengungen der Blutdruck und die Pulsfrequenz wesentlich höher an als bei normalen ungeübten Personen. Unmittelbar nach Beendigung der Leistung fällt der Blutdruck im Gegensatz zum Puls sofort zur Norm zurück.

4. Bei Kranken mit einer organischen Herzerkrankung steigt die Pulsfrequenz beträchtlich, der systolische Blutdruck jedoch nicht oder kaum. Es dauert lange Zeit (5—10 Minuten), bevor die ursprüngliche Pulsfrequenz wieder zurückgekehrt ist.

Bei diesen groben Funktionsproben ist zu bedenken, daß die geforderte Leistung für Untrainierte und Kranke eine Anstrengung und für Trainierte keine besondere Belastung des Kreislaufapparates bedeutet.

Viel angewandt wurde der sogenannte *Vagusdruckversuch* nach CZERMAK. Man drückt am vorderen Rande des Musculus sternocleidomastoideus etwas einwärts von der Carotis und kann gelegentlich Kammer- und Vorhofsystolen dadurch zum Ausfall bringen. Wenn der Puls bei leichtem Druck 1—2 Sekunden aussetzt oder bedeutend verlangsamt wird, muß der Versuch als gefährlich angesehen und abgebrochen werden. Als Herzfunktionsprüfung ist dieser Versuch abzulehnen, da Todesfälle danach vorgekommen sind. Historisch bedeutungsvoll ist, daß CZERMAK 1866 bereits bemerkte, daß Druck auf die Carotis, da wo eine kleine härtliche Stelle zu fühlen ist, am oberen Rande des Musculus sternocleidomastoideus eine Abnahme der Herzschlagfolge hervorrufen kann. Den Effekt deutete er als Vaguseffekt. SCHERF zeigte 1924 an zwei Fällen, daß der Vagusdruckversuch auch positiv war, wenn

---

[1] HOOKER: Zit. nach BAINBRIDGE.
[2] JAQUET: Muskelarbeit und Herztätigkeit. Rektoratsprogramm Basel 1920. — KÜLBS: Herzmuskel und Arbeit. Verh. dtsch. Kongr. inn. Med. **1906**. — Herzmuskel und Arbeit. Arch. f. exper. Path. **55**, 288 (1906).

der Nerv operativ durchschnitten war. Es handelt sich also nicht um einen Vagus-, sondern um einen *Carotissinusreflex*. Dieser Reflex wurde von KOCH und HERING[1] näher studiert.

Wesentlich wertvoller erscheint uns — *auch bei regulärer Herzaktion* — die Registrierung des Elektrokardiogramms während und nach körperlicher Anstrengung. Dieses *Belastungselektrokardiogramm* deckt vielfach prognostisch wichtige Veränderungen an der Form der Stromkurve auf (Ventrikelkomplex), die in der Ruhe vollkommen fehlen können (SCHLOMKA[2]).

Dyspnoe. Während der *Herzschmerz* ein relativ seltenes Symptom ist, steht die *Atemnot* bei vielen Schädigungen des Myokards im Vordergrunde der subjektiven Erscheinungen; steigert sich die Schweratmigkeit (Dyspnoe) anfallsweise, so spricht man vom *Asthma cardiale*. Stauungen im kleinen Kreislauf — bei Schwäche des linken Herzens — bewirken durch die Verlangsamung der Strömung eine Zunahme des hydrostatischen und eine Abnahme des hydrodynamischen Drucks. Die Lungencapillaren geben dem gesteigerten Seitendruck nach, wölben sich in die Lumina der Alveolen vor und *verkleinern die respiratorische Oberfläche* erheblich. Das Gesamtvolumen der Lungen kann dabei zunehmen; während *aber die Blutgefäßkapazität* durch Erweiterung des Gesamtstrombettes in den Lungen steigt, nimmt die *Luftkapazität* gleichzeitig ab. Es resultiert daraus eine gewisse Schwerbeweglichkeit der Lungen, ein leichter Grad der Lungenstarre. Die Vitalkapazität (s. Abb. 14) nimmt um 25—30% ab; besonders dann, wenn das Zwerchfell an ausgiebigen *Bewegungen gehindert ist*. Als weitere Ursachen der Dyspnoe gilt die wegen Herabsetzung der Stromgeschwindigkeit eintretende Verminderung der die Lungen in der Zeiteinheit passierenden Blutmengen; das Blut wird schlechter gelüftet, kommt relativ reich an Kohlensäure am Atemzentrum an und reizt dasselbe; als Folge dieses Reizes kommt es zur Inanspruchnahme der auxiliaren Atemmuskulatur; nicht selten nehmen die Kranken eine charakteristische Haltung ein, sie setzen sich im Bett auf (Orthopnoe). Analysen der Alveolarluft bei kardialer Dyspnoe hatten widersprechende Resultate; bald wird eine Erhöhung, bald eine Erniedrigung der alveolaren CO_2-Spannung gefunden. Der kleine Kreislauf wird dann dadurch entlastet, daß das große Splanchnicusgebiet mehr Blut aufnimmt und die vorher sich in die Alveolen vorwölbenden Lungencapillaren nunmehr der Atmungsluft freieren Zutritt zum respiratorischen Epithel gestatten. Eine länger dauernde schlechte Sauerstoffversorgung des Atemzentrums führt zum sog. CHEYNE-STOKESschen *Atemtypus,* einem Zeichen schlechtester prognostischer Bedeutung (s. Kapitel I). Nimmt die Kraft des Herzens und damit seine Förderleistung ab, so resultiert daraus weiterhin eine Verlangsamung auch des *peripheren Blutstroms*; damit setzt eine relative Minderversorgung der Organe mit Sauerstoff und Nährstoffen und gleichzeitig eine Anhäufung von Stoffwechselschlacken, zu denen auch die Kohlensäure zu rechnen ist, ein. Diese Veränderung in der Zusammensetzung der Blutgase bedingt das Gefühl des Lufthungers; auffälligerweise ist die Schweratmigkeit des Herzkranken nicht immer von einer

---

[1] KOCH: Die reflektorische Selbststeuerung des Kreislaufs, Bd. 1. 1931. — HERING: Die Carotissinusreflexe auf Herz und Gefäße, 1927.

[2] SCHLOMKA, G.: Das Belastungselektrokardiogramm. Arb. physiol. 8, 80 (1934). — SCHLOMKA und REINDELL: II. Mitt. Arb. physiol. 8, 172 (1934). — SCHLOMKA: III. Mitt. Arb. physiol. 8, 705 (1934). — SCHLOMKA und LAMMERT: IV. Mitt. 8, 742 (1935). — SCHLOMKA und REINDELL: Beiträge zur klinischen Elektrokardiographie. Z. klin. Med. 130, 313 (1936).

Tachypnoe begleitet, auch die Vertiefung der einzelnen Atemzüge ist oft nur unwesentlich.

Cyanose. Die schlechte Arterialisierung des Blutes wird an der Blaufärbung der oberflächlich gelegenen Capillargebiete (Nägel, Lippen) erkennbar (Cyanose). Da das Blut aber nicht nur dem Sauerstoff- und Nährstofftransport, sondern auch der Wärmeregulation dient, wird die im Innern des Körpers erzeugte Wärme bei Kreislaufstörungen infolge Herabsetzung der Stromgeschwindigkeit in vermindertem Maße der Peripherie zugeführt: die Extremitäten, Finger, Nase, Ohren werden kalt; die langsame Strömung begünstigt zudem eine weitergehende Entwärmung des Blutes in der Peripherie. Obwohl bei einem in die Strombahn eintretenden Hindernis überall im *Gesamtquerschnitt des Kreislaufs* die Strömung verlangsamt ist, sind die Erscheinungen an den verschiedenen Stellen doch sehr wechselnde.

Nach dem DASTRE-MORATschen Gesetz müssen sich die Capillaren im Innern des Körpers erweitern, wenn sie sich an der Oberfläche verengern, denn das Gesamtvolumen des Blutes ist für kurze Zeitabschnitte als konstant anzusehen. Im Gebiet der Capillarerweiterung (Stauungsgebiet) fließt das Blut sehr langsam, die Versorgung wird dadurch schlechter. Im Gebiete der Capillarverengerung fließt das Blut zwar schneller aber in *wesentlich verringerter Menge,* auch das involviert eine mangelnde Sauerstoffversorgung der Gewebe. Bei maximaler Erweiterung der Capillaren des Unterleibes kann eine gefährlich große Menge Blutes sich ansammeln, die betreffenden Patienten „verbluten sich in ihre eigenen Gefäße".

Ödem. Eine weitere Folge *der verlangsamten Strömung* in den Capillaren ist das Ödem. Der gesteigerte hydrodynamische Druck lastet weit stärker als bei guten Strömungsverhältnissen auf den Wänden des Gefäßes und preßt Blutwasser in vermehrter Menge in die Gewebe. Damit muß der Gewebsdruck steigen und nun seinerseits den venösen Rückstrom behindern. Wie für alle Gewebe, so ist auch für die Capillarendothelien *eine Minderversorgung mit arterialisiertem* Blut mit Schädigungen ihrer Funktion verbunden, und es ist durchaus verständlich, daß unter sonst gleichen Bedingungen schlechter ernährte Capillaren durchlässiger sind als gut ernährte. Als weiteres ödembegünstigendes Moment ist *die Lage im Raum* anzusprechen. Der Herzkranke bekommt seine Ödeme, solange er sich außer Bett befindet, zuerst an den Fußknöcheln. Die Erklärung ist darin gegeben, daß bei verlangsamter bzw. sistierender Strömung der hydrostatische Druck dominiert, welcher bei vertikal stehender Blutsäule gesteigert wird. Schließlich spielt die *Erschwerung des Lymphabstromes* eine Rolle. Da der venöse Druck bei allen Zirkulationsstörungen — nicht aber bei kompensierten Herzfehlern — steigt, wird auch der Abfluß der Lymphe aus dem Ductus thoracicus in die Vena subclavia erschwert werden. Wie auf S. 344 gezeigt wird, sind die Bedingungen für das Zustandekommen von Ödemen sehr komplexer Natur. Bei den Ödemen der Herzkranken dominieren fraglos die physikalischen Momente, erst in zweiter Linie und von ihnen abhängig sind die Störungen der physikalisch-chemischen Wandstruktur und der aktiven Capillarfunktionen verantwortlich zu machen.

Daß diese noch weitgehend erhalten bleiben, lehrt die charakteristische Zusammensetzung der Ödemflüssigkeit und der Transsudate, worunter man die physikalisch bedingten Flüssigkeitsansammlungen in den großen Körperhöhlen versteht (Höhlenhydrops). Besonders gefahrvoll werden solche Transsudationen, wenn sie die Funktion lebenswichtiger Organe beeinträchtigen (Lungen, Nieren).

Stauung. Von den drüsigen Organen sind vor allem die Nieren bei Schädigung des Herzens in ihren Funktionen beeinträchtigt. Die Wasserausscheidung durch die Nieren ist gestört. *Die Menge des Harnwassers* sinkt mit nachlassender Herzkraft. Da die festen Harnbestandteile lange Zeit hindurch noch in normaler Menge ausgeschieden werden, muß die Konzentration des Harns steigen. Die Menge des Kochsalzes sinkt besonders bei gleichzeitiger Ödembildung ab. Die N-haltigen Harnbestandteile werden selten retiniert. Wenige Tage nachdem die Harnmenge gesunken ist, treten kleine Eiweißmengen, selten über 1—2 g am Tage, im Harn auf. In der Nacht bessern sich diese als *Stauungssymptome*

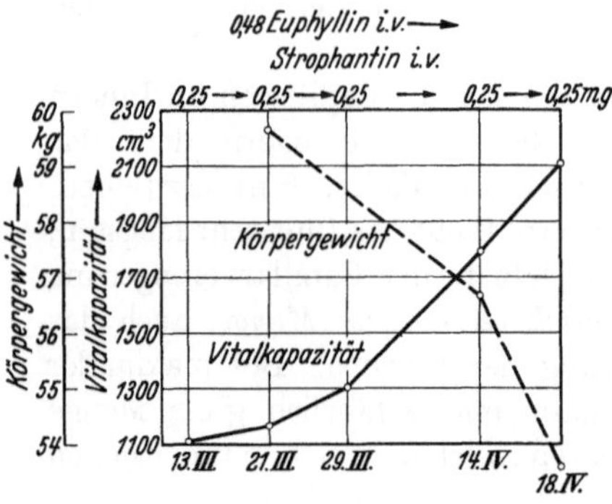

Abb. 14. Verhalten von Vitalkapazität und Körpergewicht eines dekompensierten Kreislaufs bei fortschreitender klinischer Besserung.

zu deutenden Erscheinungen. Diese *nächtliche* Besserung der renalen Symptome — Vermehrung der Harnmenge und harnfähigen Bestandteile (Nykturie) — ist geradezu pathognomisch für die *kardiale* Ätiologie der Nierenfunktionsstörung. Die besonders am Tage verminderte Durchblutung der Niere ist dabei das wesentliche ursächliche Moment. Bemerkenswert ist, daß die Stauungsniere *endovasal* applizierte Flüssigkeit oft noch prompt ausscheidet, während die *perorale* Verabreichung das Wasser nicht wieder im Harn erscheinen läßt; es ist in die Gewebe abgelaufen. Diuretica haben bei Stauungsnieren oft einen verblüffenden Effekt; sie bringen auf dem Umwege einer besseren Durchblutung die Harnausscheidung wieder in Gang und zeigen, daß tiefgreifende Epithelschädigungen in den Anfangsstadien wenigstens nicht eingetreten sind.

Verhängnisvoll für Kreislauf und Atmung wirkt sich die Blutanschoppung in den Lungen aus. Bei versagendem linken Herzen bleibt immer mehr Blut im Pulmonalisgebiet liegen: die Folge ist eine *Abnahme* der vitalen Kapazität der Lunge. Die Atmung wird durch den gesteigerten Blutgehalt der Lunge erschwert, die Atemexkursionen werden geringer; der Kreislaufantrieb von seiten der Atemmuskulatur fällt mehr oder weniger weg, woraus eine schlechtere Füllung des rechten Herzens folgt. Gelingt es durch eine richtig geleitete Herztherapie die beginnende Lungenstauung oder von sich ankündigendes Lungenödem zu beheben, so wird dadurch die vitale Kapazität rasch gesteigert. Die Besserung des Zustandes wird gleichzeitig gekennzeichnet durch die Ausschwemmung der Ödeme. Trägt man die Größe der vitalen Kapazität und das Verhalten des Körpergewichts von Patienten mit dekompensiertem Herzleiden in Kurven ein, so läßt sich in eindrucksvoller Weise an der Überschneidung dieser Kurven (am Sinken des Körpergewichts und Steigen der vitalen Kapazität) die Besserung der Gesamtkreislaufvorgänge dartun (s. Abb. 14).

3. Funktionsstörungen der Klappen.

Seine Ventileinrichtungen machen das Treibwerk des Herzens zu einer vollendet arbeitenden Präzisionsmaschine. Ihre zarte Konstruktion bedingt zugleich eine hohe Empfindlichkeit des ganzen Pumpwerks gerade an den Klappen, die eine Fortbewegung des Blutes in *einer* Richtung garantieren. Diese ihre wesentliche Funktion ist gestört, wenn zwischen ihren freien Rändern ein offener Spalt noch nach ihrem „Schluß" bestehen bleibt. Eine solche Schlußunfähigkeit *(Insuffizienz)* kann bei intakten und muß bei mehr oder weniger weitgehend zerstörten Segeln eintreten. Zerstörungen am Klappenapparat beruhen in den seltensten Fällen auf stumpfer Gewalt, sie sind meistens Folgen akuter oder chronischer entzündlicher Veränderungen. Die besondere Beschaffenheit des Gewebes bringt es mit sich, daß manche im ganzen Körper verbreitete Erreger gerade hier mit Vorliebe sich ansiedeln. Weiter wissen wir, daß ein einmal entzündetes Endokard einer zweiten Infektion leichter anheimfällt als ein gesundes. Bei intakten Segeln kann eine Insuffizienz durch eine Erweiterung (Dilatation) der Herzhöhlen eintreten. Physiologischerweise kontrahieren sich die mit Muskelbündeln ausgestatteten Ansatzringe der Atrioventrikularklappen in jeder Systole und schaffen damit die Möglichkeit ihres vollkommenen Schlusses. Bei starker Erweiterung reicht diese systolische Verengerung des Klappenringes nicht mehr zu, um einen vollkommenen Schluß zu bewerkstelligen. Ebenso wirken isolierte Schädigungen der Ringmuskulatur.

Werden an Tieren (Hunden und Katzen) Aorten- und Mitralklappen künstlich beschädigt, so kommen dadurch Erweiterungen der Herzhöhlen (Dilatationen), wie Verdickungen seiner Wand zustande. Beachtenswerterweise wird bei diesen Versuchen eine Senkung des Blutdrucks vermißt, das Herz ist imstande seine Leistungen unter den Bedingungen der akuten *Klappeninsuffizienz* sofort zu steigern; für den Gesamtkreislauf kommt bei eintretendem Ventilschaden alles auf den Zustand des Herz*muskels* an.

Eine zweite Störung an den Ventileinrichtungen des Herzens ist deren zunehmende *Verengerung* durch narbige Schrumpfung *(Stenose),* die den Blutaustritt nach dem vorwärts gelegenen Herzabschnitt erheblich erschweren muß. Der Widerstand wächst dabei nicht proportional der Verengerung der Strombahn, sondern in viel höherem Maße; ferner wächst der Widerstand, den eine strömende Flüssigkeit an einer Verengerung der Strombahn findet, mit zunehmender Stromgeschwindigkeit rasch an. Die Herzarbeit *verringert* sich demnach, wenn ein bestimmtes Volumen durch eine Stenose in *längerer* Zeit hindurch gepreßt wird, und *steigert* sich, wenn die gleiche Förderleistung in *kürzerer* Zeit erzwungen wird.

Nun bedeutet jede Klappen*schlußunfähigkeit* für das *rückläufige* Blut gleichfalls eine *Stenose.* Fassen wir ein venöses Ostium ins Auge, so wird die enge Stelle bei der Insuffizienz in der Systole, bei der Stenose in der Diastole passiert. Eine rasche Herzaktion würde z. B. bei der Mitralinsuffizienz durch die zunehmende Stromgeschwindigkeit das rückläufige Blut an der Mitralis vermehrten Widerstand finden lassen. Umgekehrt sinkt mit verlangsamter Aktion, z. B. bei der Mitralstenose, der Widerstand an dem verengten Ostium; da die Verlangsamung der Schlagfolge im wesentlichen durch eine Verlängerung der diastolischen Phase erzielt wird, ist dem Ventrikel Zeit gelassen, trotz der Stenose sich weitgehend zu füllen. Bei der Aorteninsuffizienz wirkt sich dagegen die Verlangsamung der Schlagfolge und die verlängerte diastolische Füllungszeit begreiflicherweise *ungünstig* aus.

Es kann demnach durch eine *Regelung der Schlagfolge* den schädlichen Folgen
der Klappenfehler bis zu einem gewissen Grade gesteuert werden. Ein Versagen
der Ausgleichsvorrichtungen (Dekompensation) kündigt sich allererst durch
eine beschleunigte Schlagfolge an, sie wird im wesentlichen auf Kosten der Diastole durchgeführt; bei einer Verkürzung der Diastole könnte man auch an Störungen der Herzdurchblutung in den Kranzgefäßen denken. Die Coronardurchblutung steigt mit Zunahme und sinkt mit Abnahme der Schlagfrequenz; von
der Größe des Schlagvolumens ist sie unabhängig. Das Herz hat einen sehr hohen
Blutbedarf, man kann etwa mit 10% des gesamten Herzminutenvolumens
rechnen. Ob die Durchblutung der Kranzarterien kontinuierlich vor sich geht
oder ob nicht wenigstens ihre feinen Verästelungen während der Systole
zusammengepreßt und dadurch eine Sperrung der Durchblutung eintritt, ist
nicht entschieden. Die Kurve der Kranzarterienpulse unterscheidet sich nicht von
der anderer Arterien. Ob daraus auf gleichartige Durchströmungsverhältnisse
geschlossen werden darf, scheint mir nicht erwiesen. An Tieren vorgenommene
Messungen zeigen, daß das *Stromvolumen* bei *steigender Schlagfolge vergrößert*
wird, obwohl eine erhöhte Schlagfrequenz zur Verkürzung der relativen Systolendauer führt. Diese Tatsache ist für die Ernährung des Herzens von entscheidender
Bedeutung. Die Art der Durchströmung — ob kontinuierlich oder diskontinuierlich — ist unwesentlich.

Die Dynamik der Klappenfehler ist in vorbildlicher Weise von STRAUB[1]
untersucht worden. Mit Hilfe besonders konstruierter Sonden werden Aorten-
und Mitralinsuffizienzen hergestellt.

Als erste Folge einer künstlich herbeigeführten *akuten Aortenstenose* tritt durch Vermehrung des systolischen Rückstands eine beträchtliche Dilatation des linken Ventrikels
ein. Die Vermehrung des systolischen Rückstands bedingt ihrerseits eine Vergrößerung
des diastolischen Ventrikelvolumen. Der Ventrikel kontrahiert sich also gegen eine vergrößerte Anfangsfüllung und erhöht seine Anfangsspannung, was eine erhebliche Mehrarbeit bedeutet. Eine Steigerung des diastolischen Drucks ist durch die Feststellung der
Drucksteigerung im linken Vorhof nachweisbar. Sofort nach Einsetzen der Stenose werden
die vom linken Ventrikel ausgeworfenen Blutmengen geringer. Das dadurch dem großen
Kreislauf entzogene Blut findet in der linken Kammer und in den Lungen Platz.

Wenige Sekunden später ist das alte Schlagvolumen der linken Kammer wieder erreicht,
um nach Aufhören der Stenose vorübergehend stark anzusteigen. Dieses bald nach Einsetzen der Stenose zu beobachtende Wiedererreichtwerden des alten Schlagvolumens der
linken Kammer ist als Effekt ihrer *kompensatorischen Mehrleistung* zu deuten. Eine nach
unserer klinischen Vorstellung zu postulierende Drucksteigerung in der *rechten* Kammer
wurde in den Untersuchungen am Herz-Lungenkreislauf vermißt.

Eine künstliche *Aorteninsuffizienz* läßt sofort bei unverändertem Mitteldruck den
Maximaldruck bedeutend ansteigen, den Minimaldruck um ebensoviel abfallen: die Puls-
amplitude ist erheblich vergrößert. Der sofort nach Hervorrufen der Aorteninsuffizienz
sich einstellende Pulsus celer ist das sicherste Zeichen des gelungenen Eingriffs. Unmittelbar
nach Einsetzen der Insuffizienz zeigen die Stromuhrwerte eine kurzdauernde Verzögerung
der Strömung an. Sie ist offenbar dadurch bedingt, daß ein Teil der Schlagvolumina in
den linken Ventrikel zurückströmt. Bei unverändertem Rhythmus erreicht *das Schlagvolumen erst dann seine ursprüngliche Höhe,* wenn es um *den Betrag des zwischen Aorta und
linkem Ventrikel hin- und herpendelnden Blutes zugenommen* hat. Diese Vergrößerung
des Schlagvolumens bei ungeändertem Rhythmus bedeutet eine Mehrleistung des linken
Ventrikels, welche ebenfalls durch Erhöhung seiner Anfangsspannung bei vergrößerter
Anfangsfüllung erreicht wird. Ist die anfängliche Verminderung der Schlagvolumina
überwunden, wird der Blutgehalt des großen Kreislaufs fast bis auf den Ausgangswert

---

[1] STRAUB: Dtsch. Arch. klin. Med. **122**, 156 (1917).

zurückgeführt. Eine erheblichere Rückstauung in die Lungen, eine venöse Hyperämie derselben bleibt aus. Ein Einfluß auf die Tätigkeit des rechten Herzens wurde nicht gefunden. Die Dilatation der linken Kammer war bei den künstlichen Aorteninsuffizienzen in den STRAUBschen Versuchen auffällig gering, da eine Vergrößerung des systolischen Rückstands nicht eintrat. Die klinische, so häufig beobachtete Dilatation bei Aorteninsuffizienz wird als *primäre* Folge der Ventilstörung nicht anerkannt, sondern als muskuläre Dilatation gedeutet.

Nach einer akut gesetzten *Mitralstenose* steigt der Druck im linken Vorhof erheblich an, während der Druck im rechten Vorhof unverändert bleibt. Das in der Zeiteinheit in den großen Kreislauf geförderte Volumen zeigte nur in einigen Versuchen eine vorübergehende, kurz nach Erzeugung des Klappenfehlers einsetzende Verminderung. Da der periphere Kreislauf eine im wesentlichen unveränderte Strömung aufwies und der Druck im rechten Vorhof unverändert blieb, wird nach diesen *Experimentaluntersuchungen* eine Kompensation der Mitralstenose angenommen. Eine Änderung in der Dynamik des linken Ventrikels läßt sich aus den STRAUBschen Versuchen nicht ableiten. Schlagvolumen und systolischer Druck bleiben, nach dem sich stationäre Verhältnisse eingestellt haben, unverändert. Die Hauptaufgabe bei der Kompensation fällt dem linken Vorhof zu, welcher durch Steigerung seines Binnendrucks schließlich das normale Blutquantum durch das verengte Ostium in die Kammer treibt. Bemerkenswerterweise wurde in Versuchen am Herz-Lungenpräparat im Gegensatz zu den klinischen Vorstellungen eine geringe *Senkung* des Druckmaximums im rechten Ventrikel gefunden; in keinem Fall, wie man nach den klinischen Lehren erwarten sollte, eine Steigerung. Der Widerspruch, der zwischen den Befunden im Tierversuch und den Erfahrungen der Klinik besteht, ist bisher nicht aufgeklärt.

Die Analyse der mechanischen Verhältnisse bei der experimentellen *Mitralinsuffizienz* ergibt zunächst, daß der Aortendruck und der Druck im rechten Vorhof unverändert bleibt. Der Druck im linken Vorhof entspricht bei diesem Klappenfehler in der diastolischen Phase der Anfangsspannung des linken Ventrikels und ist stark erhöht. Das in der Zeiteinheit vom linken Ventrikel geförderte Volumen zeigt ausweislich der Stromuhrwerte bald nach Einsetzen der Insuffizienz ein geringes Sinken unter den Ausgangswert, dann rasche Rückkehr zum normalen Niveau. Das Schlagvolumen des *linken* Ventrikels steigt um die Hälfte des Ausgangswertes. Der systolische Rückstand steigt erheblich an, noch stärker das diastolische Ventrikelvolumen und dadurch die Anfangsfüllung. Daraus resultiert eine Verminderung des Blutgehalts im großen Kreislauf. Das ihm entzogene Blut findet im linken Ventrikel, im linken Vorhof und in den Lungen Platz. Wird die Mitralinsuffizienz wieder aufgehoben, so stellt sich die ursprüngliche Blutverteilung nur sehr langsam wieder her, entsprechend dem langsamen Verschwinden der Dilatation des linken Ventrikels. Die Kompensation der artefiziellen Mitralinsuffizienz wird nicht durch eine Mehrarbeit des *rechten* Ventrikels bewirkt, dessen Schlagvolumen, systolischer und diastolischer Druck unverändert bleiben. Der *linke* Vorhof erfährt eine gewaltige Steigerung seines Inhalts, er bekommt die Hälfte des Schlagvolumens der linken Kammer auf rückläufigem Wege, seine Füllung beträgt zu Beginn der Kammerdiastole etwa das Dreifache der Norm. Die *Arbeitsbedingungen für den linken Ventrikel sind bei der Mitralinsuffizienz besonders ungünstige.* Durch den mangelnden Klappenschluß geht eben während der *Anspannungszeit* ein Teil seiner Füllung verloren. Bevor eine Entleerung in die Aorta erfolgen kann, muß der Ventrikeldruck über den Aortendruck gebracht werden. Wegen des rückläufigen Blutstroms wird dieser Zeitpunkt bei der Mitralinsuffizienz erst später erreicht werden: die „Anspannungszeit" des linken Ventrikels ist verlängert. Bleibt nun die Systolendauer im ganzen unverändert, so kann die Verlängerung der Anspannungszeit nur auf Kosten der *Austreibungszeit* geschehen, welche schließlich nicht mehr ausreicht, um den Ventrikelinhalt in die Aorta austreten zu lassen. Ehe nämlich der Aortendruck erreicht und überschritten ist, ist schon ein großer Teil der Kontraktionsenergie des linken Ventrikels verbraucht. Nur während einer unverhältnismäßig kurzen Zeit besteht ein Druckgefälle vom linken Ventrikel zur Aorta, welches der Austreibung des Blutes nutzbar wird. Die *erheblich verkürzte Austreibungszeit* läßt wesentlich mehr Blut im linken Ventrikel zurück als demselben rückläufig durch die insuffiziente Mitralklappe verloren geht. Damit muß der systolische Rückstand im linken Ventrikel wachsen und weiterhin seine Anfangsspannung zunehmen. Mit der Zunahme der Anfangsspannung wird die Zeit bis zur Überwindung des Aortendrucks abgekürzt und dadurch wieder die Austreibungszeit verlängert. Das raschere Hinauftreiben des Drucks im linken Ventrikel bedingt für diesen Herzabschnitt eine erhebliche Mehrarbeit, die schließlich zur *Hypertrophie* führt.

Die Dynamik der Klappenfehler *des rechten* Herzens ist bisher nicht Gegenstand systematischer Untersuchungen gewesen. Klinisch spielen eigentlich nur die Tricuspidalinsuffizienz und die Pulmonalstenose eine erhebliche Rolle. Versuche, eine *künstliche Läsion der Tricuspidalis* herbeizuführen, sind von RIHL[1] mit Hilfe kleiner messerförmiger Sonden gemacht. Während geringe Läsionen, bei denen nur einige Sehnenfäden durchrissen waren, kaum Erscheinungen machen, lassen gröbere Läsionen unmittelbar nach dem Eingriff den Vorhof anschwellen und die venösen Pulsationen sich verstärken. Der Venenpuls zeigte lediglich eine Vergrößerung der zweiten der Kammertätigkeit entsprechenden Welle (Abb. 15).

Abb. 15. Normaler Venenpuls. *x* Senkung systolisches Hinabsteigen der Atrioventrikulargrenze) intrathorakale Drucksenkung während der Ausbreitung. *a* Vorhofswelle, präsystolische Welle, durch den während der Vorhofkontraktion erfolgten Rückstrom bedingt. *c* Protosystolische Welle, fortgeleitete Carotispulsation, Anspannung der Ventrikel, Tricuspidalklappenschluß (*vk*). *v* Diastolische Welle infolge zunehmender Füllung des Vorhofs vor den auch in den ersten Augenblicken der Diastole noch geschlossenen Tricuspidalklappen. *y* Senkung: Folge der Kammerdiastole.

Bei hochgradigen Läsionen folgt einer kleinen a-Welle eine große neue Welle, die als Ausdruck eines von der Kammer ausgehenden rückläufigen Blutstroms als eine Kammerpulswelle vs (RIHL) aufzufassen ist.

Dieser sog. *positive Venenpuls,* dessen Hauptwelle dem Carotispuls im wesentlichen synchrom ist, gibt der Tricuspidalinsuffizienz sein charakteristisches Gepräge. Dieser Venenpuls schlägt in vielen Fällen bis in die Lebervenen zurück (Lebervenenpuls). Manchmal entsteht durch Anspannung der Klappen der Jugularvenen an ihrer Einmündung in den Bulbus, der Venae cruralis dicht unterhalb des Ligamentum Poupartii, ein klappender Ton.

Reine Tricuspidalinsuffizienzen, wie sie das Experiment setzt, werden beim Menschen nicht beobachtet. Stets führt die Dilatation des rechten Vorhofs zu einer bedeutenden Verbreiterung der Herzdämpfung nach rechts und zu einer merklichen Pulsation *rechts* vom Sternalrand.

Die *Pulmonalstenose* imponiert oft durch die hochgradige Cyanose bei vollkommen fehlender Dyspnoe und Fehlen sonstiger Zeichen der Dekompensation. In den meisten Fällen handelt es sich um gleichzeitige Defekte im Septum ventriculorum oder andere Mißbildungen, so daß das pathologisch-physiologische Geschehen in zunächst noch unübersehbarer Weise kompliziert ist.

Kompensation. Unter den *kompensatorischen Einrichtungen* des Herzens nehmen seine *Reservekraft, die Dilatation* und *Hypertrophie* die erste Stelle ein.

Die Reservekraft des Herzmuskels ist eine Eigenschaft, die ihm ebenso wie dem quergestreiften Skeletmuskel zukommt und sich aus den Zuckungsgesetzen ableiten läßt. Nimmt die Anfangsspannung des Muskels zu, so wächst entsprechend die Kraft seiner Kontraktion. Die Anfangsspannung des Herzmuskels steht wieder in einem Abhängigkeitsverhältnis von der Anfangsfüllung und von den Widerständen, die sich dem auszutreibenden Blut entgegenstellen. Alle oben geschilderten Momente, die den peripheren Widerstand steigern und durch eine Vergrößerung des systolischen Restvolumens die Herzfüllung

---

[1] RIHL: Z. exper. Path. u. Ther. **4**, 619 (1909).

vermehren, werden demnach automatisch beim muskelgesunden Herzen eine kompensatorische Mehrleistung zur Folge haben.

Das Herz kann sich den verschiedenen Anforderungen bei Arbeit und Erkrankung anpassen, indem es seine Kraftreserven ausnutzt. Bei steigenden Anforderungen wird der Anteil an *mechanischer* Nutzarbeit gegenüber der als *Wärme* verlorengehenden Energie immer größer. Ferner wird das stärker gefüllte Herz infolge der erhöhten Anfangslänge bzw. -spannung mehr Energie umsetzen als das weniger gefüllte. Die physiologisch oder krankhaft gesteigerten Anforderungen an die Einzelkontraktionen formen die Muskelfasern des Herzens um: es kommt zur *Arbeitshypertrophie* (Sportherz, Herzhypertrophie bei den verschiedenen Formen des Hochdrucks).

Unter den Vorgängen, die zur Kompensation eines Klappenfehlers führen, spielt die *Dilatation* des Herzens eine bedeutsame Rolle. Jede Dilatation bedeutet eine *Erweiterung* der Herzhöhle und damit eine Erhöhung ihrer Anfangsspannung. Man hat schon früh versucht, zwei ihrem Wesen und ihrer Bedeutung nach verschiedene Formen der Dilatation zu unterscheiden, die *kompensatorische* und *die Stauungsdilatation*. Die Stauungsdilatation ist eine krankhafte Erscheinung; das Herz führt einen vergrößerten Rückstand nach seiner Kontraktion; bleibt also auch nach der Systole relativ groß *(systolische Dilatation)*. Die kompensatorische Dilatation wäre dagegen nur der Ausdruck einer größeren Ausdehnung des Herzens infolge vermehrter *diastolischer* Füllung, während es nach der Systole normale Größe aufweisen soll *(diastolische Dilatation)*. Die Stauungsdilatation gehört nicht streng zu den Erscheinungen eines Klappenfehlers, sie ist myogenen Ursprungs und also als Komplikation aufzufassen. Die STRAUBschen Untersuchungen über die Dynamik der Klappenfehler haben gezeigt, daß auch bei gesundem Herzmuskel und *wachsenden Widerständen* infolge von Klappenfehlern sowohl die diastolische Anfangsfüllung als die *systolischen* Rückstände zunehmen — eine strenge Unterscheidung zwischen kompensatorischer und Stauungsdilatation sich *nicht* machen läßt. Eine Dilatation, die nur die Folge eines vergrößerten Schlagvolumens ist, läßt *lediglich* das *diastolische* Volumen um den Betrag der Vergrößerung des Schlagvolumens bei *ungeändertem systolischen* Volumen ansteigen. Man darf also festhalten, daß die bei Klappenfehlern eintretenden Herzerweiterungen, solange der Muskel gesund ist, *nicht durch Schwäche des Organs,* sondern als Folge einer zweckmäßig veränderten Dynamik sich einstellen und somit als kompensatorische zu deuten sind.

Ein dilatativ erweitertes Herz wird ein größeres Volumen fördern können; bei gleicher Wandmasse besitzt das größere Organ zwar eine größere Fähigkeit der Volumleistung, aber eine geringere der Druckleistung[1]. Nur wenn auch die Wandmasse dem Radius entsprechend zunähme — was z. B. bei der akuten traumatischen und der toxischen Dilatation *nicht* der Fall ist —, würde die gleiche maximale Druckleistung erhalten bleiben. Eine solche Zunahme der Wandmasse wird als *Hypertrophie* bezeichnet.

Die Mechanik der Herzhypertrophie und ihre Entstehung ist ein sehr komplexes Problem. Es scheint so, daß nur die Arbeitssteigerung der *einzelnen* Kontraktion mit Hypertrophie verbunden ist, präziser ausgedrückt sollen nur

---

[1] WEIZSÄCKER: Erg. inn. Med. **19**, 377 (1921).

die Abschnitte, die unter vermehrter Anfangsspannung arbeiten, hypertrophieren, während durch bloße *Frequenzsteigerung* bedingte Mehrarbeit *nicht* von Hypertrophie gefolgt ist. Was letzten Endes den Anstoß zur Hypertrophie des Herzens gibt, ist noch Gegenstand der Komtroverse. Wir sehen das Herz im allgemeinen dann hypertrophieren, wenn es als Ganzes oder in seinen einzelnen Abschnitten bei der einzelnen Kontraktion Mehrarbeit zu leisten hat. Diese Mehrarbeit bringt wie jede erhöhte Tätigkeit eines Organs eine vermehrte Blutdurchströmung mit sich. Diese wiederum schafft mit ihrer günstigeren Ernährung die erste Vorbedingung für ein Wachstum des Muskels. Bemerkenswerterweise ist *histologisch* das hypertrophe Herz von dem normalen in seinem Aufbau verschieden, indem das Verhältnis der Kernmasse zur Gesamtmasse sich *zuungunsten der Kernmasse* verschiebt[1]. Chemische Untersuchungen haben eine Differenz der Zusammensetzung normaler und hypertropher Herzen noch nicht eindeutig erweisen können. Haben sich in der Wand des Herzens regressive und reparative Vorgänge abgespielt, so können dadurch *Ausfälle an contractiler Substanz* eintreten, die durch Hypertrophie bisher intakter Fasern ausgeglichen werden. Beurteilt man ein solches Herz einfach seiner Masse nach, so kann es bei gleichem Gehalt an contractiler Substanz wie ein normales hypertroph erscheinen.

Es wird von manchen Autoren eine exzentrische, eine einfache und eine konzentrische Herzhypertrophie unterschieden. Vermehrter äußerer Widerstand (Erhöhung des arteriellen Drucks) steigert die Arbeitsfähigkeit des Herzmuskels. Daraus entwickelt sich unter Bildung eines systolischen Rückstandes in der Herzkammer eine *exzentrische Hypertrophie*. Für eine *konzentrische* Hypertrophie können nur Ursachen auslösend sein, die am Herzen selbst angreifen. Nach der landläufigen Auffassung wird für diejenigen Herzhypertrophien, welche mit einer Steigerung des Blutdrucks einhergehen, diese Hypertonie als das Primäre und die Herzhypertrophie als die Folge davon angesehen. Nach anderer Auffassung ist die Herzhypertrophie bei *Nierenkranken* primär durch toxische Produkte bedingt, die sekundäre Steigerung der Herzarbeit führt dann zum erhöhten Blutdruck wie zur Polyurie[2]. Die bei Nierenkranken gefundene Hypertrophie ist konzentrisch; sie betrifft *alle Herzabschnitte gleichzeitig*, wenn auch nicht gleichmäßig.

C. Die Arrhythmien.

Unter Arrhythmie wird die Abweichung vom normalen Herzrhythmus verstanden. Diese Abweichung kann auf verschiedene Weise zustande kommen; nach den Vorstellungen, welche man sich über den Mechanismus der unregelmäßigen Herztätigkeit gebildet hat, unterscheidet man verschiedene Gruppen von Arrhythmien: solche, die bedingt sind durch Störungen der *Reizbildung* oder solche der *Reizleitung.*

A. Störungen der Reizleitung gehen aus:

I. von dem normalen, führenden Reizursprungsort (Sinusknoten): *nomotope* Rhythmusstörungen, oder

II. von einem abnormen, „untergeordneten" Reizursprungsort (Vorhof, Atrioventrikularknoten, Ventrikel): *heterotrope* Rhythmusstörungen.

1. Die vom Sinus ausgehenden Rhythmusstörungen:

Die *Sinusbradykardie,* d. h. eine *regelmäßige,* jedoch abnorm langsame Schlagfolge findet sich unter normalen Verhältnissen öfter *habituell* (z. B. bei sog. Vagotonikern), ferner bei *trainierten* Sportlern. Unter krankhaften Ver-

---

[1] SCHIEFERDECKER: Pflügers Arch. **165**, 449 (1916).
[2] GEIGEL: Virchows Arch. **229**, 353—361 (1921).

hältnissen tritt sie auf z. B. bei Ikterus (toxische Wirkung der Gallensäuren) und infolge Vagusreizung bei erhöhtem Hirndruck (Hirntumor, vorübergehend im VALSALVASchen Versuch usw.).

Die *Sinustachykardie,* d. h. eine *regelmäßige,* jedoch abnorm schnelle Schlagfolge, begegnet uns normalerweise bei körperlichen *Anstrengungen, bei seelischen Erregungen* und bei vegetativ labilen Menschen, unter *krankhaften* Verhältnissen z. B. im *Fieber.*

Die *respiratorische Arrhythmie* besteht in von der Atempause abhängigen Schwankungen der Schlagfrequenz: *Beschleunigung* während der *Einatmung, Verlangsamung* während der *Ausatmung.* Es handelt sich dabei *stets* um eine *physiologische* Erscheinung, die in der Jugend und bei Vasolabilen besonders ausgesprochen zu sein pflegt, aber auch bei wohl trainierten Sportlern nach Anstrengungen häufig vorkommt, im höheren Alter dagegen meist nicht mehr nachweisbar ist (s. S. 124).

Sinusextrasystolen, d. h. *vorzeitige,* aus dem Herzrhythmus herausfallende, aber vom Sinus ausgehende Schläge, finden sich beim Menschen sehr selten und können wohl nur mit Hilfe graphischer Methoden von Vorhofextrasystolen unterschieden werden.

1. Die Sinusarrhythmien.

Wenn an der Führungsstelle des Herzrhythmus, dem Sinusknoten, die Bildung der Reize gestört und ihre Folge daher unregelmäßig wird, so kann die Kontraktion der Vorkammer sowohl wie der Kammer in geordneter Weise wie beim Gsunden erfolgen, und das Elektrokardiogramm wird keine Abweichung von den physiologischen Bildern erkennen lassen. Speziell *fehlen* die *kompensatorischen Pausen.* Nur die *unregelmäßige* Folge der gehäuften Sinuserregungen erlaubt die Diagnose *Sinusarrhythmie,* die klinisch ohne Zuhilfenahme der elektrokardiographischen Untersuchungsmethode schwer von der Arrhythmia perpetua zu unterscheiden ist. Die Sinusarrhythmien können bei allen Schädigungen des Myokards und der dieses versorgenden Gefäße beobachtet werden. Auch Erregungen rein nervöser Natur werden angeschuldigt.

2. Die extrasystolischen Arrhythmien.

Bei den *heterotropen* Rhythmusstörungen unterscheiden wir je nach dem Ursprungsort: *Vorhofs-Extrasystolen, atrioventrikuläre Extrasystolen und ventrikuläre Extrasystolen.*

Die heterotropen Rhythmusstörungen können auftreten in Form *vereinzelt* eingestreuter vorzeitiger Schläge, in Form *gehäuft* eingestreuter vorzeitiger Schläge und in Form von (mitunter regelmäßig wiederkehrenden) zusammenhängenden Gruppen („Allorhythmen") zwischen den Normalrhythmus eingeschalteter Schläge. Vielfach lassen sie eine bestimmte Abhängigkeit voneinander in Form eines Eigenrhythmus (Pararhythmus) erkennen oder zeigen bestimmte Bindungen an Normalschläge (gekuppelte Extrasystolen).

Die heterotropen Rhythmusstörungen sind bedingt *nervös-psychisch* (depressive Verstimmungen, Angst, Druck, überhaupt seelische Spannungen), *toxisch* (z. B. Tabak, Coffein, Digitalis) oder *organisch* (im engeren Sinne) durch Herzmuskelschädigungen (verhältnismäßig *selten!*).

Die *objektiven* Folgen der *heterotropen* Rhythmusstörungen für den Kreislauf hängen ab von ihrer *Häufigkeit:* vereinzelte Extrasystolen sind praktisch bedeutungslos, ferner von ihrem *Ursprungsort:* Vorhofextrasystolen stören den Pumpmechanismus weniger als Kammerextrasystolen, von dem *Grad* der Vorzeitigkeit: je vorzeitiger, desto schädlicher sind sie und schließlich von dem sonstigen Zustand des Herzens. Die *subjektiven* Folgen der heterotropen Rhythmusstörungen sind gewöhnlich am *ausgesprochensten* bei sonst *gesunden* Herzen und werden empfunden als „Stolpern", als „Aussetzen" des Herzens, als Beklemmungsgefühl über dem Sternum und gelegentlich durchaus als heftiger, meist stichartiger *Schmerz* in der Herzgegend; sie werden daher leicht mit Aortalgie und Angina pectoris-Beschwerden verwechselt. Bei den *organischen* Herzfehlern dagegen werden die Extrasystolen, auch wenn sie gehäuft und in Gruppen auftreten, meist gar nicht oder nicht besonders empfunden.

Die klinische Diagnose der heterotropen Rhythmusstörungen (Extrasystolen) gründet sich auf die *Vorzeitigkeit* der rhythmusfremden Schläge und die ihnen folgende, gegenüber dem Normalintervall mehr oder minder verlängerte Pause, die namentlich bei Kammerextraystolen fast immer bis zum Eintreten des übernächst fälligen Normalschlages dauert („kompensierende Pause"). Am Venenpuls sind für Extrasystolen besonders kennzeichnend die hohen, auffallenden „Pfropfungswellen". Bei der Auskultation fehlt den Extrasystolen oft der zweite Herzton (frustrane Kontraktion). Die sehr gehäuft auftretenden Extrasystolen täuschen mitunter eine totale Irregularität vor.

Für die Beurteilung der *extrasystolischen* Arrhythmien sind die eigenartigen Verhältnisse der *Reizbarkeit* des Herzmuskels von ausschlaggebender Bedeutung. Bekanntlich spricht derselbe im Gegensatz zum quergestreiften Muskel auf mechanische, elektrische und andere Reize viel langsamer an; die Latenzzeit, d. h. die Zeit zwischen Reizeinfall und Reaktion, ist größer. Ferner ist die Zuckungshöhe unabhängig von der Reizstärke stets maximal („Alles oder Nichts"-Gesetz). Aus dieser besonderen Eigentümlichkeit des Herzmuskels erklärt sich sein Verhalten in der Systole gegenüber neu eintreffenden Reizen. Dieselben werden nämlich in dieser Zeit *nicht* durch eine erneute Kontraktion beantwortet. Der Herzmuskel, welcher bei seiner Kontraktion die ganze verfügbare Energie auf einmal ausgegeben hat, ist *refraktär.* Diese Refraktärzeit reicht etwas über die Systole hinaus. Außerhalb dieser Phase, also in der Diastole einfallende Extrareize vermögen nun eine vollkommene Herzkontraktion, entsprechend dem eben genannten „Alles oder Nichts"-Gesetz auszulösen, und es hängt jetzt nur von dem Zeitpunkt des Eintreffens dieser Extrareize ab, ob an der Peripherie ein pulsatorischer Effekt solcher extrasystolischen Kontraktionen nachweisbar wird oder nicht. Fällt eine Extrakontraktion in den Beginn der Diastole, trifft sie einen schlecht gefüllten Ventrikel, so wird sie eine kleine, am peripheren Puls kaum tastbare Welle erzeugen; trifft sie dagegen einen nahezu schon gefüllten Ventrikel, so kann an den peripheren Arterien der Eindruck eines vollwertigen Pulses entstehen. Auch diese extrasystolischen Herzkontraktionen machen das Organ für neue Reize refraktär, so daß der auf die Extrasystole folgende normale Ursprungsreiz — bei relativ schnell nach der Extrasystole erfolgendem Eintreffen — unbeantwortet bleibt und erst die nächste vom Sinusknoten eintreffende Erregung wieder eine Herzkontraktion einleitet. Die zwischen der Extrasystole und dem ersten wieder normalen Herzschlag verlaufende Zeit bezeichnet man in solchen Fällen als *kompensatorische Pause. Sie wird kompensierend genannt,* weil sie gerade so viel länger ist, als die Pause vor der Systole zu kurz war. Auch wenn durch mehrere Extrasystolen verschiedene Normalsystolen ausgeschaltet wurden, stellt sich der alte Rhythmus wieder her. Dieses Festhalten am Urrhythmus wurde von ENGELMANN als *Gesetz von der Erhaltung der physiologischen Reizperiode* bezeichnet. Die einzelnen Formen der Extrasystolen können im allgemeinen an dem beigegebenen Elektrokardiogramm unterschieden werden.

Bevor die verschiedenen Formen der Extrasystolen beschrieben werden, soll einiges über *die Ursachen der extrasystolischen Herzkontraktionen* näher erörtert werden. Die im Tierexperiment durch elektrische, thermische, mechanische und chemische Reize leicht auszulösenden Extrasystolen spielen natürlicherweise in der menschlichen Pathologie eine nur untergeordnete Rolle. Sie werden nach Starkstromschäden und nach der Commotio cordis (s. S. 86) gelegentlich beobachtet. Man denkt daran, daß eine Steigerung der *automatischen* Reizerzeugung gewisser Herzteile zum Auftreten von Extrasystolen führen kann. Aber mit der Annahme einer abnorm erhöhten Reizbarkeit des Herzens, welche das Wirksamwerden heterotroper Reize begünstigt, ist die Frage nach der *Ursache* der Extrasystolen nur verschoben, nicht beantwortet. Angeschuldigt wird außer den oben genannten Giften die *intrakardiale* Drucksteigerung. WENCKEBACH betont, daß die Extrasystole bei vollkommen gesunden Menschen eine häufige Erscheinung sei; daß sie bei den verschiedensten krankhaften Zuständen vorkommen und an bestimmte Bedingungen anscheinend nicht gebunden sei und daß sie *sehr stark unter dem Einfluß des Nervensystems stände.* Ich selbst hatte Gelegenheit, bei der Untersuchung sehr zahlreicher Soldaten und Studenten zu beobachten, daß bei der Anstellung des VALSALVAschen Versuchs nervöse und vasomotorisch leicht erregbare, aber sonst vollkommen gesunde und funktionstüchtige Menschen nicht selten eine oder mehrere Extrasystolen bekommen. Hierher gehört das Auftreten von Extrasystolen beim sog. *gastrokardialen* Symptomenkomplex und bei Herzverlagerung infolge von *Zwerchfell hochstand.*

Die Beziehungen der Extrasystolie zu den verschiedenen Formen der Herzkrankheiten sind durchaus unübersehbar; gerade in Fällen schwerster Herzschwäche können Extrasystolen fehlen, speziell bei den infektiösen Prozessen, bei der diphtherischen Herzmuskelschädigung. Von den Klappenfehlern neigen diejenigen der Mitralis mehr zu Extrasystolie als diejenigen der Aorta. Gesetzmäßige Beziehungen zwischen pathologisch-anatomischen Veränderungen und bestimmten Formen von Extrasystolie herzustellen, ist bis heute nicht gelungen.

Die verschiedenen Formen der Extrasystolie lassen sich nun an bestimmten Formen elektrokardiographischer Kurven und unter Beachtung der Veränderungen des Jugularvenenpulses unterscheiden.

Die *Kammerextrasystole* ist die häufigste Form und fällt in vielen Fällen mit der nächsten Vorhofsystole zusammen. Trifft eine solche Extrasystole auf einen gefüllten Vorhof, der sich nun infolge der Ventrikelkontraktion nicht in der normalen Richtung entleeren kann, so staut sich das Blut in die Jugularvenen zurück, ein Vorgang, welchen man mit *Vorhofpfropfung* bezeichnet. Das wesentliche bei den Kammerextrasystolen ist, daß der Urrhythmus der Vorhofstätigkeit ungestört bleibt. Im Elektrokardiogramm zeichnen sie sich durch das *Fehlen der Vorhofzacke* aus.

Abb. 16 zeigt *rechtsventrikuläre* Extrasystolen mit sog. kompensatorischen Pausen. N_1, N_2 und N_3 sind normale Systolen. E_1, E_2, E_3 sind rechtsventrikuläre Extrasystolen. Der nach dem Urrhythmus nach der Systole normalerweise eintreffende Vorhofreiz trifft auf einen infolge der Extrasystole noch refraktären Ventrikel; er bleibt daher wirkungslos. Erst der nun folgende vom Vorhof eintreffende Reiz wird von einem normalen Ventrikelkomplex beantwortet (Gesetz der Erhaltung der physiologischen Reizperiode).

Im Gegensatz zu diesen Kammerextrasystolen läßt das Elektrokardiogramm bei *Vorhofextrasystolen* einen normalen Erregungsablauf in den Bahnen des

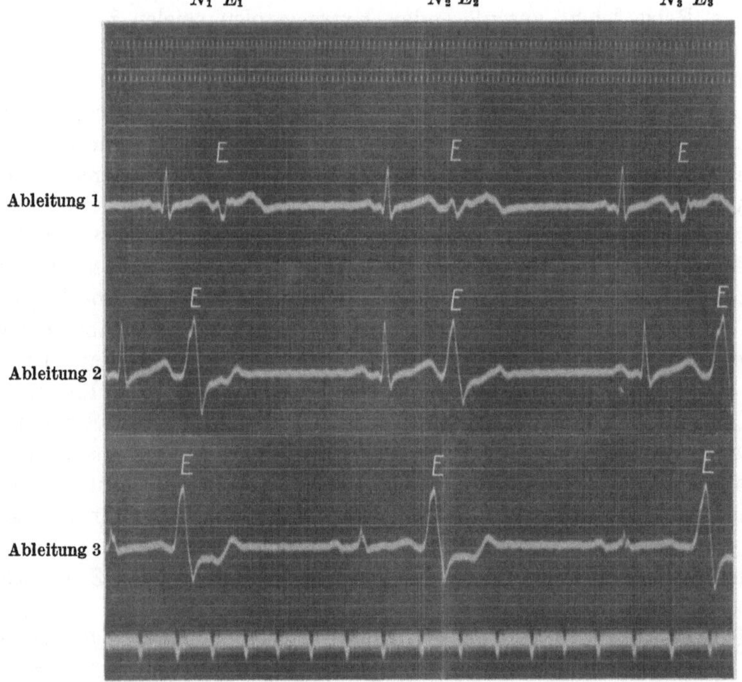

Abb. 16. Gekuppelte rechtsventrikuläre Extrasystolen E_1, E_2, E_3. 43jähriger Mann. Klinische Diagnose: Neurolipomatosis. Seit 2 Jahren bemerkt Patient, daß seine Herzaktion unregelmäßig ist. 3. 2. 34.

Reizleitungssystems erkennen, die kompensatorische Pause dagegen häufig vermissen. In Abb. 17 ist sie vorhanden.

Die Tätigkeit des Sinus kann nun einerseits durch vom Vorhof fortgeleitete Extrareize gestört werden, andererseits können aber auch Extrasystolen an dieser Ursprungsstelle der Herztätigkeit auftreten. Trifft den Sinus ein Extrareiz solange er noch mit der Bildung des Reizmaterials beschäftigt ist, so wird unter Zerstörung desselben eine Extrasystole ausgelöst; die folgende Systole folgt ohne kompensatorische Pause. Der Sinus braucht zur Bildung des die folgende Systole auslösenden Reizmaterials meist etwas längere Zeit wie unter normalen Bedingungen.

Bei der letzten Form der *atrioventrikulären Extrasystole* schlagen Vorhöfe und Kammern gleichzeitig. Das Bild des Venenpulses kann bei dieser Form vollkommen dem einer Kammersystole gleichen. Im Elektrokardiogramm zeigt eventuell die *Umkehrung der P-Zacke,* daß der Erregungsablauf im Vorhof der umgekehrte als in der Norm ist. Oft fällt P sogar in den Ventrikelkomplex (QRS) hinein und fehlt dann vollkommen im Elektrokardiogramm oder erscheint im zweiten Teil der Kammerschwankung. Folgen mehrere Extrasystolen in regelmäßigen Intervallen und in feststehendem Verhältnis zur vorhergehenden Systole aufeinander, so spricht man von gekuppelten kontinuierlichen Extra-systolen (Abb. 16). Diese als *Bigeminie* bekannte Form der Allorhythmie wird von einigen Autoren so erklärt, daß bei der Herzkontraktion gewissermaßen das

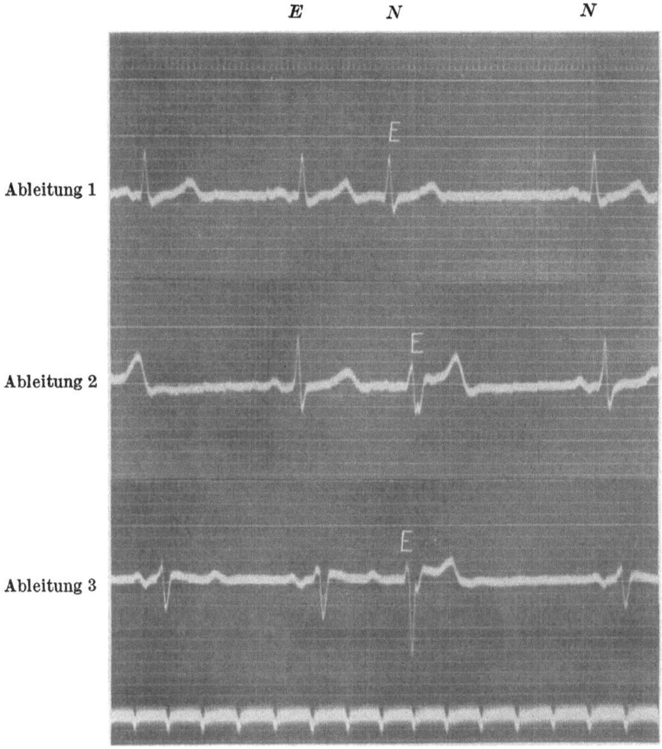

Abb. 17. *N* normale Systolen, *E* Vorhofsextrasystolen. 58jähriger Mann. Blutdruck: 130/70. Patient gibt Atembeklemmungen an.

Reizmaterial nicht vollkommen verbraucht wurde und nun nach Ablauf des Refraktärstadiums der Herzmuskel durch den Rest des Reizmaterials erneut zur Kontraktion gebracht wird. Bei einer solchen Vorstellung muß aber die Hilfs-hypothese gemacht werden, daß in einer Anzahl von reizerzeugenden Muskel-zellen durch besondere Bedingungen keine Kontraktion stattfindet und hier auf diese Weise das Reizmaterial während der Hauptsystole gestapelt wird. Über die Entstehungsbedingungen der sog. periodisch wiederkehrenden Extra-systolen ist man nicht völlig einig. Wahrscheinlich handelt es sich bei dieser Form der Allorhythmie um die Interferenz zweier Rhythmen[1].

Die Bedeutung der verschiedenen Formen von *extrasystolischer Arrhythmie* für den *Kreislauf* ist eine wechselnde, je nach der Häufigkeit und nach dem

---

[1] KAUFMANN u. ROTHBERGER: Z. exper. Med. **5**, 349 (1917).

Entstehungsort der Extrasystolen. Solange ein geregelter Ablauf der Tätigkeit der einzelnen Herzabteilungen, wie bei den Sinus- und Vorhofextrasystolen, noch stattfindet, kann eine normale oder nahezu normale Förderleistung der Herzkontraktionen erhalten bleiben. Fallen aber, wie bei den Ventrikelextrasystolen, Vorhof- und Kammerkontraktion zusammen, so wird der Vorhofinhalt nach dem Orte des geringsten Widerstands, nach den Venae cavae zurückgeworfen; es tritt eine vorübergehende Störung der arteriellen Füllung zugleich mit der Hemmung der venösen Blutzufuhr ein, was empfindlichen Patienten gelegentlich als Schwindelgefühl wahrnehmbar wird. Es ist WENCKEBACH darin beizupflichten, daß die bei solchen Extrasystolien beobachteten Kreislaufstörungen als Folgeerscheinung der extrasystolischen Arrhythmie aufzufassen sind. Bei Herzkranken müssen sich alle Formen der Extrasystolie deshalb besonders störend bemerkbar machen, weil sie die Kreislaufstörung verschlimmert.

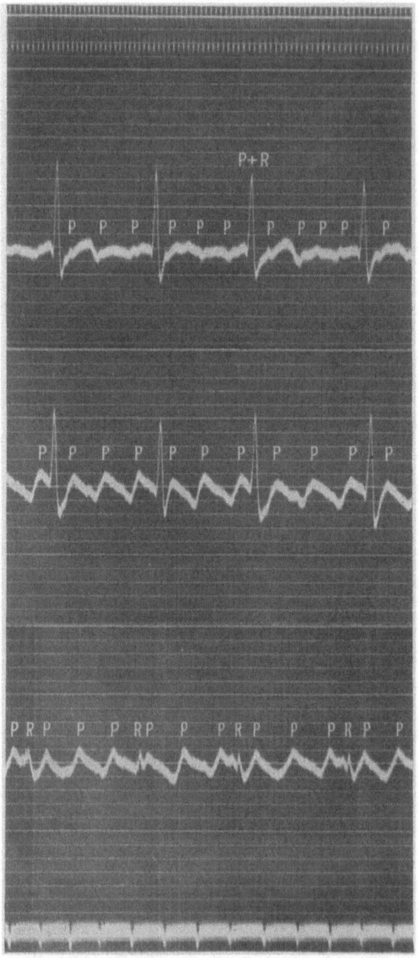

3. Paroxysmale Tachykardie.

Eine weitere wichtige und besondere Form von (meist) heterotroper Rhythmusstörung stellt die *paroxysmale Tachykardie* dar. Bei ihr kommt es — meist ohne erkennbare Ursache (häufig allerdings bei schon bestehender Neigung zu Extrasystolien) — zu gewöhnlich ganz akut einsetzenden und auch akut endenden Anfällen von *hochgradiger* Pulsbeschleunigung mit *regelmäßiger* Schlagfolge. Die Dauer der Anfälle schwankt zwischen wenigen Minuten bis zu mehreren Wochen, geht jedoch gewöhnlich nicht über einige Stunden hinaus. Während des Anfalles besteht infolge *Überschreitens der kritischen Frequenz von 180*

Abb. 18. Vorhofflattern. 51jähriger Mann. Seit längerer Zeit Atemnot und Herzbeschwerden bei geringen Anstrengungen. Blutdruck: 140/80. Diagnose: Jodbasedow. Myodegeneratio cordis.

immer eine erhebliche Kreislaufinsuffizienz; subjektiv äußert der Anfall in Beklemmungsgefühl, Bewegungsunfähigkeit, mäßiger Dyspnoe und eventuell leichter Benommenheit. Die *Prognose* des einzelnen Anfalls ist meist gut und nur bei längerer Dauer wegen der Gefahr einer schließlichen Erschöpfung des Herzmuskels ernster.

4. Vorhofflattern.

Beim *Vorhofflattern* schlägt der Vorhof mit sehr hoher Frequenz (180—360), aber *regelmäßig* (Abb. 18). Diese hochfrequenten Schläge werden jedoch wegen zu starker Beanspruchung des Leitungssystems nur teilweise übergeleitet; je nach den Überleitungsverhältnissen ist die Kammertätigkeit *regelmäßig* (wenn z. B. nur jeder zweite oder dritte Reiz übergeleitet wird) oder *unregelmäßig* bei wechselnden Überleitungsverhältnissen. Im letzteren Fall gleicht die Kammertätigkeit klinisch der bei Vorhofflimmern.

5. Arrhythmia perpetua (Totalis oder Asoluta). Vorhofflimmern.

Klinisch sind bei der totalen Irregularität zu unterscheiden eine *langsame* und eine *schnelle* Form:

Die *langsame* Form (50—70) findet sich meist als *chronischer* Zustand bei *organischen* Herzfehlern und erweckt bei der einfachen klinischen Untersuchung wegen der oft auffallend geringen Unterschiede der einzelnen Systolenintervalle mitunter den Eindruck einer scheinbaren Regularität. Sie stellt für den Kreislauf einen noch relativ günstigen Zustand dar, welcher oft jahrelang, sogar *unbemerkt* vom Kranken ertragen wird.

Die *schnelle* Form (180—220) findet sich besonders bei den akut auftretenden totalen Irregularitäten, häufig jedoch auch als akute *Verschlimmerung* einer schon längere Zeit bestehenden langsamen Form. Sie *stellt* stets einen für den Kreislauf *sehr ungünstigen* und *bedrohlichen* Zustand dar!

Die Arrhythmia perpetua, d. h. die dauernd unregelmäßige und ungleichmäßige Herztätigkeit ist eines der sichersten Zeichen muskulärer Herzstörungen.

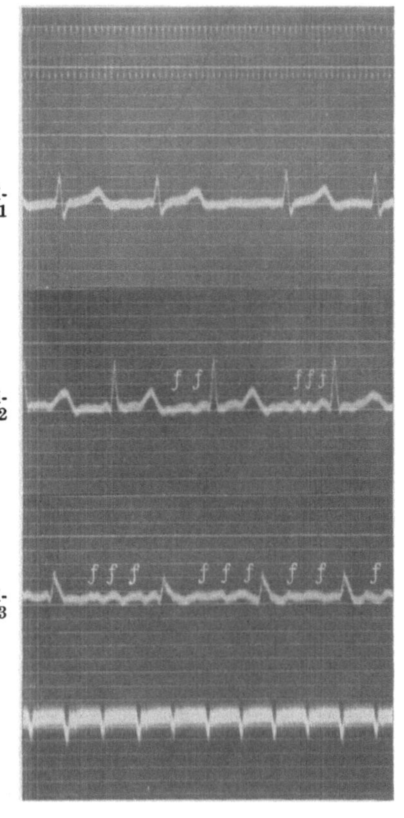

Abb. 19. Vorhofflimmern f. f. 54jähriger Mann. Atemnot bei geringen, körperlichen Anstrengungen, dabei quälender Husten. Druckgefühl in der Herzgegend. Blutdruck 150/85. Diagnose: Silicose. Myodegeneratio cordis.

Solange man sich auf die Pulsanalysen bei den Arrhythmien beschränkte, glaubte man sie allein durch Extrasystolen erklären zu können. Es war jedoch bald aufgefallen, daß bei einer Gruppe von Herzunregelmäßigkeiten nur gelegentlich Taktstörungen den sonst normalen Rhythmus unterbrechen. Eine andere sehr große Gruppe von Herzunregelmäßigkeiten läßt dagegen jede Gesetzmäßigkeit in der Pausenlänge vermissen. Erst mit Hilfe des Elektrokardiogramms gelang es den sicheren Nachweis zu führen, daß die Arrhythmia perpetua durch eine unregelmäßige Tätigkeit der Vorhöfe oder durch ein zu rasches Schlagen derselben hervorgerufen wird. Das zu rasche Schlagen der Vorhöfe wird mit *Vorhofflattern,* das unregelmäßige Schlagen der Vorhöfe als *Vorhofflimmern* bezeichnet (Abb. 19). Sowohl das *Flattern sowie das Flimmern* stellt eine klinisch sehr ernste Form heterotoper Rhythmusstörung dar.

Wie bemerkt, ist das *Vorhofflimmern* durch Zahl, Größe und zeitliche Folge total unregelmäßiger Kontraktionsvorgänge an den Vorhofwandungen charakterisiert, die in keiner gesetzmäßigen Beziehung mehr zum Ventrikelkomplex stehen. Am freigelegten überlebenden Herzen, z. B. eines im anaphylaktischen Shock gestorbenen Meerschweinchens, kann man diese flimmernden Bewegungen der Vorhofwandungen sehr gut beobachten: das feine Flimmern der Lichtreflexe auf dem Epikard rechtfertigt den Ausdruck *Vorhofflimmern*.

Sehr prompt läßt sich die Erscheinung durch *Faradisation* des freigelegten Vorhofs erzielen. Den gleichen Effekt sieht man auch nach Vagusreizung gelegentlich zustande kommen. Wenn eine normale rhythmische Kontraktion der Vorhöfe nicht mehr abläuft, ist ihre eigentliche Funktion damit aufgehoben. Mit der Schädigung der Vorhofwandmuskulatur werden auch die die Vorhöfe passierenden Reizleitungsfasern in ihrer Aufgabe gestört.

Das Elektrokardiogramm beim Vorhofflimmern ist dadurch gekennzeichnet, daß statt der normalen Vorhofzacke während der ganzen Herzrevolution zahlreiche kleine Zacken auftreten. Die Saite ist fortdauernd in Unruhe — auch in der Herzpause. Solche Kurven erhält man gleichmäßig von Tieren, bei denen das Vorhofflimmern künstlich erzeugt wurde, und bei Menschen, welche an *Arrhythmia perpetua* leiden. Während das Vorhofflimmern jahrelang ertragen werden kann, ist ein *Flimmern der Kammern* mit dem Leben nicht vereinbar, daher nur ganz vereinzelt registriert worden[1].

Es fragt sich nun: Ist das Vorhofflimmern in jedem Fall der Ausdruck einer schweren Herzmuskelschädigung? Für die große Mehrzahl der Beobachtungen trifft dies zu. WENCKEBACH[2] wendet sich aber gegen eine solche verallgemeinernde Auffassung und weist auf eine Beobachtung hin, in welcher das Vorhofflimmern jedesmal prompt durch Einnehmen von 1 g Chinin beseitigt werden konnte und der Herzmuskel während des Vorhofflimmerns vollkommen funktionstüchtig war, auch wenn dem 100 kg schweren Körper bedeutende Anstrengungen zugemutet wurden.

In diesem Zusammenhang muß auch erwähnt werden, daß *anatomisch nachweisbare* Läsionen beim Vorhofflimmern oft vermißt wurden und also keine notwendige Vorbedingung für das Zustandekommen des Vorhofflimmerns zu sein scheinen; es kann aber sehr wohl sein, daß reparable Schädigungen sich dem anatomischen Nachweis entziehen; wir wissen, daß in 50% aller Fälle von Mitralinsuffizienz und Mitralstenose Vorhofflimmern schließlich auftritt, und es ist gut vorstellbar, daß die oft hypertrophe Vorhofmuskulatur dieser Fälle für Reizbildung und Reizleitung auch dann schon ungeeignet ist, wenn anatomische Veränderungen fehlen.

Unter den für den *Kreislauf wichtigen Einflüssen* des Vorhofflimmerns sind folgende hervorzuheben: Das *Nichtschlagen* oder *Flimmern der Vorhöfe* bewirkt eine *Überfüllung* der Vorhöfe und eine schlechte Ventrikelfüllung. Die zahlreich und ungeordnet von den Vorhöfen her eintreffenden Reize bedingen die *unregelmäßige* und eventuell zu *frequente Ventrikeltätigkeit,* welche manche Pulse nicht in die Peripherie durchdringen läßt, es kommt zu den sog. *frustanen* Kontraktionen des Herzens, der mechanische Effekt der Herzarbeit ist ein schlechter. In vielen

---

[1] HOFFMANN, A.: Funktionelle Diagnostik und Therapie der Erkrankungen des Herzens und der Gefäße. Wiesbaden 1911.

[2] WENCKEBACH: Die unregelmäßige Herztätigkeit usw., S. 115. Leipzig-Berlin 1914.

Fällen von Vorhofflimmern — nicht in allen — kommt es zum *positiven Venenpuls,* denn der dauernd — auch während der Ventrikelsystole — überfüllte Vorhof ist funktionell ausgeschaltet und läßt deshalb den Kammerpuls unverändert bis in die Halsvenen durchtreten. Schließlich ist beim Vorhofflimmern die *physiologische nervöse Regulierung der Herztätigkeit* gestört, weil am normalen Angriffspunkt der Herznerven, dem Sinusknoten, ein krankhafter Zustand vorliegt. Es ist aber zu bemerken, daß auch jetzt noch bei körperlicher Anstrengung häufig eine Steigerung der Frequenz beobachtet wird, offenbar weil durch den Acceleransreiz die Überleitung funktionell vorübergehend gebessert wird.

Eine besondere und ziemlich häufige Form der Arrhythmia perpetua ist die mit langsamer Schlagfolge, bei welcher die Pulszahl zu subnormalen Werten sinken kann. GERHARDT[1] machte durch das Studium der dabei nicht so seltenen Extrasystolen wahrscheinlich, daß es sich bei dieser langsamen Form von Arrhythmia perpetua um eine *Herabsetzung der Anspruchfähigkeit* der Kammern gegenüber den vom Vorhof zugeleiteten Reizen handelt. Vielleicht handelt es sich auch um die Folge einer stärkeren Blockierung der frequenten Vorhofreize.

Die Frage nach dem Zusammenhang zwischen *Vorhofflimmern* und *Ventrikelarrhythmie* ist verschieden beantwortet worden. Man glaubte z. B., daß nur einzelne der sehr ungleichwertigen Vorhofflimmerreize den Weg durch das HISsche Bündel zum Ventrikel finden könnten. Gegen diese Deutung wird geltend gemacht, daß auch sehr frequente, *aber regelmäßige* Vorhofschläge (Vorhofflattern) unregelmäßige Ventrikeltätigkeit bedingen können. Man kam also immer mehr dahin, Überleitungsstörungen durch Veränderungen am HISschen Bündel für die Arrhythmia perpetua verantwortlich zu machen; aber solche Veränderungen — die besonders auch am KEITH-FLACKschen Sinusknoten gesucht wurden — konnten häufig nicht gefunden werden[2]. Daher schuldigt man neuerdings in erster Linie die zur Dilatation führenden Schädigungen des rechten Vorhofs als Ursache des Vorhofflimmerns an, was dem Kliniker deshalb plausibel erscheint, weil gerade bei den Klappenfehlern mit Vorhofdilatation (Mitralfehler) die Arrhythmia perpetua sehr häufig, bei denen ohne eine solche aber sehr selten ist (z. B. bei Aorteninsuffizienz). Unter den Mitralfehlern geben besonders diejenigen Vorhofflimmern, bei denen die Verbreiterung der Herzdämpfung nach rechts auf eine Erweiterung des rechten Vorhofs hinweist.

6. Kammerflimmern.

Kammerflimmern. Hierbei handelt es sich um einen Zustand, bei welchem *primär* im Ventrikel so hochfrequente (und meist auch unregelmäßige) Reize wirksam werden, daß eine geordnete Zusammenziehung der Herzkammern nicht mehr möglich ist. Das Kammerflimmern ist beim Menschen nur selten beobachtet und fast stets tödlich. In Form vorübergehender Anfälle ist es gelegentlich registriert worden.

7. Überleitungsstörungen.

Treten im Reizleitungssystem vollkommene Unterbrechungen ein, so wird den nachgeordneten Herzabteilungen der Urrhythmus vom Sinusknoten nicht

---

[1] GERHARDT: Dtsch. Arch. klin. Med. 118, 562.
[2] FREUND: Dtsch. Arch. klin. Med. 106. — BERGER: Dtsch. Arch. klin. Med. 112. — ROMEIS: Dtsch. Arch. klin. Med. 114. — JARISCH: Dtsch. Arch. klin. Med. 115.

mehr mitgeteilt werden, und es wird als Folge der Leitungsunterbrechung eine Emanzipation in dem Rhythmus einzelner Herzabschnitte vom Urrhythmus einsetzen. In reinen Fällen können die Bedingungen wie im STANNIUSschen Versuch liegen und eine vollkommene Dissoziation der Vorkammer- und Kammertätigkeit Platz greifen *(totaler Herzblock)*. Es ist aber begreiflich, daß unter pathologisch-physiologischen Verhältnissen die Schädigung selten eine so weitgehende ist, daß tatsächlich eine vollkommene Leitungsunterbrechung die Folge ist, sondern es wird sich meist nur um eine Erschwerung der Reizleitung handeln. Es kann dadurch dazu kommen, daß für den erholten und kontraktionsbereiten Ventrikel der rechtzeitige adäquate Reiz ausbleibt und somit eine Systole ausfällt. Es können die Bedingungen z. B. so liegen, daß nur jeder zweite Vorhofreiz von einer Kammerkontraktion beantwortet wird, und man wird bei gleichzeitiger Registrierung des Venenpulses und des Spitzenstoßes doppelt so viele Vorhof- als Ventrikelkontraktionen aufzeichnen und ein dementsprechendes Elektrokardiogramm erhalten. Ist die Dissoziation der Vorhöfe und Kammern eine vollkommene, wie es im Tierexperiment durch Durchschneidung des HISschen Bündels im Septum erreicht wird, so hört die Kammer, wie man es wohl denken könnte, nicht etwa zu schlagen auf, sondern sie führt ihre Arbeit oft in völlig regelmäßigem Rhythmus, aber in einer gegenüber dem Vorhoftympo verminderten Frequenz weiter *(totaler Herzblock)*. Die Folge dieser *Kammerautomatie* ist in den meisten Fällen eine weitgehende Bradykardie. Die Schlagfolge kann auf 30 pro Minute und darunter vermindert sein, und es ist verständlich, daß die in der Zeiteinheit so erheblich herabgesetzte Förderleistung des zentralen Motors unter diesen Umständen nicht mehr für eine ausreichende Sauerstoffversorgung empfindlicher Gewebe genügt. Die daraus resultierende Anämie des Gehirns macht sich durch Ohnmachten und epileptische Krämpfe geltend, wie ich sie einmal in ganz gleicher Weise bei großen, zum Zwecke einer Transfusion ausgeführten Aderlaß an einem gesunden Menschen beobachtete. Gelegentlich kommt es bei Eintritt eines solchen *totalen Herzblocks* zu einem beängstigend langen Ventrikelstillstand, bei welchem eine extreme Blässe und tiefe Bewußtlosigkeit einsetzt. Der nach 15—30 Sekunden langer Pause wieder einsetzende Herzschlag treibt neues Blut in das Gehirn und in die eben noch blasse Gesichtshaut: das Bewußtsein kehrt wieder. Nicht selten erfolgt in einem solchen Anfall von ADAMS-STOKESscher *Krankheit* ein akuter Herztod. Folgen Vorhof- und Kammerkomplexe einander in rhythmischen Intervallen, wird aber nur jeder zweite oder dritte Vorhofschlag von einem Kammerkomplex beantwortet, so spricht man vom *partiellen Block* (Abb. 20). Gelegentlich haben wir einen solchen partiellen Block auch in der postpressorischen Phase des VALSALVAschen Versuchs beobachtet. Hier klingt die offenbar unter verstärkten Vaguserregungen erschwerte Überleitung vom Vorhof auf den Ventrikel schnell wieder ab.

Wenn die Leitung in einem Schenkel des Vorhofkammerleitungssystems unterbrochen ist und die Erregung der zugehörigen Kammer auf dem Umwege über den anderen Schenkel geleitet wird, spricht man von einem *Schenkelblock*. Die eine Kammer schlägt gegenüber der anderen in solchen Fällen verspätet. Klinisch hört man dabei gelegentlich Galopprhythmus. Elektrokardiographisch lassen sich die Blockierungen des rechten und linken Schenkels leicht voneinander unterscheiden.

Unter *Pulsus alternans* versteht man einen in regelmäßigen Zwischenräumen und regulärem Rhythmus folgenden Wechsel von einem großen und einem kleinen Pulsschlag. Die Erscheinung ist sehr verschieden gedeutet worden. Während man früher ein Alternieren des Schlagvolumens bei gleichbleibender Herzkraft annahm, ist man auf Grund von Tierversuchen zu der Frage gedrängt worden, ob nicht im Alternans einzelne Teile der Kammer nur halb so oft schlagen wie der übrige Teil. Man konnte experimentell einzelne Herzmuskelfasern so schädigen, daß sie nicht auf jeden einfallenden Reiz ansprechen, andererseits versuchte man Leitungsschädigungen derart zu setzen, daß nur jeder zweite Reiz weitergeleitet wurde; dieser zweite Fall ist bisher

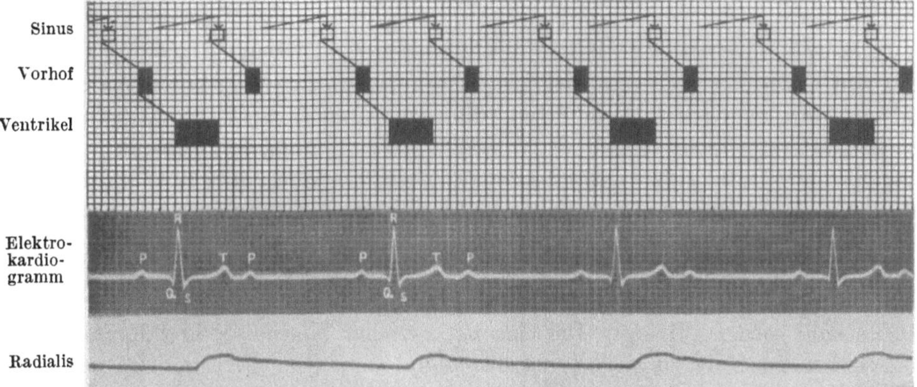

Abb. 20. *Partieller Block*[1]. 2:1 Rhythmus, bei einem 28jährigen Kellner, am 17. Tage nach einer schweren Angina aufgetreten und nach kurzer Zeit wieder verschwunden. Toxische Schädigung des Überleitungsbündels. Diagramm: Sinus- und Vorhofaktion regelrecht. Nur jeder 2. Vorhofschlag wird zur Kammer übergeleitet. Die Überleitungszeit ist auf 0,3 Sekunden verlängert. Vorhoffrequenz 60 p. M. Kammerfrequenz 34 p. M. Elektrokardiogramm: Das Relief der Vorhof- und Kammerkomplexe ist regelrecht. P-Q-Intervall = 0,3 Sekunden. Auf jede 2. P-Zacke. Puls: Der Radialispuls zeigt eine regelmäßige Bradykardie von 34 Schlägen p. M. Zeitschreibung: Ein Karo = 0,06 Sekunden.

nicht sicher verifiziert. Zur Erklärung eines dauernden Alternans des menschlichen Herzens ist die Annahme einer alternierenden partiellen Asystolie die wahrscheinlichste[2]. Das pathologische Geschehen wird dabei so erklärt, daß ein Teil der Kammerfasern durch irgendeine Schädigung minderleistungsfähig wurde. Bei der Bildung des großen Pulses sind alle Fasern beteiligt, in den geschädigten Partien ist der Kontraktionsablauf der Intensität und zeitlichen Extensität nach aber derart geändert, daß in ihnen die Refraktärzeit verlängert ist; sie werden daher nur bei jedem zweiten Schlage wirksam erregt und fallen bei jeder zweiten Systole alternierend aus. Willkürlich läßt sich ein Alternieren der Pulsgröße dadurch erzielen, daß man bei jeder zweiten Systole und geschlossener Stimmritze eine kräftige Exspirationsbewegung macht. Mit dem Wesen des Herzalternans hat dieser nur das Schlagvolumen modifizierende Versuch nichts gemein. Mit zunehmender Schlagfrequenz wird das Phänomen im allgemeinen deutlicher. Bemerkenswerterweise ist in der Mehrzahl der Fälle ein erhöhter Blutdruck festgestellt worden. Durch Vagusreizung wird in einzelnen Fällen der Alternans zum Verschwinden gebracht. Die gegebene Erklärung einer partialen Schädigung von Herzmuskelfasern schließt die ernste klinische

---

[1] BODEN: Elektrokardiographie, 3. Aufl. 1936.
[2] HERING: Z. exper. Path. u. Ther. **12**, 13 (1913).

und prognostische Bedeutung des Phänomens in sich. Die oft geschehene Verwechslung von *Herzalternans* und *Herzbigeminie* ist bei einer exakten Untersuchung leicht vermeidbar; die zeitliche Schlagfolge ist beim Alternans definitionsgemäß erhalten, bei der durch Extrasystolen bedingten Bigeminie dagegen infolge des unzeitgemäßen Ausgelöstwerdens von Systolen durch pathologische Reize gestört[1]. Klinisch läßt sich der Pulsus alternans besonders leicht bei der Messung des Blutdrucks auffinden. Dem stärkeren Schlage entspricht ein höherer Druck. Bei der auskultativen Blutdruckbestimmung hört man nur jeden zweiten Schlag; besonders häufig tritt dieses Phänomen bei dekompensiertem Hochdruck auf. Die regelmäßige Aufeinanderfolge des kräftig und schwachen Herzschlages verschwindet nach einer richtig durchgeführten Digitalisbehandlung oft.

8. Die krankhaften Empfindungen am Herzen.

Für den Gesunden verlaufen die *Bewegungen des Herzens ohne Sensationen, obwohl* das Herz in regelmäßigem Schlag die Brustwand erschüttert. Daß uns diese Erschütterung nicht bewußt wird, liegt an dem Faktor der Gewöhnung. Von Kranken wird ein *vorübergehendes Aussetzen des Pulses* auch dann empfunden, wenn für den Kreislauf daraus noch gar keine Störungen resultieren. Wird die Herztätigkeit verstärkt durch körperliche Anstrengung, durch psychische, sexuelle, toxische (Nicotin-) Erregungen, so wird uns der Schlag des Herzens bewußt, es tritt „*Herzklopfen*" auf, das aber mit Aufhören der Ursache beim Gesunden bald wieder abklingt. Die Grenzen zwischen Normalem und Krankhaftem sind hier schwer zu ziehen und das weite Gebiet der *Herzneurosen* nur unsicher abzugrenzen.

Viel präzisere Bedeutung kommt den oft genau lokalisierten *Schmerzen* mancher Herzkranker zu. Oft genügt dem Erfahrenen eine gute Schilderung dieses vernichtenden Schmerzes oder des überwältigenden Angstgefühles für die Diagnose eines Herzleidens. *Das pathologische Geschehen bei der Angina pectoris* und dem *stenokardischen* Anfall mit der charakteristischen Ausbreitung des Schmerzes über die Herzgegend, den linken Arm, besonders das Gebiet des Nervus ulnaris, die linke Schulter und den Hals ist dabei folgendes:

Wie bei den Affektionen der Körpermuskulatur, die beim Krampf (Wadenkrampf), bei den rheumatischen Erkrankungen (Lumbago) vielleicht infolge entzündlicher chemischer Alterationen aufs heftigste schmerzen, können auch bei Schädigungen des Herzmuskels Sensationen entstehen, die auf den Bahnen des autonomen Nervensystems, von dem das Herz versorgt wird, zentripetal geleitet werden und in einen Querschnitt des Rückenmarks einstrahlen, in dem auch cerebrospinale Nerven einmünden, die in der Regel an Hautbezirken der Ulnarseite des linken Vorderarms erregt werden. Die in den betreffenden Rückenmarksquerschnitt einstrahlenden sensiblen Erregungen sind seit der Kindheit vom Zentrum stets richtig in die entsprechenden Hauptpartien lokalisiert worden. Trifft an gleicher Stelle eine von einer anderen Körperstelle kommende Erregung (Herz) ein, so wird diese Erregung falsch projiziert. Solche Täuschungen sind dem Arzt geläufig: der Amputierte projiziert Erregungen, die den Stumpf treffen, noch lange Zeit nach der Operation in die Extremität, die er gar nicht mehr besitzt. Das mittlere und untere Ganglion des Sympathicus steht mit den vorderen Ästen der vier unteren Halsnerven in Verbindung; von ihm entspringen der mittlere und untere Herznerv. Der obere Herznerv entspringt vom 1. Halsganglion, der mit den vier oberen Cervicalnerven in Verbindung steht. Ein direktes Übergreifen der vom Herzen kommenden Erregungen auf diese den Hals, Schulter und Arme

---

[1] Zusammenfassende Darstellung: KISCH: Erg. inn. Med. **19**, 294. — KISCH: Der Herzalternans. Erg. Kreislaufforsch. **2** (1932).

sensibel versorgenden Cervicalnerven ist nach dem Gesetz der isolierten Erregbarkeit nicht möglich. Zu schmerzhaften Sensationen in der Herzgegend, in der Schulter und im linken Arm kommt es bei anatomischen und funktionellen Störungen an den Kranz-gefäßen. Diese qualvollen Krankheitszustände werden als *Angina pectoris* bezeichnet. In der Mehrzahl der Fälle beruhen sie auf organischen Veränderungen an den Coronar-gefäßen. (Mesaortitis, Atherosklerose mit Einbeziehung der Mündungen der Coronar-arterien, Endokarditis der Aortenklappen.) Es muß aber betont werden, daß der Anatom nicht selten solche Veränderungen demonstriert, ohne daß der Kliniker die Symptome der Angina pectoris festgestellt hat. Auf die Bedeutung der Spasmen in den Kranzgefäßen mit ihren schweren sekundären Folgen des Herzinfarkts wurde bereits bei Erörterung der Commotio cordis hingewiesen. Von manchen Klinikern werden die schweren Schmerz-attacken der Angina pectoris nicht auf die Kranzgefäße, sondern auf die *Aorta* bezogen. Der Aortenbogen ist ein besonders gebautes Organ, seine Wand ist schon unter physiolo-gischen Bedingungen (wovon man sich an Pferdeaorten leicht überzeugen kann) fast 2—3mal so stark als die der Bauchaorta. Bei jeder Systole wird der Bogen auf Druck sehr stark beansprucht und gedehnt. Alle Momente, die zu einer besonders starken Dehnung führen (körperliche Anstrengung, Vergrößerung des Schlagvolumens, Abkühlung, psychische Erregung), sollen die Schmerzattacken auslösen. Die Schmerzempfindungen sollen also nicht allein von den Kranzgefäßen, sondern von der Aorta ausgehen (Aortalgie) können[1]. Diese Vorstellung hat zu dem Vorschlag geführt, den Nervus depressor zu durchschneiden und damit die Schmerzen zu bekämpfen. Zur Zeit der angiospastischen Krisen im Bereich der Aortenwurzel und der Kranzgefäße kommt es zu Blutdrucksteigerungen, welche als pressorische Gefäßkrisen bezeichnet werden[2].

D. Funktionsstörungen des Perikards.

Die Aufgabe des Perikards liegt offenbar darin, das Herz an allzu ausgiebigen Lageveränderungen im Thorax zu hindern. Die für die Füllung des Herzens so wichtige untere Hohlvene wird mit Hilfe des Perikards dauernd offen gehalten. Die straffe Struktur des Herzbeutels dient der Herzwand selbst zur Festigung und wirkt übermäßigen diastolischen Erweiterungen der Kammern und Vor-kammern entgegen.

Bei Verletzungen des Herzens kommt es zu Blutungen in den Herzbeutel, die schließlich so ausgedehnt werden können, daß das Herz infolge mangelnder Nachgiebigkeit des Perikards von außen her zusammen- und leergepreßt wird (Herztamponade). Bei Entzündungen des Herzbeutels wird seine Struktur aufgelockert und durch wachsende Ergüsse zunehmend gedehnt. Ein solcher perikardialer Erguß kann bis zu mehreren Litern anwachsen und bedeutet eine große Gefahr für die Tätigkeit des Herzens. Das Herz kann sich diastolisch nicht mehr erweitern, seine Füllungsgröße nimmt langsam ab, das Schlagvolumen sinkt. Gleichzeitig kommt es zu einer Einstromstauung in den dem Herzen vorgelagerten Venen, welche sich zunehmend erweitern.

Wird eine feuchte Perikarditis überstanden, der Erguß resorbiert, so kann es sekundär zur entzündlichen Verklebung und Vernarbung der Perikardblätter kommen. Die Perikardblätter können sich schwartenartig verdicken und das Herz umklammern *(Panzerherz)*. Diese Umklammerung des Herzens wird infolge seiner mangelhaften Füllung frühzeitig zu Einstromstauungen vor allem im Gebiet der unteren Hohlvene führen. Die abdominale Stauung ist durch einen früh-zeitig einsetzenden *Ascites praecox* gekennzeichnet. Da das rechte Herz wesent-lich wandschwächer ist als das linke, werden bei den Umpanzerungen die Funk-tionsstörungen des rechten Herzens eher hervortreten. Diagnostisch wertvoll

---

[1] WENCKEBACH: Wien. Kongr. inn. Med. 1923.   [2] PAL: Wien. Arch. klin. Med. **1923**.

hat sich mir in zweifelhaften Fällen der VALSALVAsche Versuch erwiesen. Wird dieser Versuch unter bestimmten Bedingungen richtig durchgeführt, so kommt es infolge mangelhafter Herzfüllung regelmäßig zu einer Verkleinerung des Herzschattens, welcher röntgenologisch, besser noch kymographisch sicher nachweisbar ist. Diese normale Herzverkleinerung (s. Abb. 21, S. 128) im Preßdruckversuch bleibt beim Panzerherzen aus. Ein wichtiges Hinweissymptom für das Panzerherz ist der *Pulsus paradoxus*. Der Puls ist in der inspiratorischen Phase verkleinert, weil das durch die perikardialen Schwielen ans Zwerchfell fest verankerte Herz inspiratorisch in die Länge gedehnt und somit schlechter gefüllt wird. Das inspiratorisch verkleinerte Schlagvolumen kennzeichnet sich an der Peripherie in einer Verkleinerung des Pulses.

E. Die Bedeutung der Gefäße für den Kreislauf[1].

Der Blutumlauf wird außer der *motorischen Kraft des Herzens* durch *die Funktion des gesamten Gefäßsystems* in Gang gehalten. Den Arterien ist neben der Eigenschaft *der Elastizität* und *Dehnbarkeit* die der *Kontraktilität* eigen.

Die Ring- und Längsmuskulatur der Gefäße hat die Aufgabe, durch Aufrechterhaltung eines gewissen Tonus die Arbeit des Herzens zu unterstützen. Ob es richtig ist, „daß in ihnen selbst Kräfte tätig sind, welche unabhängig vom Herzen das Blut vorwärts bewegen, so wie es das Herz tut, nur nicht mit derselben Kraft" (HASEBROEK), wird noch bestritten[2]. Wie das Herz rufen auch die Arterien *am Saitengalvanometer pulsatorische Ausschläge* hervor. Man sieht an ausgeschnittenen Ringstreifen, wie an ganzen Stücken von frischen Rinderarterien, die in Blut oder Serum getaucht werden, langsame rhythmische Kontraktionen auftreten. Den Anreiz für die Kontraktionen der Gefäßwand sollen die durch die Tätigkeit des Herzens bedingten pulsatorischen Druckschwankungen liefern. Neben dieser *pulsatorischen Funktion* der Gefäße, die übrigens, was ihre praktische Bedeutung anlangt, noch Gegenstand der Kontroverse ist, hat deren Wandmuskulatur noch eine automatisch regulierende Tätigkeit: die Aufrechterhaltung eines beständigen Tonus. Dieser für die Zirkulation äußerst wichtige Gefäßtonus wird auf nervösem Wege reguliert und von gewissen Zentren beherrscht. Die Verengerung und Erweiterung des Arterienrohres wird von den Vasomotoren getätigt. Man unterscheidet Constrictoren und Dilatatoren. Ihre gemeinsamen Zentren sind in der Medulla oblongata, im Rückenmark und in den Ganglien des vegetativen Nervensystems gelegen. Der adäquate Reiz für die Gefäßnerven sind die Schwankungen des Blutdrucks, welche sich z. B. auf dem Wege über die Blutdruckzügler auswirken. Die Erregbarkeit der Gefäßmuskulatur wird durch die Vasoconstrictoren gesteigert, durch die Dilatatoren gemindert.

Ebenso wie den *Arterien* hat man auch den *Capillaren* eine eigene Funktion bei der Fortbewegung des Blutes zugesprochen. Sie können sich unter dem Einfluß von Constrictoren und Dilatatoren verengern und erweitern. Es ist hierbei zu betonen, daß der Nachweis *einer eigenen Muskulatur* bei den Capillaren noch nicht mit Sicherheit erbracht ist. Es sind zwar eigentümlich verästelte, die Capillarwand von außen umspinnende Zellen von verschiedenen Autoren beobachtet und von einigen als feinverzweigte Muskelzellen angesprochen worden. Von der Mehrzahl der Autoren jedoch wurden sie als Bindegewebselemente betrachtet.

Auch die Venen sind mit einer relativ kräftigen Muskulatur ausgerüstet, in denen Nervenenden nachgewiesen sind. Sie können unter dem Einfluß ihnen auf nervösen Wegen zufließender Reize ihr Lumen stark verengern. Unter dem Einfluß längerdauernder Drucksteigerung (bei Stauungszuständen findet sich häufig eine Hypertrophie der Venenwandmuskulatur, Verdickung der Pulmonalis!).

---

[1] Peripherischer Kreislauf siehe HESS: Erg. inn. Med. **23**.
[2] HASEBROEK: Der extrakardiale Kreislauf, S. 44. 1913.

Bei disponierten Individuen, sehr häufig familiär gehäuft, kommt es zu einer Erweiterung der Venen im Gebiet der unteren Hohlvene; zur sog. Varicenbildung, die zu sehr lästigen Erscheinungen führen kann. Die Venen sind dabei nicht nur erweitert, sondern auch verlängert; es kommt zu einer Schlängelung der dilatierten Venen, die sich an den Unterschenkeln besonders nach längerem Gehen und Stehen markiert. Die Klappen werden schlußunfähig. Die chronische Stauung führt zu Ödemen, ja sogar zu Blutaustritten, welche schließlich eine diffuse Braunfärbung der Unterschenkel bewirkt.

Neben der gering anzuschlagenden aktiven motorischen Beteiligung der Gefäße, speziell der Arterien, kommt ihnen die weit wichtigere Aufgabe zu, durch ihren *wechselnden Kontraktionszustand* die Blutmenge dem jeweiligen Bedürfnis der Organe anzupassen.

Unter physiologischen Verhältnissen erhält ein Organ um so mehr Blut, je stärker es *arbeitet*. Die Gesamtmuskulatur des Kaninchens z. B. enthält in der Ruhe 36,6%, bei angestrengter Arbeit aber bis 66% der Gesamtblutmenge. Das Blut wird bei körperlicher Tätigkeit den inneren Organen entzogen, während bei der Verdauung das umgekehrte, eine Blutüberfüllung der Eingeweidegefäße, statthat. Dieser Antagonismus zwischen den Gefäßgebieten des Körperinnern und der Peripherie ist als DASTRE-MORATsches Gesetz bekannt. Die Gefäßerweiterung entsteht durch reflektorische Hemmung der Vasomotoren bzw. Erregung der Vasodilatatoren. Nur durch dieses feinabgestimmte Spiel der Vasomotoren wird es möglich, daß weitgehende Blutverschiebungen *ohne eine Senkung des Blutdrucks* durchgeführt werden können.

Neben der nervösen gibt es eine lokal-chemische Durchblutungsregelung. Die bei der Tätigkeit der Organe (Muskulatur, Drüsen) auftretenden Stoffwechselprodukte (CO_2 und Milchsäure) wirken gefäßerweiternd. Neben diesen Produkten ist das Acetylcholin und Histamin für die lokale Durchblutung von Bedeutung. Wird ein Gefäßgebiet gewaltsam abgesperrt, so tritt nach aufgehobener Sperrung eine Steigerung der Durchblutung ein, die als *reaktive Hyperämie* bezeichnet wird. Auch sie hat als Hauptursache die während der Sperrung sich im abgedrosselten Gefäßgebiet anhäufenden Stoffwechselprodukte. Unter den gefäßverengernden physiologischen Substanzen ist das *Adrenalin* am meisten untersucht. Dieses Produkt des Nebennierenmarks wird durch Oxydation im Gewebe rasch unwirksam. Seine stark blutdrucksteigernde Wirkung, welche besonders nach intravenöser Applikation eintritt, wird durch seine leistungssteigernde Wirkung auf das *Herz* und *Verengerung* eines großen Gebietes der peripheren Strombahn erklärt. Es bewirkt ferner durch seine kontrahierende Wirkung auf die Milz eine *Ausschüttung* der *Blutspeicher*. Neuere Untersuchungen von REIN haben gelehrt, daß durch Verwendung unphysiologisch großer Dosen von Adrenalin die wahre Bedeutung desselben bis dahin verschleiert wurde. Als physiologische Dosen sind etwa 10^{-5} mg pro Kilogramm Körpergewicht anzusehen. Diese wirken auf den Blutdruck oft *überhaupt nicht* ein, ja können gelegentlich sogar eine Senkung des Blutdrucks zur Folge haben. Die Erklärung für diese Erscheinung wird in folgendem gesehen: Die Gefäße eines *ruhenden* Organs reagieren auf die gleiche Menge Adrenalin in entgegengesetztem Sinne wie die eines *tätigen*. In den ruhenden Organen wirkt das Adrenalin gefäßverengernd, in den arbeitenden dagegen gefäßerweiternd. Es wird so mit Recht als *Regulator der Organdurchblutung* angesehen. Durch starke psychische Erregungen oder bei körperlichen Anstrengungen werden die Nebennieren reflektorisch über den Nervus splanchnicus zu einer Adrenalinausschüttung gereizt. Diese Adrenalinausschüttung wirkt sich im Sinne der eben geschilderten Regelung der Blutverteilung im Sinne der Leistungssteigerung der Gesamtorganismus aus. Es wird auf diese Weise das Ineinandergreifen psychischer Vorgänge und körperlicher Leistung durchaus verständlich. Auch im sportlichen Wettkampf spielt das rasche Ineinandergreifen solcher psycho-physischer Regulationen eine große Rolle. Auch eine aus krankhaften Ursachen plötzlich einsetzende Blutdrucksenkung kann reflektorisch eine Adrenalinausschüttung aus den Nebennieren bewirken.

Aderlässe auch größeren Umfangs werden vom Gesunden ohne Blutdrucksenkung ertragen, vom Gefäßkranken (Arteriosklerotiker) dagegen häufig nur mit erheblichen bis zum Kollaps führenden Drucksenkungen. Tritt in diesem komplizierten Regulationssystem an irgendeiner Stelle eine Störung ein, so können die allerschwersten Erscheinungen die Folge sein. Solche Störungen können in zwei Richtungen eintreten. Es kann einerseits durch *Gefäßlähmung* eine übermäßige Erweiterung in bestimmten Bezirken einsetzen. Das Herz pumpt das Blut in den erweiterten schlaffen Gefäßbezirk hinein. Der periphere Blutdruck sinkt. Der Kranke verblutet sich in seine eigenen Gefäße. Andererseits können *Krämpfe* oder *Spasmen* eine ausgedehnte Gefäßverengerung zur Folge haben, die eine Steigerung des Blutdrucks bedingen. Das Herz kann sich auf die Dauer gegen den gesteigerten Druck nicht mehr vollständig entleeren.

Die Gefäßlähmung *kann eine zentrale* sein. Es gelingt in diesem Falle nicht mehr, durch Reizung eines sensiblen Nerven den Blutdruck auf reflektorischem Wege über die Vasomotorenzentren zu steigern. Ist die Gefäßlähmung *peripher,* so wird auch die Reizung des peripheren vasomotorischen Nerven nicht mehr durch Kaliberschwankungen im abhängigen Gefäßgebiet beantwortet. Im Tierversuch entscheidet die Halsmarkdurchschneidung, ob ein Mittel zentral oder peripher auf die Vasomotoren einwirkt.

Mechanische Reize der Haut können zu verschiedenen sichtbaren Reaktionen des betroffenen Bezirks und seiner Umgebung Anlaß geben. Fährt man mit einer Nadel über die Haut, so veranlaßt dieser leichte Reiz einen weißen Strich, welcher sich genau auf die betroffenen Partien beschränkt. Es liegt hier eine direkte Reizung der Vasomotoren vor, die zur Gefäßkontraktion führt *(Dermographia alba)*. Bei stärkerem Reiz kommt es zur Lähmung der Vasomotoren *(Dermographia rubra)*. Die *irritative Hyperämie* in der Umgebung eines schmerzhaften Hautreizes kommt auf reflektorischem Wege zustande. Ihr Ausbleiben bei Rückenmarksquerschnittläsion kann unter Umständen für die topische Diagnose von Bedeutung sein. Bei Nierenkoliken, Spinalganglienerkrankungen kann es durch Überspringen des Reizes auf vasomotorische Bahnen zu den gefäßreflektorischen Erscheinungen der Gürtelrose kommen.

Ein wichtiges Hilfsmittel, mit dem Volumschwankungen von Körperteilen bzw. Organen gemessen werden können, ist der *Plethysmograph*. Dieser Apparat besteht aus einem starren, an einem Ende offenen Gefäß von einer der Extremität entsprechenden Form. An der Durchtrittsstelle wird das Gefäß abgedichtet, der freie Raum zwischen Körperteil und Gefäßinnenwand mit Wasser gefüllt. Die Volumschwankungen werden auf einem Kymographion aufgezeichnet. Man erhält eine Kurve, auf der verschiedene Niveauschwankungen erkennbar sind:

1. Steile kurzdauernde herzsynchrone Erhebungen. Sie entsprechen den Volumpulsen.
2. Ein langsames Steigen und Sinken der ganzen Kurve, die den langsamer erfolgenden Volumänderungen der ganzen Extremität entsprechen.

3. Flache, wellenförmige Schwankungen, die durch die Atmung bedingt sind.

4. Unregelmäßige sog. TRAUBE-HERINGsche Wellen, die auf trägen Spontanschwankungen des Gefäßtonus beruhen.

Die klinische Verwertung der Plethysmographie wird dadurch beeinträchtigt, daß nicht nur körperliche, sondern auch psychische Reize die Kurven beeinflussen. So sieht man bei bloßen *Bewegungsvorstellungen* die Blutfüllung des Gehirns und der Glieder zu-, das der äußeren Kopfteile und der Bauchorgane abnehmen. Bei *geistiger Arbeit* nimmt das Volumen der Bauchorgane zu, das der äußeren Kopfteile und der Glieder und äußeren Rumpfteile ab. Eingehend studiert wurde der Einfluß *thermischer* Reize. Bei direkter Abkühlung zeigte sich z. B., daß nicht bloß das Volumen des im Plethysmographen liegenden abgekühlten Armes, sondern auch das des anderen in indifferent temperierter Flüssigkeit befindlichen Armes abnimmt. Diese reflektorische Gefäßkontraktion nennt man *konsensuelle* Reaktion.

Auch zur *Funktionsprüfung* der Gefäße wurde die Methode herangezogen. Es zeigte sich bei rigiden Arterien eine Abnahme der normalen Kältereaktion der Gefäße entsprechend dem Grad der Wandverdickung. Bei stark veränderten Gefäßen kann die Reaktion ganz ausbleiben, doch sind auch entgegengesetzte Resultate gefunden worden, so daß ein abschließendes Urteil über die Brauchbarkeit der Methode in dieser Richtung noch nicht gegeben werden kann. Aus einem Ausbleiben oder aus einer negativen Schwankung des Plethysmogramms hat man schließlich auf Herzinsuffizienz schließen wollen. Schlecht arterialisiertes Blut wirkt ebenso wie die Ermüdungsstoffe schädigend auf das Gefäßzentrum in der Richtung, daß ein weiterer Reiz wie lokalisierte Muskelarbeit zu einer umgekehrten Gefäßreaktion, also zu einer Vasokonstriktion der peripheren Gefäße führt.

Die *pulsatorischen* Erscheinungen an den peripheren Gefäßen haben vorwiegend symptomatisches Interesse. Die hohen Pulswellen beim Pulsus celer et altus lassen die Bewegungen an den peripheren Arterien besonders deutlich in die Erscheinung treten. Für seine Entstehung sind verschiedene Momente angeschuldigt worden:

1. der Defekt im Klappenschlußapparat bei der Aorteninsuffizienz, welcher zu einer abnormen rückläufigen Entleerung des Gefäßsystems führt;

2. die Stärke und

3. die Schnelligkeit der einzelnen Herzkontraktion;

4. die verminderte Dehnbarkeit der Arterien.

Bei ausgesprochener Aorteninsuffizienz sind die Arterien in den Pausen zwischen zwei Pulsen schlecht gefüllt. In diese mangelhaft gefüllten Gefäße treibt nun jede Herzsystole das Blut mit großer Geschwindigkeit und Kraft hinein. Durch die abnormen Bewegungsvorgänge an den Gefäßen, die sich häufig dem angrenzenden Organ mitteilen, man denke an die nickende Bewegung des Kopfes (MUSSETsches Symptom), geht ein größerer Teil der pulsatorischen Energie des Herzens verloren, welche bei normaler Elastizität der Gefäße der Zirkulation zugute käme. Die schlechte Füllung des Gefäßsystems in den Pausen zwischen den einzelnen Pulsen bedingt das blasse Aussehen vieler Kranker mit Aorteninsuffizienz.

Der bei dieser Krankheit so häufige *Capillarpuls* ist durchaus kein eindeutiges Zeichen. Wenn man sorgfältig danach sucht — z. B. durch Aufpressen eines belasteten Objektträgers auf eine künstlich hyperämisierte Stelle der Stirn —, findet man ihn bei vielen Gesunden, die gar keine Zeichen einer Aorteninsuffizienz darbieten. Das wußte und beschrieb QUINCKE schon 1868[1]. Bei Anstellung des VALSALVAschen Preßversuchs sieht man den Capillarpuls zugleich mit den ersten großen Pulsen nach Wiedereinsetzen der Atmung auftreten. Ebenso findet man ihn bei Morbus Basedow, bei Fiebernden, bei sonst gesunden Vasomotorikern als ein häufiges Begleitsymptom. Auch im Bereich entzündeter Hautgebiete läßt sich bei vollkommen gesundem Herzen der Capillarpuls häufig beobachten. Durch direkte mikroskopische Betrachtung der Capillaren am Nagelfalz nach WEISS kann man sich leicht von ihren raschen Gestaltsveränderungen und den Strömungsverhältnissen in ihnen überzeugen. Es lassen sich solche Gestaltsveränderungen auch noch eine gewisse Zeit lang beobachten, wenn eine passive Dehnung durch Übertragung pulsatorischer Bewegungen durch Umschnürung des Armes mit Hilfe einer elastischen Manschette verhindert wird. Untersucht man nach diesem Verfahren Leute mit makroskopisch sichtbarem sog. Capillarpuls, so lassen die Capillaren mikroskopisch oft eine gleichmäßige Strömung erkennen. Demnach kann es sich in diesen Fällen lediglich um *pulsatorische Füllungsschwankungen der präcapillaren Anteile des Gefäßgebietes* handeln. In anderen Fällen von Capillarpuls erkennt man dagegen deutliche stoßweise vor- und rückläufige Bewegungen in beiden Schenkeln der Capillarschlingen (Schaukelbewegungen). Umgreift man bei Kranken mit Aorteninssuffizienz den Unterarm, so fühlt man in vielen Fällen ein deutliches pulsatorisches Klopfen. Dieses Unterarmphänomen ist uns ein wichtiges diagnostisches Hinweissymptom.

Das DUROSIEZsche *Doppelgeräusch,* welches besonders schön durch leichten Druck des Stethoskops auf die Cruralarterien bei Kranken mit Aorteninsuffizienz zu erzielen ist, ist als Stenosengeräusch aufzufassen, welches durch die doppelte Beschleunigung des Blutstroms in vor- und rückläufiger Richtung und die durch sie erzeugten Schwingungen der Gefäßwand zustande kommt.

In seltenen Fällen kommt es bei besonders weiten Capillaren zu einem Durchschlagen der Pulswelle bis in das Gebiet der Venen hinein (penetrierender Venenpuls).

Das Spiel der Vasomotoren, der wechselnde, oft antagonistisch regulierte Füllungszustand verschiedener Gefäßgebiete, werden am raschesten verständlich durch eine kurze Betrachtung der experimentellen Ergebnisse über die *pharmakologische Beeinflußbarkeit des Gefäßsystems.* In kleinen Dosen bewirken die in Frage kommenden Arzneimittel nur eine geänderte Blutverteilung, ohne den Allgemeinblutdruck wesentlich zu beeinflussen, weil immer einer Vasokonstriktion in dem einen, eine Vasodilatation in einem anderen Gebiet kompensatorisch folgt. Eine Giftwirkung macht sich erst dann geltend, wenn diese Regulationen gestört sind. Jetzt wird der gesamte Kreislauf in Mitleidenschaft gezogen und der Blutdruck verändert.

1. Das *Vasoconstrictorenzentrum* wird erregt oder sein Erregungszustand gesteigert durch Strychnin. Vorzugsweise getroffen wird das Splanchnicusgebiet, während die Hirngefäße und die der Körperperipherie erweitert werden. Der Tetanus der Gefäßmuskeln treibt den Blutdruck in die Höhe. In ähnlicher

---

[1] QUINCKE: Berl. klin. Wschr. **1868.**

Weise zentralerregend wirkt das Coffein, das bemerkenswerterweise von seinem peripheren Angriffspunkt aus die Gefäße der Nieren und des Gehirns erweitert. Auch der Campher wirkt auf den Wegen über die Zentren gefäßverengernd.

2. Zu *den zentral gefäßerweiternden Giften* gehören die Narkotica der Alkoholgruppe und vor allem das Amylnitrit.

3. *Die peripher gefäßverengernden Mittel* sind neben dem bereits erwähnten Adrenalin, die Digitalissubstanzen, das Cocain. Die Adrenalinwirkung greift peripher an. Das zeigen Versuche an überlebenden Organen, sowohl wie an solchen, die nach Trennung der zugehörigen Nerven vom Gefäßnervenzentrum angestellt wurden. Die Wirkung läßt sich auch *an ausgeschnittenen Arterienstreifen* demonstrieren, die noch nach tagelanger Aufbewahrung in Ringerlösung in überlebendem reizbaren Zustande sich befinden. Bemerkenswerterweise lassen sich so an allen Arterien mit Ausnahme der Coronargefäße Verkürzungen demonstrieren.

Die Wirkungen dieser Gefäßmittel lassen sich mittels des Plethysmographen bequem verfolgen. So sieht man nach Natrium nitrosum eine Zu-, nach Coffein eine Abnahme des Armvolumens.

4. *Peripher gefäßlähmende Mittel* sind neben den Produkten des lokalen Stoffwechsels (Acetylcholin, Histamin, Milchsäure, Kohlensäure) Nitrite, Narkotica der Alkoholgruppe (Chloroform-Chloralhydrat), letztere aber erst in hohen Konzentrationen. „*Capillargifte*" sind Antimon, Arsen, Sepsin. Elektive Wirkung auf die Gefäße der Genitalorgane zeigt Johimbin. Coffein wirkt erweiternd auf Hirn, Nieren und Coronargefäße; ebenso in Versuchen am Frosch der Muskelpreßsaft[1]. Bei Veronalvergiftungen kommt es zu weitgehenden Gefäßerweiterungen, gelegentlich sogar zur Blasenbildung auf der Haut.

Unter den *gefäßverengernden* Giften spielt das Mutterkorn (Secale cornutum) eine besondere Rolle. Das Gift stammt aus dem Pilz Claviceps purpurea, der auf Gramineen, besonders auf der Roggenblüte zur Entwicklung kommt. Wird die Entfernung dieses Pilzes aus dem Korn versäumt, treten gehäufte Vergiftungsfälle, der sog. Ergotismus auf. Die gangränöse Form desselben geht mit Parästhesien (dem Gefühl von Taubsein, Kribbeln und Pelzigsein an den Fingern) einher, die schließlich, nachdem die Haut der befallenen Teile sich blauschwarz verfärbt hat, unter heftigen Schmerzen zu trockener Nekrose der Finger, Zehen, Ohren und Nase führen kann.

Zentrale und periphere Gefäßlähmungen spielen im Verlaufe vieler Infektionskrankheiten und von Vergiftungen eine oft den Verlauf entscheidende Rolle. Die peripheren Gefäßbezirke der Haut und Muskulatur werden blaß und blutleer. Splanchnicusgebiet und Hirngefäße werden blutreicher. Der periphere Blutdruck sinkt infolge dieser Gefäßlähmungen. Die Stromgeschwindigkeit wird geringer bis schließlich der Kreislauf stillsteht. Solche tödlichen Gefäßlähmungen können sich einstellen, ohne daß sichtbare Veränderungen am Herzen durch die Sektion aufgedeckt werden.

Von den Störungen der Gefäßfunktion sind die sog. „*Gefäßneurosen*" klinisch oft besonders eindrucksvoll. Bei ihnen handelt es sich um eine nervöse vasomotorische Störung im Koordinationsmechanismus. Hierbei treten Gefäßreaktionen bereits nach Einwirkungen auf, die beim Gesunden keinen Effekt haben. Sie treten rascher in die Erscheinung und verlaufen nicht selten anders als in der Norm. Man beobachtet bei disponierten Individuen sog. *Gefäßkrisen*

---

[1] Sohlberg (ebenso Gentry Perca): Arch. néerl. Physiol. 4, 460 (1920).

in verschiedenen Bezirken und unterscheidet vasoconstrictorische von dilatatorischen. Es ist klar, daß durch solche Gefäßkrisen eine Störung in der Blutverteilung und damit in der Versorgung einzelner Gebiete eintreten kann. Derartige Gefäßkrämpfe wurden unter anderem als ätiologischer Faktor bei der Entstehung des Magengeschwürs angeschuldigt. Wenn auch Gefäßkrämpfe an und für sich schmerzlos verlaufen, können sie doch dadurch, daß das von ihnen versorgte Gewebe anämisiert wird, zu heftigen Schmerzen Anlaß geben. So wird die *Hemicrania angiospastica* auf einen Krampf in den Gefäßen der Hirnhaut zurückgeführt. Durch einen tonischen Krampf der peripheren Arterienmuskulatur kommt es zu einer angiospastischen Anämie größerer Gebiete; die bei dem Zustandekommen des intermittierenden Hinkens eine ausschlaggebende Rolle spielt. Charakteristisch ist, daß die gewöhnlichen arteriosklerotischen Gefäße in der Ruhe für die Versorgung des betreffenden Muskelgebietes noch ausreichen. Werden die Muskeln aber bewegt, so bleibt die Arbeitshyperämie aus, es kommt zu unangenehmen Empfindungen und krampfartigen Lähmungen, die als *Dyskinesia angiosklerotica* beschrieben werden. Neben lokalen Anämien können umschriebene Hyperämien eintreten. Die höchsten Grade solcher Zirkulationsstörungen stellen die lokale Cyanose und Asphyxie dar. Es kann nicht nur zur Funktionsbeeinträchtigung der befallenen Gewebe, sondern sogar zu bleibenden Ernährungsstörungen kommen. Das Prototyp einer lokalen Vasomotorenstörung stellt die RAYNEAUDsche Erkrankung dar. Die Ursache der typischen Anfälle wird in einer fehlerhaften Innervation der Capillargefäße gesucht. Man glaubt, daß die vasomotorischen Zentren und Bahnen, und zwar besonders die vasoconstrictorischen sich in einem Zustand erhöhter Reizbarkeit befinden und daß die lokale Ursache der Asphyxien in einem Venenkrampf zu suchen sei. Durch die Versperrung des Lumens der Venen soll der venöse Rückfluß gehindert, ja aufgehoben sein (KASSIERER[1]). Die direkte Capillarbeobachtung zeigt, daß zum mindesten ein Teil der Capillaren sowohl im Anfall wie im Intervall erheblich erweitert ist. Die einzelnen Capillarschlingen können Anomalien, z. B. eine Verlangsamung der Strömung, ja eine völlige anhaltende Stase im Anfall aufweisen, was wohl auf eine Stauung infolge behinderten Abflusses zurückzuführen ist[2].

Kommt es aus irgendwelchen Gründen zu *einer Verengerung oder zum Verschluß einer Schlagader,* so können die Folgen für das Versorgungsgebiet sehr wechselnde sein. Bei Verengerungen hängt dabei viel von der Treibkraft des Herzens ab; solange sie den gesteigerten Widerstand noch überwindet, geht der Kreislauf und die Ernährung der Gewebe, wenn auch in vermindertem Maße, weiter. Reicht dagegen die Vis a tergo nicht mehr aus, um den Widerstand zu brechen, so ist die Folge eine mehr oder weniger weitgehende Ernährungsstörung des Versorgungsgebietes. Ist es zu einem vollkommenen Verschluß einer Arterie gekommen, so ist das Schicksal des Versorgungsbereichs von der Zahl und Weite der arteriellen Anastomosen abhängig.

Kommt es zu starken mechanischen Kompressionen oder „Erschütterungen“ eines Gefäßes ohne Verletzung seiner Wand, z. B. Schußwunden, die in der Nähe des Gefäßes liegen, so sind durch den starken mechanischen Reiz derartig langdauernde spastische Kontraktionen beobachtet worden, daß die

---

[1] KASSIERER: Die vasomotorisch-trophischen Neurosen.
[2] HALPERT: Z. ges. Med. **1920.** — MÜLLER, O.: Klin. Wschr. **1923 II.**

Erscheinungen im Versorgungsgebiet den Arzt zur Vornahme einer Amputation veranlaßten.

Im allgemeinen sind die *vorübergehenden Unterbrechungen* der *Arterienströmung*, wie sie durch Kompressionen oder Umschnürung oder temporäre Ligatur vorkommen, nicht von dauernden Störungen im Versorgungsgebiet begleitet. Interessanterweise ist nach totaler arterieller Kompression, z. B. der Brachialis, durch direkte Beobachtung der Capillaren noch längere Zeit in denselben eine Strömung nachweisbar, die so lange anhält, bis der Druckausgleich zwischen dem venösen und arteriellen Gebiet der Capillaren sich eingestellt hat. Das kann minutenlang dauern. Die naturgemäße Folge einer solchen Gefäßunterbrechung ist weiterhin die Abkühlung des von ihr abhängigen Gebietes, weil das erwärmende Blut ihm nicht mehr zuströmt. Das ist schon in den Anfangsstadien der RAYNAUDschen Gangrän, der kalten Blässe der Extremitäten leicht zu beobachten. Die weiteren Folgen sind eigentümliche Parästhesien, die als Gefühl von Taubsein, Brennen und Jucken geschildert werden. An welchen Stellen diese Sensationen ausgelöst werden, ob in der Haut oder in den pericapillären Nervennetzen, ist bisher nicht untersucht.

Die mangelnde Zufuhr sauerstoffreichen Blutes führt weiterhin zu einer Anoxybiose der Gewebe, die um so intensivere Erscheinungen machen wird, je länger sich dabei die intermediären Abbauprodukte, z. B. des Muskelstoffwechsels (Milchsäure) anhäufen. Die verschiedenen Gewebe sind gegen den Sauerstoffmangel verschieden empfindlich. Am raschesten reagieren wohl das Atemzentrum, das Gehirn und das Herz, Organe also, bei denen schon eine kurzdauernde Anämie zu schweren Funktionsstörungen führt.

Wird die Blutströmung durch Entfernung des Hindernisses wieder hergestellt, so kommt es zu einer erheblichen *sekundären Hyperämie* des ganzen vorher ausgeschalteten Gebietes, das gelegentlich von einem starken Klopfen begleitet ist. Diese bedeutende sekundäre Hyperämie nach plötzlicher Druckentlastung wird z. B. nach raschem Ablassen von Exsudaten aus Brust- und Bauchhöhle beobachtet und kann sogar zu einer vermehrten Transsudation aus vorher komprimierten Gefäßgebieten, gelegentlich auch zu Blutungen führen (Expectoration albumineuse). Die Ursache dieser Erscheinungen ist wahrscheinlich in einer beginnenden Ernährungsstörung der komprimiert gewesenen Gefäße selbst oder ihrer empfindlichen den Tonus regulierenden Nerven zu sehen (sekundäre ischämische Vasoparalyse).

Dauernder Verschluß einer größeren *Arterie* kann eintreten durch Veränderungen der Wand (Schwellung oder Verdickung, durch Kompression von außen oder durch Thrombosierung des Gefäßes). Ihre Folgeerscheinungen für das abhängige Gebiet sind zunächst die gleichen wie die nach vorübergehender Unterbrechung. Später aber treten irreparable Veränderungen im Versorgungsgebiet ein, wenn nicht durch Ausbildung eines Kollateralkreislaufs dem schlimmsten Ausgang, nämlich der ischämischen Nekrose des von der Versorgung zunächst ausgeschalteten Gebietes vorgebeugt wird. Ist das befallene Organ mit Arterien ausgerüstet, deren Äste nicht mit anderen anastomosieren (Endarterien der Lunge, des Herzens, des Gehirns, der Niere und des Knochenmarks), so kommt es zum *hämorrhagischen Infarkt,* der in der Regel eine charakteristische, dem abgesperrten Versorgungsbereich ungefähr entsprechende keilförmige Gestalt hat.

Das absterbende Gewebsstück schwillt zunächst durch Eintritt von Blutflüssigkeit aus den Randcapillaren an. Es unterliegt durch Zerfall seiner Zellen autolytischen Vorgängen, deren Produkte nun den chemischen Reiz für die Anlockung von zahlreichen Leukocyten abgeben. Im einzelnen vollziehen sich die Einschmelzungsvorgänge sehr verschieden rasch, und über die chemische Prozesse dabei ist man begreiflicherweise wenig orientiert. Hoppe-Seyler[1] hat das Wesentliche getroffen, wenn er sagt: „Alle im Innern des Organismus absterbenden Organe verfallen der Verflüssigung, der Erweichung, ähnlich wie wir das auch als Erscheinung der Fäulnis beobachten, die aus Eiweißstoffen Leucin und Tyrosin, aus Fett fettfreie Fettsäuren oder Seifen entstehen läßt. Diese Maceration, identisch mit dem anatomischen Begriff der Erweichung, liefert keine übelriechenden Stoffe und ist ein Prozeß, der sich vergleichen läßt der Wirkung der Verdauungsfermente.“

Wieweit derartige auch langsam fortschreitende Umwandlungs- und Einschmelzungsprozesse gehen, lehrt die Infarktschwiele und das Wandaneurysma des Hirns und Cystenbildung nach Hirnblutung, bei der man schließlich die autolysierte Hirnsubstanz umgewandelt sieht in eine wäßrige, dem Liquor cerebrospinalis ähnliche Flüssigkeit. Es ist verständlich, daß derartige nekrotisierende Gewebspartien bei sekundärer Infektion den eingedrungenen Erregern einen guten Nährboden abgeben und daß es so zu schweren Eiterungsprozessen und Gangrän kommen kann.

Die Extremitätenmuskulatur, welche bei ihrer Tätigkeit besonders hohe Anforderungen an die Blutversorgung stellt, ist durch reichliche Anastomosen gegen den Ausfall einzelner Schlagadern und seine Folgen gesichert. Bei der Ausbildung des *Kollateralkreislaufs* spielen Nerveneinflüsse eine ausschlaggebende Rolle. Man weiß nach Versuchen an Kaltblütern, daß eine entnervte Extremität, bei der die größte Schlagader unterbunden ist, infolge mangelnder Ausbildung eines Seitenbahnkreislaufs der Nekrose verfällt. Das funktionelle Wirksamwerden eines solchen Kollateralkreislaufs läßt sich sehr gut nach Unterbindung der Arteria brachialis verfolgen. Dieser Eingriff hat zunächst eine erhebliche Schwächung des ganzen Armes zur Folge, welche mit zunehmender Ausbildung des Seitenbahnkreislaufes schwindet und schließlich einer vollständigen Wiederherstellung der alten Leistungsfähigkeit Platz macht. Wesentlich für die Schwere und die Art der Ausfallserscheinungen nach Unterbrechung einer Arterie ist einmal die Schnelligkeit, mit der dieselben eintreten, andererseits die Wichtigkeit der Funktion des geschädigten Gebietes (Lungenembolie).

Gefäßwandveränderungen.

Jugendliche Gefäße, besonders die Arterien sind dehnbar und elastisch, um so dehnbarer, je mehr Bindegewebsfibrillen, um so elastischer, je mehr elastische Fasern am Aufbau der Wand beteiligt sind. Bei den Arterien mit zahlreichen elastischen Elementen überwiegt die Elastizität (Aorta und Hauptäste), bei Arterien mit reichlicher Muskulatur überwiegt die Kontraktilität. Der Grad der Dehnbarkeit und Elastizität ist in weitem Umfange eine Funktion des Kontraktionszustandes. Die kontrahierte Arterie ist elastischer, ein Gefäß mit gelähmter schlaffer Muskulatur dehnbarer. Die geschilderten Eigenschaften

---

[1] Hoppe-Seyler: Medizinisch-chemische Untersuchungen, Heft 4. 1871.

der Dehnbarkeit, Elastizität und Kontraktilität gehen *bei der Arteriosklerose* verloren (ROMBERG). Bei dieser Erkrankung kann die Arterie in ein vollkommen starres Rohr verwandelt werden, was sich durch Betastung leicht feststellen läßt (Gänsegurgelarterie). Durch Kalkeinlagerungen werden die Gefäße der röntgenologischen Darstellung zugänglich. Derartig veränderte Arterien sind infolge ihrer Brüchigkeit verletzlicher. Es kommt schon bei verhältnismäßig geringen Anlässen zu Blutaustritten, was man bei den oberflächlichen Gefäßen, Capillaren und Präcapillaren alter Leute leicht beobachten kann (Purpura senilis). Welche schädigenden Momente die Arteriosklerose zur Folge haben, ist noch unklar. Angeschuldigt werden neben chemisch bekannten Körpern (Blei, Alkohol, Nicotin, Cholesterin) die chemisch undefinierten Bakteriengifte und „Stoffwechselgifte", die bei Diabetes, Gicht und Chlorose wirksam werden sollen.

Eine Reihe von Zuständen, bei denen *ohne* grobe mechanische Anlässe zahlreiche Blutaustritte aus den Haargefäßen auftreten, werden als *hämorrhagische Diathesen* beschrieben; neben einer konstitutionellen Minderwertigkeit der Gefäße, die durch ein familiäres Vorkommen derartiger Blutungen wahrscheinlich gemacht wird, sind *allgemeine Nährschäden, Kachexien, Erkrankungen des Blutes und der blutbildenden Organe* und bestimmte Infektionskrankheiten das Milieu, in welchem die krankhafte Tendenz zu Blutaustritten aus den Gefäßen aus oft unscheinbaren Verletzungen und ohne solche beobachtet wird.

Unter der ersten Gruppe der allgemeinen Nährschäden sind die Insuffizienzkrankheiten prädisponierend für die erworbene hämorrhagische Diathese. Unter den im Kapitel V geschilderten Avitaminosen ist hier besonders der Skorbut zu erwähnen. Bei ihm sind Zahnfleischblutungen, die gleichzeitig mit einer Stomatitis und einer Alveolarpyorrhöe beobachtet werden, oft das erste Zeichen der beginnenden Erkrankung. Auch an den übrigen Schleimhäuten, an der Haut und an der Serosa der Brust- und Bauchhöhle treten zahlreiche mehr oder weniger ausgedehnte Blutungen auf. Bei der MÖLLER-BARLOWschen Krankheit, die auch als Skorbut der Säuglinge bezeichnet wird, werden Blutergüsse am Periost der Knochen und in den Markräumen, retrobulbäre Blutungen, Hämorrhagien der Magen- und Darmschleimhaut als markante Symptome beschrieben. Die Erkrankung ist die Folge künstlicher Säuglingsernährung, gewöhnlich zu stark sterilisierter Kuhmilch, bei der lebenswichtige Stoffe vernichtet werden. Als seltene Komplikation wurden derartige Blutungen auch bei der Ödemkrankheit von mir beobachtet.

Bei kachektischen Individuen (Krebskranken) treten, wenn auch selten und in geringem Umfange, ähnliche Hämorrhagien besonders in der Magen-Darmschleimhaut auf.

Unter den Erkrankungen des Blutes und der blutbildenden Organe ist hier die *progressive perniziöse Anämie* zu nennen. Die Blutungen am Augenhintergrund, an der Schleimhaut des Mundes und der Nase können in differentialdiagnostisch schwierigen Fällen nur zusammen mit dem charakteristischen Blutbefund die Diagnose stützen. Nicht selten kann man bei diesen Kranken durch Anlegen einer Stauungsbinde und leichtes Beklopfen des gestauten Armes zahlreiche feinste capilläre Blutungen willkürlich erzeugen. Auch die *Leukämie* geht mit Darm-, Nasen-, Genital- und Blasenblutungen einher. Oft stehen die Veränderungen des Zahnfleisches mit der Tendenz zu Blutungen so im Vordergrund des klinischen Bildes, daß man von *Leukaemia skorbutica* spricht. Überwiegen die Hautblutungen, nennt man diesen Zustand Purpura leukaemica. Als Ursache der bei Leukämikern nicht seltenen Darmblutungen werden hämorrhagische Infiltrate der Schleimhaut angesehen, die zu tiefgreifender Nekrose mit sekundärer Infektion führen können.

Als nächste in diese Gruppe gehörige sind die Purpuraerkrankungen zu nennen, in deren Ätiologie höchstwahrscheinlich infektiöse Ursachen mitspielen: Purpura haemorrhagica, Morbus maculosus Werlhofii, Purpura rheumatica oder Peliosus rheumatica. Der Morbus maculosus Werlhofii tritt meist endemisch oder epidemisch auf, im Gegensatz zu der Purpura haemorrhagica, die immer nur in vereinzelten Fällen beobachtet wird. Von der letzteren unterscheidet man die einfache Form der Purpura simplex, oder wenn sie mit Gelenkerscheinungen einhergeht, Purpura rheumatica oder Peliosus rheumatica, und die Purpura haemorrhagica im eigentlichen Sinne. Hier treten neben den Hautblutungen schwere Blutungen aus der Nase, dem Zahnfleisch, dem Darm und den Nieren auf, die lebensbedrohende Blutverluste mit sich bringen können. Stehen die Darmblutungen, die mit Leibschmerzen und Durchfällen einhergehen, im Vordergrund, so spricht man von Purpura abdominalis.

Bei allen diesen Formen ist der pathologisch-anatomische Befund nicht eindeutig. Nachweisbare Veränderungen an den Gefäßen fehlen. Es ist nicht einmal sicher, ob die Blutungen durch Gefäßzerreißungen (per rhexin) oder durch einfaches Durchwandern der Gefäßwand (per diapedisin) erfolgen.

VI. Störungen der Beziehungen zwischen Kreislauf und Atmung.

Nach unseren gegenwärtigen Kenntnissen kann mit Sicherheit behauptet werden, daß eine schwere Störung der Atmung, ganz gleich wodurch bedingt, stets auch den Kreislauf in Mitleidenschaft zieht und umgekehrt. Ein Drittel der gesamten Kreislaufarbeit wird schätzungsweise von der die Atmung bewerkstelligenden Muskulatur geleistet. Eine Minderfunktion des Zwerchfells erschwert und vermindert die Füllung des rechten Vorhofs und entzieht damit dem zentralen Motor Material. Diese Tatsache hat bereits im Bereich des Physiologischen ihre Auswirkung.

1. Die respiratorische Arrhythmie.

Eine physiologische Beschleunigung der Herzschlagfolge findet sich in der Inspiration: in der Phase des Sogs. Der durch die Inspiration beschleunigte Zustrom von Blut zum Herzen gestattet diesem in der Zeiteinheit auch mehr Blut auszuwerfen. In der Exspiration dagegen, in welcher dem Thorax weniger Blut zuströmt, paßt sich das Herz durch Verlangsamung der Schlagfolge der kleineren ihm angebotenen Blutmenge an.

SCHLOMKA ist diesen Vorgängen näher nachgegangen. Seine Deutung der respiratorischen Arrhythmie stützt sich auf die Untersuchung der Schlagfrequenzverhältnisse, beim Sportler nach körperlicher Anstrengung. Sie findet ihre Erklärung mit Hilfe des von BAINBRIDGE gefundenen Reflexes, welcher vom Vorhof aus bei vermehrter Füllung des letzteren auf dem Wege über die Tonusänderung im Vagus die Schlagzahl erhöht, bei Verkleinerung des Vorhofvolumens herabsetzt.

Das Ansprechen des Herzens auf vagische Impulse ist nicht in allen Lebensaltern das gleiche. Fraglos ist die *respiratorische Arrhythmie* bei jugendlichen Individuen deutlicher ausgeprägt als bei Greisen. Sie ist ein günstiges Zeichen für ein feines Zusammenspiel von Kreislauf und Atmung und darf bei stärkerer Ausprägung nicht etwa als Symptom minderer Leistung gedeutet werden, wie das vielfach geschieht. Im Gegenteil möchten wir meinen, daß das Ausbleiben dieser physiologischen Erscheinung auf eine schlechte Ansprechbarkeit des Herzens hindeutet, wie sie als Folge übermäßiger Beanspruchung (Übertraining oder pathologischer Vorgänge: toxische Myokardschädigung, Diphtherie) eintreten kann.

2. Die Bedeutung der Peripherie für die Steuerung von Kreislauf und Atmung.

Während der BAINBRIDGE-Reflex vom Vorhof her über zentrale Vagusstationen die Herztätigkeit steuert, soll nach neueren Auffassungen von REIN und HEYMANS ein stärker venöses Blut auch vom Carotissinus aus *die Atmung beschleunigen* und damit indirekt eine bessere Füllung des Herzens herbeiführen. Es darf aber nicht verschwiegen werden, daß die Ausschaltung der Lunge durch spontan einsetzenden oder künstlich angelegten Pneumothorax bei *gesunden Kreislauforganen in der Ruhe* nicht zu merklichen Störungen führt. Der Sinn der Atmung und des Kreislaufs erfüllt sich in seiner Peripherie. Die Funktion der Organe wird eine um so vollkommenere sein, je besser ihre Versorgung mit Nährmaterial und Zündstoff (Sauerstoff) gewährleistet ist und je rascher der Abtransport der bei der Verbrennung entstehenden Schlacken sich vollzieht. Beides geschieht auf dem Wege des Blutes. Der Organismus verfügt über zwei Blutquanten: das zirkulierende Blut und die Blutreserve. Da beide zusammen nicht ausreichen, um allen Organen gleichzeitig das Höchstmaß der Durchblutung zu gewährleisten, werden im Falle starker Beanspruchung einzelner Organe einerseits die Reserven mobilisiert, andererseits minder beanspruchte Organe von der Blutzufuhr mehr oder weniger abgedrosselt, um auf diese Weise den Stätten des stärksten Bedarfs ein Höchstmaß der Durchblutung zu verschaffen. Es wird also im gegebenen Moment das *arbeitende* Organ gegenüber dem ruhenden eine erhöhte Blutfülle aufweisen. Von den Stoffwechselvorgängen in der Muskulatur und in den größeren Drüsen her wird also Kreislauf und Atmungsgröße bestimmt. Wie KROGH gezeigt hat, beträgt die Zahl der geöffneten Haargefäße in einem arbeitenden Muskel ein Vielfaches derjenigen in einem ruhenden. Das arterielle System wird also durch eine solche Arbeit „angezapft“. Dem Kreislaufapparat ist es überlassen, durch seine „Selbststeuerungseinrichtungen“ mit dieser Anzapfung fertig zu werden (REIN). Bei ruhigem Stehen nach starken körperlichen Anstrengungen (z. B. Wettlauf) können die Selbststeuerungseinrichtungen versagen, es kommt zum tiefen Blutdruckabfall, (<40 mm Hg!) und zur Hirnanämie. Die Folge ist ein sog. *orthostatischer Kreislauf-Kollaps* (MATEEFF[1]). Ein geringes Absinken des arteriellen Blutdrucks bewirkt eine Abdrosselung des Kreislaufs in den ruhenden Organen. Diese Abdrosselung hat gleichzeitig eine Herabsetzung des Stoffwechsels zur Folge, wesentlicher ist aber, daß auf reflektorischem Wege eine Herabsetzung des Stoffwechsels an den Zellen selbst bewirkt werden kann (REIN). Auf der anderen

---

[1] MATEEFF: Arb. physiol. **8**, 595 (1935); Klin. Wschr. **1936 I**, 421.

Seite entleeren — besonders bei gesteigerter Atemtätigkeit — die Blutspeicher ihre Reserven (Milz, Leber) und führen auf diese Weise zu einer besseren Füllung des rechten Herzens, wodurch ein gesteigertes Minutenvolumen der Herzleistung ermöglicht wird. Wird dem *Atemzentrum* stärker venöses Blut zugeleitet, so resultiert daraus auch eine gesteigerte Lungenatmung. Bei ungenügender Abatmung der Kohlensäure in den Lungen wird auf reflektorischem Wege die Durchblutung nicht lebenswichtiger Organe weitgehend gedrosselt, unter Umständen bis zum Versagen der Funktion. Nach einer körperlichen Anstrengung ist, wie eigene mit PETERS durchgeführte Untersuchungen mich gelehrt haben, schon das erste Schlagintervall nach einer körperlichen Anstrengung (Heben eines Gewichts) bereits verkürzt, was nur durch nervöse Beeinflussung der Herztätigkeit bei körperlicher Anstrengung zu erklären ist. Gleichzeitig mit der *Kreislaufvermehrung* steigt auch die *Lungenbelüftung*. Auch hier kann es sich nicht um Stoffwechseleinflüsse handeln, weil diese viel zu spät kommen würden. REIN glaubt, daß die gleiche *druckbedingte Reizung,* welche vom Carotissinus die Selbststeuerung des Kreislaufs einleitet, reflektorisch auch in die *Atemmotorik* eingreift.

Drucksteigerung im *Carotissinus* hemmt die Atmung, Drucksenkung fördert sie. Eine Blutdrucksenkung im Sinus caroticus führt zu einer Steigerung des peripheren Blutdrucks und Vermehrung der Schlagzahl des Herzens und umgekehrt (KOCH und HERING). Außer diesem drucksensiblen Receptorenapparat liegen im Carotissinus fraglos auch Chemoreceptoren, welche auf Änderung der Kohlensäurespannung und auf Wasserstoffkonzentration ansprechen. Es liegt also im Carotissinus ein peripheres, die *Atmung* und den *Kreislauf* verknüpfendes *Steuerorgan*. Wenn durch Blutdrucksenkung ein rasches Auswerfen der gespeicherten Blutmengen in den Kreislauf eingeleitet wird, so wird für eine genügende Arterialisierung des Speicherblutes Sorge getragen. Wird dieser feinspielende Regulationsmechanismus durch äußere Einwirkungen gestört, z. B. hohe Außentemperatur bei gleichzeitiger muskulärer Beanspruchung, so treten schwere klinische Erscheinungen (Hitzschlag) ein. In der *Verdauungsperiode* werden große Blutmengen in das Splanchnicusgebiet verlagert, dem Gehirn wird Blut entzogen, wodurch die physiologische Müdigkeit in der Verdauungsperiode ihre Erklärung findet. Werden jetzt durch ein warmes Bad oder durch äußere Hitzeeinwirkungen auch in das Gebiet der Haut noch größere Blutmengen abgeleitet, so kann es dadurch zu einem Zusammenbruch des Kreislaufs mit schweren kollapsartigen Erscheinungen kommen.

3. Kreislauf und Atmung bei pressorischen Anstrengungen[1].

a) Herzgröße im VALSALVASCHEN Versuch. Alle körperlichen Anstrengungen verlaufen bezüglich der Kreislaufverhältnisse unter zwei wesensverschiedenen Bedingungen; die eine Gruppe geht unter beschleunigter, forcierter Atmung und in der Regel mit gesteigerter Herzfrequenz und erhöhtem Minutenvolumen

---

[1] BITTORF: Fortschr. Röntgenstr. **9**. — BÖGER: Arch f. exper. Path. **166**, Nr 1. — BRUCK: Dtsch. Arch. klin. Med. **91**, 171. — BÜRGER: Verh. dtsch. Ges. inn. Med. **1925**, 282. — Med. Klin. **1921**, 1568. — Münch. med. Wschr. **1921** I, 1066. — Klin. Wschr. **1926** II, 1777. — Z. exper. Med. **1926**. — Klin. Laborat. Technik 3. — Med. Welt **46** (1930). — Normale und pathologische Physiologie der Leibesübungen, 1933. — BÜRGER, M. u. H., u. PETERSEN: Z. Phys. Mensch. bei Arbeit u. Sport 1, H. 7. — DE LA CAMP: Z. klin. Med. **51**. — CRIEGERN, v.: Mitt. Grenzgeb. Med. u. Chir. **13**. — DAWSON, P. M. u. P. C. HODGES: Amer. J. Physiol.

vor sich, die zweite Gruppe unter Pressung bei verlangsamter bzw. still gestellter Atmung und zunächst gesteigerter, dann aber verminderter Pulsfrequenz.

Die maximalen sportlichen Anstrengungen werden in der Regel als *Kraftübungen* bezeichnet. Bei manchen Kampfsportarten kommt es zu wiederholten maximalen Anstrengungen, welche kreislaufphysiologisch unter „Preßdruckatmung" ablaufen, z. B. der Ringkampf. Auch eine große Reihe von anderen Übungen am Reck und Barren, das Steinstoßen, Gerwerfen, der Hochsprung, Weitsprung, Tauchübungen und Unterwasserschwimmen gehören in diese zweite Gruppe hinein.

Eine genauere Analyse der Kreislaufvorgänge bei der akuten körperlichen Anstrengung zeigt, daß dieselbe unter den Bedingungen des VALSALVASchen *Versuchs,* also unter erheblicher Steigerung des intrapulmonalen Drucks abläuft.

Der Mechanismus bei der von mir sog. Preßatmung — wie sie bei allen Kraftübungen einsetzt — gestaltet sich folgendermaßen:

Um die Kraftübung ausführen zu können — man denke z. B. an das Stemmen eines schweren Gewichts —, muß der Thorax als ganzer in inspiratorischer Stellung fixiert werden; da die meisten Oberarmmuskeln vom Schulterblatt entspringen, wird zwangsläufig dasselbe am Rumpf fixiert, um bei starker Beanspruchung dem Angriffspunkt dieser kräftigen Muskulatur einen festen Halt zu geben. Die Fixation der Scapula am Thorax besorgt der Seratus einerseits und die Rhomboidei andererseits, die beide im entgegengesetzten Sinne wirken, das Schulterblatt an den Thorax heranziehen und festhalten. Für die Durchführung dieser Leistung müssen außerdem die Insertionspunkte der Haltemuskulatur des Schulterblatts festliegen. Das wird für den Serratus durch eine inspiratorische Stillegung des Brustkorbs erreicht; durch gleichzeitiges Schließen des Kehlkopfes bzw. der Glottis und kräftige Anspannung der Inspirationsmuskulatur wird der Brustkorb als ganzer fixiert und bietet nun allen an ihn angreifenden Kräften einen festen Widerhalt.

Durch die maximale Intendierung der Exspirationsmuskulatur einschließlich der Bauchmuskulatur wird das Thoraxinnere unter starken Druck gesetzt, welcher sich auf die zum Herzen führenden Venen, und damit auf die Füllung des Capillargebietes der Pulmonalis im kleinen Kreislauf auswirkt. Der Zustrom des Blutes zum Herzen wird weitgehend gedrosselt. Das Blut bleibt gewissermaßen vor dem Herzen liegen und staut sich im Gesamtgebiet der Cava superior erheblich an. Das Anschwellen der Halsvenen, die leichte Protrusio bulborum — auf vermehrter Füllung der retrobulbären Venen beruhend — sind dafür äußerlich leicht erkennbare Zeichen. Auch aus dem Schädelinnern kann das Blut nicht entweichen. Es kommt somit zur Steigerung des intrakraniellen und daher auch des lumbalen Drucks. Ich habe unter solchen Bedingungen Lumbaldruckwerte bis zu 1000 mm Wasser gesehen.

50, 481. — DIETLEN: Dtsch. Arch. klin. Med. **97.** — Zbl. Herzkrkh. **21.** — DIETLEN u. MORITZ: Münch. med. Wschr. **1908 I.** — DROSDOFF u. BOTSCHETSCHKAROFF: Z. med. Wiss. **5** u. **46.** — FETZER: Erg. inn. Med. **45.** — GERHARTZ: ABDERHALDENS Handbuch der physikalischen Arbeitsmethoden, Abt. 5, Teil 9, H. 1. — GALLI: Z. klin. Med. **101** u. **102.** — GROEDEL: Z. klin. Med. **72.** — HIRSCHMANN: Pflügers Arch. **56,** 389. — HOCHREIN: Klin. Wschr. **1932 I.** — KNOLL: Pflügers Arch. **57.** — KOCH: Klin. Wschr. **1932 I.** — KRAUS: Dtsch. med. Wschr. **1905 I,** 90. — MORITZ: KREHL-MARCHANDS Handbuch der allgemeinen Pathologie, Bd. 2, S. 2. — MOSLER u. BALSAMOFF: Klin. Wschr. **1924 I,** 491. — MOSLER u. BURG: Klin. Wschr. **1925 II,** 2238. — MOSLER u. KRETSCHMER: Klin. Wschr. **1924 II.** — PONGS: Med. Klin. **1914,** 1019. — RIEGEL u. FRANK: Dtsch. Arch. klin. Med. **17,** 401. — SCHLIPPE: Dtsch. Arch. klin. Med. **76,** 450. — SCHLOMKA u. LAMMERT: Arb.physiol. **8,** 742 (1935). — SIRAKOFF: Dtsch. Arch. klin. Med. **166,** 227. — SOMMERBRODT: Dtsch. Arch. klin. Med. **1893.** — WOLFFHÜGEL: Dtsch. Arch. klin. Med. **66,** 603. — ZDANSKY u. ELLINGER: Fortschr. Röntgenstr. **49.** — ZUNTZ: Pflügers Arch. **17.**

Macht man während eines solchen Preßdrucks eine Röntgendurchleuchtung, so sieht man, wie sich das Herz während der Pressung intensiv verkleinert.

Untenstehende Abb. 21 ist dadurch gewonnen, daß auf den gleichen Film das Herz einmal in Inspirationsstellung aufgenommen, sodann nach 5 Sekunden dauernder Steigerung des intrapulmonalen Drucks auf 40 mm Hg der Film

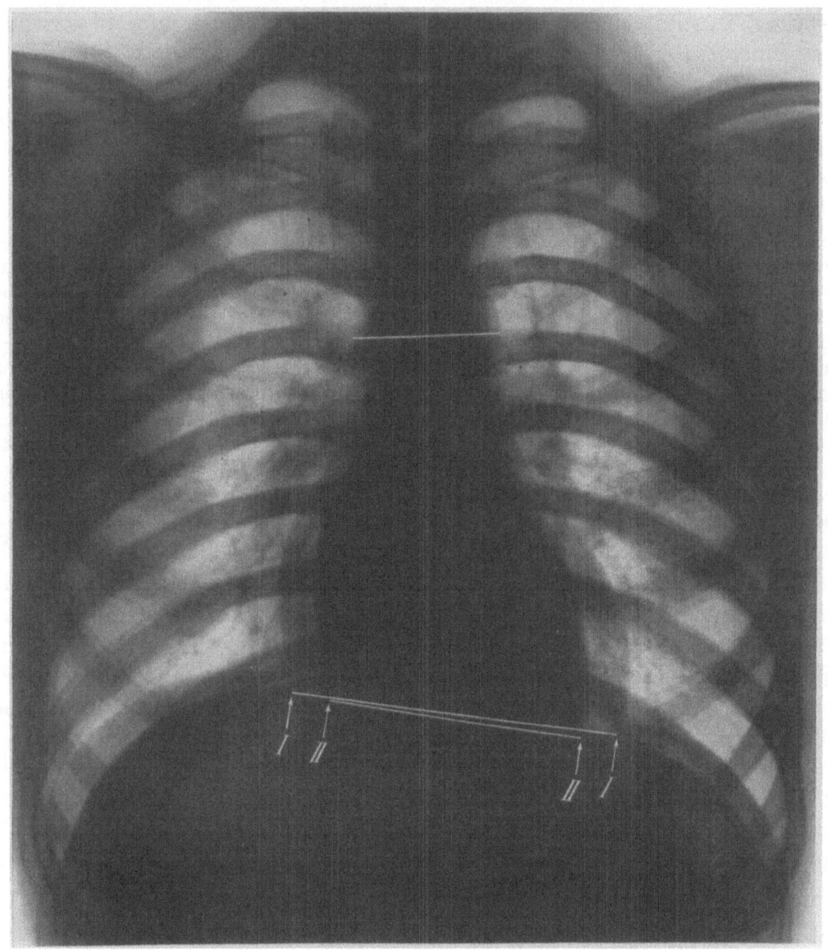

Abb. 21. Herzverkleinerung im VALSALVA-Versuch.

zum zweitenmal belichtet wurde. Der große Herzschatten I entspricht der Herzgröße in Inspirationsstellung, der kleinere in diesen hinein projizierte Kernschatten II der Herzgröße nach 5 Sekunden dauernder Pressung. Planimetrisch ausgemessen beträgt die Herzfläche

F_I in der Ruhe: 113,4 qcm   Differenz $F_I - F_{II} = 21,4$ qcm
F_{II} während der Pressung 92,0 qcm $= 19\%$ von F_I.

Wird das Herzvolumen berechnet, indem die ausgemessene Herzfläche in beiden Fällen als Kreisfläche gedacht wird, so ergeben sich für das Volumen

v_1 des ruhenden Herzens . . . . 920 ccm
v_2 des VALSALVA-Herzens . . . . 663 ccm.

Die Differenz zwischen den Volumina des ruhenden Herzens v_1 und des Herzens unter der Preßwirkung v_2 beträgt 257 ccm = 27% von v_1. Wenn dieser Wert auch nur sehr angenähert der wirklichen Füllungsdifferenz des Herzens entspricht, so ist jedenfalls das eine daraus mit Sicherheit zu schließen, daß es sich nicht allein um die schlechtere Füllung einer Herzkammer allein, sondern sämtlicher Herzabteilungen handeln muß. Mit Hilfe der Kymographie hat NOLTE[1] die Veränderungen der Herzform und Größe während des VALSALVAschen Versuchs studiert. Solche Kymogramme zeigen wie nach Beginn der Pressung sich das Herz bei jedem Schlage verkleinert. Man kommt bei ihrer sorgfältigen Analyse zu folgenden Feststellungen: Die Verkleinerung des Herzens beim Gesunden ist die regelmäßige Folge einer intrapulmonalen Druckerhöhung von mindestens 10 mm Hg. Nur in Ausnahmefällen erfolgt sie erst bei einem Preßdruck von 35 mm Hg. Sie wurde sowohl auf Sagittalkymogrammen als auch bei Stellung im ersten und zweiten schrägen Durchmesser beobachtet. Die Verkleinerung erfolgt an allen Herzabschnitten *gleichzeitig,* eine isolierte Verkleinerung einzelner Abschnitte wurde während der intrapulmonalen Drucksteigerung *nicht* gefunden. In der Gegend der Herzspitze ist die Verkleinerung am ausgiebigsten. Das Herz verkleinert sich meistens sofort während des ersten, der intrapulmonalen Druckerhöhung folgenden Herzschlages. In etwa einem Drittel dieser Fälle geht dieser Herzverkleinerung bei Preßatmung eine *vorübergehende Vergrößerung* voraus, die nach Ausschluß aller möglichen Fehlerquellen durch Lageverschiebung auf eine „Sturzentleerung" der Blutdepots in Leber und Lunge als Folge des „Leerpressens" dieser Organe bezogen wird. Bei länger anhaltender Pressung gegen eine Quecksilbersäule von 40—70 mm erfolgt etwa 3—5 Sekunden nach Preßbeginn keine weitere Verkleinerung des Herzschattens mehr. Nur bei sehr großen Unterschieden in der Preßdruckhöhe (20 und 90 mm Hg) besteht eine Abhängigkeit der Art der Herzverkleinerung von der Preßdruckhöhe insofern, als sich das Herz auf eine stärkere Pressung hin schneller verkleinert.

Sofort nach Wiederherstellung der normalen intrapulmonalen Druckverhältnisse strömt das Blut aus den gestauten Venen in das Herz ein, was zu einer vermehrten Füllung und damit zu einer Vergrößerung des Herzens Anlaß gibt. Die Vergrößerung erfolgt an allen Herzabschnitten gleichzeitig. Diese mit Hilfe der kymographischen Methode gefundenen Herzgrößenänderungen während des VALSALVAschen Versuches sprechen dafür, daß die Verkleinerung des Herzens während der Preßatmung auf eine durch die intrapulmonale Druckerhöhung bedingte Einstromhemmung in das Gebiet der Cava zurückzuführen ist. Diese muß vor dem linken und vor dem rechten Herzen liegen.

Es ist verständlich, daß das Ausmaß der Herzverkleinerung beim gleichen Menschen unter verschiedenen Bedingungen wechselnd ausfallen wird.

Als Durchschnitt finde ich nach 5 Sekunden langer Steigerung des intrapulmonalen Drucks auf 40—60 mm Hg bei normalen Herzen eine Verkleinerung um 13% bei Herzfernaufnahmen, während ENGELBRECHT[2] bei 150 gesunden Studenten bei einem Druck von 40 mm Hg eine mittlere prozentuale

---

[1] NOLTE: Fortschr. Röntgenstr. **50**, 211 (1934).
[2] ENGELBRECHT: Inaug.-Diss. Königsberg 1926.

Verkleinerung der Herzfläche von 12,39 qcm (bei einer mittleren quadratischen Abweichung gleich 3,96 qcm) findet.

Herzen mit kräftigem, gerundetem linken Ventrikel, bei welchem ich eine Wandhypertrophie annehme (sog. Sportherzen), zeigen eine Flächenverkleinerung von 10%, während hypoplastische Tropfenherzen eine Flächenabnahme um 25% erkennen ließen.

Unter den Bedingungen des VALSALVAschen Versuchs arbeitet das Herz also mit einer herabgesetzten Anfangsfüllung gegen einen eventuell erhöhten Widerstand. Hämodynamisch ist die Auswirkung dieser stets ungünstigen Arbeitsgestaltung des zentralen Motors im wesentlichen bestimmt von folgenden Faktoren: Einmal von dem Ausmaß der Füllungsherabsetzung des Herzens, d. h. von den extrakardialen pressorischen Druckverhältnissen zwischen Abdomen und Thorax und den gleichzeitigen Frequenzverhältnissen des Herzens selbst; zweitens von der Fähigkeit des Myokards als solchem von einer gegebenen (ungünstigen) Anfangsspannung auf eventuell erhöhte Druckleistungen aufzubringen; drittens von der Größe der wohl reflektorisch vom Sinus caroticus her ausgelösten Umstellung des peripheren Widerstandes. In ihrer Gesamtheit kennzeichnen diese Faktoren die Kreislauflage während des VALSALVAschen Versuchs weiterhin derart, daß trotz eventuell erhöhten Druckes im arteriellen System das Minutenvolumen deutlich herabgesetzt ist und bei Unterschreitung einer gewissen kritischen Grenze eventuell zum Zusammenbruch der peripheren Blutversorgung, insbesondere des Gehirns und des Herzens selbst führt.

Das Elektrokardiogramm zeigt während und nach dem Preßdruck eine Reihe von Veränderungen, von denen die häufigste die *Extrasystolie* ist. Weniger häufig ist die *Vorhofpfropfung.* Sie ist gekennzeichnet durch eine hochgradige Tachykardie mit Superposition von P in das vorausgehende T, tritt durchweg in der pressorischen Phase des VALSALVAschen Versuchs, gewöhnlich bereits im Verlauf der ersten 10 Sekunden der Pressung, auf und stellt eine schwere Beeinträchtigung der Herzarbeit dar. Die Tachykardie führt infolge der Verkürzung der Füllungszeit zu einer weiteren Verschlechterung der an sich schon mangelhaften Herzfüllung und der daraus resultierenden kardiodynamischen Arbeitsbedingungen. Die weiterhin sich ergebende schlechte Füllung der Gefäße verursacht unter Umständen durch zentrale Anämie Ohnmachten und epileptiforme Krämpfe. Es handelt sich in diesen Fällen um Probanden, die von mir als *synkopotroper Typus* für besonders labil bezeichnet wurden. Bereits bei kurzdauernden Preßbelastungen treten hier schwere Störungen der Herzkreislauffunktion ein. Diese Vorhofpfropfung habe ich häufig schon unterhalb des „kritischen Grenzwertes" der Tachykardie (180 Schläge in der Minute) beobachtet, was auf die von SCHLOMKA beschriebene „ungenügende Systolenverkürzung" während des VALSALVAschen Versuchs zurückzuführen ist.

Die unter dem Einfluß des VALSALVAschen Versuchs sich zeigenden Störungen der Reizleitung liegen fast ausschließlich in der postpressorischen Phase und sind meist relativ harmlos zu bewerten. Gewöhnlich stellen sie sich als einfache *Ventrikelsystolenausfälle,* gelegentlich als Ausdruck einer ernsteren Störung, in Form typischer WENCKEBACH*scher Perioden* dar. Häufig sind geringfügigere Abweichungen der Reizausbreitung, wie Verlängerung oder Verkürzung der P—R-Distanz. Die gelegentlich zu beobachtende pressorische Aufsplitterung des QRS-Komplexes zeigt, daß auch die intraventrikuläre Reizleitung durch die

Preßdruckprobe beeinflußt wird. Die Erscheinung, daß die Überleitungsstörungen in der postpressorischen Phase häufiger sind, dürfte wohl mit dem
in dieser Periode bestehenden Überwiegen der gesteigerten Vagusimpulse in
Zusammenhang stehen, welche als Nachwirkung des in der pressorischen Phase
gewaltig gesteigerten intrakraniellen Druckes zu deuten sind.

Eine besondere Beachtung verdienen nun vor allem die *Störungen des Reiz-
ursprungs*. Diese schwereren Störungen sind stets auf ein teils plötzliches,
teils mehr allmähliches Erlöschen der normalen Ursprungsreize mit verspätetem
oder ungenügendem Einspringen untergeordneter Zentren zurückzuführen.
Leichtere reaktive Störungen, wie Hineinwandern von P in die Kammeranfangsschwankung (sukzessive Heterotopie der Reizbildung) bis herauf zu einer mehr
oder minder lange anhaltenden atrioventrikulären Automatie sind als eine durchaus ungünstige Reaktion zu werten. In seltenen Fällen kommt es zu bedrohlichen

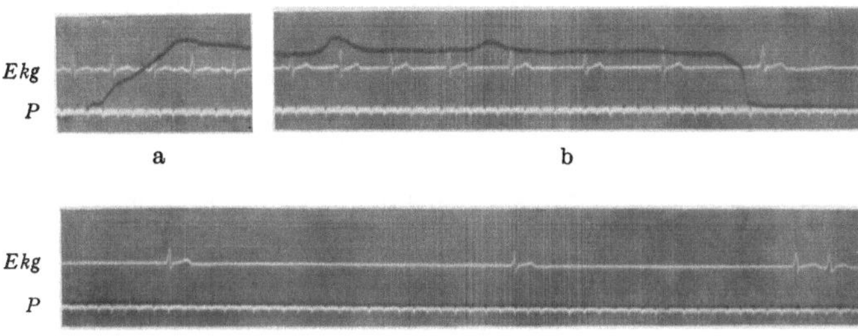

Abb. 22. a Beginn der Pressung. b Ende der Pressung. Hineinwandern von P in die Kammeranfangsschwankung
und Auftreten einer A.V.-Automatie c Schließt unmittelbar an b an. Herzstillstände bis 4,8 Sekunden Dauer[1].
P intrapulmenaler Druck 40—60 mm Hg.

Erscheinungen mit mehreren Sekunden dauernden Herzstillständen unter Be-
wußtseinsverlust und epileptiformen Zuckungen. Für dieses Ereignis gebe ich
folgendes Beispiel: Bei einem kräftigen 23jährigen Mann tritt nach Aufhören der
Pressung, akut ohne vorherige Anzeichen eine 29 Sekunden dauernde Herzpause
ein, die während der ganzen Zeit nur durch vier vom A.V.-Knoten ausgehende
Ersatzschläge unterbrochen wird.

Für die Zwecke der Sportphysiologie ist es von Bedeutung diejenigen sonst
gesunden Probanden rechtzeitig herauszufinden, welche zu einem Zusammenbruch des Kreislaufs unter pressorischen Anstrengungen neigen. Meist handelt
es sich bei diesen zu Kollaps neigenden Individuen mit *synkopotropem Herztyp*
um Leute von schlankem Wuchs mit steilen Zwerchfellbögen und relativ kleinem
Herzen, welches dem Zwerchfell nur wenig aufliegt.

Um diesen synkopotropen Herztypus bei sportlichen Eignungsprüfungen auch
ohne Zuhilfenahme des Röntgenverfahrens rechtzeitig erfassen zu können, habe
ich die von mir sog. *Preßdruckprobe* ausgearbeitet.

Durch Steigerung des Exspirationsdruckes wird der Einstrom venösen Blutes
in den Thorax und damit in das rechte Herz gedrosselt. Das rückgestaute Blut
läßt die Halsvenen anschwellen, die vermehrt gefüllten retrobulbären Venen
lassen die Augen vortreten, der intrakranielle Druck steigt.

Das Minutenvolumen des rechten und linken Ventrikels wird, wenn die
Frequenz während der Anstrengung entsprechend ansteigt, trotz der Pressung

---

[1] BORST: Klin. Wschr. **1935 II**, 1821.

unverändert bleiben. Wird aber die durch die Pressung gesetzte relative Kreislaufsperre zunächst schlecht oder gar nicht überwunden, so resultiert daraus zwangsläufig eine Minderfüllung des rechten und linken Ventrikels mit sekundärem Absinken der Schlagvolumina und des peripheren Blutdrucks. Außer der Phase der Pressung wird auch die postpressorische Phase untersucht, die im allgemeinen die umgekehrten Bedingungen aufweist: das während der Pressung zurückgestaute Blut strömt, nachdem der Widerstand aufgehoben ist, in vermehrter Menge dem Herzen zu und steigert dessen Füllung und Schlagvolumen unter Hinauftreiben des peripheren Drucks. BÜRGER hat diese Tatsachen einer genaueren Analyse unterzogen.

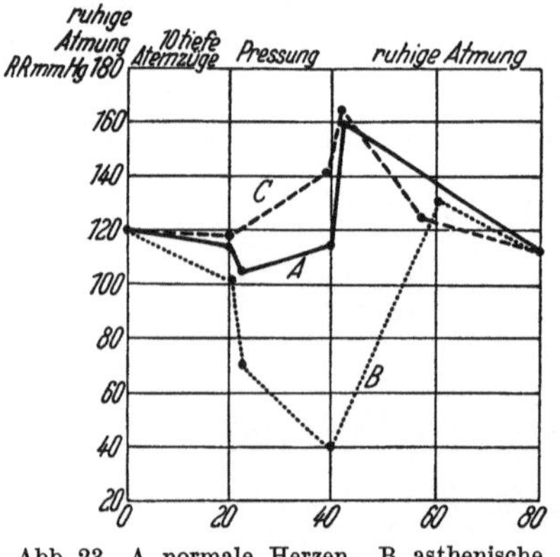

Abb. 23. A normale Herzen, B asthenische Herzen (synkopotroper Typ), C Sportherzen.

Methodisches Vorgehen bei der Preßdruckprobe: Es werden im ganzen 6 Blutdruckmessungen durchgeführt:

1. bei ruhiger Atmung,

2. nach 10 tiefen Atemzügen in 20 Sekunden,

3. sofort nach Beginn der Pressung (bei 40—50 mm Hg intrapulmonalen Drucks),

4. am Ende der 20 Sekunden dauernden Pressung,

5. unmittelbar nach Wiedereinsetzen der Atmung,

6. nach weiteren 20 Sekunden.

Um den schnell schwankenden Druckwerten besser folgen zu können, wird ein leicht zu bedienendes Ventil in Form eines Quetschhahnes mit einem T-Stück in die Schlauchleitung des Blutdruckmanometers eingefügt, welches so ein rasches Ablassen des Armmanschettendruckes gestattet. Zur besseren Übersicht für den Untersucher, und damit der Proband die Möglichkeit hat, die erreichte Höhe des Preßdruckes zu kontrollieren, verwenden wir ein von mir angegebenes Signalmanometer. Es besteht aus einem Quecksilbermanometer, in welchem 2 Kontakte bei 40 und 60 mm angebracht sind. Eine dritte Zuleitung ist in das Quecksilberreservoir eingelassen. Die Zuleitungen verbinden je ein weißes und ein rotes Glühlämpchen mit einer kleinen Batterie aus Elementen, wie sie für Taschenlampen Verwendung finden. Bei Erreichung eines Preßdrucks von 40 mm Hg leuchtet die weiße Lampe auf; bei intrapulmonalen Druckwerten über 60 mm Hg neben der weißen Lampe die rote. Der Prüfling weiß dann sofort, daß er den gewünschten Druck erreicht hat. Sinkt der Druck vorübergehend unter die vorgeschriebene Höhe von 40 mm Hg ab so bleibt die eingebaute Kontaktuhr, die auf die gewünschte Zeit, welche der Druck gehalten werden soll, eingestellt werden kann, stehen, um erst nach Wiedererreichen der vorgeschriebenen Druckhöhe weiterzulaufen.

Bei systematischen Untersuchungen gesunder junger Menschen unter den oben geschilderten Bedingungen zeigt der Blutdruck während und nach dem Pressen bei den verschiedenen Typen des Herzens ein ganz charakteristisches Verhalten. Auf Grund mehrerer hundert Untersuchungsergebnisse unterschieden wir:

Typus A = normale Herzen,
Typus B = asthenische Herzen und
Typus C = hypertrophe Herzen.

Wie der Ablauf der Blutdruckwerte sich bei den einzelnen Typen verhält, zeigt die obenstehende Kurve (Abb. 23), welche aus Mittelwerten früherer Untersuchungen gewonnen ist.

Sie zeigt für die Kurve A ein leichtes Absinken des Blutdrucks während der Tiefatmung, im Beginn der Pressung ein weiteres Heruntergehen des Blutdrucks, am Ende der Pressung ein leichtes Ansteigen auf einen Wert, der nur wenig unter dem Ausgangswert liegt und in der postpressorischen Phase ein deutliches Ansteigen auf Werte, die den Ausgangspunkt wesentlich überschreiten. Bei Typus B findet man nach dem Absinken während der Tiefatmung ein weiteres schnelles Absinken auf geringe Werte von 40 mm Hg und weniger; und in der postpressorischen Phase ein verhältnismäßig langsames Wiederansteigen bis zur Erreichung des Ausgangswertes. Typus C hingegen zeigt schon während der Pressung ein deutliches Ansteigen des Blutdrucks um 20—30 mm Hg mit weiterem Anstieg nach Wiederfreigabe der Atmung.

Ewig hat sich von der Brauchbarkeit dieser Kreislauffunktionsprobe überzeugt und macht darauf aufmerksam, daß man nach überstandenen Infektionen bei sonst leistungsfähigen Sportleuten ein Absinken des Blutdrucks bei der Preßdruckprobe finden kann.

4. Die Beanspruchung von Atmung und Kreislauf beim Flug.

Die fortschreitende Eroberung der Luft hat den menschlichen Organismus vor Umweltsbedingungen gestellt, die so ganz anders und ungewöhnlicher sind als die, in deren Bahnen sich seit Jahrtausenden das Leben des erdgebundenen Menschen abspielte. Solche abnormen körperlichen Beanspruchungen ergeben sich zwar nicht oder kaum beim normalen Verkehrs- oder Sportflug als vielmehr beim *Höhenflug* und beim sog. *Hochleistungsflug*. Die dabei auftretenden besonderen Anforderungen an Atmung und Kreislauf sollen hier kurz besprochen werden.

Abgesehen von der tiefen Temperatur, der Trockenheit der Luft, der starken Bewegung der Luft (im offenen Flugzeug), ist es in großen Höhen vor allem die *Erniedrigung der Sauerstoffspannung,* die zu reaktiven Umstellungen der Atmung führt. Es kommt zu einer gesteigerten Ventilation mit starkem Abfall der alveolären CO_2-Spannung. Neben dieser „anoxämischen Hyperventilationsakapnie" spielt die noch dazu kommende reine „Unterdruckakapnie" als Folge des herabgesetzten Luftdrucks an sich eine nur untergeordnete Rolle. Weniger ins Gewicht fallen die unter Umständen durch starke Luftströmung verursachten Störungen der Atmung, wie Steigerung und Ungleichmäßigkeit der Atemfrequenz oder Atemtiefe, ebenso die durch Temperaturerniedrigung bewirkte Stoffwechselsteigerung mit konsekutiver Vergrößerung des respiratorischen Minutenvolumens. Die durch den O_2-Mangel herabgesetzte Ansprechbarkeit des Atemzentrums führt in Höhen über 4000 m zu einer Umstellung der Atmung im Sinne eines Cheyne-Stokes-Typus.

Als Folge des O_2-Defizits der Gewebe kommt es ferner auch zu wesentlichen Veränderungen des *Kreislaufs.* Es zeigt sich eine Vermehrung der zirkulierenden Blutmenge durch Entleerung der Blutspeicher (Leber, Milz, Splanchnicusgefäße, Hautgefäße), Abnahme des Gesamtquerschnitts des venösen Systems, Vergrößerung des Herzminutenvolumens, Erhöhung der Umlaufgeschwindigkeit des Blutes. Ein Ansteigen der Diffusionskonstanten durch Eröffnung alveolärer Capillargebiete und Vergrößerung der Diffusionsfläche ist weiterhin als Ausdruck der Anpassung des Organismus an den niederen O_2-Druck zu beobachten. Im Gegensatz zu diesem *dynamischen* Kreislaufregulationsmechanismus des rasch in große Höhen gelangenden Fliegers steht der *statische* des allmählich an die Höhe angepaßten Bergsteigers, der das verminderte O_2-Angebot mit einer Vermehrung der Erythrocytenzahl beantwortet.

Bei längerem Aufenthalt des Flugzeugs in Höhen von 7000 m oder darüber kommt es unter stärkerer Beschleunigung der Pulsfrequenz und Abnahme des Minutenvolumens infolge Hypoxämie und ungenügender Gehirndurchblutung zu Bewußtlosigkeit und Kollaps. Als obere Grenze, bei der noch ohne gesundheitliche Schädigung längere Zeit geflogen werden kann, wird eine Höhe von 5000 m angesehen. Bei Höhen über 5000 m ist zur Erhaltung der körperlichen und geistigen Leistungsfähigkeit ein O_2-Atmungsgerät unumgänglich.

Ganz anderer Art sind nun die *Kreislaufbelastungen,* die verursacht werden durch die hohen *Zentrifugalbeschleunigungen* bei rascher Richtungsänderung in hoher Fluggeschwindigkeit, z. B. bei hartem Abfangen aus dem Sturzflug, bei scharfen Kurven, bei manchen Kunstflugfiguren. Zentrifugalkräfte in der Größenordnung von $5 \times g$ (g = Anziehungskraft der Erde) sind schon bei Kurven mit halbwegs leistungsfähigen Maschinen erreichbar und bei manchen Flugmanövern sind Werte von 8—9 g gemessen und auch — allerdings nur für ganz kurze Zeit — ausgehalten worden.

Die Wirkungsrichtung der angreifenden Fliehkraft erstreckt sich im allgemeinen bei der normalen Fluglage in Richtung von Kopf nach Fuß. Ähnlich wie schon einfache Änderung der Angriffsrichtung der Schwerkraft, z. B. beim Übergang von liegender zu aufrechter Stellung oder umgekehrt, Kreislaufumstellungen bewirkt, so führt die um ein vielfaches größere Zentrifugalkraft im Flugzeug zu außerordentlichen Belastungen des Kreislaufs. Vor allem kommt es durch die erhöhte hydrostatische Belastung zu einer Erweiterung der venösen Gefäßgebiete (vor allem der Splanchnicusgefäße) infolge der größeren Nachgiebigkeit dieses Systems und zu einer Verminderung des venösen Zuflusses zum Herzen, damit aber auch zu einer mangelhaften Füllung des Herzens und zu einer Abnahme des Schlagvolumens. Der hydrostatische Druckverlust zwischen Herz und Scheitel vergrößert sich entsprechend der erhöhten Schwerkraftwirkung, so daß also bei einer gewissen Größe der Beschleunigungskraft der systolische Druck in Hirnhöhe für die Durchblutung des Gehirns nicht mehr genügen wird.

Als reaktive und bis zu einer gewissen Grenze kompensierende Maßnahme des Organismus gegenüber dieser Beschleunigungswirkung tritt eine erhebliche Blutdrucksteigerung in Verbindung mit einer Erhöhung der Pulsfrequenz in Erscheinung. Der eigentliche Mechanismus der Blutdruckerhöhung ist noch nicht genügend geklärt. Durch die Wirkung der Beschleunigung in Richtung Kopf-Fuß kommt es zu einer schlechteren Füllung der Aortenwurzel und des Carotissinus mit gleichzeitiger Druckentlastung. Der Carotissinusreflex führt dann zur gegenregulatorischen Drucksteigerung in der Peripherie. Es sind jedenfalls sowohl zentralnervöse wie periphere Regulationen daran beteiligt, eine wesentliche Rolle dürfte aber allein auch die starke Anspannung der Körper- und Bauchmuskulatur während der Wirkung der Zentrifugalkräfte spielen.

Ein elastisches, anpassungsfähiges Gefäßsystem ist deshalb die erste Voraussetzung für einen Hochleistungsflieger. Eine gute Leistungs- und Eignungsprüfung stellt in dieser Hinsicht die Preßdruckprobe nach BÜRGER dar, bei der es zu ganz ähnlichen Kreislaufbelastungen kommt — Störung des Zuflusses zum Herzen, Abnahme des Schlagvolumens — wie bei der Beschleunigungswirkung des Kurvenflugs.

Versuche, den menschlichen Organismus leistungsfähiger zu machen und widerstandsfähiger gegen derartige, die Anpassungsfähigkeit oft überschreitende Einwirkungen, sind in mancherlei Art gemacht worden, sei es durch die Anwendung eines besonderen, den Bauch komprimierenden Korsetts, sei es durch veränderte Sitzanordnung und dadurch Änderung der Wirkungsrichtung der angreifenden Beschleunigungskräfte oder sei es durch medikamentöse Mittel. Ob hierbei wesentliche Erfolge zu erzielen sind und es gelingt, zugleich mit dem Fortschritt der Technik auch eine Erhöhung der körperlichen Leistungsfähigkeit zu erzielen, wird erst die Zukunft zeigen.

VII. Pathologie der Wärmeregulation.

A. Vorbemerkungen zur Physiologie der Wärmeregulation.

1. Wärmeökonomie der Poikilothermen.

Bei anorganischen Körpern steigt die Intensität der chemischen Prozesse mit zunehmender und fällt mit sinkender Temperatur. Auch für den Tierkörper gilt dies Gesetz. Der Warmblüter folgt ihm aber nur dann, wenn das Nervensystem ausgeschaltet ist. Bei intaktem Nervensystem reagiert der Warmblüter auf Erwärmung mit herabgesetzter, auf Abkühlung mit gesteigerte Verbrennung. Diese *chemische Wärmeregulation* fehlt den Poikilothermen, sie folgen in bezug auf die Intensität der Verbrennungen unter wechselnden Temperaturbedingungen den Gesetzen der anorganischen Welt.

Alle Poikilothermen nehmen durch Leitung und Strahlung ihrer Umgebung Wärme auf. Die von außen von dem tierischen Körper aufgenommene thermische Energie wird zum Teil in molekulare umgewandelt. Manche Poikilothermen sind auf die Aufnahme von Sonnenwärme in allerhöchstem Maße angewiesen. Bei vielen kann man beobachten, daß mit der aufgenommenen Sonnenenergie die Leistungsfähigkeit der Tiere wächst und umgekehrt.

2. Die normale Körpertemperatur und ihre Schwankungen.

Die normale *Körpertemperatur des Menschen schwankt* unter physiologischen Bedingungen. Sie zeigt ein Maximum zwischen 5 und 7 Uhr nachmittags und ein Minimum morgens zwischen 4 und 7 Uhr. Diese täglichen Schwankungen sind bei allen homoiothermen Tieren eine regelmäßige Erscheinung und bleiben auch bei fieberhaften Reaktionen bestehen. Ursachen sind *Nahrungszufuhr* und *Körperbewegung*. Beim Kaninchen — beim Menschen ist das nicht sicher gelungen — läßt sich durch nächtliche Fütterung der Temperaturtypus umkehren; man hat daher die Nahrungszufuhr als Hauptursache der Tagestemperaturbewegungen angesehen; da aber auch bei hungernden Tieren und Menschen eine ähnliche Kurve zustande kommt, ist sicher die Nahrungszufuhr nicht allein ausschlaggebend. Schaltet man alle Körperbewegungen willkürlich aus, so verläuft die Kurve in ähnlicher Weise, aber viel flacher[1]. Die maximale Differenz beträgt nur $0,5^0$ gegen $1,1^0$ unter gewöhnlichen Bedingungen. Sicher hat, wie Versuche am Affen zeigen, auch das *Licht* einen Einfluß auf die Tagesschwankung der Temperatur, indem die nachts belichteten und am Tage dunkel gehaltenen Versuchstiere den umgekehrten Typus zeigen.

Körperbewegungen treiben die Temperatur erheblich in die *Höhe*[2]. BENEDICT und SNELL ließen ihre Versuchspersonen in 8stündiger Arbeit zu je 2stündigen Perioden 220000 kgm leisten. Für je 2 Stunden Arbeitsperiode stieg die Temperatur um $0,72^0$ C.

---

[1] JOHANNSON: Skand. Arch. Physiol. (Berl. u. Lpz.) 8, 85 (1898).
[2] SNELL: Pflügers Arch. **90**, 46 (1902).

In eigenen Beobachtungen an Soldaten konnte ich nach dem Exerzieren die Körpertemperatur häufig auf 38,5⁰ und mehr ansteigen sehen. Bei einem Diabetiker sah ich nach einer
Arbeitsleistung von 30000 kgm die Rectaltemperatur von 36,8⁰ auf 39,6⁰ ansteigen und
innerhalb von 2 Stunden auf den Ausgangswert zurückkehren. Hohe Temperaturen
werden auch bei starken *Muskelkrämpfen* beobachtet, z. B. bei der Tetanie nach Exstirpation der Epithelkörper.

Zu den physiologischen Schwankungen der Körpertemperatur sind schließlich noch die
eigenartigen Steigerungen der Körperwärme bei gesunden Neugeborenen in den ersten Lebenstagen zu rechnen[1]. Dieselben fallen auffälligerweise meist mit dem starken *Gewichtssturz*
zusammen, den man in den ersten Lebenstagen beobachtet. Es handelt sich dabei wahrscheinlich um eine Erscheinung, deren Ursache in abnormen Stoffwechselvorgängen zu
suchen ist, wobei der Mangel in den wärmeregulierenden Funktionen ein mitwirkender Faktor
sein dürfte.

Nach langdauerndem Hunger nimmt infolge sinkender Wärmebildung die Körpertemperatur etwas ab. Eigene[2] Beobachtungen an Ödemkranken zeigten diese Erscheinung auch
schon dann, wenn durch monatelange Unterernährung das Material für die Wärmebildung
stark reduziert war.

3. Topographie der Wärmebildung.

Die normale *Hauttemperatur* schwankt an den verschiedenen Körperstellen erheblich.
Während das Arterienblut überall ziemlich die gleiche Temperatur aufweist, ist
das Venenblut in der Haut bis 1⁰ kälter. Das Blut der Cava inferior ist wärmer, das
der Cava superior kälter als das Arterien-
blut. Die Ursache dafür ist darin zu
sehen, daß das Blut der Cava inferior in
der Bauchhöhle gegen Abkühlung geschützt ist, vielleicht auch durch Wärmebildung in der Leber wärmereicher wird.
Nach CLAUDE-BERNARD[3] ist das Blut in
der Pfortader beim Hunde immer um
0,2—0,4⁰ kälter als das der Lebervene.

Temperatur	Ort
22—24⁰	Nasenspitze und Ohrläppchen
29—32⁰	Haut über den Muskeln
um 37⁰	Linkes Herz
um 37,4⁰	Rechtes Herz

Die Differenz in der Temperierung des rechten und linken Herzens, die 0,1—0,4⁰ betragen
kann, erklärt sich durch die Abkühlung des Blutes in den *Lungen*; hier überwiegt die
Wärmeabgabe die geringe Wärmebildung. Die letztere wird auf den Prozeß der Sauerstoff-
bildung in den Lungen zurückgeführt, wobei Wärme frei wird; die Wärmeentwicklung bei
Oxydierung des Hämoglobins in den Lungen beträgt im Mittel 0,097⁰. Die verschiedenen
Temperaturen, die an der Haut gemessen werden, sind einmal durch die wechselnde Durchblutung und durch die mehr oder weniger geschützte Lage der betreffenden Hautpartie
bedingt. Regelmäßig ist die Temperatur über Muskeln höher als über Knochen und Sehnen,
was darin seine Ursache hat, daß die Muskeln in hohem Maße an der Wärmebildung beteiligt
sind, Knochen und Sehnen dagegen nicht. Fährt man mit einem Kontaktthermoelement
in einer bestimmten Linie vom Kopf bis zu den Füßen, so läßt sich der Wechsel der Hauttemperatur mit Hilfe der entsprechenden Galvanometerschwankung fortlaufend registrieren,
wie es nebenstehende Abb. 24 zeigt.

Das Blut in der Aorta ist immer kälter als der Harn.

Nach einer Berechnung von TIGERSTEDT beträgt die tägliche Wärmebildung

bei der Herzarbeit . . . . . . 70 Calorien
„   „   Atmungsarbeit 150   „
„   „   Lebertätigkeit 368   „
„   „   Nierentätigkeit 74   „

Summe . . . 662 Calorien.

[1] HELLER: Z. Kinderheilk. 4, 55 (1912).
[2] BÜRGER: Z. exper. Med. 8, 309 (1929). — Erg. inn. Med. 18, 189 (1920).
[3] CLAUDE-BERNARD: Lecon sur la chaleur animal, p. 190. Paris 1876.

Es fehlen für den ruhenden nüchternen Menschen demnach noch etwa 1000 Calorien am Umsatz. Diese werden in der *Muskulatur* gebildet. Wir wissen, daß von der dort umgesetzten Energie 75% als Wärme und nur 25% als äußere Arbeit erscheinen; auch die gelähmten Muskeln bilden Wärme, wie FRANK[1] an curaresierten Hunden wahrgenommen hat. Nach körperlicher Arbeit werden die Verbrennungen gewaltig gesteigert. *Arbeitsphysiologische* Spezialuntersuchungen geben Auskunft darüber, um wieviel die einzelnen Tätigkeitsformen die Verbrennungen in die Höhe treiben.

Es kommt zuweilen vor, daß die *Körpertemperatur nach dem Tode* nicht, wie man erwarten sollte, sogleich absinkt, sondern sogar noch ansteigt. Die Verbrennungen hören eben nicht mit dem letzten Atemzuge auf, sondern gehen noch eine Zeitlang weiter. Besonders in Fällen, in denen dem Tode starke nervöse Erregungen vorausgingen (Verletzungen des Gehirns und Rückenmarks, Infektionskrankheiten), wurde die Temperatur nach dem Tode höher gefunden als im Leben.

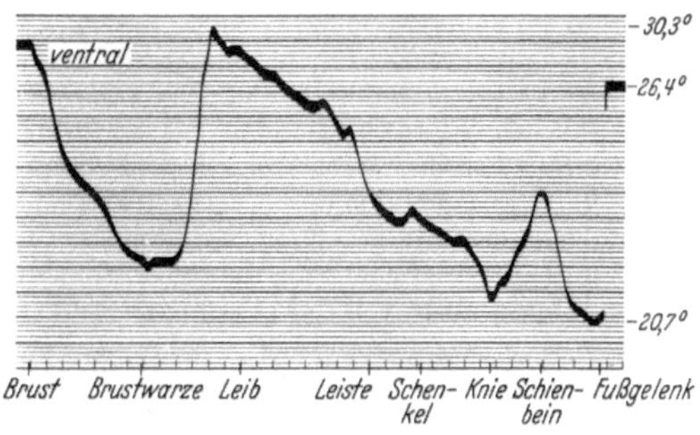

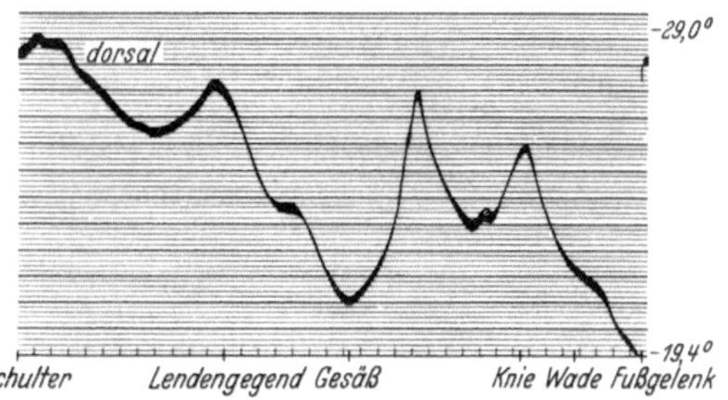

Abb. 24. Hauttemperatur des Menschen.
(Nach BENEDICT, MILES und JOHNSON.)

Die Körpertemperatur ist bei den verschiedenen Homoiothermen durchaus nicht die gleiche. KREHL[2] findet bei nachstehenden Tieren unter normalen Verhältnissen folgende Zahlen:

Hund	37,5—39,5°	Taube	41,0—42,5°
Kaninchen . . .	38,3—39,9°	Huhn	41,0—42,5°
Meerschweinchen.	37,3—39,5°	Igel (Mai, Juni) .	34,8—35,5°

4. Die Quellen der tierischen Wärme.

Als Quellen der tierischen Wärme kommen für den Poikilothermen allein die im Darmkanal resorbierten Nahrungsmittel in Frage. Im Körper wird, wie im Kapitel V näher ausgeführt ist, *Fett, Eiweiß* und *Kohlehydrat oxydiert.* Die bei diesem Verbrennungsprozeß verfügbar werdende „lebendige Kraft" kommt erstens als Arbeit, zweitens als Körperwärme wieder zum Vorschein. Mit fortschreitender Oxydation verlieren die eingeführten Substanzen an chemischer Spannkraft. Doch sinkt ihr Wert bei den Abbauprozessen im Organismus nicht auf 0, denn die zur Ausscheidung kommenden Stoffwechselprodukte haben immer noch einen, wenn auch geringen Brennwert. Obgleich die Bildung der Wärme hauptsächlich durch die Nahrungszufuhr ermöglicht wird, gehen die thermogenetischen Prozesse, wie die Erfahrungen am hungernden Menschen lehren, doch auch *ohne Nahrungsaufnahme* vor sich. So produzierte der Hungerkünstler Cetti am 9. und 10. Hungertag je 1508 Calorien aus 67,96 g Eiweiß und 132,38 g Fett. Neben den oxydativen Vorgängen spielen andere *exotherme Prozesse* (Gärungen, Hydratation) bei der Wärmebildung nur eine untergeordnete Rolle. Wärmeaufnahme durch Leitung und Strahlung kommt für den homoiothermen Organismus praktisch nicht in Frage.

---

[1] FRANK: Z. Biol. **42**, 308 (1901); **43**, 117 (1903).
[2] KREHL: Pflügers Arch. **10**, 633.

5. Wärmeverlust und Schutz dagegen.

Die Wärmeabgabe des Körpers findet auf folgenden Wegen statt:
1. durch Erwärmung der aufgenommenen Kost und der eingeatmeten Luft,
2. durch Abgabe von Kohlensäure und Wasserdampf bei der Atmung,
3. durch Wärmeverlust durch Leitung und Strahlung von der Oberfläche,
4. durch Wasserdampfabgabe von der Oberfläche,
5. durch Wärmeabgabe mit Harn und Kot.

Unter diesen Faktoren sind die *Wasserdampfabgabe* und der *durch Leitung und Strahlung* von der Oberfläche eintretende Wärmeverlust die bedeutsamsten; sie werden entscheidend *beeinflußt* von der *Temperatur,* dem *Feuchtigkeitsgrade* und den *Bewegungen der umgebenden Luft.* Wir wissen, daß uns die *bewegte* warme Sommerluft abkühlt und daß uns eine niedrige Außentemperatur bei *Windstille* ganz erträglich ist. Bei hohem Feuchtigkeitsgehalt der Luft ist die Wärmeabgabe durch Verdunstung sehr erschwert. Bei 80% Feuchtigkeit ist eine Temperatur von 24^0 C nur bei vollkommener Körperruhe noch erträglich. Temperaturen zwischen 24 und 29^0 werden bei trockener Luft noch relativ gut vertragen[1].

Die wärmesparende Wirkung der *Kleidung* ist bekannt. Bei einem ruhenden nackten Menschen kann die normale Temperatur nicht beibehalten werden, wenn die Außentemperatur etwas geringer ist als $27—28^0$ C. Den Tieren spendet das Haarkleid einen wirksamen Wärmeschutz. An Polartieren (Polarfuchs, Wolf, Schneehuhn) wurden bei Außentemperaturen von $—32^0$ und $—38^0$ Körpertemperaturen zwischen $38,3^0$ und $43,3^0$ (Schneehuhn) gemessen. Bei geschorenen Tieren sinkt bei steigender Wärmeabgabe durch Leitung und Strahlung die Körpertemperatur und es kann bei ihnen die Wärmeproduktion bei 30^0 C gleich groß sein derjenigen eines ebenso großen ungeschorenen bei 20^0 Außentemperatur.

6. Die Wärmeregulation und ihre Grenzen.

a) Wirkung der Abkühlung. Wir sahen, daß die Homoiothermen unter der glühenden Sonne des Äquators sowohl wie in der eisigen Nacht der Pole die Temperatur ihres Körpers auf gleicher Höhe zu halten imstande sind. Die Mittel dazu sind verschiedene: Gegen Abkühlung sowohl wie gegen Überwärmung treten *physikalische* und *chemische Regulationen* in Tätigkeit. Wir beobachten am Menschen, daß die abgekühlte Haut blaß, blutleer und kühl wird und sehen erst bei stärkerem Frost, besonders an Nase und Ohren eine Rötung, später eine mehr blaue Farbe auftreten; das sind aber bereits *pathologische* Erscheinungen. Auch die Gefäße eines überlebenden — also vom Zentralnervensystem abgetrennten — Organs verengern sich in der Kälte[2]. Das bei Abkühlung eintretende Kältegefühl lehrt, daß auch das Nervensystem beansprucht wird. *Die vasoconstrictorische Wirkung der Kälte* bleibt nicht auf die betreffende Hautpartie beschränkt: Bei Abkühlung eines Armes sinkt auch die Temperatur des anderen und der Plethysmograph zeigt uns eine durch die *Gefäßverengerung* bedingte Volumabnahme der nicht direkt betroffenen Extremität an. An einer solchen lokal bedingten Abkühlung haben letzten Endes die Capillaren der *ganzen* Oberfläche der Haut und sogar der Muskulatur teil[3]. Durch diesen Mechanismus wird das Blut in das Innere des Körpers, besonders in das weite Gebiet des Splanchnicus hinein verschoben und hier vor der Entwärmung geschützt. Das Rot- und schließliche Blauwerden besonders ausgesetzter Körperteile bei scharfem Frost ist Folge eines oft schmerzhaften Kältereizes, bei dem es zu einer Lähmung der Capillaren und zu Stagnation und Venöswerden des Blutes in ihnen kommen kann. Außer durch diese Vorgänge suchen Mensch und Tier dem Wärmeverlust

---

[1] RUBNER u. LEWASCHEW: Arch. soz. Hyg. **29**, 1 (1897).
[2] LANGENDORFF: Pflügers Arch. **66**, 387 (1897).
[3] MÜLLER, O.: Habil.-Schr. Tübingen 1905.

instinktiv durch *Verringerung der Oberflächenausdehnung* entgegenzuwirken, indem sie sich bei kühler Witterung zusammenkauern. Neben diesem physikalischen Vorgang läßt sich ein zweiter *chemischer* Regulationsmechanismus besonders gut durch Wärmeentziehung im kalten Bade nachweisen: Die *Verbrennungen* werden *gesteigert,* Sauerstoffverbrauch und Kohlensäureabgabe steigen beim Menschen bei Temperaturen von 15⁰ abwärts deutlich an. Der frierende Mensch beginnt zu zittern. Ihn „überläuft ein Frostschauer", er bekommt eine Gänsehaut, weil sich die feinsten Hautmuskeln kontrahieren. Die *muskuläre Aktivität* der sich in kalter Umgebung befindenden Individuen wird gesteigert, daneben aber läßt sich eine höhere Einstellung des Muskeltonus nachweisen, die bemerkenswerterweise auch nicht durch Curare aufgehoben wird, während Durchschneidung der motorischen Nerven die Steigerung der Verbrennungen in den Muskeln unmöglich macht. Man führt diesen Unterschied darauf zurück, daß Curare den die „tonische Innervation" der Muskulatur versorgenden Sympathicus im Gegensatz zu den motorischen Nerven nicht lähmt. Unterstützt wird diese chemische Regulation durch eine Steigerung der *Nahrungsaufnahme* bei kalter Witterung. Die Vermehrung der Oxydationen bei Erniedrigung der Außentemperatur ist auf eine von zentraler Stelle ausgehende gesteigerte Innervation zurückzuführen[1].

Daß alle diese Vorgänge im wesentlichen auf nervösem, reflektorischem Wege von der abgekühlten Haut aus eingeleitet werden, lehrt die Beobachtung mit Alkohol vergifteter Tiere und Menschen. Der Alkohol bewirkt eine Lähmung der Hautgefäße. Die Haut bleibt trotz niedriger Umgebungstemperatur rot, gut durchblutet und daher warm; die reflektorische Umstellung der Hautgefäße fehlt und es sinkt infolge des starken Temperaturgefälles von der warmen Haut zur kalten Außenluft die Gesamtkörpertemperatur rasch auf gefährlich niedrige Werte. Auch bei allgemeinen Dermatosen ist der Wärmeverlust durch die entzündete Haut besonders groß. Das dauernde Frösteln solcher Hautkranker findet damit einfache Erklärung.

b) Erfrierung. Bei längerer Einwirkung kalter Umgebungstemperaturen, besonders wenn gleichzeitig stärkere Luftbewegung stattfindet, werden dem Körper erhebliche Wärmemengen entzogen. Die Wirkung des Frostes auf den Gesamtkörper ist eine wechselnde. Sie ist abhängig von Ruhe oder Bewegung, Alter, Ernährungszustand und Konstitution. Alte schlecht genährte und kranke Individuen sind *Erfrierungen* leichter ausgesetzt als gesunde kräftige und wohlgenährte Menschen. Die tiefsten Temperaturen, welche vom Menschen ertragen werden, sind wohl von NANSEN in seinem Werke: „Nacht und Eis" vermerkt. Es sind mehrfach Temperaturen von 50⁰ unter Null registriert worden, ohne daß die Expeditionsteilnehmer darunter gelitten haben. Von den Geweben sind besonders diejenigen der Erfrierung ausgesetzt, in denen das Blut langsamer strömt; beengende Kleidung, Stiefel, Handschuhe, welche zirkulationshemmend wirken, begünstigen das Eintreten der Erfrierung. Da jede Körperbewegung die Durchblutung begünstigt, ist diese ein wirksamer Schutz gegen Erfrierung.

Der schädigende Einfluß der niederen Temperaturen auf die einzelnen Gewebe ist bekannt. Rote Blutkörperchen, welche man gefrieren läßt, werden aufgelöst. Bei Einwirkung der Kälte auf lebende Gewebe sieht man die Gefäße

---

[1] PFLÜGER: Pflügers Arch. **18,** 247 (1878). — RUBNER: Biologische Gesetze. Marburg 1887.

immer enger werden, so daß schließlich überhaupt keine Blutkörperchen mehr durchgehen. Wie die Temperaturnerven, so werden auch die Vasomotoren durch die Kälte zunächst gereizt, später aber gelähmt (Kälteanästhesie). Blutarme Menschen sind gegen Kälte besonders empfindlich. Bei ihnen kann schon das Waschen in kaltem Wasser zu einer weitgehenden Blutleere der Finger (sog. Totenfinger) führen. Die Hände schmerzen, die Beweglichkeit der Muskulatur ist infolge der mangelnden Durchblutung gehemmt. Chronische Kälteeinwirkung führt zu histologischen Veränderungen an den feineren Gefäßen und sekundär zu Ernährungsstörungen im Gewebe. An den der Kälte besonders ausgesetzten Teilen: Ohren, Nase kommt es zu Gewebsschädigung. So habe ich mit MÜLLER

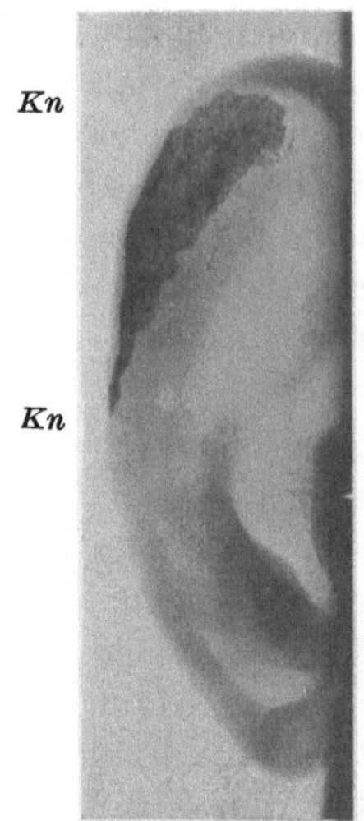

Abb. 25. Röntgenbild eines nach Frostschädigung verknöcherten Ohrknorpels *Kn.*

mehrfach bei Schiffern und Fischern als Folge chronischer Kälteerscheinungen an den Ohren eine weitgehende Verknöcherung der Ohrknorpel infolge Metaplasie des kältegeschädigten Ohrknorpels beobachtet. Diesem Zustand voraus gehen Ernährungsstörungen an der Haut der Ohren, welche besonders in der Zeit, in welcher infolge starker Sonnenbestrahlung die Gefäßregulationen beansprucht werden (Frühsommer), zu Hautreaktionen Anlaß geben, die von den betreffenden als „Sommerfrost" bezeichnet werden. Im akuten Experiment führt die Erfrierung nach vorübergehender Kontraktion zu einer Erweiterung der Gefäße mit Exsudatbildung und allen Zeichen der Entzündung. Wird die Erfrierung längere Zeit durchgeführt, so kommt es zur Gerinnung in den Gefäßen und als Folge davon zum Absterben der Gewebe. Die Veränderungen, welche wir bei chronischer Einwirkung von Kälte auf die Ohren beobachten, lassen sich wie folgt beschreiben: Bei Männern, welche viel im Freien arbeiten (Gärtnern, Bauern, Fischern und Schiffern), wurden in allen Lebensaltern mehr oder weniger weitgehende Kälteschädigungen am Ohrknorpel beobachtet, die schließlich zur Verkalkung und Verknöcherung derselben führen (Abb. 25). Diese Kälteschädigungen am Knorpelgewebe mit seinem langsamen Stoffwechsel können auch eintreten, ohne daß die mehrexponierte oberflächliche Haut mit ihren günstigen Ernährungsbedingungen und besseren Reparationsmöglichkeiten Folgeerscheinungen überstandener Erfrierung aufzuweisen braucht. Histologisch zeigen sich als Folge chronischer Kälteeinwirkungen intermediäre Intimawucherungen der mittleren und kleinsten perichondralen Gefäße zwischen Elastica interior und Lumen. Diese Veränderungen im Sinne einer Endarteriitis führen bis zur vollständigen Obliteration der Arterien. Die Veränderungen am Knorpel zeigen infolge der Ernährungsstörung zunächst eine umschriebene Knorpelnekrose, später eine entzündliche vom Perichondrium ausgehende Gewebsneubildung mit Aufsplitterung des Knorpels. In den Endzuständen wird breite Knochenbildung mit in ihrer Entwicklung abgeschlossenen Markräumen beobachtet[1] (s. Abb. 25 und 26).

Die nebenstehende Abb. 26 zeigt eine solche Knorpelverknöcherung mit Nekrosen und Entzündungserscheinungen an den Gefäßen des Ohres als direkte

---

[1] BÜRGER u. MÜLLER: Z. exper. Med. **25**, 345 (1921).

Folge der chronischen Einwirkung niederer Temperatur. Diese Beobachtungen haben insofern paradiagmatische Bedeutung, als derartige Vorgänge auch an tiefergelegenen Geweben, z. B. Gelenkknorpel eine Rolle spielen können. Manche Gelenkerscheinungen, die gerade im Frühjahr und Herbst bei raschen Witterungsumschlägen sich einzustellen pflegen, können letzten Endes somit

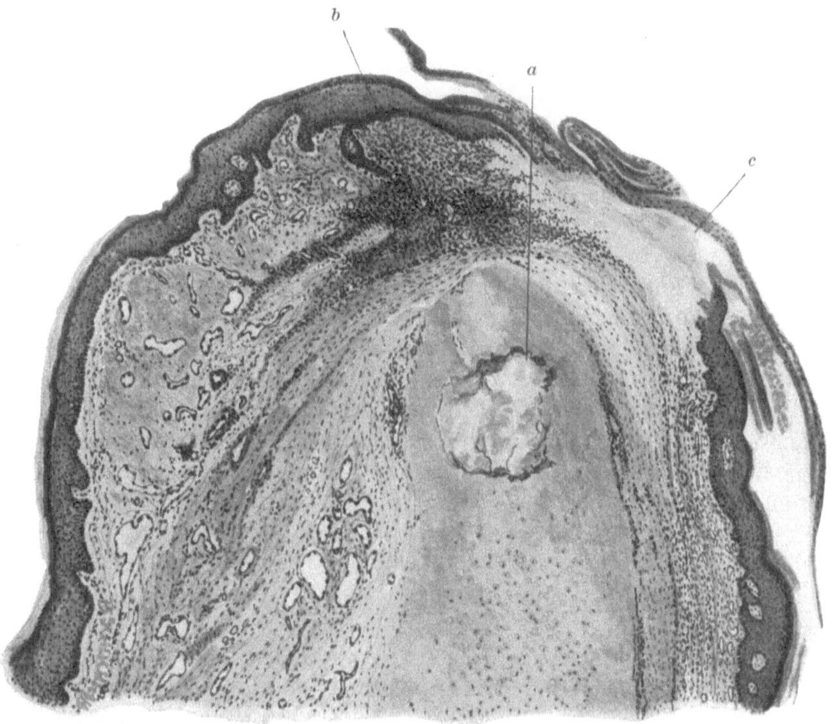

Abb. 26. Ohrknorpelnekrose nach Erfrierung. Querschnitt durch eine verhärtete, aber noch schneidbare Helixpartie mit oberflächlichem Epithelverlust der Haut. Schwache Vergrößerung. Zeiss, Lupe A. 2. Oc. 4. *a* umschriebene Knorpelnekrose mit peripherer Verkalkungszone. Im anschließenden Knorpelgewebe wenig erhaltene Zellen, zum Teil nur leere Knorpelzellhöfe. *b* kleinzellig infiltriertes Perichondrium. *c* umschriebene Nekrose der Epidermis mit Fibrinausscheidung und Anhäufung von roten Blutkörperchen. (Nach BÜRGER und MÜLLER.)

als Ausdruck von Funktionsstörungen kältegeschädigter perichondraler Capillargebiete gedeutet werden.

Man hat die Erfrierungen beim Menschen in verschiedene Grade eingeteilt[1].

Der erste Grad ist gekennzeichnet durch Rötung, welche infolge sekundärer Erweiterung der kleinen Hautgefäße zustande kommt. Neben der Rötung besteht häufig Gefühllosigkeit. Beide Erscheinungen können nach wenigen Tagen wieder verschwinden. In anderen Fällen bleibt die Rötung infolge Dauererweiterung der kleinen Gefäße das ganze Leben bestehen. Die „rote Nase" nach Frosteinwirkung ist dafür ein Beweis.

Eine Erfrierung zweiten Grades zeigt die Haut tiefrot bis violett verfärbt und mit Blasen bedeckt. Die Blasen zeigen häufig einen wäßrig gelben Inhalt, platzen und heilen unter Krustenbildung ohne eine Narbe zu hinterlassen ab

---

[1] SONNENBURG u. TSCHMARKA: Neue deutsche Chirurgie, Bd. 17. Stuttgart: Ferdinand Enke 1915.

(Dermatitis bullosa). In anderen Fällen entstehen oberflächliche Geschwüre, die therapeutisch schwer zu beeinflussen sind.

Die Erfrierung dritten Grades zeigt dunkelgefärbte rauhe Krusten, nach deren Abstoßung sich eitrige Geschwüre entwickeln. Auch diese können unter Narbenbildungen noch abheilen. Wirkt die Erfrierung in die Tiefe, so sterben die Gewebe ab, das erfrorene Glied ist vollkommen empfindungslos und gilt, wenn die Sensibilität nach 24 Stunden nicht wieder eintritt, als verloren.

Ich habe die Überzeugung, daß Kälteschäden an den tieferen Geweben auch schon eintreten können bei Temperaturen, die über Null Grad liegen. Besonders an den Füßen und an den Knien werden, wenn Durchnässungen hinzukommen und solche „*Erkältungen*" sich häufiger wiederholen, Veränderungen am Gelenkapparat eintreten, welche wir als Arthrosen bezeichnen.

Die Symptome *allgemeiner Erfrierung* treten ein, wenn die Regulationen versagen und die vermehrte Wärmebildung durch reichliche Nahrungsaufnahme und körperliche Bewegung mit dem großen Wärmeverlust nicht mehr Schritt hält. Körperliche Ruhe und mangelhafte Nahrung sind also bei niederen Außentemperaturen besonders gefährlich. Es sind nach Auskühlungen sehr niedrige Körpertemperaturen beobachtet worden, ohne daß Dauerschädigungen zurückbleiben, Rectaltemperaturen bis 24⁰ sind verbürgt. Nicht nur bei äußerer Kälteeinwirkung, sondern auch bei Störungen der Wärmebildung werden sehr niedrige Körpertemperaturen beobachtet. Diese hat man bei Paralyse, Tabes, Katatonien, Hypothermien bis 28⁰ axillar gemessen. Niedrige Körpertemperaturen werden gelegentlich auch bei schwerem Diabetes, Morbus Addison, Myxödem, Kreislaufstörungen, Anämie und Kachexie gefunden.

Bei beginnender allgemeiner Abkühlung kommt es zunächst zur Steigerung der Atem-, Herz- und Muskeltätigkeit. Der Blutdruck ist offenbar infolge der peripheren Gefäßkontraktion zunächst gesteigert. Diesem Erregungsstadium folgt ein Stadium der Lähmung, bei welchem alle Erscheinungen umgekehrt sind. Die Herztätigkeit ist verlangsamt, ebenso die Atmung, welche schließlich unregelmäßig wird und den Typus der Cheyne-Stokesschen Atmung zeigt. Mit einsetzender Gefäßlähmung fällt auch der Blutdruck ab. Solange die Körpertemperatur noch nicht abgesunken ist, d. h. die Gegenregulationen noch wirksam geblieben sind, sind die Verbrennungen gesteigert, was sich durch vermehrte Sauerstoffaufnahme und vermehrte CO_2-Produktion kennzeichnet. Bei längerdauernder Einwirkung der Kälte kommt es zu schweren Schädigungen der Muskulatur mit Zerfall der contractilen Substanz. Wird der Frostschaden überstanden, so können solche Muskeln narbig schrumpfen. Bemerkenswert ist auch, wie oben bei der Frostschädigung der Ohren bereits bemerkt, daß die nach Erfrierung auftretenden Gefäßerkrankungen noch nach Jahren zu operativen Eingriffen zwingen können. Diese Gefäßerkrankungen wirken sich wie bei der Endarteriitis obliterans aus und führen zum partiellen oder totalen Gewebstod.

c) Wirkung der Überhitzung und der Wärmestauung. Eine *lokale* Erwärmung der Haut macht nicht bloß an der betroffenen Stelle eine Rötung. Sind die nervösen Verbindungen erhalten, so sieht man neben der lokalen vasodilatorischen Wirkung auch häufig eine Rötung nicht direkt betroffener Hautpartien; erwärmt man ein Kaninchen am Bein, so röten sich die Ohren und werden, während sie bis dahin flach anlagen, steil aufgerichtet. Es wird eine *größere Blutmenge durch die Haut* getrieben und damit eine Entwärmung des Blutes erleichtert, die zudem durch Vergrößerung der Oberfläche unterstützt wird. Die Tiere lagern sich bei warmer Witterung mit weitausgstreckten Beinen. Ein zweites Mittel zur Entwärmung ist beim Menschen die *Schweißabgabe.* Mit 1 Liter Wasser, das an der Körperoberfläche verdunstet, werden dem Organismus 540 Calorien entzogen. Es ist begreiflich, daß mit einer starken Schweißabsonderung das Bedürfnis nach Wasseraufnahme zunimmt. In den Tropen werden nicht selten zwischen 10—15 Liter Wasser getrunken. An amerikanischen Schnittern hat man Schweißverluste von mehr als 10 Liter pro Tag festgestellt. Bei Tieren, welche wenig oder gar nicht schwitzen, tritt als regulatorischer Entwärmungsmechanismus eine sehr beschleunigte Atmung ein. Mit ihrer Hilfe werden große Wassermengen von den Lungen verdunstet und der Körper auf diese Weise abgekühlt. Bei dieser als *Wärmepolypnoe* oder *Tachypnoe* bezeichneten Erscheinung nimmt die Atmungsgröße zu, die Atmung selbst aber wird flacher. Man kann die Atmung eines Hundes durch Behinderung seiner Wärmeabgabe beschleunigen, dieselbe durch Abkühlung des Tieres wieder verlangsamen. Mit der Dyspnoe hat dieses Phänomen nichts zu tun.

Die *chemische Wärmeregulation* gegen Überhitzung äußerst sich zunächst in einer weitgehenden *Einschränkung des Nahrungsbedürfnisses,* die in tropischen Klimaten solche Grade erreicht, daß es zur *Unterernährung* kommen kann. Der Verminderung der Oxydationen sind dagegen Grenzen gesetzt, da wir ja wissen, daß bei vorsätzlicher Muskelruhe der Stoffwechsel des Menschen 1700 Calorien beträgt. Nicht selten ist mit Erhöhung der Außentemperatur an der Grenze der Regulationsfähigkeit sogar eine geringe Erhöhung der Oxydationen verbunden, was durch die erhöhte Tätigkeit der Muskeln und Schweißdrüsen erklärt wird. Bei besonders hohen Umgebungstemperaturen, gegen welche der Organismus sich nicht mehr zu wehren vermag, treten die Zeichen der Überwärmung des Körpers auf. Klinisch wird dieser Symptomenkomplex der Wärme als *Hitzschlag* bezeichnet. Die ersten Zeichen der Wärmestauung sind Übelkeit, Kopfschmerzen und zunächst Schweißausbruch. Die Körpertemperatur steigt auf 40—45°, Herztätigkeit und Atmung sind lebhaft beschleunigt. Nach dem Versiegen der Schweißsekretion kommt es zum Verlust des Bewußtseins, zu Krämpfen und schließlich zum tödlichen Koma. Im Stadium der Krämpfe ist der Liquordruck häufig gesteigert. Die Behandlung muß vor allem auf die Abkühlung des Kopfes durch Eisblase, die Wiederbelebung der Zirkulation durch Herzmittel und eventuell in Lumbalpunktion bestehen.

Die Regulationen gegen kalte und heiße Umgebungstemperaturen werden auf zwei Wegen vermittelt. Einmal reflektorisch durch die *Nerven,* dann durch die *Bluttemperatur* selbst. KAHN[1] hat durch isolierte Überhitzung des in das Gehirn einströmenden Carotisblutes Erweiterung der Hautgefäße, Schweißsekretion und Wärmepolypnoe erzielen können. Umgekehrt veranlaßt eine Erniedrigung der Bluttemperatur wärmeerzeugende bzw. sparende Regulationen. Es ist klar, daß ein so verwickelter Regulationsmechanismus nur von einer übergeordneten zentralen Stelle aus besorgt werden kann; wir wissen, daß das *Zentralnervensystem* als dieser *Thermoregulator* anzusehen ist; strittig ist noch, ob wir berechtigt sind, ein einziges Wärmezentrum für alle regulatorischen Vorgänge verantwortlich zu machen oder ob es deren mehrere, z. B. ein Wärme- und ein Kältezentrum gibt.

[1] KAHN: Arch. f. Physiol. Suppl. **90** (1904).

7. Lokalisation des Wärmezentrums.

Über die Lokalisation des Temperaturzentrums ist auf Grund bisher angestellter Untersuchungen folgendes zu sagen: Man hat durch Reizversuche einerseits und Durchschneidungsversuche andererseits diejenige Stelle im Gehirn zu ermitteln versucht, von welcher aus die eben geschilderten

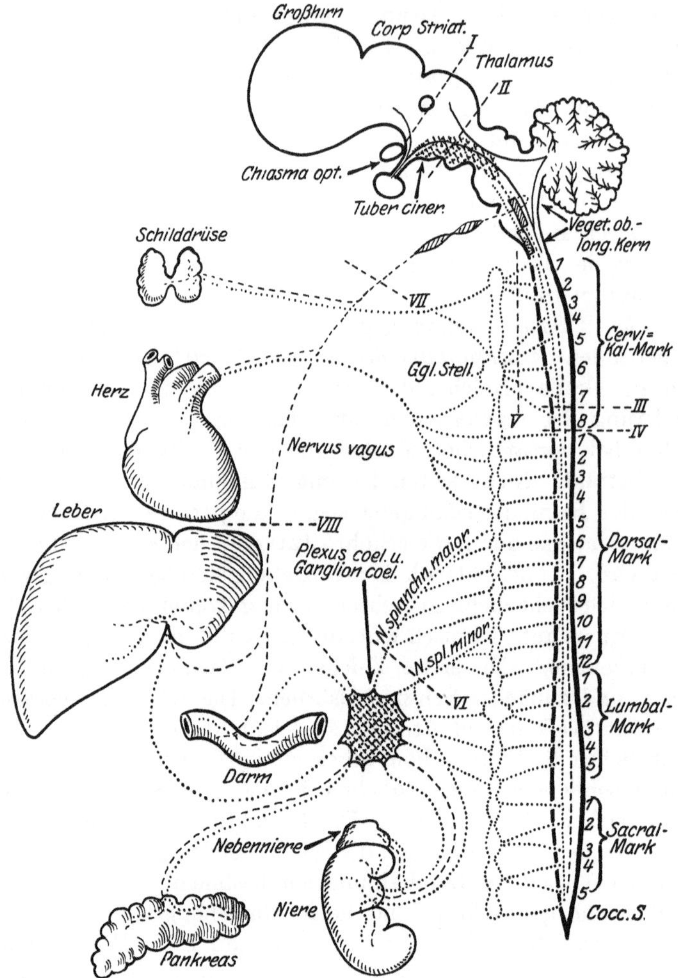

Abb. 27. Schema der Wärmeregulation nach TOENNIESSEN: Klin. Wschr. 1923 I.

Regulationen bewerkstelligt werden. Die Notwendigkeit einer solchen *zentralen Regulierung* wird schon durch die Tatsache postuliert, daß so verschiedene Vorgänge wie die eben geschilderten in geordneter und zweckmäßiger Weise ablaufen. Wenn man für die physikalische Regulation, da ja Erwärmung der Haut unmittelbar Erweiterung der Capillaren bedingt, gewissermaßen eine lokale Thermoregulation annehmen wollte, so müßte man für die Schweißdrüsen, z. B. diese Hypothese bereits wieder fallen lassen, da

---

[1] MEYER, H. H.: Verh. dtsch. Kongr. inn. Med. **30**, 15 (1913).

sie auf lokale Wärmereize *nicht* reagieren. Für die chemische Regulation sind zentrale Impulse unbedingt zu fordern, da ja lokale Abkühlung eher eine Minderung als eine Steigerung der Oxydation bewirken müßte. H. H. MEYER[1] weist darauf hin, daß die thermoregulatorischen Zentralapparate zwei Gruppen einander antagonistischer Funktionen überwachen, die sich gegenüberstehen oder einander bilanzieren, ähnlich wie die Innervationen antagonistischer Muskeln der Extremitäten, der Atmung oder auch der Iris. Er nimmt zwei örtlich vielleicht ganz getrennte, aber korrelativ miteinander gekuppelte Zentren an: ein *thermogenetisches,* d. h. ein wärmeschaffendes und wärmespeicherndes temperaturhaltendes bzw. steigerndes und ein *thermolytisches,* d. h. ein wärmezerstörendes, temperaturminderndes. Während man über die *Lage des Wärmezentrums* einigermaßen unterrichtet ist, ist es einstweilen nicht bekannt, wo das postulierte Kühlzentrum liegt. Durchschneidungen (s. Abb. 27), die eine Trennung des Großhirns und Corpus striatum durch einen Schnitt vor dem Thalamus vom übrigen Zentralnervensystem bedingen, lassen die Wärmeregulation intakt (I). Durchschneidet man aber *hinter dem Thalamus* (II), so verliert bei kühler Umgebung das Versuchstier seine Eigenwärme und nimmt bei gesteigerter Außentemperatur an der Temperaturzunahme entsprechend teil. Man kann also durch eine *Abtrennung* des Gehirns vom Rückenmark in der *Regio subthalamica* aus einem *homoiothermen* Tier ein *poikilothermes* machen. Bei der Durchschneidung des Halsmarks bis zum 8. Cervicalsegment bleiben die Verhältnisse wie eben geschildert (III). Bei Durchschneidung unterhalb des 8. Cervicalsegments (IV) wird nur die *physikalische* (Vasomotoren, Pilomotoren und Schweißsekretion), nicht aber die *chemische* Regulation geschädigt. Man findet nämlich bei der Brustmarkdurchschneidung eine Steigerung der Oxydationen über die Norm bei sinkender Außentemperatur: die Calorienproduktion steigt und wirkt der durch die Störung in der Gefäßregulation einsetzenden Entwärmung entgegen. Eine gleichzeitige Durchschneidung im Brustmark und Exstirpation des Ganglion stellatum hat dieselben Folgen wie die Durchschneidung am 8. Cervicalsegment. Werden die vorderen und hinteren Cervicalwurzeln durchtrennt oder die Ganglia stellata allein exstirpiert (V), so bleibt die Wärmeregulation intakt. Werden dagegen Schnitt IV und V gleichzeitig ausgeführt, so ist die Wärmeregulation aufgehoben. Durchtrennung der Splanchnici (VI) oder Durchtrennung des Vagus unterhalb des Zwerchfells (VIII) stört die Wärmeregulation nicht. Wird der Vagus oberhalb des Abgangs der Lungenäste durchtrennt (VII), so tritt mit verlangsamter Atmung eine Wärmestauung ein. Während gleichzeitige Durchführung von Schnitt VI und VIII nach anfänglicher Störung keine Änderung der Wärmeregulation bedingt, heben Schnitt IV und VIII gleichzeitig gemacht dieselbe auf.

B. Die physiologischen und pathologischen Reize für das Wärmezentrum.

Bevor in die Erörterung der speziellen *Fieberursachen* eingetreten werden kann, ist ein Hinweis auf die *adäquaten Reize der Wärmeregulation* vonnöten. Diese sind: *calorische, neurogene* und *hormonale.* Führt man eine Doppelkanüle bei einem Kaninchen seitlich von der Mittellinie des Schädels dicht hinter der Frontalnaht bis an die Stammganglien in das Gehirn ein, so kann man durch Einlaufenlassen von kaltem Wasser eine Verengerung der Hautgefäße, eine

Steigerung der Wärmeproduktion, ein Anlegen der Ohren an den Körper beobachten, während die Durchleitung von warmem Wasser Erweiterung der Hautgefäße, Minderung der Wärmeproduktion und steiles Aufstellen der Ohren bewirkt. Genau so wirkt eine Erwärmung des Carotisblutes.

1. Wärmestich.

Ein adäquater Reiz für die thermoregulatorischen Zentren ist demnach ihre eigene Temperatur. Durch Abkühlung bzw. Erwärmung der *Haut* werden nach Erregung der Temperaturnerven dem Zentrum auf nervösen Bahnen Impulse zugetragen. Auch durch *schmerzhafte* Reize verschiedener Nerven können Schwankungen der Temperatur von zentraler Stelle aus eingeleitet werden. Neben diesen physiologischen Reizen hat man durch relativ grobe Eingriffe, nämlich mechanische *Läsion der Stammganglien* durch den sog. *Hirnstich* die Körpertemperatur um mehrere Grade in die Höhe treiben können, besonders hohe Temperaturen wurden durch Stich ins Tuber cinereum erzeugt. Sie sinken nach 1—2 Tagen wieder zur Norm ab und können, wenn als eingeführte Sonde eine Elektrode benutzt wird, durch elektrische Reize erneut zum Anstieg gebracht werden. Am Menschen wurden nach hohen Rückenmarksverletzungen und Halswirbelbrüchen Temperatursteigerungen über 43,9° beobachtet[1]. Mit diesen Bemerkungen sind wir schon in das Gebiet der *eigentlichen Fieberursachen* hineingeraten.

2. Pyrogenetische Substanzen.

Man kann das Fieber am einfachsten definieren als den Zustand *pathologisch gesteigerter Erregbarkeit in den wärmeregulierenden Zentren*. Es ist nun zu untersuchen, welche Stoffe die Zentren in diesen Zustand versetzen. Man hat die fiebererregenden Mittel ganz allgemein als *pyrogenetische Substanzen* bezeichnet und kann dieselben trennen in solche *körpereigener* und *körperfremder* Herkunft. Außer an den Zentren können die pyogenetischen Substanzen teilweise auch peripher angreifen, z. B. am peripheren Sympathicus; Schilddrüsenstoffe durch Steigerung der Wärmebildung in den peripheren Erfolgsorganen. Körpereigene Fiebergifte entstehen z. B. beim Zerfall von roten Blutkörperchen in der Blutbahn (paroxysmale Hämoglobinurie) und bei der Zerstörung der sehr labilen Blutplättchen. Das sog. aseptische Fieber der Chirurgen kommt nach stumpfen Traumen der Muskulatur durch Zerfall von Muskeleiweiß und Abbau von Blutderivaten zustande.

Die *körperfremden Fiebergifte* sind nur zum allergeringsten Teil chemisch definiert. Es kann jedes körperfremde Eiweiß als pyrogene Substanz wirken. Nicht jedes *Eiweiß* wirkt bei jedem Tier in gleicher Weise auf das Wärmezentrum. Im allgemeinen sind die zusammengesetzten Eiweißkörper (Nucleoproteide, Nucleohistone[2]) weniger wirksam als die Spaltungsprodukte, das Histon und Protamin. Eiweißkörper mit viel Diaminosäuren sind wirksamer als solche, die überwiegend Monoaminosäuren enthalten. Eine große Rolle haben eine Zeitlang die *Albumosen* gespielt, die KREHL und MATTHES[3] bei 30% aller

---

[1] BRODIE: Med. Chirurg. Transact. **20**, 146 (1837).

[2] SCHITTENHELM u. WEICHARDT: Z. Immun.forsch. Orig. **6**, 609 (1912). — Münch. med. Wschr. 1910—1912 I. — Z. exper. Path. u. Ther. **10** u. **11** (1912).

[3] KREHL u. MATTHES: Arch. f. exper. Path. **35** (1895), **38** (1905).

Fiebernden im Harn nachweisen konnten. Sie glaubten in den Albumosen Fiebergift sehen zu dürfen, sind jetzt aber von dieser Ansicht zurückgekommen. Später meinte FRIEDBERGER[1] in seinem *Anaphylatoxin* die einheitliche Fiebersubstanz, die in jedem Falle als ein intermediäres Abbauprodukt des Eiweißes bei Fiebernden auftreten soll, gefunden zu haben. Über diese pyrogenetische Zwischenstufe hinaus soll dann das hochgiftige Anaphylatoxin in niedrigere ungiftige Spaltprodukte zerlegt werden. Wie SCHITTENHELM betont[2], ist die Annahme eines *einheitlichen* enorm giftigen, relativ hoch molekularen, intermediären Eiweißspaltprodukts, das aus allen Proteinen entsteht, eine rein theoretische. Auch für das bakterielle Fieber nimmt FRIEDBERGER ein einheitliches Anaphylatoxin an, welches mit dem aus anderen Eiweißkörpern entstehenden Anaphylatoxin identisch sein soll. Er glaubt mit diesem Anaphylatoxin sämtliche vorkommenden Fiebertypen kopieren zu können und in dem infektiösen Fieber den Ausdruck der Überempfindlichkeit gegen das betreffende Bakterieneiweiß sehen zu dürfen.

Es ist aber neuerdings gelungen z. B. das sog. Typhusanaphylatoxin von der fiebererregenden Substanz der Typhusbacillen durch Filtration mittels CHAMBERLAND-Kerzen zu trennen. Damit ist die Lehre von dem Anaphylatoxin als *einheitlichem* Fiebergift widerlegt. Sicher ist aber, daß beim Zustandekommen des Fiebers *Überempfindlichkeitsreaktionen* eine Rolle spielen. Es ist bewiesen, daß das Wärmezentrum selbst bzw. die dasselbe darstellenden Ganglien durch die Vorbehandlung mit artfremdem Eiweiß streng spezifisch sensibilisiert werden können. Es ist gelungen, Pferdeserum in kleinsten Mengen direkt in die Wärmestichgegend zu injizieren. Macht man solche Injektionen bei bis dahin nicht vorbehandelten Tieren, so tritt kein Einfluß auf die Körpertemperatur ein. Werden die intracerebralen Injektionen aber bei mit Pferdeserum vorbehandelten Tieren durchgeführt, so tritt ein deutlicher Fieberanstieg auf, welcher 2 Stunden nach der Injektion sein Maximum erreicht und etwa 3 Stunden anhält. Werden bei sensibilisierten Tieren *große* Mengen Pferdeserum intracerebral injiziert, so tritt nicht eine Erhöhung der Temperatur, sondern ein Sturz derselben ein. Diese nach intracerebraler Zufuhr des zugehörigen Antigens erzeugten Temperaturänderungen sind auf die *spezifische Überempfindlichkeit* des Temperaturzentrums zurückzuführen. Die kleinen intracerebral injizierten Eiweißmengen bedingen bei vorbehandelten Tieren eine *Erregbarkeitssteigerung* des *Wärmezentrums* und damit Fieber. Die größeren Mengen führen zur Erschöpfung des Wärmezentrums, damit zum Zusammenbruch der Regulation und zum Temperatursturz. Ebenso wie das Wärmezentrum lassen sich auch andere Gewebe, Muskel, Nerven und Leberzellen spezifisch sensibilisieren[3]. Entfernt man Tieren die Hypophyse, so sinkt die Körpertemperatur rasch ab. Sie beträgt kurz vor dem etwa am 3.—5. Tage nach der Operation eintretenden Tode zwischen 25—27°. Pyrogene Stoffe sind bei *hypophysektomierten* Tieren wirkungslos, die Fieberfähigkeit hypophysektomierter Tiere ist geschwächt. Die Erregbarkeit des Wärmezentrums ist durch den *Ausfall der Hypophysenfunktion* beträchtlich herabgesetzt und kann teilweise durch Hypophysenextrakt wiederhergestellt werden[4].

---

[1] FRIEDBERGER: Dtsch. med. Wschr. **1911** I.
[2] SCHITTENHELM: Anaphylaxie und Fieber. Verh. dtsch. Kongr. inn. Med. **30**, 44 (1913).
[3] HASHIMOTO, M.: Arch. f. exper. Path. XX **78**, 370 (1915); XXI **78**, 394 (1915).
[4] HASHIMOTO, M.: Arch. f. exper. Path. **101**, 218 (1924).

Außer den genannten kennt man eine Reihe wohldefinierter Substanzen, die als pyrogene Stoffe sehr wirksam sind und denen gleichzeitig gemeinsam ist, daß sie als *Sympathicusreizmittel* wirken (Tetrahydronaphthylamin, Coffein, Cocain, Atropin und Adrenalin).

Besonders bemerkenswert ist es, daß eine andere Reihe von Giften, welche die autonomen Zentren für den Oculomotorius, den Vagus, die Chorda tympani, den Pelvicus erregen, nämlich Pikrotoxin, Santonin, Aconitin, Veratrin, Digitalin einen typischen *Temperaturabfall* bewirken, und zwar nicht durch Narkose des Wärmezentrums, wie die eigentlichen Antipyretica, sondern, wie MEYER[1] meint, durch *Erregung der Kühlzentren,* während die pyrogene Erregbarkeit der Wärmezentren gleichzeitig nahezu erhalten bleibt.

Nach den Erfahrungen über die differente Wirksamkeit der eben genannten Gruppen von Substanzen ist MEYER geneigt anzunehmen, daß das *Wärmezentrum sympathisch* und das *Kühlzentrum* dagegen *parasympathisch* innerviert wird.

Unter den Stoffen, welche geeignet sind Fieber zu erzeugen, spielen eine Gruppe von Körpern eine besondere Rolle, welche an sich als indifferente Substanzen gelten. Hierher gehört das *Paraffin,* welches in feinzerstäubtem Zustande in die Blutbahn gebracht, mit großer Regelmäßigkeit die Temperatur der Versuchstiere um ein oder mehrere Grade erhöhen[2]. Als Erklärungsmöglichkeit wurde neben einer direkten Gefäßwirkung durch die corpusculären Elemente die Entstehung pyrogenetischer Substanzen als Folge der durch sie angeregten phagocytären Tätigkeit der Leukocyten diskutiert, andererseits aber die Entstehung von fiebererregenden Substanzen durch einen reaktionsfördernden Einfluß der Paraffinteilchen im Blutplasma erörtert. Ähnlich muß man sich wohl auch die bei Metallgießern beobachteten Temperaturerhöhungen erklären, sog. *Gießfieber* der Messinggießer[3].

Eine Störung im Gleichgewicht der Na- und Ca-Ionen ruft gleichfalls Fieber hervor; so sind wohl die Temperaturen nach Infusionen der sog. physiologischen Kochsalzlösung zu verstehen. Das nach Infusion von hypertonischen Zuckerlösungen auftretende Fieber ist nicht einheitlicher Natur; zum Teil hängt es auch mit den Folgen der durch die Störung des osmotischen Gleichgewichts gesetzten Schädigungen zusammen[4].

Die wärmeregulierenden Zentren sind so fein und empfindlich eingestellt, daß es bei der überwiegenden Mehrzahl interner und chirurgischer Erkrankungen zu Schwankungen der Körpertemperatur kommen kann. Schon die mechanische Reizung der Zentren, z. B. bei Brüchen der Schädelbasis oder Tumoren in der Gegend des Zwischenhirns und der Hypophyse, führt zu erheblichen Temperatursteigerungen. Oft beobachtet sind stunden- und tagelange Temperaturerhöhungen nach epileptischen Anfällen; bei Apoplexien, bei luischen Affektionen des Zentralnervensystems, bei multipler Sklerose sind Temperaturerhöhungen sichergestellt; Zuständen, bei denen die Bildung pyrogenetischer Substanzen sicher nicht im Vordergrunde steht, sondern bei denen wir die Temperaturerhöhung als Reizeffekt der mechanischen Alteration der temperaturregulierenden

---

[1] MEYER: a. a. O.

[2] BOCK: Arch. f. exper. Path. **68**, 1 (1912). — SCHÖNFELD: Arch. f. exper. Path. **84**, 88 (1919). [3] LEHMANN: Arch. soz. Hyg. **72**, 358. — KISSKALT: Z. Hyg. **71**, 473 (1912).

[4] BINGEL: A. c. P. P. **64**, 1 (1910).

Bahnen und Zentren nach Analogie des Fieberstichs deuten; ob es ein rein „nervöses Fieber" gibt, ist zweifelhaft.

Die systematische Feststellung des Ablaufs der Temperatur des kranken Menschen zeigte bald, daß bei den *Infektionskrankheiten* das Fieber eine regelmäßige Erscheinung ist. *Der Kausalzusammenhang* zwischen *Infekt* und *Fieber* gehört zu den empirisch und experimentell am besten begründeten Lehren der modernen Klinik; jeder Arzt sucht, sobald er an seinem Kranken eine erhöhte Körpertemperatur festgestellt hat, zunächst nach einer infektiösen Ursache. Viele Infektionskrankheiten haben eine für sie charakteristische Fieberkurve, deren Kenntnis von hoher diagnostischer und therapeutischer Bedeutung ist.

Die **Fiebertypen** des *Eintagsfiebers,* der über Wochen und Monate sich hinziehenden *Continua, des remittierenden,* am Tage um mehrere Grade schwankenden Fiebers und des *intermittierenden* Fiebers, bei welchem die Temperaturerhöhungen attackenweise auftreten und zwischen den einzelnen Attacken tagelange fieberfreie Intervalle bestehen bleiben, sind in den diagnostischen Lehrbüchern eingehend beschrieben. Wie dieser Fiebertypus im Einzelfall zustande kommt, hängt von verschiedenen Faktoren ab. Ganz allgemein spielen bei jeder Infektion Stoffwechsel- und Zerfallsprodukte die Erreger, weiterhin auch Abbauprodukte des geschädigten Zellmaterials des kranken Organisums als pyrogenetische Substanzen die Hauptrolle. Machen die Erreger einen bestimmten *Entwicklungszyklus* durch, wie z. B. die Malariaplasmodien, dann wird der Temperaturablauf durch ihn in charakteristischer Weise bestimmt. Haben sich die Erreger an umschriebener Stelle des Körpers, z. B. einem Venenplexus eingenistet, wird der Fieberverlauf dadurch bestimmt, wie häufig von diesem Brutplatz aus *neue Schübe* in die allgemeine Blutbahn erfolgen. Jeder solcher Schub wird durch ein plötzliches Ansteigen der Körpertemperatur, welches häufig von Schüttelfrost begleitet ist, signalisiert. Schwieriger ist schon abzuschätzen, wie hoch der Einfluß *der Abwehrkräfte* des Organismus auf die Bildung pyrogenetischer Substanzen aus den Bakterienleibern zu bewerten ist. Man hat sich die Vorstellung gebildet, daß das aktive Serum vermöge der in ihm enthaltenen Fermente eine Andauung oder mehr oder weniger weitgehende Aufspaltung des Bakterienkörpers bewirke; bei diesem Abbau würden pyrogenetisch hochwirksame Stoffe frei und würden so das Fieber erzeugen. Die gleiche Vorstellung ist auch für totes aus irgendwelchem Grunde aus dem Bestande des lebenden Organismus ausgeschaltetes Organeiweiß entwickelt worden. Die Versuche, mit den Hypothesen über den anaphylaktischen Symptomenkomplex die Fiebertypen allein erklären zu wollen, haben unsere Erkenntnis wenig gefördert. So viel steht fest: Ein Organismus, der einmal mit einem bestimmten Erreger im Kampf gelegen hat, verhält sich bei einer zweiten Infektion oder bei einer Injektion von Substanzen, die aus dem Körper des Erregers hergestellt wurden, bezüglich der Fieberreaktion anders, er ist in der Regel wesentlich empfindlicher. Es genügen schon sehr kleine Mengen von Erregermaterial oder Derivaten seiner Leibessubstanz, um eine Fieberreaktion auszulösen; Mengen, denen gegenüber der unvorbereitete Organismus reaktionslos bleiben würde. Diese Erfahrung ist für die Feststellung latenter Infekte von großer diagnostischer Bedeutung geworden; die probatorische *Tuberkulininjektion* ist das bekannteste Anwendungsgebiet.

Diese Beobachtungen stehen in guter Übereinstimmung mit der Tatsache einer spezifischen Sensibilisierung des Wärmezentrums.

Undurchsichtig ist bis heute in vielen Fällen der *Vorgang der Entfieberung*. Warum z. B. bei der Pneumonie gerade am 7. Tage der Temperaturabfall erfolgt, ist aus der Eigenart des Erregers allein nicht zu erklären. Die pneumonischen Infiltrationen überdauern die Entfieberung nicht selten um viele Tage. Wir stellen uns vor — ohne das im einzelnen beweisen zu können —, daß der Organismus ungefähr in einer Woche die zur Abwehr und Unschädlichmachung der Erregermassen nötigen Gegenkräfte mobilisiert hat und damit die gebildeten und in Bildung begriffenen pyrogenetischen Substanzen zu unwirksamen Spaltprodukten zerlegt. Vielleicht ist auch mit einer Desensibilisierung des Wärmezentrums zu rechnen.

C. Stoffwechsel im Fieber.

1. Gesamtstoffwechsel.

Die Verbrennungen sind im Fieber bei weitem nicht so erheblich gesteigert als man nach der vermehrten Harnstoffausscheidung, nach den ersten gasanalytischen Untersuchungen und nach der Abnahme des Körpergewichts anfänglich anzunehmen geneigt war. Soweit die Beobachtungen an *akutem, rasch ansteigendem* Fieber bei vorher gesunden Menschen in Frage kommen, ist die Zunahme der oxydativen Prozesse durch die kleinen Muskelkontraktionen im Frost und durch vermehrte Atmung bedingt. *Auf der Höhe des Fiebers* ist die Steigerung der Oxydationen im wesentlichen durch vermehrte Herz- und Atmungstätigkeit zu erklären, während die höhere Eigenwärme selbst die Umsetzungen in den Geweben nur wenig beeinflußt.

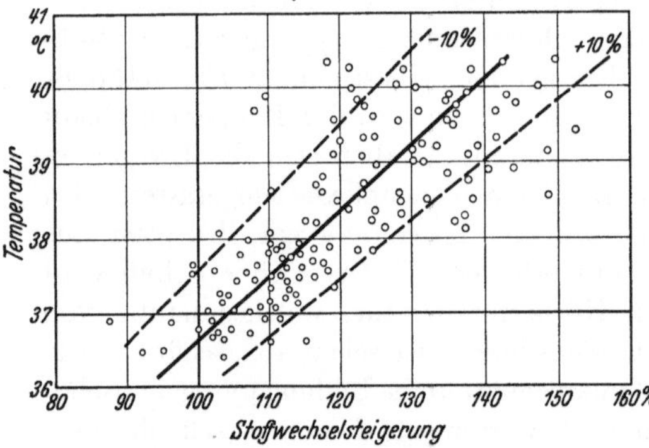

Abb. 28. Stoffwechselsteigerungen in % über die Norm = 100 bei Fiebernden.

So macht bei Meerschweinchen die Temperaturerhöhung um 1° eine Zunahme des Stoffverbrauchs um 3,3%. Nach allem, was exakte Untersuchungen ergeben haben, beträgt die *Vermehrung* der *Gesamtwärmeproduktion* im *Fieber* etwa 25%. Sie kann ausnahmsweise auf 50—30% gesteigert sein. Wenn man bedenkt, daß Nahrungszufuhr den Umsatz um 60%, Muskelarbeit aber um noch weit höhere Werte die Calorienproduktion steigert und trotzdem kein Fieber entsteht, so muß die veränderte febrile Temperatureinstellung im Fieber notwendig in einer *Störung,* besser in einer *Umstellung* — nicht Aufhebung — *der Regulationen* gesucht werden. Der Organismus des Fiebernden verhält sich so, als ob er Wärme sparen müsse; *er bildet mehr und gibt weniger ab.* Beobachtungen am kranken Menschen zeigen, daß auch der Fiebernde sehr wohl imstande ist, die Temperatur zu regulieren, sonst müßte ja bei einer Mehrproduktion der Mensch im Fieber dauernd wärmer werden. Man hat sich die Vorstellung gebildet, daß das Zentrum seine regulierenden Fähigkeiten zwar nicht eingebüßt habe, aber gewissermaßen anders „höher" eingestellt sei. Die höhere Temperatur wird vom kranken Organismus festgehalten. Sie ist der Ausdruck für eine pathologisch gesteigerte Erregbarkeit der regulierenden Zentren. Vor der Erörterung der Stoffwechselvorgänge im einzelnen muß darauf hingewiesen werden, daß die Steigerung der Verbrennungen im großen gesehen — wenn auch nicht immer — mit der Fieberhöhe parallel geht. Nebenstehendes Diagramm nach Du Bois[1], das die Untersuchungsergebnisse von 137 Fiebernden zeigt, erläutert diese Tatsache (Abb. 28). Zieht man die Vermehrung durch gesteigerte Herz- und Atemtätigkeit und die höhere Körperwärme ab, so bleiben für die *Vermehrung des Gesamtumsatzes bei mittelschwerem Fieber noch 5—10% übrig*. Das Vorkommen von fieberhaften Temperaturen *ohne* vermehrte Wärmebildung ist klinisch sicher beobachtet und experimentell bestätigt.

2. Störungen des Kohlehydratstoffwechsels.

Der Kohlehydratstoffwechsel des Fiebernden zeigt nach zwei Richtungen Abweichungen von der Norm. Zunächst ist eine weitgehende *Abnahme des Leberglykogens* von verschiedenen Seiten sichergestellt[2]. Zwei Ursachen werden dafür genannt: Die erste ist die bei jedem Fieber eintretende Inanition, die immer zu raschem Glykogenschwund führt, die zweite wird in einer gesteigerten Fähigkeit des fiebernden Organismus, das Glykogen zu zersetzen, gesucht. Nach Zuckerfütterung sollen fiebernde Tiere erheblich weniger Glykogen speichern als normale. Diese Befunde haben deswegen generelle Bedeutung, weil nach Vernichtung des Leberglykogens ein gesteigerter Eiweißumsatz einsetzt, welcher auch für den Fiebernden behauptet wurde. Aber nicht *alle* Fieberformen haben regelmäßig einen Glykogenschwund zur Folge: Der *Fieberstich* bewirkt eine Glykogenverarmung der Leber, in geringerem Umfange auch der Muskeln, das *infektiöse* Fieber aber nicht[3].

Eine zweite Störung des Kohlehydratstoffwechsels findet in der *febrilen Hyperglykämie* und *alimentären Glykosurie* ihren Ausdruck. Beides ist keine regelmäßige Begleiterscheinung des fieberhaften Prozesses. Die experimentelle Pankreasglykosurie kann sogar durch Streptokokkeninfektion zum Verschwinden gebracht werden, bleibt aber durch Milzbrandinfektion unbeeinflußt. Die Krankheiten, bei denen vorzugsweise eine febrile Hyperglykämie beobachtet wurde, sind Pneumonie, Miliartuberkulose und Sepsis. Die Erklärung wird gesucht in der oben schon beschriebenen Neigung der Leber zur Glykogenausschüttung — man findet Hyperglykämie auch nach dem Wärmestich[4] — und in einem mangelhaften Glykogenspeicherungsvermögen der Leber im Fieber. In diesem Zusammenhang ist es bemerkenswert, daß die diabetische Glykosurie durch interkurrentes Fieber oft vermindert wird[5].

---

[1] Du Bois: J. amer. med. Assoc. **77**, 253 (1921).

[2] Manassein: Zit. von v. Noordens Handbuch, 2. Aufl., Bd. 1, S. 635. — Virchows Arch. **56**, 220 (1870). — Schut: Beitr. Klin. Tbk. **35**, 75 (1915). — Richter u. Senator: Z. klin. Med. **54**, 1.

[3] Rolly: Dtsch. Arch. klin. Med. **78**, 250.

[4] Freund u. Marchand: Arch. f. exper. Path. **72**, 56 (1916); **73**, 276 (1913). — Rolly u. Oppermann: Biochem. Z. **48**, 260 (1913). — Noel Paton: J. of Physiol. **22**, 121 (1897). — Richter: Fortschr. Med. **1898**, 331.

[5] Hirschfeld: Berl. klin. Wschr. **1900 I**, 550.

3. Störungen des Fettstoffwechsels im Fieber.

Die wichtigste Störung des Fettstoffwechsels im Fieber ist die febrile *Ketonurie*. Während man früher als Quelle der Acetonkörper die Kohlehydrate ansah, weiß man jetzt, daß allein die Fettsäuren und Aminosäuren als ketogene Substanzen in Frage kommen. Die drei hier zu nennenden Acetonkörper sind:

$$\beta\text{-Oxybuttersäure} \quad . \ . \quad CH_3 \cdot CHOH \cdot CH_2COOH$$
$$\text{Acetessigsäure}. \quad . \ . \ . \quad CH_3 \cdot COCH_2 \cdot COOH$$
$$\text{Aceton}. \quad . \ . \ . \ . \ . \ . \quad CH_3 \cdot CO \qquad \cdot CH_3.$$

Die allgemeinen Bedingungen für das Auftreten von Acetonkörpern sind, wie das im Kapitel XI näher erörtert werden wird, das Vorhandensein von Fettsäuren und Aminosäuren und das Fehlen von Kohlehydraten im Stoffwechsel. Bei vorhandenen Kohlehydraten kann auch die stärkste Steigerung der Fettzersetzung keine Acetonurie bedingen. Es sind bei Fiebernden alle drei Acetonkörper nachgewiesen worden. Acetessigsäure und β-Oxybuttersäure werden selten gefunden. Nur bei Kindern ist das Vorkommen von Acetessigsäure, besonders im Eruptionsstadium akuter Exantheme nicht so selten. Die β-Oxybuttersäure wurde bei Scharlach, Masern, Typhus, Dysenterie nachgewiesen. Für die febrile Ketonurie sind folgende Momente angeschuldigt worden: Mangelnde Nahrungszufuhr, Mangel an Kohlehydraten, direkt toxisch wirkende oxydationslähmende Substanzen und die durch Unterernährung bedingte Fetteinschmelzung, auf welche schon der rasche Schwund des Fettpolsters der Fiebernden hinweist. Die im Übermaß der Leber zuströmenden Fettmengen können von dem geschädigten und glykogenarmen Organ nicht rasch genug bis zu CO_2 und H_2O oxydiert werden. Das Auftreten der Acetonkörper ist als eine *leichte Form der Azidose* aufzufassen. Daß eine solche vorliegt, ist durch eine Verminderung des Kohlensäuregehaltes im Blute der Fiebernden erwiesen. Dieser sinkt von 31,34 Volumprozent normal auf 9,84—20,34 Volumprozent ab. Neben der Azidose kommt für den verminderten Kohlensäuregehalt des Blutes die im Fieber erhöhte Ventilation als Ursache in Frage.

Die zweite Abweichung auf dem Gebiete des Fettstoffwechsels ist in dem Verhalten des *Blutcholesterins* gegeben. Im hohen Fieber wird ein Absinken desselben auf 50% der Norm gesehen. Auf diese primäre Hypocholesterinämie folgt zu Beginn der Rekonvaleszenz ein Ansteigen auf übernormale Werte. GRIGAUT[1] ist geneigt, diese *postfebrile Hypercholesterinämie* mit den Immunisierungsprozessen in Verbindung zu bringen, zumal auch die Typhusschutzimpfung einen entsprechenden Anstieg des Blutcholesterins bewirken soll.

Eine Erklärung der eigenartigen Erscheinung kann aber auch ohne alle Beziehungen zum immunisatorischen Prozeß gegeben werden: Wir wissen einerseits, daß das Cholesterin bei Unterernährung vermindert werden kann und finden z. B. bei einer typischen Inanitionskrankheit, dem epidemischen Ödem, abnorm niedrige Werte. Nun ist im Beginn jeder fieberhaften Erkrankung die Nahrungsaufnahme und Resorption gestört und der Befund der Inanitionshypocholesterinämie stimmt gut überein mit der Senkung des Cholesterinspiegels im Anfangsstadium schwerer Infektionskrankheiten. Für die sekundäre Vermehrung des Cholesterins kommen zwei Möglichkeiten in Frage: 1. die Transporthypercholesterinämie, die immer dann einsetzt, wenn Depotfette mobilisiert werden, und dies Ereignis muß eintreten, wenn die Glykogenbestände, wie das oben auseinandergesetzt wurde, erschöpft sind; 2. kommt die Zellzerfallshypercholesterinämie in Frage, die bei malignen Tumoren, bei degenerativen Nierenerkrankungen beobachtet wird. Welche von diesen beiden Möglichkeiten im Vordergrunde steht, muß vorerst offen bleiben.

---

[1] GRIGAUT: Le Cycle de la Cholestérinémie. Paris 1913.

4. Störungen des Eiweißstoffwechsels.

Wenn wir mit der Auffassung des Fiebers als eines Erregungszustandes der wärmeregulierenden Apparate im Rechte sind, so ist zu erwarten, daß im Fieber qualitativ die gleichen energetischen Prozesse ablaufen, wie die zur Erhaltung normaler Körpertemperaturen geeigneten. Im Mittelpunkt des Interesses steht die Beteiligung des Eiweißes an den Gesamtzersetzungen. Sie muß, da — wie oben auseinandergesetzt — die Gesamtoxydationen im Fieber zunehmen, absolut genommen größer werden. Sie beträgt normalerweise 15—20% der Gesamtverbrennungen. Man hat aus der vermehrten Harnstoffausscheidung der Fiebernden einen anders gearteten Ablauf der Gesamtoxydationen beschlossen. Nach Untersuchungen von GRAFE[1] beträgt bei *hungernden* Fiebernden der Eiweißanteil wie beim Gesunden 18—20% des gesamten Energiehaushalts. Diesen Beobachtungen gegenüber stehen zahlreiche andere, nach denen eine erhöhte Stickstoffausscheidung der Fiebernden sichergestellt ist. Es fragt sich daher, ob neben der energetischen Eiweißzersetzung noch ein spezifisch febriler Protoplasmazerfall vorkommt. Das erscheint sicher:

FREUND und GRAFE[2] haben in neueren Untersuchungen bei Hunden und Kaninchen das Halsmark durchtrennt, die zentrale Wärmeregulation dadurch ausgeschaltet, durch entsprechende Außentemperatur die Körperwärme aber normal erhalten. Dadurch steigt der Gesamtstoffwechsel nur um 10—20%, der Eiweißumsatz aber um das vierfache der Norm. Durch nachträgliche tödliche Infektion dieser Tiere konnte weder die Gesamtcalorienproduktion noch der Eiweißumsatz weiter gesteigert werden. Es ist also durch die Halsmarkdurchschneidung mit der *Wärmeregulation* gleichzeitig ein *Hemmungszentrum* für die normalen Stoffwechselfunktionen ausgeschaltet worden. Da sekundäre Infektion bei diesen Tieren keine weitere Steigerung des Eiweißumsatzes zur Folge hatte, kann die febrile Azoturie *nicht durch peripher* angreifende Momente bedingt sein. Offenbar wirken die pyogenetischen Substanzen so auf das Wärme- und Stoffwechselzentrum im Zwischenhirn, daß einerseits Fieber, andererseits durch Fortfall der Hemmung im Stoffwechselzentrum eine Steigerung der Verbrennungen und des Eiweißumsatzes mit Azoturie auftritt. Dieser vermehrte Eiweißzerfall kommt besonders bei hohen Temperaturen zur Geltung.

Neben den eben erwähnten Faktoren mögen auch die Eiweißzerfallsprodukte z. B. aus den Bakterienleibern ihrerseits durch ihre *spezifisch-dynamische Wirkung* die Azoturie weiterhin begünstigen. Das Erfolgsorgan für den erhöhten Eiweißumsatz *ist* wahrscheinlich die Leber.

Man fragt sich zunächst, wie wirkt die *Überhitzung* an sich auf den Eiweißzerfall. Für den Menschen haben LINSER und SCHMIDT[3] diese Frage dahin beantwortet, daß eine Erhöhung der Körpertemperatur durch äußere Wärmezufuhr, solange Temperaturen von 39° nicht überschritten werden, keinen vermehrten Eiweißzerfall zur Folge haben. Bei einer Körperwärme über 40° tritt jedoch regelmäßig ein pathologischer N-Zerfall ein. Abgesehen von dieser *Überwärmungsazoturie* kommt wie gesagt der zentrogen bedingte Mehrzerfall des Protoplasmas in Frage. Hier können wir unterscheiden einen durch reichliche Nahrungszufuhr ausgleichbaren, vielleicht durch die Inanition mitbedingten und einen nicht ausgleichbaren Anteil. Der Stoffwechsel des Fiebernden ist wie der des Hungernden mit seinem Eiweiß zu 18—20% am

---

[1] GRAFE: Münch. med. Wschr. **1913 I**.

[2] Literatur bei GRAFE: Handbuch der normalen und pathologischen Physiologie, Bd. 5, S. 260.   [3] LINSER u. SCHMIDT: Dtsch. Arch. klin. Med. **79**, 514 (1904).

Gesamtumsatz beteiligt; was darüber hinaus geht, wird von vielen Autoren als *toxischer* Eiweißzerfall bezeichnet. Soweit derselbe nicht durch die Fiebergifte bedingt ist, kommt für ihn ein erhöhter *intracellulärer* Stoffwechsel, der vielleicht mit immunisatorischen Vorgängen in Beziehung zu bringen ist, in Frage, während für den *extracellulären* Stickstoffumsatz ein vermehrter Zellzerfall durch autolytische Prozesse diskutiert werden kann. Daß nach plötzlichen febrilen Temperatursteigerungen eine vermehrte N-Ausscheidung vorkommt, ist sichergestellt. So fand man am 2. und 3. Tag nach der Krise bei Recurrens eine Harnstoffausscheidung von 168 g.

In eigenen Untersuchungen bei Malariakranken fand ich an den Fiebertagen Stickstoffwerte bis zu 30 g (bei einer Zufuhr von $^1/_2$—1 Liter Milch [6—7 g N]).

Die *Verteilung der N-haltigen Substanzen im Harn* ist wenig gestört. Vermehrt wurden gefunden das *Ammoniak,* das *Kreatinin* und der von SALKOWSKI sog. *kolloidale Stickstoff.*

Eigene Untersuchungen über den *Kreatin*-Kreatininstoffwechsel bei kurzdauerndem Fieber haben ergeben[1], daß die Erscheinung der febrilen Hyperkreatininurie und Kreatinurie genau wie bei langdauernden fieberhaften Erkrankungen nach rasch abklingenden Fieberattacken und nach artefiziellen Temperatursteigerungen beobachtet werden kann. Dabei zeigt im allgemeinen das Verhältnis von Kreatinstickstoff zum Gesamtstickstoff im Gegensatz zum normalen Verhalten selbst bei sehr starken Schwankungen der N-Ausfuhr eine bemerkenswerte Konstanz. Eine Ausnahme machen die Versuche mit künstlicher Durchwärmung (Diathermie) der Muskulatur, in denen der Gesamtkreatininstickstoff einseitig vermehrt wurde. Folgen mehrere Fieberattacken in kurzen Intervallen hintereinander oder werden Injektionen pyrogener Substanzen in kurzen Zeitabständen zu wiederholten Malen durchgeführt, so vermindern sich die Werte für Kreatin und Kreatinin in den späteren Anfällen. Zur Erklärung der febrilen Hyperkreatininurie und Kreatinurie wird neben der besseren Durchblutung der Muskulatur eine beschleunigte Umwandlung des Phosphagens in Kreatin mit sekundärer Hyperkreatinämie und Kreatinurie bzw. Hyperkreatininurie herangezogen. Die febrile Hyperkreatininurie ist keine obligate Erscheinung des fieberhaften Prozesses.

Im Harn mancher Fiebernden (Typhus abdominalis und exanthematicus, bei schwerer Tuberkulose und bei Masern) wird ein Körper nachgewiesen, welcher mit der Sulfanilsäure bei Anwesenheit von salpetriger Säure, die sog. *Diazoprobe* gibt. Die bei Anstellung dieser Probe benutzten Diazoniumsalze reagieren besonders mit der Amidogruppe aromatischer Amine; unter den Eiweißkörpern geben diejenigen, die Tyrosin oder Histidin enthalten, eine positive Diazoprobe. Der hauptsächlichste Diazoträger im Harn ist das Urochromogen, das den Oxyproteinsäuren nahesteht.

5. Der Wasser- und Salzhaushalt im Fieber.

Der Wasserhaushalt der Fiebernden ist in der Richtung einer *Wasseranreicherung des Organismus* geändert[2]. Primäre Funktionsstörungen der Nieren sind dafür nicht verantwortlich zu machen. Vielleicht nehmen die an Eiweiß verarmenden Zellen mehr Wasser auf wie man das bei Inanitionszuständen finden kann. So sah ich[3] bei einem Kranken mit carcinomatöser Entartung des Pankreas an Stelle des Fettmarks in den langen Röhrenknochen eine vollkommen wäßerige Gallerte. Wenn auch in manchen Fällen fieberhafter Erkrankungen Störungen

---

[1] BÜRGER: Z. exper. Med. **12,** 1 (1921).
[2] SCHWENKENBECHER u. INAGAKI: Arch. f. exper. Path. **55,** 203.
[3] BÜRGER u. BEUMER: Z. exper. Path. u. Ther. **13** (1913).

der Zirkulation mit ihrer erschwerten Wasserausfuhr als Ursache für die febrile Wasserretention anzusehen sind, so ist im allgemeinen diese Anschauung nicht ausreichend. Andererseits wird der erhöhte Wasserreichtum der Fiebernden durch einen gesteigerten Wasserbedarf erklärt. Durch den Zellzerfall sollen zahlreiche kleine Moleküle gebildet werden, welche mehr Wasser im Körper retinieren.

Eine viel diskutierte Frage ist die nach dem **Verbleib des Kochsalzes** *im Fieber,* das z. B. bei der Pneumonie vollkommen aus dem Harn verschwinden kann[1]. Bei anderen fieberhaften Erkrankungen, besonders auch im chronischen Fieber, wurde der Kochsalzstoffwechsel vollkommen normal gefunden. Bei Malaria soll sogar eine vermehrte Kochsalzausscheidung vorkommen. Die außer bei der Pneumonie auch bei Typhus, Recurrens, Masern und Scharlach beobachtete *Kochsalzretention* wird außer den eben oben angeführten Momenten durch die gleichzeitig eintretende Wasserretention erklärt. Dann soll durch die Umwandlung von chlorarmen Zelleiweiß in chlorreicheres zirkulierendes Eiweiß eine Chloreinsparung bedingt werden. Schließlich wird behauptet, daß der im Fieber vermehrt ausgeschiedene Phosphor in seinen osmotischen Funktionen durch das retinierte Kochsalz vertreten und so trotz großer P_2O_5-Verluste die Isotonie gewahrt werden. Keine dieser Anschauungen hat sich bisher durchsetzen können. Für die Pneumonie spielt fraglos das in den Lungen sich bildende Exsudat als Chlordepot eine große Rolle bei der Kochsalzretention.

6. Funktionsstörungen des Magendarmkanals und der großen Verdauungsdrüsen im Fieber.

Der **Speichel** und das in ihm enthaltene Ptyalin wird bei schwerem Fieber in erheblich verminderter Menge ausgeschieden. Die trockene rissige Zunge ist der äußere Ausdruck dafür. Die alkalische Reaktion des Parotisspeichels soll gelegentlich in eine saure umschlagen.

Die Salzsäuresekretion des **Magens** nimmt bei akut fiebernden Menschen soweit ab, daß die freie Salzsäure meistens fehlt. Die Pepsinabsonderung wird dagegen nicht besonders beeinträchtigt. v. NOORDEN[2] ist es gelungen, durch stark gesalzene und gepfefferte Speisen den febrilen Torpor der Drüsen zu brechen. Die Resorptionstüchtigkeit des Magens für Jodkali, experimentell geprüft, nimmt im Fieber ab. Die motorischen Leistungen bleiben dagegen erhalten. Eine wichtige Funktionsstörung ist die *febrile Dysorexie.* Der Appetitmangel des Fiebernden geht soweit, daß es schwer hält, ihm mehr als ein Drittel seines Bedarfs beizubringen. Die Abmagerung der Fiebernden ist dadurch einfach erklärt.

Generelle Angaben über die peristaltischen Leistungen des *Darmtraktes* beim Fiebernden lassen sich nicht machen. Bei vielen ist die Darmtätigkeit motorisch vermindert, bei schweren Infekten, z. B. Sepsis, können profuse, toxisch bedingte Durchfälle mit erheblich beschleunigter Peristaltik auftreten.

Die Funktionen der **Leber** berührten wir schon. Neben der mangelnden Glykogenfixation ist in vielen Fällen eine Störung in der Gallenbereitung

---

[1] REDTENBACHER: Z. k. u. k. Ges. Ärzte Wien **6**, 373 (1850).
[2] v. NOORDEN: Handbuch der Pathologie des Stoffwechsels, 2. Aufl., Bd. 1, S. 664.

vorhanden. Die Galle wird dick und zähflüssig, ihr Trockenrückstand ist vermehrt. Als Ursache für die Eindickung kommen neben einer vermehrten Wasserabgabe nach außen eine durch gesteigerten Blutzerfall bedingte Mehrbildung von Bilirubin in Frage. Die *febrile Urobilinurie* hat zum Teil in dem gleichen Vorgang ihre Ursache, in manchen Fällen wird aber eine fieberhafte Schädigung der Leberfunktion die Rückbildung des Bluturobilins in Bilirubin hemmen und so für einen vermehrten Übergang von Urobilin bzw. Urobilinogen in den Harn Anlaß geben.

D. Zirkulationsstörungen im Fieber.

Die febrile *Beschleunigung der Herzaktion* ist eine der bestbekannten Erscheinungen des Fiebers. Man weiß, daß im Mittel je 1° Temperatursteigerung die Frequenz um acht Schläge in der Minute erhöht. Eine Erklärung für diese Erscheinung ist bisher nur durch analoge Experimente am Tier versucht worden. Da fiebernde Kaninchen eine Zunahme der Schlagfolge nicht erkennen lassen, weil ihnen eine toxische Vaguserregung fehlt, so glaubt man, daß in Fällen, in denen febrile Pulsbeschleunigungen zustande kommen, der *Vagustonus* vermindert sei. Bei Untersuchungen am isolierten Säugetierherzen läßt sich nach Erwärmung der Suspensionsflüssigkeit eine mächtige Beschleunigung der Herztätigkeit nachweisen. Dabei nimmt mit zunehmender Temperatur die Kontraktionsgröße ab. Die zeitliche Verkürzung der Herzaktion geht in der Hauptsache auf Kosten der Diastolendauer. Hierbei ist wesentlich, daß in die Diastole die Erholung für den neuromuskulären Apparat fällt und die Kranzarterien nur während der Diastole durchblutet werden. Wenn beide Vorgänge in unphysiologischer Weise längere Zeit hindurch gebremst werden, muß dadurch eine verminderte Leistungsfähigkeit des Herzens resultieren. Ganz abgesehen von den Schädigungen, welche die Fiebergifte, wie z. B. das Diphtherietoxin, am Herzen selbst setzen. Für das isolierte Froschherz zeigten AMSLER und PICK[1], daß die Reizleitungsgeschwindigkeit beim Erwärmen proportional der Frequenzzunahme steigt und analog der Erregungsleitung im motorischen Froschnerven im Sinne der VAN'T HOFFschen Regel beeinflußt wird.

Zur Erklärung der *febrilen Herzacceleration* sind folgende Möglichkeiten erörtert worden: Erstens entstehen bei der febril gesteigerten Muskeltätigkeit Stoffe, welche am Zentrum der herzbeschleunigenden Nerven, am Herzmuskel selbst oder am Zentrum der Herzhemmung unter Verminderung des Tonus angreifen könnten. Zweitens könnten die Fiebergifte selbst den Vagustonus aufheben oder den Acceleranstonus steigern. Eine Entscheidung darüber, welche der erörterten Möglichkeiten beim fiebernden Menschen im Vordergrund steht, ist bisher nicht gefallen.

Der Einfluß des Fiebers auf die Gefäße äußert sich in einer Änderung *der Blutstromgeschwindigkeit, des Blutdrucks, des Pulsbildes* und der plethysmographisch meßbaren Volumschwankungen ganzer Organe. Bei der Untersuchung der *Blutstromgeschwindigkeit* muß zwischen der Geschwindigkeit in den peripheren und zentralen Gefäßen unterschieden werden. Mit Hilfe der

---

[1] AMSLER u. PICK: Arch. f. exper. Path. **84**, 234 (1919).

Ferricyankalimethode bestimmte WOLFF[1] die Gesamtumlaufsgeschwindigkeit beim normalen Kaninchen mit 5,5″, am fiebernden Tier dagegen zu 6,5″—9,7″. Damit ist eine erhebliche Verlangsamung des Blutstroms beim fiebernden Tier gezeigt. Es ist aber damit nicht gesagt, daß die Geschwindigkeit in peripheren Gefäßbezirken nicht erhöht sein könne, ein Vorgang, welcher sehr wohl durch eine entsprechende Verlangsamung der Blutströmung in zentralen Gebieten, z. B. im Bereich des Splanchnicus, überkompensiert werden kann.

Der *Blutdruck* sinkt im Fieber. Im allgemeinen geht *der Grad* der Drucksenkung der Schwere der Affektion parallel. Es gibt aber auch eine echte febrile Blutdrucksteigerung, die bisher keine Beachtung gefunden hat. Ich[2] konnte an Malariakranken zeigen, daß im Beginne eines Anfalls der systolische Maximaldruck um 20—30 mm ansteigt, um auf der Fieberhöhe eine mehr oder weniger rasche Senkung von 20—30 mm gegenüber dem Ausgangswert zu erfahren. Dadurch ergibt sich eine Schwankungsbreite von 40 bis 60 mm Hg während der ganzen Fieberattacke. Beobachtet man an ein und demselben Patienten das Verhalten des Blutdruckes mehrere Tage hintereinander, so ist die stärkste Blutdruckerhebung im allgemeinen am ersten Tage der Anfallsserie zu finden, während die stärkste Blutdrucksenkung gewöhnlich bei den späteren Anfällen auftritt. Daß der Blutdruck bei *chronischem* Fieber im allgemeinen sinkt, ist eine Folge der durch das Fiebergift bedingten Herzmuskelschädigung einerseits und Gefäßlähmung andererseits.

Die Volumschwankungen der Extremitäten, welche durch die Veränderung an den Gefäßen bedingt sind, sind von MARAGLIANI[3] studiert. Er sah bei Malariapatienten $1^1/_2$ Stunden vor Beginn des Temperaturanstiegs und 2 Stunden *vor dem* ersten leichten Frösteln eine Gefäßkontraktion im Plethysmogramm eintreten. Die gleichen Verhältnisse lassen sich auch mit sphygmobolometrischen Versuchen dartun: So ist zu Beginn des Schüttelfrostes das Pulsvolumen regelmäßig sehr viel kleiner als während des Druckabfalls und der Entfieberung.

Die aus den Tonusschwankungen der Gefäße resultierenden *Veränderungen* des *Pulsbildes* im Fieber sind Gegenstand zahlreicher Untersuchungen geworden. Sicher ist die Doppelschlägigkeit des Pulses (Dikrotie) von RIEGEL[4] richtig als eine *primäre* Änderung der pulsatorischen Bewegungsvorgänge an den Gefäßen gedeutet worden. Sie tritt unabhängig von der geänderten Herztätigkeit als eine Folge der Erschlaffung der Gefäßwand auf. Ebenso ist der *Capillarpuls* und der *penetrierende Venenpuls* auf eine Tonusänderung der Gefäße im Fieber zurückzuführen.

VIII. Störungen der Magendarmfunktion.

Durch ihren eigentümlichen Bau und die Gestaltung ihrer Wandungen ist die Mundhöhle des Menschen in den verschiedenen Lebensaltern ihren besonderen Aufgaben angepaßt. Dem Fehlen der Zähne beim Säugling entspricht eine geringe Entwicklung der Alveolarfortsätze beider Kiefer, die geringe Ausbildung der Gaumen- und Rachenwölbung und des ganzen Kieferskelets. Die relativ kräftig entwickelte Zunge bewirkt, daß beim Säugling im Ruhezustand

[1] WOLFF: Arch. f. exper. Path. **19**, 265.   [2] BÜRGER: Med. Klin. **1919** I, 52.
[3] MARAGLIANI: Z. klin. Med. **14**.   [4] RIEGEL: Berl. klin. Wschr. **1874** II.

eine freie Mundhöhle nicht vorhanden ist. Die schon in den ersten Lebenstagen kräftig ausgebildeten Masseteren und der durch seinen geringen Gehalt an Ölsäure und großen Reichtum an schwer schmelzbaren Fettsäuren ausgezeichnete BICHATsche Fettkörper, der zur Versteifung der Wange dient, erleichtern den Saugakt. In der gleichen Richtung wirken die Ausbildung des Musculus orbicularis oris und die Membrana gingivalis, eine dem freien Kieferrand aufsitzende kammartige Schleimhautduplikatur, welche den Kiefer beim Saugen abdichtet. Bei dem reflektorisch ausgelösten *Saugakt* treten diese Abdichtungseinrichtungen zur Herstellung eines luftdichten Verschlusses um die Brustwarze der Mutter herum in Funktion. Durch kräftige Kontraktion der Mundbodenmuskulatur wird ein Saugdruck erzeugt, welcher bei älteren Säuglingen bis 80 cm H_2O betragen kann. Die kräftige Saugarbeit regt ihrerseits wieder reflektorisch die Magensaftsekretion an. Die schließlich einsetzende Ermüdung ist ein Schutz vor Überfütterung des natürlich ernährten Kindes. Der Saugreflex kann fast von der gesamten Mundschleimhaut aus ausgelöst werden. Sein Fehlen oder seine mangelhafte Ausbildung wird als Ausdruck einer neuropathischen Konstitution aufgefaßt[1].

Mit dem *Auftreten der Zähne* wird die Funktion der Mundhöhle auf die Zerkleinerung fester Nahrung umgestellt. Die Dentition beginnt mit dem Durchbruch der mittleren Schneidezähne im 6. bis 8. Lebensmonat und ist mit dem Auftreten der zweiten Mahlzähne zwischen dem 20. und 30. Monat vollendet. Bei konstitutionellen Erkrankungen kann sich die erste Dentition bis ins 5., 13., ja 15. Lebensjahr verzögern[2]. Durch ein schlechtes Gebiß wird das Kauvermögen und damit die Zerkleinerung der Speisen ganz wesentlich beeinträchtigt. In auffallendem Gegensatz aber zu den Ergebnissen bei normaler Kautätigkeit sind nach experimentellen Untersuchungen von SCHÜTZ[3] die Resultate bei den Ausnützungsversuchen mit mangelhafter Kaufähigkeit durchaus nicht in dem erwarteten Umfang verschlechtert. Der Darm lernt auch schlecht zerteilte Nahrung allmählich besser auszunützen, wobei die Gewöhnung eine gewisse Rolle spielen mag. Die Bedeutung eines mangelhaften Gebisses liegt weniger in einer schlechten Kaufähigkeit und herabgesetzten Ausnützung der Speisen als in einer auf psychische Einflüsse zurückzuführenden verminderten Nahrungsaufnahme.

Durch die Kaubewegungen werden die in den Mund aufgenommenen Speisen mechanisch zerteilt und eingespeichelt, wodurch die Durchtränkung der Nahrung mit den Verdauungsenzymen befördert wird. Der Kauakt an sich regt die Magensaftsekretion an. Werden die Speisen mit Hilfe der Sonde in den Magen eingeführt, ohne vorher gekaut zu sein, so sinkt die Magensaftsekretion, besonders bei Kohlehydraten[4]. Die Anregung der Magensaftsekretion durch Kautätigkeit erfolgt nicht auf mechanische oder chemische Reize während des Kauens, sondern durch die Erregung der Geschmacksempfindung und den dadurch gesteigerten Appetit[5].

Die *Mundhöhlensekrete,* welche bei der flüssigen Säuglingsnahrung eine nur untergeordnete Rolle spielen, gewinnen bei der Vorbereitung fester Speise an

---

[1] JASCHKE: Physiologie, Pflege und Ernährung des Neugeborenen. Wiesbaden 1917.
[2] EICHLER: Dtsch. Mschr. Zahnheilk. **1909**, 3. Aufl.   [3] SCHÜTZ: Z. Hyg. **95**, 279.
[4] SCHREUER u. RIEGEL: Z. physik. u. diät. Ther. **4**, (1900/01).
[5] BAUER u. SCHUR: Z. physik. u. diät. Ther. **1921**, H. 9/10.

Bedeutung. Komplexe Stärkemoleküle werden in lösliche Stärke, Erythro-dextrin, Achroodextrin, Maltose und Dextrose abgebaut, was sich durch das Auf-treten reduzierender Substanzen nach Aufnahme kohlehydrathaltiger Speisen nachweisen läßt. Die von den Speicheldrüsen sezernierten Speichelmengen werden sehr verschieden hoch veranschlagt. Alle Speicheldrüsen sollen in 24 Stunden zusammen etwa 1 Liter sezernieren. Beim Diabetes insipidus ist mehrfach eine vermehrte Speichelsekretion beobachtet worden, beim Diabetes mellitus eine erheblich verminderte. Der Trockenrückstand des Speichels ge-sunder Menschen beträgt etwa 3—5%, derjenige diabetischer Individuen ist fast regelmäßig erhöht. Die diastatische Kraft des Speichels gesunder Individuen unterliegt starken Schwankungen, diejenige des Diabetikers ist bezogen auf den feuchten Speichel trotz seiner höheren Konzentration in der Regel etwas geringer als die gesunder Menschen[1].

Das **Aussehen der Zunge** ist beim gesunden Menschen im wesentlichen be-stimmt durch die Ausbildung der Papillen und ihrer Epithelfortsätze. Ihre Minderausbildung in der Jugend, ihre Atrophie im höheren Alter lassen die Zunge bei Kindern und Greisen glatter und röter erscheinen als bei Individuen im mittleren Lebensalter mit guter Papillenentwicklung. Für die *Entstehung eines Zungenbelages* unter pathologischen Verhältnissen kommen als ursächliche Momente folgende in Frage:

1. Der Ausfall der mechanischen Reinigung infolge mangelnder Kautätig-beit bei darniederliegendem Appetit;

2. die geringe Speichelsekretion Fiebernder und chronisch Kranker;

3. eine Erkrankung der Zungenschleimhaut selbst;

4. reflektorische Einflüsse vom erkrankten Magendarmtrakt her.

Für die oft behauptete Miterkrankung der Zungenschleimhaut bei Magen-darmaffektionen sind bisher sichere Unterlagen nicht gefunden. Für die Dia-gnose bzw. Differentialdiagnose gastrointestinaler Erkrankungen ist daher das Aussehen der Zunge kaum zu verwerten. Bei mikroskopischer Untersuchung zeigt sich, daß der Zungenbelag im wesentlichen aus desquamierten Epithelien, Leukocyten, Lymphocyten und Bakterien besteht. Bei stark belegten Zungen sind erklärlicherweise, wie Auszählungen ergeben haben, die Bakterien reich-licher vertreten.

1. Störungen des Schluckaktes.

Die Zunge ist an dem komplizierten *Vorgang des Schluckens* wesentlich beteiligt. Sie schiebt, nachdem sie sich an den harten Gaumen angelegt hat, die Speisen von vorn dem Pharynx zu. Außer der eigentlichen Zungenmuskulatur sind während dieser *buccopharyngealen* Phase des Schluckaktes die am Zungen-bein inserierenden Muskeln, ferner der Geniohyoideus, Genioglossus und Thyreo-hyoideus beteiligt. Durch Kontraktion des letzteren werden der Schildknorpel und die Schilddrüse beim Schlucken gehoben, eine Erscheinung, die für die Differentialdiagnose von Schilddrüsengeschwülsten von Bedeutung wird. Ist die Zunge, wie z. B. bei der Bulbärparalyse gelähmt, so ist diese erste Phase des Schluckaktes erschwert bzw. unmöglich gemacht. Ein weiterer hochkomplizierter

---

[1] JAFFKE: Inaug.-Diss. Kiel 1922.

Mechanismus sorgt dafür, daß die Speisen die Kreuzungsstelle des Nahrungs-
und Luftweges passieren, ohne einerseits in die Trachea, andererseits in
den Nasenraum zu entgleiten. Der Kehlkopfeingang ist vor dem Eindringen
von Speisen durch den Kehldeckel geschützt, welcher sich schon beim Beginn
des Schluckens schirmend über ihn legt. Eine zweite Sicherung des Kehlkopf-
einganges gegen das *Verschlucken* bietet das Heben des gesamten Kehlkopfes,
durch welches ein hinter dem Zungenbein gelegenes Fettpolster die Epiglottis
nach hinten drückt. Gleichzeitig neigen sich die Aryknorpel weit nach unten
und vorn gegen die Rückseite der vorderen Schildknorpelwand. Ferner wird
während des Schluckens die *Atmung reflektorisch stillgestellt*. In diesem Mechanismus können an verschiedenen Stellen Störungen angreifen. Sind die *sensiblen*
Apparate, wie bei komatösen Zuständen oder in der Narkose gelähmt, so fallen
die reflektorisch eingeleiteten Schutzbewegungen für den Kehlkopfeingang fort
und dem Eindringen von Speisebrocken in die Luftwege tritt kein Hindernis
entgegen. Dasselbe tritt ein, wenn durch den Ausfall motorischer Nerven das
fein koordinierte Spiel der am Schluckakt beteiligten Muskulatur in Unord-
nung gerät (Bulbärparalyse, Diphtherie). *Anatomische Defekte* oder Läsionen
der Mund- und Nasenraum trennenden Knochen und Weichteile (Gaumen-
defekte) können ebenso zu schweren Störungen des Schluckaktes durch Eindringen von Nahrungsteilen in die Nase führen. Schmerzhafte Entzündungen
der Schleimhaut und der benachbarten Organe auf dem ganzen Wege von der
Zunge bis zur Speiseröhre erschweren und verhindern unter Umständen die
Nahrungsaufnahme (Glossitis, Stomatitis, Angina, Diphtherie, retropharyngeale
Abscesse, Oesophagusgeschwüre, Mediastinitis usw.).

Die weitere Passage der Speisen durch den *Oesophagus* bis zur Kardia werden
durch die peristaltische Arbeit der Oesophagusmuskulatur unterstützt. Die
Peristaltik wird reflektorisch von bestimmten Schluckstellen im Oesophagus
ausgelöst. Ein in der Nähe des motorischen Vaguskernes gelegenes Schluck-
zentrum setzt die ihm auf dem Wege des N. laryngeus superior zufließenden
Reize in geordnete zentripetale Impulse um. Da *Vagusdurchschneidung* die peristaltischen Bewegungen aufhebt, ist bewiesen, daß dieselben im Bereich des
Oesophagus nicht durch einen rein intramuralen Reflex bewirkt werden. Der
Tonus scheint im Organ selbst zustande zu kommen. Der Vagus wirkt als
erregender, der Sympathicus als dämpfender Nerv für die motorischen Vorgänge in der Speiseröhre. *Psychische* Vorgänge können zu krampfartigen Zuständen führen und den Schluckakt unmöglich machen. Der Schlund ist diesen
Kranken wie „zugeschnürt" (Globus hystericus). *Mechanische* Hindernisse
können durch Erkrankungen des Oesophagus selbst (Narben, Neubildungen,
Divertikel) oder durch von außen wirkende Tumoren (Aneurysmen, mediastinale Neubildungen, perikardiale Ergüsse) das Weitergleiten des Bissens in
den Magen hemmen. Schließlich können Krampfzustände an der Kardia den
Eintritt der Speisen in den Magen verhindern (Kardiospasmus). Das gleiche
ist der Fall, wenn an der Kardia lokalisierte Tumoren den Zugang zum Magen
verlegen. Auch bei Sklerodermie und Muskeldystrophie sind Störungen des
Schluckaktes infolge von Veränderungen der Oesophaguswand beobachtet
worden.

2. Funktionsstörungen des Magens.

Die *Funktionsstörungen des Magens* lassen sich trennen in solche *sekretorischer* und solche *motorischer* Art. Es muß aber betont werden, daß man mit diesem Einteilungsprinzip dem wirklichen Geschehen wenig gerecht wird, da bei dem feinen Zusammenspiel der sekretorischen und motorischen Magenarbeit die Störung der einen in der Regel auch eine Beeinträchtigung der anderen Funktion nach sich zieht.

An der Mageninnervation sind folgende Nervenapparate beteiligt:
1. Vagus- und Splanchnicusfasern,
2. die in der Muscularis gelegenen Zellen des AUERBACHschen Plexus,
3. die Ganglienzellen der Submucosa.

Durch Vagusreizung kann die Peristaltik bis zum Gastrospasmus gesteigert werden. Solche Vagusreize sind besonders in der Pars media und im Pylorusteil wirksam. Splanchnicusreizung läßt die Magenmuskulatur erschlaffen. Nach Vagus- und Splanchnicusdurchschneidung kann sowohl die Peristaltik wie die Sekretion des Magens weitergehen. Die Zellen des AUERBACHschen Plexus regeln die automatischen und motorischen Funktionen, welche von den sensiblen Fasern der Schleimhaut angeregt werden. Die Ganglienzellen der Submucosa regeln die Drüsensekretion.

Die *Brechbewegungen* werden reflektorisch auf einer zentripetalen Vagusbahn vermittelt. Der Reflex verläuft über die Medulla oblongata. Während des Brechaktes ist der Pylorus geschlossen und die Fundusperistaltik stillgelegt. Der Fundus füllt sich langsam, die Kardia wird geöffnet und der Oesophagus gefüllt. Man konnte an großhirnlosen Katzen mit erhaltenem Vagus den Reflex noch auslösen. Die Durchschneidung der Splanchnici und die Halsmarkdurchschneidung verhindern dagegen den Brechakt. Der Vorgang der Kardiaöffnung geht nur bei erhaltener Vagusbahn vor sich.

Die Koordination der Brechbewegungen wird von einem *Zentrum im verlängerten Mark,* dem sog. *Brechzentrum* bewirkt. Dasselbe kann durch *chemische* und *mechanische* Reize erregt, werden. Unter den mechanischen Reizen spielt die Druckerhöhung im Gehirn, z. B. bei Meningitis oder durch Tumoren eine klinisch bedeutsame Rolle. Auch Durchblutungsstörungen im Gehirn und Gehirnerschütterungen können zum Erbrechen führen. Neben diesen unmittelbaren mechanischen Erregungen treffen das Brechzentrum auf reflektorischem Wege die verschiedensten Reize; von den Bauchorganen, vom Pharynx und vom inneren Ohr. Das Erbrechen ist das häufigste Symptom fast aller Vergiftungen. Alle Stoffe, die die Magen- oder Darmschleimhaut angreifen und ihre nervösen Apparate erregen, können Erbrechen auslösen. Aber auch Substanzen, welche im intermediären Stoffwechsel entstehen, z. B. das urämische Gift oder solche, die dem Körper parenteral einverleibt werden (Apomorphin), lösen den Brechakt durch Erregung des Zentrums aus.

Die besondere *Aufgabe des Magens* ist darin zu sehen, daß er als relativ widerstandsfähiger Apparat die Speisen für den Eintritt in den Dünndarm sammelt, vorbereitet und in sinnreicher Anpassung an die Leistungsfähigkeit des weit empfindlicheren Darms stets nur kleine, mehr oder weniger weitgehend verflüssigte Mengen Speisebrei auf die Rieselfläche des Jejunums und Ileums übertreten läßt. Die wesentliche verdauende Tätigkeit des Magens richtet sich gegen die Eiweißkörper, Kohlehydrate werden gar nicht, Fette in kaum merklicher Weise von seinen Fermenten angegriffen.

Klinisch am eingehendsten studiert sind die Störungen der *Salzsäure-abscheidung*. Hier steht die Zahl der mitgeteilten Untersuchungsergebnisse in keinem Verhältnis zu unseren wirklichen Kenntnissen. Das hat verschiedene Gründe: 1. Wissen wir bei der üblichen Methodik über die Menge des unter *physiologischen* Bedingungen produzierten Saftes so gut wie gar nichts. 2. Sagt uns die Feststellung der Titrationsacidität, wie sie in der Regel geübt wird, nichts aus über die „aktuelle Reaktion" des Magensaftes, d. h. der jeweils in ihm enthaltenen freien H-Ionen. Sie allein ist für den Grad der Wirksamkeit der Magenfermente entscheidend. Der normale Durchschnittswert der H-Ionen nach dem EwALDschen Probefrühstück beträgt etwa $1,7 \cdot 10^{-2}$, ein Wert, der ziemlich genau dem Wirkungsoptimum des Pepsins entspricht. Bei Hyperacidität hat man Werte bis über $3 \cdot 10^{-2}$ erhalten, bei Hypacidität $0,8 \cdot 10^{-2}$, was ziemlich genau der neutralen Reaktion entspricht. Um den Unterschied der aktuellen und der Titrationsacidität zu veranschaulichen, gebe ich folgendes Beispiel nach SCHADE[1]:

Die Salzsäure ist als sehr starke Säure in der Lösung (falls sie nicht allzu konzentriert ist) praktisch völlig in ihre Ionen zerfallen: $HCL = H^{\cdot} + CL'$. Eine äquimolekulare Lösung der ungleich schwächeren Essigsäure ist aber nur zu einem sehr geringen Anteil in Ionen aufgespalten, man hat neben relativ wenig H'- und CH_3COO'-Ionen die Hauptmasse als undissoziiertes Molekül CH_3COOH in der Lösung. Setzen wir die Zahl der in die Lösung hineingebrachten Säure-moleküle willkürlich $= 1000$, so ergibt sich der Unterschied der Ionisierung beider Lösungen etwa wie folgt:

„1000 HCL in der wäßrigen Lösung = 1000 H + 1000 Cl,
1000 CHCOOH in der wäßrigen Lösung = 996 CHCOOH + 4 H + 4 CHCOO. Da allein die Zahl der H-Ionen das Maß des Säuregrades gibt, so ist die Salzsäure rund 250mal stärker als die Essigsäure. Beim Titrieren mit KOH-Lösung werden aber für beide Säure-lösungen dieselben Mengen verbraucht (= 1000 Moleküle KOH)."

In der Klinik ist es üblich, die Werte für freie Salzsäure und Gesamtacidität in der Zahl von ccm $\frac{NaOH}{10}$ anzugeben, welche nötig sind, um 100 ccm des zu untersuchenden Saftes zu neutralisieren.

Auf welchem Wege die Salzsäurebildung vor sich geht, ist unbekannt. Man macht Membranfunktionen, welche Cl-Ionen, nicht aber Na-Ionen passieren lassen, dafür verantwortlich: 1—2 Stunden nach einer an Extraktivstoffen reichen Mahlzeit kommt es zu einem deutlichen Abfall der Blutkochsalzkurve um etwa 7% der ursprünglichen Konzentration. Es wird also Cl vom Blut an den Magen abgegeben. Die leicht diffundierenden H-Ionen werden von der Kohlensäure des Blutes abdissoziiert. Außer in der Salzsäure kommt Chlor noch in anderer Form im Magensaft vor. Die Sekretion von *Chloriden* ist sicher nachgewiesen. Die Menge und die Konzentration der Salzsäure schwankt unter physiologischen und pathologischen Bedingungen. Bei der Feststellung der Aciditätsverhältnisse des Magensaftes geben nur laufende, mehrfach wiederholte Untersuchungen durch fraktionierte Ausheberungen mit Hilfe einer dünnen Verweilsonde ein zutreffendes Bild. Eine einmalige Untersuchung kann leicht zu Täuschungen Anlaß geben. Je nach dem Fehlen oder der Mindersekretion unterscheidet man Hyperacidität, Normacidität, Subacidität, Anacidität und

---

[1] SCHADE: Physikalische Chemie in der inneren Medizin, S. 467. Dresden u. Leipzig 1921.

Achylie. Bei der Achylie fehlt außer der Salzsäure auch das Pepsin. Die Sekretion der HCl kann vom Zentralnervensystem her *reflektorisch* angeregt und gehemmt werden, eine Tatsache, welche die Krankenhausköche mehr als bisher beherzigen sollten! Daneben wird die Schleimhaut *chemisch*, z. B. durch Fleischbrühe erregt oder gehemmt, z. B. durch Fette. Die verschiedenen in der Klinik verwandten Formen von Probemahlzeiten oder des Probetrunks (z. B. Alkohol) haben für den einzelnen Patienten eine wechselnde Bedeutung. Alkohol wird bei Abstinenten anders wirken als bei trunkfesten Leuten.

Neben der Salzsäure wird auch ein hochvisköser stickstoffarmer *Schleim* vom Magen abgesondert, über dessen Bedeutung noch keine Klarheit besteht. Für das Säurebindungsvermögen des Magensaftes ist der Schleim nicht verantwortlich zu machen (BALTZER[1]). Er ist für Pepsin unangreifbar, weswegen man ihm eine Schutzfunktion für die Magenwand zugesprochen hat.

Außer seinen *sekretorischen* Funktionen hat der Magen auch fraglos *exkretorische* Aufgaben. Er ist in der Lage, ein dünnes säurearmes Exkret in reichlicher Menge abzuscheiden, wie man es z. B. nach Morphininjektionen beobachtet hat[2]. Auch nach intravenösen Injektionen von Farbstoff wird derselbe bald in den Magen ausgeschieden.

Auch eine Exkretion von Farbstoffindicatoren durch die Schleimhaut ist bekannt. Mit ihrer Hilfe zeigte HENNING, daß sich eine saure Reaktion erst in den Grübchenöffnungen an der Schleimhautoberfläche findet. Die Tatsache der Farbstoffelimination durch die Magenschleimhaut wird auch diagnostisch verwendet. Injiziert man z. B. 5 ccm einer 1%igen Lösung von Neutralrot in die Blutbahn, so erscheint der Farbstoff mehr oder weniger rasch im Magen (Chromoskopie). Bleibt die Farbstoffausscheidung ganz aus, so wird daraus auf schwersten Drüsenschwund geschlossen, der zur totalen Achylie führt. Das bei manchen Autointoxikationen (Urämie) beobachtete Erbrechen hat wahrscheinlich die Bedeutung, die in den Magen hinein ausgeschiedenen Gifte durch den Brechakt aus dem Körper hinauszubefördern.

Bei den Schwankungen des Säure- und Saftgehalts des Magens ist zu unterscheiden zwischen Zuständen, bei denen schon im nüchternen Zustande erhebliche Mengen salzsäurehaltigen Magensekrets gefunden werden und solchen, in denen nur nach Applikation eines adäquaten Reizes (Probefrühstück, Probemahlzeit) übernormale Salzsäurewerte gefunden werden. Im *nüchternen* Zustande enthält der Magen keine oder nur geringe Mengen (wenige Kubikzentimeter) säurehaltigen Sekrets von dünner nicht schleimiger Beschaffenheit und einem spezifischen Gewicht von 1004. Gemessen am Rhodangehalt sind dem Magensaft regelmäßig mehr oder minder große Speichelmengen beigemischt (ZIER[3]). Der reine Magensaft ist frei von Rhodan. Gelegentlich finden sich im nüchternen Magen bei der Ausheberung geringe Mengen alkalischer gallenhaltiger Flüssigkeit. Der Befund ist in den meisten Fällen als ein Kunstprodukt anzusehen, bedingt durch den Übertritt von Duodenalsaft bei den Brechbewegungen während des Sondierens. Wird unter Vermeidung von Brechbewegungen konstant gallenhaltiger Mageninhalt gewonnen, so ist der Verdacht auf eine unterhalb der VATERschen Papille gelegene Duodenalstenose gerechtfertigt.

---

[1] BALTZER: Arch. Verdgskrkh. **56**, 35 (1934).
[2] LEUBUSCHER u. SCHÄFER: Dtsch. med. Wschr. 1892 II.
[3] ZIER, H.: Diss. Bonn 1932.

Bei der Feststellung der Gesamtacidität werden freie und gebundene Salzsäure, organische Säuren und saure Salze, vor allem saure Phosphate gemessen. Während der Verdauung des EWALDschen Probefrühstücks (Semmel, Tee) treten organische Säuren nicht auf. Milchsäure speziell kann selbst, wenn milchsäurebildende Mikroorganismen mit dem Semmelfrühstück eingeführt würden, deswegen nicht gebildet werden, weil die freie Salzsäure die Entwicklung der Milchsäurebildner hemmt. Für das Auftreten nachweisbarer Mengen Milchsäure ist die Verminderung bzw. das Fehlen freier Salzsäure Voraussetzung. Die peptische Verdauung kann durch die Anwesenheit *organischer* Säuren *allein* wegen ihres geringen Dissoziationsgrades *nicht* aufrechterhalten werden, wie das obige Beispiel lehrt.

Die *Säureproduktion* ist unter physiologischen und pathologischen Verhältnissen in hohem Maße psychischen und nervösen Einflüssen unterworfen. Jeder Erfahrene weiß, wie stark die gefundenen Säurewerte bei demselben Individuum innerhalb kurzer Zeiträume schwanken. Dies lehrten mich vor allem Untersuchungen an Kriegsteilnehmern, die in vorgeschobenen Feldlazaretten unter dem Donner der Geschütze bei erregbaren Individuen hyperacide Werte und wenige Tage später in den ruhigeren Verhältnissen der Etappe weit vom Schuß normale oder subacide Werte ergaben. Die Hypersekretion während der *gastrischen* Krisen der Tabiker oder in den *Migräneattacken* der Neurastheniker ist eine seit langem bekannte Erscheinung.

Durchaus undurchsichtig sind die Beziehungen der Säuresekretion zur *Genese des Ulcus ventriculi*. Wenn auch in der Mehrzahl der Fälle hochnormale oder übernormale Säurewerte bei den Ulcuskranken gefunden werden, so sind doch genügend Beobachtungen bekannt, bei denen Ulcuskranke normale oder unternormale Säurewerte aufwiesen. Es ist doch durchaus plausibel, daß ein bestehendes Ulcus, wie es auf die motorische Tätigkeit des Magens einwirkt, auch als Reiz für seine sekretorischen Leistungen wirken kann. Bei der Diskussion der Pathogenese des Magengeschwürs müssen vier Tatsachen vor allem berücksichtigt werden:

1. Sind sicher *konstitutionelle* Momente, auf welche MOYNIHAN[1] und v. BERGMANN[2] mit Nachdruck hingewiesen haben, von erheblicher Bedeutung. Sind es doch in der Regel erregbare Individuen mit sehr leicht ansprechendem Vasomotorenapparat, bei denen wir Ulcusbeschwerden oder die sicheren klinischen Zeichen des Ulcus antreffen. Dabei mag ganz dahingestellt bleiben, ob es berechtigt ist, solche Individuen schlechthin als Vagotoniker zu bezeichnen.

2. Ist die Gesetzmäßigkeit *der Lokalisation an der kleinen Kurvatur* bzw. hinteren Magenwand zu berücksichtigen.

3. Und schließlich verdient die Häufigkeit des Zusammentreffens von Hyperchlorhydrie und Ulcus Beachtung.

4. Konnte KONJETZNY[3] den Beweis dafür erbringen, daß die Magen- bzw. Duodenalgeschwüre sich auf der Grundlage einer *primären* chronischen Gastritis bzw. Duodenitis entwickelt haben.

Die vorwiegende Lokalisation des runden Magengeschwürs an der kleinen Kurvatur wird mit Recht darauf zurückgeführt, daß dort die „Magenstraße“

---

[1] MOYNIHAN: Ulcus doudeni. Übersetzt von KREUZFUCHS. Dresden 1912.
[2] v. BERGMANN: Münch. med. Wschr. **1913 I.** — Dtsch. med. Wschr. **1917 II.**
[3] KONJETZNY: Beitr. path. Anat. **71** (1923).

vorbeiläuft und daß jeder einmal an dieser Stelle entstandene Schaden hier viel geringere und schlechtere Heilungsbedingungen findet als an jeder anderen Stelle. Auch die chronische Gastritis befällt mit Vorliebe zuerst diese Gegend, besonders den Pylorusteil des Magens, während die oralen Abschnitte frei bleiben von gastritischen Veränderungen (KONJETZNY).

Können doch z. B. an der großen Kurvatur entstandene erste Defekte durch Faltung der Schleimhaut viel wirksamer geschützt werden als an der kleinen. Stellt man sich vor, daß die an der Magenstraße durch die Passage der Ingesta häufiger und leichter eintretenden Irritationen bei disponierten Individuen zu Gefäßspasmen führen, wie wir sie als Dermographie blanche an der Haut mancher Vasomotoriker beobachten und weiterhin, daß dadurch bedingte, wenn auch vorübergehende, doch oft wiederholte Ernährungsstörungen im Gewebe einsetzen können, so ist es verständlich, daß bei solchen Individuen, bei denen zu dem, vielleicht auf der gleichen konstitutionellen Basis, eine chronische Hyperchlorhydrie besteht, der stark wirksame Magensaft an solchen insultierten Stellen zuerst angreift. Ist einmal ein Substanzdefekt entstanden, so kann ein reflektorisch bedingter Gefäßspasmus dafür angeschuldigt werden, daß er nicht zur Ausheilung kommt. Solche vasomotorischen Reflexe sind darum besonders wahrscheinlich, weil am Nervenapparat schwere Veränderungen histologisch sichergestellt sind. Neben einer Neuritis und Perineuritis wurde eine Nervennekrose und freies Hineinragen der Nerven in den Geschwürsgrund beobachtet.

Es lassen sich auf diese Weise die konstitutionellen Momente sehr wohl mit den anatomischen Tatsachen, welche für eine Erklärung des Ulcus ventriculi ins Feld geführt wurden, vereinigen. Neuerdings wird die Frage lebhaft diskutiert, ob nicht das Fehlen oder ein relativer Mangel an bestimmten Aminosäuren (Histidin) das Zustandekommen des runden Magengeschwürs begünstigt.

Die gleichen Schwierigkeiten, welche sich für die Beurteilung der Hyperchlorhydrie ergeben, spielen auch bei der Beurteilung der Verminderung der Salzsäureabscheidung des Magens eine wesentliche Rolle. Es soll hier zunächst die Verminderung bzw. das Fehlen der freien Salzsäure Berücksichtigung finden, ein Zustand, welcher als *Subacidität* bzw. *Anacidität* bezeichnet wird, und welcher von dem gleichzeitigen Fehlen der Fermente und der Säure, der Achylia gastrica, zu unterscheiden ist. Nervöse Beeinflussungen der Saftsekretion spielen bei der Erscheinung der Hypochlorhydrie mindestens die gleiche Rolle, wie bei der Hyperacidität. Wichtig ist weiterhin die Art der Ernährung. Beim Magengesunden wurden in der ärmeren städtischen Bevölkerung zur Zeit des Krieges nicht selten sehr niedrige Werte bzw. ein Fehlen der freien Salzsäure gefunden, eine Erscheinung, die man mit Recht als Folge der eiweißarmen reizlosen Kriegskost angesehen hat. Verständlich wird unter diesem Gesichtswinkel das Versiegen der Salzsäuresekretion bei schwer fiebernden Kranken, bei Tuberkulösen und Diabetikern. Wieweit hier toxische Einflüsse, welche das Magenepithel direkt treffen oder mehr psychische Einflüsse, die dem Darniederliegen des Appetits in Parallele zu stellen sind, die wirksamsten Faktoren darstellen, ist im Einzelfall schwer zu entscheiden. Die Wirkung des chronischen Alkoholmißbrauchs darf man wohl als direkte Schädigung der Magenschleimhaut ansehen. Daß eine schwere Acetonämie der Diabetiker, wenn auch auf anderem Wege, ähnlich wirkt, ist durchaus plausibel.

Unter *Achylia gastrica* versteht man einen Zustand, bei welchem ein wirksamer Magensaft überhaupt fehlt. Es werden keine Fermente und auch keine Säure oder beides nur in so geringen Mengen abgesondert, daß von einer eigentlichen peptischen Magenverdauung nicht die Rede sein kann. Die Folgen dieses Zustandes können lange unbemerkt bleiben und kommen erst bei besonderen Belastungen des Magendarmtrakts zur Geltung. Häufig fehlt bei den Kranken der in der Norm durch den Eintritt von salzsaurem Mageninhalt in das Duodenum ausgelöste Pylorusreflex, so daß die eingeführten Speisen unverhältnismäßig rasch in den Darm hineingelangen. Sekundär können durch diese Überbelastung des Intestinums Schädigungen desselben eintreten und zu Diarrhöen, sog. gastrogenen Diarrhöen, Anlaß geben. Über die Ätiologie des Zustandes sind die Ansichten widersprechend. Eine Gruppe dieser Fälle ist sicher auf der Basis einer konstitutionell minderwertigen Veranlagung entstanden. Es ist gewissermaßen ein angeborener Defekt in der Magensaftproduktion. Da man nicht selten bei Kranken mit Achylie Veränderungen der Schleimhaut fand, wird von einer Reihe der Autoren angenommen, es handele sich bei dem Zustand der Achylie um etwas Sekundäres, indem chronische Entzündungen die Schleimhaut sekundär degenerieren lassen und zu Säure- und Fermentproduktion unfähig machen. Bei der perniziösen BIERMERschen Anämie ist der Befund Achylia gastrica so häufig, daß daraus ätiologische Beziehungen abgeleitet wurden. Für viele gilt der Lehrsatz: Keine perniziöse Anämie ohne Achylia gastrica. Man glaubte, daß die Störung der Magenfunktion zusammen mit einer sekundären Darmerkrankung die Bedingungen für die Entstehung der perniziösen Anämie erst schaffen.

Durch die Beobachtungen von CASTLE[1] und seinen Mitarbeitern wurden sichere Beziehungen zwischen *Magensaft und Blutbildung* entdeckt. Die Bildung der roten Blutkörperchen ist einerseits von der Magenfunktion und andererseits von der Nahrung abhängig. In jedem normalen Magensaft ist eine Substanz enthalten (intrinsic factor), die mit allen Bestandteilen der Nahrung (extrinsic factor) aus Fleisch, Hefe usw. in Verbindung tritt. Diese Verbindung stellt eine Substanz dar, welche den Reifungsprozeß der Erythrocyten im Knochenmark begünstigt. Sie ist als *antianämisches, hämatopoetisches* Prinzip aufzufassen. Bei Fehlen dieser Substanz werden im Knochenmark Megaloblasten und weiterhin ungleichgroße, meistens zu große und besonders hämoglobinreiche Erythrocyten gebildet (Anisocytose, Megalocytose, Hyperchromasie). Bei Anwesenheit des hämatopoetischen Faktors geht die Blutbildung im Knochenmark in normalen Bahnen vor sich. Bei der perniziösen Anämie bedingt das Fehlen des hämatopoetischen Prinzips eine megaloblastische Entartung des Knochenmarks. Der aus dem Zusammenwirken von intrinsic und extrinsic factor gebildete Stoff soll mit dem *antianämischen Leberstoff* identisch sein. Die Leber stellt also für diesen Stoff nur ein Stapelorgan, nicht aber einen Bildungsort dar.

Über die chemische Natur des intrinsic factor ist nur soviel bekannt, daß er mit Salzsäure, Pepsin und Lab nicht identisch und thermolabil ist. Er steht in nahen Beziehungen zu Vitamin B_2. Andere nehmen an, daß der intrinsic factor Enzymcharakter habe. Neuerdings wird angenommen, daß der intrinsic

---

[1] CASTLE: Lancet **1932 II/III.**

factor selbst die antianämische Substanz darstelle, welche von Pepsin leicht zerstört werden kann. Bei Anwesenheit von Eiweiß in der Nahrung wird das Pepsin gewissermaßen von diesem abgelenkt und somit der intrinsic factor vor der Zerstörung geschützt. Damit ließe sich erklären, daß frische oder getrocknete Magenschleimhaut antianämisch wirksam ist[1]. Auch die Frage, welcher Teil des Magens den intrinsic factor bildet, ist durch sorgfältige Trennung der Schleimhaut vom Fundus, Pylorus und Cardia des Schweinemagens und Verabfolgung der getrockneten, entfetteten und pulverisierten Substanz an Kranken mit perniziöser Anämie studiert worden. Am wirksamsten erwies sich der Pylorusteil, die Fundusschleimhaut ist unwirksam. Die Bildung der Salzsäure, welche in den BRUNNERschen Drüsen erfolgt, geht also an anderen Orten als die Bildung des intrinsic factors vor sich. Auch histologisch wurden an der Magenschleimhaut von Kranken mit perniziöser Anämie schwere Veränderungen regelmäßig festgestellt[2]. Die Leber von Kranken mit perniziöser Anämie ist frei von der hämatopoetischen blutbildenden Substanz. Ebenso fehlt der Leber von Schweinen vom 3. Monat nach der operativen Entfernung des Magens ab, die hämatopoetische Substanz. Die daraus resultierende Blutarmut hat aber nicht den Charakter der hyperchromen Anämie, sondern den einer sekundären. Die Zahl der Blutkörperchen sinkt wesentlich weniger ab als das Hämoglobin. Auch beim Menschen sind nach der operativen Entfernung des Magens schwere Anämien beobachtet worden.

Weitere Störungen der Blutbildung werden als *achylische Chloranämien* beschrieben[3]. Bei dieser Form der Blutarmut soll das Fehlen der Salzsäure im Magensaft das Eisen der Nahrung nicht mehr im Darm zur Resorption kommen lassen. Große Eisendosen mit Salzsäure gleichzeitig gegeben, heilen die Krankheit. Bei Frauen kommen bei dieser Krankheit eigentümliche Veränderungen der Nägel vor, die glanzlos und brüchig erscheinen, der Nagelgrund ist nicht konvex, sondern häufig im Bereich des 2. und 3. Fingers konkav. Diese löffelartige Verkrümmung der Nägel wird als *Koilonychie* beschrieben. Sie soll sich nach Eisen- und Salzsäurebehandlung bessern.

Die titrierbare Acidität des Magens für freie Salzsäure ist besonders beim *Magencarcinom* herabgesetzt bzw. aufgehoben. Die Ursache dafür ist darin zu sehen, daß neben dem Carcinom eine diffuse Schleimhauterkrankung einherläuft, welche den Magen zur Produktion von Säure, oft auch von Fermenten, unfähig macht. Zudem werden von den eiweißartigen Zerfallsprodukten des Carcinoms manche imstande sein, Säure zu binden und dadurch den Nachweis freier Salzsäure verhindern. Bezüglich der Milchsäurebildung im carcinomatös veränderten Magen muß daran erinnert werden, daß das Krebsgewebe selbst durch anaerobe Gärung erhebliche Milchsäuremengen zu bilden imstande ist, wie wir durch die Untersuchungen WARBURGs wissen[4]. Aber auch entzündliche Veränderungen am Magen können offenbar infolge der reichlichen Anwesenheit von Leukocyten aus Traubenzucker Milchsäure bilden, in ähnlicher Weise, wie es bei Hämoglykolyse des Blutes in vitro der Fall ist. Neben diesen

---

[1] GREENSPON: J. amer. med. Assoc. **106**, 295 (1936).
[2] BROWN, MADELEINE: New England J. Med. **210**, 473 (1934).
[3] FABER: Med. Klin. **1909 I**, 1310. — KAZNELSON: Klin. Wschr. **1929 I**, 1017.
[4] WARBURG: Über den Stoffwechsel der Tumoren. Berlin 1926.

Faktoren der Milchsäurebildung behalten die alten Befunde über Milchsäurestäbchen bei fehlender Salzsäure im Magensaft ihre Bedeutung[1].

Für die Entstehung des Magencarcinoms sind auch chronische *entzündliche* Veränderungen, die im Carcinommagen regelmäßig angetroffen werden, verantwortlich gemacht worden. Im präcancerösen Stadium werden neben atypischen Drüsen- und Epithelwucherungen hyperplastisch-regenerative Vorgänge beobachtet, die sich besonders am Epithel der Leisten und Grübchen nachweisen lassen (KONJETZNY).

Eng verknüpft mit den sekretorischen sind die *motorischen* Störungen der Magentätigkeit. Während der leere Magen gewöhnlich keine Darmbewegungen ausführt, sondern nur alle $1^1/_2$—$2^1/_2$ Stunden eine wenige Minuten dauernde Leertätigkeit aufweist, genügt schon die bloße Füllung als mechanischer Anreiz, um Magenbewegungen auszulösen. Von chemischen Einflüssen sind vor allem Salzsäure und Pepsin als Bewegungsimpulse zu nennen. Für das Schicksal der Speisen im Magen und ihre Verweildauer sind die *Bewegungen des Pylorus* von maßgebender Bedeutung. Wir wissen, daß jedesmal, wenn Säure die Schleimhaut des Duodenums berührt, der Pylorus geschlossen wird. Auch anisotonische Lösungen, die in den Magen hineingelangen, bedingen Pylorusschluß.

Störungen in diesem Mechanismus können unter den verschiedensten Bedingungen zustande kommen. Der *Pylorusspasmus der Säuglinge* wird auf einen spastischen Verschluß der hypertrophischen Pylorusmuskulatur zurückgeführt. Bei Erwachsenen kommt dieses Krankheitsbild in der Regel nur sekundär zustande, indem ein an anderen Stellen gesetzter Magenreiz die spastische Kontraktion der Pylorusmuskulatur auslöst. Als solcher Reiz wird am häufigsten das in Pylorusnähe sitzende Magengeschwür beobachtet. Es können aber auch Zustandsänderungen, die vom Pylorus entfernt in der Magenschleimhaut — ja sogar in der des Oesophagus — sich ausbilden, einen Pylorusspasmus hervorrufen und bei der Röntgendurchleuchtung einen erheblichen Rest des Kontrastbreis 6 Stunden nach der Aufnahme im Magen wiederfinden lassen, ohne daß irgendwelche mechanischen Störungen am Pylorus vorhanden sind.

Die *akute Magenlähmung* ist eine besonders den Chirurgen bekannte Erscheinung, die als Folge von langdauernden Narkosen, gelegentlich auch nach Operationen in Lokalanästhesie, beobachtet wird. Auch eine lokale Peritonitis kann das Krankheitsbild der akuten Magenlähmung hervorrufen. Die Ursache wird in Störungen des nervösen Apparats gesucht.

Länger dauernde motorische Störungen ohne organisches Hindernis am Magenausgang werden bei dem Habitus STILLER[2] gelegentlich gesehen, bei dem gleichzeitig nicht selten eine *Gastroptose* beobachtet wird. Während in den ersten Stadien dieser chronischen motorischen Insuffizienz lediglich eine mangelhafte peristolische Funktion des Magens nachweisbar ist, bei welcher der Magen sich nicht entsprechend der zunehmenden Füllung *langsam* entfaltet, sondern die in den Magen eingeführten Speisemengen ungehindert in den tiefsten Punkt des Fundus fallen, die Entleerungszeit *nicht* verlängert zu sein braucht, kommt es in den späteren Stadien derartiger motorischer Mageninsuffizienzen schließlich auch zu Entleerungsstörungen. Vielleicht ist der Mechanismus der

---

[1] DELHOUGNE: Arch. f. exper. Path. **159**, 59 (1931).

[2] STILLER: Die asthenische Konstitutionskrankheit. Stuttgart: Ferdinand Enke 1907.

erschwerten Entleerung darin gegeben, daß der tiefste Punkt des Magens bei der atonischen Muskulatur besonders stark belastet wird und dadurch eine Art Abknickung am relativ festfixierten pylorischen Magenteil zustande kommt. Ist dieser Mechanismus erst einmal eingeleitet, so kommt es zu einem Circulus vitiosus. Die erschwerte Entleerung bedingt eine relativ stärkere Füllung des Magens und diese wieder eine stärkere Zerrung in der Pylorusgegend. Gelegentlich können infolge der an dem scharf geknickten Magenteil einsetzenden Ernährungsstörung sekundär sich Ulcera am Pylorus ausbilden und nun einen spastischen Pylorusverschluß herbeiführen[1].

Der normale Magen hat bei röntgenologischer Betrachtung, d. h. bei Belastung mit einem schattengebenden Brei, sehr *verschiedene Formen,* unter denen bestimmte Typen herausgehoben werden können. Der Männermagen zeigt eine Hakenform, welche bei gleichmäßiger Kontraktion aller Muskelpartien zustande kommt. Der Frauenmagen hat eine mehr gestreckte Form; man spricht von einem „Langmagen", bei welchem der caudale Pol, ohne daß pathologische Verhältnisse vorzuliegen brauchen, gut handbreit unterhalb des Nabels gefunden wird. Die Form des Magens ist weitgehend abhängig von dem *Tonus der Bauchmuskulatur.* Eine kräftige muskulöse Bauchwand bei muskelstarken Männern begünstigt das Zustandekommen der Stierhornform. Oft gelingt es, den Probanden durch willkürliche Anspannung der Bauchmuskulatur einem vorher hakenförmigen Magen die Stierhornform zu geben. Der geringere Tonus der Bauchmuskulatur bei Frauen, besonders bei Multiparen, läßt es verständlich erscheinen, daß bei ihnen im allgemeinen der caudale Magenpol tiefer steht, der Magen durch die Bauchwand gewissermaßen schlechter gehalten wird. Die früher beliebte Diagnose „Magensenkung" hat neuerdings mit Recht eine erhebliche Einschränkung erfahren. Beim eigentlichen typischen Magenbild steht auch der Pylorus meist tiefer als bei normaler Hakenform. Bei der Beurteilung der *Tonusfunktion* ist vor allem die Fähigkeit der Magenmuskulatur, die Nahrung zu umschließen und das obere Niveau seines Inhalts auch während der Entleerung gleichmäßig hoch zu halten, die *Peristole* zu berücksichtigen. Außer von dem verschiedenen Verhalten der Befestigungs- und Tragevorrichtungen des Magens, vor allem der Lage des bei Frauen meist tiefer stehenden Darmkissens (infolge der größeren Geräumigkeit des kleinen Beckens) ist die Magenform durch den Tonus der eigenen Muskulatur bestimmt, welche imstande ist, im Magen einen positiven Druck zu erzeugen.

Wie bemerkt, tritt bei der eigentlichen *Gastroptose* gleichzeitig der Pylorus nach unten. Es ist aber einschränkend zu bemerken, daß ein geringer Grad von Pyloroptose durchaus physiologisch sein kann. Das Duodenum ist nämlich durch seinen Musculus suspensorius duodeni an der hinteren Bauchwand fixiert. Je nach dem Tonuszustand dieses aus glatter Muskulatur bestehenden Aufhängeapparates steht der Pylorus höher oder tiefer und gestattet dem Magen bei tiefstehendem Darmkissen, durch Nachlassen des Tonus ein Widerlager zu finden. Für den atonischen Magen sind neben dem tiefstehenden Inhaltsniveau der schlaff der Belastung des Inhalts nachgebenden Magensack und das über dem Sack sich zeigende Zusammensinken der Magenwände charakteristische Symptome.

---

[1] KREMPELHUBER: Dtsch. med. Wschr. **1919 II,** 1099.

Vergrößerungen des Magens kommen vor ohne wesentliche Stauungserscheinungen, also ohne Ektasie. Sie werden als *Megalogastrie* beschrieben. Eine echte Dilatation des Magens ist immer die Folge einer erschwerten Entleerung seines Inhalts. Sie wird am häufigsten gefunden bei der organischen Pylorusstenose. Bei häufig sich wiederholenden pylorospatischen Zuständen, z. B. beim Ulcus duodeni ohne Verengerung des Lumens, kann es zu einer echten Ektasie kommen. Für die Ausbildung der Ektasie ist es gleichgültig, ob das Passageerschwernis am Pylorus durch eine alte Narbe oder durch ein sich am Pylorus ausbildendes Magencarcinom bedingt wird.

Die kompliziert gebaute Magenmuskulatur hat nicht in erster Linie die Aufgabe, den Inhalt auf dem kürzesten Wege aus dem Magen herauszubefördern, sondern, worauf FORSSEL besonders hingewiesen hat, ihn eine Zeitlang an der weiteren Passage zu hindern. Durch komplizierte Mischbewegungen wird die digestive Tätigkeit des Magens unterstützt. Die Röntgenuntersuchungen haben gelehrt, daß der Schattenbrei im allgemeinen nach 6 Stunden den Magen verlassen hat. Bei einem atonischen Langmagen finden wir als Ausdruck einer mangelnden motorischen Kraft nach dieser Zeit einen geringen Rest, dem keine ernstere Bedeutung zukommt. Der Sechsstundenrest dient uns als wesentliches Kriterium einer organischen Stenose. Daß gelegentlich bei pylorusfernem Ulcus ein Pylorospasmus erzeugt werden kann, der zur Stenose Anlaß gibt, wurde bereits erwähnt. Aber auch bei vorhandener organischer Stenose können die motorischen Leistungen des Magens durch gesteigerte Peristaltik mit nachfolgender Hypertrophie der Magenmuskulatur einen Sechsstundenrest vermissen lassen. Wir sprechen dann von einer *kompensierten organischen Pylorostenose*.

Daß Operationen am Magen zu Umstellungen der physiologischen Verdauungsvorgänge führen müssen, ist bei der fein eingespielten Zusammenarbeit von Magen- und Darmverdauung verständlich. Die Störung chemo-reflektorischer Vorgänge allein macht es schon verständlich, daß es bei unzweckmäßig Magenoperierten zur Fäulnisdyspepsie kommen kann. Nicht selten entwickeln sich bei partieller Magenresektion Geschwüre im Jejunum (Ulcus jejuni pepticum). Im zurückbleibenden Magenteil kommt es fast regelmäßig zu entzündlichen Veränderungen, welche wohl durch die Mitwirkung des sauren Magensaftes zu erklären sind. Wird durch die große Resektion die Bildung von Salzsäure verhindert, so bleibt die Gastritis aus.

Die Frage, wie die *Nahrungsausnutzung nach totaler Exstirpation* des Magens sich gestaltet, habe ich in einem einschlägigen Fall mit KONJETZNY untersucht. Exakte Untersuchungen über Nahrungsausnutzung nach totaler Magenresektion beim Menschen liegen bisher kaum vor. Die neueste Arbeit über dieses Problem, in welcher die ältere einschlägige Literatur (HEILMANN[1], HOFMANN[2]) kurz erörtert wird, stammt von TROELL, LOSELL und KARLMARK[3]. Die Autoren finden bei gemischter Kost eines Kranken mit total reseziertem Magen einen Verlust von 16,5% Eiweiß, 18,9% Fett, 4,4% Kohlehydrate. Systematische Untersuchungen der Verträglichkeit verschiedener Kostformen

---

[1] HEILMANN: Münch. med. Wschr. **1925** II, 178.

[2] HOFMANN: Münch. med. Wschr. **1898** II, 560. — PAWLOW: Die Arbeit der Verdauungsdrüsen. Wiesbaden 1889. — SCHWARZ, E.: Zbl. Chir. **1926**, Nr 10.

[3] TROELL, A., G. LOSELL, E. KARLMARK: Mitt. Grenzgeb. Med. u. Chir. **40**, 550 (1927). — WERTHEIMER: C. r. Soc. Biol. Paris **55** (1903).

wurden nicht durchgeführt, obwohl gerade hier das für die Ernährung des magenlosen Patienten wichtigste Problem liegt. Die älteren, mit unzureichenden Methoden durchgeführten Untersuchungen haben keine praktisch verwertbaren Resultate gezeigt. Auch SCHWARZ äußert sich nicht über Störungen der Resorption von Fett, Eiweiß und Kohlehydraten. Er findet beim magenlosen Menschen den Grundumsatz normal und schließt aus Steigerung desselben um 40% bei Prüfung der spezifisch-dynamischen Eiweißwirkung auf eine gute Nahrungsausnutzung: ein Schluß, der zum mindesten sehr anfechtbar ist.

Ein einschlägiger Fall von totaler Magenresektion bei einer 40jährigen Frau mit Antrumcarcinom bot Gelegenheit, die Frage zu studieren, welches Nahrungsgemisch bezüglich der Ausnutzung beim magenlosen Patienten die günstigsten Resultate zeigt.

Die Ergebnisse von jeweils 3tägigen Perioden mit gemischter Kost, Kohlehydrat-, Fett- und Eiweißkost sind in der Tabelle 3, S. 172/173 zusammengestellt.

Der Kot wurde in der üblichen Weise in 3tägigen Perioden mit Kohle abgegrenzt, der Stickstoff im Harn und Kot nach KJELDAHL bestimmt. Als Fett wurde das Gesamtextrakt eingesetzt, als Summe von Neutralfett, Seifen und Fettsäuren. Die Kohlehydrate im Stuhl wurden durch Extraktion nach Spaltung mit 2%iger Salzsäurelösung nach FEHLING titriert. Sie umfassen im wesentlichen also Zucker, Glykogen und Stärke, während die Cellulose nicht besonders aufgeschlossen wurde. Der Brennwert des Trockenkots wurde calorimetrisch bestimmt. Der Berechnung der Calorienverluste wurden die *calorimetrisch bestimmten* Werte zugrunde gelegt. Die *berechneten* Calorienzahlen sind zusammengestellt aus dem Calorienverlust aus Eiweiß, Fett und aus den mit 2%iger Salzsäurelösung aufgespaltenen Kohlehydraten, also im wesentlichen Polysachariden. Die Summe dieser so berechneten Calorien ist naturgemäß geringer als die durch direkte Calorimetrie gewonnenen, da sie die Cellulosecalorien nicht mit erfaßt.

Als wesentliches Resultat der Ausnutzungsversuche zeigt sich, daß der *Calorienverlust* in sämtlichen vier verschiedenen Nahrungsperioden relativ gering ist; am höchsten noch in der Eiweißperiode mit 12,4%.

Auch ein wesentlicher *Eiweißverlust* durch mangelhafte Spaltung oder schlechte Resorption ließ sich *nicht* feststellen. Mit Ausnahme der 3tägigen Fettperiode, in welcher die N-Bilanz mit — 2,85 g negativ ist, ist sonst überall das Stickstoffgleichgewicht nahezu erreicht worden. In der *Fettperiode* ist bemerkenswerterweise der prozentuale *Stickstoffverlust* im Kot am größten. Es hat also offenbar die Fettbelastung als Abführmittel für die Eiweißkörper der Nahrung gewirkt. Zu einer echten Kreatorrhöe ist es aber auch in dieser Periode nicht gekommen.

Die weitgehendsten Störungen wurden auf dem Gebiete der *Fettverdauung* und *-resorption* nachgewiesen. Begreiflicherweise ist der absolute Verlust an Fett in der Periode der Fettbelastung (III) am größten (67,9 g = 12,6%). Dann folgt die Eiweißperiode (IV) mit 64,9 g = 19,3% Verlust. Aber auch in der Kohlehydratperiode ist der prozentuale Fettverlust ziemlich hoch (18,2%). Auf den hohen Fettgehalt weist auch die salbenartige Konsistenz und graubraune Farbe des Stuhls in allen Perioden, vor allem aber in der Fettperiode, hin. Auf dem Gebiete der *Fettresorption* sind somit die gröbsten Störungen bei dem magenlosen Menschen festzustellen. *Den Grund dafür sehen wir darin, daß durch den Fortfall des chemischen Salzsäurereflexes vom Magen her die Anregung zur Pankreassaft- und Gallenabsonderung ausbleibt und damit die wichtigsten chemischen Hilfsmittel für die Fettverdauung und -resorption weitgehend ausgeschaltet sind.*

Tabelle 3. Frau K., Nahrungsausnutzung

3tägige Periode Nr.	Zufuhr in 3 Tagen					Ausfuhr in 3 Tagen					
						Urin			Stuhl		
	Ca- lorien	Eiweiß g	N g	Fett g	Kohle- hydrate g	N g	Fett g	Kohle- hydrate g	N g	Fett g	Kohle- hydrate g
I. Gemischte Kost	4494	101	16,1	257,4	288,6	14,357	—	—	1,216	30,66	16,13
II. Kohlehydrat- periode	4531	59	9,4	126,0	790,5	6,997	—	—	2,556	23,0	31,5
III. Fettperiode	7692	91	14,5	549,3	401,7	12,746	—	—	4,569	67,9	21,56
IV. Eiweißperiode	6636	271,9	43,5	337,3	465	37,38	—	—	6,7	64,99	10,6

Der Verlust an leicht aufspaltbaren *Kohlehydraten* hält sich durchaus in physiologischen Grenzen.

Diese Überlegungen haben ein noch weitergehendes chirurgisches Interesse. Es ist, falls unsere Erklärung über die schlechte Fettresorption nach Ausschaltung des Magens und *funktioneller* Ausschaltung des Duodenums zutrifft, zu erwarten, daß bei direkter Verbindung des Oesophagus mit dem Duodenum die Ausnutzung des Fettes eine günstigere ist, als bei funktioneller Stillegung desselben, wie sie bei der Oesophagi-Jejunostomie von uns gefunden worden ist. Die gleichen Überlegungen gelten sinngemäß auch für die Magenresektion nach Billroth I und II. Bei Billroth I ist eine wesentlich günstigere Nahrungsausnutzung wegen Erhaltenbleibens des chemischen Reflexmechanismus vom Magen auf das Duodenum und die Anhangsdrüsen zu erwarten, als beim Vorgehen nach Billroth II, welches das Duodenum funktionell ausschaltet. Das sind aber Dinge, die noch einer Klarstellung durch sorgfältige Stoffwechseluntersuchung harren.

Die Konsequenz aus unseren Befunden ist folgende: Ein magenloser Patient ist mit kleinen Einzelportionen gemischter Kost zu ernähren. Die Fette sollen in geringer Menge und emulgierter Form dem Patienten zugeführt werden. Der Patient muß sich bei der Nahrungsaufnahme viel Zeit lassen. Durch die fraktionierte Nahrungsaufnahme sollen gewissermaßen die motorischen Funktionen des Magens, vor allem die „Verteilerfunktion", ersetzt werden. Bei schwereren Störungen der Fettresorption ist Beigabe von *frischem,* gehacktem Pankreas in verschiedener Zubereitung erwünscht.

Auf jeden Fall haben diese Untersuchungen über die Nahrungsausnutzung in exakter Weise gezeigt, daß auch der magenlose Mensch nach gelungener Operation gemischte Kost in der zur Erhaltung von Leben, Gesundheit und Arbeitsfähigkeit ausreichenden Menge leicht resorbieren kann.

3. Die Störungen der Dünndarmfunktion.

Die Störungen der *Dünndarmfunktion* lassen sich trennen in *sekretorische, motorische* und *resorptive.* Für das Schicksal der Speisen im Darm ist eine genügende Absonderung von Galle, Pankreassaft und Darmsekreten von entscheidender Bedeutung. Das Ausfallen oder die verminderte Sekretion der Galle und des Pankreassaftes werden in ihren Folgen im Kapitel VIII besprochen. Über die Menge des abgesonderten Darmsaftes sind wir schon für physiologische Verhältnisse schlecht orientiert. Ob einer Verminderung der Darmsekretion

nach gänzlicher Entfernung des Magens[1].

N-Ausfuhr total g	N-Bilanz der 3tägigen Periode g	%-Verlust im Stuhl			Gewicht des Trockenkots (3 Tage) g	Calorienverlust im Kot		Calorienverlust im Kot in %
		N	Fett	Kohlehydrate		Bestimmt in der Bombe	Bestimmt durch Berechnung	
15,573	+ 0,527	7,6	11,9	5,6	59	420	331,2	9,3
9,553	— 0,097	27,2	18,2	3,9	47	338	351	7,49
17,315	— 2,85	33,3	12,6	5,3	110	880	744,4	11,5
44,038	— 0,538	12,9	19,3	2,5	126	819	727	12,2

erheblich pathologische Bedeutung zukommt, wissen wir nicht. Sichergestellt ist, daß große Darmstücke reseziert werden können, $^1/_2$—$^2/_3$ des Dünndarms, ohne daß wesentliche Ausfallserscheinungen sich bemerkbar machen. Die Vermehrung der Darmsekrete ist eine häufig beobachtete Erscheinung. Der Reiz für solche vermehrte Saftabsonderung kann vom Darm und von der Blutbahn her ausgehen. Schon eine ungenügende Vorbereitung des Speisebreies durch die chemische Tätigkeit des Magens kann den Darminhalt zu einem Reizsubstrat machen. Durch den Wegfall der peptischen Vorverdauung wird das tierische und pflanzliche Zwischengewebe ungenügend gelockert. In diesem schlecht aufgeschlossenen Material können Mikroben der an sich schon verminderten Einwirkung durch den subaciden Magensaft entzogen werden und dadurch größere Mengen von Keimen in den Dünndarm hineingelangen, der unter physiologischen Bedingungen nahezu keimfrei gefunden wird. Durch diese mangelhaft vorbereitete Nahrung oder durch die vermehrt eingedrungenen Keime können alle Stadien vom leichtesten Darmkatarrh bis zur schwersten Darmentzündung erzeugt werden und Durchfälle entstehen. Neben chemischen sind auch rein nervöse Reize für eine vermehrte Darmsekretion verantwortlich zu machen.

Die *motorische* Darmtätigkeit läuft auch außerhalb der Körperhöhle nach Abtrennung vom Mesenterium weiter. Am Dünndarm lassen sich dreierlei Bewegungsformen unterscheiden:

1. peristaltische Kontraktionen,
2. Tonusschwankungen,
3. Pendelbewegungen.

Die *Peristaltik* befördert durch abwechselnde Kontraktion und Erweiterung die Ingesta durch den Darm. Die den Bewegungen zugrunde liegenden Reflexe werden in der Darmwand selbst geschlossen (intramurale Reflexe). Als Reize, welche Pendelbewegungen und Tonusschwankungen des Darms auslösen, kommen mechanische und chemische in Frage. Am wirksamsten scheint die Aufnahme flüssiger Nahrung (Milch, Bier, Wein). Aber auch der leere Darm führt Bewegungen aus, die bei erregbaren Leuten zu lauten Geräuschen Anlaß geben (Magenknurren, Darmgurren). Die über den Plexus submucosus verlaufenden Reflexe treten besonders beim Eindringen eines spitzen Gegenstandes in die Schleimhaut in Funktion. Die Muscularis mucosae kontrahiert sich unter diesen Bedingungen.

---

[1] BÜRGER u. KONJETZNY: Zbl. Chir. **1929**, 1154.

Die Aufgabe der zum Darm ziehenden Nerven ist im wesentlichen eine Regelung seiner Tätigkeit. Schmerzhafte Reize werden durch die sensiblen Nerven, das Rückenmark, die Nervi splanchnici zu den prävertebralen Ganglien und von hier über die Mesenterialnerven zu den motorischen Darmzentren geleitet. Sie hemmen im allgemeinen die motorische Darmtätigkeit, ein Vorgang, welcher *auch nach Rückenmarksdurchschneidung* im oberen Brustteil noch weiter läuft. Dieser Dämpfungsreflex läuft also auch ohne bewußte Schmerzempfindung ab. Neben dieser Regelung der motorischen Funktion haben die vegetativen Nerven des Magendarmtrakts die Regelung der *Blutversorgung* zu überwachen.

Unter den motorischen Störungen der Darmfunktion sind am leichtesten die sog. *Darmsteifungen* zu erkennen. Bei jeder Verlegung des Darmlumens durch Neubildungen, Narben, von außen komprimierende Tumoren oder Invagination kommt es oberhalb der Stenose zu verstärkter Peristaltik, welche bei dünnen Bauchdecken häufig sichtbar wird. Ist das Hindernis nicht mehr passabel, so wird der gestaute Darminhalt rückläufig befördert und kann selbst bei tiefsitzenden Darmstenosen bis in den Magen hineingelangen. Oft sind die in dem Dünndarm gestauten Massen unter diesen Bedingungen unter der Mitwirkung von Bakterien weitgehend zersetzt und können einen fauligen kotähnlichen Geruch annehmen. Weniger ernst sind *spastische* Kontraktionen kleinerer Abschnitte des Dünndarms. Sehr selten kommt durch sie das Bild des spastischen Ileus zustande. Über eine *vermehrte Dünndarmperistaltik,* die nicht zu Durchfällen führt, sind wir bisher nur durch gelegentliche röntgenologische Untersuchungen unterrichtet. Sie ist immer die Folge der Beschaffenheit des Inhalts. Nach v. NOORDENs Beobachtungen an einem Patienten mit Kotfistel am unteren Ileum wirken Milchzucker, Lävulose, schwefelsaure Salze stark beschleunigend auf die Dünndarmperistaltik. *Verminderungen der motorischen Tätigkeit* des Dünndarms kommen als Folge von Giftwirkungen auf die automatischen Zentren bei den verschiedenen Formen der Peritonitis und bei akuten Infektionskrankheiten vor. Im Experiment zeigt sich, daß eine peritonitische leere Darmschlinge in hohem Grade tätig und erregbar bleiben kann. Treten in dem peritonitischen Darmstück gleichzeitig Stauungen ein, so sind die Bewegungen sehr gering und auch durch mechanische Reize schwer oder gar nicht auslösbar. Durch künstlich gesetzte Darmocclusionen werden mit zunehmender Darmfüllung die Pendelbewegungen immer matter und erlöschen schließlich ganz, während die eigentlich peristaltischen Bewegungen zu dieser Zeit noch kräftig fortbestehen können. Später hört auch die Peristaltik auf und es tritt eine totale Atonie ein. Solche Hemmungen der Peristaltik können besonders im Anschluß an langdauernde Operationen eintreten, bei welchen die Därme nicht genügend vor mechanischen Alterationen und Abkühlung geschützt wurden. Dieser gefürchtete Zustand der totalen Darmlähmung führt bei ungünstigem Verlauf zum sog. *paralytischen Ileus.*

Unter den Störungen der Dünndarmresorption werden primäre und sekundäre unterschieden. *Primäre* Resorptionsstörungen sind Zustände, bei denen Verweildauer und Verdauung im Dünndarm an sich genügen, um die Aufsaugung der Ingesta zustande kommen zu lassen. Die Darmwand ist bei den primären Resorptionsstörungen derart verändert, daß sie für eine genügende Aufsaugung trotz ihrer großen Flächenausdehnung nicht mehr ausreicht. Primäre Resorptionsstörungen sind sehr selten. Die einfachen Diarrhöen, bei welchen die Passage der Ingesta sicher beschleunigt ist, führen selten zu erheblichen Nährwertverlusten, da die große Resorptionsfläche auch bei beschleunigter Passage für eine weitgehende Aufsaugung der Ingesta ausreicht. Wie gering die durch beschleunigte Peristaltik allein bedingten Verluste an nutzbarem Material sind, haben v. NOORDEN und DAPPER[1] ausführlich dargetan. *Wandveränderungen*, die besonders schwere Resorptionsstörungen bedingen, werden durch das *Darmamyloid* gesetzt. Hier wurden 33—37% des eingeführten Fetts und 12% des Stickstoffs des eingeführten Eiweißmaterials wiedergefunden. Hohe *Fettverluste* werden gelegentlich bei schwer Herzkranken infolge Darniederliegens der Blutzirkulation im Splanchnicusbereich und bei der Tabes mesaraica gefunden. Auch bei Lebercirrhose mit Behinderung des Pfortaderabflusses und bei Pfortaderthrombose sind tiefgreifende funktionelle Störungen des Darms die Regel. Besonders verschlechtert ist auch hier die Fettausnutzung, während die Ausnutzung von Kohlehydraten und Eiweiß ungestört bleibt[2]. Wie die mangelhafte Ausnutzung der Nahrung bei schweren akuten Infektionskrankheiten zu erklären ist, ist strittig. Neben einer verminderten Fermentproduktion mag auch hier das häufige Darniederliegen der Zirkulation und die dadurch erschwerten Resorptionsverhältnisse anzuschuldigen sein.

Sekundäre Resorptionsstörungen werden als Folge ungenügender fermentativer Vorbereitung der Ingesta beim Ausfall der peptischen Magenverdauung (schlechte Bindegewebsresorption), der pankreatischen Achylie (ungenügende Fett- und Eiweißresorption) und schließlich des Ausfalls der Galle (schlechte Fettresorption) beobachtet.

Bei *Verengerungen* des Darms durch Beeinträchtigung des Darmlumens kommt es zu gesteigerter Peristaltik der oberhalb der Stenose gelegenen Abschnitte. Wird das Rohr schließlich völlig unwegsam, so staut sich der Darminhalt oberhalb des Hindernisses und es resultieren die Erscheinungen des Darmverschlusses (Ileus). Es kommt zum Erbrechen kotähnlich riechender Massen und zur Entleerung großer Flüssigkeitsmengen, die weit größer sind als die aufgenommene Flüssigkeit. Offenbar wird der Darm durch Stauung und Zersetzung seines Inhalts, wobei die übelriechenden Produkte der Eiweißfäulnis auftreten, zur vermehrten Sekretion gereizt. Diese großen Sekretionsmengen erklären die reichlichen Mengen übelriechender Flüssigkeit. Zum eigentlichen Koterbrechen kommt es nicht. Die Möglichkeit des Koterbrechens besteht nur bei der Bildung von Fisteln zwischen Ileum oder Magen und Colon infolge vorausgehender Verwachsungen dieser Abschnitte (Gastrocolonfistel, Ileocolonfistel). Sicher ist, daß die bei Dünndarmverengerungen und Verlagerungen auftretenden Sekretionsmassen durch die auftretenden Zersetzungsprodukte einen giftigen Charakter annehmen, welche den ganzen Körper beeinträchtigen. Die Leber verliert die Fähigkeit zum Aufbau des Glykogens. Wir wissen aus pharmakologischen Untersuchungen, daß die glykogenarme Leber ihre entgiftenden Funktionen einbüßt (s. S. 193). Daß bei der Verdauung im Darm hochgiftige Stoffe entstehen, ist eine alte Erfahrung. Wird ein Darmstück ausgeschaltet und werden die Darmenden miteinander vernäht, so bildet das isolierte Darmstück Sekrete, welche nach intravenöser Injektion ileusartige Erscheinungen und

---

[1] v. NOORDEN u. DAPPER: Handbuch der Pathologie des Stoffwechsels, Bd. 2, S. 506. 1907.   [2] SRASSMANN: Z. klin. Med. **15**, 183. — HUSCHE: Z. klin. Med. **26**, 44.

schwere allgemeine Giftwirkungen entfalten. Auch im Hungerzustand können die Darmbakterien das eiweißhaltige Darmsekret zu toxischen Produkten umwandeln. Isolierte Darmschlingen, die infolge mangelhafter Durchblutung schlecht ernährt sind, lassen diese Gifte in die Blutbahn eintreten. Sie können je nach der Konzentration die Peristaltik des Darms anregen oder lähmen[1]. Darminhalt, den man einer Dünndarmfistel entnimmt und in die Ohrvene von Versuchstieren injiziert, wirkt sofort tödlich. Bringt man bei Tieren mit Eckscher Fistel Kresol in den Darm, so sterben sie unter schweren cerebralen Erscheinungen, während Kontrolltiere, bei denen die Entgiftungsfunktion der Leber erhalten ist, die gleiche Menge Kresol vertragen. Neben der Leber hat die Darmwand selber entgiftende Fähigkeiten. Sie ist imstande Histamin zu zerstören. Schwefelwasserstoff, der fraglos zur Resorption kommt, ist im Pfortaderblut nicht mehr nachzuweisen[2]. Die wesentlichste Entgiftungsfunktion bleibt aber der Leber vorbehalten.

4. Die Störungen der Dickdarmfunktion.

Auch vom Dickdarm wird Sekret geliefert, was besonders im Coecum und im Colon ascendens gebildet wird. Seine Menge ist mehr von der mechanischen als von der chemischen Beschaffenheit seines Inhalts abhängig. In seinem Sekret werden anorganische Stoffe, Kalk, Magnesia, Eisen, Phosphorsäure in den Dickdarm ausgeschieden. Durch Epithelmauserung ist der Dickdarm ebenso wie alle anderen Darmabschnitte an der Bildung des *Eigenkots* beteiligt. Die Zerfallsprodukte der Epitheldecke bestehen aus Nucleoproteiden, Fetten und Lipoiden. Zur Bildung des *Eigenkots* tragen ferner die großen Drüsen mit ihren Sekreten (Pankreas, Leber) bei. Der Dickdarmsaft enthält nur in kleinen Mengen Fermente (Nuclease, Erepsin, Amylase, Maltase und Invertin).

Der Dünndarminhalt tritt mit einem mittleren Trockengehalt von 10% ins Coecum über, woran selbst eine übermäßige orale Wasserzufuhr nichts ändert; im Dickdarm wird durch weitere Wasseraufsaugung eine Eindickung bis auf 25% Trockengehalt bewirkt. Die weitgehende Aufsaugung der Nahrungsbestandteile im Dünndarm läßt dem Dickdarm nur wenig zu tun übrig. Durch das kräftige Einsetzen der Bakterienwirkung im Coecum wird das im Dünndarm noch nicht vollständig aufgeschlossene Material weiter gespalten und die auf diese Weise frei gewordenen Spaltprodukte des Eiweißes für den Dickdarm resorptionsfähig gemacht. Ebenso werden die bei eventueller Kohlehydratgärung entstehenden organischen Säuren vom Dickdarm resorbiert.

Nach neueren Anschauungen ist die *Dickdarmwand* auch als *Ausscheidungsorgan* zu betrachten. Die nach Quecksilbervergiftung und nach Urämien auftretenden Dickdarmgeschwüre sprechen dafür, daß die Darmwand bei der Ausscheidung von Giften erkranken kann. Aber auch unter physiologischen Verhältnissen werden Stoffe durch die Dickdarmwand zur Abscheidung gebracht. Unter diesen hat die Ausscheidung von Cholesterin eine besondere Bedeutung. Sperry fand nach Ableitung der Galle nach außen im Hundekot mehr Cholesterin als beim normalen Gallenabfluß in den Darm[3]. Auch wir fanden bei cholesterinarmer Kost (61 mg pro Tag) und totalem Abschluß der Galle vom

---

[1] Trendelenburg: Verh. Ges. Verdgskrkh. **1929**, Nr 37.
[2] Becher: Klin. Wschr. **1931 II**, 1057.
[3] Sperry: J. of biol. Chem. **68**, 357 (1926); **71**, 351 (1927).

Darm durch Carcinommetastasen wesentlich größere Mengen in den Ausscheidungen als in der Nahrung. Diese Tatsachen sprechen für die aktive Ausscheidung von Sterin durch die Darmwand[1]. Die Frage, ob es sich im Dickdarm wirklich um eine spezifische Ausscheidungsfunktion für Sterine handelt, ist durch Vergleich des Cholesteringehalts der Gesamtdickdarmwand mit der Dickdarmmucosa im positiven Sinne entschieden worden. Es enthalten im Mittel 100 g Trockensubstanz Milligramm Cholesterin[2]:

Gesamtdickdarm . . . 646 mg
Dickdarmschleimhaut . 1815 mg

Vergleicht man den Steringehalt der verschiedenen Darmabschnitte miteinander, so ergibt sich im Mittel für 100 g Trockensubstanz folgendes[3]:

100 g Trockensubstanz enthalten Milligramm Cholesterin:

Oesophagus . . . . . . 325 mg Cholesterin
Duodenum . . . . 427 mg „
Ileum . . . . 397 mg „
Sigmoid . . . . 646 mg „

Daraus ergibt sich, daß die Dickdarmwand gegenüber den anderen Darmabschnitten fraglos einen erhöhten Steringehalt aufweist.

Unter pathologischen Verhältnissen kann durch beschleunigte Dünndarmperistaltik ein wasserreicherer und schlecht vorverdauter Chymus den Dickdarm zu verstärkter Absonderung reizen und die dadurch gleichzeitig beschleunigte Peristaltik Durchfall bewirken. Die Reizstoffe können entweder den Nahrungsmitteln selbst entstammen, die durch abnorme Gärungen übermäßig große Mengen saurer Produkte liefern (Gärungscolitis), andererseits können Bakterientoxine und Zerfallsprodukte der Bakterien Reizstoffe für den Dickdarm abgeben. Die Übergänge von der vermehrten Sekretion zur Produktion entzündlicher Sekrete, vor allem eiweiß- und schleimhaltiger Absonderungen sind fließende.

Während die Bewegungen des Magendarmkanals der Willkür entzogen sind, haben wir auf die Tätigkeit des Rectums Einfluß durch unseren Willen. Hier arbeiten die Funktionen der glatten Darmmuskulatur mit denen der quergestreiften des Beckenbodens zusammen. Das Eintreten der Kotsäule ins Rectum ändert den Zustand seiner Schleimhaut, wodurch die Anregung zur Absetzung seiner Faeces gegeben wird. Der Vorgang wird durch die Mitwirkung der Bauchmuskulatur unterstützt. Die motorischen Vorderhornganglienzellen beherrschen den Sphincter und die Beckenbodenmuskulatur. Sie können ihrerseits wieder auf langen Bahnen vom Gehirn aus erregt werden. Die eigentlich peristaltischen Bewegungen des Rectums sind der Effekt intramuraler Reflexe, welche über die Ganglien der Rectalwand verlaufen. Im wesentlichen ist die aktive Ausschaltung sonst bestehender Hemmungen der einzige der Willkür unterworfene Anteil des Defäkationsaktes. Der Enddarm ist wie die oberen Darmabschnitte doppelt innerviert. Hemmende Impulse treffen ihn vom oberen Lumbalnerven bzw. Gangl. mes. inf.; auch die Vasokonstriktion wird auf diesem Wege eingeleitet. Vom Conus terminalis her laufen peristaltikbefördernde und vasodilatorische Reize. Psychische Einwirkungen können die Tätigkeit des Enddarms auf den genannten Bahnen wesentlich beeinflussen. Die sog. *Emotionsdiarrhöen* sind als Beispiele solcher Einwirkungen geläufig.

[1] BÜRGER u. WINTERSEEL: Z. exper. Med. **66**, 459 (1929).
[2] BÜRGER u. OETER: Hoppe-Seylers Z. **184**, 257 (1929).
[3] BÜRGER u. OETER: Hoppe-Seylers Z. **182**, 141 (1929).

Die Störungen der *motorischen Funktion* des Dickdarms lassen sich trennen in Zustände mit gesteigerter und verminderter Peristaltik. Bei *gesteigerter* Dickdarmperistaltik hat der Darminhalt nicht genügend Zeit zur Eindickung und Entwässerung. Er tritt mit erhöhtem Wassergehalt in das Sigmoideum über, wirkt dort als Entleerungsreiz und führt zu vermehrten und dünnflüssigen Entleerungen. Ein ähnlicher Mechanismus tritt in Kraft, wenn schwer- oder unresorbierbare Salze das Wasser im Dickdarm osmotisch binden. Hypertonische Konzentrationen von Na_2SO_4 und $MgSO_4$ veranlassen eine starke Verdünnungssekretion und dadurch wäßrige Stühle. Schließlich kann der Darminhalt selbst als Sekretionsreiz wirken und den Übertritt eines wasserreichen Kots in Sigmoideum und Ampulle und damit beschleunigte Peristaltik bewirken.

Andererseits kann die Schleimhaut auf verschiedene Weise in den Zustand *erhöhter Reizbarkeit* geraten. Bei einer bereits entstandenen Entzündung können sonst durchaus physiologische Reize vermehrte Peristaltik und Sekretion auslösen. Bei schweren Peritonitiden kann, ganz wie das für den Dünndarm geschildert wurde, die Peristaltik — wahrscheinlich durch eine Schädigung des AUERBACHschen Plexus — gelähmt werden.

Über die chronischen Funktionsstörungen des Dickdarms, die mit *verminderter* Peristaltik ablaufen, haben uns vor allem Röntgenuntersuchungen Aufklärung gebracht[1].

Im wesentlichen lassen sich nach röntgenologischen Beobachtungen zwei Gruppen von Störungen im Stuhlförderungsmechanismus unterscheiden: Die *hypokinetische* und die *dyskinetische* Obstipationsform. Bei der *hypokinetischen* Form ist die peristaltische Funktion in der distalen Colonhälfte verringert, die physiologische Zertrennung der Kotsäule bleibt aus, der Kot tritt verspätet in den Enddarm ein und wird in kleinen Einzelmengen entleert, wobei sich die Defäkation oft mit tagelangen Intervallen einstellt. Die gesamte Passage des Dickdarms kann über eine Woche dauern. Bei der *dyskinetischen* Form werden bereits an der Flexura hepatica runde isolierte Schatten gesehen, wie sie sonst nur an der Flexura lienalis und tiefer angetroffen werden. Der Befund wird auf eine Vermehrung der kotformenden kleinen Bewegungen des Dickdarms zurückgeführt. Eine erhöhte Konsistenz des Stuhles ist dabei die Regel. 24 Stunden nach der Einnahme des Kontrastbreies werden das Sigmoid, das Colon descendens und transversum bis auf einzelne isoliert stehende rundliche Knollen leer gefunden. Das Colon pelvicum ist dagegen ganz oder teilweise gefüllt. Der entscheidende Befund ist, daß zu dieser Zeit im Coecum und Ascendens dichte homogene Massen sich finden, weswegen die Obstipationsformen auch Obstipation vom *Ascendenstypus* genannt wurde.

Während bei der hypokinetischen Form die Gesamtkotmasse geschlossen den Dickdarm durchwandert, ist bei der dyskinetischen Form der Kot durch abnorme Kontraktion der mittleren Colonhälfte in zwei Massen getrennt. SCHWARZ[2] macht für die dyskinetische Form eine erhöhte Irritabilität des Transversums und des Descendens verantwortlich. Gelegentlich hat man in diesen Abschnitten des Dickdarms verstärkte retrograde Verschiebungen beobachtet. Durch die Retention beträchtlicher Chymusmassen im Coecum und Ascendens kommt es dort zu einer verstärkten Eindickung und vermehrten Ausnützung des Kotes[3]. Es ist verständlich, daß die schließlich in den Enddarm gelangenden kleinen ausgetrockneten Partikel dort nur eine geringe Volumenzunahme und Spannungsdifferenz bewirken, wodurch der den Stuhldrang auslösende Reiz ausbleibt (Dyschezie). Da gerade chronisch katarrhalische Veränderungen des Dickdarms zu einer erhöhten Reizbarkeit und Hyperperistaltik Anlaß geben, so ist das Vorkommen der dyskinetischen Obstipation bei diesen Zuständen durchaus verständlich.

---

[1] STIERLIN: Über die chronischen Funktionsstörungen des Dickdarms. Erg. inn. Med. **10** (1913).

[2] SCHWARZ: Klinische Röntgendiagnose des Dickdarms und ihre physiologische Grundlagen. Berlin: Julius Springer 1914.

[3] SCHMIDT, A.: Die Funktionsprüfung des Darmes mittels der Probekost. Wiesbaden 1908.

IX. Funktionsstörungen der Leber.

A. Leberbau.

Der Bau der Leber ist durch die reiche Gefäßversorgung besonders kompliziert. Während allen übrigen Organen nur von einer Seite — von der des Herzens — Blut zugeführt wird, erhält die Leber gewissermaßen von zwei Seiten Blut; der eine Weg, die Leberarterie, führt Sauerstoff und Nährstoffe, die Betriebsstoffe heran, der andere, die Pfortader, die Rohprodukte, welche vom Darm geliefert zur Speicherung, zum Umbau der Leber als zentralen Stoffwechselapparat zugebracht werden[1].

Den feineren Bau der Leber erläutert nebenstehendes Schema nach EPPINGER (Abbildung 29). Man sieht, daß jede Leberzelle auf der einen Seite mit einer Gallencapillare, auf der anderen Seite mit einer Blutcapillare in Berührung steht. Das Zentrum des röhrenförmigen Leberzellbalkens bilden die Gallencapillaren. Um den Leberzellenzylinder herum findet sich ein capillärer Lymphraum, den die Blutcapillaren mit eigener Wandung durchziehen. In die Scheidewand zwischen Lymph- und Gefäßraum eingelassen sind die KUPFFERschen *Sternzellen,* von denen je eine auf 13,6 Leberzellen kommen. Diese Zellen lassen sich in histologischen Bildern wegen ihres Speicherungsvermögens für körpereigene (Hämosiderin) und körperfremde (Zinnober) Pigmente besonders schön zur isolierten Darstellung bringen. Unter besonderen Umständen speichern sie Cholesterin und Cholesterinester und fein verteilte in den Körper injizierte Substanzen (Kollargol). Bei Über-

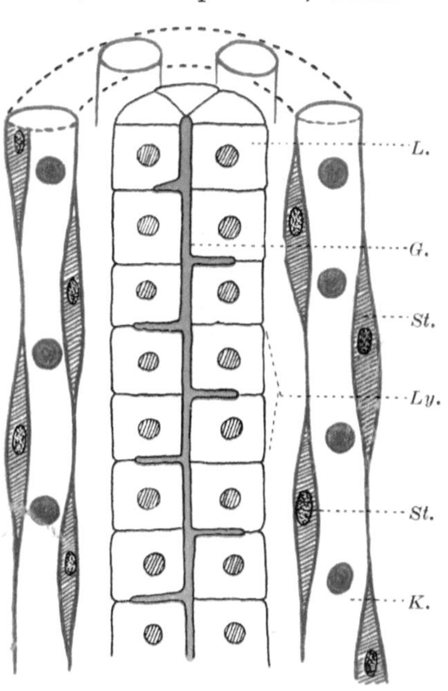

Abb. 29. Schema eines Leberzellenbalkens. *L.* Leberzelle. *G.* Gallengang. *Ly.* Lymphraum (mantelförmig um den Leberzellenbalken angeordnet). *St.* KUPFFERsche Sternzellen. *K.* Blutcapillare.

dosierung von Vitamin A kommt es zu einer weitgehenden, elektiven Verfettung der KUPFFERschen Sternzellen; wenn man auch über die Funktion dieses Sternzellenapparates noch nicht volle Klarheit hat, scheint doch soviel sicher, daß ihm unter physiologischen und pathologischen Bedingungen *besondere Aufgaben* zufallen. Bemerkenswert ist, daß schon die embryonalen Sternzellen phagocytäre Eigenschaften gegenüber den primitiven Erythroblasten aufweisen.

Die übrigen Leberzellen sind durch das ganze Organ von *gleicher* Beschaffenheit. Die Vermutung, einzelne von ihnen dienten *nur* dem Kohlehydrathaushalt und andere seien dem Eiweißstoffwechsel vorbehalten, ist durch nichts gerechtfertigt. Wir müssen uns mit der Vorstellung abfinden, daß in der einzelnen Leberzelle eine lange Reihe chemischer Vorgänge nebeneinander abläuft. Für ihre vielfältigen Aufgaben stehen der Leberzelle eine große Anzahl von Fermenten

---

[1] GEBHARDT: Z. mikrosk.-anat. Forsch., IV. F., **33**, 579.

zur Verfügung: Maltase, Glukase, Protease, Aldehydase, Laktase, Desamidase, Lipase. Mit ihrer Hilfe *prägt* die Leberzelle das ihr vom Darm und der Milz her zuströmende Material *um*. Die räumliche Trennung der chemischen Prozesse in der Zelle geschieht durch ausgiebige Vakuolenbildung[1]. Von andern wird eine kolloide Schaumstruktur angenommen. Die Zerstörung der Struktur hebt eine geordnete chemische Zusammenarbeit der vielfältigen Zellfunktionen auf: die Fermente werden frei, es kommt zu einer Selbstauflösung, zur Autolyse.

Lage und Verlagerung der Leber.

Während die Milz zu den auch unter physiologischen Umständen relativ beweglichen Organen der Leibeshöhle gehört, ist die Lage der Leber unter normalen und pathologischen Verhältnissen selten verändert.

Nach weitverbreiteten Vorstellungen erklären wir uns diese Tatsache mit der guten Fixation des $1^1/_2$ kg schweren Organs durch seinen *Bandapparat*. Auch in gangbaren anatomischen Lehrbüchern ist noch von diesem Bandapparat als wesentlicher Trage- und Haltevorrichtung der Leber die Rede. Doch wird von anderen, z. B. CORNING, darauf hingewiesen, daß die Bezeichnung der Peritoneal-duplikaturen als Bänder (Ligamentum falciforme, coronarium, triangulare, teres) eine irreleitende ist, da solche Peritonealduplikaturen die Rolle eines Befesti-gungsapparates nur dann übernehmen können, wenn sie bindegewebige Ein-schlüsse derberen Charakters besitzen, die in der Tat fehlen. Nur das Liga-mentum hepatoduodenale enthält solche bindegewebige Stränge, doch zieht dasselbe eher die Leber nach abwärts, da Duodenum und Pylorus an ihm befestigt sind. Daß in der Tat der geschilderte Apparat zum mindesten nur eine unterstützende Funktion bei der Befestigung des Organs in seinem Bette hat, zeigen die Verhältnisse nach Gaseinblasung in die freie Peritonealhöhle: *Pneumoperitoneum*. Danach sinkt, wenn nicht pathologische Verwachsungen vorliegen, die Leber sofort nach unten, einen breiten Spalt zwischen Zwerchfell und oberer Leberfläche zeigend. Wenn wir demnach dem sog. Bandapparat nur eine unterstützende, nicht die wesentliche Rolle bei der Fixation der Leber in ihrem Bett zuerkennen, müssen wir uns nach anderen Momenten umsehen, die als Halt- und Tragevorrichtungen für die Leber in Frage kommen.

Als solche Faktoren kommen folgende in Betracht: Der Tonus der Bauchmuskulatur und der Intercostalmuskulatur, der einen seitlichen Druck auf die Leber ausübt. Weiterhin das Darmkissen, auf welchem die Leber wie auf einem weichen Polster ruht. Die Eindrücke, welche diese weichen Organe auf der plastischen Leber hinterlassen, zeigen das in besonders fixierten Präparaten in überzeugender Weise. Die *Syntopie* der einzelnen Organe wird durch die Impressiones colica, duodenalis, gastrica und renalis auf der Unterfläche der Leber deutlich. Diese Eindrücke zeigen, daß das Organ an diesen Nachbarorganen ein Widerlager findet. Der Kliniker wird sofort einwenden, daß diese Unterstützung lange nicht in allen Fällen gegeben ist, in denen die Leber sich durchaus in normaler Lage befindet. Das gilt z. B. für den Hängebauch der Mehrgebärenden; oft ist dabei eine Diastase der Recti ein-getreten, der Bauchmuskeltonus ist gemindert, die Bauchdecken sind faltig geworden. Das durch einen seitlichen Gegendruck der Bauchdecken nicht mehr genügend gehaltene Darm-kissen sinkt bis ins kleine Becken, der untere Magenpol steht in Symphysenhöhe. Es entwickelt erst das Bild der Gastro-enteroptose. Mit dem Magen ist das Duodenum in die Tiefe getreten und zerrt an dem Lig. hepatoduodenale nach unten. Von einem Widerlager, dem die Leber aufliegt, kann in solchen Fällen nicht die Rede sein, und demnach fehlt nicht selten die *Hepatoptose*.

---

[1] HOFMEISTER: Die chemische Organisation der Zelle. 1901.

Wir sehen uns daher nach weiteren Kräften um, die die Leber unter dem Zwerchfell fixieren. Ich glaube mit anderen diese in den eigentümlichen Druckverhältnissen sehen zu sollen, welche im geschlossenen Abdomen gegeben sind: Auf dem *Zwerchfell* lastet ein *negativer* Druck. Bei entspannten Bauchdecken wird daher der Bauchinhalt gewissermaßen in die Hypochondrien hineingesogen. Diesem nach oben wirkenden *Saugdruck* wirkt die Schwere der Eingeweidesäule entgegen. Die Leber wird durch diesen negativen Druck und durch capilläre Adhäsion in der Zwerchfellkuppe fixiert. Sobald aber der Druck in der Abdominalhöhle durch operative Eröffnung oder Punktion mit dem Atmosphärendruck ausgeglichen wird, sinkt die Leber aus ihrem Bett nach unten auf das weiche Darmkissen. Dabei wird der Bandapparat überbeansprucht und schmerzt. Der *postoperative Spannungsschmerz,* den manche Operierte in den ersten Stunden nach dem Eingriff klagen, wird dadurch erklärt, daß die miteingeschlossene Luft gewissermaßen ein kleines Pneumoperitoneum entstehen läßt. Bei dem künstlich angelegten *Pneumoperitoneum* klagen viele Kranke besonders nach dem Aufrichten gleichfalls über einen Spannungsschmerz, welcher durch die Dehnung des Bandapparats bedingt ist[1].

In seltenen Fällen kommt es zu Zwischenlagerungen von *Darmteilen* zwischen rechtem Leberlappen bzw. Bauchwand. Für dieses Geschehen müssen mehrere Faktoren zusammenwirken, von denen die wichtigsten folgende sind: 1. Mehr oder minder hochgradige Verwachsungen in der Gegend des Ligamentum hepatoduodenale wie sie bei pylorusnahen Ulcerationen nicht selten auftreten. 2. Zerrungen an dem geschilderten Bandapparat durch den bei Pylorusstenose stärker gefüllten und etaktischen Magen. 3. Werden die Verlagerungen des rechten Leberlappens durch Verkleinerung des Organs, wie sie durch Unterernährung herbeigeführt werden, begünstigt. Wird die Leber nur um ein geringes aus ihrem Bett herausgezogen, so muß, da ein Vakuum nicht entstehen kann, der Darm in den Spalt zwischen Leber und Bauch bzw. Brustwand hineingesogen werden. Diese *Dystopie* des rechten Leberlappens tritt um so mehr in die Erscheinung, je stärker die zwischen Bauch und Brustwand, Zwerchfell und Leber gelagerten Därme gebläht sind. Es werden dabei Schmerzen in der rechten Seite geklagt, die ganz wie die Schmerzen bei der Gallensteinkolik nach der rechten Schulter und dem Rücken ausstrahlen. Die Beschwerden werden in linker Seitenlage, beim Umhergehen und Stehen heftiger, während sie in Rückenlage und rechter Seitenlage abnehmen. Gelegentlich treten bei diesem von Chilaiditi zuerst beschriebenen Symptomenkomplex mehr oder weniger heftige Hustenattacken auf: *Tussis hepatica.* Während es sich bei diesem Symptomenkomplex nur um Verlagerungen des rechten Leberlappens handelt, soll es besonders nach älteren Autoren gelegentlich zu einer totalen Hepatoptose, totale Dystopie, kommen. Dieser Zustand kann sich aber nur dann ausbilden, wenn die Fixationsapparate und mit ihnen die Cava einen mehr oder weniger breiten Spalt zwischen Leber und Zwerchfell freigeben, welcher die Interposition der Organe unter bestimmten Verhältnissen gestattet. Dieser Zustand ist beim Lebenden bisher nicht mit Sicherheit beobachtet.

---

[1] Bürger: Zur Klinik der Leberdystopien, Jg. 4, Nr 3, 1925.

B. Chemische Zusammensetzung.

Das *Gewicht der Leber* und ihre chemische Zusammensetzung ist schon unter physiologischen Verhältnissen großen Schwankungen unterworfen. Diese Schwankungen sind durch die Funktion der Leber als *Speicherungsorgan für Nährstoffe* ohne weiteres verständlich. Das mittlere Lebergewicht von kräftigen jungen, im Kriege gefallenen Leuten gibt Rössle[1] mit 1676 g an. Unterernährung und Hunger vermindern das Lebergewicht. Das illustriert folgende Tabelle 4 von Hoppe-Seyler[2]: Man sieht hier, wie die Knappheit der Lebensmittel im Winter 1916 und 1917 in Deutschland, der „Steckrübenwinter", eine stark ausgeprägte Abnahme des Lebergewichts zur Folge hatte:

Tabelle 4.

	20—29 Jahre		30—39 Jahre		40—49 Jahre		50—59 Jahre		60—69 Jahre		70—79 Jahre		Über 80 Jahre	
	Zahl der Fälle	Lebergewicht	Zahl der Fälle	Lebergewicht	Zahl der Fälle	Lebergewicht	Zahl der Fälle	Lebergewicht	Zahl der Fälle	Lebergewicht	Zahl der Fälle	Lebergewicht	Zahl der Fälle	Lebergewicht
1913—1915	14	1443	22	1523	24	1478	24	1428	30	1325	35	1201	15	908
1916—1918	57	1372	51	1453	38	1349	72	1272	89	1200	67	1025	45	934

Bei der durch chronische Unterernährung bedingten Ödemkrankheit fand man Lebergewichte bis 980 bzw. 950 g[3]. Die Leber gehört zu den Organen, die im Hunger am meisten abnehmen; sie verarmt dabei außerordentlich an Glykogen, aber sie wird nie glykogenfrei, sondern fährt bis zum Hungertode fort, Glykogen zu bilden. Unter diesen Bedingungen wird nach Aufbrauch aller Reservekohlehydrate anderes Material, Eiweiß oder Fett für die Glykogenese herangezogen. Glykogenbestimmungen an menschlichen Lebern sind wegen der raschen postmortalen Zersetzungen für die Beurteilung des Gesamtglykogenbestandes im Momente des Todes nur mit Vorsicht zu verwerten. Bei drei neugeborenen Kindern wurden 2,15% gefunden[4]. Bei zwei Fällen von Lebercirrhose habe ich[5] sofort nach dem Tode zur Konservierung des Glykogens Alkohol in die Leber injizieren lassen. Im ersten Falle fand ich bei einem Gewicht von 850 g im ganzen 0,191 g Glykogen, im zweiten Falle 650 g und 0,416 g Glykogen. Diese Befunde zeigen, daß bei der Lebercirrhose das Parenchym nicht nur weitgehend geschwunden ist, sondern offenbar in einer wichtigen

Tabelle 5.

Feuchtgewicht	Trockengewicht		Fett		Eiweiß, koagulables (aus N berechnet)		N, koagulabel		N, nicht koagulabel		Befund	Alter
g	g	%	g	%	g	%	g	%	g	%		
1350	294,0	24,0	30,2	2,2	218,0	16,4	31,0	2,3	4,8	0,36	Normalwert, Mittel aus 4 Fällen	33
630	141,1	22,4	18,3	2,9	91,0	14,4	14,5	2,3	2,7	0,456	Grobgelappte Cirrhose, Syphilis	79

---

[1] Rössle: Jkurse ärztl. Fortbildg. **1919**, 20.   [2] Hoppe-Seyler: Med. Klin. **1919** II.
[3] Oberndorffer: Münch. med. Wschr. **1918** II, 1189.
[4] Cramer: Z. Biol. **24**, 75 (1888).   [5] Bürger: Klin. Wschr. **1931** I, 351—354.

Tabelle 5 (Fortsetzung).

Feucht-gewicht	Trocken-gewicht		Fett		Eiweiß, koagulables (aus N berechnet)		N, koagulabel		N, nicht koagulabel		Befund	Alter
g	g	%	g	%	g	%	g	%	g	%		
2163	478,0	22,1	109,2	5,0	241,4	11,5	38,9	1,8	8,8	0,408	Diabetes mellitus, Arteriosklerose, Lungentuberkulose	62
1510	317,1	21,0	28,7	1,9	210,7	13,9	33,7	2,2	5,0	0,334	Diabetes mellitus, Lungentuberkulose	29
770	316,5	41,1	219,0	28,0	78,7	10,2	12,6	1,6	2,5	0,324	Lymphdrüsen-tuberkulose	10
1220	878,4	72,3	722,2	59,2	118,8a	9,7a	19b	1,6b			Hund nach Pankreasexstirpation*	

a Gesamteiweiß.   b Gesamtstickstoff.
* Nach eigener Analyse. Dem Hunde wurde $3^1/_2$ Monate vorher das Pankreas entfernt.

Funktion, der Glykogenbildung, erheblich gestört ist. Bei veränderten Lebern fand bezüglich der anderen Substanzen HOPPE-SEYLER (Tab. 5)[1].

C. Störungen des Kohlehydratstoffwechsels der Leber.

Unter der PFLÜGERschen Glykogenmast kann der Leberglykogengehalt besonders bei jungen Tieren auf sehr hohe Werte hinaufgetrieben werden (21,5% der feuchten Substanz). Das relative Gewicht der Leber, das bei normalen Hunden etwa 2,7% des Gesamtkörpergewichts ausmacht, steigt dabei auf über 12% des Körpergewichts an[2]. Der Blutzucker zeigt danach auffallenderweise eine sinkende Tendenz.

Diese Beobachtungen stehen vielleicht in Beziehungen zu der neuerdings mehrfach beobachteten *Glykogenspeicherkrankheit* (Glykogenose, Hepatomegalia glykonetica). Die Krankheit ist durch eine enorme Lebervergrößerung gekennzeichnet. Diese ist durch eine Überfüllung aller Leberzellen mit Glykogen — also durch eine Glykogenstauung — bedingt. Das Glykogen kann schlecht oder gar nicht mobilisiert werden. Nach subcutanen Adrenalininjektionen steigt der Blutzucker im Gegensatz zur Norm nicht an. In der Regel werden sehr niedrige hypoglykämische Blutzuckerwerte gefunden. SCHALL hat Werte von 24,25 mg-% und 19,5 mg-% als tiefste Werte bei seinen Kranken gesehen. Nach alimentärer Belastung mit Glykose klingt die alimentäre Hyperglykämie wesentlich langsamer ab als in der Norm. Bemerkenswert ist, daß trotz der sehr niedrigen Blutzuckerwerte die klinischen Zeichen des sog. hypoglykämischen Symptomenkomplexes fehlen. Hervorgehoben sei die mehrfach erwähnte Schwäche der Skeletmuskulatur. Die Ursache für diese eigentümliche Störung des Kohlehydratstoffwechsels wird in einem Fehlen oder einem Mangel des glykogenmobilisierenden Ferments — der Leberdiastase — gesucht[3]. Eine Verminderung des Glykogens bei der Autolyse ist in dem v. CIERKEschen Fall von SCHÖNHEIMER vermißt worden. Im Harn fanden BEUMER und LOESCHKE die Diastase stark vermehrt. Bei einigen Fällen ist eine dauernde Acetonurie

---

[1] HOPPE-SEYLER: Hoppe-Seylers Z. **116**, 72 (1921).

[2] JUNKERSDORF: Klin. Wschr. **1933 I**, 899.

[3] SCHALL: Münch. med. Wschr. **1932**. — BEUMER u. LOESCHKE: Klin. Wschr. **1393 I**, 1824. — BISCHOFF: Z. Kinderheilk. **52**, 722 (1932). — VAN CREVELD: Z. Kinderheilk. **52**, 299 (1932). — LOESCHKE: Z. Kinderheilk. **53**, 553 (1932).

beobachtet worden. Die Empfindlichkeit gegen Insulin ist bei der *Glykogenose* stark erhöht, offenbar weil der geringe in der Zirkulation befindliche Kohlehydratvorrat schnell einer gesteigerten Verwendung zugeführt wird. Die gleiche Empfindlichkeit gegen Insulin zeigen auch Kranke mit Lebercirrhose; auch hier ist wenig disponibles Glykogen vorhanden.

Die Beobachtung, daß nach intravenöser Injektion des gewöhnlichen Handelsinsulins stets eine initiale Hyperglykämie auftritt, hat mich veranlaßt, den Ursachen dieser Erscheinung nachzugehen. Die Ursachen der Insulinhyperglykämie kommt nicht dem Insulin als solchem, sondern seinem physiologischen Begleiter, dem *Glukagon*, zu. Auch in aktiviertem Handelsinsulin, in dem nur noch das Glukagon wirksam ist, zeigt sich die primäre Hyperglykämie. Bei Gesunden beträgt sie etwa 20% des Blutzuckernüchternwertes. Bei Leberkranken wird der Ausschlag geringer oder fehlt ganz. Die geringsten Ausschläge fand ich[1] bei Lebercirrhose; ich[2] verwende die initiale Glukagonhyperglykämie als Glykogentest.

So interessant der Ausfall der verschiedenen Leistungsproben der Leber für unsere Vorstellungen über die physiologischen Vorgänge sein mögen, ihre *Ergebnisse* haben für unser ärztliches Handeln nur bedingten Wert. Bei *Beginn der Leberschädigung* versagen die sog. Belastungsproben häufig ganz. Auf dem Gebiete des Kohlehydratstoffwechsels sind bekanntgeworden die Belastung mit *Lävulose, Galaktose* und Glukagon. Laut betont werden muß, daß selbst die schwersten bekannten Leberschädigungen (Endstadium der Lebercirrhose, akute gelbe Leberatrophie) nie eine Zuckerkrankheit zur Folge haben.

Erhebliche klinische Bedeutung hat die Neigung der *Cirrhotiker* zu *alimentärer Glykosurie*. Spontane Zuckerausscheidung fehlt in unkomplizierten Fällen. Überschwemmung des Körpers mit Traubenzucker und noch mehr mit Fruchtzucker dagegen führt leicht zur Zuckerausscheidung durch den Harn. Diese Erscheinung ist aber durchaus nicht auf die Lebercirrhose beschränkt, sondern kommt auch, bei anderen Formen parenchymatöser Leberschädigung vor (Carcinose, chronischer, mechanischer Ikterus). Dabei verhält sich der Leberkranke den verschiedenen Zuckerarten gegenüber nicht gleich. Nach Eingabe von *100 g Lävulose* auf nüchternem Magen reagieren *80% sämtlicher Leberkranken* mit Zuckerausscheidung, die über 0,6 g hinausgeht[3].

Man hat aus dieser höheren Empfindlichkeit der Leberkranken gegen Lävulose als gegen Dextrose geschlossen, daß die übrigen Organe für die Verbrennung der Dextrose kompensatorisch eintreten können (Muskulatur), gegenüber der Lävulose aber versagen, einer Deutung, der ich nach eigenen[4] respiratorischen Untersuchungen *nicht* beipflichten kann. Die Lävulose wird von der gesunden Leber schneller in Glykogen umgewandelt als Dextrose. Sie macht eine stärkere Hyperglykämie und veranlaßt ein höheres Ansteigen des respiratorischen Quotienten. Für die Neigung der Leberkranken zur alimentären Glykosurie sind verschiedene Erklärungsmöglichkeiten erörtert worden. Das Nächstliegende ist, die Erscheinung auf den weitgehenden Ausfall funktionstüchtigen Parenchyms zurückzuführen, welche z. B. die rasche Glykogenisierung der zugeführten Kohlehydrate verhindert; eine zweite Möglichkeit liegt in der Ausbildung zahlreicher Kollateralen zwischen dem Gebiet der Pfortader und dem der Hohlvene. Der Zucker kann gewissermaßen *unter* Umgehung *der Leber* aus dem Darm direkt in die Zirkulation und damit in die Nieren gelangen.

Den Nachweis der *alimentären Galaktosurie* führt man dadurch, daß man dem Kranken 40 g Galaktose in 250 g Tee gelöst morgens nüchtern zuführt.

---

[1] BÜRGER: Klin. Wschr. **1930 I**, 104—108; **1931 I**, 351—354.
[2] BÜRGER: Z. exper. Med. **96**, H. 4 (1935).
[3] STRAUSS: Charité-Ann. **28**, 12 (1903). [4] BÜRGER: Biochem. Z. **124**, 1 (1921).

Tritt nun im Harn Galaktose auf, so wird die Menge derselben dadurch bestimmt, daß man den für Glykose gefundenen Wert mit 0,7 multipliziert. Werden in den ersten 4 Stunden mehr als 3 g Galaktose im Harn wiedergefunden, so gilt die Probe als positiv. Am häufigsten findet man hier positiven Ausfall bei den diffusen parenchymatösen, mit Ikterus einhergehenden Leberkrankheiten. Die Galaktose ist schon beim gesunden Menschen ein schlechter Glykogenbildner. Sie wird wahrscheinlich nach vorheriger Umwandlung in Glucose oxydativ zerstört. Ist die Umwandlung bei Lebererkrankung gehemmt und verlangsamt, so tritt die Galaktose in den Harn über.

D. Störungen des Eiweißstoffwechsels.

Die Funktionen der Leber sind wie diejenigen aller anderen Organe an die Intaktheit der eiweißhaltigen Parenchymzellen gebunden. Kommt es zu einem weitgehenden Schwund der Parenchymzellen, so wird dadurch allein schon der Umfang der Funktionen eingeschränkt. Über die Menge des noch funktionierenden Parenchyms gewährt der Eiweißgehalt des Organs einen Anhalt. Wie Tabelle 5, S. 182, zeigt, ist der Eiweißgehalt der kranken Leber wesentlich geringer als der einer gesunden[1].

Besonders eindrucksvoll ist der geringe *Eiweißgehalt der Schrumpfleber,* welcher deutlich zeigt, wieweit das die Funktion tragende Parenchym bei der Lebercirrhose geschwunden ist. In einem in der Tabelle angeführten Fall findet sich 91 g Eiweiß statt 218 g normal. Berücksichtigt man, daß sich in anderen Fällen gleichzeitig eine Vermehrung des Bindegewebes bis nahezu auf das Doppelte findet, so erhellt schon daraus allein, welch großer quantitativer Funktionsausfall bei den *Lebercirrhosen* eintreten muß, selbst wenn man die sicher zu weit gehende Annahme macht, daß das restierende Parenchym dem normalen in seinen Leistungen gleichwertig ist.

Man hat versucht, durch *Ausschaltung des ganzen Organs* einen Einblick in die Funktionen der Leber zu gewinnen. Es zeigt sich aber, daß dieser Eingriff nur wenige Stunden überlebt wird. Nicht viel besser waren die Resultate, welche man nach chemischer Schädigung des Parenchyms durch Einspritzung verdünnter Säuren in die Gallenwege erhielt. Die als Folge davon rasch eintretende Nekrose der Leberzellen führt gleichfalls nach 6—48 Stunden den Tod herbei[2].

Methodisch wertvoll für die Ausschaltung der Leber aus dem Stoffwechsel ist nur die Anlegung der Eckschen *Fistel,* bei welcher das Pfortaderblut nach der unteren Hohlvene durch ein Wand-zu-Wand-Anastomose abgeleitet wird. Diese Operation wird von den Versuchstieren längere Zeit überstanden; bemerkenswerterweise sind solche Tiere gegen *Fleischnahrung* besonders empfindlich. Sie bekommen danach heftige, krampfartige Anfälle, verfallen später in einen apathisch-soporösen Zustand. Werden Hunde mit Eckscher Fistel mit *vollständig abgebautem Eiweiß* ernährt, so können sie genau wie normale Tiere aus diesen Abbauprodukten ihr Eiweiß aufbauen[3]. Es ist gegen die Auffassung, daß bei der Eckschen Fistel die Leber funktionell *vollkommen* ausgeschaltet sei, folgendes zu sagen: An der Blutversorgung des *Leberparenchyms* werden wohl nicht nur Pfortader, sondern auch die *Leberarterien* weitgehend beteiligt sein. Alles der Leber von der Pfortader aus dem

---

[1] HOPPE-SEYLER: Hoppe-Seylers Z. **116**, 72 (1921).
[2] PICK: Arch. f. exper. Path. **32**, 382 (1893).
[3] ABDERHALDEN u. LONDON: Hoppe-Seylers Z. **54**, 112 (1907).

Darm zuströmende Resorptionsmaterial wird hier kontrolliert und für die Verwertung im Organismus umgeprägt. Die wichtige Aufgabe der Umprägung der Nahrungsstoffe und damit der Kontrolle des gesamten intermediären Stoffwechsels erfordert große Sauerstoffmengen, die der Leber durch die Arteria hepatica, nicht aber durch die Pfortader zuströmen. Wenn die Leber quantitativ gesehen auch nur einen geringen Bruchteil der Gesamtumsetzungen zu tragen hat, so ist die Intensität der hier ablaufenden Stoffwechselvorgänge schon dadurch gekennzeichnet, daß das aus der Leber abströmende Blut etwa 2^0 wärmer ist, als das durch die Pfortader zugeführte. Die Ableitung des Blutes in die untere Hohlvene wird von der Leber leichter ertragen als die Absperrung der Leberarterie, welche schon nach kurzer Dauer zu schweren Parenchymschädigungen führt. Interessanterweise bleibt bei Tieren mit ECKscher Fistel die alimentäre Hyperlipämie wesentlich geringer als bei normalen Tieren[1].

Eine *partielle Ausschaltung* und Abtragung der Leber wird von den Versuchstieren weit besser ertragen, besonders wenn die Entfernung in größeren zeitlichen Abständen durchgeführt wird. So sah PONFICK[2] Tiere nach Verlust von $^3/_4$ der ursprünglichen Lebersubstanz überleben. Diese Tatsache wird durch die intensiv einsetzenden Regenerationsvorgänge erklärt. In einem Falle hatte sich der Leberrest innerhalb von 5 Tagen durch *kompensatorisches Wachstum* verdoppelt. Stets kommt es bei dieser Art des Vorgehens zu starker Hyperämie des Magendarmtrakts und zu erheblicher Milzschwellung.

Wie bereits bemerkt, kommt es unter den Verhältnissen der menschlichen Pathologie besonders bei Lebercirrhosen zu einem weitgehendem *Schwund des funktionierenden Parenchyms* bis auf die Hälfte und weniger. Um das Maß des Funktionsausfalles zu erkennen, hat man neben den Kohlehydratbelastungsproben auch solche auf dem Gebiet des *Eiweißstoffwechsels* ausgebaut[3]. Hier lassen sich bei Lebercirrhosen bei entsprechenden Belastungsproben mit Eingabe von Aminosäuren Mehrausscheidungen von *Aminosäurenstickstoff* feststellen[4]. Auch ohne Belastung hat man mit dem Formolverfahren vermehrte Aminosäurenausscheidung gefunden[5]. Das gleiche findet man nach Eingabe von der sehr glykokollreichen Gelatine[6]. Auch über das Auftreten von Leucin und Tyrosin bei Lebercirrhose wird berichtet[7]. Das gelegentliche Vorkommen von *Peptonen* und *Albumosen* ist nicht als sicheres Zeichen der Minderfunktion der Leber anzusehen, sondern kann ebensowohl als Zerfallsmaterial aus dem schwer erkrankten Organ selbst stammen. Zahlreiche Untersuchungen befaßten sich mit dem Verhalten des *Ammoniaks* im Harn der Cirrhotiker. Er wird im allgemeinen erhöht gefunden. 10% des Gesamtstickstoffs und mehr verlassen den Körper als Ammoniak gegen normalerweise 3—5%. Aus den erhöhten Werten der Aminosäuren-N, NH_3—N resultieren mit Notwendigkeit relativ verminderte Harnstoffmengen. Die absoluten Mengen können dabei vollkommen normal sein, gelegentlich sogar erhöht gefunden werden.

Vielleicht ist die Harnstoffbildung nicht ein Vorrecht der Leber, sondern eine allgemeine Eigenschaft lebender Zellen. Gegen die Deutung, daß die erhöhten Ammoniakwerte Folge einer gehemmten Harnstoffsynthese seien, ist man daher skeptisch geworden. WEINTRAUD[8] konnte durch Eingabe von beträchtlichen Ammoniakmengen keine erhebliche Steigerung

---

[1] FISCHLER: Physiologie und Pathologie der Leber. 1925. — BÜRGER: Dtsch. med. Wschr. **1932 II**, 582. — KERN: Diss. Bonn 1935.

[2] PONFICK: Virchows Arch. **138**, 81 (1896).

[3] HOPPE-SEYLER: Hoppe-Seylers Z. **116**, 72 (1921).

[4] GLÄSNER: Z. exper. Path. u. Ther. 4, 336. — BÜRGER u. SCHWERINER: Arch. f. exper. Path. 74, 353 (1913).   [5] FREY: Z. klin. Med. **72**, 383.

[6] MORAWIK und MANCKE: Klin. Wschr. **1932 I**, 623.

[7] v. GRECO: Zit. nach Schmidts Jb. **268**, 14.

[8] WEINTRAUD: Arch. f. exper. Path. **31**, 30 (1893).

der NH$_3$-Mengen im Harn erzielen, derselbe war offenbar zu Harnstoff synthetisiert worden. Die Deutung der vermehrten Ammoniakausscheidung als Kompensation gegen vermehrte Säurebildung ist deshalb naheliegend, weil von verschiedenen Autoren ansehnliche Mengen *flüchtiger Fettsäuren* in Harn der Cirrhotiker gefunden wurden. Aufschlüsse über den Eiweißumsatz sind bei Fällen typischer Cirrhose deshalb schwer zu erhalten, weil die Aufstellung exakter Stickstoffbilanzen bei bestehendem *Ascites* unmöglich ist.

Unter *Ascites* verstehen wir die Bauchhöhlenwassersucht. Neben den *entzündlichen* Formen, wie sie bei chronischer Tuberkulose oder akuter Entzündung des Bauchfells gefunden werden, finden wir den *Stauungsascites*. Bei der Lebercirrhose ist das Auftreten des Ascites durch die Pfortaderstauung einfach zu erklären.

Alle die hier geschilderten Veränderungen und Symptome des Funktionsausfalls der Leber kommen bei der *akuten Atrophie* des Organs in brutaler Weise zum Ausdruck. Obenan stehen die auch semiotisch interessanten Mehrausscheidungen von Aminosäuren durch den Harn. Einzelne von ihnen können ohne weitere Vorbereitung im Harn in krystallinischer Form aufgefunden werden. Die Leucinkugeln und das in schönen Nadeln krystallisierende Tyrosin sind für die Diagnose der akuten gelben Leberatrophie von Bedeutung. Die Aminosäuren können so stark vermehrt sein, daß die Quote des Reststickstoffs im Blute ansteigt. Man hat sogar den Gedanken geäußert, daß diese Eiweißbruchstücke aus dem im Darm entstandenen Eiweißzerfallsmaterial stammten, das nun infolge des Ausfalls der Leberfunktion nicht weiter verarbeitet werden könne[1]. Wesentlicher ist jedoch der Zerfall der Leber selbst; das schädigende Gift zerstört die Leberzellen so weitgehend, daß ihre autolytischen Fermente hemmungslos das Zerfallmaterial zertrümmern. Unter den Lebergiften spielen Arsen, Phosphor, Schwangerschaftstoxine, Stoffwechselprodukte der Luesspirochäten und bestimmte Pilzgifte eine hervorragende Rolle.

Die *Störungen des Eiweißumsatzes* sind bei *akuter gelber Leberatrophie* aus begreiflichen Gründen in exakter Weise schwer festzustellen. Über Stickstoffverluste ist mehrfach berichtet worden. Der mehr ausgeschiedene Stickstoff entstammt einmal den Zerfallsprodukten der rasch atrophierenden Leber, andererseits führen die Einschmelzungsprodukte ihrerseits zusammen mit der Überschwemmung des Körpers durch Gallenbestandteile zu einer Schädigung anderer Gewebe, die einen toxischen Eiweißzerfall auch dort einleiten. Wie bei der Lebercirrhose ist auch bei der akuten Leberatrophie das Verhältnis vom NH$_3$—N zum Gesamt-N im Sinne einer relativen Vermehrung des Ammoniaks stark verschoben. Bis zu 37% des Stickstoffs wurden als Ammoniakstickstoff ausgeschieden. Diese Erscheinung ist auf eine Azidose durch Milchsäure und Fettsäuren zurückzuführen: Der Gefahr der Übersäuerung des Organismus wird durch vermehrte Ammoniakbildung entgegengewirkt.

Der *Purinstoffwechsel* erscheint bei Leberaffektionen auffallend wenig beeinträchtigt. Interessanterweise gelang es WEINTRAUD[2] in einem einschlägigen Falle 10 Tage vor dem Tode durch Verabreichung von Kalbsthymus die *Harnsäureausscheidung* um etwa 1 g *zu steigern*. Es wurden maximal 1,402 g Harnsäure ausgeschieden. Es werden also auch unter den Bedingungen schwerster Leberschädigung große Mengen von Harnsäure gebildet.

Daß in einigen Fällen von akuter Leberatrophie alimentäre, selten auch spontane Glykosurie beobachtet wurde, ist nach den oben bei der Lebercirrhose gemachten Ausführungen verständlich.

---

[1] NEUBERG u. RICHTER: Dtsch. med. Wschr. **1904** I, 499.
[2] WEINTRAUD: Wien. klin. Rdsch. **1896**, Nr 2, 2.

Wie auf dem Gebiete des Eiweißstoffwechsels Belastungsproben mit einzelnen Aminosäuren bzw. Gelatine eine Minderleistungsfähigkeit der Leber durch eine hohe alimentäre *Hyperaminoacidurie* sich anzeigt, so hat man auch auf dem Gebiete des Kohlehydratstoffwechsels durch die obengenannten Belastungsproben einen Einblick in funktionelle Störungen zu finden sich bemüht. Die funktionelle Leberdiagnostik hat im großen gesehen aus dem Grunde bisher wenig praktische Ergebnisse gezeigt, weil bei vielen Leberkranken der Funktionsausfall in *einer* Provinz durch kompensatorische Mehrleistungen in *anderen,* noch gesunden Gebieten weitgehend ausgeglichen wird. Histologische Untersuchungen lassen in manchen Fällen wie Lebercirrhose z. B. eine solche kompensatorische Hypertrophie ohne weiteres erkennen. Nach Exstirpation einer *Niere* hypertrophiert die zurückbleibende und übernimmt die Aufgabe des entfernten Organs mit. Den gleichen Vorgang dürfen wir auch für viele Fälle chronischer Leberschädigung annehmen. Sind erst die schweren Krankheitsbilder eines chronischen Leberschadens evtl. unter Ausbildung eines Ascites zur Entwicklung gekommen (Cirrhose oder Metastasenleber), so haben Funktionsproben kaum noch ein praktisches Interesse.

E. Lebererkrankungen und Fettstoffwechselstörungen.

Bei den Störungen des Fett- und Lipoidstoffwechsels ist die Leber fast regelmäßig beteiligt. Bei den sog. primären Lipoidosen, deren genauere Beschreibung im Kapitel V gegeben ist, kommt es zu erheblichen Vergrößerungen der Leber. So kann bei der cerebrosidzelligen Lipoidose, der GAUCHERschen Krankheit, die Leber bis aufs Doppelte vergrößert sein. Bei jugendlichen Individuen werden an dem festen Organ knollige Vorsprünge getastet, die Kapsel ist infolge chronischer Entzündungsvorgänge narbig verdickt. Auf dem Querschnitt erscheint das Parenchym weißlichgrau geädert, wodurch ein cirrhoseähnliches Bild entstehen kann. Diese eigentümliche Zeichnung entsteht durch Zellansammlungen, die auch zu größeren Inseln zusammenfließen können. Sie bestehen aus den sog. *Gaucherzellen* und können unter Auftreten feinster Blutungen nekrotisieren. Die Stapelung der Lipoide ist im wesentlichen an die KUPFFERschen Sternzellen gebunden.

Bei der NIEMANN-PICKschen phosphatidzelligen Lipoidose ist die Leber aufs 4—5fache der Norm vergrößert. Sie wird bald hart, bald glaserkittweich beschrieben. Die Zeichnung der Schnittfläche erinnert an die einer echten Fettleber, wie sie bei der akuten gelben Leberatrophie gefunden wird. Die Farbe spielt von graugelb bis in ein gelbliches Lachsrot. Die Mehrzahl der Leberzellen zeigt eine schaumig vakuoläre Struktur. Im Gegensatz zur GAUCHERschen Erkrankung ist diese lipoide Zellmetamorphose nicht an die *Reticuloendothelien* gebunden, so daß schließlich eine Unterscheidung zwischen schaumig umgewandelten KUPFFERschen Sternzellen und Leberzellen nicht mehr gemacht werden kann.

Unter den primären essentiellen Xantomathosen geht vor allen die SCHÜLLER CHRISTIAN-HANDsche Erkrankung sehr häufig mit erheblicher Lebervergrößerung einher. Bei fast $^1/_3$ der in der Literatur beschriebenen Fälle sind Vergrößerungen von Leber und Milz erwähnt. Soweit histologische Untersuchungen vorliegen, sind Hinweise auf die enormen Wucherungen der KUPFFERschen

Sternzellen mit Riesenzellbildung die Regel. Andere finden in den Uferzellen doppelbrechende Substanzen, wodurch sie zu großen tropfigen Elementen umgewandelt erscheinen. Auch das periportale Bindegewebe nimmt an diesen Veränderungen teil, die lipoidgranulomatösen Stränge können nach fibröser Umwandlung vor allem am Hilus der Leber die Gallengänge abdrosseln, wodurch sich das Leberparenchym im Sinne einer biliären Cirrhose verändert.

Bei Kranken mit Lebercirrhose ohne Ikterus und bei cholämischen Erkrankungen kommt es zu *sekundären* Störungen des Fettstoffwechsels.

Nach reichlichen Fettgaben tritt bei jedem gesunden Menschen, sofern das Fett nicht erbrochen wurde oder als Abführmittel den Darm rasch wieder verlassen hat, als physiologische Erscheinung meist 6—8 Stunden nach der Zufuhr eine größere Menge Fett in das Blut über. Die feinen Fetttröpfchen sind als Haemokonien in dem stark lipämisch getrübten Serum sichtbar. Bei fortgeschrittener Lebercirrhose bleibt diese lipämische Trübung im Gegensatz zum Gesunden fast oder ganz aus. Gleichzeitig mit dem Fett gegebenes Cholesterin wird in den Fällen, in welchen die physiologische alimentäre Hyperlipämie ausbleibt, schlecht resorbiert, und damit kommt es auch zu einer geringeren alimentären Hypercholesterinämie[1].

Die Ursache der Erscheinungen ist, wie Ausnutzungsversuche von mir[2] und meinen Mitarbeitern zeigten, in einer mangelnden Resorption der Fette und des in ihm gelösten Cholesterins zu sehen. Häufig kommt es bei Lebercirrhosen und cholämischen Lebererkrankungen im Blute zu einer *Verminderung des veresterten Cholesterins.* Diese von mir[3] zuerst beschriebene Tatsache hat THANNHAUSER mit dem Ausdruck *Estersturz* belegt. Er erklärte diesen Estersturz mit einer Schwäche der esterifizierenden Kraft der Leber. Ich dagegen glaube, daß es an dem Mangel für die Veresterung zur Verfügung stehenden Fettsäuren infolge Darniederliegens der Fettresorption liegt, daß das freie Cholesterin zugunsten des veresterten vermehrt ist.

Auch bei den mit Ikterus einhergehenden Lebererkrankungen, besonders beim mechanischen Ikterus, kommt es häufig zu erheblichen Vermehrungen des Cholesterins im Blute, wie zahlreiche Analysen mir[3] zeigten. Je länger der Ikterus besteht, um so mehr sinkt der Anteil am veresterten Cholesterin. Auch hier wird wohl die mangelnde Fettresorption an dem Estersturz die Hauptschuld tragen. Sowohl bei der Lebercirrhose wie bei den Cholämien ist das Serum bei Aufbewahrung im Brutschrank noch in der Lage, das Cholesterin weiter zu verestern.

Im Ascites der Lebercirrhotiker zeigen sich gleichfalls nicht selten erhebliche Lipoidmengen, die demselben ein chylöses Aussehen verleihen können.

Es ist aber hervorzuheben, daß die Zusammensetzung des Ascites durchaus nicht einfach der eines verdünnten Plasmas entspricht.

Eigene Untersuchungen ergaben z. B. bei einem Vergleich des Fettgehalts vom Serum und Ascites folgendes:

---

[1] BÜRGER u. HABS: Klin. Wschr. **1927** II, 2125—2128. — BÜRGER u. WINTERSEEL: Hoppe-Seylers Z. **181**, 255 (1929). — Dieselben: Z. exper. Med. **66** (1929).

[2] BÜRGER u. WINTERSEEL: Hoppe-Seylers Z. **181**, 255 (1929).

[3] BÜRGER: Münch. med. Wschr. **1922** I, 103—106.

Tabelle 6. Vergleich der Fettverteilung in Serum und Ascites bei Lebercirrhose (♂, 61 Jahre).

	In 1000 ccm Ascites vom 6. 4. 34	In 1000 ccm Serum vom 6. 4. 34
Gesamtfett	1,74	7,1
Gesamtcholesterin	0,248	1,756
Freies Cholesterin	0,16	0,825
Estercholesterin	0,088	0,931
Fettsäuren der Cholesterinester .	0,058	0,617
Phosphatide	0,062	1,833
Restfett	1,372	2,894
Freies : Estercholesterin	1 : 0,55	1 : 1,1
100 g Fett enthalten:		
g Cholesterin	14	25
g Phosphatide	3,5	25,7

Diese Zahlen beweisen demnach, daß das Verhältnis von Cholesterin zu Phosphatiden im Ascites 4 : 1, im Serum aber 1 : 1 ist. Auch das Verhältnis von freiem zu verestertem Cholesterin ist im Ascites und Serum verschieden. Im Ascites überwiegt das freie, im Serum das veresterte Cholesterin. Bei diesen Verschiedenheiten im Serum und Ascites ist aber zu bedenken, daß das Serum aus dem Blut der Armvene und nicht aus dem der Pfortader stammt, das sicher anders als das Armvenenblut zusammengesetzt ist.

Betrachten wir die chemischen Veränderungen, welche die chronisch und akut atrophierenden Lebern erleiden (Tabelle S. 182), so ist nach den Feststellungen HOPPE-SEYLERS[1] sicher, daß neben dem Gesamtgewicht die Trockensubstanz, der Gesamteiweißgehalt und das koagulable Eiweiß erheblich reduziert sind; die Menge der Eiweißzerfallsprodukte ist bei der akuten Leberatrophie vermehrt; nicht vermehrt ist bei der akuten Leberatrophie der Fettgehalt, welcher im mikroskopischen Bilde sich aufdrängt, er ist demnach aus den im Zerfall begriffenen Zellen der Leber selbst entstanden (Fettphanerose). In Fällen, in denen es zu regenerativen Vorgängen und zu einem Umbau mit Hypertrophie des Leberparenchyms kommt, wurde eine wesentliche Zunahme des Eiweißgehaltes festgestellt. Bei den reinen atrophischen Cirrhosen kommt es zu einer echten Vermehrung des Bindegewebes, also nicht nur zum Aneinanderrücken der Bindegewebszüge infolge Schwundes der dazwischenliegenden Leberzellen.

Klinisch steht außer Frage, daß *mechanische Abflußbehinderungen der Galle* Rückwirkungen auf die Funktion der Leber haben. Jede Form von mechanischem Ikterus (Verschluß der Ausführungsgänge durch Stein, Carcinom usw.) führt zu einer stärkeren Imbibition des Leberparenchyms mit Gallenbestandteilen. Das kommt bei im Sublimat fixierten Präparaten besonders schön an den grün gefärbten Pigmentniederschlägen in den KUPFFERschen Zellen ikterischer Lebern zur Geltung. Dieses grüne Pigment ist zum Teil aus untergehenden Leberzellen in die Sternzellen zurücktransportiert, zum Teil aus dem ikterischen Blut aufgenommenes Gallenpigment[2].

Für das Verständnis der *verschiedenen Formen des Ikterus* ist die Kenntnis des physiologischen Verlaufs der *Gallenbildung* Voraussetzung. Während man bis vor kurzem annahm, der Gallenfarbstoff werde ausschließlich in der Leber gebildet, ist diese Lehre neuerdings erschüttert worden[3].

Die Lehre von der ausschließlich hepatischen Bildung der Gallenfarbstoffe basiert auf den Untersuchungen von NAUNYN und MINKOWSKI[4] an entleberten Tieren. Sie zeigten, daß Toluylendiamin auch bei Vögeln ein *ikterogenes* Gift darstellt. Wurde dieses Gift an entleberte Tiere gegeben, so nahm der physiologische Gallenfarbstoffgehalt des Harnes nicht

---

[1] HOPPE-SEYLER: Hoppe-Seylers Z **98**, H. 5 u. 6 (1917; **116**, 67 (1921).

[2] SCHILLING: Berl. klin. Wschr. **1921 II**, 881—882.

[3] McNEE: Med. Klin. **1913 I**, 125. — HIJMANS VAN DEN BERG u. SNAPPER: Berl. klin. Wschr. **1915 II**.

[4] NAUNYN u. MINKOWSKI: Arch. f. exper. Path. **21**, 1 (1886).

zu, sondern ab und die 6—7 Stunden nach der Vergiftung getöteten Tiere hatten im Blut keine nachweisbaren Mengen von Gallenfarbstoff mehr. McNee fand dagegen nach Arsenwasserstoffvergiftung bei entleberten Gänsen doch einen leichten Ikterus und er glaubt, auf den Untersuchungen der Aschoffschen Schule fußend, daß neben den Sternzellen der Leber die ähnlich gebauten *Endothelzellen der Milz* und des *Knochenmarks* an der Gallenfarbstoffbereitung beteiligt seien. Zu einer ähnlichen Auffassung kamen Hijmans und Snapper, nachdem es ihnen in einem Falle von hämolytischen Ikterus gelungen war, im Milzvenenblut mehr Bilirubin aufzufinden als im peripheren. Vielleicht darf für eine solche Auffassung auch die an Hunden gemachte Erfahrung angeführt werden, daß bei ihnen die Exstirpation der Milz zu einer auf weniger als die Hälfte verminderten Gallenstoffabscheidung in der Galle führt[1].

So viel darf wohl mit Sicherheit angenommen werden, daß die Milz als ein der Leber vorgeschaltetes Organ zu betrachten ist, das die Aufgabe hat, das Material für die hepatische Gallenbildung vorzubereiten. Die *extrahepatische* Gallenbildung kommt sicher vor, spielt aber *quantitativ* eine untergeordnete Rolle — auch unter pathologischen Bedingungen. Ein Blutextravasat in der Haut zeigt an der bekannten Farbenwandlung von blau in grün und gelb, daß der Vorgang der Blutumwandlung in Gallenfarbstoff auch in den Geweben vor sich geht. Im Liquor und in den großen Körperhöhlen kann der Blutfarbstoff sich in Bilirubin umwandeln. Das von Pathologen als Hämatoidin bezeichnete Pigment ist Bilirubin.

Die *Muttersubstanzen* für die *Bilirubinbildung* sind sicher unter den Abbauprodukten des Hämoglobins zu suchen. Wird Hunden mit kompletter Gallenfistel Hämoglobin intravenös injiziert, so steigt die Gallenfarbstoffausscheidung mit der Galle. Dasselbe geschieht, wenn Hämin, Urobilin oder Hämatin injiziert werden. Nach allem, was bisher bekannt, ist in dem *Hämin* die wesentliche *Muttersubstanz der Gallenfarbstoff* zu sehen. Nach den Erfahrungen an Menschen mit Gallenfisteln beträgt die täglich ausgeschiedene Gallenmenge etwa 500 bis 1100 ccm mit 0,2—0,7 g Bilirubin[2]. 100 g Hämoglobin liefern rund 4 g Hämatin, 1 g Hämatin kann aber nicht mehr als 1 g Bilirubin liefern. Zur Entstehung von 0,5 g Bilirubin ist das Hämatin von 12,5 g Hämoglobin, d. h. das Hämoglobin von etwa 90 g Blut nötig. Nach dieser von Hofmeister[3] zuerst durchgeführten Rechnung müßten täglich die Blutkörperchen von etwa 90 ccm Blut, d. h. mehr als 2% des gesamten Körpervorrats zerfallen.

Die allgemeine Annahme, daß der Gallenfarbstoff ein physiologisches Abbauprodukt des Blutfarbstoffs ist, beruht auf der Entdeckung Küsters, nach der aus Blutfarbstoff ebenso wie aus Bilirubin bei der Oxydation Hämatinsäure gebildet wird. Die weitere Forschung bemüht sich um die Aufklärung der Fragen, ob der Gallenfarbstoff durch eine einfache Veränderung des Blutfarbstoffs zustande kommt, oder ob das Hämoglobinmolekül erst weitgehend zerschlagen wird und aus den Trümmern das Bilirubin von Grund auf neugebaut wird. Durch den Abbau des Bilirubins wurde sichergestellt, daß sowohl aus dem Bilirubin wie aus dem Hämoglobin gleiche, aus Pyrrolderivaten bestehende Spaltstücke sich isolieren lassen und daß aus entsprechend veränderten Bruchstücken des Hämoglobins die *Synthese des Bilirubins in der Leber* erfolgt[4].

---

[1] Pugliese: Virchows Arch. **1899**, 60.   [2] Brand: Pflügers Arch. **90**, 491.
[3] Hofmeister: Zit. nach Goodman: Beitr. chem. Physiol. u. Path. **9**, 101 (1907).
[4] Piloty: Ber. dtsch. chem. Ges. **42**, 3258 (1909); **45**, 2592 (1912). — Thannhauser: Über das Bilirubin. Inaug.-Diss. München 1913. Hier Literatur über die Chemie des Bilirubins.

In vitro wird das Hämoglobin durch Säuren, Alkalien oder Verdauungsfermente in zwei Komponenten zerlegt: der Eiweißanteil ist das *Globin*, der Farbstoffträger ist das *Hämatin*. Das salzsaure Hämatin entsteht auch durch Zusatz von Salzsäure zum Blut, wie wir sie bei der Hämoglobinbestimmung nach SAHLI durchführen. Wird Blut mit Eisessig und Kochsalz erhitzt, resultieren die TEICHMANNschen *Häminkrystalle*, die ein Hämatinchlorid darstellen. Das Hämin $C_{34}H_{32}N_4O_4FeCl$ hat folgende Konstitution:

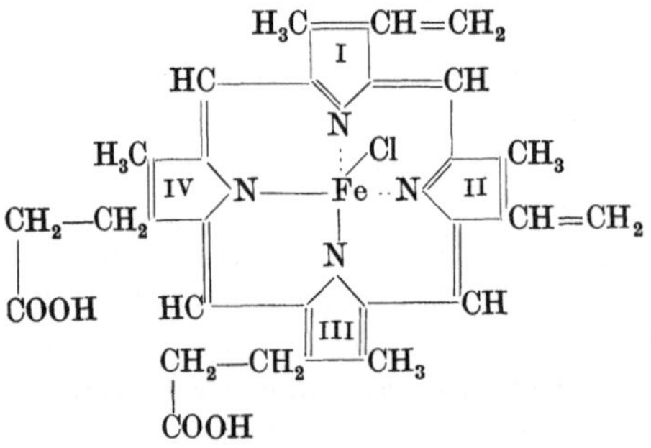

Unter physiologischen Bedingungen entsteht bei Hämoglobinabbau der Gallenfarbstoff, das *Bilirubin*. Das Bilirubin wird außer durch Salpetersäure und Nitrit — der GMELINschen Reaktion — durch die Diazoreaktion nachgewiesen. Hierbei entsteht durch Bildung eines Azofarbstoffs eine blaurote Farbe, welche wir für die colorimetrische Bilirubinbestimmung im Serum benutzen. Das Bilirubin hat nach den FISCHERschen Arbeiten folgende Konstitution:

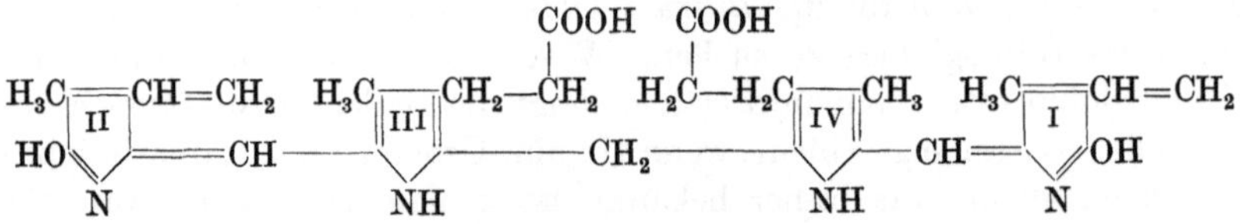

Bilirubin $(C_{33}H_{36}N_4O_6)$.

Man sieht, daß auch das Bilirubin aus vier Pyrrolkernen aufgebaut ist. Diese Pyrrolkerne haben die gleiche Reihenfolge und Anordnung der Seitenketten wie im Häminmolekül. Sie sind aber nicht wie beim Hämin zu einem Ring geschlossen. Der Ring ist vielmehr unter Eisenabspaltung oxydativ gesprengt. Man darf annehmen, daß das Bilirubin direkt aus dem Hämin entsteht.

Für die Entstehung des Ikterus kann man grundsätzlich zwei Modalitäten unterscheiden, eine *hepatische* und eine *extrahepatische*. Die letzte Form hat man mit Unrecht auch als anhepatische bezeichnet, ist bis heute aber den Beweis schuldig geblieben, daß bei dieser Form des Ikterus die Leber überhaupt nicht beteiligt sei. In der größten Mehrzahl der Fälle, mit denen der Kliniker zu tun hat, entsteht der Ikterus durch eine Funktionsstörung der Leber entweder in ihrem *gallenbereitenden* oder *gallenleitenden* Apparat. Die sinnfälligste Art der Ikterogenese ist durch *mechanische Behinderung des Gallenabflusses*. Diese Lehre wurde ständig weiter ausgebaut. Während über die Folgen einer mechanischen Verlegung der Gallenausführungsgänge durch Steine, Narben, Neubildungen und die ebenso wirkende Schwellung der periportalen Drüsen Meinungsverschiedenheiten nicht mehr bestehen, ist man bezüglich der Verlegung der Gallenwege durch einen Katarrh des Choledochus oder durch einen Schleimpfropf (VIRCHOW) als ursächliche Momente für die Entstehung des Ikterus jetzt vorsichtiger geworden. Das gleiche gilt für die Entstehung des Ikterus durch die sog. Gallenthromben, auch in den Fällen, in denen ein grob mechanisches Abflußhindernis nicht vorhanden ist.

EPPINGER konnte durch eine besondere Technik die Gallencapillaren anschaulich zur Darstellung bringen und zeigen, daß bei den verschiedensten Ikterusformen dieselben erweitert waren, Einrisse zeigten, daß ihr Lumen sich gegen die Lymphräume öffnete und thrombenartige Massen sich in ihnen niederschlagen. Diese *Gallenthromben* sollen nach EPPINGERs Vorstellung zu einer Sekretstauung Anlaß geben und von Übertritt von Galle in die Lymph- und Biträume der Leber und damit weiterhin den allgemeinen Ikterus bedingen. Sollen diese Vorstellungen für alle Fälle von rein hepatischem Ikterus Gültigkeit haben, so ist eine gleichmäßige Rückstauung sämtlicher Gallenbestandteile ins Blut zu erwarten. Dem ist aber nicht so.

Während in der einen Reihe der Fälle — stets beim mechanischen Ikterus — Bilirubin, Gallensäuren und Cholesterin im Blute vermehrt sind, findet sich in anderen Fällen vorwiegend Vermehrung des Bilirubins ohne entsprechende Hypercholesterinämie. Diese Form wird als sog. *dissoziierter* Ikterus von dem rein *mechanischen* abzugrenzen sein.

Fragt man sich, wie nach den zahlreichen experimentellen Untersuchungen über *Choledochusunterbindung* und ihre Folgen die Entstehung des mechanischen Ikterus beim Menschen zu denken ist, so scheint folgendes sicher: Im Anfang der Gallenstauung arbeitet die Leberzelle weiter und entleert die Gallenbestandteile nach den Gallencapillaren hin; von hier wird die Galle von den Lymphcapillaren, später vielleicht auch direkt von den Blutcapillaren resorbiert. Der Lymphweg wird jedenfalls zuerst beschritten. Wird der Choledochus unterbunden und gewinnt man beim Hunde Lymphe aus dem Ductus thoracicus, so enthält zwar die Ductuslymphe, nicht aber das Blut Bilirubin und Gallensäuren. *Längerdauernde Gallenstauung schädigt die Leberzelle selbst;* mikroskopisch findet sich körniges Gallenpigment in der Zelle, sie verfettet, schließlich tritt Nekrose ein. Der physiologische Ausdruck für die funktionelle Schädigung ist die *verminderte Fähigkeit* zur *Glykogenspeicherung,* die Neigung zur alimentären Glykosurie. Bei länger bestehender Stauung treten mechanische Momente in den Vordergrund: Erweiterung der Gallencapillaren, Einrisse ihrer Wand, vielleicht auch Verödung einzelner Zellkomplexe durch die Drucksteigerung, schließlich finden sich reaktive Veränderungen mit Vermehrung des Bindegewebes.

Schwierig wird ein sicheres Urteil bei der großen Zahl von *Ikterusformen,* in denen das Wirksamwerden eines mechanischen Momentes *nicht* evident ist. Man neigt auf Grund der Kriegs- und Nachkriegszeiterfahrungen, die eine starke Zunahme der Erkrankungen mit Ikterus als führendem Symptom brachten, zu der Annahme, daß doch *Schädigungen und Funktionsstörungen der Leberzelle* selbst das primum movens für die Ikterogenese darstellen. Eine wichtige Funktion der gesunden Leberzelle ist nicht nur eine qualitativ vollwertige Galle abzusondern, sondern dieselbe auch in der richtigen, von den Bedürfnissen des Organismus geforderten Menge abzugeben. Aus Versuchen am Gallenfistelhund ist bekannt, daß die Zufuhr von Fleisch und Eiereiweiß, von Blutkörperchen und Cholsäure eine Vermehrung der Gallentagesmengen zur Folge hat[1]. Das gleiche gilt für die absoluten Mengen Cholsäure und des Cholesterins. Bei solchen Versuchen hat man, besonders nach Einführung von gallensauren Salzen, die Beobachtung gemacht, daß ihre Ausscheidung durch die Galle eine tagelang andauernde Nachwirkung hinterließ, welche auf nachträgliche Ausscheidung im Körper aufgehäufter Gallensäuren oder auf eine fortdauernde sekretorische

---

[1] GOODMAN: Beitr. chem. Physiol. u. Path. **9,** 91 (1907).

Erregung der Leber zu beziehen ist[1]. Man hat in Analogie mit dem Verhalten erkrankter Nierenepithelien, welche Eiweiß nach den Harnwegen ausscheiden, daran gedacht, daß die erkrankte Leberzelle in ähnlicher Weise die Galle nach der falschen Richtung hin in die Blutgefäße abgeben könne, und diesen Vorgang *Parapedesis* der Galle oder Paracholie genannt[2]. Ähnliche Vorstellungen haben andere Autoren zu der Aufstellung der Lehre des *akathektischen Ikterus* geführt[3], nach welcher die Leberzelle die Fähigkeit verloren hat, die Galle in gehöriger Weise festzuhalten. Man hat immer wieder auf solche Vorstellungen zurückgegriffen, weil bei manchen toxischen, mit Ikterus einhergehenden Leberschädigungen sich die als mechanisches Hindernis postulierten Gallenthromben *nicht* finden ließen. Als Prototyp solcher toxischen parenchymatösen Leberschädigung darf der *Salvarsanikterus* gelten, der in der größeren Reihe der Fälle wenige Stunden oder Tage nach der Injektion auftritt. In anderen Fällen liegt die spezifische Kur mehrere Monate zurück. Bei diesem sog. „Spätikterus" nach Salvarsan handelt es sich wahrscheinlich um kumulative Wirkungen des in der Leber gespeicherten Arsens[4], das sich noch mehrere Monate nach der letzten Salvarsaninjektion in der Leber chemisch nachweisen ließ.

Ein Mittelding zwischen den rein *parenchymatösen* Schädigungen, die in ihrer Auswirkung zum Ikterus führen, und den *katarrhalischen* Cholangitiden, bei denen neben toxischen Vulnerationen durch die Stoffwechselprodukte der Leber sicher mechanische Abflußbehinderungen im Spiele sind, bilden die *septischen* Ikterusformen. Eine dieser Krankheiten, den *Icterus infectiosus* WEIL haben wir im Kriege genau kennengelernt. Wir wissen jetzt dank der Untersuchungen von UHLENHUTH und FROMME, daß der Erreger der ansteckenden Gelbsucht eine Spirochäte ist und der wahrscheinliche Verbreiter der Seuche die Ratte[5]. Der pathologisch-anatomische Befund bei dieser fieberhaften Allgemeinerkrankung, die mit allgemeiner Gelbsucht, zahlreichen Muskelblutungen, schwerer Nierenentzündung verläuft, daß für eine mechanische Gallenstauung alle Anzeichen fehlen und die anatomische Läsionen durch Quellung der Leberzellkerne und Sichtbarwerden der pericapillären Lymphräume, die von BEITZKE als Zeichen des Leberödems gedeutet wurden, bedingt sind.

Diesen großen nach ihrer Pathogenese, nach dem Verlauf des gestörten physiologischen Geschehens und den anatomischen Befunden als sicher hepatisch im engeren Sinne zu bezeichnenden Gruppen von Erkrankungen mit Ikterus als dominantem Symptom gegenüber steht eine kleine Gruppe seltener, theoretisch aber hoch bedeutsamer Fälle von Ikteruserkrankungen gegenüber: *familiärer kongenitaler Ikterus* (MINKOWSKI), *erworbener hämolytischer Ikterus* (HAYEM), *hämolytische perniziöse Anämie,* bei deren Entstehung *extrahepatische Faktoren* die erste Ursache abgeben. Die Auffassung, daß die *Milz* bei allen Arten von Ikterus, bei denen ein gesteigerter Blutzerfall wahrscheinlich gemacht werden konnte, eine führende Rolle im Krankheitsbild spielt, veranlaßte EPPINGER zur Aufstellung des Begriffes der *hepatolienalen Erkrankungen*. Das Entscheidende bei allen Formen von *hämolytischem Ikterus* ist der *gesteigerte Blutzerfall* und

---

[1] STADELMANN: Z. Biol., N. F. **16**, 1 (1896).
[2] MINKOWSKI: Verh. 11. dtsch. Kongr. inn. Med. **127** (1892). — PICK: Wien. klin. Wschr. **1894** I/II.   [3] LIEBERMEISTER: Dtsch. med. Wschr. **1893** I.
[4] SPILLMANN u. SIMON: Bull. Soc. franç. Dermat. **1911**, No 7.
[5] UHLENHUTH u. ZÜLZER: Med. Klin. **1919** II.

das dadurch bedingte dauernde Mehrangebot von Rohmaterial für die auch in diesen Fällen überwiegend *hepatische* Gallenbereitung. Der gesteigerte Blutzerfall führt zu einer Vergrößerung der Milz, die beim hämolytischen Ikterus besonders hohe Grade erreicht.

Das Charakteristische in diesem Krankheitsbilde ist das auffällige *Schwanken der Intensität des hämolytischen Ikterus.* Jeder leichte Erkältungsinfekt, jedes stumpfe Trauma, jede aus irgendwelchen Gründen eintretende Blutung führt zu einer Exacerbation der ikterischen Verfärbung. Es kann Zeiten geben, in denen der Ikterus nur bei genauem Hinsehen erkennbar wird. Trifft den Organismus in einer solchen Zeit eine Schädigung, so wird bei oberflächlicher Untersuchung diese als Ursache des Ikterus angesprochen, was zu schwerwiegenden Fehlern in der Behandlung Anlaß sein kann:

Ein junger Jurist erleidet beim Abspringen von der Straßenbahn einen komplizierten Oberarmbruch; der rasch zunehmende Ikterus wird in einer chirurgischen Klinik als septischer angesprochen und, da man den gebrochenen Arm als Quelle der Infektion ansieht, die Amputation vorgenommen. Erst als nach glattem Wundverlauf der Ikterus nicht abklingt, der große Milztumor nicht zurückgeht, wird der Zusammenhang klar und man findet nun auch die übrigen Symptome eines typischen familiären hämolytischen Ikterus.

Auch psychische Alterationen, bei Frauen die Menstruation, können eine Steigerung der Gelbfärbung in solchen Fällen bedingen. Diese Erscheinung versuchte man so zu deuten, daß das beim acholurischen Ikterus zirkulierende Bilirubin komplexer Natur sei und in diesem Zustande die Niere nicht passieren könne, während das Bilirubin der rein hepatischen Ikterusform in den Harn übergehe. Ist der Blutumsatz gesteigert oder die Ausscheidungsfunktion der Leber gestört, so kommt es zu *Vermehrungen von Bilirubin im Blute,* von dem wir im Serum bei gesunden Menschen etwa 0,5 mg-% mit Hilfe der Diazoreaktion nachweisen können. Wird das Diazoreagens *direkt* mit Serum gemischt, so tritt beim gesunden Menschen *keine* Bilirubinreaktion ein. Die *direkte* Reaktion findet sich bei allen schweren Störungen des Gallenabflusses durch Verlegung des Ductus choledochus oder auch bei schweren hepatischen Krankheiten (z. B. akute gelbe Leberatrophie und WEILsche Krankheit). Das *direkt* reagierende Bilirubin wird durch die Nieren ausgeschieden. Das Auftreten von Gallenfarbstoff im Harn spricht somit für Lebererkrankungen (hepatischer Ikterus).

Neben der *direkten* Diazoreaktion des Serums kennen wir eine *indirekte,* welche erst nach Ausfällung des Serumeiweißes beobachtet wird. Diese indirekte Reaktion ist in jedem normalen Serum nachzuweisen. Ist das Bilirubin bei indirekter Reaktion stark vermehrt, so ist das in der Regel die Folge eines vermehrten Blutzerfalls, wie wir sie bei perniziöser Anämie, bei Malaria, beim hämolytischen Ikterus, gelegentlich auch bei der Stauungsleber beobachten. Das indirekt reagierende Bilirubin geht nicht in den Harn über; wir sprechen von einem *acholurischen hämatogenen* Ikterus.

Ebenso wie das Bilirubin ist beim acholurischen Ikterus das Urobilinogen im Blute gegenüber den physiologischen Werten bedeutend vermehrt — auch in der Galle, im Duodenalsaft und im Stuhl wurden erhöhte Werte gefunden. Im Gegensatz zum Bilirubin tritt das Urobilin in reichlichen Mengen in den Harn über und verleiht dem Harn der Kranken mit hämolytischem Ikterus seine braune Farbe, eine Tatsache, welche zur Bezeichnung *Urobilinikterus* führte. Weil man im Blute viel Bilirubin, im Harn dagegen viel Urobilin — und kein Bilirubin —

fand, glaubten französische Autoren, daß der Niere die Fähigkeit zukomme, Bilirubin in Urobilin umzuwandeln.

In Deutschland fand diese Auffassung keine Anhänger. Hier ist für die Entstehung des Urobilins und seine Ausscheidung durch Harn und Kot *die enterogene* Theorie F. MÜLLERs[1] bis heute im wesentlichen unangefochten. Nach dieser Auffassung entsteht das Urobilinogen nur im Darmkanal aus der dahin ergossenen Galle. FRIEDRICH MÜLLER ließ Galle oder auch reines Bilirubin mit Peptonlösung unter Wasserstoffatmosphäre faulen. Bei dieser Versuchsanordnung verschwindet das Bilirubin allmählich. An seiner Stelle treten große Mengen Urobilin auf. Ferner konnte er bei einem Manne mit hochgradigem Ikterus, acholischem Stuhl und urobilinfreiem Harn nach Einführung von urobilinfreier Schweinegalle in den Magen am 2. Tage des Versuchs in den Faeces, am 3. Tage auch im Harn Urobilin nachweisen. Am 3. Tage nach Aussetzen der Gallenzufuhr verschwand das Urobilin wieder aus Harn und Kot. Danach erscheint ein Zusammenhang zwischen Bilirubin und Urobilin erwiesen. Das Bilirubin wird unter dem Einfluß reduzierender Bakterien in Urobilinogen und Urobilin übergeführt. Das Urobilinogen hat nach FISCHER folgende Konstitution:

$$\text{Urobilinogen } (C_{33}H_{44}N_4O_6).$$

Im bakterienfreien Darm des *Neugeborenen* finden sich zwar große Mengen Bilirubin aber *kein Urobilin*. Erst nachdem am 3. Tage Bakterien in den Darm eingewandert sind, tritt Urobilin sowohl im Stuhl als im Harn der Neugeborenen auf. Unter beschleunigter Darmpassage des Bilirubins nach Abführmitteln oder Diarrhöen kann das Urobilin aus dem Harn verschwinden. Das im Darm unter bakterieller Einwirkung zunächst aus dem *Bilirubin* entstehende Hydrobilirubin ist mit dem Urobilinogen identisch; ein Teil wird unter physiologischen Bedingungen aus dem Darm resorbiert und auf dem Wege der Pfortader größtenteils der Leber zugeführt und dort abgefangen; ein anderer Teil gerät durch die Venae haemorrhoidales ins periphere Blut und wird durch die Nieren ausgeschieden. Die Hauptmenge des Urobilins bzw. Urobilinogens (150 mg täglich) wird mit dem Darm ausgeschieden. Eine gesteigerte Ausscheidung von Urobilin und Urobilinogen im Harn bedeutet also nichts anderes als eine Schädigung der Abfangfunktion der Leber. Andererseits kann aber bei gesteigerter Gallenstoffbildung infolge vermehrten Blutzerfalls aus dem vermehrten in den Stuhl gelangenden Bilirubin vermehrt Urobilin und Urobilinogen gebildet werden und muß in den Harn gelangen (das finden wir bei hämolytischem Ikterus, Malaria, perniziöser Anämie). Hindernisse für die Resorption können in den Lösungsverhältnissen des Urobilinogens im Darm oder in Strömungsbehinderungen in der Pfortader gegeben sein. Bei bestehendem Ascites tritt das Urobilinogen in diesen über und gerät von hier aus unter Umgehung der Leber in die allgemeine Blutbahn. Unter normalen Verhältnissen fängt die Leber, wie bemerkt, das

---

[1] MÜLLER, F.: Z. klin. Med. **12**, 45 (1887). — Verh. dtsch. Kongr. inn. Med. **11**, 118 (1892).

ihr vom Darm zuströmende Urobilinogen zum größten Teil ab und läßt nur wenig durch die Lebervene abfließen; ein Teil scheidet sie mit der Galle wieder aus; ein anderer Teil wird umgewandelt oder vollkommen abgebaut. Ist das Leberparenchym geschädigt, so tritt Urobilinogen in vermehrter Menge ins periphere Blut, was eine pathologisch gesteigerte Urobilinogenurie zur Folge hat (Stauungsleber, Lebercirrhose, Scharlach). Der differentialdiagnostische Wert des Nachweises einer Urobilinurie gesteigerten Grades ist deshalb gering, weil dieselbe bei sehr vielen verschiedenartigen Krankheiten, die direkt oder indirekt zu einer Leberschädigung führen, gefunden wird; die Urobilinurie ist weiterhin abhängig vom Funktionszustand der Nieren. Schrumpfnieren lassen nur wenig Urobilinogen in den Harn passieren, während das Blut reich an diesem Farbstoff ist.

Die Ausscheidungsfunktionen der Leber sind bei allen diffusen Erkrankungen des Organs gestört. Das gilt sowohl für körpereigene wie für körperfremde Substanzen. Mit diesen Ausscheidungsstörungen ist wohl in den meisten Fällen eine Hemmung der Entgiftungsfunktion der Leber verknüpft, welche wir im einzelnen noch nicht übersehen.

Injiziert man einem Lebergesunden etwa 50 mg Bilirubin intravenös, so ist der Bilirubinspiegel 3—4 Stunden nach der Injektion wieder auf seine Norm (etwa 0,5 mg-%) abgesunken. Bei Leberkranken liegt er um diese Zeit noch weit über dem Ausgangswert. Diese Tatsache hat v. BERGMANN[1] als Grundlage für eine Leberfunktionsprobe benutzt.

Eine größere praktische Bedeutung hat die Ausscheidung von *Tetrajodphenolphthalein* gewonnen. Dieser Körper wird bei normaler Leberfunktion mit der Galle in die Gallenblase sezerniert und hier angereichert. Er gibt im Röntgenbilde einen deutlich erkennbaren Schatten und gestattet deshalb Lage, Größe und Formenveränderungen der Gallenblase zu erkennen. Sind die Gallenwege und vor allem der Ductus cysticus frei, und enthält die Gallenblase Steine, so können diese als charakteristische Schattenaussparungen erkannt werden, wenn sie sich nicht durch größeren Kalkgehalt bei der Röntgendarstellung der Gallenblase schon abheben. In Fällen, welche mit einem schweren Ikterus einhergehen, ist die Füllung der Gallenblase mit Tetrajodphenolphthalein nicht möglich, da die kranke Leber nicht in der Lage ist, die körperfremde Substanz in die Gallenblase abzuscheiden und hier zu konzentrieren.

F. Gallenblasenfunktionen.

Die Funktion der Gallenblase ist Speicherung und Eindickung der Galle. Die Leber sondert am Tage ungefähr 1 Liter Galle ab; wieviel von dieser Menge unmittelbar dem Darm zufließt und wie groß der Anteil ist, welcher in der Gallenblase in konzentrierter Form gespeichert wird, wissen wir nicht. Die Blasengalle ist gegenüber der Lebergalle auf das 10fache eingedickt. Man hat ausgerechnet, daß die Gallenblase kaum 5% des Überschusses der in 24 Stunden abgesonderten Lebergalle fassen könne. In der Blasengalle sind wasserlösliche und wasserunlösliche Bestandteile zu einem kolloidalen System gemischt. Der Kolloidanteil ermöglicht es unter anderem, daß 900 mg Cholesterin in Lösung gehalten werden können, ohne daß ein Ausfall oder Steinbildung erfolgt. Zu den *wasserlöslichen* Bestandteilen der Blasengalle gehören die Cholate, die fettsauren Salze, das Bilirubin, das kolloidale Lecithin und einige Schleimstoffe. In der Gruppe der *wasserunlöslichen* Gallenstoffe dominieren die Fette, das

---

[1] BERGMANN: Klin. Wschr. **17** (1927).

Cholesterin und der an Bilirubin oder Kohlenäsure gebundene Kalk. Fette und Cholesterin werden durch Seifen und Cholate in Lösung gebracht. Einflüsse, welche die Gallensäuren zerstören oder die Seifen ausflocken, vermindern die Stabilität des kolloiden Systems und können zur Niederschlagsbildung führen. Die bakterielle und fermentative Zersetzung der Gallensäuren und die Albuminocholie stellen wirksame Einflüsse für die erste Niederschlagsbildung dar, welche die Steinkernbildung einleitet. Auf verschiedene Nahrungsreize hin (Fett, Eigelb) entleert die Blase ihren Inhalt in den Darm. Eine Tatsache, die sich röntgenologisch leicht darstellen läßt. Offenbar hat die Blase eine wichtige regulatorische Funktion für den Gallenstrom; in den Nahrungspausen wird die Galle gespeichert, eingedickt und damit wirksamer gemacht. *Der Mucingehalt des Gallenblasensekrets* soll den reizenden Einfluß der Galle auf das Pankreas herabmindern. Nach Entfernung der Gallenblase beim Menschen werden gröbere Störungen vermißt. Man hat zwar, solange der ODDISCHE Muskel vorhanden ist, eine Erweiterung der extrahepatischen Gänge gesehen; nach Entfernung dieses Schließmuskels hat die Gallenblasenexstirpation keine dilatierende Wirkung auf die hepatischen Gänge. Schwache Vagusreizung bedingt eine Zusammenziehung der Gallenblase mit deutlichem Druckanstieg. Im Cysticusgebiet kommt es zu Einziehungen, der Choledochus wird durch starke Füllung von seiten der Gallenblase erweitert. Durch melkartige Bewegungen in dem oberen Sphinctergebiet wird die Galle durchaus unabhängig von der Darmwand in den Zwölffingerdarm entleert. Stärkere Reize führen zu einer scharfen Kontraktion im Sphinctergebiet; die Gallenblase kann ihren Inhalt nicht mehr entleeren, derselbe staut sich in dem prallgefüllten Choledochus an. Starke Vagusreizung hat also eine *hypertonische Stauungsgalle* zur Folge[1]. Sympathicusreizung läßt den Druck in die Gallenblase absinken, ihr Tonus sinkt, das Lumen im Mündungsgebiet erweitert sich. Auch jetzt kommt es zur Abflußhemmung offenbar weil die vis a tergo fehlt. Das ist das experimentelle Bild der *hypotonischen Gallenstauung*. Diesen experimentellen Bildern entsprechen krankhafte Zustände wie wir sie in der menschlichen Pathologie mit Hilfe der Cholecystographie nachweisen können. Die hypertonische Stauungsblase mit der gesteigerten Schlußtendenz des gesamten ODDISCHEN Sphincters beantwortet den Entleerungsreiz durch Eingabe von Eigelb oder Fett mit einer starken Aufstauung der Galle bis in den Ductus hepaticus hinein. Die Entleerung kann zeitlich erheblich verzögert sein. Der Choledochus ist hierbei oft kleinfingerdick gefüllt. Chirurgische Kontrollen lassen in solchen Fällen anatomische Veränderungen an den Gallenwegen vermissen. Durch Atropin und Brom können die spastischen Beschwerden solcher Kranker behoben werden. *Hypotonische Stauungsgallenblasen* sieht man bei alten Leuten, bei denen die Wandmuskulatur weitgehend geschwunden ist. Die Gallenblase läßt sich zwar darstellen als weites, schlaffes, aber nicht bis zum Collum gefülltes Gebilde. Nahrungsreize (Eigelb, Fett) werden verzögert beantwortet, so daß oft noch nach 5 und mehr Stunden die gefüllte Gallenblase dargestellt werden kann. Die hypotonische Stauungsblase hat eine tief dunkel gefärbte Galle mit hohen Bilirubinmengen, die Eindickungsfunktion ist erhalten oder gesteigert. WESTPHAL betont mit Recht, daß Kranke mit solchen Dyskinesien der Gallenwege hochgradige Beschwerden haben können, welche mit typischen Gallenwegskoliken einhergehen.

---

[1] WESTPHAL: Verh. dtsch. Ges. inn. Med. 44. Kongr. Wiesbaden **1932**.

Auf Grund der experimentellen und klinischen Beobachtungen hat man sich *folgende Vorstellung* über die Funktion der Gallenwege gebildet: Der Hepaticus hat vor allem *gallenleitende* Aufgaben; in zweiter Linie stehen die sekretorischen Leistungen. Die resorbierende Fähigkeit ist entsprechend der kleinen Oberfläche minimal. Das gleiche gilt für den Choledochus, dessen unterem Abschnitt besondere Aufgaben zufallen. Hier findet sich der erwähnte ODDIsche Schließmuskel, der in zwei Abschnitte zerfällt. Der obere Anteil, das Antrum, und der eigentliche Sphincter sind zwei funktionell zu trennende Einheiten.

Der von ODDI beschriebene Sphinctermuskelapparat hat einen Tonus, welcher einem Gegendruck von 670 mm Wasser standhält, während der Gallensekretionsdruck höchstens 200 mm Wasser beträgt. In der Nüchternperiode ist die Papilla Vateri geschlossen. Die produzierte Galle nimmt dann ihren Weg in die Blase, wo sie durch Wasserresorption eine starke Konzentrationszunahme bis auf das 10fache und mehr erfahren kann. Nach den physiologischen Erfahrungen entleert sich die Galle auf folgende Weise in den Darm: Die diskontinuierlichen Ejaculationen der Galle in das Duodenum werden durch rhythmische Kontraktionen und Erschlaffungen des Sphincter Oddi vermittelt. Als Reize für die Entleerung der Blase und die Öffnung des Sphincters wirken Eiweißabbauprodukte, Peptone, dann Fette, Lipoide und Pituitrin. Der Sekretdruck in den Gallenwegen wird teils durch Resorption der Galle in der Blase, teils durch Sistierung der Lebersekretion, vielleicht auch infolge der vermehrten Schleimsekretion in der Hepaticusampulle (BERG) geregelt.

Das gesamte extrahepatische Gallengangssystem einschließlich der Blase und des Sphincterapparats steht unter der Herrschaft von Vagus und Sympathicus. Schwache Vagusreize bedingen dort eine Tonuserhöhung, Steigerung der Muskelaktion der Gallenblase, Verkleinerung derselben, Anregung der Peristaltik im Gebiet des ODDIschen Schließmuskels. *Stärkere Reize steigern die Muskelaktion bis zum Spasmus des Choledochus* und führen so zu *Abflußhemmungen.* Nach unserem heutigen Wissen sind wir berechtigt von *Motilitätsneurosen* der Gallenwege zu sprechen. Beachtenswert sind die Feststellungen über die kombinierte Wirkung der Gaben von Pepton und Pilocarpin. Pepton bedingt eine Kontraktion der Gallenblase und eine Öffnung des ODDIschen Schließmuskels und dadurch reichlichen Gallenfluß ins Duodenum[1]. Intravenöse Pilocarpininjektion, 0,6—0,8 ccm, wirkt als Vagusreiz und bedingt eine Beschleunigung und Verstärkung der Gallenexpulsion. In der Gravidität, während der Menses und vor allem bei Erkrankungen der Gallenwege kommt es danach zu einer initialen Gallenabflußhemmung, woraus auf eine leichtere Ansprechbarkeit der vagischen Innervation geschlossen wird. Ikterusanfälle und rasch einsetzende Leberschwellung sollen auf der gleichen Basis zustande kommen können. Eine erhöhte Irritabilität des Vagus führt ohne jede begleitende Entzündung zu einem Choledochusspasmus und so zum Ikterus. Der allen guten Beobachtern geläufige *emotionelle Ikterus* findet so eine einfache Deutung. Eine vorübergehende oder dauernde Änderung im Kontraktionsrhythmus des Sphincters kann also zur *Cholestase* führen, während eine Dysfunktion des Gallenblasenhalses und Choledochusampulle durch abnorme Schleimbildung und Druckerhöhung eine

---

[1] STEPP: Dtsch. med. Wschr. **1918 II.**

Stauung der mit Schleim angereicherten Galle in der Blase und in den Gallenwegen (Mukostase), schließlich ein Hydrops der Gallenblase bedingen sollen. Diese verschiedenen Stauungszustände der *Mukostase* und der *Cholestase* bringen das Resorptionsvermögen, den Sekretionsapparat und schließlich auch die Kontraktilität der Blase und der Choledochusampulle zum Schwinden. Bei der Mukostase verwandelt sich die Blase allmählich zu einer verschlossenen Cyste oder zu einem „wertlosen schrumpfenden Anhängsel der Ampulle" (BERG). Bei der Cholestase wird die Blase zu einem immer dünneren Sack ausgeweitet, der seinen Funktionen nicht mehr gerecht werden kann.

Beide Formen der Stauung werden von BERG für die *Genese* der *Steinbildung* in den Gallengängen verantwortlich gemacht. Auch NAUNYN hat schon die Stauung als Grundbedingung für die *Gallensteinbildung* erkannt. Das Material für die Konkremente liefern das Cholesterin, die Gallenfarbstoffe, der Kalk und das organische Eiweißgerüst, welche alle physiologischerweise in der Galle vorkommen. Nach den Anschauungen von ASCHOFF[1] und BACMEISTER[2] muß man eine nichtentzündliche Steinbildung und eine entzündliche Steinbildung unterscheiden. Unter den nichtentzündlich gebildeten steht der radiäre Cholesterinstein an erster Stelle. Er fällt aus sich steril zersetzender und mit dem Cholesterin übersättigter Galle infolge tropfiger Entmischung in Krystallen aus (dyskrasische Steinbildung). Während aus reinen Cholatlösungen von Cholesterin immer nur Einzelkrystalle, nie steinartig zusammenhängende und strukturierte Massen ausfallen, genügt, wie SCHADE[3] zeigte, ein geringfügiger Zusatz von Fett, um zunächst kugelige Gebilde zur Abscheidung zu bringen, welche anfangs ein myelinartiges glasiges Aussehen haben. Dann aber geht langsam der Prozeß der Bildung einer kompakten radiärstrahligen Krystallmasse im Reagensglase vor sich. Die gleichen Bedingungen sollen auch in der mit Cholesterin übersättigten Blasengalle die Bildung des radiären Cholesterinsteins zur Folge haben. Kleine, sich später an den großen Solitärstein anlagernde Krystalle gehen langsam in die radiäre Bauart des ganzen über. Der Bilirubinkalkstein ist wohl stets eine Folge entzündlicher Veränderungen der Galle. Es lassen sich in den Steinen des Bilirubinkalks immer organische Stoffe, die Eiweiße der entzündlichen Exsudation, nachweisen. Die konzentrierte Schichtbildung dieser Bilirubinkalksteine ist für die Ausfällung von Kolloiden charakteristisch, wobei die Art des Kolloids, welche zu der Schichtbildung den Anlaß gibt, unwesentlich ist. Das Entscheidende ist, daß die Ausfällung der Eiweißkolloide irreversibel ist. Der geschichtete Cholesterinkalkstein, der Cholesterinpigmentkalkstein, ist stets entzündlicher Natur. Die Wege der Entzündung sind verschieden. Die *ascendierende* wird durch dyskinetische Einflüsse begünstigt. Die *descendierende* Entzündung kommt auf hämatogenem Wege zustande. Eine letzte Gruppe stellen die Kombinationssteine dar, bei denen das Zentrum die radiäre Streifung des solitären Cholesterinsteins erkennen läßt, während die infolge entzündlicher Vorgänge in die Blase hineingelangenden kolloiden Substanzen die konzentrische Schichtung um diesen radiärstrahligen Kern herum bedingen (s. Abb. 30).

Die Steinbildung ist nach unserer Auffassung stets sekundärer Natur. Daß Stauungen und Infektionen *notwendige* Bedingungen darstellen, wird von

---

[1] ASCHOFF: Klin. Wschr. **1923** I, 957.   [2] BACMEISTER: Erg. inn. Med. **11**, 1 (1913).
[3] SCHADE: Die physikalische Chemie in der inneren Medizin.

Lichtwitz[1] bestritten. Die Beziehungen zum Cholesterinhaushalt sind immer wieder hervorgehoben worden, da alle die in der Gallenblase gewachsenen Steine größtenteils aus Cholesterin bestehen. In der Lebergalle finden sich 20—70 mg-% Cholesterin, also wesentlich weniger als im Blute, wo wir nach zahlreichen eigenen Untersuchungen 150—200 mg-% normalerweise bei gesunden Menschen finden. Die physiologischen Schwankungen nach Eingabe von in Öl gelöstem Cholesterin werden von gesunden Menschen schnell wieder ausgeglichen. Wir wissen durch Sperrys Untersuchungen, die ich bestätigen kann, daß der Darm zur Ausscheidung des Cholesterins befähigt ist, auch dann, wenn keine Galle durch den Choledochus abfließt. So fand ich bei totalem Gallengangsverschluß durch Carcinom bei cholesterinfreier Kost in 6 Tagen

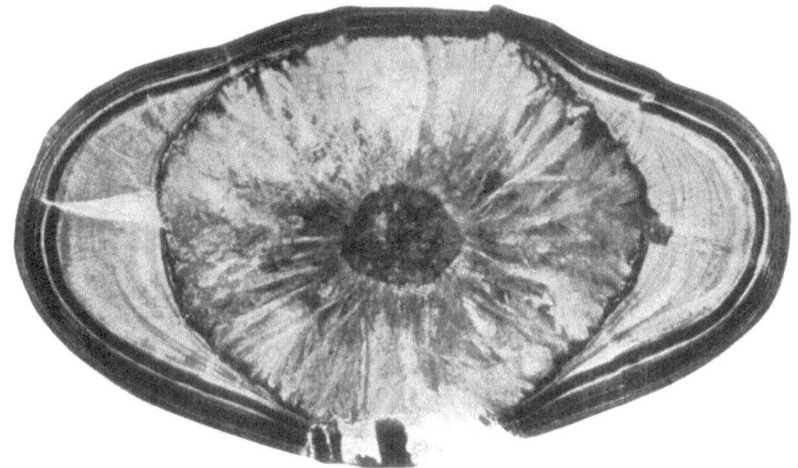

Abb. 30. Schliff von einem Kombinationsstein. Auf dem steril entstandenen radiären Cholesterinstein hat sich mit Einsetzen der Entzündung ein geschichteter kalkreicher Mantel aufgesetzt. (Nach Bacmeister: Erg. inn. Med. 11.)

einen Sterinverlust von 0,621 g. Die Blasengalle kann bis zu 900 mg Cholesterin enthalten, ohne daß Ausfallen oder Steinbildung erfolgt. Der erste Vorgang bei der Steinbildung ist die *Entmischung der Blasengalle* durch Instabilisierung ihrer Kolloide. Diejenigen Einflüsse, welche die Stabilität vermindern, führen zu *Niederschlägen*. Als wirksame Einflüsse kommen folgende in Betracht[2]: Albuminocholie, Bakteriocholie, Schwermetalle, bakterielle oder fermentative Zersetzung der Gallensäuren.

Für die nichtentzündliche Cholesterinsteinbildung werden neben den verschiedenen Momenten, welche zur Stauung führen, Störungen des Cholesterinstoffwechsels, wie sie in der Schwangerschaft und im Wochenbett gegeben sind, mit angeschuldigt. Bei der entzündlichen Konkrementbildung ist das Primäre die bakterielle chronische Cholecystitis, welche zur Kolloidausschwitzung in die Gallenblase Anlaß gibt.

Die *Gallensteinkolik* hat wegen einer Reihe eindrucksvoller, auf reflektorischem Wege ausgelöster Vorgänge das ärztliche Denken und Handeln von

---

[1] Lichtwitz: Handbuch der normalen und pathologischen Physiologie, Bd. 4. Berlin: Julius Springer.

[2] Lichtwitz: Neue deutsche Klinik, Bd. 3, S. 600. 1929.

jeher stark in Anspruch genommen. Im Vordergrunde des Krankheitsbildes steht der wohlbekannte Schmerz im Rücken in der Höhe des 11. Dorsalwirbels, sehr oft mit einem Schmerz in der Gallenblasengegend verbunden. Während der Attacke lassen sich mit Hilfe des Röntgenverfahrens am Magen und Darm starke Motilitätssteigerungen von der Hyperperistaltik bis zum totalen Gastrospasmus nachweisen (WESTPHAL). Diese Erscheinungen werden als visceroviscerale Reflexvorgänge gedeutet. Gesteigerte Reizbildung im viscero-sensiblen Anteil — im parasympathischen System gelegen — strahlen in den visceromotorischen Teil des vegetativen Nervensystems auf der sympathischen Seite aus. Der Schmerz während des Kolikanfalls wird allgemein als der Effekt gesteigerter Kontraktionen der Gallenblasenmuskulatur gedeutet. Den Reiz für diese gesteigerten Kontraktionen gibt entweder das Konkrement selbst oder die begleitende Entzündung ab. Auch die reflektorisch ausgelösten Spasmen am Ductus choledochus und am ODDIschen Sphincter kommen auf ähnliche Weise zustande.

Neben dem viscero-visceralen Reflex werden viscero-motorische Reflexvorgänge beobachtet. Zu ihnen gehört die Bauchdeckenspannung am rechten Oberbauch. Der Reiz — ausgelöst vom kranken Organ — wird über Spinalganglien, hintere Wurzel, Vorderhornganglienzelle dem peripheren Nerven zugetragen. Ein zweiter von WESTPHAL beschriebener ist der viscero-motorische Phrenicusreflex, welcher im Anfall zu einer Stillstellung der *rechten* Zwerchfellkuppel führt. Der bekannte sensible Phrenicusreflex mit seiner Schmerzausstrahlung in die rechte Schulter wird in den Gallenwegen ausgelöst. Er verläuft über Sympathicusäste zum Ganglion phrenicum und über den Phrenicus zum Hals. Da der Phrenicus aus dem 3.—6. Cervicalnerven, in der Hauptsache aus dem 4. entspringt, von hier aus aber auch die sensible Versorgung der Schulter, des Nackens und des rechten Armes geschieht, ist für den Kolikanfall charakteristische Schmerzausstrahlung im Sinne HEADs verständlich.

X. Störungen der Funktion der innersekretorischen Drüsen.

A. Einleitung.

1. Definition des Begriffs der inneren Sekretion.

Der Begriff der „inneren Sekretion" ist von CLAUDE BERNARD[1] im Jahre 1855 geprägt worden. Er bezeichnete damals die Funktion der Gallenbereitung in der Leber als ihre äußere Sekretion und die Zuckerbildung aus Glykogen und die Abgabe des neugebildeten Zuckers an das Blut als deren innere Sekretion. Schon vor CLAUDE BERNARD hatte der Göttinger Professor BERTHOLD[2] im Jahre 1849 das Wesen der inneren Sekretion erkannt, als er bei Hähnen die Hoden von ihrem natürlichen Orte entfernte und sie an anderen Stellen des Körpers reinplantierte. Er beobachtete, daß trotz dieser Operation sich an den Versuchstieren die männlichen sekundären Geschlechtscharaktere entwickelten und glaubte, daß diese nur durch die „Einwirkung der Hoden auf das Blut und

---

[1] BERNARD, CLAUDE: La science expérimentale. Paris 1890.
[2] BERTHOLD: Virchows Arch. **42** (1849).

dann durch entsprechende Einwirkung des Blutes auf den allgemeinen Organismus" bedingt sein könnte. 1889 berichtete der damals 72jährige Brown-Sequard[1], daß er durch Hodenextraktinjektionen an sich selber, seine körperliche und geistige Leistungsfähigkeit in erstaunlichem Maße steigern könne. Die Stoffe, welche in so eigenartiger Weise auf den Gesamtorganismus einwirken und ihre anregende Wirkungen ausüben, werden als *Hormone* bezeichnet und die Drüsen, welche diese Stoffe liefern, als Hormondrüsen.

Anatomisch sind diese Organe von den Drüsen mit äußerer Sekretion dadurch unterschieden, daß sie ihr Sekret direkt in die Blutbahn oder auf dem Umwege über die Lymphgefäße in dieselbe ergießen. Es genügt also, daß ein solches Organ an irgendeiner Stelle des Körpers, an welcher die Resorption der von ihm gebildeten Produkte möglich ist, implantiert wird, um seinen Funktionsausfall geraume Zeit hintanzuhalten. Da sie ihr Sekret nach „innen" abgeben, werden sie als innersekretorische oder endokrine Drüsen bezeichnet.

2. Die Untersuchungsmethoden.

Die Funktion der einzelnen innersekretorischen Drüsen ist nach zwei Hauptmethoden untersucht worden. Zunächst wurden die Ausfallserscheinungen studiert, welche sich nach totaler Entfernung des zu untersuchenden Organs aus dem menschlichen oder tierischen Körper einstellen. Dann wurde untersucht, wieweit sich die eintretenden Ausfallserscheinungen durch Einverleibung des wirksamen Prinzips der entfernten innersekretorischen Drüse aufheben oder modifizieren lassen. Diese zweite Methode ist ergänzt worden durch Beobachtungen, welche man nach Organtransplantationen bei vorher der entsprechenden Drüsen beraubten Tieren machte und schließlich hat man durch die operative Vereinigung zweier Tiere gleicher Art, von denen eines einer innersekretorischen Drüse beraubt war, Aufschluß darüber zu erhalten versucht, ob die inneren Sekrete des gesunden mit dem kranken in Parabiose lebenden Tieres ausreichen, um die Ausfallserscheinungen dort zu verhüten.

B. Pathologie der innersekretorischen Drüsen.
1. Schilddrüse.

Der *Bau* der Schilddrüse zeigt ein Parenchym, das aus durch Bindegewebe miteinander verbundenen Läppchen besteht. Die darin zusammengefaßten Follikel sind mit einer einfachen Schicht kubischen oder zylindrischen Epithels ausgekleidet. In ihrem Lumen findet sich eine eigenartige homogene zähe Masse, die kolloide Substanz. Bei der Sekretion weisen die Epithelzellen charakteristische Veränderungen auf. Das Kolloid wird als das Sekret der Schilddrüse aufgefaßt, welches zwischen den Epithelien hindurch in die Lymphräume und von dort ins Blut gelangt. Die gesunde Schilddrüse des Menschen enthält 2—5 mg Jod pro Drüse. Das Jod befindet sich in organischer Bindung als Thyreojodin mit 9% Jod.

Das Thyreojodin ist wahrscheinlich ein Spaltungsprodukt des Thyreoglobulins, eines jodhaltigen Eiweißkörpers. Dieser Eiweißkörper stellt den wirksamen Bestandteil der Schilddrüse dar und läßt im Experiment alle Wirkungen, welche die Gesamtdrüse erzielt, in Erscheinung treten. Man kann

---

[1] Brown-Sequard: Sitzgsber. Paris. Ges. Biol., 1. Juni 1889.

mit dem Thyreoglobulin die nach Schilddrüsenentfernung eintretende Cachexia strumipriva und das auf Schilddrüsenmangel beruhende Myxödem günstig beeinflussen. Neuerdings ist das wirksame Prinzip der Schilddrüse rein dargestellt und von KENDALL *Thyroxin* genannt worden. Es wurde von HARINGTON[1] synthetisch dargestellt und hat folgende Formel:

$$\text{OH} \overset{\text{J}\quad\text{H}}{\underset{\text{J}\quad\text{H}}{\bigcirc}} - \text{O} - \overset{\text{J}\quad\text{H}}{\underset{\text{J}\quad\text{H}}{\bigcirc} } - CH_2 \cdot CH(NH_2) \cdot COOH.$$

Das *Thyroxin* zeigt wesentlich intensivere Wirkung als die alten Schilddrüsenpräparate. Es lassen sich mit ihm alle nach Schilddrüsenentfernung entstehenden Ausfallserscheinungen beheben. Neben dem Thyroxin ist neuerdings in der Schilddrüse auch *Dijodtyrosin* nachgewiesen worden:

$$\overset{CH_2-CH(NH_2)COOH}{\underset{OH}{\underset{\text{J}\qquad\text{J}}{\bigcirc}}}$$

Es ist wahrscheinlich, daß das Dijodtyrosin leicht in Thyroxin übergehen kann. Physiologisch und therapeutisch bedeutungsvoll ist die Annahme der antagonistischen Wirkung des Dijodtyrosins gegenüber dem Thyroxin und seinen Vergiftungserscheinungen. Man glaubt neuerdings mit gutem Erfolge das Dijodtyrosin in der Therapie des Morbus Basedow verwenden zu können.

Für die Physiologie und Pathologie der Schilddrüse wäre die Erkenntnis des normalen quantitativen Verhaltens der *einzelnen* jodhaltigen Substanzen der Schilddrüse bedeutsam. Solche Untersuchungen liegen aber bis heute nicht vor. Die Wirkungen, welche die Gesamtdrüse entfaltet, sind sehr mannigfaltige. Durch ihre außerordentlich gute Blutversorgung kann in relativ kurzer Zeit viel wirksame Substanz in den Kreislauf befördert werden. Beim Hunde fließt die Gesamtblutmenge am Tage 16mal durch die Schilddrüse. Therapeutisch hat sich die Verminderung der Durchblutungsgröße der Schilddrüse durch Tragen einer Eiskrawatte in leichteren Fällen durchaus bewährt. Es ist anzunehmen, daß die Blutversorgung sowohl die Bildung als auch die Ausschüttung des spezifischen Inkrets gedrosselt wird. Das Blut des Menschen enthält regelmäßig geringe Mengen Jod. Die Angaben schwanken zwischen 10 und 30γ-% für den gesunden erwachsenen Menschen. Nach Untersuchungen aus dem Institut des Verfassers[2] haben die höheren Werte die größere Wahrscheinlichkeit für sich. Das im Blute zirkulierende Jod ist teils organisch gebunden teils als Jodalkali vorhanden. Die quantitativen Beziehungen zwischen organischem und anorganischem Blutjod sind noch nicht gelöst.

Die Schilddrüse wirkt 1. auf Wachstum und Entwicklung, 2. auf die Intensität der Verbrennungen, 3. auf den Kohlehydratstoffwechsel, 4. auf die Wärmeregulation, 5. auf das Herz, 6. auf den Wasser- und Salzhaushalt, 7. auf die Keimdrüsen und 8. auf das Nervensystem. Schließlich bestehen innige Wechselbeziehungen zwischen Schilddrüse und Hypophyse und indirekt auch zu dem gesamten endokrinen System.

---

[1] HARINGTON: Biochemic. J. **20**, 300 (1926).

[2] MÖBIUS: Biochem. Z. **253**, 257 (1932). — PFEIFFER, MÖBIUS u. POHL: Arch. f. exper. Path. u. Pharm. **181**, 444 (1936).

Die Wirkungen auf *Wachstum* und *Entwicklung* sind an Kaulquappen untersucht worden[1]. Die aus der Schilddrüse ausgezogenen Substanzen haben nicht alle gleiche biologische Bedeutung. Im Vordergrund der Wirkung steht immer die starke *Entwicklungsbeschleunigung* durch bestimmte Extrakte. Man hat neben der Entwicklungsbeschleunigung aber auch Wachstumshemmung erzielt. Am Menschen hat man als Ausdruck einer übermäßigen Schilddrüsenfunktion ein beschleunigtes Längenwachstum beobachtet.

Die *Stoffwechselwirkung* von Schilddrüsenprodukten kommt bei parenteraler oder intravenöser Zufuhr rascher und stärker zum Ausdruck als nach peroraler Eingabe. Beim *gesunden Menschen* hat die Einnahme von Schilddrüsenpräparaten wenn überhaupt, erst nach 2—3 Wochen eine Steigerung des Grundumsatzes zur Folge, welche bei gemäßigten Dosen nicht über 20—25% hinausgeht. Auch das Thyroxin wirkt peroral genommen, nur schwach auf den Grundumsatz ein, während die einmalige Injektion von einigen Milligramm Thyroxin bezüglich des Grundumsatzes eine deutliche, erst nach einigen Tagen ihr Maximum erreichende Stoffwechselsteigerung erkennen läßt. Ausgesprochen sind die Wirkungen von Schilddrüsenprodukten und Thyroxin bei allen Kranken mit Unterfunktion der Schilddrüse.

Die Wirkungen auf den Kohlehydratstoffwechsel sind im wesentlichen in einer beschleunigten Glykogenausschüttung und leichten Hyperglykämie gekennzeichnet. Vielleicht greift die Schilddrüse auf dem Wege über die Hypophyse auch in *die Wärmeregulation* ein (S. 147).

Besonders ausgesprochen ist *die Wirkung der Schilddrüse* und ihrer Produkte auf *die Herztätigkeit*. Eine einmalige intravenöse Injektion, beim gesunden Menschen, von 10 mg Thyroxin läßt die Pulsfrequenz von normalen Werten über 100 Schläge in der Minute ansteigen. Die Tachykardie hält ebenso wie die toxischen Nebenwirkungen tagelang an. Auch die übermäßige Zufuhr von anderen Schilddrüsenpräparaten kündigt sich durch Herzklopfen und beschleunigte Herztätigkeit zuerst an.

Wasser- und Salzhaushalt kennzeichnen sich dadurch, daß die Zeit, mit der eine per os gereichte Flüssigkeitsmenge wieder ausgeschieden wird, nach Eingabe von Schilddrüsensubstanz wesentlich abgekürzt wird[2]. Auch peroral aufgenommenes Kochsalz erscheint bei Tieren, denen gleichzeitig Schilddrüsensubstanz verfüttert wurde, schneller wieder im Harn. Die Befunde werden nicht als direkte Wirkung auf die Niere, sondern als eine Beschleunigung des intermediären Salz- und Wasserhaushalts aufgefaßt.

Die *Beziehung* zwischen *Schilddrüse* und *weiblichen Genitalorganen* sind lange bekannt. In der Menstruation, nach der Defloration und vor allem in der Gravidität vergrößert sich das Organ. Die alten Römer maßen den Halsumfang neuvermählter Frauen, um das Ergebnis zur Prüfung der Virginität zu verwenden.

Durch Untersuchungen des Verfassers und seiner Mitarbeiter[3] wurde festgestellt, daß sich bei Eintritt der Menopause gleichzeitig ein Ansteigen des Blutjodgehalts nachweisen läßt.

a) Unterfunktion der Schilddrüse. Die Folgen der *Schilddrüsenexstirpation* sind bei jungen noch wachsenden Tieren andere als bei erwachsenen Individuen.

---

[1] ROMEIS: Arch. Entw.mechan. **40**, 41 (1914/15). — Z. exper. Med. **5** (1916); **6** (1918).
[2] EPPINGER: Zur Pathologie und Therapie des menschlichen Ödems. Berlin 1917.
[3] BÜRGER u. MÖBIUS: Klin. Wschr. **1934 II**, 1349—1352.

Wegen des Ausfalls der das Wachstum befördernden Einflüsse der Schilddrüse ist es erklärlich, daß jugendliche Individuen nach der Entfernung der Thyreoidea in ihrem Wachstum stark zurückbleiben, was sich namentlich an den langen Röhrenknochen, welche relativ kurz bleiben, zeigt. Die Verknöcherungen der Epiphysenlinie sind verzögert. Thyreoprive Hühner legen nur wenige Eier mit papierdünner Schale und von geringer Größe. Werden aus einer Reihe von Hunden desselben Wurfes einige Tiere ihrer Schilddrüse beraubt, so sind sie schon nach 6 Monaten gegenüber den gesunden Kontrolltieren soweit im Wachstum zurückgeblieben, daß ihr Gewicht nur die Hälfte oder ein Drittel desjenigen der Brudertiere aufweist. Bei erwachsenen Tieren ist das hervorstechendste Symptom der Schilddrüsenexstirpation eine fortschreitende Abmagerung, welche sich bei Fleischfressern langsamer als bei Pflanzenfressern ausbildet. Die Folgen der *Schilddrüsenexstirpation* weichen in einzelnen Punkten bei den verschiedenen Tieren wenig voneinander ab. Die Hauptsymptome sind aber bei allen ausgeprägt.

Beim *jugendlichen Menschen* treten ebenfalls die Störungen des Knochenwachstums in den Vordergrund. Das Längenwachstum besonders der Röhrenknochen ist gehemmt, die periostale Verknöcherung aber und damit das Breitenwachstum sind unbehindert. Dadurch gewinnen die Röhrenknochen eine gedrungene plumpe Gestalt. Die Ausbildung der äußeren Geschlechtscharaktere ist verzögert. Die Keimdrüsen bleiben klein; ihre Funktionen sistieren. Die Skeletveränderungen sind beim *Erwachsenen* naturgemäß nicht zu finden. Bei ihnen fällt eine eigenartige Beschaffenheit der Haut der ganzen Körperoberfläche sofort in die Augen. Gesicht und Hände erscheinen geschwollen. Die Konsistenz dieser Schwellungen weicht deutlich von der der gewöhnlichen Hautwassersucht ab. Die Haut erscheint aber trocken, läßt die Zeichen der Atrophie erkennen, ist rissig und schilfert leicht. *Der blöde, stumpfe Gesichtsausdruck* wird außer durch Abnahme der geistigen Regsamkeit bedingt durch die derbe Konsistenz der Haut, welche auf eine Änderung der Quellungsverhältnisse und des Wasseraufnahmevermögens des Bindegewebes zurückgeführt wird. Dieser Zustand der Haut hat dem Krankheitsbild den Namen *Myxödem* eingetragen. In der blassen und kalten Haut ist die Schweißsekretion herabgesetzt, die Blutzirkulation geschädigt und offenbar die Gesamternährungsverhältnisse beeinträchtigt. Neben diesen myödematösen Krankheitszeichen sind die Symptome von seiten des *Nervensystems* besonders auffallend. Die Lebhaftigkeit aller Bewegungen ist vermindert. Trotz anscheinend kräftig entwickelter Muskulatur ist deren Leistungsfähigkeit bedeutend eingeschränkt. Die geistige Regsamkeit nimmt ab bis zum Stumpfsinn. Am Skelet zeigt sich eine *Verzögerung der Heilungsvorgänge bei Frakturen.* Gelegentliche Beobachtungen ließen eine Verlangsamung der Nervendegeneration und -regeneration erkennen. Der ganze Organismus erscheint vorzeitig gealtert, ein Zustand, den man als *Progeria* bezeichnet.

Unter den Erkrankungen der Schilddrüse, welche zu einer *weitgehenden Atrophie* oder zur *Entartung des spezifischen Parenchyms* führen, ist der *Kretinismus* besonders häufig. Man hat unterschieden zwischen *endemischem* und sporadischem Kretinismus. Bei beiden finden sich Wachstumseinschränkung, Myxödem verbunden mit *Idiotie,* ganz wie nach operativer Entfernung der Schilddrüse. Der endemische Kretinismus wird besonders in kropfreichen Gegenden häufig beobachtet und beruht auf einer Entartung des Schilddrüsengewebes, während die sporadische Form auf eine fehlende Ausbildung der Schilddrüse

(Thyreoaplasie) zurückgeführt wird. Die letzte Ursache für den endemischen Kretinismus ist bis heute trotz vieler Bemühungen nicht gefunden. Hotz[1] sah bei jugendlichen Kretinen, denen er den Kropf bis auf kleinste Reste entfernte, eine weitgehende Besserung des kretinösen Zustands: ein Nachholen der körperlichen und geistigen Entwicklung eintreten. Er schließt daraus, daß es sich *nicht um Kröpfe mit verminderter Funktion handeln könne.* Die im Gefolge der Hypothyreose sich einstellenden Veränderungen an den übrigen endokrinen Drüsen sollen später im Zusammenhang besprochen werden.

Sehr eindrucksvoll sind die auf Herabsetzung der Schilddrüsenfunktion zurückzuführenden *Veränderungen des Stoffwechsels.* Der gesamte *Kraftwechsel* ist gegen die Norm oft *herabgemindert.* Für den niedrigen Gesamtumsatz kommt neben der körperlichen Trägheit sicher eine Herabsetzung des Grundumsatzes in Frage. Der Verbrauch des ruhenden Körpers kann bis auf 50—60% der Norm sinken. Entsprechend dem geringen Kraftumsatz ist die *Nahrungsaufnahme* erheblich *vermindert.* Wird trotz geringerem Nahrungsbedürfnis die Zufuhr reichlicher gestaltet, so wird leicht Stickstoff angesetzt und es entwickelt sich außerdem eine mehr oder weniger hochgradige Fettleibigkeit. Interessant ist, daß die Schilddrüsen *winterschlafender* Tiere die verschiedensten Grade einer regressiven Umwandlung erkennen lassen[2] und daß durch den Mangel des Schilddrüseninkrets die Oxydationsprozesse herabgesetzt werden. Bei diesem physiologischen Hypothyreoidismus wird dem Organismus durch äußerste Einschränkung des Stoffverbrauchs ein langes Haushalten mit den aufgespeicherten Brennstoffen ermöglicht. Injektionen von Schilddrüsenextrakten lassen beim winterschlafenden Igel nach $1^1/_2$ Stunden Atemfrequenz und Temperatur ansteigen und zuletzt das Tier erwachen, bis schließlich nach Verbrauch der wirksamen Substanz die Tiere in den Winterschlaf wieder zurückfallen.

Der *Kohlehydratstoffwechsel* ist bei *Myxödem* in der Richtung einer erhöhten Toleranz für Traubenzucker verändert. Man hat nach Zufuhr von 200, selbst 500 g Traubenzucker die alimentäre Glykosurie vermißt. Mit der Herabsetzung der Schilddrüsenfunktion und der durch sie bedingten Einschränkung der Oxydation ist offenbar auch die Neigung der Myxödematösen zu *Untertemperaturen* zu erklären.

b) Überfunktion der Schilddrüse. Eine *Überfunktion der Schilddrüse* wird beim Menschen wesentlich häufiger beobachtet als das Gegenteil. Chronische Zufuhr von Schilddrüsenpräparaten machen vermehrtes Hitzegefühl, verstärkte Schweißsekretion, Herzpalpitation und gelegentlich Glykosurie. Zum ausgeprägten Bild des *Morbus Basedow* kommt es jedoch durch artefizielle Schilddrüsenzufuhr beim Menschen nicht. Der Symptomenkomplex, welchen man bei dieser Krankheit beobachtet, ist in der Merseburger Trias nicht erschöpft. Eine *Vergrößerung* der Schilddrüse ist die Regel.

Anatomisch findet man in den Basedowstrumen eine ungeordnete Proliferation des Epithels. Das Kolloid kann vollständig fehlen. In anderen Fällen, oft in ganzen Regionen (z. B. in der Schweiz) findet sich neben der Epithelhyperplasie eine Kolloidstruma. Von Simmonds[3] ist neben der Polymorphie der Follikel auf das Vorkommen von lymphatischen Geweben und echten Lymphfollikeln hingewiesen. Diese Gewebeherde finden sich in 80%

---

[1] Hotz: Klin. Wschr. 1, 2073.
[2] Adler: Arch. f. exper. Path. 86, 159 (1920).
[3] Simmonds: Dtsch. med. Wschr. 1911 II.

aller untersuchten Basedowschilddrüsen und bilden bei weitem die konstanteste Veränderung der Thyreoidea bei dieser Erkrankung, doch sind die gleichen Herde nach SIMMONDS auch bei nicht basedowischen Individuen aller Altersstufen in einer Häufigkeit von über 5% gefunden worden. Die *chemische* Untersuchung der Basedowstrumen hat eine Verminderung des Jodthyreoglobulins ergeben[1] und man hat daraus auf ihre funktionelle Minderwertigkeit schließen wollen. Doch ist dem mit Recht entgegengehalten worden, daß eine vermehrte Produktion des spezifischen Sekrets durch eine Abnahme der Speicherungsfähigkeit und rasche Ausschüttung der wirksamen Substanz kachiert werden könne.

Wie es nach chronischer Verfütterung von Schilddrüsensubstanz bereits zur Tachykardie kommt, sind Herzpalpitationen, unangenehme Gefühle von Herzklopfen, beim Morbus Basedow die Regel. Die am Herzen gefundenen Veränderungen (Hypertrophie und Verfettung) sind nicht auf die Muskulatur des Myokards beschränkt, sondern betreffen sämtliche quergestreiften Muskeln[2].

Man findet eine Abnahme des Muskelvolumens und eine Einlagerung von Fettgewebe in dasselbe. Eine große Reihe von Symptomen des Morbus Basedow erklärt sich durch die Wirkung der Schilddrüsensubstanz auf das *sympathische* und *autonome* System. Die Tachykardie, die Protrusio bulbi, die vasomotorische Erregbarkeit, die Schweißausbrüche und der erhöhte Adrenalingehalt des Blutes sind als Zeichen *gesteigerter Sympathicuserregung* anzusehen. Die Protrusio bulbi ist durch einen erhöhten Tonus des sympathisch innervierten MÜLLERschen Muskels, die gesteigerte Herzfrequenz ist durch Tonussteigerung des Accelerans zu erklären. Andererseits werden das GRÄFEsche Symptom, die Liderweiterung, die Diarrhöen, die veränderte Atmung auf eine Übererregbarkeit des autonomen Systems bezogen. Durchschneidung des Halssympathicus soll die Augensymptome bessern. *Morbus Basedow ist mehr als bloßer Hyperthyreoidismus.*

Der *Stoffwechsel* ist bei der BASEDOWschen Krankheit in typischer Weise verändert, so daß man seine Abweichungen als diagnostisches Hilfsmerkmal benutzen kann. Die Magerkeit der Basedowkranken, die sich trotz erhöhter Nahrungsaufnahme einstellt, legt schon die Vermutung nahe, daß eine *Steigerung der Verbrennungen* vorliegt. Zudem weist die Neigung zur Erhöhung der Körpertemperatur auf einen gesteigerten Stoffverbrauch hin. Die dem vermehrten Energieumsatz entsprechende Zunahme des Sauerstoffverbrauchs um 50—100% und mehr läßt sich durch die gesteigerte Herz- und Atemtätigkeit nur zum Teil erklären; ein anderer Teil wird bedingt durch die hochgradige motorische Unruhe und das Zittern der Kranken. Werden diese Momente durch Morphium ausgeschaltet, so bleibt der Gaswechsel im Vergleich mit dem Ruheumsatz eines normalen immer noch beträchtlich gesteigert.

Die Ursache der Stoffwechselsteigerung muß in einer vermehrten Ausschüttung des Schilddrüseninkrets gesucht werden. In jedem Fall von Hyperthyreose und Morbus Basedow ist der Jodgehalt des Blutes erhöht, so daß wir die *Hyperjodämie* als regelmäßiges Symptom gesteigerter Schilddrüsentätigkeit ansehen. Bei günstiger therapeutischer Beeinflussung der Schilddrüse durch Operation oder Röntgenbestrahlung fallen sowohl die Werte für den Grundumsatz, wie diejenigen für das Jod zur Norm ab. Besonders bei bestrahlten Basedowkranken und Hyperthyreotikern läßt sich eine weitgehende Parallelität zwischen den Kurven des Blutjodgehalts und der Höhe des Grundumsatzes

---

[1] OSWALD: Über die chemische Beschaffenheit und die Funktion der Schilddrüse. Habil.-Schr. Straßburg 1900.

[2] ASKANAZI: Dtsch. Arch. klin. Med. **61** (1898).

feststellen. Es kommt offenbar durch Bestrahlung der Schilddrüse zu einer verminderten Abgabe ihres wirksamen Prinzips[1].

Bemerkenswert sind die Zusammenhänge zwischen der *Ernährungsweise und der Größe der Schilddrüse*. Bei einseitiger Fleischnahrung soll eine Hypertrophie des Organs mit Vermehrung des spezifischen Epithels eintreten, während im Hunger das Parenchym reduziert wird, seine Funktion einstellt und kein Kolloid mehr bildet. Füttert man nach vorausgehendem Hunger ein Tier reichlich, so geht nach 2 Stunden die Schilddrüse in einen Zustand sekretorischer Hyperfunktion über[2]. Am Menschen wurde nach *langdauernder Unterernährung, z. B. Ödemkrankheit,* eine *auffallende Kleinheit* der Schilddrüse festgestellt[3].

Die Tatsache, daß Fleischkost die Schilddrüsentätigkeit besonders stark anregt, hat dazu geführt, Kranke mit Überfunktion der Schilddrüse möglichst *eiweißarm* zu ernähren. In leichten Fällen von Hyperthyreose kann man durch Einhaltung einer fleischarmen kohlehydratreichen Kost unter gleichzeitiger Anwendung der Eiskrawatte besonders nach den Mahlzeiten weitgehende Besserung des Zustandes erreichen.

Die Steigerung des *Eiweißumsatzes* ist bei Basedowkranken durch eine negative Stickstoffbilanz gekennzeichnet. Das gilt jedoch nicht für alle Fälle und auch nicht für jede Zeit der Erkrankung. Es ist gelungen, dem durch die Überfunktion der Schilddrüse bedingten „toxischen" Eiweißzerfall durch gesteigerte Zufuhr von reichlich Kohlehydraten und Fetten entgegenzuwirken.

Eine Störung des *Kohlehydratstoffwechsels* ist durch Herabsetzung der Assimilationsgrenze für Traubenzucker gekennzeichnet. Außer der leicht auslösbaren *alimentären Glykosurie* sind auch Fälle mit *spontaner Glykosurie* beobachtet worden. Mit der Besserung der übrigen BASEDOWschen Zeichen kann auch die alimentäre Glykosurie verschwinden.

Bei manchen Kranken werden typische *Fettstühle* beobachtet, die auf eine korrelative *Störung der Pankreasfunktion* bezogen werden. Es muß also in solchen Fällen offenbar eine Störung des Pankreas mit verminderter Abgabe von Trypsin und Steapsin vorliegen; sie führt zu einer verschlechterten Ausnutzung von Fett und Eiweiß, die durch die beschleunigte Peristaltik, welche viele Basedowiker zeigen, allein nicht erklärt werden kann.

Durch eine Vermehrung des Gehaltes an abnormen Stoffwechselprodukten ist der *Gefrierpunkt des Blutes* in einigen Fällen erniedrigt. Die relative Lymphocytose mit gleichzeitiger Leukopenie, die früher als KOCHERsches[4] Blutbild für die Diagnose des Morbus Basedow mit herangezogen wurde, ist für diese Erkrankung nicht charakteristisch und wird auch bei anderen endokrinen Störungen gefunden.

2. Nebenschilddrüse.

Bei den ersten Versuchen der *Totalexstirpation* der Schilddrüse beobachtete man nicht selten einen akut einsetzenden, mit schweren Krämpfen und nervösen Störungen verbundenen Zustand, der als *Tetanie* bezeichnet wurde und dessen Eintreten man als Folge der Schilddrüsenexstirpation auffaßte. Auffälligerweise trat dieser Zustand bei Carnivoren mit ziemlicher Regelmäßigkeit ein, während

---

[1] NOLTE u. MÖBIUS: Z. klin. Med. **128**, H. 6 (1935).
[2] MISSIROLI: Pathologie, Bd. 2, S. 38. 1910.
[3] PALTAUF: Wien. klin. Wschr. **17**, 46.
[4] KOCHER: Korresp.bl. Schweiz. Ärzte **7**, 221 (1910).

bei Herbivoren eine chronische Kachexie als Folge der Schilddrüsenentfernung beobachtet wurde. Dieser Unterschied ist dadurch zu erklären, daß kleine erbsengroße Drüsen, die sog. Epithelkörperchen, bei den Carnivoren der Schilddrüse dicht auf- bzw. eingelagert sind, während sie sich durch sorgfältiges Vorgehen bei den Herbivoren bei Entfernung der Schilddrüse leicht schonen lassen. Man lernte bald, daß die Entfernung dieser Epithelkörper den eben als Tetanie beschriebenen Zustand und bei radikaler Ausmerzung den Tod herbeiführt.

Die Glandulae parathyreoideae unterscheiden sich in ihrem *histologischen* Bau von der Schilddrüse durch ihre eigenartige Struktur, welche durch die Capillaren gegeben ist, ferner durch ihre oft ungegliederten Epithelmassen und das wechselnde Aussehen derselben. Die Hauptzellen, welche viel Glykogen enthalten, sind groß und schwerer tingierbar als die oxyphilen Zellen, die mit Eosin intensiv rot gefärbt werden. Gelegentlich findet man in follikelartigen Räumen eine kolloide Substanz.

a) Unterfunktion der Epithelkörper. Durch systematische Exstirpationsversuche suchte man über die Funktion der Epithelkörper ins Klare zu kommen. Bei gelungener *totaler Entfernung der Nebenschilddrüsen* tritt, nachdem sich vorher das Krankheitsbild der *akuten Tetanie* entwickelt hat, in wenigen Tagen der Tod ein. Nach einem ersten Stadium der Hinfälligkeit, welches mit mangelnder Freßlust und gesteigertem Flüssigkeitsbedarf verläuft, zeigt sich eine mechanische Übererregbarkeit aller peripheren Nervenstämme. Fibrilläre Muskelzuckungen, am Kopf beginnend, breiten sich rasch über die Muskulatur des ganzen Körpers aus. Anfallsweise setzen die heftigen klonischen Krämpfe ein, die fast alle Muskeln des Körpers befallen. Bei jungen Tieren kommt es oft zu einer so hochgradigen Tonussteigerung, besonders in den hinteren Extremitäten, so daß man die Tiere mit steif nach hinten gestreckten Beinen in sog. Seehundsstellung frei in der Luft halten kann. Der Tod tritt als schließliche Folge der Zwerchfellähmung ein. Bemerkenswerterweise steigt bei den heftigen Krämpfen die Körpertemperatur nicht selten auf 42°. Die bei allen Tierarten nach Entfernung oder Verletzung der Epithelkörper auftretenden Symptome der *gesteigerten Erregbarkeit des Nervensystems* sind gekennzeichnet durch das vor allem beim Menschen zu beobachtende CHVOSTECKsche Zeichen, welches durch Zuckungen im Facialisgebiet nach einem leichten Schlag in die Gegend unter dem Jochbogen gekennzeichnet ist und durch das TROUSSEAUsche Phänomen, welches in einem tonischen Krampf der Extremitäten nach Druck auf die Nervenstämme besteht. Beim Menschen stellt sich eine typische Fingerhaltung, die sog. Geburtshelferstellung der Hand, ein.

Eine nur *teilweise Entfernung der Epithelkörperchen* führt zum Krankheitsbilde der *latenten Tetanie,* bei dem die Symptome der akuten Krankheit nur unter bestimmten Bedingungen, z. B. in der Gravidität oder bei neu hinzutretenden Schädigungen, sich einstellen. Bei der chronischen Tetanie kann es zu Veränderungen an den Augen (Katarakt) und Nägeln kommen. Treten die Störungen in der Periode der Zahnentwicklung auf, so können sich horizontal verlaufende Rillen und Streifen ausbilden. Beim Menschen ist das Krankheitsbild der Tetanie außer nach Entfernung der Epithelkörperchen in einer Reihe anderer in ihren Ursachen bisher nicht genau aufgeklärter Zustände beobachtet worden, z. B. nach gastrointestinalen Autointoxikationen, nach Magenausheberung bei Gastrektasien, ferner bei Kindern mit sog. spasmophiler Diathese, nach Infektionskrankheiten und schließlich bei der idiopathischen Tetanie der

Arbeiter; auch in der Gravidität und nach Hyperventilation wurde Tetanie beobachtet. Ob es sich in allen diesen Fällen um Erkrankungen der Nebenschilddrüsen handelt, ist bisher nicht sichergestellt.

Die *verminderte inkretorische Tätigkeit der Nebenschilddrüsen* bedingt beim Menschen ein Absinken des Blutkalkspiegels, einen Anstieg des anorganischen Phosphors im Blute, sowie eine Verschiebung des Säure-Basengleichgewichts im Sinne einer Alkalose.

Bei spontaner und *operativer Tetanie* infolge absoluten oder relativen Mangels der Nebenschilddrüsen beim Menschen hat man ein Absinken des Serumkalkspiegels bis auf 7 mg-% festgestellt. Immer wenn eine so tiefe *Hypocalcämie* eingetreten ist, stellen sich die Hand- und Fußkrämpfe, die Symptome von ERB, CHVOSTECK und TROUSSEAU ein. Durch das Hormon der Parathyreoidea von COLLIP[1] können die Symptome zum Verschwinden gebracht und der Kalkspiegel gehoben werden. Bei überreichlicher Zufuhr des Hormons der Nebenschilddrüse wird eine Hypercalcämie mit Entkalkung des Skelets gefunden. Bei längerer Fortführung der Einspritzungen gelang es bei Tieren eine Ostitis fibrosa cystica generalisata zu erzeugen[2].

b) Überfunktion der Epithelkörperchen. Eine Überfunktion der Epithelkörperchen findet sich beim *Adenom* der Parathyreoidea. Dieses führt zu einer eigenartigen Erkrankung des Knochensystems, der RECKLINGHAUSENschen Krankheit. Bei diesem Leiden werden an verschiedenen Stellen des Skelets cystische Auftreibungen gefunden, welche zu Spontanfrakturen führen können. In den Cysten finden sich oft Wucherungen, welche von den normalen Knochenmarksriesenzellen ausgehen. Neben den multiplen Cysten findet sich eine allgemeine Kalkarmut der Knochensubstanz, welche zu pseudo-osteomalacischen Zuständen führen kann (Ostitis fibrosa cystica generalisata).

Bei diesen Adenomen der Nebenschilddrüsen hat man ebenfalls eine Erhöhung des Kalkspiegels — gelegentlich auf über das Doppelte der Norm — gefunden; gleichzeitig mit einer vermehrten Kalkausscheidung durch den Harn. Die glückliche Entfernung eines Nebenschilddrüsenadenoms läßt den Kalkspiegel des Blutes und die Kalkausscheidung im Harn zur Norm absinken. Die Regularisierung des Kalkhaushalts läßt sich nach einer solchen Operation auch durch die Wiederaufnahme von Kalk in die Knochen röntgenologisch verfolgen. Über gelungene Operationen von Nebenschilddrüsenadenomen bei RECKLINGHAUSENscher Erkrankung ist bereits mehrfach berichtet[3].

Die *menschliche Rachitis* ist gleichfalls mit einer Störung in der Funktion der Epithelkörperchen in ätiologische Beziehungen gebracht worden. Man beobachtet nämlich besonders bei Ratten als Folge der *chronischen parathyreopriven Tetanie* Verkalkungsstörungen an den Zähnen, speziell eine mangelnde Verkalkung des Dentins und eine Hypoplasie des Schmelzes, ganz ähnlich wie sie auch bei der menschlichen Rachitis als sog. Erosionen an den Zähnen gesehen werden. Auch Störungen der Knochenentwicklung und des Wachstums mit histologischen Veränderungen, die stark an das Bild der menschlichen Rachitis erinnern, werden nach Entfernung der Nebenschilddrüsen beobachtet, wobei das Kalklosbleiben oder mangelnde Verkalkung des neu anwachsenden Knochengewebes besonders charakteristisch ist. An diesen Befunden ist nicht zu zweifeln. Wir wissen aber heute, daß die Rachitis im wesentlichen als Avitaminose aufzufassen ist (s. S. 248).

---

[1] COLLIP: J. of biol. Chem. **63**, 395 (1925).
[2] JAFFÉ, BODANSKY u. BLAIR: Klin. Wschr. **1930** I.
[3] SNAPPER u. BOEVÉ: Dtsch. Arch. klin. Med. **170** (1931).

3. Thymus.

Die Thymusdrüse hat zur Pubertätszeit ihre höchste Entwicklung. Sie wiegt im Alter von 1—5 Jahren 13 g, zwischen 11 und 15 Jahren 37 g, zwischen dem 36. und 45. Lebensjahr 16 g. Ein funktioneller Zusammenhang mit der körperlichen und geschlechtlichen Entwicklung des Individuums ist sichergestellt. Die *Exstirpation in frühester Jugend führt zu Störungen des Knochenwachstums:* Die Röhrenknochen bleiben kurz und haben dicke Epiphysen, zeigen eine mangelhafte Kalkablagerung; Folge davon ist eine große Weichheit und Zerbrechlichkeit. Der Thymusdrüse wird nach unserer heutigen Kenntnis ein eutrophischer, regulierender Einfluß auf das Wachstum zugesprochen. Die abnorme Entwicklung der Geschlechtsfunktion war in einigen Fällen durch ein beschleunigtes Wachstum der Keimdrüsen, in anderen wiederum durch eine aufgehobene Spermatogenese gekennzeichnet. Kastraten sind durch eine Verzögerung der normalen Thymusinvolution ausgezeichnet, während eine übermäßige sexuelle Betätigung, z. B. bei Zuchtstieren, die Rückbildung der Thymusdrüse beschleunigen soll. Hodenexstirpation bedingt Thymusvergrößerung. Außer der physiologischen ist eine *akzidentelle Involution* des Thymus bekannt. Im *Hunger* kann das Gewicht der Drüse schon nach 3 Tagen auf die Hälfte reduziert sein. Eine ähnliche Verkümmerung der Thymusdrüse wurde im Winterschlaf beobachtet und während der Gravidität bei Tieren und beim Menschen. In der humanen Pathologie spielt der *Thymus persistens*, eine abnorm große Ausbildung des Thymus, eine bedeutsame Rolle, weil dieser Zustand als Ursache plötzlicher Todesfälle angesprochen wurde. Es ist aber sehr fraglich, ob die vergrößerte Drüse das sog. *Asthma thymicum* durch eine Kompression der Luftwege bedingen kann, also gewissermaßen ein mechanisch herbeigeführter Erstickungstod die Folge der Thymusvergrößerung ist. Fraglos ist nach operativer Entfernung des vergrößerten Thymus häufig eine Besserung der Dyspnoe beobachtet worden und auch nach einer künstlichen Involution des Thymus durch Röntgenbestrahlung Besserungen erzielt worden. Wichtig ist, daß bei dem sog. Status thymicolymphaticus neben den Veränderungen im Thymus selbst in vielen Fällen anderweitige Konstitutionsanomalien gefunden wurden, so daß die Vergrößerung des Thymus nur als ein Teilsymptom des beschriebenen Zustandes gelten kann. Keine der bisher für den *Thymustod* geltend gemachten Ursachen (Hyperthymisation, Vagotonie mit einer gesteigerten Empfindlichkeit für autonome Reize, Gleichgewichtsstörungen des gesamten endokrinen Organsystems usw.) hat sich bisher durchsetzen können.

4. Hypophyse.

Die Hypophyse (Glandula pituitaria) ist in der von der Dura mater bekleideten Sella turcica im vorderen Winkel des Chiasma opticum eingebettet. Ihr Gewicht ist beim Manne geringer als bei der Frau, beträgt beim Mann im 2. bis 7. Lebensjahrzehnt 56—61 cg und kann bei der Frau am Ende der Gravidität bis auf 165 cg ansteigen.

Das Organ setzt sich aus drei funktionell ungleichwertigen Gebilden zusammen. Der *Vorderlappen* besteht aus Epithelzellen, die in Maschen bindegewebigen Stromas zu soliden Zellsträngen zusammengeordnet sind. Unter ihnen werden *Hauptzellen,* welche ungranuliert, wenig differenziert und nicht mit

Chrom färbbar sind, von *chromophilen* Zellen mit reichlichem eosinophilen und basophilen granuliertem Protoplasma unterschieden. Diese letzteren Zellen zeigen eine ausgesprochene Chromfärbbarkeit. Bei *Graviden* werden aus den Hauptzellen hervorgehende Elemente mit großem unregelmäßigen Kern und eosinophilen Granulis — sog. Schwangerschaftszellen — gefunden. Vom Vorderlappen ist der aus Neuroglia, Bindegewebe, Nervenfasern und Nervenzellen bestehende *Hinterlappen* durch die sog. *intermediäre* Zone abgetrennt; in ihr finden sich spärlich eosinophil granulierte Epithelzellen, welche deutliche Follikelstruktur mit kolloidhaltigen Lumina aufweisen.

Die *Funktionen* der Hypophyse hat man durch Injektionen von Extrakten und durch Exstirpationsversuche aufzuklären sich bemüht. Keine der *wirksamen* Substanzen ist bisher *rein* dargestellt worden. Die für die menschliche Therapie verwendeten Hypophysenprodukte werden aus dem Hinterlappen und der Pars intermedia zusammengewonnen. Aus dem Hypophysenvorderlappen werden die übergeordneten Sexualhormone dargestellt. Ohne die Inkrete des Hypophysenvorderlappens können die *Keimdrüsen* in beiden Geschlechtern ihre Aufgabe nicht erfüllen. Die geschlechtliche Entwicklung *infantiler* Tiere wird durch Entfernung des Hypophysenvorderlappens verhindert. Beim geschlechtsreifen Tier führt die Exstirpation des Hypophysenvorderlappens zum Aufhören der Spermaproduktion, der Brunstzyklen, zur Follikelatresie, zum Aufhören der Eireifung und Bildung der Corpera lutea und schließlich zur völligen Atrophie der Genitalorgane mit ihren Anhangsdrüsen.

Ob jeder der drei anatomisch unterschiedenen Abschnitte der Hypophyse *Inkrete mit spezifischer* Wirkung liefert, ist bis heute strittig geblieben. Eine chemisch reine Darstellung ist bis heute für keines der Hypophysenhormone gelungen.

Vom *Hypophysenvorderlappen* sollen allein sieben Hormone mit differenter Wirkung gebildet werden. Von den *gonadotropen Wirkstoffen* des Hypophysenvorderlappens werden das Follikelreifungs- und das Luteinisierungshormon unterschieden. Die gonadotropen Hypophysenvorderlappenhormone sind mit den gonadotropen Wirkstoffen des Schwangerenharns *nicht* identisch. Man unterscheidet demnach:

1. Das Follikelreifungshormon ⎱ aus der Hypophyse.
2. Das Luteinisierungshormon ⎰
3. Das Follikelreifungshormon (Prolan A) ⎱ aus Placenta bzw. Chorionepithel in den
4. Das Luteinisierungshormon (Prolan B) ⎰ Schwangerenharn gelangend.

Bei hypophysektomierten Ratten und Hunden konnte man mit gonadotropem Hormon aus Schwangerenurin (Prolan) keine Wirkung erzielen[1]. Daraus geht hervor, daß die Harnextrakte erst bei *Mitarbeit* der *Hypophyse* bzw. gleichzeitiger Zufuhr von Hypophysenextrakten wirksam werden. Auch bewirkt das Follikelreifungshormon aus Schwangerenharn (Prolan A) lediglich die Reifung einiger weniger Follikel des Mäuseovars, während der Hypophysenvorderlappenwirkstoff eine echte Hypertrophie mit zahlreichen Follikeln hervorruft. Man nimmt heute an, daß die Placenta bzw. das Chorionepithel die Bildungsstätten der im Harn gefundenen Geschlechtshormone (Prolan A und B) sind. Ihre

---

[1] REICHERT, PENCHARZ, SIMPSON, MEYER, EVANS: Proc. Soc. exper. Biol. a. Med. **28**, 843 (1931). — Amer. J. Physiol. **100**, 157 (1932). — FREUD: Nederl. Tijdschr. Geneesk. **77**, 611 (1933).

Ausscheidung setzt schon am Ende der ersten Woche nach erfolgter Konzeption ein und hält bis zum Ende der Schwangerschaft an. Auf dieser Tatsache beruht bekanntlich die ASCHHEIM-ZONDEKsche Schwangerschaftsreaktion. Bei Blasenmole, Chorionepitheliom und Ovarial- bzw. Hodenteratom können um ein Vielfaches größere Mengen ausgeschieden werden, so daß man diese Tatsache auch zu diagnostischen Zwecken ausgenutzt hat. Aber auch das Follikelreifungshormon des Hypophysenvorderlappens wird unter Umständen im Harn gefunden, so nach Kastration und im Senium sowohl bei Frauen wie auch bei Männern. Während die Wirkung der gonadotropen Hormone des Hypophysenvorderlappens auf die weiblichen Geschlechtsorgane weitgehend klargestellt ist, besteht über deren Einfluß auf die männlichen Keimdrüsen noch keine einheitliche Ansicht. Mit Hypophysenvorderlappenextrakten wurde teils eine *Anregung der Spermiogenese,* teils lediglich eine Vergrößerung der *Hoden* mit *Vermehrung* der *Zwischenzellen* und *Wachstum der Samenblasen* gefunden, während das aus Schwangerenharn gewonnene gonadotrope Hormon eindeutig nur eine Vermehrung der LEYDIGschen Zwischenzellen bedingt. Als Folge der Stimulierung der *Zwischenzellen* tritt Vergrößerung von Penis, Samenblasen und Prostata ein, die nach Kastration ausbleibt. Diese stimulierende Einwirkung des gonadotropen Wirkstoffs ist auch therapeutisch bei der *Behandlung des Kryptorchismus ausgenutzt* worden.

Das Wachstumshormon des Hypophysenvorderlappens wird wahrscheinlich von den eosinophilen Zellen produziert. Der Angriffspunkt des Wachstumshormons ist das Skeletsystem und hier insbesondere die Epiphysenfugen[1] und etwas weniger stark die periostale Knochenbildung. Sind die Epiphysenfugen noch nicht verknöchert, so kommt es bei Zufuhr von Wachstumhormon zum Riesenwuchs, während nach Ossifikation der Epiphysenfugen Akromegalie resultiert, wie an Hunden gezeigt wurde[2].

Therapeutisch hat man bei 7 Fällen von *hypophysärem Zwergwuchs* eine Wachstumszunahme erreicht[3]. Es ist aber sicher anzunehmen, daß der Wachstumsrückstand nur zum Teil wieder aufgeholt werden kann.

Die Tatsache einer innigen Wechselbeziehung zwischen *Hypophysenvorderlappen* und *Schilddrüse* ist durch Ausschaltungsversuche der Hypophyse sichergestellt. Dieser Eingriff hat eine Atrophie der Schilddrüse zur Folge. Auch durch krankhafte Vorgänge im Hypophysenvorderlappen kommt es zu einem Schilddrüsenschwund. Implantation von Hypophysenvorderlappen oder Extrakt von Hypophysenvorderlappen macht bei Tieren die Schilddrüsenatrophie rückgängig. Umgekehrt tritt nach *Entfernung* der *Schilddrüse* beim Säugetier eine Hypertrophie des Hypophysenvorderlappens ein. Der *thyreotrope* Wirkstoff des Hypophysenvorderlappens regt die Schilddrüse zur stärkeren Bildung und Abgabe von Thyroxin an. Die Abgabe überwiegt die Bildung, so daß die Schilddrüse an Jod verarmt, das Blut dagegen an eiweißgebundenem Jod angereichert wird. Die Folgen für den Gesamtstoffwechsel sind die gleichen wie nach Thyroxingaben, so daß man an Tieren mit Hypophysenvorderlappen-Extraktgaben künstlich einen Basedow hervorrufen kann. Beim thyreoidektomierten Tier bleibt der thyreotrope Wirkstoff des Hypophysenvorderlappens ohne Einfluß auf den

---

[1] ERDHEIM: Der Lebensvorgang im normalen Knorpel und seine Wucherung bei Akromegalie. Berlin: Julius Springer 1931.
[2] PUTNAM, BENEDIKT u. TEEL: Arch. Surg. **18**, 1708 (1929).
[3] ENGELBACH, SCHÄFER u. BROSIUS: Endokrinol. **17**, 250 (1933).

Stoffwechsel. Ähnliche Beobachtungen über den thyreotropen Wirkstoff wurden am Menschen gemacht[1].

Über diesen vierten Wirkstoff des Hypophysenvorderlappens, das *thyreotrope Hormon,* machte man die merkwürdige Feststellung, daß seine längerdauernde Anwendung die Bildung eines Antihormons zur Folge hat[2]. Das Serum derart vorbehandelter Tiere neutralisiert bei anderen die Wirkung des thyreotropen Hormons. Die Untersucher kommen zu der Ansicht, daß die BASEDOWsche Erkrankung vielleicht auf einer Störung im Gleichgewicht zwischen Hormon und Antihormon beruhe. Die therapeutische Verwendung des thyreotropen Hormons ist bisher noch sehr beschränkt. SCHITTENHELM hat es bei hypophysärer Fettsucht verwandt, jedoch war die Wirkung geringer als die von Thyroxin[3]. SYLLA[4] sah dagegen eine deutliche Steigerung der spezifisch-dynamischen Wirkung unter gleichzeitigem Gewichtsabfall. Eine günstige Wirkung bei Fettsucht sahen SCHITTENHELM und EISLER bei kombinierter Zufuhr von Thyroxin und gonadotropem Hormon.

Die Hypophyse ist ferner, dank eines weiteren Hormons, des *Prolaktins,* ein für die Milchsekretion wichtiges Organ. Entfernt man laktierenden Tieren den Hypophysenvorderlappen, so hört die Milchsekretion sofort auf. Durch Prolaktin kann sie bei diesen Tieren aber wieder in Gang gebracht werden.

Bei Funktionsausfall der Hypophyse treten in den Nebennieren, speziell in der Rinde regressive Erscheinungen auf, die auf eine Einwirkung der Hypophyse auf die Nebennieren hinweisen. Tatsächlich konnte EVANS ein *adrenotropes* Hormon aus dem Hypophysenvorderlappen isolieren. Es ruft bei teilweiser Entfernung der Nebennieren eine starke Hypertrophie des erhaltenen Gewebes hervor, eine Tatsache, die für eine künftige Therapie des *Morbus Addison* von Bedeutung werden kann.

Auch der Kohlehydratstoffwechsel wird hormonal von der Hypophyse beeinflußt, was wir aus den Beobachtungen über den akromegalen Diabetes wissen. Ein von LUCKE beschriebenes kontrainsuläres Hormon soll entweder direkt oder auf dem Umwege über die Nebennieren die Insulinbildung hemmen[5]. Schließlich wollen ANSELMINO und HOFFMANN ein „Fettstoffwechselhormon" aus dem Hypophysenvorderlappen isoliert haben, das die Menge der Acetonkörper, insbesondere der β-Oxybuttersäure, steigern soll.

Intravenöse Injektionen von *Hypophysenhinterlappenextrakt, Pituitrin*[6], zeitigen eine Reihe charakteristischer Wirkungen, die sich trennen lassen in solche auf die *glatte Muskulatur der Gefäße, der Blase, des Darms und des Uterus,* solche auf *einige drüsige Organe* (Niere und Brustdrüse) und schließlich in solche auf die *quergestreifte Muskulatur des Herzens. Die Gefäßwirkung* kommt vor allem nach intravenöser Applikation der wirksamen Substanz zur Geltung und zeigt sich in einer minutenlang anhaltenden Steigerung des Blutdrucks, welche durch eine Tonuserhöhung der Gefäßmuskulatur bedingt ist. In ähnlicher Weise ist auch die *Zunahme des Blasentonus* und die kräftige Anregung der *Uteruskontraktionen* — des graviden weit mehr als des virginellen — zu erklären.

<hr>

[1] SCHITTENHELM u. EISLER: Klin. Wschr. **1932** I, 1092.
[2] COLLIP u. ANDERSON: J. amer. med. Assoc. **104**, 956 (1935).
[3] SCHITTENHELM u. EISLER: Klin. Wschr. **1933** I, 1092.
[4] SYLLA: Z. klin. Med. **127**, 316 (1934).   [5] LUCKE: Verh. dtsch. Ges. inn. Med. **1933**.
[6] OLIVIER u. SCHÄFER: J. of Physiol. **18**, 277 (1895).

Die Wirkung auf die Darmmuskulatur äußert sich in einer *Zunahme des Tonus* mit gleichzeitig rasch vorübergehender *Abnahme* der *peristaltischen* Bewegungen, welche bald einer sekundären, sehr erheblichen Vergrößerung der Darmkontraktionen Platz macht. Auch eine *mydriatische* Wirkung der Hypophysenextrakte ist bekannt.

Es lassen sich heute schon aus dem *Hypophysenhinterlappen* das kreislaufwirkende Prinzip (Vasopressin) von der uteruswirksamen Substanz (Oxytocin) trennen. Beide Substanzen sind in dem als *Pituitrin* bekannten Extrakt nachgewiesen. Ein dritter Wirkstoff ist als *Lipoitrin* bekannt. Seine Injektion bewirkt eine Verminderung des Blutfetts und eine vermehrte Fettstapelung in der Leber[1]. Vielleicht ist eine verminderte Lipoitrinproduktion infolge Erkrankung der Hypophyse die Ursache für die danach beobachtete Fettsucht.

Die *Wirkung auf das Herz* ist gekennzeichnet durch eine Verstärkung der systolischen Leistung und einer Verlangsamung der Aktion, welche nach Vagusdurchschneidung am isolierten Frosch- und Säugetierherzen zustande kommt.

Die *Wirkung auf die Niere* verläuft bei den Tierexperimenten anders als beim Menschen. Nach intravenöser Injektion ist bei Tieren eine verstärkte Diurese mit einer Dilatation der Nierengefäße und entsprechender Vergrößerung des Nierenvolumens sichergestellt. Beim Menschen fällt die Urinmenge nach intramuskulärer Injektion von Pituglandol stark ab, in späterer Zeit befreit sich der Körper von dem retinierten Wasser durch eine ausgesprochene Harnflut. Das Kochsalz und die Phosphate steigen in den prozentualen und absoluten Werten an, was bei der verminderten Harnflut nur mit einem Angriff der Hypophysensubstanz an der Nierenzelle selbst erklärt werden kann[2].

Die Produkte des Hypophysenhinterlappens haben in der Therapie des *Diabetes insipidus* eine gewisse Bedeutung gewonnen, indem es gelingt durch Injektion die große Harnmenge auf ein beträchtliches Maß herabzumindern. Der antidiuretische Wirkstoff ist auch im Liquor nachgewiesen worden.

Im Blute der Schwangeren und besonders im Blutserum kreißender Frauen hat man vermehrte Mengen des *Oxytocins* nachgewiesen. Auch im Liquor cerebrospinalis ist diese Substanz gefunden. Die therapeutische Wirkung der Oxytocinkomponente des Pituitrins zur Anregung der Uterusmuskulatur in der Geburt ist bekannt. Das Vasopressin wird von KROGH[3] als *Capillarhormon* im Gegensatz zum Adrenalin, daher als Hormon der Arteriolen bezeichnet, angesprochen. Durch Einwirkung auf die Capillaren kommt es zu einem Blaßwerden der Haut. Der erhöhte Strömungswiderstand führt zu einem gesteigerten Blutdruck. Während beim Tier das Pituitrin einen Krampf der Bronchialmuskulatur bedingt, wird beim asthmakranken Menschen eine Lösung des Bronchialmuskelkrampfes herbeigeführt.

Nach vielen vergeblichen Versuchen gelang es an einem großen Material von der Schläfe aus ohne Blutung und Nebenverletzung des Gehirns die *Hypophyse zu entfernen*[4]. Die Versuche lehrten eindeutig, daß die Hypophyse ein lebenswichtiges Organ ist, dessen Totalexstirpation im Laufe einiger Tage bis einiger Wochen unter einem typischen Krankheitsbilde der *Cachexia*

---

[1] RAAB: Z. exper. Med. 89, 588; 90, 729 (1933).
[2] FREY u. KUMPIESS: Z. exper. Med. 2, 380 (1914).
[3] KROGH: Anatomie und Physiologie der Capillaren. Berlin: Julius Springer 1929.
[4] CUSHING and BIEDL: Amer. J. med. Sci. 1910, 473. — BIEDL: Wien. klin. Wschr. 1897 I, 195.

hypophyseopriva zum Tode führt. Junge Tiere vertragen die Operation im allgemeinen besser als alte. Durch Injektion von Hypophysenextrakt läßt sich der Tod aufhalten aber nicht vermeiden. Die *isolierte Ausmerzung des Hinterlappens* führt nicht zu charakteristischen Erscheinungen, die Entfernung des *Vorderlappens* dagegen bedingt ein Anwachsen von Fettgewebe im ganzen Körper, eine Polyurie, gelegentlich vorübergehende Glykosurie, eine Störung der Sexualtätigkeit, die mit Atrophie des Hodens bzw. der Ovarien einhergeht.

Ausfall der ganzen Hypophyse bedingt bei *jungen* Tieren ein Zurückbleiben des Wachstums und Körpergewichts bei relativ reichlichem Fettansatz, eine Persistenz des Milchgebisses, eine Unterentwicklung des Genitales mit Aufhören der Spermatogenese bzw. Rückbildung der Ovarialfollikel. Partielle Entfernung des Vorderlappens hat nach *vorübergehender* Glykosurie und Polyurie mit herabgesetzter Kohlehydrattoleranz eine vorübergehende Erhöhung der Assimilationsgrenze für Kohlehydrate zur Folge.

a) Unterfunktion der Hypophyse. Bei *Unterfunktion der Hypophyse des Menschen* ist zuerst von SIMMONDS[1] die *hypophysäre Kachexie* (SIMMONDSsche Krankheit) als ein typisches wohlabgerundetes endokrines Krankheitsbild geschildert worden. Als charakteristische Erscheinungen werden das greisenhafte Aussehen, der Verlust der Zähne, das Ausbleiben der Menses, das Fehlen der Achsel- und Schamhaare, die chronische, durch keine andere Organveränderung erklärbare Kachexie angegeben. In den von diesem Autor mitgeteilten Fällen führten embolische Prozesse zu einer keilförmigen anämischen Nekrose im Hypophysenvorderlappen. Außer dieser Ätiologie können basophile Adenome und tuberkulöse Herde zu einer Vernichtung des drüsigen Anteils der Hypophyse führen. Es muß betont werden, daß weitgehende Verheerungen des Hypophysenvorderlappens nicht immer zur Kachexie führen, es genügen offenbar kleine glanduläre Reste, um die Funktion des zugrunde gegangenen Parenchyms zu übernehmen bzw. aufrechtzuerhalten.

Eine weitere Störung, welche auf eine Unterfunktion der Hypophyse bezogen wird, ist das als *Dystrophia adiposogenitalis* beschriebene Krankheitsbild. Die wesentlichen Symptome dieser Erkrankung sind Fettablagerungen an Brust und Bauch, Trockenheit und Herabsetzung der Temperatur der Haut, verminderte Schweißsekretion, trophische Störungen an Haaren und Nägeln. In vielen Fällen ist es schwierig zu entscheiden, ob die Störung primär bedingt ist durch eine Unterfunktion der Schilddrüse und die eigentümliche Hypoplasie des Genitalapparats als eine Folge dieser Abweichung anzusehen ist, oder ob umgekehrt die primäre Störung in den Keimdrüsen zu suchen ist. Zu den typischen Symptomen der hypophysären Fettsucht beim Manne gehört neben dem infantilen Gesamthabitus das Fehlen der Libido und der Erektionen, bei den Frauen eine Unregelmäßigkeit der Menstruation. Anomalien, speziell eine Mangelhaftigkeit der Behaarung, sind sehr häufig. Die anatomischen Befunde bei dieser Erkrankung sind in der Regel Tumoren mit destruierendem Wachstum in der Hypophysengegend, Sarkome, Gliome, Cysten. Für die Auffassung, daß die Fettsucht in diesen Fällen durch eine Unterfunktion der Hypophyse bedingt ist, ist ein Fall von Schußverletzung bei einem 9jährigen Mädchen beweisend. Die Kugel saß in der Sella turcica fest, und es bildete sich im Anschluß an dieses

---

[1] SIMMONDS: Dtsch. med. Wschr. **1916/17 I, 31.**

schwere Trauma eine allgemeine Fettsucht aus[1]. Tierversuche zeigten, daß nach partieller Hypophysektomie eine deutliche Zunahme des Fettes, eine Unterentwicklung der Keimdrüsen und des ganzen Genitaltrakts, bei jugendlichen Tieren eine Persistenz des infantilen Habitus eintrat. Bei Untersuchungen des Kohlehydratstoffwechsels zeigten die Fälle typischer hypophysärer Fettsucht eine erhöhte Kohlehydrattoleranz. Bei hypophysenlos gemachten Hunden ist gelegentlich eine bedeutende Abnahme des respiratorischen Gaswechsels festgestellt worden. Ein eigentümlicher mit Charakterveränderung einhergehender Zustand ist die hypophysäre Plethora (CUSHINGsche Krankheit). Sie ist durch Fettansatz an Gesicht, Hals und Stamm, Knochenschwund, Geschlechtshypoplasie, Hypertrichosis, vasculärer Hypertension, Erythrämie, Schwäche und in einer düsterroten Verfärbung der Haut mit großen purpurroten Striae gekennzeichnet. Auch die bei manchen Hypophysenerkrankungen beobachtete *Schlafsucht* wird auf diese Krankheit bezogen. In vielen Fällen bestehen gleichzeitig Veränderungen an den Nebennieren, die von manchen Autoren als primäre angesehen werden.

Das häufige Zusammentreffen von temporaler Hemianopsie, Hirndrucksymptomen und Polyurie führten zu der Auffassung, daß das als *Diabetes insipidus* bekannte Krankheitsbild auf eine Störung der Hypophyse zurückzuführen ist. Mechanische und thermische Schädigungen des freigelegten Gehirnanhanges haben eine viele tagelang dauernde Polyurie zur Folge, während die Freilegung der Drüse an sich keine Vermehrung des Harns bedingt[2]. Die in diesem Zusammenhang bedeutsame *harntreibende* Wirkung der Hypophysensubstanz wurde bereits erwähnt. Nach Schußverletzungen der Hypophysengegend ist es gelegentlich zum Auftreten eines typischen Diabetes insipidus gekommen[3]. Es muß aber erwähnt werden, daß auch nach anderen cerebralen Affektionen, die die Gegend der Hypophyse nicht direkt treffen, Schädeltraumen, Hirngeschwülste in der hinteren Schädelgrube, Hydrocephalus internus, Meningitis verschiedener Ätiologie, besonders luische Basalmeningitis, zu dem Symptomenkomplex des Diabetes insipidus führen können. Es ist daher schwierig, die von vielen angenommene Hypothese, daß der essentielle Diabetes insipidus auf eine *pathologische Überfunktion der Pars intermedia der Hypophyse* zurückzuführen sei, für alle Fälle durchzuführen. Da wo eine *direkte* Mitbeteiligung der Hypophyse sich *nicht* nachweisen läßt, wird von den Autoren eine Reizwirkung, z. B. durch die allgemeine Drucksteigerung im Schädelinnern, auf den betreffenden Anteil der Hypophyse angenommen.

Es ist aufgefallen, daß nahezu alle Fälle von Hypophysentumor, wenn die Krankheit *jugendliche* Individuen traf, ein Zurückbleiben im Wachstum zeitigen. Diese Fälle von *hypophysärem Zwergwuchs* sind auf eine Wachstumshemmung zurückzuführen. Außer dem Kleinbleiben des ganzen Individuums ist eine Störung der Ossifikation und Dentition in vielen Fällen gefunden worden. Gleichzeitig ist bei manchen eine Genitaldystrophie ausgebildet. Man findet bei röntgenologischen Untersuchungen neben Veränderungen an der Sella Verzögerung des Auftretens der Knochenkerne und des Epiphysenschlusses.

---

[1] MADELUNG: Arch. klin. Chir. **73**, 1066 (1904).
[2] SCHÄFER: Die Funktionen des Gehirnanhangs. Berner Universitätsschr. 1911, H. 3.
[3] FRANK: Berl. klin. Wschr. **1912 I**.

b) Hypophysäre Überfunktion. Als Folgen *hypophysärer Überfunktion* werden die typischen Krankheitsbilder der Akromegalie und des Gigantismus angesprochen. Die *Akromegalie* befällt nur ausgewachsene Individuen. Die ersten Erscheinungen sind Kopfschmerzen, Schläfrigkeit, Apathie, Störungen der Potenz beim Manne, Aufhören der Menstruation bei der Frau. Die äußere Erscheinung ist speziell durch Vergröberung der Gesichtszüge erheblich verändert. Die Nase wächst, die Augenbögen bilden unförmliche Wülste, das Volumen der Zunge wird nicht selten so groß, daß das Organ in der geschlossenen Mundhöhle keinen Raum mehr findet. Jochbögen und Unterkiefer wachsen und treten stärker hervor (Prognathie). Die Zähne weichen auseinander. Ein besonders unförmliches Aussehen bekommen Hände und Füße, an denen die Endphalangen erheblich vergrößert werden, während die langen Röhrenknochen nur wenig oder gar nicht am Wachstum teilnehmen. Den Hauptanteil an der Vergrößerung der Extremitäten hat die Verdickung der Haut und der Weichteile. An den tatzenförmigen Händen werden die Metakarpalknochen auseinandergedrängt. Die Röntgenuntersuchung des Skelets zeigt eine Verdickung der Schädelwände, Verbreiterung der Epiphysen an den langen Röhrenknochen, Osteophytenbildung an denselben, geringe Verdickung an den Finger- und Zehenphalangen, besonders in der Gegend der Muskelansätze, in späteren Stadien kann die Knochenstruktur deutlich atrophieren. Später treten korrelative Störungen der Sexualorgane ein. Mit dieser Dysfunktion des Keimdrüsenapparats stehen die Anomalien der Behaarung in engem Zusammenhang. In einzelnen Fällen fallen Achsel-, Scham- und Barthaare aus. In anderen dagegen ist eine Hypertrichosis beobachtet worden. Neben diesen Allgemeinsysmptomen sind die auf einen Hirntumor hindeutenden Erscheinungen in vielen Fällen ausgeprägt. Schwindelgefühl und Erbrechen, Amblyopie und Amaurose machen frühzeitig auf die Mitbeteiligung der Nervi optici aufmerksam. Während eine Stauungspapille nur selten gefunden wird, ist die bitemporale Hemianopsie in den Fällen mit Tumorsymptomen die Regel. Später kommt es zu infantilen Veränderungen der Psyche.

Die röntgenologische Untersuchung des Schädels zeigt eine Vertiefung des Bodens der Sattelgrube, eine Usurierung der Lehne der Sella turcica und eine scheinbare Verlängerung derselben. Diesem röntgenologischen Befunde entsprechen anatomisch die morphologischen Zeichen der Überfunktion des Organs: eine Vermehrung der Eosinophilen, seltener der basophilen Zellen (eosinophile bzw. basophile Adenome), die zu erheblicher Vergrößerung des Organs führt.

Sie rechtfertigen die Annahme, daß die Akromegalie auf eine verstärkte Tätigkeit des Hypophysenvorderlappens zurückzuführen ist, ebenso wie die Tatsache, daß in einigen Fällen die *operative Entfernung der Hypophyse* eine auffallende Besserung des Krankheitsbildes zur Folge hatte. Wegen der engen Beziehung der innersekretorischen Organe untereinander ist es verständlich, daß eine so weitgehende Überfunktion der Hypophyse sekundäre Veränderungen an Schilddrüse, Nebennieren und Thymus, vor allem aber in den Keimdrüsen zur Folge hat. So hat man bei akromegalen Männern Veränderungen des Samenkanälchenepithels und der LEYDIGschen Zwischenzellen, bei akromegalen Frauen Rückbildung der Primordialfollikel gefunden. Hier ist auch der physiologische Hyperpituitarismus der Graviden zu erwähnen, der nicht selten in akromegalieähnlichen Schwellungen an Nase, Lippen und Händen seinen Ausdruck findet.

Die Anomalien des *Stoffwechsels der Akromegalen* sind deshalb schwer zu beurteilen, weil die Störungen der Funktion des einen gleichzeitig mit Änderung der Funktion anderer innersekretorischer Organe einhergehen. Das Vorkommen einer Steigerung der Calorienproduktion ist durch Untersuchungen des respiratorischen Gaswechsels in einigen Fällen festgestellt worden; in anderen Fällen hat man sie vermißt. Die Schwierigkeiten der Beurteilung des Gesamtstoffwechsels wachsen dadurch, daß in gut ein Drittel der Fälle ein hypophysärer Diabetes gefunden wird. Der Purinstoffwechsel kann erheblich gesteigert werden, so daß die endogene Harnsäureausscheidung mehr als das Doppelte des normalen Menschen beträgt. Die Stoffwechselstörungen können in verschiedenen Stadien der Erkrankung wechseln. So sah man Fälle mit primärer hypophysärer Glykosurie später eine gesteigerte Toleranz für Kohlehydrate aufweisen.

Neuerdings wird angenommen, daß im Hypophysenvorderlappen ein spezifischer Wirkstoff gebildet wird, welcher die Insulinwirkung abschwächt oder aufhebt und das Auftreten hypoglykämischer Symptome verhindert[1]. Entfernt man einem pankreaslosen Tier die Hypophyse, so fällt der Blutzucker zu unternormalen Werten ab und das Tier stirbt in der Hypoglykämie.

Für den *Riesenwuchs* oder *Gigantismus* ist gleichfalls eine gesteigerte Tätigkeit des Hypophysenvorderlappens als Ursache angenommen worden. Die Veränderungen haben hier aber bereits in einer Zeit eingesetzt, in welcher die *Epiphysen noch nicht* verknöchert sind. Die wesentlichen für den Gigantismus charakteristischen Symptome sind neben akromegalen Erscheinungen die Unproportioniertheit der Riesen. Die Hypertrophie und das vermehrte Wachstum der Knochensubstanz der langen Röhrenknochen führen zu einem Prävalieren der Unterlänge über die Oberlänge. Die Epiphysenfugen bleiben lange über die normale Zeit hinaus offen. Die korrelative Unterentwicklung des Keimdrüsenapparats führt zu dem als Hypogenitalismus beschriebenen infantilen Symptomenkomplex. Häufig findet sich bei den Riesen eine stark vergrößerte Schilddrüse. Das gesteigerte Wachstum läßt die Riesen im Alter von 18—20 Jahren bereits eine Körperlänge von 2 m erreichen. Das Wachstum dauert nicht selten bis zum 25., ja bis zum 30. Lebensjahr an, so daß Körperlängen bis zu 220 cm und darüber zur Beobachtung kamen. Normal proportionierte Riesen sind eine große Seltenheit. In den meisten Fällen handelt es sich um kranke Menschen.

In diesem Zusammenhang ist von Bedeutung, daß sich durch schwach alkalische Lösung ein in Fettlösungsmitteln unlösliches, BERKEFELD-filtrierbares, *thermolabiles Wachstumshormon* gewinnen läßt. Ob dieses Hormon das Wachstum *direkt* beeinflußt oder auch auf dem Umweg über die Schilddrüse wirkt, ist unbekannt[2]. Es ist überhaupt zweifelhaft, ob die Wachstumsvorgänge hormonal bedingt sind. Die Anschauung, daß dieselben im Keimplasma determiniert und durch die Hormone nur in einer bestimmten Art und Weise zum Ablauf gebracht werden, hat viel für sich.

5. Die Störungen der Keimdrüsenfunktion.

Wie die Hypophyse, stellen auch die Keimdrüsen ein Organsystem dar. Die Beweise für eine Doppelfunktion der Hoden, deren eine der Ausdruck der Tätigkeit eines innersekretorischen, deren andere eines germinativen Apparates

---

[1] LUCKE: Verh. dtsch. Ges. inn. Med. **1933**.
[2] ARON, M.: Rev. franç. Puéricult. 1, 205 (1933).

sind, sind mannigfache. Beim *Kryptorchismus* findet sich in verschiedenen Fällen eine weitgehende Atrophie des germinativen Gewebes mit Aufhören der Spermatogenese bei gleichzeitigem *Erhaltenbleiben des Sexualcharakters,* welcher durch die Wirkung der innersekretorischen Tätigkeit der Keimdrüsen ausgebildet wird. Durch *Röntgenbestrahlungen* ist es möglich, das spezifisch germinative Gewebe abzutöten, die interstitiellen Zellen, die sog. LEYDIGschen Zwischenzellen aber intakt zu lassen. Durch Entfernung eines Hodens und Unterbindung des Vas deferens des zweiten kann man den interstitiellen Apparat der LEYDIGschen Zellen einseitig zur kompensatorischen Hypertrophie bringen.

Interessanterweise haben diese LEYDIGschen Zellen ganz distinkte histologische Eigentümlichkeiten, welche in einer Speicherung von Lipochromen ihren Ausdruck finden. Bei Negern, welche sich mit Palmkernen lange Zeit genährt hatten, wurde das eigentliche Parenchym der Hoden so gut wie völlig frei von gelblichen und rötlichen Einlagerungen gefunden. Von den farblosen Samenkanälchen heben sich die intensiv orangerot gefärbten Gruppen und Stränge der Zwischenzellen deutlich ab. In den Zwischenzellen lassen sich die Pigmente als rot gefärbte Tropfen und Schollen leicht erkennen[1]. Das gleiche Bild sah ich in mehreren Fällen von schwerem Diabetes mit hochgradiger *alimentärer Xanthose.* Hier hatten sich die aus der Nahrung stammenden Lipochrome in den Zwischenzellen abgelagert.

Ein ähnlich gebauter Doppelapparat sind auch die Ovarien. Nach dem Platzen des Follikels kollabieren seine Wände. Das zurückgebliebene Follikelepithel hypertrophiert und die Zellen erreichen ein Vielfaches ihrer ursprünglichen Größe. Das so entstehende Gebilde speichert in reichlicher Menge gelbe Fettfarbstoffe, Lipochrome, in sich auf und bindet das Corpus luteum. Werden Ovarien transplantiert, so wuchern die zahlreichen obliterierten Follikel und werden den Corpora lutea sehr ähnlich.

a) Die Sexualhormone (männliches Sexualhormon). Obwohl man schon seit langem von dem Vorhandensein des Hodenhormons überzeugt war, so konnte es erst in allerjüngster Zeit krystallinisch rein dargestellt werden unter dem Namen *Androsteron* $C_{19}H_{30}O_2$[2]. Chemisch bestehen zwischen ihm und dem Follikelhormon $C_{18}H_{22}O_2$ nahe Beziehungen, die bei dem häufigen gemeinsamen Vorkommen beider Hormone in der Natur sehr verständlich sind (s. S. 311).

Das *Hormon* fördert vor allem die Entwicklung der Genitalorgane und der sekundären Geschlechtsmerkmale auch am kastrierten Tier.

Die quantitative Bestimmung des männlichen Sexualhormons geschieht mittels des „Hahnenkammtestes". Man mißt beim Kapaun nach Zufuhr von männlichem Geschlechtshormon planimetrisch die wachsende Kammgröße. Im Männerharn findet sich das Hormon regelmäßig in geringer Menge. Für die Beurteilung der Wirksamkeit des männlichen Geschlechtshormons sind die Feststellungen SCHITTENHELMs[3] über die Beeinflussung des Kreatininstoffwechsels durch dasselbe von Bedeutung: Alte Leute mit erloschener Geschlechtsfunktion und Personen mit innersekretorischen Störungen besonders von seiten des Geschlechtsapparates scheiden wie Kinder vor der Pubertät freies Kreatin aus. Diese Spontankreatinurie bleibt nach Zufuhr von Androsteron aus. Gleichzeitig wird die körperliche und geistige Leistungsfähigkeit gesteigert. Degenerative Muskelerkrankungen wurden durch Androsteron günstig beeinflußt. Die Ergebnisse bei klimakterischen Frauen waren nicht eindeutig.

---

[1] LÖHLEIN: Beih. Arch. Schiffs- u. Tropenhyg. **16**, 662.
[2] BUTENANDT: Verh. dtsch. Ges. int. Med. **1934.**
[3] SCHITTENHELM: Verh. dtsch. Ges. int. Med. **1934.**

b) Weibliche Sexualhormone. Im Ovarium können wir bisher mit Sicherheit zwei verschiedene Wirkstoffe unterscheiden, und zwar einmal das *Follikelhormon* (Menformon) und das *Corpus luteum-Hormon.* Auf die übergeordneten Sexualhormone des Hypophysenvorderlappens wurde schon eingegangen. *Follikelhormon* führt auch in kleinsten, chemisch nicht mehr faßbaren Dosen, zu eindeutigen Veränderungen des Vaginalepithels kleiner jugendlicher Nager: Dickenwachstum und Verhornung des Scheidenepithels wie bei der normalen Brunst (Oestrus). Auf Grund dieser Veränderungen, die mit Bruchteilen eines Milligramms reinen Follikelhormons, das von BUTENANDT zuerst krystallinisch dargestellt wurde, erzielt werden, wurde der sog. Brunsttest von ALLEN-DOISY aufgebaut, der augenblicklich die beste biologische Eichung von Follikelpräparaten darstellt. Ferner bewirkt das Follikelhormon die Ausbildung der sekundären Geschlechtsmerkmale, insbesondere das Wachstum der Mamma. Das im Follikel reifende Hormon führt zur Proliferation der Uterusschleimhaut. Auch die Erweiterung des Beckens in der Schwangerschaft wird dem Follikelhormon zugeschrieben. Im Harn der schwangeren Frau finden sich große Mengen von Follikelhormon, aber auch die nicht gravide Frau scheidet Hormon aus, und zwar in der Zeit zwischen zwei Menstruationen am meisten. HART[1] entfernte bei trächtigen Stuten die Ovarien und konnte gegen Ende der Schwangerschaft trotzdem im Harn Follikelhormon nachweisen. Er kommt zu dem Schluß, daß die Placenta die Hormonquelle gewesen sei. Aber nicht nur im weiblichen Organismus findet sich Follikelhormon, sondern der *Mann scheidet täglich* fast *gleiche Mengen aus* wie mitunter die nicht gravide Frau. Interessanterweise konnte man neuerdings auch aus weiblichen Blüten, verschiedenen Spinnen, Regenwürmern, fossilen Ablagerungen u. a. den oestrogenen Wirkstoff isolieren.

Das zweite Hormon des Ovariums, das *Corpus luteum-Hormon,* ist erst in allerletzter Zeit genau erforscht und von BUTENANDT krystallinisch dargestellt worden. Die wichtigste Wirkung ist gekennzeichnet durch den Einfluß auf die bereits proliferierte Schleimhaut des Uterus. Die kleinste Menge Hormon, mit der man die sog. Decidua beim virginellen Kaninchen hervorrufen kann, wird Kanincheneinheit genannt; jedoch nur bei vorhergehender Behandlung mit Follikelhormon, die eine bedeutende Vergrößerung und Dickenzunahme des Uterus bedingt hat, tritt dieser Effekt ein. Als weitere Aufgabe des Corpus luteum-Hormons ist die Verhinderung der weiteren Follikelreifung zu nennen, deshalb die *hemmende* Wirkung bei *drohendem* Abort. Auch die Beweglichkeit des Uterus wird durch Zufuhr dieses Wirkstoffes herabgesetzt. In neuester Zeit wurde auch das Corpus luteum-Hormon in der Placenta nachgewiesen.

Wir dürfen heute bestimmt annehmen, daß die *cyclischen Vorgänge bei der Menstruation* durch die hintereinander geschaltete Funktion des Follikelhormons und des Corpus luteum-Hormons gesteuert werden. Bei der *kastrierten* Frau konnte der physiologische Ablauf der Menstruation durch Gaben von Follikelhormon und anschließend von Corpus luteum-Wirkstoff erzielt werden. Daraus geht eindeutig hervor, daß alle Störungen der Ovarialfunktion, die durch ein Zuviel bzw. ein Zuwenig von einem der beiden Ovarialhormone hervorgerufen sind, bei genauer Erkenntnis der vorliegenden Störung und richtiger Dosierung behoben werden können.

---

[1] HART u. COLE: Amer. J. Physiol. **109**, 320 (1934).

Schon jetzt werden eine Reihe von Krankheiten bei der Frau, welche auf die mangelhafte Funktion der endokrinen Tätigkeit der Eierstöcke zurückgeführt werden können, der *Ovarialtherapie* unterworfen. Wichtig ist hierbei die Verteilung und Größe der Dosen, sowie die richtige Wahl des Zeitpunkts. Eine kritische Übersicht über die Bewertung der Ovarialtherapie geben LAQUEUR[1], WAGNER und VON DEN VELDEN. Die Ovarialtherapie ist nach diesen Autoren bei folgenden Zuständen angezeigt: zur Wachstumsanregung bei Hypoplasie und den damit verbundenen Folgen, bei Hypo-, Oligo- und Amenorrhöe, bei klimakterischen und Kastrationsbeschwerden, und der Behandlung gewisser Fälle von Pruritus und Fluor. Das Indikationsgebiet für den Internisten ist noch wenig klar abgegrenzt. Die Ovarialtherapie wird hier bei Gelenk-, Blut- und Hauterkrankungen angewandt.

Unterfunktion der Keimdrüsen.

Über die *Unterfunktion der Keimdrüsen beim Manne* sind wir durch das Studium an Kastraten genau unterrichtet. Eine in *früher Jugend* durchgeführte Kastration führt zu einer Verlängerung der Reifezeit des Individuums und hemmt die volle Entwicklung seiner Sexualcharaktere. Der Körper solcher Kastraten nähert sich der sog. asexuellen Speziesform. Während die Frühkastration sekundäre Störungen anderer innersekretorischer Organe mit sich bringt, fehlt dieser Einfluß bei der *nach* Abschluß der Entwicklung vorgenommenen Kastration. Als wesentliche Kastrationsfolgen sind beim Manne folgende bekannt: Die typisch männliche Behaarung kommt nicht zur Ausbildung. Das Lanugokleid bleibt während des ganzen Lebens bestehen. Die Schamhaargrenze verläuft horizontal. Die Glatzenbildung bleibt, wie besonders Untersuchungen bei Skopzen und Eunuchen gelehrt haben, aus. Erst im höheren Alter tritt eine eigenartige Behaarung der Oberlippe wie bei alten Frauen auf. In der Gegend der Nates, der Mammae, der Trochanteren, der Cristae iliacae, am Bauch und am Schamberg kommt es zu dem für den eunuchoiden Habitus charakteristischen Fettansatz. Der Kehlkopf der Kastraten bleibt kindlich. Die Stimme hat den Klang eines kindlichen Soprans. Das Knochenwachstum ist allgemein gesteigert. An dieser Wachstumssteigerung nehmen auch die Knochen des Beckens teil, wodurch es sich in allen Dimensionen vergrößert.

Beim *menschlichen Weibe* sind nur die Folgen der *Spätkastration* bekannt. Der starke Bartwuchs, die Behaarung am Oberbauch und in der Brustgegend, die tiefe Stimme charakterisieren hier den Umschlag in den heterosexuellen Typus.

Daß die Kastration zu einem gesteigerten Fettansatz führt, ist eine auch Tierzüchtern bekannte Erfahrung. Das *Fettwerden* der *männlichen Kastraten,* der gesteigerte Fettansatz bei Frauen in der Menopause werden gleichfalls auf eine Ausschaltung bzw. Herabsetzung der Keimdrüsenhormone bezogen. Die Ursache ist einmal in der Verminderung des Gesamtstoffwechsels gesucht und bei Untersuchung des Gaswechsels auch bestätigt worden[2]. Die Oxydationsprozesse werden nach Entfernung der Keimdrüsen vermindert, wodurch unter sonst gleichen Ernährungsbedingungen calorische Einsparungen gemacht

[1] LAQUEUR, WAGNER u. VON DEN VELDEN: Bewertung der Ovarialtherapie. Leipzig: Georg Thieme 1933.   [2] LÖWY u. RICHTER: Zbl. Physiol. 1902.

werden können, welche als Fett gespeichert werden. Die Herabsetzung des Gesamtstoffwechsels kann bis 20% betragen. Gewiß ist bei diesen Untersuchungen, die durchaus nicht alle eindeutig verliefen, die nach Entfernung der Keimdrüsen eintretende *Änderung des Temperaments* zu berücksichtigen, welche zu einer verminderten körperlichen Arbeitsleistung führt und auf diesem Wege schon energetische Einsparungen bedingt. Daß den Keimdrüsen tatsächlich ein Einfluß auf den Stoffwechsel zukommt, ist durch die Folgen der subcutanen und peroralen Einverleibung von Ovarial- oder Hodensubstanz erwiesen. Während Tiere mit normalem Keimdrüsenapparat auf die Zufuhr solcher Substanzen nicht reagieren, gelingt es bei kastrierten Tieren, den gesunkenen Stoffwechsel durch Einführung der Keimdrüsensubstanz wieder zu heben. Irgendwelcher Einfluß auf den Eiweißstoffwechsel ist durch die Kastration bisher nicht erwiesen. Der Kohlehydratstoffwechsel ist bei kastrierten Tieren im Sinne einer Herabsetzung der Assimilationsgrenze geändert.

Auf die *Zusammensetzung* des *Blutes* wirkt die Entfernung der Keimdrüsen im Sinne einer Verminderung des Hämoglobingehaltes und der Erythrocyten besonders dann, wenn die Kastration zu Beginn der Geschlechtsreife durchgeführt wurde[1]. Daß die Chlorose auf eine Störung der innersekretorischen Keimdrüsentätigkeit zurückgeführt wird, ist im Kapitel VIII eingehender erörtert.

Transplantationsversuche. Nachdem 1849 BERTHOLD die Einheilung von Hoden bei kastrierten Hähnen und die Regeneration ihrer Geschlechtsattribute gelungen war, die sich psychisch im Wiederauftreten der Kampflust, somatisch in der Ausbildung der Kammlappen äußerte, veröffentlichte im Jahre 1910 STEINACH[2] seine ersten Versuchsreihen über Transplantation der Keimdrüsen. Er zeigte, daß bei den Säugern die Erscheinungen der Pubertät und der sexuellen Entwicklung in körperlicher wie seelischer Beziehung von den biochemischen Wirkungen der inkretorischen Keimdrüsenhormone beherrscht werden. Durch Implantation weiblicher Gonaden in kastrierte Männchen werden bei diesen die weiblichen Geschlechtsmerkmale und umgekehrt durch Implantation männlicher Gonaden in kastrierte Weibchen die Ausbildung männlicher Geschlechtsmerkmale angeregt.

Die spezifischen Elemente der männlichen und weiblichen Keimdrüsen werden von ihm als Pubertätsdrüse bezeichnet und durch die experimentelle „Feminierung"[3] und „Maskulierung"[4] die Geschlechtsspezifität der Sexualhormone sichergestellt. Das männliche Hormon soll nur die männlichen, das weibliche nur die weiblichen Geschlechtsmerkmale zur Ausbildung bringen. Weiterhin schließt STEINACH aus seinen Untersuchungen auf einen Antagonismus der Sexualhormone, welcher bewirkt, daß die „Pubertätsdrüse" die ihr homologen Geschlechtsmerkmale fördert, die heterologen hingegen hemmt. Durch experimentelle „Hermaphrodisierung", nämlich Implantation weiblicher und männlicher Keimdrüsen in ein und dasselbe Tier konnte er Zwittererscheinungen produzieren. Er glaubt auch bei hermaphroditischen Tieren und Menschen eine unvollständige Differenzierung des Keimapparates gefunden zu haben[5].

Seine weiteren Versuche beschäftigten sich mit der Aufgabe, den „Senilismus der Pubertätsdrüse zu beheben, indem durch künstlich erzeugte Wucherung ihrer Elemente die inkretorische Tätigkeit derselben von neuem entfacht wird". Diese Aufgabe wird bewältigt durch eine zwischen Hoden und Nebenhodenkopf gelegte Ligatur. Diese Unterbindung

---

[1] BREUER u. SEILLER: Arch. f. exper. Path. **50**, 169 (1903). — ADLER: Arch. Gynäk. **95**, 349 (1911).   [2] STEINACH: Zbl. Physiol. **24** (1910).
[3] Pflügers Arch. **44** (1912). — Zbl. Phsyiol. **27** (1913).
[4] Pflügers Arch. **44** (1912). — Zbl. Physiol. **27** (1913).
[5] STEINACH: Arch. Entw.mechan. **42** (1916); **46** (1920).

der Samenwege bedingt ein frisches Wachstum, eine Wucherung, „eine Verjüngung der alternden, untätig gewordenen Pubertätsdrüse", welche in wenigen Wochen nach ihrer Reaktivierung ihren belebenden Einfluß auf Körper und Psyche der alternden Tiere geltend macht. Als verjüngende Wirkungen der regenerierten LEYDIGschen Zwischenzellen werden folgende genannt: „Das alte, abgemagerte, dürftige Tier wird voll, schwer und breit. Die haararmen oder nackten Stellen und Flecken verschwinden. Durch neue Sprossung jungen Haares wird das ganze Fell wieder dicht und glänzend. Die Haltung des Tieres bessert sich, die getrübten Augenmedien werden wieder durchsichtig und leuchtend. Während die LEYDIGschen Zwischenzellen nach der Unterbindung eine weitgehende Wucherung zeigen, bilden sich die Samenkanälchen anfänglich zurück. 8 Monate nach der Unterbindung ist die große Mehrheit derselben aber wieder in schöner Ausbildung und in voller Spermatogenese. Damit soll bei dem senilen Tier die Potentia coeundi wie auch die Potentia generandi wieder hergestellt sein. Das sind die wesentlichen Daten der „Verjüngung durch experimentelle Neubelebung der alternden Pubertätsdrüse"[1].

Die Konsequenzen für die menschlichen Pathologie — die Heilung der Kastrationsfolgen und der Homosexualität beim Menschen[2] — müssen vorläufig mit *großer Zurückhaltung* beurteilt werden.

Wichtig ist zwischen den Folgen der Kastration und denen der Sterilisierung zu unterscheiden. Unter *Kastrierung* versteht man die vollständige Herausnahme oder Zerstörung der Sexualorgane, während die Unfruchtbarmachung ohne Entfernung der Hoden oder Eierstöcke durch Verlegung und Durchtrennung der Samen- oder Eileiter erfolgt. Es ist klar, daß bei der Kastrierung sowohl die Geburtsstätte der Geschlechtszellen als auch die Produktionsstätte der Hormone entfernt werden.

Bei der *Sterilisierung* wird beim Manne der Samenleiter zwischen Hoden und Samenblase unterbunden, wodurch der Mann unfruchtbar gemacht wird, da die Spermatozoen nicht mehr nach außen entleert werden können. Die Hormonproduktion erleidet wie oben ausgeführt durch diesen Eingriff keinen Schaden, auch die Möglichkeit zum Geschlechtsverkehr bleibt erhalten. Bei der Frau geschieht die Sterilisierung durch Unterbrechung des Eileiters, also des Weges, auf welchem die reifen Eizellen des Ovariums zum Uterus wandern. Es ist klar, daß durch Unterbrechung des Eileiters eine Befruchtung der weiblichen Eizellen mit dem männlichen Samen nicht mehr stattfinden kann. Beim Manne bedeutet die Unterbrechung des Samenleiters einen geringfügigen, in örtlicher Betäubung durchzuführenden leichten Eingriff. Der Eingriff bei der Frau ist schwieriger, da er ohne Eröffnung der Bauchhöhle nicht durchgeführt werden kann. Bei guter Technik ist aber auch die Sterilisierung der Frau keine schwierige Aufgabe. Die Röntgenkastration bietet für die Sterilisierung keine sichere Gewähr, da unter Umständen nur ein Teil der Eizellen tödlich getroffen, ein anderer Teil der Eizellen aber befruchtsfähig bleibt.

Überfunktion der Keimdrüsen.

Als *Hypergenitalismus* werden Fälle mit primärer Störung der Keimdrüsenfunktion beschrieben. Unter vorzeitiger Entwicklung der Genitalien kommt es zu einem frühzeitigen Schluß der Epiphysenfugen. Die exzessive Entwicklung des Keimdrüsenapparates führt schon in den ersten Lebensjahren zu Erektion und Ejaculation. Das durch die starke Entwicklung der Keimdrüsen beschleunigte Knochenwachstum eilt in solchen Fällen der geistigen oder psychischen Entwicklung weit voraus.

---

[1] Verjüngung durch experimentelle Neubelebung der alternden Pubertätsdrüse. Berlin: Julius Springer 1920.

[2] Münch. med. Wschr. **1918 I**.

Bürger, Pathologische Physiologie. 2. Aufl. 15

6. Die Störungen der Nebennierenfunktion.

Beim Menschen stellen die Nebennieren die Verschmelzung zweier bei vielen Tieren (Fischen) getrennt vorkommender Organe dar.

Der *Rindensubstanz* entspricht das bei Fischen sog. Interrenalsystem, das sich aus dem Pleuroperitonealepithel entwickelt, also mesodermaler Abkunft ist. Die in der Rindensubstanz in Balken-Schlauchform angeordneten Zellen zeichnen sich durch ihren großen Lipoidreichtum aus. Die *Marksubstanz* ist ektodermaler Abkunft; sie liegt bei den Fischen in einzelnen Körperchen entlang dem sympathischen Grenzstrang und ist histochemisch durch ihre Affinität zu den Chromsalzen charakterisiert. Man spricht daher auch kurzweg vom *Adrenalsystem*. Von beiden Systemen kommen auch beim Menschen gewissermaßen versprengte Anteile vor, so vom *Interrenalsystem* in den Beizwischennieren, in den Nieren, im Retroperitonealraum, in Tuben und Ovarien, Hoden und Samenstrang; chromaffines Gewebe findet sich in den Darmganglien, der Carotisdrüse und den sympathischen Geflechten.

Die Rinde produziert ein erst neuerdings genauer untersuchtes Hormon das *Cortin,* das auch krystallinisch dargestellt wurde[1]. Der nach Nebennierenexstirpation unweigerlich einsetzende Tod ist vor allem auf das Fehlen des Rindenhormons zurückzuführen. Die Symptome der *Nebennierenrindeninsuffizienz* äußern sich in hochgradiger Muskelschwäche, Steigerung der Atmungstätigkeit, langsamem Absinken des Grundumsatzes und der Körpertemperatur, Eindickung des Blutes und Abnahme der Harnbildung. Zufuhr von Rindenextrakten kann beim epinephrektomierten Tier die Ausfallserscheinungen beheben. Ebenso wurden Addisonkranke durch Rindenhormon günstig beeinflußt. Auch Einwirkungen auf den Fett- und Lipoidstoffwechsel sind sichergestellt, aber im einzelnen noch nicht vollkommen zu übersehen. Man hat blutphosphatidsteigernde und cholesterin- und phosphatidsenkende Substanzen nachgewiesen[2]. Histochemische Untersuchungen zeigen ihren Reichtum an lipoiden Substanzen, besonders an Cholesterin und seinen Estern. Für die Gesamtversorgung des Körpers von Cholesterin und für dessen Veresterung kommt die Nebenniere nicht in Betracht. Die Nebennierenrinde enthält außerdem reichlich Vitamin C. Die Ascorbinsäure (Vitamin C) schützt das Adrenalin, das bekanntlich sehr leicht zersetzlich ist, auf Wochen hinaus vor der Oxydation. Vielleicht liegt die *physiologische Bedeutung* des Vitamin C-Gehalts der Nebenniere in ihrer *stabilisierenden* Wirkung auf das *Adrenalin* (SCHRÖDER).

Die Hauptfunktion des *Marks* ist die Adrenalinsekretion. Auf die verschiedensten Reize hin — toxische sowohl wie nervöse — kann ein Verlust der Lipoide, ein Schwinden der Chromreaktion und Hyperämie der Nebennieren eintreten. So wirken z. B. das Diphtherietoxin, die bei septischen Erkrankungen entstehenden Gifte, die Substanzen der Galle, ebenso Arsen, Phosphor und Thorium.

Die hohe pharmakologische, besonders blutdrucksteigernde Wirkung der Nebennierenextrakte verdanken sie dem *Adrenalin.*

Die Nebennierenrinde enthält außerdem das Vitamin C (die Ascorbinsäure). Reichliche Gaben desselben führen zu einer Aufhellung der Haut bei ADDISONscher Krankheit und anderen pathologischen Pigmentierungen (MORAWITZ). Auch die Pigmentierung bei der achlorhydischen Anämie geht nach Vitamin C zurück, weil es die Dioxyphenylreaktion in den zur Pigmentbildung befähigten

---

[1] GROLLMANN u. FIROR: Amer. J. Physiol. **105**, 41 (1933).
[2] SCHMITZ u. KÜHNAU: Arch. di Sci. biol. 18, No 1/4 (1933); 14. Intern. Kongr. Physiol. Rom 1932. — Biochem. Z. **259**, 301 (1933).

Zellen der Haut verhindert (SCHRÖDER). Alle pigmentregulierenden Organe sollen besonders reich an Vitamin C sein. Dieses Hormon ruft durch eine Ausbreitung der pigmenthaltigen Zellen der Froschhaut deren Dunkelfärbung hervor.

Die Reindarstellung in krystallinischer Form gelingt durch Befreiung der Nebennieren-extrakte von Nebensubstanzen durch Alkohol oder Bleiacetat und Einengung des Filtrats unter Zusatz von konzentriertem Ammoniak. Nach wiederholtem Lösen eines sich bildenden krystallinischen Niederschlags in Säure und Umfällung mit Ammoniak krystallisiert das gereinigte Produkt in prismatischen Nadeln und rhombischen Blättchen aus. Die wichtigsten Reaktionen des Adrenalins sind Reduktion der FEHLINGschen Lösung und einer ammonia-kalischen Silberlösung, die leichte Oxydierbarkeit der Substanz durch Jod, Salpetersäure, Kaliumbichromat und Ferricyankalium, wobei eine intensive Rotfärbung auftritt. Bei Gegenwart von Sauerstoff oxydiert die wäßrige Lösung *spontan*; es kommt zunächst zu einer Rot-, später zu einer Braunfärbung. Zusatz einer sehr stark verdünnten Eisenchloridlösung gibt die charakteristische Grünfärbung. Das Adrenalin ist ein Methyl-amino-Äthanolbrenzcatechin

$$
\begin{array}{c}
\text{C} \\
\text{OHC} \diagup \diagdown \text{C—CH(OH)} \cdot \text{CH}_2\text{NH} \cdot \text{CH}_3. \\
\text{OHC} \diagdown \diagup \text{C} \\
\text{C}
\end{array}
$$

Der Nachweis, daß es sich um ein Brenzcatechinderivat handelt, ist dadurch leicht zu erbringen, daß das Adrenalin durch Reduktion aus dem Methylaminoacetobrenzcatechin erhalten werden kann. Das natürliche Produkt der Nebennieren ist linksdrehend, das syn-thetisch gewonnene Rechtsadrenalin ist weniger wirksam, das synthetische Linksadrenalin dagegen von gleicher Wirksamkeit wie das natürliche Produkt der Nebennieren. Die wichtigste Wirkung des Adrenalins ist die *Blutdrucksteigerung*. Das Adrenalin hat einen dop-pelten Angriffspunkt. Es bedingt einerseits eine hochgradige Verengerung der kleinsten Arterien, wirkt andererseits erregend auf das Herz. Die Blutdrucksteigerung tritt auch nach vollständiger Ausschaltung der vasomotorischen Zentren ein. An überlebenden Organen bewirkt Adrenalinzusatz zur Durchströmungsflüssigkeit eine Verlangsamung, unter Um-ständen vollkommenen Stillstand der Strömung. Ausgeschnittene Arterienstreifen, die in körperwarmer RINGERscher Lösung suspendiert sind, reagieren auf Zusatz von Adrenalin mit einer deutlichen Verkürzung. Hiervon machen die Streifen an den Kranzgefäßen des Herzens eine interessante und auch therapeutisch wichtige Ausnahme. Sie zeigen unter den angegebenen Bedingungen keine Verkürzung, sondern eher eine Verlängerung. Durch seinen vasokonstringierenden Einfluß bewirkt das Adrenalin bei lokaler Applikation eine Anämisierung seines Wirkungsbereichs und hemmt damit gleichzeitig die Resorption anderer injizierter Substanzen, z. B. der Anaesthetica. Das Adrenalin wirkt durch Erregung des spezifischen sympathischen Nervenendapparates. Durch Reizung des Halssympathicus bewirkt es Pupillenerweiterung. Die Sekretion der Speicheldrüsen und der Tränendrüsen wird durch Adrenalin vermehrt. Auf den Uterus wirkt es wie eine Reizung der sympathischen Fasern des Organs stark erregend.

Der Gehalt des Blutes an Adrenalin ist so gering, daß es sich darin nicht chemisch, sondern nur biologisch nachweisen läßt. So hat besonders das Serum der Nebennierenvene pupillenerweiternde Wirkung auf das enukleierte Froschauge und wirkt auf in Ringerlösung suspendierte Arterienstreifen ganz wie verdünnte Adrenalinlösungen verkürzend.

Am isolierten Herzen bewirkt Adrenalin eine Verstärkung und Beschleunigung der Herz-tätigkeit. Auch an einem nach LANGENDORFF durchströmten Säugetierherzen kann eine durch verschiedene Mittel abgeschwächte Herztätigkeit durch Adrenalin ausgeglichen werden. Der isolierte *Darm* wird durch Adrenalin noch in Verdünnungen von 1 : 30 000 000 und dar-über in seiner Tätigkeit gehemmt. Die Wirkungen des Adrenalins auf den *Uterus* sind tonussteigernde und hier besonders deutlich anämisierende. Diese Effekte treten am schwan-geren Uterus stärker zutage. Bei graviden Tieren hat man durch intravenöse Adrenalin-injektion eine künstliche Frühgeburt bewirkt. In die Blutbahn injiziertes Adrenalin erweitert die *Pupille* durch Reizung des Dilatators. Beim *gesunden Menschen* macht direkte Einträufe-lung von Adrenalin in den Bindehautsack *keine* Mydriasis. Nach Exstirpation des Ganglion cervicale supremum macht die Adrenalininstallation dagegen eine deutliche Pupillenerweiterung. Diese Beobachtung führte Löwi[1] zu der Auffassung, daß im Sympathicus auch *hemmende* Fasern für den Musculus dilatator pupillae verlaufen. Ein Wegfall oder eine Unterdrückung solcher sympathischer Hemmungen müßte Adrenalinmydriasis zustande kommen lassen. Da auch das *Pankreas* sympathisch innervierte Organe in ihren Funktionen hemmt, tritt nach Entfernung des Organs auf eine Reizung des Dilatator pupillae durch Adrenalin Mydriasis ein. Funktionsstörungen des Pankreas geben gelegentlich eine positive Pupillenreaktion auf Adrenalin (sog. Löwische Reaktion).

a) Unterfunktion der Nebennieren. Experimentelle Entfernung beider Nebennieren wirkt unbedingt tödlich. Die Lebenswichtigkeit dieser Organe ist unbestritten. Wird nur eine Nebenniere entfernt, so hypertrophiert die zurückbleibende. Die Ausfallssymptome treten nach radikaler Entfernung beider Organe sehr rasch auf. Zunächst wird eine intensive Muskelschwäche beobachtet, der bald eine allgemeine Mattigkeit folgt; manchmal treten Lähmungen der Extremitäten hinzu, die Tiere können sich nicht mehr auf den Beinen halten; später kommen Störungen der Atmung, der Herztätigkeit und der Wärmeregulation hinzu. Die Körpertemperatur fällt ab. Erbrechen und Durchfälle führen zu einer rasch fortschreitenden Abmagerung der Tiere. Eine sichere Folge der Nebennierenexstirpation ist das Absinken des Blutdrucks; unter den Störungen des Stoffwechsels sind das Verschwinden *des Leberglykogens* und das damit im Zusammenhang stehende *Absinken des Blutzuckers* die auffälligsten. Der Leberglykogenmangel läßt die Wirkungslosigkeit des Zuckerstichs nach Nebennierenexstirpation verständlich erscheinen. Die Tiere gehen 4—6 Tage nach der Operation unter Muskelzuckungen zugrunde. Bei der Sektion werden nicht selten Magen- und Darmgeschwüre gefunden.

Bei der Lebenswichtigkeit der Nebennieren ist es begreiflich, daß das *vollkommene Fehlen der Nebennieren* beim Menschen außerordentlich selten beobachtet wird. In den wenigen bekanntgewordenen Fällen ist wahrscheinlich akzessorisches Nebennierengewebe übersehen worden. Bei der sog. *Nebennierenapoplexie* kann es zu Zerstörungen des ganzen Organs kommen. Die klinischen Folgen sind kollapsartige Zustände mit schweren peritonitischen Erscheinungen, Krämpfen und Bewußtlosigkeit. Während akut entzündliche Prozesse, wie sie bei vielen Infektionskrankheiten, besonders bei der Diphtherie und im Fleckfieber beobachtet werden, zu keinem charakteristischen Funktionsausfall führen, haben chronische Entzündungen und degenerative Veränderungen, vor allem die Tuberkulose der Nebennieren, einen sehr charakteristischen Symptomenkomplex zur Folge, der nach dem ersten Beschreiber als *Addisonsche Krankheit* bekanntgeworden ist. Störungen von seiten der Herztätigkeit mit schwerer Blutdrucksenkung, allgemeine Mattigkeit, hochgradige Muskelschwäche, Anämie, chronische, durch kein Mittel zu beeinflussende Durchfälle, beherrschen neben einer über den ganzen Körper sich verbreitenden, oft an der Schleimhaut des Mundes zuerst auftretenden grauen bis braunen Pigmentation das schwere Krankheitsbild. Mit den Störungen des Verbrennungsprozesses muß auch das Absinken der Muskelkraft in Zusammenhang gebracht werden. In vielen, nicht in allen Fällen findet sich eine Verminderung des Blutzuckers bis auf die Hälfte des normalen Wertes. Der Ausfall der Adrenalinproduktion erklärt ungezwungen die Herabsetzung des Blutdrucks in den Endstadien bis 70 mm Hg und weniger. Auch die in vielen Fällen bei Bestreichen der Haut auftretende „Ligne blanche surrénale"

---

[1] Löwi: Handbuch der Pathologie des Stoffwechsels von v. Noorden, Bd. 2. 1907.

wird durch den Wegfall des vasotonisierenden Einflusses des Adrenalinsystems erklärt. Ebenso hat man die eigentümliche braune Pigmentation der Addisonkranken mit der Störung des Adrenalinstoffwechsels in Beziehung gebracht. Die Muttersubstanzen für die gebildeten Pigmente stehen dem Adrenalin chemisch nahe. Eine solche Pigmentvorstufe ist z. B. das Dioxyphenylalanin, das sowohl dem Adrenalin wie dem normalen Hauptpigment als Ausgangskörper dient. Da dasselbe zur Bildung von Adrenalin nicht mehr in ausreichendem Maße herangezogen werden kann, wird aus ihm das Propigment in überreichlicher Menge gebildet:

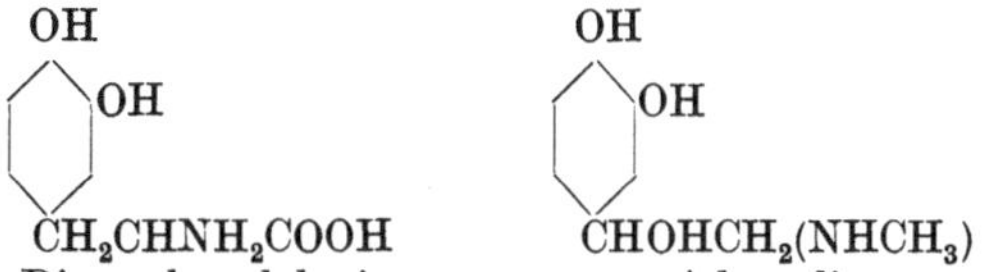

$$\text{Dioxyphenylalanin} \qquad \text{Adrenalin}$$

wodurch die allgemeine Hyperpigmentation eine einfache Deutung findet[1].

Die beim Addisonkranken auffallende Hautfärbung läßt sich auch an ausgeschnittenen gesunden Hautstückchen in einer Lösung von Dioxyphenylalanin hervorrufen. Bemerkenswerterweise finden sich in den Nebennieren, besonders in der Rinde, nicht unbeträchtliche Mengen von Ascorbinsäure (Vitamin C). Das Fehlen des Vitamins soll zu ähnlichen Hautpigmentierungen führen, wie der Ausfall der Nebennieren. Reichliche Zufuhr von Vitamin C soll die Pigmentation beim Morbus Addison zum Rückgang bringen.

b) Überfunktion der Nebennieren. In seltenen Fällen kommt es zu Hyperplasie oder Tumorbildung im Nebennierenmark (Paragangliennenrome). Man nimmt an, daß diese Tumoren große Mengen von Adrenalin bilden und in den Kreislauf schütten. Hierbei kommt es zu anfallsweisen oder dauernden Blutdrucksteigerungen mit Herzhypertrophie und schließlichem Erlahmen des Herzens. Die Steigerung des Blutzuckers, die Erhöhung des Grundumsatzes, Anfälle von Schwächegefühl und Bewußtlosigkeit hat man mit Recht auf die vermehrte Adrenalinbereitung zurückgeführt. Doch ist zu betonen, daß diese Art der Erkrankung eine sehr große Seltenheit darstellt; für die meisten Fälle von chronischer Blutdrucksteigerung sind andere Ursachen als Überfunktion der Nebennieren wahrscheinlicher. *Eine Überfunktion der Nebennierenrinde* führt im Kindesalter zu einem vorzeitigen Eintreten der Geschlechtsreife bei beiden Geschlechtern. Es kommt zu einer beschleunigten Entwicklung des ganzen Körpers einschließlich der äußeren Geschlechtsmerkmale. Nicht selten tritt eine auffallende Fettsucht hinzu. Bei Erwachsenen entwickeln sich unter dem Einfluß von Rindengeschwülsten heterosexuelle Geschlechtsmerkmale, bei Frauen tritt eine starke Körperfülle und Bartwuchs auf, die Menses bleiben aus, gelegentlich tritt arterieller Hochdruck und Glykosurie hinzu. Dieser sog. *Interrenalismus* ist mehrfach durch operative Entfernung einer Rindengeschwulst in glücklicher Weise beseitigt worden. Bei Männern hat die Entwicklung von Rindentumoren neben Impotenz und Hodenatrophie einen verweiblichenden Einfluß auf Körperbau und Charakter.

Die Störungen der inneren Sekretion des Pankreas sind auf S. 278 eingehend beschrieben.

---

[1] BLOCH u. LÖFFLER: Dtsch. Arch. klin. Med. **121**, 262 (1917).

7. Die Korrelationsstörungen der innersekretorischen Organe.

Alle inkretorischen Drüsen sind in ihren Wirkungen innig miteinander verknüpft, sowohl im hemmenden als auch im fördernden Sinne. Ausfall, Unter- oder Überfunktion eines inkretorischen Organs stört die Zusammenarbeit aller übrigen. Das planmäßige Zusammenwirken der inkretorischen Drüsen ist eine der wesentlichen Seiten der hormonalen Regulation des Organismus. Die Nichtberücksichtigung dieser Tatsache führt zur unrichtigen Deutung der Folgen vermehrter oder verminderter Produktion nur eines einzelnen Inkrets. Auf dem Gebiete des Kohlehydratstoffwechsels ist sicher, daß eine *Überfunktion* der Schilddrüse, Hypophyse und Nebennieren oder eine *Unterfunktion* des Pankreas die Kohlehydrattoleranz vermindern.

Beim *schilddrüsenlosen Tier* bewirkt Adrenalin keine, bei erhaltener Schilddrüse jedoch deutliche Glykosurie. Auf die innigen Wechselbeziehungen zwischen Schilddrüse und Hypophysenvorderlappen wurde bereits hingewiesen. Hypophysenvorderlappen und Schilddrüse wirken *synergetisch,* doch kann das *thyreotrope* Hormon der Hypophyse sich nur bei funktionstüchtiger Schilddrüse auswirken.

Der *Eiweißumsatz* ist beim schilddrüsenlosen Tier vermindert, woran auch die Adrenalinapplikation nichts ändert. Bei erhaltener Schilddrüse bewirkt das Adrenalin — besonders an Hungertieren — eine Steigerung des Eiweißumsatzes. Auch daraus läßt sich ableiten, daß Schilddrüse und chromaffines System Synergisten sind. Wird einem Tier das Pankreas entfernt, so steigt der Eiweißumsatz besonders stark nach gleichzeitiger Adrenalinapplikation. Daraus wird geschlossen, daß Pankreas und chromaffines System antagonistisch wirken. Wird einem schilddrüsenlosen Tier das Pankreas exstirpiert, so steigt der Eiweißumsatz viel weniger, als wenn die Schilddrüse vorhanden ist. Demnach wirken auch Schilddrüse und Pankreas antagonistisch. Die gleichzeitige Exstirpation von Epithelkörperchen und Pankreas bedingt eine besonders starke Steigerung des Stickstoffumsatzes, da beide die den Eiweißstoffwechsel anfachende Schilddrüse hemmen und nach ihrem Fortfall eine Überfunktion der Schilddrüse resultiert. Die Tatsache, daß das Adrenalin beim schilddrüsenlosen Tier keine Glykosurie bedingt, wird dadurch erklärt, daß der Fortfall der Schilddrüse eine Überfunktion des den Kohlehydratstoffwechsel steuernden pankreatischen Apparats mit sich bringt. Die *Hypophyse* bremst die Insulinwirkung und verhütet die Hypoglykämie.

Demnach wirken:

Thyreoidea — Pankreas: einander hemmend,
chromaffines System — Pankreas: einander hemmend,
Thyreoidea — chromaffines System: einander fördernd,
Hypophyse und Thyreoidea: einander fördernd,
Hypophyse — Pankreas: einander hemmend.

Die Verhältnisse werden weiterhin dadurch kompliziert, daß die inkretorischen Organe unter dem Einfluß des Nervensystems, speziell des sympathischen und autonomen Nervensystems, stehen, andererseits aber der Einfluß der Nerven auf die zugehörigen Organe wieder unter der Wirkung der Inkrete gehemmt oder gefördert werden kann. Die peripheren Blutgefäße, kleinen Arterien und Capillaren stehen z. B. unter dem Einfluß der Schilddrüsen- und Thymusinkrete.

Gleichzeitig sind sie aber von Nerveneinflüssen wesentlich abhängig. Hier zeigt sich, daß Nerveneinflüsse und spezifisch wirkende Produkte in engstem Zusammenhang stehen[1]. Wir wissen, daß in den Kreis der inkretorischen Organe die Sexualdrüsen einzubeziehen sind. Ihr Ausfall bringt eine Umschaltung des gesamten inkretorischen Apparats mit sich. Über die behaupteten inkretorischen Funktionen der Zirbeldrüse, der Milz und der Nieren ist nur wenig *Sicheres* bekannt.

XI. Pathologie des Stoffwechsels und der Ernährung.

A. Gesamtstoffwechsel und seine Störungen.

Unter Stoffwechsel versteht man 1. die Veränderung (Dissimilation), welcher die Zellen des Organismus während des Lebens dauernd unterliegen, 2. die Ausschaltung des bis zur Unbrauchbarkeit Veränderten, 3. die Nahrungsaufnahme, die Speicherung von Nährmaterial sowie von Energie, 4. die Assimilation der Nahrung, die dem Ersatz des Veränderten und Ausgeschiedenen dient. Manche von diesen Teilfunktionen des Stoffwechsels sind bisher wenig studiert, manche verlaufen in Abstufungen innerhalb des Organismus (intermediär). Wir haben von dem stufenweisen Abbau und Umbau mancher Körper bisher nur unvollkommen Aufschluß erhalten. So ist von dem intermediären Eiweißstoffwechsel verhältnismäßig wenig, von dem intermediären Stoffwechsel einzelner Lipoide so gut wie gar nichts bekannt. Auch die Art, wie die Nahrung in der Zelle verarbeitet bzw. für die Zwecke der Zelle vorbereitet und gespeichert wird, ist uns so gut wie unbekannt.

Die organischen Nährstoffe zerfallen in *Eiweiß, Fette* und *Kohlehydrate* und eine Gruppe von Substanzen, die jeder Nahrung beigemischt sein müssen, wenn dieselbe dauernd ohne Schaden aufgenommen werden soll, die *akzessorischen Nährstoffe* (Vitamine).

Die *Nährstoffe* haben im allgemeinen zwei Aufgaben zu erfüllen: 1. *Ersatz* zu schaffen für die im Stoffwechsel zugrunde gegangenen und ausgeschiedenen Substanzen, 2. aber haben sie *dynamische* und *energetische* Aufgaben zu erfüllen.

Die *dynamische* Bedeutung der Nährstoffe erhellt daraus, daß die Stoffwechselvorgänge Verbrennungen darstellen, bei denen Energie für die Zwecke des Organismus verfügbar wird.

Unter Verbrennung sind Oxydationen, d. h. Eintritt von Sauerstoff in die einzelnen im intermediären Stoffwechsel auftretenden Verbindungen verstanden. Die Tatsache, daß Sauerstoff im intermediären Stoffwechsel verbraucht wird, läßt sich schon daraus folgern, daß die mit 20% Sauerstoff in die Lunge eintretende Luft dieselbe mit rund 16% wieder verläßt. Die Oxydationen schreiten bis zur Bildung von Kohlensäure und Wasser vorwärts, was wiederum erkenntlich ist aus der Zunahme der Kohlensäure der Einatmungsluft von 0,03% auf 4,3% in der Ausatmungsluft.

Von Rubner[2] ist der rechnerische Nachweis erbracht worden, daß das *Gesetz von der Erhaltung der Energie* auch für den menschlichen Körper Geltung

---

[1] Abderhalden u. Gellhorn: Pflügers Arch. **193**, 47 (1921).

[2] Rubner: Die Gesetze des Energieverbrauchs bei der Ernährung. Leipzig und Wien 1902.

hat. Der Nahrungsbedarf des Menschen wird zweckmäßigerweise nach Wärme-
einheiten berechnet; als Maß dient die Kilogramm-Calorie, das ist diejenige
Wärmemenge, welche nötig ist, um 1 Liter Wasser von $14^1/_2$ auf $15^1/_2{}^0$ zu erwärmen.
Das mechanische Wärmeäquivalent für eine Calorie sind 427 mkg.

Der Nahrungsbedarf ist in weitem Maße abhängig von der zu leistenden
Muskelarbeit, er schwankt zwischen 50 Calorien pro Körperkilo bei schwerer
körperlicher Arbeit und 28 Calorien bei Bettruhe und sinkt im Schlafe unter
Ausschluß aller körperlichen Bewegungen auf noch niedrigere Werte herunter.

Der Energiebedarf kann ermittelt werden:

1. Durch die direkte Calorienmetrie oder Messung des Brennwertes der Nahrung
in der BERTHELOTschen Bombe unter Abzug des Brennwertes von Harn und
Kot und Feststellung der vom Körper nach außen abgegebenen Wärme. Diejenige Calorienmenge, die in einer Nahrung enthalten ist und deren Verbrennung
sämtliche Ausgaben an Wärme und Arbeit bei gleichbleibendem Körpergewicht
deckt, nennt man *Erhaltungskost.*

2. Kann der Energiebedarf durch indirekte Calorimetrie errechnet werden.
Bei diesem Verfahren werden in besonderen Apparaten die abgegebenen Mengen
von Kohlensäure und Wasser und die verbrauchten Mengen Sauerstoff bestimmt.

Für die Berechnung der so erhaltenen Werte ist der sog. *respiratorische
Quotient,* das Verhältnis von Kohlensäureausscheidung zur Sauerstoffaufnahme
von großer Bedeutung. Dieses Verhältnis ändert sich je nach der Art der in die
Verbrennung eintretenden Substanzen. Es läßt sich rechnerisch leicht nachweisen, wieviel Sauerstoff eine jede Substanz, die als Nahrungsmittel dient,
verbraucht, um zu Kohlensäure und Wasser verbrannt zu werden. Es ist klar,
daß sauerstoffreiche Substanzen einen anderen respiratorischen Quotienten
haben werden als sauerstoffarme. Auch wird ein Übergang von sauerstoffreiche-
ren in sauerstoffärmere Gebilde sich durch eine Änderung des respiratorischen
Quotienten anzeigen. Der respiratorische Quotient beträgt

bei der Verbrennung von Fett 0,7
„   „   „   „ Eiweiß . . . 0,8
„   „   „   „ Kohlehydrat . 1,0

Bei der Verbrennung jeder Substanz wird eine bestimmte Wärmemenge
frei. Die für diese Verbrennung benötigten Mengen Sauerstoff sind nach dem
eben Gesagten für jede Substanz charakteristisch: Es werden zur Verbrennung
bis CO_2 und H_2O Sauerstoff verbraucht, bei der Verbrennung von Fett 280%
O_2 der Substanz, für Eiweiß 178% O_2 der Substanz, für Kohlehydrate 96,97%
der Substanz. Ist die Beteiligung der einzelnen Nährstoffe an der Verbrennung
bekannt, so läßt sich aus dem verbrauchten Sauerstoff direkt die produzierte
Wärmemenge errechnen. Die Beteiligung der einzelnen Nährstoffe an der Gesamt-
zersetzung wird durch Feststellung des respiratorischen Quotienten eruiert.
Als wichtiges Hilfsdatum muß die Menge des im Harn ausgeschiedenen Stickstoffs
bestimmt werden. Aus ihr wird der Anteil der auf die Eiweißzersetzung entfallenden Menge Sauerstoff berechnet. Nach Abzug der bei der Eiweißoxydation
verbrauchten Sauerstoffmengen und produzierten Kohlensäure ist der *calorische
Wert des Sauerstoffs* für die Fett- und Kohlehydratverbrennung in einfacher
Weise bestimmt.

Der *calorische Energiegehalt* eines Nährstoffes kann nur dann *vollkommen*
ausgenutzt werden, wenn er im Organismus ganz verbrennt. Bei Fetten und

Kohlehydraten geht die Verbrennung bis zu Kohlensäure und Wasser, die Stoffwechselendprodukte des Eiweißes dagegen haben selbst noch einen geringen Brennwert, den man von dem in der calorimetrischen Bombe ermittelten abziehen muß, um den *physiologischen Nutzeffekt* zu errechnen. Die Quellungs- und Lösungswärme des Eiweißes und die Lösungswärme der Harntrockensubstanz, die von dem Gesamtresultat in Abzug zu bringen sind, spielen nur eine untergeordnete Rolle. Unter Berücksichtigung dieser Kautelen ergeben sich als physiologische Nutzeffekte:

$$\begin{array}{llll}
\text{für 1 g Eiweiß} & \ldots & 4{,}1\ \text{g} & \text{große Calorien,} \\
\text{,, 1 g Fett} & \ldots & 9{,}3\ \text{g} & \text{,,} \quad \text{,,} \\
\text{,, 1 g Kohlehydrate} & \ldots & 4{,}1\ \text{g} & \text{,,} \quad \text{,,}
\end{array}$$

Die Nahrungsstoffe können sich nach ihrem Brennwertgehalt vertreten. Dieses von RUBNER gefundene Gesetz der *isodynamen* Vertretung der Nahrungsstoffe hat aber nur mit einer gewissen Einschränkung Gültigkeit. Es zeigt sich nämlich, daß ein bestimmtes *Minimum von Eiweiß* in der Nahrung vorhanden sein muß, wenn der Organismus nicht seine eigenen Bestände angreifen soll.

Der **Ruheumsatz** erfährt durch verschiedene Momente eine Steigerung. Diese sind einmal in dem Mischungsverhältnis der Nahrungsmittel bedingt, weiterhin in der Art der Nahrungsaufnahme, ob enteral oder parenteral; ferner können bestimmte Stoffe, die entweder im Organismus selbst entstehen oder ihm von außen beigebracht werden, eine Stoffwechselsteigerung bedingen und schließlich wird jede Steigerung der Gesamtfunktionen des Organismus oder seiner Teile eine Vermehrung des Energieumsatzes bedingen. Solche Steigerungen können ferner durch *krankhafte* Vorgänge der verschiedensten Art hervorgerufen werden, die später besprochen werden. Es können im folgenden für jede dieser Arten von Vermehrung des Energieumsatzes nur einzelne Beispiele angezogen werden, die das Gesamtgeschehen verdeutlichen werden.

Für die Feststellung des Ruhenüchtern-Umsatzes sind ganz bestimmte Bedingungen einzuhalten: der zu Untersuchende muß 1. einige Tage vor der Untersuchung eine fleischfreie Kost einhalten, 2. sind körperliche Anstrengungen in den Vortagen und am Untersuchungstage zu unterlassen, 3. ist auch das Einnehmen von Schlafmitteln oder anderer Medikamente vor der Untersuchung zu vermeiden. Aber selbst, wenn alle diese Bedingungen eingehalten werden, zeigt sich, daß längeres Hungern über die Zeit der gewohnten Nahrungsaufnahme hinaus bei manchen Menschen zu Erregungen führt, welche den Umsatz ansteigen lassen. Vielleicht hängt diese vorübergehende Steigerung der Verbrennung bei längerem Nüchternbleiben mit Störungen der Kohlehydratregulierung zusammen.

Wir fanden nämlich, daß einzelne vegetativ labile Menschen unter den geschilderten Bedingungen zu einem nicht unerheblichen Abfall des Blutzuckers neigen. Diese Hypoglykämie führt zu Erregungen, welche ihrerseits wiederum eine Steigerung der Verbrennung zur Folge haben.

Zunächst ist vor allem bei Untersuchungen an hungernden Menschen und Tieren sichergestellt, daß die *Nahrungsaufnahme an sich* eine Steigerung des Stoffumsatzes bedingt. Diese ist nach der *Art der Nahrung* sehr verschieden. Sie beträgt bei der Zufuhr von Fett $2\tfrac{1}{2}\%$ der totalen Verbrennungswärme desselben, bei Zufuhr von Stärke etwa 9% und bei Zufuhr von Eiweißkörpern 17%[1].

---

[1] MAGNUS-LEVY: Pflügers Arch. **55** (1894).

RUBNER[1] fand bei einem Hund, den er in einer Umgebungstemperatur von 33° hielt, eine Zunahme der Wärmeproduktion, wenn er den Hungerbedarf deckte durch

Zucker um . . 5,8%
Fett um . . . 12,7%
Eiweiß um . . 30,9%

Als Ursache für die Steigerung des Umsatzes nach Nahrungszufuhr ist zunächst die *Verdauungsarbeit* angeschuldigt worden. Um diese Tatsache zu sichern, hat man die Nahrungsstoffe unter Umgehung des Magendarmkanals direkt ins Blut injiziert. ZUNTZ und v. MERING[2] konnten nach Einführung von verbrennbaren Substanzen direkt in die Blutbahn keine Änderung der Sauerstoffaufnahme finden. Nach eigenen[3] Untersuchungen bewirken aber in das Blut injizierte Dextrose und Lävulose unter Erhöhung des respiratorischen Quotienten eine ganz erhebliche Steigerung der Verbrennung, was zum Teil vielleicht durch die Steigerung der Nierenarbeit — den diuretischen Effekt — erklärt werden kann. Aber auch *nichtoxydable* Substanzen, wie Milchzucker und Rohrzucker, können parenteral injiziert eine erhebliche Steigerung der Verbrennungsprozesse zur Folge haben. Die gleiche Wirkung hat die Infusion *hypertonischer* Lösungen von Salzen und Harnstoff. Hier ist die Erhöhung der Umsetzungen durch eine osmotisch bedingte Zunahme der Herz- und Nierenarbeit veranlaßt. Man kommt auf diese Weise der Lösung des Problems der spezifisch-dynamischen Nahrungswirkung nicht näher. Daß die Eingabe unverbrennlicher Abführmittel in den Magendarmkanal einen Anstieg des Sauerstoffverbrauchs bedingt, ist erklärlich. Wir wissen heute, daß durch solche Abführmittel nicht nur die motorischen, sondern auch die sekretorischen Leistungen, z. B. die Lipoidsekretion, gesteigert werden.

Sehr eingehend hat RUBNER die Ursachen der von ihm sog. *spezifisch-dynamischen* Wirkung der Nahrungsmittel studiert. Er lehnt die Bedeutung der vermehrten Verdauungsarbeit für die Stoffwechselsteigerung ab und kommt zu der Auffassung, daß die spezifisch-dynamische Wirkung aus dem Freiwerden von Spaltungswärme zu erklären sei. Auch F. v. MÜLLER vermutet in der inneren Arbeit der intermediären Verwendung der Nahrungsstoffe die eigentliche Ursache der spezifisch-dynamischen Wirkung.

Am meisten leuchtet die Auffassung ein, nach welcher die N-haltige Gruppe des Eiweißmoleküls einen Stoffwechselreiz ausübt. In eigenen[4] Versuchen mit RADERMACHER konnte ich mich davon überzeugen, daß $^1/_4$ g *Glykokoll* pro Kilogramm Körpergewicht dem gesunden nüchternen Menschen eingegeben, eine Steigerung der Umsetzungen von 10—15% über den Ausgangswert bewirkt. Diese Steigerung klingt etwa 4—5 Stunden nach Einnahme der Aminosäure wieder ab. Die Calorienmehrproduktion nach der Einnahme von Glykokoll steht in gar keinem Verhältnis zu seinem Brennwertgehalt. Gibt man einem mit Phlorrhizin behandelten Hund 10 g Glykokoll und bestimmt die daraufhin im Harn mehr ausgeschiedene Zuckermenge, so hat die gleiche Zuckermenge im Fütterungsversuch keine spezifisch dynamische Wirkung zur Folge, sie ist also unabhängig vom calorischen Wert der Nahrung an sich[5]. Die größte Wahrscheinlichkeit hat demnach wohl die Auffassung, daß Reizwirkungen der zugeführten Nahrung

---

[1] RUBNER: l. c. [2] ZUNTZ u. v. MERING: Pflügers Arch. **32**, 178.
[3] BÜRGER: Biochem. Z. **124** (1921).
[4] RADERMACHER: Diss. Bonn 1935. Dort weitere Literatur über spez. dyn. Wirkung.
[5] LUSK: Arch. int. Med. **12**, 485.

— besonders der Aminosäuren — die Ursache für die Stoffwechselsteigerung nach deren Genuß abgeben[1].

Die früheren *Methoden der Bestimmungen* der spezifisch-dynamischen Wirkung der Eiweißkörper mit Hilfe verschiedener Nahrungsgemische haben eine Reihe von Fehlerquellen, welche die Resultate zu verschleiern geeignet sind und sie daher für klinische Zwecke ungeeignet machen:

1. Die Nahrungsgemische sind nicht exakt dosierbar,

2. sie haben infolge der wechselnden Sekretionsverhältnisse des Magens eine verschiedene Verweildauer im Magen,

3. daher werden die für die spezifisch-dynamische Wirkung verantwortlichen Substanzen (Aminosäuren) in wechselnder Geschwindigkeit und Menge vom Darmkanal aufgenommen und die durch sie bedingte Steigerung der Verbrennungen nach zeitlichem Eintreten und Ausmaß verschieden ausfallen.

Die pathognostische Bedeutung der Bestimmung der spezifisch-dynamischen Wirkung, wie sie bisher in der Literatur als gesichert galt, bedarf auf Grund unserer Erfahrungen mit dem schärfer dosierbaren Glykokoll einer Revision. Eine *Verminderung* der spezifisch-dynamischen Eiweißwirkung wurde mit den älteren Methoden beim *wachsenden Organismus*, im *chronischen Hunger*, bei Eiweiß- und Fettmangel, ferner bei *konstitutioneller Fettsucht* und *Erkrankungen der Hypophyse* gefunden.

Außerdem soll der Zustand bzw. die Erregbarkeit der inkretorischen Drüsen und des vegetativen Nervensystems einen Einfluß auf den Ablauf der spezifisch-dynamischen Wirkung der Nahrung haben. Die spezifisch-dynamische Wirkung des Eiweißes wurde vergleichsweise unter normalen Bedingungen und nach Darreichung das vegetative System erregender Mittel untersucht. Es zeigte sich, daß die spezifisch-dynamische Wirkung des Fleisches unter diesen Bedingungen um ein Vielfaches höher ist, als im normalen Zustand. Bei Basedowpatienten ist eine sehr hohe spezifisch-dynamische Wirkung des Eiweißes festgestellt worden, welche nach der Operation abklingt[2]. Die günstige Wirkung der eiweißarmen Kost bei hyperthyreotischen Zuständen ist damit erklärt.

1. Einfluß der inkretorischen Organe auf den Ruhe-Nüchternumsatz.

Die Produkte der *innersekretorischen Drüsen,* deren physiologische Bedeutung gar nicht hoch genug anzuschlagen ist, üben einen intensiven Einfluß auf den Gesamtstoffwechsel aus. Das ist für das innere Sekret der Schilddrüse (Thyroxin), des Pankreas (Insulin) und der Nebenniere (Adrenalin) erwiesen. Für die verschiedenen Produkte der einzelnen Hypophysenabschnitte und der Sexualdrüsen sehr wahrscheinlich.

Länger fortgesetzter Gebrauch von Schilddrüsenstoffen, wie sie zu Abmagerungskuren Verwendung fanden, bedingen fraglos eine Steigerung des Umsatzes. Bei gesunden Tieren und Menschen tritt dieser Effekt weniger deutlich hervor als nach Entfernung der Schilddrüse. Bei Überfunktion der Schilddrüse ist die Feststellung der *Steigerung der Verbrennung* geradezu ein Gradmesser für die Schwere der Erkrankung (Einzelheiten s. Kapitel Innersekretorische Drüsen).

---

[1] BENEDIKT: Dtsch. Arch. klin. Med. **110**, 54.
[2] ROLLY: Dtsch. med. Wschr. **1921 I**, 917.

Auch die intravenöse Injektion von Glykokoll macht die Steigerung des Umsatzes, wodurch bewiesen ist, daß die Mitbeteiligung des Magendarmkanals und seiner Anhangsdrüsen keine notwendige Vorbedingung für das Auftreten der spezifisch-dynamischen Wirkung darstellt.

Auch die typischen Vertreter der am vegetativen Nervensystem angreifenden Mittel[1] beeinflussen den gesamten Stoffumsatz sehr wesentlich. Nach Zufuhr von Adrenalin, Cholin, Pilocarpin und Atropin geht der Stoffwechsel in die Höhe. Ebenso soll die nach Thyreoidinzufuhr einsetzende Stoffwechselsteigerung auf Erregung des vegetativen Nervensystems beruhen.

Auch den Produkten der *Hypophyse* ist ein Einfluß auf den Grundumsatz zugeschrieben worden. Die Entfernung der Drüse führt zu einem Sinken des Stoffwechsels. Bei Akromegalie sind Umsatzsteigerungen gesehen worden, doch sind diese Feststellungen nicht unbestritten geblieben. Bei Kranken, welche nach anatomischen Veränderungen der Hypophyse einen abnormen Fettansatz zeigen, ist der Grundumsatz normal befunden worden.

Die Hypophyse enthält, wie bereits erörtert wurde, in ihren verschiedenen Anteilen Stoffe ungleichartiger Wirkung. Keiner von diesen Stoffen ist bis heute krystallinisch gewonnen worden. Die mit Handelspräparaten gemachten Erfahrungen über die Wirkung auf den Grundumsatz sind wegen der Unreinheit der Präparate in ihren Resultaten widersprechend. Es kommt hinzu, daß von der Hypophyse Wirkungen auf andere innersekretorische Organe ausgehen, so daß dort, wo man Wirkungen auf den Grundumsatz zu haben glaubt, vielleicht solche indirekter Natur vorliegen.

Die Unsicherheit der Beurteilung wird um so größer, als Falta und Bernstein[3] nach intramuskulärer Injektion von 2—3 ccm Pituitrin beim Menschen einen raschen *Anstieg* des Sauerstoffverbrauches und der Kohlensäurereproduktion sahen und Versuche mit dem Extrakte des glandulären Teiles der Hypophyse ein *Absinken* des Sauerstoffverbrauchs und der Kohlensäureproduktion, die länger als 1 Stunde anhielten.

Die gleiche Unsicherheit herrscht bezüglich der hormonalen Einwirkung der *Geschlechtsdrüsen* auf den Grundumsatz. Die Erfahrungen der Tierzüchter, nach welchen die Kastration den Fettansatz begünstigt, scheinen denjenigen Forschern Recht zu geben, welche nach Entfernung der Keimdrüsen ein Sinken des Grundumsatzes festgestellt haben[2].

Eine besonders wichtige Frage ist die des Verhaltens des Stoffwechsels in der *Gravidität*[4]. Soweit bis jetzt ein Urteil gestattet ist, geht das *Anwachsen des Gaswechsels* der Gewichtszunahme parallel. Der Umsatz bleibt also pro Körperkilogramm annähernd konstant.

Von allen Vorgängen, welche auf die Größe der Verbrennungsprozesse im Körper Einfluß haben, ist *Muskelarbeit* der wirksamste. Jede Bewegung steigert die Sauerstoffaufnahme und die CO_2-Ausscheidung und kann daher, wenn nicht für absolute Ruhe bei den Stoffwechseluntersuchungen gesorgt wird, die Resultate in unliebsamer Weise beeinflussen. Bei Untersuchungen am arbeitenden Pferd und bergaufgehenden Menschen fand sich, daß bei 1 kgm Arbeit an chemischer Energie 3,385 kgm aufgewendet werden, d. h. daß die im Körper umgesetzten Stoffe, bezogen auf ihre chemische Energie, 29,5% Wirkungsgrad haben.

Es läßt sich also, wenn die Arbeit bekannt ist, mit ziemlicher Annäherung die durch sie bedingte Steigerung des Umsatzes erkennen. Eine andere Frage

---

[1] Abelin: Biochem. Z. **129** (1922).
[2] Eckstein u. Grafe: Hoppe-Seylers Z. **107**, 73 (1919).
[3] Falta u. Bernstein: Zbl. inn. Med. **1912**.
[4] Magnus-Levy: Z. Geburtsh. **52**, 1 (1904).

ist die, ob eine *längere* Arbeitsperiode den Ruheumsatz ändert. Die Untersuchungen von ZUNTZ und SCHUMBURG[1] beim Menschen und ZUNTZ[2] beim Hunde haben gezeigt, daß infolge der stärkeren Ausbildung der Muskulatur eine *längere* Arbeitsperiode den Ruheumsatz steigert. Eine solche Zunahme ist außer durch den Ansatz von atmendem Protoplasma durch die Reduktion des Fettvorrats bedingt.

So zeigten ZUNTZ und SLOWTZOFF[3] an einem Hunde, der lange Zeit in einem engen Käfig an jeder ausgiebigen Bewegung gehindert war, dann 3 Wochen zu täglicher anstrengender Steigarbeit veranlaßt wurde, eine Zunahme des O-Verbrauchs von 161,1% bei Beginn der Laufperiode, auf 180,4% am Schluß der Laufperiode.

Man hat sich weiterhin die Frage vorgelegt, ob es nicht möglich sei, die *Arbeit der einzelnen Organe* zu messen. Das ist auf zwei Wegen versucht worden. BARCROFT[4] und seine Mitarbeiter bestimmten den O_2- und CO_2-Gehalt des einem Organ in einem bestimmten Zeitabschnitt zu- und abströmenden Blutes. Aus den Resultaten der Blutgasanalysen läßt sich dann ohne weiteres der Gaswechsel des betreffenden Organs berechnen. Ein zweiter Weg ist die Ausschaltung des Organs aus dem Stoffwechsel des Organismus. Der Gesamtgaswechsel wird um den des ausgeschalteten Organs vermindert. Der eintretende Ausfall ist das Maß für den Eigenstoffwechsel des ausgeschalteten Organs.

Gegen diese Methode sind mannigfache Einwendungen möglich, da die Ausschaltung eines Organs die Organkorrelation in tiefgehender Weise stört und damit den Gesamtstoffwechsel beeinträchtigt. Je weiter wir in der Erkenntnis der Funktionen vordringen, um so mehr lernen wir die korrelativen Wirkungen des einen Organs auf alle übrigen kennen. Die Ausschaltungsmethode wurde von TANGL[5] geübt und gezeigt, daß vom Gesamtenergieumsatz des Organismus des Hundes *7,9% auf* die Arbeit der *Nieren* entfallen. Die Nierensubstanz verbraucht nach seinen Untersuchungen beinahe das *Zehnfache der Energiemenge,* die der übrige Körper pro Gewichtsmenge umsetzt. Auf die gleiche Weise fand TANGL[6], daß die Leber 12% der gesamten energetischen Leistung des Organismus aufbringt.

Steigerungen der Verbrennungen sind außerdem gefunden worden bei allgemeinen Muskelkrämpfen, im Fieber, bei Leukämien, bei perniziöser Anämie, bei kachektischen Krebsträgern, bei chronisch entzündlichen Gelenkerkrankungen und im Höhenklima[7]. Von diesen krankhaften Zuständen ist die Steigerung bei Leukämien besonders interessant. Sie läuft gleichsinnig mit der Vermehrung der weißen Zellen des Blutes. Eine günstige therapeutische Einwirkung durch Röntgenbestrahlung läßt sich an der Rückführung der Verbrennung zur Norm erkennen.

Bemerkenswerterweise bleibt eine Steigerung der Verbrennungen nach gut gelungener Übertragung von einem halben Liter Blut und mehr in Fällen von perniziöser Anämie vollkommen aus[8].

Eine *Verminderung* der *Umsetzungen* ist für den *Hungerzustand*[9] sichergestellt. Man weiß, daß die Ausschaltung der Hoden, des Ovariums und der Schilddrüse zu einer deutlichen Herabsetzung des Gaswechsels führen. Nach LÖWY und RICHTER hat die *Kastration* männlicher und weiblicher Hunde

---

[1] ZUNTZ u. SCHUMBURG: Physiologie des Marsches. Berlin 1901.
[2] ZUNTZ: Pflügers Arch. **68**, 191 (1897).
[3] ZUNTZ u. SLOWTZOFF: Pflügers Arch. **95** (1903).
[4] BARCROFT and T. G. BRODIE: J. of Physiol. **32**, 18; **33**, 52 (1905).
[5] TANGL: Biochem. Z. **34**, 1 (1911).   [6] TANGL: Biochem. Z. **34**, 52 (1911).
[7] BÜRGER u. HUFSCHMIDT: Z. klin. Med. **112**, H. 1. — KRAMER: Klin. Wschr. **1932 II.**
[8] BÜRGER: Kongreßverhandlungen Wiesbaden 1927, S. 239.
[9] BENEDICT: A Study of prolonged fasting. Washington 1915.

eine *Verminderung des Stoffwechsels von 14—20%* zur Folge. Diese Herabsetzung kann monate- und jahrelang anhalten und ist sehr wahrscheinlich mit einer Verminderung der gesamten Oxydationsprozesse zu erklären. Mit dieser *Herabsetzung* des allgemeinen Stoffwechsels steht das auffällige Fettwerden der männlichen Kastraten und die Körpergewichtszunahme mancher Frauen im Klimakterium in ursächlichem Zusammenhang. Die *Verminderung* des Stoffwechsels nach der Entfernung der Schilddrüse ist ein sehr konstantes Symptom. Das gleiche, was für die Exstirpationsversuche eruiert wurde, gilt auch für die verschiedenen Formen des Myxödems. Die Herabsetzung des Grundumsatzes bei Myxödemkranken ist eine der am besten gesicherten Tatsachen auf dem Gebiete der innersekretorischen Störungen. Daß bei verschiedenen *Vergiftungen* eine Herabsetzung des Stoffwechsels eintritt, wurde z. B. für NaJ, NaBr und LiCl von HENRIQUES gezeigt, der nach Injektion dieser Substanzen eine Abnahme der Sauerstoffaufnahme von 7 bis 16,2% feststellen konnte[1]. Auch chronische Arsenmedikation hat eine den Grundumsatz drückenden Einfluß. Sinkt der Grundumsatz, pflegt das Körpergewicht zu steigen[2].

2. Quantitativ unzureichende Ernährung.

Die unzureichende Ernährung kann *quantitativer* und *qualitativer* Natur sein. Bei der quantitativen Unzulänglichkeit kann man unterscheiden zwischen den Zuständen *chronischer Unterernährung* und dem des *absoluten Hungers*.

Bei dem Zustande des *absoluten Hungers* liegen die Verhältnisse am klarsten und sind am häufigsten untersucht worden. *Der Energieverbrauch des Hungernden* fällt *dem Körpergewicht proportional ab*, das ist für den akut einsetzenden Hunger eine durchaus gesetzmäßige Erscheinung, die auch an menschlichen Versuchsobjekten verschiedentlich mit Sicherheit festgestellt werden konnte. *Der Erhaltungsumsatz,* dessen Höhe durch die für das Leben unentbehrlichen Arbeitsleistungen der Zirkulation, Respiration, Sekretion und die Tätigkeit der lebenden Zellen in ihrer Gesamtheit bedingt wird, sinkt bei sehr lange fortgesetztem Hunger, wie sorgfältige Untersuchungen[3] gezeigt haben, langsam ab. Der Organismus stellt sich gewissermaßen auf einen sparsameren Betrieb ein. Dabei zeigt sich, daß die Werte für die CO_2-Ausscheidung rascher absinken als die des O_2-Verbrauchs. Der Respirationsquotient zeigt beim akut einsetzenden Hunger ein typisches Verhalten, welches dadurch bedingt wird, daß die Energievorräte des Organismus in gesetzmäßiger Reihenfolge in den Stoffwechsel hineingerissen werden.

Man findet ein *Absinken* des Respirationsquotienten unter den theoretischen Minimalwert von 0,7, nämlich auf Werte von 0,685 am 12.—30. Hungertag. Diese Erscheinung ist nur so zu deuten, daß entweder Kohlenstoff in größeren Mengen als unter normalen Verhältnissen den Körper durch die Nieren verläßt, oder daß das bei der Eiweißeinschmelzung freiwerdende Glykogen teilweise in Muskeln und Leber deponiert und während körperlicher Ruhe nicht vollkommen verbrannt wird. Das erste Geschehen läßt sich durch die Untersuchung des Harns leicht beweisen. Es treten nämlich nach länger dauerndem Hunger im Harn Acetonkörper (Aceton, Acetessigsäure, β-Oxybuttersäure) auf, die eine

---

[1] HENRIQUES: Biochem. Z. **74**, 185 (1916).
[2] LIEBESNY u. VOGL: Klin. Wschr. **1923** I, 689.
[3] BENEDICT: A Study of prolonged fasting. Washington 1915.

Zunahme des Kohlenstoffgehalts des Harns bedingen. BRUGSCH[1] fand zwischen dem 23. und 30. Hungertage 5,3—13,6 g Oxybuttersäure im Harn. Errechnet man das Verhältnis des Verbrennungswertes des Harns zum ausgeschiedenen Stickstoff, dem sog. *calorischen* Quotienten, so sieht man diesen mit zunehmender Dauer des Hungers ansteigen. Der hungernde Organismus verliert mit dem Harn paradoxerweise mehr Calorien als der unter normalen Verhältnissen befindliche. Die Eiweißzersetzung hungernder Individuen läßt sich durch die Stickstoffausscheidung im Harn und Kot errechnen.

In den ersten Tagen lebt das hungernde Individuum von seinem Zucker- bzw. Glykogenbestande. Je günstiger die der Hungerperiode voraufgehenden Ernährungsverhältnisse lagen, desto später werden die Fett- und Eiweißbestände des Individuums angegriffen. Es ist jedoch bemerkenswert, daß auch bei langdauerndem Hunger das Glykogen nicht restlos aufgebraucht wird und daß ständig geringe Mengen Kohlehydrate verbrannt werden. Für den Blutzucker ist bekannt, daß er sich fast bis zum Tode konstant auf seinem physiologischen Wert hält. Hiervon gibt es aber klinisch sehr wichtige Ausnahmen. Eine nicht kleine Zahl von vegetativ labilen Patienten klagen nach *längerem Nüchternbleiben* über Ohnmachtsgefühl, Schweißausbruch und Unruhe. Nach Untersuchungen in meinem Institut[2] und anderen Orts[3] findet man bei solchen ein Abfallen des nüchternen Blutzuckers auf nahezu hypoglykämische Werte. Auch die Feststellungen von BERG sind hier zu erwähnen, welcher bei Magenoperierten im Anschluß an die Nahrungsaufnahme etwas Ähnliches feststellen konnte. Diese Zustände von *Spontanhypoglykämie* sind durch Zufuhr kleiner Mengen Kohlehydrate (Zucker, Schokolade) leicht und wirksam zu bekämpfen.

Auch von anderer Seite wird auf die Häufigkeit der Spontanhypoglykämie beim nüchternen Menschen hingewiesen. Rechnet man auch Werte zwischen 65 und 75 mg-% Blutzucker, so ist diese Erscheinung ebenso häufig wie der Diabetes[4].

Der *Hungerkot* hat einen mittleren N-Gehalt von täglich 2 g, die Gesamt-N-Ausfuhr zeigt eine typische Kurve. In den ersten $1^1/_2$ Wochen beträgt der tägliche N-Verlust zwischen 10 und 13 g pro Tag, bei weiter fortgesetztem Hunger fällt die Kurve der N-Ausscheidung rasch ab bis auf 2 g pro Tag (SUCCI). Bei Frauen liegen die Anfangszahlen im akuten Hungerzustand 20—30% niedriger als bei Männern, was wohl mit dem größeren Fettbestande des weiblichen Körpers in Zusammenhang zu bringen ist. Bei Versuchstieren, die man verhungern läßt, zeigt sich kurz vor dem Tode eine neue recht ausdehnliche Steigerung der N-Ausscheidung. Diese *prämortale Hyperazoturie* wird verschieden erklärt. Entweder ist sie ein Zeichen dafür, daß nun die letzten Fettreserven aufgezehrt sind und es notwendigerweise zu einer stärkeren Einschmelzung von Eiweiß kommt, oder es sind durch den chronischen Hungerzustand große Zellkomplexe in ihrer Vitalität so weitgehend geschädigt, daß sie zerfallen und ihr Material von anderen Zellen verbrannt wird.

Wird im Hunger auch das *Durstgefühl* nicht befriedigt, so ist eine relative Wasserverarmung des Körpers unausbleiblich, denn die durch die Gewebs-

---

[1] BRUGSCH: Z. exper. Path. u. Ther. 1, 419 (1905).
[2] HENSE: Diss. Bonn. 1936.
[3] LAFFE u. DIBOLD: Dtsch. Arch. klin. Med. 177, 1—40 (1934).
[4] HARRIS: Amer. J. Digest. Dis. a. Nutrit. 1, 562 (1934).

einschmelzung und Oxydation körpereigenen Materials freiwerdenden Wassermengen decken den Verlust durch den Harn, Haut und Lungen nicht. Die Harnmenge sinkt ab, der Wassergehalt des Blutes wird geringer, die Haut trocken. Es können *Wadenkrämpfe,* wie bei den Wasserverlusten nach Cholera, auftreten. Die Zusammensetzung des Harns ist außer in seinem Gehalt an Acetonkörpern dadurch charakterisiert, daß der Ammoniakstickstoff auf Kosten des Harnstickstoffs ansteigt. Der NH_3-N stieg nach BRUGSCH[1] auf 35,3%. Diese relative Harnstoffabnahme zugunsten des Ammoniaks ist bedingt durch die bei der Gewebseinschmelzung eintretende Azidose. Die entstehenden Säuren binden einen Teil des entstehenden Ammoniaks und verhindern seinen Übergang in den Harnstoff. Standardzahlen für die *Ausscheidung von Purinkörpern* im Hunger sind bisher nicht gefunden. Für das *Kreatinin* darf man nach allem, was wir bis jetzt wissen, wohl annehmen, daß es entsprechend der Einschmelzung der *Muskulatur* ausgeschieden wird. Der Mineralstoffwechsel ist abhängig von dem Mineralgehalt der zur Einschmelzung kommenden Gewebe. Für das *Kochsalz* ist es bisher nicht festgestellt, ob die Ausscheidung dem Freiwerden durch Gewebseinschmelzung parallel oder ob der hungernde Organismus auch prozentisch kochsalzärmer wird. Bei dem Hungerkünstler SUCCI sank die Kochsalzausscheidung am 11.—13. Tag auf 0,36 g ab.

Hungertod. Während gewisse Hungerspezialisten des Tierreichs wie Hydra, Planarien von ihrer Körpermasse alle Bestandteile gleichmäßig bis auf Bruchteile von 1% einschmelzen können, *ändern* Skelettiere ihre *Zusammensetzung* während des Hungers, sie werden *reicher an Wasser* und *Asche. Als Ursache des Hungertodes* ist neben Materialmangel auch eine *Selbstvergiftung* des Organismus diskutiert worden. Für den Menschen berechnet PÜTTER[2] durch Vergleich mit den an Mäusen und Hunden gewonnenen Resultaten eine Hungerzeit von 90—100 Tagen.

Chronische Unterernährung. Bei der *chronischen Unterernährung* muß man unterscheiden zwischen den Zuständen verminderter Zufuhr bei normaler Resorption und denen verminderter Resorption bei normaler Zufuhr.

Exakte Untersuchungen über die Wirkungen verminderter Nahrungszufuhr bei längerer Dauer liegen bisher nicht vor. Zwar haben die Verhältnisse des großen europäischen Krieges eine Reihe von Krankheitszuständen zur Folge gehabt, welche als Auswirkungen der chronischen Unterernährung anzusehen sind, doch ist eine exakte Bestimmung des Brennwertes und der Zusammensetzung der Nahrung aus begreiflichen Gründen nie mit der für physiologische Untersuchungen gewünschten Sicherheit durchgeführt worden.

Als eine der wichtigsten Folgen der chronischen Unterernährung ist die *Ödemkrankheit* anzusehen, welche mit sehr charakteristischen Symptomen in der Industriebevölkerung und in den Gefangenenlagern der Mittelmächte aufgetreten ist (vgl. Abb. 31 u. 32). Die wesentlichsten Zeichen der Ödemkrankheit sind die Haut- und Höhlenwassersucht, Hydrämie, Bradykardie, Hemeralopie, Polyurie und Nykturie. Die von verschiedenen Autoren durchgeführten Nährwertberechnungen der Kost, welche zum Ausbruch der Erkrankung führte, ergab

---

[1] BRUGSCH: Z. f. exper. Path. u. Ther. **1**, 419 (1905).
[2] PÜTTER: Naturwiss. **9**, H. 2, 31—35 (1921). Ref. Physiol. Ber. **7**, 180.

übereinstimmend eine calorische Minderwertigkeit derselben[1]. Bürger konnte zeigen, daß in den untersuchten Arbeitergruppen bereits *vor Ausbruch* der Ödemkrankheit eine Abnahme des durchschnittlichen Körpergewichts einsetzte. Eine wichtige Begleiterscheinung dieser Erkrankung ist das *Versiegen der Verdauungsfermente,* welches einerseits die Resorption der an sich schon verminderten Nahrung beeinträchtigt, andererseits aber das Milieu für verschiedene Formen

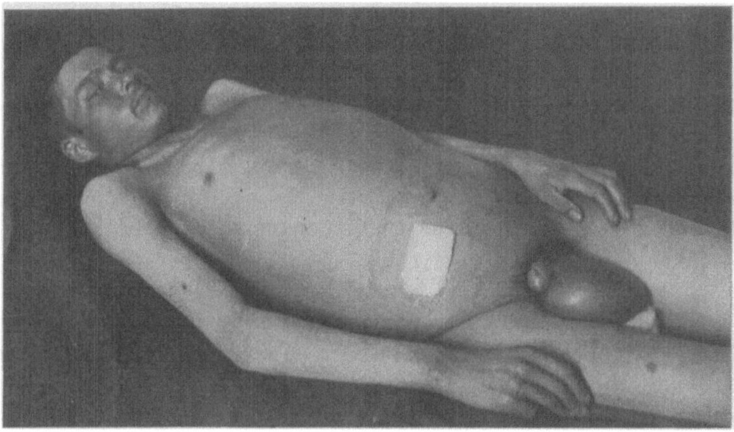

Abb. 31. Ödemkrankheit. Stärkere Ödeme an den Beinen. Scrotum-Wassersucht. Nieren o. B. Während 2 monatiger falscher Behandlung und Ernährung wurden in 12 maliger Punktion aus dem Bauche 73 750 ccm (sic!) entleert; aus der Brusthöhle 5000 ccm in 3 maliger Punktion. Spez. Gew. 1009/1011. Nach reichlicher Ernährung Abfall des Körpergewichtes von 71 kg auf 53 kg in 3 Wochen. Ausgang in Heilung und Arbeitsfähigkeit. (Nach Schittenhelm und Salle.)

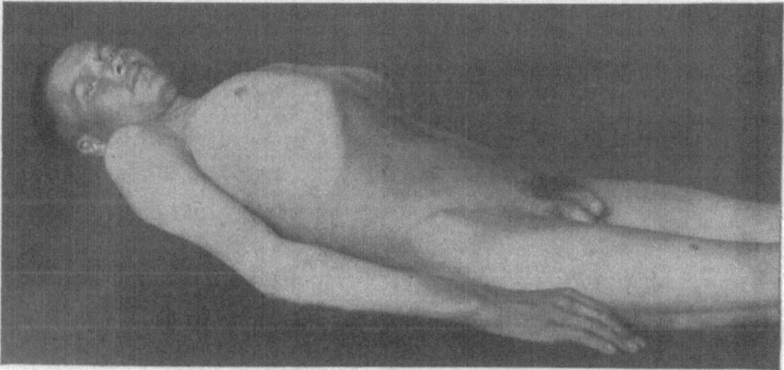

Abb. 32. Derselbe Fall geheilt. (Nach Salle-Schittenhelm.)

von Darmkatarrhen, vor allem Gärungskatarrhen, schafft. Es zeigte sich, daß bei gleichem Brennwertgehalt der Kost nur die *Schwerarbeiter,* die leicht Arbeitenden dagegen wenig oder gar nicht befallen waren. Bei ungleichem Caloriengehalt der Kost blieben unter sonst gleichen Verhältnissen die reichlicher Ernährten verschont. Bemerkenswert ist die hochgradige Atrophie der Schilddrüse, welche man bei tödlich verlaufenden Fällen dieser Erkrankung fest-

---

[1] Schittenhelm u. Schlecht: Z. ges. Med. **9**, 1 (1919). — Bürger: Z. ges. Med. **8**, 309 (1919). — Erg. inn. Med. **18**, 192 (1920). — Jansen: Dtsch. Arch. klin. Med. **124**, 1 (1917). Rumpel u. Knack: Dtsch. med. Wschr. **1916 I**, 44—47.

stellte[1]. Es ist sehr wohl möglich, daß mit der *Reduktion* des *Schilddrüsen-parenchyms* eine Art Anpassung an den Zustand chronischer Unterernährung angestrebt wird. Es ist darin vielleicht eine Selbststeuerung der Stoffwechsel-vorgänge unter beschränkter Nahrungszufuhr zu sehen. Untersuchungen, die sich auf den Gesamtumsatz der Ödemkranken beziehen, liegen nicht vor. Es existieren lediglich Untersuchungen von LÖWY und ZUNTZ, welche den Er-nährungszuständen, die zu den Ödemkrankheiten führen, nahekommen[2]. In kurzfristigen Respirationsversuchen konnten sie feststellen, daß unter der Ein-wirkung der Kriegskost der Calorienumsatz von 1 qm Oberfläche in 24 Stunden, bei LÖWY von 721 Calorien (Durchschnittszahlen der Jahre 1888—1914) auf 610 Calorien, also um 15,4%, bei ZUNTZ um etwa 8% herabgegangen ist, während das Körpergewicht keine dementsprechende Reduktion erfahren hatte.

Es ist in diesen Untersuchungen eine Anpassung des Organismus an eine verminderte Nahrungszufuhr demonstriert.

Durch sorgfältige calorimetrische Untersuchungen der Kost, die zur Ödem-krankheit führt, konnten Nährwertzahlen festgestellt werden[3], die zwischen 897 und 1038 Calorien lagen. Man fragt sich, wie die Ödemkranken mit dieser minimalen Nahrungsmenge monatelang haben existieren können. Es ist zunächst festzuhalten, daß eine ganz gewaltige Reduktion an lebendem Parenchym statt-hat, die besonders dann deutlich wird, wenn es durch therapeutische Maßnahmen gelingt, die Wasseransammlung zur Ausscheidung zu bringen. Es fragt sich, ob der Ruheumsatz auch bezogen auf dieses reduzierte Körpergewicht eine Abnahme erfahren hat. Eine hochgradige Reduktion des Ruheumsatzes ist jedenfalls ausgeblieben, denn es zeigt sich, daß solche Patienten mit 1000 Rein-calorien sich *nicht* ins Gleichgewicht setzen. Bei schwer Ödemkranken wird als regelmäßiger Befund eine *negative Stickstoffbilanz* nachgewiesen, die nicht als Folgeerscheinung einer ungenügenden Eiweißernährung, sondern als Aus-druck einer quantitativen unzureichenden Ernährung anzusehen ist. Vielleicht darf man aus einigen Befunden von HÜLSE[4] eine Herabsetzung des Eiweiß-umsatzes bei Ödemkranken schließen. Dieser Autor untersuchte an 12 Kranken den N-Umsatz und schickte den Untersuchungsperioden 1—2 Hungertage voraus. Er fand an den beiden ersten Hungertagen 2,5 bzw. 2,4 g N. Dieser außer-ordentlich niedrige Tagesumsatz des Eiweißes in den ersten Hungertagen ist vielleicht für die Ödemkranken insofern charakteristisch, als im Hungerversuch nach voraufgehender zureichender Ernährung im allgemeinen wesentlich höhere Stickstoffwerte beobachtet werden.

Es gibt physiologische Versuche, die zeigen, daß bei fortgesetzter, alle Stoffe beschränkender Unterernährung der Organismus mit den für ihn wertvollsten Bausteinen des Eiweißes mit zunehmender Dauer der quantitativ unzureichen-den Ernährung immer sparsamer haushält.

E. VOIT und KORKUNOFF[5] fütterten einen Hund längere Zeit ausschließlich mit einer den Bedarf nicht deckenden Fleischmenge und fanden einen N-Verlust von 5,75 g und einen Fettverlust von 830 g aus eigenem Körpermaterial. Wurde nun die Fleischmenge vergrößert, aber nur in so geringem Umfange, daß der Bedarf weit unterboten war, so kam der Hund

---

[1] OBERNDORFER: Münch. med. Wschr. **1918 II**, 1189.
[2] LÖWY u. ZUNTZ: Berl. klin. Wschr. **1916 II**, 284.
[3] JANSEN: Dtsch. Arch. klin. Med. **124**, 1 (1917).
[4] HÜLSE: Münch. med. Wschr. **1917 II**, 921.
[5] VOIT, E. u. KORKUNOFF: Z. techn. Biol. **33**, 58 (1895).

nicht nur ins N-Gleichgewicht, sondern setzte sogar Eiweiß an, während der Fettvorrat des Tieres in weiteren 13 Tagen um 730 g vermindert wurde.

Aber diese Eiweißeinsparungen konnten, wenn sie überhaupt vorkommen, bei den Ödemkranken nicht verhindern, daß bei längerem Bestande der Unterernährung die Muskulatur bis auf kümmerliche Reste eingeschmolzen wurde.

Die auffällige *Bradykardie* der Ödemkranken — es wurden 30—36 Pulse im Minimum in der Minute gezählt — ist als sinusoidale aufzufassen und stellt eine Teilerscheinung der Verlangsamung sämtlicher Stoffwechselvorgänge dar. Neben der Pulsverlangsamung ist die *Herabsetzung* des *Blutdrucks* in den schweren Fällen ein konstantes Symptom. Als niedrigster Wert wurde 60 mm Hg gemessen; als Ursache ist eine periphere Gefäßschädigung anzunehmen; auch die abnormen Wasseransammlungen in Haut und Körperhöhlen sind einer tiefgreifenden Störung der den Wassertransport besorgenden Funktion der Capillaren zuzuschreiben.

Der *Einfluß chronischer Unterernährung* unter krankhaften Umständen ist sehr schwer zu beurteilen. Hier kombinieren sich die Folgen des Grundleidens mit denen der mangelnden Nahrungszufuhr in unübersehbarer Weise. Es scheint aber, daß auch unter solchen Verhältnissen bei dauernd ungenügender Kost die Zersetzungen sich sparsamer vollziehen, die Erhaltungskost also bei stark abgemagerten Individuen einen geringeren Wert hat. FRIEDRICH MÜLLER[1] sah bei einer infolge Oesophagusstenose durch Laugenverätzung stark heruntergekommenen Patientin, die schließlich noch 31 kg wog, eine Verbesserung des Ernährungszustandes eintreten, während sie an 7 Tagen 24,7 Calorien, an weiteren 7 Tagen 27,1 Calorien und an den folgenden 8 Tagen 30 Calorien pro Tag und Körperkilo zu sich nahm. Das Körpergewicht nahm um $3^1/_2$ kg zu, wovon $1^1/_2$ kg auf den Fleischansatz berechnet wurden.

In vielen Fällen chronischer Unterernährung *beim Kranken* handelt es sich um *verminderte Resorption* bei normaler Zufuhr. Solche Störungen in der Aufnahme der Nahrung treten bei den meisten Darmkrankheiten auf mit dem Resultat einer erheblichen Gewichtseinbuße. Die auf Entzündung der Schleimhäute beruhenden motorischen und sekretorischen Störungen führen zu starken Verlusten durch den Kot, die schließlich, da gleichzeitig in vielen Fällen eine verminderte Appetenz vorliegt, durch eine erhöhte Nahrungsaufnahme nicht kompensiert werden können. Eine Verminderung der resorbierenden Fläche wird in ihren Wirkungen am reinsten zum Ausdruck kommen in Fällen, in denen aus mechanischen Gründen (Ileus) *ausgedehnte Darmresektionen* gemacht werden mußten.

KONJETZNY[2] operierte aus diesem Grunde eine hochgradig adipöse Frau mit einer Nabelhernie, welche ein Konvolut von miteinander verwachsenen und zum Teil magenartig erweiterten Darmschlingen enthielt. Es wurden 4,70 m Dünndarm reseziert, die Resektion glatt überstanden; der einzige Folgezustand, welcher bei der vollkommen genesenden Patientin, die sich eines gesunden Appetits erfreute, und in ihren Nahrungsgewohnheiten gegen früher keine Änderung eintreten ließ, war eine erhebliche Reduktion des Körpergewichts, die dazu führte, daß aus der fettsüchtigen Patientin „eine schlanke Erscheinung" wurde. Die Gewichtsabnahme kam zum Stillstand, als gewissermaßen zwischen der noch zur Verfügung stehenden resorbierenden Darmoberfläche und dem noch zu erhaltenden lebenden Körpergewebe ein Gleichgewichtszustand eingetreten war.

---

[1] MÜLLER, FRIEDRICH: Z. klin. Med. **16**, 503 (1889).
[2] KONJETZNY: Persönliche Mitteilung.

Spezielle Untersuchungen über die Stickstoff- und Fettverluste nach Darmresektionen wurden angestellt an Kranken, denen 3—3$^1/_2$ m Dünndarm entfernt war[1]. Die Verluste betrugen 30% N und 23% Fett in einem, 13% N und 16% Fett in einem zweiten Fall. Im allgemeinen wird angenommen, daß bei einer sorgfältigen Ernährung bis zu $^1/_3$ des Dünndarms ohne dauernden Schaden entfernt werden kann. Auf Resorptionsstörungen, wie sie bei chronischen Darmaffektionen beobachtet werden (Stauungskatarrh, Darmtuberkulose und Amyloid, Gärungsenterocolitis, Typhus), kann hier nicht eingegangen werden, da die Verhältnisse wegen der Konkurrenz der verschiedenen schädigenden Faktoren sich nicht übersehen lassen.

3. Qualitativ unzureichende Ernährung (Avitaminosen).

Sämtliche Nährstoffe lassen sich trennen in zwei große Gruppen: die streng *exogenen* und die streng *endogenen*. Als streng exogene Nahrungsstoffe sind nach HOFMEISTER[2] folgende anzusehen:

1. Sämtliche konstant vorkommenden anorganischen Bestandteile des Säugetierkörpers,

2. die schwefelhaltigen Gruppen der Eiweißkörper (Cystin- und Methioningruppe),

3. die carbocyclischen Bausteine der Eiweißkörper (Thyrosin, Phenylalanin und Tryptophan),

4. Carotin und Lutein (Lipochrome),

5. die akzessorischen Nährstoffe.

Als *streng endogene Körper* müssen alle *artspezifischen* Substanzen angesprochen werden, die in der Nahrung — die Muttermilch vielleicht ausgenommen — fehlen. Die streng endogenen Bausteine des Organismus umfassen das Eiweiß, das jeder Art charakteristisch ist, bestimmte Gallensäuren und einige Farbstoffe, die durch enterale Zufuhr nicht ergänzt werden können.

Eine Kost, die calorisch ausreichend ist, der aber eine oder mehrere der streng exogenen Nährstoffe, zu deren Aufbau der Organismus schlechtweg unfähig ist, fehlen, ist *qualitativ unzureichend. Der dauernde Mangel* streng exogener Nährstoffe in der Kost führt früher oder später mit absoluter Sicherheit zu *schweren Ernährungsstörungen* und — wenn keine Änderung des Kostregimes eintritt — zum Tode. Wie bald und in welchem Maße der Mangel streng exogener Nährstoffe zu Störungen führt, hängt von folgenden Momenten ab:

1. Wie groß der Minimalbedarf an diesem Stoff ist und wie groß der unvermeidliche Verlust durch Exkretion,

2. wie groß der Vorrat an diesem Stoff ist,

3. wie wichtig die Funktionen sind, für deren Ablauf er unentbehrlich ist.

Danach ist der Vitaminbedarf des Organismus keine feststehende Größe. Es ist verständlich, daß junge, noch *wachsende* Individuen einen höheren Vitaminbedarf haben als ausgewachsene. Die Frage nach dem Vitaminminimum wird dadurch noch verwickelter, daß überreichliches Angebot des *einen* Vitamins auch eine erhöhte Zufuhr anderer verlangt. Auch die relative Zusammensetzung der Nahrung bezüglich ihres Gehaltes an Eiweiß, Fett und Kohlehydraten soll den Vitaminbedarf beeinflussen. Reichliche Kohlehydratzufuhr erfordert

---

[1] RIVA-ROCCI u. RUGI: Zit. nach HONIGMANN: Arch. Verdgskrkh. **2**, 296 (1896).

[2] HOFMEISTER: Erg. Physiol. **16**, 9.

größere Mengen von Vitamin B. Reichliches Fettangebot dagegen wirkt Vitamin B-sparend. Die Vitamine sind reichlich im Pflanzensamen und in grünen Blättern gefunden worden. Einzelne von ihnen werden in tierischen Fetten und Tiereiern gespeichert. Die Vitaminstoffe können vom tierischen Organismus nicht gebildet werden. Sie müssen der Kost, die zureichende Mengen von Eiweiß, Fett und Kohlehydrate enthält, beigefügt sein, wenn die Nahrung den Organismus auf die Dauer gesund und leistungsfähig erhalten soll. Sie werden daher auch *Ergänzungs-* oder *akzessorische Nährstoffe* genannt. Die geläufigste Bezeichnung ist *Vitamine,* worunter wir also Nahrungsbestandteile mit spezifischer Wirkung verstehen. Soweit wir bis jetzt sehen, kann man drei Gruppen unterscheiden: 1. solche, die für die Erhaltung des Stoffwechselgleichgewichts bzw. die Förderung des Wachstums notwendig sind (Nutramine); 2. solche, deren Fehlen Erkrankung des Nervensystems bedingt (Eutonine) und schließlich Stoffe, deren dauerndes Fehlen Skorbut bedingt. Nachstehende Tabelle gibt eine Übersicht über die bisher bekannten Vitamine.

Tabelle 7. Einteilung der Vitamine nach BOMSKOV[1].
1. Fettlösliche Vitamine[2] *(Lipovitamine).*

Gegenwärtig gebräuchlichste Bezeichnung in Buchstaben	Bezeichnung nach der Funktion	Synonyma	Chemische Zusammensetzung
Vitamin A (McCOLLUM, KENNEDY 1916)	Antixerophthalmisches Vitamin	Biosterin (TAKAHASHI 1922); antiinfektiöses Vitamin (CRAMER 1929)	$C_{20}H_{30}O$
Vitamin D (McCOLLUM 1925)	Antirachitisches Vitamin	*Calciferol* (ANGUS, ASKEW und Mitarbeiter 1931)	$C_{27}H_{42}O$
Vitamin E (SURE 1925)	Antisterilitätsvitamin	—	
—[3]	Fettlösliches Wachstumsvitamin	—	
Anhang: —[3]	Fettlöslicher Faktor desHefewachstums	Lecithin-Bios (IDE 1931)	—

II. Wasserlösliche Vitamine.

Gegenwärtig gebräuchlichste Bezeichnung in Buchstaben	Bezeichnung nach der Funktion	Synonyma	Chemische Zusammensetzung
Vitamin B₁ (Accessory Food Factor Committee 1928)	Antineuritisches Vitamin	Aktivator (SCHAUMANN 1911); Vitamin (FUNK 1912); Antiberiberin (SUZUKI 1912); Torulin (EADIE und Mitarbeiter 1912); Oryzani (SUZUKI und Mitarbeiter 1912); Antineuritin (HOFMEISTER 1918); Eutonin (ABDERHALDEN-SCHAUMANN 1918)	$C_{12}H_{17}N_3OS$

[1] ROMINGER-MEYER-BOMSKOV: Klin. Wschr. **1930** II, 1931; **1931** II, 1342. — Z. exper. Med. **73**, 344 (1930); **78**, 273 (1931).

[2] FUNK hat für diese Gruppe die Bezeichnung „Vitasterine" vorgeschlagen, die sich allerdings nicht eingeführt hat.

[3] Bisher ohne allgemein anerkannte Buchstabenbenennung.

II. Wasserlösliche Vitamine (Fortsetzung).

Gegenwärtig gebräuchlichste Bezeichnung in Buchstaben	Bezeichnung nach der Funktion	Synonyma	Chemische Zusammensetzung
Vitamin B_2 (Accessory Food Factor Committee 1928)	Pellagraschutzstoff besteht aus 3 Faktoren: 1. Dermatititsfaktor B_6; 2. Anämiefaktor; 3. Wachstumsfaktor B_2	Antidermatitisfaktor (PETERS 1929); antianämisches Vitamin (zum Teil) (SURE, KIK, SMITH 1931)	
Vitamin B_3 (WILLIAMS, WATERMANN 1927; PETERS 1930)	Alkalilabiles Wachstumsvitamin der Taube	Vitamine d'entretien ou de fonctionnement: vitamine d'utilisation nutritive (RANDOIN, LECOQ 1926); third pigeon factor (PETERS 1929); factor of rising nutrition (CARTER, KINNERSLEY, PETERS 1930)	
Vitamin B_4 (READER und PETERS 1930)	Alkalilabiles Wachstumsvitamin der Ratte	Third rat factor (PETERS 1929)	
Vitamin B_5 (CARTER, KINNERSLEY, PETERS 1930)	Alkalistabiles Wachstumsvitamin der Taube	Fourth pigeon factor; factor of maintenance nutrition (CARTER und Mitarbeiter 1930); vitamine d'utilisation cellulaire (RANDOIN, LECOQ 1929)	
—[1]	Alkalistabiles Wachstumsvitamin der Ratte	Fourth rat factor (PETERS 1930)	
Anhang: —[1]	Wachstumsfaktor für Hefe und Baktieren, alkalistabil (nicht einheitlich)	*Bios* (WILDIERS 1901); *Bios I, II* (MILLER 1924); Bios (KERR 1928)	
—[1]	Gärungsstimulierender Faktor (nicht einheitlich)	*Biokatalysator; Aktivator Z* (v. EULER, SWARTZ 1924); Z_1, Z_2 (PHILIPSON 1930)	
—[1]	Wachstumsfaktor der Forelle	—	
Vitamin C	Antiskorbutisches Vitamin	Antiskorbutin (HOLST 1912)	Askorbinsäure $C_6H_8O_6$
Vitamin H	Seborrhoeverhütendes Vitamin	Hautfaktor (GYÖRGY 1931)	—

III. Nicht klassifizierbares Vitamin.

—[1]	Wasserunlösliches Wachstumsvitamin der Ratte	Insoluble rat factor (HUNT 1928)	

Die Erkrankungen, welche durch den Mangel bestimmter Ergänzungsnährstoffe entstehen, werden als *Insuffizienzkrankheiten* oder Avitaminosen genannt. Diejenigen Avitaminosen, die für europäische Verhältnisse eine Rolle spielen, sind folgende:

---

[1] Bisher ohne allgemein anerkannte Buchstabenbenennung.

1. Die *Keratomalacie* und *Xerophthalmie* ist bedingt durch das Fehlen des Vitamins A.

2. Die Erkrankungen der *Beriberi*-Gruppe werden hervorgerufen durch das Fehlen des Vitamins B_1.

3. Die Erkrankungen der Skorbutgruppe und MÖLLER-BARLOWsche Krankheit treten auf bei Vitamin C-Mangel.

4. Die *Rachitis* und ähnliche Erkrankungen besonders beim Säugling werden bei Mangel des Vitamins D beobachtet.

5. Die *Pellagra* wird auf das Fehlen des Vitamins B_2 zurückgeführt.

4. Die Lipovitamine, das Vitamin A.

Das Fehlen des Vitamins A führt zur *Keratomalacie* und *Xerophthalmie*. Es beginnt mit einer Austrocknung der Cornea und einer Lidverklebung. Sekundär kommt es zu einer Injektion der Conjunctiva, welche auf die Cornea übergreift, die Cornea wird zerstört, ebenso die Iris; schließlich kann es zum Ausfallen der Linse und zu totaler Blindheit kommen. In Japan, wo man zahlreiche Erkrankungen dieser Art beobachtete, wird die Krankheit *Hikan* genannt. MORI[1], welcher die Krankheit in Japan studierte, bemerkte, daß dieselbe bei Fischern selten vorkommt und durch Hühnerleber geheilt werden kann. In Europa ist die Krankheit besonders bei Kindern in Kopenhagen[2] beobachtet worden. Die Kinder hatten stark zentrifugierte Milch und als Fett Pflanzenmargarine erhalten. Die Kinder wurden durch Verabreichung von Vollmilch und Lebertran geheilt. Wichtig ist, daß trotz Vorhandensein von Vitamin A in der Nahrung Sklerose mit Keratomalacie und schließliche Blindheit auftreten kann, wenn infolge von Magen-Darmerkrankungen das Fett als Träger des Vitamins A schlecht ausgenutzt wird[3]. Von FALTA und NÖGGERATH wurde die Krankheit erstmalig experimentell bei Tieren hervorgerufen. Das Fehlen von Vitamin A hat auch Veränderungen der Haut und der Schleimhaut zur Folge. Im Scheidenepithel kommt es zu einem Verhornungsprozeß, auch an den Bronchien hat man eine epitheliale Hyperplasie beobachtet. Diese Vorgänge an Haut und Schleimhaut führen zu einer Herabminderung der Resistenz und begünstigen das Aufkommen von Infektionen aller Art. Bei Tieren hat man Geschwürsbildungen im Vormagen, das Auftreten von Gallensteinen beobachtet. Auch das Auftreten von *Hemeralopie,* welches auf mangelnder Regenerationsfähigkeit des Sehpurpurs beruht, wird auf das Fehlen von Vitamin A zurückgeführt. Bei dem experimentellen Studium dieser Erkrankungsgruppe hat sich gezeigt, daß das Alter der Tiere dabei eine wesentliche Rolle spielt. Junge Tiere erkranken bei einer Vitamin A-freien Kost viel regelmäßiger als ältere. Xerophthalmie und ihre Folge wird durch Zufuhr von Vitamin A rasch geheilt, solange nicht schon schwere Störungen am Auge eingetreten sind.

Die *chemische* Aufklärung des Vitamins A ist neuerdings weitgehend gelungen. Man hat schon lange beobachtet, daß das Vitamin A mit den roten fettlöslichen

---

[1] MORI, M.: Jb. Kinderheilk. **59**, 175 (1904).

[2] BLOCH, C. E.: Eye disease and other disturbances in infants from dificiency in fat in the foods. Ugeskr. Laeg. (dän.) **79**, 309 (1917); **80**, 815, 868 (1918). — J. of Hyg. **19**, 283 (1921).

[3] BLEGVAD, OLAF: Om xerophthalmien og dens forekomst i Denmark i aarene 1909—1920. København: Gyldendalske Boghandel 1923.

Pflanzenfarbstoffen stets gemeinsam vorkommt. Diese Farbstoffe werden als Carotinoide bezeichnet. Sie sind therapeutisch nur dann wirksam, wenn die Kost gleichzeitig als Träger des Lipovitamins Fett enthält und dieses Fett auch resorbiert wird. Die Carotine stellen offenbar eine Vorstufe des Vitamins A dar. Das Carotin ist ein Gemisch von α-β-γ-Carotin. Das α-Carotin hat folgende Zusammensetzung:

$$\text{CH}_3\ \text{CH}_3 - \text{C} \cdots \text{CH}_2,\ \text{C}-\text{CH}=\text{CH}-\overset{\text{CH}_3}{\text{C}}=\text{CH}-\text{CH}=\text{CH}-\overset{\text{CH}_3}{\text{C}}=\text{CH}-\text{CH}= \cdots$$

$$=\text{CH}-\text{CH}=\overset{\text{CH}_3}{\text{C}}-\text{CH}=\text{CH}-\text{CH}=\overset{\text{CH}_3}{\text{C}}-\text{CH}=\text{CH}-\text{CH}\cdots$$

Das β-Carotin dagegen die nachstehende:

$$\text{CH}_3\ \text{CH}_3 - \text{C} \cdots \text{CH}_2,\ \text{C}-\text{CH}=\text{CH}-\overset{\text{CH}_3}{\text{C}}=\text{CH}-\text{CH}=\text{CH}-\overset{\text{CH}_3}{\text{C}}=\text{CH}-\text{CH}= \cdots$$

$$=\text{CH}-\text{CH}=\overset{\text{CH}_3}{\text{C}}-\text{CH}=\text{CH}-\text{CH}=\overset{\text{CH}_3}{\text{C}}-\text{CH}=\text{CH}-\text{C}\cdots$$

Das Vitamin A entsteht durch Spaltung des β-Carotinmoleküls in zwei gleiche Hälften und hat folgende Formel:

$$\text{CH}_3\ \text{CH}_3 - \text{C} \cdots \text{CH}_2,\ \text{C}-\text{CH}=\text{CH}-\overset{\text{CH}_3}{\text{C}}=\text{CH}-\text{CH}=\text{CH}-\overset{\text{CH}_3}{\text{C}}=\text{CH}-\text{CH}_2\text{OH}$$

Das Vitamin A selbst ist farblos und stellt ein in der in Wärme leicht zerfließendes Öl dar. Bei A-frei ernährten Ratten ist es schon in der Menge von 0,5 γ pro Tag wirksam.

a) Vitamin D. Das wichtigste unter den Lipovitaminen ist das Vitamin D. Fehlen oder ungenügende Zufuhr läßt bei Flaschenkindern und besonders bei Frühgeburten die *Rachitis* auftreten. Die Knochenerweichung (Osteomalazie), welche besonders in der Schwangerschaft auftritt, wird als eine besondere Form der Rachitis bei Erwachsenen aufgefaßt. Die Entwicklung des Fetus osteomalazischer Frauen entzieht dem mütterlichen Organismus seine Reserven an Vitamin D, wodurch die Knochenerweichung verursacht wird.

Auch bei Tieren läßt sich durch D-Entzug eine Rachitis künstlich erzeugen. Jedoch nur unter der Bedingung, daß auch das Verhältnis Ca zu P in der Kost gestört ist. Ist das Verhalten Ca zu P = 1 : 2, so bleibt trotz Vitamin D-Mangel die Rachitis beim Tiere aus. Ist das Verhalten von Ca : P = 4—10, so treten in den Knochen der Versuchstiere histologische Veränderungen auf, welche der der menschlichen Rachitis nahe kommen. Fehlt das Vitamin D allein bei normalem Gehalt der Kost an Knochenmineralien, so tritt neben Wachstumsstillstand lediglich eine Osteoporose ein.

Bei Menschen und bei den Versuchstieren spielt für die Rachitisentstehung die Verarmung des Blutes an Phosphaten eine entscheidende Rolle. Die *Skeleterkrankung* wird von ROMINGER und Mitarbeitern als Ausdruck in mehreren Phasen gesetzmäßig ablaufender schwerer Mineralstoffwechselstörungen aufgefaßt. Durch Zufuhr von Vitamin D wird die Heilung mit einer stark positiven Phosphatbilanz eingeleitet. Die Kalkbilanzen sollen sich erst später bessern. Über den Angriffspunkt des Vitamin D gehen die Meinungen auseinander. Auch die endokrinen Drüsen, besonders die Schilddrüse, sollen dabei eine Rolle spielen. Klinisch scheint eine Unterfunktion der Schilddrüse bei Rachitis vorzuliegen, da der Grundumsatz und Jodgehalt erniedrigt sind. Zufuhr von Thyroxin unterstützt die Wirkung des Vitamin D und damit die Heilung.

Die chemische Aufklärung des Vitamin D verdanken wir der gemeinsamen Arbeit von WINDAUS, HESS und POHL[1]. Sie fanden, daß das Ergosterin bei der Ultraviolettbestrahlung in Vitamin D übergeht. Bei der Bestrahlung von Ergosterin entstehen eine Reihe von Begleitsubstanzen, die zum Teil toxisch sind (Suprasterin, Toxisterin). Die Umwandlung des Ergosterins bei der Bestrahlung geht nach folgendem Schema vor sich:

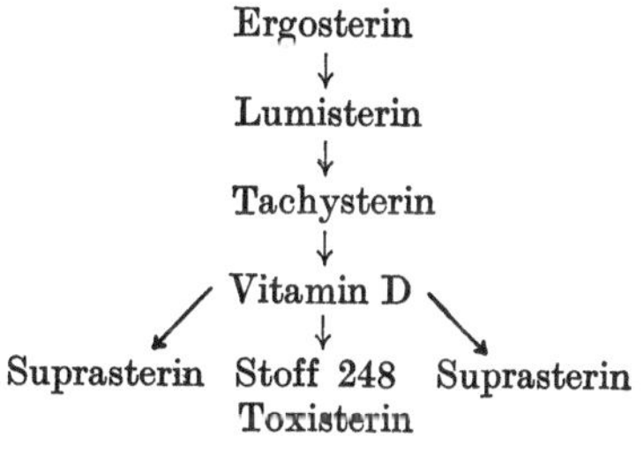

In der Natur kommt das Vitamin D besonders reichlich im Lebertran vor. Der Dorsch speichert in seiner Leber sehr große Mengen des Vitamin D, die er nicht mit seiner Nahrung aufnimmt, sondern vielleicht selbst synthetisiert. Nach dem Lebertran sind Butter und Eigelb und schließlich die Milch, besonders die ultraviolettbestrahlte Milch, die D-reichsten Substanzen.

Als Einheit des Vitamin D gilt 1 mg einer 1%igen Lösung in Öl eines nach bestimmter Vorschrift bestrahlten Ergosterins.

b) Vitamin E. Das Fehlen des Lipovitamin E bedingt schwere Veränderungen an den Sexualorganen. Beim weiblichen Tier wird die Frucht geschädigt, beim männlichen kommt es zu *Degeneration* der *Sexualorgane*. Nach wöchentlicher E-freier Fütterung werden die Spermatozoen unter Gestaltsveränderungen unbeweglich und verklumpen. Es kommt zu einem Schwund und Nekrose der Samenkanälchen. Bei weiblichen Tieren bleibt der Sexualzyklus ungestört. Das Fehlen des Sexualvitamins läßt eine Veränderung der Placenta erkennen, die zu einem Absterben der Frucht besonders bei späteren Schwangerschaften führt.

---

[1] WINDAUS und Mitarbeiter: Z. physiol. Chem. **204**, 132 (1932).

Während beim männlichen Tier nur die ersten Erkrankungsstadien rückgängig gemacht werden können, sollen beim weiblichen Tier die Störungen in jedem Stadium zu beheben sein.

Das Vitamin E kommt besonders reichlich in Weizen, Salat, rohen Erdnüssen und Brunnenkresse vor. Die chemische Natur ist noch nicht aufgeklärt. Vermutet werden Beziehungen zwischen dem Vitamin E und dem Xanthophyll.

5. Die wasserlöslichen Vitamine. Vitamin B_1.

Das Fehlen von Vitamin B_1 löst die *Beri-Beri* aus. Die Krankheitsgruppe der Beri-Beri soll etwas näher geschildert werden, weil an ihr das Prinzip der Insuffizienzkrankheiten zuerst in voller Deutlichkeit erkannt und nach gewonnener Erkenntnis durch entsprechende Maßnahmen bekämpft wurde.

An *Beri-Beri* können alle Rassen erkranken. Besonders häufig wird sie bei reisessenden Völkern beobachtet und wurde wegen ihres epidemischen Auftretens lange Zeit als Seuche angesehen. Man suchte lange vergeblich nach dem Erreger der Erkrankung, ohne das *Dunkel* zu lichten. Man beobachtet, daß die Krankheit mit dem Ausbreiten der europäischen Kultur eine rasche Zunahme erkennen ließ. Einsame Täler blieben von der Krankheit verschont. Japanische Eingeborene, die ihren Reis bisher mit primitiven Handmühlen bearbeiteten, erkrankten selten an Beri-Beri, während der mit maschinellen Einrichtungen gemahlene Reis offenbar zu der Krankheit prädisponierte. Das Reiskorn besteht — histologisch deutlich erkennbar — aus zwei differenten Schichten, die chemisch ungleichwertig sind. Mit Hilfe moderner Maschinen wurden die Reiskörner, die unbehandelt eine schmutzig ziegelrote Farbe besitzen, so lange geschliffen, bis die äußere Schicht total entfernt ist. Die Polierabfälle (Reiskleie) werden als Viehfutter zu hohen Preisen verkauft. Der polierte weiße Reis andererseits erzielt, weil er als feiner gilt, einen höheren Preis als der mit den primitiven Handmühlen gemahlene. Mit der Einführung der modernen Reisbearbeitung nahm die Beri-Beri eine enorme Verbreitung an, und zwar gerade in den Gegenden, in welchen vorzgusweise hochpolierter Reis genossen wurde. Wird der einseitigen Kost die Reiskleie wieder zugesetzt, bleibt die Beri-Beri aus oder kommt, wenn sie bereits ausgebrochen ist, prompt zur Heilung. Die Beri-Beri ist also bedingt durch das Fehlen gewisser Ergänzungsnährstoffe in der Kost, welche in der Reiskleie reichlich enthalten sind, beim Polieren des Reises mit entfernt werden, und kann somit als Prototyp einer Insuffizienzkrankheit dargestellt werden. Die Symptome der Erkrankung haben zu der Unterscheidung von vier Formen der Beri-Beri geführt:

1. Die leichte sensibel-motorische Form, die am häufigsten vorkommt; die Kranken fühlen, besonders in den Sommermonaten, Unsicherheit und Schwäche in den Beinen, Taubheit in den Fußrücken und den Unterschenkeln. Die Wadenmuskeln werden druckempfindlich, es tritt nach geringen Anstrengungen Herzklopfen, gelegentlich ein geringes Ödem an den Unterschenkeln auf. Die anfänglich häufig gesteigerten Kniereflexe erlöschen später. Die Körpertemperatur zeigt keine Veränderung. Dieses leichte Stadium der Erkrankung kann zur Ausheilung kommen oder geht über in die

2. trockene atrophische Form, welche unter zunehmender Muskelatrophie zur allmählichen Lähmung der Ober- und Unterschenkel, Hände und Arme führt. Die Kranken verfallen einer skeletartigen Abmagerung, können aber auch in diesem Stadium durch entsprechende Diät vollständig geheilt werden. Nach längerem Bestande der Krankheit können Kontrakturen an Händen und Füßen und an den Armen zurückbleiben. Die

3. Form ist von GREIG[1] als Epidemic dropsy beschrieben worden. Diese ist nach den Beschreibungen in der Literatur und unseren Beobachtungen in der Kriegszeit schwer von der bereits erwähnten Ödemkrankheit abzugrenzen. Beide Erkrankungen zeigen gemeinsam den ausgedehnten Höhlenhydrops das Anasarka und die besonders nach Verschwinden der Ödeme sichtbare hochgradige Abmagerung und Muskelatrophie. Die nervösen Störungen, Lähmung der Intercostalmuskeln, des Zwerchfells, der Kehlkopfmuskeln, Ausfallserscheinungen seitens der Hirnnerven und des Vagus werden bei der Ödemkrankheit stets

---

[1] GREIG: Epidemic dropsy. Sci. Mem. Off. Med. a. San. Dep. Governement India, N. s. **1911**, No 45.

vermißt, während sie bei der hydropischen Beri-Beri mehr oder weniger ausgebildet häufig vorkommen. Auch die hochgradige Herzbeutelwassersucht, die bei der Beri-Beri nicht selten als Todesursache anzusehen ist, wird bei Ödemkranken in diesem Maße nur ausnahmsweise gefunden.

4. Die als akut *perniziöse oder kardiovasculäre* beschriebene Form der Krankheit setzt oft binnen einiger Stunden mit Präkordialangst, Herzjagen, Atemnot, Übelkeit, Erbrechen und Durchfällen bei normaler Körpertemperatur ein. Das Herz, besonders der rechte Ventrikel, soll dabei stark vergrößert sein, an der Spitze ein lautes systolisches Geräusch mit verstärktem 2. Pulmonalton hörbar werden. Die Harnmenge ist bis auf 100—200 ccm in 24 Stunden vermindert, der Harn enthält viel Indican, gelegentlich etwas Eiweiß und selten Diazoreaktion gebende Substanzen. Der Tod tritt unter den Zeichen zunehmender Herzschwäche in wenigen Tagen oder Wochen ein. Bemerkenswerterweise können auch Säuglinge Beri-Beri-kranker Mütter unter ähnlichen Symptomen innerhalb weniger Stunden erkranken und sterben.

Eine wesentliche Stütze für die Auffassung der Beri-Beri als Insuffizienzkrankheit ist der Nachweis, daß eine der menschlichen Beri-Beri sehr ähnliche Krankheit bei Hühnern, Enten und Tauben durch Verfütterung von weißem Reis erzeugt werden kann. Die ersten Symptome erscheinen beim Huhn nach ausschließlicher Fütterung von poliertem Reis nach 20—30 Tagen. Sie besteht in einer beginnenden Lähmung der Extensoren der Beine, die bald auf Flügel- und Nackenmuskulatur und schließlich auf die gesamte Körpermuskulatur übergreift. Die Tiere liegen regungslos auf einer Seite und sterben in einer Woche nach Beginn der Lähmungssymptome. Zu den wesentlichen Symptomen gehört eine Schlucklähmung, eingeführtes Wasser fließt den Tieren aus dem Schnabel wieder aus, die Vögel verschlucken sich beim Füttern aus der Hand. Der Gewichtsverlust beträgt 20 % [1].

Die Gasstoffwechselveränderung, welche man nach Vitamin B_1-freier Kost beobachtete, speziell die Abnahme der CO_2-Ausscheidung, werden als Folge der Inanition aufgefaßt. Die schweren Störungen des Kohlehydrat-, Fett-, Lipoid- und Wasserhaushalts, welche man bei der experimentellen Beri-Beri festgestellt hat, lassen vermuten, daß das Vitamin B_1 in den intermediären Stoffwechsel tief eingreift.

Nach vielen Versuchen, die chemische Natur des Vitamin B_1 aufzuklären, hat WINDAUS[2] aus Reiskleie Krystalle isoliert, die vielleicht ein Derivat der Purinreihe von der Formel $C_{12}H_{16}N_4OS$ darstellen. Die Substanz ist schon bei kranken Tauben in der Menge von 2,4 γ wirksam. Das Vitamin B_1 ist in Reiskleie, Preßhefe, Vollkornmehl, Nüssen und Mandeln, Eigelb und Rinderleber besonders reichlich vorhanden.

Das Studium der Beri-Beri hat vor allem klargestellt, daß die Ursache dieser Erkrankung in einer qualitativ unzureichenden Ernährung zu suchen ist. Das Prinzip der Nahrungsinsuffizienz, auf welchem sich die Lehre von den Avitaminosen aufbaut, ist durch die therapeutischen Erfolge, welche die Heilbarkeit der Beri-Beri durch Zufuhr der fehlenden Ergänzungsnährstoffe bewiesen hat, sichergestellt. Ein beweisendes Experiment im großen wurde von TAKAKI[3] in der japanischen Marine aufgestellt. Es gelang ihm, die dort früher in großem Umfange und schwer auftretende Beri-Beri auszurotten, indem er statt der früheren einseitigen Reiskost eine calorienärmere, an akzessorischen Nährstoffen, an Fleisch, Obst und Gemusen aber reichere gemischte Kost einführte.

a) Vitamin B_2. Das Vitamin B_2 ist offenbar nicht einheitlicher Natur. Man vermutet, daß es sich aus drei Teilfaktoren, einem Wachstums-, einem

---

[1] VEDDER and CLARK: A study of Polyneuritis Gallinarum. Philippine J. Sci. 7, 423 (1912). — HOFMEISTER: Biochem. Z. 103, 218 (1920).

[2] WINDAUS und Mitarbeiter: Hoppe-Seylers Z. 204, 123 (1932).

[3] TAKAKI: Sei-i-kwai 1885, 1886, 1887. Zit. nach FUNK.

Antidermatitisfaktor und einem antianämischen Faktor zusammensetzt. Das Fehlen des Vitamin B_2 führt zur *Pellagra*. Diese Erkrankung ist bei der maisessenden Landbevölkerung in Norditalien, Rumänien und Südamerika verbreitet. Im Vordergrund der Erscheinungen stehen schwer degenerative Veränderungen des Nervensystems, ein charakteristisches Erythem der Haut, schmerzliche Stomatitis und Pharyngitis, eine perniziöse Anämie und schließlich psychische Veränderungen. Unter den aufgeführten Teilvitaminen stellt der Wachstumsfaktor das eigentliche Vitamin B_2 dar. Er ist ein zu den Lipochromen gehöriges Flavin. Unter den weiteren Teilfaktoren fällt dem antianämischen eine ganz besondere Beachtung zu, weil sein Fehlen Anämien vom Typus der menschlichen Perniciosa hervorrufen soll. Nach CASTLE[1] wird die Ursache aller Anämien vom Charakter der Perniciosa in dem Fehlen einer spezifischen Reaktion im Verdauungstrakt gesehen. Diese Reaktion kommt zustande durch die Einwirkung eines Extrinsicfaktors und eines endogenen, vom Magen sezernierten Faktors (intrinsic Factor).

Wenn einer dieser beiden noch hypothetischen Faktoren fehlt, kann die Substanz, deren Aufgabe es ist, die Erythropoese zu steuern, nicht gebildet werden. Vom gesunden Organismus wird dieser Stoff in der Leber gestapelt, wodurch die antianämische Wirkung der Leberextrakte erklärt wird. CASTLE meint, daß die echte menschliche Perniciosa durch das Fehlen des Magenfaktors bedingt sei, welcher infolge der Schleimhautatrophie nicht gebildet werden kann. Eine andere Form der Anämie soll durch einen Nahrungsdefektzustand kommen, bei ihr ist die Magenfunktion normal.

b) Vitamin C. Das Fehlen des Vitamin C bedingt den *Skorbut*. Die Geschichte der skorbutischen Erkrankung lehrt, daß sie vor allem bei Kriegszügen, Belagerungen, zur Zeit von Hungersnot und bei Entdeckungsreisen epidemisch auftrat. So hat z. B. VASCO DE GAMA auf seiner Großindienreise die Hälfte seiner Schiffsbesatzung an Skorbut verloren. Bei der Belagerung von Paris 1871 und während des Weltkrieges sind in Österreich, auf dem Balkan und Rußland gehäufte Fälle von *Skorbut* beobachtet worden. Aber auch sporadische Einzelerkrankungen kommen vor. Es ist eine Jahrhundertealte Erfahrung, daß der Skorbut besonders dann auftritt, wenn die Wahl der Kost nach Art und Menge beschränkt ist. Wegen seines epidemischen Auftretens hat man den Skorbut lange Zeit für die Folge einer Infektion oder einer Vergiftung gehalten. Erst die experimentell am Meerschweinchen durchgeführten Untersuchungen von AXEL HOLST und FRÖHLICH haben bewiesen, daß der Skorbut eine Vitaminmangelkrankheit ist. Es gelang ihnen durch Vitamin C-freie Kost eine Krankheit zu erzeugen, die dem menschlichen Skorbut in allen wesentlichen Punkten entspricht.

Die Skorbutkranken machen einen niedergeschlagenen Eindruck. Sie sind blaß oder blaßgelb, ihre Haut ist trocken, schuppt leicht, neigt zu Bildung kleinster Blutungen und livider Flecken. Das Zahnfleisch ist dunkelrot, weich und besonders in der Umgebung cariöser Zähne geschwollen. Im weiteren Verlauf der Erkrankung treten Blutungen unter die Knochenhaut und in die Muskulatur auf. Die Muskeln, besonders der Waden, sind druckschmerzhaft. Die Schmerzen in der Beinmuskulatur zwingen die Kranken, eine besondere Haltung,

---

[1] CASTLE und Mitarbeiter: Lancet **1932**, 1198.

Seiltänzerstellung, einzunehmen. Wenn nicht jetzt frische vegetabilische Kost zur Verfügung gestellt wird, treten unter zunehmender Abmagerung wäßrige und blutige Ergüsse in die Haut, den Herzbeutel und Brustfellraum und in große Gelenke ein. Es kommt auch zu hartnäckigen Durchfällen mit blutig-serösen Entleerungen. Im 18. Jahrhundert hatte der *Schiffsskorbut* eine Sterblichkeit von 50—70%.

Eine dem menschlichen Skorbut in allen wesentlichen Punkten gleichende Erkrankung läßt sich beim Meerschweinchen erzeugen, die einseitig mit Roggen- oder Weizenbrot oder auch mit Mehl das aus Hafer, Roggen oder Weizen hergestellt ist, gefüttert wurden. Versuchstiere, welche 3—4 Wochen diese einseitige Kost zugeführt bekommen, gehen unter *typischen* Symptomen zugrunde.

Genau wie beim Menschen tritt in der Gingiva eine bläuliche Hyperämie, an einigen Stellen Ulcerationen mit Blutungen ins Zahnfleisch und Lockerung der Zähne auf. Die *Weichteile der Kniegegend,* das vordere Ende der Rippen zeigen gleichfalls Blutungen. Daneben wird eine *Knochenbrüchigkeit,* seltener *Hämaturie* und Ödeme festgestellt. Alle die eben geschilderten Symptome treten nicht ein, wenn die Meerschweinchen mit *Weißkohl, Karotten* oder *Löwenzahn* gefüttert werden. Um die antiskorbutisch wirksamen Substanzen ausfindig zu machen, gibt man den Tieren zu der Getreidekost verschiedene Zusätze. Es zeigt sich, daß *frische* Kartoffeln, Weißkohl, Löwenzahn, Karotten, Citronensaft bei gleichzeitiger Verfütterung einseitiger Haferkost den Ausbruch der skorbutischen Symptome verhüten können. *Verschiedene Konservierungsverfahren* wirken nun auf das antiskorbutische Prinzip schädigend bzw. vernichtend ein. Als solche Eingriffe sind folgende bekannt: Erhitzen auf 110—120°, Aufkochen bei 100°, *Eintrocknen* bei niederen Temperaturen.

Der *infantile Skorbut* zeigt zunehmende Anämie und Appetitlosigkeit, Muskelschwäche, Depression, Schmerzen in den unteren Extremitäten, subperiostale Blutungen, Frakturen an den Rippen, seltener Ekchymosen. Das Kind hält die Beine unbeweglich und schreit bei Berührung. Fieber tritt auf nach Blutungen. Zahnfleischblutungen erst, wenn Zähne kommen.

Für die Ätiologie des *infantilen Skorbuts* sind diese Erkenntnisse über die Konservierungsmethoden von besonderer Bedeutung geworden. Es wird jetzt wohl allgemein angenommen, daß die einzige Ursache der MÖLLER-BARLOW-schen Krankheit eine langdauernde Ernährung der Kinder a) mit hochsterilisierter Milch oder b) mit künstlichen Milchpräparaten oder c) schließlich mit Kindermehl als Hauptnahrung darstellen. Bewiesen wurde diese Auffassung durch die Fütterung eines jungen Affen mit kondensierter Milch, welcher dann dieselben Erscheinungen und Symptome zeigte wie die Kinder mit BARLOWscher Krankheit.

Ähnlich wie bei der *Beri-Beri* wurde auch beim Skorbut durch ein Experiment im großen die heilende Wirkung gewisser akzessorischer Nährstoffe erkannt. In der Mitte des 18. Jahrhunderts wurde die *antiskorbutische Eigenschaft des Citronensaftes* von KRAMER[1] entdeckt, und während früher der unbehandelte Schiffsskorbut eine hohe Mortalität von 50—70% aufwies, ist nach der Einführung des Citronensaftes in die Beköstigung der englischen Kriegsmarine der Skorbut dort so gut wie erloschen. Alle hier angeführten Tatsachen zusammen

---

[1] KRAMER: Zit. nach SCHRÖDER: Arch. Schiffs- u. Tropenhyg. **17**, 263 (1913).

mit den großen Erfahrungen der menschlichen Pathologie zeigen, daß der Skorbut eine *Diätkrankheit* und, wie wir jetzt bestimmter sagen können, dem Typus der Insuffizienzkrankheiten zuzurechnen ist. Die Ergebnisse der experimentellen Untersuchungen decken sich ganz mit den Erfahrungen der Klinik des Skorbuts, wir wissen, daß *frisches Gemüse* und *saftige Früchte, ungekochte Milch,* vor allem aber die als Volksnahrung bedeutsame *Kartoffel* den Menschen vor Erkrankung an Skorbut schützen, andererseits aber die bereits ausgebrochene Krankheit zur Heilung bringen können. Die Reindarstellung des antiskorbutischen Prinzips ist gelungen. Wir wissen, daß das Vitamin C die Askorbinsäure $C_6H_8O_6$ ist.

Neuerdings ist es auch bei Affen, Ratten und Hühnchen gelungen, typischen Skorbut zu erzeugen.

6. Qualitativ unzureichende Ernährung durch Aufnahme biologisch unwertiger Eiweißkörper.

Biologisch unterwertige Eiweißkörper sind solche, denen bestimmte Komplexe, zu deren Synthese der tierische Körper nicht imstande ist, fehlen. OSBORNE und MENDEL[1] haben ausgedehnte Versuche mit biologisch unterwertigem Pflanzeneiweiß gemacht, das sie an wachsende Ratten verfütterten. Es wurde streng darauf geachtet, daß die Nichteiweißkomponenten der Kost (akzessorische Nährstoffe und -salze) in genügender, zum Wachstum ausreichender Menge vorhanden waren. Wurden nun unter Variation der Eiweißarten wachsende Ratten mit Phaseolin, Zein, Leim, Konglutin, Roggengliadin, Hordein längere Zeit gefüttert, so blieb das Wachstum stehen, oder es trat Gewichtsabnahme ein. Es stellte sich heraus, daß dieser Wachstumsstillstand gerade bei denjenigen Eiweißkörpern eintrat, denen Lysin, Tyrosin oder Tryptophan einzeln oder gemeinsam fehlten. Fragt man, wieviel Gramm Eiweiß nach ihrer Zusammensetzung aus Aminosäuren dem Körpereiweiß biologisch äquivalent sind, so ergibt sich nach THOMAS[2]:

<pre>
100 g Kartoffeleiweiß . . . . 71 g Körpereiweiß
100 g Weizeneiweiß . . . . 40 g   ,,
100 g Maiseiweiß . . . . . . 30 g   ,,
</pre>

Die Bedeutung der chemischen Verschiedenheit der Eiweißkörper für den Stoffwechsel haben unter anderem MICHAUD[3] und ZISTERER[4] betont.

MICHAUD verfütterte bei seinen Versuchen unter gleichzeitiger Zufuhr stickstofffreien Materials nach längerem Eiweißhunger eine Stickstoffmenge, die der in der Vorperiode vom Körper verlorenen entsprach, einmal in Form von Pflanzeneiweiß (Gliadin und Edestin) und gleich darauf in arteigenem Hundefleisch. Bei Verfütterung von Pflanzeneiweiß stieg unter sonst gleichen Bedingungen die Eiweißzersetzung weit höher als bei der gleichen Menge Hundeeiweiß. ZISTERER gibt für die von MICHAUD und von ihm selbst erhaltenen Werte folgende Vergleichszahlen:

MICHAUD:

Hundefleisch	Pferdefleisch	Nutrose	Casein	Edestin	Gliadin
100	108	121	128	153	163

ZISTERER:

Rindermuskel	Aleuronat	Casein
100	106	121

---

[1] OSBORNE u. MENDEL: Hoppe-Seylers Z. **80**, H. 5 (1912).
[2] THOMAS: Virchows Arch. **1**, 219 (1909).   [3] MICHAUD: Z. physik. Chem. **59**, 405.
[4] ZISTERER: Z. Biol. **53**, 157.

Es zeigt sich in diesen Versuchen, daß *arteigenes Fleisch* jedem *anderen Eiweiß überlegen* ist, eine Feststellung, die bei der Kinderernährung in tausendfältigen Erfahrungen längst gemacht wurde, wo sich immer wieder zeigt, daß Muttermilcheiweiß dem Kuhmilcheiweiß überlegen ist.

Die Störungen der Korrelation der Nährstoffe. Untersuchungen, die von FRANZ HOFMEISTER inauguriert, von TACHAU[1] durchgeführt wurden, deuten darauf hin, daß eine an sich *quantitativ* sowohl wie *qualitativ* zureichende Nahrung zur Erhaltung des Lebens dann ungeeignet werden kann, wenn das Verhältnis der einzelnen Nährstoffe zueinander eine starke Verschiebung erfährt.

Die Versuche wurden an weißen Mäusen durchgeführt, die mit Kommißbrot sehr lange am Leben erhalten werden können. Im Kommißbrot beträgt das Verhältnis von Kohlehydrat zu Eiweiß 8,5 zu 1. Reichert man den Kohlehydratgehalt des Brotes durch Tränkung mit 50%iger Rohrzuckerlösung noch weiter an, so daß das Verhältnis 11,5 zu 1 wird, so gehen die damit ernährten Tiere zugrunde. Das gleiche Ergebnis hatte eine Verschiebung des Nährstoffverhältnisses zugunsten des Fettes. Bei der Deutung der Resultate erörtert TACHAU vorwiegend drei Momente:

1. einen „Widerwillen der Tiere gegen eine so ausgesprochen einseitig schmeckende Nahrung,“

2. „Unfähigkeit des Darmtractus, sie auszunutzen und zu resorbieren“,

3. „eine Einrichtung des intermediären Stoffwechsels, welche die Ausnützung bestimmter Nährstoffe, z. B. Kohlehydrate, von der Mitwirkung anderer, z. B. des Eiweißes, abhängig macht.“

Die Ausführungen dieses Abschnittes zeigen, daß eine auf die Dauer gesund erhaltende Ernährung folgende Bedingungen erfüllen muß: 1. sie muß quantitativ zureichend sein, d. h. unter Berücksichtigung der energetischen Leistungen des Individuums einen genügend hohen Brennwert erhalten; 2. muß das Eiweißminimum gedeckt sein, und 3. müssen die einzelnen Nährstoffgruppen in einem bestimmten Verhältnis zueinander stehen, d. h. die Korrelation der Nährstoffe darf unbeschadet des Prinzips ihrer isodynamen Verwertung über ein bestimmtes Maß hinaus *nicht* gestört sein; 4. muß die Nahrung ausreichende Mengen von akzessorischen Nährstoffen (Vitaminen) enthalten.

B. Der Eiweißstoffwechsel und seine Störungen.

1. Einteilung der Eiweißkörper.

Die Eiweißkörper sind wie folgt eingeteilt:

I. Einfache Proteine (Proteine).

A. Eigentliche Eiweißstoffe.	B. Albuminoide (Gerüsteiweiße).
Albumine,	Kollagen
Globuline,	Keratin,
Nucleoalbumine	Elastin,
Histone,	Glutin,
Protamine,	Amyloid u. a.
Prolamine.	

II. Zusammengesetzte Proteine (Proteide).

Chromoproteide (z. B. Hämoglobin),
Nucleoproteide,
Glykoproteide.

---

[1] TACHAU: Biochem. Z. **65**, 377 (1914); **67**, 338.

Sämtliche Spaltungsprodukte der Eiweißkörper sind α-Aminosäuren, deren chemisches Verhalten durch die Gruppe (s. Formel) bestimmt wird. Die α-Aminosäuren sind amphotere Elektrolyte und können daher mit Säuren wie mit Basen Salze bilden, die stark hydrolytisch dissoziiert sind. Durch Besetzung, sei es der sauren oder basischen Gruppe, kann ihnen ihr Doppelcharakter genommen werden, so daß sie lediglich als Säuren oder Basen fungieren.

$$\begin{array}{c} NH_2 \\ | \\ -C-COOH \\ | \\ H \end{array}$$

Durch Aldehydanlagerung an die Aminogruppe läßt sich der basische Charakter abstumpfen, und der Säurecharakter überwiegt. Man kann auf diese Weise durch Zusatz von Formaldehyd die Aminosäuren titrieren (Formoltitrierung).

$$\begin{array}{ccccc} CH_3 & & & CH_3 & \\ | & & & | & \\ H-C-NH_2 & + & H_2CO = & H-C-N = CH_2 & + H_2O \\ | & & & | & \\ COOH & & & COOH & \end{array}$$

Unter den Aminosäuren haben eine besondere Bedeutung diejenigen mit aromatischem Radikal:

Das Phenylalanin: *Die Paraoxyphenylalanin: Tyrosin*

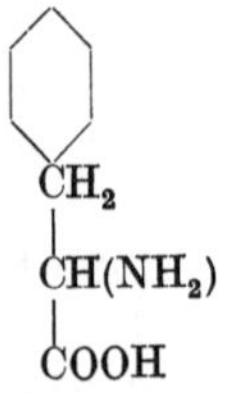

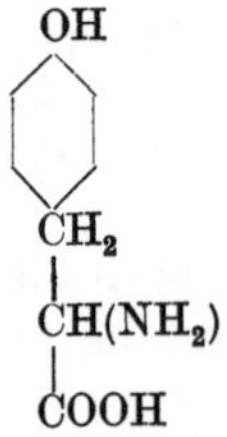

In enger Beziehung zum Jodstoffwechsel der Schilddrüse steht das *Dijodtyrosin:*

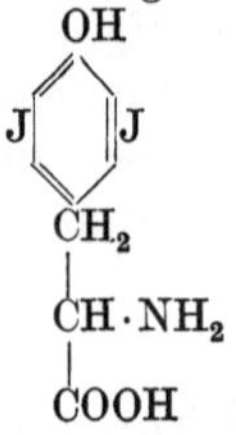

und das *Tryptophan:* $CH_2-CH(NH_2)-COOH$ Indolalanin

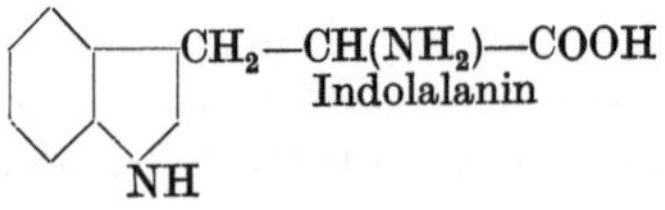

Eine Aminosäure, welche neuerdings ein besonderes klinisches Interesse bei der Behandlung des Magengeschwürs gewonnen hat, ist das heterocyclische *Histidin*. Dem Histidin kommen, mit Kohl durchgeführten Untersuchungen in meinem Institut zufolge, *tiefgreifende Wirkungen* auf den Gerinnungsvorgang im Sinne der Beschleunigung zu. Wir vermuten, daß diese Eigenschaft des Histidins bei der Ausheilung der Magengeschwüre eine nicht unwesentliche Rolle spielt.

Histidin: *Glucosamin:*

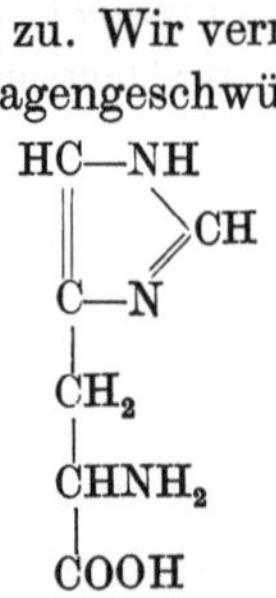

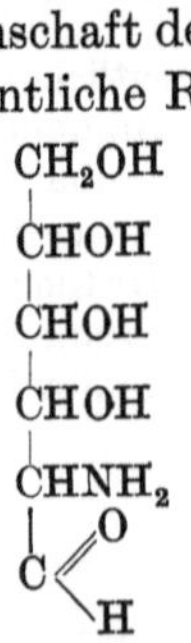

Außer den bisher besprochenen Aminosäuren kennen wir als Aminozuckerverbindung das *Glucosamin*.

Als schwefelhaltige Aminosäure ist das *Cystin* erwähnenswert:

Das *Cystin* ist das *wichtigste* bisher bekannte schwefelhaltige Eiweißspaltprodukt. Ihm kommt für die Oxydationsvorgänge im Organismus eine große Bedeutung zu, indem die *Disulfidgruppe* des Cystins als Wasserstoffacceptor eine Rolle spielt. Das Cystin verbindet sich mit der Glutaminsäure zum *Glutathion:*

$$CH_2S\!\!-\!\!\!-\!\!\!-\!\!SCH_2$$
$$\underset{COOH}{\overset{CH(NH_2)}{|}}\quad\underset{COOH}{\overset{CH(NH_2)}{|}}$$

$$HOOC\!-\!\underset{CH_2}{\overset{CH}{|}}\!-\!HN\!-\!CO\qquad OC\!-\!NH\!-\!\underset{CH_2}{\overset{CH}{|}}\!-\!COOH$$

Das Glutathion ist eine sehr weit verbreitete Verbindung, die fast in jedem organischen Material, z. B. auch im Blut und Muskelgewebe, nachgewiesen werden konnte. In welchem Umfange das Glutathion bei den Dehydrierungsprozessen im Organismus eine Rolle spielt, ist bisher nicht zu übersehen. An seiner großen biologischen Bedeutung ist aber nicht zu zweifeln.

Neben dem bisher für die einzige schwefelhaltige Aminosäure gehaltenen Cystin kommt im Eiweiß noch eine zweite *Methionin* genannte schwefelhaltige Aminosäure vor. Das Methionin soll in manchen Eiweißarten reichlicher als das Cystin enthalten sein und dasselbe in der Nahrung vertreten können. Durch Entmethylierung entsteht aus dem Methionin über Homocystein das Homocystin und daraus wieder das Cystein:

CH_3	CH_2SH	$CH_2S\!\!-\!\!SCH_2$	CH_2SH
S	CH_2	$CH_2\quad CH_2$	$CHNH_2$
CH_2	$CHNH_2$	$CHNH_2\ CHNH_2$	$COOH$
CH_2	$COOH$	$COOH\ \ COOH$	Cystein
$CHNH_2$	Homocystein	Homocystin	
$COOH$			
Methionin			

Als weitere wichtige schwefelhaltige Verbindung ist die *Chondroitinschwefelsäure* zu nennen. Die Chondroitinschwefelsäure ist in Mucinen und Mucoiden und im Gelenkknorpel enthalten. Auch in dem unter krankhaften Bedingungen entstehendem Amyloid soll sie vorkommen. Ferner ist sie in der menschlichen und tierischen Aorta, im menschlichen Harn und der Rinderniere nachgewiesen worden. *Chondroitinschwefelsäure* (siehe nebenstehende Formel).

Schwefelsäuregruppe
$$CH_2\cdot O\cdot SO_2\cdot OH$$
$$HO\cdot CH$$
$$HC\!\!-\!\!\!-\!\!\!-\!\!\!-\!\!\!-\!\!\!-\!\!\!-\!\!\!-\!\!\!-$$
$$HC\cdot OH$$
$$HC\cdot NH\cdot CO\cdot CH_3\quad O$$
Acetylgruppe
$$HC$$
$$O$$

Lyxohexosamingruppe

Hier schließt sich die Glucuronsäure an.

Die Aminosäuren sind die im Eiweißmolekül präformierten Bausteine desselben und kommen in gleicher Art und wechselnder Ausbeute bei allen Spaltungsmethoden zur Erscheinung, einerlei ob die Spaltung durch Säuren, Alkalien oder Fermente geschieht.

Das Nahrungseiweiß der Tiere entstammt letzten Endes dem Pflanzenreich. Durch Abbau und Umbau wird es der betreffenden Art adäquat gemacht, wodurch eine unendliche Mannigfaltigkeit erzielt und die *Artspezifität* der Eiweißkörper garantiert wird.

Der *enterale* Eiweißabbau wird eingeleitet durch die peptische Magenverdauung. Das Pepsin verwandelt in Gegenwart von Salzsäure sämtliche genuinen Eiweißkörper in lösliche Acidalbuminate, die weiter in Peptone gespalten werden. Im allgemeinen kommt es im *Magen nicht* zum Auftreten *freier Aminosäuren.* Im Darm geht die Spaltung am besten bei schwach alkalischer Reaktion unter Einwirkung des Trypsins weiter bis zu größeren Aminosäurenkomplexen.

Abgesondert wird das *Trypsin* in Gestalt seines Proferments *Trypsinogen.* Dieses wird durch die Enterokinase der Darmschleimhaut in aktives Trypsin umgewandelt. Nach WALDSCHMITZ-LEITZ[1] soll auch das Trypsinogen ebenso wie die Enterokinase vom Pankreas abgesondert, aber erst im Darm wirksam werden. Das *Erepsin* spaltet größere Aminosäurenkomplexe von bestimmter Zusammensetzung, die sog. *Polypeptide.* Es wird als Peptidase bezeichnet, weil es z. B. Casein nur nach vorausgegangener Pepsinverdauung angreifen kann.

Wieweit unter physiologischen Bedingungen die Aufspaltung der Eiweißkörper geht, ist generell nicht zu beantworten. Sicher ist, daß Peptone resorbiert werden können. Nach Leimfütterung hat RUBNER Leim im Harn gefunden. Nach Verfütterung von Hemielastin und dem BENCE-JONESschen Eiweißkörper sah man die Substanzen unabgebaut ins Blut übertreten. Über das weitere Schicksal der *im Darm* auftretenden Aminosäuren ist folgendes bekannt: Verfüttert man ein Aminosäurengemisch, so gehen die Aminosäuren nur zum allergeringsten Teil in den Harn über. Die Hauptmenge wird in der Darmwand bereits wieder synthetisiert. Im strömenden Blut verdauender Tiere konnten aber durch Dialyse diffusionsfähige Substanzen, unter ihnen reichlich Aminosäuren nachgewiesen werden, in dem man in die Kontinuität der Blutgefäßbahn einen langen dünnwandigen gewundenen Collodiumschlauch einschaltet, welcher von einem mit physiologischer Kochsalzlösung gefüllten Mantel umgeben ist. Das durch den Schlauch zirkulierende Blut läßt seine diffusiblen Eiweißabbauprodukte in die Kochsalzlösung übertreten, in welcher sie nach Eindampfen in erheblichen Mengen nachgewiesen werden und höchstwahrscheinlich geht die Eiweißresorption normalerweise vorwiegend in aminosaurem Stadium vor sich[2]. MENDEL und ROCKWOOD[3] konnten zeigen, daß auch peptische Verdauungsprodukte der Resorption unterliegen können. Untersucht man den Darminhalt, so werden alle bekannten Aminosäuren als Verdauungsprodukte des Eiweißes gefunden.

Die in der Darmschleimhaut und jenseits derselben im Blut aufgefundenen absoluten Mengen von freien Aminosäuren sind selbst während der Eiweißaufnahme sehr gering, was entweder durch eine rasche Resynthetisierung derselben zu Eiweißkörpern in der Darmwand oder dafür spricht, daß die Zellen des Organismus eine sehr große Aufnahmefähigkeit für freie Aminosäuren zeigen. Werden größere Mengen Aminosäuren direkt ins Blut gespritzt, so kann durch diese Maßnahme der Aminosäurespiegel nur sehr wenig gehoben werden[4]. BERG[5] ist es gelungen durch Aminosäurenfütterung in der Leber eine Vermehrung bestimmter Aminosäurekomplexe nachzuweisen. Ebenso ist es nach ausgiebiger Eiweißfütterung an Hühner, Mäuse, Enten und Hunde zu einer Vermehrung des Lebergewichts und des Gerbsäurestickstoffs ohne entsprechende Vermehrung des Phosphorgehalts gekommen, woraus zu schließen ist, daß das aufgenommene Eiweiß nicht zum Aufbau neuen Gewebes verwendet, sondern als Reserveeiweiß in den Zellen abgelagert wurde[6].

Nach der alten Lehre von VOIT[7] ist in einem gutgenährten Organismus das Eiweiß in zwei biologisch ungleichartigen Formen vorhanden. Ein Teil des resorbierten Nahrungs-

[1] WALDSCHMITZ-LEITZ: Hoppe-Seylers Z. **132**, 181 (1924).
[2] ABEL: Physiologenkongreß Groningen.
[3] MENDEL and ROCKWOOD: Amer. J. Physiol. **12**, 336 (1904).
[4] BANG: Biochem. Z. **74**, 278 (1916).
[5] BERG u. CAHN-BRONNER: Biochem. Z. **61**, 434, 464 (1914).
[6] TICHMENEW: Biochem. Z. **59**, 326 (1913). — GRUND: Z. Biol. **54**, 173 (1910).
[7] VOIT: HERMANNs Handbuch der Physiologie, Bd. 6, 1, I. 1881.

eiweißes bleibt in den Säften als *zirkulierendes* Eiweiß zurück. Dieses zirkulierende Eiweiß ist von anderen Autoren als labiles Eiweiß, Zelleneinschlußeiweiß bezeichnet worden. Diese Form des Eiweißes hat eine wesentlich höhere Zersetzlichkeit als das sog. *Organeiweiß*. Der größte Teil des Nahrungseiweißes wird verbrannt. Der Umsatz kann entsprechend dem Eiweißgehalt der Nahrung erheblich gesteigert werden. Vom Darmkanal des Menschen können nach RUBNER 880 g gebratenes Fleisch und 950 g Eier in 24 Stunden ausgenutzt werden.

Nach den Untersuchungen von SPECK[1] und FOLIN[2] ist es sicher, daß man *zwei Arten des Eiweißstoffwechsels* nach der Art des Abbaus unterscheiden kann. Diese Tatsache ist für das Verständnis pathologischer Vorgänge von großer Bedeutung. Läßt sich nämlich dartun, daß *exogenes* und *endogenes* Eiweiß zu differenten Stoffwechselendprodukten führen, so muß bei allen den Zuständen, welche mit einem erhöhten Zerfall *körpereigenen* Gewebes einhergehen, die Relation der N-haltigen Bestandteile des Harns sich in charakteristischer Weise verschieben. Zu den von der Ernährung in weitgehender Weise unabhängigen stickstoffhaltigen Harnbestandteilen gehört der von SALKOWSKI[3] sog. kolloidale Stickstoff des Harns und das Kreatin und Kreatinin. Chemisch setzt sich der kolloidale Stickstoff aus polypeptidartigen schwer dialysierbaren Stoffen zusammen, die bei der Hydrolyse mit Salzsäure reichlich Aminosäuren liefern. Unter ihnen spielen die Oxyproteinsäuren eine besondere Rolle. In welcher Weise man durch geeignete Ernährung die relativen Verhältnisse der N-haltigen Harnbestandteile ändern kann, zeigte die folgende von FOLIN[4] zusammengestellte Tabelle:

	Eiweißreiche Nahrung	Eiweißarme Nahrung
Volumen des Harns	1170 ccm	385 ccm
Gesamtstickstoff	16,8 g	3,60 g
Harnstoff-N	14,70 = 87,5%	2,20 = 61,7%
Ammoniak-N	0,49 = 3,0%	0,42 = 11,3%
Harnsäure-N	0,18 = 1,1%	0,09 = 2,5%
Kreatinin-N	0,58 = 3,6%	0,60 = 17,2%
Unbestimmter N	0,85 = 4,9%	0,27 = 7,3%
Gesamt-SO$_3$	3,64	
Anorganische SO$_3$	3,27 = 90%	0,46 = 60,5%
Gepaarte SO$_3$	0,19 = 5,2%	0,10 = 13,2%
Neutraler S als SO$_3$	0,18 = 4,8%	0,20 = 26,3%

Aus dieser Tabelle ist deutlich zu ersehen, daß die absoluten Werte für Kreatininstickstoff und für den neutralen Schwefel bei eiweißreicher und eiweißarmer Nahrung quantitativ gleich sind. Diese Endprodukte, die von der alimentären Zufuhr des Eiweißes weitgehend unabhängig in gleicher Menge ausgeschieden werden, sind die Produkte des *endogenen* oder *Gewebsstoffwechsels*. Der exogene Eiweißstoffwechsel liefert, wie lange bekannt, hauptsächlich Harnstoff und anorganische Schwefelsäure und ist in einer konstanten Abhängigkeit von der mit der Nahrung zugeführten Eiweißmenge.

Bevor in die Besprechung der pathologischen Verhältnisse des Eiweißstoffwechsels eingetreten werden kann, muß noch einiges über das Schicksal des mit der Nahrung aufgenommenen Eiweißes vorausgeschickt werden. Der größere Teil des in der Nahrung zugeführten Eiweißes findet im Organismus keine dauernde Verwendung. Nach allem was wir wissen, geht der N-haltige Anteil einen anderen Weg als der N-freie Rest. Die bei

---

[1] SPECK: Erg. Physiol. 2, 1 (1903).　　[2] FOLIN: Amer. J. Physiol. 13, 171 (1905).
[3] SALKOWSKI: Berl. klin. Wschr. 1910 II, 1748.
[4] FOLIN: Amer. J. Physiol. 13, 171 (1905).

der fermentativen Aufspaltung des Eiweißes entstehenden Aminosäuren werden ihrer NH_2-Gruppe beraubt. Es entsteht Ammoniak. Dieser als Desamidierung geschilderte Vorgang kann sich auf verschiedenen Wegen vollziehen. Man unterscheidet die *reduktive, hydrolytische* und *oxydative* Desamidierung der Aminosäuren. Erfolgt die Desamidierung durch Reduktion, so entstehen aus Aminosäuren unter H_2-Aufnahme einfache Carbonsäuren. Das ist z. B. bei den Fäulnisprozessen der Fall. Der Vorgang verläuft nach folgendem Schema:

$$\underset{\text{Asparaginsäure}}{\begin{array}{c}COOH \\ | \\ CH_2 \\ | \\ CH(NH_2) \\ | \\ COOH\end{array}} + H_2 = \underset{\text{Bernsteinsäure}}{\begin{array}{c}COOH \\ | \\ CH_2 \\ | \\ CH_2 \\ | \\ COOH\end{array}} + NH_3$$

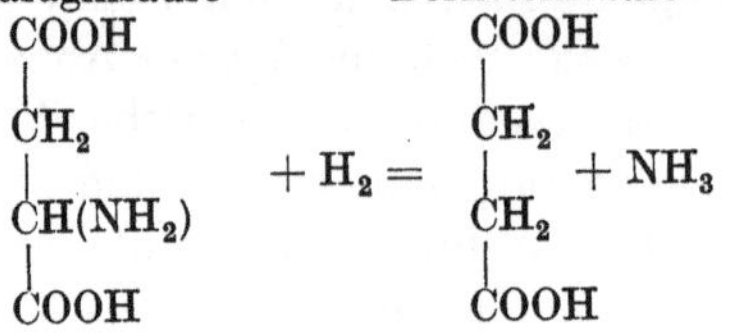

α-Aminosäuren können durch *oxydative Desamidierung* in α-Ketonsäure übergehen.

$$\underset{\text{Alanin}}{\begin{array}{c}CH_3 \\ | \\ CH(NH_2) \\ | \\ COOH\end{array}} + O \;\rightarrow\; \underset{\text{Brenztraubensäure}}{\begin{array}{c}CH_3 \\ | \\ CO \\ | \\ COOH\end{array}} + NH_3$$

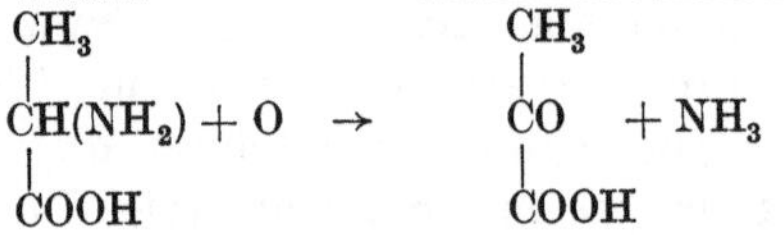

Die *hydrolytische Desamidierung* geht unter Wasseraufnahme nach folgendem Schema vor sich:

$$\underset{\text{Alanin}}{\begin{array}{c}CH_3 \\ | \quad H \\ C{\Large<}^{\!H}_{\!NH_2} \\ | \\ COOH\end{array}} + H_2O \qquad \underset{\text{Milchsäure}}{\begin{array}{c}CH_3 \\ | \quad H \\ C{\Large<}^{\!H}_{\!OH} \\ | \\ COOH\end{array}} + NH_3$$

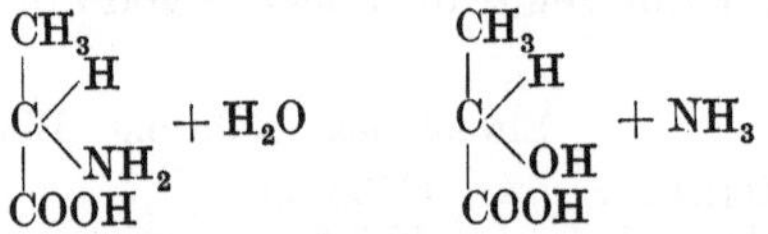

In allen diesen Fällen wird das Ammoniak (NH_3) verfügbar, das nur zur Harnstoffbildung herangezogen wird, welcher in der Norm 80% des im Harn ausgeschiedenen Stickstoffs enthält. Nur 4—6% sind normalerweise als Ammoniak, höchstens 2% als Aminosäuren im Harn enthalten.

Die *Desamidierung* geht in der Hauptsache in der Leber vor sich. Hier wird das freiwerdende Ammoniak zu Harnstoff synthetisiert. Vielleicht wird Harnstoff (FISKE[1], NONNENBRUCH[2]) auch in anderen Organen gebildet. Man kann den Harnstoff als ein Diamid der Kohlensäure auffassen und sich mit SCHMIEDEBERG die Entstehung des Harnstoffs nach folgendem Schema vorstellen:

$$\underset{\text{Kohlensaures Ammonium}}{C{\Large<}^{ONH_4}_{ONH_4}\!=\!O} \quad -H_2O \;\rightarrow\; \underset{\text{Carbaminsaures Ammonium}}{C{\Large<}^{NH_2}_{ONH_4}\!=\!O} \quad -H_2O \;\rightarrow\; \underset{\text{Harnstoff}}{C{\Large<}^{NH_2}_{NH_2}\!=\!O}$$

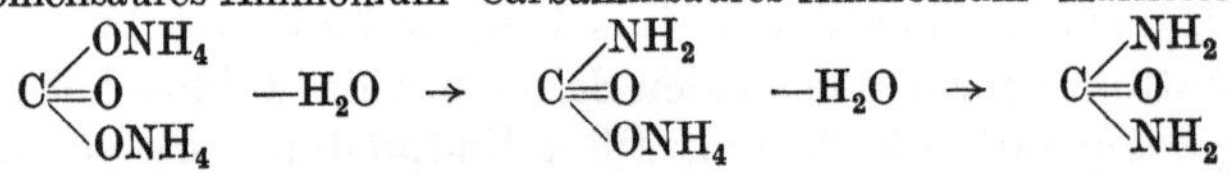

Aus dem zunächst entstehenden kohlensauren Ammonium wird Wasser abgespalten und es entsteht das carbaminsaure Ammonium, das durch abermalige Wasserabspaltung in Harnstoff übergeht.

Nach neueren Arbeiten[3] verläuft die Harnstoffsynthese in der Leber folgendermaßen: zuerst lagert sich an die — Aminogruppe des Ornithins 1 Molekül Ammoniak und 1 Molekül Kohlensäure an und es entsteht unter Austritt von 1 Molekül Wasser ein Molekül Citrullin nach folgender Gleichung:

$$COOH—CHNH_2—CH_2—CH_2 \; CH_2NH_2 + CO_2 + NH_3 =$$
$$COOH—CHNH_2—CH_2—CH_2CH_2—NH—CO—NH_2 + H_2O.$$

---

[1] FISKE and KARSNER: J. of biol. Chem. **16**, 3 (1913). — FISKE and SUMNER: J. of biol. Chem. **18**, 285 (1914).

[2] NONNENBRUCH u. GOTTSCHALK: Arch. f. exper. Path. **96**, 115 (1921); **99**, 261, 270, 300 (1923).   [3] KREBS: Hoppe-Seylers Z. **210**, 33.

Die zweite Reaktion der Harnstoffsynthese ist der Zusammentritt von 1 Molekül Citrullin mit einem weiteren Molekül Ammoniak unter Austritt von einem zweiten Molekül Wasser unter Bildung des Arginins

$$\text{Citrullin}$$
$$COOH-CHNH_2-CH_2-CH_2-CH_2-NH-CO-NH_2 + NH_3 =$$
$$COOH-CHNH_2-CH_2-CH_2-CH_2-NH-C{<}^{NH}_{NH_2} + H_2O$$
$$\text{Arginin}$$

Die dritte Reaktion ist die hydrolytische Spaltung des Arginins durch Arginase in Ornithin und Harnstoff:

$$\text{Arnigin}$$
$$COOH-CHNH_2-CH_2-CH_2-CH_2-NH-C{<}^{NH}_{NH_2} + H_2O =$$
$$COOH-CHNH_2-CH_2-CH_2-CH_2NH_2 + O=C{<}^{NH_2}_{NH_2}$$
$$\text{Ornithin} \qquad\qquad \text{Harnstoff}$$

Haben wir so das Hauptschicksal des Nahrungseiweißes bis zu seiner Ausscheidung als Harnstoff verfolgt, so fragt sich jetzt, wie der *durch den endogenen Gewebsstoffwechsel täglich zu Verlust gehende Anteil* des Körpereiweißes seine Ergänzung findet. Bei Besprechung des Hungerstoffwechsels ist bereits darauf hingewiesen worden, daß, wenn Nahrung von außen nicht zugeführt wird, täglich eine bestimmte allerdings sehr niedrige Menge von Stickstoff zur Ausscheidung gelangt, die nur aus dem Körpereiweiß herrühren kann. Durch stickstofffreie einseitige Kohlehydratkost läßt sich nach LANDERGREEN[1] die Stickstoffausscheidung auf 0,047 g pro Körperkilo herabdrücken. Nach THOMAS[2] liegen die Harn-N-Werte bei eiweißfreier Kost zwischen 1,84 und 3,80 g für den erwachsenen Menschen. Diese geringen Zahlen sind die aus dem endogenen Eiweißstoffwechsel herrührenden N-haltigen Bestandteile des Gewebsstoffwechsels. Die ihnen entsprechende Menge Eiweiß muß, soll das Leben nicht gefährdet werden, dauernd in der Nahrung enthalten sein. Dieses *Eiweißminimum* ist in seiner Höhe abhängig von der Abnutzungsquote, die ihrerseits je nach der Intensität der gesamten vitalen Zelltätigkeit in ihrem Umfange variieren wird. Für kurze Perioden sichert sich der Körper vor der Gefahr der vorübergehenden Unterschreitung des Eiweißminimums einen gewissen Reservebestand an Vorratseiweiß, der zum Teil im Blutplasma zirkuliert, zum Teil als Zelleinschlußeiweiß im Bestande der einzelnen Zellen untergebracht ist. Hierbei gehören vielleicht auch die bereits erwähnten nach Aminosäureverfütterung in der Leber nachweisbaren Eiweißvorräte.

2. Das Stickstoffgleichgewicht und seine Störungen.

Da nach den gemachten Ausführungen der größte Teil des mit der Nahrung zugeführten Eiweißes den Körper als Stickstoff mit dem Harn wieder verläßt, der kleinere vom Körper benutzte Anteil des Nahrungseiweißes aber genau der *Abnutzungsquote des Körpereiweißes* entspricht, muß sich daraus ein Gleichgewichtszustand ergeben, d. h. die Gesamtmenge des zugeführten Nahrungsstickstoffs entspricht der Gesamtmenge der mit Harn und Kot den Körper verlassenden stickstoffhaltigen Verbindungen. Dieses sog. *Stickstoffgleichgewicht* wird unter physiologischen Bedingungen nur dann gestört sein, wenn durch besondere Versuchsanordnungen der Organismus gezwungen wird, vom eigenen Bestande Eiweiß abzubauen, das Eiweißminimum also unterschritten wird, oder wie im Hunger überhaupt kein Stickstoff zugeführt wird.

Die *Störungen des Stickstoffgleichgewichts* lassen sich gruppieren in solche mit *positiver* und solche *negativer* N-Bilanz, die unter den Störungen des Eiweißstoffwechsels abgehandelt sind.

[1] LANDERGREEN: Skand. Arch. Physiol. (Berl. u. Lpz.) 14, 112 (1903).
[2] THOMAS: Pflügers Arch. 219 (1909).

Eine *positive Bilanz* wird unter folgenden Verhältnissen beobachtet: beim Wachstum, in der Gravidität, im Muskeltraining, in der Rekonvaleszenz und bei überreichlicher Zufuhr und Fetten. Für die ersten drei aufgeführten Fälle ist die Zurückhaltung N-haltiger Nahrungsbestandteile ohne weiteres verständlich. Es handelt sich bei ihnen um den Neuaufbau von Körpergewebe. Das Wachstum schreitet mit einer der Zunahme des Körpers an Eiweiß entsprechenden Zurückhaltung von stickstoffhaltigen Nahrungsbestandteilen fort. Die Gravidität kann man als einen besonderen Fall des Wachstums auffassen. Im Training liegen die Dinge insofern komplizierter, als die Zunahme von Muskelmasse nicht in allen Fällen nachweisbar ist, und nach *akuten Anstrengungen* sogar *negative N-Bilanzen* sichergestellt sind.

BORNSTEIN[1] fand in einem Selbstversuch bei einer Zulage von 40 g Casein zur Erhaltungskost eine erhebliche Retention von Eiweiß im Körper, welche im letzten Viertel der 18tägigen Untersuchungsreihe langsam anstieg.

Die Frage der *Eiweißmast* hat für die menschliche Ernährungslehre eine untergeordnete Bedeutung, denn sicher bedarf es sehr unphysiologischer Kostordnung, um durch überschüssige *Fleischzufuhr,* über deren *Unzweckmäßigkeit* und *Schädlichkeit* die Kliniker sich einig sind, einen echten Fleischansatz zu erzielen. Im strengen Sinne hat man nur dann das Recht von Eiweißmast zu reden, wenn es sich um eine Volumzunahme bzw. Hypertrophie der einzelnen Zelle dank der übermäßigen Zufuhr stickstoffhaltigen Materials handelt, nicht aber dann, wenn Zellen neu gebildet werden.

Die Erfahrungen der Landwirtschaft sprechen dafür, daß es tatsächlich in besonders angeordneten Versuchen möglich ist, auch bei ausgewachsenen Tieren einen erheblichen Fleischansatz zu erzielen, wobei das Verhältnis zwischen wasser- und fettfreier Trockensubstanz konstant bleibt. PFEIFFER und HENNEBERG[2] konnten in 100 oder 150 Tagen volle 100 g N beim ausgewachsenen Hammel zum Ansatz bringen. Beim Menschen scheitern alle derartigen Versuche an dem Faktor der Konstitution, der hier für die Erhaltung des individuellen Habitus eine viel größere Rolle zu spielen scheint als bei domestizierten Tieren. Es ist auf die Dauer unmöglich, ohne entsprechende Steigerung der körperlichen Tätigkeit, einem Menschen gegen seinen Appetit größere Mengen Fleisch zuzuführen und damit einen Ansatz zu erzwingen.

3. Quantitative Störungen des Eiweißabbaues.

Die *quantitativen* Störungen des Eiweißabbaus können sich einerseits darin äußern, daß bei normaler Relation der N-Bestandteile des Harns wesentlich mehr Stickstoff durch Harn und Kot ausgeführt werden, als mit der genau analysierten Nahrung eingenommen wurden. Dieser Zustand wird als *negative N-Bilanz* bezeichnet. In einer zweiten Reihe geht die negative N-Bilanz mit einer Verschiebung der N-haltigen Harnbestandteile gegenüber der Norm einher, d. h. es können Aminosäuren, die sonst nur in Spuren im Harn zu finden sind, in erheblicheren Mengen darin auftreten. Es kann das Ammoniak vermehrt sein, oder der von SALKOWSKI[3] sog. kolloidale Stickstoff in größeren Mengen im Harn auftreten.

Die Aufstellung einer exakten N-Bilanz erfordert die genaue Kenntnis sämtlicher Einnahmen und Ausgaben, soweit N-haltige Bestandteile in Frage kommen.

---

[1] BORNSTEIN: Pflügers Arch. **83**, 540 (1901).
[2] PFEIFFER u. HENNEBERG: J. Landw. **38**, 218 (1890).
[3] SALKOWSKI: Berl. klin. Wschr. **1910 II**, 1748.

Es kann als allgemeine Regel gelten, daß *jede Schädigung,* die den Körper trifft und die *Zellen in ihrer Vitalität* mehr oder weniger weitgehend *beeinträchtigt,* zu einer *Mehrausfuhr* von N führt. Solche Zellschädigungen können *physikalischer* und *chemischer* Natur sein. Zu den physikalischen gehören z. B. Schädigungen durch hohe Temperaturen, durch Röntgenstrahlen und Radiumeinwirkung. Zu den chemischen hat man zu rechnen erstens Gifte, die im Körper selbst entstehen, zweitens solche, die durch in den Körper eingedrungene Parasiten gebildet werden, und schließlich solche, die dem Körper auf oralem oder parenteralem Wege einverleibt werden. Im Körper selbst soll es nach hochgradigen *körperlichen Überanstrengungen* zu Schädigungen des Eiweißbestandes kommen. In manchen Fällen kommt es zur Kombination mehrerer solcher Noxen. So wirkt eine weitgehende *Verbrühung* einmal durch Zerstörung der Zellen selbst, zweitens aber auch durch die beim Zellzerfall freiwerdenden Gifte. Am meisten diskutiert ist die Frage nach dem sog. *toxischen Eiweißzerfall,* welcher durch *Gifte,* die der *Organismus selbst bildet,* veranlaßt wird. Als Paradigma möge der Eiweißumsatz bei *Krebskranken* kurz besprochen werden. Vergleicht man, wie F. MÜLLER[1] es getan hat, die N-Ausfuhr carcinomkranker Menschen mit der unter gleichen Nahrungsbedingungen lebender Gesunder, so zeigt sich, daß die N-Ausscheidung Krebskranker oft größer ist als die Einnahme und der Körper der Carcinomträger dementsprechend von seinem Eiweißbestand verliert. MÜLLERs klassische Untersuchungen zeigten, daß auch bei reichlicher Nahrungszufuhr es bei manchen Krebskranken nicht gelingt, die Schwelle des N-Gleichgewichts zu erreichen. Neuere von LAUTER[2] an der MÜLLERschen Klinik durchgeführte Untersuchungen stellen fest, daß bei den meisten Carcinomträgern das Eiweißminimum normal ist. Nur vereinzelte Fälle lassen eine Erhöhung desselben erkennen. Bei der sog. BANTIschen Erkrankung ist von UMBER[3] ein toxischer Eiweißzerfall wahrscheinlich gemacht worden. Er glaubt, daß hier die erkrankte Milz der primäre toxische anämisierende Ausgangspunkt der Erkrankung ist.

Bei der *paroxysmalen Hämoglobinurie,* die in ihren Ursachen bisher noch nicht geklärt ist, sind erheblich Stickstoffverluste allein schon durch den Übertritt des Hämoglobins in den Harn bedingt.

Bei der *Eklampsie* ist die Relation der N-haltigen Bestandteile des Harns gestört. ZWEIFEL[4] stellte eine deutliche Vermehrung des Neutralschwefels fest. Im HOFMEISTERschen Laboratorium wurde eine Vermehrung der Nucleinsäuren aufgedeckt. Genaue Stickstoffbilanzen fehlen bei diesen Zuständen.

Für die zweite Gruppe ist die Botriocephalusanämie[5] ein gutes Beispiel; bei ihr läßt sich eine negative N-Bilanz, hervorgerufen durch den toxischen Eiweißzerfall, nachweisen. Werden aber die giftproduzierenden Würmer erfolgreich abgetrieben, so tritt ein normaler Eiweißumsatz ein. In diesem Fall ist das toxische Agens mit Sicherheit im Wurm zu suchen. Als Beispiel für die letzte Gruppe möge der gesteigerte Eiweißzerfall nach Phosphor-

---

[1] MÜLLER: Z. klin. Med. **16**, 496 (1889).

[2] LAUTER u. JENKE: Dtsch. Arch. klin. Med. **146**, 331 (1925).

[3] UMBER: Z. klin. Med. **55**. — Münch. med. Wschr. **1912 II.**

[4] ZWEIFEL: Arch. Gynäk. **72**, 1—98. — EPEKE: Biochem. Z. **12**. — SASAKI: Beitr. chem. Physiol. u. Path. **9** u. **11**. — PONS: Beitr. chem. Physiol. u. Path. **9.**

[5] ROSENQUIST: Z. klin. Med. **49**.

vergiftung[1] dienen. Bei ihr werden die Leberzellen in so weitgehender Weise geschädigt, daß im lebenden Organismus die autolytischen Fermente das Übergewicht bekommen und der Abbau des Lebergewebes bis zu den Aminosäuren herunter in solchem Umfange stattfindet, daß ihre Anhäufung im Blut zu einer vermehrten Ausscheidung im Harn führt. Ähnlich dem Phosphor wirkt auch die Chloroformvergiftung. Auch das Chloroform kann eine Beschleunigung der Organautolyse bewirken[2].

In die gleiche Gruppe gehören alle jene Zustände, bei welchen es aus mechanischen Ursachen (Traumen) zum Gewebszerfall kommt und *die Zerfallsprodukte* toxische Wirkungen entfalten; so konnten in neueren Untersuchungen BÜRGER und GRAUHAN[3] zeigen, daß jede größere unter aseptischen Bedingungen durchgeführte Operation mit Zellzertrümmerung einhergeht, welche am Tage nach der Operation zu einer erheblich vermehrten Stickstoffausfuhr Anlaß gibt *(postoperative Azoturie)*. Werden sehr breite Wundflächen gesetzt, so kann es durch Zerfall und Resorption von Granulationen auch ohne die dominierende Mitwirkung von Bakterien zu Zustandsbildern kommen, welche am treffendsten als *Wundkachexie* bezeichnet werden. Der oft letale Ausgang großer ausgedehnter Operationen der durch Infektion, Blutungen oder andere Zwischenfälle nicht erklärt werden kann, ist sicher die Folge einer chronischen *Eiweißzerfallstoxikose*.

Eine besonders interessante aber noch wenig studierte Form vermehrten Eiweißzerfalls ist die sog. *posthämorrhagische Azoturie*. Es sind mehrfach nach abundanten Magen- und Darmblutungen an Tagen, an denen die betreffenden Patienten nahezu keine Nahrung aufnahmen, 20, ja 26 g Stickstoff im Harn beobachtet worden. Die Erklärung dieser Erscheinung ist wahrscheinlich darin zu sehen, daß durch die großen Blutverluste eine Ernährungsstörung besonders empfindlicher Zellelemente eintrat, die in ihrer Folge zu einer Einschmelzung der geschädigten Elemente führte. Unter dem Einfluß therapeutischer Aderlässe kommt es nie zu solchen posthämorrhagischen Azoturien[4].

Die Stickstoffbilanz bei *Infektionskrankheiten* ist sehr häufig eine negative. Die Verhältnisse sind hier aus verschiedenen Gründen schwer zu übersehen. Einmal ist bei einer Reihe derartiger Zustände die Nahrungsaufnahme soweit gestört, daß die Inanition den Stoffwechsel beherrscht, und die Eiweißverluste einfach durch Einschmelzung von Beständen des mehr oder weniger hungernden Organismus zu erklären sind. Eine weitere Gruppe von Kranken zeigt infolge der Infektion so hohe Körpertemperaturen, daß viele Autoren geneigt sind, die Zellschädigungen mit nachfolgender Einschmelzung als Folgen der Hyperthermie zu deuten, was von GRAHAM und POULTON[5] abgelehnt wird. Eine letzte Gruppe zeigt aber unter Ausschluß der eben genannten Bedingungen so hochgradige Stickstoffverluste, daß dieselben notwendigerweise als Folgen des toxisch-infektiösen Eiweißzerfalls gedeutet werden müssen. Eigene Untersuchungen am hochfiebernden Malariakranken, die aus voller Gesundheit heraus bei bestem

---

[1] JAKOBY: Z. physik. Chem. **30**, 174 (1900). — PORGES, E. u. O. PRZIBRAM: Arch. f. exper. Path. **59**, 20 (1908).

[2] CHIARI: Arch. f. exper. Path. **60**, 255 (1909).

[3] BÜRGER u. GRAUHAN: Z. exper. Med. **27**, 97 (1922); **35**, 16 (1923); **42**, 345 (1924). — Klin. Wschr. **1927** I, 1716.

[4] KOLLISCH: Wien. klin. Wschr. **1897** I. — MAGNUS-LEVY: Virchows Arch. **152**.

[5] GRAHAM and POULTON: Quart. J. Med. **6**, 82 (1912).

Ernährungszustand ihre Anfälle bekamen, ergaben 24stündige Stickstoffmengen bis zu 24 bis 27 g[1].

Das Problem des *toxischen Eiweißzerfalls im Fieber* steht immer noch zur Diskussion. Wie oben ausgeführt, sind nur solche Untersuchungen überzeugend, bei denen die eiweißarme Kost gleichzeitig sehr calorienreich gestaltet wird. KOCHER[2] ernährte einen Typhuskranken mit eiweißarmer 3 g N-enthaltender Kost bei gleichzeitiger Zufuhr bis zu 80 Calorien pro Kilogramm. Trotzdem wurden 13—22 g Stickstoff täglich zuviel ausgeschieden. Gesunde, ebenso ernährte Personen, bei denen die Verbrennungen durch Steigerung der Muskelarbeit um 100% in die Höhe getrieben wurden, zeigten im Gegensatz zu den Fieberkranken keine negative N-Bilanz. Es scheint, daß durch diese Untersuchungen die Tatsache des toxischen Eiweißzerfalls gesichert ist. Man hat sich ferner die Frage vorgelegt, ob die durch den toxischen Eiweißzerfall bedingte Stickstoffmehrausfuhr den endogenen oder exogenen Eiweißumsatz betreffen. KRAUSS[3] zeigte, daß das Eiweißminimum um ein Vielfaches des Normalen erhöht ist, und daß an dieser Erhöhung die Harnsäure und Kreatininausfuhr, also Produkte des endogenen Eiweißumsatzes erheblich beteiligt sind.

Auch im afebrilen Inkubationsstadium zeigen im N-Minimum bei calorischer Überernährung gehaltene Infektionskranke eine deutliche Steigerung des Gesamtstoffwechsels mit erheblicher Erhöhung des Eiweißumsatzes[4]. Nach FREUND und GRAFE[5] sollen Störungen der chemischen Wärmeregulation mit gleichsinnigen Störungen einer Zentralregulation des Eiweißumsatzes einhergehen. Wird durch Ausschaltung der chemischen Wärmeregulation das Fieber vermieden, so geht trotzdem der Eiweißumsatz stark in die Höhe. Die Autoren glauben, daß Regulationsbahnen für den Eiweißstoffwechsel von einem mit dem Wärmezentrum gekoppelten Zentrum im Halszentrum durch den Sympathicus zur Leber ziehen, welche als gemeinsames Erfolgsorgan für die Regulation des Wärme- und des Eiweißhaushalts angesehen wird (Näheres s. Kapitel VII).

Auch bei *Schilddrüsenstörungen,* welche bekanntlich mit einer starken Steigerung der Gesamtumsetzungen einhergehen, kommt es zu negativen N-Bilanzen. Die Steigerung der Eiweißzersetzung hält sich in diesem Falle aber stets im Rahmen der Erhöhung der Gesamtverbrennung.

Auch bei der parenteralen Einverleibung von körperfremden Substanzen kommt es zu negativen N-Bilanzen; sie ist für den Arzt deshalb von hoher Bedeutung, weil sie aus therapeutischen Gründen häufig geübt wird. Vor allem sind es die Eiweißkörper, die bei der Serumtherapie, bei Transfusionen, Proteinkörpertherapie, bei der sog. Autolysattherapie des Krebses Verwendung finden und die in ihren Wirkungen zum großen Teil noch unübersehbar sind. Nach gut gelungenen Blutübertragungen wird das Eiweiß des Bluttransplantates nicht zerschlagen, sondern retiniert: Das Stickstoffgleichgewicht bleibt ungestört (BÜRGER[6]). Die Schwierigkeit, hier einen tieferen Einblick in das Geschehen zu tun, beruht zum Teil darin, daß der Organismus imstande ist, mit

---

[1] BÜRGER: Beitrag zum Kreatininstoffwechsel, III. Z. exper. Med. 12 (1912).

[2] KOCHER: Dtsch. Arch. klin. Med. 115, 82 (1914).

[3] KRAUSS: Dtsch. Arch. klin. Med. 1926, 156.

[4] STRIEK u. WILSON: Dtsch. Arch. klin. Med. 157, 173 (1927). — BAHN, K. u. J. LANGHANS: Dtsch. Arch. klin. Med. 161, 181 (1928).

[5] FREUND u. GRAFE: Dtsch. Arch. klin. Med. 121, 36 (1916).

[6] BÜRGER: Verh. dtsch. Kongr. inn. Med. Wiesbaden 1927, 239.

Hilfe von Abwehrfermenten aus an sich ungiftigen Eiweißkomplexen hochwirksame Substanzen abzuspalten, die ihren toxischen Einfluß auf den Organismus in deletärer Weise ausüben können. Wir danken den Bemühungen von SCHITTENHELM und WEICHARDT[1] eine weitgehende Aufklärung der komplizierten Zusammenhänge[2]. Sie zeigen, daß bei der parenteralen Verdauung von Eiweißkörpern verschiedener Struktur ganz differente Abbauprodukte auftreten können. Peptone, welche vollständig oder wesentlich aus Monoaminosäuren bestehen, wie z. B. Peptone aus Seide, Casein, Roßhaar, Edestin, sind in ihrer Wirkung auf den Organismus völlig indifferent. Dagegen zeichneten sich die aus diaminosäurereichen Paarlingen zusammengesetzten Eiweißkörper, die Histone und Protamine bei parenteraler Einverleibung durch ihre intensive Giftwirkung aus. Solche Amine sind in den Bakterienleibern nachgewiesen worden, z. B. Tuberkulosamin von RUPPEL[3], Sepsin von FAUST[4]. Andererseits zeigte WEICHARDT[5], daß durch Eiweißspaltprodukte eine allgemeine Leistungssteigerung, die auf einer *Protoplasmaaktivierung* beruhe, zu finden sei. WEICHARDT nimmt eine omnicelluläre Wirkung an. Solche Wirkungen lassen sich schon nach geringen Eingriffen am körpereigenen Eiweiß demonstrieren. Entnimmt man einem jugendlichen Menschen etwas Blut und koaguliert das Serum durch Einträufeln in kochende Kochsalzlösung, reinjiziert darauf das Koagulat intramuskulär, so lassen sich Erhöhungen der Leukocytenzahlen um viele Tausend im Kubikmillimeter nachweisen, wie ich in unpublizierten Versuchen 1918/19 zeigen konnte. Ähnliche Wirkungen lassen sich bezüglich der Steigerung des Agglutinationstiters nach parenteraler Einverleibung von Eiweißkörpern nachweisen. Bessere Effekte erzielt man, wenn statt denaturierten Körpereiweißes körperfremdes Eiweiß verwendet wird.

Die Physiologie der *Proteinkörperwirkungen* ist noch durchaus undurchsichtig. Analysenreines Material findet für therapeutische Zwecke kaum Verwendung. Deshalb lassen sich die fraglos vorhandenen Wirkungen nicht miteinander vergleichen. Alle Beobachtungen deuten darauf hin, daß es sich um *celluläre* Wirkungen handelt. Man hat gesteigerte Leistungen der drüsigen Organe (Milchdrüse, Pankreas, Magen), der quergestreiften Muskulatur und des Herzens beobachtet. Zellen, die sich bereits in einem entzündlichen Reizzustand befinden, reagieren besonders lebhaft auf die parenterale Eiweißinjektion, wodurch die defensive Entzündung eine Steigerung erfährt, was auch in einer Anregung der Phagocytose seinen Ausdruck findet. Auf die Vielseitigkeit des Einflusses der Proteinkörper und ihrem verschiedenen Wirkungsmechanismus ist besonders von SCHITTENHELM[6] immer wieder hingewiesen worden.

Die wiederholte parenterale Zufuhr von Eiweiß kann bei Tieren und Menschen zu den schweren Symptomen der Überempfindlichkeit führen, anscheinend immer erst dann, wenn das erstinjizierte Eiweiß die Bildung von Antikörpern ausgelöst hat. Für diesen Vorgang ist eine gewisse Zeit nötig, in welcher die „*Sensibilisierung*" des Körpers vor sich geht. Der ganze Vorgang des Über-

---

[1] SCHITTENHELM u. WEICHARDT: Z. exper. Path. u. Ther. 10, 1; 11, 68 (1912). — Münch. med. Wschr. 1910 II, 1911 I, 1912 I.

[2] WEICHARDT: Die Grundlagen der unspezifischen Therapie. Berlin: Julius Springer 1936.   [3] RUPPEL: Hoppe-Seylers Z. 26, 218 (1898).

[4] FAUST: Arch. f. exper. Path. 51, 248 (1904).

[5] WEICHARDT: Münch. med. Wschr. 1920.   [6] SCHITTENHELM: Med. Klin. 1922 II.

empfindlichwerdens eines parenteral mit Eiweiß behandelten Organismus wird als *Anaphylaxie* bezeichnet (Einzelheiten s. S. 386).

Man hat lange Zeit geglaubt, daß als sensibilisierende Substanzen nur anaphylaktogene Eiweißkörper pflanzlichen und tierischen Ursprungs wirksam sind. Neuerdings sind auch andere chemisch definierte Körper (Lipoide, Medikamente) als Anaphylaktogene geschrieben worden. Die Voraussetzung für die anaphylaktogene Wirksamkeit ist ihre Löslichkeit in den Geweben. Auch hier gilt das Gesetz corpera non agunt nisi soluta. Die Körper verhalten sich bei der anaphylaktischen Reaktion streng artspezifisch, d. h. ein mit Rinderserum vorbehandeltes Tier kann nur durch Nachbehandlung mit dem gleichartigen Rinderserum, nicht aber z. B. mit Pferdeserum anaphylaktisch gemacht werden. Werden die Antigene chemisch denaturiert oder z. B. durch Jodbehandlung, so wird die anaphylaktische Reaktion nur noch mit jodiertem Eiweiß ausgelöst.

4. Qualitative Störungen des Eiweißstoffwechsels.

Von den *quantitativen* Bestimmungen des Eiweißabbaus kann man solche *qualitativer* Art unterscheiden. Während die quantitativen Störungen alle mit einer veränderten Bilanz einhergehen, kann bei den qualitativen prinzipiell das Stickstoffgleichgewicht erhalten sein, der Abbau aber nicht bis zu den Endprodukten durchgeführt werden. Die Gruppe der letzteren wird als Störung des intermediären Eiweißabbaus gekennzeichnet. Ihr Studium ist deshalb von weittragender Bedeutung, weil sie uns einen Einblick in das physiologische Geschehen, das hier gewissermaßen an einem bestimmten Punkte haltmacht, gewährleistet. Es ist begreiflich, daß beide Arten, die quantitativen sowohl wie die qualitativen Eiweißstoffwechselstörungen auch kombiniert vorkommen können. Neben den *Abbaustörungen* kennt man solche des *Aufbaus*; hier sind unsere Kenntnisse noch sehr geringe, weil zur chemischen Differenzierung verwandter Eiweißarten große Mengen von Ausgangsmaterial nötig sind. Der Versuch, z. B. das *Carcinomeiweiß* seiner Zusammensetzung aus einzelnen Aminosäuren nach zu charakterisieren, ist aus den angeführten Gründen bisher noch nicht gelungen. Wohl hat man bei der chemischen Untersuchung des Krebsgewebes, dessen vermehrten Gehalt an Nucleoalbuminen, seine relative Armut an Globulinen und seinen Reichtum an Albuminen überhaupt gefunden. Auch glaubt man, daß das Nucleohiston ein konstanter Bestandteil schnell wachsender Tumoren sei, doch handelt es sich in allen diesen Fällen doch immer nur um Einzeluntersuchungen, denen man eine allgemeine Bedeutung bis heute nicht vindizieren darf[1]. Sicherzustehen scheint allein der hohe Fermentreichtum des Krebsgewebes, welcher nicht nur durch einen rascheren autolytischen Zerfall der Geschwulst selbst dargetan wird, sondern welcher auch die Autolyse anderer Organe zu beschleunigen imstande ist. Vielleicht ist dieser Fermentreichtum auch die Ursache einer sehr ins Auge fallenden Abartung des Eiweißes bestimmter bösartiger Geschwülste, nämlich der Melanosarkome. Hier soll es nach den Vorstellungen von FÜRTH durch die Wirkung autolytisch eiweißspaltender Fermente zur Abspaltung gewisser cyclischer Komplexe aus ungefärbten Protoplasmaeiweißkörpern kommen, und diese letzteren werden sodann durch oxydative Fermente zu Melanin umgestaltet. Auch der Nachweis einer Tyrosinase ist in

---

NEUBERG u. GOTTSCHALK: OPPENHEIMERS Handbuch, Bd. 4, S. 446—448. 1925.

solchen Tumoren geführt worden[1]. In einem Falle ist es zudem gelungen, die abweichende Zusammensetzung des Melanins in einem Sarkom von dem physiologisch vorkommenden Pigmente nachzuweisen[2].

Bei der allgemeinen *Sarkomatose* des Knochenmarks ist ein durch seine Löslichkeitsbedingungen auffallender Eiweißkörper gefunden worden. Dieser von BENCE-JONES entdeckte Eiweißkörper koaguliert bei 50—58⁰, löst sich aber bei höheren Temperaturen wieder auf, wenn reichliche Mengen von Ammoniaksalzen oder Harnstoff vorhanden sind. Der wirkliche gereinigte Körper dagegen koaguliert vollständig. Der Körper ist nach seiner chemischen Zusammensetzung von vielen Seiten genau untersucht worden. Die als Chlorome beschriebenen Geschwülste zeigen schon durch ihre grüne Farbe den von der Norm abweichenden chemischen Bau. Damit sind die Fälle von gestörtem Eiweißaufbau, soweit sie einer genaueren Charakterisierung zugänglich waren, erschöpft.

Eiweißabbaustörungen. Bei vielen Krebsträgern ist im Harn der sog. *Neutralschwefel* vermehrt. Hierunter wird die Gesamtheit der schwefelhaltigen Substanzen verstanden, die außer der freien und gepaarten Schwefelsäure im Harn vorkommt. In diese Gruppe gehören die im Harne physiologischerweise abgesonderten Oxyproteinsäuren und der sog. kolloidale Stickstoff.

Die Störungen des Eiweißabbaus sind einmal *qualitativer Art* und betreffen das Auftreten sonst im Harn nicht vorkommender Aminosäuren und andererseits *quantitativer* Natur, insofern Körper, die unter physiologischen Bedingungen nur in geringen Mengen vorkommen, erheblich vermehrt in den Harn treten.

a) Cystinurie. Zu den am besten studierten pathologischen Störungen des Eiweißabbaus gehört die *Cystinurie.* Es wurde gezeigt, daß Cystin als schwefelhaltige Aminosäure in jedem Eiweißkörper vorkommt. Normalerweise wird das Cystin beim Abbau zerschlagen, und der in ihm enthaltene Schwefel zu Schwefelsäure oxydiert. Die Sprengung der Disulfidbindung im Cystinmolekül geschieht unter physiologischen Umständen. Entweder auf oxydativem Wege unter Bildung von *Cysteinsäure* und *Taurin,*

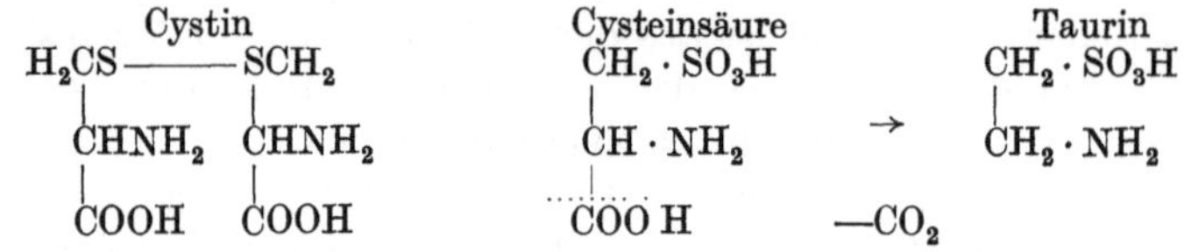

$$
\begin{array}{llcl}
\text{Cystin} & & \text{Cysteinsäure} & \text{Taurin} \\
\text{H}_2\text{CS}\!-\!\!-\!\!-\text{SCH}_2 & & \text{CH}_2\cdot\text{SO}_3\text{H} & \text{CH}_2\cdot\text{SO}_3\text{H} \\
\quad| \qquad\quad | & & \qquad | & \qquad | \\
\text{CHNH}_2 \;\; \text{CHNH}_2 & & \text{CH}\cdot\text{NH}_2 \quad\rightarrow & \text{CH}_2\cdot\text{NH}_2 \\
\quad| \qquad\quad | & & \qquad | & \\
\text{COOH} \;\; \text{COOH} & & \text{COO H} \qquad -\text{CO}_2 &
\end{array}
$$

oder auf reduktivem Wege:

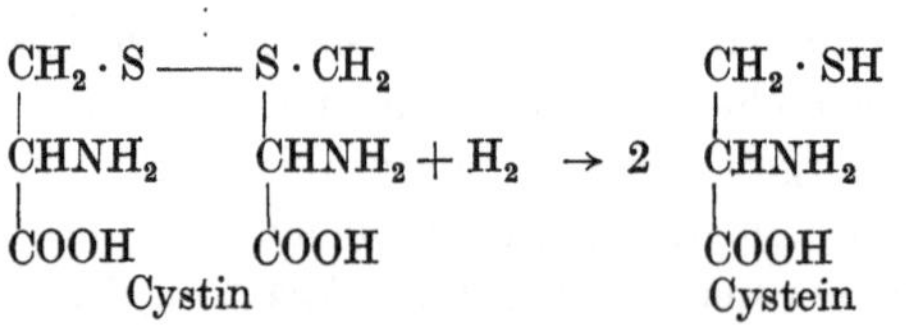

$$
\begin{array}{lcl}
\text{CH}_2\cdot\text{S}\!-\!\!-\!\text{S}\cdot\text{CH}_2 & & \text{CH}_2\cdot\text{SH} \\
\quad| \qquad\qquad | & & \qquad | \\
\text{CHNH}_2 \quad \text{CHNH}_2 + \text{H}_2 \;\rightarrow\; 2 & & \text{CHNH}_2 \\
\quad| \qquad\qquad | & & \qquad | \\
\text{COOH} \quad\;\; \text{COOH} & & \text{COOH} \\
\qquad \text{Cystin} & & \qquad \text{Cystein}
\end{array}
$$

Welcher von diesen Wegen beim Cystinuriker verlegt ist, wissen wir nicht. Die Tatsache, daß man in der Galle eines Cystinurikers ein normales Verhältnis von N : S fand, scheint dafür zu sprechen, daß bei einzelnen Cystinurikern der oxydative Weg über das Taurin nicht gestört ist.

[1] ALSBERG: J. med. Res. **16**, 117 (1906). — NEUBERG: Z. Krebsforsch. **8**, 95 (1909); Biochem. Z. **8**, 383 (1909).   [2] WOLFF: Beitr. chem. Phyiol. u. Path. **5**, 476 (1904).

Der Cystinuriker scheidet das schwer lösliche Cystin großenteils in krystallisierter Form in täglichen Mengen bis zu 1,5 g aus. Die charakteristischen sechseckigen Tafeln werden im Harnsediment leicht erkannt, und aus diesem Befund wird die Diagnose unschwer gestellt. Die Abnormität kann lange Zeit bestehen, ohne klinische Erscheinungen zu machen. Häufig wird der Arzt erst dann zu Rate gezogen, wenn es durch Ausfallen und Zusammensinterungen von Krystallen im Nierenbecken oder in der Blase zu Cystinsteinbildung kommt. Die Quelle des Harncystins kann im Nahrungseiweiß (exogene Cystinurie) oder im Körpereiweiß (endogene Cystinurie) gelegen sein. Der gesunde Mensch scheidet per os aufgenommenes Cystin zu $2/3$ als Sulfat und zu $1/3$ als Neutralschwefel im Harn wieder aus, während der Cystinuriker es zum Teil unverbrannt durch die Nieren wieder ausführt[1].

Doch verhalten sich nicht alle Fälle gleichmäßig. Soweit bekannt scheiden alle Cystinuriker neben dem Neutralschwefel eine gewisse Quote oxydierten Schwefels wieder aus, woraus allein schon auf eine wenigstens partielle Oxydation des Cystins in diesen Fällen geschlossen werden muß. Das Cystin kommt offenbar in Form von zwei Strukturisomeren im Körper vor. Erstens als ausschließlich in sechsteiligen Tafeln krystallisierendes *Proteincystin* und zweitens als ein in Nadeln krystallisierendes *Steincystin*. Beide sind optisch aktiv, beide können in Steinen vorkommen. Ihre biologische Verschiedenheit geht daraus hervor, daß einige Cystinuriker peroral zugeführtes Proteincystin wieder als solches ausführten, Steincystin aber verbrannten.

Über die *Cystinkrankheit* in der *ersten Lebenszeit* macht H. BEUMER bemerkenswerte Ausführungen. Ausgedehnte Cystinablagerungen im Organismus von Kindern führen zu einem Krankheitsbild, das die Züge des *nephrotisch-glykosurischen Zwergwuchses* trägt. Die Cystinkrankheit der ersten Lebenszeit kennzeichnet sich neben Ablagerung von krystallinischem Cystin in fast allen Organen durch Atrophie, Wachstumshemmung, Anorexie, Erbrechen, Durst, Fieber, Albuminurie und Glykosurie. Wir weisen daraufhin, daß einzelne Cystinuriker mit erhöhter Eiweißzufuhr steigende Cystinmengen ausscheiden, reines Cystin aber restlos abzubauen imstande sind. Bei anderen führt die Verfütterung von Cystin zur Ausscheidung von Extracystin. Das gleiche bewirkt nach den Feststellungen amerikanischer Autoren (BRAND, ROSE u. a.) die Zufuhr von der zweiten schwefelhaltigen Aminosäure, dem Methionin, auch in seiner entmethylierten Form, dem Homocystein. Ein Teil des alimentär zugeführten Homocystins wird als solches wieder ausgeschieden. Das Methionin vermag beim wachsenden Organismus das Cystin zu ersetzen. Nach diesen neuesten Erfahrungen werden für die Oxydation der S—S und S—H-Gruppen besondere Mechanismen angenommen und die Störung bei den Cystinurikern nicht in einer Abbauhemmung des Cystins, sondern des Cysteins vermutet. Durch die Entdeckung des Methionins bekommt die ganze Frage des intermediären Schicksals des Eiweißschwefels ein neues Gesicht. In eigenen Beobachtungen[2] konnte ich die Bedeutung der Bakterieneinwirkung auf das Cystin nachweisen, indem alle untersuchten Bakterien imstande waren, den Schwefel aus dem Cystin abzuspalten. Einer der von UMBER und mir[3] beobachteten Cystinuriker

---

[1] LÖWI u. NEUBERG: Hoppe-Seylers Z. **43**, 338.
[2] BÜRGER: Arch. Hyg. **82**, H. 5, 201.
[3] UMBER u. BÜRGER: Dtsch. med. Wschr. **1913 II**.

zeigte im Harn spontan Schwefelwasserstoffentwicklung, die auf die schwefelabspaltende Tätigkeit von Harnbakterien zurückzuführen war. Es ist klar, daß alle experimentellen Untersuchungen über das Schicksal per os eingeführten Cystins durch die *schwefelabspaltende* bzw. cystinzerstörende Einwirkung der Darmbakterien erheblich gestört werden. Die therapeutische Konsequenz aus obigen Vorstellungen ist die Verordnung einer möglichst eiweißarmen Kost von 0,5—1 g pro Körperkilo. In der Tat kann man auf diese Weise die Menge des täglichen ausgeschiedenen Harncystins weitgehend herabdrücken.

In vielen Fällen von Cystinurie ist die Stoffwechselinsuffizienz auch gegenüber anderen Monoaminosäuren (Leucin, Tyrosin, Asparagin) oder Diaminosäuren (Lysin, Arginin) ausgeprägt. Besonders das Auftreten der aus dem Arginin und Lysin entstandenen Diamine, Cadaverin und Putrescin hat zu der Aufstellung besonderer Hypothesen über das Zustandekommen der Cystinurie geführt, ohne daß sich bis heute mehr darüber sagen läßt, als daß eine Schwäche bzw. ein Fehlen bestimmter Fermente bei dem Cystinuriker vorliegen muß.

b) Die Alkaptonurie. Eine zweite Störung des Eiweißabbaus — die Alkaptonurie —, die ebenso wie die Cystinurie häufig familiär beobachtet wird, macht noch viel charakteristischere Erscheinungen als diese. In ausgeprägten Fällen werden die Träger dieser Stoffwechselstörung dadurch auf diese aufmerksam, daß mit Harn benetzte Wäschestücke an der Luft allmählich eine braune bis schwarze Färbung annehmen. Mütter, welche diese Anomalie aufweisen, bemerken zuerst an der Braunfärbung der Windeln ihrer Kinder die sich einstellende Störung. Die Anomalie wurde von ihrem Entdecker BÖDECKER[1] deswegen Alkaptonurie genannt, weil der Harn bei Gegenwart von Sauerstoff begierig Alkali an sich reißt, was sich durch eine langsame Braun- bis Schwarzfärbung des an der Luft stehenden Harns zunächst an den oberen Schichten geltend macht. Aus solchen Harnen wurde von BAUMANN und seinen Mitarbeitern[2] eine Hydrochinonessigsäure krystallinisch gewonnen. Dieselbe läßt sich mit Gentisinaldyhyd als Ausgangsmaterial synthetisch darstellen und wurde von ihm daher *Homogentisinsäure* genannt:

Dank der Anwesenheit dieses Körpers gibt ·der Alkaptonharn folgende Reaktionen: Er reduziert eine alkalische Kupferlösung (positive TROMMERsche Reaktion), während eine alkalische Wismutlösung (NYLANDERs Reagens) nicht reduziert wird. Durch Reduktion einer ammoniakalischen Silberlösung wird die Homogentisinsäure quantitativ bestimmt. Die Homogentisinsäure ist optisch inaktiv und wird nicht vergoren. Mit einer stark verdünnten Eisenchloridlösung gibt der Alkaptonharn eine rasch wieder verschwindende Blau- bzw. Grünfärbung. Mit MILLONschem Reagens tritt Gelb- bis Orangefärbung auf, die beim Erwärmen ziegelrot wird. Mit Blei kann Homogentisinsäure gefällt werden.

Es fiel bald auf, daß die Menge der Homogentisinsäure von der Größe der Eiweißzufuhr abhängig ist, und weiterhin, daß unter den Eiweißbausteinen die *aromatischen* Aminosäuren Tyrosin und Phenylalanin als ihre Muttersubstanz zu gelten haben. Diese letztgenannten Aminosäuren werden vom Alkaptonuriker quantitativ in Homogentisinsäure übergeführt, einerlei ob sie aus dem Nahrungs-

---

[1] BÖDECKER: Z. rat. Med. **7**, 39 (1859).

[2] WOLKOW u. BAUMANN: Z. physik. Chem. **15**, 228 (1891). — BAUMANN u. FRANKEL: Z. physik. Chem. **20**, 219 (1894/95).

eiweiß oder aus Körpereiweiß herstammten. Werden den Alkaptonurikern verschiedenartige Eiweißkörper dargereicht, so steigt und fällt die Homogentisinsäureausscheidung entsprechend dem Gehalt an aromatischen Aminosäuren. Durch fett- und kohlehydratarme Kost ist die Homogentisinsäureausscheidung nicht zu beeinflussen. Werden an gesunde Menschen große Mengen l-Tyrosin verabreicht, so kann auch bei ihnen dadurch eine Ausscheidung von Homogentisinsäure künstlich erzwungen werden. ABDERHALDEN[1], der diesen Versuch machte — er gab einem Gesunden 50 g l-Tyrosin in 24 Stunden —, bewies damit, daß die Homogentisinsäure *ein normales intermediäres Abbauprodukt* darstellt. Diesem Körper gegenüber ist der Alkaptonuriker insuffizient, wie der Cystinuriker gegenüber dem Cystin. Die Störung bei Alkaptonurikern scheint also darin zu bestehen, daß der Abbau bei einem normalen Zwischenprodukt des intermediären Stoffwechsels haltmacht. Die Umbildung von Tyrosin in Homogentisinsäure geht auf folgendem Wege vor sich:

$$
\underset{\text{Tyrosin}}{
\begin{array}{c}
\text{OH} \\
\bigcirc \\
\text{CH}_2 \\
| \\
\text{CHNH}_2 \\
| \\
\text{COOH}
\end{array}}
\rightarrow
\underset{\substack{\text{para-Oxyphenylbrenz-}\\\text{traubensäure}}}{
\begin{array}{c}
\text{OH} \\
\bigcirc \\
\text{CH}_2 \\
| \\
\text{CO} \\
| \\
\text{COOH}
\end{array}}
\quad
\underset{\substack{\text{2,5-Dioxyphenylbrenz-}\\\text{traubensäure}}}{
\begin{array}{c}
\text{HO-}\bigcirc\text{-OH} \\
\text{CH}_2 \\
| \\
\text{CO} \\
| \\
\text{COOH}
\end{array}}
\quad
\underset{\text{Homogentisinsäure}}{
\begin{array}{c}
\text{HO-}\bigcirc\text{-OH} \\
\text{CH}_2 \\
| \\
\text{COOH}
\end{array}}
$$

Die weitere Aufspaltung des Benzolkerns geht von der Homogentisinsäure zum p-Chinon der Fumarsäure und der Crotonsäure:

$$
\underset{\text{Homogentisinsäure}}{
\begin{array}{c}
\text{OH} \\
\bigcirc\text{—CH}_2 \\
\text{OH} \quad \text{COOH}
\end{array}}
\;|\!\rightarrow\;
\underset{\text{Chinon}}{
\begin{array}{c}
\text{O} \\
\| \\
\text{HC}\diagup\diagdown\text{CH} \\
\text{HC}\diagdown\diagup\text{C—CH}_2 \\
\text{C} \quad\text{COOH} \\
\| \\
\text{O}
\end{array}}
\;\rightarrow\;
\underset{\text{Fumarsäure}}{
\begin{array}{c}
\text{COOH} \\
\text{HC} \\
\| \\
\text{HC} \\
\text{COOH}
\end{array}}
\;+\;
\underset{\text{Crotonsäure}}{
\begin{array}{c}
\text{CH}_3 \\
\text{CH} \\
\| \\
\text{CH} \\
\text{COOH}
\end{array}}
$$

Die Crotonsäure geht über in die β-Oxybuttersäure.

Nach dieser Auffassung ist der Alkaptonuriker zur para-Chinonbildung unfähig. Die Störung ist aber nicht in allen Fällen eine quantitative, da gleiche Mengen verfütterten Tyrosins bei verschiedenen Alkaptonurikern durchaus *nicht* die theoretisch zu fordernde Menge von Homogentisinsäure liefern. Diese Auffassung der alkaptonurischen Stoffwechselstörung wird durch die Beobachtung MATEJKAS[2] erschüttert, daß die Homogentisinsäureausscheidung bei kohlehydratarmer Eiweißfettkost verschwindet.

Man war lange der Ansicht, daß die Alkaptonurie eine zwar höchst interessante aber harmlose Stoffwechselstörung sei und daß abgesehen von den Eigentümlichkeiten des Harns keinerlei objektive oder subjektive Erscheinungen bei dem Alkaptonuriker zu verzeichnen wären. Wir[3] selbst beobachteten in zwei

[1] ABDERHALDEN: Z. physik. Chem. **77**, 154 (1912).
[2] MATEJKA: Čas. lék. česk. **53**, 1417.
[3] UMBER u. BÜRGER: Dtsch. med. Wschr. **1913 II**.

Fällen typisch familiärer Alkaptonurie das ausgesprochene klinische Bild *der Ochronose*. Darunter versteht man eine eigentümliche braunschwarze Verfärbung der Knorpel des Larynx und der Luftwege, der Gelenke, der Nase und des Ohres. Klinisch zeigte sich die Ochronose in den Fällen unserer Beobachtung durch ein im auffallenden Licht dunkelblaues Durchschimmern der Ohrknorpel besonders *intensiv* an dem oberen Abschnitt des Anthelix, am Crus helicis sowie im Cavum conchae. Weiterhin wurde eine eigentümlich fleckweise bräunliche Verfärbung beiderseits an den Skleren lateral von der Cornea beobachtet. In den Achselhöhlen fiel eine sonderbare grünbraune Verfärbung auf, die sich zum Teil mit dem äthergetränkten Wattebausch wegwischen ließ. Diese zuerst von Virchow[1] als Ochronose beschriebene Anomalie ist von Gross und Allard[2] und anderen in eine genetische Beziehung zur Alkaptonurie gebracht worden. Diese Autoren konnten durch Einlegen von überlebendem Knorpelgewebe in Homogentisinsäure eine typische Schwarzfärbung des Knorpels erzielen, ganz wie bei der Ochronose der einer Leiche entnommenen Knorpelstücke. In den Fällen unserer eigenen Beobachtung waren in vier Generationen einer Alkaptonurikerfamilie alle, die Alkaptonurie aufwiesen, auch ochronotisch und umgekehrt fanden sich bei keinem der Nichtalkaptonuriker Anzeichen der Ochronose. Weiterhin waren sämtliche Alkaptonuriker gleichzeitig gelenkkrank. Sie zeigten bei röntgenologischer Untersuchung die für Osteoarthritis deformans typischen Veränderungen. Dieser Zusammenhang zwischen Ochronose und Arthritis wird durch die Einlagerung des Farbstoffs in den Knorpel verbunden mit sekundären Knorpelveränderungen verständlich, so daß man von einer *Arthritis alcaptonurica* zu sprechen berechtigt ist.

C. Die Störungen des Kohlehydrathaushalts.

Die Kohlehydrate sind die verbreitetsten Nahrungsmittel. Ist der Körper unfähig, dieselben in geordneter Weise zu speichern und für seine Zwecke zu verwerten, so resultieren daraus schwere Störungen. Die bekannteste dieser Störungen ist der Diabetes mellitus.

Die als Nahrungsmittel in Frage kommenden Kohlehydrate entstammen zum Teil der *pflanzlichen* Nahrung (Cellulose, Stärke, Dextrine, Traubenzucker, Rohrzucker, Fruchtzucker, Pentosen), zum geringeren Teil sind sie in *tierischer* Nahrung enthalten (Glykogen, Milchzucker, Pentosen). Sie führen ihren Namen nach ihrer Zusammensetzung aus den Elementen CHO, wobei das Verhältnis von H und O dasselbe ist wie im Wasser. Sie bilden ein Vielfaches der Formel CH_2O. Die Sechszahl der Kohlenstoffatome ist für die Kohlehydrate *nicht* charakteristisch. Emil Fischer konnte in der Retorte Diosen, Triosen und Tetrosen aufbauen. Neben den typischen Polysacchariden spielen im Tier- und Pflanzenreich die *Glucoside* eine Rolle, die durch fermentative Einwirkung in Zucker und in Gruppen der aromatischen oder Fettreihe zerfallen (Digitalis, Phlorrhizin). Die in den Darmkanal eingeführten Polysaccharide werden dort fermentativ zerlegt und kommen erst nach Aufspaltung zur Resorption. Wird Zucker parenteral dem Körper einverleibt, so ist das Schicksal desselben je nach der Zusammensetzung ein differentes. Doppelzucker, die unter Umgehung des Darmkanals in den Körper eingeführt werden, kommen als Fremdkörper durch den Harn wieder zur Ausscheidung. Dextrose sowohl wie Lävulose dagegen werden verbrannt und steigern auch bei parenteraler Injektion die Gesamtwärmeproduktion. Dabei verhält sich die Lävulose anders als die Dextrose, indem nach Lävuloseinjektion unter sonst gleichen Bedingungen eine stärkere Erhöhung der Wärmeproduktion zustande

---

[1] Virchow: Virchows Arch. **37**, 212 (1866).
[2] Gross u. Allard: Z. klin. Med. **64** (1907). — Arch. f. exper. Path. **59**, 384 (1908).

kommt, als nach Dextrose. Es scheint, daß der Organismus imstande ist, die Lävulose ohne vorherige Umwandlung in Glykogen direkt anzugreifen. Milchzucker und Rohrzucker haben diese Wirkung auf den Gesamtstoffwechsel nur in sehr untergeordnetem Grade[1]. Die Beobachtung, daß auch Stärke und Maltose nach subcutaner Einführung verbrannt werden, ist auf die Anwesenheit einer Maltase und Diastase in den Geweben zurückzuführen.

Neben der Glykogen- nnd Zuckerbildung durch die mit der Nahrung eingeführten Kohlehydrate kommt eine *Zuckerbildung aus Eiweiß* besonders für pathologische Verhältnisse in Betracht. Der im Eiweiß enthaltene Zucker ist nicht mit der Glykose oder einer anderen Hexose identisch, sondern ein Aminozucker, Glucosamin $[CH_2(OH)—CH(OH)—CH(OH)—CH(OH)—CH(NH_2)—COH]$. Die Menge dieses Eiweißzuckers ist in den echten Eiweißkörpern sehr gering. Das Casein z. B. ist ganz kohlehydratfrei. Die Erfahrungen, welche vor allem beim Diabetiker gesammelt wurden, sprechen dafür, daß der unter Einhaltung bestimmter Versuchsbedingungen aus Eiweiß gebildete Zucker bei weitem diejenige Menge übertrifft, welche aus Glucosamin, etwa durch direkte Spaltung von Eiweißkomplexen sich herleiten läßt. Die Tatsache der *Zuckerbildung aus Eiweiß* ist auf verschiedenen Wegen an diabetischen Menschen und künstlich zuckerkrank gemachten Tieren (durch Pankreasexstirpation oder Phloridzinvergiftung) sichergestellt. Einen schlagenden Versuch am pankreaslosen Hund stellte LÜTHJE[2] an.

Er ernährte das schwer diabetische Tier längere Zeit kohlehydratfrei und berechnete unter Berücksichtigung der PFLÜGERschen Maximalzahlen für den Glykogengehalt der Organe die Menge von Reservekohlehydrat, welche der Gesamtorganismus des Tieres enthält, zu 232 g. Das Tier schied in 25 Tagen bei Fütterung mit Casein 1176 g Glucose aus. Demnach mußten 944 g Zucker von diesem pankreaslosen Hund neu gebildet sein.

PFLÜGER[3], der die Theorie der Zuckerbildung aus Eiweiß lange bekämpfte, überzeugte sich schließlich selbst davon durch folgenden Befund: Er machte Hunde durch Hunger und Phloridzin glykogenarm, fütterte sie dann längere Zeit mit kohlehydratarmem Kabeljaufleisch und fand am Ende dieser Fleischperiode in der Leber so große Glykogenmengen, daß die Zuckerbildung aus einer anderen Quelle als Eiweiß nicht mehr in Frage kam. Welche *Zuckermengen* im Körper aus Eiweiß gebildet werden können, ist noch strittig. Sichergestellt ist, daß *kohlehydratfreie* Eiweißkörper (Casein) in der Zuckerbildung hinter anderen *nicht* zurückstehen.

Die Versuche, über die Art der Zuckerbildung aus Eiweiß Näheres zu erfahren, wurden in der Richtung weiter ausgebaut, daß man an pankreasdiabetische Hunde einzelne Aminosäuren verfütterte oder in Leberdurchblutungsversuchen das Schicksal der zur Durchströmungsflüssigkeit zugesetzten Substanzen verfolgte. Bei diesen Versuchen zeigte sich, daß von den Aminosäuren Leucin, Glykokoll, Alanin, Asparaginsäure und Glutaminsäure Glykogen liefern können. Der Weg der chemischen Umlagerungen ist verschieden beschrieben worden. Nach RINGER und LUSK[4] soll z. B. die Zuckerbildung aus Glykokoll in folgender Weise ablaufen:

$$3\ CH_2 \cdot NH_2 \qquad 3\ CH_2 \cdot OH \qquad C_6H_{12}O_6$$
$$|\qquad\qquad\qquad |$$
$$COOH \qquad\qquad COH$$

Glykokoll   Glykolaldehyd   Glucose

---

[1] BÜRGER: Biochem. Z. **124**, 1 (1921).
[2] LÜTHJE: Dtsch. Arch. klin. Med. **29**, 498 (1904).
[3] PFLÜGER u. JUNKERSDORF: Pflügers Arch. **131**, 201 (1910).
[4] RINGER u. LUSK: Z. physik. Chem. **66**, 106 (1910).

Ebenso wie die Zuckerbildung aus Eiweiß nach unseren jetzigen Kenntnissen sichergestellt ist, ist auch die Möglichkeit der Zuckerbildung aus *Fett* heute unbestritten. Von den beiden Komponenten der im Körper vorkommenden Neutralfette, dem Glycerin und den höheren Fettsäuren, ist das Glycerin ein sicherer Glykogenbildner[1]. Das ist nach Untersuchungen an diabetischen Menschen und Tieren sichergestellt.

Der Weg des Zuckerabbaus ist trotz vieler darauf gerichteter Bemühungen noch nicht in allen Abschnitten geklärt. EMBDEN hat folgende Vorstellung, die aus nebenstehendem Schema gut ersichtlich ist, darüber entwickelt:

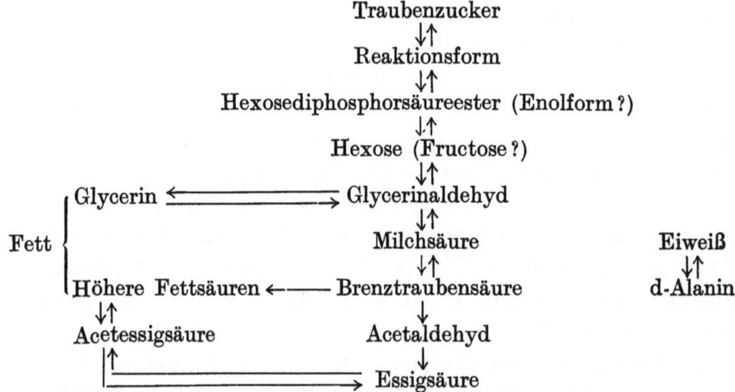

1. Der Zuckergehalt des Blutes.

Der *Zuckergehalt des Blutes* ist unter den verschiedensten Ernährungs- und Lebensbedingungen konstant bei etwa 0,1% gefunden worden. Der gesunde Organismus hält diesen Wert, der offenbar für eine geordnete Zellarbeit von entscheidender Bedeutung ist, zähe fest und reguliert denselben nach vorübergehenden Störungen rasch wieder ein. Jede Nahrungsaufnahme, vor allem die Zufuhr kohlehydratreicher Nahrung, läßt den Zuckergehalt über den Nüchternwert ansteigen. Der Schwellenwert des Blutzuckers, dessen Überschreiten zum Auftreten von Zucker im Harn führt, liegt bei 150—160 mg-%. Er liegt im Alter höher als in der Jugend. Bei Erkrankungen der Niere kann er bis 200 mg-% und darüber ansteigen. Für das Auftreten von Zucker im Harn (Glykosurie) ist nicht nur die Höhe, sondern auch die Dauer der *Hyperglykämie* von Bedeutung. Für das Auftreten der *alimentären Glykosurie* ist nicht nur die Menge, sondern auch die Art der zugeführten Kohlehydrate wesentlich. Polysaccharide werden vom gesunden Menschen in unbegrenzten Mengen verdaut, ohne daß danach Glykosurie beobachtet wird, doch aber eine vorübergehende Hyperglykämie. Die Menge des Zuckers, welche bei einmaliger Darreichung zum Auftreten von Harnzucker beim gesunden Menschen Anlaß gibt, zeigt folgende Staffel:

Milchzucker . . .   120 g,
Fruchtzucker . . 120—150 g,
Traubenzucker . . 150—180 g,
Rohrzucker . . . 150—200 g.

Diese Zuckermengen lassen den Blutzucker über den Schwellenwert der Niere ansteigen und führen auf die Dauer von höchstens 2—3 Stunden zum

---

[1] CREMER: Münch. med. Wschr. **1902** I, 944.

Auftreten geringer Mengen Zuckers im Harn. Der im Harn nachgewiesene Zucker ist fast immer Glykose, selten Lävulose oder Galaktose, bei Schwangeren und Wöchnerinnen infolge von Milchzuckerresorption aus den Brustdrüsen auch Laktose.

Häufiger als ich früher geglaubt habe, sinkt der Blutzucker, nach längerem etwa 18stündigen Nüchternbleiben auf niedrige Werte (unter 65 mg-%) ab. HENSE fand in meinem Laboratorium unter 25 Reihenuntersuchungen 6mal ein Absinken des Zuckers auf diese niedrigen Werte. Bei Magenkranken und Krebsträgern sind gelegentlich noch niedrigere Werte beobachtet worden, welche zu schweren Störungen des Allgemeinbefindens geführt haben (Spontanhypoglykämie). Auch die bei gesunden Menschen nach längerem Nüchternbleiben gefundenen niedrigen Blutzuckerwerte führen in der Regel zu Beschwerden: Kopfschmerzen, Übelkeit und Gefühl der Hinfälligkeit.

2. Die Wirkung der Muskelarbeit auf den Blutzucker.

Die Muskulatur bestreitet ihren Energiebedarf aus den Kohlehydraten des Blutes. Es wird als sicher angenommen, daß die Muskelmaschine mit keinem anderen Material als Kohlehydrat betrieben werden kann. Es ist daher verständlich, daß das venöse Blut stets zuckerärmer als das arterielle Blut ist. Intensive Muskelarbeit stellt hohe Anforderungen an die Blutzuckerregulation. Beim Gesunden kommt es nach anstrengender Muskelarbeit zu einer geringen Steigerung des Blutzuckers (primäre Arbeitshyperglykämie); wird die Arbeit fortgesetzt und keine Kohlehydrate zugeführt, so sinkt der Blutzucker als Folge der körperlichen Anstrengung auf niedrigere Werte ab (Arbeitshypoglykämie[1]). Diese Tatsachen haben auch für die Sportphysiologie nicht unerhebliche Bedeutung. Die Erklärung ist in folgendem zu sehen: Starke körperliche Arbeit, veranlassen durch nervöse Vermittlung die Ausschüttung des rasch mobilisierbaren Kohlehydratvorrats der Leber. Die Folge ist die *primäre Arbeitshyperglykämie*. Ist das Leberdepot, welches unter normalen Bedingungen etwa 5% Glykogen enthält, erschöpft, so muß, wenn nicht neue Nahrung zugeführt wird, eine kräftige körperliche Anstrengung zu einem Absinken des Zuckerspiegels führen, solange bis der Glykogenvorrat aus anderem Material neugebildet wird. Dieses Material ist wahrscheinlich das Fett. Schon unter den Verhältnissen der Ruhe ist nach Untersuchungen in meinem Laboratorium das arterielle Blut stets fettreicher als das venöse, so daß die Annahme naheliegt, daß regelmäßig auch Fett in den Muskelstoffwechsel — vielleicht auf dem Umwege über die Kohlehydrate — einbezogen wird.

Auf die *Aufspeicherung und Abgabe des Zuckers von seiten der Leber* hat das System der *innersekretorischen* Drüsen einen im einzelnen schwer übersehbaren Einfluß. Im Zentrum der Regulation des Kohlehydrathaushalts steht das innere Sekret des *Pankreas: das Insulin,* welches von den LANGERHANSschen Inseln gebildet wird. Die Funktion des Pankreas wird ihrerseits von der *Schilddrüse* gedämpft. Eine Überfunktion der Schilddrüse würde nach dieser Vorstellung das Pankreas funktionell weitgehend ausscheiden.

Eine gesteigerte *Schilddrüsentätigkeit,* wie wir sie beim *Morbus Basedow* kennen, führt durch Lähmung der Pankreasfunktion zur Hyperglykämie und

---

[1] BÜRGER: Z. exper. Med. **5,** 125 (1916).

Glykosurie. Umgekehrt wird eine *Unterfunktion der Schilddrüse* Folgen haben, wie wir sie beim Myxödem kennen: eine erhebliche Steigerung der Kohlehydrattoleranz. Einem Myxödematösen können wesentlich höhere Zuckermengen — bis 400 g — als einem Normalen zugeführt werden, ohne daß es zur Glykosurie kommt.

In die Zuckerregulation greifen neben Pankreas und Schilddrüse auch die *Nebennieren* ein. Ihre gesteigerte Tätigkeit führt zur vermehrten Bildung von Adrenalin und dieses wieder zur Hyperglykämie und Glykosurie. Ein Ausfall der Funktion der Nebennieren wird durch mehr oder weniger weitgehenden Fortfall der stimulierenden Adrenalineinwirkung zu einer verminderten Zuckerbildung Anlaß geben. In der menschlichen Pathologie ist ein Ausfall der Nebennierenfunktion von einem charakteristischen Symptomenkomplex (ADDISONsche Krankheit) begleitet, bei welcher in der Regel eine Verminderung des Blutzuckers gefunden wird, jedoch nicht ausnahmslos (s. Kapitel X[1]).

Die Funktion der Nebenniere wird durch nervöse Einflüsse geleitet, die ihnen auf den Bahnen des Splanchnicus vom CLAUDE BERNARDschen Zentrum zufließen. Eine Reizung dieses Zentrums, wie sie durch den sog. Zuckerstich (Piqûre) gegeben ist, führt auf dem Umwege über die Nebenniere zu einer gesteigerten Glykogenolyse in der Leber und damit zur Glykosurie. Das Adrenalin wird von vielen als Gegenspieler des Insulins angesehen.

Das weitere Schicksal des von der Leber produzierten und in die Blutbahn abgegebenen Zuckers ist abhängig von dem Bedarf an den Verbrennungsorten (Muskulatur) und dem Zustand der Ausscheidungsorgane (Nieren). Nach vorausgehender intensiver Muskelarbeit wird eine künstliche Überschwemmung des Blutes mit Zucker leichter ohne nachfolgende Glykosurie ertragen, als ohne Arbeit.

Der vom Blut in die Gewebe eintretende Zucker wird dort verbrannt. Die *Zuckerzerstörung im Blute* selbst spielt quantitativ eine geringere Rolle.

Dieser als *Hämoglykolyse* bezeichnete Vorgang ist für die Methodik der Blutzuckerbestimmung deswegen von Bedeutung, weil nach jeder Blutentnahme die Zuckerzerstörung außerhalb des Körpers weitergeht, besonders wenn das Blut bei Zimmer- oder Brutschranktemperatur aufbewahrt wird. Durch Zusatz von Natriumfluorid kann die Hämoglykolyse verhindert werden. Der Vorgang ist an die Anwesenheit corpusculärer Elemente gebunden; im zellfreien Plasma ist die Hämoglykolyse nicht beobachtet worden[2]. An der Zuckerzerstörung durch die Elemente des Blutes sind die Leukocyten in hervorragender Weise beteiligt, eine Tatsache, die auch darin ihren Ausdruck findet, daß bei Vermehrung der Leukocyten im Blute eine gesteigerte Hämoglykolyse sich dartun läßt (z. B. bei Leukämien). Im Körper selbst kann dieser Zuckerabbau durch die zelligen Blutelemente dadurch Bedeutung gewinnen, daß es in Entzündungsherden zu einer vermehrten Bildung von Abbauprodukten der Dextrose kommen kann, unter denen die Milchsäure eine besondere Rolle spielt. Auf diese Weise findet die unter anderem auch von SCHADE beobachtete Säuerung im Bereiche jeder Entzündung eine einfache Erklärung.

Die Zuckerregulation kann durch Erkrankung eines jeden an ihr beteiligten Organs gestört werden. Die schwerste Störung wird beim Menschen im Diabetes mellitus beobachtet, ohne daß bisher eine Einigung darüber erzielt werden konnte, an welcher Stelle der primäre Funktionsausfall zu suchen sei.

Unter dem Eindruck der Entdeckung des Insulins ist man gegenwärtig geneigt, die Mehrzahl der Fälle von menschlichem Diabetes auf eine angeborene Erkrankung des Pankreas zurückzuführen.

---

[1] ROSENOW u. JAGUTTIS: Klin. ther. Wschr. **1922 I**, 358.
[2] BÜRGER: Z. exper. Med. **26**, 1 (1923). — **26**, 98 (1923).

3. Die experimentellen Formen des Diabetes.

Für das Verständnis der verschiedenen Formen des menschlichen Diabetes ist eine kurze Schilderung der bei *Tieren künstlich erzeugten Zuckerkrankheit* nötig. Nachdem schon vorher wiederholt auf die Beziehungen der Pankreaserkrankungen zum menschlichen Diabetes hingewiesen war (BOUCHARDAT[1]), gelang es 1889 VON MEHRING und MINKOWSKI[2], das Pankreas beim Hunde vollständig zu entfernen und als regelmäßige Folge dieser Operation einen schweren Diabetes zu erzeugen.

Die Tiere zeigen eine erhebliche Zuckerausscheidung; der Harn kann bis 10%, ausnahmsweise bis 22% Zucker enthalten; sie leiden an starkem Durst, magern trotz Zufuhr großer Nahrungsmengen rasch ab und sterben unter zunehmender Entkräftung 4—5 Wochen nach der Operation. Die Operation wurde mit gleichem Erfolge an anderen Tieren (Katze, Kaninchen, Schwein) und an Kaltblütern (Frosch, Schildkröte) wiederholt. Interessanterweise zeigen Vögel, denen das Pankreas entfernt wurde, nur ganz gelegentlich eine Zuckerausscheidung im Harn, sind aber doch diabetisch, was durch die konsekutive Hyperglykämie sichergestellt ist. Schon wenige Stunden nach der Operation beim Hunde beginnt die Zuckerausscheidung, steigt am zweiten Tage über 5%, am dritten Tage bereits auf 10% und mehr. Die Glykosurie bleibt auf dieser Höhe bis kurz vor dem Tode bestehen. Eine Verminderung derselben kündigt das vorstehende Ende an. Mit dem Geringerwerden der Glykosurie treten im Harn Aceton, Acetessigsäure und β-Oxybuttersäure auf. Die Zuckerausscheidung ist in ihrer Höhe von der Menge der zugeführten Kohlehydrate abhängig, besteht aber auch bei reiner Eiweißnahrung fort. Selbst bei vollkommener Nahrungsentziehung dauert die Glykosurie an. Neben den Störungen des Kohlehydratstoffwechsels werden die übrigen Symptome des pankreatischen Funktionsausfalls regelmäßig gefunden. Von den Fetten wird nur das fein emulgierte Milchfett resorbiert, alles andere Fett verläßt unausgenützt den Darm. Die Spaltung und Resorption der Eiweißkörper leidet Not wegen der mangelnden typischen Darmverdauung.

Die direkte Ursache der Glykosurie nach Entfernung des Pankreas ist die nie fehlende *Hyperglykämie.* Sie erreicht schon am ersten Tage nach Entfernung der Drüse ihr Maximum mit 0,5%. Das Glykogen der Leber verschwindet bis auf geringe Spuren. Glykogenansatz kann durch maximale Zufuhr von Traubenzucker *nicht* erzwungen werden, während interessanterweise nach Lävulosegaben in der Leber beträchtliche Mengen von Glykogen gefunden wurden. Die Muskulatur gibt etwa die Hälfte ihres normalen Glykogenbestandes ab. Die Fähigkeit, den Zucker zu verbrennen, kann nach Versuchen, die an Vögeln angestellt wurden, nicht verloren gegangen sein[3]. Denn bei diesen Tieren steigt zwar der Zuckergehalt des Blutes an, es kommt aber nicht zur Glykosurie. Demnach muß an irgendeiner Stelle der doch vermehrt in die Blutbahn geworfene Zucker zerstört worden sein. Mit der Entfernung des Pankreas wird dem Körper eine für die normale Regulation des Zuckerhaushalts unentbehrliche Substanz — das Insulin — entzogen. Durch die *Verpflanzung eines Gewebstückes* aus dem Pankreas unter die Bauchhaut, welches also aus allen seinen Nerven- und Gefäßverbindungen gelöst ist, gelang es, den Pankreasdiabetes zu verhindern und dadurch zu zeigen, daß es sich um eine innersekretorische oder hormonale Wirkung dieser Drüse auf den Zuckerstoffwechsel handeln muß. Ein wichtiger Nebenbefund nach der Pankreasexstirpation beim Hunde ist eine kolossale Verfettung der Leber, welche bis zu 52,6% der trockenen und 24% der feuchten Substanz Ätherextrakt enthalten kann[4].

---

[1] BOUCHARDAT: De la Glycosurie etc. Deucieme Edition. Paris 1883.
[2] v. MEHRING u. MINKOWSKI: Arch. f. exper. Path. **26.** — MINKOWSKI: Arch. f. exper. Path. **31.**   [3] KAUSCH: Arch. f. exper. Path. **39.**
[4] NAUNYN: Diabetes mellitus, 2. Aufl., S. 118. Wien 1906.

4. Das Insulin[1].

Das wirksame Prinzip des Pankreas ist das Inselgewebe der Bauchspeicheldrüse. Es ist nach vielen vergeblichen Versuchen früherer Forscher im Jahre 1923 von den Amerikanern BANTING und BEST[2] aufgefunden worden. Da es vom Inselapparat des Pankreas gebildet wird, hat man ihm den Namen „Insulin" gegeben. Bei den Fischen soll der Inselapparat als sog. „Urinsel" vom Zymogengewebe des Pankreas isoliert liegen. Aber auch bei ihnen ist am Aufbau der sog. Inselkörperchen stets zymogenes Gewebe beteiligt (BARON[3]). Mit diesem Insulin können pankreaslose zuckerkranke Hunde lange Zeit gesund erhalten werden. Ihr Harn ist zuckerfrei; der Zuckergehalt des Blutes nicht erhöht. Die im Handel befindlichen Insulinpräparate sind hochgereinigte Extrakte aus

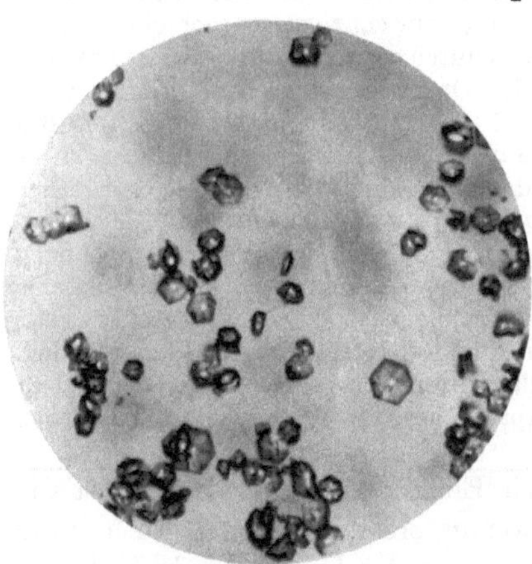

Abb. 33. Krystallinisches Insulin.

der Bauchspeicheldrüse von sehr verschiedener Zusammensetzung[4]. Der Grund, warum man nicht bereits früher zur Entdeckung des Insulins gekommen ist, ist vor allem darin gegeben, daß das Insulin als Eiweißkörper gegen das eiweißverdauende Ferment des Pankreas (Trypsin) sehr empfindlich ist, und daher bei der Extraktion solange weitgehend zerstört wurde, bis man durch Behandlung mit saurem Alkohol die Wirkung des Trypsins ausschalten lernte. Diese hohe Fermentempfindlichkeit des Insulins erklärt auch die Tatsache, daß das *Insulin* im Magen-Darmkanal sofort *zerstört* und *unwirksam* gemacht wird. Es muß also unter Umgehung des Magen-Darmkanals — parenteral — dem Körper des zuckerkranken Menschen einverleibt werden. Alle Behauptungen, die dahin gehen, man könne das Insulin in Pillenform einnehmen, haben sich in der Praxis als nicht stichhaltig erwiesen. Auch die besten im Handel befindlichen Insulinpräparate enthalten noch geringe Mengen von Begleitsubstanzen, von denen eine — das *Glukagon* — nach Arbeiten aus meinem Laboratorium wahrscheinlich im Pankreas gebildet wird, und auf den Kohlehydratstoffwechsel im Sinne einer beschleunigten Mobilisation der Zuckervorräte in der Leber einwirkt[5].

Den Bemühungen des amerikanischen Pharmakologen ABEL[6] ist es gelungen, das Insulin krystallinisch und frei von allen Begleitsubstanzen zu gewinnen. Erst seitdem wir das krystallinische Präparat in Händen haben, können wir zuverlässige Aussagen über die physiologischen Wirkungen des Insulins machen und das Insulin exakt dosieren (Abb. 33). Bis heute werden die Handelsinsuline in ihrer Wirkungsstärke am Tier geprüft und nach Einheiten dosiert. Sobald ein

[1] MACLEOD: Kohlehydratstoffwechsel und Insulin. Berlin: Julius Springer 1927.

[2] BANTING u. BEST: J. Labor. a. clin. Med. 7, 251, 464 (1922).

[3] BARON, HEINZ: Insel- und Zymogengewebe in ihren gegenseitigen Beziehungen bei Gasterosteus aculeatus und einigen anderen Teleostiern. Inaug.-Diss. Bonn 1934. Sonderdr. Z. Zool. 146, 1—40.   [4] BÜRGER u. KRAMER: Arch. f. exper. Path. 156, 1 (1930).

[5] BÜRGER u. BRANDT: Über das Glukagon. Z. exper. Med. 96, H. 4.

[6] ABEL: J. of Pharmacol. 31, 65 (1927).

rationelles Verfahren für die technische Herstellung krystallisierten Insulins im großen gefunden ist, wird man die zu verabreichenden Insulinmengen, wie bei anderen Hormonen, gewichtsmäßig angeben können. Das Insulin ist wie alle Eiweißkörper aus verschiedenen Aminosäuren zusammengesetzt. Die physiologische Wirkung wird offenbar von der schwefelhaltigen Gruppe — dem Cystin — getragen. Insulin enthält 3,0% Schwefel. Wird $1/_{10}$ dieses Betrages durch Alkalibehandlung als Schwefelwasserstoff abgespalten, verliert das Insulin seine physiologische Wirksamkeit[1]. Die Molekulargröße beträgt 9—18000. Die chemische Zusammensetzung des krystallinischen Insulins ist nach Analyse im Abelschen und meinem Laboratorium folgende:

Unter den Wirkungen des Insulins muß man solche an gesunden und solche an zuckerkranken Individuen unterscheiden. Die Injektion von 0,01 mg Insulin in ein gesundes Kanin-

	C in %	H in %	N in %	S -n %	Rückstand in %
Insulin Abel „A"	48,75	6,85	14,39	2,90	0,21
Insulin Bonn „S"	48,64	7,03	14,02	3,08	0,49

chen vermindert den Zuckergehalt des Tieres innerhalb weniger Stunden auf die Hälfte des Ausgangswertes. Diese Kardinaleigenschaft des Insulins ist bisher für die Standardisierung der Handelspräparate verwendet worden. Über den *Angriffspunkt* des Insulins haben wir uns folgende Vorstellung gebildet: Vergleicht man den Zuckergehalt des arteriellen und des venösen Blutes, so ist der Zuckergehalt in der Arterie stets höher als in der Vene. Das Blut ist also auf dem Wege durch die Gewebe an Zucker verarmt. Wird gleichzeitig Insulin gegeben, so wird das Zuckergefälle von Arterie zur Vene steiler. Es ist also zu einer Intensivierung des Zuckerverbrauchs im Gewebe vor allem in der Muskulatur gekommen[2]. Am isolierten Herzen kann der Zuckerverbrauch in der Durchströmungsflüssigkeit durch Zusatz von Insulin auf das 3fache gesteigert werden. Wird die Muskulatur durch Abklemmung der Hauptarterien von der Insulinwirkung ausgeschaltet, so bleibt, wie ich in ausgedehnten Untersuchungen mit meinem Mitarbeiter KRAMER an Hunden zeigen konnte, der Insulineffekt praktisch aus. Nach Wiederfreigabe der Muskeldurchblutung läßt die neuerliche Insulininjektion die typische Blutzuckersenkung sofort wieder eintreten. Daraus muß meines Erachtens geschlossen werden, daß die *Muskulatur* der *Hauptangriffsort* des Insulins ist[3]. Diese Auffassung findet eine weitere Stütze in der Tatsache, daß durch Muskelarbeit die Insulinwirkung bei Diabetikern wesentlich gesteigert werden kann, wie mich speziell darauf gerichtete Untersuchungen an menschlichen Zuckerkranken lehrten. Durch die körperliche Arbeit wird die Durchblutung der Muskulatur wesentlich vermehrt. Dem Insulin steht die gewaltig verbreiterte Rieselfläche in dem großen Stromgebiet der Muskulatur offen. Es kann hier am Orte seiner Hauptwirkung viel tiefer und rascher in den Kohlehydrathaushalt eingreifen, als wenn ihm der Zugang zum Zentrum des Kohlehydratstoffwechsels in der ruhenden Muskulatur mehr oder weniger weitgehend gesperrt ist[4].

---

[1] BRUCH: Arch. f. exper. Path. **173**, 439 (1933).
[2] CORI, C., F. H. CORI and GOLZ: J. of Pharmacol. **22** (1923). — FRANK, NOTHMANN, WAGNER: Arch. f. exper. Path. **110**, 235 (1925).
[3] BÜRGER u. KRAMER: Z. exper. Med. **61**, 449 (1928).
[4] BÜRGER u. KRAMER: Klin. Wschr. **1928 I**, 745.

Mit unserer Vorstellung, daß die *Muskulatur der Hauptwirkungsort* des Insulins ist, steht in guter Übereinstimmung die Tatsache des Milchsäurezuwachses des Blutes nach Insulingaben. Je größer die Insulindosis, um so höher ist der Milchsäureanstieg[1].

Außer zur Verminderung des Blutzuckers kommt es beim nüchternen Tier zu einer Erschöpfung der Kohlehydratvorräte in den Geweben, und vor allem auch, wie Untersuchungen in meinem Laboratorium sichergestellt haben, in der *Leber*[2]. Diese Glykogenverarmung der Leber gesunder Hunde läßt sich besonders nach intraportaler Insulininjektion am nüchternen Tier regelmäßig nachweisen. Der durch Insulin bewirkte Glykogenverlust ist dabei wesentlich größer als der auch beim nüchtern gehaltenen Tier an sich zu beobachtende. Gleichzeitig wird der Unterschied zwischen dem Zuckergehalt des Lebercapillarblutes und dem der Vena jugularis größer. Dieser Befund ist nicht anders zu deuten als durch die Annahme, daß die intraportale Insulininjektion eine Glykogenmobilisation am nüchternen Tier zur Folge hatte. Werden *übergroße* Mengen Insulin den Tieren injiziert, so kommt es zu einer lebensgefährlichen Zuckerverarmung der Gewebe, welche sich in Krämpfen, später in Lähmungen äußern. Im Stadium der Krämpfe können nur schnell vorgenommene Zuckereinspritzungen das insulinvergiftete Tier vor dem Tode retten (hypoglykämischer Symptomenkomplex).

Unter sonst gleichen Bedingungen von Rasse, Alter und Ernährungszustand gesunder Versuchstiere ist die Insulinwirkung durch die Bestimmung der Blutzuckerminderung *allein* nur unzureichend definiert. Eine zureichende Beurteilung der biologischen Insulinwirkung wird nur durch gleichzeitige Berücksichtigung der *Tiefe* der Blutzuckersenkung und ihrer *Dauer* gefunden. Als einfacher Ausdruck für den biologischen Wert des Insulins wird der Wirkungsumfang angesehen, den wir nach der Flächenmethode berechnen. Der *Wirkungsumfang* gleicher Insulinmengen wechselt mit dem Orte der Applikation[3]. Injektionen unter die Haut und in die Muskulatur sind wirksamer als direkt in die Blutbahn verabreicht. Die Erklärung ist darin gegeben, daß das *Blut das Insulin* zerstört. Die insulinzerstörende Kraft des Bluts wird durch Aufbewahrung desselben bei 56° vernichtet. Blut, welches reich ist an weißen Blutkörperchen, hat eine höhere insulinzerstörende Kraft. Krankheiten, die mit Vermehrung der weißen Blutkörperchen einhergehen, und den zuckerkranken Menschen befallen, verlangen unter sonst gleichen Verhältnissen größere Insulinmengen. Hierher gehören bestimmte Blutkrankheiten und vor allem die meisten Infektionskrankheiten[4].

Nach Insulininjektion steigt der Milchsäuregehalt des Blutes deutlich[5] an. An lactierenden Tieren bewirken kleine Mengen Insulin eine deutliche Vermehrung des Milchfettes[6].

Geringe Mengen Insulin bewirken beim gesunden Tier eine mittlere Zunahme der Blutfette, größere Dosen dagegen lassen bei normalen Hunden und zuckerkranken Menschen eine deutliche *Verminderung* der *Blutfette* erkennen[7].

---

[1] BRIGGS, A. P., J. KÖCHIG, E. DOISY and CL. J. WEBER: J. of biol. Chem. **58**, 721 (1924). — BÜRGER, HORN u. RUPPERT: Arch. f. exper. Path. **178**, 282 (1935).

[2] BÜRGER u. KOHL: Arch. f. exper. Path. **178**, 269 (1935).

[3] BÜRGER u. KOHL: Arch. f. exper. Path. **173**, 431 (1933).

[4] BÜRGER u. KOHL: Arch. f. exper. Path. **174**, 130 (1933).

[5] BÜRGER, HORN u. RUPPERT: Arch. f. exper. Path. **178**, 282 (1935).

[6] BÜRGER u. RÜCKERT: Hoppe-Seylers Z. **196**, 169 (1931).

[7] BÜRGER, HORN u. RUPPERT: Arch. f. exper. Path. **178**, 282 (1935).

Beim zuckerkranken Menschen ist das Insulin imstande, sämtliche Symptome des diabetischen Stoffwechsels zum Verschwinden zu bringen. Der Blutzucker fällt auf die Norm ab, der Harn wird zuckerfrei, auch die bei vielen Schwerzuckerkranken auftretenden Säuren, welche das Leben des Kranken ernstlich bedrohen (Acetessigsäure und Oxybuttersäure und Aceton), verschwinden. Unmittelbar nach der Insulininjektion *steigt* der *Sauerstoffverbrauch* des zuckerkranken Menschen an, die verfügbaren Kohlehydrate werden einer rascheren Verwertung im Stoffwechsel zugeführt. Das krystallinische Insulin bewirkt beim zuckerkranken Menschen ohne Zweifel eine Steigerung der oxydativen Prozesse[1]. Stehen Kohlehydrate von seiten des Darmkanals zur Verfügung, so kann Reservekohlehydrat (Glykogen) in der Leber rasch wieder gestapelt werden.

Eine zweite Form des experimentellen Diabetes ist der *Phloridzindiabetes.*

Das Phloridzin wird aus der Wurzelrinde von Apfel- und Kirschbäumen gewonnen und läßt sich durch Säurehydrolyse in Phloretin und Phlorose zerlegen. Die Phlorose ist ein der Glucose nahestehendes Monosaccharid. Hunde, denen 1 g dieses Glykosids pro Kilogramm Körpergewicht peroral eingegeben wird, scheiden bis zu 18% Zucker im Harn aus[2]. Die Glykosurie kann bis 3 Tage anhalten, verschwindet bei subcutaner Injektion rascher, nach vollständiger Ausscheidung des Phloridzins ganz aus dem Harn.

Beim Menschen wird durch tägliche Injektion von 2 g Phloridzin eine tägliche Harnzuckermenge von etwa 100 g erreicht, so daß in 1 Monat 3 kg Zucker durch den Harn ausgeschieden wurden (v. MEHRING). Die Zuckerausscheidung läßt sich bei Tieren auch bei vollkommener Kohlehydratentziehung erzwingen, auch dann noch, wenn der Glykogenbestand der Leber längst aufgezehrt ist. Der Körper zersetzt unter diesen Bedingungen sein eigenes Eiweiß, was besonders bei Hungertieren deutlich in die Erscheinung tritt. Eine *Hyperglykämie* wird durch das Phloridzin *nicht* gesetzt. Durch diese Feststellung ist der Phloridzindiabetes von dem genuinen Diabetes des Menschen und dem experimentellen Pankreasdiabetes scharf unterschieden. Es ist daher zweckmäßig, diese Form nicht als Phloridzindiabetes, sondern als *Phloridzinglykosurie* zu beschreiben, welche durch eine in ihrem Mechanismus noch nicht voll geklärte Vergiftung vor allem der Nieren zu erklären ist.

Die verschiedenen Formen der Intoxikations*glykosurien* (Sublimat, Cantharidin, Chrom, Kohlenoxyd, Amylnitrit, Strychnin, Chloroform) gehören ebensowenig in das Kapitel des experimentellen *Diabetes.* Für die nach Schädeltraumen und Gehirnläsion auftretenden Glykosurien sind die beim *Zuckerstich* gemachten Erfahrungen oft zur Deutung und Erklärung herangezogen worden.

5. Die Zuckerkrankheit beim Menschen.

Einer großen Zahl menschlicher Diabetiker ist die erbliche Anlage gemeinsam. Je intensiver nach solchen familiären Beziehungen oder Erblichkeitsfaktoren in der Anamnese geforscht wird, um so häufiger wird diese diabetische Anlage als *ererbt* sich nachweisen lassen.

Einzelne Rassen, besonders die semitische, sind auffallend stark von der Krankheit befallen. Nach vorliegenden statistischen Erfahrungen ist die Erblichkeit für ungefähr 25% aller Fälle gesichert. Werden noch weitere Stoffwechselkrankheiten, Gicht und Fettsucht, mit berücksichtigt, so liegen die Zahlen

---

[1] BÜRGER u. PÄTZOLD: Arch. f. exper. Path. **174**, 118 (1933).
[2] v. MEHRING: Z. klin. Med. **14** u. **16**.

noch wesentlich höher. Man hat in der Diabetesbereitschaft einen „Ausschnitt aus vererbter Minderwertigkeit des gesamten endokrinen Nervensystems" gesehen. In den ersten Lebensjahrzehnten ist der Diabetes selten, mit zunehmendem Alter wächst die Häufigkeit, welche ihr Maximum im 5. Lebensdezennium erreicht. Es lassen sich, nach der Schwere geordnet, unterscheiden: der *kindliche Diabetes,* welcher vor der Pubertätszeit einsetzt, der *juvenile Diabetes,* welcher das Jünglings- und Mannesalter betrifft, und schließlich der *Diabetes der älteren Leute.* Strittig ist bis heute, welche Stellung dem *Pankreasdiabetes* im System der menschlichen Zuckerkrankheit zukommt. Es ist begreiflich, daß unter dem Eindruck der epochalen Entdeckung von MEHRING und MINKOWSKI Neigung bestand, *jede* Form des menschlichen Diabetes auf eine primäre Erkrankung des Pankreas zurückzuführen. Eine vom Anatomen bei Zuckerkranken häufig gefundene Veränderung ist die sog. Pankreasatrophie. Die Beurteilung, ob es sich bei dieser Atrophie um die primäre Ursache des Diabetes oder um eine Folge des zu schwerster Inanition führenden Leidens handelt, ist nicht einfach. Die Vorstellung, daß mit der weitgehenden Reduktion des Parenchyms sämtlicher Organe beim schweren Diabetes *sekundär* auch die Pankreasdrüse an Substanz einbüßt, wobei das funktionstüchtige Parenchym in erster Linie betroffen wird, während das Bindegewebe sich länger hält, ist durchaus nicht von der Hand zu weisen. Eine sorgfältige mikroskopische Untersuchung der Drüse ergibt immer *nur bei einem Teil der Fälle,* welche im Koma gestorben sind, sichere Anhaltspunkte für eine Erkrankung des Pankreas. Die Gewichte sind durchaus nicht immer so reduziert, daß das nach dem Experiment zu erfordernde Minimum von einem Fünftel der Substanz erreicht wird. Es kommt hinzu, daß schon bei gesunden Menschen erhebliche Schwankungen des Pankreasgewichts vorkommen: zwischen 46 und 103 g (CLARK).

Besondere Aufmerksamkeit hat man bei mikroskopischer Untersuchung dem Inselgewebe gewidmet, welches mengenmäßig etwa $^1/_{1000}$ der Gesamtdrüse ausmacht. HEIBERG hat versucht die Zahl der beim Diabetiker noch erhaltenen Inselzellen in Beziehung zur Schwere des Diabetes zu bringen. HEIBERG fand die Erkrankung um so schwerer, je weniger Inselzellen histologisch nachweisbar waren. Doch wird man bei der Schwierigkeit einer genauen Auszählung der Inseln mit dem Urteil über zahlenmäßige Angaben zurückhaltend sein müssen. Man hat am Inselapparat hyaline und körnige Degeneration und schließlich Sklerosierungen gefunden. Es ist verständlich, daß Erkrankungen der Nachbarorgane, vor allem der Leber und des Gallenausgangssystems sekundär auf das Pankreas übergreifen und einen Diabetes auslösen können. Häufig erscheint ein solcher Zusammenhang nicht. Im Gegenteil ist nicht selten das Pankreas durch Entzündung, Stein- und Cystenbildung oder Tumoren weitgehend zerstört, ohne daß ein echter Diabetes aufgetreten ist. Offenbar ist der Inselapparat weitgehendst regenerationsfähig und es genügen wesentlich weniger gesunde Inseln zur Verhütung schwerer Störung im Kohlehydratstoffwechsel, als man nach den Erfahrungen des Tierexperiments annehmen sollte. Sicher ist, daß auch extrainsuläre Formen des Diabetes vorkommen (UMBER). Wie groß ihre Zahl ist, bleibt eine offene Frage.

Die *Schilddrüse* gehört nicht zu den diabetogenen Organen im engeren Sinne. Bei ihrer Überfunktion kann es gelegentlich zu spontanen, häufiger zu alimentären Glykosurien kommen; in der Reihe der zum Diabetes führenden Organveränderungen spielen die der Schilddrüse jedenfalls eine untergeordnete Rolle.

Auch ist es bis heute nicht gelungen, solche Erkrankungen der *Leber* ausfindig zu machen, die das schwere Krankheitsbild des Diabetes erklären können. Selbst hochgradiger Parenchymschwund bei der Lebercirrhose und bei akuter gelber Atrophie hat nie einen echten Diabetes zur Folge. Ich glaube daher auch nicht, daß das Erhaltensein der Glykogenstapelfunktion der Leber für das Ausbleiben des Diabetes von entscheidender Bedeutung ist.

Besser fundiert ist die Lehre vom *hypophysären Diabetes*. Nach BORCHARDT[1] fand sich unter 176 Fällen von Akromegalie 63mal = 35% Diabetes. Die Form dieses akromegalen Diabetes ist eine leichte und führt, soweit ich sehe, nie zum Tode. In manchen Fällen tritt nur im Anfangsstadium der Akromegalie eine geringe spontane bzw. alimentäre Glykosurie auf. Sie können in späteren Stadien eine hohe Zuckertoleranz aufweisen.

Der sog. *renale Diabetes* ist keine Störung des Kohlehydratstoffwechsels im engeren Sinne, er verläuft ohne Hyperglykämie und ist wahrscheinlich als eine Nierenfunktionsstörung anzusehen.

Die Bedeutung des *Traumas* für die Entstehung des Diabetes, welche für die Unfallbegutachtung eine große Rolle spielt, ist sehr gering anzuschlagen. Das gewaltige Experiment des Krieges hat diese Frage entschieden. JOSLIN hat unter 40000 amerikanischen Frontsoldaten, die nach Rückkehr vom Kriege untersucht wurden, nur zwei Diabetiker gefunden. Auch schwere Schädelverletzungen führen nicht zu einem Diabetes. Es muß aber zugegeben werden, daß bei vorhandener Anlage, wenn ein zeitliches Zusammentreffen festzustellen ist, ein latenter Diabetes durch ein Trauma zu einer manifesten Zuckerkrankheit werden kann.

6. Die intermediären Stoffwechselstörungen beim genuinen menschlichen Diabetes.

a) Kohlehydratstoffwechsel. Die Betrachtungen über die Störungen des Kohlehydratstoffwechsels des Diabetikers nehmen zweckmäßigerweise ihren Ausgang von der Frage nach dem Glykogengehalt der Organe.

Die Befunde, welche man bei Untersuchungen von Diabetikerleichen erhoben hat, sprechen im allgemeinen für eine Verarmung des Körpers an Glykogen. Da aber das Glykogen sehr rasch nach dem Tode zersetzt wird, sind negative Befunde vorsichtig zu bewerten. P. EHRLICH[2] hat an der FRERICHSchen Klinik bei einem Gesunden und bei zwei Diabetikern die Leber punktiert und den aspirierten Leberbrei auf Glykogen untersucht. Bei dem einen Diabetiker fand er gar kein, in dem anderen Fall viel weniger Glykogen als bei dem gleich ernährten Gesunden. Der kritische PFLÜGER[3] ist geneigt, positive Glykogenbefunde in der Leber und Muskulatur der Diabetiker höher zu bewerten, als negative.

Es geht aber aus später zu erörternden tierexperimentellen Erfahrungen gleichfalls hervor, daß die *Glykogenarmut* der Organe *ein typischer Befund bei Diabetikern* ist. Gegen diese Auffassung sprechen nicht die Mitteilungen anderer Autoren, nach denen in Nierenepithelien und Leukocyten sich mit großer Regelmäßigkeit Glykogen nachweisen läßt. Quantitativ kommen die an falscher Stelle gespeicherten Glykogenmengen nicht in Frage[4]. Die offenbar für die ganze Auffassung der Stoffwechselstörungen beim Diabetiker ausschlaggebende Glykogenarmut der Organe ist von NAUNYN[5] *Dyszooamylie* bezeichnet worden. Im Gegensatz zur Leber soll der Muskel seinen normalen Glykogengehalt von 1% behalten. Diese Glykogenarmut der Leber ist nach meiner Auffassung keine

[1] BORCHARDT: Z. klin. Med. **66**, 332 (1908).
[2] EHRLICH: Zit. bei FRERICH: Über den Diabetes. Berlin 1884.
[3] PFLÜGER: Pflügers Arch. **96**, 366 (1903).
[4] HIRSCHBERG: Z. klin. Med. **54**, 223 (1904).
[5] NAUNYN: Diabetes mellitus. Wien 1906.

primäre, sondern eine sekundäre Erscheinung. Der Schrei der Gewebe — vor allem der Muskulatur — nach verwertbarem Kohlehydrat gibt für die Leber einen Dauerreiz ab, der sie nicht zur Glykogenstapelung kommen läßt. Erst wenn die Muskulatur unter der Wirkung des Insulins die Kohlehydrate wieder geordnet verwendet, findet die Leber Gelegenheit, wieder Glykogen zu speichern.

In engem ursächlichen Zusammenhang mit dieser Tatsache steht die *Hyperglykämie* der *Diabetiker.* Die gestörte Fähigkeit der Leber, das ihr vom Darm her zuströmende Kohlehydratmaterial als Glykogen zu fixieren, führt nach jeder Aufnahme von Kohlehydraten mit der Nahrung zu einer Überschwemmung des Blutes mit Zucker. Die *Erhöhung des Blutzuckerniveaus* ist die *wichtigste Vorbedingung* der *Glykosurie.* Die Grenze, bis zu welcher der Zucker im Blute ansteigen kann, ehe es zur Ausschwemmung von Harnzucker kommt, ist keine feststehende. Der Zuckergehalt des Blutes ist am besten morgens nüchtern festzustellen. Er ist bei unbehandelten Diabetikern stets erhöht und kann bis auf das 10fache der Norm, also bis auf 1%, ansteigen. Eine feste Beziehung zwischen der Höhe des Blutzuckernüchternwerts und der Schwere der Erkrankung besteht nicht.

Von LIEFMANN und STERN[1] wurde gezeigt, daß die Nieren mit zunehmender Dauer der Zuckerkrankheit sich auf einen höheren Schwellenwert einstellen, dessen Überschreitung zur Glykosurie führt. Dafür möge folgendes Beispiel gegeben werden:

Dauer der Erkrankung	Blutzuckergehalt
10—15 Jahre	0,15—0,22%
4— 5 „	0,15—0,19%
1— 3 „	0,14%
weniger als 1 Jahr	0,10—0,15%

Wichtig ist die Erfahrung, daß nach diätetisch erfolgter Entzuckerung des Harns auch in relativ frischen Fällen eine Hyperglykämie fortbestehen kann. Bei Erkrankungen der Niere, vor allem der Nierensklerose, ist eine wesentliche Hyperglykämie ohne Glykosurie eine durchaus geläufige Erscheinung. Besonders im Coma diabeticum und uraemicum hat man hohe Blutzuckerwerte bis 1,01% und dabei nur Spuren von Harnzucker gefunden.

Die Hyperglykämie ist beim Diabetiker nicht allein durch Kohlehydratzufuhr zum Darm bedingt, sondern hängt von anderen Faktoren wesentlich ab. So ist sichergestellt, daß bei schweren Diabetikern körperliche Arbeit zu einer Vermehrung des Blutzuckers führen kann, auch dann, wenn jede interkurrente Nahrungszufuhr vermieden wurde. Eigene[2] systematische Untersuchungen über die Wirkung der Muskelarbeit auf Blut- und Harnzucker beim Diabetiker haben ergeben, daß der zuckervermehrende Effekt abhängig ist vom Glykogenbestand der Leber und ihrer Fähigkeit durch rasche Umwandlung körpereigener Reserven (Fette) in Kohlehydrate den krankhaften Zuckerhunger der Gewebe zu stillen. Es zeigt sich, daß frische unbehandelte Fälle im allgemeinen eher mit Hyperglykämie im Anschluß an Muskelarbeit reagieren als ältere, diätetisch schon vorbehandelte. Ein zweiter Faktor ist der Charakter des Diabetes. Jugendliche Schwerzuckerkranke neigen nach körperlichen Anstrengungen eher zu Hyperglykämie als Altersdiabetiker. Wesentlich für die Größe der Ausschläge ist die

---

[1] LIEFMANN u. STERN: Biochem. Z. 1, 299 (1906).
[2] BÜRGER: Arch. f. exper. Path. 87, 233 (1920).

Erregbarkeit des Nervensystems. Es wird verständlich, daß Frauen stärker reagieren als Männer, „nervöse" Diabetiker eher als phlegmatische, besonders wenn man berücksichtigt, daß psychische Alterationen schon bei *Gesunden* geeignet sind, den Blutzucker in die Höhe zu treiben. Man hat z. B. festgestellt, daß bei *ungeübten* im Gegensatz zu erfahrenen *Fliegern* schon vor Beginn des Fluges der Blutzucker erheblich erhöht ist. In diesem Zusammenhang ist auch der Symptomenkomplex der traumatischen Glykosurie zu erwähnen, die man z. B. nach Schädeltraumen, Commotio cerebri, nach Frakturen der Extremitätenknochen beobachtet hat[1]. Wichtig ist, daß diätetisch geordnete Diabetiker auf körperliche Arbeit wie Gesunde nach einem vorübergehenden Anstieg auch mit einem deutlichen *Blutzuckerabfall* reagieren können. Wird gleichzeitig Insulin gegeben, so wird der blutzuckersenkende Effekt desselben durch Muskelarbeit *wesentlich vertieft*. Diese Tatsache muß bei Feststellung der Insulindosis nach der Entlassung aus dem Krankenhaus ernste Berücksichtigung finden.

Die Höhe des Blutzuckers kann durch Nahrungsentzug therapeutisch beeinflußt werden. Nach einigen Hungertagen ist der Tiefpunkt der Zuckerkurve erreicht. In nicht seltenen Fällen von Zuckerkrankheit ist ein rasches Absinken des Blutzuckers und Aglykosurie durch kohlehydratarme Kost allein zu erreichen.

Auf Zufuhr von Zucker reagiert der Zuckerkranke im Gegensatz zum Gesunden mit einer besonders starken und langanhaltenden *Hyperglykämie*. Beziehungen zwischen alimentärer Hyperglykämie und Glykogengehalt der Leber bestehen insofern, als eine glykogenarme Leber merkwürdigerweise den Blutzucker besonders hoch ansteigen läßt. Vielleicht wirkt hier die Zuckerbelastung als Reiz des Pankreas zur Insulinproduktion.

Wenn auch zwischen der *Hyperglykämie* und *dem Grade* der *Glykosurie* nicht in allen Fällen einfache quantitative Beziehungen bestehen, so hat die Erfahrung doch gelehrt, daß man ein gewisses Urteil über die Schwere der Erkrankung nach der Menge des unter bestimmten Ernährungsbedingungen ausgeschiedenen Zuckers gewinnen kann. Bei der *leichten Glykosurie* wird der Harn nach Entziehung der Nahrungskohlehydrate in wenigen Tagen zuckerfrei. Erst wenn neuerdings kohlehydrathaltige Nahrung zugeführt wird, tritt wieder Zucker in den Harn über. Der Organismus ist durch Entziehung der Nahrungskohlehydrate gezwungen, die für seinen Bedarf nötigen Kohlehydrate aus eigenem Material (Eiweiß und Fett) zu bilden. Da dieser Umsatz nur langsam vor sich geht, wird eine plötzliche Überschwemmung des Blutes mit Dextrose vermieden und die Glykosurie bleibt aus.

Bei der *mittelschweren* Form der Glykosurie ist eine Entzuckerung des Harns durch Kohlehydratentziehung *allein* nicht mehr zu erreichen. Erst bei einer gleichzeitigen Beschränkung der Eiweißzufuhr sistiert die Glykosurie. Als *schwere* Glykosurie wird schließlich diejenige bezeichnet, bei der auch die Kohlehydratentziehung mit gleichzeitiger weitgehender Einschränkung der Eiweißzufuhr die *Aglykosurie* nicht mehr erreicht.

b) Die intermediären Störungen des Fettstoffwechsels beim menschlichen Diabetes. Es wurde bereits oben darauf hingewiesen, daß auch beim *gesunden*

---

[1] Konjetzny u. Weiland: Mitt. Grenzgeb. Med. u. Chir. **28**, 860 (1915).

Menschen nach Fortfall der Kohlehydrate aus der Nahrung und bei ausschließlicher Fett- und Eiweißnahrung die sog. Acetonkörper im Harne auftreten. Diese sind:

$$\text{Aceton:} \qquad CH_3—CO—CH_3,$$
$$\text{Acetessigsäure:} \qquad CH_3—CO—CH_2—COOH,$$
$$\beta\text{-Oxybuttersäure:} \quad CH_3—CHOH—CH_2—COOH.$$

Die *Acetonkörperausscheidung* erreicht unter solchen Bedingungen in wenigen Tagen ihr Maximum. Wird die Ernährung in gleicher Weise längere Zeit hindurch fortgesetzt, so sinken die ausgeschiedenen Mengen von Ketonkörpern wieder ab. Die gleiche Erscheinung wird bei hungernden Individuen gefunden. Als Erklärung für diese Erscheinung muß angenommen werden, daß der plötzlich auf die Verwendung seiner Fettbestände angewiesene Organismus auf die vollkommene Verbrennung der Fette und späterhin der Eiweißkörper nicht eingestellt ist und nun intermediär entstandene Produkte des Fett- und Eiweißabbaus zur Ausscheidung gelangen läßt. Als Muttersubstanzen der Ketonkörper sind niedere Fettsäuren sichergestellt. Diese entstammen zum Teil aus Spaltungsprozessen, denen höhere Fettsäuren unterliegen, zum Teil aus Aminosäuren, welche unter Desamidierung in Fettsäuren übergeführt werden. Durchblutungsversuche zeigten, daß die *glykogenfreie* Leber zur Bildung von Acetonkörpern besser geeignet ist als Lebern mit mittlerem oder starkem Glykogengehalt. Die Oxydation der Fette geschieht fraglos auch außerhalb der Leber. Es ist daher nicht sicher, ob die Ketonkörperbildung, die man bisher ausschließlich der Leber zugeschrieben hat, nicht auch *in den Geweben* vonstatten geht.

Beim Diabetiker treten die Acetonkörper meist dann auf, wenn er aus den Nahrungskohlehydraten oder aus eigenem Körpermaterial Glykogen zu bilden bzw. zu fixieren nicht mehr imstande ist. Über die Mengen der gebildeten Acetonkörper sind wir schlecht unterrichtet, da das im Harn leicht quantitativ zu bestimmende Aceton nur einen geringen Bruchteil der gesamten im Körper gebildeten Menge darstellt. Der größere Teil der leicht flüchtigen Substanz verläßt den Organismus durch die Lungen. Man hat in schweren Fällen bis 70 g Oxybuttersäure und bis 8 g Acetessigsäure und Aceton bestimmt. Die Bildung dieser Acetonkörper ist für jeden Diabetiker eine schwere Gefahr. Wir müssen annehmen, daß die Oxybuttersäure und Acetessigsäure als solche toxische Substanzen für den Organismus darstellen. Wichtiger ist noch die chronische Säureüberladung des Blutes, die *Acidosis*. Um dieser chronischen Übersäuerung entgegenzuwirken, muß der Organismus dauernd von seinen Alkalibeständen Verwendung machen, um damit die aktuelle Reaktion des Blutes konstant zu halten. Bekanntlich schwankt diese aktuelle Reaktion beim Gesunden nur in sehr geringem Maße. Der physiologische Normalwert der Wasserstoffzahl des unter natürlichen Verhältnissen stehenden Blutes beträgt:

$$\text{bei } 18^0 \text{ gemessen } (H)_{18^0} = 0,29 \cdot 10^{-7} \text{ oder } p_{H18^0} = 7,56$$
$$\text{oder bei } 37^0 \text{ gemessen } (H)_{37^0} = 0,45 \cdot 10^{-7} \text{ oder } p_{H37^0} = 7,35.$$

Auch bei hochgradiger Acidosis wird die Blutreaktion im physikalisch-chemischen Sinne nicht sauer. Bei zwei Fällen von Diabetes wurden von Michaelis und Davidoff[1] folgende Werte gemessen:

---

[1] Michaelis u. Davidoff: Nach Oppenheimer, Handbuch der Biochemie, Erg.-Bd., S. 53. 1913.

$$p_H \text{ für } 18{-}20^0$$
Coma diabeticum 7,12
Diabetes ohne Aceton . . 7,66

Wichtig für die Beurteilung einer latenten Acidose ist die Kenntnis der *Alkalireserve* des Blutes. Dieselbe wird gemessen durch die Bestimmung des Kohlensäurebindungsvermögens des Blutes nach MORAWITZ und WALKER[1]. Der Betrag, den das Blut an Kohlensäure zu binden vermag, ist um so geringer, je mehr andere Säuren bereits vom Blute aufgenommen und neutralisiert sind. Man findet mit diesem Verfahren die Menge der im Plasma gelösten und als Bicarbonat in ihm enthaltenen Menge CO_2. Je größer die Menge der Acidosekörper ist, um so mehr Kohlensäure wird durch sie ausgetrieben und um so niedriger ist der Wert der als Carbonat gebundenen Menge CO_2. Beim gesunden Menschen beträgt die Alkalireserve gemessen am CO_2-Bindungsvermögen 50—70 Vol.-%. Mit zunehmender Stärke der Acidose können die Werte im tiefen Koma bis auf 10 Vol.-% absinken. Durch Alkaliverarmung des Körpers kommt der Körper in die Gefahr, schließlich die Regulationen nicht mehr aufrechterhalten zu können. Therapeutisch hat man dem Zustand fortschreitender Acidose durch reichliche Gaben von Alkali in Form von kohlensauren Salzen entgegengewirkt.

Es handelt sich — da die Acidose kompensiert wird — immer nur um sehr geringe Abweichungen von der normalen H-Ionenkonzentration. Um diese Konstanz zu erreichen, ist der Organismus gezwungen, große Mengen von Säuren durch seine Alkalibestände oder durch das beim Eiweißaufbau freiwerdende Ammoniak abzusättigen. Es ist daher eine für jeden schweren Diabetes konstante Erscheinung, daß zugleich mit dem Auftreten der Acetonkörper die *Ammoniakmengen* im Harn auf Kosten des ausgeschiedenen Harnstoffs vermehrt werden. Reichen die zur Verfügung stehenden Ammoniakmengen nicht mehr aus, so wird auf die fixen Alkalien der Gewebe zurückgegriffen und Kalk und Magnesia in Anspruch genommen. Nach NAUNYNs Auffassung beruht die Gefahr chronischer Säureintoxikation im wesentlichen auf der *Verminderung der Alkalescenz* der Gewebe und der Alkalireserve des Blutes. Tierversuche mit künstlicher Einführung von Säuren führten zu einem ähnlichen klinischen Bilde, wie die Säurevergiftung beim Diabetiker. Auch hier kam es zu einer Vermehrung des Ammoniaks, welche sich durch Zufuhr von Alkali herabmindern ließ. Die Konsequenz für die Therapie des menschlichen Diabetes ist die Zufuhr großer Mengen von Alkali bei ausgebildeter Acidose. Es läßt sich aber auf die Dauer der gefürchtete Ausgang in das Koma nur durch rechtzeitige und ausgiebige Insulingaben hintanhalten. Es sind trotzdem Fälle, bei denen der Harn sicher alkalisch reagierte, im Koma gestorben. Man muß daher wohl annehmen, daß neben der reinen Säurewirkung spezifische Giftwirkungen der Oxybuttersäure, der Acetessigsäure und ihrer Salze eine wichtige Rolle im Vergiftungsbild der diabetischen Intoxikation spielen, die sich vor allem an den Gefäßen auswirken und trotz erreichter Aglykosurie den Kreislauftod der zu spät mit Insulin behandelten komatösen Diabetiker herbeiführen.

c) Die diabetische Lipämie. Sicher weit häufiger, als früher angenommen wurde, findet sich in Fällen von schwerem Diabetes eine Vermehrung der Fette im Blut (diabetische Lipämie). In hochgradiger Ausbildung kann das Blut so

---

[1] MORAWITZ u. WALKER: Biochem. Z. **60**, 395 (1914).

reich werden an fein verteiltem Fett, daß beim Aderlaß oder beim Augenspiegeln die eigentümliche Farbe des Blutes ohne weiteres erkennbar ist. Das im Glase aufgefangene Blut zeigte nach dem Zentrifugieren eine dichte gelbweiße Schicht, deren Stärke von dem Fettgehalt abhängt. Die Rahmschicht besteht aus sehr fein emulgiertem Fett, die einzelnen Fettröpfchen sind mit dem gewöhnlichen Mikroskop nicht, wohl aber mit dem Ultramikroskop als feinste Partikel (Hämokonien) erkennbar. Die Zusammensetzung dieses Fettes ist kompliziert. Es handelt sich nicht allein um eine Vermehrung der Neutralfette, sondern auch des Cholesterins und der Phosphatide, so daß dieser Zustand besser als *Lipoidämie* bezeichnet wird[1]. An der Vermehrung der Fette sind die Blutkörperchen unbeteiligt. Während man im normalen Serum 5—6 g Ätherextrakt für 1000 g Serum findet, erreichen die höchsten sichergestellten Zahlen 150 und 180 pro Mille. Das sind aber extreme Werte; die gewöhnlich bei schweren Diabetikern gefundenen schwanken zwischen 20 und 40 pro Mille. Die Werte für das Cholesterin erreichen gleichfalls ein Vielfaches der Norm, und zwar sind das freie Cholesterin wie die Ester dabei beteiligt. Die Bestimmungen der Phosphatide wurden gewöhnlich summarisch nach dem ätherlöslichen Phosphor als Lecithin durchgeführt und auch hier beträchtliche Vermehrungen sichergestellt. In den meisten Fällen wird die diabetische Lipämie gleichzeitig mit einer Acidosis beobachtet, und die Schwankungen der Intensität der Lipämie den Mengen der ausgeschiedenen Acetonkörper entsprechend gefunden. Daß von dieser Regel sichere Ausnahmen vorkommen, konnten wir durch eigene Untersuchungen sicherstellen, bei welchen ein mittelschwerer Diabetes ohne eine Spur von Acidosis, aber mit sicher vermehrtem Fettgehalt des Blutes gefunden wurde. Es gelingt auch, gelegentlich die Acetonkörper aus dem Harn durch entsprechende diätetische Maßnahmen zum Verschwinden zu bringen und gleichzeitig noch eine schwere Lipämie im Blut festzustellen[2].

Die Erklärung für das Auftreten der diabetischen Lipämie ist in verschiedenen Richtungen gesucht worden. Man kann in der Lipämie einerseits den Ausdruck eines rückläufigen Fettransports aus den Fettdepots zu den Verbrennungsstätten des Körpers sehen, wobei allerdings die starke Vermehrung der Lipoidsubstanzen und des Cholesterins nicht recht geklärt erscheint. Andererseits wird aber der bei schweren Diabetikern eintretende Zellzerfall Material von Lipoiden und Cholesterin hergeben. Eine dritte Auffassung geht dahin, daß die diabetische Lipämie der Narkoselipämie gleichzusetzen sei und gewissermaßen auf einer Herauslösung von Fett und fettartigen Bestandteilen aus den Zellen und den Depots des Organismus zustande käme. Die Meinung, daß es sich einfach um Nahrungsfett handele, suchte man durch die Feststellung zu stützen, daß Jodzahl, Verseifungszahl und Schmelzpunkt des Blutfetts mit dem des Chylusfetts übereinstimmt. Es läßt sich aber in schweren Fällen leicht durch Fortlassung des Fettes aus der Nahrung zeigen, daß auch unter diesen Bedingungen die Lipämie — wenn auch in vermindertem Maße — fortbesteht. Als wesentliches Moment bleibt wohl die Vermehrung der Blutfette durch verstärkte Mobilisation aus den Depots und in zweiter Linie durch vermehrten Zellzerfall bestehen.

Eine universelle oder bestimmt lokalisierte, nicht ikterische Gelbfärbung der Haut der Zuckerkranken wurde zuerst von v. NOORDEN[3] als *Xanthosis diabetica* beschrieben. Namentlich bei jugendlichen Diabetikern findet man unter bestimmten Ernährungsbedingungen eine eigentümliche kanariengelbe Färbung der Epidermis, die besonders an den Nasolabialfalten, an der Palma manus

---

[1] KLEMPERER u. H. UMBER: Dtsch. Arch. klin. Med. **1908**.
[2] BEUMER u. BÜRGER: Z. exper. Path. u. Ther. **13** (1913).
[3] v. NOORDEN: Zuckerkrankheit, 6. Aufl., S. 181. 1912.

und an der Planta pedis hervortritt. Man betrachtete diese Erscheinung zu-
nächt ausschließlich als eine Komplikation des ernsteren Diabetes und glaubte,
daß die Schwankungen der Intensität dieser Gelbfärbung mit denen des Allgemeinbefindens parallel gingen. Die Untersuchungen des Serums oder des
Blutplasmas an Kranken mit Xanthosis diabetica zeigen einen deutlichen
Unterschied gegenüber dem Normalen. Die Farbe des Serums bzw. Plasmas
solcher Kranker erscheint im durchfallenden Licht orangegelb bis ockergelb.
Sie ist deutlich von der gelbgrün-
lichen Farbe des ikterischen Serums
verschieden. Gallenfarbstoffproben
zeigen, daß eine Vermehrung des
normalen Serumbilirubins nicht vorhanden ist. Durch bestimmte Reaktionen läßt sich nachweisen, daß
die eigentümliche gelbe Farbe des
Serums der xanthotischen Fälle
durch die Anwesenheit von Lipochromen bedingt ist.

Die Erklärung für das Auftreten der
Xanthosis ist nach zwei Richtungen zu
suchen. Sie könnte endogenen oder exogenen Faktoren ihre Entstehung verdanken. Für die Entstehung aus endogenen Ursachen spricht die Tatsache,
daß in einem hohen Prozentsatz der
Fälle mit der Xanthosis des Serums
eine Vermehrung der Blutfette einhergeht. Es könnten die in den Fettdepots
des Körpers gespeicherten Lipochrome
bei dem Ausschütten dieser Depots und
der Verbrennung der Fette von dem
intermediären Abbau verschont geblieben sein, so daß es zu einer relativen
Anreicherung dieser Farbstoffe im Organismus kommt. Das zeigt nebenstehende
Abbildung einer Xanthosis testis diabe-

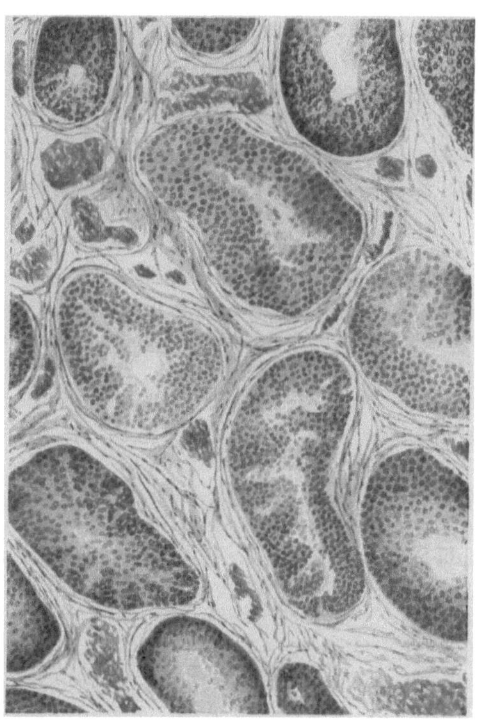

Abb. 34. Xanthosis testis diabetica.

tica mit Anreicherung der Lipochrome in den Zwischenzellen des Hodens (Abb. 34). Die
wesentliche Ursache ist eine alimentäre. In jedem Diätzettel eines schweren Diabetikers
dominieren neben den Fetten die Gemüse. In diesen sind neben dem Chlorophyll stets
die beiden gelben Lipochrome Xanthophyll und Carotin vorhanden. Durch eine gleichzeitige überreichliche Zufuhr von Fett und lipochromreichen Nahrungsmitteln (grünes
Gemüse, Tomaten) kommt es zu einer alimentären Hyperlipochromämie. Daß diese
Auffassung das richtige trifft, konnte an zuckerfreien Diabetikern durch Erzeugung einer
alimentären Xanthosis mit erhöhten Blutlipochromwerten sichergestellt werden[1] (s. S. 322).

Die Störungen des intermediären Stoffwechsels bei den Diabetikern sind
schwerlich einheitlicher Natur. Die Tatsache, daß es unter den Diabetikern
eine Gruppe extrem abgemagerter und eine andere Gruppe hochgradig adi-
pöser Kranker gibt, suchte v. NOORDEN[2] folgendermaßen zu erklären. In einer
Reihe von Fällen soll die Verwertbarkeit des Zuckers und seine Umwandlung

---

[1] BÜRGER u. REINHARD: Z. exper. Med. 7, 119 (1918). — Dtsch. med. Wschr. 1919 I.
[2] v. NOORDEN: Handbuch der Pathologie des Stoffwechsels, 2. Aufl., Bd. 2, S. 26.
Berlin 1907.

in Fett gleichzeitig gestört sein. Die Folge ist Glykosurie und fortschreitende Abmagerung. In einer zweiten Gruppe ist die Verbrennung des Zuckers, aber nicht die Synthese zu Fett beschränkt. Die Glykosurie kann fehlen. Es bildet sich eine Fettsucht aus, zu der in späteren Stadien, wenn auch die Verbrennung des Zuckers beschränkt ist, Glykosurie hinzutritt. Die Deutung ist neuerdings dadurch erschüttert, daß man immer mehr einsehen lernt, daß auch der diabetische Organismus Zucker zu verbrennen imstande ist. Das lehren auch die Einwirkungen körperlicher Arbeit auf die Blutzuckerkurve, die in vielen Fällen durch erhöhte Muskelleistungen gesenkt wird. Es ist von anderer Seite daran gedacht worden, daß die mangelhafte Fettbildung in schweren Fällen deshalb ausbleibe, weil die Umwandlung des Zuckers in Fett nicht so rasch vor sich geht, um den Zuckergehalt des Blutes auf seiner normalen niedrigen Höhe zu halten. Vielleicht sind auch *der Diabetes der Fetten* und der schwere genuine zur *Azidose führende Diabetes* zwei wesensverschiedene Erkrankungen.

d) Störungen des Eiweißstoffwechsels beim Diabetes. Beim schweren Diabetes bleiben die intermediären Stoffwechselstörungen nicht auf das Gebiet der Kohlehydrate und Fette beschränkt, sondern greifen auch auf das *des Eiweißes* über. In engem Zusammenhang mit der raschen Reduktion der Muskelbestände, welche bei jedem schweren Diabetes sich feststellen läßt, steht die Vermehrung des *Kreatins* und *Kreatinins* im Harn. Schwere Diabetiker scheiden auch bei fleischfreier Nahrung, bei welcher der Erwachsene kein Kreatin im Harn aufweist, dauernd Kreatin aus. Leichte Diabetiker verhalten sich in dieser Beziehung wie Gesunde. Mittelschwere Fälle mit mäßiger Acetonkörperausscheidung zeigen deutlich alimentäre Kreatinurie[1]. Dies Auftreten von Kreatin bei Diabetikern ist eine starke Stütze für die von mir seit 20 Jahren vertretene Auffassung, daß **Störungen des Muskelstoffwechsels** beim Zuckerkranken eine wesentliche Rolle spielen. JAHN[2] glaubt, daß Kreatin die muskelglykogenbildende und blutzuckersenkende Wirkung des Insulins unterstützt. Im einzelnen sind die Störungen des Muskelstoffwechsels in ihrer Bedeutung für den gesamten Kohlehydrathaushalt noch durchaus nicht restlos geklärt. Vor allem ist die Frage zu untersuchen, ob nicht auch *primäre* Störungen der Umsetzungen in der Muskulatur denkbar sind, für deren Ausgleich die normalerweise in den Stoffwechsel geworfenen Mengen Insulin nicht ausreichen, welche also erhöhte Anforderungen an das Pankreas stellen. *Sekundäre* Störungen des Muskelstoffwechsels sind bei bestehender Azidose schon dadurch möglich, daß die fermentativen Umsetzungen in der Muskulatur durch die Ketonkörper gehemmt werden. Wir haben oben (S. 2) auseinandergesetzt, daß bei der Muskelfunktion aus Kreatin und Adenylsäure mit Hilfe der Phosphorsäure Phosphagen und Adenosintriphosphorsäure aufgebaut werden. Wir wissen ferner, daß das Insulin seinen blutzuckersenkenden Effekt bei Ausschaltung der Muskulatur verliert. *Es liegt nahe anzunehmen, daß das Insulin nicht nur die geordnete Verwendung des Zuckers in der Muskulatur beherrscht, sondern auch in die Adenosintriphosphorsäuresynthese eingreift; bei Insulinmangel bleibt sie aus, und das zur Synthese nicht verwendete Kreatin tritt in den Harn über.*

Die hohen *Stickstoff-* bzw. *Harnstoffwerte* des Diabetikers sind als besonderes Symptom der diabetischen Azoturie beschrieben worden. Es fragt sich, ob diese

---

[1] BÜRGER u. MACHWITZ: Arch. f. exper. Path. **74**, 222 (1913).
[2] JAHN: Dtsch. Arch. klin. Med. **177**, H. 2 (1935).

hohen Stickstoffwerte die Folge einer endogenen Steigerung des Eiweißumsatzes oder lediglich der Ausdruck eines vermehrten Gehalts der Nahrung an Eiweißkörpern ist. Für viele Fälle läßt sich zeigen, daß die besondere Form des früher üblichen Kostregimes mit seinen hohen Fleischmengen die im Harn gefundenen Stickstoffwerte ohne weiteres erklärt. In anderen Fällen gelingt es nicht, den Diabetiker ohne Insulin ins calorische Gleichgewicht zu bringen, d. h. die Gesamtheit der mit der Nahrung zugeführten Calorien vermindert um die Menge der mit dem Harnzucker verlorengehenden Calorien ist nicht ausreichend, um den Bestand des Körpers zu erhalten. Unter diesen Umständen ist der Organismus gezwungen, Brennwerte aus den eigenen Beständen beizusteuern. Solange die Fettdepots noch gefüllt sind, werden diese in erster Linie beansprucht. Sind sie aber erschöpft, so werden die Eiweißbestände des Körpers angegriffen. Die Folge ist eine *negative Stickstoffbilanz.* Der Harnstickstoff setzt sich hier aus der Komponente des Nahrungsstickstoffs und der aus dem Körpermaterial herrührenden Quote zusammen. Es ist Aufgabe einer geregelten Diätetik, diese Quote möglichst gering zu gestalten durch Einschränkung der für den Betreffenden unverwertbaren Kohlehydrate und Ersatz derselben durch calorisch hochwertige Fette und Eiweiß. Neben dieser im wesentlichen durch Unterernährung bedingten „Azoturie" ist ein weiterer Eiweißverlust dadurch möglich, daß die im intermediären Stoffwechsel gebildeten toxischen Substanzen, zu denen Oxybuttersäure und Acetessigsäure zu rechnen sind, deletär auf die Zellbestände des Körpers einwirken und zu einem *toxogenen Eiweißzerfall* führen. Das tritt aber erst in den Endstadien, speziell beim beginnenden Koma, ein. In solchen Fällen findet man auch eine Änderung der qualitativen Zusammensetzung der stickstoffhaltigen Harnbestandteile. Es wurde eine Vermehrung der formoltitrierbaren *Aminosäuren* und eine Erhöhung des sog. *kolloidalen Stickstoffs* gefunden, gelegentlich auch nicht unerhebliche Mengen von Tyrosin aus dem Diabetikerharn isoliert; nach alimentärer Zufuhr größerer Mengen reiner Aminosäuren wurden dieselben zum Teil im Harn wiedergefunden, während sie beim Gesunden der Verbrennung anheimfallen[1].

In nahezu ein Drittel aller Fälle von Diabetes, sowohl bei schweren wie bei leichten Formen der Erkrankung, wird *Eiweiß* im Harn gefunden. Durchaus nicht in allen Fällen läßt sich bei dieser diabetischen Albuminurie eine funktionelle Nierenschädigung nachweisen. Die Albuminurie ist sicher abhängig von der Ausscheidung des Zuckers, vor allem aber der Acetonkörper. Es gelingt nicht selten durch eine entsprechende Diät unter Zuhilfenahme von Insulin mit dem Verschwinden der Glykosurie auch die Albuminurie zu beseitigen. Bei langdauernder Ketonurie kommt es freilich auch zu schweren Schädigungen, die schon in das Bereich der Nephrose hineinfallen. Im Coma diabeticum werden eigentümliche Gebilde von zylindrischer Form im Harn gefunden, die als *Komazylinder* beschrieben werden, nicht selten aber schon vor dem Ausbruch des Komas im Harn bei sorgfältiger Untersuchung nachgewiesen werden können. Ihre Entstehung ist wahrscheinlich durch die direkte Säurewirkung der Ketonkörper auf die Nierenepithelien zu erklären. In Fällen, in denen die Säuren im Harn fehlen, werden die Komazylinder regelmäßig vermißt.

---

[1] ABDERHALDEN: Hoppe-Seylers Z. **44,** 40. — PLAUT u. REESE: Chem. Ber. **9,** 377 (1902).

Die Frage, *wieviel Zucker aus Eiweiß* entstehen könne, ist aus theoretischen und praktischen Gründen vielfach diskutiert worden. PFLÜGER und JUNKERSDORF[1] stellen folgende Überlegungen an:

Unter der Annahme, daß der aus 100 g Eiweiß stammende N quantitativ als Harnstoff ausgeschieden wird, ergeben sich für 100 g Eiweiß 16 g N und 51,8 g C. Die 16 g N entsprechen 34,3 g Harnstoff mit 6,8 g C. Es bleiben demnach von den aus den 100 g Eiweiß stammenden Kohlenstoff 45 g C zur Bildung von 112 g Dextrose verfügbar. Das Verhältnis von Dextrose zu Stickstoff ist gleich $112 : 16 = 7$. Dieser maximale Wert, nach welchem aus 100 g Eiweiß 112 g Dextrose entstehen sollen, wird unter natürlichen Bedingungen nicht erreicht.

Der Versuch, aus dem Quotienten $\frac{D}{N}$ quantitative Rückschlüsse auf die intermediären Vorgänge im Organismus des Diabetikers zu machen, erscheint aus verschiedenen Gründen *verfehlt*.

Einmal ist es sicher, daß der aus den Eiweißbeständen des Organismus entstehende Zucker zum Teil jedenfalls auch beim Diabetiker wieder dem Verbrauch anheimfällt. Muskelarbeit hat, wie mehrfach betont, auch beim Zuckerkranken unter bestimmten Bedingungen eine Verminderung des Blut- und Harnzuckers zur Folge. Auch der stickstoffhaltige Anteil braucht durchaus nicht quantitativ im Harn zu erscheinen. Einmal können N-haltige Komplexe, wie UMBER[2] betont, zum Wiederaufbau von Eiweißmolekülen Verwendung finden. Dann aber wird vor allem beim schweren Diabetes, besonders dann, wenn Störungen des Wasserhaushalts vorliegen, Stickstoff in quantitativ nicht bestimmbarer Menge retiniert werden können. Alle diese Momente schränken die theoretische Bedeutung des Quotienten $\frac{D}{N}$ wesentlich ein.

e) Theorie des Diabetes. Bei jeder Form des echten Diabetes besteht eine Hyperglykämie. Die Frage, ob es eine einheitliche Erklärung des Diabetes mellitus gibt, läßt sich dahin präzisieren, ob sich die beim Diabetes festgestellte Hyperglykämie auf eine einheitliche Ursache zurückführen läßt. Als mögliche Ursachen sind diskutiert worden: *eine Verminderung des Zuckerverbrauchs, eine Vermehrung der Zuckerbildung, das gleichzeitige Vorkommen beider Vorgänge und schließlich Störungen der Regulation.* Eine Verminderung des Zuckerverbrauchs wird von einer Seite (LÉPINE[3]) dadurch zu erweisen versucht, daß man darauf hinweist, es würde die in vitro nachweisbare Zerstörung des Zuckers (Hämoglykolyse) bei Diabetikern in weit geringerem Umfange eintreten als bei normalen Personen. Diese Tatsache besteht für einzelne Fälle zweifellos zu Recht. Sie ist, wie hier nicht ausgeführt werden kann, aber als eine sekundäre Folge der intermediären Azidose, vielleicht auch der Hyperglykämie an sich, anzusehen[4]. Das Ausmaß der durch die im Blute vorhandenen Fermente bewirkten Zuckerzerstörung ist zudem viel zu gering, um die gewaltige Hyperglykämie und Glykosurie allein zu erklären. Beweise dafür, daß der Organismus des Diabetischen nicht imstande sei, den Zucker zu verbrennen, fehlen. Der Grund, daß beim maximalen Pankreasdiabetes zugeführte Glykose quantitativ wieder ausgeschieden wird, ist für die meisten Fälle von menschlichem Diabetes nicht stichhaltig, da es sich nie um einen vollkommenen *Mangel* des Insulins

---

[1] PFLÜGER u. JUNKERSDORF: Pflügers Arch. **30**, 201 (1910).

[2] UMBER: Dtsch. Naturforschverslg Hamburg 1901. Ther. Gegenw. **1901**.

[3] LÉPINE: Sur la Présence normale, dans le chyle, d'un ferment destructeur du sucre. C. r. Acad. Sci. Paris **110**, 742, 1314 (1890); **112**, 146, 411, 604, 1185 (1891); **113**, 118 (1891); **120**, 139 (1895). — Le Ferment glycolytique et la pathogénie du diabète. Paris 1891.

[4] BÜRGER: Über die Zuckerstörung im überlebenden Blut beim Diabetes mellitus. Z. exper. Med. **31** (1923).

handeln wird. Wenn in schwerstem Diabetes und hochgradiger Azidose der respiratorische Quotient sich auf den niedrigen Wert von 0,7 einstellt und auf Zuckerzufuhr nicht ansteigt, so ist auch daraus nicht auf eine Unmöglichkeit der Zuckerverwertung zu schließen. Denn die Größe der Kohlensäureabgabe ist von verschiedenen, bei Schwerzuckerkranken im einzelnen nicht übersehbaren Faktoren abhängig; auf keinen Fall ist sie bei Diabetikern ein quantitativer Ausdruck für die Verbrennungsvorgänge. Daraus folgt, daß dem respiratorischen Quotienten als Indicator für die Beurteilung der Art in den Stoffwechsel des Diabetikers einbezogener Substanzen nur ein bedingter Wert zukommt. Zuckerinjektionsversuche (BERNSTEIN und FALTA[1]) zeigten, daß der respiratorische Quotient sich auch beim Zuckerkranken dem Werte 1 nähert, oder denselben erreicht, die Dextrose somit in die Verbrennung einbezogen wurde. Die Frage nach den Änderungen des respiratorischen Stoffwechsels bei Diabetikern ist noch nicht abgeschlossen. Der respiratorische Quotient ist bei schweren Fällen zwar niedrig. Aber v. NOORDEN[2] hebt mit Recht hervor, daß aus dem niedrigen respiratorischen Quotienten *nicht* geschlossen werden kann, daß die im Muskel verbrennende Substanz kein Zucker ist, sondern nur, daß das Ausgangsmaterial dieser Substanz kein Zucker sein kann. Bei pankreasdiabetischen Tieren, denen gleichzeitig die Leber ausgeschaltet war, stellte sich der respiratorische Quotient auf den Wert 1 ein, womit bewiesen erscheint, daß die Muskeln dieser Tiere, welche im wesentlichen den respiratorischen Gaswechsel bestreiten, Kohlehydrat zu verbrennen imstande waren. Ausgedehnte Arbeitsversuche an menschlichen Diabetikern zeigten mir, daß die starke Beanspruchung der Muskulatur unter bestimmten Bedingungen den Blutzucker sowohl wie den Harnzucker vermindert. Auch die Insulinwirkung wird durch gleichzeitige Muskelarbeit ganz erheblich gesteigert.

Andererseits spricht die Tatsache, daß schon ein geringer Arbeitsreiz genügt, um bei manchen Diabetikern auch ohne interkurrente Nahrungszufuhr eine langdauernde *Hyperglykämie* zu erzeugen, für eine besondere *Empfindlichkeit* der *nervösen Regulation*. Mancherlei Zeichen deuten darauf hin, daß eine erhöhte Erregbarkeit vegetativer Nerven beim Diabetes mellitus vorliegt. Der Erethismus der Hautgefäße, die Abhängigkeit der Glykosurie von psychischen Alterationen, welche die diabetische Glykosurie gelegentlich auf lange Zeit hinaus steigern, lehrt, daß der gesamte zuckerbildende Apparat abnorm leicht erregbar ist. Solche Erregungen können endogener und exogener Natur sein. Abundante Eiweißzufuhr z. B. kann, wie sie beim Normalen den Gesamtstoffwechsel steigert (spezifisch-dynamische Wirkung), beim Diabetiker speziell den zuckerbildenden Apparat leichter und ausgiebiger als in der Norm erregen (eiweißempfindliche Diabetiker). Angestrengte Muskelarbeit kann in ähnlicher Weise, vielleicht auf nervösem Wege über das Zentrum, eine starke Erregung auf den zuckerbildenden Apparat ausüben.

Im Mittelpunkt aller theoretischen Betrachtungen über das Wesen der Zuckerkrankheit steht heute das *Insulin* ($C_{45}H_{75}O_{17}N_{11}S$). Durch künstlich herbeigeführten Insulinmangel lassen sich alle wesentlichen Symptome des Diabetikers beim Tiere erzeugen. Durch Insulinzufuhr lassen sie sich beim künstlich zuckerkrank gemachten Tier und beim menschlichen Diabetiker praktisch zum

---

[1] BERNSTEIN u. FALTA: Dtsch. Arch. klin. Med. **127**, 1 (1918).
[2] v. NOORDEN: Zuckerkrankheit, 6. Aufl., S. 163. Berlin 1912.

Verschwinden bringen. Die theoretische Ausdeutung der Insulinwirkung beim gesunden und zuckerkranken Menschen hatte bis zur Herstellung krystallinischen reinen Insulins große Schwierigkeiten, da man stets mit Nebenwirkungen von seiten verunreinigender Substanzen rechnen mußte. Für das *krystallinische* Insulin haben wir folgende Feststellung gemacht: Die Injektion reinen krystallinischen Insulins hat bezüglich der Verbrennungsprozesse im Organismus des Diabetikers eine zweiphasische Wirkung. Unmittelbar nach der Injektion steigt der Sauerstoffverbrauch an und strebt nach 1—2 Stunden dem Ausgangswert wieder zu, um sekundär noch einmal anzusteigen. Die erste Steigerung entspricht der Phase eines kompensatorischen Ausgleichs des Insulinmangels im Organismus und führt die *verfügbaren Kohlehydrate einer rascheren Verwertung im Stoffwechsel zu.* Die zweite Phase entspricht dem Stadium der Kohlehydratverarmung; sie kann je nach der Steilheit des Blutzuckergefälles zu mehr oder weniger deutlichen Unlustgefühlen führen, die von einer Beschleunigung von Herz- und Atemtätigkeit eingeleitet werden. Diese zweite Phase der Insulinwirkung zeigt offenbar die zunehmende Kohlehydratverarmung der Gewebe und speziell ihrer empfindlichen Nervenelemente an, und hat unseres Erachtens mit der eigentlichen Insulinstoffwechselwirkung nur indirekt zu tun.

Eine zusammenschauende Betrachtung aller erwähnten Tatsachen führt uns zu folgenden Vorstellungen über die *Theorie des Diabetes:* Einen *kompletten Diabetes,* wie wir ihn im Tierexperiment durch totale Entfernung des Pankreas herbeiführen, *gibt es beim Menschen nicht.* Immer sind noch Inselreste vorhanden, die dem Körper ein Existenzminimum von Insulin liefern. Die geordnete Tätigkeit aller Zellen ist an die Anwesenheit verwendbarer Kohlehydrate gebunden. Verwendbar sind die in der Leber umgeprägten Nahrungskohlehydrate aber nur in *Gegenwart von Insulin.* Je weniger Insulin, desto schlechter die Kohlehydratverwertung. Der Lockreiz für die Insulinproduktion ist Kohlehydratzufuhr mit der Nahrung und Muskelarbeit. Bei *Insulinmangel* kann die Zelle, vor allem die Muskelzelle, den Zucker *nur unvollkommen umsetzen.* Trotz reichlichem Angebot bleibt sie zuckerhungrig; wie den Wassersüchtigen dürstet, weil er das Wasser nicht geordnet verwenden kann, so hungert der Zuckersüchtige nach Kohlehydrat, weil er wegen des relativen Insulinmangels von den angebotenen Kohlehydraten einen unökonomischen Gebrauch macht. Dieser dauernde paradoxe Zuckerhunger der Gewebe läßt den zuckerliefernden Apparat der Leber nicht zur Ruhe kommen; die Leber kann keine Reserven speichern, weil sie dauernd von den Geweben (Muskulatur) wieder abgerufen werden. Die Glykogenarmut der Leber — ihre Dyszooamylie — ist also im wesentlichen *sekundärer* Natur, ebenso wie die Mobilisation der Fettreserven. Wie alle Zellen, so werden auch die der Leber durch den Insulinmangel in ihren vitalen Funktionen geschädigt. Zu diesen Funktionen gehört auch die Umprägung der Kohlehydrate in die Arbeitsform des Zuckers und ihre Stapelfähigkeit für Glykogen. Eine *glykogenarme* Leber ist, wie die Erfahrungen der Toxikologen lehren, an sich schon ein in seiner Funktion geschwächtes Organ; kommt noch der Insulinmangel hinzu, so wird aus beiden Gründen auch die Umsetzung der überstürzt mobilisierten Fettreserven in der Leber erschwert: es kommt zur Bildung von Acetonkörpern. Die mangelhafte Oxydationsfähigkeit der diabetischen Leber gegenüber den Fetten und Acetonkörpern ist erwiesen: die Leber des pankreasdiabetischen Hundes kann bis zur Hälfte ihres Gewichts aus Fett bestehen. Aber auch hier ist zu sagen, daß es sich beim zuckerkranken Menschen nicht um eine prinzipielle Unfähigkeit handelt, denn auch der Diabetiker kann Oxybuttersäure, wenn sie ihm subcutan oder per os gegeben wird, in beträchtlichen Mengen zu Kohlensäure verbrennen. Die Oxydationsstörung der Fette und Ketonkörper ist als Folge der gestörten Insulinbildung anzusehen. Sie führt — wenn nicht diätetisch oder mit Insulin eingegriffen wird — zur Azidose. Hat die Azidose schwerere Grade erreicht, so können infolge der „Säurevergiftung" *sekundär* Oxydationshemmungen besonders in den *Organen* Platz greifen. Es ist sehr wohl denkbar, daß bei einer weitgehenden Beanspruchung der Pufferreserven — vorübergehend wenigstens — eine Änderung der H-Ionenkonzentration in den Geweben eintreten und damit die Bedingungen für die Arbeit der Fermente geändert werden können. Für das glykolytische und diastatische Ferment sind die Wirkungsoptima bei einer ganz bestimmten H-Ionenkonzentration gefunden worden. Zunehmende Säuerung hemmt die Glykolyse im Blut — was sich leicht zeigen läßt — und Zuckerverbrennung in den Geweben. Die mangelnde Oxydation der Kohlehydrate fördert wieder die Bildung der Säuren. Dieser Circulus vitiosus endet schließlich mit dem Koma. Alle hier geschilderten Vorgänge lassen sich also als Folgen des Insulinmangels verstehen. Dieser kann wieder eine doppelte Wurzel haben: Erstens Minderproduktion infolge eines insuffizienten Inselapparates, zweitens vorzeitige und weitgehende Zerstörung einer an sich ausreichenden Insulinmenge. Auch für diese Möglichkeit liegen experimentell begründete Tatsachen bereits vor[1]!

Der Diabetes beruht nach diesen Ausführungen auf einem angeborenen oder erworbenen Mangel an Insulin. Dieser Insulinmangel hindert die geordnete Verwendung der Kohlehydrate, vor allem in der Muskulatur. Der dadurch bedingte „paradoxe Zuckerhunger" führt zu dauernder Mehrproduktion von Kohlehydraten durch die Leber und damit zur Hyperglykämie und Glykosurie.

D. Der Fettstoffwechsel und seine Störungen.
1. Physiologiche Vorbemerkungen. Fette.

Das Fett ist eines der wichtigsten Nahrungsmittel. Das gesunde an der Brust gedeihende Kind bestreitet seinen Energiebedarf zu ·einem bedeutenden Teil in Form von Fett. Dieser relativ hohe Anteil der Fette an den Gesamtcalorien der Nahrung wird in keinem späteren Lebensabschnitt — unter normalen Bedingungen — mehr erreicht. Für den Erwachsenen soll nach dem VOITschen Kostmaß das Gewichtsverhältnis von Fett zu Eiweiß zu Kohlehydrat 1 : 2 : 10 betragen. Man weiß besonders aus den Erfahrungen der Kriegszeit, daß der Mensch mit sehr geringen Fettmengen lange Zeit hindurch auskommen kann. Es ist die Frage aufgeworfen worden, ob der Mensch vollkommen die *Fettzufuhr entbehren* könne. Soweit die Triglyceride in Frage kommen, ist es unbedingt zu *bejahen.* Denn wir wissen, daß unter der Voraussetzung genügender Calorienzufuhr der Organismus sowohl aus Zucker bzw. Kohlehydraten wie aus Eiweiß — auf dem Umwege über die Kohlehydrate — Fett bilden kann. Den Fetten kommt demnach eine ausschlaggebende Rolle im Sinne unentbehrlicher Nahrungsstoffe nicht zu.

---

[1] BÜRGER u. KOHL: Über Inaktivierung des Insulins durch Blut. A. e. P. P. **174.**

Die Fette im tierischen Körper sind zur Hauptsache Glycerinester der höheren Fettsäuren, und zwar im wesentlichen der

Palmitinsäure $(C_{16}H_{32}O_2)$ ⎱ der normalen Reihe $C_nH_{2n}O_2$ angehörig; bei gewöhnlicher
Stearinsäure $(C_{18}H_{36}O_2)$ ⎰ Temperatur fest, und der

Ölsäure $(C_{18}H_{34}O_2)$ ungesättigt der Reihe $C_nH_{2n-2}O_2$ angehörig; bei gewöhnlicher Temperatur flüssig.

Die Bindung der Fettsäuren an das Glycerin geschieht an jedem der drei Alkoholradikale des Glycerins. Die drei zur Bindung herangezogenen Fettsäurereste sind gewöhnlich identisch; es entstehen Tripalmitin, Tristearin und Triolein. Das bei gewöhnlicher Temperatur *flüssige Triolein* erniedrigt den Schmelzpunkt eines Fettes bzw. Triglyceridgemisches. Pflanzen und Kaltblüter enthalten besonders leichtflüssige Fette (Öle).

Bei einem gesunden wohlgebildeten Menschen beträgt das Fett etwa 18% des Körpergewichts, bei einem gemästeten Tier kann es bis $1/2$ des Gesamtgewichts betragen. Weitaus die größte Menge ist in der Unterhaut zu finden. Der neugeborene Mensch hat ein höherschmelzendes festeres Fett als der Erwachsene (wichtig für die Haltung des Säuglings).

Da fast alle Fette Glieder aus verschiedenen Gruppen von Fettsäuren enthalten (Säuren der Essigsäure-, der Oleinsäure-, der Linol- und Linolensäurereihe), erscheint es erwünschenswert, eine einfache Methode zu finden, die den ungefähren Gehalt an ungesättigten Fettsäuren angibt. Eine solche Methode ist gegeben in der Bestimmung der HÜBLschen Jodzahl; während die Fettsäuren der *normalen Reihe* gegen Jod indifferent sind, addiert die zweite Gruppe 2 Atome, die Linolsäurereihe 4 und die Linolensäurereihe 6 Atome Jod.

Die Bedeutung der *Jodzahl* ist besonders in der *Kinderheilkunde* gewürdigt worden. Man fand nämlich die Jodzahl der Muttermilchfettsäuren zwischen 30 und 50, die der Kuhmilchfettsäuren zwischen 20 und 30[1]. Das deutet auf einen höheren Ölsäuregehalt der Frauenmilch. Damit stimmt gut überein, daß der Schmelzpunkt der Frauenmilchfette niedriger zwischen 38 und 39° als der der Kuhmilchfette liegt (zwischen 40 und 41° und darüber). Auch das Cholesterin bindet Jod, während Dihydrocholesterin und Koprosterin kein Jod binden. Auf Grund dieser Tatsache lassen sich gesättigte und ungesättigte Sterine quantitativ nebeneinander bestimmen.

Die besondere physiologische Bedeutung der Fette als Nahrungsmittel liegt in zwei Eigenschaften. Die eine ist ihr *hoher Brennwert*. Er gestattet bei relativ geringem Gewicht eine calorisch hochwertige Kost einzuführen (Expeditionen, Hochtouren usw.). Die zweite ist die relativ *geringe Steigerung* des *Wärmeumsatzes* bei Zufuhr eines Nahrungsüberschusses, welcher bei Fettnahrung nur zum kleinsten Teil verbrannt wird. Der größere kommt zum Ansatz. Das ist für lange Zeiträume nicht ohne Bedeutung. v. NOORDEN hat errechnet, daß eine Mehraufnahme von 25 g Butter pro Tag über den Bedarf hinaus in 1 Jahre eine Gewichtszunahme von 11 kg ergeben würde. Im Gegensatz zum Eiweiß ist also das Fett geeignet bei reichlicher Zufuhr als Reservestoff aufgestapelt zu werden. Eine für das Verständnis der Fettstoffwechselvorgänge wichtige Tatsache ist die *Fettbildung aus Zucker*.

Diese Tatsache ist dadurch sichergestellt, daß man verschiedene Versuchstiere nach vorausgegangener Unterernährung mit eiweißarmer und fettfreier aber kohlehydratreicher Kost mästen konnte und dabei im Bilanzversuch die Retention gewaltiger Kohlenstoffmengen feststellte. Durch gleichzeitige Bestimmung der N-Retention läßt sich zeigen, daß die retinierten Stickstoffmengen zu gering sind, um den retinierten Kohlenstoff als Eiweißkohlenstoff in Ansatz zu bringen. Andererseits zeigen die Berechnungen, daß der Kohlenstoff auch nicht im entferntesten als Glykogen zum Ansatz gekommen sein kann. Es bleibt also nur das Fett als Kohlenstoffträger übrig.

Es gibt noch einen weiteren interessanten Beweis für die Umwandlung von Kohlehydrat in Fett, nämlich die Berechnung des respiratorischen Quotienten $\frac{CO_2}{O_2}$. Das Verhältnis von ausgeatmeter Kohlensäure zum eingeatmeten Sauer-

---

[1] FREUND: Erg. inn. Med. **3**, 151.

stoff beträgt bei Verbrennung von Kohlehydraten 1. Bei Fetten, die eine zur Verbrennung ihres Wasserstoffs nicht ausreichende Menge Sauerstoff enthalten, beträgt der respiratorische Quotient 0,707, beim Eiweiß 0,8. Da nun Zucker eine sauerstoffreiche, Fett eine relativ sauerstoffarme Substanz ist, wird beim Übergang von Zucker in Fett relativ viel Sauerstoff frei, der Kohlenstoff zu CO_2 zu verbrennen vermag, ohne daß mehr Sauerstoff eingeatmet zu werden braucht. Es steigt also bei gleicher Sauerstoffeinnahme die ausgeatmete CO_2-Menge und daher der respiratorische Quotient an. Der respiratorische Quotient bei gemästeten Gänsen und Murmeltieren, die sich zum Winterschlaf anschicken, steigt bis 1,4, da die Tiere um diese Zeit sehr viel in Fett umgewandeltes Kohlehydrat stapeln.

Fettverdauung im Magen.

Die Fette der menschlichen Nahrung gelangen zum Teil in nicht emulgiertem Zustande als Pflanzen-, Fleisch- und Butterfett in den Magen. Es ist lange Zeit Gegenstand einer Kontroverse gewesen, ob die Magenschleimhaut ein fettspaltendes Ferment produziere. Da fettreiche Mahlzeiten bedeutend länger im Magen verweilen als fettärmere, ist diese Frage nicht ohne praktische Bedeutung. Es wird sogar behauptet, daß es unter pathologischen Bedingungen, z. B. beim Pylorospasmus, zu einer elektiven Stagnation des Fettes im Magen kommen könne. Es fragt sich, ob die im Magen nachgewiesene Lipase von der Magenschleimhaut selbst produziert wird oder ob sie vom Duodenum durch Antiperistaltik in den Magen hineingelangt. BOLDYREFF[1] gründete auf der sichergestellten Beobachtung des Rücktransports von Duodenalinhalt in den Magen nach fettreichen Mahlzeiten eine Methode zur Gewinnung von Duodenalsaft. Für den Säuglingsmagen haben die Untersuchungen von IBRAHIM[2] die Entscheidung zugunsten des Vorhandenseins eines Magensteapsins gebracht. Beim erwachsenen Magenfistelträger fand man[3], daß der Fundussaft 42—64% einer Fettemulsion in 20 Stunden bei 37⁰ spaltete. Damit scheint das Vorhandensein einer Magenlipase erwiesen. Ihre Wirksamkeit ist auf emulgierte Fette beschränkt. Die Magenlipase der Neugeborenen spielt bei der Spaltung der Milchfette eine Rolle zu einer Zeit, in der der Bauchspeichel noch fermentfrei oder fermentarm ist.

Fettverdauung im Darm.

Der weitere Gang der normalen Fettverdauung vollzieht sich so, daß unter dem Einfluß des Alkalis der Darmverdauungssäfte bei Gegenwart freier Fettsäure Emulsionen der Triglyceride entstehen. Diese Emulsionen bieten den Darmlipasen (Steapsin des Pankreas; fettreiche Mahlzeit bedingt steapsinreichen Pankreassaft) eine besonders günstige Angriffsfläche, die fortschreitende Fettspaltung begünstigt ihrerseits wieder die Emulgierung neuer Fettportionen. In welcher Form nun die Resorption der Fette von der Darmwand her erfolgt, ist noch immer nicht mit Sicherheit entschieden. Im allgemeinen wird für die Fettaufsaugung die vorherige Spaltung als obligatorisch angesehen. Von besonderer Bedeutung für die Resorption der Fette ist die Fähigkeit der Galle, Fettsäuren und Seifen zu lösen. Infolge ihres Alkaligehalts, der etwa einer Sodalösung von 0,2% entspricht, sollen nicht unerhebliche Mengen Fettsäure verseift werden. Bis in die jüngste Zeit wiederholen sich Behauptungen, daß auch ungespaltenes Fett in feinster Emulsion resorbierbar sei. VERZAR hat bei vier gleichalten Geschwisterhunden je eine gleich lange Darmschlinge abgebunden und in die erste eine feine Emulsion von Olivenöl allein, in die zweite Olivenöl mit Lipase, in die dritte Olivenöl mit Na-Taurocholat und in die vierte Olivenöl mit Lipase und Na-Taurocholat injiziert. Eine Resorption von Fett ist nur im letzten Fall eingetreten, wenn also das Fett gespalten wurde und in Gegenwart von Na-Taurocholat in Lösung ging.

---

[1] BOLDYREFF: Pflügers Arch. **121**, 13 (1908).

[2] IBRAHIM u. KOPIC: Z. Biochem. **53**, 201.

[3] VOLHARD: Z. klin. Med. **42**, 414 (1900). — UMBER u. BRUGSCH: Arch. f. exper. Path. **55** (1905).

Die durch die Lipase abgespaltenen Fettsäuren sollen in Seifenform resorbiert werden, nach der Fettresynthese innerhalb der Darmwand das Alkali in das Darmlumen zurückkehren, um wieder neue Seifenbildung zu ermöglichen. Diese PFLÜGERsche Lehre, die auch theoretisch wie experimentell nur wenig gestützt war, ist heute erschüttert. Seit durch zahlreiche übereinstimmende elektrometrische p_H-Bestimmungen erwiesen ist, daß im Darm die Reaktion fast niemals alkalisch, sondern meist *deutlich sauer* ist (p_H 6,5—7,0), fehlt der Verseifungstheorie die wichtigste und unentbehrlichste Stütze. Denn Alkaliseifen sind erst von einer Reaktion von etwa $p_H = 9,0$ an aufwärts stabil, bei einer Alkalinität, die im Darm praktisch niemals erreicht wird. Aber auch aus anderen Gründen ist PFLÜGERs *Theorie* heute hinfällig geworden.

Ein wichtiger neuer Gesichtspunkt wurde in die Frage der Fettresorption von VERZAR[1] und durch die Arbeiten von WIELAND[2] gebracht. Diese Autoren konnten nämlich zeigen, daß Gallensäure zusammen mit Fettsäuren klar wasserlösliche, leicht diffusible Verbindungen geben, die auch bei saurer Reaktion bis herab zu $p_H = 6,2$ stabil sind. Es ist danach sehr wohl möglich, daß ein Teil der Fette auf diese Weise wasserlöslich gemacht und resorbiert wird. Ob die Gallensäuremengen, die in den Darm abgeschieden werden, ausreichen, um die Bindung der im Laufe eines Tages oder auch nur einer Mahlzeit genossenen Fettsäurenmengen zu bewerkstelligen, ist fraglich. Da im Tage etwa 6—10—20 g Gallensäuren sezerniert werden, könnten unter Zugrundelegung der von WIELAND[3] näher erforschten stöchiometrischen Verhältnisse etwa nur 3—5 g Fett am Tage resorbiert werden, wenn es nicht noch andere Resorptionsmechanismen gäbe. In neueren Arbeiten kam VERZAR[4] allerdings zu dem Resultat, daß die rein stöchiometrische Bindungsweise zwischen Gallen- und Fettsäuren nicht die einzig mögliche ist, sondern daß die Gallensäuren imstande seien, auch größere Fettsäuremengen durch kolloidale Anlagerung zu „lösen".

Das Schicksal der Fette jenseits der Darmwand.

Das resynthetisierte Neutralfett ergießt sich in die abführenden Lymphbahnen und kommt durch den Ductus thoracicus in die Blutbahn. Doch wird niemals die gesamte resorbierte Fettmenge durch die Lymphgefäße abgeführt. MUNK und ROSENSTEIN[5] fanden in einem Fall spontaner Lymphfistel nur etwa zwei Drittel des resorbierten Nahrungsfettes wieder. Diese Tatsache wurde auch experimentell auf verschiedenen Wegen gesichert (Unterbindung der Lymphgefäße usw.). Ein wesentlicher Teil des aufgesogenen Nahrungsfettes wird direkt durch die Pfortader der Leber zugeführt. Tatsächlich findet man auf der Höhe der Fettverdauung auch das Pfortaderblut reicher an Fett[6]. Der größere Anteil gelangt in den Chylus und über den Ductus thoracicus in das Blut. Das arterielle Blut ist nach Untersuchungen in meinem Institut *stets reicher an Fett als das venöse*[7].

Ob der Körper die Art der Fette, die er unmittelbar der Leber zuführt, einerseits und solche, die er über die Lymphbahn abführt, andererseits unterscheidet, ist nicht entschieden aber wahrscheinlich.

Der erhöhte Blutfettgehalt ist nach jeder fettreichen Mahlzeit an dem milchigen Aussehen des Serums leicht zu erkennen (Verdauungslipämie) (s. S. 301).

Bemerkenswerterweise ist der Körper imstande, auch artfremde Fette (Hammeltalg, Rüböl) in seinen Depots zum Ansatz zu bringen. Neben diesen nicht *artspezifischen* gewissermaßen als Brennmaterialreserve bereitgehaltenen Fetten wird das für die spezifische Zelltätigkeit benötigte Fett, das an Menge der ersten Art sehr nachsteht, stets als *arteigenes,* mit sehr bestimmten Eigenschaften (Jodzahl, Schmelzpunkt) gebildet. Auf welche Reize

[1] VERZAR: Handbuch der normalen und pathologischen Physiologie, Bd. 4.
[2] WIELAND: Z. physiol. Chem. **97** (1916).
[3] WIELAND u. SORGE: Z. physiol. Chem. **97** (1916).
[4] VERZAR: Zit. nach FÜRTH u. MINIBECK: Biochem. Z. **237**, 193.
[5] MUNK u. ROSENSTEIN: Arch. f. Physiol. **1890**.
[6] KERN: Diss. Bonn 1935.   [7] KÄUFER: Diss. Bonn 1936.

hin im Bedarfsfalle die Lagerfette mobilisiert werden, ist unbekannt. Die Rolle der endokrinen Drüsen lernen wir in dieser Beziehung eben erst kennen. Der Einfluß des Nervensystems ist bereits sichergestellt. So wurden Tiere nach einseitiger Durchschneidung des Nervus ischiadicus langdauerndem Hunger unterworfen. Es fand sich danach der *Fettgehalt des Beins mit durchschnittenem Nerven 2- und 7mal größer als der des Beins mit intaktem Ischiadicus.*

WERTHEIMER[1] hat gezeigt, daß die Mobilisierung der Fettdepots nach Durchschneidung des Brustmarks in der Höhe des 1.—7. Brustwirbels aufhört. Durchschneidung des Brustmarks unterhalb des 7. Brustwirbels ändert an der Fettmobilisierung gar nichts. Es muß danach eine zentrale Regulation des Fettstoffwechsels angenommen werden. Daß an dieser *Regulation* das Nervensystem entscheidend beteiligt ist, dafür sprechen sowohl klinische wie physiologische Erfahrungen. Auch die *hemiplegische* und *paraplegische* Form der *Fettgewebshyperplasie,* die symmetrisch auftretenden, oft auch bestimmte, anatomisch charakterisierte Gebiete des peripheren Nervensystems beschränkten lokalen Lipomatosen seien hier erwähnt. Ferner die trophischen Neurosen, insbesondere der neurogene Fettschwund bei Hemiatrophia faciei liefern Material für die Auffassung der Beteiligung des Nervensystems an der Fettverteilung. Die Schädigung der basalen Teile des Zwischenhirns kann zu plötzlichen Vermehrungen des Fettgewebes führen und den Gedanken an eine zentrale Regulation des Fettstoffwechsels nahelegen.

Abbau der Fettsäuren.

Der Abbau der Fettsäuren scheint durch Oxydation am β-Kohlenstoffatom vor sich zu gehen, etwa nach folgendem Schema

$$R - CH_2 - CH_2 - COOH$$
$$R - CHOH - CH_2 - COOH$$
$$R - CO - CH_2 - COOH$$
$$R - COOH \ldots\ldots$$

Es entsteht also unter Absprengung der zwei endständigen Glieder der Kohlenstoffkette die entsprechend niedere Fettsäure. Ob sich der Vorgang nur in der Leber abspielt oder die Fette nach dem Schema der β-Oxydation in den peripheren Organen selbst dehydriert und verbraucht werden, ist nicht entschieden. Auch die Frage der ω-Oxydation der Fette wird neuerdings für besondere Fälle viel diskutiert[2].

2. Pathologie des Fettstoffwechsels.

Die Pathologie des Fettstoffwechsels ist am besten durchforscht auf dem Gebiete der *Resorptionsstörungen.* Aber auch Abarten des *intermediären* Fett- und Lipoidstoffwechsels sind neuerdings bekanntgeworden.

Normalerweise werden vom Menschen bei einer Zufuhr von 80—100 g Fett etwa 4—6 g unresorbiert mit dem Kot wieder ausgeschieden. 75% des Kotfettes sind gespalten, d. h. als Seifen oder Fettsäuren darin enthalten. Die Störungen der Fettresorption betreffen vier Krankheitsgruppen:

1. Erkrankungen des Magen-Darmtrakts,

2. Erkrankungen des Pankreas,

3. Erkrankungen, die den freien Abfluß der Galle in den Darm behindern (Ikterus),

4. bei bestimmten Lipoidosen.

---

[1] WERTHEIMER: Pflügers Arch. **213**, 282 (1926).
[2] FLASCHENTRÄGER und Mitarbeiter: Hoppe-Seylers Z. **225**, 157 (1934).

Bei Erkrankungen des *Magendarmtrakts* ohne Mitbeteiligung der Leber und der Gallengänge — bei schweren Katarrhen und ulcerösen Prozessen im Darm, gelegentlich auch bei abnorm beschleunigter Peristaltik ohne organische Läsion — findet man 10—50% des Nahrungsfettes im Kot wieder. Eine gleich erhebliche Verschlechterung der Fettresorption findet man beim *Abschluß der Galle* vom Darm ohne Mitbeteiligung des Pankreas. Besteht kein Ikterus und gehen über 50% des Nahrungsfettes mit dem Kot verloren, so ist eine Beeinträchtigung des Steapsinzuflusses zum Darm wahrscheinlich. Bei gleichzeitigem *Abschluß von Galle und Bauchspeichel* vom Darm können über 87% des Nahrungsfettes im Kot wieder erscheinen. Eine solche Steatorrhöe verleiht dem Stuhl ein sehr charakteristisches Aussehen (sog. Fettstuhl, Butterstuhl, weißer acholischer Stuhl). Daß beim Ausbleiben des Steapsins nicht nur die Resorption, sondern auch die Spaltung der Fette notleidet, ist verständlich. Es sind aber auch Fälle beobachtet, die bei mangelnder Resorption eine weitgehende Spaltung des wieder ausgeschiedenen Fettes zeigten.

Bei Kindern fand sich, daß im allgemeinen chronische Krankheitszustände, auch die exsudative Diathese und die Rachitis die Fettresorption nicht oder nur wenig beeinträchtigen, während akute Krankheitsprozesse, besonders der Symptomenkomplex der *alimentären Intoxikation,* erhebliche Störungen zutage treten lassen. Erweist sich die Fettresorption geschädigt, so scheinen die gleichen pathologischen Bedingungen auch hier zu einer Verschlechterung der Fettspaltung zu führen.

Von erheblicher pathognomonischer Bedeutung ist die abweichende Zusammensetzung des Säuglingsfettes von dem des Erwachsenen.

	Beim Erwachsenen	Beim Kind
Oleinsäure	79,80%	67,75%
Palmitinsäure . .	8,16%	28,97%
Stearinsäure . . .	2,04%	3,28%

Der Erstarrungspunkt des kindlichen Fettes liegt infolge der relativen Armut an leicht schmelzbarer Ölsäure hoch bei 30—35⁰. Bei der labilen Thermoregulation der Frühgeborenen führen daher die häufig beobachteten Untertemperaturen zu einer eigenartigen Hautveränderung (Sklerem), bei welcher die Hautfette zu einer wachsartigen Beschaffenheit erstarren.

a) Die Hyperlipämien. Die nächste Etappe der Störungen des Fettstoffwechsels ist besonders leicht durch die Blutuntersuchung nachzuweisen. Genauer studiert sind bisher nur die *pathologischen Vermehrungen* des Blutfettes, die sog. *Hyperlipämien.* Unter Hyperlipämie soll im folgenden jede Vermehrung des Gesamtblutfettes über den normalen Nüchternwert hinaus verstanden werden. Der Begriff der Hyperlipämie deckt sich inhaltlich demgemäß nicht ganz mit dem in der Klinik gebräuchlichen Ausdruck „Lipämie". Unter Lipämie wird nach dem üblichen Sprachgebrauch eine unter physiologischen oder pathologischen Bedingungen eintretende Trübung des Serums mit feinsten Fetteilchen verstanden, wobei vorausgesetzt wird, daß eine solche Trübung nur durch Vermehrung der Blutfette zustande kommen kann — eine Voraussetzung, die durchaus keine ausnahmslose Regel darstellt. Unter dem klinischen Begriff der Lipämien würden diejenigen Vermehrungen der Serumfette keinen Platz finden, welche *ohne* Trübung des Serums ablaufen. Ich habe sie früher *latente Lipämien* genannt. Auf Grund der heute vorliegenden Erfahrungen halte ich es daher für logischer — da jedes Blut Fett enthält, die Vermehrungen des Blutfettes in Anlehnung an den Begriff der Hyperglykämie aus dem Gebiet des Kohlehydratstoffwechsels von *Hyperlipämie* zu sprechen.

Zweckmäßigerweise unterscheidet man hier nach dem physikalischen Zustand des Blutes die *manifesten* und die *latenten* Hyperlipämien. Die *manifesten Hyperlipämien* werden eingeteilt in *exogene* und *endogene*. Von *latenten Hyperlipämien* sind bisher nur die cholämischen Hyperlipämien bekannt und die nach Cholesterinfütterung bei Kaninchen anfänglich beobachteten[1].

Zu den *exogenen* Hyperlipämien gehören:

1. Die akute alimentäre Hyperlipämie nach einmaliger reichlicher Fettaufnahme. Sie ist eine durchaus physiologische Erscheinung und klingt nach 6—8 Stunden wieder ab. Eine zweite Form stellt die bei der Mastfettsucht gefundene dar. Experimentell wird diese Masthyperlipämie bei der Mästung der Gänse mit Kohlehydraten und Fetten beobachtet und auf eine Überfüllung der Depots und Rückstauung des Fettes im Blut zurückgeführt[2].

Zu den *endogenen* Hyperlipämien rechnen wir:

1. die Hungerhyperlipämie,	5. die diabetische Hyperlipämie,
2. die Schwangerschaftshyperlipämien,	6. die nephrotische Hyperlipämie,
3. die fetale Hyperlipämie,	7. Hyperlipämie bei essentiellen Xanthomatosen,
4. die anämische Hyperlipämie,	8. cytolytische Hyperlipämien.

Bei jeder *manifesten* Hyperlipämie lassen sich im Blut mit Hilfe des Dunkelfelds feinste lichtbrechende Teilchen nachweisen, die nach Ausätherung verschwinden und sich nach Sudan III färben. Diese Hämokonien benannten feinsten Fettkügelchen können anscheinend die Capillarwände durchwandern und werden wie andere suspendierte Partikelchen in Leber, Milz, Knochenmark und Haut vom reticuloendothelialen Zellapparat in corpusculärer Form aufgenommen[3]. Die von KRAIDEL[4] bei reifen Meerschweinchenfeten beobachtete Lipämie steht in keiner Beziehung zum Gehalt des mütterlichen Blutes an corpusculärem Fett, so daß man zu der Annahme kam, die Placenta könne die im mütterlichen Blute enthaltenen Fettsäuren und Glyceride zu Fett resynthetisieren. Bei der *schwangeren* Frau wird eine Anreicherung des Blutes an Fett und fettähnlichen Bestandteile beobachtet. Der Fettgehalt des fetalen Blutes ist viel geringer als der schwangerer und nichtschwangerer Frauen[5].

Alle Zustände, die den Organismus dazu zwingen, seine Fettvorräte in großem Umfange rasch zu mobilisieren und sie an die Stätten der Verbrennung zu bringen, werden eine *Transportlipämie* zur Folge haben. Das gilt für den *Hunger,* in welchem der Organismus nach Erschöpfung seiner Glykogenvorräte $^9/_{10}$ seines Energiebedarfs durch Fettverbrennung deckt. Bei der *diabetischen* Hyperlipämie, auf die gelegentlich der Störungen des Cholesterinstoffwechsels noch eingegangen wird, liegen die Dinge komplizierter. BEUMER und ich[6] fanden in Bestätigung früherer Arbeiten eine erhebliche Vermehrung nicht nur des Blutfettes, sondern auch der als Lecithin berechneten Gesamtphosphatide und des Cholesterins.

[1] HUECK u. WACKER: Biochem. Z. **100**, 84 (1919).
[2] REACH: Biochem. Z. **40**, 128 (1912).　[3] NOBEL: Pflügers Arch. **134**, 436 (1910).
[4] KRAIDEL u. DONATH: Zbl. Physiol. **24**, 1 (1910).
[5] HERMANN u. NEUMANN: Biochem. Z. **43**, 47 (1912).
[6] BEUMER u. BÜRGER: Z. exper. Path. u. Ther. **13** (1913).

Die höchsten Werte wurden im Coma diabeticum gefunden, in welchem über 20% Gesamtfett festgestellt wurden.

Bei den engen Beziehungen zwischen Acidosis und Hyperlipämie wurde häufig der Versuch gemacht, ihr Auftreten aus denselben Ursachen herzuleiten, die eine Acidosis herbeiführen oder sie mit den durch die Acidosis gegebenen Verhältnissen im Stoffwechsel in Zusammenhang zu bringen. In der Hyperlipämie nur den Ausdruck eines rückläufigen Fetttransportes sehen zu wollen, ist sicher nicht ausreichend, man kam daher, besonders infolge der Feststellung der gleichzeitigen Vermehrung der Lipoidsubstanzen, zu der Annahme eines Zellzerfalls. Unsere Untersuchungen ergaben, daß der Lipoidgehalt der Blutkörperchen trotz des starken Fettgehalts des Serums unbeeinflußt geblieben ist. Ein teilweiser Zellzerfall (cytolytische Hyperlipämie) ist sicher zuzugeben. Daneben aber ist zu berücksichtigen, daß das Auftreten der Acetonkörper mit einer Umsetzung des neutralen Fettes in Zusammenhang steht. Von REICHER[1] ist angenommen worden, daß es sich bei der diabetischen Hyperlipämie um etwas Ähnliches handle, wie bei den Zuständen, die nach protrahierten Narkosen beobachtet werden, bei denen es zu einer Ausschwemmung von Lipoiden ins Blut kommt.

Verfasser konnte zeigen, daß die akute *Alkoholvergiftung* beim Hunde mit einer Vermehrung des Cholesterins einhergeht, dagegen konnte eine manifeste Hyperlipämie selbst bei Alkoholgaben von 11 ccm pro Körperkilo *nicht* erzielt werden. Alle diese Vorstellungen sind nicht ganz befriedigend, da wir wissen, wie rasch nach einer fettreichen Mahlzeit das Fett wieder aus dem Blute verschwindet. Sehr wahrscheinlich ist der Austritt des Fettes aus den Capillaren oder die Aufnahmefähigkeit der Reticuloendothelien für Fett bei den angeführten Fällen hochgradiger Hyperlipämie gleichfalls gestört.

Eine besondere Stellung beansprucht die sehr eigenartige *anämische* Hyperlipämie.

Die stärkste Vermehrung erfährt dabei das Neutralfett, während die Vermehrung des Cholesterins ihr gegenüber zurückbleibt. Bei Kaninchen tritt die anämische Hyperlipämie auf, wenn durch Aderlässe die Zahl der roten Blutkörperchen unter 2 Millionen, der Hämoglobingehalt des Blutes unter 30% gesunken ist. Den Streit darüber, ob die Anhäufung des Blutfettes durch gesteigerte Mobilisation oder durch eine verminderte Elimination des Fettes aus der Blutbahn bedingt ist, hat MILL[2] durch Durchschneidungsversuche der Medulla spinalis in der Höhe des 4. Brustwirbels entschieden. Eine solche Durchschneidung läßt die anämische Hyperlipämie *nicht* zustande kommen.

Die anämische Hyperlipämie ist daher mit hoher Wahrscheinlichkeit *als Folge einer gesteigerten Mobilisation der Depotfette* aufzufassen.

Zu den endogenen Hyperlipämien möchte ich auch die *Hyperlipämie* bei der *Nephrose* rechnen.

Die *Nephrose* wird immer mehr als eine kachektische Allgemeinerkrankung erkannt, bei welcher allerdings die Symptome der Nierenerkrankung im Vordergrund stehen. Ich glaube mit VOLHARD, daß die Vermehrung der Blutlipoide bei der Nephrose im wesentlichen als das Symptom einer *Fettwanderung* aufzufassen ist, daneben aber spielen sicher *cytolytische* Vorgänge eine nicht unwesentliche Rolle.

Eine weitere auf endogener Basis sich entwickelnde Hyperlipämie ist die bei den *essentiellen Xanthomatosen* ohne Diabetes und ohne Ikterus beobachtete. Das Gebiet der essentiellen Xanthomatosen ist heute noch nicht sicher abgegrenzt. Wir reihen sie unter die Lipoidosen ein. Sehr starke Vermehrungen des Nüchternblutfettwerts bis auf das 20fache der Norm fand ich bei der sog. hepatosplenomegalen Lipoidose und wenn auch in geringem Ausmaß bei dem Xanthoma tuberosum, der von mir sog. Lipoidgicht[3]. Bei diesen später zu

---

[1] REICHER: Z. klin. Med. **1908**, 235.   [2] MILL: Pflügers Arch. **224**, 304 (1929).

[3] BÜRGER: Klinik der Lipoidosen. Neue deutsche Klinik, Erg.-Bd. 2, S. 583. 1934.

erörternden Krankheiten bleibt es vorläufig unklar, ob bei der Genese der *Hyperlipämie* die Neutralfette, Sterine oder Phosphatide die Führung übernehmen.

Die *Hyperlipämie* ist, wie die Hyperglykämie, ein vieldeutiges Symptom. Ihr eingehendes Studium wird — so hoffen wir — die Erkenntnisse auf dem Gebiet der Physiologie und der Pathologie des Fettstoffwechsels ebenso fördern wie das der Hyperglykämie auf dem Gebiet des Kohlehydratstoffwechsels, wobei der Fettbelastungsprobe eine besonders wichtige Rolle zufällt.

Nach *parenteraler* Fetteinverleibung soll eine Lymphocytose eintreten. Die Lymphocyten spielen bei Aufnahme und Verdauung des injizierten Fettes mit Hilfe eines von ihnen produzierten fettspaltenden Ferments eine bedeutsame Rolle. Die Resorption des parenteral injizierten Fettes geht so langsam vor sich, daß eine Ernährung auf diese Weise auf die Dauer nicht durchgeführt werden kann. Bemerkenswerterweise steigt nach fettreicher Nahrung und im Hunger der Lipasengehalt des Blutes erheblich an. Beim nüchternen Tier sinkt er auf 0.

Bei dem *sichtbaren Auftreten von Fett in Zellen* muß man folgendes unterscheiden: Entweder wird dabei das Fett von außen aufgenommen, oder das Fett entsteht in der Zelle, oder das Fett wird nur sichtbar, ohne daß der Gesamtfettgehalt der Zelle sich vermehrt (Fettphanerose). Es ist streng zu unterscheiden zwischen *fettiger Infiltration,* die ohne Kernschädigung abläuft und nicht zum Zelltode führt, und der *fettigen Degeneration,* die einen nekrobiotischen Prozeß darstellt, dessen Endstadium die Auflösung der Zelle bedeutet. Die Fettleber bei der *Phosphorvergiftung* ist nicht die Folge einer lokalen Fettbildung, sondern die einer Fetteinwanderung in die Leber, denn der Gesamtfettgehalt phosphorvergifteter Tiere bleibt gleich, nur die Verteilung wird geändert. Bei mageren Tieren läßt sich durch Phosphorvergiftung keine Fettleber erzeugen. Reichert man die Depots mit körperfremden Fetten an und vergiftet die Tiere sodann mit Phosphor, so lassen sich die entsprechenden Fette in der Leber nachweisen. An Tieren, die man vorher bis zur annähernden Fettfreiheit der Leber hatte hungern lassen, konnte man durch Phosphorvergiftung eine künstliche Infiltration der Leber mit Leinöl, Hammelfett, Cocosfett und Jodfetten erzielen. Ebensowenig ist die *fettige Degeneration,* die man z. B. bei Autolyseversuchen beobachtet, mit einer Neubildung von Fetten verbunden. Auch hier handelt es sich lediglich um ein Sichtbarwerden des Fettes, um eine sog. *Fettphanerose.* Die Fettbildung im Leichenwachs und bei der Reifung des Käses sind durch Bakterieneinwirkung zu erklären.

Der normale Ausscheidungsort des Fettes ist der Darm. Eine geringe Menge wird durch die Talgdrüsen der Haut nach außen abgegeben. Aber auch der Harn des Gesunden enthält minimale Mengen Fett und höhere Fettsäuren. Ob dieses Fett durch das Blut zur Abscheidung gelangt oder ob es aus zerfallenen Zellen stammt, ist unbekannt. Für die erste Tatsache kann die Auffassung ins Feld geführt werden, daß bei starker Verdauungs- und Mästungslipämie der Fettgehalt des Harns steigt, doch bleiben selbst in Fällen pathologischer Lipämie die Werte sehr niedrig. So wurden z. B. bei 27% Blutfett nur 0,088% Fett im Harn gefunden. Bei der sog. *Chylurie* handelt es sich höchstwahrscheinlich um einen direkten Zufluß von fetthaltigem Chylus aus den Chylus- oder Lymphgefäßen in die Nierenwege. Das Fett, welches bei Nierenkranken in den Harn gelangt, stammt zum größten Teil aus zerfallenen degenerierten Nierenepithelien.

b) Die Fettsucht. Ist eine Störung der Korrelation des Körpergewichtskonstituenten zugunsten des Fettanteils dauernd vorhanden, so spricht man von *Fettsucht.* Während der Körper des Neugeborenen 9—18% Fett, also etwa ebensoviel wie der des erwachsenen Mannes enthält, besteht der weibliche Körper bis zu 23% aus Fett. Eine erhebliche Vermehrung des Fettanteils hebt die Eutrophie des Organismus auf. Es ist im einzelnen nicht leicht, die Grenzen zwischen normalem und krankhaften Fettbestande klinisch festzulegen. Es ist bemerkenswert, daß in allen Fällen ausgeprägter Fettsucht der Kreatininkoeffizient erniedrigt ist, d. h. der auf das Körperkilogramm entfallende Anteil an Kreatinin vermindert ist[1].

Unter den Ursachen der Fettsucht muß man exogene und endogene Momente unterscheiden. Bei der exogenen Form handelt es sich um einen Fettansatz durch Überernährung mit Fetten und Kohlehydraten, also um eine *Mastfettsucht.* Die über den Bedarf hinaus gesteigerte Nahrungsaufnahme ist vielfach die Folge eines falschen Hungergefühls, das UMBER[2] treffend als *Dysorexie* bezeichnet. Eine weitere Ursache der Fettsucht ist die körperliche Trägheit. Durch Vermeidung von Körperbewegungen können erhebliche Ersparnisse an Calorien gemacht werden. ZUNTZ berechnet für die unnötigen Bewegungen, die bei lebhaftem Temperament gemacht werden, 1700 Calorien. Daß bestimmte Kranke mit Fettsucht bei einer Zufuhr an Brennwerten, die berechnet auf das Körpergewicht der Erhaltungskost entsprechen würde, Einsparungen machen können, d. h. also einen gegen die Norm verminderten Grundumsatz haben, ist immer wieder bestritten worden. Nach zuverlässigen Untersuchungen[3] kommt eine solche *Bradytrophie* aber sicher vor. Es handelt sich meist um Fälle von *konstitutioneller Fettsucht,* bei denen sich häufig Störungen der Korrelation der Drüsen mit innerer Sekretion nachweisen lassen. So kann man eine *thyreogene,* eine *hypophysäre,* eine *insuläre* und eine *Kastrationsfettsucht* unterscheiden. Die *insuläre* oder *pankreatogene Fettsucht* hat ihre Ursache in einer Überproduktion von Insulin. Diese hat wieder die Neigung zur Hypoglykämie mit gesteigerter Appetenz zur Folge. Die Dysorexie — die Fehlsteuerung des Appetits — findet so eine plausible Erklärung. Auch die Erfolge der Insulinmastkuren geben einer solchen Vorstellung reichliche Nahrung. Das Fettwerden vieler Frauen nach der Menopause, die Fettsucht der Eunuchen, die Erfahrungen der Schweinezüchter mit der Kastration sprechen dafür, daß der *Ausfall* der *Keimdrüsen* das Entstehen einer Fettsucht begünstigt. Von LÖWI und RICHTER[4] ist gezeigt worden, daß die *Oxydationsprozesse bei Tieren durch die Kastration herabgesetzt* werden können. Unter den Allgemeinsymptomen der Fettsucht dominiert die *Erschwerung der Wärmeregulation,* welche besonders bei einer Steigerung der Luftfeuchtigkeit hervortritt. Der Fette gerät schon bei 30⁰ in feuchter Luft unter Vermeidung aller Körperbewegungen in starkes Schwitzen. Wird gleichzeitig noch Arbeit geleistet, so gerät er infolge der durch das Fettpolster erschwerten Entwärmung in die Gefahr der Hyperthermie. Die Neigung zu Dyspnoe ist einmal dadurch erklärt, daß der Fette einen Ballast an totem Gewicht mitzutragen hat und daß die im Thorax und im Abdomen angehäuften Fettmassen Zwerchfellatmung und Herztätigkeit stark behindert. Auf das klinische Bild des Mastfettherzens, das dann zustande kommt, wenn das subperikardiale Fett sich zwischen die Muskulatur drängt, kann hier nicht eingegangen werden. In seinen Symptomen kann es der Myodegeneratio cordis sehr ähnlich werden.

----

[1] BÜRGER: Z. exper. Med. **9**, 262 (1919).
[2] UMBER: Ernährung und Stoffwechselkrankheiten, 2. Aufl. Berlin-Wien 1914.
[3] BERGMANN: Dtsch. med. Wschr. **1909 I**, 611.
[4] LÖWI u. RICHTER: Dubois Arch. Suppl. **1899**, 174.

c) Der Phosphatidstoffwechsel und seine Störungen. Außer den *Neutral-fetten* und *Seifen* spielen die Phosphatide im Blute eine große Rolle. Die Phosphatide werden eingeteilt nach ihrem Verhältnis von $N : P$.

Man unterscheidet demnach:

Monoaminomonophosphatide. . . . . $N : P = 1 : 1$ (Lecithin, Kephalin),
Diaminomonophosphatide . . . . . $N : P = 2 : 1$ (Sphingomyelin).

$$
\text{Kephalin:} \qquad\qquad\qquad\qquad \text{Lecithin:}
$$

$$
\begin{array}{ll}
CH_2OR & CH_2OR \\
| & | \\
CHOR & CHOR \\
| \quad\diagup OH & | \quad\diagup OH \\
CH_2OP{\Leftarrow}O & CH_2OP{\Leftarrow}O \\
\quad\diagdown OCH_2 \cdot CH_2NH_2 & \quad\diagdown O{-}CH_2CH_2N(CH_3)_3OH.
\end{array}
$$

In ihrem Aufbau sind Kephalin und Lecithin dadurch unterschieden, daß der primären Aminogruppe des Kephalins eine quaternäre Ammoniumbase beim Lecithin entspricht. Das als Monoaminodiphosphatid ($N : P = 1 : 2$) häufig beschriebene Kuorin ist kein wohlcharakteristisches Phosphatid. Es ist ein Gemisch aus Kephalin mit P-reicheren Abbauprodukten.

Die Phosphatide sind, soweit wir bis heute wissen, Bestandteile aller lebenden Zellen. Sie beherrschen Nahrungsaufnahme, Sekretion und Exkretion der Zelle. Der Eintritt der Salze, Säuren, Alkalien und des Wassers in die Zellen hinein wird durch die besonders an den Zelloberflächen angereicherten Phosphatide mitregiert. Die Erregbarkeit der Zellen, ihr elektrisches Verhalten steht in engem Zusammenhang mit der lipoiden Struktur. Man weiß, oder glaubt zu wissen, daß die Narkotica, Antipyretika, Antiseptika und Toxine an den Lipoiden und speziell an den Phosphatiden angreifen und sie vielfach als Eintrittspforte in das Zellinnere benutzen.

Die Reindarstellung der Phosphatide ist, da diese Körper nicht krystallisieren, mit großen Schwierigkeiten verknüpft. In noch nicht lange zurückliegender Zeit bezeichnete man alle phosphorhaltigen ätherlöslichen Stoffe schlechtweg als *Lecithin* und bestimmte den Lecithingehalt nach dem Phosphorgehalt des zu untersuchenden Fettes.

Durch Verseifen mit Alkalien oder Barytwasser erhält man Fettsäuren, Glycerylphosphorsäure und Cholin. Verdünnte Säuren greifen Lecithin nur sehr allmählich an. Sämtliche Lipoide sind leicht oxydable Substanzen, was ihre Reindarstellung erheblich erschwert. Systematisch untersucht sind bisher nur die Phosphatide des Herzens und vor allem die Gehirnlipoide. Die wesentlichen sind Lecithin, Kephalin, Sphingomyelin, Protagon und die Cerebroside. Die letzteren sind dadurch ausgezeichnet, daß ihren Molekülen ein Kohlehydrat, und zwar Galaktose eingefügt ist (Sphingogalaktoside). Die Gehirntrockensubstanz besteht zu einem Drittel aus eiweißartigen Substanzen und zu zwei Drittel aus Lipoiden. Die Blutkörper des Menschen enthalten nur sehr geringe Mengen Lecithin. Die Hauptmenge der Phosphatide besteht aus Sphingomyelin, ein kleinerer Teil aus Kephalin und einem ätherlöslichen Diaminomonophosphatid. Ein Drittel der Stromatrockensubstanz ist Cholesterin (BEUMER und BÜRGER).

Über den *Phosphatidstoffwechsel* sind wir bisher sehr mangelhaft unterrichtet. Man hat aus dem Auftreten von Lecithin im Chylus und in den Faeces — sicherlich fälschlicherweise — geschlossen, daß das Lecithin durch das Steapsin nicht oder nur unbedeutend gespalten würde. Zum Teil werden die Phosphatide im Darm verseift, wobei Cholin frei wird. Die Wand des überlebenden Dünndarms enthält Cholin in freiem diffusionsfähigen Zustand in derartigen Mengen, daß dieselben den AUERBACHschen Plexus erregen müssen. Es ist gelungen, die wechselnde Reaktionsweise des Darms gegen Atropin auf dessen verschiedenen Cholingehalt zurückzuführen. Das Cholin hat somit als physiologisches Hormon des Darms zu gelten (LE HEUX[1]). Zum Teil wird das Cholin weiter abgebaut. Jedenfalls

---

[1] LE HEUX: Ber. Tagg dtsch. physik. Ges. Hamburg 1920. Ber. Physiol. **2**, 162 (1920).

ist es nach reichlicher Lecithinfütterung im Harn nicht nachweisbar. Erst nach Injektion von 1 g Cholin unter die Haut trat es in den Harn über. In Spuren ist es normalerweise in der Cerebrospinalflüssigkeit zu finden. Unter pathologischen Bedingungen ist es vermehrt.

Die Frage, ob die Phosphatide zu den obligat oder fakultativ endogenen Nahrungsstoffen gehören, ist noch offen. Die Untersuchungen von STEPP[1], nach denen phosphatidfreie Nahrung zum Tode führt, dürfen wohl als widerlegt gelten. Sicher ist, daß Enten, die lipoidfrei ernährt wurden, viel mehr Lipoide in ihren Eiern abgeben, als ihnen mit ihrer Nahrung zugeführt wird.

Unter den Störungen des Phosphatidstoffwechsels ist die NIEMANN-PICKsche Erkrankung bisher die einzig bekannte[2]. Die Zahl der an dieser Erkrankung leidenden Individuen ist gering, schon aus dem Grunde, weil diese Kranken, soweit wir bisher sehen, alle im frühen Kindesalter gestorben sind. Der erste von NIEMANN beschriebene Fall betraf ein 17 Monate altes Mädchen, das offenbar seit dem zweiten Lebensmonat bereits einen großen, auf die Milz zu beziehenden Abdominaltumor aufwies. Es war im ganzen in seiner Entwicklung zurückgeblieben, zeigte offene Fontanellen und das Fehlen jeglicher statischer Funktionen. Die Haut ist schlaff, besonders im Gesicht von auffallend blaßbräunlicher Färbung. Am Rücken vom 12. Brustwirbel abwärts bläuliche Flecken. Das kolossal aufgetriebene Abdomen hatte einen Umfang von 50 cm, in ihm reichte die Milz bis unter den Nabel, die Leber bis auf eine Fingerbreite an die Spina superior heran. In der Leibeshöhle fand sich freie Flüssigkeit. Die Bauchvenen waren stark erweitert. An Füßen und Augenlidern zeigten sich deutliche Ödeme. Das Kind starb unter Zunahme der Stauungserscheinungen, Auftreten von Durchfällen und gelegentlichem Fieber bis 39⁰ unter raschem Verfall. Später beschriebene Fälle stimmen in ihrem klinischen Verlauf mit dem ersten NIEMANNschen Fall überein. Mehrfach betont wird die starke Vergrößerung der äußeren Lymphknoten. Hervorgehoben werden die Beziehungen zur *amaurotischen familiären Idiotie.*

Der eigentümlich dunkelbräunliche *Harn* ist frei von Eiweiß und Zucker und Gallenfarbstoffen. Die cytologische Untersuchung des *Blutes* gibt keine wesentlichen Abweichungen von der Norm. Die osmotische Resistenz der roten Blutkörperchen ist normal.

Mehrfach wird die starke *lipämische Trübung des Blutserums* betont, dessen Cholesteringehalt auf das Doppelte bis Dreifache erhöht sein soll. In einem von PICK untersuchten Milzpunktat zeigte fast jedes Gesichtsfeld fünf bis sechs auffallend große Zellen, deren rundliche helle Kerne zuweilen sichtbar, meist aber durch kleine runde Tröpfchen verdeckt waren, die einen mäßigen Glanz hatten und den Zellkörper dicht gedrängt ausfüllten.

Histologisch unterscheiden sich die bisher untersuchten Fälle von NIEMANN-PICKscher Erkrankung dadurch von den übrigen Lipoidosen, daß die Veränderungen nicht auf bestimmte Zellgattungen beschränkt bleiben, sondern daß die Zellen fast aller Organe, einschließlich derjenigen des Gehirns, der lipoiden Durchtränkung verfallen. Nebenstehende Abb. 35 der Leber zeigt, daß nicht nur die Zellen des reticuloendothelialen Systems, sondern alle Leberzellen betroffen sind. Wie dieser Vorgang sich in der einzelnen Zelle abspielt — ob aktive

[1] STEPP: Biochem. Z. **20**, 452 (1909).
[2] NIEMANN: Ein unbekanntes Krankheitsbild. Jb. Kinderheilk. **79**, 1 (1914). — PICK: Über die lipoidzellige Splenohepatomegalie, Typus NIEMANN-PICK als Stoffwechselerkrankung. Berlin: Schumacher 1927.

Speicherung oder passive Imbibition —, ist bisher nicht entschieden. Die primäre Krankheitsursache suchen wir ebenso wie PICK in einer angeborenen *schweren Störung* des *Lipoidstoffwechsels*. Ob es sich um eine vermehrte Bildung oder um einen gestörten Abbau der Phosphatide handelt, läßt sich bei unserer mangelnden Kenntnis des Lipoidstoffwechsels bis heute nicht entscheiden. BEUMER und GRUBER gelang es durch Injektion von Sphingomyelin in die Ohrvene von Kaninchen in der Milz das charakteristische Zellbild der NIEMANN-PICKschen Krankheit hervorzurufen. Sie sind geneigt, die primäre Ursache dieser Erkrankung in einer pathologischen Steigerung der endogenen Sphingomyelinbildung zu sehen[1]. Der Gesamtlipoidgehalt der Milz ist etwa auf das Fünffache der Norm erhöht, und zwar sind hieran die Phosphatide und das Cholesterin beteiligt. Unter den Phosphatiden dominierte in einem von KLENK näher untersuchten Fall das Sphingomyelin. Eine wirksame *Therapie* gegen diese NIEMANN-PICKsche Erkrankung ist bisher nicht gefunden[2].

Im Gebiete der Pathologie des Phosphatidstoffwechsels sind die Vorgänge bei der Narkose am meisten erörtert. OVERTON und H. H. MEYER[3] erkannten, daß ein Narkoticum um so stärker wirkt, je leichter es sich in gewissen fettähnlichen Stoffen löst, die in der Zellmembran enthalten sind. Zu diesen Stoffen

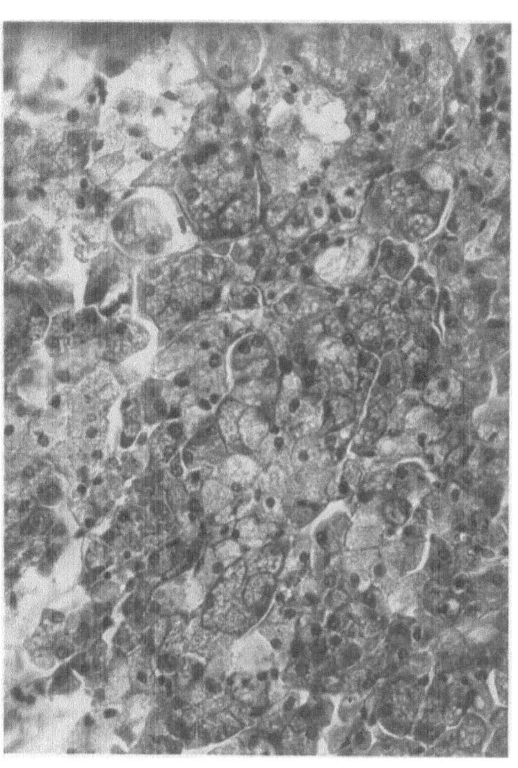

Abb. 35. Leber bei NIEMANN-PICKscher Krankheit nach CEELEN.

gehören die Lipoide, Stearine und die fetten Öle. Die narkotische Kraft einer Verbindung kann durch ihren Verteilungsquotienten Öl : Wasser definiert werden. Narkose tritt ein, wenn die Lipoide der Zellen das Narkoticum bis zu einer gewissen Konzentration absorbiert haben. Die narkotische Kraft nimmt mit der Länge der Kohlenstoffkette des Narkoticums zu, jedoch nur bis zu einer Grenze, in der auch die absolute Löslichkeit abnimmt. Die narkotische Wirkung ist danach durch die Lösung in den Zellipoiden bedingt. Wenn seine Konzentration in der Intracellularflüssigkeit abnimmt, diffundiert es aus den Zellen bis zur Erreichung eines neuen Gleichgewichts heraus. Nach diesen Vorstellungen müssen die lipoidreichsten Zellen immer am meisten von dem Narkoticum aufnehmen. Nach dem Gesagten wird das Nervensystem, vor allem das Gehirn,

---

[1] BEUMER-GRUBER: Jb. Kinderheilk. **146**, 125 (1936).
[2] Weitere Literatur s. BÜRGER: Klinik der Lipoidosen.
[3] OVERTON u. H. H. MEYER: Studien über Narkose. Jena 1901.

am meisten mit Narkoticis angereichert. Bei einem mit Chloroform tief narkotisierten Hund fand POHL[1] im Blut 0,015%, im Gehirn aber 0,042% Chloroform. Merkwürdigerweise ist das Fettgewebe lange nicht so stark beteiligt, was durch seine Gefäß- und Blutarmut erklärt wird. Die oben geschilderte Fettphanerose wird als eine Veränderung des Bindungszustandes der Lipoide durch Intoxikation angesehen. Eine solche Veränderung ist irreversibel. Vielleicht finden ähnliche, weniger eingreifende Veränderungen auch bei der Narkose statt, die dann noch reversibel sind. Systematische Untersuchungen über den *Phosphatidgehalt des Blutes bei Krankheiten* haben bisher keine übersichtlichen Ergebnisse gehabt. Im allgemeinen steigt die als Lecithin berechnete Gesamtmenge der Phosphatide mit der Menge des Gesamtblutfettes.

d) Der Cerebrosidstoffwechsel und seine Störungen. Die Cerebroside sind N-haltige, aber phosphorfreie Lipoide, welche bei der Hydrolyse Galaktose liefern. Bis jetzt sind folgende vier Cerebroside bekannt: Cerasin, Cerebron, Nervon und Oxynervon der Formel:

$$\begin{array}{c} NH\!-\!CO\cdot R \\ | \\ \overset{3}{CH}:\overset{2}{CH}\cdot\overset{1}{CH} \end{array}$$

$$CH_3(CH_2)_{12}\cdot CH:CH\cdot \underset{|}{CH}\cdot \underset{|}{CH}\cdot CH_2OH$$

$$O$$

$$CH_2OH\cdot CH\cdot (CHOH)_3\cdot CH$$

$$\diagdown O \diagup$$

wobei

a) für Cerasin: $R = CH_3\cdot (CH_2)_{22} -$
b) „ Cerebron: $R = CH_3\cdot (CH_2)_{21}\cdot CHOH -$
c) „ Nervon: $R = CH_3\cdot (CH_2)_7\cdot CH:CH\cdot (CH_2)_{13} -$
d) „ Oxynervon: $R = CH_3\cdot (CH_2)_7\cdot CH:CH\cdot (CH_2)_{12}\cdot CHOH -$

einzusetzen ist. Die Chemie der Cerebroside ist durch E. KLENK und Mitarbeiter[2] weitgehend aufgeklärt.

In den Stromata von Pferdeblutkörperchen hat OLINTO PASCUCCI[3] einen Körper nachgewiesen, der in heißem Äther unlöslich ist, sich aus heißem Alkohol in weißen Flocken ausscheidet, Stickstoff enthält, sich mit konzentrierter Schwefelsäure prachtvoll rot färbt und bei Säurespaltung eine die FEHLINGsche Lösung reduzierende Substanz liefert, allem Anschein nach hat er als erster damit ein Cerebrosid in den roten Blutkörperchen nachgewiesen. Der Befund bedarf aber noch der Bestätigung durch moderne Methoden.

Unter den *Störungen des Cerebrosidstoffwechsels* ist die GAUCHERsche Erkrankung die bekannteste. Der Morbus Gaucher ist gekennzeichnet durch eine frühzeitig im Verlauf der Erkrankung sich einstellenden großen Milztumor, dem später eine Vergrößerung der Leber folgt. Häufig führen die Kapselspannung der Milz und perisplenitische Reizungen zu Schmerzen, welche Patienten und Arzt zum erstenmal auf das vorliegende Leiden aufmerksam machen. Der Morbus Gaucher kann lange Zeit ohne Beschwerden und sehr symptomenarm verlaufen. Die Krankheit ist ungemein chronisch und kann sich durch viele

---

[1] POHL: Arch. f. exper. Path. **28**, 239 (1891).
[2] KLENK u. DIEBOLD: Hoppe-Seylers Z. **181**, 25 (1931).
[3] PASCUCCI: Beitr. chem. Physiol. u. Path. **6**, 543 (1905).

Jahrzehnte hinziehen. Im Verlauf der Erkrankung kommt es zu Veränderungen des Blutes im Sinne einer sekundären Anämie, Leukopenie und Thrombopenie. Jedoch erreicht die hypochrome Anämie selten schwerere Grade. Das Verhalten der Erythrocyten gegenüber hypotonischen Lösungen ist normal. Die Haut nimmt mit zunehmender Dauer der Erkrankung ein gelbes bis ockerfarbenes Kolorit an, besonders soweit sie dem Lichte ausgesetzt ist. In der Augenbindehaut zeigt sich im Bereich der Lidspalte eine braune Pigmentation, wie man sie in Fällen von Ochronose mit Alkaptonurie sieht. In einer Gruppe von Erkrankungen ist, wie PICK zuerst gezeigt hat, in erster Linie das Knochensystem beteiligt. Es kommen Spontanfrakturen an den Extremitäten und an den Wirbeln vor. Vorher klagen die Kranken über Schmerzen in den befallenen Knochen, besonders beim Beklopfen von Sternum und Rippen werden heftige Schmerzen angegeben (Dolores osteocopi). Die hier geschilderten Krankheitszeichen des Morbus Gaucher verraten wenig Charakteristisches, woraus die Diagnose während des Lebens gestellt werden könnte. Zu einer Milzpunktion wird man sich nur schwer entschließen; wo das geschehen ist, sollen die charakteristischen GAUCHER-Zellen die Diagnose ermöglichen. Es ist naheliegend, daß die Erkenntnis, die GAUCHERsche Erkrankung sei hauptsächlich gebunden an die Speicherung körperfremder Lipoide im reticuloendothelialen Zellapparat der Milz, rasch zu dem Versuch führte, die dort angehäufte Substanz chemisch näher zu analysieren. Werden GAUCHER-Milzen im Luftstrom getrocknet und einer fraktionierten Extraktion unterworfen, bei welcher sie zunächst mit Äther, später mit 96%igem Alkohol bei 46⁰ und schließlich bei Siedetemperatur ausgezogen werden, so zeigt sich folgendes: Der Ätherverdunstungsrückstand der GAUCHER-Milz unterscheidet sich weder in bezug auf seine Menge noch in bezug auf seinen Stickstoff- und Phosphorgehalt kaum nennenswert von dem einer normalen Milz. Daraus ist zu schließen, daß *Cholesterin* oder ätherlösliche Phosphatide als Speicherungssubstanzen nicht in Betracht kommen können. Der sekundäre Alkoholextrakt des Milztrockenpulvers läßt aber beträchtliche Unterschiede zwischen den Extrakten aus GAUCHER-Milzen und solchen aus normalen Milzen schon rein mengenmäßig erkennen. Die GAUCHER-Milz liefert ungefähr 35% des Trockenpulvers, die normale Milz nur 12% Rückstand des sekundären Alkoholextrakts. Der Phosphorgehalt dieses Alkoholextrakts ist bei den GAUCHER-Milzen niedriger als bei den normalen. HANS LIEB isolierte aus dem sekundären Alkoholextrakt ein Produkt, welches er als *Cerasin* ($C_{47}H_{91}O_8N + H_2O$) identifizierte. BEUMER gelang es in einem einschlägigen Fall, neben Cerasin noch Phrenosin nachzuweisen. Beide Substanzen gehören in die Gruppe der *Cerebroside*. Nach intravenöser Injektion von Cerebrosiden konnten BEUMER und FASOLD[1] dieselben in verschiedenen Organen unabgebaut wieder finden.

Therapie des Morbus Gaucher. Wenn man der Vorstellung, daß die GAUCHERsche Erkrankung eine konstitutionell bedingte Störung des Lipoidstoffwechsels ist, Raum gibt, kann eine wirksame Therapie nur in einer entsprechenden Diätetik liegen. Eine solche kann allerdings begründet werden, wenn wir über den Cerebrosidstoffwechsel besser unterrichtet sind, als das bis heute der Fall ist. Milzexstirpation, wie sie von verschiedenen Autoren vorgeschlagen und durchgeführt wurden, haben lediglich die Bedeutung einer symptomatischen Behandlung. Wenn infolge starker Milzvergrößerung Spannungsschmerzen oder

---

[1] BEUMER u. FASOLD: Z. exper. Med. **90**, 661 (1933).

perisplenitische Reizungen auftreten, kann die Exstirpation des Organs natürlich dem Kranken Erleichterung verschaffen. Der *Wesenskern* der Erkrankung wird damit aber nicht getroffen. Die bisher vorliegenden „Erfolge" ermutigen nicht gerade zur Nachahmung.

e) Der Cholesterinstoffwechsel und seine Störungen[1]. Das Cholesterin ist in *allen* Zellen des menschlichen Körpers und in seinen Sekreten und Exkreten vorhanden. Der normale Harn ist nahezu, der Liquor cerebrospinalis ganz cholesterinfrei. Wichtig erscheint, daß der Cholesterinbestand der *gesunden* Zellen *unabhängig* von dem Cholesteringehalt des sie umgebenden Mediums ist. So sind z. B. die Blutkörperchen frei von *Cholesterinestern,* obwohl sie dauernd in dem cholesterinesterhaltigen Plasma schwimmen. Auch an den physiologischen und pathologischen *Schwankungen* des Plasmacholesteringehalts haben die Blutzellen *keinen Anteil*. Es ist wichtig, diese Tatsache im Hinblick auf Hypothesen über pathologische Vorgänge an anderen Zellen des menschlichen Körpers festzuhalten.

Die Frage, ob der tierische und menschliche Organismus imstande sei, *Cholesterin zu bilden,* wurde lange Zeit verneint. Da wir wissen, daß der menschliche Organismus zur Bildung der aromatischen Ringe im Kerngerüst des Eiweißes unfähig ist, war es naheliegend, eine solche Insuffizienz auch gegenüber den Ringbildungen im Cholesterin anzunehmen. Es ist hier aber zu betonen, daß aromatische Ringgruppen im Cholesterinmolekül, die etwa den aromatischen Aminosäuren im Eiweißmolekül an die Seite zu stellen wären, sich bis heute haben nicht nachweisen lassen, und daß ihr Vorhandensein auch unwahrscheinlich ist. Während die französische Schule die Cholesterinsynthese schon lange behauptet, aber nie bewiesen hatte, haben in Deutschland BEUMER und LEHMANN[2] 1923 an zwei Würfen junger Hunde die Cholesterinsynthese im tierischen Organismus überzeugend dargetan. Auch an menschlichen Säuglingen wurde die Cholesterinsynthese von BEUMER erwiesen. Das Cholesterin hat folgende Konstitution:

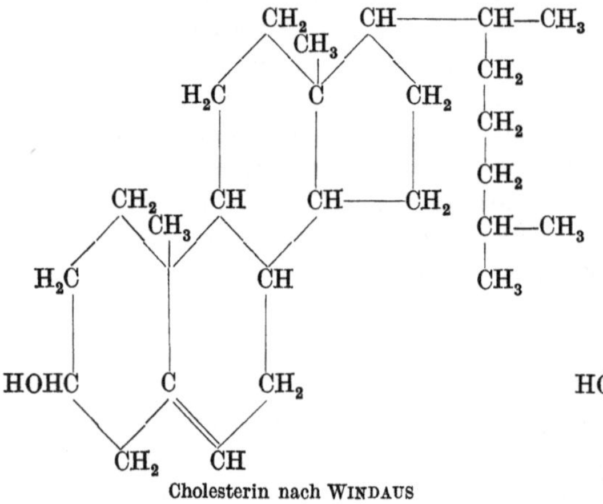

Cholesterin nach WINDAUS 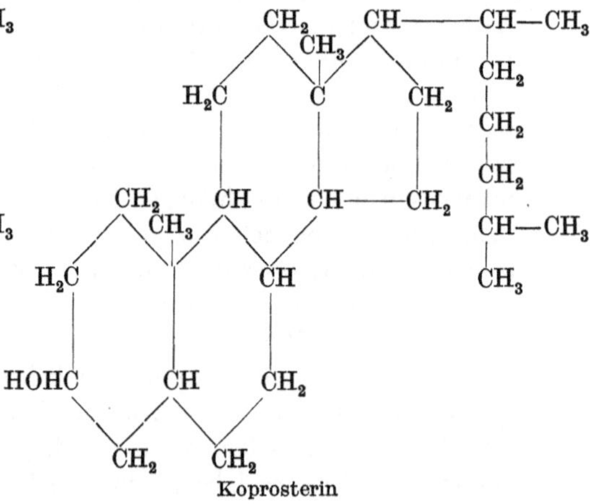   Koprosterin

[1] LETTRÉ u. INHOFFEN: Über Sterine, Gallensäuren und verwandte Naturstoffe. Stuttgart: Ferdinand Enke 1936. — BÜRGER: Handbuch der allgemeinen Hämatologie, Fette und Lipoide des Blutes, Bd. 2, 2. Hälfte, S. 882. 1933.

[2] BEUMER u. LEHMANN: Z. exper. Med. 37, 274 (1923).

Den systematischen Arbeiten von WINDAUS und seinen Schülern, welche
die Konstitution des Cholesterins aufklärten, verdanken wir die Kenntnis von
seiner großen biologischen Bedeutung. Das Ringskelet des Cholesterins findet
sich — wie untenstehende Formeln zeigen — in den Sexualhormonen, in den
Gallensäuren und im Vitamin D wieder. Welche Abbauwege und Zwischen-
stufen der Organismus einschlägt, um das Cholesterin in die genannten Substanzen umzuprägen, ist im einzelnen noch nicht bekannt.

Beziehungen des Cholesterins zu den Sexualhormonen.

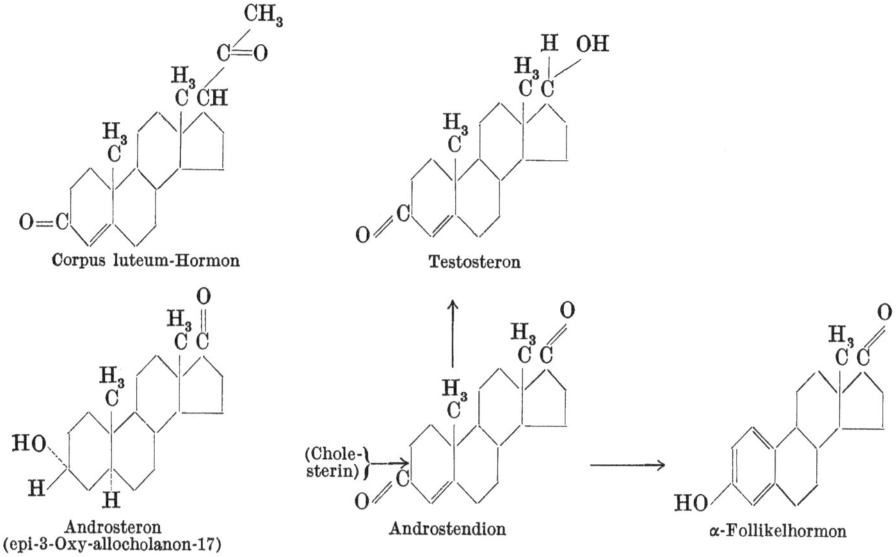

Corpus luteum-Hormon

Testosteron

Androsteron
(epi-3-Oxy-allocholanon-17)

(Chole-sterin)

Androstendion

α-Follikelhormon

Beziehungen zwischen Cholesterin, Vitamin D und Gallensäuren.

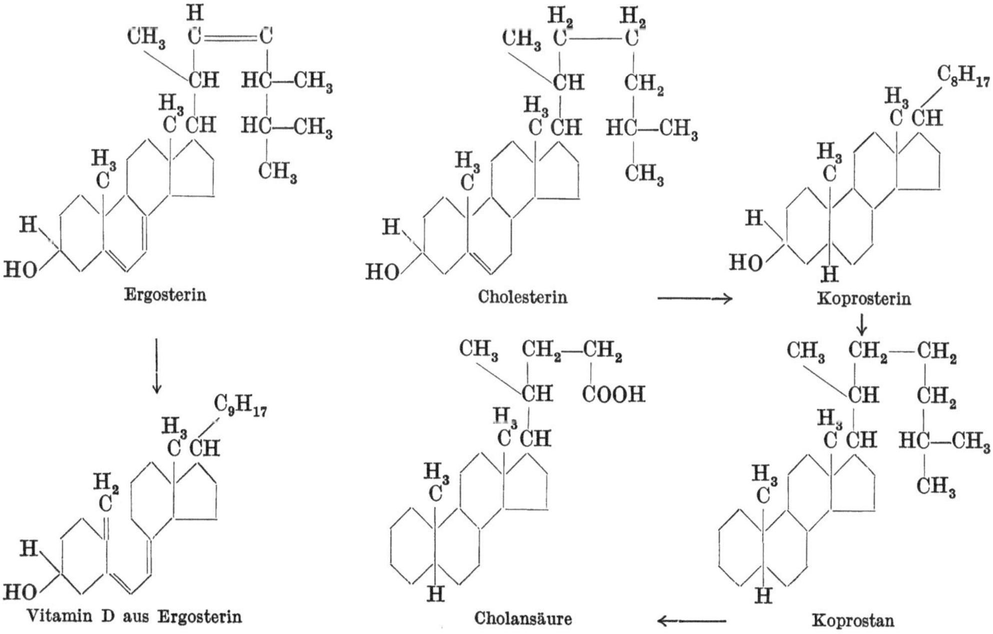

Ergosterin

Cholesterin

Koprosterin

Vitamin D aus Ergosterin

Cholansäure

Koprostan

Als Triumph der chemischen Forschung darf es gelten, daß es neuerdings BUTENANDT[1], einem Schüler von WINDAUS, gelungen ist, aus Cholesterin das *Androstendiol* herzustellen. Dieses Androstendiol, ein ungesättigter Alkohol, ist sowohl als männliches wie als weibliches Sexualhormon anzusprechen, da es am *kastrierten* männlichen Tier die männlichen Genitalorgane zur Entwicklung bringt und die sekundären männlichen Merkmale ausprägt und am *kastrierten* weiblichen Tier entsprechend die Funktionen des weiblichen Sexualhormons übernehmen kann. Diese seltene Überschneidung zweier Hormonwirkungen ist von besonderem Interesse und für die Physiologie und Pathologie der Sexualhormone nicht ohne Bedeutung.

Aus menschlichen Faeces wurde von BONZYNSKI und HUMNICKI[2] ein cholesterinartiger Körper isoliert, der zwei Atome Wasserstoff mehr aufweist als das Cholesterin. Der Körper wird Koprosterin genannt; er wird unter Mitwirkung von Bakterien durch Fäulnisprozesse im Darm aus Cholesterin durch Reduktion gebildet. Neben dem Cholesterin kommt in den Zellen des menschlichen und tierischen Organismus ein Isomeres des Koprosterins, das *Dihydrocholesterin* in geringen Mengen vor, eine Tatsache, die für unsere Vorstellungen über das intermediäre Schicksal des Cholesterins von großer Bedeutung zu werden verspricht.

Für das Verständnis des Cholesterinkreislaufs beim Menschen ist die verschiedene *Resorbierbarkeit der Sterine* von *entscheidender biologischer Bedeutung*. Obwohl Koprosterin sich von Cholesterin nur durch ein mehr von 2 H-Atomen unterscheidet und fast die gleichen Lösungsbedingungen besitzt, wird Cholesterin vom Darm des Menschen gut, *Koprosterin und das isomere Dihydrocholesterin dagegen gar nicht aufgenommen*. Koprosterin und Dihydrocholesterin treten nach peroraler Eingabe nicht ins Blut über, und erscheinen quantitativ wieder im Kot. Verfasser hat mit seinen Mitarbeitern auf diese *Spezifität der Cholesterinresorption* nachdrücklich hingewiesen[3]. Das gleiche Verhalten zeigt auch der Kaninchendarm, welcher wohl Cholesterin, nicht aber Koprosterin, Dihydrocholesterin, Pflanzensterine und Ergosterin aufzunehmen imstande ist. Werden Pflanzensterine gemeinsam mit Cholesterin verfüttert, so erscheint bei Tieren mit einer Fistel des Ductus thoracicus nur Cholesterin, nicht aber die Pflanzensterine in der Ductuslymphe[4]. Aus Ergosterin entsteht durch Bestrahlung das Vitamin D und eine Reihe toxischer Produkte, die schwere Verkalkungen im Organismus bedingen. Würde Ergosterin ebensogut resorbiert wie Cholesterin, so könnte es bei entsprechender Nahrung leicht zur Überschwemmung des Organismus mit Ergosterin kommen, das nach Sonnenbestrahlung in der Haut aktiviert würde. Dieses in übergroßen Mengen aktivierte Ergosterin könnte den Organismus vergiften. Die Nichtresorbierbarkeit oder schwere Resorbierbarkeit des Ergosterins schützt den Körper also vor der Überschwemmung mit Vitamin D.

Über den Ort der Cholesterinbildung sind wir nicht sicher unterrichtet. Wegen des Reichtums an doppelbrechender Substanz in der Nebennierenrinde hat man diese als Hauptort der Cholesterinsynthese angesprochen, während ihr von anderer Seite lediglich die Funktion eines Cholesterinstapelplatzes zuerkannt

---

[1] BUTENANDT: Forschgn u. Fortschr. **12**, Nr 17, 218 (1936).
[2] BONZYNSKI u. HUMNICKI: Hoppe-Seylers Z. **22**, 396 (1896/97).
[3] BÜRGER u. WINTERSEEL: Hoppe-Seylers Z. **202**, 237 (1931).
[4] SCHÖNHEIMER: Klin. Wschr. **1932 II**, 1793.

wird[1]. Auch der Milz wurden cholesterinbildende Fähigkeiten zugesprochen. Über das Schicksal des mit der *Nahrung zugeführten Cholesterins* steht so viel fest, daß *ungelöstes* Cholesterin nicht resorbiert wird, auch nicht bei cholesterinarmer Ernährung. Es kann nur gemeinsam mit den Fetten und Lipoiden der Nahrung vom Darm aufgesogen werden. Ein Teil des mit der Nahrung zugeführten freien Cholesterins erscheint nach der Resorption *im Blute* als Cholesterinfettsäureester. Die cholesterinreichsten Nahrungsmittel sind das Eigelb, die Milch, schließlich alle fettreichen Milchderivate. Der Cholesteringehalt der Frauenmilch ist von der Dauer der Lactation abhängig[2].

Die Ernährung der Stillenden scheint auf den Cholesteringehalt der Milch von Einfluß zu sein. Der Durchschnittswert von 28 Frauenmilchanalysen ergab $3{,}29^0/_{00}$ Fett und $0{,}138^0/_{00}$ Cholesterin. In der Kuhmilch ist etwas weniger Cholesterin enthalten, nämlich $0{,}125^0/_{00}$[2].

Die künstliche Anreicherung des Cholesterins in der Nahrung bewirkt nicht nur eine Hypercholesterinämie, sondern bewirkt gleichzeitig einen *Anstieg der übrigen Lipoidfraktionen*[3]. Durch reichliche Zufuhr von *cholesterinfreiem* Nahrungsfett kann *gleichzeitig* der Cholesterinspiegel des Blutes willkürlich erhöht werden[4]. Nach allem, was wir bisher wissen, kommt eine *direkte Verbrennung* des Cholesterins im Organismus nicht zustande. Es spielt somit als Energiespender keine Rolle. Zwischen dem Cholesterinstoffwechsel einerseits und dem Fett- und Phosphatidstoffwechsel andererseits bestehen wichtige Beziehungen, die wir im einzelnen noch nicht übersehen. Nach dem chemischen Aufbau sind ferner Beziehungen des Cholesterins zu den Gallensäuren (Glykochol- und Taurocholsäure) zu vermuten.

Der *Gehalt des Blutes an Cholesterin* ist Gegenstand sehr zahlreicher Untersuchungen gewesen. Auf 1000 g Serum kommen unter *normalen* Bedingungen 1—1,5 g Cholesterin. Das Cholesterin ist im Serum zum Teil als freies, zum Teil als gebundenes Cholesterin vorhanden. Im allgemeinen sind beim Menschen die Werte des freien Cholesterins etwa 30% von denen des Gesamtcholesterins. Die Blutkörperchen enthalten, wie bemerkt, *keine* Cholesterinester. Ihr Gehalt an Cholesterin beträgt etwa 1 g für 1000 g feuchte Blutkörperchen. Über den Gehalt der *normalen* Organe an Cholesterin ist folgendes bekannt:

Aus diesen von FEX[5] angegebenen Daten geht hervor, daß der Gehalt an gebundenem und freiem Cholesterin in der Leber nur geringe Variationen aufweist. Die

Feuchtes Organ	%-Gehalt an freiem Cholesterin	%-Gehalt an gebundenem Cholesterin	Totalgehalt
Niere	0,266—0,345	0,011—0,031	0,289—0,373
Leber. . . .	0,177—0,336	0,046—0,078	0,254—0,396
Nebennieren .	0,428—0,889	1,919—5,775	2,595—6,664

Variationen der Zahlen in den Nieren sind sowohl für das freie wie für das gebundene Cholesterin wenig schwankend. In den Nebennieren ist der Gehalt an freiem Cholesterin ziemlich konstant, der an gebundenem Cholesterin wechselnd.

Als *Ausscheidungsort* für das Cholesterin kommt nach den Untersuchungen von SPERRY[6] die Darmwand in Frage. Ein Teil des mit der Galle ausgeschiedenen

[1] LANDAU u. MCNEE: Beitr. path. Anat. **58**.
[2] WACKER u. BECK: Z. Kinderheilk. **27**, 291 (1921).
[3] HUECK u. WACKER: Biochem. Z. **100**, 84 (1919).
[4] LINDEMANN: Z. Geburtsh. **74**, 819 (1913).   [5] FEX: Biochem. Z. **104**, 82 (1920).
[6] SPERRY: J. of biol. Chem. **68**, 357 (1926); **71**, 351 (1927).

Cholesterins wird in unresorbierbares Koprosterin umgewandelt und verläßt als
solches den Körper. Ferner wird mit dem Sekret der Talgdrüsen und durch
die normale Mauserung der Haut dauernd Cholesterin nach außen abgegeben.
In der Lactationsperiode verlieren die Frauen durch die Milchabgabe nicht unerhebliche Mengen von Cholesterin.

Unter krankhaften Bedingungen sind sowohl Vermehrungen wie Verminderungen des Cholesterins im Blut und in den Organen festgestellt worden. Sehr
zahlreiche Untersuchungen liegen vor über die Schwankungen des *Cholesterin-
gehaltes des Blutes.* Bei cholesterinreicher Kost bei Diabetes, Fettsucht, Nephritis, frischer Atherosklerose finden sich ausgesprochene Vermehrungen des Gesamtcholesterins. Die weitaus höchsten Werte werden nach den Untersuchungen
von BEUMER und mir[1] bei diabetischer Lipämie, Cholämie und den essentiellen
Xanthomatosen gefunden.

Beim *Diabetes* nimmt sowohl das *freie* wie das veresterte Cholesterin an der
Vermehrung teil. Die höchsten Werte werden bei azidotischen Zuckerkranken
gefunden, jedoch kann es auch ohne Azidose zu einer Vermehrung des Cholesterins kommen. Auch hier zeigen die Blutkörperchen in ihrer Zusammensetzung
bezüglich des Cholesterins eine weitgehende *Unabhängigkeit* vom Cholesteringehalt des Serums. Cholesterinester werden darin gar nicht oder nur in Spuren
gefunden. Bei der *Cholämie* scheint die Anreicherung des Blutes an Cholesterin
der häufig nachweisbaren Vermehrung der Glyceride vorauszugehen. Mit zunehmender Dauer des Ikterus und wachsender Vollkommenheit des Choledochus-
verschlusses wird nach eigenen[2] Untersuchungen die Veresterung des Blutcholesterins schlechter. Bei mechanischem Ikterus von längerer Dauer ist weniger
als ein Drittel des Cholesterins in gebundener Form vorhanden, beim hämolytischen Ikterus sind wie in der Norm zwei Drittel oder mehr des Gesamtcholesterins verestert. Bei wieder einsetzendem Gallenabfluß sinken die vorher
erhöhten Werte des Blutcholesterins rasch zur Norm ab und der veresterte
Anteil des Blutcholesterins steigt auf den physiologischen Wert von 60% und
darüber an. Die absolute und relative Verminderung der *Cholesterinester* im
Blute wurde als *Estersturz* bezeichnet. Sie beruht *nicht* auf einer Verminderung
der esterifizierenden Kraft der Leber, sondern wahrscheinlich auf mangelnder
Resorption von Neutralfetten bzw. Fettsäuren. Auch bei nichtikterischen Erkrankungen, z. B. bei Lebercirrhosen, ist sie beobachtet worden.

Abgesehen von der cholämischen Hypercholesterinämie sind die bei den verschiedensten Krankheiten gefundenen Vermehrungen des Blutcholesterins der
Art ihrer Entstehung nach nicht aufgeklärt. Man diskutiert folgende Möglichkeiten:

1. Eine *exogene* bedingte alimentäre Hypercholesterinämie. Dieselbe spielt
beim Menschen fraglos eine untergeordnete Rolle. Selbst nach Zufuhr großer
Cholesterinmengen (z. B. 5 g Cholesterin, gelöst in 100 g Olivenöl) gelang es
mir nur vorübergehend, für die Dauer von wenigen Stunden den Cholesterinspiegel zu heben. Auch müßte man die Formen der alimentären Hypercholesterinämie häufiger antreffen bei Leuten, die gewohnheitsmäßig eine cholesterin-

---

[1] BÜRGER u. BEUMER: Zur Lipoidchemie des Blutes. Berl. klin. Wschr. **1913** I. —
Z. exper. Path. u. Ther. **13** (1913). — Arch. f. exper. Path. **71** (1913).
[2] BÜRGER: Über cholämische Lipämie. Münch. med. Wschr. **1922** I, 103—106.

reiche Nahrung (Eier) zu sich nehmen. Das nach einer cholesterin- und fettreichen Nahrung ins Blut hineingelangende Cholesterin verschwindet normalerweise rasch wieder aus dem Blute.

2. Die *endogenen* Hypercholesterinämien, von der man vier Formen unterscheiden kann:

I. Die *Hypercholesterinämie durch Zellzerfall* wird nach dem Überstehen fieberhafter Erkrankungen als Ausdruck der erhöhten Mauserungsprozesse gefunden[1]. Vielleicht gehören die noch ganz ungeklärten Hypercholesterinämien bei chronisch Nierenkranken, besonders bei Nephrotikern, hierher. Ganz allgemein kann man bei allen Zuständen, welche mit einem rasch gesteigerten Zellzerfall einhergehen, wenigstens vorübergehende Erhöhung des Blutcholesterins erwarten.

II. Die *Transporthypercholesterinämie* setzt immer dann ein, wenn die Depotfette rasch mobilisiert werden. Sie ist ein Begleitsymptom der Transporthyperlipämie.

III. Die *Retentionshypercholesterinämie* ist der Ausdruck für eine Verlegung des Hauptausscheidungsweges, nämlich der Gallengänge. Da aber nach der S. 176 gemachten Ausführungen auch der Dickdarm Cholesterin auszuscheiden vermag, kann die cholämische Hypercholesterinämie nicht allein mechanische Ursachen haben. Beim mechanischen Ikterus werden auch Gallensäuren retiniert. Die Gallensäuren bilden aber mit den Sterinen besonders

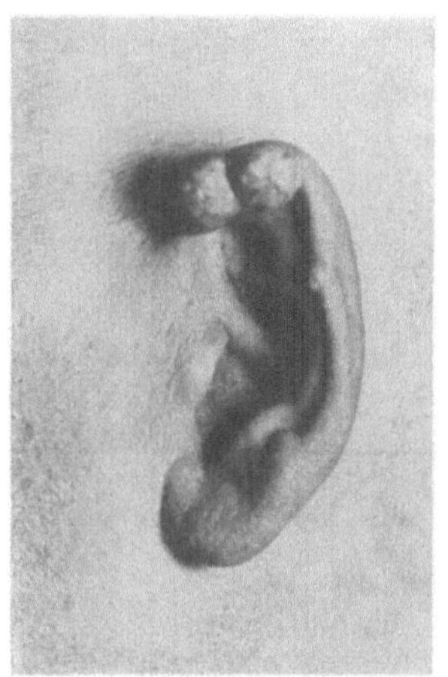

Abb. 36. Lipoidtophi am Ohr bei Lipoidgicht. (Nach BÜRGER[2].)

gut lösliche Aggregate, welche im Blut der Ikterischen gewissermaßen *chemisch* fixiert werden[3].

IV. Die *Schwangerschaftshypercholesterinämie* ist in den letzten Monaten der Gravidität besonders ausgeprägt, fällt zur Zeit der Entbindung auf fast normale Werte ab, um etwa am 10. Tage nach der Entbindung ihren Höhepunkt zu erreichen. Vielleicht steht die Vermehrung des Cholesterins in der Schwangerschaft mit der vermehrten Bildung desselben in den Milchdrüsen in Zusammenhang.

V. Die *Hypercholesterinämie* bei *Lipoidosen* wird gefunden: bei den essentiellen Xanthomatosen ohne Diabetes und Ikterus, also bei der cutanen Xanthomatose, der von mir sog. Lipoidgicht, bei der hepatosplenomegalen Lipoidose und bei der cholesterinzelligen Lipoidose vom Typus SCHÜLLER-CHRISTIAN-HAND.

Am eindruckvollsten sieht man die Hypercholesterinämie mit starker lipämischer Trübung des nüchternen Serums bei den sog. *essentiellen Xanthomatosen* vom Typus der *Lipoidgicht* (Xanthoma papulosum sive tuberosum). Auch die sog. hepatosplenomegale Lipoidose gehört zu dieser Krankheitsgruppe. Beide Krankheitsbilder sind offenbar der Ausdruck einer echten primären Störung des intermediären Lipoidstoffwechsels mit vorwiegender Beteiligung des Cholesterins und seiner Ester.

---

[1] GRIGAUT: Le Cycle de la Cholésteriémie. Paris 1913.
[2] BÜRGER: Die Klinik der Lipoidosen. Neue dtsch. Klin. Erg.-Bd. 2 (1934).
[3] BÜRGER: Über cholämische Lipämie. Münch. med. Wschr. 1922 I, 103. — SCHÖNHEIMER and HYDINA: Proc. Soc. exper. Biol. a. Med. 28, 944 (1931).

Unter *Lipoidgicht* verstehen wir Fälle von tuberösen Xanthomen, welche sich einerseits aus Hauttumoren, andererseits als Verdickungen der Sehnenscheide und Gelenkkapseln darstellen. Die allmähliche Entwicklung der xanthomatösen Knötchen und Infiltrationen der Haut zeigt eine deutliche Abhängigkeit von der Zusammensetzung und Menge der Nahrung. Die Anordnung der Lipoidtophi zeigt eine große Ähnlichkeit mit der echten Harnsäuregicht. Sie findet sich am Ohr (Abb. 36), an den Zehen, an den Ellbogen, Hand- und Fingergelenken. Das Blutserum ist in vielen Fällen stark lipämisch getrübt und zeigt eine Vermehrung der Gesamtlipoide mit besonderer Beteiligung des Cholesterins.

Bei der hepatosplenomegalen Lipoidose ist außer der Haut und Schleimhaut auch die Leber und Milz an der krankhaften Lipoidspeicherung beteiligt, welche zu nicht unerheblichen Vergrößerungen dieser Organe führen. Nebenstehende Tabelle gibt eine Übersicht über den Cholesteringehalt einschlägiger Fälle.

Lipoidgicht	1000 ccm Serum enthalten g							Verhältnis von Freiem zu Estercholesterin
	Gesamtfett	Gesamtcholesterin	Freies Cholesterin	Estercholesterin	Fettsäuren der Cholesterinester	Phosphatide	Restfett	
Fall 1. Sch., 51 J., m.	32,7	7,81	3,165	4,645	3,08	4,465	17,35	1 : 1,45
Fall 2. Seit 15 J. generalisierte Xanthomatose .	20,68	4,433	1,273	3,158	2,094	3,96	10,2	1 : 2,5
Fall 3. Klk., 35 J., m.	26,96	5,24	2,636	2,604	1,726	4,593	15,4	1 : 1

Die Schüller-Christian-Handsche Erkrankung.

Unter Schüller-Christian-Handscher Erkrankung wird ein Syndrom von Exophthalmus, Diabetes insipidus und Veränderungen des Schädels (Landkartenschädel) verstanden. Dieses Syndrom ist nicht als Krankheit sui generis, sondern als eine spezielle Form der allgemeinen primären Lipoidosen aufzufassen. Wir haben Grund zu der Annahme, daß die gleiche krankmachende Ursache, welche zum Schüller-Christian-Handschen Syndrom gehört, auch bei Erkrankungen der inneren Organe und des *peripheren* Skelets, mit Ausnahme des Schädels, vorliegen kann, ohne *daß eines der klassischen Symptome* der obengenannten Trias vorhanden ist. Neben Exophthalmus, Diabetes insipidus und Landkartenschädel sind für diese Lipoidspeicherkrankheit Hautveränderungen, Drüsenschwellungen, Leber- und Milzvergrößerung und häufig sehr früh einsetzender Zahnausfall bedeutungsvoll (Abb. 37 und 38).

Die Krankheit wird am häufigsten im jugendlichen Lebensalter (3.—5. Lebensjahr) beobachtet. Erwachsene befällt sie nur ausnahmsweise. Die Veränderungen am knöchernen Schädel, welche ein so charakteristisches Röntgenbild abgeben, das dem Bild den Namen *Landkartenschädel* eingetragen hat, gehen meist ohne begleitende Schmerzen einher. Nur selten wird über Kopfschmerzen geklagt, welche wohl auf intrakranielle Drucksteigerung zurückzuführen sind. Die Schädelveränderungen imponieren zunächst als multiple weiche Tumoren oder knotenförmige Vorwölbungen. In anderen Fällen zeigt die klinische Untersuchung des Schädels lediglich weiche Eindellungen mit scharfen Rändern im knöchernen Schädel. Die Vorwölbungen sind nicht selten mit kavernösen Angiomen oder Cysten verwechselt worden.

Besondere Aufmerksamkeit hat man wegen des gleichzeitig bestehenden *Diabetes insipidus* der Sella turcica geschenkt. Röntgenologische Veränderungen der Sella fehlen aber häufig auch da, wo klinische Symptome solche erwarten lassen. Auch das periphere Skelet wird von lipoidgranulomatösen Veränderungen befallen. Dieselben können schon eine ziemliche Ausdehnung erfahren, bevor sie der Röntgenuntersuchung zugänglich werden. Man sollte auch bei fehlenden röntgenologischen Veränderungen, wenn Verdacht auf das SCHÜLLER - CHRISTIAN - HANDsche Syndrom vorliegt, *unbestimmten rheumatischen Schmerzen* oder *Klopfempfindlichkeit* einzelner *Knochen* klinische Bedeutung zumessen.

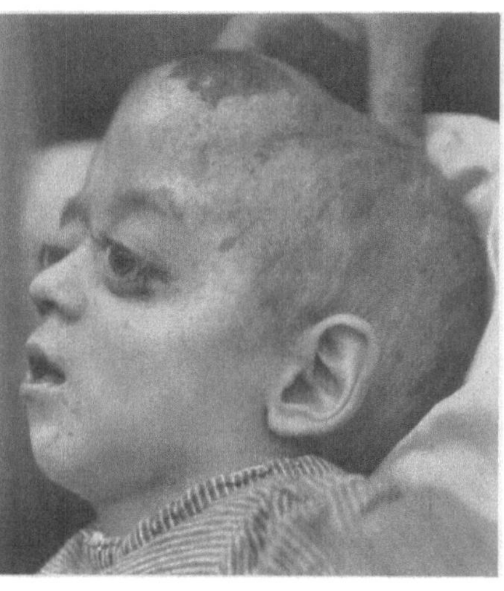

Abb. 37. SCHÜLLER-CHRISTIAN-HANDsches Syndrom mit Protrusio bulborum und Lipoidtumor am Schädel. (Nach BÜRGER [1].)

Der *Exophthalmus* wird gelegentlich als Initialsymptom beschrieben. Das Symptom ist zuerst meist einseitig entwickelt. Nicht immer tritt die Veränderung später auch auf dem anderen Auge auf. Bei doppelseitigem Exophthalmus ist immer aufgefallen, daß das eine Auge stärker als das andere vorgewölbt ist. Als Erklärung für diese Erscheinung sind die lipoidgranulomatösen Wucherungen der knöchernen Orbitalwand bzw. ihrer periostalen Auskleidung anzusehen. Auch das orbitale Fettgewebe nimmt an den Lipoidspeicherungsvorgängen teil und wirkt dadurch an der Protrusio bulborum mit.

Augenhintergrundsveränderungen sind selten. Beschrieben werden Stauungspapille, doppelseitige Neuritis.

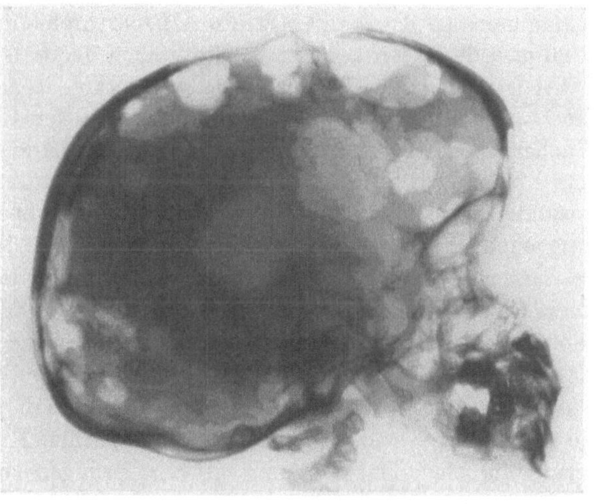

Abb. 38. Landkartenschädel bei SCHÜLLER-CHRISTIAN-HANDschem Syndrom. (Nach BÜRGER[1]).

Unter den *endokrinen Störungen* steht der *Diabetes insipidus* an Häufigkeit an erster Stelle. Die histologischen Untersuchungen der Hypophyse und ihrer Umgebung sind nicht immer systematisch durchgeführt. Mehrfach wird

---

[1] Siehe Fußnote 2, S. 315.

ausdrücklich vermerkt, daß die Hypophyse selbst unverändert sei. In anderen, mit Diabetes insipidus komplizierten Fällen wird von schwieliger Durchsetzung des Hypophysenstils und des angrenzenden Teils des Tuber cinereum, von xanthomatösen Infiltraten des Hinterlappens, des Tuber cinereum und Corpus pineale, von braunweißlichen Einsprenkelungen in die Hypophyse oder von xanthomatösen Veränderungen der Hypophyse mit Umgebung gesprochen.

Von weiteren *endokrinen* Veränderungen werden *Wachstumsstörungen* bis zum *Zwergwuchs, Dystrophia adiposo-genitalis, Hypogenitalismus* und Hemmungen der *geistigen* Entwicklung erwähnt.

Besondere Bedeutung haben die *Hautveränderungen* wegen der engen Beziehungen zwischen Haut- und Lipoidstoffwechsel. Diese Hautveränderungen werden sehr verschieden bezeichnet, gelegentlich als skrofulöses oder seborrhoisches Ekzem, andere Autoren sprechen von trockenem, schuppendem Ausschlag oder von schilfernder Haut und Xanthelasmen an den Augenlidern. In einzelnen Fällen hat die mikroskopische Untersuchung von Petechien und Pusteln Infiltrate aus lipoidhaltigen Zellen in der Haut ergeben.

Von den *inneren Organen* sind vor allem Lunge, Leber und Milz an den lipoidgranulomatösen Veränderungen beteiligt. Klinisch verdienen die *Veränderungen der Lunge,* die fast in einem Drittel aller Fälle erwähnt werden, besonderes Interesse. Die klinischen Erscheinungen sind wechselnd und uncharakteristisch. Die Röntgenuntersuchung zeigt kleine bis hanfkorngroße Verschattungsherde, welche dem Bilde einer Miliartuberkulose ähneln. Diese Verschattungsherde entsprechen lipoidgranulomatösen Veränderungen der Lunge, welche je nach dem Stadium bald aus herdförmigen Ansammlungen von Schaumzellen und Lymphocyten, bald aus banalem Granulationsgewebe bestehen. Die schließlich einsetzende Sklerose der Interalveolarsepten führt zu einer Behinderung des pulmonalen Kreislaufs sowie zur Hypertrophie des rechten Ventrikels. Beim Erlahmen desselben kann es zu Stauungen der Leber, Milz und Niere kommen.

Aber auch ohne Stauungsprozesse werden in fast einem Drittel der Fälle *Leber-* und *Milzvergrößerungen* gefunden. In der Leber kommt es zu enormen Wucherungen der KUPFFERschen Sternzellen. Andere finden in den Uferzellen doppelbrechende Substanzen, wodurch sie zu großen tropfigen Elementen umgewandelt erscheinen. Auch das periportale Gewebe nimmt an diesen Veränderungen teil. Nach fibröser Umwandlung können die lipoidgranulomatösen Stränge die Gallengänge teilweise abdrosseln, wodurch sich das Leberparenchym im Sinne einer biliären Cirrhose verändert. Wenn in solchen Fällen ein Ikterus die Situation kompliziert und die klassischen Veränderungen am Schädel und an den Augen fehlen, kann die Unterscheidung von einer gewöhnlichen biliären Cirrhose schwierig werden. Vergrößerungen der Milz sind nicht selten. Doch erreicht die Milz nie die Größe wie bei der GAUCHERschen Krankheit. Die Vergrößerung beruht auf einer Durchsetzung mit herdförmigen tuberkelähnlichen Infiltraten.

Blutveränderungen. Für das Wesen der Erkrankung sind vor allem die chemischen, weniger die morphologischen Blutveränderungen von Bedeutung. Die *chemischen* Veränderungen betreffen hauptsächlich die Lipoide. Leider sind die Angaben in der Literatur aus methodischen Gründen schlecht untereinander vergleichbar. Bestimmungen der Gesamtlipoide fehlen meist. Am häufigsten sind Untersuchungen über den Cholesteringehalt durchgeführt. In der Hälfte aller Fälle ist der Cholesteringehalt des Blutes wesentlich über die Norm erhöht.

Einige *eigene* Analysen, welche den bisher nicht untersuchten Gesamtlipoid-komplex des Blutes berücksichtigen, stammen von Fällen, welche alle neben anderen Symptomen typischen Landkartenschädel aufwiesen. Ich führe sie in nachstehender Tabelle an:

	1000 ccm Serum enthalten g							Verhält-nis von freiem zu Ester-chole-sterin
	Gesamt-fett	Gesamt-chole-sterin	Freies Chole-sterin	Ester-chole-sterin	Fett-säuren der Chole-sterin-ester	Phos-phatide	Restfett	
Fall 1[1]. M. Kr., 2 J., w.	8,28	1,52	0,92	0,6	0,41	4,65	1,71	1 : 0,66
Fall 2[2]. W. Be., 3 J., m.	8,9	2,592	0,942	1,65	1,094	1,708	3,506	1 : 1,75
Fall 3. H. Lö., 6 J., m.	6,34	0,86	0,44	0,42	0,278	1,726	3,476	1 : 0,95
Fall 4[3]. A. Uf., 42 J., w.	8,08	2,365	1,04	1,325	0,878	1,472	3,365	1 : 1,3

Als wichtigstes Ergebnis der neueren Untersuchungen auf diesem Gebiet darf festgehalten werden, daß es ebenso wie auf dem Gebiete des Eiweißstoff-wechsels (Cystinurie, Alkaptonurie) auch auf dem Gebiete des Cholesterinstoff-wechsels schwere primäre intermediäre Störungen gibt, deren letzte Ursache noch nicht geklärt ist. Auch insofern zeigen sie mit den erwähnten Störungen des Eiweißstoffwechsels gewiß gemeinsame Züge, als sie durch diätetische Maß-nahme (fett- und lipoidarme Ernährung) gut zu beeinflussen sind.

VI. Die *Hypercholesterinämie bei Psoriasis* wird bei einer großen Reihe von Fällen nachgewiesen. Eine Beziehung zur Schwere der Krankheitsbilder scheint nicht zu bestehen. Daß aber Störungen des Fett- und Cholesterinhaushalts bei der *Psoriasis* vorliegen, beweist die Tatsache der günstigen diätetischen Beeinflussung dieses Hautleidens durch fett- und cholesterinarme Kost (Abb. 39).

Die *Verminderung* des Blutcholesterins wurde bei perniziösen Anämien, bei Carcinomanämien und bei schwerer Chlorose von uns beobachtet, im Anfangs-stadium akuter Infektionskrankheiten vor allem von GRIGAUT festgestellt. Auch bei Tuberkulose wurden niedere Werte gefunden[4]. Als Folge chronischer Unter-ernährung, z. B. bei der Ödemkrankheit, wurden gleichfalls Hypocholesterinämien gesehen[5].

Cholesterinbestimmungen an krankhaft veränderten Organen sind vor allem an Nieren und Nebennieren gemacht worden. Bei Nierenkrankheiten wurden für das gesamte und das gebundene Cholesterin erhöhte Werte festgestellt[6]. Der erhebliche Zuwachs von Cholesterinestern in den Amyloidnieren ist viel-leicht durch Zurückhaltung aus dem Blutserum zu erklären. Interessant ist,

---

[1] BÜRGER: Klinik der Lipoidosen. Neue deutsche Klinik, Erg.-Bd. 2, S. 612. 1934. — CEELEN: Dtsch. med. Wschr. **1933** I, 680. — GERSTEL: Virchows Arch. **294**, H. O. (1934).

[2] KRAUSS u. BARTH: Klin. Wschr. **1934** II, 876.

[3] Diss. SCHULTZ. Bonn 1935.

[4] ROSENTHAL u. PATRZEK: Berl. klin. Wschr. **1919** II, 793.

[5] KNACK u. NEUMANN: Dtsch. med. Wschr. **1917** II. — FEIGL: Biochem. Z. **35** (1918). — MATHIAS: Sitzgsber. med. Sekt. vaterl. Ges. Breslau, März 1912.

[6] BEUMER: Mschr. Kinderheilk. Orig. **18**, H. 5, 443.

daß in den Nebennieren bei Nierenkrankheiten Cholesterinvermehrungen beobachtet wurden[1].

Unter pathologischen Bedingungen können alle diejenigen Erkrankungen, die mit Eiterentleerungen nach außen oder gesteigerten Mauserungsprozessen einhergehen (Cystiden, eitrige Affektionen der Lungen und Bronchien, tuberkulöse und andere Fisteln), erhebliche Cholesterinverluste zur Folge haben.

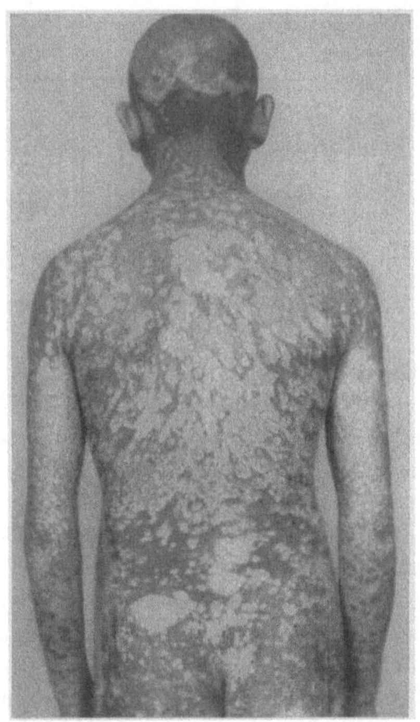 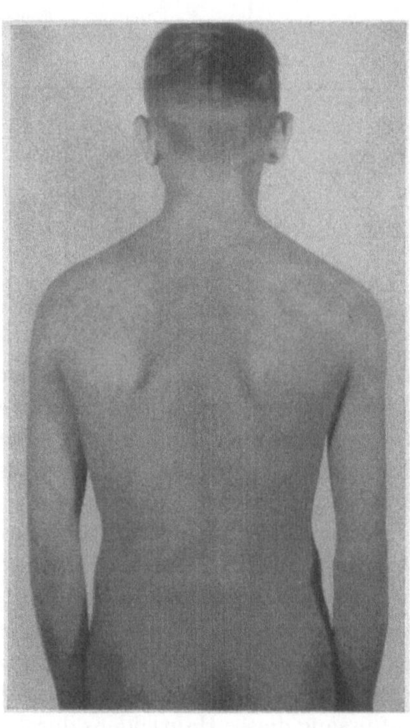

a   b

Abb. 39. Schwere Psoriasis. a Vor der Behandlung, b nach 6¹/₂monatelanger fett- und cholesterinarmer Diät
(Nach GRÜK u. BÜRGER: Klin. Wschr. **1933** I.)

Der Cholesterinstoffwechsel gewinnt zunehmend an praktischer Bedeutung. Wir wissen, daß das Cholesterin einerseits chemische Beziehungen zu den Vitamen, besonders zum Vitamin D-Ergosterin hat, andererseits darf aus seiner chemischen Verwandtschaft geschlossen werden, daß auch Beziehungen zu den *Gallensäuren* vorliegen. Die Formelbilder S. 311 mögen diese Verwandtschaft in der Konstitution dieser Körper näher erläutern. Wichtig erscheint uns auch, daß das Cholesterin bei vielen physiologischen Alternsprozessen sich in den Geweben mit verlangsamten Stoffwechsel (bradytrophe Gewebe) mit zunehmendem Alter immer mehr anreichert. Die Ablagerung von Cholesterin in der Hornhaut, Knorpel und der Wandschicht der großen Gefäße sind dafür sprechende Beispiele. Es soll schließlich nicht unbemerkt bleiben, daß neben diesen Beziehungen zu den physiologischen Alternsprozessen neuerdings auch solche zum *Krebsproblem* aufgetaucht sind. Man hat nämlich unter den Verwandten des Cholesterins einen Körper gefunden (Methylcholanthren), mit

---

[1] FEX: Biochem. Z. **104**, 82 (1920).

welchem es leicht gelingt, bei Mäusen Krebs zu erregen. Da nun, wie oben auseinandergesetzt, das Cholesterin auch chemische Beziehungen zu den Sexualhormonen hat, und diese in höherem Alter (Menopause), in welchem die Krebshäufigkeit zunimmt, in geringerer Menge gebildet werden, liegt es nahe, daran zu denken, daß das chemische Material, welches für die Sexualhormonbildung nicht beansprucht wird, vielleicht in falsche Abbaurichtungen geleitet wird und dadurch der Bildung carcinogener Substanzen im Körper des alternden Organismus Vorschub leistet. Die Abbauprodukte des Cholesterins sind am ehesten in der Galle zu vermuten. Injektionen von menschlicher Galle erzeugen nach unveröffentlichten Untersuchungen von Frl. UIKER in meinem Institut bei diesen Tieren leukämieähnliche Bilder in Leber und Milz, welche große Ähnlichkeit mit den Befunden von BÜNGELER[1] haben. BÜNGELER hat bei Mäusen durch chronische Indolbehandlung Leukämien und Lymphosarkome erzeugt. Er sieht diese künstlich erzeugte Leukämien als Vorstadien der Krebsbildung an.

e) Der wechselnde Gehalt des Blutes an Lipochromen. Mit der Physiologie und Pathologie des Fett- und Lipoidstoffwechsels in engem Zusammenhange steht das gelegentliche Vorkommen einer intensiv gelben Hautfärbung, welche nicht durch Gallenfarbstoff, sondern durch Fettfarbstoffe zustande kommt. Eine besondere Bedeutung hat diese Hautverfärbung erreicht bei der sog. Xanthosis diabetica (s. S. 288) und dem Pseudoikterus bei Säuglingen und kleinen Kindern nach kartinoidreicher Nahrung. Die Prädilektionsstellen für die gelbe Verfärbung sind bei den Diabetikern, wie erwähnt, die Handinnenflächen, die Fußsohlen, der Nasenrücken mit den Nasolabialfalten, die Gesichtshaut, das äußere Ohr. Die Farbe nimmt an den Handinnenflächen in schweren Fällen einen ockergelben Ton an. Die Skleren, an denen der Ikterus zuerst beobachtet wird, bleiben bei der Xanthose sehr lange frei. Der *Pseudoikterus* der Kinder zeigt in seiner Anordnung ganz ähnliches Verhalten. Es tritt zuerst an den Nasenflügeln eine lichte citronengelbe Farbe auf. Die Nase sieht in ausgeprägten Fällen wie mit gelbem Blütenstaub bestäubt aus. Später werden die Nasolabialfalten, die Wangen und die Stirn befallen. Auch die Hände werden leicht gelb tingiert, während der übrige Körper fast frei bleibt, speziell die Skleren bleiben vollständig frei. Untersucht man in den Fällen von Xanthosis diabetica oder Pseudoikterus der Kinder das Serum, so zeigt sich häufig eine intensiv gelbe Farbe, es erscheint im durchfallenden Lichte orange-ockergelb. Sie ist deutlich von der gelbgrünen Farbe des ikterischen Serums verschieden. Es laßt sich leicht zeigen, daß diese Gelbfärbung nicht durch Bilirubin bedingt ist.

Es muß also diese intensive Gelbfärbung durch einen anderen Farbstoff als Bilirubin bestimmt sein. Das Serum hat schon normalerweise eine gelbe Farbe. Dieses gelbe Pigment wird seit den Untersuchungen von THUDICHUM für ein Lipochrom gehalten. Mehrere Forscher haben denn auch aus dem Serum verschiedener Tierarten ein gelbes Pigment extrahiert, welches sie nach seinen Eigenschaften als zu der Klasse der Luteine oder Lipochrome gehörend betrachtet haben. So gelang es KRUKENBERG[2], aus dem Ochsenblut durch Ausschütteln mit Amylalkohol ein Lipochrom zu extrahieren, das nach seinem spektroskopischen und reaktionellen Verhalten als solches identifiziert wurde[3]. Genauere

---

[1] BÜNGELER: Frankf. Z. Path. **44**, 202 (1932).
[2] KRUKENBERG: Jena. Z. Naturwiss., Suppl. **19**, H. 1, 52.
[3] HALLIBURTON: J. of Physiol. **7**, 324.

Angaben über den Luteingehalt des Menschenblutserums finden sich erst in neuerer Zeit. ZOJA[1] beschreibt das Lutein des Menschenblutes und das von Transsudaten und Exsudaten. HYMANS VAN DEN BERGH und SNAPPER[2] wiesen in jedem menschlichen Serum die Anwesenheit von Lutein und Gallenfarbstoff nach. Spektroskopisch lassen sich die Luteine in jedem menschlichen Serum nachweisen. Das Lutein hat als Muttersubstanz des Vitamin A eine große biologische Bedeutung.

Die Natur dieser im Pflanzen- und Tierreich äußerst zahlreich vorhandenen gelben Pigmente, die man mit dem Namen Lipochrome bezeichnet, ist jetzt weitgehend aufgeklärt. Es gehören hierher im Pflanzenreich vor allem die gelben Begleiter des Chlorophylls: das Xanthophyll und das Carotin, wie die Farbstoffe vieler anderer Pflanzen, so der Karotten, Tomaten usw.; alles Farbstoffe, die durch die Arbeiten von WILLSTÄTTER chemisch genau untersucht und als Kohlenwasserstoffe erkannt wurden. Sie sind durch eine Reihe von Reaktionen charakterisiert und werden unter dem Sammelnamen *Carotinoide*[3] beschrieben. Bei der Xanthosis diabetica und dem Pseudoikterus der Kinder[4] läßt sich nun eine erhebliche Vermehrung dieser Substanzen im Serum nachweisen. Diese Lipochrome stammen, wie ich und REINHART[5] zeigen konnten, aus der Nahrung: durch übermäßige Zufuhr großer Mengen grünen Gemüses, die bei Diabetikern oft nötig wird, bei Kindern nach Aufnahme gelber Rüben läßt sich die Gelbfärbung künstlich erzeugen. Es kommt ihr daher klinisch keine sonderliche Bedeutung zu. Nach den bisher vorliegenden Untersuchungen scheint aber die Xanthose besonders leicht bei Störung des intermediären Lipoid- und Fettstoffwechsels zustande zu kommen. Bei den xanthotischen Diabetikern fanden ich und REINHART[6] als Index für den Gesamtfettgehalt des Blutes in der Regel eine Hypercholesterinämie. Diese Lipochrome werden physiologischerweise in den Corpora lutea des Ovariums gespeichert. Die Abb. 34, S. 289 zeigt eine starke Lipochromspeicherung in den Zwischenzellen des Hodens eines im Koma gestorbenen Diabetikers mit schwerer Xanthosis universalis. Die Beziehungen des Carotins zum Vitamin A sind S. 248 näher beschrieben.

E. Der Purinstoffwechsel und seine Störungen.

Die Zusammensetzung der *Nucleoproteide* ist eine mannigfaltige, ihre Reindarstellung bisher nicht geglückt. Einen Einblick in ihre Zusammensetzung gewinnen wir nur durch die Darstellung ihrer Spaltprodukte. Die Körper sind zuerst von MIESCHER[7] in dem Kern der Eiterzellen und von PLOSZ[8] in dem Kern der Vögel- und Schlangenblutkörperchen entdeckt worden. In der Folge hat die Untersuchung von Spermatozoen gezeigt, daß für die Lösung der Nucleoproteide aus ihnen der Zerfall des Zellkerns unerläßliche Vorbedingung ist[9]. Wie der Name sagt, sind die *Nucleoproteide* wesentliche Bestandteile des Zellkerns. Sie können aus allen Organen isoliert werden, aus zellreichen in größeren

---

[1] ZOJA: Reale Instituto Lombardo di Science e lettre. Ref. Malys Jber. **1905**, 217.

[2] HYMANS VAN DEN BERGH u. SNAPPER: Dtsch. Arch. klin. Med. **110**, 540.

[3] ZECHMEISTER: Die Carotinoide. Berlin: Julius Springer.

[4] RYHINGER: Jb. Kinderheilk. **94**.

[5] BÜRGER u. REINHART: Z. exper. Med. **7**, 1918 (1919).

[6] BÜRGER u. REINHART: Dtsch. med. Wschr. **1919** I.

[7] MIESCHER: HOPPE-SEYLERS medizinisch-chemische Untersuchungen, Bd. 4, S. 441. Berlin 1871.

[8] PLOSZ: HOPPE-SEYLERS medizinisch-chemische Untersuchungen, Bd. 4, S. 441. Berlin 1871.

[9] MIESCHER: Verh. naturforsch. Ges. Basel **1874**, Nr 6, 138. — Arch. f. exper. Path. **37**, 100 (1895). — KOSSEL: Hoppe-Seylers Z. **22**, 176 (1896). — SCHMIEDEBERG: Arch. f. exper. Path. **43**, 57 (1900).

Mengen als aus zellarmen. Der Abbau der Nucleoproteide verläuft nach folgendem Schema:

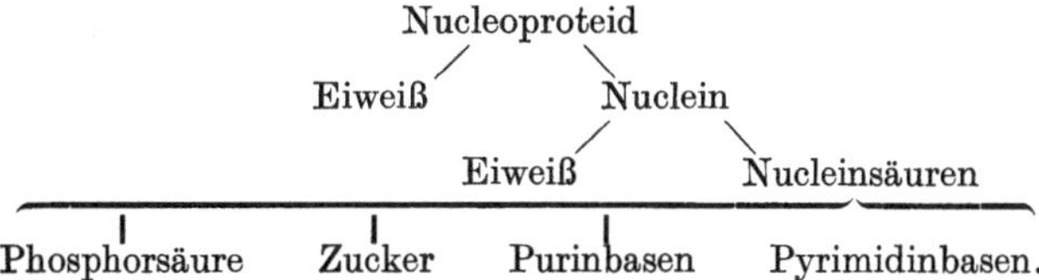

Bei der Verdauung mit Pepsinsalzsäure wird zunächst das Eiweiß abgespalten, das Nuclein bleibt unlöslich zurück. Das Nuclein kann durch Hydrolyse mit Alkalien wieder in Eiweiß und Nucleinsäuren zerlegt werden. Die in den Nucleoproteiden enthaltenen Eiweißkörper sind stark basischer Natur und reich an Protaminen und Histonen, demnach vorwiegend aus Diaminosäuren zusammengesetzt. Die Protamine wurden in besonders reichlicher Menge aus den reifen Testikeln von Lachs, Hering und Stör isoliert und liefern dann bei vollständiger Spaltung bis zu 90% Arginin. Die Nucleine kommen präformiert in dem Zellkern wahrscheinlich nicht vor. Durch die Zerlegung mit Alkalien oder mit Hilfe tryptischer Verdauung können aus ihnen die Nucleinsäuren abgespalten werden. Bereits LIEBIG zeigte, daß der bekannteste Körper der Puringruppe, die Harnsäure durch Salpetersäure in Harnstoff und Alloxan zerlegt werden kann.

Das Alloxan ist eine Verbindung von Mesoxalsäure und Harnstoff.

Alloxan:

$$\text{Harnstoff} \quad \begin{matrix} NH_2 \\ | \\ CO \\ | \\ NH_2 \end{matrix} + \begin{matrix} COOH \\ | \\ CO \\ | \\ COOH \end{matrix} \quad \text{Mesoxalsäure} = \begin{matrix} NH-CO \\ | \quad\quad \\ CO \quad\quad CO \\ | \quad\quad \\ NH-CO \end{matrix} + 2\,H_2O.$$

Der Purinkern enthält folgende zwei Ringe:

$$\underset{\text{Pyrimidin}}{\begin{matrix} N-C \\ | \quad | \\ C \quad C \\ | \quad | \\ N-C \end{matrix}} \quad \text{und} \quad \underset{\text{Imidazol}}{\begin{matrix} C-N \\ \quad \searrow C \\ C-N \end{matrix}} \quad \underset{\text{Purinring}}{\begin{matrix} _1N-_6C \\ | \quad | \\ _2C \quad _5C-_7N \\ | \quad | \quad \searrow_8 C. \\ _3N-_4C-_9N \end{matrix}}$$

Vom *Purinkern* werden folgende wichtige Verbindungen abgeleitet: Aminopurine, Oxypurine, Dioxypurine, Trioxypurine und Aminooxypurine.

$$\underset{\substack{\text{Adenin}\\\text{6-Aminopurin}}}{\begin{matrix} N-CNH_2 \\ | \quad\quad | \\ HC \quad C-NH \\ \| \quad\quad \searrow CH \\ N-C-N \end{matrix}} \qquad \underset{\substack{\text{Hypoxanthin}\\\text{6-Oxypurin}}}{\begin{matrix} HN-CO \\ | \quad\quad | \\ HC \quad C-NH \\ \| \quad\quad \searrow CH \\ N-C-N \end{matrix}} \qquad \underset{\substack{\text{Guanin}\\\text{2-Amino-6-Oxypurin}}}{\begin{matrix} HN-CO \\ | \quad\quad | \\ NH_2-C \quad C-NH \\ \| \quad\quad \searrow CH \\ N-C-N \end{matrix}}$$

$$\underset{\substack{\text{Xanthin}\\\text{2.6-Dioxypurin}}}{\begin{matrix} HN-CO \\ | \quad\quad | \\ OC \quad C-NH \\ \| \quad\quad \searrow CH \\ HN-C-N \end{matrix}} \qquad \underset{\substack{\text{Harnsäure}\\\text{2.6.8-Trioxypurin}}}{\begin{matrix} HN-CO \\ | \quad\quad | \\ OC-C-NH \\ \| \quad\quad \searrow CO \\ HN-C-NH \end{matrix}}$$

Von der Harnsäure sind primäre saure Salze und sekundäre neutrale Salze bekannt. Ein saures Salz der Harnsäure ist das Mononatriumurat $C_5H_3N_4O_3Na$. Um 1 g Harnsäure zu lösen, sind mindestens 10 Liter Wasser von 20—37° erforderlich; durch Alkali und Bakterien wird sie relativ leicht zersetzt. Durch Kochen mit Basen gelingt es, die Harnsäure in kolloidale Lösung zu bringen. Im Harn und in Körperflüssigkeiten liegen wegen der anwesenden Kolloide besondere Lösungsbedingungen der Harnsäure und ihrer Salze vor.

Als weitere Glieder der Purinreihe wurden als Spaltstücke der Nucleinsäure das Thymin. das Cytosin und das Uracil entdeckt. Dieser Gruppe liegt ein Sechserring, der Pyrimidinring, zugrunde, der folgendes Aussehen hat:

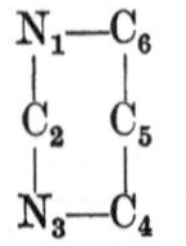

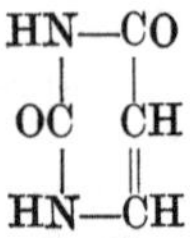

$$\begin{array}{ccc} N_1 & \!\!-\!\! & C_6 \\ | & & | \\ C_2 & & C_5 \\ | & & | \\ N_3 & \!\!-\!\! & C_4 \end{array}$$

$$\begin{array}{ccc} HN\!-\!CO & N\!=\!CNH_2 & HN\!-\!CO \\ | \quad\; | & | \quad\; | & | \quad\;\; | \\ OC \quad CH & OC \quad CH & OC \quad C\cdot CH_3 \\ | \quad\; \| & | \quad\; \| & | \quad\;\; \| \\ HN\!-\!CH & HN\!-\!CH & HN\!-\!CH \end{array}$$

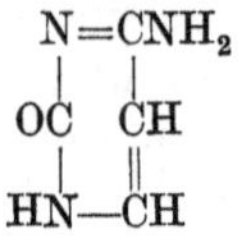

Uracil   Cytosin   Tymin
2.6-Dioxypyrimidin   6-Amino-2-Oxypyrimidin   5-Methyl-2.6-Dioxypyrimidin

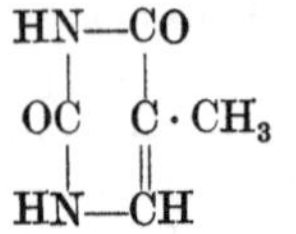

Durch weitere tiefgreifende Hydrolyse wurden in dem Spaltungsgemisch außer Pyrimidinen und Purinen Phosphorsäure und Kohlehydrate isoliert. Unter den Kohlehydraten wiegen die Pentosen vor; aus der Thymonucleinsäure wurde eine Hexose isoliert. Für die einfachen Phosphorsäurepurinzuckerkomplexe ist der Name *Mononucleotide*[1] vorgeschlagen worden, für die komplizierteren der Ausdruck Polynucleotide. Werden aus den Nucleotiden Phosphorsäuren herausgespalten, so bleiben glykosidartige Verbindungen zurück, die als *Nucleoside* bezeichnet werden. Über die intramolekulare Verbindung der Bausteine in den einfachsten Nucleinsäuren ist bisher folgendes bekannt. Die Kohlehydratgruppe steht zwischen dem Purin und der Phosphorsäure. Sie geht mit der endständigen Alkoholgruppe und der Phosphorsäure eine esterartige Verbindung ein und ist andererseits durch die Aldehydgruppe glykosinartig mit dem Purinkern verkettet.

Bei dem Abbau der Nucleoproteide im Stoffwechsel sind grundsätzlich zwei Wege zu unterscheiden. Der eine betrifft den Abbau der körpereigenen Kernstoffe, und wird als *endogener* Purinstoffwechsel bezeichnet. Der zweite Weg betrifft die Zerstörung der Nucleoproteide, die mit der Nahrung aufgenommen wurden, durch die fermentative Tätigkeit des Magens und Darms. Das ist der *exogene* Anteil des Purinstoffwechsels. Wie bereits erwähnt, werden durch die peptische Verdauung, also durch die Magentätigkeit, die Nucleoproteide in Eiweiß und Nuclein zerlegt, und aus dem Nuclein durch weitere Spaltung die Nucleinsäuren freigemacht. Durch die Tätigkeit der Darmfermente, vor allem des Trypsins, werden die Nucleinsäuren gespalten, wobei freie Phosphorsäure auftreten kann. Durch Verdauungsversuche hat man [2] Nucleoside isolieren können. Durch Digestion von Hefenucleinsäure mit Duodenalsaft wurden zwar keine Nucleoside und keine Basen gefunden, wohl aber freie Phosphorsäure und einen um eine Phosphorsäuregruppe ärmeren Nucleinsäurekomplex, die Triphosphornucleinsäure isoliert[2]. Durch das Erepsin des Darms wird das Auftreten von freier Phosphorsäure und freien Basen bewirkt. Fällt die tryptische Verdauung infolge einer Pankreasinsuffizienz aus, so treten unzerstörte Zellkerne in großer Menge im Stuhl auf, was zur Diagnose der Pankreaserkrankungen herangezogen wurde[4].

Weiterhin ist ein intermediärer fermentativer Abbau der Nucleinsäure vielfach diskutiert worden. Die *Nucleasen* sollen eine Aufspaltung der Nucleinsäure in die Nucleotide bewirken. Solche Nucleasen sind aus vielen Organen isoliert worden. Bemerkenswert ist die starke leukotaktische Wirkung, welche den Nucleinsäuren bei parenteraler Einverleibung zukommt[5]. Schittenhelm[6] stellte nach seinen Untersuchungen folgende Fermentetappen auf: 1. Nuclease, 2. Purindesaminase, 3. Xanthinoxydase, 4. urikolytisches Ferment (Urikooxydase, Uricase).

Die *Nuclease* zersetzt die Nucleinsäure. Sie ist aus Thymus-, Leber-, Milzextrakten gewonnen worden, aber auch in den Nieren und im Pankreas des Hundes nachgewiesen.

[1] Levene: Ber. dtsch. chem. Ges. 41, 42, 43, 44 (1902/11).

[2] Schittenhelm, London u. Wiener: Hoppe-Seylers Z. 70, 10 (1910); 72, 459 (1911); 77, 86 (1912).   [3] Thannhauser: Hoppe-Seylers Z. 91, 325 (1914).

[4] Schmidt: Dtsch. med. Wschr. 1899 I, 811.

[5] Schittenhelm u. Bendix: Z. exper. Path. u. Ther. 2, 166 (1905).

[6] Schittenhelm: Handbuch der biochemischen Arbeitsmethoden, Bd. 2, S. 420. Berlin-Wien 1910.

Sie scheint überall da vorhanden zu sein, wo viele Zellkerne sich finden. Die Wirkung der Nuclease geht bis zur Aufspaltung der Nucleinsäure in Purin und Pyrimidinbasen, Zucker- und Phosphorsäure[1].

Die *Purindesamidase* wirkt hydrolysierend und spaltet aus dem Guanin eine Aminogruppe ab und wandelt dasselbe in Xanthin und Ammoniak um, ebenso wirkt es desaminierend auf das Adenin, dasselbe in Hypoxanthin verwandelnd.

Die *Xanthinoxydase* verwandelt das Hypoxanthin in Xanthin und das Xanthin in Harnsäure. Ob es sich um ein einheitliches oder um zwei verschiedene Fermente handelt, ist bisher nicht sicher gestellt.

Das am meisten diskutierte Ferment ist das *urikolytische,* die Uricase. Dieses urikolytische Ferment ist bei den Säugern weit verbreitet[2]. Es verwandelt beim Hund, Schwein und Kaninchen die Harnsäure in Allantoin.

Dieses Allantoin ist im embryonalen Harnsack, der Allantois, und der in ihr enthaltenen Flüssigkeit vorhanden und soll in ganz geringen Mengen auch im *menschlichen* Harn vorkommen. Diese geringe Mengen Allantoin entstammen beim Menschen der Nahrung. Im übrigen scheidet der Mensch als Endprodukte des Purinstoffwechsels kein Allantoin, sondern *Harnsäure* aus.

LEVENE unterscheidet drei den Abbau der Polynucleotide bewirkende Fermente:

1. Die *Nucleinase* spaltet die Polynucleotide in einfache Nucleotide. Es kommt in Organen und dem Pankreassaft vor.

2. Die *Nucleotidase* spaltet von den Nucleotiden Phosphorsäure ab und führt sie in Nucleoside über. Das Ferment soll in allen Organen und im Darmsaft vorhanden sein.

3. Die Nucleosidase spaltet die Nucleoside in Zucker und Purine.

Im wesentlichen wird unter *Nucleinstoffwechsel* heute das intermediäre Schicksal des Purinteils der Nucleinsäuren verstanden. Soweit wir bis jetzt wissen, sind die Purine in den menschlichen Organen lediglich in den Nucleinsäurekomplexen vorhanden. Wir können an ihnen das Schicksal des Gesamtnucleinsäure-Stoffwechsels, den Aufbau sowohl wie den Abbau verfolgen.

Als erster hat sich MEISSNER[3] im Jahre 1868 für die *Entstehung der Harnsäure aus den Gewebspurinen* eingesetzt, eine Ansicht, die nach vielfachem Widerspruch Bestätigung fand[4]. Nach sehr reichlicher Zufuhr von Kalbsthymus am Menschen konnte man[5] eine starke Vermehrung der Harnsäure im Urin feststellen, eine Entdeckung, die bald auch für andere purinreiche Nährstoffe in ihrer Gültigkeit erwiesen wurde. Die nächste Etappe auf diesem Wege war, reine Purine in ihrem Schicksal im Stoffwechselversuch zu verfolgen. So wurden Hypoxanthin, Guanin und Adenin beim Menschen zugeführt und nachgewiesen, daß der Erfolg stets eine Vermehrung der ausgeschiedenen Harnsäure war[6]. Beim Hunde führt die Verfütterung der freien Purine zu einer erheblichen Vermehrung der Allantoinausscheidung. Es ist bisher keine Übereinstimmung darin erzielt, ob der Übergang der Purine in Harnsäure bzw. Allantoin quantitativ erfolgt. Es scheint so, als ob die Umwandlung von Xanthin und Hypoxanthin in Harnsäure bzw. Allantoin wesentlich leichter vor sich geht als die der übrigen Purine. Eine Schwierigkeit, die nicht überall genügend Beachtung fand, besteht darin, die Purinvorstufen in löslicher und resorptionsfähiger Form in den Darm einzuführen. So sind z. B. Guanin und Xanthin schwer löslich und die Mißerfolge mit diesen Körpern vielleicht daraus zu erklären.

Es ist nun die Frage, ob die Harnsäure das einzige Abbauprodukt des Nucleinstoffwechsels beim Menschen darstellt, zu untersuchen. KRÜGER und SALOMON[7] haben aus 10 000 Liter menschlichen Urins 10,11 g Xanthin, 8,50 g Hypoxanthin und 3,54 g Adenin isoliert. Guanin wurde von ihnen vermißt. Es kommt in jedem normalen Menschenharn demnach geringe Mengen von Purinbasen vor, die in der Hauptsache aus Xanthin und Hypoxanthin bestehen.

---

[1] SCHITTENHELM: Hoppe-Seylers Z. **46**, 354 (1905); **63**, 222 (1909).

[2] SCHITTENHELM: Hoppe-Seylers Z. **57**, 21 (1908).

[3] MEISSNER: Z. rat. Med. **31**, 144 (1868).

[4] KOSSEL: Hoppe-Seylers Z. **7**, 7 (1882). — HORBARSCHEWSKY: Mschr. Chem. **10**, 624 (1889); **12**, 221 (1891).

[5] WEINTRAUD: Berl. klin. Wschr. **1898 II**, 405. — Kongr. inn. Med. **14**, 190 (1896).

[6] BRUGSCH u. SCHITTENHELM: Der Nucleinstoffwechsel, S. 83. Jena: Gustav Fischer.

[7] KRÜGER u. SALOMON: Hoppe-Seylers Z. **26**, 367 (1898/99).

Ein neues Problem tauchte auf nach der Entdeckung der Purinzuckerverbindungen, Guanosin und Adenosin. Es fragte sich nämlich, ob die Desamidierung und Oxydation der Purine vor oder nach ihrer Abspaltung aus der Glykosidbindung stattfindet.

Im Mittelpunkt der Diskussion steht die Frage nach der Bedeutung der Urikolyse. Nach der von SCHITTENHELM[1] vertretenen Anschauung ist auch beim Menschen eine intermediäre Urikolyse ein physiologischer Vorgang des Purinstoffwechsels. Geschlossen wird diese Harnsäurezerstörung aus der bereits erwähnten Tatsache, daß bei Stoffwechselversuchen immer nur ein Teil der aufgenommenen Purinbasen als Harnsäure im Urin wieder erscheint. Die gegenteilige Ansicht[2] geht dahin, daß die Harnsäure im menschlichen Organismus *unangreifbar* sei. Nach ihr wird die Harnsäure daher als *Endprodukt* des Purinstoffwechsels angesehen[3]. Die letzte Auffassung stützt sich auf die Erfahrung, daß intravenös injizierte Harnsäure beim Menschen nahezu quantitativ im Urin wieder erscheint.

Verfasser und andere fanden aber nach intravenöser Injektion von 0,5 g Harnsäure, welche mit NaOH in übersättigte Lösung gebracht waren, in den ersten beiden Tagen nach der Injektion bei gesunden Menschen nur 27 % im Harn wieder. Für die Entscheidung der Frage nach der Urikolyse ist die Zahl der an normalen Menschen von diesen Autoren durchgeführten Untersuchungen aber zu gering.

Damit ist also zum mindesten gezeigt, daß auch beim Nichtgichtiker die Ausscheidung nicht im entferntesten quantitativ vor sich geht. Das ist um so bedeutungsvoller, als nach den Injektionen von Harnsäure oder überhaupt von Nucleinsäurederivaten sehr starke Leukocytosen zustande kommen, welche ihrerseits die endogene Quote der Harnsäure zu erhöhen imstande sind. Von SCHITTENHELM[4] ist weiter hervorgehoben worden, es sei gegen alle Injektionsversuche dieser Art einzuwenden, daß die parenteral zugeführten Nucleine ein ganz anderes Schicksal erleiden könnten als nach enteraler Zufuhr. Fraglos wird ja bei derartigen Injektionen in die Blutbahn die Leber zum Teil wenigstens umgangen, und man weiß, daß nach Ausschaltung der Leber durch Anlegung einer ECKschen Fistel beim Hunde eine Vermehrung der Harnsäure festzustellen ist. Es werden nämlich unter diesen Bedingungen nicht wie in der Norm 94—97 % des zugeführten Purins als Allantoin, sondern nur 74—87 %, 15—25 % dagegen als Harnsäure wieder ausgeschieden. Derartige Leberausschaltungen stellen aber einen so groben Eingriff in den Gesamtstoffwechsel dar, daß aus ihnen unmöglich physiologische Rückschlüsse gemacht werden können. Andererseits werden verfütterte Purine von Darmbakterien zerstört.

Aus den bisher vorliegenden Daten ist die Frage nach dem Vorkommen oder dem Fehlen der *Urikolyse* beim Menschen nicht mit Sicherheit zu entscheiden, während bei fast allen Tieren ein urikolytisches Ferment sicher nachgewiesen ist.

Wir haben bisher das Schicksal der *exogenen* Nahrungspurine verfolgt. Es ist nun die Frage, was geschieht, wenn die Purine aus der Kost vollständig fortgelassen werden. Im vollkommenen Hunger und bei purinfreier Kost werden von jedem Menschen für das einzelne Individuum konstante, für verschiedene Individuen verschiedene, sehr niedrige Mengen von Harnsäure ausgeschieden. Diese bei purinfreier Kost bzw. im Hunger ausgeschiedene Harnsäurequote nennt man die *endogene* Harnsäure. In *ihrer Menge* haben wir ein Maß für den intermediären Zellzerfall. Alle Vorgänge, welche zu einer vermehrten Zellzerstörung im Organismus führen, treiben den endogenen Harnsäurewert — normale Ausscheidungsbedingungen vorausgesetzt — in die Höhe. In der Folge hat diese Feststellung dazu geführt, den endogenen Purinstoffwechsel von dem exogenen gesondert zu betrachten. Als heuristisches Prinzip hat dieses Vorgehen unsere Kenntnis des Purinstoffwechsels wesentlich gefördert. Es bleibt aber die Frage offen, wieviel von dem beim Abbau der exogenen Nucleine verfügbar werdenden Material zum Neuaufbau körpereigener Nucleoproteide Verwendung findet. Es sind hier im Prinzip die gleichen Fragen zu diskutieren, die bereits für den Gesamteiweißstoffwechsel erörtert wurden.

---

[1] SCHITTENHELM: Hoppe-Seylers Z. **45**, 161 (1905).

[2] IBRAHIM: Hoppe-Seylers Z. **35**, 1 (1902). — WIECHOWSKY: Biochem. Z. **25**, 431 (1910). UMBER u. RETZLAFF: Kongr. inn. Med. **1910**, 436.

[3] THANNHAUSER: Stoffwechsel und Stoffwechselkrankheiten. München: J. F. Bergmann 1929.

[4] SCHITTENHELM u. BRUGSCH: Der Nucleinstoffwechsel, S. 43.

Unter den *pathologischen Steigerungen des Purinstoffwechsels* spielt die bei den verschiedenen Formen der *Leukämie* beobachtete Vermehrung der endogenen Harnsäure eine besondere Rolle. Durch den Zerfall der hier stark vermehrten Leukocyten kommt es zu einer gewaltigen endogenen Harnsäurebildung, die ihren Ausdruck findet in einer Vermehrung der täglichen Harnsäureausscheidung. 63,4% aller Leukämiefälle haben[1] eine erhöhte endogene Harnsäurequote. Bekannt sind die Vermehrungen der Harnsäure nach *therapeutischen Röntgenbestrahlungen,* die ja gleichfalls zu einem weitgehenden Zellzerfall führen. Im Lösungsstadium der *Pneumonie* ist die Vermehrung der Harnsäure durch die Einschmelzung des zellreichen Exsudates zu erklären. Es wird schließlich jeder Zustand, der mit einer lebhaften Zelleinschmelzung einhergeht, in der gleichen Richtung einer Steigerung des endogenen Purinstoffwechsels wirken können.

Unter den *Störungen des Nucleinstoffwechsels steht die Gicht* im Vordergrund. Man kann zwischen einer *primären* konstitutionellen und einer *sekundären* Gicht unterscheiden. Die sekundäre Gicht wird als Folge einer schweren Nierenerkrankung aufgefaßt, bei der die Ausscheidung aller harnfähigen Bestandteile gestört ist. Diese Form ist sicher selten, sonst müßten wir sie bei chronischen Urämien häufiger antreffen, was nicht der Fall ist. Es ist die Frage bis heute nicht entschieden, ob wir das Recht haben, die konstitutionelle Gicht als echte Stoffwechselstörung auf dem Gebiete des Purinstoffwechsels, wie etwa den Diabetes auf dem Gebiete des Zuckerstoffwechsels, anzusehen oder ob auch die echte Gicht als eine besondere Form der Nierenerkrankung, die mit einer Partialschädigung, nämlich einer Ausscheidungsstörung für Harnsäure, einhergeht, betrachtet werden darf. Für beide Anschauungen sind gute Kenner der Gicht mit einer großen Menge von Argumenten eingetreten, ohne daß sich bis heute *eine* Anschauung *allein* hat durchsetzen können. Die echte Gicht geht mit einer eigenartigen Ansammlung von harnsauren Salzen (Mononatriumurat) im Körper einher. Hat man Gelegenheit, einen Fall typischer Gicht zu obduzieren, so ist man immer wieder über die Menge der im Körper niedergeschlagenen Urate erstaunt. Als Orte der Niederschlagungsbildung sind das Bindegewebe, der Knorpel und das Knorpelgewebe bevorzugt. Es ist daher begreiflich, daß im klinischen Bilde die *Gelenkerscheinungen* bei der echten Gicht dominieren. Der Faktor der Erblichkeit spielt in der Ätiologie der Gicht eine bedeutsame Rolle und ist bei der Diskussion der Frage, ob die Gicht eine Stoffwechselkrankheit darstelle, bisher zu wenig beachtet worden.

Die meisten Autoren sind bis heute der Ansicht, daß es sich bei der *Gicht* um eine *Störung* des *Purinstoffwechsels* handele. Unter den pathologisch-physiologischen Erscheinungen steht neben den klinischen Symptomen des Uratausfalls in den Geweben die *Hyperurikämie* im Vordergrunde.

Die Anschauungen über den *Harnsäuregehalt des Blutes* haben sich mit zunehmender Verbesserung der Methodik dauernd gewandelt.

Während man anfänglich der Ansicht war, daß das Blut des gesunden Menschen harnsäurefrei sei, lernte man bald, daß jedes mit genügend scharfen Methoden untersuchte Blut geringe Mengen Harnsäure enthalte. Beim Gichtkranken ist zuerst von GARROD[2] im Jahre 1848 Natriumurat im Blute nachgewiesen worden. Er konnte aus dem koagulierten Blut mit kochendem Wasser einen Extrakt gewinnen, das nach Zusatz von Salzsäure einen krystallinischen Rückstand hinterließ, welcher die Murexidprobe gab. Mit modernen

---

[1] BRUGSCH u. SCHITTENHELM: Der Nucleinstoffwechsel, S. 116.
[2] GARROD: Trans. med. Chir. **25**, 83 (1848).

Methoden hat wohl als erster KLEMPERER[1] quantitativ gemessene Mengen zwischen 6 und 9 mg-% in dem Blut der Gichtiker gefunden. Die weitere Entwicklung der Frage ging dann dahin, daß bei chronisch Nierenkranken, bei der Pneumonie und Leukämie[2] Harnsäure im Blute nachgewiesen wurde. Jetzt weiß man, daß sich bei jedem *gesunden* Menschen geringe Mengen Harnsäure mit dem FOLINschen Verfahren finden lassen. Ich selbst finde bei gesunden Menschen 2—4 mg pro 100 Serum. Das bisher Bekannte läßt sich dahin zusammenfassen, daß die *Urikämie* eine *physiologische* Erscheinung ist.

Eine *Hyperurikämie* wird unter folgenden Verhältnissen gefunden:

1. bei harnsäureretinierenden Nierenerkrankungen,
2. im Lösungsstadium der Pneumonie,
3. nach Röntgenbestrahlungen,
4. bei der Leukämie,
5. bei der Gicht.

Injiziert man bei einem gesunden Menschen 0,6 g Harnsäure in die Blutbahn, so läßt sich nur eine vorübergehende wenige Stunden dauernde Hyperurikämie erzielen[3]. THANNHAUSER[4] legte sich die Frage vor, wie ein *Gichtkranker* auf Injektion von Guanosin und Adenosin reagiert, ob derselbe ebenso wie ein Gesunder aus diesen Vorstufen Harnsäure bilden könne. Diese Versuche beim Gichtkranken zeigten einen in die Augen springenden Unterschied gegenüber den Versuchen beim Normalen. Das Niveau des Blutharnsäurespiegels des Gesunden bleibt vor und nach der Injektion der Nucleoside nahezu unverändert, beim Gichtkranken hingegen steigt der Blutharnsäurewert um ein beträchtliches. Der Gichtkranke kann also auch Guanosin und Adenosin nach THANNHAUSERs Meinung ebenso wie der Gesunde Harnsäure bilden, nur könne er sie mit dem Urin nicht oder in ganz ungenügender Weise ausscheiden. Er tritt auf Grund seiner Untersuchungen für die alte GARRODsche Ansicht ein, daß die Urikämie des Gichtikers auf einer Partialfunktionsstörung der Nieren beruhen müsse, die sich in einer *hohen* Blutharnsäurekonzentration und in einer relativ *niedrigen* Urinharnsäurekonzentration ausdrückt[5]. Die Tatsache, daß gerade im Anfall eine Zunahme der Harnsäurekonzentration im Urin sichergestellt ist, fügt sich dieser Vorstellung schwer ein[6]. Solche Partialschädigungen könnten auch durch chronischen Alkoholmißbrauch oder durch Bleivergiftung eintreten, weshalb man gerade bei diesen Zuständen eine besondere Disposition für Gicht fände. SCHITTENHELM und HARPUDER[7] fanden nach intravenöser Verabreichung von Adenin, Guanin, Xanthin und Hypoxanthin bei Nichtgichtikern in einem größeren Teil der Versuche ein mehr oder weniger beträchtliches Defizit im Harn. Auch dann, wenn kurz ante exitum größere Mengen Harnsäure injiziert und nach der Autopsie der Organe analysiert wurden, fand sich nur ein kleinerer Teil der injizierten Harnsäure wieder.

Daß das Blut keine urikolytischen Fähigkeiten entfaltet, ist von BRUGSCH und SCHITTENHELM[8] für Menschen- und Tierblut nachgewiesen. Sie selbst lehnen die gichtische Hyperurikämie als Folge einer verminderten Urikolyse im Blute ab.

---

[1] KLEMPERER: Dtsch. med. Wschr. 1895 I, 40.
[2] MAGNUS-LEVY: Berl. klin. Wschr. 1896 II, 389, 416.
[3] BAS: Zbl. inn. Med., eigene Untersuchungen. — GRIESBACH: Biochem. Z. 1 (1920).
[4] THANNHAUSER: Studien an der Hefenucleinsäure. Habil.-Schr. München 1917.
[5] THANNHAUSER u. HANKE: Klin. Wschr. 1923 I, 65.
[6] LOEWENHARDT: Klin. Wschr. 1922 II.   [7] SCHITTENHELM: Klin. Wschr. 1922 I, 713.
[8] SCHITTENHELM: Z. exper. Path. u. Ther. 5. — Der Nucleinstoffwechsel, S 65.

Eine große Literatur existiert über das Verhalten der *endogenen Harnsäure* beim Gichtiker und über die Kurve ihrer Ausscheidung zu Zeiten des Anfalls und in anfallsfreien Perioden. Man[1] konnte nachweisen, daß der Anfall durch eine starke Verminderung der Harnsäureausscheidung, welche dem Anfalle immer 2—3 Tage vorauszugehen pflegt, sich ankündigt (anakritisches Depressionsstadium). Mit dem Beginn der Gelenkerscheinungen steigt die Harnsäuremenge weit über das Mittel der voraufgehenden Tage an (Harnsäureflut), um dann allmählich wieder auf den endogenen Ruhewert abzusinken. Dieser endogene Harnsäurewert liegt bei den Gichtikern *im allgemeinen abnorm niedrig.* Einige Tage nach dem Anfall pflegen die Werte vorübergehend unter den endogenen Mittelwert abzufallen (postkritisches Depressionsstadium). Diese Tatsachen sind von allen Beobachtern in gleicher Weise gefunden worden, und kommen am klarsten bei den lange Zeit purinfrei ernährten Gichtikern zur Erscheinung.

Es fragt sich, wie sich die *exogenen* mit der Nahrung zugeführten Purine beim Gichtiker verhalten. Hier ist zunächst das Resultat eines gigantischen Stoffwechselversuchs, als welches die Blockadefolgen an den Mittelmächten anzusehen sind, zu registrieren. Die Zahl der Gichtkranken ist in ganz Deutschland seit dem Kriege erheblich zurückgegangen. Diese Tatsache steht in guter Übereinstimmung mit dem längst bekannten Faktum, daß fleischfrei lebende Völker von der Gicht nahezu verschont, Völker, die viel Fleisch zu sich nehmen, dagegen (Engländer) besonders stark befallen sind. Die übermäßige Zufuhr purinreicher Nahrungsmittel begünstigt bei Disponierten fraglos das Manifestwerden klinischer Erscheinungen. Durch eine akute Überschwemmung des Blutes mit Harnsäure oder Harnsäurevorstufen, können Gichtanfälle experimentell ausgelöst werden[2] nach Injektion von Guanosin. Dafür sprechen auch die Erfahrungen der Kliniker, welche den Gichtanfall dann häufig eintreten sehen, wenn eine besonders starke Aufnahme von Fleisch oder anderen purinhaltigen Nahrungsstoffen vorausgegangen ist. Man hat nun das *Schicksal der mit der Nahrung* aufgenommenen *Purine, ihren Übergang in Harnsäure* und deren Ausscheidung bei Gichtikern mit besonders großer Aufmerksamkeit verfolgt, in der Hoffnung, auf diesem Wege Anhaltspunkte für eine Abbauinsuffizienz gegenüber den Nahrungsnucleinen aufzudecken. Brugsch und Schittenhelm[3] gaben ihren Kranken Hefenucleinsäure und Thymusnucleinsäure und stellten fest, daß die Harnsäure und Purinbasenausscheidung gegenüber der Norm meist etwas verringert war. Der nicht wieder zum Vorschein kommende Purinstickstoff wurde als Harnstoff bzw. Ammoniak innerhalb kurzer Zeit annähernd quantitativ eliminiert. Aus diesen Versuchen leiten die Autoren ihre Meinung ab, daß die *Harnstoffbildung aus den verfütterten Purinkörpern* verschleppt vor sich geht, eine Retention exogener Harnsäure aber nicht vorliege. Es müsse sich demnach bei der Gicht um eine *Anomalie des ganzen fermentativen Systems der Harnsäurebildung und Harnsäurezerstörung* handeln, besonders die Umbildung der Aminopurine Guanin und Adenin zu Harnsäure verlaufe wesentlich langsamer als beim Gesunden. Noch langsamer ging in ihren Versuchen

---

[1] His: Wien. med. Bl. **19**, 291 (1896). — Umber: Ernährung und Stoffwechselkrankheit, 2. Aufl. Berlin-Wien 1914.

[2] Bürger u. Schweriner: Arch. f. exper. Path. **74**, 362 (1912). — Thannhauser: Studien an der Hefenucleinsäure, S. 36 München 1917.

[3] Brugsch u. Schittenhelm: Der Nucleinstoffwechsel.

die Umbildung der in der Nucleinsäure enthaltenen Purinbasen zu Harnsäure vor sich. Wegen der quantitativ nicht.faßbaren Wirkung des Ausmaßes der Darmbakterienzerstörung der Purinkörper sind Rückschlüsse aus Fütterungsversuchen aber mit Vorsicht zu bewerten.

Neben dieser *allgemeinen Stoffwechselstörung* sind zur Erklärung des einzelnen Anfalls die Ergebnisse physikalisch-chemischer Forschung, besonders aber die *Lösungsbedingungen* der Harnsäure und ihrer Salze, herangezogen worden. Es ist zunächst festzuhalten, daß die Lösungsbedingungen der Harnsäure in wäßrigen Lösungen ganz andere sind als in kolloiden Systemen, wie das Serum eines darstellt. Den Bemühungen Schades[1] ist es geglückt, durch den Nachweis der kolloiden Harnsäure und durch die Auffindung der Gesetzmäßigkeit ihres Verhaltens eine Grundlage zu gewinnen, von der aus die Verhältnisse der Löslichhaltung der Harnsäure im Serum und im Gewebe besser zu übersehen sind. Nicht die Gesetze der echten Löslichkeit haben sich für das Verhalten der Harnsäure im Serum als entscheidend erwiesen, sie sind vielmehr von den völlig andersartigen kolloiden Gesetzmäßigkeiten praktisch fast ganz in den Hintergrund gedrängt. Treffen diese Anschauungen zu, so wird das Ausfallen von Uraten in Geweben, deren kolloider Zustand durch eine vorausgehende Schädigung gestört ist, eher verständlich. Die Dinge werden dann vergleichbar mit den Erscheinungen der *Verkalkung*. Hier wie dort scheint die Vorstellung plausibel, daß die im Serum unter der Wirkung des Kolloidschutzes in ansehnlichen Konzentrationen vorhandenen Salze beim Übertritt in Gewebe, in denen der kolloide Zustand verloren gegangen ist, zum Ausfallen kommen müssen. Über die Einzelheiten der Vorgänge des gichtischen Anfalls herrscht nach wie vor Unklarheit.

Nach der Anschauung von Umber[2] handelt es sich bei der Gicht um eine konstitutionell bedingte *gesteigerte Affinität der Gewebe* zur *Harnsäure*. Durch sie wird die Harnsäure aus dem Blut in die Gewebe hineingezwungen und hier festgehalten (histiogene Retention). Ebenso faßt Gudzent die Erscheinungen der Gicht als Ausdruck einer spezifischen Gewebserkrankung auf, die zum Festhalten des Mononatriumurats im Gewebe führt *(Uratohistechie)*. Damit ist aber nicht viel mehr als eine Umschreibung der Tatsachen gegeben und die Frage, worin die Retention ihre primäre Ursache hat, nicht entschieden.

Auch für die Erklärung des einzelnen Anfalls und die dabei beobachteten akut entzündlichen Erscheinungen reicht diese Vorstellung schwerlich aus. Speziell kann man daraus eine Deutung des anfallsweisen in bestimmten Gelenken auftretenden Entzündungsmodus nicht gewinnen. Experimentell ist es v. Loghem[3] gelungen, durch Injektion von in Wasser suspendierter Harnsäure unter die Haut von Kaninchen zu zeigen, daß durch Mononatriumurat, nicht aber durch Harnsäure selbst, entzündliche Gewebsreaktionen erzeugt werden können. In dem künstlich erzeugten Herd wandern polynukleäre Leukocyten ein, die den phagocytären Prozeß einleiten, der mit Riesenzellen- und Bindegewebsbildung weiter geht. Die Entzündung schließt sich unmittelbar der Krystallisierung an. v. Loghem sieht darin eine Stütze für die Annahme eines mechanischen Reizes. Ob die Urate an sich toxisch wirken oder durch ihre Fällung rein mechanische Läsionen bedingen, ist bis heute eine offene Frage.

Einen breiten Raum in der Erörterung der Pathogenese der Gicht nimmt die Frage ein, ob die Störung des Purinstoffwechsels die einzige isoliert

---

[1] Schades: Die physikalische Chemie in der inneren Medizin, S. 235. Dresden u. Leipzig 1921.   [2] Umber: Dtsch. med. Wschr. **1921 II**, 216, 245.

[3] v. Loghem: Zbl. Physiol., N. F. **2**, 244 (1907).

vorkommende ist, oder ob wir auch in anderen Bereichen des Stoffwechsels Abweichungen feststellen können. Über Störungen des Kohlehydrat- und Fettstoffwechsels ist bisher nichts bekanntgeworden, wohl aber über Abweichungen des *Eiweißstoffwechsels*. Zunächst ist mit Sicherheit *eine Steigerung des N-Umsatzes* zur Zeit der Anfälle festgestellt. Die negative N-Bilanz in den schwersten Anfällen ist als Folge eines toxischen Eiweißzerfalls gedeutet worden. Im allgemeinen pflegt beim purinfrei ernährten Gichtiker Harnsäure- und Stickstoffausscheidung parallel zu gehen. Die dem Anfall vorausgehenden und folgenden Depressionen der Harnsäurekurve gehen mit gleichzeitiger Einsparung von Stickstoff einher. Es werden offenbar Schlacken des Eiweißstoffwechsels in den Zeiten verminderter Harnsäureausfuhr retiniert, die dann im Anfall wieder zur Ausschwemmung kommen. Bei diesen Beobachtungen ist von großer Bedeutung die Feststellung, daß gleichmäßig mit der Zurückhaltung der Harnsäure und Eiweißschlacken eine Zurückhaltung von Wasser beobachtet wird, während der Anfall selbst mit vermehrter Diurese einherzugehen pflegt. Es läßt sich demnach der Gichtanfall stoffwechselpathologisch charakterisieren als Ausschwemmung im Körper abgelagert gewesener Harnsäure und retinierter Eiweißschlacken[1]. Nach v. NOORDEN[2] kommt auch außerhalb der Anfälle gelegentlich ein eigentümliches Schwanken der Stickstoffausscheidung vor. Diese Erfahrungen stehen aber isoliert da und für die Annahme einer unbekannten toxischen Schädigung reichen die spärlichen darüber vorliegenden Beobachtungen nicht aus.

Es ist weiter untersucht worden, ob sich besondere im *Normalharn* nicht *vorkommende Produkte des Eiweißabbaus* im Gichtikerharn nachweisen lassen. Der gelegentliche Nachweis des Vorkommens von *Glykokoll* im Harn der Gichtiker spielt quantitativ eine so untergeordnete Rolle, daß daraus Schlüsse auf intermediäre Störungen des Eiweißstoffwechsels der Gichtiker *nicht* gezogen werden dürfen.

Rückschauend müssen wir uns bescheiden den in seiner Deutung heiß umstrittenen Tatsachenkomplex der primären Gicht als den Ausdruck einer *konstitutionellen Störung* auf dem Gebiete des *Purinstoffwechsels* anzusprechen. Wie bei der Alkaptonurie die Ochronose der Gelenkknorpel mit der sekundären Arthritis als Folge dieser Eiweißstoffwechselstörung, so ist die Arthritis urica als die Folge der Purinstoffwechselstörung anzusehen.

F. Der Mineralstoffwechsel und seine Störungen.

Schon von LIEBIG wurde die Frage aufgeworfen, ob der tierische Organismus Salze zu seiner Ernährung bedürfe und welche Rolle dieselben in dem Aufbau und bei der Erhaltung der Gewebe und Organe spielen. Nach ihm sind die notwendigen Vermittler aller organischen Prozesse die unverbrennlichen Bestandteile oder die Salze des Blutes: Phosphorsäure, Alkalien, alkalische Erden, Eisen und Kochsalz. Er wies bereits darauf hin, daß diese Substanzen einen bestimmten und notwendigen Anteil an den Vorgängen nehmen, welche die Bestandteile der Speisen zu Bestandteilen des Leibes machen und betonte, daß keine Nahrung das Leben erhalten kann, worin diese Stoffe fehlen.

---

[1] BRUGSCH: Nach BRUGSCH u. SCHITTENHELM Nucleinstoffwechsel.
[2] v. NOORDEN: Handbuch der Pathologie des Stoffwechsels, 2. Aufl. 1907.

Von einem allen wissenschaftlichen Anforderungen genügenden physiologischen Tatsachenmaterial, welches uns einen Überblick über den gesamten Mineralstoffwechsel zuließe, kann auch heute noch nicht die Rede sein, noch viel weniger durchforscht ist die Pathologie des Mineralstoffwechsels.

Im großen gesehen liegt die *Bedeutung* der *Alkalien* in ihrer regulatorischen Funktion für die Reaktion von Blut und Säften. Die Konstanz der H-Ionenkonzentration wird zum Teil durch die mit der Nahrung zugeführten Basen garantiert. Der Fleischfresser kann sich bis zu einer gewissen Grenze durch vermehrte Ammoniakbildung gegen einen Basenmangel schützen. Weiterhin haben die Alkalien die Aufgabe, in Form der Bicarbonate den Transport der Kohlensäure im Blute zu besorgen. Auch als Lösungsmittel von Eiweißkörpern sind die Alkalien von Bedeutung. Fernerhin ist die Wirksamkeit vieler Fermente, z. B. des Pankreas und des Darms, an die Anwesenheit der Alkalien im Blute gebunden. Dem Kalk, dem Eisen und dem Phosphor, besonders aber dem Kochsalz fallen in dem intermediären Mineralstoffwechsel besondere Aufgaben zu.

Sicher fundiert ist unser Wissen bezüglich der *minimalen Mengen* an anorganischen Bestandteilen, welche mit dem Fortbestand des Lebens gerade noch verträglich sind.

Nach HOFMEISTER ist der **Kalkstoffwechsel** des erwachsenen Menschen und des entwickelten Säugetiers zu mehr als 99% *Knochenstoffwechsel*. Enthält die Nahrung zu wenig Kalk, so werden die Weichteile mit dem für ihre Funktion unentbehrlichem Calcium aus der Vorratskammer des Skelets gespeist. Die Lösung erfolgt durch die Kohlensäure. Langsam strömendes mit Kohlensäure gesättigtes Blutserum löst bei 37—40^0 von 10 qcm Knochenfläche täglich 0,0028 Kalksalz[1]. Die 24stündige Berieselung einer Knochenfläche von 1 qm genügt, um 1 g Calcium in Lösung zu bringen. Im Hungerzustand verliert der Mensch täglich etwa 0,03 g Calcium. Diese Menge stellt nur den unverwendet gebliebenen Bruchteil des täglich im Knochensystem durch die Lösung des Knochenkalks verfügbar werdenden Quantums dar. Störungen des Kalkgleichgewichts sind beim voll entwickelten Individuum in der *Gravidität* und in der Zeit des *Stillens* besonders leicht möglich, da dann erhebliche Kalkverluste stattfinden. Das *wachsende* Individuum ist durch Minderzufuhr von Kalk wegen des dauernden Kalkansatzes bei relativ geringer Zufuhr leicht gefährdet, unter den Erscheinungen des relativen Kalkmangels zu erkranken. Es liegt nahe, die Störungen des Knochenstoffwechsels beim Kinde (Rachitis) und bei der Mutter (Osteomalacie) mit Störungen in der Kalkbilanz in ursächlichen Zusammenhang zu bringen. HOFMEISTER stellte folgende Berechnung an: Das neugeborene Kind enthält etwa 27 g Calcium, eine Menge, welche der mütterliche Organismus während der Schwangerschaft zur Verfügung stellen muß, daraus resultiert ein täglicher Mehrbedarf während der Gravidität von 0,01 g. Für eine mittelgroße Frau mit täglich 0,9 g Calciumaufnahme ist daher eine Mehrzufuhr von über 10% nötig. Für die zweite Hälfte der Schwangerschaft, in welcher der Kalkbedarf des wachsenden Kindes noch erheblich steigt, wird der Mehrbedarf über 20% geschätzt. Tierversuche, bei welchen man *kalkarmes* Futter an *trächtige Weibchen* verfütterte, ergaben einen erheblichen Kalkverlust des mütterlichen Organismus und histologische Veränderungen an den Knochen, die denen der

---

[1] TANAKA: Biochem. Z. **35**, 113 (1911); **38**, 285 (1912).

menschlichen Osteomalacie sehr ähnlich sind: Bildung kalklosen osteoiden Gewebes mit viel Osteoklasten, Auftreten von kalklosen Säumen an den Rippen und Resorption von Knochengrundsubstanz[1]. Dabei treten in der Beobachtungsperiode erhebliche Kalkverluste ein. Wie leicht der *wachsende* Säugling in eine negative Kalkbilanz hineinkommen kann, zeigt folgende Überlegung[2]: In den ersten Monaten bedarf der Säugling bei einer täglichen Gewichtszunahme von 30 g 0,27 g Calcium. Da die Frauenmilch nur 0,025% Calcium enthält, wäre eine Zufuhr von etwa 1 Liter Muttermilch zur Deckung des täglichen Kalkbedarfs erforderlich. Da diese Menge in den ersten Lebensmonaten häufig nicht erreicht wird, besteht besonders, wenn bei sonst ausreichender Ernährung· die Entwicklung rasch fortschreitet, die Gefahr des Kalkmangels. Später, wenn der Ansatz geringer, die Milchzufuhr größer wird, übersteigt die mit der Muttermilch aufgenommene Calciummenge den Bedarf. Tierversuche mit Verfütterung kalkarmer Nahrung an wachsende Hunde zeigten nach einigen Wochen der Rachitis sehr ähnliche Bilder: Verkrümmung der Extremitäten, rosenkranzartige Verdickungen der Knorpel-Knochengrenzen an den Rippen, Anschwellung der Gelenkgegend. Die Autopsie ergab eine Verdünnung und Porosität der Substantia compacta, Verbreiterung der Knorpelschicht, Rarifikation der Spongiosa[3]. Der Calciumgehalt des menschlichen Serums wird ziemlich konstant zwischen 9—11 mg-% gefunden. Erhöhung des Kalkspiegels bis auf das Doppelte der Norm werden bei Nebenschilddrüsenadenom gefunden[4]. Hypocalcämie dagegen ist eine sichere Folge der spontanen oder postoperativen Tetanie. *Sinkt der Kalkspiegel* des Serums infolge Schädigung der Nebenschilddrüsen bis auf 7 mg-% und darunter, so treten psychische Reizbarkeit, Hand- und Fußkrämpfe, die sog. Pfötchenstellung, das ERBsche, CHVOSTEKsche und TROUSSEAUsche Symptom auf. Vermehrung des Serumkalks deutet auf eine Überfunktion, Verminderung desselben auf *eine Unterfunktion* der Nebenschilddrüsen hin (weiteres s. Kapitel XIII).

Der **Phosphor** ist im Körper zum Teil in *organischer* Bindung vorhanden: in den Phosphatiden, in Nucleinsäureverbindungen und Phosphorproteiden, im sog. Lactazitogen und Phosphagen, zum Teil in *anorganischer* Form. Für den menschlichen Organismus werden etwa 0,77% geschätzt, für einen 62 kg schweren Menschen daher rund 480 g, für den vollentwickelten Organismus sind die Folgen der Phosphorentziehung ähnliche Folgen wie der Kalkmangel. Vier Fünftel des gesamten Phosphorvorrats sind im Skelet vorhanden. Im wesentlichen ist daher auch der Phosphorstoffwechsel an den Stoffwechsel des Skelets gebunden.

Der Gehalt des Serums an säurelöslichem Phosphor beträgt 10 mg-%. Verminderungen werden bei der Ostitis fibrosa cystica generalisata gefunden (Morbus Recklinghausen), ferner bei Rachitis, Osteomalacie. Vermehrungen des anorganischen Phosphors finden sich vor allem nach anstrengender Muskelarbeit, ferner bei Tetanie, Urämie und toxischem Eiweißzerfall und Azidosen.

Eisen enthält der menschliche Organismus nach BUNGE[5] etwa 3 g. 85% davon entfallen auf das Blut, die übrigen Organe enthalten nur geringe Mengen

---

[1] DIBBELT: Beitr. path. Anat. **48**, 147 (1910).
[2] ARON: Biochem. Z. **12**, 28 (1908), besonders die Tabelle S. 55.
[3] ROLOFF: Virchows Arch. **37** (1866).
[4] SNAPPER u. BOEVÉ: Dtsch. Arch. klin. Med. **170**, 372 (1831).
[5] BUNGE: Hoppe-Seylers Z. **16**, 173 (1892).

Eisen, können aber bei vermehrtem Blutzerfall oder erhöhter Eisenzufuhr erheblich reicher daran werden. Mit dem Harn werden täglich etwa 1 mg, mit dem Kot 7—8 mg nach außen abgegeben. Rechnet man mit HOFMEISTER die tägliche Erythrocytenmauserung zu etwa 2%, so werden daraus etwa 50 mg Eisen verfügbar, von denen rund 40 mg für den Neuaufbau des Hämoglobins Wiederverwendung finden.

Auch in den Faeces hungernder Tiere und Menschen wurde Eisen gefunden.

Nach peroralen Eisengaben erscheint nur ein sehr kleiner Teil im Harn. Daß organische wie anorganische Eisenpräparate resorbiert werden, ist jetzt sichergestellt. Das aufgenommene Eisen wird vor allem in der Leber, in kleineren Mengen auch in Milz und Knochenmark gestapelt.

Bekannt ist die *Eisenarmut der Milch,* welche im Liter nur 0,004 g enthält; ihr Eisengehalt ist demnach 6mal geringer als der der Säuglingsasche. Zudem wird der von der Mutter hergegebene Eisenvorrat vom Säugling nur zu einem geringen Teil verwertet. Der Säugling bekommt einen großen Bestand an Vorratseisen mit auf die Welt, welche dem Aufbau seiner Gewebe in der Stillperiode dienstbar gemacht wird.

Wegen des relativ großen Eisenvorrats des Organismus hatten Versuche mit eisenarmer Kost keine sehr deutlichen Ergebnisse, besonders nicht bei ausgewachsenen Tieren. Bei wachsenden Tieren fand man relative und absolute Hämoglobinarmut und Zurückbleiben des Wachstums gegenüber den normal ernährten Kontrolltieren.

Sehr auffällige Befunde konnte M. B. SCHMIDT erheben, wenn er die Versuche mit eisenarmer Kost durch mehrere Generationen hindurch fortsetzte. Es zeigten sich die Zeichen schwerster Anämie: Poikilocytose, Mikroanisocytose, Polychromasie, basophile Tüpfelung, Normoblasten. Eigentümlicherweise wurde bei diesen Tieren auch eine *Splenomegalie* und *Lipämie* beobachtet. In der vierten Generation blieben die Tiere im Wachstum erheblich zurück und verloren ihre Fortpflanzungsfähigkeit. Leber und Milz zeigten erhebliche Siderose. Medikamentöse Eisenzufuhr hatte eine erhebliche Besserung des Blutstatus zur Folge.

Natrium und Kalium. Vom Verhältnis zwischen Natrium und Kalium werden viele Vorgänge im Mineralhaushalt gesteuert. Die Reaktionsbereitschaft der Haut, die Ordnung im Wasserhaushalt sind vom Verhältnis Na/K abhängig. K gilt vorwiegend als Gewebs-, Na als Säftealkali. Die *Verdauungsvorgänge,* der Zustand des Schlafens und des Wachseins, vielleicht auch die Jahreszeiten haben geringe Schwankungen in den Konstanten des Mineralhaushalts zur Folge. Auch eine starke *Erniedrigung* des *Luftdrucks* bedeutet einen Eingriff in den Mineralhaushalt, insofern unter der Einwirkung des Sauerstoffmangels im Blut eine Art Azidose resultiert. Bestimmte einseitige Kostformen sollen zu Störungen im Mineralhaushalt Anlaß geben. Die Rohkost ist K-reich und Na-arm. Die Zufuhr von KCL führt im akuten Versuch zu einer rasch einsetzenden K- und Na-Ausscheidung. Diese hat infolge der Verarmung an basischen Valenzen ein Sinken der Alkalireserve und eine starke Alkalisierung des Harns zur Folge[1]. Eine Mineralverarmung des Körpers soll auch durch das Abbrühen der Gemüse und Kartoffeln, die für viele Volkskreise einen wesentlichen Bestandteil der täglichen Kost ausmachen, eintreten. Durch das Abbrühen werden dem Gemüse

---

[1] GLATZEL: Z. exper. Med. **93**, H. 5 (1934).

große Mineralmengen entzogen, da sie in das Kochwasser übergehen. Im allgemeinen wird die Gefahr der Demineralisation, wie STRAUB[1] richtig betont, überschätzt. Bei freier Kostwahl droht in unseren Breiten niemals eine Mineralverarmung des Körpers. Sie kann bei *einseitiger Kost, Kriegskost* und *einseitiger Kohlehydraternährung* mit ihren sehr mineralarmen *Breikostformen* wohl eintreten.

Nach BUNGE[2] ist die vegetabilische Kost wegen ihres hohen Kaligehalts die Ursache für das fortbestehende Kochsalzbedürfnis trotz der in ihr ausreichend vorhandenen Chlormengen. Das aus der vegetabilischen Kost aufgenommene phosphorsaure Kali setzt sich im Plasma in Chlorkalium und phosphorsaures Natrium um, welche beide durch die Nieren zur Ausscheidung kommen. Die Aufnahme von phosphorsaurem Kali entzieht daher dem Blute Chlor und Natron, welches durch Aufnahme von Kochsalz ersetzt werden muß.

Die größte Bedeutung unter allen Mineralien hat für die menschliche Pathologie bisher das *Chlornatrium* gewonnen, nicht zuletzt deswegen, weil es in weit größeren Mengen als jedes andere Salz täglich mit der Nahrung eingeführt wird. Bei gemischter Kost beträgt die tägliche Zufuhr etwa 10—15 g. Daß der Mensch ohne Schaden lange Zeit hindurch mit weit geringeren Mengen auskommt, lehren die Erfahrungen, welche die moderne Klinik mit dem Nahrungsregime beim Nierenkranken gemacht hat. Man ist dabei bis auf 1—2 g täglicher Kochsalzzufuhr heruntergegangen und hat gesehen, daß sich der Organismus auch mit diesen geringen Mengen ins Gleichgewicht setzt. Auch im Hungerzustand wird der Harn nicht kochsalzfrei. Das ausgeschiedene Kochsalz stammt dabei aus dem zerfallenen Gewebe. Bei professionellen Hungerkünstlern geht die Ausfuhr bis auf etwa $^1/_2$ g herunter. Wichtig ist, daß nach einer Periode länger dauernder Minderzufuhr gegebene Kochsalzzulagen *zum großen Teil* vom Organismus *festgehalten* werden. Bei hungernden Individuen subcutan appliziertes Kochsalz wird fast quantitativ zurückgehalten. Interessant ist, daß auch bei *vegetabilischer* Nahrung, welche reicher an Salzen ist als die animalische, wenn kein Kochsalz zugeführt wird, sich *Salzhunger* einstellt. Bei *animalischer* Kost wird mit dem Blut und den Geweben so reichlich Chlornatrium zugeführt, daß eine weitere Kochsalzzufuhr nicht nötig ist.

Das Blut zeigt eine bemerkenswerte Konstanz seines Kochsalzgehalts, welche anscheinend größer ist als die der Gewebe. Der Organismus braucht nicht bloß für seine osmoregulatorischen Zwecke das Kochsalz, sondern vor allem auch für die *Bildung der Salzsäure* des Magens. Mit dem Schweiß und dem Kot werden nur relativ geringe Kochsalzmengen abgegeben.

Bei nahezu *chlorfreier* Kost läßt sich beim Hunde die Chlorabgabe auf 0,01 bis 0,02 g pro die herunterdrücken. Wird eine solche Kost längere Zeit gegeben, so stellen sich bei den Tieren die Erscheinungen des Chlorhungers ein: Apathie, Schreckhaftigkeit, Nahrungsverweigerung und Erbrechen des mit der Schlundsonde beigebrachten Futters. Nachträgliche Zufuhr von Bromnatrium, das für das entzogene Chlornatrium vikariierend eintritt, läßt die Erscheinungen rasch verschwinden. Werden bei solchen Versuchen die Chlorverluste durch den Harn durch Diuretingaben künstlich gesteigert, so führt der Chlorhunger, wie

---

[1] STRAUB: Ther. Gegenw. **1935**, H. 7.
[2] BUNGE: Lehrbuch der Physiologie, Bd. 2. 1904.

GRÜNWALD[1] zeigte, unter eigentümlichen Vergiftungserscheinungen zum Tode. Es stellen sich Parese an den hinteren Extremitäten, eine weitgehende Schwäche, Muskelzittern und endlich eine aufsteigende Lähmung ein. Dabei sinkt der Chlor-gehalt des Blutes unter die Hälfte der Norm ab. *Urämieähnliche* Erscheinungen lassen sich bei chlorarm ernährten Tieren durch Auspumpen des Magens herbei-führen. Schließlich wird wegen des Chlormangels ein neutral reagierender *salzsäurefreier* Magensaft abgesondert. Chronischer Kochsalzmangel kann krankhaften Eiweißzerfall und Vermehrung des Reststickstoffs im Blute zur Folge haben.

Bei Nierenkranken spielen die *Mineralentziehungskuren,* vor allem die kochsalzarme Kost, eine große Rolle in der Ernährungsbehandlung. Mit einem Gemisch aus Kohlehydraten und Fetten bei gleichzeitiger Flüssigkeitsbeschrän-kung kann man bei diesen Kranken eine Entlastung des Herzens und des Kreis-laufs erzwingen. Natürlich sind diesem mineralarmen Nahrungsregime auch zeitliche Grenzen gesetzt, da schließlich der Körper einer gefährlichen Mineral-verarmung entgegengeführt wird.

Auf die Störungen des Kochsalzstoffwechsels im Fieber und bei Nieren-kranken wurde in den betreffenden Kapiteln hingewiesen. Sehr eigentümlich ist die Verminderung der Kochsalzausscheidung bei Carcinomkranken, die früher viel diskutiert wurde. Das Wesentliche ist dabei sicher die verminderte Nahrungs-zufuhr und die Ausbildung wohl häufig übersehener Ödeme und Transsudate, in welchen sich das Kochsalz anreichert.

Wegen der methodischen Schwierigkeiten sind die bisher für pathologische Verhältnisse vorliegenden einer strengen Kritik standhaltenden Daten über *die Störungen des gesamten Mineralstoffwechsels beim Menschen* noch sehr spärlich[2]. Die Mineralien sind als Zell- und Gewebsbildner am Aufbau, am Wachstum und an der Neubildung *aller* Gewebe im Organismus beteiligt. Ihnen fällt die Haupt-aufgabe bei der Osmoregulation und der Konstanterhaltung der Reaktion im Blut und Geweben zu. Sie sind direkt und indirekt an den fermentativen Leistungen des Organismus beteiligt. Sie sind für Assimilation, Dissimilation und für die Resorption unentbehrlich. Eine Nahrung, welche calorisch genügend und mit den Vitaminen weitgehend ausgestattet ist, aber eines oder das andere der aufgeführten Mineralien entbehrt, ist qualitativ unzureichend und führt auf die Dauer zu schweren Störungen und eventuell zum Tode[3].

G. Störungen des Wasserhaushalts.

Die Bedeutung des Wassers für den Organismus erhellt aus der Tatsache, daß zwei Drittel des menschlichen Körpers aus Wasser bestehen. Die *Konstanz* des *Körpergewichts* ist im wesentlichen einer geordneten *Regelung* des *Wasser-haushalts* zu danken. Wenn man berücksichtigt, wieviele Faktoren bei der Wasserausscheidung im Spiele sind, ist diese Konstanz ebenso wie die der Körpertemperatur nur verständlich unter der Annahme einer übergeordneten *zentralen Regulation.* Bei Mensch und Tier macht sich das Wasserbedürfnis des Organismus durch das Auftreten des Durstgefühls bemerkbar. Bei Tieren

---

[1] GRÜNWALD: Zbl. Physiol. **22**, 500 (1908).

[2] ALBU u. NEUBERG: Physiologie und Pathologie der Mineralstoffe. Berlin 1906.

[3] HOFMEISTER: Über qualitativ unzureichende Ernährung. Erg. Physiol. **16** (1918).

läßt sich das Wasserbedürfnis durch Infusion konzentrierter Salz- oder Zuckerlösungen künstlich hervorrufen. Der quälende Durst bei Diabetikern ist durch
erhöhten Zuckergehalt des Blutes und die dadurch bedingte Diurese zu erklären.
Die verschiedenen Erscheinungen auf dem Gebiete des normalen und krankhaft
veränderten Wasserstoffwechsels lassen sich am ehesten mit der Annahme eines
Durstzentrums verständlich machen.

Der Körper des Erwachsenen enthält 64,1%, der des Neugeborenen 70,9% Wasser.
Der Gehalt der einzelnen Organe an Wasser wird durch folgende Tabelle illustriert:

Prozentiger Wassergehalt der einzelnen Organe[1] nach VOLKMANN:

Fettgewebe	15	Verdauungskanal	77,98
Skelet	50	Pankreas	78
Leber	69,60	Blut der großen Gefäße	79
Haut	70	Lungen	79,14
Milz	76,59	Herz	79,3
Muskeln	77	Nieren	83,45
Hirn	77,9	Rest des Körpers	76,35

Aus dieser Zusammenstellung erhellt, daß die Nieren das wasserreichste, das Fettgewebe
das wasserärmste System sind. Da

die Muskulatur mit	43,4%
das Skelet mit	17,4%
Haut und Unterhautfettgewebe mit	17,7%

am Körpergewicht beteiligt sind, folgt daraus, daß ungefähr die Hälfte des Wasserbestandes
in den Muskeln untergebracht ist[2].

Die *Aufgaben*, welche das Wasser im Organismus zu erfüllen hat, sind
mannigfaltige. Da sich alle lebenden Zellen im kolloiden Zustand befinden
und dieser an das Vorhandensein einer bestimmten Wassermenge gebunden
ist, ist klar, daß ohne eine gewisse Wassermenge das Leben nicht möglich ist.
Lebende Zellen, die bei niederen Temperaturen ausgetrocknet werden, sterben
ab. Es ist daher möglich, durch bloße Wasserentziehung z. B. Bakterien zu
töten. Eine Hauptaufgabe des Wassers ist die als *Lösungsmittel* zu wirken. Als
solches ist es der wesentlichste Faktor für den Stoffaustausch zwischen den
Organen. Da auch für den tierischen Körper das Gesetz corpora non agunt nisi
soluta Gültigkeit hat, ist ein Aufbau und Abbau — im weiteren Sinne ein Stoffwechsel — ohne genügende Wassermengen nicht denkbar. Für den Antransport
der Nahrungsstoffe, für die Bildung der Sekrete und für den Abtransport der
Schlacken dient das Wasser als Vehikel. Die Tätigkeit der Muskeln und die
dabei auftretenden elektrischen Erscheinungen, die Leistungen der Drüsen
sind nur bei Gegenwart und unter Mitwirkung des Wassers denkbar.

Die *physikalische Wärmeregulation* ist gleichfalls an das Vorhandensein von Wasser
gebunden, da nur durch eine ausreichende Wasserabgabe auf dem Wege der Verdunstung
dem Körper Wärme entzogen und er auf diesem physikalischen Wege gegen Überhitzung
geschützt werden kann.

Die Quellen des Wassers sind
1. das mit der Nahrung aufgenommene,
2. das durch Oxydation der Fette und Kohlehydrate im Stoffwechsel entstehende
Wasser.

100 g Fett	liefern bei der Verbrennung	101 g Wasser,
100 g Stärke	,, ,, ,,	,,	55,5 g Wasser,
100 g Eiweiß	,, ,, ,,	,,	41,3 g Wasser.

---

[1] VOLKMANN: Zit. nach VIERORTH, Tabelle, 3. Aufl. Jena 1906.
[2] VOLKMANN: Arb. physiol. Inst. Leipzig 1874.

Bei gemischter Nahrung kommen demnach auf 100 Calorien rund 12 g Oxydationswasser. Bei der Bildung von 4000 Calorien werden demnach 480 g Oxydationswasser frei.

Die *Wasserabgabe* geschieht auf vier Wegen: durch Harn, Kot, Haut und Lungen.

Durch den Kot wird verhältnismäßig wenig Wasser abgegeben: bei geregeltem Stuhlgang und mittlerer Kost zwischen 60 und 120 g. Bei streng vegetarischer, reichlichen Kot bildender Kost verlassen den Darm bis 300 g Wasser am Tag. Bei Darmkatarrhen kann der Wasserverlust durch den Darm $1^1/_2$—2 Liter, ausnahmsweise mehr als 3 Liter täglich betragen, wobei dem Körper auch erhebliche Kochsalzmengen entzogen werden.

Die Menge des *Harnwassers* wird bei gleichmäßiger Zufuhr im wesentlichen bestimmt durch das Maß der perspiratorisch abgegebenen Wasserquanten. Bemerkenswerterweise sinkt bei streng vegetarischer Kost wahrscheinlich infolge ihrer Stickstoffarmut die Harnmenge unter Umständen bis auf 300 ccm ab.

Die *Wasserabgabe durch Haut und Lungen* wird in ihrem Ausmaß weitgehend beeinflußt durch die äußeren Faktoren der Luftbewegung, des relativen Feuchtigkeitsgehalts der Luft und der Hauttemperatur. Eine starke Zunahme der Wasserdampfabgabe wird durch körperliche Arbeit bedingt. So wurden nach ATWATER und BENEDICT[1] von einer Versuchsperson in der Ruhe 935 g Perspirationswasser, bei Arbeit 3255 g Wasser durch die Haut und Lungen ausgeschieden. Bei extremer Arbeit verließen sogar 7381 g Wasser auf diesem Wege den Körper.

Die stündliche Verdampfungsausscheidung durch die *Lungen allein* beträgt[2]:

in der Ruhe . . . 17 g   beim Lesen . . . 28 g
bei tiefem Atmen . 19 g   beim Singen . . . 34 g.

Demnach werden beim wachenden Menschen in 24 Stunden 400 g Wasser durch die Lungen abgegeben.

Die Wasserabgabe durch *die Haut* geschieht 1. auf dem Wege der Schweißsekretion, 2. durch unmerkliche physikalische Verdunstung durch die Haut (Perspiratio insensibilis).

Die Menge des auf diesem Wege verlorenen Wassers beträgt etwa 600 g in 24 Stunden. Auf den Quadratmeter Oberfläche berechnet werden 200 g in 24 Stunden als Ruhenüchternwert der Hautwasserabgabe angegeben. Dieser Wert soll ähnlich wie der Energieumsatz eine konstante Zahl sein.

Den weitgehendsten Einfluß auf die perspiratorische Wasserabgabe, der auch für pathologische Verhältnisse von besonderer Bedeutung ist, hat der relative Feuchtigkeitsgehalt der Luft. So werden[3] in trockener Luft von 30 % relativer Feuchtigkeit bei einer Temperatur von 20º 60 g Wasser in der Stunde und bei Körperruhe abgegeben, bei feuchter Luft mit 60 % relativer Feuchtigkeit unter sonst gleichen Bedingungen dagegen nur 25 g stündlich. Dieses Beispiel lehrt, wie leicht bei schwüler Witterung mit starkem Feuchtigkeitsgehalt der Luft infolge Behinderung einer ausreichenden Wasserabgabe eine dem Körper gefährliche Übererwärmung zustande kommen kann. Die Schweißsekretion kann im Gegensatz zur Wasserabgabe durch direkte Verdunstung durch Atropin weitgehend ausgeschaltet werden.

Gesteigerte perspiratorische Wasserabgabe — bis zu mehreren Litern täglich — wird im Ausschwemmungsstadium von Ödemen und nach vermehrter Flüssigkeitszufuhr beobachtet. Umgekehrt hat man im Anfangsstadium, besonders bei Ödemkranken, eine Verminderung der perspiratorischen Wasserabgabe festgestellt.

Reines Wasser ist ein Gift.

Cephalopoden sterben in destilliertem Wasser rasch unter heftigen Krämpfen. Intravenöse Injektion reinen Wassers tötet in einer Menge von 100—150 ccm pro Körperkilo die Versuchstiere Hunde und Kaninchen. Es kommt zu einer Auflösung von roten Blutkörperchen innerhalb der Gefäßbahn, zur Hämoglobinämie.

---

[1] ATWATER and BENEDICT: Experiment on metabolism of matter and energy. U. S. Dep. agric. Washington Bull. **136**, 141 (1903).

[2] RUBNER: Arch. f. Hyg. **33**, 151 (1898).   [3] WOLPERT: Arch. f. Hyg. **36**, 203 (1899).

Bekannt ist die reizende *Wirkung reinen Wassers* auf die Augenbindehaut, die Schleimhaut der Nase und des Rachens. Später tritt eine Verquellung der Epithelien mit nachfolgender Abstoßung ein. Vielleicht beruht auf dieser Wirkung der günstige Einfluß, welcher der Spülungsbehandlung bei Magenkatarrhen nachgerühmt wird.

Diese Bemerkungen machen es schon deutlich, daß reines Wasser, in großen Mengen aufgenommen, auch beim Menschen zu Störungen führen muß, da der Körper aus seinem Mineralvorrat aus dem „giftigen" reinen Wasser seinen Geweben adäquate physiologische Salzlösung herstellen muß.

1. Verminderung der Wasserzufuhr.

Die Einschränkung der Wasserzufuhr ist im allgemeinen schwerer zu ertragen als verminderte Nahrungszufuhr. „Es gibt wohl Hungerkünstler, Durstkünstler gibt es nicht" sagt E. MEYER[1].

Bei vollkommener Flüssigkeitsentziehung stehen den Versuchspersonen noch etwa 500 g Oxydationswasser maximal und vielleicht ebensoviel Wasser aus den festen Nahrungsmitteln zur Verfügung. Dementsprechend sinkt die Harnmenge auf Werte von 500—200 ccm ab. Auch die perspiratorischen Wasserverluste werden bis auf wenige 100 ccm reduziert, und zwar nimmt dabei hauptsächlich die Wasserverdampfung von der Haut, weniger die von den Lungen ab. Ist der Körper durch pathologische Vorgänge besonders reich an Wasser (Höhlenhydrops, Ödembildung), so können durch überschüssige Wasserabgabe stark negative Bilanzen zustande kommen, woraus in wenigen Tagen ein starker Gewichtsrückgang resultiert. Aber auch unter *physiologischen* Bedingungen führt eine so weitgehende Einschränkung der Wasserzufuhr zur Austrocknung des Gewebes, indem 6—8% des Körperwassers verloren gehen, woraus eine entsprechende Gewichtsabnahme resultiert. Diese *Wasserverarmung* des *Körpers* äußert sich zunächst an der Zusammensetzung des Blutes, dessen Trockenrückstand zunimmt, was mit einer Steigerung des spezifischen Gewichts verbunden ist. Durch die Abnahme des Blutwassers kommt es zu einer relativen Zunahme der roten Blutkörperchen, deren Zahl um 500000—1000000 ansteigen kann[2]. Auch der Hämoglobingehalt steigt nach Wasserentziehung um 1—2% an. Länger dauernder Wassermangel führt zu schweren Schädigungen; besonders empfindliche Zellen kommen zum Zerfall, ihre Zerfallsprodukte zur Ausscheidung, woraus eine *negative Stickstoffbilanz* resultiert. Vielleicht wirken die Zerfallsprodukte, die schließlich nur ungenügend ausgeschieden werden können, an sich toxisch. Zu einer Steigerung der Verbrennungen, von der früher viel die Rede war, kommt es nicht[3].

Die Erscheinungen des *Durstes* kündigen sich zuerst in einer lästigen Trockenheit im Munde an, welche auf einer verminderten Speichelsekretion beruht; bald stellt sich ein allgemeines Unbehagen und ein unbezwingbares Verlangen nach Flüssigkeitsaufnahme ein. Dürstende Tiere verweigern die Nahrungs-

---

[1] MEYER: Zur Pathologie und Physiologie des Durstes. Schriften der wissenschaftlichen Gesellschaft in Straßburg. Trübner 1918.

[2] DENNIG: Z. physik. u. diät. Ther. 1/2 (1898/99).

[3] STRAUB: Z. Biol. 38, 537 (1899). — SALOMON: Slg klin. Abh., H. 6. Berlin: August Hirschwald 1905.

aufnahme; bei Hunden kommt es zum Erbrechen, wenn der Wasserverlust 10% des Körpergewichts beträgt.

Eine genauere Analyse der beim Durst eintretenden Erscheinungen ist von L. R. MÜLLER versucht worden. Die Trockenempfindung in der Mundschleimhaut ist nicht identisch mit dem Durstgefühl. Toxische Dosen von Atropin machen zwar trockene Schleimhäute, bedingen aber keinen Durst. Auch Befeuchtung des trockenen Mundes des Dürstenden kann die quälende Empfindung nur ganz vorübergehend beseitigen. Auch die Wasserverarmung der Gewebe ist nicht die letzte Ursache der Durstempfindung, da sogar bei wasserreichen Geweben (Hydropsien der Herzkranken) lebhafter Durst empfunden wird. Das Wesentliche scheint die molare Konzentrationszunahme des Blutes zu sein, die

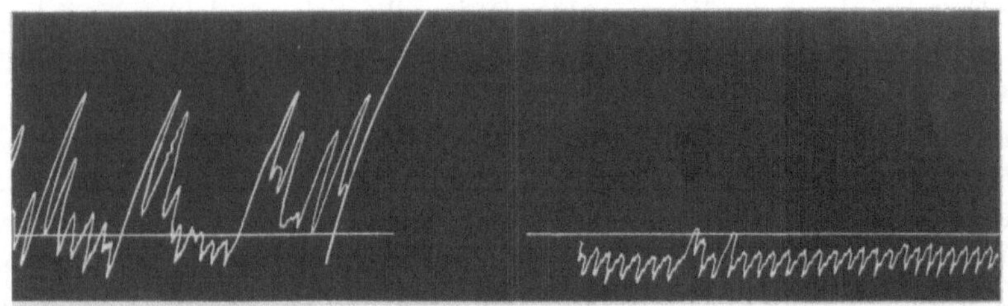

Abb. 40. Links: Kurve des Innendruckes der Speiseröhre nach 18stündigem Durste, und rechts: unmittelbar danach nach Aufnahme von reichlich Flüssigkeit. (Nach L. R. MÜLLER: Das vegetative Nervensystem. Berlin: Julius Springer 1920.)

an einem hypothetischen, wahrscheinlich im Hypothalamus gelegenen Durstzentrum „empfunden" wird. Von hier aus werden durch viscerale Vagusfasern Anregungen zu Muskelspannungen im Oesophagus gegeben, die sich bei Dürstenden graphisch registrieren lassen (vgl. Abb. 40).

Alle die hier beschriebenen Erscheinungen stellen sich in gleicher oder ähnlicher Weise ein, wenn der *Körper große Wasserverluste* erleidet, die durch entsprechende Mehraufnahme nicht kompensiert werden können. Besonders bei schweren Darmerkrankungen werden beim Menschen die Folgeerscheinungen extremer Wasserverluste beobachtet. Bei der Cholera deckt schon die klinische Untersuchung die Zeichen der Gewebseintrocknung auf: die Gewebe verlieren ihren Turgor, die Schleimhäute sind trocken, die Augen eingesunken. Die starken Wadenschmerzen sind als Folge der veränderten Gewebszusammensetzung gedeutet worden. Das Blut wird eingedickt, die Zahl der zelligen Elemente nimmt zu, das spezifische Gewicht des Blutes steigt; sein Trockenrückstand wird größer. Das gleiche wird bei schweren Enteritiden der Kinder beobachtet; auch artifiziell lassen sich solche Zustände der Gewebseintrocknung erzeugen, wenn durch Eingabe von Abführmitteln große enterale Wasserverluste erzwungen werden. Leidet die Wasseraufnahme not, dadurch, daß die aufgenommene Flüssigkeit den Weg zum Darm verlegt findet, z. B. beim Kardiacarcinom, bei Pylorusstenose, so resultiert ebenfalls eine Eintrocknung der Gewebe, die sich an der Konzentrationszunahme des Blutes bequem verfolgen läßt. Auch nach starkem Schwitzen ist eine Blutkonzentrationszunahme durch Nachweis der Senkung des Gefrierpunkts gefunden worden[1].

---

[1] BENDIX: Dtsch. med. Wschr. **1904 I.**

2. Folgen gesteigerter Wasserzufuhr.

Die physiologischen Folgen *überreichlicher Flüssigkeitszufuhr* sind nach verschiedener Richtung untersucht worden. Eine vermehrte Schweißsekretion tritt unter diesen Bedingungen nicht ein, der Energieverbrauch wird nicht gesteigert. Die für die Erwärmung des aufgenommenen Wassers nötige Calorienmenge ist relativ gering. v. NOORDEN[1] berechnet als Aufwand für die Erwärmung von 8 Liter Wasser, die ein an Diabetes insipidus leidender Knabe von 24 kg Körpergewicht trank, 150 Calorien. Für die Anstellung von Stoffwechselversuchen ist die Kenntnis der Wirkung großer Wassermengen auf die Stickstoffausfuhr von weittragender Bedeutung. Zahlreiche Versuche sind in dieser Richtung angestellt worden. Der am besten durchgeführte stammt von NEUMANN[2]. NEUMANN nahm in einer 24tägigen Untersuchungsperiode absolut gleiche Nahrung auf. Er teilte die Untersuchungszeit in 5 Abschnitte, steigerte im 2. und 4. Abschnitt die Wasserzufuhr von 970 auf 3900 bzw. 3700 ccm. Seine Versuche hatten folgendes Ergebnis:

Tabelle 8.

Periode	H_2O in Getränken	N-Bilanz									In Summa der ganzen Periode
		Tag: 1	2	3	4	5	6	7	8	9	
1	971	+ 0,43	+ 0,19	— 0,16	— 0,06						+ 0,4
2	3000—3900	— 3,8	— 2,4	— 0,1	— 3,16						— 6,3
3	600— 900	+ 3,35	+ 1,92	+ 0,78	— 0,0						+ 6,1
4	3100—3700	— 3,16	— 1,51	+ 0,59	+ 0,51	—0,23	+0,19	+0,59	+1,0	+1,23	— 0,89
5	700—1700	+ 2,91	+ 0,72	+ 0,42	+ 0,88						+ 4,9

VEIL[3] zeigte, daß der Genuß abundanter Flüssigkeitsmengen nach seinem Aufhören zunächst eine Hyperosmose bzw. Hyperchlorämie, d. h. eine Zunahme der molaren Konzentration hervorruft. Als Folge davon setzt für die Dauer der *Hyperosmose* eine *Polyurie* ein. Es hat also die Aufnahme großer Wassermengen das paradoxe Resultat einer vorübergehenden *molaren Bluteindickung*, welche ihrerseits das nach der Aufnahme größerer Flüssigkeitsmengen auftretende Durstgefühl erklärt. Wird die Wasserzufuhr bei einem Gesunden tagelang auf etwa 6 Liter gesteigert (REGNIER), so entstehen ebenso Störungen im Austausch zwischen Blut und Geweben, die zu einer Ausschwemmung von Mineralien aus den Geweben ins Blut führen. Wird der Versuch plötzlich abgebrochen, so ist die Folge dieser molaren Konzentrationszunahme des Blutes ein quälendes Durstgefühl; bei willensschwachen Menschen kann dieses der Anlaß einer dauernd gesteigerten Wasseraufnahme werden. Die Zunahme der molaren Konzentration des Blutes ist durch den Nachweis der Steigerung des Aschengehalts des Serums (von 0,7 auf 1,6% in den Versuchen REGNIERs[4]) und den der Gefrierpunktsdepression (auf — 0,63° am Morgen des 5. Nachtags in dem erwähnten Versuch) erwiesen. STEYRER[5] fand nach Einnahme von 5 Liter Pilsner Bier in 4 Stunden ein $\varDelta$ von — 0,64°. Vorher betrug $\varDelta$ — 0,54°.

[1] v. NOORDEN: Handbuch der Pathologie des Stoffwechsels, 1. Aufl., S. 141. 1893.
[2] NEUMANN: Arch. f. Hyg. **36**, 248 (1899).
[3] VEIL: Dtsch. Arch. klin. Med. **119**, 376 (1917).
[4] REGNIER: Dtsch. Arch. klin. Med. **119**, 376 (1917).
[5] STEYRER: Beitr. chem. Physiol. u. Path. **2**, 320 (1902).

Bei Geisteskranken und psychisch gestörten Menschen führt eine *primäre* Störung des Durstgefühls zu einem krankhaften Vieltrinken. Die Nieren passen sich dem erhöhten Angebot an, die Harnmenge steigt, die Konzentration nimmt ab. Läßt man solche Kranken dursten, so vermindert sich die Harnmenge und das spezifische Gewicht steigt an.

Eine symptomatische Polyurie und Polydipsie findet sich bei der Zuckerharnruhr. Die großen Harnmengen sind Folgen der Zuckerausscheidung. Die Harnmenge wächst mit der ausgeschiedenen Zuckermenge. Ein strenger Parallelismus zwischen Harn- und Zuckermenge besteht nicht. Im Gegenteil können große Harnmengen auch prozentual mehr Zucker enthalten und ein erhöhtes spezifisches Gewicht zeigen als kleine.

Einen breiten Raum in dem hier erörterten Kapitel über die gesteigerte Wasserabgabe nimmt die Frage nach der *Bedeutung der Hypophyse* für den *Wasserhaushalt* ein. Man hat geradezu die *Hypophyse als den Regulator des Wasserhaushalts* bezeichnet und stützte sich dabei auf Beobachtungen an Kranken mit Diabetes insipidus; sicher werden auffallend häufig bei dieser Erkrankung gleichzeitig Störungen an der Hypophyse beobachtet[1]. *Diabetes insipidus,* wörtlich „nicht schmeckende" Wasserharnruhr, wird eine Störung des Wasserhaushalts bei anatomisch gesunden Nieren bezeichnet. Der Zwang zur vermehrten Harnbereitung wird auch durch Wasserentziehung nicht gehoben. Es werden in 24 Stunden 10—20, ja selbst bis 40 Liter Harn entleert, wenn die Kranken unbehandelt bleiben. Wird die Wasser- und Salzzufuhr diszipliniert, so läßt sich die Harnmenge unschwer auf 4—6 Liter herabdrücken. Der unbezwingliche Durst wird als Folge der Wasserverarmung der Gewebe aufgefaßt. Im Mittelpunkt des Geschehens steht die verminderte Konzentrationsfähigkeit der Niere besonders für Kochsalz. Der reichlich entleerte Harn ist kaum gefärbt, sein spezifisches Gewicht liegt zwischen 1001 und 1005. Der Gefrierpunkt liegt wesentlich niedriger als der Gefrierpunkt des Blutes. Ebenso ist die Kochsalzkonzentration im Harn geringer als im Blut. Der prozentige Gehalt an Harnstoff liegt im Harn dagegen immer höher als im Blute. Es handelt sich also um eine funktionelle Teilstörung der Nieren für die Konzentrierung der Chlorionen, des Bicarbonats und der Basenäquivalente. Läßt man einen Diabetes insipidus-Kranken dursten, wird das Allgemeinbefinden sofort schwer gestört. Ein länger fortgesetzter Durstversuch ist lebensgefährlich. Da die Wasserausscheidung trotz mangelnder Zufuhr weiter geht, muß das Körpergewicht schnell sinken. Blut und Gewebe werden eingedickt, die Zahl der roten Blutkörperchen und der Hämoglobingehalt steigen ebenso wie der Gehalt des Plasmas an Trockensubstanz, Eiweiß und Rest-N. Trotz des Wasserentzugs bleibt die Kochsalzkonzentration des Harns niedrig. Blutdruck und Herzgröße zirkulierende Plasmamengen sind unverändert.

Subcutane Einverleibung von Hypophysenhinterlappenextrakten beseitigt bei Diabetes insipidus-Kranken die wesentlichen Symptome vorübergehend; die hochgradige Polyurie versiegt; die Unmöglichkeit die *harnfähigen Stoffe genügend zu konzentrieren,* wird gleichfalls für Stunden aufgehoben: die Kranken vermögen einen hochkonzentrierten Harn zu liefern; auch das dritte Symptom,

---

[1] FRANK: Berl. klin. Wschr. **1912 I**, 393. — SIMMONDS: Münch. med. Wschr. **1914 I**, 180. — BERBLINGER: Verh. dtsch. path. Ges. **1913**, 272. — DOMAGK: Klin. Wschr. **1923**.

das quälende Durstgefühl, wird durch die Injektion von Hypophysensubstanz vorübergehend beseitigt. Es verhalten sich aber nicht alle Fälle gleichmäßig.

Gegen die hypophysäre Genese der Wasserruhr sind aber auch gewichtige Einwände erhoben worden. So konnte man an Hunden die Hypophyse total exstirpieren, *ohne daß eine Polyurie* einsetzte[1]. Dagegen sollen Verletzungen an der Hirnbasis des Zwischenhirns eine permanente Polyurie auslösen können. Ob aber der negative Ausfall solcher Totalexstirpationen der Hypophyse die Lehre von der hypophysären Genese vollkommen abtun können, erscheint doch fraglich. Es ist denkbar, daß auch für die Hypophyse Nebenkeime, vielleicht in Gestalt der Rachendachgebilde, vikariierend eintreten können.

So viel ist nach den bisher vorliegenden Untersuchungen jedenfalls sicher, daß Hypophysenextrakte auf die Tätigkeit der Nieren einwirken, und zwar im wesentlichen im Sinne einer Hemmung der Diurese und einer Zunahme der Konzentration. Diese Wirkung bleibt auch nach Durchtrennung der Nierennerven nicht aus[2]. Ob aber die unter physiologischen Bedingungen von der Hypophyse abgegebenen Sekretmengen ausreichen, die Erscheinungen des akuten Versuchs auch nur angenähert zu erzielen, ist mit Recht bezweifelt worden. Auch eine direkte nervöse Beeinflussung des Wasserwechsels geht nicht von der Hypophyse, vielmehr von den an das Infundibulum angrenzenden Partien aus. Durch Einstich in das Tuber cinereum kann man[3] bei Tieren eine Vermehrung der Wasserausscheidung unter gleichzeitiger Verminderung der molaren Harnkonzentration erzeugen. Auch klinische Erfahrungen sprechen dafür, daß man — wenn man überhaupt ein Wasserregulationszentrum annehmen will — dasselbe richtiger in das Zwischenhirn, nicht aber in die Hypophyse lokalisieren muß. Nach dem bisher vorliegenden Tatbestand ist es das Richtigste zuzugeben, daß die Art der offenbar bestehenden Beziehungen zwischen Diabetes insipidus einerseits, Nervensystem und innerer Sekretion andererseits vorläufig unbekannt ist. Ja es scheint nicht einmal gewiß, ob die Ursache der Ausscheidung eines mangelhaft konzentrierten Harns beim Diabetes insipidus letzten Endes renal bedingt ist oder ob primäre Gewebsanomalien vorliegen. Für die meisten Fälle wird wohl eine Störung des gesamten, den Wasserhaushalt regelnden Hypophysenzwischenhirnsystems anzunehmen sein.

3. Die Störungen der Wasserabgabe.

Der Wasserbestand des Körpers unterliegt zunächst Schwankungen, welche durch *einseitige Ernährung* bedingt werden können. Hunde speichern bei längerer Brotfütterung Wasser und geben beim Übergang zur Fleischnahrung nach einer voraufgehenden Kohlehydratperiode fast bis zu 1 Liter Wasser aus ihrem Körper ab[4]. Auch an Katzen und Kaninchen wurden durch systematische Versuche über den Einfluß verschiedener Nahrungsmittel auf den Wassergehalt der Organe erhebliche Schwankungen festgestellt[5].

Auch den Kinderärzten ist bekannt, daß nach Übergang einer überwiegenden Kohlehydratnahrung zu einer eiweiß- und fettreicheren Ernährungsweise große

---

[1] CAMUS et ROUSSY: C. r. Soc. Biol. Paris **75**, 34, 35 (1913).
[2] OEHME: Klin. Wschr. **1923** I. Übersichtsreferat über den Wasserhaushalt.
[3] LESCHKE: Arch. f. Psychiatr. **59**. — Z. klin. Med. **87**.
[4] BISCHOFF u. VOIT: Die Gesetze der Ernährung des Fleischfressers, S. 210. 1860. — WEIGERT: Jb. Kinderheilk. **61**, 178 (1905). [5] TSUBOI: Z. Biol. **44**, 377 (1904).

in Gewichtsstürzen sich äußernde Wasserverluste auftreten. Bei dem *Mehlnährschaden* der Kinder wird geradezu von einer atrophisch hydrämischen Form dieser Erkrankung gesprochen. Bei einer Analyse der Leber eines am Mehlnährschaden gestorbenen Kindes fanden FRANK und STOLTE[1] folgende Zahlen, denen zum Vergleich die bei einem für diesen Fall als normal geltenden Werte eines Ekzemkindes beigefügt sind:

	Mehlkind	Ekzemkind
Trockensubstanz . . .	19,9%	27,25%
Gesamtasche	1,44%	1,24%

Bei *Hunger* und bei *Unterernährung* nimmt der Wassergehalt der Organe zu. Die früher als Gefängniskachexie gefürchtete Krankheit, welche nach WALD in 41 verschiedenen Gefängnissen in Frankreich, England und Nordamerika die Haupttodesursache darstellte, verlief im wesentlichen unter dem Bild einer allgemeinen Wassersucht. Die traurigen Erfahrungen, welche wir während des Krieges in Mitteleuropa machten, haben uns gelehrt, daß diese *Gefängniskachexie* nichts anderes ist als eine unter den besonderen Bedingungen der Internierung entstandene *Ödemkrankheit.* Diese entsteht als Folge einer langdauernden, quantitativ, vielleicht auch qualitativ unzureichenden Ernährung (Näheres s. oben S. 240). Auch bei *Zuckerkranken,* welche mit Hafer ernährt werden, treten Wasserretentionen in Gestalt von Ödemen auf. Der Ersatz von Fett durch Kohlehydrate läßt das Körpergewicht infolge von Wasserstapelung ansteigen; auch wenn Eiweißmenge, Salzmenge und das Säure-Basenverhältnis konstant gehalten werden. Diese Wasserstapelung in der kohlehydratreichen Periode ist nicht die Folge einer Hemmung der Nierenarbeit, im Gegenteil zeigt sich beim VOLHARDschen Wasserversuch eine prompte sogar überschießende Ausscheidung. Die Ursache der *Wasserstapelung* bei kohlehydratreicher Kost ist in der veränderten Beschaffenheit der Gewebe zu suchen. Die Wasserstapelung der kohlehydratreich ernährten Zuckerkranken tritt aber nur dann zutage, wenn außer dem Wasser auch Kochsalz oder Natriumbicarbonat angeboten wird.

Naturgemäß wird jede Form von sichtbarer oder physikalisch nachweisbarer Wasseransammlung in den großen Körperhöhlen (Hydrops) oder in den Geweben (Ödem) besonders im Anschoppungsstadium zu negativen Wasserbilanzen oder zu verminderter Wasserabgabe führen.

Einfache Wasserwanderungen, die an einer Stelle zu Ödembildung führen auf Kosten des Wasserbestandes anderer Gewebe bei ungestörter Bilanz, gehören durchaus zu den Seltenheiten. TACHAU hat im HOFMEISTERschen Laboratorium an Mäusen derartige Beobachtungen gemacht.

4. Die Ödempathogenese.

Im Zusammenhang mit den Störungen des Wasserhaushalts muß die *krankhafte Wasserabscheidung* in die *Gewebe hinein* an dieser Stelle kurz erörtert werden. Bis heute ist die Frage nach der *Ödempathogenese* heiß umstritten.

Unter *Ödem* wird eine Störung des Wasser- und Mineralhaushalts verstanden, welche zu Ansammlung von freibeweglicher Flüssigkeit in tropfbarer Form in den Gewebslücken Anlaß gibt. In der Regel ist mit der Ödembildung eine *Zunahme des Körpergewichts* verbunden. Das Wesen des Ödems besteht aber nicht

---

[1] FRANK u. STOLTE: Jb. Kinderheilk. **78**, 167 (1913).

allein in der Wasserverhaltung, sondern in der falschen Verteilung des Wassers im Körper. Bei Ödemkranken können 10—20 Liter im Körper zurückgehalten werden. Diese krankhaften Wasserverhaltungen können gewichtsmäßig die Hälfte des Körpergewichts ausmachen. Bevor Ödemflüssigkeit sich in den Spalträumen des Gewebes sammelt, wird *das Gewebe selbst* durch *Veränderung seines Quellungszustandes wasserreicher.* Dieses sog. Präödem kann ohne das sichtbare Auftreten teigiger Schwellungen bis zu 6 Liter Wasser im Körper festhalten. Liegen die Ursachen der *Ödempathogenese* in den Geweben, die infolge einer irgendwie bedingten Störung eine erhöhte Wasseraffinität aufweisen, oder liegen sie in den Gefäßen, deren Wand infolge der zugrunde liegenden Erkrankung nicht mehr imstande ist, das „Blutwasser" in genügender Menge zurückzuhalten, oder handelt es sich um eine gestörte Rückresorption von Gewebswasser in die Capillaren ?

Man kann unterscheiden zwischen einer *aktiven* und *passiven* Wassersucht. Die letztere kann wieder bedingt sein durch Abflußstörungen der Gewebsflüssigkeit ins Blut oder in die Lymphbahn. Für die aktive Wassersucht werden als Ursachen die Erhöhung des Capillardrucks, ein Sinken des Gewebsdrucks, Zunahme der Gefäßdurchlässigkeit, chemische Änderungen des Blutes und der Gewebsflüssigkeit diskutiert.

Die Vielheit der Ursachen bei der Ödembildung erhellt schon aus der Mannigfaltigkeit der Krankheitsbilder verschiedenster Ätiologie, die mit universellen und lokalisierten Hydropsien einhergehen. Am häufigsten werden Wasseransammlungen in der Unterhaut und in den großen Höhlen bei *Nieren- und Herzkrankheiten* beobachtet. Sehr viel untersucht wurden wegen ihrer paradigmatischen Bedeutung die Ödeme, welche bei vollkommen intakter Herz- und Nierenfunktion nach *langdauernder Unterernährung* vorkommen (Ödemkrankheit). Die Abhängigkeit des Wasserwechsels von der intakten Funktion der Nerven zeigen die *angioneurotischen Ödeme,* die Ödeme der Hemiplegiker, die flüchtigen circumscripten und rasch wieder schwindenden Hautanschwellungen beim QUINCKESchen *Ödem.* Daß andererseits Giftwirkung in vielen Fällen unter den ätiologischen Faktoren dominieren, zeigt das *entzündliche Ödem,* vielleicht auch das bei Reinjektion des Antigens beobachtete Ödem im anaphylaktischen Symptomenkomplex (ARTHUSSches Phänomen). Daß die Drüsen mit innerer Sekretion an der Aufrechterhaltung eines normalen Wasserwechsels beteiligt sind, machen die eigentümlichen Zustände des *Myxödems* wahrscheinlich.

Die Aufrechterhaltung des natürlichen Wasserbestandes unseres Körpers ist von vielen Funktionen abhängig. Jede Störung einzelner oder aller dieser Funktionen kann zur Ödembildung führen. Die extrarenalen Faktoren *sind vor allem* für die Ödementstehung maßgeblich.

Bei allen Erörterungen über die Entstehung der Ödeme ist es zweckmäßig, zu unterscheiden zwischen Ernährungstranssudat, Gewebsflüssigkeit und *Lymphe.* Die *Gewebsflüssigkeit* bezieht ihr Material aus dem Stoffwechsel der Zellen, das *Transsudat* ist die aus den arteriellen Capillaren stammende Nährflüssigkeit. Die hydropischen Veränderungen sind nicht allein bedingt durch Vermehrung der in den erweiterten Gefäßen zirkulierenden Lymphe oder durch Vermehrung der Gewebsflüssigkeit, die zur Höhlenbildung im Gewebe Anlaß gibt, sondern es lassen sich besonders histologisch die Zeichen *hydropischer Veränderung* der *einzelnen Zellen* und vermehrte *Quellung der Strukturelemente der Gewebssubstanzen* nachweisen. Der Menge nach überwiegt fraglos, zum mindesten beim Hauthydrops, das *zwischen den Zellen* gelagerte Wasser, das beim Einschnitt in ödematöses Gewebe leicht abtropft und in geeigneten Fällen durch *Capillardrainage* literweise gewonnen werden kann.

Zum Verständnis solcher pathologischer Wasseransammlungen sei eine kurze Betrachtung der Lymphbildung und ihrer Störungen vorausgeschickt.

Die Lymphe ist für den Saftaustausch ebenso wichtig wie das Blut. Beide stehen in inniger Wechselbeziehung. Störungen des Blutstroms bedingen immer eine Behinderung des Lymphstroms. Die bisher am besten untersuchten Formen dieser Störungen sind der Hydrops — Wasseransammlung in den serösen Höhlen — und das Ödem — übermäßige Flüssigkeitsansammlung in den Geweben.

Das Lymphgefäßsystem besteht aus den im Gewebe liegenden Lymphcapillaren und der Lymphbahn im engeren Sinne — den klappenführenden Lymphgefäßen. Schließlich sind dem Lymphsystem noch die Adnexe der Lymphbahnen zuzurechnen (große seröse Höhlen, Subdural-, Subarachnoidealraum, Augenkammern, die mit Flüssigkeit gefüllten Räume des Ohrs, Truncus lymphaticus dexter, Ductus thoracicus). Schleimbeutel und Sehnenscheiden sind anders zusammengesetzt und gehören nicht zum Lymphsystem.

Die eigentlichen Anfänge des Lymphsystems sind die Lymphcapillaren, die als blind-geschlossene, endothelbekleidete Hohlräume im Gewebe liegen. Sie nehmen durch ihre Wandung die Gewebsflüssigkeit auf. Eine offene Verbindung der Lymphcapillaren mit Spalten oder Lücken des Gewebes besteht nicht. Nach LUDWIGs Filtrationstheorie ist die Menge der gebildeten Lymphe abhängig von der *Differenz* des in den *Capillaren* herrschenden *Druckes* und der Spannung im Gewebe. Diese Differenz kann einmal durch arterielle Druck-steigerung, zweitens durch Stauung, welche den Capillardruck erhöht, und drittens durch eine verminderte Gewebsspannung vermehrt werden. Weiterhin ist nach derselben Theorie die Menge der gebildeten Lymphe abhängig von der nach ihrer Größe wechselnden *Filtra-tionsfläche* und der für das einzelne Gebiet konstanten, für verschiedene Gebiete wechselnden Gefäßpermeabilität und schließlich ist Wassergehalt und Viscosität des Blutes für die Menge der gebildeten Lymphe entscheidend. LUDWIG glaubte seine Auffassung, daß die Lymphe durch Filtration von Blutflüssigkeit durch die Capillarwand hindurch gebildet wird, durch folgenden Versuch zu beweisen: Wird am Hunde der Plexus pampiniformis unterbunden, so tritt unter mächtiger Erweiterung der Lymphgefäße Schwellung und Ödem der Hoden auf, und es gelingt leicht, tropfbare Lymphe zu gewinnen. Nach Lösung der Ligatur schwellen die Lymphgefäße wieder ab. HEIDENHAIN[1] trat dieser rein physikalischen Anschauung mit dem Einwand entgegen, daß man auch nach Unterbindung der Aorta in den abge-bundenen Gebieten noch Lymphe findet, obgleich hier doch der Druck gleich Null sei, was nach STARLING[2] für die Capillaren und Venen auch in dem von der Zirkulation ausge-schlossenen Gebiet nicht zutrifft. Nach HEIDENHAINs Auffassung ist die Lymphe ein Sekret der Capillarendothelien, das nach Injektion verschiedenartiger Substanzen ver-mehrt abgesondert wird, ohne daß der Blutdruck gleichzeitig zu steigen braucht (Lymph-agoga).

ASHER[3] stellt schließlich eine cellularphysiologische Theorie der Lymphbildung auf, indem er einen wechselseitigen Austausch zwischen Gefäßen und Geweben annimmt.

Von den Theorien der *Ödempathogenese* können diejenigen, die das Ödem auf eine vermehrte Lymphströmung zurückführen wollen, als erledigt angesehen werden. Größere Beachtung verdienen die Versuche von COHNHEIM und LICHT-HEIM[4], welchen es gelang, bei hydrämisch gemachten Tieren durch Schädigung der Haut lokalisierte Ödeme zu setzen. Dagegen ist aber mit Recht eingewandt worden, daß man hieraus nicht auf eine isolierte Schädigung der Capillaren schließen dürfe, sondern daß eben das ganze Gewebe mitgetroffen würde. Die

---

[1] HEIDENHAIN: Pflügers Arch. **49** (1891).
[2] STARLING: J. of Physiol. **2** (1894).
[3] ASHER: Der physiologische Stoffaustausch zwischen Blut und Geweben. Jena 1909.
[4] COHNHEIM: Virchows Arch. **69**, 106 (1877).

osmotischen Theorien der Ödembildung weisen darauf hin, daß unter pathologischen Verhältnissen der osmotische Druck in den Geweben dem des Blutes und der Lymphe übersteige und es auf diese Weise zu einer Wasserverschiebung nach der Richtung der Gewebe hin komme.

Nach M. H. FISCHER[1] ist das Ödem die Folge einer Quellung der Organkolloide. Diese Quellung wird durch Säuren bedingt, welche durch Störung der oxydativen Prozesse in den Zellen entstehen. Die Säuerung des Organismus soll unter den verschiedensten Bedingungen (Vergiftungen, mangelnde O-Zufuhr, Retention von harnfähigen Substanzen) zustande kommen. Dieser Säuretheorie ist von vielen Seiten entgegengetreten und ihr durch zahlreiche Experimente der Boden entzogen worden. Das Wertvolle an den FISCHERschen Ausführungen ist, wie SCHADE[2] betont, der Grundgedanke von der Wichtigkeit der Quellungsvorgänge für die Ödeme.

Eine neuerdings viel diskutierte Hypothese von EPPINGER[3] stützt sich auf die Erfahrung, daß Myxödemkranke große Neigung zeigen, per os oder subcutan einverleibte NaCl-Lösung im Gewebe festzuhalten, was als Folge einer abnorm gehemmten Organtätigkeit gedeutet wird. Die Zufuhr von Schilddrüsensubstanz bringt, wie EPPINGER zeigte, die Diurese in Gang. Er glaubt daher, daß das Thyreoidin für den intermediären Wasser- und Salzstoffwechsel von überragender Bedeutung sei. Für den Flüssigkeitsaustausch zwischen Blut und Geweben macht STRAUB[4] folgende Kräfte verantwortlich: 1. Der Druck des Blutes in den Capillaren, der als Filtrationsdruck Wasser abpressen kann, 2. der diesem entgegenwirkende extracapilläre Druck (Gewebsspannung), 3. der osmotische Druck, der durch die Capillarwand getrennten Flüssigkeiten, 4. die Durchgängigkeit der Capillarwand für verschiedene Stoffe und deren Änderung, 5. aktive Sekretionskräfte der Capillarwandendothelien, 6. die Leichtigkeit, mit der sich Wasser aus dem Plasma abpressen läßt, seine Ultrafiltrierbarkeit; sie hängt vorwiegend ab von dem kolloidosmotischen (onkotischen) Druck des Plasmaeiweißes, 7. die wasseranziehende Kraft des Gewebes, seine Quellbarkeit.

Die Vielheit der hier mitgeteilten Auffassungen, von der jede in einzelnen Punkten zutreffend, für alle Entstehungsarten menschlicher Hydropsien aber unzureichend ist, zeigt, daß es nicht möglich ist, eine *einheitliche* Ursache für alle Formen lokalisierter oder generalisierter Wassersucht zu finden. Für eine große Gruppe stehen sicher *physikalische* Momente im Vordergrund; die in ihrer Lokalisation von der Schwere abhängenden Ödeme der Herzkranken sprechen eindringlich für diese Auffassung. Daß die Gefäße in ihrem von den Vasomotoren geregelten Verhalten für manche Fälle lokalisierter Ödeme maßgebend sind, zeigen die in Stunden auftretenden und wieder schwindenden QUINCKEschen Ödeme und die durch rein mechanische Einwirkung entstehende Urticaria factitia. Eine zweite Gruppe, die mit allgemeinem Haut- und Höhlenhydrops einhergeht, umfaßt chronische, den ganzen Organismus gleichmäßig treffende *Schädigungen durch Unterernährung* (Ödemkrankheit, Hungerödem). Vielleicht gehören hierher auch manche als kachektische Ödeme beschriebene Zustände, z. B. bei der

---

[1] FISCHER, M. H.: Das Ödem. Dresden 1910.

[2] SCHADE: Die physikalische Chemie in der inneren Medizin. Dresden 1921.

[3] EPPINGER: Zur Pathologie und Therapie des menschlichen Ödems. Berlin: Julius Springer 1917.

[4] STRAUB: Lehrbuch der inneren Medizin, 2. Aufl. Berlin: Julius Springer 1934.

Krebskachexie. Hier liegt eine tiefgreifende Störung der den Flüssigkeitstransport besorgenden Funktion der Capillaren der Haut und serösen Auskleidung der großen Körperhöhlen vor. Bei manchen Formen der Nierenerkrankung (akute Nephritis und degenerative Nephrose) sind für die auftretenden Ödeme sicher die Ausscheidungsstörungen des Wassers die wesentliche Ursache. Daß daneben die Retention harnfähiger Substanzen eine toxische Schädigung der Capillaren bedingen kann, muß zugegeben, aber es muß gleichzeitig betont werden, daß manche Formen, die zu weitgehender Retention und sogar zur Urämie führen, eine toxische Schädigung der Capillaren mit nachfolgender allgemeiner Hydropsie vermissen lassen (Nierensklerose). Siehe Kapitel XV.

Neuere vor allem von SCHADE[1] vertretene Anschauungen stellen bei der Frage nach der Genese der Ödeme *kolloidchemische Störungen* in den Vordergrund. Nach ihm ist der Quellungszustand der Gewebe im Körper ein ungesättigter. Der Erreichung der Quellungssättigung wirken die mechanische Gewebsspannung und der konkurrierende Quellungsdruck der Nachbargewebe einschließlich des Blutes entgegen. Die Faktoren, welche im Lebenden die Gewebsquellung beeinflussen, wurden von SCHADE nach Richtung und Stärke vergleichend geprüft. Ihrer Stärke nach ordnen sie sich in der Reihe: mechanischer Druck—Kolloide—H—OH-Ionen—Salze—Nichtelektrolyte. Es wird ein ausgeprägter Quellungsantagonismus angenommen, nach dem das eine Kolloid immer gerade dann quellen soll, wenn ein anderes im Körper benachbart gelegenes zur Entquellung kommt und umgekehrt. Das Bindegewebe zeigt in sehr ausgesprochener Form solchen Antagonismus im Quellungsverhalten gegenüber der Zelle. An dem normalen Wasseraustausch im Gewebe sowie an der Ödembildung sollen nach der physikochemischen Betrachtungweise drei Energiearten beteiligt sein, die mechanische Energie, die osmotische Energie und die onkotische Energie (Gesamtheit der kolloidbedingten Drucke nach SCHADE). Jede dieser Energiearten kann bei Störungen ihrem quantitativen Betrage nach die Führung übernehmen. Den Typus der Quellungsödeme stellen nach physikalisch-chemischer Auffassung die Alkaliödeme dar, in geringerem Maße auch die Salzödeme der Kinder. Die von M. H. FISCHER für die Ödempathogenese angeschuldigte Gewebssäuerung läßt nach der SCHADEschen Auffassung vom Bindegewebe keine Quellungsödeme in diesem Gewebe entstehen. Ödeme vorwiegend osmotischer Art sind die Entzündungsödeme, die Stauungsödeme dagegen verkörpern die dritte Gruppe, die mechanischen Ödeme.

XII. Die Störungen der Milzfunktion.

Eines der schwierigsten Kapitel der Physiologie und Pathologie des Menschen betrifft die *Milz*. Das hat seinen Grund darin, daß wir weder über den feineren Bau, noch über die Funktion des Organs zureichend unterrichtet sind. Während auf der einen Seite die Milz an fast allen krankhaften Vorgängen mehr oder weniger beteiligt ist, wissen wir auf der anderen Seite, daß die vollständige Entfernung des Organs aus dem Körper *ohne gröbere Störung* jahrelang ertragen wird.

Die grobe Struktur der Milz wird bestimmt durch das Kapsel- und Stützgewebe, durch das lymphatische Gewebe und schließlich durch das Milzparenchym

---

[1] SCHADE: Z. klin. Med. **96** (1923).

im engeren Sinne, nämlich die rote Pulpa. In der *roten* Pulpa sollen sich die der Milz eigentümlichen Funktionen vorwiegend abspielen. Das *Gerüst der Milz* ist nicht ein einfaches Geflecht von Bindegewebe wie etwa das parenchymtragende Bindegewebsnetz der Leber. Das geht schon daraus hervor, daß die Milz mit einem Blutschwamm verglichen werden kann, dessen mittleres *Fassungsvermögen* auf 200 ccm und dessen *Ausdehnungsvermögen* auf das 3 fache Volumen geschätzt wird. Die Funktion der Milz als *Blutspeicher* verlangt daher einen besonderen dehnbaren Stützapparat. Tatsächlich wird die *Milzkapsel* als eine bindegewebig-elastische Haut beschrieben, welche aus kollagenen und elastischen Fasern gewoben ist. Im *Trabekelsystem,* welches als eigentliches Stützgerüst der Milz anzusehen ist, verlaufen die großen Gefäßstämme. Jedoch gibt es wesentlich mehr Balken ohne Gefäße als mit solchen. Macerationspräparate lassen die baumartige Verästelung des Trabekelsystems bis in die feinsten Zweige erkennen. Die Trabekel bestehen aus Bindegewebe mit eingelagerten starken elastischen Fasern. In die Kapsel sowohl wie in die Balken ist glatte Muskulatur eingewoben. Doch beginnt bei der Beschreibung der Ausdehnung der glatten Muskulatur in der Milz bereits der Streit der Autoren.

Das *lymphatische* Gewebe der Milz ist in engen Beziehungen zu den Gefäßen angeordnet. Die knötchenförmigen Anschwellungen der Gefäßscheiden werden als „MALPIGHIsche Körper" beschrieben. Diese MALPIGHIschen Körperchen sind von einer Knötchenrandzone umgeben. Die weiße Milzpulpa setzt sich also aus *lymphatischem* Gewebe zusammen. Dieses ist von einem retikulären mesenchymalen Grundgewebe aufgebaut, in dessen Maschen die lymphocytären Elemente eingelagert sind. Die feineren lymphocytären Elemente der Milz lassen sich von den kleinen Lymphocyten des Blutes nicht unterscheiden. Die *Knötchenrandzone* ist locker gebaut, ihre Zellen sind größer und die Struktur erscheint dadurch im ganzen heller. Die viel umstrittenen *Sekundärknötchen* weisen nach HELLMANN[1] einen für jedes Individuum charakteristischen Typus auf. Sie sind im Kindesalter am besten entwickelt und verschwinden langsam nach dem 20. Lebensjahr.

Die *rote* Pulpa besteht aus Gefäßwandzellen, Sinusendothelien und Reticulumzellen mit eingestreuten Blutkörperchenzellen. Die Räume der *roten* Pulpa, die ihren größten Teil ausmachen, sind ein Teil des Blutgefäßsystems der Milz und werden auch als *Flutkammern* beschrieben. Auf die Einzelheiten des komplizierten Gefäßbaus kann hier nicht eingegangen werden, zumal nach neueren Auffassungen mit einer wechselnden Beschaffenheit der Capillarbahnen der Milz zu rechnen ist[2].

Die Funktionen der Milz.

Von den Funktionen der Milz sind bisher folgende bekannt:

1. Die Blutspeicherung und Regulierung der im Umlauf befindlichen Blutmengen.

2. Die vorbereitende Mitarbeit an der Blutmauserung.

3. Entfernung von Gewebstrümmern, Fremdkörpern und Bakterien aus der Blutbahn.

---

[1] HELLMANN: Lymphgefäße, Lymphknötchen, Lymphknoten. Handbuch der mikroskopischen Anatomie, Bd. 6, 1. Teil. 1930.
[2] HUECK: Die normale menschliche Milz als Blutbehälter. Verh. dtsch. path. Ges. 1928 und Krkh.forsch. 3.

4. Beteiligung am Stoffwechsel, besonders am Fettstoffwechsel mit Hilfe des Reticuloendothelialapparats.

5. Die antiblastischen oder onkolytischen Funktionen der Milz und

6. schließlich die wechselseitigen Beziehungen von Milz und Knochenmark.

Die Tatsache, der schon unter physiologischen Bedingungen wechselnden Größe der Milz ist lange bekannt. Wir verdanken BARCROFT[1] die Einsicht in die näheren Bedingungen des Vorgangs des schwankenden Milzvolumens. Wird die Milz von Tieren nach Eröffnung der Bauchhöhle an ihrem Rande mit Metallklammern gekennzeichnet und in die Bauchwand ein Fenster eingenäht, so lassen sich durch direkte Beobachtungen oder mit Hilfe des Röntgenverfahrens die *Schwankungen* der *Milzgröße* unter wechselnden Bedingungen gut wahrnehmen. Läßt man Ratten Kohlenoxyd einatmen, so ist die Milz nach dem Tode der Tiere *frei* von *Kohlenoxyd*. Offenbar bewirkt der verringerte Sauerstoffgehalt des Blutes über den Weg des Zentralnervensystems eine *Kontraktion* der Milz und ihrer Gefäße, die sich dadurch mit dem in ihr gespeicherten Blut von der übrigen Zirkulation absperrt.

Bewegungen veranlassen die Milz ihren Blutspeicher zu entleeren und damit die kreisende Blutmenge zu vermehren. Nach BARCROFT soll die Milz bei ihrer Kontraktion die kreisende Blutmenge etwa um 10% erhöhen; vielleicht ist das häufig bei starkem Laufen einsetzende *Stechen* in der *linken Seite* auf eine starke und schmerzhafte Milzkontraktion zurückzuführen. Auch die rasche Anfangszunahme der roten Blutkörperchen bei Aufenthalt von Tieren und Menschen in verdünnter Luft, wird durch einen vermehrten Blutabfluß aus der Milz erklärt, sie bleibt bei entmilzten Tieren aus. Die später eintretende Polycythämie, welche auf *vermehrter Bildung* von Blutkörperchen beruht, ist unabhängig von dem Vorhandensein der Milz. Nach Bluttransfusionen läßt sich mit Hilfe des Röntgenverfahrens eine deutliche *Zunahme der Milzgröße* feststellen[2]. 20—30 Minuten nach Adrenalininjektion läßt sich auch beim Menschen röntgenologisch eine Verkleinerung der Milz mit gleichzeitiger Vermehrung der roten Blutkörperchen in der Zirkulation nachweisen. Für die Differentialdiagnose der verschiedenen Formen der *Splenomegalien* hat man diese Tatsache als Adrenalinprobe herangezogen. Bei einer Milzvenenthrombose wird sich das Organ naturgemäß wenig oder gar nicht verkleinern können.

Die vorbereitende *Mitarbeit der Milz bei der Blutmauserung* ist durch verschiedene Beobachtungen gesichert. Die großen monocytenähnlichen Pulpazellen phagocytieren die geschädigten und gealterten roten Blutkörperchen. Diese werden im Zellinnern in ein bräunliches körniges Pigment umgewandelt. Auch außerhalb des reticuloendothelialen Systems soll der Erythrocytenzerfall vor sich gehen. Die roten Blutkörperchen werden offenbar bei jeder Milzpassage gewissermaßen angedaut. Für eine Art „Vorverdauung“ der roten Blutkörperchen in der Milz sprechen die Ergebnisse vergleichender Prüfung der roten Blutkörperchen in Milzarterie und Milzvene auf osmotische Resistenz. Dieselbe ist im Venenblut gegenüber dem Arterienblut *deutlich herabgesetzt*. Nach Adrenalininjektion werden besonders viele vorverdaute Erythrocyten in die Blutbahn

---

[1] BARCROFT: Some recent work on the functions of the spleen. Lancet **1926 I**, 544. — Die Stellung der Milz im Kreislaufsystem. Erg. Physiol. **25**, 118 (1926).

[2] WEICKSEL: Milz- und Bluttransfusion. Z. exper. Med. **64**, 336—355 (1929).

geworfen, was sich durch ein verändertes Resistenzbild im Sinne der erhöhten osmotischen Empfindlichkeit der kreisenden roten Blutkörperchen nachweisen läßt. Umgekehrt hat man nach Splenektomie eine Resistenzerhöhung der roten Blutkörperchen feststellen können. Ob bereits in der Milz Bilirubin aus dem zerfallenen Blutkörperchenmaterial gebildet wird, ist strittig (s. S. 194). Bei der perniziösen Anämie hat HIJMAN VAN DEN BERGH im abfließenden Milzvenenblut mehr Bilirubin nachgewiesen als im Blut der Milzarterie. Wird durch Unterbindung der Milzvene eine *künstliche Stauung* gesetzt, so kündigt sich der erhöhte Blutkörperchenzerfall durch nachfolgende Pleiochromie und Urobilinurie an[1]. *Der Abbau* der roten Blutkörperchen in der Milz wird durch Erythrophagen eingeleitet und geht bis zu einer Zerstörung des Hämoglobins weiter. Dabei soll im wesentlichen die Eisenkomponente aus dem Molekül herausgeschlagen, der eisenfreie Rest der Leber zugeführt werden. Die Milz kann als Ort der *Eisenspeicherung* im Organismus angesehen werden. Unter sonst gleichen Bedingungen scheidet ein Mensch, dem *die Milz entfernt* ist, täglich *mehr Eisen* aus, als ein Gesunder[2]. Dieses Speicherungsvermögen der Milz beschränkt sich im wesentlichen auf das im intermediären Eisenstoffwechsel frei werdende Eisen, während ihr Eisengehalt von der alimentären Eisenzufuhr weitgehend unabhängig ist. Auch bei Hunden hat die Splenektomie eine verstärkte Eisenabgabe zur Folge, woraus geschlossen wird, daß die Milz eine den intermediären *Eisenstoffwechsel regulierende* Funktion hat.

Eine für pathologische Verhältnisse bedeutsame Funktion der Milz ist ihre *Filtertätigkeit* gegenüber den im Blute kreisenden Bakterien. Es gelingt nahezu bei allen Infektionserkrankungen die Erreger durch bakteriologische Untersuchungen in der Milz nachzuweisen. Für die Malariaplasmodien gilt das gleiche, auch dann, wenn diese im Blut nicht mehr zu finden sind. Oft bedingt das in der Milz gestapelte Malariapigment eine bei der Sektion auffallende grauschwarze Färbung. Bei der Anthrakose und Argyrose lassen sich diese von außen in den Körper gedrungenen Pigmente in reichlichem Maße in der Milz nachweisen. Bei Tieren kann man durch Einbringen von Farbstoff in die Blutbahn die Filtertätigkeit der Milz besonders schön demonstrieren. Die perniziöse Anämie der Ratten, welche auf einer bakteriellen Infektion beruht, verläuft bei entmilzten Tieren tödlich, während sie, solange die Milz vorhanden ist, latent bleibt. Daß die Milzentfernung *nicht immer* einen schweren Verlauf künstlich gesetzter Infektion zur Folge hat, beruht darauf, daß auch außerhalb der Milz der Reticuloendothelialapparat an der Bekämpfung der Infektion teil hat.

Besonders interessant ist die Beteiligung der Milz an dem *Fett- und Lipoidstoffwechsel*, die wir erst in jüngster Zeit näher kennengelernt haben. Wir wissen, daß reichliche Fütterung von Kaninchen mit Cholesterin zu einer Cholesterinspeicherung im Reticuloendothelialapparat in und außerhalb der Milz führt. Bei diabetischer *Lipoidämie* kommt es zu Splenomegalie mit starker Lipoidinfiltration der Milz. Eigene Studien haben mich gelehrt, daß es primäre essentielle Störungen des Fettstoffwechsels auch bei nichtzuckerkranken Menschen gibt, die mit einer Dauerlipoidämie und erheblicher Vergrößerung von Leber und Milz und Ablagerung von Lipoiden in der Haut einhergehen. Bei dieser sog. essentiellen *Xanthomatose* ist es fraglich, ob es sich lediglich

---

[1] PRIBRAM: Wien. klin. Wschr. **1913 II.**
[2] BAYER: Mitt. Grenzgeb. Med. u. Chir. **21, 22** und **27.**

um eine starke Vermehrung der normalen Blutlipoide oder um ein auch qualitativ abgeartetes Lipoidspektrum handelt, welches zu der abnormen Speicherung im reticuloendothelialen Apparat führt. In diese Gruppe der Lipoidstoffwechselstörungen mit Milzvergrößerungen gehört auch die Splenomegalie bei Morbus Gaucher, bei der NIEMANN-PICKschen Erkrankung und bei der SCHÜLLER-CHRISTIANschen Erkrankung, die an anderer Stelle dieses Buches erwähnt sind.

Nach reichlichen Gaben von Vitamin A sieht man besonders schön die starke Fettspeicherung in den Pulpazellen der Milz[1] (Abb. 41).

Die nach Milzentfernung auftretenden Vermehrungen der Blutfette sind in ihrer Bedeutung noch nicht genügend geklärt. Ob die Milz lediglich ein lipoidspeicherndes oder vielleicht auch lipoidverarbeitendes Organ ist, steht dahin. Ebensowenig ist die Rolle der Milz im Eiweißstoffwechsel geklärt. Entmilzte Tiere sollen einen gesteigerten Eiweißumsatz aufweisen. Eine heißumstrittene Frage ist die histologische Stellung des oft exzessiven Milztumors, welcher beim *Morbus Banti* gefunden wird. Die Milz kann bei dieser Erkrankung ein Gewicht von 8 kg erreichen. Das Organ als Ganzes zeigt eine feste, zähe Konsistenz, auf dem Schnitt eine dunkelrote Farbe. Das histologische Bild wechselt mit der Dauer der Erkrankung.

Abb. 41. Milz: Hochgradige Verfettung der Pulpazellen bei einer Ratte, die 4 Tage lang in 1 ccm Sesamöl 100 000 Einheiten Vitamin A per os erhielt. (Nach DOMAGK und v. DOBENECK.)

In dem ersten Stadium werden Bindegewebswucherungen um die Zentralarterie herum gefunden, oft in solcher Ausdehnung, daß der fibröse Anteil im Follikelzentrum über die Hälfte des ganzen Durchmessers für sich in Anspruch nimmt. Diese Veränderung wird von BANTI als *Fibroadenie* beschrieben. Er hält sie für das von ihm aufgestellte Krankheitsbild für charakteristisch. Diese fibrösen Bindegewebswucherungen greifen in den späteren Stadien auf die Pulpa über, in den sklerotischen Follikeln sind reichlich elastische Elemente nachweisbar. Weiter werden endophlebitische Veränderungen an der Milzvene, der Pfortader und den Mesenterialvenen gefunden.

Das Entscheidende für die Abgrenzung dieses Krankheitsbildes von anderen Splenomegalien ist der Nachweis, daß die Leber erst sekundär im Sinne einer atrophischen Cirrhose erkrankt. Im Endstadium dieser Erkrankung findet sich rotes Knochenmark. UMBER[2] schließt aus Stoffwechseluntersuchungen an einschlägigen Fällen, daß in der Milz solcher BANTI-Kranker nicht nur ein hämolytisches, sondern auch ein auf den gesamten Organismus wirkendes toxisches Agens gebildet wird. Dieses Toxin führt zu einem toxogenen Eiweißzerfall und damit zu negativer Stickstoffbilanz. Nach Entfernung der Milz schlägt die vorher negative Bilanz in eine positive um.

---

[1] DOMAGK u. v. DOBENECK: Virchows Arch. **290**, 385 (1933).
[2] UMBER: Münch. med. Wschr. **1912 II**, 1478. — Z. klin. Med. **55**, 1 (1904).

Man hat ferner der Milz eine krebsverhütende Aufgabe, eine *antiblastische* oder *onkolytische* Funktion zugesprochen. Das beruht auf der Beobachtung, daß im krebsbefallenen Organismus die Milz meist unbeteiligt und metastasenfrei bleibt. Unter 15000 Obduktionen hat ROGER[1] nur zwei primäre Milztumoren nachweisen können. Auch bei allgemeiner Carcinomatose wird die Milz nur ganz ausnahmsweise befallen. Die Tatsache, daß die Milz trotz des lacunären Aufbaus, ihrer Blutfülle und der verlangsamten Durchblutung und selbst bei wiederholter Einschwemmung von Tumorzellen stets metastasenfrei erscheint, hat den Gedanken aufkommen lassen, daß ihr geschwulstlösende Wirkungen zukommen[2]. Der mit dem Alter fortschreitende Milzschwund und die damit eintretende Lähmung der *onkolytischen* Kräfte des Organs, wird mit der zunehmenden Krebshäufigkeit im höheren Alter in Zusammenhang gebracht. Im Verfolg dieser Vorstellung hat man versucht aus der Milz krebsheilende Extrakte herzustellen, mit welchem Dauererfolg, müssen weitere Versuche lehren.

In nicht seltenen Fällen hat die Entfernung einer gesunden aber verletzten Milz zu einer langsamen Zunahme der roten Blutkörperchen geführt. Diese *Polycythämie* ist beim Menschen bis zum Tode nicht wieder verschwunden. Solche Beobachtungen führten zur Annahme, daß mit der Milz ein die Erythropöese hemmender Faktor entfernt wurde. Diese Polycythämie der Splenektomierten wird aber immer nur in einem *Teil* der Fälle beobachtet. Ein regelmäßiger Befund bei allen *entmilzten* Menschen und Säugetieren ist das Auftreten von kleinsten Kerntrümmern in den roten Blutkörperchen. Diese sog. JOLLY-*Körper* finden sich beim Menschen sonst nur bei schweren Blutkrankheiten (perniziöse Anämie, hämolytischer Ikterus). Die JOLLY-Körperchen verschwinden selbst nach Jahrzehnten bei den entmilzten Menschen nicht mehr aus dem Blut. Ihr Auftreten nach der Splenektomie beweist den Einfluß der Milz auf die Erythropöese im *Knochenmark*[3]. Die meisten Autoren treten für eine *Hemmungsfunktion* der Milz auf das Knochenmark ein; sie führen für ihre Auffassung die Tatsache an, daß nach Splenektomie unter Umständen eine pathologische Steigerung der Zahlen für rote Blutkörperchen einsetzt und ferner die Tatsache, daß nach Milzentfernung die roten Blutkörperchen bei perniziöser Anämie sich wieder vermehren. Ferner sollen kleine Blutentziehungen bei milzlosen Tieren aus dem Grunde besser vertragen werden, weil bei ihnen die Regeneration des Blutes schneller erfolgt. Auch auf die *Zahl der weißen Blutkörperchen* und *Thrombocyten* hat die Milzentfernung einen steigernden Einfluß. Bei verschiedenen Formen von Milzvergrößerungen hat man Leuko- und Thrombopenien beobachtet, so daß FRANK[4] von *splenomegaler Myelotoxikose* spricht.

In der Klinik spielen die *Milzvergrößerungen* eine bedeutende Rolle. Eine Einteilung der Splenomegalien nach anatomischen Gesichtspunkten stößt auf erhebliche Schwierigkeiten. Zur Orientierung über das Vorkommen von Milzvergrößerungen möge folgende Aufstellung dienen:

---

[1] ROGER: Brit. J. exper. Path. **1927**, Nr 3.

[2] FICHERA: Endogene Faktoren in der Tumorgenese und der heutige Stand der Versuche einer biologischen Therapie. Berlin: Julius Springer 1934.

[3] HIRSCHFELD: Handbuch der allgemeinen Hämatologie, Bd. 1, 2. Hälfte, S. 1066. 1933.

[4] FRANK: Aleukia, hämorrhagica. Berl. klin. Wschr. **1915** II, 41. — Aleukia splenica. Berl. klin. Wschr. **1916** I.

I. Milzvergrößerungen bei Kreislaufstörungen:
    a) im großen Kreislauf (Stauungsmilz),
    b) im Pfortaderkreislauf (thrombophlebitische Splenomegalie).
II. Milzvergrößerungen bei Bluterkrankungen:
    a) Leukämie,
    b) perniziöse Anämie,
    c) hämolytischer Ikterus,
    d) thrombopenische Purpura,
    e) Erythrämie,
    f) sog. splenogene Anämien.
III. Milzvergrößerungen bei Stoffwechselstörungen:
    a) bei Zuckerharnruhr,
    b) bei Gaucherscher und Niemann-Pickscher Krankheit,
    c) beim Schüller-Christin-Handschen Syndrom,
    d) bei der splenomegalen Lipoidose.
IV. Milzvergrößerungen bei verwickelten Störungen (Kreislauf- und Stoffwechselstörungen):
    a) bei Lebercirrhose,
    b) bei Bantischer Krankheit.
V. Milzvergrößerungen bei infektiösen und Vergiftungskrankheiten:
    a) akuten (septischer Milztumor),
    b) chronischen (Endocarditis lenta, Tuberkulose, Granulomatose, Syphilis, Malaria, Kala-Azar usw., Echinococcus).
VI. Milzvergrößerungen bei Gewächsbildungen:
    a) primären (Sarkom),
    b) sekundären.

Die differenten Formen der *Milzvergrößerung* haben eine wechselnde Entstehungsbedingung. Bei der *myeloischen Leukämie* sind es vor allem die Elemente der Pulpa, welche hypertrophieren und vermehrt werden, während die Follikel zurücktreten. Bei der *lymphatischen* Leukämie ist umgekehrt eine Vermehrung und Vergrößerung der Follikel und eine Verminderung des Pulpagewebes festzustellen. Erkrankungen, welche mit einem Zerfall von roten Blutkörperchen einhergehen, führen durch Anreicherung von Blutkörperchentrümmern zu einer Vergrößerung des Organs: *spodogener Milztumor*. Man findet unter diesen Umständen sehr reichlich Erythrophagen und Eisenpigment führende Zellen. Die weitere Folge des so gesteigerten Blutzerfalls ist eine Mehrbildung von Galle in der Leber. Die Galle wird dickflüssig, enthält mehr Bilirubin und Urobilin als in der Norm; sie ist *pleiochrom*.

Wenn die Blutbildung im Knochenmark aus irgendwelchen Gründen erlahmt, z. B. durch einfache Verdrängung bei Carcinom und Sarkom des Knochenmarks oder durch toxische Schädigungen bei Diphtherie, Malaria, Lues oder auch durch Röntgenbestrahlung, kommt es zu einem Aufflackern in der seit der Geburt ruhenden Milzerythropöese. Gleichzeitig damit wird eine myeloische Metaplasie der Milzpulpa unter solchen Umständen gefunden. In typischer Weise findet sich diese myeloische Parenchymbildung bei perniziöser Anämie und bei myeloischer Leukämie.

Unter den Ereignissen, welche zu einer *Vergrößerung der Milz* führen, ist die *Stauungshyperämie* besonders häufig. Die Milzpulpa ist sehr reich an Venen, die Milzvene selbst in das Pfortadergebiet eingeschaltet. Anastomosen fehlen fast ganz — die kleinsten Venen, welche aus der Milzkapsel in die Vena azygos führen, spielen keine Rolle. Diese anatomischen Verhältnisse führen im Gebiet der Milzvene dann zur Stauung, wenn die Bedingungen im *Herzen* (bei Klappenfehlern an der Mitralis) oder in den Lungen (beim Emphysem, bei adhäsiver Pleuritis, bei Lungenschrumpfung) zu einer Rückstauung des Blutes über den Weg der Vena hepatica und Pfortader in der Milzvene Anlaß geben. Eine zweite, gleichfalls häufige Ursache der Stauungsmilz sind *Zirkulationserschwerungen im Gebiet der Pfortader selbst,* entweder dadurch, daß ihr Gesamtquerschnitt im Bereich der Leber verkleinert oder durch Umbau zum Teil verlegt ist, wie bei der Lebercirrhose, oder dadurch, daß ihr Lumen an der Einmündungsstelle in die Leber durch Thrombosierung oder von außen wirkende Geschwülste komprimiert ist. Schließlich kann die Milzvene selbst durch Thrombose oder Kompression verlegt sein. Bei der Lebercirrhose spielen neben den mechanischen Verhältnissen gewiß noch andere Momente eine Rolle. Von einigen Autoren wird angenommen, daß die zur Lebercirrhose führenden toxischen Substanzen auch den Milztumor verursachen sollen, und zwar nicht auf dem Umwege über eine durch die Cirrhose bedingte Stauung, sondern direkt durch toxische Schädigung des Milzparenchyms. Von GRAWITZ[1] ist der Milztumor, welcher bei der akuten gelben Leberatrophie entsteht, dadurch erklärt worden, daß die Milz beim Untergang von Lebergewebe einen Teil der Funktion, vor allem die Verarbeitung zugrunde gehender roter Blutkörperchen, mit übernehme. Die Splenomegalie ist in diesem Falle als Produkt einer kompensatorischen „Hypersplenie" angesehen worden.

XIII. Pathologische Physiologie des Blutes.

A. Physiologische Vorbemerkungen.

Zwei Straßen sind in der Blutbahn vereinigt: die eine den Gaswechsel vermittelnde verläuft über Lunge-Blut-Gewebe-Blut-Lunge. Die andere ermöglicht die Zufuhr der Nahrungsstoffe zu den Geweben und die Ausfuhr der Stoffwechselschlacken aus dem Körper. Sie nimmt ihren Weg vom Darm über das Blut zu den Geweben und zurück über die Straße des Blutes zu den Ausscheidungsorganen. Schließlich stellt die Blutbahn einen Austauschweg für die von den verschiedenen Organen gelieferten Hormone dar, welche die Wechselwirkung aufeinander und auf den Gesamtorganismus ermöglichen.

Das Blut kann als *flüssiges Organ* betrachtet werden, welches einer dauernden Erneuerung bzw. Verjüngung unterliegt. Dank seiner vermittelnden Rolle, die es im Verkehr der Organe untereinander spielt, wird das Blut bei jeder Erkrankung in Mitleidenschaft gezogen werden. Neben der Harnuntersuchung ist die Blutuntersuchung unter den klinischen Untersuchungsmethoden eine der wichtigsten geworden; besonders der Ausbau der Mikromethoden erlaubt es aus einer veränderten Zusammensetzung des Blutes auf bestimmte Störungen des Stoffwechsels (Gicht, Diabetes mellitus, Lipoidosen) zu schließen. Eine ganz konstante Zusammensetzung des Blutes *gibt es nicht.* Ruhe und Arbeit, Wachsein und Schlaf, Aufnahme von festen und flüssigen Körpern verändern das

---

[1] GRAWITZ: Zit. nach EPPINGER, Die hepatolienalen Erkrankungen, S. 420. Berlin 1920.

Blut dauernd in seiner Zusammensetzung. Auch Kreislaufstörungen können
z. B. in der Anhäufung von Milchsäure im Blute erkannt werden. Ausscheidungsstörungen der Nieren führen zu Vermehrung der Eiweißschlacken im Blute.
Es ist somit bei jeder Erkrankung des Körpers mit Veränderungen der Blutzusammensetzung zu rechnen. Je feiner die Methoden, um so frühzeitiger werden
wir Störungen im physiologischen Geschehen des Organismus erfahren und
darum bekämpfen können.

Zähe wird festgehalten das Gleichgewicht zwischen sauren und basischen
Valenzen, die *Isohydrie* des Blutes; offenbar weil von der Konstanterhaltung
der Wasserstoffionenkonzentration alle wichtigen Lebensvorgänge der Zelle beherrscht werden. Auch die Gesamtsumme der gelösten Stoffe im Blute ist unter
physiologischen Bedingungen nahezu gleich. Der osmotische Druck des Blutes
wird durch die Gefrierpunktserniedrigung, welche bei — 0,56° liegt, gemessen.
Die Tatsache des immer gleichen osmotischen Drucks des Blutes wird als *Isotonie* beschrieben. Sie resultiert aus der Gleichheit der Gesamtsumme der gelösten Stoffe. Aber auch die Konzentration jedes einzelnen (Isoionie) dieser
Stoffe wird im Blute gleichmäßig gewahrt. Eine Aufgabe, die vor allem der
Niere zufällt.

Die wesentliche aktive Aufgabe des Blutes ist der *Gastransport:* die Versorgung der Organe mit dem lebenswichtigen Sauerstoff und ihre Entlastung
von dem Abgas der Kohlensäure. Das Hämoglobin ist der Träger des Sauerstoffs. Je intensiver die Arbeit der Organe, um so größer ihr Sauerstoffbedarf.
Bei dem Kampf der Teile um den Sauerstoff treten sehr feinspielende Regulationen in Kraft mit dem Ziel, den meisten Sauerstoff immer an den Ort der
höchsten Leistung heranzuführen. Diese Verteilerfunktion obliegt den Kreis-
laufsorganen, welche neben einer Änderung des Schlagvolumens des Herzens
durch Erweiterung und Drosselung von Capillargebieten die jeweils zweckmäßige
Blutverteilung besorgen. Wichtig ist, daß eine geänderte Einstellung der feinsten
Capillaren auf die zellige Zusammensetzung des Blutes zurückwirkt. Es können
also durch Umstellung der Gefäßweite *relative* Vermehrungen der roten Blutkörperchen oder Verminderung der weißen Blutkörperchen eintreten.

B. Lichtabsorption.

Das Blut enthält etwa 15 g-% oder 750 g Hämoglobin im ganzen. Der Hämoglobingehalt kann bei unveränderter Gesamtzahl der Erythrocyten vermindert
sein, wenn das einzelne rote Blutkörperchen an Farbstoff verarmt. Der Erythro-
cyt wird dadurch als Sauerstoffträger gegenüber der Normalzelle minderwertig.
Das Hämoglobin erscheint wegen seiner bevorzugten *Lichtabsorption* im grünen
Teil des Spektrums dem Auge rot. O_2Hb ist hellrot, sauerstofffreies Hb dunkelblau-
rot. Bei mangelnder Sauerstoffversorgung des Blutes infolge Verkleinerung der
atmenden Oberflächen in den Lungen oder Verlangsamung des Kreislaufs im
ganzen oder in einzelnen Provinzen reichert sich das Blut mit reduziertem
Hämoglobin an, wodurch eine blaurote Farbe resultiert, besonders an den Stellen,
an welchen die Capillaren sehr oberflächlich liegen (Lippen, Augenbindehaut,
Nagelfalz). Für die Stärke der „Blaufärbung" (Cyanose) ist die absolute Menge
von reduziertem Hämoglobin maßgeblich.

Die respiratorische Tätigkeit des Blutes ist nicht an seine rote Farbe gebunden. Das
Oxyhämoglobin des Menschen ist rot, das Haemocyanin der Weichtiere und Krebse

welches statt Eisen Kupfer enthält, ist bei Gegenwart von Sauerstoff blau, ohne Sauerstoff dagegen himmelblau bis farblos. Es ist bemerkenswert, daß auch bei Menschen neuerdings dem Kupfer bei der Stimulierung der Blutbildung eine Rolle zugeschrieben wird. Bei Würmern sind grüne, bei Insekten gelbe Hämolymphfarbstoffe festgestellt worden. Die respiratorische Funktion des Blutes ist also nicht an seine rote Farbe gebunden. Da aber der rote Blutfarbstoff innerhalb der Wirbeltierreihe konstant vorkommt, müssen ihm noch andere dem Körper nützliche Funktionen zukommen.

Unter dieser verdient die *Lichtabsorption,* auf welche das eigenartige spektrale Verhalten des Blutfarbstoffs hinweist, besondere Beachtung. Die menschliche Haut und Schleimhaut würde nicht rosa bzw. rosarot gefärbt sein, wenn nicht das Oxyhämoglobin in den Capillaren alle anderen Strahlen verschluckte. Diese roten allein passieren bzw. reflektieren. Die Lichtabsorption durch lebendes bluthaltiges Gewebe ist sichergestellt. Konzentriertes Sonnenlicht, welches 5 Minuten lang durch ein gut durchblutetes Ohr auf ein lichtempfindliches Papier einwirkt, schwärzt dasselbe nicht; während es durch ein blutleergemachtes Ohr hindurchfallend bereits nach 20 Minuten eine deutliche Färbung des lichtempfindlichen Papiers hervorruft. Durch zahlreiche ähnlich angestellte Untersuchungen wurde gezeigt, daß gut durchblutetes lebendes Gewebe nur rotgelbe, also wenig rote Strahlen passieren läßt. Alle anderen werden infolge der *Filterwirkung* des Oxyhämoglobins absorbiert. Die gut durchblutete Haut wirkt infolgedessen wie ein *Lichtschirm* zur Abwehr der Sonnenstrahlen. Das rote Lichtfilter schützt das Innere des Organismus vor dem Einfluß der blauvioletten und ultravioletten Strahlen. *Physiologische Bedeutung der roten Blutfarbe* bestünde demnach darin, die zu den Farbkomponenten des Hämoglobins Gelb und Rot komplementären Farben Grün und Blau zu absorbieren. Gerade diese wirken auf die Körperoberfläche bei der Zusammensetzung des Himmelslichts und bei den Absorptionseigenschaften der Epidermis besonders kräftig ein.

Es ist sehr wohl denkbar, daß die eigentümliche *Pigmentation,* die manche Kranke mit anämischen Zuständen aufweisen, einen Ausgleich darstellt für den mangelhaften Lichtschutz, den das *hämoglobinarme* Blut ihnen verleiht. Diese Pigmentation tritt bei normalem Hämoglobingehalt erst bei relativ intensiver Lichteinwirkung zutage. Eine interessante Ausnahme macht die *Chlorose,* bei welcher die abnorm schwache Sonnenbräune geradezu zum Krankheitsbild führt.

C. Die Blutgase.

Die im Blute enthaltenen Gase Sauerstoff und Kohlensäure sind darin zum größten Teile chemisch gebunden und nur zu einem kleinen Bruchteile physikalisch absorbiert. Das Vorhandensein leicht dissoziierbarer chemischer Verbindungen erst gestattet einen für die Zwecke des Organismus ausreichenden Gastransport durch das Blut, für den die einfache physikalische Absorption bei weitem nicht ausreichen würde. Vom *Sauerstoff* sind 0,65 Vol.-% im Plasma absorbiert, während im ganzen 18,5 Vol.-% im Blute zum größten Teil an das Hämoglobin gebunden sind.

Für die *Sauerstoffmenge,* welche von der Volumeinheit Blut in einer bestimmten Zeit aufgenommen wird, sind folgende Faktoren ausschlaggebend:

1. Der *Druck,* der den Sauerstoff durch die Membran treibt. Wenn das Blut einen Teil seines Sauerstoffs an die Gewebe abgegeben hat, so tritt es mit verringerter Sauerstoffspannung in die Lungen ein: je größer die O_2-Spannungs-

differenz in der Alveolarluft und im Blute ist, desto mehr Sauerstoff wird ceteris paribus übertreten.

2. Der zweite Faktor, der für die Sauerstoffaufnahme in das arterielle Blut in Betracht kommt, ist das *Volumen Sauerstoff,* das die Membran in der *Zeiteinheit* überhaupt passieren kann, d. h. der Spannungsausgleich wird durch bestimmte *physikalische Eigenschaften der Membranen* in seinem Ablauf beeinflußt. Als solche kommen hauptsächlich folgende in Betracht: Die spezifische Permeabilität, die Dicke und Flächenausdehnung des respirierenden Epithels. Je dünner die Diffusionsmembran und je größer ihre Flächenausdehnung, einer um so größeren Gasmenge wird sie in der Zeiteinheit den Durchtritt ermöglichen.

3. Als dritter Faktor für den Sauerstoffgehalt des arteriellen Blutes ist dessen *Sauerstoffbindungsvermögen* unter optimalen Bedingungen zu nennen. Die Sauerstoffmenge, welche ein bestimmtes Blutvolumen aufzunehmen vermag, ist in erster Linie von seinem Hämoglobingehalt abhängig. Bei schwersten Anämien sinkt der O_2-Gehalt ab. Aus der Tatsache, daß diese Abnahme nicht immer der Minderung des Hämoglobins parallel geht, hat man auf eine verschiedene Sauerstoffbindungsfähigkeit des Hämoglobins geschlossen[1]. Bei Anämien wurde um 20% mehr O_2 gefunden, als dem Hämoglobin entsprach: ferner hat man[2] für 1 g spektrophotometrisch gemessenes Hämoglobin Sauerstoffwerte gefunden, welche zwischen 0,91 und 1,97 ccm schwanken. Vielleicht haben die gefundenen Unterschiede noch eine andere Ursache. Es ist vor allem durch die Untersuchungen von BARCROFT[3] und seinen Schülern bekanntgeworden, daß die *Reaktion des Plasmas* für das *Sauerstoffbindungsvermögen des Blutes mitbestimmend ist.* Eine *Alkalitätsverminderung* des Blutes setzt das Sauerstoffbindungsvermögen des Blutfarbstoffs in meßbarer Weise herab.

4. Der letzte Faktor, welcher für den Sauerstoffgehalt des arteriellen Blutes maßgebend ist, ist die *Blutstromgeschwindigkeit.* Die gesteigerte Blutgeschwindigkeit des Blutes allein erklärt es, daß das venöse Blut des *tätigen* Organs nicht selten *mehr* Sauerstoff enthält als das des ruhenden. Umgekehrt wird bei einer Abnahme der Umlaufsgeschwindigkeit des Blutes eine Verminderung des Sauerstoffgehalts im venösen Blut resultieren können, da das langsamer strömende Blut längere Zeit im Kontakt mit dem sauerstoffzehrenden Gewebe stand. Weiterhin muß daran gedacht werden, daß speziell bei starken Anämien weite Capillargebiete, wie die *direkte* Beobachtung mit dem Capillarmikroskop lehrt, aus der Zirkulation temporär ausgeschaltet sind und dadurch das hämoglobinarme Blut von übermäßigen Sauerstoffverlusten geschützt wird. Diese *Einengung der Strombahn* halte ich für eine wichtige kompensatorische Einrichtung bei allen Zuständen, welche mit Hämoglobinverminderung einhergehen.

Eine wirkliche Insuffizienz der Sauerstoffaufnahme bzw. Sauerstoffversorgung des Blutes läßt sich nur durch Untersuchung des *arteriellen* Blutes feststellen[4]. Man hatte schon lange vermutet, daß die Sauerstoffsättigung des Blutes bei ruhiger Atmung nur wenige Prozent hinter der maximalen Sauerstoffkapazität zurückbleibe. Bemerkenswerterweise gilt das gleiche auch für Bedingungen,

---

[1] BOHR: Skand. Arch. Physiol. (Berl. u. Lpz.) **3**, 119 (1892).

[2] KRAUS, KOSSLER u. SCHOLZ: Arch. f. exper. Path. **42**, 323 (1899).

[3] BARCROFT: The respiratory Function of the Blood. Cambrigde 1914; und verschiedene Arbeiten im J. of Physiol. **39**, 118, 143; **41**, 355.

[4] HÜRTER: Dtsch. Arch. klin. Med. **108**, 1 (1912).

wie sie kurzdauernde anstrengende körperliche Arbeit schafft. Interessanterweise kann es unter den Bedingungen *anstrengender Arbeit* sogar zu einer *leichten Steigerung des Sauerstoffgehalts des arteriellen Blutes* und zu einer Erhöhung der Sauerstoffsättigung des Hämoglobins kommen[1]. Neben Faktoren, welche den Sauerstoffgehalt des Blutes herabzusetzen geeignet sind (gesteigerter Sauerstoffverbrauch der Gewebe, beschleunigte Passage des Blutes durch die Lungen, Verschiebung der Reaktionsverhältnisse des arteriellen Blutes im Sinne einer Säuerung), kommen andere wirksamere zur Geltung, die den Sauerstoffgehalt des arteriellen Blutes während und kurz nach der Arbeit in Meereshöhe in die Höhe treiben. Die Hämoglobinkonzentration des Blutes nimmt infolge einer leichten Vermehrung der Erythrocyten während der Arbeit zu. Die stark gesteigerte Atemfrequenz treibt die alveoläre Sauerstoffspannung in die Höhe; von wesentlicher Bedeutung ist ferner die Vergrößerung der Atemfläche, die Lunge wird bei anstrengender Arbeit besser gelüftet und entfaltet, das führt zu einer Dehnung der Alveolarwände oder zu einer Verdünnung der Diffusionsmembran. Alle diese Faktoren wirken den erstgenannten entgegen mit dem schließlichen Resultat eines erhöhten Sauerstoffgehalts, einer gesteigerten Sauerstoffkapazität und einer erhöhten Sättigung des Hämoglobins im arteriellen Blute.

Tabelle 9. (Nach HIMWHICH und BARR.)

O_2-Gehalt, O_2-Kapazität und -Sättigung des Hämoglobins vor, während und nach kurzdauernder Arbeit.

Name	Datum	O_2-Gehalt			Differenz im O_2-Gehalt		O_2-Kapazität			Differenz in der O_2-Kapazität		Hämoglobin-sättigung			Differenz in der Hämoglobin-sättigung	
		vor	während	nach	während	nach	vor	während	nach	während	nach	vor	während	nach	während	nach
	1922	Vol.-%	Vol.-%	Vol.-%	Vol.-%	Vol.-%	Vol.-%	Vol.-%	Vol.-%	Vol.-%	Vol.-%	Vol.-%	Vol.-%	Vol.-%	Vol.-%	Vol.-%
D. P. B.	8. 8.	19,7		21,4		1,7	20,5		21,9		1,4	96,1		97,7		1,6
H. E. H.	10. 8.	18,0	19,7	19,7	1,7	1,7	19,1	20,0	20,2	0,9	1,1	94,2	98,5	97,5	4,3	3,3
D. P. B.	15. 8.	19,9		22,7		2,8	21,3		23,8		2,5	93,5		95,0		1,5
H. E. H.	25. 8.	17,6	18,4	18,0	0,8	0,4		19,3	18,9				95,3	95,2		
D. P. B.	17. 10.	20,6		22,7		2,1	22,1		23,7		1,6	93,2		95,8		2,6
M. F.	19. 10.	20,8	22,0	22,0	1,2	1,2		22,9	23,0				96,1	95,7		
H. E. H.	17. 10.	20,0	21,2	20,9	1,2	0,9	21,1		21,6		0,5	94,8		96,8		2,0

Anders liegen die Verhältnisse, wenn die *Arbeit unter vermindertem atmosphärischen Sauerstoffdruck* geleistet wird. Unter diesen Bedingungen stellt sich eine *Verminderung* des Sauerstoffgehalts des arteriellen Blutes ein. Da der niedrige Sauerstoffdruck bereits in der Ruhe eine Hyperpnoe veranlaßt, kann die nach Arbeit sonst eintretende Mehrventilation jetzt kompensatorisch weniger zur Geltung kommen. Es kommt hinzu, daß die Sauerstoffsättigung des Hämoglobins[2] schon in der Ruhe bei vermindertem Sauerstoffgehalt der Atmungsluft herabgesetzt ist und damit auch die venöse Sauerstofftension. Diese wird bei Arbeitsleistung zwar noch weiter sinken, erreicht aber unter den angegebenen Bedingungen schon bei verhältnismäßig geringer Anstrengung ein Minimum,

---

[1] HIMWHICH and BARR: J. of biol. Chem. **57**, Nr 2.
[2] DOI: J. of Physiol. **55**, 43.

denn der venöse Sauerstoffgehalt kann nicht unter den der Gewebe sinken. Letzterer ist praktisch konstant. Eine weitere Senkung der Sauerstofftension, die für eine Vergrößerung des Diffusionspotentials von den Alveolen zu den Capillaren im Hinblick auf eine raschere Sauerstoffbeladung bei der gegebenen niedrigen Sauerstoffspannung der Luft erforderlich wäre, ist nicht möglich.

Die hier gemachten Andeutungen lassen es wahrscheinlich werden, daß bei vermindertem Sauerstoffdruck der Außenluft körperliche Arbeit eine Verminderung des O_2-Gehalts des arteriellen Blutes zur Folge haben kann.

Bei und nach der Arbeit in Meereshöhe wurde an Rekonvaleszenten, die bis zur Erschöpfung arbeiteten, eine *deutliche Verminderung* der *Sauerstoffsättigung* des Hämoglobins im arteriellen Blute nachgewiesen.

Besondere Verhältnisse der Sauerstoffsättigung des Blutes sind bei Anämien gefunden worden. Die Tatsachen werden durch untenstehende Tabelle nach HÜRTER am besten illustriert.

Tabelle 10. **Bei Anämien fand HÜRTER folgende Werte im Arterienblut:**

Diagnose	Rote Blutkörper Millionen	Hämoglobin %	O_2 gefunden %	O_2 berechnet %	Differenz	CO_2 %
Sekundäre Anämie	3,26	48	8,72	7,4	+ 1,32	45,73
Sekundäre Anämie (nach Hämoptoe)	3,4	40	7,09	7,4	— 0,31	37,93
Perniziöse Anämie Ia	2,25	40	6,69	7,4	— 0,71	54,53
Derselbe Fall, 14 Tage später	3,11	69	9,2	11,28	— 2,08	49,79
Perniziöse Anämie II	2,39	30	4,55	5,55	— 1,0	52,04
Derselbe Fall, 14 Tage später	2,80	40	7,05	7,4	— 0,35	54,35
Perniziöse Anämie III	0,55	18,5	1,55	3,4	— 1,85	35,48

Dreimal bleiben demnach bei den perniziösen Anämien die gefundenen O_2-Werte hinter den bei Gesunden gefundenen Sättigungswerten zurück. HÜRTER glaubt, das Defizit nicht auf eine ungenügende Arterialisation, sondern auf eine nachträgliche *O_2-Zehrung* beziehen zu müssen, welche MORAWITZ bei schweren Anämien zuerst gefunden hat.

Vergleichende Blutgasanalysen vom *arteriellen* und *venösen Blut* wurden in großem Umfange neuerdings von EPPINGER[1] und seinen Mitarbeitern durchgeführt.

Tabelle 11. **Differenzwerte der prozentischen Sauerstoffsättigung.**

	Arterielles Blut		Venöses Blut		Differenz der prozentigen Sauerstoffsättigung
	O_2-Hämoglobin g-%	Sättigung %	O_2-Hämoglobin g-%	Sättigung %	
Normalfälle	etwa 18	90—100	11—13	60—70	25—33
Perniziöse Anämie (Hgl. 30, Erythr. 0,400 Mill.)	2,77	94	1,05	36	58

Er verwendet diese vergleichende Methode besonders zu dem Zwecke, die *Stromgeschwindigkeit* in einem bestimmten Gewebsabschnitt festzustellen, insofern die Differenz des Sauerstoffgehalts im arteriellen und venösen Blut als

---

[1] EPPINGER: Über das Asthma cardiale. Berlin: Julius Springer 1924.

Maß der Blutgeschwindigkeit zu verwerten ist. Je langsamer das Blut die Capillaren passiert, desto stärker verarmt es an Sauerstoff, desto reicher wird es an Kohlensäure. Unter den angeführten anämischen Fällen sind die Differenzen in der Sauerstoffsättigung des Blutes mit wenigen Ausnahmen nicht wesentlich größer als in der Norm wie nebenstehende Tabellen zeigen.

D. Blutmenge und Zellzahl.

Eine exakte Kenntnis der gesamten *Blutmenge* ist für das tiefere Eindringen in die Probleme der verschiedenen Bluterkrankungen von großer Bedeutung; sie beträgt bei gesunden Menschen rund 10% des Körpergewichts. A priori ist es denkbar, daß bei vollkommen normalen Werten von Hämoglobin und Blutkörperchen in der Volumeinheit doch infolge einer zu geringen Gesamtblutmenge alle Folgen einer echten Anämie sich einstellen können. Dieser Zustand der *Oligämie* muß mit Notwendigkeit nach akuten großen Blutverlusten sich einstellen; der Organismus aber sorgt für eine rasche Wiederfüllung des Gefäßsystems, welche für den geordneten Betrieb des Kreislaufs unbedingt notwendig ist. Schon nach den nach Aderlässen in dieser Richtung gemachten Erfahrungen läßt sich ableiten, daß der Körper mit einer gewissen Zähigkeit an einer mittleren Gesamtblutmenge festhält.

Vermehrungen der Gesamtblutmenge können resultieren aus einer Zunahme des Gesamtvolumens bei gleichbleibender Plasmamenge oder durch Vermehrung der Plasmamenge bei normalem Gesamtzellvolumen (Plasmaplethora). Schließlich ist als Korrelat der *Oligämie* mit dem Vorkommen einer *Polyämie* zu rechnen, bei welcher Zellvolumen und Plasmavolumen gleichmäßig vermehrt sind.

Wegen der großen Bedeutung, welche der Kenntnis der Gesamtblutmenge für viele pathologisch-physiologische Fragen zukommt, hat man immer wieder nach neuen Methoden gesucht, die eine solche Bestimmung in einfacher Weise gestatten. Als das brauchbarste Verfahren gilt heute die Kohlenoxydmethode, bei welcher eine gemessene Menge Kohlenoxyd eingeatmet wird und darauf durch gasanalytische Untersuchungen des Blutes die Gesamtmenge errechnet wird.

Nach den BARCROFTschen Erfahrungen wissen wir aber, daß gerade nach Kohlenoxydeinatmung bestimmte Blutspeicher sich von Kohlenoxyd freihalten. Man kann mit den Methoden der Blutmengenbestimmung also nur das *zirkulierende, nicht* aber das in den Speichern gehortete Blut mengenmäßig erfassen. Neben der Kohlenoxydmethode sind die sog. *Farbstoffmethoden* für die Bestimmung der Blutmenge vielfach angewendet worden. Als geeignete Farbstoffe haben sich Kongorot, Trypanrot und Trypanblau erwiesen. Voraussetzung für die Anwendung der Farbstoffe sind nach SEYDERHELM[1] folgende:

a) absolute Unschädlichkeit;
b) Unveränderlichkeit des Farbstoffes in der Blutbahn;
c) genügend lange Verweildauer in der Blutbahn;
d) gleichmäßige Durchmischung in der Blutbahn;
e) die Möglichkeit, den Farbstoff exakt nachweisen zu können.

---

[1] SEYDERHELM u. LAMPE: Handbuch der allgemeinen Hämatologie. Berlin-Wien 1932.

Die erwähnten *kolloidalen* Farbstoffe verlassen die Blutbahn nur langsam; sie werden nicht durch die Nieren, sondern durch die Leber ausgeschieden. Bei Lebererkrankungen ist die Ausscheidung verzögert und die Verweildauer der Farbstoffe im Blute verlängert. Nach BROWN und ROWNTREE lassen sich folgende Veränderungen der Blutmenge unterscheiden:

	Bezeichnung	Vorkommen
45%	Einfache Normovolämie	normal
35%	Oligocythämische Normovolämie . .	sekundäre Anämien
58%	Polycythämische Normovolämie . .	Polycythaemia rubra
45%	Einfache Hypervolämie (Polyämie) .	Arbeit, erhöhte Außentemperatur
35%	Oligocythämische Hypervolämie . .	Histamin
58%	Polycythämische Hypervolämie . .	Polycythaemia rubra
45%	Einfache Hypovolämie (Oligämie) .	akuter Blutverlust
35%	Oligocythämische Hypovolämie . .	Anaemia perniciosa
58%	Polycythämische Hypovolämie. . .	Bluteindickung durch Wasserverlust, Speiseröhrenkrebs

Zellmenge

Plasmamenge

Manche Widersprüche in den Untersuchungsergebnissen der Blutmengenbestimmung erklären sich dadurch, daß die *Farbstoffmethoden* nur etwas über die *Plasmamenge* aussagen können, während die *Kohlendioxydmethode* eigentlich auf die Bestimmung des *Hämoglobins* und damit der Gesamtmenge der roten Blutkörperchen aufgebaut ist. Mit der Kohlenoxydmethode werden durchschnittlich 80—85 ccm Blut pro Kilogramm Körpergewicht, mit der Farbstoffmethode dagegen 96 ccm pro Kilogramm Körpergewicht gefunden. Die Zusammenstellung in der Tabelle läßt erkennen, daß bis zu einem gewissen Grade unabhängig voneinander sowohl das Gesamtvolumen der roten Blutkörperchen wie auch das der Plasmamenge schwanken kann.

In der *Schwangerschaft* z. B. ist die Plasmamenge erhöht, die Blutkörperchenmenge wenig oder gar nicht verändert. Es besteht also eine Plasmahypervolämie. In der Volumeinheit sind relativ weniger rote Blutkörperchen vorhanden. Wir würden, wenn lediglich eine Zählung der roten Blutkörperchen nach der üblichen Methode ohne die Mitbestimmung der Plasmamenge stattfände, leicht zu der Vorstellung einer Anämie kommen können.

Die Blutmenge zeigt eine deutliche Abhängigkeit vom *Ernährungszustand*. Untergewichtige sonst normale Erwachsene zeigen pro 1 kg eine geringe Vermehrung der zirkulierenden Blutmenge; Kranke mit *Fettsucht* dagegen haben auf das Kilogramm Körpergewicht bezogen eine Verminderung der Blutmenge. So wurden bei Fettsüchtigen mit einem Durchschnittsgewicht von 107 kg statt 85 nur 62 ccm Blut pro Kilogramm[1] festgestellt. Die *absolute* Blutmenge zeigt sich nur wenig erhöht. Daraus ist der sehr wichtige Schluß abzuleiten, daß bei krankhafter Fettsucht die Zunahme des Gesamtblutes weit hinter der krankhaften Zunahme des Körpergewichts zurückbleibt. Vielleicht ist hierin einer

---

[1] BROWN and KEITH: Arch. int. Med. **33**, 217 (1924).

der Gründe zu sehen für die bei Fettsüchtigen schon bei geringen Anstrengungen so rasch einsetzende Atemnot.

Die Veränderung der Blutmenge durch Ruhe und Arbeit, durch erhöhte Außentemperatur oder fieberhafte Steigerung der Körperwärme sind sehr komplexer Art. Der Grund ist darin zu sehen, daß die *Blutspeicher* in verschiedenem Maße auf die physikalischen Einwirkungen reagieren und ihren Vorrat an die Zirkulation mehr oder weniger schnell abgeben. Bereits im Kapitel über die Pathologie der Milz wurde auf die Bedeutung der Arbeit für die Ausschüttung des Milzblutspeichers hingewiesen. In Übereinstimmung damit hat man am Menschen nach kurzdauernder Arbeit am Fahrradenergometer eine Steigerung der Blutmenge um $^1/_2$ Liter gefunden. Umgekehrt ist das Einhalten vollkommen körperlicher Ruhe mit einer Verminderung der Blutmenge verbunden. Bei 3 Minuten langem Stillstehen soll die Plasmamenge um etwa 300 ccm abnehmen, bei gleichzeitiger relativer Zunahme der roten Blutkörperchen. Diese Erscheinung wird mit einer Erhöhung des Capillardrucks in den unteren Extremitäten erklärt, durch welche eine eiweißarme Flüssigkeit aus dem Blute abgepreßt wird. In Übereinstimmung mit dieser Vorstellung hat man nach dem Stillstehen eine Zunahme des Eiweißgehalts und des spezifischen Gewichts des Plasmas feststellen können.

Steigende Außentemperatur bewirkt eine Vermehrung der zirkulierenden Blutmenge. Diese Tatsache war für BARCROFT der Anlaß, nach Blutspeichern im Organismus zu suchen, aus denen diese plötzlich in den Kreislauf einströmende Blutmengen herstammen könnten. Auch künstliche Erwärmung im Glühlichtbade oder im Schwitzraum bewirken eine solche Vermehrung der zirkulierenden Blutmenge.

Widersprechende Befunde hat man im *Fieber* gefunden. Chronische Fieberzustände schaffen ganz unübersichtliche Verhältnisse. Kreislaufschädigung und Ernährungsstörungen können hier auf die Blutmenge einwirken, ohne daß in erster Linie die erhöhte fieberhafte Körpertemperatur daran schuld ist. Daß man nach den Fieberattacken Malariakranker bald Vermehrungen, bald Verminderungen der Blutmenge festgestellt hat, ist verständlich, wenn man an die Wasserverluste, die nach eigenen Beobachtungen bis zu 2 Liter nach einem einzigen Anfall betragen können, denkt. Auf der anderen Seite können durch die Fieberattacken die Blutspeicher zur Entleerung kommen, wodurch eine Verminderung der zirkulierenden Blutmenge infolge Wasserverlustes wieder ausgeglichen werden kann.

Sehr wichtig für unser *klinisches Handeln* sind die Verminderungen der zirkulierenden Blutmenge im *Shock* und *Kollaps*. Wir wissen schon lange, daß durch toxische Einflüsse, welche auf das Gefäßgebiet des Splanchnicus vor allem wirken, bei der Peritonitis eine „Verblutung ins Splanchnicusgebiet" erfolgt. Das Blut versackt gewissermaßen in die gelähmten Capillaren; damit nimmt die *kreisende* Blutmenge erheblich und gefährlich ab. Eine solche Verminderung der Blutmenge kann allein schon durch langdauernde *Narkose* bedingt werden. Die Hauptgefahr mancher Infektionskrankheiten liegt in dieser durch Capillarlähmung bedingten Verminderung der zirkulierenden Blutmenge mit ihrer schweren Gefährdung des gesamten Kreislaufs.

Bemerkenswerterweise findet man bei vielen dekompensierten Herzkranken sowohl mit der Farbstoff- wie mit der Kohlenoxydmethode eine *Vermehrung* der zirkulierenden Blutmenge. Offenbar bemüht sich der Organismus, die Verlangsamung des Kreislaufs bei kardialer Insuffizienz durch Ausschüttung seiner Blutspeicher und damit bewirkter Vermehrung der Hämoglobinträger auszugleichen. Gelingt der Ausgleich nicht und kommt es zu ausgesprochener Cyanose mit einer Art chronischen Capillarlähmung, so bleiben große Blutmengen im subpapillären Plexus liegen und die zirkulierende Blutmenge wird kleiner. Vermehrungen der zirkulierenden Blutmenge werden also in der Hauptsache bei rein kardialer Insuffizienz, *Verminderungen* dagegen besonders bei hinzutretender Gefäßlähmung gefunden. Für unser praktisches Handeln ist von großer Wichtigkeit, diese beiden Zustände voneinander trennen zu lernen. Bei Gefäßlähmungen mit Verminderung der zirkulierenden Blutmenge sind Campher, Coffein und andere gefäßtonisierende Mittel besonders wirksam. Sie bewirken, daß die versackten Blutmengen der Zirkulation dem Kreislauf wieder zur Verfügung gestellt werden. Liegt aber ein Versagen des zentralen Motors vor, so wird Digitalis, wie jeder Arzt weiß, schnell eine Erleichterung bringen: der Appell an die Blutspeicher verstummt; bei gebesserter Zirkulation treten sie wieder in ihre Rechte und die bei kardialer Insuffizienz kreisende Blutmenge nimmt ab.

1. Vergrößerung der Gesamtblutmenge infolge krankhafter Vermehrung der roten Blutkörperchen (Polycythämie).

Zwei Krankheiten, die in ihren Symptomen verschieden sind, führen zu einer erheblichen *Vermehrung* der roten Blutkörperchen. Die erste ist die *Polycythämie mit Cyanose und Milztumor,* auch Erythämie genannt, ohne wesentliche Steigerung des Blutdrucks (Typus VAQUEZ). Die zweite ist die *Polycythaemia hypertonica ohne Milztumor* mit ausgesprochener Blutdrucksteigerung (200 mm Hg und darüber) (Typus GEISBÖCK). Bei beiden Erkrankungen handelt es sich nicht *nur* um eine relative Vermehrung der roten Blutkörperchen in der Volumeinheit auf das Doppelte, ja 3fache der normalen Zahl, sondern auch um eine *Vergrößerung der Gesamtblutmenge,* also um eine Plethora polycythaemia oder polycythämische Hypervolämie.

Bei der Polycythaemia hypertonica werden nicht selten chronische Nierenveränderungen gefunden, die für manche Fälle die Blutdrucksteigerung unschwer erklären würden. Für andere Fälle kann man in der erheblichen *Viscositätssteigerung* des Blutes die Erklärung für den hohen Blutdruck finden. Solange das vermehrte Blut in erweiterten Gefäßen Platz findet, kann derselbe noch ausbleiben. Bei dauernder Zunahme der Blutkörperchen wird aber der Widerstand wachsen und die Zirkulation nur durch Mehrarbeit des Herzens aufrechterhalten werden können. Für diese Auffassung spricht auch die gelegentlich gefundene *Hypertrophie des linken Ventrikels.* Es ist somit fraglich, ob in ihren Symptomen verschiedene Typen der Polycythämie zwei wesensverschiedene Erkrankungen darstellen oder nur zwei verschiedene Entwicklungsstadien ein und derselben Erkrankung.

Für die Auffassung vom Wesen der Erkrankung ist die Konzentration des Serums, das Verhalten der Leukocyten und schließlich der Bau des einzelnen Erythrocyten bedeutungsvoll. Bei den später zu erörternden symptomatischen Erythrocytosen handelt es sich meist um eine Eindickung des Blutes. Bei dieser wäre eine Erhöhung der Serumkonzentration zu erwarten. Bei der *echten*

Polycythämie ist das Serum wasserreich und eiweißarm, was wir in einer eigenen Untersuchung bestätigen konnten, und was mit Sicherheit gegen eine Eindickung des Blutes spricht[1].

Die von mir mit BEUMER durchgeführten Untersuchungen der isolierten Blutkörperchen ergaben neben einer Verkleinerung des Volumens der einzelnen Erythrocyten auf 87% der Norm eine Verarmung derselben an Trockensubstanz und Eiweiß. Dieselben nähern sich in ihrer Zusammensetzung denen der chlorotischen; in guter Übereinstimmung damit bleiben die Werte des Hämoglobins regelmäßig hinter der Zahl der Blutkörperchen zurück, woraus sich die Erniedrigung des Färbeindex ergibt.

Die *Verkleinerung* des *Volumens* der Einzelzelle ergibt sich aus rein rechnerischen Erwägungen dadurch, daß der im Hämatokriten festgestellte Volumanteil der Blutkörperchen am Gesamtblut zurückbleibt hinter dem Volumanteil, den die Erythrocyten bei normaler Größe und der festgestellten Vermehrung einnehmen müßten. Diese *Verkleinerung* ist durch Messung des Durchmessers der roten Blutkörperchen von mehreren Autoren[2] gefunden worden.

Das *Wesen der Erkrankung* liegt in einer vermehrten Bildung von Erythrocyten, mit der die Zerstörung nicht gleichen Schritt hält. Die Ursachen für die Überfunktion myeloischen Gewebes sind unbekannt, die häufig gefundenen hohen Leukocytenzahlen zeigen, daß die Erythropoese nicht *allein* gesteigert ist (Leukocytenwerte bis 91000). Ein Zeichen der gegen die Norm gesteigerten Blutzerstörung ist der *Milztumor* und die Neigung zur *uratischen Diathese*. Ich sah in einem typischen Fall vollausgebildete Harnsäuretophi an den blauroten Ohren. Die Untersuchungen des Gesamtgaswechsels ergaben bei diesen Erkrankungen auffallend hohe Werte. Als Erklärung für diese Erscheinung werden diskutiert:

1. eine vermehrte Gewebsatmung infolge eines noch unbekannten Reizes;
2. Steigerung der Oxydationen infolge abnorm großer Sauerstoffzufuhr;
3. eine Erhöhung des Sauerstoffverbrauchs durch die in vermehrter Menge gebildeten Blutkörperchen selbst.

Vielleicht ist die starke Hyperaktivität der Erythro- und Leukopoese der *wesentliche* Faktor bei der Steigerung des Gaswechsels[3].

2. Verkleinerung der Gesamtblutmenge infolge akuten und chronischen Blutverlustes (Aderlaß, Anämie).

Verminderungen in der Gesamtblutmenge (Oligämie) treten nach *akuten Blutungen* und nach *künstlichen Blutentziehungen (Aderlässen)* ein. Die Grenze des Blutverlustes, der eben noch mit dem Leben verträglich ist, wird verschieden angegeben. Entscheidende Faktoren sind dabei das Alter der Betroffenen, ihr Geschlecht, die Raschheit der Blutentziehung. Wird etwa die *Hälfte* des *Gesamtblutes* in kurzer Zeit verloren, so tritt der Tod ein. Jugendliche Individuen mit prompt regulierendem Gefäßapparat ertragen große Blutverluste leichter als alte, Frauen besser als Männer; ein Blutverlust, welcher, plötzlich einsetzend, dem Leben ein Ende macht, kann, mit Unterbrechungen vor sich gehend, heilen. Nicht der Mangel an Sauerstoffträgern, sondern die schlechte Gefäßfüllung wirkt bei schweren Blutungen tödlich.

---

[1] WEINTRAUD: Z. klin. Med. **55** (1904).
[2] VAQUEZ and QUISOME: Surg. medical. **204**, 139. — SEYDERHELM u. LAMPE: Erg. inn. Med. **27**, 245 (1925).
[3] MORAWITZ u. RÖMER: Dtsch. Arch. klin. Med. **94** (1908).

Die primäre Oligämie geht — wenn der Blutverlust überstanden wird —
rasch vorüber und macht einer *Blutverdünnung* Platz. Die roten Blutkörperchen nehmen in der Volumeinheit nicht wegen des Blutverlustes an sich ab,
sondern wegen des offenbar als regulatorische Funktion anzusehenden *Ein-
strömens von Gewebsflüssigkeit in die Blutbahn;* unter sonst normalen Bedingungen
tritt diese *Hydrämie* als ganz gesetzmäßige Folge jedes größeren Blutverlustes
ein; da die einströmende Flüssigkeit, die mehr als das Doppelte der Menge des
entzogenen Blutes beträgt, eiweißarm ist, nimmt der Albumingehalt des Serums
entsprechend der Verdünnung ab; dabei verschiebt sich das Verhältnis von
Albuminen zu Globulinen zugunsten der letzteren.

Der primären Abnahme der Erythrocyten folgt bald ein Wiederanwachsen
ihrer Zahl; häufig sind am Blutbilde die Zeichen *überstürzter Regeneration* deutlich; es treten Erythroblasten und kernhaltige Rote in die Zirkulation, der
Hämoglobingehalt der einzelnen Zelle ist in der Norm vermindert, der Färbeindex kleiner als 1.

Merkwürdig ist die Tatsache, daß akute Blutverluste den Gaswechsel wenig
oder gar nicht beeinträchtigen. Man sollte meinen, daß eine wesentliche Herabsetzung der Zahl der Sauerstoffträger bzw. der Hämoglobinmenge eine Verminderung des respiratorischen Gaswechsels zur Folge hätte. Man hat aber
umgekehrt gelegentlich sogar Steigerungen des Sauerstoffverbrauchs *gefunden,*
die als Folgen des *kompensatorisch beschleunigten Blutumlaufs* und der *gesteigerten
Atemfrequenz* gedeutet werden. Der raschere Blutumlauf wird bei Anämischen
auch durch direkte Betrachtung der Hautcapillaren sichtbar, wovon ich mich
oft überzeugen konnte.

Eine physiologische Erscheinung nach Aderlässen und Blutverlusten ist die
Hyperglykämie. Diese Vermehrung des Blutzuckers ist zurückzuführen auf eine
gesteigerte Glykogenausschwemmung aus der Leber; sie kann durch Leberaus-
schaltung und Kohlehydratkarenz verhindert werden.

Während die mit Hilfe der Gefrierpunktserniedrigung gemessene *molare Konzentration* des Blutes nach Blutentziehungen (Aderlässen) im Bereich therapeutischer Mengen keine Veränderung erfährt, ist eine *Hyperchlorämie* die Regel:
der NaCl-Gehalt steigt um geringe Werte an, z. B. von 0,615% vor, auf 0,618%
direkt nach dem Aderlaß und auf 0,627% weitere 8 Stunden später. Es ist
demnach aus den Geweben eine chlorreiche Flüssigkeit ins Blut übergetreten[1].

Auch *zymoplastische* Substanzen, die als Gerinnungsfaktoren eine wesentliche Rolle spielen, werden in die Blutbahn hineingerissen und beschleunigen
somit nach jedem Blutverlust den Gerinnungseintritt. Das ist eine wichtige
„Schutzvorrichtung" für den Organismus bei allen Gefäßverletzungen.

Daß eine solche Mobilisation im Gewebe deponierter Substanzen stattfindet,
läßt sich bei der Ausscheidung subcutan oder intramuskulär injizierter Substanzen deutlich verfolgen. Prüft man in bestimmten Zeitabständen die Menge
des durch die Nieren abgegebenen Farbstoffs, so wird nach kurzer Zeit ein farb-
stofffreier Harn abgesondert. Ein jetzt durchgeführter Aderlaß läßt aber *„histo-
retinierte"* Farbstoffe aufs neue in die Blutbahn übertreten: der Harn wird wieder
gefärbt.

Eine sehr merkwürdige Folge großer akuter Blutverluste ist die *posthämorrhagische Azoturie,* die besonders nach Magen- und Darmblutungen beobachtet

---

[1] VEIL: Erg. inn. Med. **15**.

wird. Es können bei fehlender oder sehr geringer Nahrungsaufnahme zwischen 20 und 30 g N im Harn gefunden werden. Die Erklärung dafür wird gesucht in der Rückresorption von Blutstickstoff aus dem Darmkanal und — das mir wahrscheinlichere — in einer Schädigung besonders empfindlicher Zellelemente, welche durch die akute Sauerstoffminderversorgung gegeben ist; sie hat eine mehr oder minder weitgehende Zerstörung der Zellen und schließlich ihre Autolyse zur Folge, die das Material für die Mehrausscheidung N-haltiger Substanzen liefert.

Große Bedeutung kommen den Veränderungen der Blutzusammensetzung nach Aderlässen für die Zirkulationsverhältnisse zu: im Vordergrunde steht die durch die Blutversorgung bewirkte *herabgesetzte Viscosität*. Sie erleichtert die *Zirkulation* im Capillargebiet und damit die Herzarbeit. Ein zweites Moment, das die Strömungsverhältnisse in diesem Gefäßabschnitt begünstigt, ist eine *Erhöhung des Druckgefälles* zwischen *Arterien und Venengebiet*. Bei suffizienten Gefäßen wird der arterielle Druck durch therapeutische Aderlässe nicht gesenkt, die schlechtere Füllung offenbar durch Kontraktion der kleinen Gefäße sofort wieder ausgeglichen; der *venöse Druck* dagegen *fällt* merkbar ab und vergrößert dadurch das arteriovenöse Druckgefälle. Aus dem Gesagten lassen sich die Indikationen für therapeutische Aderlässe unschwer ableiten, die überall da gegeben sind, wo eine Änderung der Blutzusammensetzung bei exogenen und endogenen Vergiftungen (CO, Urämie, Eklampsie) angestrebt wird; ferner wenn eine Entlastung des rechten Ventrikels bei venöser Hypertonie infolge Einstromstauung, Lungenödem, Pneumonie, Lungenemphysem angezeigt ist, weiter wenn eine Herabsetzung der Viscosität (bei Polycythämie) erwünscht erscheint.

Die *Verminderung der Zahl der roten Blutkörperchen* ist in einer großen Gruppe verschiedener Krankheitszustände eine nur *relative*, in einer zweiten Gruppe eine absolute. Die relative normocythämische Hypervolämie ist die Folge einer Verdünnung des Blutes durch Zurückhaltung von Wasser in seiner Bahn oder die Folge vasomotorischer Einflüsse, die ein Einströmen von Gewebsflüssigkeit ins Blut bedingen. Als Prototyp kann die Ödemkrankheit dienen, welche als Folge langdauernder quantitativ und qualitativ unzureichender Ernährung auftritt. Diese gefäßerweiternden Einflüsse sind häufig knochenmarkschädigenden Giften (oligocythämische Normovolämie), die bei Infektionskrankheiten entstehen, zuzuschreiben. Da die gleichen vasoparalytischen Toxine eine Herabsetzung des Blutdrucks bedingen, wird das gleichzeitige Auftreten von arterieller Hypotonie und relativer Erythropenie verständlich. Eine zweite Gruppe umfaßt alle Zustände, die zu einer vermehrten *Hydrämie* führen, infolge abundanter Zufuhr oder mangelnder Ausfuhr von Wasser. Eine *absolute* Verminderung der roten Blutkörperchen ist die Folge *hämolysierender Toxine oder Blutkörperchen zerstörender Parasiten* (Malaria). Die große Zahl sekundärer Anämien läßt sich mit PAPPENHEIM am besten einteilen in solche, welche an den Blutkörperchen selbst angreifen (hämophthisische) und solche, welche am blutbildenden Apparat angreifen (myelophthisische Anämien). Alle Anämien, welche infolge chronischer Blutungen (Magen, Darm, Uterus) eintreten, werden als *posthämorrhagische* der hämophthisischen Formen zusammengefaßt. Es ist aber wichtig, festzuhalten, daß man an Tierversuchen, z. B. bei Pferden, denen man zwecks Serumgewinnung in Pausen von 1 Monat ein Viertel der berechneten Blutmenge entzog, diese chronischen Aderlässe ohne jede Störung ertragen sah. Vielleicht

spielen doch bei manchen hämorrhagischen Anämien des Menschen mangelnde
Ernährung (Magendarm-Ulcera) oder toxische Momente (Uterusmyom) als Hilfsursachen, welche das Ausbleiben der Regeneration veranlassen, eine wesentliche
Rolle. Das Beispiel der *hämotoxischen* Anämien ist die gutstudierte *Bothrio-
cephalusanämie,* welche nach Abtreibung des toxinproduzierenden Wurms rasch
in Heilung ausgeht. Doch ist bei dieser wie bei anderen infolge chronischer
Infektionskrankheiten auftretenden Anämien eine scharfe Trennung der hämophthisischen und myelophthisischen Faktoren nicht durchführbar. Als Schul-
beispiel der myelophthisischen Anämie sei die nach Knochenmarkstumoren
(metastatisch oder primär) einsetzende Blutarmut angeführt. Auch im späteren
Verlauf der Osteomalacie und Rachitis wurden anämische Zustände beobachtet.

Die von manchen Autoren als Sonderform der perniziösen aufgestellte *aplasti-
sche Anämie* kann als *endliche Form jeder Anämie* beobachtet werden und ist
der Ausdruck der Erschöpfung des Knochenmarks, daher auch asthenische oder
aregeneratorische genannt. Es ist wohl zu bedenken, daß bei allen chronisch-
hämorrhagischen Anämien der *ganze* Organismus einschließlich des Knochenmarks geschädigt wird, und daß endlich einmal der Zeitpunkt gekommen ist,
zu welchem das chronisch geschädigte Mark die durch den dauernden Verlust
notwendig werdenden Reparationen nicht mehr leisten kann. Neben dem allgemein als wirksamsten Reiz für das Knochenmark hingestellten Sauerstoffmangel bestehen gewiß noch unbekannte Faktoren, unter denen *das Licht* vielleicht eine dominierende Rolle hat. Experimente lehrten, daß im Dunkeln
gehaltene Tiere nach Monaten deutliche Anämie zeigen.

3. Vermehrung der weißen Blutkörperchen.
Leukämie.

In diesem Abschnitt sollen die pathologisch-physiologischen Folgen eigenartiger Systemerkrankungen erörtert werden, die nach den logischen Befunden
des Blutes und der Gewebe sich in die *Lymphadenosen* (lymphatische Leukämien)
und *Myelosen* (myeloische Leukämien) trennen lassen. Bei den *Leukämien* hat
man erklärlicherweise eine polycythämische Hypervolämie gefunden, die zum
größten Teil auf Kosten der weißen Blutkörperchen geht, während bei den meisten
Fällen die Menge der roten Blutkörperchen gegenüber der Norm zurückgeht.
Bei den *Lymphadenosen* dokumentiert sich die Krankheit in einer generali-
sierten Wucherung sämtlicher lymphatischer Gewebe, vor allem der Lymphknoten und der Milz. Bei den *Myelosen* kommt es zu einer an vielen Stellen
des Körpers — vielleicht auf einen toxischen Reiz hin — gleichzeitig einsetzenden Umwandlung „myelopotenter" indifferenter Mesenchymzellen in myeloisches
Gewebe außerhalb des Knochenmarks und zu einer Wucherung des myeloiden Gewebes innerhalb der Knochen. Die Folgen dieser Systemerkrankungen für das
cytologische Verhalten des Blutes sind nicht bloß in einer Vermehrung der lymphocytären oder leukocytären Elemente zu sehen, sondern das Blutbild wird als ein
leukämisches erst durch das Auftreten sonst im Blute nicht vorhandener *unreifer*
Elemente der Lymphocyten- oder Leukocytenreihe stigmatisiert. Diese krankhafte Vermehrung der weißen Blutkörperchen bei den Leukämien ist in ihren
Folgen für den Gesamtorganismus noch weniger durchsichtig als die der roten.

Untersuchungen des *respiratorischen Stoffwechsels* der Leukämiker ergaben
bedeutende Abweichungen von der Norm. In der Regel ist der Grundumsatz

der Leukämiker erheblich gesteigert. Feste Beziehungen zwischen der *Zahl* der weißen Elemente und dem Grad der Umsatzsteigerung fehlen jedoch, wie uns *eigene* Beobachtungen lehren:

Die *Eiweißzersetzung* ist in den akuten Fällen zuweilen sehr beträchtlich gesteigert, so daß es zu stark negativen Stickstoffbilanzen kommt. Für die chronischen Fälle sind die Verhältnisse oft schwer übersehbar und durch ausgedehnte Blutungen, Fieber, Ödembildung und Höhlenhydrops derart kompliziert, daß ein sicheres Urteil nicht möglich ist. Bei akuten Schüben steht eine stärkere Eiweißzersetzung mit entsprechenden negativen Stickstoffbilanzen außer Frage. Der Neutralschwefel wurde in den bis dahin vorliegenden Untersuchungen nicht vermehrt gefunden.

Dominierend auf dem Gebiet des *Stoffwechsels* der Leukämiker sind die Störungen des Umsatzes der *Purinkörper.* Die weitgehende Vermehrung der weißen Elemente liefert für die vermehrte endogene Bildung von Harnsäure durch den Abbau der Nucleinsubstanzen reichliches Material; die Vermehrung der Harnsäure betrifft dabei vornehmlich die myeloische Leukämie, wobei ein strenger Parallelismus zwischen Leukocytenzahl und Harnsäuremenge vermißt wird. Auch der vermehrte Fettgehalt des Gesamtblutes ist auf die Vermehrung der fettreicheren weißen Elemente zurückzuführen.

Eine Reihe von Substanzen, die im Blute von Leukämikern gefunden wurden, sind offenbar Produkte der lebhafteren fermentativen Umsetzungen; die Leukocytenfermente — Trypsin und Pepsin sind sichergestellt — führen zum Eiweißabbau besonders dann, wenn das Blut nach der Entnahme gestanden hat; so ist das Vorkommen von Albumosen, das Auftreten der CHARCOT-LEYDENschen Krystalle am einfachsten zu verstehen.

Im Leichenblut von Leukämischen ist sogar Leucin und Tyrosin gefunden worden.

Leukocytosen.

Die sekundären Vermehrungen der weißen Blutkörperchen werden als *Leukocytosen* beschrieben. Nach dem Stande unserer Kenntnis kann hier nicht immer streng unterschieden werden zwischen Zuständen, die lediglich eine *veränderte Verteilung* der weißen Elemente und denen, die eine echte *Vermehrung* der weißen Zellen mit sich bringen. Allgemein kann gesagt werden, daß jede *parenterale Einverleibung* belebten (Bakterien) oder unbelebten körperfremden Eiweißes zur Leukocytose führt. Die Erfahrungen auf dem Gebiet der Proteinkörpertherapie haben hier reiches Material beigebracht. Auch körpereigenes denaturiertes Eiweiß (z. B. koaguliertes und reinjiziertes Serum), die Abbauprodukte nekrobiotischen Gewebes (Infarkte), das Eiweiß bösartiger Neubildungen wirkt als leukotaktischer und leukopoetischer Reiz. Der Organismus arbeitet mit außerordentlicher Promptheit, wenn er beim Eindringen fremder Stoffe in seine Gewebe die „Polizeitruppe" der Leukocyten mobilisiert. Aus dem Gesagten muß folgerichtig abgeleitet werden, daß jede *Infektionskrankheit* mit Leukocytose einhergeht. Dem ist nicht so. Die leukopoetischen Organe sind für die Toxine gewisser Bakterien so empfindlich, daß es zu ihrer toxischen Lähmung kommen kann. So wird die Verminderung der weißen Zellen beim Typhus zu erklären sein und bei ganz schweren und sich rasch ausbreitenden Infektionen des Peritoneums. Die *agonale* Leukocytose ist vielleicht ein Zeichen dafür, daß die Funktionen des sterbenden Organismus nicht alle gleichzeitig sistieren: Trümmer bereits zerfallener Zellen wirken als Reiz auf das in der Agone noch funktionstüchtige Knochenmark und können sub finem vitae noch zum Auftreten kernhaltiger roter Blutkörperchen und Myelocyten im Blute Anlaß geben.

E. Die Blutgerinnung (Hämophilie).

Da das Blut im wesentlichen eine vermittelnde Aufgabe hat, müssen ständig Sauerstoff und Nährstoffe aus ihm heraus durch die Gefäßwände in die Organe diffundieren und umgekehrt die Schlacken der Stoffwechselprozesse in das Blut hineingelangen, um den Ausscheidungsorganen zugeführt zu werden. Die Gefäßwand ist also für gelöste Stoffe und Gase relativ durchlässig; undurchlässig ist sie dagegen für die *Blutkörperchen,* und soweit wir sehen (z. B. im gesunden Darm) auch für das Eiweiß. Der Austritt von roten Blutkörperchen und Thrombocyten aus der Gefäßbahn ist — von den besonderen Verhältnissen in der Milz abgesehen — immer ein krankhafter Vorgang. Als solcher muß auch der vermehrte Austritt von *weißen Blutkörperchen* angesehen werden. Wieweit unter *physiologischen* Verhältnissen die weißen Blutkörperchen die gesunde Gefäßwand durchwandern können, z. B. während der Verdauung in den Darmkanal austreten können, ist noch strittig. Bei Verletzungen der Gefäßwand verhütet der komplizierte Vorgang der *Blutgerinnung* lebensgefährliche Blutverluste.

Der *Vorgang der Blutgerinnung* ist bisher nicht in allen seinen Einzelheiten klargestellt. Die gangbarste Hypothese sieht das Wesentliche in einem *fermentativen Prozeß.* Ein im Blute vorhandenes *Fibrinferment* wandelt die lösliche Vorstufe, das im Plasma vorhandene lösliche Fibrinogen, in das unlösliche Fibrin um. Das *Thrombin* ist im Plasma des zirkulierenden Blutes als solches nicht präformiert, jedenfalls nur in Spuren, die zur Auslösung eines Gerinnungsvorganges nicht ausreichen. Das Plasma enthält vielmehr die an sich unwirksame Vorstufe des Fibrinferments, das *Thrombogen* oder *Prothrombin.* Dieses Thrombogen wird unter Mitwirkung eines Aktivators, der *Thrombokinase,* und gleichzeitiger Beteiligung von Kalksalzen gebildet. Als Quelle der Thrombokinase kommen in erster Linie die zelligen Elemente des Blutes, unter ihnen als wichtigste die Thrombocyten, vielleicht aber auch die Leukocyten und rote Blutkörperchen in Frage. In geringerer Menge ist die Thrombokinase wahrscheinlich in *allen* Zellen des Körpers und in seinen Gewebssäften enthalten. Das Fibrinferment (Thrombin) wird beim Gerinnungsvorgang nur teilweise verbraucht. Es kann nach vollzogener Gerinnung aus dem Blutserum, nach dem die Eiweißkörper durch Alkohol niedergeschlagen sind und das Ferment mitgerissen haben, aus dem getrockneten Koagulum ausgewaschen werden. Die erste Phase der Gerinnung, die der *Thrombinentstehung,* muß von der zweiten Phase der *Fibrinbildung* unterschieden werden. Diese wird durch Einwirkung des Thrombins auf das Fibrinogen vollzogen. Die Bildungsstätte des Fibrinogens ist nicht bekannt, Leber und Knochenmark wurden als solche angesprochen. Es kann aus Plasma durch Vermischen mit gesättigter Kochsalzlösung ausgefällt und durch wiederholtes Ausfällen gereinigt werden. In dieser im wesentlichen von MORAWITZ[1] formulierten Theorie finden die beim Gerinnungsvorgang sehr wesent-

---

[1] MORAWITZ: Dtsch. Arch. klin. Med. **79**, 1. — Beitr. chem. Physiol. u. Path. **5**, 133.

lichen Oberflächeneinflüsse keinen gebührenden Raum. Ihnen trägt die mehr physikalisch-chemisch formulierte Hypothese von NOLF[1] Rechnung. Nach NOLF entsteht Fibrin und Thrombin durch das Zusammenwirken von Fibrinogen, Thrombogen und Thrombozym in Gegenwart von Calciumsalzen. Das Thrombozym ist nach NOLF ein spezifischer Bestandteil der Gefäßendothelien und der zelligen Elemente des Blutes und als solches im kreisenden Blute dauernd vorhanden. Die Organextrakte wirken lediglich gerinnungsbeschleunigend. Als *gerinnungshemmende* Faktoren kommen im Blute vorhandene Substanzen, Antithrombine, in Frage, welche unter physiologischen Verhältnissen die endovasculäre Ungerinnbarkeit des Blutes garantieren sollen.

Störungen des Gerinnungsvorganges können an verschiedenen Stellen des komplizierten Verlaufs einsetzen:

1. Kann das Blut durch Entziehung des Fibrinogens ungerinnbar gemacht werden. Hunde, denen mehrfach große Mengen Blutes entzogen und nach der Defibrinierung reinjiziert wurden, hatten schließlich ungerinnbares Blut[2]. Durch Phosphorvergiftung kann das Blut infolge Fibrinogenmangels kurz vor dem Tode ungerinnbar werden.

2. Zusatz von Neutralsalzen in größeren Konzentrationen verhindert ebenso wie die Anwesenheit von Oxalaten, Citraten und Fluoriden in kleinen Konzentrationen die Gerinnung, wobei wahrscheinlich der Vorgang der Thrombinbildung gehemmt wird.

3. Kann das Fehlen oder die ungenügende Bildung der Thrombokinase die Gerinnung des Blutes aufheben oder verzögern. Durch Auffangen von Blut in paraffinierten Gefäßen gelingt es, die Gerinnung lange Zeit zu verhindern. Besonders leicht gelingt dieser Versuch bei Vogelblut, welches keine Thrombocyten enthält. Der Gerinnungsvorgang verläuft nach den gegenwärtigen Anschauungen in *verschiedenen Phasen.* Beobachten wir das aus der Bahn ausgetretene Blut, so bleibt es zunächst flüssig. Nach Ablauf einer verschieden langen Zeit können wir mit einer feinen Nadel aus dem Blutstropfen einen Fibrinfaden herausziehen. Die Zeit, welche zwischen dem Austritt des Blutes aus seiner Bahn und dem ersten Auftreten von Fibrin abläuft, nennen wir Reaktionszeit *(erste Phase).* In der *zweiten Phase* bildet sich rasch ein ganzes Fibrinnetz, welches die Blutströpfchen im ganzen erstarren oder koagulieren läßt. Die zweite Phase wird daher auch Koagulationszeit genannt. Beobachten wir den entstandenen Blutkuchen, so sehen wir z. B. in einem Standgefäß, wie er sich allmählich durch Retraktion von den Wänden löst, sich immer fester zusammensetzt und das Blutserum auspreßt. Der Vorgang der Verfestigung oder Retraktion des Blutkuchens wird als *dritte Phase* bezeichnet. Bei Verlangsamung des Gerinnungsvorganges oder Beschleunigung der Blutkörperchensenkungsgeschwindigkeit können Plasma und Blutkörperchen getrennt gerinnen. Es bildet sich oberhalb der Blutkörperchenschicht eine weiße Sulze, die von den alten Autoren als *Crusta phlogistica* aus dem Grunde bezeichnet wurde, weil sie sich besonders bei entzündlichen Vorgängen im Organismus, bei denen Blutkörperchensenkungsgeschwindigkeit erhöht ist, bildet. Schematisch stellt sich die Blutgerinnung folgendermaßen dar:

---

[1] NOLF: Erg. inn. Med. 10 (1913).
[2] DASTRE: C. r. Soc. Biol. Paris 45, 71.

1. Phase.

Thrombokinase   ——→   Thrombogen
(Thrombozym, Cytozym) ←—— (Prothrombin)

Kalksalze
Thrombin.

2. Phase.

Thrombin wandelt lösliches Fibrinogen in unlösliches Fibrin um.

3. Phase.

Retraktion des Blutkuchens durch Zusammensetzung der Fibrinfäden.

Über den Angriffspunkt einer Reihe *gerinnungshemmender* Agenzien in dem Gerinnungssystem (Hirudin, Pepton, Aalblut, Kobragift) ist noch nichts Sicheres bekannt. Über die chemische Natur des Prothrombins wissen wir so gut wie nichts. Der Mechanismus der Aktivierung des Prothrombins wird durch *Antithrombine* gehemmt. Unter diesen sog. Antithrombinen spielt das aus der Leber dargestellte *Heparin* eine besondere Rolle. Das Heparin wirkt schon in kleinen Dosen dadurch gerinnungsverhindernd, daß es die Aktivierung des Prothrombins unmöglich macht.

Die *gerinnungsaktiven Zellsubstanzen* werden verschieden bezeichnet: Thrombokinase, Thrombozym und Cytozym. Eine der wesentlichen ist das Kephalin, ein beständig im Serum vorhandenes Phosphatid.

Eine besonders wichtige Rolle beim Gerinnungsvorgang spielt das *Calcium*. Wird dem Plasma durch Dialyse der Kalk entzogen, so verliert es seine Fähigkeit zu gerinnen. Entzieht man dem Serum den Kalk, so kann es auch unter Einwirkung von Gewebsextrakt kein neues Thrombin bilden. Auch über die chemische Natur des *Thrombins* sind wir bis heute nicht unterrichtet. WÖHLISCH[1] faßt das Thrombin als einen spezifischen Katalysator der Spontandenaturation des Fibrinogens — also als Ferment — auf.

Die Hämophilie.

Die schwerste Störung des Gerinnungsvorgangs, welche wir klinisch beobachten, ist bei *der Bluterkrankheit (Hämophilie)* festzustellen. Der zeitlich stark verzögerte Gerinnungsablauf ist auf einen zu geringen Gehalt an Thrombokinase zurückzuführen[2]. Doch ist der einschlägige Versuch von MORAWITZ und LOSSEN — starke Beschleunigung der Gerinnung hämophilen Blutes durch Zusatz von Thrombokinase in Form von Gewebsextrakt aus menschlicher Niere — nicht beweisend dafür, daß es dem Hämophilenblut an Blutzellenthrombokinase fehlt[3]. Fibrinmenge, Thrombocytenzahl und gerinnungsbeschleunigende Kraft des hämophilen Serums sind normal. Die gerinnungsbeschleunigende Kraft der isolierten Blutzellen fand SAHLI in einem Falle herabgesetzt. Die Frage, an welcher Stelle des Gerinnungssystems der Hämophilen der Defekt zu suchen ist, ist bis heute offen. FONIO[4] hat vergleichsweise den Thrombozymgehalt normaler und hämophiler Blutplättchen untersucht, indem er beide dem hämophilen Blute als Indicator zusetzte. Sowohl normale wie hämophile Blutplättchen

---

[1] WÖHLISCH: Klin. Wschr. **1923 I**, 1801.

[2] MORAWITZ u. LOSSEN: Dtsch. Arch. klin. Med. **94** (1908). — SAHLI: Z. klin. Med. **56** (1905). — Dtsch. Arch. klin. Med. **99** (1910).

[3] WÖHLISCH: Münch. med. Wschr. **1921 I**, 228—230; **1921 II**, 941—943, 1382—1384. — Z. exper. Med. **1923**.   [4] FONIO: Mitt. Grenzgeb. Med. u. Chir. **1915, 313.**

beschleunigten die Gerinnung des Hämophilenblutes, jedoch waren die Plättchen der *Hämophilen weit weniger wirksam.* WÖHLISCH[1] konnte das FONIOsche Resultat an zwei Fällen sporadischer Hämophilie bestätigen. Danach wäre der Defekt im Gerinnungssystem der Hämophilen in einer chemischen Insuffizienz der Thrombocyten zu suchen.

Im Blute der *Hämophilen* muß auch eine Störung am Gefäßsystem vorliegen, da schon leichteste Verletzungen oder Erschütterungen die gesunden Menschen nicht bluten lassen, zu Blutaustritten z. B. in die Gelenke bei den Hämophilen Anlaß geben. Auf die Gefäßkomponente der Hämophilie können wir, wie ich aus eigener Beobachtung weiß, durch Zufuhr von Vitaminen, die z. B. im Nateina enthalten sind, einwirken und damit wesentliche Besserung des Gesamtzustandes des Blutes herbeiführen. Die Blutungsbereitschaft wird durch Vitaminpräparate deutlich gebessert, ohne daß die Gerinnungszeit sich wesentlich ändert.

Die alimentäre Beeinflussung der Blutgerinnung.

Neuere Beobachtungen von meinen Mitarbeitern und mir[2] haben mich gelehrt, daß man bei Gesunden und hämophilen Kranken die Gerinnungszeit durch bestimmte *Nahrungsmittel* verkürzen kann: nach Eingabe von 100 g reinem Olivenöl geht die Gerinnungszeit durchschnittlich um 30% des Ausgangswertes zurück. Die stärkste Verkürzung fällt zusammen mit dem Höhepunkt der Hyperlipämie. Unter den einzelnen Bestandteilen des Lipoidkomplexes sind es wahrscheinlich die Phosphatide, welche auch den Gerinnungsvorgang im Sinne der Verkürzung beeinflussen. Zahlreiche einschlägige Analysen zeigen, daß die *Zunahme* der Blutlipoide und die *Abnahme* der Blutgerinnungszeit einander entsprechen.

Wenn wir als Erklärung für die Verkürzung der Reaktionszeit vor allem die Vermehrung der Blutphosphatide heranziehen, so tun wir das im Hinblick auf die allgemeine Bedeutung dieser Stoffe auf den Gerinnungsvorgang. Sie ist schon sehr früh erkannt worden. Man hatte bereits gefunden, daß die zymoplastischen Substanzen, d. h. jene Substanzen, die in Gegenwart von Ca die Vorstufen des Thrombins aktivieren, alkohollösliche Stoffe, ihrem chemischen Charakter nach also Lipoide sind. Die hieran anknüpfenden Untersuchungen brachten den Nachweis, daß es sich bei den gerinnungsaktiven Substanzen um *Phosphatide* handelt. FREUND[3] erzeugte mit Lecithin und Gegenwart von Ca und mit dem Ca-Salz der Dioleinglycerinphosphorsäure in fermentarmen Plasmen Gerinnung. ZAK[4] beschleunigte in einem rekalzifizierten Oxalatplasma die Gerinnung durch Zusatz von Petrolätherextrakten aus Rinderhirn. Ferner zeigte er, daß man durch Behandlung des Plasmas mit Petroläther die Gerinnungsfähigkeit aufheben kann, und daß sie wiederhergestellt ist, wenn man Lipoidemulsion hinzusetzt. In weiteren Versuchen beseitigte er die Gerinnungsverzögerung eines sedimentierten Plasmas durch Zusatz einer wäßrigen Rinderhirnphosphatidaufschwemmung, schließlich stellte er in einem Oxalatplasma, das er durch ein Berkefeldfilter geschickt und dadurch ungerinnbar gemacht hatte,

---

[1] WÖHLISCH: Klin. Wschr. **1923** I, 1801.
[2] BÜRGER u. SCHRADE: Klin. Wschr. **1936** I, 1.
[3] FREUND: Intern. Physiol.-Kongr. **1910**.
[4] ZAK: Arch. f. exper. Path. **70** (1912); **74** (1913).

die Gerinnungsfähigkeit wieder her durch Zusatz von Phosphatiden. Die Arbeiten aus der HOWELLschen und BORDETschen Schule ergaben in gleicher Weise, daß die gerinnungsaktiven Substanzen zur Gruppe der Lecithine gehören müßten[1]. Spätere Untersucher[2] sahen unter den Phosphatiden im besonderen das Kephalin als den Hauptträger der gerinnungsbeschleunigenden Kraft an.

Aus der Gruppe der *Kohlehydrate* sind es vor allem Hemicellulosen, sog. Pektine, die in großen Mengen in Äpfeln enthalten sind. Aus Äpfeln gewonnene Präparate Sango-Stop wirken bei peroraler Verabreichung verkürzend auf die Gerinnungszeit ein. Auch die Ascorbinsäure, welche als 2-Oxy-3-oxy-4-oxy-methyltetrahydro-furan-i-carbonsäure aufzufassen ist, beschleunigt die Gerinnung.

Unter den *Eiweißkörpern* fanden wir[3] Casein, Histidin und Cystein als gerinnungswirksame Substanzen. Interessanterweise läßt auch ungekochte Vollmilch und Sahne deutliche Verkürzung der Gerinnungszeit feststellen, ebenso zeigten frische Gemüse wie Bohnen, Spargelspitzen und frisches Obst wie Apfelsinen, Erdbeeren, Heidelbeeren und Pfirsiche 2—3 Stunden nach dem Genuß eine deutliche Verkürzung der Blutgerinnungszeit. Diese noch im Gange befindlichen Untersuchungen lehren, daß die Blutgerinnungszeit nur beim *nüchternen Menschen* eine konstante Größe ist. Sie ist alimentär beeinflußbar. In jeder Gruppe der drei Hauptnahrungsstoffe gibt es Substanzen, die auch durch perorale Zufuhr imstande sind, die Gerinnungszeit zu verkürzen. Hierbei sind zu unterscheiden, Substanzen welche vom Darmkanal aus als solche ins Blut aufgenommen *direkt* in den Gerinnungsprozeß eingreifen und solche, welche selbst *gerinnungsinaktiv* sind, aber nach Aufnahme in das Blut gerinnungsaktive Substanzen mobilisieren. Zu der letzten Gruppe gehört das Olivenöl[4] und die Pektine, zur ersteren das Histidin[5], die Ascorbinsäure und das Cystein.

F. Die hämorrhagischen Diathesen.

Außer der *echten Hämophilie,* welche eine geschlechtsgebundene recessive Erbkrankheit ist und immer nur Männer befällt, kennen wir eine große Zahl von Krankheiten, welche zu starken Blutungen aus den feinsten Gefäßen neigen, *ohne daß eine Störung des Gerinnungsvorgangs* vorliegt. Nach Anlegen einer Staubinde, welche eine Druckerhöhung in die feinsten Capillaren herbeiführt, kommt es zu zahlreichen punktförmigen Hautblutungen (RUMPEL-LEEDEsches Phänomen), welche die leichte Verletzlichkeit des gesamten Gefäßsystems kennzeichnet; hartes Anfassen oder leichte Stöße bedingen bei diesen Kranken blaue Flecke, welche ihre Ursache in Blutaustritten unter die Haut und in die Muskulatur haben. Die große Gruppe dieser Kranken mit Blutungsneigung wird unter dem Sammelbegriff der *hämorrhagischen Diathesen* zusammengefaßt. Bei allen diesen Kranken ist die Blutungszeit verlängert, die Retraktionskraft des Blutkuchens herabgesetzt. Nach dem gegenwärtigen Stande unserer Kenntnisse werden diese

---

[1] HOWELL: Amer. J. Physiol. **31** (1912). — BORDET: Bull. Soc. roy. Sci. méd. et natur. Brux. **1912**. — Ann. Inst. Pasteur **1913**.

[2] McLEAN: Amer. J. Physiol. **41** (1916). — GASSER: Amer. J. Physiol. **42** (1917). — GRATA and LEVENE: J. of biol. Chem. **50** (1922).

[3] BÜRGER u. KOHL: Klin. Wschr.; im Druck.

[4] BÜRGER u. SCHRADE: Klin. Wschr. **1936** I, 1. [5] KOHL: Fortschr. Ther. **12**, 220 (1936).

sog. *Purpuraerkrankungen* eingeteilt 1. in die primären essentiellen Blutungskrankheiten, 2. in die symptomatischen hämorrhagischen Diathesen; bei der ersten Gruppe soll eine Störung im Thrombocytenapparat vorliegen; bei der zweiten wird eine primäre Schädigung des Gefäßapparats als Ursache der Blutungen angesehen. Ob diese Einteilung berechtigt ist, erscheint mir fraglich. Denn bevor der Thrombocytenapparat überhaupt in Funktion treten und blutungsverhindernd wirken kann, muß doch eigentlich erst eine Blutung infolge eines Gefäßschadens schon eingetreten sein. Die bekannteste *thrombopenische Purpuraform* ist die *Blutfleckenkrankheit* WERLHOFS (Morbus maculosus). Man unterscheidet die *essentielle chronische Thrombopenie* (FRANK), bei der ohne erkennbare äußere Ursache eine Verminderung der Plättchenzahl, Milztumor und schwere oft tödliche Blutungen vorliegen, von den *sekundären thrombopenischen Purpuraformen,* die meist Folge einer schweren infektiösen Schädigung des gesamten Capillarapparats darstellen. Ob hier die Thrombopenie Ursache oder Folge der Blutungsneigung ist, ist ebensowenig entschieden wie bei den Blutkrankheiten (Leukämie, Anämie), bei welchen die hämorrhagischen Diathesen eine geläufige Erscheinung darstellen. Neuerdings wird von WILLEBRAND und JÜRGENS eine konstitutionelle *hereditäre Thrombopathie* als eine Blutungskrankheit mit geschlechtsgebundenem dominanten Erbgang beschrieben. Diese führt gelegentlich zu tödlichen Blutungen aus dem Darmkanal, ohne daß die Plättchenzahl vermindert ist. Die Blutungszeit ist verlängert, die Thrombusbildung gestört.

Als *vasculäre Purpuraformen* werden *symptomatische hämorrhagische Diathesen* beschrieben, bei denen Gerinnungs- und Blutungszeit sowie Thrombocyten normal sind, der RUMPEL-LEEDEsche Versuch in der Regel positiv ausfällt. Hierher gehören Gefäßschäden infolge quantitativ unzureichender Ernährung (Skorbut, MÖLLER-BARLOWsche Krankheit) bestimmte Infektionskrankheiten (Sepsis) und schließlich die bei alten Leuten, auftretende *Purpura senilis,* welche eine mit dem Alter verknüpfte Capillarschädigung darstellt.

G. Sedimentierungsgeschwindigkeit.

Die *Sedimentierungsgeschwindigkeit* der roten Blutkörperchen ist bei gesunden Menschen ziemlich konstant. Von *physiologischen* Vorgängen, welche eine starke Senkungsbeschleunigung bedingen, ist bisher vor allem die Schwangerschaft bekanntgeworden. Auch die Menstruation steigert die Sedimentierungsgeschwindigkeit. Ganz allgemein haben Frauen eine größere Sedimentierungsgeschwindigkeit als Männer. Säuglinge im Alter von über 1 Monat haben eine physiologisch erhöhte, jüngere Säuglinge eine stark verlangsamte Sedimentierungsgeschwindigkeit.

Unter *pathologischen* Bedingungen führt Herzinsuffizienz mit schwerer Cyanose, Ikterus, extreme Kachexie, gelegentlich auch unkomplizierte Amenorrhöe zu einer *Verlangsamung* der Senkungsgeschwindigkeit. Eine *Senkungsbeschleunigung* wird bei allen akuten Infektionskrankheiten, bei Entzündungsvorgängen, bei chronischen Infektionen (Lues, Tuberkulose, Carcinose, Sarkomatose) gefunden, bei akuten Infektionskrankheiten werden in den ersten Tagen noch normale Werte, in den späteren Zeiten starke Senkungsbeschleunigungen festgestellt. Oft erhält man die größten Ausschläge erst, wenn das Fieber bereits wieder abgeklungen ist. Die Senkungsbeschleunigung scheint mit der Schwere der Infektion zuzunehmen, was für die Beurteilung der verschiedenen Formen der Lungentuberkulose eine gewisse praktische Bedeutung hat; alle chronischen Formen zeigen eine geringere Senkungsbeschleunigung als die akuten, welche mit einem größeren Stoffzerfall einhergehen. Ganz allgemein kann gesagt werden, daß alle Prozesse, welche zu einem Gewebszerfall führen, oder bei denen parenteral belebtes oder nichtbelebtes Eiweiß in den Körper eindringt, die Sedimentierungsgeschwindigkeit beschleunigen. Die Reaktion hat demnach einen durchaus *unspezifischen* Charakter, was ihre klinische, speziell differentialdiagnostische Brauchbarkeit erheblich beeinträchtigt. Ist die Senkungsgeschwindigkeit sehr stark erhöht, so kommt das Aderlaßblut häufig erst dann zur Gerinnung, wenn die Blutkörperchen sich bereits gesenkt haben. Es bildet sich dann eine weiße über dem Blutkuchen stehende Speckhaut: das erst nach der Sedimentierung der roten Blutkörperchen erstarrte Plasma. Diese Speckhaut war als *Crusta phlogistica* bereits für die alten Ärzte ein wertvolles Zeichen entzündlicher Vorgänge im Organismus.

Worauf das Phänomen der Blutkörperchensenkungsgeschwindigkeit beruht, ist bis heute strittig. FAHRAEUS[1], der Wiederentdecker dieser Erscheinung, selbst hält die Globulinvermehrung für das Entscheidende. HÖBER[2] und seine Schule nimmt an, daß bei reichlicherem Angebot von Globulinen diese von den roten Blutkörperchen bevorzugt adsorbiert werden und in der Adsorptionshülle die Albumine mehr oder weniger verdrängen. Der isoelektrische Punkt des Globulins (bei $p_H = 5{,}4$) liegt der Neutralreaktion des Blutes näher als der isoelektrische Punkt des Albumins (bei $p_H = 4{,}7$). Die reich mit Globulinen beladenen Blutkörperchen haben daher eine größere Neigung zur Ausflockung, Agglutination und beschleunigter Senkung. Die HÖBERsche Deutung des Phänomens scheint jedoch nicht in allen Punkten zuzutreffen, da nach noch nicht veröffentlichten Untersuchungen von WÖHLISCH die isoelektrischen Punkte der Plasmakörper mit Einschluß des die Blutkörperchensenkung besonders stark beschleunigenden Fibrinogens innerhalb der Fehlergrenzen der Methodik derselben p_H liegen. Abgesehen von der durch die größere Klebrigkeit der globulinumhüllten Erythrocyten begünstigten Agglutinabilität soll auch die elektrische Ladung der einzelnen roten Blutkörperchen eine Rolle spielen, indem deren negative Ladung, welche ihre gegenseitige Abstoßung bedingt, in Globulinlösungen kleiner ist als in Albuminlösungen[3].

Doch ist auch nicht in allen Fällen, in denen die Blutkörperchensenkung erhöht ist, gleichzeitig der Globulingehalt gesteigert. Es kommen außer den Globulinen noch andere senkungsbeschleunigende Substanzen vor. Unter ihnen gelang es, als besonders wirksam das reine enteiweißte *Pseudomucin* zu isolieren[4]. Ob sich noch andere mucoide Substanzen im Blut auffinden lassen, müssen weitere Versuche lehren.

---

[1] FAHRAEUS: Om Hämagglutinationen. Hygiea (Stockh.) **1918**. — Biochem. Z. **89**, 355 (1918). — The suspensions stability of the blood. Stockholm 1921.

[2] HÖBER u. MOND: Klin. Wschr. **1922 II**.

[3] WIECHMANN: Übersichtsreferat. Klin. Wschr. **1923 I**.

[4] WIEDEMANN: Z. exper. Med. **64**, H. 3/4 (1929).

XIV. Infektion und Immunität.

Die Lehre von den kontagiösen und miasmatischen Erkrankungen konnte als eine Lehre der Infektionskrankheiten erst begründet werden, nachdem durch die Entdeckungen von Pasteur und Robert Koch die Möglichkeit einer ätiologischen Diagnose geschaffen war. Nach dem heutigen Stande der Forschung können wir drei große Gruppen von pathogenen Mikroorganismen unterscheiden:

1. Die Bakterien im weiteren Sinne (Kokken, Bacillen, Vibrionen, Spirillen, Pilzarten). Ihr Nachweis wird durch mikroskopische und kulturelle bzw. biologische Untersuchung geführt.

2. Die ultravisiblen filtrierbaren Virusarten, der Nachweis geschieht durch das Tierexperiment (z. B. Variola, Lyssa, Gelbfieber, Poliomyelitis, Trachom).

3. Die Protozoen (Malariaplasmodien, Ruhramöben, Trypanosomen).

Für die meisten Infektionskrankheiten ist heute eine exakte ätiologische Diagnose durch den kulturellen bzw. mikroskopischen Nachweis des Erregers möglich.

Auch die Protozoenkrankheiten sind in ihrer Mehrzahl ätiologisch geklärt. Die Anschauungen über die Natur der infektiösen *Virusarten* dagegen sind noch nicht vollständig geklärt. Gegenüber dem sichtbaren Erreger aus der Gruppe der Spaltpilze und Protozoen ist bei den Virusarten ihre *mikroskopische Unsichtbarkeit* das erste wesentliche Erkennungs- und Abgrenzungsmerkmal. Als zweites Merkmal gilt die Filtrierbarkeit durch Champerlandfilterkerzen ohne Einbuße der Infektionstüchtigkeit. Das dritte Merkmal ist die Nichtkultivierbarkeit auf bekannten künstlichen Nährböden. Doch sind diese Abgrenzungen gegenüber den Bakterien und Protozoen, wie sich immer mehr zeigt, nicht grundsätzlicher Art. Die Schwierigkeiten der Virusforschung beleuchtet am besten der Versuch der *Enzymtheorie*. Ihr zur Folge soll eine Viruskrankheit durch Störung intracellulärer Prozesse möglich sein. Nachdem die Störung des normalen Stoffwechsels einmal eingetreten ist, werden nicht organisierte Substanzen in Freiheit gesetzt. Diese können von einem zweiten Organismus übertragen dort dieselben Krankheiten hervorrufen. Diese Enzymtheorie begründet aber nicht die *Zunahme der Wirksamkeit,* wie wir sie bei solchen Ultrafiltraten beobachten können. Neuerdings gewinnt die *Lebewesentheorie* der *Virusformen* immer mehr an Boden. Mit Hilfe der Ultraviolettphotographie, bei welcher die Bildvergrößerung gegenüber der gewöhnlichen Mikroskopie auf das Zehnfache gesteigert wird, ließ sich bei den meisten Virusarten eine corpusculäre Struktur nachweisen. Jedenfalls sind die Ansichten von Paschen und v. Provazek, die in den Elementarkörperchen kokkenähnliche Virusformen sahen, durch diese Methode weitgehend gestützt. Durch verfeinerte Filtrationsverfahren ist man z. B. bei *Vaccinevirus* auf eine ähnliche Teilchengröße gekommen wie bei der ultramikroskopischen Messung. Schließlich hat man mit Hilfe der sog. Ultrazentrifuge, welche Tourenzahlen zwischen 10 und 15000 erreichen läßt, die Größe der ausgeschleuderten Teilchen zu errechnen versucht. Sie liegt bei allen bisher untersuchten Virusarten höher als nach ultramikroskopischer Größenbestimmung und den modernen Filtrationsversuchen angenommen wurde. Nach der Zentrifugiermethode hat das Pocken- und das Herpesvirus eine Teilchengröße von 200 $\mu\mu$. Es ist naheliegend für die Virusarten, sofern sie als Lebewesen angesprochen werden, den Stoffwechsel als wichtigstes Lebenssymptom zu messen. Die empfindlichen Mikromethoden haben aber bisher keinen sicheren meßbaren Stoffwechsel ergeben. Die meisten *Viruskrankheiten* hinterlassen eine wirksame *Immunität.* Von dieser Erfahrung wird bei den Schutzimpfungen Gebrauch gemacht, welche bekanntlich mit abgeschwächtem Virusmaterial durchgeführt werden.

Die Schwierigkeiten in der Deutung vieler Vorgänge im Bereiche der Infektion und der Immunität, die in der Hochzeit der bakteriologischen Ära oft übersehen bzw. unterschätzt wurden, lernte man kennen, als es gelang, auch bei klinisch *sicher gesunden* Menschen typische Krankheitserreger mit allen ihren

kulturellen und biologischen Eigentümlichkeiten aufzufinden (Bacillenträger,
Dauerausscheider).

Bacillenträger werden Individuen genannt, welche pathogene Keime beherbergen, *ohne selbst krank zu sein oder gewesen zu sein. Dauerausscheider* sind Ge-
nesene, welche nach überstandener Krankheit den Erreger mit Harn und Kot
noch Monate und Jahre weiter ausscheiden und dadurch zu einer großen Gefahr
für ihre Umgebung werden.

Es genügt durchaus *nicht* die *Anwesenheit* eines Krankheitserregers (z. B.
auf den Schleimhäuten eines Menschen) allein, um denselben krank zu machen,
sondern es bedarf für den Ausbruch einer Erkrankung stets noch gewisser *Hilfsursachen,* die wir im einzelnen noch nicht näher kennen. Unter einer Anzahl
gleich exponierter Individuen bleiben auch in Zeiten ausgebreiteter Seuchen
stets bestimmte Individuen gesund. Neben dem Krankheitserreger und den
Hilfsursachen, die den Ausbruch der Krankheit bedingen (Kälteschädigungen,
Intoxikationen, Alkohol), spielen eine erhebliche Rolle alle die in der Konstitution des erkrankten Individuums gegebenen Faktoren, die man mehr aus-
weichend als beschreibend unter den Begriff der persönlichen Disposition zu-
sammenfaßt. Hier stehen Alter, Kräftezustand, körperliche und sicher auch
psychische Beanspruchung und Überanstrengung und früher überstandene
Krankheiten an erster Stelle. Auch das *Allergieproblem* spielt hier eine beacht-
liche Rolle.

Die Erfahrungen darüber, daß z. B. in sog. „Typhushäusern" die ständigen
Bewohner nicht erkranken, sondern zufällig Anwesende, noch nicht lange im
Hause lebende Personen (Dienstboten) vorzugsweise befallen werden, sprechen
dafür, daß die länger im Hause Anwesenden zwar Typhusbacillen in ihrem Körper
beherbergen, vielleicht gar nicht, vielleicht unmerklich erkrankt waren und nun
unempfänglich durch diese *Durchseuchung* geworden sind. Es hat sich für sie
eine Art *regionärer Immunität* herausgebildet, die für Leute, die aus typhus-
freien Gegenden kommen, nicht besteht. Das hier nur angedeutete Problem
der *Bacillenträger* und *Dauerausscheider* ist für die Verbreitung und Bekämpfung
der Infektionskrankheiten von unübersehbarer Tragweite und führt mitten
hinein in die Schwierigkeiten, die für die ganze Lehre von der Immunität auch
heute noch trotz all der großen Entdeckungen der bakteriologischen Ära bestehen.

Schon die Bemühungen, den Begriff der *Disposition* für Infektionskrankheiten
scharf zu umgrenzen, lehren das. Gemeinhin wird darunter die Empfänglichkeit
oder Empfindlichkeit für ansteckende Erkrankungen verstanden. Um einen
tieferen Einblick in diese wechselnde Empfindlichkeit für Infekte zu gewinnen,
hat man versucht, dieselbe zu trennen nach einer solchen gegenüber den belebten
Erregern einerseits und andererseits den von ihnen gebildeten giftigen Produkten.
Es leuchtet ohne weiteres ein, daß das Problem wesentlich vereinfacht würde,
wenn sich zeigen ließe, daß die Disposition für Infektion mit einem bestimmten
Erreger und für Intoxikation durch die von ihm gebildeten Produkte bei einer
bestimmten Spezies stets die gleiche wäre. Man hätte damit die variablen Eigenschaften des Erregers, seine wechselnde Vermehrungsgeschwindigkeit und „Ab-
sterbeordnung" mit einem Schlage ausgeschaltet und könnte unter einfacheren
Bedingungen das Problem der Disposition angehen. In Untersuchungen über
Konstitution und Krankheitsdisposition zeigte KISSKALT[1], daß die Disposition

---

[1] KISSKALT: Z. Inf.krkh. Haustiere **86**, 42 (1915); **87** (1915).

von weißen Ratten der gleichen Zucht zur Vergiftung mit Coffein erheblich
verschieden ist, daß die Disposition für Vergiftung mit Tetanusgift dagegen in
wesentlich engeren Grenzen schwankt als die für Coffein. Praktisch wird eine
solche Trennung in Disposition für den Infekt und für die Intoxikation schon
aus dem Grunde undurchführbar, weil die Bakterienprodukte eine Vielheit von
Substanzen darstellen, die einzeln bisher chemisch nicht rein gewonnen sind,
mit denen sich also vergleichend experimentell nicht operieren läßt. Als „Ursachen" wechselnder Disposition bei sonst gesunden Tieren sind erörtert worden:
die Verschiedenheit des Alters, der Herkunft, der Ernährung, der Jahreszeit,
zu welcher die Untersuchungen angestellt wurden.

Wesentlich komplizierter liegen die Dinge, wenn man es nicht mit den relativ
einfachen Verhältnissen des Tierversuchs, sondern mit den unübersehbaren Bedingungen eng zusammenlebender Bevölkerungen zu tun hat. Abgesehen von
der sehr wechselnden Konstitution des einzelnen Menschen, die ihn für einzelne
Infekte mehr oder weniger empfänglich macht, spielen hier Art, Zahl und Dauer
vorausgegangener überstandener Erkrankungen eine oft den Verlauf der Infektion bestimmende Rolle (spezifische und unspezifische Allergie). Auch kann
z. B. der für die Ausscheidung gebildeter Toxine ausschlaggebende Zustand der
Nieren über Leben und Tod des infizierten Individuums entscheiden. Die Beschaffenheit des Gefäßsystems ist für die Prognose des fleckfieberkranken
Menschen von hervorragender Bedeutung[1].

Kompliziert wird das Problem durch die Tatsache, daß der Organismus
imstande ist, gegen eine Reihe bakterieller Gifte *Gegengifte* zu bilden, eine Fähigkeit, welche wiederum von Individuum zu Individuum schwankt und je nach
dem verschiedenen Alter, dem Ernährungszustand, der Zahl und Art vorauf-
gegangener Erkrankungen sehr mannigfach ausgebildet sein kann. Die hier
gemachten Andeutungen zeigen bereits, wie komplex der Begriff der *Disposition*
ist und daß es unmöglich ist, ihn im Einzelfall messend zu beschreiben.

Unter den Hilfsursachen, welche die Disposition zu Infektionserkrankungen,
besonders der Atmungsorgane, erhöhen, nimmt die *Erkältung* einen besonders
breiten Raum ein. Auf welche Weise die Wetterkälte den Ausbruch einer Erkrankung begünstigt, ist noch nicht geklärt. SCHADE[2] weist auf die Änderung des
Kolloidzustandes von Zellen und Geweben unter dem Einfluß der Kälte hin.
In zweiter Linie kommen Fernwirkungen der Körper in Gestalt geänderter
Blutverteilung in Frage. So können Abkühlungen der Extremitäten einen Spasmus der Nierengefäße und Kontraktionen der Blase zur Folge haben. Es kann
zu Sekretionsanomalien der Nasenschleimhaut kommen, so daß durch Kältereize reflektorisch ein „Schnupfen" ohne die primäre Mitwirkung von Bakterien
ausgelöst werden kann[3]. Der veränderte Kolloidzustand und die Störungen in
der Blutverteilung können ihrerseits zu einer Herabsetzung der immunisatorischen Abwehrkräfte führen, welche nun dem Eindringen der Bakterien in die
Schleimhäute Vorschub leistet. So kann unter der Mitwirkung einer Erkältung
der auf den Schleimhäuten der oberen Luftwege bei vielen gesunden Menschen
nachweisbare Pneumococcus eine Pneumonie hervorrufen. Daß die *individuelle
Disposition* bei gleichen äußeren Schädlichkeiten, gleichen Ernährungsbedingungen

---

[1] BRUGSCH: Berl. klin. Wschr. **1918 I**, 551.
[2] SCHADE: Münch. med. Wschr. **1919 II**, 1021.
[3] KOHNSTAMM: Dtsch. med. Wschr. **1903 I**, 279.

und annähernd gleichem Alter sich weitgehend geltend macht, zeigen die Erfahrungen aus dem Weltkriege: wurden bestimmte Truppenteile in ungeschützten
Stellungen den Unbillen von Wind und Wetter ausgesetzt, so erkrankten immer
nur ein Teil an „Erkältungsinfekten", während die Mehrzahl der „Wetterfesten"
gesund blieb. Unter den gleichzeitig in Ruhequartieren und Ortsunterkünften
untergebrachten Mannschaften der gleichen Truppe traten die Erkältungskrankheiten sehr zurück: ein Beweis für die Bedeutung der nichtbakteriellen *äußeren*
Faktoren unter den zur Erkrankung disponierenden Momenten.

Nur zum Teil bekannt sind uns die Bedingungen, unter denen die Keime
durch die *äußere* und *„innere" Oberfläche* (Magendarmtrakt, luftführende Wege)
in den Körper eindringen. Die unverletzte Haut gilt als undurchdringlich. Verletzungen von mikroskopischer Größe, wie sie beim Rasieren, bei Einreibungen,
beim Scheuern von Kleidungsstücken entstehen, genügen, um in der Haut die
Tore für die Infektionserreger zu öffnen. Häufiges Waschen und Baden der
Hände und Füße läßt die Epidermisschichten so aufquellen, daß sie zur Ansiedlung von Hautpilzen Gelegenheit gibt. Solche Pilzansiedlungen können in
der Haut zu sehr lästigen Krankheitserscheinungen mit einer „Umstimmung"
des gesamten Hautorgans führen. Klinische Beobachtungen sprechen dafür, daß
die *Tonsillen,* die kranken sowohl wie anscheinend auch gesunde, häufig die
Eintrittspforten für Krankheitskeime darstellen. Der Bronchialbaum und seine
Verzweigungen bis in die Alveolen hinein, werden bei gesunden Menschen keimfrei gefunden. Corpusculäre Elemente, wie Staubteilchen, können aber die Alveolarwandungen passieren. Das gleiche gilt für Bakterien. Eine Erkrankung ist
nicht die notwendige Folge, läßt sich aber experimentell auf dem Inhalationswege erzeugen.

Der *Magendarmtrakt* ist für manche pathogene Keime die einzige Eintrittspforte (Cholera, Ruhr). Der Magen gewährt bei normalen Sekretionsverhältnissen einen gewissen Schutz gegen Keime, die mit der Nahrung eingeführt
werden. Doch ist dieser Schutz nicht zu überschätzen und zu bedenken, daß
durch die Einführung reichlicher Ingesta die Magensäure zum Teil gebunden,
eventuell neutralisiert wird, und bei schneller Passage die Einwirkungsdauer
der Salzsäure nicht ausreicht, um die Bakterien abzutöten. Alle Verhältnisse,
welche zu einer Minderung der Salzsäuresekretion Anlaß geben, begünstigen
die Infektionsmöglichkeiten vom Magendarmtrakt her.

Über den feineren Mechanismus der *enteralen Infektionen* sind wir nur sehr
mangelhaft unterrichtet. Welcherlei Schädigung die sonst für Bakterien undurchdringliche Darmwand angreifbar machen, weiß man im einzelnen nicht.
Toxische Schädigungen, vielleicht durch die von den Bakterien gebildeten Gifte,
Zirkulationsstörungen, wie sie beim Ileus eintreten, sind in erster Linie zu nennen.
Wichtig für das Niedergehaltenwerden darmfremder Keime ist der Einfluß des
Milieus der normalen Darmflora. Einzelne pathogene Keime können gegen die
Überzahl der normalerweise im Darm vegetierenden Bakterien nicht aufkommen.
Die Darmflora ist nach ihrer Zusammensetzung abhängig von der Ernährung. Bei
einseitiger Kohlehydratkost, wie sie im großen Kriege üblich war, kommt es
besonders dann, wenn schwer angreifbare Leguminosen verabreicht werden, zu
einer *Wandlung der Darmflora.* Die acidophilen Arten (Bacillus bifidus, Bacillus
acidophilus, einige Hefen-, Milchsäure- und Buttersäurebacillen) gewinnen die
Oberhand. Der Dickdarminhalt gerät in saure Gärung. Gelegentlich kommt es

zur Reizung der Darmschleimhaut durch die sauren Gärungsprodukte (Gärungsenterocolitis[1]).

Die Entwicklung einer solchen acidophilen Flora wirkt andererseits er-
schwerend auf die Ausbreitung säureempfindlicher Krankheitserreger, z. B. der
Typhusbacillen, welche der von der acidophilen Gruppe gebildeten Säure zum
Opfer fallen, wie ich in eigenen[1] Untersuchungen zeigen konnte. So bildet sich
jede Darmflora durch ihre Stoffwechselprodukte eine Art *Selbstverteidigung* gegen
das Aufkommen neueindringender Bakterienarten aus. Hierin liegt wenigstens
für einen Teil der Fälle die Erklärung dafür, daß das Hineingelangen von Krankheitserregern in den Darmkanal nicht gleichbedeutend ist mit der *Erkrankung,*
die diese Erreger sonst zur Folge haben. Die saure Reaktion des normalen
Scheidensekrets verhindert das Aufkommen ortsfremder Keime. Bei Entzündung der Scheide wird alkalische Reaktion beobachtet und dadurch das Aufkommen einer anderen Scheidenflora angezeigt. Rectum und Scheide haben
unter *physiologischen Bedingungen* jedes ihre spezifische Bakterienflora, obwohl
doch Übertragungs- und damit Ausgleichsmöglichkeiten der Bakterienflora
zwischen beiden Organen genügend existieren. Hier erleichtert uns die *differente Reaktion* des *Milieus* das Verständnis.

Das bakteriologische Stuhlbild des Säuglings ist so charakteristisch, daß man
an ihm die Art der Ernährung erkennen kann. Der Stuhl des mit Frauenmilch
genährten Säuglings enthält nahezu ausschließlich den Bacillus bifidus (TISSIER),
der des Flaschenkindes vorwiegend gramnegative Bakterien der Coligruppe.
Wird das Flaschenkind wieder an die Mutterbrust angelegt, so schlägt die Darmflora sofort wieder um: der Bifidus beherrscht das Feld. Sogar beim Erwachsenen
kann man durch Ernährung mit Frauenmilch den Bifidus zum dominanten Keim
der Stuhlflora heranzüchten. Das sind schlagende Beweise für die *Abhängigkeit des Bakterienwachstums von der Art der zugeführten Nahrung.*

Für die Erscheinung, daß bestimmte Erreger nur in bestimmten Geweben
sich ansiedeln (Gonococcus vorzugsweise auf der Urethralschleimhaut, Lepra
im Nervengewebe), hilft man sich weiterhin mit der Vorstellung einer *spezifischen Anpassung* des Keims an den ihm adäquaten Nährboden. Eine interessante
klinische Erfahrungstatsache ist die häufig gleichzeitige Erkrankung des *Parotis-*
und des *Hodengewebes,* woraus geschlossen werden muß, daß der Erreger der
Parotitis epidemica zwar im ganzen Organismus verbreitet ist, aber nur an
diesen beiden Geweben die Bedingungen für Ansiedlung und rasche Vermehrung findet, woraus sich das häufige Zusammentreffen der beiden Erkrankungen
erklärt.

Die *Schädigungen,* welche eine *Bakterieninvasion* in die Gewebe des Körpers
zur Folge hat, sind *direkte lokale* und *indirekte allgemeine.* Bleibt die Infektion
lokalisiert, so wirkt der Keim zunächst als körperfremdes Substrat. Die Ab-
wehrreaktionen des Organismus gegen das Eindringen des Keims sind, abgesehen
von der individuell sehr wechselnden Wehrkraft, in ihrer Intensität abhängig
1. von der Zahl, 2. von der Vermehrungsfähigkeit, 3. von der Toxinproduktion,
4. von der Virulenz und schließlich auch 5. von der Zerfallsgeschwindigkeit der
eingedrungenen Bakterien.

Es ist ohne weiteres verständlich, daß eine Invasion des Organismus mit
einer übergroßen Menge sich rasch vermehrender Keime, wie z. B. bei der Lungen-

---

[1] BÜRGER: Münch. med. Wschr. **1918** I, 318.

pest, ihn im Zeitraum von 24—48 Stunden tötet, weil ihm keine Zeit gelassen wird zu einer Mobilisation wirksamer Abwehrkräfte. Ebenso kann die Infektion mit Keimen, welche hochwirksame Toxine produzieren (Diphtherie, Tetanus), die Verteidigungskräfte des befallenen Individuums so weitgehend lähmen, daß der Tod in wenigen Tagen eintritt. Das Tetanustoxin z. B. ist 200mal giftiger als Strychnin, es genügen davon mitunter 0,00005 mg, um eine Maus von 15 g zu töten; auf den Menschen übertragen würde $^1/_4$ mg Tetanustoxin für ein 75 kg schweres Individuum unter Umständen tödlich sein können. Von anderen Keimen werden nicht die von ihnen gebildeten Toxine, sondern die Zerfallsprodukte ihrer Leibessubstanz dem Körper gefährlich, so daß unter bestimmten Bedingungen ein rascherer Zerfall der eingedrungenen Keime schwerere klinische Erscheinungen auslösen wird.

Neben einer *Leukocytenansammlung,* die schließlich in Eiterung übergehen kann, sind die Erscheinungen *lokaler bakterieller Entzündung* durch vermehrte Transsudation aus den erweiterten Gefäßen, eine Vermehrung der Blutströmung und Lymphbewegung, Neubildung von Zellen und degenerative Veränderungen an den geschädigten Gewebselementen charakteristisch. Überall wo es im Körper zu einer Anhäufung von Bakterien kommt, wirken deren Stoffwechsel- und Zerfallsprodukte oder die von ihnen gebildeten Gifte nekrotisierend auf die Umgebung ein. So kann letzten Endes als Folge jeder Bakterieninvasion *lokaler Gewebstod* eintreten, das lehrt die Nekrose der Lymphknötchen des Darms bei Typhus, die Knochenmarksnekrose bei Sepsis.

Die *Allgemeinschädigungen,* welche das Eindringen der Bakterien in die Gewebe mit sich bringen, sind in ihrer Intensität davon abhängig, ob der Infekt wie z. B. bei einem Furunkel lokalisiert bleibt, oder ob es zur *Einschwemmung* von Keimen in die *Blutbahn* kommt. Weiterhin ist von großer Bedeutung die Art und Menge der von den Bakterien gebildeten Gifte, der sog. *Toxine.*

Die Ausbreitung der Keime im Organismus erfolgt entweder per *continuitatem,* wie z. B. beim Erysipel, bei welchem wir auf der Haut des Kranken die langsam fortschreitende Infektion ablesen können, oder durch schubweise Einschwemmung in die Lymph- und Blutbahn: die Keime werden im ganzen Organismus verteilt und finden vielerorts günstige Bedingungen für neuerliche Ansiedlung und Vermehrung. Diese neuen Siedlungsstätten werden *Metastasen* genannt; wiederholen und häufen sich solche Einschwemmungen von Bakterien in die Blutbahn, so resultiert daraus das Krankheitsbild der *Sepsis.* Die Keime lassen sich dann unschwer aus dem Blute züchten; *gelegentliche* Bakterieninvasionen können fast bei allen lokalen Infektionen vorkommen und zu vorübergehender *Bakteriämie* führen, ohne daß daraus das Krankheitsbild der Sepsis entsteht. Ein massenhafter Bakterieneinbruch in die Blutbahn ist immer gefährlich. Von Tieren gleichen Gewichts, denen in der einen Reihe eine bestimmte Bakterienmenge unter die Haut, in einer zweiten Reihe die gleiche Menge ins Blut gespritzt wurde, pflegen unter sonst gleichen Bedingungen die subcutan Infizierten zu überleben, die vom Blutwege her Infizierten zu sterben. Oft bereitet die *eine* Infektion einer zweiten *sekundären* den Weg. Aus dem Inhalt tuberkulöser Kavernen kann eine Vielheit verschiedenartigster Keime gezüchtet werden, deren Stoffwechsel und Zerfallsprodukte das klinische Bild, vor allem die Fieberkurve in ihrem Verlauf wesentlich mitbestimmen.

Von diesen sog. *Sekundärinfektionen* werden als *Mischinfektionen* solche unterschieden, bei denen eine *gleichzeitige* Invasion mehrerer Bakterienarten in den Organismus hinein stattfindet.

Mit jeder Infektion ist eine *Intoxikation* verbunden; ja man kann geradezu sagen, daß die wichtigsten klinischen Zeichen der Infektion: die lokalen entzündlichen und die allgemeinen unter dem Symptomenbilde des Fiebers verlaufenden erst *möglich* werden, wenn lösliche Produkte der Bakterien in die Zirkulation geraten. Wenn bei einem streng lokalisierten Prozeß, z. B. einem Furunkel, Fieber auftritt, so ist das besonders dann ein Zeichen dafür, daß von den Bakterien pyrogenetische Substanzen in die Blutbahn gelangt sind, wenn sich Keime im strömenden Blut *nicht* nachweisen lassen. Auch die Veränderungen am Leukocytenapparat lassen sich, wie gezeigt wurde, nur dann verstehen, wenn man die Diffusion *leukotaktisch* wirksamer Substanzen vom Orte der lokalisierten Infektion her annimmt. Das Gesetz *Corpora non agunt nisi soluta* gilt auch auf dem Gebiete der Infektion und Immunität.

Bei einer Reihe von Krankheitserregern überwiegt die Giftbildung so, daß von ihr das Krankheitsbild beherrscht wird; man spricht dann von *Toxinämie* sensu strictiori. Diphtherie-, Tetanus-, Botulismuserreger liefern solche hochwirksame *Toxine*. Über die chemische Zusammensetzung dieser Gifte wissen wir nichts. Diphtherie- und Tetanustoxin werden in der Kulturflüssigkeit und im lebenden Organismus gebildet; beide zeichnen sich durch eine hohe Affinität zum Nervengewebe aus. Vom Tetanusgift wissen wir, daß es in bzw. entlang den Nervenbahnen zur Ganglienzelle gleitet. Stets beginnen hier die Erscheinungen in der Nähe des Infektionsortes. Das gilt auch für manche Diphtherieinfektionen, bei der die Gaumensegellähmung oft die primäre von den nervösen Erscheinungen ist. Weit gefährlicher ist die Neigung des *Diphtherietoxins,* sich in den Elementen des *Myokards* zu verankern, und dort schwere, oft tödliche Herzmuskelschädigungen zu setzen (Myolysis cordis toxica Abb. 13, S. 85).

Der Begriff der *Virulenz* ist nicht identisch mit dem der Giftigkeit. Gleiche Mengen gleichartiger Bakterien einer Kultur töten ein bestimmtes Versuchstier innerhalb kurzer Zeit, während die gleiche Menge einer zweiten Kultur derselben Keime das Brudertier gleichen Gewichts kaum krank macht. Die erste Kultur ist hochvirulent, die zweite avirulent. Die Erfahrung lehrt, daß *direkt* vom Tier gezüchtete Bakterienstämme im allgemeinen virulenter sind als lange von Kultur zu Kultur fortgezüchtete Laboratoriumsstämme. Eine scharfe Definititon des Virulenzbegriffs fehlt; ausschlaggebend für die *Virulenz* eines Keims ist seine rasche Vermehrungsfähigkeit bei gleichzeitiger hoher Giftigkeit seiner Stoffwechsel- und Zerfallsprodukte für den befallenen Organismus; es bleibt dem befallenen Tier keine Zeit zu wirksamer immunisatorischer Abwehr. *Hohe Virulenz* fällt daher häufig zusammen mit kurzer *Inkubationszeit,* worunter die vom Zeitpunkt des Infekts bis zum Ausbruch der ersten Krankheitserscheinungen verlaufende Frist verstanden wird. Die exakte Bestimmung des Virulenzgrades ist deshalb so schwierig, weil die Empfänglichkeit verschiedener gleichalter und gleichschwerer Individuen einer Spezies für die Infektion mit Keimen ein und derselben Kultur differiert. Auch wird die Virulenz um so größer sein, je besser die *Vermehrungsfähigkeit* des Keimes im *Wirtsorganismus* ist. Derselbe Keim ist für einen aus irgendwelchen Gründen geschwächten Organismus gefährlicher, weil er dort *vermehrungsfähiger* ist als für einen ungeschwächten.

Ein Diabetiker z. B. ist durch eine Streptokokkeninfektion mehr gefährdet als ein Gesunder: für ihn sind die Streptokokken virulenter. Im Virulenzbegriff kommen nicht bloß *Eigenschaften des Erregers,* sondern auch solche des *infizierten Organismus* zum Ausdruck.

Es ist wenig damit gesagt, wenn man Virulenz als die *Summe der spezifisch krankmachenden Wirkungen eines Mikroorganismus* definiert. Streptokokken, welche z. B. eine maximale Virulenz für Kaninchen aufwiesen, waren nicht imstande, beim Menschen Erysipel zu erzeugen. Umgekehrt lassen sich aus dem Blut von Menschen mit tödlich verlaufenden Streptokokkenerkrankungen Keime züchten, die für Mäuse nicht virulent, nicht einmal pathogen sind. Diese Beispiele zeigen schon, mit welchen Schwierigkeiten der Versuch zu kämpfen hat, den Virulenzgrad eines Keims im Tierversuch zu bestimmen.

Die *Verteidigungsmittel* des Organismus werden von seinen Zellen bereitgestellt. Letzten Endes sind auch alle *humoralen* Antikörper *cellulären* Ursprungs. Je mehr körperfremdes Eiweiß, seien es nun Ektotoxine, Endotoxine oder lediglich Zerfallsprodukte der Bakterienleibessubstanz, in Lösung geht, um so rascher wird ceteris paribus der Organismus mit der Mobilisation seiner Abwehrkräfte reagieren. Eine Hauptaufgabe fällt bei der *Unschädlichmachung der eingedrungenen Keime dem reticuloendothelialen Zellapparat und den Leukocyten* zu. Sie können aber erst an den Ort der Entzündung herangelockt werden, wenn leukotaktisch wirksames Material in die Zirkulation gelangt ist.

Durch eine große Zahl von Experimenten wurde gezeigt, daß der Kontakt von körperfremdem Eiweiß mit dem fermenthaltigen Serum die Bildung solcher leukotaktisch wirksamen Substanzen vorbereitet. Im Prinzip ist es dabei gleichgültig, ob das zum Abbau gelangende Eiweißmaterial bakterieller oder anderer Provenienz ist. Hitzekoaguliertes, körpereigenes Eiweiß, welches mit aktivem Eigenserum digeriert wird, ist leukotaktisch in gleicher Weise wirksam wie ein Bakterienserumdigest (Bürger und Dold). Dort, wo abbaufertiges Material deponiert und der Wirkung der komplementhaltigen Körpersäfte ausgesetzt ist, liegt das Konzentrationsmaximum, das Ziel der wandernden Leukocyten. Mit zunehmender Entfernung von dem Entzündungsherd nimmt die Konzentration der Entzündungsstoffe ab, so daß ständig ein Konzentrationsgefälle besteht, gegen das der Leukocytenstrom gerichtet ist.

In hoher Konzentration können die leukotaktisch wirksamen Körper die Bewegungsfähigkeit der Leukocyten beeinträchtigen. Stoffe, welche in dieser Weise die Verteidigungsmittel des Körpers schwächen, das Gedeihen ihres Erzeugers (des Bacteriums) befördern, nennt man *Aggressine.*

In diesem aufs feinste ausgebildeten cellulären Schutzapparat sieht Metschnikoff und seine Schule die wirksamste Abwehreinrichtung gegen eingedrungene belebte und unbelebte Fremdkörper. Die lebenden Körperzellen sind nach ihm im wesentlichen die Träger der Immunität. Unter ihnen sind die Leukocyten als mobile Phagocyten die wirksamsten, die mehrkernigen Leukocyten (Mikrophagen) und die großen einkernigen Leukocyten (Makrophagen) nähern sich durch chemotaktische Reize dem eingedrungenen Erreger, nehmen ihn in ihre Körpersubstanz auf und vernichten ihn. Dringen irgendwelche Keime in den Organismus ein, so können sie ihn vorbereitet oder unvorbereitet treffen. Im letzten Falle werden durch die normalen bakteriolytischen Serumstoffe leukotaktisch wirksame Körper nur langsam und spärlich aus den Bakterien gespalten, sie geraten in die Zirkulation, locken die Leukocyten an und reizen sie zu beschleunigter Bewegung. Dringen aber Keime in den *vorbehandelten* Organismus ein, so kann die Abspaltung leukotaktisch wirksamer Gruppen schneller und intensiver verlaufen, die Phagocytose ist gesteigert. Neben mobilen unterscheidet man fixe Phagocyten. Zu ihnen gehören die Reticuloendothelien der Milz und des Knochenmarks. Auch den Bindegewebs- und Nervenzellen werden phagocytäre Eigenschaften zugeschrieben.

Diese *phagocytären Leistungen* werden durch das Vorhandensein der sog. *Opsonine* gesteigert. Unter Opsoninen werden Stoffe verstanden, welche die Phagocytose gewissermaßen vorbereiten. Ihr Nachweis geschieht durch Zählung der phagocytierten Elemente unter bestimmten Versuchsbedingungen. In einem schon vorbehandelten Organismus werden dank des Vorhandenseins eines spezifischen Ferments (Immunkörper) die gleichen Leukocytenreizstoffe, welche sich von den meisten Bakterien gewinnen lassen, rascher und reichlicher aus dem Gemenge der Proteine abgespalten, wodurch eine spezifisch *opsonische* Wirkung vorgetäuscht werden kann. Bringt man z. B. einem Meerschweinchen Choleraimmunserum und eine geringe Menge Choleravibrionen in die Bauchhöhle, so finden sich im Peritoneum und Omentum zahlreiche mit Vibrionen vollgestopfte Leukocyten. HÖBER zeigte, daß die Opsoninwirkungen mehr oder weniger als Globulinwirkungen aufzufassen und auf Änderungen der Agglutinabilität zwischen Leukocyten und den zu phagocytierenden Korpuskeln zurückzuführen sind.

Abwehrfermente[1].

Nach der landläufigen Auffassung sind viele Immunitätsvorgänge nichts anderes als am falschen Ort sich abspielende, mit den Verdauungsprozessen zu analogisierende Abbauprozesse. Jeder Immunisierungsvorgang tritt nur dann deutlich in die Erscheinung, wenn das Substrat, gegen das sich die Immunisierung richtet, der enteralen Verdauung entgangen, und so entweder unter Umgehung des Magendarmtrakts oder unter Nichtbeeinflussung durch die Darmfermente in die Gewebe eindringt. Nach dieser allgemeinen Fassung kann jede organische Substanz, die parenteral dem Organismus einverleibt wird, oder die inneren Oberflächen desselben mehr oder weniger unbeeinflußt durchdringt, den Anstoß zu Immunisierungsvorgängen geben und als *Antigen* wirken. Eine überragende Bedeutung bei den Immunisierungsvorgängen haben bisher nur die Eiweißkörper gewonnen; Kohlehydrate und Fette bzw. Lipoide können vielleicht die Bildung der zu ihrer Aufspaltung geeigneten Fermente in den Geweben steigern, lassen aber viele für die Antigenwirkung charakteristischen Erscheinungen vermissen. Die antigene *Unwirksamkeit* chemisch definierter Tuberkelbacillenfette konnte Verfasser in eigenen Versuchen erweisen[2]. Es soll im folgenden daher nur von den Antigenen der Eiweißreihe wegen ihrer überragenden praktischen und theoretischen Bedeutung die Rede sein. Im allgemeinen ist ein Eiweißkörper desto geeigneter als Antigen zu wirken, je komplexer er ist; Aminosäuren haben keine antigene Wirksamkeit, Albumosen und Peptone verlieren dieselbe mit zunehmender Reinheit. Es bleiben also vor allem die *kolloidalen Eiweißkörper* als Antigene übrig. Das Verständnis für die Immunisierungsvorgänge wurde

---

[1] ABDERHALDEN: Die Abwehrfermente, 4. Aufl.
[2] BÜRGER: Ein Beitrag zur Chemie der Tuberkelbacillenfette. Biochem. Z. **78**, 115 (1916). — BÜRGER u. MÖLLERS: Untersuchungen über antigene Eigenschaften der Tuberkelbacillenfette. Veröff. Koch-Stiftg II, **70**. — Dtsch. med. Wschr. **1916 II**.

wesentlich gefördert, als es ABDERHALDEN gelang, mit Methoden, die den rein serologischen an Exaktheit weit überlegen sind, nachzuweisen, daß bei den Abwehreinrichtungen des Körpers *Fermente* eine führende Rolle spielen. Seine Lehre von den *Abwehrfermenten* stellt den Immunisierungsprozeß gewissermaßen als einen parenteralen Verdauungsvorgang hin. Hierbei ist aber sofort zu bemerken, daß es bei Injektionen von peptisch und tryptisch verdautem Eiereiweiß bisher in Versuchen an Hunden nicht gelungen ist, alle Symptome, welche man nach wiederholten Antigeninjektionen beobachtete, künstlich hervorzurufen[1].

Während die Verdauungsfermente nicht in dem Sinne streng spezifisch sind, daß sie nur auf einen einzelnen chemischen Körper einwirken, sondern gleichsinnige Veränderungen an einer größeren Anzahl ähnlich gebauter Stoffe durch sie eingeleitet werden — Pepsin spaltet verschiedene Eiweißarten, Tyrosinase oxydiert zahlreiche aromatische Substanzen unter Schwärzung —, wissen wir, daß der Tierkörper unter den besonderen Bedingungen der Immunisierung *streng spezifische Gegenkörper* — *Abwehrfermente* — gegen organismusfremde Stoffe bildet. Mit diesem Gesetz der *Spezifität der Antikörper* wird ausgesagt, daß das eingeführte Antigen nur zur Bildung solcher Schutzstoffe Anlaß gibt, welche geeignet sind, seine *eigene* Struktur — nicht die anderer ähnlich gebauter Körper — anzugreifen. Die Abbauprodukte sollen dann ganz wie beim Verdauungsvorgang bis zu assimilierbaren Spaltstücken weiter zertrümmert werden. Bei diesem parenteralen Abbauprozeß entstehen unter Umständen giftige Substanzen. Solange noch keine Abwehrfermente vorhanden sind, nur in unschädlichen Spuren. Bei Gegenwart aber von — durch eine voraufgehende Injektion gebildeten — wirksamen Fermenten entstehen für den Organismus gefährliche große Mengen solcher giftiger Abbauprodukte.

Anaphylaxie.

Zu den Grundtatsachen der Immunitätslehre gehören die Erscheinungen der *Überempfindlichkeit.* Injiziert man Meerschweinchen von 200 g Spuren eines Eiweißkörpers parenteral und reinjiziert nach einem Intervall von 14 Tagen bis 3 Wochen eine geringe Menge des *gleichen* Antigens in die Blutbahn, so stirbt das Tier innerhalb weniger Minuten unter äußerst charakteristischen Symptomen:

Es treten unter einer sehr rasch einsetzenden mit rapid zunehmender Lungenblähung einhergehenden Dyspnoe, vorwiegend exspiratorischen Charakters, tonische und klonische Krämpfe auf. Das Fell des Tieres sträubt sich, es kratzt das juckende Fell, es setzt eine gesteigerte Peristaltik des Magendarmtrakts, Abgang von Harn und Kot ein, die Körpertemperatur fällt ab, die Leukocyten im zirkulierenden Blut sind vermindert, das Tier verendet unter den äußeren Zeichen der Erstickung; die Atmung steht still, während das Herz noch weiter schlägt. Werden Puls und Atmung graphisch registriert, so zeigt sich, daß dem Atemstillstand eine Beschleunigung der Atmung vorausgeht. Der Puls ist stark irregulär. Der Blutdruck sinkt infolge peripherer Vasomotorenlähmung bis auf Null ab. Die Gerinnungsfähigkeit des Blutes ist verzögert, der Gefrierpunkt im wesentlichen wegen der Kohlensäureanreicherung stark erniedrigt. Dieser sog. *anaphylaktische Symptomenkomplex* ist in seinem Verlauf an die Einhaltung ganz bestimmter Versuchsbedingungen gebunden. Wählt man zu dem Versuche größere Tiere, so ist der rasche tödliche Verlauf bei weitem nicht mit der Sicherheit zu erzielen, wie bei kleinen; wählt man das Intervall zwischen erster und zweiter Injektion wesentlich kleiner, so kann der anaphylaktische Shock ganz ausbleiben oder das Krankheitsbild nimmt einen protrahierten Verlauf.

---

[1] SCHITTENHELM u. WEICHARDT: Münch. med. Wschr. **1911 I.**

Diese schweren Erscheinungen der Anaphylaxie werden — auch wenn die Bedingungen ganz ähnlich liegen wie im Meerschweinchenversuch — beim *Menschen* nur selten beobachtet: er ist relativ unempfindlich. Im Prinzip läßt sich die Überempfindlichkeit bei allen Warmblütern nachweisen; doch ist die Empfindlichkeit der verschiedenen Tierspezies sehr different. Zur *Sensibilisierung* — wie man die Vorbehandlung der Versuchstiere nennt — sind alle Eiweißkörper geeignet. Das wurde in großen Versuchsreihen für bakterielles, tierisches und pflanzliches Eiweiß gezeigt; die Effekte der Reinjektion werden aber nur dann beobachtet, wenn *homologes* Eiweiß verwendet, d. h. das gleiche Protein für die Sensibilisierung und Reinjektion verwandt wird. Artgleiches Eiweiß, *reine* Albumosen, Protamine, Acidalbumine und Aminosäuren sind im allgemeinen unwirksam (BÜRGER [1]). Meerschweinchen können nicht mit Meerschweincheneiweiß sensibilisiert werden; es fehlt hier eben die *primäre* Giftwirkung, welche die Abwehrkräfte des Organismus auf den Plan ruft und damit die Überempfindlichkeit bewirkt.

Der Widerspruch, der darin liegt, daß ein an sich *immunisatorischer* Vorgang die Ursache für die tödliche Vergiftung bei der Reinjektion des primär relativ unschädlichen Eiweißkörpers ist, wird folgendermaßen erklärt: *Durch die Erstinjektion* werden die Körperzellen zur Bildung von Fermenten angeregt, welche geeignet sind, das parenteral injizierte Eiweiß (Anaphylatogen) durch Abbau unschädlich zu machen. Die Bildung dieses *anaphylaktischen Antikörpers* geht allmählich vor sich und entsprechend langsam auch die Aufspaltung des *Anaphylatogens*. Einige Wochen nach der Sensibilisierung ist die Produktion überschießender Mengen dieses Antiferments in vollem Gange, das Eiweiß aber, dessen Injektion den Anlaß zur Bildung dieses Antikörpers gab, ist längst unschädlich gemacht. Erfolgt zu dieser Zeit eine zweite Injektion des gleichen Eiweißkörpers, so geht jetzt dank des schon vorhandenen Gegenkörpers der Abbau explosionsartig rasch vor sich; die Menge der Abbauprodukte vergiftet und tötet unter Umständen den „immunisierten" aber „überempfindlichen" Organismus. Durch vorherige subcutane Injektion kleinster Mengen des Antigens können die vorgebildeten anaphylaktischen Antikörper abgesättigt werden und dadurch die nun folgende Hauptinjektion auch vom sensibilisierten Organismus ohne Schaden ertragen werden. Dieser Zustand wird *Antianaphylaxie* genannt.

Nach der hier vorgetragenen Auffassung handelt es sich bei den Überempfindlichkeitserscheinungen um einen Spezialfall immunisatorischer Vorgänge. Der Organismus ist gewissermaßen über das Ziel, sich zu schützen, hinausgeschossen: Die bei der Reinjektion eintretende *Eiweißantieiweißreaktion* hat plötzlich zu viele giftige Abbauprodukte entstehen lassen. Als Beweis dieser hauptsächlich von FRIEDBERGER verfochtenen Hypothese führt der Autor folgendes an: Zunächst beschleunigt parenterale Eiweißzufuhr, wie Stoffwechseluntersuchungen lehren, unter Umständen den Abbau. Sodann kann man mit Injektion von Eiweißabbauprodukten in die Blutbahn der Anaphylaxie ähnliche oder identische Symptomenbilder auslösen; ebenso mit intravenöser Injektion von Trypsin — was von SCHITTENHELM, der mit zellfreien Trypsinlösungen arbeitete, bestritten wird — oder Produkten der tryptischen Verdauung. Das bei der Anaphylaxie wirksame Gift wird *Anaphylatoxin* genannt.

---

[1] BÜRGER: Z. Immun.forsch. **22**, 199 (1914).

Eine besondere Bedeutung haben diese Anschauungen für die menschliche Pathologie dadurch gewonnen, daß es gelang, durch Zusammenbringen von Bakterienaufschwemmungen mit aktivem Serum und nachträgliches Abzentrifugieren der Bakterien das Serum zu einem für Meerschweinchen hochgiftigen Substrat umzuwandeln. Die Tiere sterben nach intravenöser Einverleibung eines solchen vorher mit Bakterien in Kontakt gewesenen Serums akut unter typisch anaphylaktischen Erscheinungen. FRIEDBERGER nimmt an, daß auch bei dieser Versuchsanordnung ein Anaphylatoxin durch die Wirkung des fermenthaltigen Serums auf die Bakterien gebildet wurde. Als es aber gelang, mit *eiweißfreier Stärke* und aktivem Serum Substrakte mit Anaphylatoxinwirkungen zu gewinnen, war die FRIEDBERGERsche Auffassung erschüttert. Immer mehr lernte man in der Folge die *große Bedeutung des physikalischen Zustandes* — nämlich der *Oberfläche* der den frischen Meerschweinchenseren zugefügten Agenzien — für das Auftreten des Giftes kennen (DOLD). Es kommt zu feinen Präcipitatbildungen, die sich auf den Oberflächen der Capillarendothelien niederschlagen, dort einen Wandbelag bilden und den Gaswechsel in lebensbedrohender Weise stören, wodurch die Symptome der Erstickung und der *anaphylaktische Shock* ausgelöst werden.

Allergie.

Die gesicherte Tatsache der Anaphylaxie, daß eine Substanz bei der *ersten* Injektion ungiftig, bei der *zweiten* Injektion aber *tödlich* wirkt, hat zur Aufstellung des *Allergiebegriffes* geführt. Dieser Begriff hat für die menschliche Krankheitslehre eine ungeahnte Bedeutung gewonnen. Er lehrt uns immer mehr erkennen, daß jeder Organismus der einmal mit einer schädigenden Substanz in Berührung gekommen ist, sich in seinem Gesamtverhalten gegenüber dem früheren Zustand verändert, *allergisch* wird. Neben der *allergischen* gegenüber der Norm veränderten Reaktionsweise spricht man auch von einer *hyperergischen* Reaktionsfähigkeit der Gewebe. Unter *Hyperergie* wird die verstärkte Reaktionsfähigkeit der Gewebe gegenüber einem aphysiologisch aber auch physiologischen Reiz verstanden. Viele Reize wirken überhaupt erst unter der Voraussetzung dieser abgeänderten *allergischen* oder verstärkten *hyperergischen* Reizbeantwortung krankmachend. Krankheiten, für deren Entstehung diese erworbene innere Bereitschaft allein oder überwiegend die Grundlage abgibt, werden *allergische* Krankheiten im weitesten Sinne oder *hyperergische,* wenn der Ausschlag der Reaktion ein verstärkter ist, genannt[1].

Die Begriffe Allergie und Hyperergie bleiben denjenigen Krankheiten vorbehalten, bei welchen die von der Norm abweichenden Reaktionen erst im Laufe des Lebens vom Individuum erworben sind. Es ist wichtig an dieser begrifflichen Einschränkung festzuhalten gegenüber einer *anlagemäßig* oder konstitutionell bedingten andersartigen Reizbeantwortung, die also nicht im Laufe des Lebens erworben, sondern offenbar angeboren ist. Die *allergische* — andersartige und hyperergische — verstärkte Reizbeantwortung ist weiterhin zu begrenzen auf solche gegenüber Einwirkung von Stoffen mit *Antigencharakter.* Der Organismus ist in diesem Falle nur gegenüber diesem homologen Stoff überempfindlich oder allergisch gemacht (spezifische Allergie). Im anderen Fall kann die Überempfindlichkeit durch irgendwelche überstandenen Reize

---

[1] KLINGE: Dtsch. med. Wschr. **1936 I**, 209.

gegenüber ähnlichen oder ganz andersartig wiederholten Reizeinwirkungen eintreten (unspezifische Allergie). Da beide Arten der spezifischen und unspezifischen
Allergie häufig miteinander verwechselt werden, was zu vielen Unklarheiten
geführt hat, schlägt RÖSSLE vor, „für die Gesamtheit der krankhaften Erscheinung, welche durch veränderte Reaktionsweise hervorgerufen wird", den Oberbegriff der *Pathergie* zu verwenden.

Dieser Begriff umfaßt erstens die spezifische oder eigentliche Allergie, zweitens
die nichtspezifische Allergie. Unter *allergischer Hyperergie* wird eine erworbene
verstärkte Reaktionsbereitschaft verstanden, welche durch einen spezifischen
Antigen-Antikörper-Reaktionsmechanismus gegenüber einem Antigen (Allergen)
bedingt ist. Der allergischen Hyperallergie (Allergie) liegt eine spezifische allgemeine Umstimmung des ganzen Körpers zugrunde.

Hämolyse, Bakteriolyse.

Das Serum von Meerschweinchen, denen mehrmals 3—4 ccm defibriniertes
Kaninchenblut in die Bauchhöhle injiziert wird, beginnt die roten Blutkörperchen
des Kaninchens im Reagensglas rasch und intensiv aufzulösen. Normales Meerschweinchenserum hat diese Fähigkeit entweder gar nicht oder nur in sehr
geringem Maße (BORDET). Dieser als *Hämolyse* bezeichnete Prozeß ist spezifisch,
d. h. das Serum der mit Kaninchenblut vorbehandelten Meerschweinchen vermag nur die Blutkörperchen von Kaninchen, nicht die anderer Tierarten, aufzulösen. Substanzen, welche ein derartiges Auflösungsvermögen der Erythrocyten besitzen, werden *Hämolysine* genannt. Wird ein hämolysinhaltiges Serum
$^1/_2$ Stunde lang auf 55^0 erhitzt, so verliert es seine hämolytische Kraft, es ist
„*inaktiv*". Durch Zusatz einer kleinen Menge frischen, nicht erhitzten, an
sich unwirksamen Meerschweinchenserums gewinnt es seine hämolytische
Wirkung wieder (Reaktivierung). Von erheblicher theoretischer Bedeutung ist
die Tatsache, daß im Blute vieler Tierarten Hämolysine präexistieren gegen Blutkörperchen, mit denen es früher nie in Berührung gekommen ist (Normalhämolysine). Die Immunhämolysine sind sämtlich komplexer Natur, im Gegensatz
zu den thermostabilen Hämolysinen, die in den Organen des menschlichen und
tierischen Körpers nachgewiesen wurden. So enthalten Milz, Pankreassaft,
Darmschleimhaut und der Kot gesunder Menschen Hämolysine. Die im Serum
kranker und gesunder Menschen vorkommenden Hämolysine werden geschieden
nach Iso-, Auto- und Heterolysinen. Autolysine sind Körper, die gegen die eigenen
Blutkörper gerichtet sind. Sie werden bei der paroxysmalen Hämoglobinurie
gefunden. Interessanterweise geht bei dieser Krankheit die Bindung des Amboceptors bei Gegenwart des Komplements nur in der Kälte vor sich; die Hämolyse
tritt erst bei späterer Erwärmung im Brutschrank ein (DONATH, LANDSTEINER).
Hämolysine wurden ferner bei Krebskranken, Malariapatienten, in Fällen von
perniziöser Anämie und hämolytischem Ikterus, jedoch durchaus nicht regelmäßig, nachgewiesen.

Nach dem gleichen Prinzip wie die Auflösung artfremder roter Blutzellen
geht die Zerstörung jeder fremden, dem Organismus einverleibten Zelle vor
sich: immer bildet sich der *cytolytische* Antikörper aus, der nach allem, was wir
bis jetzt wissen, komplexer Natur ist. Ein spezieller Fall eines solchen cytolytischen Vorgangs ist die *Bakteriolyse*. Wird ein Versuchstier parenteral mit
Bakterien vorbehandelt, so bildet sich der Immunkörper, das *Bakteriolysin*,

aus. Wie der hämolytische Immunkörper ist er relativ wärmebeständig, verträgt Temperaturen von 60⁰ und darüber. Wirksam wird das Bakteriolysin aber erst bei Gegenwart eines zweiten wärmeunbeständigen, bei 56⁰ zerstörbaren Körpers, des Komplements.

Agglutination, Präcipitation.

Eine enge Verwandtschaft mit dem Vorgang der Hämolyse hat der der *Agglutination*. Darunter wird folgende Erscheinung verstanden: Bringt man das Serum der Spezies a, welches von einem mit dem Blute der Spezies b vorbehandelten Tiere stammt, im Reagensglase mit einer Aufschwemmung von Blutkörperchen dieser Spezies b zusammen, so verklumpen dieselben rasch und fallen nach der Zusammenballung zu Boden. Eine solche *Hämagglutination* von Blutkörperchen wird auch im Serum von Tierarten beobachtet, welche nicht mit den homologen Blutkörperchen vorbehandelt waren. Entsprechende Agglutinationsphänomene treten gelegentlich zwischen dem Serum und den Blutkörperchen verschiedener Individuen derselben Spezies ein (Isohämagglutinine). Bei den immunisatorisch erzeugten und auch bei vielen präexistenten, sog. Normalagglutininen, scheint die Agglutination regelmäßig das Vorstadium der Hämolyse zu sein.

Prinzipiell der gleiche Vorgang wird dann beobachtet, wenn ein Tierkörper statt mit heterologen Blutkörperchen mit einer Aufschwemmung von Bakterien vorbehandelt wird. Unter den so erzeugten Antikörpern haben die Bakterienagglutinine sowohl in der bakteriologischen Laboratoriumstechnik zur raschen Identifizierung gezüchteter Keime wie auch in der Serodiagnostik am Krankenbett große Bedeutung erlangt. Die rasche Diagnose mancher Infektionskrankheiten (z. B. des Typhus) wird durch den Nachweis der für den betreffenden Krankheitserreger *spezifischen Agglutinine* ermöglicht.

Bei den Untersuchungen, die der Frage nachgingen, ob agglutinierende Sera auch auf Bakterienextrakte einwirken, oder ob nur die morphologisch erhaltene Bakterienzelle von solchen Seren beeinflußt würde, fand KRAUS beim Zusammenbringen eines agglutinierenden Serums mit einer klarfiltrierten Nährflüssigkeit, in welcher die zugehörigen Bakterien gezüchtet waren, das Auftreten eines Niederschlags. Dieses Niederschlagsphänomen wird als *Präcipitation* bezeichnet. In der Folge zeigte sich, daß das Serum von Tieren, welche mit dem Serum von Tieren einer anderen Spezies vorbehandelt waren, im Reagensglas mit dem Serum dieser vorbehandelten Tiere zusammengebracht, eine Trübung und später eine Ausflockung erkennen läßt. Praktisch genommen ist jedes tierische und pflanzliche Eiweiß bei parenteraler Einverleibung in den Tierkörper zur *Präcipitinbildung* geeignet. Für die praktische Verwertung dieser Entdeckung ist von entscheidender Bedeutung die *strenge Spezifität der gebildeten Präcipitine*. Sie allein ermöglicht eine Differentialdiagnose des zur Untersuchung kommenden Eiweißmaterials. Auf ihr beruht der große forensische und gerichtlich-medizinische Wert des Präcipitationsversuchs (UHLENHUTH).

Die Vielheit der hier angedeuteten Vorgänge hat EHRLICH[1] theoretisch zu deuten versucht. Nach ihm verbindet sich jedes Antigen mit gewissen Gruppen des Zellprotoplasmas. Die chemische Bindung bewirkt einerseits eine funktionelle Ausschaltung der für das Leben der Zellen wichtigen Gruppen und leitet anderer-

---

[1] EHRLICH: Gesammelte Abhandlungen über Immunität. Berlin 1904. — Die Seitenkettentheorie.

seits die Regeneration und Überproduktion dieser durch die Antigenwirkung ausgeschalteten Gruppen ein. Die überproduzierten Gruppen finden nun in der Zelle keinen Platz mehr, sie werden abgestoßen und zirkulieren als Antikörper im Blute. Die abgestoßenen Zellbestandteile werden als *„chemische Seitenketten"* ihres Protoplasmas aufgefaßt. Solange die Seitenketten der Zelle noch angehören, vermitteln sie als Kuppler die Bindung des Antigens an die Zelle *(Amboceptoren)* und vermitteln so die Giftwirkung zwischen Antigen und Zellprotoplasma. Sind aber die Amboceptoren einmal ins Blut abgegeben, so können sie neuerdings injizierte Antigene bevor sie an die Zellen herantreten, binden, und damit die Zelle vor der Giftwirkung schützen. Die Zahl der giftbindenden *haptophoren* Gruppen ist unendlich groß, für jedes vorkommende Antigen präexistiert gewissermaßen eine „Seitenkette". Da die Antikörper nichts anderes sind als solche durch die bindende Wirkung des Antigens funktionell zunächst ausgeschaltete, dann aber im Übermaß reproduzierte und ins Blut abgestoßene Seitenketten, so ist die strenge Spezifität der Antikörper damit klargestellt. Bei ihrem Wirksamwerden treten die Antikörper nicht allein in Reaktion, sondern nur gemeinsam mit einem zweiten hypothetischen Stoff, der chemisch genau so wenig charakterisiert ist wie der eigentliche Antikörper oder Amboceptor. Dieser zweite Körper ist eigentlich nur durch die Eigenschaft der Thermolabilität gekennzeichnet. Er wird bei der Erwärmung auf 55⁰ zerstört. Ein weiteres Kennzeichen ist seine Unspezifität. Er ist unter physiologischen Verhältnissen in jedem normalen Serum vorhanden. Er wird von EHRLICH als *Komplement,* von BORDET als *Alexin* bezeichnet. Der Vorgang einer durch spezifische Hämolysine bewirkten Blutkörperchenauflösung, geht nach den EHRLICHschen Vorstellungen demnach so vor sich, daß durch den Amboceptor eine Kupplung zwischen Blutkörperchen, Hämolysin und Komplement einsetzt, worauf die Hämolyse eintritt. Ist das Komplement durch Erwärmung über 55⁰ zerstört, oder durch ein zweites Antigen-Antikörpersystem *abgelenkt,* so bleibt die Hämolyse aus (Komplementablenkung).

Den großen heuristischen Wert der EHRLICHschen Seitenkettentheorie verkennen auch ihre Gegner nicht. Daß sie eine befriedigende Erklärung *aller* Immunitätsphänomene nicht gibt, lernen wir immer mehr einsehen. SAHLI[1] vor allen wendet sich gegen die Konfusion des rein morphologischen Begriffs der Überregeneration mit dem aus der chemischen Terminologie her übernommenen Vorstellungen von den Seitenketten des Protoplasmas. Er versucht eine Kolloidtheorie der Immunitätserscheinungen, gestützt auf die Anschauungen von BORDET[2] und ZANGGER[3] zu geben. In den Mittelpunkt seiner Betrachtungen stellt er die Frage der Entstehung und der Spezifität der Antikörper. Nach ihm sind alle Antikörper in den Flüssigkeiten des normalen Organismus *präformiert,* sie kreisen dauernd im Blute aller Tiere. Die Einführung des Antigens bewirkt eine kolloidale Bindung von Antigen und Antikörpern, und der so gebundene Antikörper wird funktionell ausgeschaltet. „In diesem Fall entspricht es aber den Gesetzen der Erhaltung des Organismus und seiner Anpassung an das Bedürfnis, wenn darauf diejenigen Zellen, welche schon in der Norm mit der Lieferung des betreffenden Antikörpers betraut sind, in erhöhtem Maße zur

[1] SAHLI: Schweiz. med. Wschr. **1920 II.**
[2] BORDET: Traité de l'immunité. Paris: Masson & Co. 1920.
[3] ZANGGER: Schweiz. Arch. Tierheilk. **1913.** — Korresp.bl. Schweiz. Ärzte **1914,** Nr 3.

Sekretion derselben angeregt werden." Nach den SAHLIschen Vorstellungen ist der Ort des Antigenverbrauchs nicht das Zellprotoplasma, sondern das Blut und die Gewebsflüssigkeit. Für die Präexistenz der Antikörper liefern die Beobachtungen über unspezifische Leistungssteigerung wertvolles Material. Andererseits wissen wir, daß durch Störungen seines kolloidalen Gleichgewichts aus einem normalen ein hochtoxisches Serum gemacht werden kann, welches nach Injektion in die Blutbahn eines artgleichen Tieres dieselben Erscheinungen macht wie das Anaphylatoxin[1] (DOLD u. a.).

Weitere Schwierigkeiten hat die EHRLICHsche Theorie bei der Erklärung der Toxin-Antitoxinbildung. Für eine Reihe pathogener Mikroorganismen (Diphtherie, Tetanus, Dysenterie) ist bekannt, daß sie spezifische Gifte (Toxine) produzieren, welche ein typisches Krankheitsbild unter geeigneten Bedingungen auch dann auslösen, wenn die Bakterien vorher aus der Toxinlösung entfernt wurden. Diese Toxine bewirken im Organismus die Bildung von Gegengiften (Antitoxinen). Durch eine Vermischung von Toxin und Antitoxin kann das Gemenge entgiftet werden, und bei Injektion in den Tierkörper können die typischen Erscheinungen ausbleiben. Bei solchen Entgiftungsversuchen bemerkten BORDET und DANYSZ, daß die Entgiftung einer gegebenen Menge Diphtherietoxin durch eine bestimmte Menge Antitoxin viel weiter geht, wenn man das Toxin auf einmal dem Antitoxin beimischt, als wenn man es in refracta dosi zufügt. Eine ähnliche Erfahrung macht man bei der stufenweisen Absättigung des Diphtheriegiftes, bei welchem der Entgiftungseffekt mit zunehmenden Antitoxinmengen für gleiche Zusatzmengen immer kleiner wird. Während EHRLICH zur Erklärung dieser Erscheinung eine Vielheit der Diphtheriegifte (Toxine, Toxone, Toxoide) annimmt, weist BORDET daraufhin, daß es sich um kolloidchemische Absorptionssättigungen handele, die eben den von EHRLICH angenommenen strukturchemischen Valenzgesetzen *nicht* gehorchen.

Die eben erörterten Immunitätsvorgänge sind im wesentlichen humorale, d. h. die eingedrungenen Erreger werden durch die Gegenkräfte des Organismus gelähmt, weitgehend geschädigt und schließlich zur *extracellulären Auflösung* gebracht. Schon das frische Blutserum unvorbehandelter Tiere hat gegenüber vielen Bakterien eine beträchtliche zerstörende Kraft. Diese Abwehrkraft wird von BUCHNER den *Alexinen* zugeschrieben, welche bei längerem Aufheben des Serums allmählich an Wirksamkeit verlieren. Solche Alexine sind nicht nur im Blutserum, sondern z. B. auch in der Peritonealflüssigkeit und können nach spezifischer Vorbehandlung in ihrer bakteriolytischen Wirksamkeit erheblich gesteigert werden (PFEIFFERscher Versuch).

Immunität.

So übersichtlich für viele Fälle sich unter den *Bedingungen des Laboratoriums* die Verhältnisse der Immunisierung bzw. Immunität gestalten lassen, und sich Beziehungen zwischen dem mannigfachen Lysinen, Antitoxinen, Präcipitinen und dem Grade der erreichten Immunität herstellen lassen, so schwierig liegen die gleichen Fragen für die *natürliche* und die *erworbene Immunität* des Menschen, die wir durchaus nicht immer auf den Nachweis der geschilderten Antikörper im Reagensglasversuch zurückführen können. In der überwiegenden Zahl der

---

[1] BORDET: Traité de l'immunité. Paris: Masson & Co. 1920.

Fälle müssen wir damit rechnen, daß auf eine im einzelnen noch unbekannte Weise Bakterien durch die verletzte Haut oder durch die geschädigten Schleimhäute des Respirations- und Digestionstrakts in die Körper eindringen und hier nach Art einer parenteralen Eiweißinjektion die Gegenwehrvorrichtungen des Körpers mit Bildung von *Abwehrfermenten* in Funktion treten lassen. Die Immunität nach überstandenen bakteriellen Erkrankungen bietet so dem Verständnis keine Schwierigkeiten. Diese Art der *erworbenen Immunität* kann auch durch künstliche Infektion durch Injektion virulenter Bakterien in abgeschwächter Form erreicht werden *(aktive Immunisierung)*. Ein anderer Weg der Immunisierung ist der der Übertragung von Blutserum immunisierter Tiere, welches die fertig gebildeten Gegengifte bereits enthält *(passive Immunisierung)*. Bei der passiven Immunisierung erkauft man den Vorteil sofortiger Wirksamkeit mit dem Nachteil ihrer sehr geringen Dauer.

Denn die übertragenen Antikörper werden im Laufe weniger Wochen abgebaut und ausgeschieden. Große Bedeutung hat die Übertragung von Tetanusantitoxin bei tetanusverdächtigen Verletzungen besonders im Weltkriege gewonnen. Der Wundstarrkrampf ist im weiten Maße dadurch verhütet worden. Bei der Diphtherie ist die passive Immunisierung trotz aller gegenteiliger Meinungen *wirksam*. Es ist verständlich, daß die Wirksamkeit nachläßt, wenn bereits große Mengen von Toxinen im Körper verankert sind. Je frühzeitiger das Schutzserum übertragen wird, um so wirksamer ist es. Man hat wegen des verheerenden Auftretens der Diphtherie neuerdings eine *aktive* Immunisierung der noch nicht Befallenen angestrebt. Die *aktive* Immunisierung wird aber erst nach Ablauf von Wochen wirksam. Als Impfstoffe kommen in Frage: 1. Gemische von Diphtherietoxin und Antitoxin, 2. sog. Formoltoxoide; das sind *Gemische* von Formaldehyd mit Diphtherietoxin. Bei den letzteren ist das wirksame Toxin durch den Einfluß von Formaldehyd entgiftet. Erhalten geblieben ist dagegen die Fähigkeit mit den Antitoxinen zu reagieren und Antitoxinbildung im Körper des Geimpften anzuregen. Über den praktischen Nutzen der aktiven Diphtherieschutzimpfung sind die Meinungen noch geteilt. Auf anderen Gebieten aber (Typhus, Cholera) hat sich die aktive Immunisierung mit abgeschwächtem Bacillenmaterial nach den Erfahrungen des Weltkrieges durchaus im großen Umfange bewährt.

Das uns geläufigste Beispiel *aktiver Immunisierung* ist die *Schutzpockenimpfung,* dank deren gesetzlichen Einführung die Pocken in Deutschland eine nahezu unbekannte Krankheit geworden sind; dabei wird das Pustelsekret von echten Blattern zunächst auf Rinder übertragen, es entstehen die Kuhpocken. Durch Rückübertragung der Kuhpocken auf den Menschen wird eine abgeschwächte Form der Blattern erzeugt: die Vaccine. Das Pockenvirus hat durch die Passage des Rinderorganismus eine derartige Abschwächung erfahren, daß es den Menschen zwar noch leicht krank machen, ihm aber nicht mehr gefährlich werden kann, wie die Infektion mit echten Blattern, ein Vorgang, der als *Virulenzabschwächung* bezeichnet wird. Das Überstehen der leichten Schutzpockenerkrankung verleiht dem Menschen eine hohe Immunität gegen die echten Blattern: es ist eine *aktive Immunisierung* durch Pockenvirus, das durch Tierpassage abgeschwächt ist, erreicht. Es ist viel Scharfsinn auf die Lösung der Frage angewandt worden, welche Zellen im menschlichen Körper diese Schutzstoffe produzieren; ob die Schutzstoffe dauernd im Blute kreisen, oder ob sie von gewissen Zellen gespeichert werden, oder ob sie schließlich erst im Moment der Gefahr von bestimmten oder von allen Zellen des neuinfizierten Organismus neu gebildet werden. Sichergestellt ist, daß intravenös appliziertes Vaccinevirus rasch aus der Blutbahn verschwindet und schon nach 2 Stunden in Leber, Milz und Knochenmark nachweisbar ist. Läßt man das injizierte und sofort nach der Injektion entnommene Blut in vitro stehen, so ist es noch nach 24 Stunden infektiös. Es ist also keine Abtötung des Virus vor sich gegangen, sondern die Organe haben dasselbe aus der Blutbahn abgefangen; besonders geschieht das durch die Haut, auf welcher man nach vorangehender Enthaarung und Reiben mit Sandpapier bei intravenös infizierten Albinokaninchen konfluierende Hautpocken erzeugen kann. Offenbar hat das Vaccinevirus eine besondere Affinität zum Hautorgan, in welchem es noch tagelang weiter leben kann. Die im Blute in geringer Menge anfänglich nachweisbaren Antikörper sind längst verschwunden, wenn die volle Immunität gegen das Vaccinevirus noch fortbesteht. Aus diesen Erfahrungen hat man geschlossen, daß die durch Vaccination erreichte Immunität *histogenen* Ursprungs ist und daß sich die immunisatorischen Vorgänge im wesentlichen im *Hautorgan* abspielen. Aus jetzt nicht zu erörternden Gründen ist die *Hautimmunität* nicht etwa so vorzustellen, daß hier eine Art Speicherung von Antikörpern vor sich geht, auf die im Bedarfsfalle zurückgegriffen wird, sondern die Haut ist durch die erste Infektion in der raschen Bildung von Antikörpern gewissermaßen geübt, so daß sie bei einer zweiten Infektion anders, und zwar rascher und reichlicher mit der Bildung virulizider Antikörper reagiert, sie ist *allergisch* geworden. Diese erhöhte Bereitschaft (Allergie, PIRQUET) führt bei einer zweiten Vaccination zu der bekannten Frühreaktion. Der gleiche Gedankengang führt auch in der Erklärung der positiven PIRQUETschen Tuberkulosereaktion nach vorausgegangener tuberkulöser Infektion. Die Wirkung der Kuhpockenimpfung verblaßt im Laufe der Jahre allmählich und wird durch die gesetzlich eingeführte Revaccination im 12. Lebensjahr wieder angefacht. Der schlagende praktische Erfolg der Vaccination veranschaulicht aufs beste die große Bedeutung der Immunitätsvorgänge für Ausbreitung und Bekämpfung der Seuchen. Wie wenig aber noch in einzelnen die Anschauungen über bekannte Immunitätsreaktionen geklärt sind, lehren die Theorien der *Tuberkulinreaktion.* Die Tuberkulose ist eine Volksseuche, welche unter den bekannten Infektionskrankheiten in den europäischen Ländern die meisten Opfer fordert. Die Bemühungen, eine Immunisierung gegen diese Seuche im großen Stile nach Art der Schutzpockenimpfung durchzuführen, sind bis jetzt gescheitert. Es ist bisher nicht gelungen, ein Tuberkuloseantigen zu finden, welches den Menschen einen sicheren Schutz gegen die Infektion mit Tuberkelbacillen verleiht. Das liegt nicht daran, daß bei der Tuberkulose Immunisierungsvorgänge ausblieben, der klassische KOCHsche Versuch lehrt das Gegenteil: wird ein gesundes Meerschweinchen mit einer Reinkultur von Tuberkelbacillen geimpft, so verklebt in der Regel die Impfwunde und scheint in den ersten Tagen zu verheilen. Erst im Verlauf von 10—14 Tagen entsteht ein hartes Knötchen, welches in kurzer Zeit aufbricht und bis zum Tode des Tieres eine ulcerierende Stelle bildet. Wird der gleiche Versuch an einem vor 4—6 Wochen tuberkulös infizierten Tiere vorgenommen, so verklebt bei ihm die Impfwunde anfänglich ebenfalls, ein Knötchen bildet sich aber nicht. Die Impfstelle wird vielmehr am ersten oder zweiten Tage nach der Impfung hart und dunkel gefärbt. Die Verfärbung und Infiltration beschränken sich nicht

auf die Impfstelle selbst, sondern breiten sich in der Umgebung aus, die Haut wird
in den folgenden Tagen nekrotisch und schließlich abgestoßen: es bleibt eine
flache Ulceration zurück. Diese Ulceration heilt gewöhnlich schnell und dauernd
ab, eine Infektion der benachbarten Lymphdrüsen bleibt angeblich aus, was
durch neuere Untersucher allerdings bestritten wird. Es ist also in der Abheilung der Impfstellen ein wesentlicher Unterschied zwischen dem gesunden
und dem bereits tuberkulösen Tiere festzustellen. Das gesunde Tier behält
an der Impfstelle bis zu seinem Tode ein Impfgeschwür, während das infizierte
die Impfwunde unter Abstoßung nekrotisierter Teile zur Abheilung bringt. Dieses
andersartige Verhalten des tuberkulösen Organismus im Vergleich mit dem
gesunden ist eine absolut gesicherte Tatsache. Der Kochsche Grundversuch
ist tausendfach wiederholt und immer wieder bestätigt. Aber nicht nur gegenüber
den lebenden und toten Bacillen läßt sich ein allergisches Verhalten des tuberkulös infizierten Organismus nachweisen, sondern auch gegen die Produkte
der Kochschen Bacillen. Das *Alttuberkulin* wird aus 4—6 Wochen alten, auf
5% Glycerinlösung gewachsenen Reinkulturen der Tuberkelbacillen dadurch
gewonnen, daß die Kulturflüssigkeit durch einstündiges Erhitzen im strömenden
Dampf sterilisiert, sodann bei niedrigen Temperaturen auf ein Zehntel des Volumens eingeengt wird. Nach dem Eindampfen wird die Flüssigkeit durch Filtration
von den Bacillen befreit. Dieses Alttuberkulin soll die löslichen toxischen Produkte der Tuberkelbacillen (Toxine) sowie durch die Hitzebehandlung aus den
Bakterienleibern extrahierten Endotoxine enthalten. Eine dem Kliniker geläufige Immunitätsreaktion gegen die im Tuberkulin enthaltenen Tuberkelbacillen-
produkte ist das differente Verhalten der Körpertemperatur bei gesunden und
tuberkulösen Individuen. Während der gesunde Organismus viele Milligramm
Alttuberkulin verträgt, ohne Schwankungen seiner Eigentemperatur aufzuweisen,
zeigt der tuberkulös infizierte Organismus schon nach Bruchteilen von Milligramm
oft gefährlich hohe Steigerungen der Körpertemperatur. Wird bei Schwer-
tuberkulösen eine Antikörperinjektion durchgeführt, so soll es bereits im Blut
zur Vereinigung von Tuberkulin und Antituberkulinen kommen und dadurch
die Lokalreaktion, unter Umständen auch die fieberhafte Reaktion ausbleiben
(negative Anergie). In allen Untersuchungen, an Tieren sowohl wie an Menschen
ist die Spezifität der Tuberkulinreaktion immer wieder erwiesen worden. Gegenteilige Ansichten ließen sich nicht halten, da bei ihnen gewöhnlich die quantitativen Verhältnisse nicht genügend berücksichtigt waren. Wenn ein tuber-
kulöses Meerschweinchen, das auf 1 mg Alttuberkulin mit Fieber reagiert,
erst bei 10 mg Pepton anderer Herkunft eine fieberhafte Reaktion aufweist,
so ist zu bedenken, daß in dem 1 mg Alttuberkulin bestenfalls $1/_{10}$ mg wirksamer
Substanz vorhanden ist, anders ausgedrückt, reagiert das Tier erst mit der
hundertfachen Menge von unspezifischen Eiweißderivaten gegenüber den Tuber-
kuloseproteinen. Solche und ähnliche Versuche beweisen nur das eine, daß der
tuberkulös infizierte Organismus gegen chemische Reize *verschiedenster* Art
empfindlicher ist als der des Gesunden (unspezifische Pathergie). Die Lehre von
der Spezifität der Tuberkulinreaktion konnte derartige Versuche bisher nicht
erschüttern. Die allgemeinste theoretische Deutung, welche man den immunisatorischen Phänomenen bei der Tuberkuloseinfektion gegeben hat, ist die,
daß der infizierte Organismus die Fähigkeit gewonnen hat, auf eine zweite Infektion mit Bacillen bzw. neuerliche Injektion von Tuberkulinderivaten anders,

und zwar rascher und intensiver zu reagieren als das gesunde Tier. Diese Allergie
ist der Ausdruck einer *spezifischen* Überempfindlichkeit. Der Streit, ob es sich
bei der Tuberkulose in erster Linie um eine humorale oder celluläre Immunität
handelt, ist müßig, insofern alle Antikörper cellulären Ursprungs sind und die
allergische celluläre Reaktion neben einer immunisatorisch bedingten Intensivierung des Entzündungsablaufs zum Teil in einer rascheren und reichlicheren
Bildung hochwirksamer Antituberkuline ihren Ausdruck findet.

Neuere Bemühungen der Tuberkuloseforschung gehen dahin, die Tatsache der Tuber-
kulinüberempfindlichkeit und der Tuberkuloseimmunität voneinander zu trennen. Man
konnte bestätigen, daß beim KOCHschen Grundversuch die dem bereits tuberkulösen Tier
injizierten Tuberkulosebacillen eine deutliche entzündliche Reaktion, welche zu Haut-
nekrosen führte, entfachen. Wenn das Hautgeschwür abgeheilt ist, können die injizierten
Bacillen, entgegen den früheren Meinungen, *doch* in das Innere des Körpers gelangen und
dort Krankheitserscheinungen auslösen. Andererseits gelingt es, tuberkulöse Tiere an
steigende Tuberkulindosen bis zur Unempfindlichkeit zu gewöhnen. Diese tuberkulin-
unempfindlich gemachten Tiere weisen eine stärkere Immunität auf als die nicht mit Tuberkulin vorbehandelten. Damit scheint die Trennung der *Tuberkulinempfindlichkeit* von *der
Tuberkuloseimmunität* gelungen. Die Tuberkulinempfindlichkeit besteht in einer allgemein
gesteigerten Entzündungsbereitschaft der Gewebe des ganzen Körpers gegenüber dem
Tuberkulin. Sie stellt eine *spezifische hyperergische Allergie* dar, die als eine von der Tuberkuloseimmunität getrennte Erscheinung aufgefaßt wird. Meerschweinchen lassen sich durch
subcutane Erstinfektion mit abgeschwächten Tuberkulosestämmen (CALMETTE-GUÉRIN)
so widerstandsfähig machen, daß die spätere Injektion von sonst tödlich wirkenden Dosen
virulenter Tuberkulosebacillen keinerlei Krankheitserscheinungen mehr hervorruft. Diese
sonst hoch virulenten Tuberkulosebacillen sollen sich noch monatelang nach der Injektion
in den Organen immunisierter Tiere nachweisen lassen, in denen sie keine krankhaften
Erscheinungen hervorgerufen haben. Die Zellen dieser immunisierten Tiere haben also eine
Veränderung erlitten: sie sind durch die Tuberkelbacillen unangreifbar geworden (SELTER).

Viel weniger durchsichtig sind die Verhältnisse bei der *angeborenen Immunität,*
bei welcher der Nachweis bakterienfeindlicher Stoffe im Körper des immunen
Individuums durchaus nicht immer zu führen ist. Auch serologische Erfahrungen lassen einen Parallelismus zwischen dem Grade der angeborenen Immunität und dem Reichtum an bacterciden Substanzen häufig vermissen. Bemerkenswert ist der hohe Grad von Immunität der Neugeborenen gegen akute Exantheme.
Die Übertragung des Scharlachs und der Masern von der stillenden Mutter auf
das Neugeborene gehört durchaus zu den Ausnahmen. Neben unbekannten
Faktoren spielt hier das Milieu fraglos eine Rolle.

Wie auf der einen Seite z. B. die Schleimhaut der Conjunctiva der Neugeborenen einen
besonders günstigen Nährboden für die Ansiedlung der Gonokokken abgibt, ist es auf der
anderen Seite durchaus vorstellbar, daß Blut und Säftegemisch der Neugeborenen nicht
die für das Fortkommen der Scharlach- und Masernerreger günstige Zusammensetzung
hat wie im späteren Lebensalter.

Die Übertragung von Antikörpern von der Mutter auf das Kind hat großes
praktisches und theoretisches Interesse. EHRLICH betont in seinen Studien
über Immunität durch Vererbung und Säugung, daß durch die Placenta eine
direkte Übertragung der Antikörper aus dem Blute sowohl aktiv wie passiv
immunisierter Mütter vorkommt; das gleiche geschieht durch die Milch, wobei
der Antitoxingehalt der Milch dem des Blutes parallel geht; da es sich für den
Säugling in diesem Falle um eine *enterale* Immunisierung handelt, die beim
Erwachsenen unmöglich ist, muß angenommen werden, daß in der frühesten
Lactationsperiode unverändertes antitoxintragendes Milcheiweiß die Darmwand
des Säuglings passieren kann. Nach JASCHKE stellt das colostrale Eiweiß das

wichtigste Vehikel für die Zufuhr bestimmter Antikörper dar. Begreiflicherweise werden artgleiche Agglutinine, Opsonine, bactericide und hämolytische Antikörper besonders leicht übertragen.

Die Schwierigkeiten, in das Wesen der Immunitätsvorgänge einzudringen, sind durch die große Zahl der Hypothesen und die durch sie bedingte uneinheitliche Nomenklatur gewachsen. Es kommt hinzu, daß keiner von den sog. Immunkörpern bisher chemisch rein dargestellt ist und jeder nur nach seinen Wirkungen definiert ist. Es erscheint zweckmäßig, ausdrücklich darauf hinzuweisen, daß der Begriff des *Antikörpers* nicht mit dem des *Schutzstoffs* identisch ist. Agglutinine und Präcipitine, die sicher als Antikörper zu bezeichnen sind, verleihen dem infizierten Organismus *keinen* nachweisbaren Schutz, während wir von den Antitoxinen, Bakteriolysinen, Opsoninen und Bakteriotropinen wissen, daß ihnen neben der Eigenschaft des Antikörpers die des Schutzstoffs zukommt. In der Folge werden auch die *Begriffe Allergie* und *Immunität* strenger zu trennen sein. Die allergische Reaktion kann das Individuum schwer krank machen, die erworbene Immunität erhält es unter Umständen gesund.

Über die chemische Seite der bei den Infektionskrankheiten wirksamen Stoffe ist sehr viel gearbeitet worden. Zunächst drehte es sich bei dem Problem um die Frage, wieweit die Gifte, die man fast immer mit Bakterien vergesellschaftet findet, ihre eigenen Produkte darstellen oder ob sie durch die Tätigkeit der lebenden Bakterien aus den zersetzten Stoffen des lebendigen oder unbelebten Nährbodens entstehen. Bringt man einen Tropfen von faulendem Blut oder Eiter in PASTEURsche Lösung (eine Lösung von Zucker und weinsaurem Ammoniak) so wird diese Flüssigkeit durch Vermehrung und Entwicklung der bei der Fäulnis auftretenden Bakterien giftig. Man hat daraus geschlossen, daß die sog. „putriden Gifte" direkte Stoffwechselprodukte der Bakterien sind. Bei der *Cholera* konnte KOCH die Bacillen niemals im Blut, sondern immer nur im Darm nachweisen. Er macht zur Erklärung für den schweren und tödlichen Verlauf die Annahme, daß die Cholerakeime ein spezifisches Gift produzieren, welches nach Schädigung der Darmschleimhaut in den Körper aufgenommen wird und diesen tödlich vergiftet. Bekanntlich kann man mit einer durch eine Porzellanfilter bakterienfrei gemachte Diphtheriebouillonkultur genau die gleichen Erscheinungen im Tiere hervorrufen, wie wir sie auch bei der schweren tödlichen Diphtherie des Menschen beobachten. Auf die schwere toxische Schädigung *Myolysis cordis toxica* als Folge der Diphtherie wurde bereits auf S. 85 hingewiesen. Im Gegensatz zu den relativ ungiftigen Fäulnisprodukten, den *Ptomainen*, nennt man die giftigen basischen Bakterienprodukte von spezifischer Art (Tetanus, Typhus, Diphtherie, Cholera) *Toxine*. Die Hoffnung den Begriff der Infektionskrankheit in den Begriff der Vergiftung aufzulösen, hat sich aber nicht erfüllt. Eine chemische Definition der Toxine ist bisher nicht gelungen. Man hat sich damit begnügt, die Toxine nach ihrer Wirkung auf den Organismus zu unterscheiden. Die Toxine zeigen einmal eine spezifische Wirkung auf den lebenden Körper bestimmter Tiere, zweitens haben sie die Fähigkeit, den befallenen Organismus zur Bildung spezifischer Antitoxine anzuregen. Theoretisch von großer Bedeutung ist die Feststellung EHRLICHs, daß auch mit definierten Pflanzengiften, z.B. dem Ricin (dem wirksamen Prinzip des Ricinusöl), und dem Abrin aus der Jequiritybohne im Tierkörper Antitoxine gebildet werden, welche die Wirkung des Abrins und Ricins zu neutralisieren vermögen.

XV. Pathologie der Nierenfunktion.
A. Physiologische Vorbemerkungen.

Die Nieren stellen ein System mehrerer aneinander gekoppelter Apparate dar, von denen jeder einzelne verschiedenen Funktionen dient. Auf Grund experimenteller histologischer Arbeiten sind folgende Einheiten unterschieden worden: Die *Zuflußbahn* sind die Gefäße; der *Filterapparat* ist in den Glomeruli samt Kapseln untergebracht; für seine selbständige Funktion sprechen entwicklungsgeschichtliche Anhaltspunkte in der Reihe der Vertebraten, der *Sekretionsapparat* wird von den Hauptstücken gebildet. Der *Aufsaugungsapparat* ist dargestellt durch die Schleifen- und Schaltstücke, die von besonders starken venösen Netzen umsponnen sind. Die *Ableitungsbahn* ist in den Sammelröhren gegeben[1].

Bei Injektion verschiedenartiger Farbstoffe läßt sich eine funktionelle Trennung in das Gebiet der Glomeruli samt Kapseln und der Hauptstücke einerseits, der Schleifen-, Schalt-, Zwischenstücke und Sammelröhren andererseits demonstrieren[2].

Diese mehr nach anatomischen Gesichtspunkten gegebene Gliederung legt sofort die für das Verständnis pathologischer Verhältnisse wichtige Frage nahe, an welchen Stellen und in welcher Weise im wesentlichen die Harnproduktion vor sich geht. Die Auffassungen sind getrennt nach solchen, welche die Harnbildung als einen *Filtrationsvorgang* darstellen und nach solchen, die in ihr eine *sekretorische* Leistung der Nieren sehen. Daß die Harnproduktion im wesentlichen ein *mechanischer* Vorgang sei, bei welchem die Membrandurchlässigkeit, der Filtrationsdruck und ein unbehinderter Abfluß die entscheidenden Faktoren sein sollen, ist *abzulehnen*. Da es sich bei einer solchen Filtration darum handeln würde, durch die trennende Membran die Eiweißkolloide des Serums zurückzuhalten, die in echter *Lösung* befindlichen Stoffe dagegen abzuscheiden, müßte eine sog. Ultrafiltration angenommen werden. Das Wasser des Serums ist kolloidal gebunden. Die Abpressung kolloidal gebundenen Wassers geht aber nur unter *so hohem* Druck vor sich wie er im Körper *nicht* gegeben ist. Zudem wäre bei einem Filtrationsvorgang die Niere mehr passiv beteiligt.

Gegen eine nur *passive* Rolle spricht der *hohe Energieverbrauch* der Nieren, welcher an sich schon auf eine mehr aktive Leistung des Organs hinweist. Das *Gewicht* der Nieren beträgt nur $^1/_{163}$ des Gesamtkörpergewichts, *ihr Sauerstoffverbrauch* dagegen bis zu $^1/_{11}$ des gesamten Sauerstoffumsatzes. 1 g Nierensubstanz im Ruhezustand verbraucht in 1 Minute mehr als das Doppelte $(0{,}026\ \mathrm{ccm}\ O_2)$ des Sauerstoffverbrauchs von 1 g Herzmuskel $(0{,}01\ \mathrm{ccm})$[3]. Während ihrer Tätigkeit steigt der Gaswechsel der Niere erheblich an, z. B. von 2,52% des Gesamtsauerstoffverbrauchs auf 11,75%. Bemerkenswerterweise ist aber *nicht eine vermehrte Durchblutung* die *Ursache der gesteigerten Diurese* und der damit verknüpften Steigerung des O_2-Verbrauchs, sondern eine bessere Ausnutzung des Arterienblutes, also eine gesteigerte Entarterialisierung (REIN[4]).

Nach der LUDWIGSCHEN Theorie der Harnbildung wird das im Glomerulus gebildete eiweißfreie Serumfiltrat durch die Funktion des Kanälchensystems — im wesentlichen durch Resorption des überschüssigen Wassers — konzentriert und in Harn umgewandelt; sie kann schon aus dem Grunde nicht richtig sein, weil die Zusammensetzung der einzelnen Harnbestandteile denen des Blutes durchaus nicht entspricht. Während der Kochsalzgehalt des Blutes von 0,58% im Harn auf 1,1% steigt, wächst die Harnstoffkonzentration von 0,05% im Blut bis auf 2,3% im Harn an. Die im Blute zu 0,1% vorhandene Dextrose dagegen ist im Harn nur in Spuren nachweisbar, kann andererseits aber im Diabetes auf 10% im Harn anwachsen. Schon die Glomerulusmembran hat also *auswählende* Funktionen. So wurde z. B. an der Froschniere gezeigt, daß in Gemischen von Glucose und

---

[1] ASCHOFF: Veröff. Mil.san.wes. **1917**, H. 65, 18.

[2] SUZUKI: Zur Morphologie der Nierensekretion, S. 190. Jena 1912.

[3] BARCROFT u. BRODIE: Zit. nach BARCROFT: Erg. Physiol. **7**, 699.

[4] REIN: Einführung in die Physiologie des Menschen. Berlin: Julius Springer 1936.

Lävulose und von Glucose und Lactose Lävulose und Lactose vollständig durchgelassen werden, während Glucose zurückgehalten wird[1].

Die *Hauptaufgabe* der Nieren ist die eines *osmotischen Ausgleichsorgans,* welches zusammen mit anderen Apparaten (Capillaren) ständig für die Aufrechterhaltung des gleichen osmotischen Drucks im Blut und in den Geweben unter allen Verhältnissen zu sorgen hat. Diese Aufgabe wird im wesentlichen durch eine *sekretorische Leistung* der Niere bewältigt. Als eine besondere Eigenschaft der Nierenzellen, welche weitaus den meisten Zellen fehlt, ist die Aufnahmefähigkeit für *lipoidunlösliche* Substanzen anzusehen (Farbstoffe). Durch Injektionsversuche läßt sich zeigen, daß der aufgenommene Farbstoff durch *Sekretion* der Tubuli und nicht durch Rückresorption in die Epithelien gelangt[2].

Gegen die Auffassung, daß die Nierenfunktion als ein sekretorischer Vorgang anzusehen sei, wird häufig die Tatsache angeführt, daß bei sinkendem Blutdruck und damit verschlechterter Durchblutung der Niere die Harnmenge sinkt und umgekehrt. Es ist dabei aber übersehen worden, daß mit verschlechterter Durchblutung auch die Sauerstoffzufuhr leidet, auf die die Nieren besonders, wenn ihre sekretorischen Funktionen beansprucht werden, in hohem Maße angewiesen sind. Das Absinken der Harnmenge bei gestörter Blutzufuhr kann daher ebensogut als eine *Minderfunktion* des unter Sauerstoffmangel leidenden Organs gedeutet werden. Außerdem wird bei verschlechterter Durchblutung der Nieren weniger Ausscheidungsmaterial angeboten.

Eine strenge Trennung und Zuweisung der Partialfunktionen der Niere auf die einzelnen Nierenabschnitte ist bis heute nicht möglich. Das Wesentliche läßt sich wie folgt zusammenfassen: In den Glomeruli und Tubuli werden die gleichen gelösten Substanzen in verschiedener Konzentration ausgeschieden. Die Sonderaufgabe der *Kanälchen* ist die *Konzentration,* die der *Glomeruli die Verdünnung.* Die *Konzentration* über den osmotischen Druck des Blutes kann auch ohne eine Steigerung der Blutstromgeschwindigkeit, wenn genügend harnfähiges Material vorhanden ist, in dem protoplasmareichen *tubulären* Apparat durchgeführt werden. Wird ein Harn abgesondert, dessen osmotischer Druck kleiner als der des Blutes ist, so kann diese Aufgabe nur bei gesteigerter Blutstromgeschwindigkeit unter rascher Absonderung fast reinen Wassers gewährleistet werden. Die Vorrichtung für diese Aufgabe wird in der eigenartigen Anordnung und Einstülpung der Capillarknäuel in die zarte Glomerulusmembran gesehen[3]. Die Aufgabe der Herstellung einer *hohen Konzentration* für Kochsalz und Harnstoff ist Sache der *Kanälchen,* die der *Wasserausscheidung* Sache der *Glomeruli.* Das Ausmaß der Nierenleistung ist nach dem Gesagten abhängig erstens *vom Blutdruck* und *der Durchblutung,* zweitens von der Menge der zur Verfügung stehenden *harnfähigen Bestandteile,* drittens von dem Vorhandensein genügender Mengen von *Wasser.* Eine vierte Abhängigkeit besteht *vom Nervensystem* und vielleicht von *hormonalen* Einflüssen. Wenn auch feststeht, daß eine von ihren Nerven getrennte Niere ihre wesentlichen Funktionen noch erfüllen kann, so sind unter physiologischen Bedingungen nervöse Einflüsse

---

[1] HAMBURGER: Klin. Wschr. **1922 I**, 18.
[2] Literatur bei HÖBER: Physikalische Chemie der Zelle und der Gewebe, 3. Aufl., S. 543.
[3] VOLHARD: Die doppelseitigen hämatogenen Nierenerkrankungen. Handbuch MOHR-STAEHELIN, 1918. — VOLHARD u. FAHR: Die BRIGHTsche Nierenkrankheit. Berlin: Julius Springer 1914.

bekannt, welche die Größe der produzierten Harnmenge mitbestimmen. Nach
psychischen Erregungen kann die Harnmenge steigen und in ihrer Zusammensetzung geändert werden. Ja es treten sogar pathologische Harnbestandteile
nach geistiger Überanstrengung und heftigen Gemütsbewegungen im Harn auf
(psychische Albuminurie). Solche und ähnliche Beobachtungen werden damit
erklärt, daß die Wirkung des Nervensystems auf dem Wege über die Vasomotoren die Durchströmungsgeschwindigkeit in den Nieren regelt und nur auf
diesem Wege eine Beeinflussung der Nierentätigkeit von seiten des Nervensystems möglich ist. Durch *Abkühlung* der Extremitäten kann bei gleichmäßiger
Flüssigkeitszufuhr die Harnmenge gleichfalls auf ein Minimum reduziert werden.
Der Harn wird unter diesen Bedingungen der Abkühlung und eventuell zusätz-
lichen Stauung der Extremitäten hoch konzentriert und enthält nicht selten
Spuren von Eiweiß. Nach Beendigung der Abküh-
lung und Stauung setzt die Diurese sofort wieder im
alten Umfange ein. Die Erscheinung der *Oligurie*
nach *peripherer Abkühlung* wird als Effekt eines *cuto-
renalen Reflexes* gedeutet. Gleichzeitig mit der verminderten Durchblutung der Haut kommt es zu
einer Drosselung der Nieren-durchblutung. Diese hat

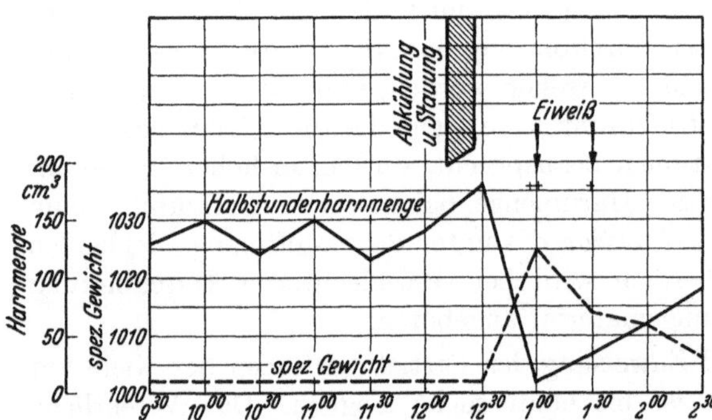

Abb. 43. Wirkung der Abkühlung der Unterschenkel auf Harnmenge
und Konzentration.

die Oligurie und Albuminurie zur Folge[1]. Die Tatsache des cuto-renalen Reflexes
ist für die Entstehung mancher Nierenaffektionen unter der Mitwirkung von
Erkältung und Abkühlung von Bedeutung.

Durch die Piqûre in der Medulla oblongata zwischen Acusticus- und Vagus-
kern konnte bereits CLAUDE BERNARD eine *Vermehrung* der Harnsekretion ohne
Zuckerausscheidung hervorrufen und damit eine Abhängigkeit der Nierenfunktion vom Nervensystem dartun. Fortgesetzte Untersuchungen zeigten dann,
daß nach der Piqûre nicht nur eine Polyurie, sondern auch eine prozentuale
Zunahme der Kochsalzausscheidung vorkommt. Dieselbe Wirkung folgt auf die
Durchschneidung des Splanchnicus. Nach der Durchschneidung des Splanchnicus *einer* Seite wirkt die Piqûre nur noch auf der Seite mit erhaltenem Splanchnicus[2]. Dieser sog. *Salzstich* wird als Reizwirkung gedeutet, die sich auf die
Dilatatoren der Nierengefäße beschränkt. Vagusdurchschneidung bedingt durch
Herabsetzung des Schwellenwertes eine vermehrte zuckersekretorische Funktion
der Niere nach Adrenalininjektionen[3]. Damit ist die Abhängigkeit sekretorischer Leistungen der Niere von *nervösen* Impulsen sichergestellt. Auch von
diuretisch wirkenden Hormonen wird die Nierentätigkeit beeinflußt. Die Wirksamkeit der Hypophysenextrakte auf die Nierenleistung wurde bereits besprochen (S. 216). Ob noch andere diuretisch wirksame Substanzen, z. B. solche,

---

[1] SCHLOMKA: Z. exper. Med. **61**, 405 (1928).
[2] JUNGMANN u. MEYER: Arch. f. exper. Path. **73**, 76.
[3] HILDEBRANDT: Arch. f. exper. Path. **90**, 142 (1921).

die bei der Passage des Wassers durch die Darmwand mitgerissen werden könnten, wirksam sind, muß vorerst dahingestellt bleiben. Störungen der Nierenfunktion können an allen ihren Einzelapparaten einsetzen. Wie bemerkt, führt eine Drosselung der Durchblutung zu einer Minderung der sekretorischen Leistung. Die Funktionsbeeinträchtigung der Niere bei Herzkranken findet somit in der verschlechterten Sauerstoffversorgung des Organs einerseits und in dem verminderten Zustrom harnfähigen Materials andererseits eine einfache Erklärung. Die sog. orthostatische Albuminurie, welche bei disponierten Individuen durch eine kräftige Lordose der Wirbelsäule ausgelöst werden kann, beruht wahrscheinlich auch auf einer geringeren Durchblutung der Niere. Erkrankungen, die vorwiegend am *glomerulären* oder am *tubulären* Apparat sich abspielen, müssen mehr oder weniger charakteristische Funktionsausfälle zur Folge haben, über die nachstehend eine kurze Übersicht gegeben werden soll. Schließlich können in seltenen Fällen rein *extrarenale* Faktoren die Nierenfunktion stören, entweder auf dem Wege über das *Nervensystem* oder durch eine *Dyshormonie.* Einer *Besprechung* der verschiedenen Funktionsstörungen bei Nierenerkrankungen sei eine schematische Übersicht ihrer Hauptformen vorausgeschickt.

B. Systematik der Nierenkrankheiten.

Eine Systematik der Nierenkrankheiten, in welche sich alle Krankheitsbilder zwanglos einordnen ließen, gibt es nicht. Bei der sog. *Schwangerschaftsniere* sehen wir Symptome auftreten, welche eine Einreihung in eines der bekannten Systeme nicht gestatten. Trotzdem ist für die Verständigung und den Unterricht eine Systematisierung unentbehrlich. Die bekannteste Einteilung der hämatogenen Nierenerkrankung ist von VOLHARD[1] aufgestellt worden. Hiernach sind zu unterscheiden:

A. *Nephrosen,* vorwiegend primär epitheliale Erkrankungen degenerativen Charakters.

1. Akuter Verlauf.

2. Chronischer Verlauf.

3. Endstadium: Nephrotische Schrumpfniere ohne Blutdrucksteigerung.

Unterart: Nekrotisierende Nephrosen.

B. *Entzündliche Erkrankungen: Nephritiden.*

I. *Herdförmige Nephritiden* ohne Blutdrucksteigerung.

a) Die herdförmige Glomerulonephritis.

1. Akutes Stadium.

2. Chronisches Stadium.

b) Die (septisch-) interstitielle Herdnephritis.

c) Die embolische Herdnephritis.

II. *Diffuse Glomerulonephritiden* mit obligatorischer Blutdrucksteigerung.

Verlauf in drei Stadien:

1. Das akute Stadium.

2. Das chronische Stadium ohne Niereninsuffizienz.

3. Das Endstadium mit Niereninsuffizienz.

---

[1] VOLHARD, F.: Handbuch der inneren Medizin, 2. Aufl. Berlin: Julius Springer 1931.

Alle drei Stadien können verlaufen:

a) *Ohne* nephrotischen Einschlag.

b) *Mit* nephrotischem Einschlag, d. h. mit starker und diffuser Degeneration des Epithels („Mischform").

C. *Arteriosklerotische Erkrankungen: Sklerosen.*

I. Die blande gutartige Hypertonie = reine Sklerose der Nierengefäße.

II. Die Kombinationsform: Maligne genuine Schrumpfniere = Sklerose plus Nephritis.

Nephrosen.

Unter den *ätiologischen Faktoren,* die zu einer *degenerativen tubulären Nephropathie* oder *Nephrose* führen, spielen diejenigen Zustände eine dominierende Rolle, bei denen der Körper *von endogenen* (Schwangerschaft, Tumoren) oder *exogenen* Toxinen (Tuberkulose, Lues, Diphtherie, Cholera, Sublimat) überschwemmt ist. Anatomisch stehen *degenerative Veränderungen der Epithelien* im Vordergrund des histologischen Bildes der erkrankten Niere. Wichtig ist die Tatsache, daß die Nierenepithelien eine große *Regenerierungsfähigkeit* besitzen. Die Veränderungen an den Epithelien zeigen die Formen der hyalinen, albuminösen, lipoiden, amyloiden und schließlich nekrotischen Degeneration. Von Bedeutung ist, daß jede Form der Degeneration, wenn die Degenerationsprodukte der Zellen nicht nach außen fortgeschafft werden, Anlaß zu reaktiven Entzündungsvorgängen geben kann. Eine Nephrose kann also auf diesem Wege zur entzündlichen *Nephritis* führen. Umgekehrt gibt es aber auch eine *sekundäre Nephrose,* welche nach einer akuten Glomerulonephritis zu schwer heilenden Prozessen an den Tubuli führt. Die Frage liegt nahe, warum, wenn der ganze Körper mit dem Gifte überschwemmt ist, gerade die *Nieren* so schwer betroffen werden. Es ist bekannt, daß der Körper sich einer Reihe von Giften im wesentlichen durch die Nieren entledigt. Die Nieren konzentrieren bei ihrer Ausscheidungsarbeit in den tubulären Apparat die zu sezernierenden Substanzen. Es wird also das Gift an diesen Stellen schon aus dem Grunde besonders intensiv wirken, weil seine *Konzentration hier eine besonders hohe* ist. Die degenerativen Nierenerkrankungen werden bei einer Reihe von akuten Infektionskrankheiten beobachtet, ohne daß es zu schwereren und länger dauernden Schädigungen der Niere kommt; hier kann eine leichte Eiweißausscheidung oft das einzige Zeichen der Nierenerkrankung bleiben. Als Prototyp dieser Form der leichten Nephrose kann die postdiphtherische Nierenerkrankung gelten, bei der STRAUSS nur in 3% der Fälle Ödem beobachtete. Der Nachweis der Erreger in den erkrankten Nieren ist bisher in solchen Fällen nie gelungen, ebensowenig wie bei den *leichten* Albuminurien nach Meningitis, Typhus und Pneumonie. Streptokokken, Pneumokokken und Influenzabacillen können auf der einen Seite eine leichte epitheliale Nephropathie mit febriler Albuminurie setzen, andererseits aber auch zu einer typischen *Glomerulonephritis* führen. Der Grad der Nierenschädigungen wird wie bei den Vergiftungen so auch bei den Infektionskrankheiten von der Menge und von der Dauer der Einwirkungen toxischer Substanzen abhängig sein. Auch bei den *schweren Nephrosen,* die in frühen Stadien der *Syphilis* sich ausbilden können und mit schweren Ödemen und einem exzessiv hohen Eiweißgehalt des Harns einhergehen, ist der Nachweis der *Spirochäten* nicht geglückt, sondern es muß angenommen werden, daß die *Luestoxine* hier schädigend auf den tubulären

Apparat einwirken. Klinisch am häufigsten wird die Nephrose bei *Tuberkulose* gefunden, besonders schwer bei der Knochentuberkulose und bei chronischen Eiterungen. Zu den *wohldefinierten* Giften, welche eine typische Nephrose zur Folge haben können, ist das *Sublimat* und das *Salvarsan* und andere Arsenverbindungen zu rechnen. Zu den *endogenen* Nephrosen sind die parenchymatösen Nierenschädigungen in der Gravidität, bei Kachexie nach malignen Tumoren (Carcinose und Sarkomatose), beim Diabetes mellitus, bei BASEDOWscher Krankheit zu zählen.

Klinisch sind die Nephrosen gekennzeichnet durch einen hochkonzentrierten oft bierbraunen Harn, in welchem Blutkörperchen fehlen, starke Eiweißausscheidung, hochgradige Neigung zu Ödemen und Höhlenhydrops bei fehlender Blutdrucksteigerung.

Nephritiden.

Die *zweite große Gruppe* im System der BRIGHTschen Nierenkrankheiten sind die *Nephritiden*. Das Krankheitsbild ist ein anderes, wenn die *Gesamtheit* der Glomeruli betroffen ist: *diffuse Glomerulonephritis,* und ein anderes, wenn nur ein Teil der Glomeruli erkrankt ist: also eine *herdförmige Nephritis* vorliegt. Über die Entstehung der diffusen Glomerulonephritis sind die Meinungen geteilt. VOLHARD hält sie für eine allgemeine Erkrankung, bei welcher es im ganzen Organismus zu einem Spasmus der Arteriolen kommt. Blutdrucksteigerung, Retinitis, Hautblässe und die Veränderungen an den Glomeruli sind Folge des Spasmus an den kleinsten Gefäßen.

Nach dieser Auffassung hätte die Entzündung keinen Platz in der Ätiologie der diffusen Glomerulonephritis. Während also die Capillaren am übrigen Körper praktisch wieder abheilen, bleiben die Glomeruli nach einer akuten Nephritis oft schwer geschädigt. Dieser Unterschied soll dadurch erklärt werden, daß die Glomeruluscapillaren als *Endcapillaren* aufzufassen sind, die in ihrer Ernährung vollständig vom Vas afferens abhängig und in der Glomerulusmembran eingeschlossen sind. Neben dieser etwas mechanischen Auffassung hat man auch an *Überempfindlichkeitserscheinungen* gedacht, welche den allgemeinen Spasmus der Arteriolen klären sollen. Diese Überempfindlichkeitserscheinungen sind die Folge bakterieller Infektionen, welche man bei vielen akuten Nephritiden nachweisen kann. Dem widerspricht nicht die Tatsache, daß bei der akuten Nephritis der Harn bakterienfrei gefunden wird. Es kann sich ja um Toxine handeln, die aus Bakterienherden, z. B. der Tonsillen oder von Wurzelgranulomen, herrühren. Die bereits erwähnten Erfahrungen über den cuto-renalen Reflex nach Abkühlung der Extremitäten lassen auch *Erkältungen* und *Abkühlungen* als ätiologische Faktoren der akuten Nephritis durchaus plausibel erscheinen. Besonders wenn gleichzeitig Stauung der Extremitäten (Wickelgamaschen) die Abkühlung des Blutes in der Peripherie so weit gehen lassen, daß es zu Schädigungen desselben in der Blutbahn kommt, können Nierengifte in ähnlicher Weise wie nach Verbrennungen auftreten. Diese mehr theoretischen Vorstellungen über die Pathogenese der Nephritiden dürfen nicht die Tatsache vergessen lassen, daß in der Mehrzahl der Fälle entzündliche Erkrankungen der Tonsillen, der Nase oder des Rachens beim Entstehen einer akuten diffusen Glomerulonephritis mitwirken. Auch bei der in der dritten Woche des Scharlachs einsetzenden Nephritis sind die nach meiner Meinung noch *unbekannten Infektionserreger* von großer

Bedeutung. Bei der Entstehung der *Feldnephritis* spielte fraglos die sog. Erkältung eine hervorragende Rolle. Hier waren die Beziehungen zwischen den Hautabkühlungen und danach gehäuft auftretenden Nierenerkrankungen häufig sehr eindrucksvoll.

Ich selbst sah in einer Division, die im Artois, südlich der Scarpe, eingesetzt war, anfänglich nur wenige Fälle von Kriegsnephritis auftreten, solange die Truppen in trockenen Gräben verweilten. Als die Truppen aber nördlich der Scarpe bei sonst unveränderten Bedingungen der Witterung und der Ernährung in Gräben weilen mußten, aus denen *das Wasser* aus geologischen Gründen *nicht abfließen* konnte, kamen die Mannschaften der Infanterietruppen reihenweise mit schwersten Nephritiden in die Beobachtung.

Die *akute Feldnephritis* beginnt häufig mit Schmerzen in der Nierengegend und Fieber. Im Felde sah ich nicht selten unter den Frühsymptomen eine gleichzeitig einsetzende *diffuse Bronchitis* mit einer eigenartig schweren *Dyspnoe*. Die erkrankten Soldaten sahen in den ersten Tagen ihrer Feldnephritis aus wie Asthmakranke im Anfall. Ich habe die Dyspnoe durch ein *interstitielles Lungenödem*, das sich gleichzeitig mit dem allgemeinen Anasarka ausbildet, erklärt. An ein Versagen des Herzens war zu *dieser Frühzeit* der Erkrankung noch nicht zu denken. Häufig findet sich zu gleicher Zeit eine *Milzschwellung*, die Harnmenge ist vermindert, seine Farbe wird dunkel. Die Eiweißmengen im Harn sind wechselnd, von geringen Spuren bis $40^0/_{00}$. Meist allerdings beträgt der Eiweißgehalt bei Beginn der Erkrankung zwischen 5 und $10^0/_{00}$. In den ersten Tagen kann das Blut im Harn fehlen, im weiteren Verlauf wird es *regelmäßig gefunden*. Die Blutkörperchen werden dem Harn wahrscheinlich schon in den *Glomeruli* beigemischt. Wenn aber die Glomeruli ganz undurchgänglich werden, kann der Harn *fast blutfrei* sein. Die histologische Untersuchung zeigt in solchen Fällen eine Wucherung des Kapselepithels, einen halbmondförmigen mit Fibrin und Leukocyten gefüllten Raum, der die Capillarknäuel fest zusammendrückt. Diese kapsuläre oder extrakapsuläre akute Nephritis führt zu schwer heilenden Erkrankungen der Glomeruli, welche in Degenerationen und sogar Nekrose übergehen können. Neben den roten Blutkörperchen sind granulierte, hyaline und verfettete Zylinder ein regelmäßiger Befund bei der akuten Nephritis.

Sklerosen.

Die dritte Hauptgruppe der Nierenerkrankungen, *die Sklerosen,* sind ätiologisch im wesentlichen durch *arteriosklerotische Erkrankungen der Nierenarterien und Arteriolen* bedingt. Wie bei der akuten Nephritis diffuse und herdförmige Formen vorkommen, so ist auch die Verteilung der sklerotischen Gefäßprozesse ihrer Ausdehnung nach eine sehr wechselnde. Die Arteriosklerose ist eine Allgemeinerkrankung, welche in den verschiedenen Gefäßgebieten des Körpers in wechselnder Intensität und Geschwindigkeit sich ausbildet. In einer bestimmten Gruppe von Nierensklerosen kommt es zu einer besonders rasch fortschreitenden Erkrankung der Arteriolen der Nieren, welche in den mittleren Lebensjahren sich entwickelt und zur sog. *genuinen Schrumpfniere* führt. Von dieser genuinen Schrumpfniere scharf zu trennen ist das Krankheitsbild der *essentiellen Hypertonie,* welches als allgemeine *vasculäre Neurose* aufzufassen ist. Im Gegensatz zu VOLHARD und FAHR glaube ich, daß bei dieser sog. *benignen Sklerose* die Erkrankung der Niere nicht das Primäre ist. Unter rund 400 Fällen von essentieller Hypertonie meiner Beobachtung zeigte etwa nur die Hälfte einen eiweißhaltigen Harn und nur 10% einen positiven Sedimentbefund. Diese Erfahrungen stehen mit denen anderer Autoren in guter Übereinstimmung[1]. Die essentielle Hypertonie — auch als *roter Hochdruck* bezeichnet — zeigt prall gefüllte Nieren-capillaren. Bei ihnen kommt es ähnlich wie bei Kranken mit Stauungsniere zu geringer *Albuminurie*. Bei längerer Dauer dieses Zustandes der essentiellen Hypertonie kommt es wie in anderen Gefäßgebieten auch in denen der Niere schließlich *sekundär* zu stärkeren anatomischen *Wandläsionen* der Gefäße und auch zu funktionellen Ausfallserscheinungen. Mit dieser Auffassung stehen die Erfahrungen an meinem Material in guter Übereinstimmung, nach welchen mit zunehmender Höhe des Blutdrucks eine nach-weisbare Eiweißausscheidung immer häufiger wird (s. Tabelle):

Bei der essentiellen Hypertonie stehen die Nierenzeichen durchaus im Hintergrunde des Krankheitsbildes. Es ist somit zweifelhaft, ob wir berechtigt sind, die Krankheit deswegen als eine *benigne* Sklerose zu bezeichnen. Denn „die vasculäre Hypertonie ist durchaus kein gutartiges Leiden, sondern die Ursache vieler Beschwerden und eines oft frühen durch Apo-plexie oder Herzinsuffizienz eintretenden Todes"[2]. Aus diesem Grunde erleben viele Kranke mit essentieller Hypertonie die Entwicklung eines bösartigen Nierenleidens nicht.

Tabelle 12. Häufigkeit der Albuminurie bei essentieller Hypertonie.

Anzahl der Fälle	R.R. mm Hg	Albuminurie zeigen Fälle, % der Gesamtzahl
258	bis 200	94 = 36,4
135	über 200	81 = 60,0
15	über 250	13 = 86,7

C. Störungen der Nierenfunktion.

Eine Trennung der verschiedenen Nierenerkrankungen nach der *beherrschenden* Störung einer Partialfunktion ist deshalb nicht möglich, weil bei den einzelnen Formen die Funktionsstörungen sich in unübersehbarer Weise kombinieren. Ebensowenig wie es Prozesse gibt, die anatomisch streng auf die Glomeruli oder auf die Tubuli beschränkt sind, ebensowenig gibt es Erkrankungen, die lediglich eine Störung der Wasserausscheidung oder eine isolierte Störung der Kochsalz- oder Harnstoffausscheidung aufweisen. Für den Kliniker ist die Haupt-aufgabe, sich ein Bild über die *Gesamtleistungsfähigkeit* der Niere zu machen.

1. Die Wasserausscheidung.

Am einfachsten ist das *Ausscheidungsvermögen* für zugeführtes *Wasser* zu prüfen. Die physiologischen Unterlagen dafür sind durchaus noch nicht in allen Punkten durchsichtig. Das peroral zugeführte Wasser wird zunächst den Geweben zugeführt, aus denen es vielleicht diuretisch wirkende Stoffe mit-nimmt. Aus den Geweben fließt das Wasser in das Blut zurück und kommt jetzt erst zur Ausscheidung. An der Wasserausscheidung sind die *Gewebe* min-destens so weitgehend beteiligt, wie die *Nieren* selbst. Verfolgt man die Ausschei-dung peroral zugeführten Wassers, indem man dem Probanden nüchtern $1^{1}/_{2}$ Liter Wasser zuführt und ihn alle $^{1}/_{2}$ Stunde urinieren läßt, so hat der Gesunde

---

[1] WOLF: Diss. Bonn 1934.

[2] LICHTWITZ: Die Praxis der Nierenkrankheiten, 3. Aufl., Bd. 8. Berlin: Julius Springer 1934.

in spätestens 4 Stunden die 1500 ccm zugeführte Flüssigkeit wieder ausgeschieden. Die halbstündigen Mengen sind dabei auf 500 ccm und darüber gestiegen, das spezifische Gewicht ist auf 1002 oder 1001 abgesunken *(Verdünnungsversuch)*. Wird nach Ablauf der vier ersten Stunden Trockenkost verabreicht, so steigt beim Gesunden das spezifische Gewicht an auf 1025—1030, die Harnmengen werden sehr gering *(Konzentrationsversuch)*. Der Wasserausscheidungsversuch muß in allen denjenigen Fällen versagen, in welchen die Gewebe eine Tendenz zur Wasserspeicherung haben. Solche erhöhte Wasserspeicherung wird gefunden nach voraufgehenden großen Flüssigkeitsverlusten durch die Haut, vermehrter Schweißbildung nach großen körperlichen Anstrengungen, bei Fiebernden oder nach erheblichen enteralen Wasserverlusten (Cholera). Weiterhin findet sich eine gestörte Abgabefähigkeit der Gewebe für das ihnen zuströmende Wasser bei vielen Nierenkranken auch dann schon, wenn es zu ausgesprochenen Ödemen noch nicht gekommen ist (präödematöses Stadium), ferner bei Störungen der Zirkulation, also vor allem bei Herzkranken. In diesen Fällen kommt das von außen zugeführte Wasser gewissermaßen gar nicht an die Nieren heran, sondern bleibt in den Geweben liegen. Daher kann der Trinkversuch unter solchen Umständen über das Wasserausscheidungsvermögen der *Nieren* nichts aussagen. Man hat deshalb bei solchen Kranken das Wasser als physiologische Kochsalzlösung direkt in die Blutbahn injiziert und auf diese Weise oft eine prompte Ausscheidung gefunden, während sie bei Aufnahme per os fehlte. Man darf daher eigentlich nur dann von einem Wasserausscheidungsunvermögen der Nieren sprechen, wenn sowohl peroral wie endovenös zugeführtes Wasser retiniert wird[1]. Unter den an der Osmoregulation beteiligten Organen steht die Niere fraglos an erster Stelle. Wichtiger als die Aufstellung der *Wasserbilanz* ist die Feststellung der Konzentrationsleistungen. Während die *Gesamtausscheidung* quantitativ durch die Funktion *extrarenaler* Faktoren mit bestimmt wird — das gilt nicht bloß für Wasser, sondern auch für Zucker, Harnsäure, Kochsalz, Kreatinin —, wird durch die Prüfung der *Konzentrationsfähigkeit* im wesentlichen eine Nierenfunktion bestimmt.

Nach dem Gesagten muß bei den einzelnen Nierenerkrankungen der Wasserversuch bezüglich der ausgeschiedenen Mengen sehr verschieden ausfallen können, je nachdem man im Stadium der *Ödemstarre,* der *Ödembildung* oder in einem anhydropischen Stadium untersucht. Bei der *Nephrose* kann der Trinkversuch ein *scheinbar* sehr schlechtes Wasserausscheidungsvermögen der Nieren dartun, wenn z. B. im Stadium der starken Ödembildung von 1500 ccm zugeführten Wassers in den ersten 4 Stunden nur wenige 100 ccm zur Ausscheidung kommen. Das Wasser läuft gewissermaßen in die Gewebe ab. In anderen Fällen, besonders dann, wenn die Ödembildung zum Stehen gekommen ist (Ödemstarre), scheint die Wasserausscheidung bei Nephrosen oft nahezu ungestört. Die gleichen Überlegungen gelten für die *akute Glomerulonephritis.* Auch hier muß man sich hüten, dann von einem gestörten Wasserausscheidungsvermögen der Nieren zu reden, wenn das zugeführte Wasser bei Beginn der Ödembildung in die Gewebe läuft und dort liegen bleibt. Hier kann die intravenöse Zufuhr von Wasser in dem oben angeführten Sinne oft die Entscheidung bringen. Bei fast entwässerten Kranken mit diffuser Glomerulonephritis oder bei solchen, die sich anschicken, ihr Ödemwasser zu entleeren, kann die einmalige Zufuhr großer Wasser-

---

[1] Magnus-Alsleben: Münch. med. Wschr. 1914 II.

mengen eine Beschleunigung der Ödemmobilisation und ein *Überwiegen* der *Ausfuhr* über die *Zufuhr* zur Folge haben *("Wasserstoß")*. In anderen, bereits entwässerten Fällen ist die Störung der Wasserabscheidung dadurch charakterisiert, daß die Niere in den ersten 4 Stunden nach der Zufuhr mit der Ausscheidungsarbeit *nicht fertig* geworden ist und die Diurese über den ganzen Tag *verschleppt* wird. In schwersten Fällen kann die Wasserabscheidung völlig oder fast völlig versagen. Es wird nur spärlicher oder gar kein Harn entleert. Bei einer solchen kompletten Anurie fehlen die Ödeme fast nie; nur ausnahmsweise kommt es zu einer *Hydrämie ohne Ödem*. Bei der chronischen Form der diffusen Glomerulonephritis hat die Fähigkeit, schnell größere Wassermengen auszuscheiden, wenig gelitten. Nur insofern zeigt sich eine Abweichung, als die ersten halbstündigen Portionen weniger groß sind als beim Gesunden, die Ausscheidung der Zulage wird trotzdem in den ersten 4 Stunden quantitativ beendigt. Eine überschießende Wasserausscheidung ist selten. Wenn sie nicht mit dem Ausschwemmungsstadium von Ödemen zusammenfällt, wird eine solche Mehrausscheidung als Folge der Übererregbarkeit des Nierenparenchyms gedeutet. Das Wasserausscheidungsvermögen ist in dem Endstadium der diffusen Glomerulonephritis gelegentlich noch leidlich erhalten. Meist werden große Mengen in den ersten halbstündigen Portionen nicht entleert. Die Kurve der Wasserabscheidung ist wesentlich *flacher* geworden. Je weniger in diesen Spätstadien die Harnmengenkurve durch die Wasserzulage beeinflußt wird, um so ungünstiger ist im allgemeinen die Prognose.

Bei der *gutartigen "blanden" Nierensklerose,* der sog. genuinen Schrumpfniere der Pathologen, ist das Wasserausscheidungsvermögen wesentlich vom Zustande des Herzens abhängig. Fehlen Herzstörungen, so werden die nüchtern eingeführten $1^1/_2$ Liter Wasser in 4 Stunden, häufig wie beim Gesunden bereits in den ersten 2 Stunden quantitativ entleert. Nicht selten übertrifft die ausgeschiedene Wassermenge die eingeführte um mehrere 100 ccm. Als Erklärung für diese Erscheinung ist eine *Übererregbarkeit* der *präsklerotischen* Gefäße diskutiert worden. In den meisten Fällen handelt es sich auch hier wohl um die Ausscheidung klinisch nicht nachweisbarer "latenter" Ödeme.

Die mehrfach betonten extrarenalen Faktoren beeinträchtigen den Wert der Wasserausscheidungsprobe nicht unerheblich, besonders, wie bemerkt, deswegen, weil die Feststellung okkulter Ödeme durch die klinische Untersuchung allein unmöglich ist, vielmehr erst nach der Anstellung des Wasserversuchs deutlich wird, daß diese Funktionsprobe im Stadium der Ödembildung durchgeführt wurde.

2. Das Konzentrationsvermögen.

Weit wichtiger als die Aufstellung von Wasserbilanzen ist daher die Kenntnis des *Konzentrationsvermögens* der Niere. Bekanntlich ist der Harn keineswegs ein eingedicktes Ultrafiltrat des Blutplasmas. Die einzelnen harnfähigen Bestandteile des Blutes werden, wie nachstehende Tabelle zeigt, unabhängig voneinander konzentriert im Harn ausgeschieden.

Wahrscheinlich wird in den Glomeruli ein eiweißfreies Sekret gebildet. In den Tubuluszellen werden vornehmlich die Endprodukte des Eiweiß-und Purinstoffwechsels konzentriert und dem eiweißfreien Produkt der Glomeruli beigemischt. Die Konzentrierungsfunktion der Niere für die einzelnen Harnbestand-

Tabelle 13.

	% im Serum	% im Harn	Steigerung im Harn
Kochsalz	0,58	1,00—3,0	2—5fach
Harnstoff	0,05	2,00—4,0	40—80fach
Harnsäure	0,002	0,05—0,10	25—30fach
Traubenzucker . .	0,10	0	—
Traubenzucker bei Diabetes mellitus	etwa bis } 0,3	bis 10	etwa 30fach

teile ist eine sehr komplizierte. Man ist sich im großen gesehen darüber einig, daß die der Osmoregulation dienende Arbeit im wesentlichen dem *tubulären* Apparat obliegt. Es erscheint zunächst widerspruchsvoll, daß gerade bei der *Nephrose,* die doch vorwiegend die Tubuli betrifft, die Konzentrierungsfähigkeit erhalten bleibt. Der Harn bei der typisch *nephrotischen* Niere ist durch sein eigentümliches graubräunliches, unter Umständen tief dunkelbraun gefärbtes Aussehen charakterisiert. Er ist hochkonzentriert, spezifische Gewichte weit über 1030 sind nicht selten. Diese Tatsache spricht *nicht* gegen die Auffassung, daß die Herstellung eines konzentrierten Harns Sache der Kanälchen ist. Da praktisch niemals *alle* Kanälchen *gleichmäßig* betroffen werden, sondern wir immer über eine große Reserve *gesunder* Kanälchen verfügen, ist es verständlich, daß auch bei ausgeprägten Nephrosen ein hochkonzentrierter Harn ausgeschieden wird; besonders auch deshalb, weil bei dieser Erkrankung der Niere gewissermaßen durch die ausgedehnte *Ödembildung* in den Geweben viel Wasser für die Harnbildung entzogen wird. Zwischen Wasserausscheidung und Konzentrierung einzelner Harnbestandteile bestehen feste Beziehungen. *Diuretisch* wirken Purinderivate und Quecksilberpräparate. Sie steigern nicht nur die Harnmenge, sondern auch die Konzentration von Kochsalz und Stickstoff.

Bei der *diffusen Glomerulonephritis* kommt eine Störung des Konzentrationsvermögens vor. Sie ist nur dann von übler Bedeutung, wenn gleichzeitig die Wasserausscheidung notleidet. Ist die Wasserausscheidung erhalten oder wenig verzögert, so ist eine leichte Konzentrationsschwäche von geringerer Bedeutung. Im Stadium der *Ödementleerung* ist es oft nicht möglich, auch durch strenge Trockenkost nicht, die Niere zu zwingen, einen hochkonzentrierten Harn zu produzieren. Sind keine Ödeme vorhanden und auch die Anschoppung von Ödemen unwahrscheinlich gemacht durch Kontrolle des Gewichts, so ist bei ausreichender Diurese ein spezifisches Gewicht von 1024—1026 im Konzentrationsversuch als ausreichend anzusehen. Je weiter und ausgedehnter der Prozeß die Glomeruli ergriffen hat, um so mehr leidet die Konzentrationsfähigkeit, weil der Verödungsprozeß offenbar jetzt nicht nur auf die Glomeruli beschränkt bleibt, sondern auf den tubulären Apparat übergreift. Wenn die Tagesharnmengen reduziert und das spezifische Gewicht gleichzeitig sich dauernd unter 1020 hält, so ist das immer von übler Bedeutung. Eine gleichzeitige Anstellung des vierstündigen Wasserbilanzversuchs und der Konzentrationsprobe wird ein sichereres Urteil über den *Funktionsbereich* der Niere gestatten, als wenn nur eine der beiden Leistungsproben durchgeführt wird. Der Übergang der diffusen Glomerulonephritis in das zweite und schließlich das dritte Stadium der sekundären Schrumpfung ist gekennzeichnet durch einen mehr oder weniger weitgehenden Verlust der Variabilität der Funktionen[1]. Während die gesunde Niere in ihrem Ausscheidungsvermögen für feste Bestandteile von der Menge des zur Verfügung stehenden Wassers weitgehend unabhängig ist und dieselben

---

[1] VOLHARD u. FAHR: Die BRIGHTsche Nierenkrankheit.

bei geringem Wasservorrat in einem hochkonzentrierten Harn entleert, fehlt in den späteren Stadien der diffusen Glomerulonephritis die Konzentrationskraft. Es besteht *Hyposthenurie*. Die Ausscheidung der harnfähigen Bestandteile ist nur mit größeren Harnmengen möglich. Daher wird in diesem Stadium in der Regel eine *Polyurie* gefunden. Erst dann, wenn auch das Wasserausscheidungsvermögen Not gelitten hat, kommen alle Gefahren der Niereninsuffizienz zur Geltung, und es tritt mit Notwendigkeit eine Rückstauung harnfähiger Bestandteile in das Blut und die Gewebe ein, die Gefahr der Harnvergiftung, der *Urämie*, rückt immer näher. Ist unter strengsten Bedingungen ein Konzentrationsversuch durchgeführt, so kann in günstigeren Fällen noch ein spezifisches Gewicht von 1016 etwa erreicht werden, in ungünstigen Fällen dagegen ist es auch auf diese Weise nicht möglich, eine solche Harnkonzentration zu erzwingen. Das spezifische Gewicht des Harns steigt nicht an, es ist bei niedrigen Werten „fixiert". Für die Beurteilung dieser Endzustände und die Stellung einer Prognose ist die Kombination des Wasser- und Konzentrationsversuchs von hoher Bedeutung.

Im Gegensatz zu dieser sog. *Schrumpfniere* ist bei der einfachen *blanden Nierensklerose* die Variabilität der Nierenfunktion zunächst erhalten. Die Abhängigkeit der Nierenfunktion dieser Fälle von blander Hypertonie von dem Zustand des *linken* Ventrikels wurde bereits betont. Beginnt dieser zu versagen, so tritt die kardiale Insuffizienz anfänglich nur am Tage bei körperlicher Beanspruchung hervor, in der Ruhe der Nacht erholt sich das Herz wieder, und die Diurese bessert sich: der differenten Leistungsfähigkeit des Herzens entspricht eine wechselnde Harnmenge am Tage und in der Nacht. Zur Zeit der relativen Insuffizienz des Herzens am Tage wird wenig Harn, in der Zeit der Nachtruhe viel Harn entleert. Dieses Verhalten ist für die Fälle blander Nierensklerose durchaus charakteristisch. Die *nächtliche Polyurie* trägt deutlich sekundären Charakter und ist offenbar nicht so sehr von dem Zustand der Nieren als von dem des *Herzens* bestimmt. Das Konzentrationsvermögen ist bei der blanden Hypertonie, solange das Herz nicht versagt, erhalten. Spezifische Gewichte bis 1030 lassen sich bei der *gutartigen* Nierensklerose im Konzentrationsversuch unschwer erzielen. Wenn es infolge Versagens des Herzens zur Anschoppung von Ödemen — latenten oder manifesten — gekommen ist, hat die Entziehung des Wassers häufig eine Ausschwemmung dieser Ödeme zur Folge, die durch einen entsprechenden Gewichtsverlust charakterisiert ist. Unter diesen Bedingungen ist eine hohe Konzentration des Harns nicht zu erreichen.

Weit übersichtlicher als in den angeführten Fällen gestaltet sich das pathologisch-physiologische Geschehen, wenn mechanische *Abflußbehinderungen* des Harns vorliegen, also ähnliche Bedingungen, wie sie bei vielen Kranken mit Prostatahypertrophie sich finden. Durch die Harnstauung kommt es zu einer Abflachung der Epithelien in den geraden und gewundenen Harnkanälchen; erst in den späten Stadien durch reichliche Bindegewebsentwicklung im interstitiellen Gewebe zur Schrumpfung. Da bei der *Harnstauungsniere die Schädigung primär am tubulären Konzentrationsapparat* einsetzt, ist es verständlich, daß die Niere bald ihre Fähigkeit einbüßt, einen Harn von hohem spezifischen Gewicht zu produzieren. Da das Wasserausscheidungsvermögen relativ gut erhalten ist, besteht die Möglichkeit, der drohenden Retention von Stoffwechselschlacken durch vermehrte Wasserzufuhr und Ausfuhr zu begegnen. Die *Polyurie* der Prostatiker erklärt sich so als ein *kompensatorischer* Vorgang.

3. Die Störungen der Salzausscheidung.

Schwieriger als die Beurteilung des Wasserausscheidungsvermögens und der Konzentrationskraft ist diejenige des Ausfalls sog. *Belastungsproben*. Das Vorgehen ist folgendes: Ein Kranker wird mit einer Nahrung von bekanntem Kochsalzgehalt längere Zeit ernährt und die Salzausscheidung der 24stündigen Menge täglich festgestellt. Ist eine einigermaßen gleichmäßige Einstellung erreicht, so wird an einem Tage eine Menge von 10 g Kochsalz der Nahrung zugefügt. Ebenso wird bezüglich des *Harnstoffs* verfahren; es werden täglich die 24stündigen Stickstoffmengen des Harns festgestellt und an einem Tage eine Zulage von 10—20 g Harnstoff verabreicht und an der Stickstoffausscheidung geprüft, in welcher Zeit der Harnstoff wieder entleert wird. Bei der Beurteilung besonders des Salzversuchs ist von Bedeutung, ob seiner Anstellung nicht eine Periode längerer kochsalzarmer Diät vorausging. In manchen solcher Fälle wird eine verschleppte Kochsalzausscheidung oder gar Retention dadurch vorgetäuscht, daß Patient sich infolge der diätetischen Vorschriften in einem Stadium *relativen Kochsalzhungers* befand und die Gewebe von dem Kochsalz einen aliquoten Anteil zurückbehalten, ohne daß eine Ausscheidungsstörung der Nieren vorzuliegen braucht. Weiterhin werden derartige Proben stets die Verhältnisse der Ödembildung bzw. -ausschwemmung zu berücksichtigen haben. Jedesmal, wenn es im Körper zur Wasserretention kommt, mag sie nun durch renale oder extrarenale Faktoren bedingt sein, muß, da *reines* Wasser nicht gespeichert werden kann, auch Kochsalz zurückgehalten werden. Andererseits wird es im Ausschwemmungsstadium von Ödemen bei Anstellung des Kochsalz- und Harnstoffbilanzversuchs zu einer negativen Kochsalz- und Stickstoffbilanz kommen können, da mit den ausgeschwemmten Ödemen auch die retinierten Chloride und N-haltigen Retentionsbestandteile ausgeschwemmt werden. In manchen Fällen wirkt die Kochsalzzulage und die Harnstoffzulage geradezu *diuretisch*. Unter diesen Einschränkungen läßt sich über die Kochsalzbilanzversuche folgendes sagen: Im Anfangsstadium einer *Nephrose* ist die Salzausscheidung ungestört. In den späteren Stadien kann, besonders wenn Oligurie besteht, die Salzausscheidung ungenügend werden. Zu Zeiten beginnender oder wachsender Ödembildung ist eine minimale Kochsalzausscheidung nach dem oben Gesagten verständlich.

Bei der *diffusen Glomerulonephritis* wird in den Anfangsstadien mit den Ödemen zugleich Kochsalz retiniert. Eine akute Salzzulage ist mit der in diesem Stadium angebrachten Schonungstherapie unvereinbar und daher zu unterlassen. Im Stadium der Ödemschwemmung werden beim Kochsalzversuch negative Bilanzen, d. h. ein Überwiegen der Kochsalzausfuhr über die Zufuhr die Regel sein, d. h. es wird unter diesen Bedingungen das mit den Ödemen gespeicherte Kochsalz zur Ausscheidung kommen. In dem Endstadium der akuten Nephritiden ist bei ausreichender Wasserzufuhr die 24stündige Chlorausscheidung zureichend, um das Kochsalzgleichgewicht zu garantieren. Bei der Belastungsprobe zeigt sich aber, daß die Zulage von 10 g nicht am gleichen Tage, sondern erst am folgenden oder übernächsten quantitativ wieder ausgeschieden wird.

Bei der gutartigen arteriosklerotischen Schrumpfniere werden Störungen der Kochsalzausscheidung vermißt. Sobald aber infolge Nachlassens der Herzkraft Ödeme sich ausbilden, kommt es zu Kochsalzretention, und umgekehrt bei Ausschwemmung solcher kardialer Ödeme bei gehobener Herzkraft zu Mehrausscheidungen von Kochsalz über die Zufuhr hinaus.

Eine feste Beziehung zwischen der Retention von Wasser und Kochsalz besteht aber nicht. Es gibt Wasserretentionen, bei welchen die Zurückhaltung einer entsprechenden Menge von Kochsalz vermißt wird. Auch eine *trockene Kochsalzretention* (sog. trockenes Ödem der Franzosen) ist bekannt. Bei starken Schweißverlusten nach körperlichen Anstrengungen wird durch die Haut auch gleichzeitig viel Salz ausgeschieden, wodurch die Gewebe an Salz verarmen. Nach einer solchen Salzverarmung büßen die Gewebe die Fähigkeit, Wasser festzuhalten, ein. Das verlorene Wasser wird erst dann wieder voll ersetzt, wenn mit der Nahrung gleichzeitig Kochsalz zugeführt wird. Aus diesem Grunde kann bei anstrengenden Hochtouren der Durst durch Trinken von Gletscherwasser nur unvollkommen gelöscht werden. Auch das Trinken großer Mengen salzfreier Flüssigkeit (Bier) führt bekanntlich zu Wasser- und Salzverlusten, die sich in starkem Durst (Brand) äußern. Das Bedürfnis nach salzreicher Nahrung (Katerfrühstück) macht sich unter solchen Umständen deutlich bemerkbar. Eine genügende Salzzufuhr ist für die *Wasserhaftung* in den Geweben offenbar wegen der starken Hydrophilie von Eiweiß-Kochsalzverbindung von entscheidender Bedeutung.

4. Die Stickstoffausscheidung.

Von den bei Funktionsstörungen der Nieren retinierten Stoffen sind die bedeutsamsten die Endprodukte des Eiweißstoffwechsels. Die Retention dieser Stoffe führt letzten Endes zu den schweren Vergiftungserscheinungen, welche den Symptomenkomplex der *Urämie* beherrschen. Welche Körper im einzelnen die Krämpfe der Urämischen bedingen, ist noch nicht sichergestellt; nur so viel scheint gewiß, daß der Harnstoff als Krampfgift nicht in Frage kommt. Quantitativ dominiert unter den retinierten Stoffen der Harnstoff. In weit geringeren Mengen (wenigen Milligrammen) werden auch Harnsäure, Kreatin, Kreatinin, Indican im Blut und in den Geweben zurückgehalten. Belastungsproben sind bisher nur mit Harnstoff, Kreatinin und unter bestimmten Voraussetzungen nämlich bei Verdacht auf Arthritis urica, auch mit Harnsäure gemacht worden.

Eine mittlere Stickstoffausscheidung von 10 g pro Tag kann eine gesunde Niere bequem mit 500 ccm Harn bewältigen. Ja, in noch geringeren Harnmengen können 10 g Stickstoff entleert, also N-Konzentrationen von weit über 2% erreicht werden. Bei der diffusen Glomerulonephritis ist die N-Ausscheidung keineswegs immer gestört. Die Harnstoffkonzentrationsfähigkeit der Niere bleibt nicht selten erhalten, so daß die normale N-Konzentration sogar überschritten werden kann. Jede Verschlechterung der N-Konzentration wird dann gefährlich, wenn gleichzeitig die Fähigkeit der Wasserausscheidung notleidet. Dann muß es mit Notwendigkeit zu Stickstoffretention im Blute kommen. Die Funktion der Stickstoffausscheidung kann nun ganz wie die oben bereits erwähnte Kochsalzbelastung durchgeführt werden. Die Fehlerquellen sind hier noch zahlreicher als bei der Kochsalzbelastungsprobe. Es kann nämlich außer dem zugeführten Stickstoff (exogene Komponente) noch eine endogene Komponente hinzukommen, dann, wenn der zugrunde liegende Prozeß einen *toxogenen Eiweiß-zerfall* bedingt. Es kann dann ein Stickstoffgleichgewicht vorgetäuscht werden, trotzdem die Niere dauernd einen aliquoten Teil aus der Summe exogener N + endogener N zurückhält. Bequemer ist daher der *Nachweis der retinierten stickstoffhaltigen Produkte im Blut.* Er beruht auf der Bestimmung des sog. *Rest·stickstoffs* (RN). Methodisch wird so vorgegangen, daß aus einer gemessenen Menge Blut die koagulablen Eiweißkörper ausgefällt werden und in dem Filtrat der Stickstoff bestimmt wird. Dieser Reststickstoff beträgt im Serum normalerweise 30—50 mg-% und kann unter pathologischen Bedingungen auf mehrere 100 mg-% ansteigen. In den Fällen diffuser *Glomerulonephritis* ist besonders bei günstigem Verlauf dieser Reststickstoff nicht erhöht. In Fällen, die in das zweite oder dritte Stadium der diffusen Glomerulonephritis eintreten, kann es zu Retentionen kommen, die mit zunehmender Verödung der Glomeruli höhere Werte erreichen. Reststickstoffwerte über 200 mg-% sind stets das Zeichen für eine ungünstige Prognose. Schon Werte zwischen 100 und 200 mg müssen den Verdacht auf eine irreparable Niereninsuffizienz nahelegen. Bei den Fällen typischer *Nephrose fehlt* die Erhöhung des Reststickstoffs in der Regel. Diese Feststellung steht in gutem Einklang mit den sehr hohen Harnstoffkonzentrationen, welche im Harn der Nephrotiker gefunden werden. Dieser stellt nicht selten eine mehr als 3%ige Harnstofflösung dar.

Auch bei der gutartigen, blanden Nierensklerose fehlt die Stickstoffretention. Nur kurz vor dem Tode werden Werte über 50 mg gelegentlich gesehen und in seltenen Fällen auch dann, wenn bei der gutartigen Nierensklerose sich infolge Versagens der Herztätigkeit Ödeme angesammelt haben und diese in kurzer Zeit auf dem Wege über das Blut zur Ausscheidung kommen; denn in den Ödemen kommen schließlich alle die im Serum enthaltenen Stoffe zur Ablagerung, also auch die den Reststickstoff repräsentierenden Substanzen. Die Bestimmung des Reststickstoffs ermöglicht die Differentialdiagnose gegenüber der sog. *Kombinationsform,* der malignen Form der Hypertonie. Hier geht der arteriosklerotische Prozeß bis in die kleinsten Gefäße, bis in die Vasa afferentia hinein. Bei dieser Form der Nierenerkrankung wird deutlich, was ganz allgemein pathologisches Gesetz ist. *Daß jede Degeneration zu irgendeiner Zeit einmal zur Entzündungsursache werden muß:* das mangelhaft ernährte Gewebe verfällt dem Zustand der *Nekrobiose.*

Die Zerfallsprodukte sind dem Körper gegenüber Gift geworden, welche genau wie Entzündungserreger mehr oder weniger akut reaktive Erscheinungen auslösen. Diese auch histologisch nachweisbaren Reaktionserscheinungen nach degenerativen Prozessen werden um so mehr in die Erscheinung treten, je mehr die Substanzen sich am Zerfallsorte anreichern, was wieder bei gestörter Zirkulation eher eintreten wird als bei erhaltener, wo die Degenerationsprodukte rasch abtransportiert werden können. Die maligne Form der Hypertonie ist histologisch gekennzeichnet durch das Beieinander degenerativer und entzündlicher Veränderungen des Organs. Wenn dieser Zusammenhang zu Recht besteht, so ist eine strenge Trennung der gutartigen Sklerose von der malignen Form der Hypertonie histologisch jedenfalls nicht durchführbar. Es hängt im Einzelfalle schließlich davon ab, ob die durch die Gefäßerkrankung gesetzte Ernährungsschädigung des Gewebes durch Ausbildung von Kollateralen repariert wird, oder ob die Ernährungsschädigung so rasch einsetzt, daß der mit der Notwendigkeit folgende nekrobiotische Gewebszerfall reaktive Entzündungserscheinungen auslöst. Gewiß kann einer sog. gutartigen Nierensklerose eine entzündliche Erkrankung aufgepfropft sein, ja, es wird sogar die benigne Form der Nieren-sklerose, wenn die Bedingungen für eine akute Nephritis gegeben sind, das Organ für eine schwerere nephritische Erkrankung disponieren, notwendig ist aber eine solche Kombination ätiologischer Faktoren durchaus nicht.

Es ist begreiflich, daß der Rest-N-Spiegel, dessen Erhöhung im wesentlichen Symptom einer schweren Schädigung des *vasculären* Apparats darstellt, bei der Kombinationsform besonders hoch ansteigt. Es ist aber bemerkenswert, daß die Symptome der beginnenden Harnvergiftung, *Urämie,* auch dann schon eintreten können, wenn die Rest-N-Werte sich noch zwischen 50 und 100 mg halten, und daß andererseits sehr hohe Reststickstoffwerte gefunden werden können, ohne daß klinische Zeichen beginnender Harnvergiftung nachweisbar sind. Nicht jede Erhöhung des Reststickstoffs über die kritische Höhe von 50 mg bedeutet schon eine Urämie. Solche Vermehrungen der Eiweißabbauprodukte im Blute können grundsätzlich bei voll erhaltener Ausscheidungsfunktion der Niere immer dann eintreten, wenn durch einen besonders raschen parenteralen Eiweißzerfall große Mengen von Abbauprodukten dem Blute zuströmen. Sie wurden bei schweren Allgemeininfektionen (Pneumonie, Fleckfieber) nachgewiesen[1]. Die von BÜRGER und GRAUHAN gefundene *postoperative Azotämie* ist dafür ein gutes Beispiel[2]. Jeder operative Eingriff führt zu einer Erhöhung der Reststickstoffquote des Blutes, welche häufig auf das Doppelte, im Maximum auf das Vierfache des Ausgangswertes ansteigt. Dieses Ansteigen der Reststickstoffwerte geht in der Regel dem Maximum der postoperativen Azotämie voraus. Als Erklärung für diese Erscheinung führen wir folgende Ursachen ins Feld:

1. Die rein traumatische Schädigung des Gewebes durch Schnitt, Zerrung, Quetschung;
2. die ischämische Nekrose des durch Gefäßobliteration und Unterbindung aus der Ernährung ausgeschalteten Gewebes;
3. die reaktive Entzündung, welche durch die obengenannten Vorgänge ausgelöst wird;
4. die sich zersetzenden Wundsekrete.

Diese zuletzt beschriebenen Formen der *Azotämie* haben aber immer nur *passageren* Charakter. Sie werden in wenigen Tagen bei genügender Flüssigkeitszufuhr wieder ausgeglichen. *Nie* kommt es dabei zu *urämischen* Symptomen.

5. Die Formen der Urämie.

Die verschiedenen Formen der Urämie werden folgendermaßen eingeteilt:
1. Akute Krampfurämie (eklamptische Formen der falschen Urämie).
2. Echte, chronische Urämie (Nierensiechtum, asthenische Urämie).
3. Chronische Pseudourämie (Urämie der Gefäßkranken).

Die *akute eklamptische Krampfurämie* wird am häufigsten bei der rasch einsetzenden Glomerulonephritis und bei den Nierenerkrankungen der Schwangeren beobachtet. Bei Schrumpfnierenkranken kommt sie nur selten vor. Sie ist klinisch durch hartnäckigen Kopfschmerz, Nackensteifigkeit, Übelkeit und Erbrechen gekennzeichnet. Der Unerfahrene denkt wegen der nicht selten gleichzeitig vorkommenden Verlangsamung des Pulses und geringer Benommenheit an *Meningitis.* Der Harnbefund, die Ödeme, besonders im Gesicht, die Veränderungen des Pulses decken sofort das Vorliegen einer Nierenerkrankung auf. Die Situation wird klar, wenn es zu typischen *epileptischen Anfällen* kommt, bei welchen das Bewußtsein schwindet und in einer Art Starrkrampf die Atmung

---

[1] BÜRGER u. GRAUHAN: Klin. Wschr. **1927** II, 1716—1720, 1767—1769.
[2] BÜRGER u. GRAUHAN: Z. exper. Med. **42**, H. 1/3, 3. Mitt.

vorübergehend aussetzt. Die Pupillen reagieren in solchem Anfall träge oder gar nicht. Die Sehnenreflexe sind gesteigert, Babinski häufig positiv. Auch tetanische Zustände sind beobachtet worden. Nach solchen Krampfattacken kann es zu vollständiger *Erblindung* kommen, welche cerebral bedingt ist. Sie pflegt aber in wenigen Tagen restlos abzuklingen. Bei dieser Form der *eklamptischen Urämie* ist der Reststickstoff des Blutes und der Cerebrospinal-flüssigkeit *normal,* der Lumbaldruck fast regelmäßig erhöht. Feste Beziehungen zwischen der Ödembildung und der Schwere der eklamptischen Erscheinungen fehlen. Auch scheinen Beziehungen zur Größe der Wasserausscheidung nicht regelmäßig zu sein. Es muß aber zugegeben werden, daß die *eklamptische Urämie* besonders gern bei gleichzeitiger *Oligurie* oder *nephritischer Anurie* auftritt. Für die Prognose wesentlich ist, daß auch nach häufigen Krampf-anfällen in den meisten Fällen eine vollständige Heilung erfolgt.

Im Gegensatz zu dieser falschen Urämie hat die *echte chronische Urämie,* welche die Folge bei chronisch entzündlicher oder arteriosklerotischer Nieren-erkrankung ist, stets eine ungünstige Bedeutung. Der erhöhte Reststickstoff-gehalt des Blutes zeigt, daß der funktionstüchtige Rest des Nierenparenchyms nicht mehr ausreicht, um den Körper von den Schlacken des Eiweißstoffwechsels zu befreien. Der Zustand des Nierensiechtums ist durch Trockenheit im Munde, üblen Geschmack, Übelkeit und chronisches Erbrechen gekennzeichnet. Ein eigenartiger Geruch aus dem Munde, der häufig *ammoniakalischen* Charakter trägt und nicht selten mit einer schmerzhaften Stomatitis verbunden ist, läßt den Erfahrenen rasch den Zustand erkennen. Die retinierten Eiweißschlacken führen sekundär zu Geschwürsbildung im Munde, Magen und Darm und nicht selten zu schweren dysenterischen Erscheinungen. Trotz der dauernden Müdigkeit leidet der von neuralgischen Schmerzen und Magenkrämpfen gequälte Kranke unter seiner Schlaflosigkeit. Er versinkt langsam in einen chronischen Dämmer-zustand, das Ende kündigt sich durch die große KUSSMAULsche Atmung und schließlich durch das CHEYNE-STOKESsche Atmen an. Die Körpertemperatur ist bei diesem chronischen Vergiftungszustand meist niedrig und sinkt kurz vor dem Ende auf unternormale Werte ab. Bei dieser echten chronischen Urämie ist der Reststickstoff regelmäßig erhöht. Das Serum gibt statt der violetten Diazoreaktion, mit welcher wir den Gehalt des Blutes an Gallen-farbstoffen messen, eine schmutzig gelbe Farbe. *Diese gelbe Diazoreaktion habe ich bei der echten Urämie nie vermißt.* Sie ist auch ohne Laboratorium leicht anzustellen und für mich das sicherste Zeichen der *echten Urämie.*

Die dritte Form der Urämie ist die *Urämie der Gefäßkranken.* In den meisten Fällen handelt es sich um Arteriosklerose der Hirn- und Nierengefäße. Die Kranken leiden an anfallsweise auftretenden Kopfschmerzen, Schwindelgefühlen und Augenflimmern. Sehr häufig steigt der hohe Blutdruck im Schmerzanfalle noch höher an. Die Nierenfunktionen können bei dieser sog. *Scheinurämie* vollkommen in Ordnung sein. Es kommt daher auch nicht zur Zurückhaltung von Wasser-Kochsalz- oder Eiweißstoffwechselschlacken. Die Zustände werden wohl am einfachsten als Folge von Durchblutungsstörung des Gehirns gedeutet. Ebenso schnell wie die Symptome eintreten, welche häufig durch eine erhöhte Reizbarkeit und Vergeßlichkeit eingeleitet werden, verschwinden sie auch wieder. Doch können sich aus einer leichten Verstimmung auch echte psychotische Verstimmungen mit Wahnvorstellungen, ja sogar tobsüchtige

Zustände entwickeln. Bei solchen psychischen Attacken treten gleichzeitig Störungen der Atmung (CHEYNE-STOKESsches Atmen) auf. Es handelt sich bei dieser Form der Urämie demnach mehr um eine *Hirngefäßerkrankung* als um ein *Nierenleiden.*

Das eigentliche *Urämiegift* ist bis heute nicht gefunden. Einigkeit besteht darüber, daß der bei jeder Urämie im Blute vermehrte Harnstoff die Vergiftungssymptome nicht auslösen kann. Es ist aber daran zu denken, daß durch den hohen Harnstoffgehalt des Blutes eine erhöhte Durchlässigkeit der Capillaren für Stoffe einsetzt, welche im intermediären Stoffwechsel entstehen und normalerweise vielleicht die Gefäße, speziell die Hirngefäße, nicht oder nur im geringen passieren. Diese erhöhte Gefäßdurchlässigkeit unter der Einwirkung von Harnstoff hat BAUR weiter verfolgt und zur Grundlage einer Theorie der Harnvergiftung gemacht.

Unter den bei Niereninsuffizienz im Blute retinierten Stoffen hat man dem *Indican* $C_8H_2NSO_4$ (der Indoxylschwefelsäure) eine besondere Beachtung geschenkt. Die Indoxylschwefelsäure stammt aus dem bei der Eiweißfäulnis im Darm gebildeten Indol, welches im Körper zu Indoxyl oxydiert wird und sich dann mit Schwefelsäure paart. Unwegsamkeit des Dünndarms und gesteigerte Darmfäulnis bedingen eine Vermehrung der Indolbildung im Darm und damit vermehrte Indicanausscheidung. Bei Niereninsuffizienz ist diese Indicanausscheidung gestört. Im allgemeinen findet sich *Indicanämie* bei allen Nierenkranken mit erhöhtem Reststickstoff. Einer Vermehrung des Indicans im Blute im 2. und 3. Stadium der Glomerulonephritis kommt dieselbe ungünstige prognostische Bedeutung zu wie dem Ansteigen des Rest-N-Spiegels unter diesen Umständen. Bei der akuten Glomerulonephritis ist die Vermehrung des Indicans im Serum von geringerer Bedeutung. Bei ungestörtem Heilungsverlauf klingt sie genau wie die Reststickstofferhöhung rasch ab. Gelegentlich sieht man die Indicanämie bei Fällen von Niereninsuffizienz auch dann fortbestehen, wenn es durch geeignete diätetische Maßnahmen gelungen ist, den Rest-N-Spiegel auf normale Werte herabzudrücken. Der Nichtharnstoff-N wird als *Residual-N* bezeichnet. Unter den Körpern des Residual-Ns wird auch das Urämiegift gesucht. Vielleicht handelt es sich um ein *proteinogenes Amin.* Das *Tyramin,* welches zwar eine Erhöhung des Blutdrucks macht und welches im Blut von Hochdruckkranken nachgewiesen wurde, ist als Urämiegift abzulehnen. Es gibt zwar auch eine Diazoreaktion, aber nur bei alkalischer Reaktion.

Neben Indican ist von BECHER den Phenolabkömmlingen und N freien aromatischen Oxysäuren, welche als Produkt der aromatischen Aminosäuren aufzufassen sind, eine Bedeutung für die urämische Intoxikation beigemessen worden. Diese aromatischen Oxysäuren geben die bei Urämie deutliche *Xanthoproteinreaktion,* die auch prognostischen Wert besitzt.

Da die schwerkranke Niere einen den Bedürfnissen des Organismus angepaßten Harn von wechselnder Acidität nicht mehr bilden kann und auch das neutralisierende Ammoniak nicht in genügender Menge bilden kann, wird die Aufrechterhaltung der normalen Reaktionslage des Organismus gefährdet. Auch die endogene Entstehung großer Mengen saurer Valenzen fördert das Zustandekommen einer *Azidose.* Die Azidose zehrt an der Alkalireserve, welche am Ende des Lebens immer mehr abnimmt. Die schwere *Dyspnoe,* die große KUSSMAULsche Atmung entfernt immer mehr Kohlensäure aus dem Blute. Die alveolare Kohlensäurespannung sinkt beim Urämiker auf 10 mm und darunter ab. Aber auch unter dieser Atemmechanik gelingt es dem Körper auf die Dauer nicht, die Azidose zu kompensieren.

Unter den Körpern des Residualstickstoffs befindet sich auch das *Kreatinin,* welches im Blute normalerweise zu 20 mg-$^0/_{00}$ gefunden wird. Dieser Wert wird bei Diabetikern und Nierenkranken wesentlich überschritten. Bei den Nephrosen steigt der Blutkreatiningehalt selten über Werte von 25 mg-$^0/_{00}$ an. Bei der akuten Glomerulonephritis werden Werte zwischen 22 und 50 mg-$^0/_{00}$ dann gefunden, wenn auch der Harnstoff des Blutes ansteigt. Werte zwischen 50 und 100 mg-% und mehr werden im Insuffizienzstadium der chronischen Glomerulonephritis und bei der malignen Sklerose gefunden (ROSENBERG). Alle Versuche, die verschiedenen Komponenten des Reststickstoffs getrennt zu bestimmen, haben bisher für die Prognose und auch für die Differentialdiagnose der Nierenerkrankungen keine große Bedeutung gewinnen können.

6. Die Albuminurie.

Die Eiweißausscheidung im Harn ist und bleibt für den Arzt ein Zeichen von höchstem Werte für das Vorliegen einer Nierenerkrankung. Albuminurie ist aber nicht etwa mit Nierenerkrankung identisch, da es eine ganze Reihe von Zuständen gibt, bei welchen Eiweiß im Harn nachgewiesen wird, ohne daß irgendein klinischer Anhaltspunkt für das Vorliegen einer Nierenerkrankung zu finden ist.

Man darf nicht vergessen, daß auch der Harn des gesunden Menschen Spuren von Eiweiß enthält, welche mit den gewöhnlichen Reagenzien (Kochprobe, Salpetersäure, Essigsäure-Ferrocyankalium) nicht nachweisbar sind, in hochkonzentrierten Harnen aber mit Sulfosalicylsäure eine hauchartige Trübung erkennen lassen. Diese physiologischen Spuren sind nicht gemeint, wenn wir von einer Albuminurie sprechen. Die allgemeinen Bedingungen, welche zu einer echten Albuminurie führen, sind folgende:

Erstens können die Zellen des Tubularapparates durch körperfremde Gifte so geschädigt werden, daß es zum Übertritt von Eiweiß in den Harn kommt.

Zweitens ist zu bedenken, daß die Nierenzellen gegen jede Durchblutungsstörung aufs höchste empfindlich sind. Eine vorübergehende Störung ihrer Versorgung mit Sauerstoff oder Nährstoffen führt bereits zu der sog. *zirkulatorischen Albuminurie.* Periphere Abkühlungen der Extremitäten können auf dem Umwege über einen cuto-renalen Reflex bei gesunden Menschen eine Albuminurie herbeiführen[1]. So treten nach FABER und CHRISTENSEN[2] bei mehr als 50% der Untersuchten nach kalten Bädern Eiweiß und Zylinder im Harn auf.

Drittens führt das Auftreten körperfremder Proteine im Blute zur Albuminurie. Die Ausscheidung des BENCE JONESschen Eiweißkörpers ist dafür ein bekanntes Beispiel. Bei Darmkranken kann unter Umständen körperfremdes Eiweiß, z. B. Eiereiweiß, resorbiert und in das Blut aufgenommen werden. Auch solches Eiereiweiß wird als körperfremd von den Nieren mit dem Harn entfernt. Vielleicht wird auch das bei der Schwangerschaftsalbuminurie auftretende

---

[1] BÜRGER: Beziehungen zwischen Haut und Nierenfunktion. Med. Ges. Kiel, 6. Nov. 1924. Ref. Klin. Wschr. **1925** I, 283. — SCHLOMKA: Über Beziehungen thermischer Hautreize zur Nierenfunktion. Diss. Kiel 1925.

[2] FABER u. CHRISTENSEN: Zit. nach LICHTWITZ: Die Praxis der Nierenkrankheiten.

Eiweiß als giftiges Protein aus dem Körper entfernt. Die Vorstellung, daß die Albuminurie in vielen Fällen als Entgiftungserfolg aufzufassen ist, hat gewiß viel Bestechendes für sich. Es ist in diesem Zusammenhange auch daran zu denken, daß die Stoffwechsel- oder Zerfallsprodukte der Bakterien, soweit sie eiweißartiger Natur sind, durch die Nieren als körperfremde Produkte entfernt werden können. Schließlich bestehen bei vielen Nierenleiden echte Entzündungen mit Ausschwitzungen, die stets Eiweiß enthalten. Die Quelle des Harneiweißes ist noch umstritten. Die Auffassung, daß es sich vor allem um das Eiweiß zerfallener Nierenepithelien handeln soll, ist aus quantitativen Gründen zurückzuweisen. Die größere Menge des Harneiweißes besteht aus *Albuminen,* die kleinere aus *Globulinen.* Bei bestimmten Nierenerkrankungen (Lipoidnephrose) soll der Globulinanteil ansteigen. Es ist auch zu bedenken, daß bei vielen Nierenerkrankungen die Zusammensetzung der Bluteiweißkörper sich ändert im Sinne der Verminderung der Albumine.

Wenn man von extrarenalen Beimischungen von Eiweiß im Harn absieht, so können also folgende Einflüsse zur Albuminurie führen:

1. zentrale auf den Nervenbahnen den Nieren zugeleitete Erregungen,
2. Änderungen der Nierendurchblutung,
3. die Beimischung körperfremder oder blutfremder Eiweißkörper zum Blute,
4. Nierenerkrankungen.

Für die *zentral bedingte* Albuminurie kennen wir eine Reihe experimenteller und klinischer Beispiele. So konnte CLAUDE BERNARD durch Stich in den vierten Ventrikel bei Tieren eine Albuminurie erzeugen. Psychische Erregungen (Examen) können Albuminurien bedingen. Hierbei ist es bisher nicht sichergestellt, ob die Reize, wie sie z. B. auch eine Commotio cerebri mit sich bringt, durch direkten Angriff an den Nierenzellen selbst oder auf dem Umwege über die Vasomotoren zur Albuminurie führen.

Änderungen der *Nierendurchblutung,* wie sie im groben durch Abklemmung der Nierenvene, im geringeren Ausmaß durch Sympathicusreizung erzeugt werden kann, führt zur Eiweißausscheidung mit dem Harn. Eine große Gruppe hierher gehöriger Erscheinungen kommt durch reflektorische Vasomotorenbeeinflussung zustande. So sieht man nach schweren körperlichen Anstrengungen, sportlichen Höchstleistungen, kalten Bädern oder Übergießungen Albuminurie auftreten, ohne daß dem eine krankhafte Bedeutung zukommt.

Wichtig ist, daß nach körperlichen Anstrengungen nicht nur Eiweiß, sondern auch Zylinder und rote Blutkörperchen in den Harn übertreten. Wiederholen sich die sportlichen Anstrengungen, so kann die Albuminurie zwar geringer werden, kann aber auch in gleichem Maße fortbestehen, ohne daß daraus eine funktionelle Beeinträchtigung der Nieren oder gar eine Nierenerkrankung resultiert. In vielen Fällen kann planmäßige Übung die Albuminurie zum Verschwinden bringen, wie man auch beim Militärdienst festgestellt hat. Wenn man diese gutartigen Albuminurien nach kalten Bädern und körperlichen Anstrengungen noch zu den physiologischen Erscheinungen rechnen darf, ist die sog. *orthostatische* Albuminurie schon anders zu bewerten. Hier hängt die Eiweißausscheidung von der Körperhaltung ab. Der Nachtharn solcher Individuen ist eiweißfrei, der in stehender Körperhaltung gebildete enthält Eiweiß in wechselnden Mengen, bis $0,5^0/_{00}$ und darüber. Ausnahmsweise bleibt die Albuminurie auch bei liegender Körperhaltung bestehen. Sie ist dann als orthostatische

nur daran zu erkennen, daß sie im Stehen erheblich intensiver wird. Diese
orthostatische Albuminurie ist als Zeichen einer konstitutionellen Minderwertigkeit anzusehen, das vorwiegend bei Leuten jugendlichen Alters mit kardio-
vasculären Erscheinungen beobachtet wird (Tropfenherz, sehr ausgeprägte
respiratorische Arrhythmie, psychisch leicht erregbare Herztätigkeit, mechanische
Übererregbarkeit der Vasomotoren). Die neurovasculäre Unterwertigkeit ist
gekennzeichnet durch eine dauernde blasse Haut, leicht einsetzendes Frösteln,
kalte, oft bläulich gefärbte Finger und Zehen und bläuliche Flächen an der mar-
morierten Haut der Extremitäten. Die Muskulatur ist bei den oft lang auf-
geschossenen Individuen schlecht entwickelt, sie sind leicht ermüdbar; es fällt
an ihnen im Stehen eine Lordose im Bereich der Lendenwirbelsäule auf. Diese
Lordose ist das auslösende Moment für die Albuminurie, welche beim Sitzen,
bei vornübergebeugter Haltung auszubleiben pflegt. Schon wenige Minuten
nachdem der Proband die lordotische Haltung eingenommen hat, tritt in den vorher eiweißfreien Harn Albumen über. Wird die Ruhelage eingenommen, verschwindet die Albuminurie gewöhnlich nach 1 Stunde. Die Abhängigkeit der
Intensität der orthostatischen Albuminurie von psychischen Einflüssen ist sichergestellt. Auch sie macht es wahrscheinlich, daß dieselbe auf dem Umwege über
die Vasomotoren zustande kommt. Die lordotische Haltung macht infolge
Dehnung der Nierenvenen eine venöse Hyperämie des Organs, welche ihrerseits
in wenigen Minuten zur Albuminurie führt. Daß die schlecht durchblutete
Niere Eiweiß austreten läßt, ist experimentell sichergestellt. Ob aber diese rein
mechanischen Momente genügen, um die orthostatische Albuminurie restlos
zu erklären, ist fraglich. Man hilft sich mit der Annahme, daß in diesen Fällen
eine besondere konstitutionelle Empfindlichkeit der Nieren gegen Zirkulationsstörungen leichtester Art vorliege, die eine besondere Disposition für Albuminurie schafft. Nach einer überstandenen Nierenerkrankung kann eine ähnliche
Empfindlichkeit der Nierenepithelien zurückbleiben. In solchen Fällen muß
eine sorgfältige Untersuchung des Sediments den Charakter der orthostatischen
Albuminurie als einer postnephritischen sichern.

Die *Albuminurie der Nierenkranken* hat in frischen Fällen nicht selten
intermittierenden Charakter. Wie das Eiweiß in diesen Fällen in den Harn
hineingelangt, ist noch nicht sichergestellt. Gewiß ist, daß es sich nicht um ein
einfaches Durchtreten von Serumalbumin und Serumglobulin aus dem Blut
in den Harn handelt, denn das Verhältnis Globulin zu Albumin entspricht durchaus nicht dem des Blutes. Ein Durchlässigwerden des „Nierenfilters“ in grob-
mechanischem Sinn ist schon aus dem einfachen Grunde schwer verständlich,
weil in der gleichen Zeit, wo das großmolekulare Eiweiß das Filter passieren soll,
die kleinen Harnstoff-, Wasser- und Salzmoleküle zurückgehalten werden. Die
Meinung, daß es sich, wie schon bemerkt, um das Eiweiß zerfallener Epithelien
handelt, ist aus quantitativen Gründen zurückzuweisen, da sonst in bestimmten
Fällen das *gesamte* Eiweiß der Nieren den Körper durch den Harn in wenigen
Tagen verlassen müßte.

Die letzte Erklärung für die feineren Vorgänge bei der *Albuminurie* ist bis heute nicht
gefunden. LICHTWITZ[1] weist darauf hin, daß man speziell bei der lordotischen Albuminurie
zu einer höheren Bewertung der Sekretionsnerven gedrängt sei und erinnert daran, daß die
Reizung des Nervus sympathicus bei der Speicheldrüse zur Produktion eines zäheren, eiweiß-
reicheren Speichels führe. Wir dürfen auch nicht vergessen, daß jeder Harn Kolloide

---

[1] LICHTWITZ: Die Praxis der Nierenkrankheiten, Bd. 8. 1934.

enthält (kolloidaler Stickstoff SALKOWSKIS) und daß es sicher fließende Übergänge zwischen dieser Kolloidurie und dem Zustand gibt, welchen wir als Albuminurie bezeichnen. Bei allen Erklärungen bleibt die Schwierigkeit bestehen, daß die Niere mit zunehmender Eiweißdurchlässigkeit für Ionen mehr und mehr impermeabel wird. Soweit es sich um entzündliche Ausschwitzungen handelt, ist der Prozeß mit anderen bekannten Vorgängen zu analogisieren. Die Plexus chorioidei produzieren in gesunden Tagen einen nahezu eiweißfreien Liquor, treten an den Meningen Entzündungen auf, so wird der Liquor eiweißreich. Der gleiche Vorgang spielt sich offenbar bei akutentzündlichen Prozessen an der Niere ab und wird in histologischen Bildern an den Glomeruli sichtbar. Man muß weiterhin daran denken, daß die erkrankte Nierenzelle wie die gesunde eine Zeitlang die Fähigkeit behält, körperfremdes Eiweiß zu eliminieren. Es ist sehr wohl vorstellbar, daß toxische Schädigungen gewisse Eiweißkomplexe in den Nierenzellen derart denaturieren, daß sie dieselben als zellfremdes Material zur Ausscheidung bringen und gleichzeitig ihren Eiweißbestand aus dem Blute wieder ergänzen. Daß uns der Nachweis dieser Entartung des Eiweißes bisher nicht geglückt ist, kann an der Unzulänglichkeit unserer Methodik liegen. Um *unverändertes* Bluteiweiß handelt es sich jedenfalls nicht. So löst sich der Widerspruch, daß die kranke Nierenzelle einerseits Eiweiß — das ihr fremd geworden — zur Ausscheidung bringt, was man als den Beginn einer Entzündung ansprechen kann, andererseits ihren physiologischen Aufgaben der Ausscheidung des harnfähigen Materials nicht mehr voll gerecht wird.

7. Hämoglobinurie und Hämaturie.

Unter besonderen Umständen kommt es zur Ausscheidung körpereigenen Hämoglobins. Solche Hämoglobinurien sind nicht als Zeichen einer Nierenerkrankung aufzufassen, sondern gewissermaßen als ein Ausdruck dafür, daß das aus den Blutkörperchen ausgetretene Hämoglobin, das von Leber und Milz nicht aufgenommen werden kann, im Plasma als blutfremder Stoff zirkuliert und — wie andere blutfremde Stoffe — durch die Nieren ausgeschieden wird. Eine über das physiologische Maß hinausgehende Zerstörung von roten Blutkörperchen mit konsekutiver Hämoglobinurie wird als Folge von Vergiftungen mit chlorsauren Salzen, Arsenwasserstoff, Sulfonal, Extractum Filicis und frischen Muscheln gesehen. Unter den Infektionskrankheiten, welche gelegentlich eines massenhaften Zerfalls roter Blutkörperchen zur Hämoglobinurie führen, dominiert die Malaria. Bei der *paroxysmalen Hämoglobinurie* kommt es unter der Einwirkung von Abkühlungen besonders der Extremitäten zum anfallsweisen Auftreten von Schüttelfrösten, die mit der Entleerung eines dunkelroten bis schwarzroten Harns einhergehen und in wenigen Stunden wieder abklingen. Solche Anfälle lassen sich oft schon durch Eintauchen eines Armes in kaltes Wasser künstlich provozieren. Auch diese Form der Hämoglobinurie ist die Folge einer weitgehenden intravasculären Hämolyse. Interessanterweise läßt sich der Vorgang in vitro nachahmen. Wird das Gemisch von Hämoglobinurikerserum und -blutkörperchen bei Gegenwart von Komplement in einem Eiswassergemisch einige Minuten lang abgekühlt und danach auf 37⁰ erwärmt, so tritt mehr oder weniger weitgehende Hämolyse ein. Dies *Kältehämolysin* gibt eine positive WASSERMANNsche Reaktion, ohne offenbar mit dem gewöhnlichen Luestoxin identisch zu sein.

Die sog. *Marschhämoglobinurie* hat vielleicht Beziehungen zur orthostatischen Albuminurie. Man hat besonders bei jungen Leuten beobachtet, daß sie nach lordotischer Haltung das eine Mal Eiweiß, ein anderes Mal Hämoglobin mit dem Harn ausscheiden. Der Marschhämoglobinurie soll ein vasomotorischer Reflex in der Milz zugrunde liegen, dieser bedingt eine veränderte Durchblutung des Organs und eine abnorme Intensität des physiologischen Blutbaus.

8. Die Ödeme der Nierenkranken[1].

Drei Möglichkeiten sind für die Entstehung der Ödeme bei Nierenkranken gegeben. Nach der ersten Auffassung spielt die *Erkrankung der Nieren* für die Entstehung des Ödems die entscheidende Rolle. Sie ist die Ursache für die Zurückhaltung von Wasser und Kochsalz im Blut. Diese Retention schädigt den intermediären Salz- und Wasserwechsel der Gewebe, welcher letzten Endes die Hydropsien bedingt[2]. Nach der zweiten Auffassung entstehen die Ödeme ganz unabhängig von der Erkrankung der Niere durch eine primäre Schädigung der den *intermediären Salz- und Wasserwechsel besorgenden Organe*. Das Ödem ist *extrarenal* bedingt[3]. Die dritte Auffassung nimmt einen vermittelnden Standpunkt ein, indem nebeneinander die *Niere und die übrigen den Salz- und Wasserstoffwechsel besorgenden Gewebe* geschädigt sind und so die Anhäufung von Wasser und Mineralien in Haut- und Körperhöhlen zustande kommt. Unter den *extrarenalen* Apparaten, welche den Mineral- und Wasserhaushalt zu regeln haben, fällt die Hauptaufgabe sicher den Capillarendothelien zu. Sie können durch sehr verschiedene Noxen in ihrer Funktionstüchtigkeit beeinträchtigt werden. Ernährungsstörungen allein können schwerste Ödeme hervorbringen, ohne daß die Nieren beteiligt sind (Hungerödeme, S. 240). Der sehr komplizierte Wasser- und Salzhaushalt ist weiterhin abhängig von den Wirkungen der inneren Sekrete. Das Thyreoidin wirkt z. B. beschleunigend auf den intermediären Wasser- und Salzwechsel ein[4]. Die Substanzen der Hypophyse sind im pharmakologischen Versuch sicher wirksam; wieweit sie unter physiologischen und pathologischen Bedingungen in diese Verhältnisse eingreifen ist unbekannt; das gleiche gilt für das Adrenalin. Unter den angeführten Möglichkeiten ist die eine klinisch gut gestützt, daß nämlich die Retention von Kochsalz die Zurückhaltung von Wasser im Körper nach sich zieht. Man kann in bestimmten Fällen durch Salzzulagen bzw. Salzentziehung die Hydropsien steigern und mindern.

Die *Zusammensetzung* der Ödeme ist bei den einzelnen Formen der Nierenkrankheiten verschieden. Bei der Nephrose ist z. B. der Eiweißgehalt des Ödems gering, unter 0,1%, bei der Glomerulonephritis hoch, über 1%. Man hat diese starke Eiweißpermeabilität der Gefäßwände bei der akuten Nephritis in Parallele gesetzt zu deren Eiweißdurchlässigkeit bei der Ausbildung entzündlicher Exsudate und geschlossen, es müsse auch bei der akuten Glomerulonephritis ein diffuser entzündlicher Prozeß an den Capillaren sich abspielen.

Die *Verteilung* der Ödeme ist bei Nieren- und Herzkranken verschieden. Das veränderte gedunsene Aussehen der Nierenkranken weist darauf hin, daß das Ödem sich besonders gern im lockeren Unterhautzellgewebe der Augenlider ansammelt. Die Kranken empfinden beim Erwachen ein Gefühl der Spannung um die Augen herum, sie zeigen ein milchig blasses Aussehen. Der Hydrops der Kreislaufkranken beginnt mit Vorliebe an den tiefsten Punkten beim Stehen und Sitzen an den Knöcheln, bei liegenden Kranken am Kreuzbein. Diese Unterschiede gelten aber nur für den Beginn der Erkrankung. Später breiten

---

[1] Siehe auch S. 240.

[2] WIDAL: Bull. Soc. méd. Hôp. Paris **1903**. — J. Physiol. et Path. gén. **1913**. — Verh. dtsch. Ges. inn. Med. 26. Kongr. **1909**. — STRAUSS: Die chronischen Nierenentzündungen. Berlin 1909. — Dtsch. Arch. klin. Med. **105**. — Die Nephritiden. Berlin 1916.

[3] VOLHARD: Die doppelseitigen hämatogenen Nierenerkrankungen. Berlin 1918.

[4] EPPINGER: Zur Pathologie und Therapie des menschlichen Ödems. Berlin 1917.

sich auch bei Nierenkranken die Schwellungen über den ganzen Körper aus. Es kommt zu einem *universellen Hautödem*. Frühzeitig entwickelt sich bei vielen Nierenkranken ein *Höhlenhydrops* in der Brust- und Bauchhöhle. Die Hautwassersucht ist klinisch dadurch gekennzeichnet, daß auf leichten Druck hin Dellen stehen bleiben. Die Haut ist im ganzen verdickt und hat ihre Elastizität eingebüßt. Schon *vor* diesem Zustand des sicht- und tastbaren Ödems beginnt der Körper in Mengen bis zu 6 kg, Wasser festzuhalten. Dieses sog. *Präödem* soll auf einer krankhaften Gewebsquellung beruhen. Die Wasseransammlung im Zustande des Ödems findet also innerhalb und außerhalb der Zellen statt.

Die Wasserbewegung durch die Capillarwandungen hindurch wird von dem sog. Kolloidosmotischen Druck (Quellungsdruck) beherrscht. Dieser Quellungsdruck der Eiweißkörper wirkt dem auf der Capillarwand ruhenden Druck entgegen. Steigt, wie z. B. bei venöser Stauung der Druck in den Capillaren an, so kommt es zum Austritt von Wasser in die Gewebe. Über den feineren Mechanismus der Ödementstehung bei Nierenkranken sind wir noch nicht unterrichtet. Da das Ödem bei akuten Nierenerkrankungen nicht selten den Nierensymptomen vorausgeht, hat man an eine selbständige Erkrankung der Capillaren gedacht (Capillaritis universalis). Von manchen Autoren ist eine primäre Steigerung des Capillardrucks als pränephritisches Symptom angenommen worden.

9. Der Blutdruck der Nierenkranken.

Eines der wichtigsten und wertvollsten Symptome vieler Nierenkrankheiten ist die *allgemeine Capillardrucksteigerung*. Ihre Deutung ist nicht einfach; schon aus dem Grunde nicht, weil die verschiedenen Organe des Kreislaufs, das Herz, das Capillarsystem, das Arterien- und Nervensystem, einzeln oder gemeinsam auf die Blutdruckhöhe einwirken können und bei den Nierenkrankheiten primär oder sekundär in wechselnder Stärke miterkranken. Unter den äußeren Faktoren die auf den Blutdruck einwirken, spielt die Art der Ernährung, körperliche Arbeit und psychische Faktoren eine nicht zu unterschätzende Rolle. Bei Nierengesunden beobachtete ich in den Jahren 1917 und 1918 an unserer Heimatbevölkerung auffallend niedere Blutdruckwerte, wesentlich niedriger als ich bei gesunden Soldaten im Felde fand. Diese Tatsache ist am einfachsten mit alimentären Einflüssen — der reizlosen fleischfreien Kost unserer Heimatbevölkerung zu erklären. Daß die Ausschaltung psychischer Faktoren, die Einhaltung körperlicher Ruhe bei Nierengesunden und -kranken erniedrigend auf die arteriellen Druckwerte einwirkt, ist jedem Anstaltsarzt geläufig. Am Tage der Aufnahme in eine Krankheitsanstalt werden besonders bei Nierenkranken häufig um 20—30 mm Hg höhere Druckwerte gefunden als an den Tagen nach der Aufnahme, auch dann, wenn besondere Änderungen in dem Ernährungsregime nicht Platz gegriffen haben.

Um tiefer in die komplizierten Verhältnisse des Blutdrucks bei Nierenkranken einzudringen, ist eine gesonderte Betrachtung des Drucks in Capillaren, Venen und Arterien nötig. Das *Capillarsystem* wird im allgemeinen als ein in die Strombahn eingeschalteter, ziemlich gleichmäßiger Widerstand aufgefaßt. Dabei wird häufig vergessen, daß das Capillargebiet nach Größe und Weite einem dauernden Wechsel unterworfen ist. Je nach dem Blutbedarf der einzelnen Organe öffnen oder schließen sich einzelne Capillaren oder Capillarkomplexe. Nur ein kleiner Teil des gesamten Capillarsystems steht dem Blutstrom jeweils offen. Darüber, daß die Capillaren sich selbständig öffnen und schließen, daß sie eigenartige peristaltische Bewegungen ausführen können, besteht heute kein Zweifel mehr. Für die Regulation *der Widerstände* kommt daher dem *Capillargebiet* eine große Bedeutung zu und damit auch für die Regelung des Blutdrucks. Wieweit den Capillaren auch propulsatorische kreislauffördernde Eigenschaften innewohnen, steht dahin.

Der *Capillardruck* ist im akuten Stadium der *Glomerulonephritis* und bei maligner Sklerose erhöht über 500 mm H_2O, bei benigner Sklerose normal (100 bis 200 mm H_2O). Als Ursache für diese Erhöhung des Capillardrucks sind vor allem die folgenden drei diskutiert worden: 1. das Nachlassen der Widerstände im Präcapillargebiet, 2. Erhöhung des Venendrucks und damit Erniedrigung des arteriovenösen Druckgefälles und 3. schließlich eine Zunahme der Widerstände im Capillargebiet selbst.

Die erste Möglichkeit hat wenig Wahrscheinlichkeit für sich. Eine allgemeine Blutdrucksteigerung ist bei einem Nachlassen des präcapillaren Gefäßtonus schwer denkbar. Eine Erhöhung des Venendrucks ist immer bei kardialer Stauung vorhanden, wie sie bei akuter diffuser Nephritis und maligner Sklerose nicht selten gefunden wird. Wenn demnach eine kardiale Insuffizienz vorliegt, ist die Erhöhung des Capillardrucks als Folge des gesteigerten Venendrucks verständlich. Der Nachweis einer Steigerung des capillaren Widerstandes selbst als Ursache der Zunahme des Capillardrucks ist nicht leicht zu führen. Man hat dafür capillarmikroskopische Beobachtungen ins Feld geführt: Verlängerung, Schlängelung der Capillaren und Veränderungen der Strömung. Doch sind diese Beobachtungen als Ausdruck einer Capillardrucksteigerung mit großer Reserve zu beurteilen. Wertvoll bleibt vorläufig die Feststellung KYLINs, daß sich zwei Gruppen von Hypertonie unterscheiden lassen:

Eine reine *Arterienhypertonie* bei benigner Sklerose und eine Form von Blutdrucksteigerung mit gleichzeitiger Erhöhung des Capillardrucks bei akuter Glomerulonephritis *(Capillarhypertonie)*.

Eine isolierte *Steigerung des Venendrucks* bei suffizientem Herzen ist an Nierenkranken bisher nicht beobachtet; es ist bemerkenswert, wie weitgehend der venöse Druck von dem arteriellen unabhängig ist. Das zwischen Venen und Arterien eingeschaltete Capillargebiet wirkt eben wie ein Wehr.

Der *Arteriendruck* zeigt in den einzelnen Stadien der verschiedenen Nierenerkrankungen ein wechselndes Verhalten. Bei der *akuten Glomerulonephritis* kann die Drucksteigerung bemerkenswerterweise schon einige Tage bis 1 Woche *vor* dem Erscheinen der Nierensymptome einsetzen. Das gilt besonders für Nephritiden nach Angina und Scarlatina. Im Stadium der Ödemstarre der akuten Glomerulonephritis kann der Druck auf Werte von 150—200 mm Hg ansteigen. Auch bei der *Eklampsia gravidarum* kann die Blutdrucksteigerung der Albuminurie vorausgehen. Der Schwangerschaftsangiospasmus ist extrarenal bedingt; die Nierensymptome, das Ödem der Haut und des Gehirns, die Amaurose, die Nekrosen in Leber und Niere sind seine Folgen. Für andere Fälle, besonders die maligne Sklerose, kommt man ohne die Annahme der Retention *vasoconstrictorisch* wirkender Substanzen nicht aus. Verminderung des Nierenparenchyms allein oder Verlegung des arteriellen Stromgebietes in einer Niere führen nicht unmittelbar zur Blutdrucksteigerung. Experimentell herbeigeführte Reduktion des Nierenparenchyms führt erst zur Hypertonie, wenn die Ausscheidungsfähigkeit des zurückbleibenden Nierengewebes nicht mehr ausreicht, das lehren auch die Exstirpationserfahrungen der Chirurgen. Dafür, daß Retention harnfähiger Produkte in erster Linie für die Drucksteigerung anzuschuldigen ist, lassen sich Beobachtungen an Prostatikern ins Feld führen, bei welchen als Folge der Harnstauung eine funktionelle Schädigung des Kanälchenepithels in den geraden und gewundenen Harnkanälchen resultiert; die Nieren verlieren zunächst das Konzentrationsvermögen, können anfänglich mit Hilfe der kompensatorischen Polyurie die harnfähigen Substanzen noch ausscheiden, später kommt es aber zu Retentionen, die sich in einer Erniedrigung des Blutgefrierpunkts in Anhäufung N-haltiger Stoffwechselschlacken und einer Steigerung des Blutdrucks ankündigen. Die Cystostomie führt in solchen Fällen häufig zu einem rapiden Absinken der Druckwerte, z. B. von 250 mm auf 150, von 195 auf 120 mm Hg (GRAUHAN). Dieser primäre Sturz der hohen Druckwerte ist zum Teil sicher Folge reflektorischer Einflüsse, die durch die plötzliche Druckentlastung im Splanchnicusgebiet gesetzt werden. Wenn aber später die alten, stark erhöhten Druckwerte nicht wieder erreicht werden, so spricht das doch sehr dafür, daß die Druckentlastung reparable Schädigungen an den Harnkanälchen ausgeglichen hat und infolge der gebesserten Ausscheidungsfunktion die Ursache der Drucksteigerung, die retinierten Substanzen entfernt werden.

Welche unter den retinierten Substanzen hier als vor allen blutdrucksteigernd anzuschuldigen ist, ist unbekannt. In erster Linie denkt man an stickstoffhaltige Produkte, von denen aber Harnstoff, der das Hauptkontingent der N-haltigen Schlacken darstellt, als unwirksam ausscheidet. Auch Kreatinin bzw. Kreatin ist unwirksam, wie ich aus eigener Erfahrung weiß; ebenso das Natriumurat, wirksam dagegen das Tyramin. An welchen Stellen die hypothetischen vasoconstrictorischen Substanzen angreifen, ob zentral oder peripher, wie das Adrenalin, ist unbekannt.

Auch eine artifiziell durch intravenöse Injektion hypertonischer Lösungen gesetzte Plethora kann den Blutdruck um einen geringen Bruchteil der Norm erheben. Dieser Mechanismus spielt aber für die Blutdrucksteigerung der Nierenkranken ebenso wie Wasser und Kochsalzretention eine untergeordnete Rolle. Bei den auf Arteriosklerose zurückzuführenden Nierenerkrankungen addieren sich die drucksteigernden Momente der arteriosklerotischen Arterienveränderungen mit den tonisierenden Einflüssen der Retentionsprodukte. Daher werden bei den sklerotischen Formen der Nierenerkrankungen die höchsten Blutdruckwerte gefunden. Ob auch Veränderungen in der Adrenalinproduktion bei der nephrogenen Hypertonie eine Rolle spielen, ist nicht sichergestellt. Der dauernd erhöhte Kontraktionszustand der Arteriolen bedingt eine Verengerung der Gefäßbahn, welche ihrerseits wieder zu einer erhöhten Herzarbeit führt. Diese wieder hat eine Hypertrophie des Herzens, anfänglich des linken, später auch des rechten Ventrikels und der Vorhöfe zur Folge. Die *Herzhypertrophie* ist ein regelmäßiger Befund aller mit chronischen Blutdrucksteigerungen verlaufenden Nierenerkrankungen.

D. Störungen der Harnentleerung.

Der Harn wird kontinuierlich produziert. Die ableitenden Harnwege haben die Funktion ihn diskontinuierlich zu entleeren. Ist diese Funktion völlig aufgehoben, so tropft der Harn dauernd ab und Patienten, die an diesem Zustande leiden, sind in einer sozialen Gemeinschaft unmöglich. Eine Nierenexstirpation galt bis zum Jahre 1869 als eine absolut tödliche Operation. Der erste Mensch, der sich bewußt dieser Operation unterzog, tat es nicht wegen eines bösartigen Tumors, wegen besonders starker Schmerzen, sondern um den unerträglichen Zustand, den für ihn eine bestehende Harnleiterfistel bedeutete, beseitigen zu lassen. Die ableitenden Harnwege setzen sich zusammen aus den Nierenkelchen, dem eigentlichen Nierenbecken, dem Harnleiter, der Blase und der Harnröhre. Diese Organe stellen ein zusammengehöriges System aufeinanderfolgender Hohlräume dar, die durch engere Stellen voneinander getrennt sind, die durch ein wechselndes Spiel von Weitstellung und Schluß, die rhythmische Entleerung des Harns ermöglichen (Kelchhälse, Beckenharnleiterverbindung, Harnleiterostium und Blasensphincter).

Die **Harnblase** stellt einen innen mit Schleimhaut ausgekleideten Hohlmuskel dar. Die einzelnen Muskeln verlaufen teils in längsgerichteten, teils in zirkulären Bahnen, das ganze Organ kugelförmig umgebend. Der Aufbau des Organs besteht in seinen contractilen Teilen lediglich aus glatter Muskulatur, in welche Ganglienzellen in reichem Maße eingelagert sind. Besonders zahlreich finden sich Nerven und Ganglienzellengruppen an der Einmündungsstelle der Ureteren in die Blasenwand. Die Muskulatur der Blasenwand befindet sich in wechselndem Zustande tonischer Kontraktion, sie kann in ruhendem Zustande sich zunehmender Füllung derart anpassen, daß die Wandspannung oder der Binnendruck annähernd gleich bleibt. Auch dann, wenn die Blase sich nicht zur Entleerung ihres Inhalts kontrahiert, lassen sich mit entsprechenden Aufnahmevorrichtungen automatische Bewegungen registrieren. BERNTROP[1] unterscheidet zwei Typen solcher Kontraktionsformen. Die eine tritt unmittelbar nach Einführung der Aufnahmevorrichtung in die Harnblase ein und zeigt einen ganz unregelmäßigen Kurvenverlauf, während die zweite Gruppe von Bewegungen sich durch regelmäßige, wenig frequente Kontraktionen auszeichnet. Als Temperaturoptimum für diese spontanen Zusammenziehungen wurden 39—40° C für Säugetiere gefunden. Es ist wahrscheinlich, daß diese automatischen rhythmischen Kontraktionen von intramuralen Blasenzentren ausgelöst werden, denn auch nach Durchtrennung aller zur Blase ziehenden Nerven zeigen sich nach anfänglicher Harnverhaltung bald wieder periodische Spontanentleerungen der Blase. Kommt es aus irgendwelchen Gründen zu einer Stenosierung der Urethra, so ist die Folge eine kompensatorische Hypertrophie der Muskulatur, welche in ausgeprägten Fällen das Bild der Balkenblase darbietet.

Der Entleerungsmechanismus der Blase ist kompliziert. Bei Säuglingen vollzieht sich die Austreibung des Harns völlig automatisch. Der Reiz für die Entleerung ist entweder ein entsprechender Füllungszustand der Blase oder auch ein von außen her wirkender Einfluß (z. B. Abkühlung der Unterbauchgegend).

Eine geordnete Entleerung der Harnblase setzt das Zusammenspiel verschiedener Muskulaturen voraus. Der in der Ruhe tonisch kontrahierte Sphincter

---

[1] BERNTROP: Arch. néerl. Physiol. **7**, 55—59 (1922).

vesicae erschlafft, der Detrusor zieht sich kräftig zusammen und treibt den Harn im Strahle aus. Das Muskelspiel der Blase erhält seine Impulse von einem mit zahlreichen flachen Ganglienknoten durchsetzten, in der Gegend der Einmündungsstelle der Ureteren gelagerten dichtem Nervengeflecht, dem Plexus vesicalis. Dieser Plexus vesicalis steht unter der Doppelherrschaft des sympathischen Systems (Plexus hypogastricus) und des parasympathischen Systems (Nervi pelvici). Außerdem münden in den Plexus vesicalis Fasern aus dem sacralen Teil des Grenzstrangs ein. Wird der unterste Rückenmarksabschnitt, der Conus terminalis, zerstört, so hört die willkürliche Beherrschung der Blase auf, das gleiche gilt für jede Durchtrennung des Rückenmarks in irgendeiner Höhe. Wahrscheinlich verlaufen die für die Blasenfunktion wichtigen Bahnen in den Hintersträngen des Rückenmarks. Man nimmt nach dem Gesetz der gekreuzten Innervation an, daß in den Nervi pelvici anregende Impulse für den Detrusor und hemmende für den Sphincter geleitet werden und umgekehrt der Plexus hypogastricus gleichzeitig den Detrusortonus schwächt und den Sphincter zu stärkerer Kontraktion anregt. Durchtrennung der Nervi pelvici macht die Blasenentleerung unmöglich. Erkrankungen, welche lediglich den Austreibungsapparat oder ausschließlich den Verschließungsmechanismus betreffen, kennen wir nicht. Ist das Rückenmark an irgendeiner Stelle geschädigt, so ist die willkürliche Eröffnung der Blase unmöglich, die Blase wird übermäßig durch abnorme Füllung gedehnt, was schließlich zu einer Zwangsentleerung führt, bei der nur eine geringe Menge von Harn ausgestoßen wird (Ischuria paradoxa). Bleiben die zentralen Impulse für die Blasenentleerung dauernd aus, so setzt wieder eine mehr automatische Tätigkeit der Blasenentleerung wie beim Säugling ein. Jedoch ist die Entleerung nie restlos und geschieht, ohne daß die Patienten etwas von der Entleerung empfinden. Bei Ausschaltung der Großhirnfunktion (Commotio cerebri, Apoplexien) fällt der Dehnungsreiz der Blase fort, die Blase stellt, wenn nicht für rechtzeitige Entleerung gesorgt wird, infolge ihrer übermäßigen Füllung einen bis zum Nabel reichenden Tumor dar.

Eine besondere Form der Blasenentleerungsstörungen ist die *Enuresis* der Kinder, die meist als eine konstitutionelle Erkrankung beschrieben wird. Wird sorgfältig danach gefahndet, so läßt sich in vielen solcher Fälle eine Spina bifida, besonders mit Hilfe des Röntgenverfahrens auffinden. Es ist naheliegend, daß hier Myelodysplasien im Spiele sind, namentlich weil nicht selten gleichzeitig ein mehr oder weniger ausgebildeter Klumpfuß sich nachweisen läßt, derselbe ist auf leichte sensible oder motorische Lähmungserscheinungen, oft auch nur auf Störungen im Muskelgleichgewicht zurückzuführen, welche ihrerseits durch die Rückenmarksschädigung bedingt sind.

Die **Erkrankungen der ableitenden Harnwege** spielen in der Medizin eine sehr große Rolle. Es sind ausgesprochen häufige Erkrankungen. Von besonderer Bedeutung sind die Erschwerungen des Harnabflusses. An den verschiedensten Stellen von der Niere, bis zur Harnröhrenmündung kann der normale Abfluß des Urins behindert oder aufgehoben werden. Die Folge ist eine Stauung oberhalb des Hindernisses, die, wenn sie leichteren Grades ist, durch eine *Hypertrophie der oberhalb gelegenen Teile* kompensiert wird. In der Regel geht diese Hypertrophie der Wand mit einer Lumenerweiterung einher. Genügt dieser Kompensationsvorgang nicht, so dehnt sich die Erweiterung nierenwärts aus. Eine derartige Erweiterung bleibt nicht ohne Rückwirkung auf die Nierenfunktion. Die Harnproduktion leidet Not, weil der tubuläre Apparat der Niere auf einen gesteigerten Druck im Nierenbecken mit Atrophie reagiert. Die Kanälchen erweitern sich, vor allem tritt aber eine *Verkürzung* des *einzelnen Nephrons* ein, so daß der Glomerulus näher an die Endverzweigungen heranrückt. Diese *hydronephrotische Atrophie* führt zu einer Aushöhlung der Niere, in deren dünnen Parenchymmantel die Glomeruli aber lange erhalten bleiben. Da bei Erhaltensein des Glomerulus auch eine Regeneration des atrophierten Kanälchens möglich ist, sind diese Zustände einer Rückbildung durch Aufhebung des Abflußhindernisses zugängig.

Mit dieser Rückwirkung auf das sezernierende Parenchym ist aber die Bedeutung der *Harnstauung* nicht erschöpft. Die Resistenz der abführenden Harnwege gegen bakterielle Infektionen ist abhängig von einem ungestörten Abfluß. Alle Stauungen begünstigen das Haften und Wirksamwerden von *bakteriellen Infektionen*. Ein weiterer Folgezustand der Harnstauung ist die Bildung von Konkrementen in den erweiterten Hohlräumen der Kelche des Nierenbeckens und der Blase. Tritt eine derartige Harnstauung im Wachstumsalter auf, so kann die oben erwähnte Dilatation zu einem echten Wachstumsreiz werden, d. h. eine Niere, die schon im *Kindesalter* in ihrem Abfluß gehemmt wird, *wächst* weit über das vorgesehene Maß hinaus zu *großen unförmigen Säcken* aus, die oft das doppelte und dreifache der Länge einer normalen Niere erreichen (kongenitale Hydronephrose) [1].

Die häufigsten Ursachen der Abflußbehinderung der Harnwege sind *kongenitale Anomalien* (Bildungen von Klappen und unvollkommenen Membranverschlüssen), weiterhin Verlegungen des Lumens durch Konkremente, die sowohl als Ursache, wie auch als Folgezustände von Verengerungen Bedeutung haben können. Eine sehr große Rolle spielen die Folgezustände von Entzündungen (entzündliche Stenosen), die sich am häufigsten in der männlichen Harnröhre abspielen, aber auch durch Erkrankungen der den Harnwegen benachbarten Organe (Wirbelsäule, Appendix, weibliche Genitalorgane) verursacht werden können. Als dritte Ursachenreihe kommen die Geschwulstbildungen in Frage, zu denen auch die *Hypertrophie* der *Prostata* gerechnet werden kann.

XVI. Die Störungen der Hautfunktionen.

Die mannigfachen Funktionen der menschlichen Haut werden durch ihren eigentümlichen Bau ermöglicht. Sie dient dem Gesamtorganismus einerseits als *Schutzorgan* gegen chemische und mechanische, weniger gegen thermische und elektrische Schädigungen. Sie leistet die wesentliche Arbeit bei der physikalischen Wärmeregulierung, sie tritt besonders in pathologischen Fällen als *Ausscheidungsorgan* in den Dienst des Stoffwechsels. Die Haut ist fernerhin Trägerin wichtiger Sinnesorgane.

Ihre Funktion als *Schutzorgen* wird durch ihren anatomischen Bau am raschesten verständlich. Die menschliche Haut besteht aus der Epidermis, die sich aus dem äußeren Keimblatt entwickelt und der Cutis und Subcutis, welche beide aus dem mittleren Keimblatte entstehen. Die Epidermis schützt mit ihrer Hornschicht (dem Stratum corneum) die darunter liegenden Schichten des Corium und der Tela subcutanea vor dem Eindringen von Flüssigkeiten und

---

[1] GRAUHAN: Wachstum und Form der Hydronephrosen. Arch. klin. Chir. **180**, 517 (1934).

Gasen. Sie wirkt einer Austrocknung des cutanen und subcutanen Gewebes entgegen und bildet einen schwer durchdringlichen Wall für die Mikroben. Das Stratum corneum der Epidermis besteht aus platten verhornten kernlosen Zellen, welche an besonders exponierten Stellen der Haut (Handteller und Fußsohle) in vielen Schichten übereinander gelagert sind. Diese Hornschicht besitzt ein sehr schlechtes Wärmeleitungsvermögen und ist gleichzeitig wegen ihres relativ geringen Wassergehalts ein schlechter Elektrizitätsleiter; beide Eigenschaften gewähren der Haut einen relativ guten Schutz gegen thermische und elektrische Alterationen.

Das Sekret der *Talgdrüsen,* welches fein über die ganze Hautoberfläche verteilt ist, gewährt der Haut einen Schutz gegen Austrocknung. Die vom subcutanen Fettgewebe befreite und nur aus der Epidermisschicht und subcutanen Bindegewebe bestehende Haut ist von BÜRGER und SCHLOMKA[1] auf ihren Stickstoff-, Wasser- und Cholesteringehalt untersucht worden. Der Cholesteringehalt der Trockensubstanz der menschlichen Haut nimmt mit zunehmendem Alter ab von rund 900 mg auf 300 mg-%. Ebenso fällt der Wassergehalt von etwa 75 auf 60% ab. Die Haut verarmt mit zunehmdem Alter also an Wasser und Cholesterin. Die Abnahme an Cholesterin ist mit einem Schwund der drüsigen Elemente der Haut mit zunehmendem Alter zu erklären. Über den Gesamtfettgehalt der Haut (Epidermis einschließlich Unterhautbindegewebe) liegen zuverlässige Erfahrungen bisher nicht vor. Über den Fettgehalt der verhornten Epidermisschichten ist folgendes bekannt[2]:

Tabelle 14.

Lipoidgehalt der Schuppen von Patienten mit Dermatitis exfoliativa.

Gesamtlipoid-gehalt der Schuppen in %	Gesamtcholesterin-gehalt der Schuppen		Gehalt an *freiem* Cholesterin in % der Gesamt-lipoide	Phosphorlipoidgehalt der Schuppen	
	in %	in % der Gesamt-lipoide		in %	in % der Gesamt-lipoide
7,2	1,50	22,8	20,5	0,19	2,50
8,2	1,70	22,1	20,1	0,22	2,68
7,3	1,34	18,3	16,8	0,23	3,15
6,9	1,23	17,9	16,2	0,19	2,75

Diese Werte sind bezüglich des Gesamtlipoidgehalts der Schuppen so *niedrig,* daß die Vermutung naheliegt, daß sie sich auf mangelhaft getrocknetes Ausgangsmaterial beziehen.

Wir haben daher in nachfolgender Tabelle nach eigenen mit Dr. chem. BLANKENBURG durchgeführten Analysen den Lipoidgehalt von Schuppen der Normalhaut, welche sich in Lamellen nach Insolation abstieß, mit dem Lipoidgehalt der Hautschuppen von Psoriasiskranken verglichen. Die Schuppen wurden bis zur *Gewichtskonstanz getrocknet.* Die Tabelle zeigt, daß der Lipoidgehalt normaler getrockneter Hautschuppen sicher geringer ist als derjenige von Hautschuppen der Psoriasiskranken. Auch der Gehalt an Cholesterin und Phosphatiden ist bei der gesunden Haut geringer als an der Haut von Kranken mit Schuppenflechte. Bemerkenswert ist, daß nur 4% der Gesamtlipoide aus Cholesterin

---

[1] BÜRGER u. SCHLOMKA: Z. exper. Med. **63,** 105 (1928).
[2] ROTHMAN u. SCHAAF: Chemie der Haut.

Tabelle 15.

Lipoidgehalt der Hautschuppen von Psoriasiskranken.

Gesamtlipoidgehalt der getrockneten Schuppen %	Gesamtcholesteringehalt der Schuppen		Gehalt an freiem Cholesterin		Phosphorlipoidgehalt	
	in %	in % der Gesamtlipoide	in %	in % der Gesamtlipoide	in %	in % der Gesamtlipoide
1. a) 21,11	1,00	4,73	0,88	4,17	1,20	5,68
b) 21,18	0,98	4,63	0,88	4,16	1,18	5,66
Mittelwerte 21,15	0,99	4,68	0,88	4,17	1,19	5,67
2. 19,91	0,93	4,67	0,63	3,15	1,15	5,77

Lipoidgehalt von Schuppen der normalen Haut nach Insolation.

3. 17,25	0,74	4,31	0,47	2,75	0,75	4,35

bestehen. Dr. BLANKENBURG hat in dem Schuppenfett der Psoriasiskranken außer dem Cholesterin nicht unbeträchtliche Mengen anderer unverseifbarer Substanzen nachgewiesen. Wir glauben, daß diese Befunde eine weitere Stütze für unsere Auffassung sind, daß der Psoriasis eine Störung des Lipoidstoffwechsels zugrunde liegt.

Ob die Einfettung der Haut allein auf dem Wege über die Talgdrüsen erfolgt oder ob nicht auch die Hautcapillaren die Fähigkeit der Fettexkretion besitzen, ist bisher nicht sichergestellt. Auf Grund pathologisch-histologischer Beobachtung von mir und GRÜTZ[1] sind wir zu der Überzeugung gekommen, daß die Capillarendothelien bestimmter Gefäßprovinzen speziell der Haut als Fettexkretionsorgane gelten müssen.

KREIBICH hat auf Grund solcher histologischer Untersuchungen angenommen, daß die Capillarendothelien unter pathologischen und normalen Verhältnissen mehr oder weniger große Mengen von Lipoiden enthalten. Dieser Lipoidgehalt der Hautcapillarendothelien weist darauf hin, daß offenbar die Gefäße dieses Gebietes die Aufgabe der Elimination überschüssiger Blutlipoide besitzen.

Wird das menschliche Hautfett durch Abreibung der Haut durch Petroläther-Gazebäusche gewonnen und dieses in Soxhlet extrahiert, so zeigt der Rückstand des Ätherextrakts eine goldbraune bis gelbe Farbe ohne besonderen Geruch. Interessant ist, daß 40—45% dieses Ätherextrakts unverseifbar sind. Nur 1% des Ätherextrakts sollen Cholesterin darstellen. Daneben kommt ein hochmolekularer einwertiger gesättigter Alkohol vor, welcher vielleicht mit dem von AMESEDER dargestellten *Eikosylalkohol* $C_{20}H_{41}OH$ identisch ist. Die Haut ist am Fettstoffwechsel fraglos beteiligt. Bei fettreicher Kost hat man eine beträchtliche Vermehrung des gesamten Hautfetts gefunden[2]. Auch die Tatsache, daß bei dem *Xanthoma tuberosum* und anderen cutanen Lipoidosen, bei welchen es zu gewaltigen Ablagerungen von Lipoiden in der Haut kommt, eine Dauerhyperlipämie gefunden wird, scheint mir für Zusammenhänge zwischen Haut- und Fettstoffwechsel zu sprechen. Durch eine fett- und lipoidarme Kost läßt sich der Blutlipoidspiegel senken. Gleichzeitig werden die Xanthomknoten der Haut kleiner und verschwinden zum Teil ganz. So viel scheint sicher, daß die spezifischen Bestandteile des Hautfettes größtenteils aus den Fetten des Körpers

---

[1] BÜRGER u. GRÜTZ: Arch. f. Dermat. **166**, H. 3 (1932).

[2] LEUBUSCHER: Über die Fettabsonderung des menschlichen Körpers. Kongr. inn. Med. **1899**, 457.

bzw. der Nahrung herrühren. Neben den Fetten mit langer Kohlenstoffkette und den hochmolekularen Alkoholen werden an der Hautoberfläche stets flüchtige Fettsäuren mit niedriger C-Atomenzahl abgesondert: Essigsäure, Propionsäure, Buttersäure, Isovaleriansäure und Caprylsäure sind nachgewiesen worden. Ob dieselben aus den Talg- oder Schweißdrüsen stammen, ist nicht bekannt. Die zum Teil unangenehm riechenden Duftstoffe verdanken ihre Entstehung sekundären Zersetzungen an der Oberfläche. Es sollen aber auch unter Vermeidung solcher sekundärer Zersetzungen sich von der Haut und ihren Drüsen abgeschiedene *Riechstoffe* isolieren lassen. Im wesentlichen handelt es sich um flüchtige Fettsäuren (Caprylsäure). Gelegentlich ist der Schweiß der Achselhöhlen blau bis schwarz verfärbt. Dieser Farbstoff wird mit dem Indigo identifiziert und soll aus dem Farbstoff Indoxyl entstehen.

Ich habe mit UMBER eine Alkaptonurikerfamilie beobachtet, bei deren Mitgliedern in beiden Achselhöhlen eine sonderbar grünbraune Verfärbung auffiel. Die Farbe ging teilweise in einen mit Äther getränkten Wattebausch über. Offenbar handelt es sich hier um eine ochronotische Beimengung des Talgdrüsensekrets der Achselhöhlen und nicht um alkaptonurischen Schweiß. Denn im Schweiß selbst, von dem ich 50 ccm sammeln konnte, zeigte sich nicht die geringste Spur von Alkaptonsäure[1]. Bei Diabetikern geht Aceton in den Schweiß über und verleiht der Haut des Patienten einen charakteristischen Geruch.

Bei den Tieren sind die Hautgerüche geschlechtsspezifisch und spielen im Geschlechtsleben eine bedeutsame Rolle.

Die *Schweißabsonderung* steht unter der Herrschaft des vegetativen Nervensystems. Sie kommt unter physiologischen Bedingungen durch Erregung cerebraler und spinaler Zentren zustande. Die durch äußere Wärme auszulösende Schweißsekretion bleibt in dem Versorgungsgebiet durchschnittener peripherischer Hautnerven aus. Auch durch elektrische Reize soll auf reflektorischem Wege Schweißsekretion ausgelöst werden. Eine Steigerung des Kohlensäuregehalts des Blutes wirkt gleichfalls als Reiz für die spinalen und cerebralen Schweißzentren. Von den bekannten pharmakologischen Schweißmitteln wirken die Salicylpräparate wahrscheinlich auf das Zwischenhirn; Strychnin, Campher und Ammoniak wirken auf dem Wege über die spinalen Zentren. Die wirksamsten Mittel greifen an den peripheren Endigungen der Schweißnerven an, das *Pilocarpin*, Muscarin und Physostigmin. Unter pathologischen Bedingungen kann an *umschriebenen* Hautpartien oder auch an einer Körperhälfte die Schweißsekretion vermehrt, in anderen Fällen vermindert oder total aufgehoben sein. Bekannt sind die unter psychischen Alterationen auftretenden Hand- und Fußschweiße der Neurastheniker. Generalisierte Erregung der Schweißdrüsen kann unter den verschiedensten Bedingungen vom vegetativen Zentralapparat ausgelöst werden. Der Schmerz, die Angst, die quälenden stenokardischen Anfälle, akute Blutverluste, Magen- und Darmperforationen, besonders solche, die zum Kollaps geführt haben, sind häufig von einem profusen Schweißausbruch begleitet. Im einzelnen ist der Mechanismus noch wenig aufgeklärt; man hilft sich mit der Vorstellung eines cerebralen Reflexvorganges.

Auch die Abbauprodukte des *Eiweißstoffwechsels* gehen teilweise in den Schweiß über. Die gesamte Stickstoffabgabe der Haut in 24 Stunden schwankt offenbar zwischen 0,2 und 0,4 g. Für die Frage der Exkretion stickstoffhaltiger Substanzen durch die Haut ist es schwierig Beimengungen, die aus den Hornsubstanzen der Epithelien stammen, zu vermeiden. Wir selbst fanden beim

---

[1] UMBER u. BÜRGER: Dtsch. med. Wschr. **1913 II.**

Gesunden nach einstündigem Schwitzen im heißen Bade und nach Filtration des Badewassers durch Berkefeldfilter etwa 0,14 g Stickstoff. Daß bei schwerer körperlicher Arbeit erhebliche Stickstoffverluste durch die Haut auftreten, ist auch von anderer Seite gefunden. BENEDICT hat bei schwerer Arbeit am Laboratoriumsfahrrad in 1 Stunde 0,22 g Stickstoff erhalten, CRAMER nach 12500 mkg Arbeit 1,88 g Stickstoff im Schweiß nachgewiesen. Diese Tatsachen sind von besonderer Bedeutung, wenn es gilt, die Haut als Exkretionsorgan bei Störungen der Nierentätigkeit in Anspruch zu nehmen. Mein Lehrer LEUBE machte schon darauf aufmerksam, daß auf der Haut von Urämikern sich gelegentlich Harnstoffkrystalle bilden. Mir selbst ist es gelungen, durch konsequente Anwendung der *Badetherapie* und entsprechenden diätetischen Behandlung bei einem Urämiker den Reststickstoffgehalt des Blutes von 134 mg-% auf 74 mg-% innerhalb von 2 Monaten zu senken. Nach einstündigem heißen Bade fanden wir statt 140 mg Stickstoff in der Norm 700 mg N, in dem durch Porzellankerzen filtrierten Badewasser. Wenn auch die *spontane* vikariierende Ausscheidung von Stickstoffschlacken bei Nierenkranken durch die Haut keine große Rolle spielt, so scheint mir die früher geübte Badebehandlung doch aus dem Grunde gerechtfertigt zu sein, weil mit dem vermehrt gebildeten Schweiß erhebliche Mengen N-haltiger Substanzen den Körper verlassen. So hat HARNACK im Schwitzbad im Laufe von 1 Stunde 1 g Harnstoff aus dem Schweiß gewonnen. Im Dampfbadschweiß des Menschen soll die Harnstoff-N-Konzentration sogar die doppelte Höhe der Blutharnstoff-N-Konzentration erreichen. Auch Spuren von Harnsäure und Ammoniak und Serin sind im Schweiß nachgewiesen worden.

Über die *Bedeutung der Hautpigmente* im Dienste des Schutzes vor den chemischen Einwirkungen der Sonnenstrahlung besteht noch keine volle Übereinstimmung. Die auffälligen Differenzen in der Färbung der verschiedenen Menschenrassen sind durch den ungleichen Farbstoffgehalt der Epidermis und des Papillarkörpers bedingt. Mit Hilfe der Dioxyphenylalaninreaktion (Dopareaktion) läßt sich zeigen, daß in der Haut zwei Arten von Pigmentzellen vorkommen: die Pigmentbildner (Melanoblasten) und die Pigmentträger (Chromatophoren). Durch das Dioxyphenylalanin werden nur die Pigmentbildner in der Epidermis dunkel, nie gibt die gewöhnliche Pigmentansammlung in der Cutis diese Dunkelung. Dieses von den Chromatophoren der Cutis beherbergte Pigment dringt sekundär von der Epidermis aus ein. Bei Schädigungen der Epidermis kann diese das Pigment nicht festhalten, die Cutis wird in solchen Fällen mit Pigment imbibiert. Das läßt sich experimentell erzeugen durch Kohlensäureschnee, Radium und Röntgenschädigungen der Haut[1]. Bei normaler Überpigmentierung durch Sonnenbräunung kommt keine Spur von Pigment in die Cutis. Bei der stark pigmentierten Haut der Neger enthalten sämtlich Schichten der Epidermis, auch die des Stratum corneum Pigment; aber auch die Chromatophoren der Cutis sind so stark vermehrt, daß ihr Durchschnitt, der beim kaukasischen Menschen ungefärbt ist, beim Neger dunkel erscheint. Die eigenartigen als *Chloasma uterinum* bezeichneten Hyperpigmentationen im Verlaufe der Gravidität, die im Gesicht, an der Linea alba, am Warzenhof und an der Vulva besonders stark ausgebildet sind, treten interessanterweise auch bei anderen — pathologischen — Veränderungen der Genitalorgane, z. B. malignen Tumoren, auf. Bei schwerer Lungen- und Bauchfelltuberkulose und bei Kachexien, die

---

[1] MISCHER: Arch. f. Dermat. **139**, 313 (1922).

sich nach allgemeiner *Carcinose* einstellten, werden solche Hyperpigmentationen ebenfalls beobachtet. Man geht wohl nicht fehl, hierfür Anomalien im intermediären Eiweißabbau anzuschuldigen, bei welchen die aromatischen Komplexe eine besondere Rolle spielen mögen. Auf die besonderen Verhältnisse der Pigmentation bei Morbus Addison wurde im Kapitel X eingegangen.

Die Pigmentation der menschlichen Haut ist in einer anatomisch, in einer im einzelnen noch nicht ergründeten Weise vom Nervensystem abhängig. Für diese Anschauung werden eine große Reihe klinischer Beobachtungen angeführt. Beim *Vitiligo* — der besonders häufig in Begleitung nervöser Störungen auftritt — wurden im Bereich der Hyperpigmentation Sensibilitätsstörungen beobachtet. Die eigentümlich symmetrische Anordnung der Vitiligoflecken spricht gleichfalls für eine Mitbeteiligung des Nervensystems.

Eine Reihe von *Stoffwechselkrankheiten* läßt charakteristische Veränderungen der Hautfarbe erkennen. Bei der *Xanthosis diabetica* nimmt die Haut eine citronengelbe Farbe an, welche besonders ausgeprägt ist an den Fußsohlen und den Handinnenflächen. Diese *Xanthosis* kommt nicht nur bei Diabetikern, sondern dann zustande, wenn die Nahrung reich an Pflanzenfarbstoffen, Carotin und Lutein ist. Auch der sog. *Mohrrübenikterus* der kleinen Kinder kommt auf diese Weise zustande. Die *Xanthosis* ist also, wie REINHARD und ich zuerst zeigten, alimentär bedingt (Näheres s. S. 288). Beim sog. *Bronzediabetes* nimmt die Haut eine graubraune Farbe durch Speicherung eisenhaltiger und eisenfreier Pigmente an. Auch bei Störungen des Purinstoffwechsels speziell bei der Gicht nimmt die Haut in oft noch undurchsichtiger Weise an der Allgemeinstoffwechselstörung teil.

Wirkungen von Hautreizen auf tieferliegende Organe. Wird die Haut durch einen Reiz getroffen, so pflanzt sich dieser auf dem Wege über das Zentralnervensystem auf die Organe des Kreislaufs und der Atmung fort. Schwache Hautreize von einiger Ausdehnung bedingen infolge ausgedehnter Gefäßverengerung ein Steigen des Blutdrucks, Pulsbeschleunigung und einen leichten Anstieg der Temperatur im Körperinnern. Starke Hautreize dagegen machen nach anfänglicher Verengerung eine Erweiterung der Gefäße und infolge Abkühlung des Blutes in den oberflächlichen Gefäßen ein Sinken der Temperatur. Gleichzeitig fällt der Blutdruck. Bei der therapeutischen Anwendung von Hautreizmitteln sind diese Erscheinungen von der Größe des gereizten Hautgebietes abhängig. Bei umschriebenen Reizen werden meßbare Veränderungen des Blutdrucks und der Temperatur vermißt. Ausgedehnte Kältereize, die etwa durch eine kalte Dusche bewirkt werden, lösen beim Menschen einen Stillstand der Atmung aus, dem bald tiefe Inspirationen folgen. Leichtere Hautreize regen die Atemtätigkeit an, eine Erfahrung, welche bei der Wiederbelebung asphyktischer Neugeborener oder Ertrunkener praktische Anwendung findet.

Bekanntlich wird von hautreizenden Mitteln bei der Behandlung von näher oder ferner gelegenen Entzündungen reichlicher Gebrauch gemacht. Eine Erklärung für die günstige Einwirkung wird heute darin gesehen, daß die Hautreizung nicht nur eine Erweiterung der in der *Oberfläche,* sondern auf reflektorischem Wege auch der in der *Tiefe* gelegenen Gefäße bedingt. Die reichliche Blutzufuhr verdünnt die toxischen Stoffe und beschleunigt ihren Abtransport. Bei schmerzhafter Pleuritis kann ein starker Hautreiz (Wärme, Jodpinselung)

rasch zu einer Milderung der Beschwerden führen. Wird einem Tier Kongolösung in die Brusthöhle injiziert, so kann starke Hautreizung offenbar durch
Erweiterung der Pleuragefäße die Resorption erheblich beschleunigen. Auch
bei manchen Formen von *Kardialgie* läßt sich durch Applikation starkwirkender
Hautreize der Schmerz gelegentlich rasch beheben. Bei Erkrankung innerer
Organe kommt es auf reflektorischem Wege in scharf umschriebenen Gebieten
zu Schmerzen und Überempfindlichkeiten der Haut. HEAD hat für bestimmte
Organe mit großer Gesetzmäßigkeit solche korrespondierenden Hautzonen abgegrenzt, welche bei Erkrankung des Organs eine deutliche Hyperästhesie aufweisen. Entwicklungsgeschichtlich lassen sich diese HEADschen Zonen so erklären, daß der Körper gewissermaßen aus einer Reihe von Segmenten zusammengesetzt ist. Diese Segmente bilden bei den niederen Tieren eine physiologische
Einheit, indem der ihnen entsprechende Rückenmarkabschnitt sie mit motorischen und sensiblen Nerven versorgt. Untereinander werden diese durch die
langen Nervenstränge gewissermaßen verknüpft. Reste dieser segmentären Anordnung sollen die HEADschen Zonen beim Menschen darstellen. Im Laufe der
Entwicklung haben sich nun die Organe gleichsam gegen die Hautoberfläche
verschoben, so daß eine HEADsche Zone nicht unmittelbar *über* dem ihr zugehörigen Organ zu liegen braucht. Ebenso wie die Erkrankung tiefgelegener
Organe sich in Zonen gesteigerter Empfindlichkeit der Haut abzeichnen kann,
sollen dank der bestehenden nervösen Beziehungen auch therapeutische Einwirkungen von den HEADschen Zonen her — in der oben geschilderten Weise —
auf die inneren Organe möglich sein. Die Erkrankung eines in der Tiefe gelegenen Ganglions z. B. projiziert sich auf die Haut in Gestalt des Herpes
zoster. Dabei scheint häufig die hämorrhagische Entzündung des Ganglions —
ob auf infektiöser oder auf toxischer Basis bleibe dahingestellt — das Primäre
zu sein. Oft haben auch rein mechanische Läsionen des Spinalganglions
typische Herpeseruptionen der Haut zur Folge.

Beziehungen zwischen Hautaffektionen und Ernährungsstörungen sind lange
bekannt. Der „Milchschorf", die Crusta lactea der alten Ärzte, weist darauf
hin, wie lange man schon den Zusammenhang von falscher bzw. einseitiger
Ernährung und Erkrankung der Haut kennt. Die ärztliche Erfahrung lehrt,
wie günstig die Ekzeme der „exsudativen" Kinder durch eine entsprechende
Änderung des Nahrungsregims beeinflußt werden können. Langjährige gemeinsame Studien mit GRÜTZ haben mich davon überzeugt, daß auch die *Psoriasis* als
eine Stoffwechselstörung aufzufassen ist, welche durch fettfreie Ernährung fast
mit absoluter Regelmäßigkeit günstig beeinflußt werden kann. In vielen Fällen
gelingt es, die Hauterscheinungen durch ein fettfreies Nahrungsregime vollständig zur Abheilung zu bringen (s. Abb. 39, S. 320).

Unendlich vielgestaltig sind die Hauterscheinungen bei der sog. *Idiosynkrasie.* Die Überempfindlichkeit gegen Eiereiweiß, Krebse, Erdbeeren, Apfelsinen usw. zeigt sich häufig zuerst in Form einer *Nesselsucht* (Urticaria),
welche nach Genuß dieser Nahrungsmittel bei Überempfindlichen auftritt. In
vielen Fällen gehen die Symptome an der äußeren Haut, solchen an den Schleimhäuten der luftführenden Wege und des Darmkanals parallel. Nicht selten hat
man Gelegenheit, z. B. bei Asthmatikern, in der Zeit der Anfälle *starkes Jucken
der Ekzeme der Haut* zu beobachten, welches in der anfallsfreien Zeit vollkommen
verschwindet. Solche und eine große Reihe ähnlicher Erfahrungen lehren, daß

die cutanen Erkrankungen nur Stigmata einer allgemeinen Schädigung des Organismus darstellen.

Gesteigerte Lichtempfindlichkeit der Haut wird bei der *Porphyria congenita* beobachtet. Bei dieser Erkrankung wird mit dem Harn so reichlich Porphyrin ausgeschieden, daß er eine tiefburgunderrote Farbe annimmt. Das Porphyrin hat eine photosensibilisierende Eigenschaft. Es kreist im Blute und wird zum Teil in der Haut abgelagert. In typischen Fällen genügt eine Sonnenbestrahlung von einigen Minuten, um an der exponierten Haut Blasenbildungen entstehen zu lassen (Hydroa aestivale). Die Blasen können vereitern, die Haut nekrotisieren und vernarben, schließlich kommt es an den dem Licht ausgesetzten Stellen zu schweren lepraähnlichen Verstümmelungen, besonders im Gesicht und an den Händen. Das im Körper kreisende Porphyrin ist Uroporphyrin und Koproporphyrin. Es soll sich dabei nicht um einen fehlerhaften Hämoglobinabbau, sondern um eine Störung im normalen Aufbau handeln. Die Veränderungen der Haut treten nicht nur nach Bestrahlungen mit Sonnenlicht, sondern auch nach Röntgenbestrahlung und nach Behandlung mit dem an ultravioletten Strahlen reichen Bogenlicht auf.

Die Haut bei Erkrankungen innersekretorischer Drüsen. Die mannigfachen Beziehungen der *Störungen inkretorischer Organe zu den Hautveränderungen* sind im einzelnen noch wenig durchforscht. Auf die eigentümliche Hautpigmentation beim Morbus Addison wurde auf S. 228 hingewiesen. Die myxödematöse Verdickung der Haut bei Unterfunktion bzw. Ausfall der Schilddrüse, ihre besondere Zartheit und Glätte bei Überfunktion derselben besonders beim Morbus Basedow wurde bereits betont. Wie weitgehend die Haut und ihre Anhangsgebilde unter der Einwirkung des Keimdrüsensekrets stehen, zeigen die erwähnten Pigmentationen der Haut zur Zeit der Gravidität (Chloasma uterinum), die Hypertrichosis gravidarum, die Veränderungen der Haut in der Menopause. Beim Mann hat besonders die *Frühkastration* typische Veränderung der Haut und des Haarkleides zur Folge.

Die Frage, wie hoch man die Mitarbeit der Haut bei den *Immunisierungsprozessen* einzuschätzen hat, ist sehr verschieden beantwortet worden. Von einigen wird ihr eine nach innen gerichtete Schutzfunktion zugesprochen. Danach soll das menschliche Hautorgan den Körper nicht nur vor äußeren Schädigungen bewahren, sondern es kommt demselben auch eine besondere Rolle bei der Überwindung der Infektionskrankheiten zu (Esophylaxie). So will man beobachtet haben, daß Tabiker und Paralytiker gerade im Frühstadium ihrer Lues nur an sehr geringen Hauterscheinungen gelitten haben. Infolge der mangelnden Hautreaktion sollen die Immunkörper in zu ungenügender Menge gebildet worden sein, um den nervösen Organen ausreichenden Schutz zu verleihen oder die eingetretene Erkrankung zu überwinden. Sicher ist, daß man Tiere durch intracutane Applikation abgetöteter Bakterien immunisieren kann; bei der Schutzpockenimpfung, bei der Tuberkulinapplikation nach PETRUSCHKY, PONNDORF, MORO u. a. sind ähnliche Vorstellungen laut geworden. Wieweit in diesen Fällen das Hautorgan selbst die Antikörperproduktion übernimmt, ob es sich überhaupt um Antikörper handelt, wieweit nach Resorption des Antigens andere Organe beteiligt sind, bleibt eine offene Frage (Näheres s. Kapitel XIV).

Viele konstitutionelle Eigentümlichkeiten dokumentieren sich durch eine besondere Reaktionsweise der Haut auf mechanische Alterationen. Die mannigfache Art der *Hautgefäßreaktionen* auf schwache und mittelstarke Reize (Dermographia alba und rubra), die Urticaria factitia, das irritative Reflexerythem zeigen in ihrer verschiedenartigen Ausprägung die wechselnde Anspruchsfähigkeit der Hautvasomotoren.

XVII. Altern und Krankheit.

Sehr viele im Laufe des Lebens im menschlichen Körper eintretende Veränderungen, welche seine Funktionen mehr oder weniger beeinträchtigen, sind nicht die Folgen *pathologischer,* sondern *physiologischer* Vorgänge. Sie sind aufs engste verknüpft mit den Erscheinungen des Alterns, welche schicksalsmäßig eintreten und irreversible sind. Die Abgrenzung dieser *physiologischen* Alternserscheinungen gegenüber pathologischen Vorgängen ist mit genügender Sicherheit durchaus noch nicht auf allen Gebieten gelungen. Seit vielen Jahren hat Verfasser sich mit seinen Mitarbeitern bemüht, für die physiologischen Alternsvorgänge gesichertes Material beizubringen[1].

In den meisten Lehrbüchern der Physiologie fehlt eine Darstellung des Alternproblems. Ich sehe es als eines der wesentlichsten Phänomene des Lebendigen überhaupt. Allen Autoren, die gegen eine rein materialistische Auffassung biologischer Vorgänge sturmlaufen, müßte die Tatsache des Alterns der Individuen und ein tieferes Eindringen in seine Problematik eine wertvolle Waffe sein. Die Klinik unterscheidet zwar Kinder- und Greisenkrankheiten und gibt den besonderen Ablauf krankhafter Vorgänge für den Anfang und das Ende des Lebens zu. An der Tatsache des *ständigen* Wandels des Individuums im Laufe des Lebens geht sie aber vorüber, ohne für ihre Zwecke daraus Nutzen zu ziehen. Das Problem des Alterns erschöpft sich nicht in der Erkenntnis einer materiellen Wandlung der chemischen und histologischen Struktur des Individuums im Laufe des Lebens, auch nicht in der Überzeugung, daß diese Strukturwandlungen zwangsläufig zu Änderungen der Funktionen Anlaß geben, sondern hat in einem tieferen Sinne Beziehungen zu den Urphänomenen des Lebendigen. Zu diesen Urphänomenen rechne ich das Gedächtnis. Wir sind gewohnt unter „*Gedächtnis*" ein rein geistiges Phänomen zu verstehen, das wir mehr oder weniger scharf an das Gehirn gebunden sehen. In einem allgemein biologischen Sinne müssen wir jedoch *jeder lebenden Zelle* die *Funktion des Gedächtnisses zusprechen.* Die Tatsachen der Vererbung sind anders nicht zu begreifen. Wir sind davon überzeugt, daß der Mensch im Laufe des Lebens nicht nur geistige und seelische Erlebnisse als Erinnerungsmaterial stapelt, sondern daß alle Zellen seines Körpers von den materiellen Einflüssen der Umwelt (Klima, Nahrung, Genußgiften, Krankheitserregern) beeindruckt werden. Solche „Engramme" werden im Laufe des Lebens immer zahlreicher. Sie können als Erinnerungsmaterial unserer Leibessubstanz unsern forschenden Blicken verborgen bleiben. Bei besonderen Gelegenheiten und vielleicht besonders gearteten Individuen treten sie als *allergische* Phänomene in das Blick-

---

[1] Bürger u. Mitarbeiter: Beiträge zur Physiologie des Alterns. I—X. Z. exper. Med. 55 (1927); 58, 710 (1928); 61, 465 (1928); 63, 105 (1928); 85 (1932); 96, 722 (1935); 98, 295 (1936); 99 (1936). — Bürger: Die chemischen Altersveränderungen des Organismus und das Problem ihrer hormonalen Beeinflußbarkeit. Verh. Ges. inn. Med. Wiesbaden 1934. — Bürger: Weg und Ziel der Alternsforschung. Med. Welt 1934.

feld unserer klinischen Beobachtung. Vielleicht sind auch einzelne Tatsachen aus der homöopathischen Lehre unter dem Gesichtswinkel des Zellgedächtnisses für allerfeinste unterschwellige Lebensreize unserem Verständnis näher zu bringen. Soviel ist klar: nicht nur unser Geist und unsere Seele, sondern auch unser Körper sammelt im Laufe des Lebens Erfahrungen. Wir pflegen solche körperliche Erfahrungen nicht unter den Begriff des Gedächtnisses zu subsummieren und vergessen, wenn wir von Allergie und Immunität sprechen, daß das Zellgedächtnis eine Voraussetzung für die genannten Vorgänge und seine Anerkennung eine „Denknotwendigkeit" ist. So trägt nach unserer Auffassung der alternde Mensch die Runen seines Lebens nicht nur in seinem Antlitz, sondern in der Totalität seiner Person: in seinem Geist, seiner Seele und seinem Körper. Wie die Plastizität eine Eigenschaft alles Lebendigen ist, so ist die dauernde Umprägung des Individuums durch seine Umwelt ein wesentliches Phänomen des Alterns. „Wir tragen von allen Ereignissen unseres Lebens die organischen, humoralen und psychologischen Male in uns (CARREL[1]). Nicht nur für den Arzt, sondern auch für den Kranken ist jede Krankheit ein neues *Erlebnis*. Die Art, wie er sich mit diesem Erlebnis seelisch und willensmäßig auseinandersetzt, ist in jeder Altersstufe verschieden. Wenn wir auch den „Geist als Widersacher" der Seele nicht anerkennen, so glauben wird doch beim alternden Menschen ein Auseinanderleben der Seele und des Geistes zu sehen. Der wache Geist lernt immer noch seine zunehmenden Erfahrungen zu ordnen und kritisch zu verwenden. Die Krankheitseinsicht hilft ihm über manche Beschwerden hinweg. Die Seele des alternden Menschen aber entbehrt zunehmend der „hormonalen Wärmetönung". Seine seelische Straffung, eine wesentliche Voraussetzung für das Genesenwollen, läßt nach. So hat schon aus diesen Gründen das Kranksein für den jungen und alten Menschen eine andere Bedeutung. Diese Erkenntnisse sind uralt. Ein priesterliches Arzttum hat von ihnen heilenden Nutzen gezogen. Wir meinen aber, daß der physiologische und klinische Unterricht bei intensiverer Beschäftigung mit dem Problem des Alterns, das letzten Endes ein übermaterielles, *metaphysisches* ist, die „Erlebnismedizin", zu einem Teil wenigstens lehrbar machen kann und sich so am besten gegen den Vorwurf einer rein materiellen Dogmatik sichern würde. Diese programmatischen Sätze leiten sich her aus dem Bemühen um ein tieferes Verständnis für die *Physiologie* der Alternsvorgänge her. Die Tatsachen, welche eine *Pathologie* des Alterns begründen, sind nur zum geringen Teile bekannt und geordnet. Mit dem Schlagwort „Progeria" lassen sie sich nicht abtun.

Die Frage, ob *Altern, Sterben* und *Tod* Eigenschaften aller lebenden Organismen sind, wird von WEISSMANN für die Einzelligen verneint. Die einzelligen Organismen zerfallen, nachdem diese eine Zeitlang gelebt haben, in zwei Teilstücke, von denen jedes ein neues und selbständiges Individuum darstellt. Derselbe Vorgang kann sich bei sorgfältiger Versuchsanordnung unbegrenzte Male wiederholen. Das individuelle Leben wird zwar beendet, der Tod tritt aber nicht ein. Aus diesem Grunde hat man von der *Unsterblichkeit* der Einzelligen gesprochen. Während die *Protozoen* sich also unter günstigen äußeren Einflüssen unbegrenzt fortpflanzen, sind die *Metazoen* im großen gesehen alle dem Tode verfallen. Die Ursache des Alterns, Sterbens und Todes der Metazoen suchen wir in der Tatsache der *Zellstaatenbildung*. Wenn wir diesen Staat wieder

---

[1] CARREL: Der Mensch, das unbekannte Wesen.

zertrümmern, so können wir einzelne seiner Teile in sog. Gewebskulturen lange über den Tod des Individuums hinaus am Leben erhalten.

Für die *Klinik* ist es von großer Bedeutung, die schicksalsmäßigen Wandlungen des Organismus sowohl in *statischer* wie *dynamischer* Beziehung genau zu kennen. Dieselben Reize — mechanische oder toxische —, welche von einem *jugendlichen* Organismus prompt beantwortet werden, beantwortet der alternde Organismus träge und verzögert. Der Jugendliche wird z. B. bei einer Lungenentzündung stets mit hohem Fieber reagieren, der Greis kann ohne Temperatursteigerung eine ausgedehnte Entzündung des ganzen Lungenlappens überstehen. Die *statischen* mit dem Alter verknüpften Wandlungen der Gewebsstruktur lassen sich an solchen Geweben am besten verfolgen, welche am *Betriebsstoffwechsel* wenig beteiligt sind und gleichzeitig einen möglichst geringen *Eigenstoffwechsel* besitzen. Als solche Gewebe sind alle diejenigen anzusprechen, welche keine oder eine nur geringe eigene Capillarversorgung aufweisen und bei denen deshalb sowohl der Antransport der Nahrungsstoffe wie der Abtransport der Stoffwechselendprodukte mehr oder weniger ausschließlich auf dem Wege der *Diffusion* durch eine weite Gewebszwischenstrecke vor sich gehen muß. Um einen gemeinsamen Begriff für diese Gewebe mit verlangsamtem Eigenstoffwechsel zu schaffen, habe ich sie *bradytrophe Gewebe* genannt. Zu diesen *bradytrophen Geweben* rechnen der Knorpel, die Linse, die Hornhaut, die Substantia propria des Trommelfells und bestimmte Wandschichten der großen Gefäße. Systematische chemische Untersuchungen dieser *bradytrophen* Gewebe, die Verfasser mit seinem Mitarbeiter SCHLOMKA u. a. durchführte, brachten ihn zu folgender Auffassung: Das alternde Gewebe wird zunehmend wasserärmer; das Ausmaß dieser Wasserverarmung ist für die einzelnen untersuchten Gewebsarten verschieden. Prinzipiell aber läßt sich dieser Vorgang an allen *bradytrophen Geweben* nachweisen. Entsprechend der Wasserverarmung kommt es zu einer Konzentration der Kolloide. Das Gewebe wird zunehmend stickstoffreicher, weil die Eiweißkonzentration zunimmt. Mit diesem durch Wasserverarmung und Stickstoffanreicherung charakterisierten *Eintrocknungsprozeß* sind eine Reihe sekundärer Veränderungen verknüpft. Die Eukolloidität der Proteine ist gestört. Es kommt zu einer Art Protoplasmahysterese. In den veränderten Gewebskolloiden werden eine Reihe von *Schlacken* eingelagert, für welche die Löslichkeitsbedingungen mit dem Alter immer schlechter werden. Systematisch untersucht wurden als Beispiele solcher Schlackenstoffe für die Mineralien das *Calcium* und für die organischen Substanzen das *Cholesterin*. Solche in die bradytrophen Gewebe eingelagerten Substanzen, welche für die physiologischen und strukturellen Aufgaben der Organe keine Bedeutung haben, wurden von uns als *Schlackensubstanzen* bezeichnet. Diese Schlackensubstanzen reichern sich, wie uns Analysen ergeben haben, mit zunehmendem Alter in den Geweben immer mehr an. Einen sichtbaren Eindruck für diese Einlagerung von Schlackensubstanzen in die bradytrophen Gewebe sehen wir in dem Arcus senilis corneae, dem Greisenbogen.

Neben dieser schicksalsmäßigen Wandlung in der Struktur der Gewebe, welche wir mit einem kurzen Kennwort als *Eintrocknungsprozesse* mit Einlagerung von *Schlackensubstanzen* bezeichnen können, ist die *Abnahme der normalen Proliferationsfähigkeit* in den germinativen Geweben für die Alternsvorgänge charakteristisch. Mit Hilfe fraktionierter Resistenzbestimmungen an den roten

Blutkörperchen läßt sich zeigen, daß das Blut jugendlicher Individuen gegen hypotonische Salzlösungen mehr resistente Erythrocyten enthält als das Blut alter Individuen. Den Grund sehen wir darin, daß das Blut Jugendlicher reicher ist an jungen Erythrocyten als das der Greise. Die Altersschichtung der roten Blutkörperchen verändert sich also mit zunehmendem Alter infolge Abnahme der germinativen Kraft des erythropoetischen Apparats[1].

Auf anderem Wege ist LECOMTE DE NOUY zu der Vorstellung einer Abnahme der Proliferationsfähigkeit der Gewebe gekommen, indem er die Vernarbungsgeschwindigkeit von genau ausgemessenen Wundflächen bestimmte. Die Vernarbungsgeschwindigkeit ist bei normalen Wundverletzungen vom Alter des Verwundeten abhängig. Man hat aus solchen Beobachtungen den Begriff der „inneren physiologischen Zeit" abgeleitet. Vom Standpunkt dieser physiologischen Zeit her betrachtet, geschieht in einem Sternenjahr bei einem Kinde viel mehr als bei einem Greis.

Für die Klinik sind die Ergebnisse der *dynamischen* Alternsforschung von wesentlich größerer Bedeutung als die der *statischen*. Während die letztere sich vor allem mit den Wandlungen der Gewebsstrukturen befaßt, will die dynamische Alternsforschung die Wandlungen der Funktionen in ihrer Abhängigkeit vom Alter zahlenmäßig festlegen. Systematische Studien auf dem Gebiete der dynamischen Alternsforschung sind noch nicht viele vorhanden. Für die *Atmungsfunktionen* ist von Bedeutung, daß die vitale Kapazität im Laufe des Lebens in einer Kurve abläuft, deren Gipfelpunkt etwa im 35. Lebensjahr erreicht wird. Von da ab zeigt sich eine regelmäßige Verminderung. Im 66. Lebensjahr ist die Vitalkapazität oft schon auf die Hälfte ihres Höchstwertes gesunken. Die Ursachen dafür sind in extrapulmonalen und intrapulmonalen Faktoren gelegen. Unter den extrapulmonalen spielt die zunehmende Rippenknorpelstarre, deren Ursache in einer zunehmenden Wasserverarmung und Verkalkung gegeben ist, die bedeutsamste Rolle. Unter den intrapulmonalen Faktoren ist neben der Parenchymatrophie (Altersemphysem) die zunehmende Starre der bronchialen *Knorpelfederung* der wichtigste.

Von größerer Bedeutung sind die mit dem Alter verknüpften Funktionsänderungen der Kreislauforgane. Das Verhalten des *Blutdrucks* hat an einem großen Material mein Mitarbeiter SALLER studiert und gefunden, daß der Blutdruck mit zunehmendem Alter ansteigt. Diese altersgebundene Blutdruckerhöhung ist bei Frauen sehr viel mehr ausgeprägt als bei Männern. Die Kurve des altersgebundenen Blutdruckanstiegs verläuft bei Männern kontinuierlich, während sie bei Frauen einen in die Zeit der Menopause fallenden deutlichen Knick erkennen läßt. Dieses zwischen dem 40. und 50. Lebensjahr bei Frauen einsetzende Anschnellen des Blutdrucks hat man mit Recht auf die Umstellung der Ovarialfunktion bezogen. Auch an den kleinsten *Gefäßcapillaren* lassen sich mit dem Alter verknüpfte Funktionsänderungen nachweisen. Die mechanische Reizung der Haut zeigt nach einer gewissen Latenzzeit eine deutliche Rötung im Gebiet der gereizten Capillaren. Eine Verfolgung dieses Phänomens in den verschiedenen Altersstufen läßt eine *lineare Abhängigkeit* der *dermographischen Latenzzeit* vom Lebensalter erkennen. Die Capillaren des älteren Menschen erweitern sich auf einen bestimmten Reiz hin langsamer als bei jüngeren Menschen[2]. Die Füllung des Gefäßsystems ist bis zu einem gewissen Grade von seiner Lage

---

[1] HUNDT: Diss. Bonn 1936.   [2] KESSLER, MARG.: Klin. Wschr. **1933 II**, 1413.

im Raum abhängig. Der erhobene Arm zeigt eine geringere Füllung, also ein geringeres Gesamtvolumen als der gesenkte. Diese mit Hilfe der Plethysmographie leicht zu verfolgenden Volumschwankungen werden mit zunehmendem Alter immer geringer. Für diese Erscheinung hat HEINRICH[1] in meinem Institut vor allem die *Abnahme der Anpassungsfähigkeit* der Capillaren und Arteriolen mit zunehmendem Alter verantwortlich gemacht. Auch der *Blutumlauf* scheint nach dem gleichen Autor[2] mit Hilfe der Kohlensäuremethode bestimmt im Alter langsamer zu sein als in der Jugend.

Über die Veränderung der *Herzfunktion* mit zunehmendem Alter sind wir besser unterrichtet. Der erfahrene Röntgenologe liest aus einer Veränderung der linken Kontur des Herzens, die manchmal mit einer geringen Vergrößerung des Organs verknüpft ist, den Typus des Altersherzens ab. Elektrokardiographische Messungen an dem in meinem Institut gesammelten Material zeigten die Tatsache des zunehmenden *Linksüberwiegens* im höheren Alter[3]. Vielleicht sind diese Veränderungen am Herzen mit der Altersänderung der Struktur und Funktion der Gefäße verknüpft. Schwieriger zu deuten ist die gleichfalls an unserem Material gefundene *Zunahme* der *relativen Systolendauer*[4]. Um diese zu erklären, kommt man wohl ohne die Annahme einer primären Strukturänderung im Herzmuskel selbst nicht aus. Welcher Art dieselbe ist, ist noch unbekannt. Vielleicht hängt sie mit der von den Pathologen beschriebenen braunen Atrophie des Herzmuskels zusammen. Nicht selten findet man bei alten Menschen, welche keinen anderen klinischen Befund und keine subjektiven Beschwerden haben, *Überleitungsstörungen*. Wenn bei solchen Greisen das Krankheitsgefühl und die Zeichen einer Kreislaufstörung fehlen, so liegt das an der Vita minima, welche diese alten Leute führen und welche offenbar keine Ansprüche mehr an die Kreislauforgane stellt.

Die mit dem Alter *abnehmende Muskelkraft* ist eine bekannte Tatsache. Auch hier haben systematische Untersuchungen einen erheblichen Unterschied der Abnahme der Muskelkraft in den einzelnen Gebieten aufgedeckt. Aber nicht nur die Kraft, sondern auch das prompte Zusammenspiel der einzelnen Muskeln und das präzise Arbeiten des neuromuskulären Apparats ändert sich mit zunehmendem Alter. Diese Tatsachen lassen sich, wie LUDWIG KLAGES nachweist, auch aus der Handschrift ein und desselben Menschen in den verschiedenen Lebensjahren nachweisen. Es zeigt sich in der Handschrift des Alten eine Abnahme der Vitalität zugunsten des Intellekts; die verminderte Gestaltungskraft drückt sich in der größeren Regelmäßigkeit der Handschrift der alten Menschen aus. Ähnliche Probleme, welche allerdings aus dem physiologischen weit in das geistige Gebiet hinüberspielen, lassen sich aus der „Handschrift" des Künstlers, wie sie in seinen Werken in Farbe und Stein niedergeschrieben ist, ableiten. BRINCKMANN hat in seinem Buch „Spätwerke großer Meister" in vergleichenden Betrachtungen ähnlicher Entwürfe und ihrer Behandlung im jungen und hohen Alter interessante Aussagen gemacht über die veränderte geistige Haltung in den Alterswerken großer Meister.

Betrachtet man die zur Zeit vertretenen Auffassungen vom Wesen des Alterns der organisierten Tiere und des Menschen, so können zwei grundsätzlich

---

[1] HEINRICH: Diss. Bonn 1935. [2] HEINRICH: Z. exper. Med. **96**, 722 (1935).

[3] KREUTZMANN: Diss. Bonn 1935. — SCHLOMKA u. KREUTZMANN: Z. klin. Med. **129** (1936).

[4] SCHLOMKA u. RAAB: Z. Kreislaufforsch. **28**, 673 (1936).

verschiedene Meinungen unterschieden werden. Nach der einen Auffassung spielt sich der eigentliche Alternsprozeß zunächst ganz vorwiegend an *einem* Organ bzw. Organsystem ab. Das bevorzugte Altern dieses Systems bedingt erst sekundär und beherrscht weitgehend das „Altern" der anderen Organe und schließlich des ganzen Organismus. Eine der bekanntesten Formulierungen derartiger Vorstellungen ist der Satz: „Der Mensch hat das Alter seiner Gefäße." Dieser Anschauung zur Folge altert also primär und allen anderen Organen voraneilend das Gefäßsystem. Daraus soll dann eine allmähliche immer mangelhafter werdende Blutversorgung der Organe resultieren. Die schlecht mit Blut versorgten Organe verfallen einer anatomischen und funktionellen Involution, deren endliche Folge der physiologische Tod des Organismus ist. Andere wieder verlegen den primären und dominierenden Alternsvorgang in das Nervensystem. Diese Meinung wird abgeleitet von der Beobachtung einer mit fortschreitendem Alter zunehmenden Pigmenteinlagerung in die Ganglienzellen des Rückenmarks und des Gehirns. Nach dieser hauptsächlich von MÜHLMAN vertretenen Theorie soll die mit fortschreitendem Alter zunehmende Pigmenteinlagerung eine Verschlackung der Ganglienzellen eine allmähliche Vernichtung ihrer Funktion zur Folge haben. Die von den Ganglienzellen den verschiedenen Organen zugehenden und zukommenden — auch „trophischen" — nervösen Impulse sollen infolge dieser Verschlackung der Ganglienzellen immer schwächer und seltener werden, woraus die Erscheinungen der Alternsinvolution resultieren.

In neuerer Zeit wurde die Vorstellung einer *primären Involution der Keimdrüsen* als Ursache des Alterns in den Vordergrund gerückt. Auf Grund dieser Vorstellungen ist die Lehre von der Verjüngung (STEINACH) ausgebaut worden, welche bekanntlich den Standpunkt vertritt, daß es möglich sei, durch künstlichen Ersatz der altersatrophischen Keimdrüsen oder ihrer Hormone den Alternsprozeß des ganzen Organismus wieder rückgängig zu machen. Nach dieser Vorstellung von einem primären Altern der Ganglienzellen oder der Gefäße oder der Keimdrüsen mit nachfolgender Alternsinvolution des Gesamtorganismus verläuft der Alternsprozeß also zweiphasig oder heterochron. Verfasser hat demgegenüber auf Grund der mit seinen Mitarbeitern gefundenen Tatsachen die Auffassung vertreten, von einem *synchronen Altern* des Organismus und seiner Organe. Dieser Auffassung zur Folge altern die einzelnen Organe gleichzeitig und harmonisch, indem jedes einzelne Organ und Gewebe einem gleichen für den ganzen Organismus geltenden Alternsgesetz folgt. Der Alternsvorgang wird zwar durch die individuelle Konstitution, die Artzugehörigkeit und gewisse erbliche Faktoren beherrscht. Das ändert aber nichts an der Tatsache des synchronen Alterns der Gewebe.

Für den Arzt sind die Kenntnisse von dem physiologischen Ablauf der Alternsvorgänge von großer Bedeutung. Es wird noch viel Mühe und Arbeit kosten, das Ausmaß der *physiologischen* Einschränkungen der Funktionen mit zunehmendem Alter richtig zu erfassen. Die ärztliche Erfahrung hat aber schon ein weites Tatsachenmaterial dafür gebracht, daß das Ansprechen des Organismus auf bestimmte Infektionen in jedem Alter ein anderes ist. Das „biologische Reaktionsvermögen" ist eben zu keiner Stunde des Lebens das gleiche. Der einzelne Mensch kann daher in diesem Sinne niemals in gleicher Weise erkranken. Struktur und Funktion seiner Organe ändern sich von Jahr zu Jahr und damit muß sich auch der Krankheitsablauf, selbst wenn die krankmachenden Ursachen die gleichen bleiben, wandeln. Daß diese Auffassungen richtig sind, dafür sprechen schon die Tatsachen des gehäuften Vorkommens einzelner Erkrankungen in bestimmten Lebensabschnitten. Es gibt eben nicht nur „Kinderkrankheiten", sondern auch Krankheiten des gereiften Alters, z. B. Ulcus ventriculi und Krankheiten, die uns jenseits der Höhe des Lebens befallen (Krebs). Für die Infektionserreger scheint das Altern der Gewebe mit seiner Änderung des für sie günstigen Nährbodens verknüpft zu sein. Das gilt z. B. für die Erreger des Gelenkrheumatismus.

Aber nicht nur für die Krankheitserkennung und Deutung des wechselnden Gesichts der Krankheiten in den einzelnen Lebensstufen ist die Kenntnis der Physiologie des Alterns von Bedeutung, sondern im weiten Umfange auch für unser therapeutisches Handeln. Die Dosierung unserer Arzneimittel sollte gewissermaßen nicht nur nach dem Gewicht geschehen, sondern wir müßten uns gegenwärtig halten, daß, ganz abgesehen von den Tatsachen der Gewöhnung, die Reaktion auf ein und dieselbe Menge des gleichen Medikaments in den verschiedenen Altersstufen wechselt. Wir brauchen nur auf die mit zunehmendem Alter sich ändernden, auf physiologische Reize hin einsetzenden Gefäßreaktionen hinzuweisen, um zu verstehen, daß auch Reaktionen auf pharmakologische Mittel in den verschiedenen Lebensstufen ungleich sein werden. Dieses Gesetz gilt nicht nur für *pharmakologische*, sondern auch für *physikalische* Heilmaßnahmen. Die Reaktion auf Ultraviolettbestrahlung, Röntgenbestrahlung, auf kalte und heiße Bäder wechselt mit dem verschiedenen Lebensalter. Mit den hier gemachten Andeutungen über die *physiologischen* Alternsvorgänge in ihrer Beziehung zur Medizin soll nicht in Abrede gestellt werden, daß das Gesetz des *synchronen* Alterns der Organe unter krankhaften Bedingungen durchbrochen werden kann, indem *einzelne* durch das Leben und seine von ihm geforderten Leistungen *besonders beanspruchte Organsysteme vorzeitig altern*. Es gibt eben neben der Physiologie der Alternsvorgänge auch eine Pathologie derselben. Solange wir aber über die physiologischen Vorgänge des Alterns beim Menschen noch so unzureichend unterrichtet sind, ist es unmöglich, eine Pathologie des Alterns zu schreiben.

Wir haben in dem einleitenden Kapitel die engen Beziehungen zwischen Arbeit, Ermüdung und Schlaf geschildert und die Auffassung vertreten, daß eine gesunde körperliche Ermüdung das beste Schlafmittel darstelle; mit zunehmendem Alter werden die muskulären Funktionen immer mehr eingeschränkt. Die schlafmachende Ermüdung durch körperliche Anstrengungen wird immer geringer. Es scheint uns nicht abwegig, das geringere Schlafbedürfnis der alternden Leute mit diesen Tatsachen in Beziehung zu bringen.

Die pathologische Physiologie ist die Lehre von den gestörten Funktionen des Organismus. Je tiefer wir in die Funktionsstörungen eindringen, um so unabhängiger machen wir uns vom diagnostischen Schematismus. Das Ziel aller ärztlicher Erkenntnis muß bei der Behandlung eines jeden Kranken sein: das *Einmalige, Niedagewesene und Niewiederkehrende* in den Störungen des Ablaufs der Funktionen des von ihm zu betreuenden Kranken zu sehen. Mit den Erkenntnismitteln der pathologischen Physiologie gelangen wir zu dem hohen Ziele, uns zu einer „Pathologie der Person" durchzuringen, die wir als letztes Ziel alles Denkens und Handelns eines guten Arztes ansehen.

Sachverzeichnis.